U0227594

黄河水文科技成果与论文选集

（五）

水利部黄河水利委员会水文局　编

黄河水利出版社

图书在版编目(CIP)数据

黄河水文科技成果与论文选集.5/水利部黄河水利
委员会水文局编.—郑州:黄河水利出版社,2007.12
ISBN 978 - 7 - 80734 - 346 - 2

Ⅰ.黄… Ⅱ.水… Ⅲ.黄河 - 水文学 - 科技成果 -
汇编 Ⅳ.TV882.1

中国版本图书馆 CIP 数据核字(2007)第 201809 号

出 版 社:黄河水利出版社
          地址:河南省郑州市金水路 11 号   邮政编码:450003
发行单位:黄河水利出版社
          发行部电话:0371 - 66026940   传真:0371 - 66022620
          E-mail:hhslcbs@ 126. com
承印单位:河南省瑞光印务股份有限公司
开本:787 mm ×1 092 mm   1/16
印张:58.75
字数:1 466 千字   印数:1—1 000
版次:2007 年 12 月第 1 版   印次:2007 年 12 月第 1 次印刷

书号:ISBN 978 - 7 - 80734 - 346 - 2/TV · 541   定价:198.00 元

《黄河水文科技成果与论文选集》(五)

序

衷心祝贺《黄河水文科技成果与论文选集》第五册的出版。

近几年来,在水文局党组的领导下,黄河水文工作者按照科技兴水、科技强水文的工作思路,在完成传统的水文生产科研工作任务的同时,围绕水文测报水平升级活动、小花间暴雨洪水预警预报系统建设、黄河河源区水资源监测体系建设等重大项目的实施,广泛发动群众开展水文科研工作,取得了丰硕的成果。《黄河水文科技成果与论文选集》第五册选收了这一时期黄河水文科研的重要成果,并收录了黄委水文局成立以来的全部获奖成果的目录和重要的专著、译著简介。这是黄河水文工作者几十年来在科研战线的成果集成。由于时间仓促,在材料遴选与编辑处理上难免有些许瑕疵,但瑕不掩瑜,我们从中可以纵览20多年来黄河水文生产与科研工作的概貌与主要成果。本书对今后的黄河水文和科研工作是一份难得的、可资借鉴的宝贵资料。

水文是水利工作的基础。水文工作者是水利建设的先行官和侦察兵。黄河水文担负着为黄河流域治理开发,为黄河流域及黄河下游两岸社会经济建设,为黄河防洪,为黄河水资源保护、开发、利用等积累基础资料,并提供实时信息服务的重要任务。同时黄河水文战线点多、线长、面广,工作生活条件艰苦。如此条件下,能在完成正常的生产任务后,取得丰硕的科研成果,实属难能可贵。我在此谨向战斗在水文生产、科研第一线的黄河水文职工表示崇高的敬意!

作为水利科学、水文科学基础的自然规律是固有的,没有也不可能发生太大的变化,但人们对自然科学规律的认识是需要不断深化的,探索的任务是长期的,不可能一蹴而就、一劳永逸。随着社会的发展,科学技术的进步和社会劳动生产力的提高,人们对自然的干预能力、干预水平、干预效果不断发生深刻的、巨大的变化,人们对自然的干预能力日益增强,干预的后果日益显现。另一方面,社会各方面对水文工作的要求也不断提高,从过去比较单一的任务要求向全面、综合、高效、优质的服务要求转变。像打仗一样,随着兵器的改进,战法、战术、战略思想都需要发生相应的调整变化。随着水文观测基本手段、基本技术、基本方法、基本设施与技术装备的进步,完成任务可用的手段、方法和技术也在不断变化,黄河水文上有许多新的东西需要我们学习研究,许多老的传统的东西也需要我们不断改进。诚如毛泽东同志所言:"人类总是不断发展的,自然界也总是不断发展的,永远不会停止在一个水平上。因此,人类总得不断地总结经验,有所发现,有所发明,有所创造,有所前进。停止的论点,悲观的论点,无所作为和骄傲自满的论点都是错误的。"

我相信,在过去工作成就的基础上,我们登高望远,与时俱进,乘势而为,踏踏实实,戒骄戒躁,努力抵御各种不良倾向的侵袭,用科学发展观来统领我们的各项工作,定能在水文科研的崎岖道路上,不断攀上新的高峰!

是为序。

2007 年 11 月

出 版 说 明

　　自 2000 年《黄河水文科技成果与论文选集》第四册出版以来,近 7 年时间过去了。7 年间,在水利部、黄委会领导的关心支持下,在科技兴水、科技强水文的战略思想指导下,黄河水文事业发展迅速。伴随着一江一河改造项目、小花间暴雨洪水预警预报系统项目、河源区监测系统项目等的建设实施和水文测报水平升级活动的开展,我局水文科研活动蓬勃开展,并取得了显著成绩。

　　为了促进黄河水文科技成果的交流与推广,推动水文科技进步,为今后的水文科研与生产工作提供借鉴,现将 2000 年至 2005 年间黄河水文科研成果与科技论文选编成第五册献给大家,以期能对黄河水文事业的发展做出应有的贡献。

　　与前四册相比,本册的体例基本不变。考虑到作为参考资料的完整性,本册收录了 2000~2005 年间我局获一等奖的科技成果的简介,并补充收录了水文局自成立以来至 2005 年间所有获奖成果的目录,以及以我局职工为主要著作人的 41 部专著或译著的简介。

　　本书选编过程中,得到了全局上下各级领导和广大科技人员的大力支持,共收到了公开发表的论文 334 篇。考虑到篇幅和出版经费的限制,编辑小组对收集的材料进行了反复审查筛选,只选用了 180 篇论文,其余的只好忍痛割爱。在此,谨对未能入选的论文作者表示歉意,同时,对关心和支持此项工作的各级领导和广大科技人员表示由衷的谢意。

　　由于时间仓促,工作量大,加之受编者水平等各方面因素的影响,书中错谬之处在所难免,诚请广大读者批评指正。

本书编辑组

2007 年 11 月

目　录

一、水文测验与资料整编

小浪底水库异重流跟踪监测方法研究 …………… 王秀清　靳正立　王　兵　等(3)

黑河流域地下水水化学类型与水质分析 …………… 潘启民　韩　捷　郝国占(8)

黄河口清8出汊工程的作用及对河口演变的影响

………………………… 谷源泽　姜明星　徐丛亮　等(10)

主流平均流速法在宽浅河道断面洪水测验中的应用

………………………… 吉俊峰　马永来　赵新生　等(15)

黄河流域委属区域代表站和小河站布局研究 ……… 刘九玉　杨汉颖　龚庆胜　等(19)

黄河流域委属水文站设站年限估算 ………… 刘九玉　杨汉颖　龚庆胜　等(23)

布设断面测算河道水库容积及冲淤量的数学解析与概化

………………………… 牛　占　弓增喜　胡跃斌　等(25)

"断面间距"论 ………………………… 牛　占　庞　慧　王雄世　等(32)

黄河流域浮标法流量测验误差问题的探讨 ………… 田水利　王家钰　庞　慧(42)

黄河水量调度期低水流量测验方式研究 ……… 王德芳　柴平山　张芳珠　等(46)

黄河基础数据库建设 ………………………… 王　龙　刘　伟　张　勇(48)

黄河流域委属大河控制站站网布局分析检验与调整

………………………… 袁东良　钮本良　赵元春　等(51)

黄河下游河道淤积测验断面布设密度研究 ……… 张留柱　胡跃斌　张松林(56)

最小二乘原理在径流量资料处理中的应用 ………… 张留柱　袁东良(60)

突发性水污染事件应急水质监测的问题及建议 …… 柴成果　李　明　王玉华(65)

黄河宁蒙灌区引退水及其水质概况 ………… 霍庭秀　张亚彤　杨　峰(67)

多泥沙河流开展水质自动监测的探讨 ………… 霍庭秀　杨青惠　韩淑媛　等(72)

适用于全国范围的水面蒸发量计算模型的研究 ………………… 李万义(75)

黄河内蒙古段水污染状况分析 ………… 李玉姣　霍庭秀　张亚彤(82)

黄河内蒙古段封冻期垂线流速分布规律分析 ……… 谢学东　李万义　赵惠聪　等(85)

黄河三门峡库区水质评价与演变趋势分析 ………………… 刘　茹　屠新武(89)

距离—角度法水位观测探索与研究 ………… 牛长喜　王西超　谭宏武(95)

黄河口孤东及新滩海域流场调查分析 ………… 陈俊卿　张建华　崔玉刚　等(98)

黄河河口演变(Ⅰ) ………………………… 庞家珍　姜明星(104)

黄河河口演变(Ⅱ) ………………………… 庞家珍　姜明星(117)

黄河口孤东及新滩海域蚀退分析 ………… 张建华　陈俊卿　何传光　等(130)

黄河干流青甘段排污口调查及评价 ………… 任立新　冯亚楠　王　雁(134)

黄河上游用水计量监测监督管理模式探讨 ……… 蒋秀华　王　玲　钞增平　等(137)

1919~1951年黄河水文资料插补延长计算成果分析评价

……………………………………… 李红良　王玉明　蒋秀华(140)

万家寨水库开河期冰坝壅水计算及影响因素分析 ……… 钱云平　金双彦　李旭东(144)

黄河水利委员会雨量站网分析与调整 ……… 杨汉颖　刘九玉　龚庆胜　等(147)

图像法水面流速测验方法简介 ……… 刘建军　何志江　李白羽　等(152)

引黄涵闸流量自动监测技术研究 ……… 刘晓岩　王建中　刘　筠　等(155)

二、水文气象情报预报

花园口水文站实测大洪水发生频次分析 ……… 冯相明　王怀柏(161)

陕北地区的垮坝与洪水分析 ……… 徐建华　王　玲　徐书森　等(166)

黄河中游府谷站"03·7"洪峰流量合理性分析 ……… 徐建华　马文进　刘龙庆　等(174)

利用暴雨资料推求伊河龙门镇设计洪水 ……… 杨向辉　王　玲　刘权授(178)

黄河山东段"假潮"期水文测报方法分析 ……… 谷源泽　刘以泉　崔传杰　等(185)

2003年渭河洪水特性分析 ……… 蒋昕晖　霍世青　刘龙庆　等(188)

2003年秋汛期黄河下游洪水特性分析 ……… 蒋昕晖　陶　新　刘龙庆　等(192)

小花间暴雨洪水预警预报系统建设 ……… 李根峰　蒋昕晖(195)

2003年黄河流域汛期天气成因分析 ……… 王春青　彭梅香　张荣刚　等(199)

黄河小花间暴雨洪水预报耦合技术研究 ……… 王庆斋　刘晓伟　许珂艳(204)

黄河中游清涧河"2002·07"暴雨洪水分析 ……… 张海敏　薛建国　王玉明　等(209)

黄河源区基于卫星遥感的水监测和径流预报系统 ……… 赵卫民　谷源泽(214)

20m² 蒸发池和E601蒸发器的水面蒸发日变化研究 ……… 李万义　任立清(223)

用气象因子推算干旱半干地区水(冰)面蒸发量的研究

……………………………………… 李万义　谢学东　李玉姣　等(226)

2003~2004年度黄河宁蒙河段凌情特点分析 ……… 王瑞君　郭德成　路秉慧　等(231)

黄河潼关站洪水组合对渭河北洛河的影响 ……… 程龙渊　郭相秦　张松林　等(236)

三门峡水库调洪演算预报的方法 ……… 李杨俊　郭宝群　郭相秦　等(240)

黄河中游"2003·7"特大暴雨洪水分析 ……… 屠新武　马文进(243)

"2001·8"东平湖水库水情分析 ……… 崔传杰　刘以泉　张世杰　等(249)

影响黄河下游洪峰传播时间因素的分析 ……… 周建伟　王庆斌　王　欣　等(251)

2003年黄河流域雨水情特点分析 ……… 霍世青　王庆斋　刘龙庆(258)

2003年渭河秋汛暴雨洪水特性分析 ……… 霍世青　蒋昕晖　赵元春　等(262)

黄河三门峡水库入库非汛期径流总量预报方法及其应用

……………………………………… 霍世青　饶素秋　薛建国　等(266)

黄河小北干流"2003·7"洪水演进特点分析 ……… 霍世青　蒋昕晖　罗思武(271)

黄河小花间洪水预报系统总体设计 ……… 刘晓伟　席　江　许珂艳　等(274)

黄河下游河段枯水期水流传播时间初步分析 ……… 刘晓伟　霍世青　许珂艳　等(278)

人类活动影响下的洛河产汇流特性变化 ……… 刘晓伟　刘龙庆　王玉华　等(282)

2002～2003年黄河流域降雨径流特点分析 ……… 饶素秋　杨特群　邬虹霞　等(287)

2003年9月洛河洪水产汇流特性分析 ……… 许珂艳　陶　新　刘龙庆　等(291)

小理河流域产汇流特性变化 ……… 许珂艳　王秀兰　赵书华　等(294)

利用卫星云图估算黄河中游地区平均面雨量 ……… 杨特群　王春青　张　勇(299)

黄河花园口"05·7"洪水"异常"现象分析 ……… 弓增喜　赵新生　王　军(302)

1999～2000年度黄河宁蒙河段及万家寨水库凌情分析

……………………………………… 可素娟　钱云平　杨向辉　等(307)

万家寨水库防凌调度模型研究 ……… 可素娟　王　玲　金双彦(310)

黄河中游府谷—吴堡区间水文特性分析 ……… 马文进　李　鹏　任小凤　等(313)

陕北清涧河"2002·7"暴雨洪水分析 ……… 杨德应　王　玲　高贵成　等(319)

三、水资源与河流泥沙

潼关—三门峡河段河势变化及其对库区冲淤的影响

……………………………………… 李连祥　孙绵惠　段新奇　等(325)

汛期洪水水沙组合对潼关河床冲淤的影响 ……… 李连祥　刘浩泰　鲁承阳　等(329)

黄河流域天然径流量计算解析 ……… 李　东　蒋秀华　王玉明　等(332)

黑河流域水资源供需分析及对策 ……… 潘启民　郝国占　曹秋芬(336)

黄河流域地下水资源量及其分布特征 ……… 潘启民　李　玫　王　玲(340)

黑河流域生态需水量分析 ……… 潘启民　任志远　郝国占(345)

黄河流域平原区地下水可开采量分析 ……… 潘启民　邵　坚　宋瑞鹏(348)

黄河流域与地表水不重复的地下水资源特征分析 ……… 潘启民　曾令仪　张春岚(351)

黄河兰州以上河川基流量变化对黄河水资源的影响

……………………………………… 钱云平　金双彦　蒋秀华　等(354)

黄河中游黄土高原区河川基流特点及变化分析 ……… 钱云平　蒋秀华　金双彦　等(360)

应用同位素研究黑河下游额济纳盆地地下水 ……… 钱云平　林学钰　秦大军　等(364)

黄河上游泥沙特性分析 ……… 钱云平　王　玲　范文华(372)

黄土高原水土保持生态建设耗水量宏观分析 ……… 徐建华　李雪梅　王志勇(377)

黄土高原植被恢复需水量分析 ……… 徐建华　王　玲　王　健(380)

黄河中游多沙粗沙区区域界定 ……… 徐建华　吕光圻　甘枝茂(384)

黄河流域水环境现状与水资源可持续利用 ……… 柴成果　姚党生(390)

黄河下游河段枯水期水量损失初步分析 ……… 蒋昕晖　霍世青　金双彦　等(393)

黄河源头地区水文气象要素变化及对生态环境的影响

……………………………………… 林来照　许叶新　庞　慧(398)

黄河源区水文水资源情势变化及其成因初析 ……… 牛玉国　张学成(403)

激光粒度分析仪应用于黄河泥沙颗粒分析的实验研究

……………………………………… 牛　占　和瑞勇　李　静　等(408)

筛法/激光粒度仪法接序测定全样泥沙级配的调整处理

……………………………………… 牛　占　李　静　和瑞莉　等(419)

1977～1996年黄河下游水文断面反映的河床演变 ……………………………………………
………………………………………………… 牛　占　田水利　王丙轩　等(423)
20世纪下半叶黄河实测径流量变化特点 ………… 田水利　张学成　韩　捷　等(433)
黄河枯水期河道径流损耗估算及误差来源分析 ……… 袁东良　吉俊峰　赵淑饶(439)
黄河水资源问题与对策探讨 ……………………… 张海敏　牛玉国　王丙轩　等(444)
直读式累积沉降管的研制和率定 ………………………………………… 张海敏(451)
潼关高程推算方法研究 ………………………… 赵淑饶　牛　占　王丙轩　等(474)
黄河下游断面法和沙平衡法冲淤量精度分析 ……… 程龙渊　张留柱　胡跃斌　等(477)
黄河下游淤积物初期干密度观测与分析 ……… 程龙渊　张留柱　张　成　等(484)
沙量平衡法计算冲淤量的不确定度——兰州到花园口河段
………………………………………………… 程龙渊　弓增喜　和瑞莉　等(489)
三门峡水库蓄清排浑运用以来库区冲淤演变初步分析
………………………………………………… 程龙渊　张松林　马新明　等(498)
黄河小北干流和渭河揭河底冲刷现象分析 ……… 程龙渊　张　成　刘彦娥　等(505)
非汛期黄河来水对潼关高程的影响及对策 ……… 牛长喜　刘彦娥　张永平(514)
三门峡库区拦排泥沙的讨论 ……………………… 王爱霞　张松林　孙章顺　等(519)
黄河三角洲地区生态环境问题探讨 ……………… 李荣华　李世举　张　利　等(523)
科学合理调度黄河水资源　发挥东平湖最大综合效益 ………………… 刘以泉(526)
黄河上游径流泥沙特性及变化趋势分析 ……… 张世军　俞卫平　张红平(529)
三门峡水库不同运用条件下的冲淤分布特点及对潼关高程的影响
………………………………………………… 鲁孝轩　付卫山　马花能　等(535)
非汛期潼关河床淤积升高的成因分析 ……… 鲁孝轩　高德松　孙绵惠　等(539)
西北地区水资源特点分析 ………………… 董雪娜　李世明　张培德　等(542)
西北诸河区各水资源分区地下水资源量及其分布特征
………………………………………………… 蒋秀华　孙海洋　刘　东　等(546)
三门峡站天然年径流量周期性分析 ……………… 金双彦　贾新平　蒋昕晖(556)
黄河源区断流成因及其对策初探 ……………… 可素娟　王　玲　杨汉颖(559)
黄河粗沙输沙量沿程变化分析 ……………… 李红良　王玉明　蒋秀华　等(566)
石羊河流域水资源开发对水循环模式的改变 ……… 钱云平　高亚军　蒋秀华　等(570)
应用^{222}Rn研究黑河流域地表水与地下水转换关系
………………………………………… 钱云平　Andrew L H　张春岚　等(573)
黄河流域20世纪90年代天然径流量变化分析 … 王玉明　张学成　王　玲　等(576)
20世纪90年代渭河入黄水量锐减成因初步分析 ……… 张学成　匡　键　井　涌(582)
黄河流域天然径流量趋势性成分检验分析 ……… 张学成　田水利　韩　捷　等(585)
黄河流域地表水耗损分析 ………………… 张学成　刘昌明　李丹颖(588)
黄河水资源量及其系列一致性处理 ……………… 张学成　王　玲　张　诚　等(595)
坡面措施蓄水拦沙指标神经网络模型研究 ……… 周鸿文　金双彦　高亚军　等(601)
近40年来黄河中游悬移质泥沙粒径变化分析 ……… 周鸿文　林银平　王玉明　等(605)

黄河中游测区输沙率与流量异步施测法分析 ………… 齐　斌　马文进　任小凤(614)

黄河万家寨水库冲淤变化分析 ……………………………… 齐　斌　熊运阜(620)

黄河源地区水文水资源及生态环境变化研究

………………………………… 谷源泽　李庆金　杨凤栋　等(624)

四、水文仪器设备与新技术应用

大跨度水文缆道磨损问题研究 ………… 王惠民　罗思武　刘建军(633)

基于 Internet 的水文测验远程计算机控制系统 ………… 李德贵　吴幸华　陶金荣(638)

工业触摸屏在水文测验控制中的应用 ………………… 李德贵　张法中(643)

小浪底水文站遥测型 ADCP 流量比测成果分析 ………… 王丁坤　席占平　吕社庆(647)

四仓遥控悬移质采样器的研制 ………… 王庆中　王秀清　王　兵　等(654)

超声技术测量黄河含沙量研究 ………… 杜　军　张石娃　刘东旭(658)

水文缆道自动化测控系统研制 ………… 袁东良　李德贵　张留柱　等(665)

水文站防雷问题初探 ………………… 杜　军　何志江　王平娃(669)

吴堡水文站防雷方案设计 ………………… 杜　军　何志江　王平娃(673)

黄河三小间水情自动测报系统遥测站供电系统设计计算

………………………………… 杜　军　赵安林　刘志宏(677)

遥测水位数据处理软件设计与实现 ………… 王丙轩　田水利　庞　慧　等(681)

黄河水利委员会信息化建设中的关键技术 ………… 王　龙　张振洲　于海泓(684)

利用分布式服务器阵列体系结构构建黄河防汛信息服务系统

………………………………… 王　龙　任　齐　张　勇　等(686)

振动式悬移质测沙仪的原理与应用 ………… 王智进　宋海松　刘　文(689)

基于 FY－2C 卫星数据的黄河流域有效降雨量监测

……………… Jasper Ampt　Andries Rosema　赵卫民　等(693)

实时联机洪水预报系统在黄河天桥水电站的应用

………………………………… 刘晓伟　任　伟　邬虹霞　等(701)

RTU 在小花间暴雨洪水预警预报系统中的应用 ……… 张　诚　赵新生　张敦银(706)

水文自动测报系统防雷接地及降阻措施 ………… 樊东方　赵新生　马卫东　等(710)

遥测系统雨量观测误差分析与仪器选型设计 ……… 赵新生　孙发亮　李建成　等(713)

浅论数据挖掘与水文现代化 ………………… 赵新生　赵　杰　吉俊峰(716)

重要实时水情短信息发布查询系统设计 ………… 张敦银　刘志宏　赵新生　等(719)

电波流速仪系数分析试验研究 ………… 齐　斌　高贵成　郭成山　等(722)

万家寨水利枢纽施工坐标系的建立及放样方法 ………… 杨建忠　高巨伟　杨德应(728)

基于 SMS 的水情信息传输系统的开发应用 ………… 赵晋华　杨　涛　王秀兰　等(731)

DLY－95A 型光电颗粒分析仪推广应用可行性分析

…………………………………… 赵文风　郭成修　齐　斌　等(735)

吴堡水文站设施屡遭雷击原因分析 ………… 郭成山　何志江　齐　斌(740)

五、综合类及其他

黄河流域委属水文站网管理模式的探讨 ………… 王德芳　刘淑俐　呼怀方　等(747)
黄河流域重要支流防洪治理"十五"规划意见 ……… 魏广修　胡建华　刘生云　等(750)
甘肃省退耕还林还草规划及张掖地区开展退耕的综合分析
　　………………………………………… 杨向辉　王　玲　韩　捷(753)
黄河的"先天不足"及其"后天失调" ………………………………… 陈先德(757)
黄河河源区水文水资源测报体系建设项目概况 ………………………… 谷源泽(759)
工程措施与非工程措施相结合,黄河下游要坚持综合治理 ……………… 谷源泽(768)
论黄河下游河道的治理方略 …………………………………………… 马秀峰(771)
论现行水文频率计算的局限性和游程分析的实践意义 ………………… 马秀峰(776)
对黄河水文发展新思路的研究 ………………………………………… 牛玉国(781)
建立基于水循环的水资源监测系统 …………………… 牛玉国　张学成(786)
现代水文与空间数据采集技术 ………………………………………… 牛玉国(790)
适应于水文体制改革的泥沙测验技术研究 ……………… 牛　占　赖世熹(794)
现代水事立法的发展趋势 ………………… 任顺平　薛建民　高戊戌　等(800)
黄河中游清涧河"2002·7"暴雨洪水的启示 …………… 张海敏　牛玉国(804)
2001～2005年黄河水文改革发展的思路和目标 ……… 张红月　王宝华　郭喜有(807)
以测报水平升级推进黄河水文科技进步 ………………… 张红月　张留柱(810)
中美水文泥沙测验管理模式比较 ………………… 张留柱　刘建明　张法中(813)
中美水文泥沙测验技术比较 ………………… 张留柱　刘建明　张法中(818)
水文相关中的最小二乘回归问题探讨 ………………… 张留柱　崔广柏　刘长建(822)
黄河"数字水文"框架 ………………… 赵卫民　王　龙　杨　健　等(828)
对黄河下游治理方略的几点思考 ……………………………………… 庞家珍(831)
黄河新情况与黄河水文发展的思考 …………………… 时连全　王　华(834)
2002年黄河调水调沙试验河口形态变化 ……… 张建华　徐丛亮　高国勇(837)
维持黄河生命低限流量研究 ………………… 张学成　贾新平　畅俊杰(841)
黄河流域与长江流域生态环境建设的差异和重点 ……… 张学成　王　玲　乔永杰(846)
测绘行业世标认证应注意的问题 ………………… 高巨伟　陈　鸿　丁景峰　等(850)
万家寨水利枢纽机电安装监理测量 …………………… 杨建忠　杜秀川(853)
万家寨水利枢纽金属结构安装监理测量 ………………… 杨建忠　高巨伟(858)
利用现有设备　提高水文报汛质量 …………………… 赵晋华　朱瑞华(861)

黄委会水文局部分专著译著简介(1980～2005年) ………………………………(865)
黄委会水文局获奖科技成果一览表(1980～2005年) ………………………………(880)
黄委会水文局获奖重要科技成果简介(2000～2005年) ……………………………(902)

一、水文测验与资料整编

小浪底水库异重流跟踪监测方法研究

王秀清　靳正立　王　兵　王庆中　朱素会

（黄河水利委员会水文局）

1　前言

　　黄河小浪底水利枢纽工程位于河南省洛阳市以北,黄河中游最后一段峡谷的出口处,上距三门峡水利枢纽 130 km。拦河大坝为壤土斜心墙堆石坝,最大坝高 154 m,坝顶长 1 667 m。其开发目标是:以防洪、防凌、减淤为主,兼顾供水、灌溉和发电。水库总库容 126.5 亿 m³,长期有效库容 51 亿 m³。工程采用"蓄清排浑"的运用方式,减少水库的泥沙淤积量,与三门峡水库联合调度适时进行调水调沙,提高黄河下游的水流挟沙能力,减少河道的泥沙淤积。为了采用"蓄清排浑"的水库运用方式,必须不失时机地对异重流全过程(发生、增长、稳定、消退)实施有效的跟踪监测。通过 2001 ~ 2003 年 3 个汛期利用异重流发生的时机,进行 3 次排沙试验的实测资料证明:排沙减淤效果明显,尤其利用异重流拦粗排细的效果更为显著。

2　断面控制与基本测验方法

2.1　断面控制

　　按照水库测验规范规定和实际需要,专门设计有水库水文测验控制网,断面间距控制在 3 km 左右,两岸设有固定的混凝土标志桩,并测定有坐标及高程。依据控制条件和投入设备、人力的可行性,考虑到断面的代表性,在距大坝 65 km 河段内选择了 11 个断面作为异重流跟踪监测固定断面,2003 年各断面距大坝的里程见表 1。

表 1　2003 年异重流监测断面距大坝里程

断面编号	距坝里程(km)	断面编号	距坝里程(km)	断面编号	距坝里程(km)
坝前断面	0.41	13	20.35	34	57.00
01	1.32	17	27.19	37	63.82
05	6.54	29	48.00	河堤站	64.00
09	11.42	YC01	55.74		

　　注:表中 01、09、17、37、河堤站为基本控制断面,实测 5 条垂线;其余为辅助断面,实测主流一线。

2.2　垂线的布设及测点的分布

　　为了控制流速和含沙量的垂线分布,流速的测点布设为:清水层 2 ~ 3 个测点;异重流层内 4 ~ 6 个测点;河底附近 2 ~ 3 个测点;浑水层内测速点最大间距控制在 5 m 以内。含沙量采样位置为:清浑水交界面处采样 2 个;异重流层与流速测点对应采样 4 ~ 6 个;河底处采样 2 个;

本文原载于《第二届黄河国际论坛论文集》,黄河水利出版社,2005。

在相应的采样点测量水温。按照 2003 年异重流测验的装备和人员配置,在水深 50～70 m 的条件下,完成一条垂线的全部测量工作,平均需要 40 min。

2.3 淤积断面测量和坝前漏斗测量

一般安排在汛前、汛后各测一次,根据调水调沙试验的需要,也适当增加了测次。使用机动船只,采用 GPS 卫星导航定位,水深测量使用超声波测深仪。为了解决浑水厚度对水深测量的影响,测量每个断面时都用 100 kg 铅鱼进行 1～2 次测深比较,用以发现突出问题。一般情况下铅鱼测得的水深比超声波测得的水深要稍大些,偏小的情况甚少,主要原因是河底部分浑水层的影响。目前,小浪底水库淤积区"河底"的界定问题尚在进一步的实验研究之中。

3 水文绞车及变频调速控制系统

3.1 水文绞车

水文绞车由三个基本单元组成:①卷绳轮;②摆线针轮式减速器;③YEJ 系列全封闭自扇冷、鼠笼型带有圆盘型直流电磁制动器的三相异步电动机。将三个单元通过直联的方式进行组合后就构成了结构非常紧凑、机械性能良好的水文绞车。电动机功率 4.5 W,额定转速 1 440 r/min。绞车提升的最大线速度为 1.0 m/s,绳轮容绳量 120 m,悬索直径选用 Φ5.2 mm 钢丝绳,悬吊统一规格的 100 kg 重铅鱼。

3.2 变频调速控制系统

选用日本富士公司 FRENIC 系列的交流变频调速器为核心控制单元,额定容量选用 5.5 kW。其突出的优点是:汉字菜单显示,应用与维护很方便,在水文站已应用 8 年之久,质量可靠,故障甚少。结合船只的大小和生产应用需要,我们分别设计了室内操作台控制方式和防雨型可移动遥控式调速控制箱。

4 水深测量计数显示与控制系统

4.1 水深信号的采集

(1)利用测量悬索绳长的方法,悬索带动传感轮旋转,使同轴连接的增量型旋转编码器同步旋转,将角位移转换成脉冲信号输出,提供给智能型计数器进行计数。传感轮的轮径选用 Φ140 mm,尽量减小其转动惯量,若轮径过小、摩擦接触面太小,容易发生打滑现象,影响计数精度。悬索对传感轮的装配压力在 10 kg 左右,可避免打滑现象,传感轮宜安装在悬索压力保持稳定的水平直线段处,以保证其良好的机械稳定性和跟随性。

(2)编码器选择 360～400 脉冲/周,起动转矩为 5～10 mN·m 的国产编码器,经济实用,既能满足测深精度要求,同时又有较强的抗干扰性。脉冲数过多,灵敏度过高,反而容易受干扰,影响计数的可靠性。

(3)智能型光电管显示计数器,选用国产通用型六位光电管显示计数器。其基本功能有双向计数,停电记忆,面板操作设置加常数、乘常数,设置小数位数,可按预置数输出继电器开关信号等。这种计数器体积小、通用性强,与光电编码器组合使用,非常适合水文测验工作中用做起点距、水深的测量计数。

4.2 测深控制信号

(1)河底信号装置:采用压力传感器的形式,将河底信号装置安装在铅鱼吊杆的横臂上方,通过滑轮支撑悬索的水平段,这样做回避了水下河底信号的很多复杂问题,提高了河底信号的可靠性。

（2）铅鱼提升限位装置：利用计数器的预置数输出继电器开关信号，直接控制变频器强制停车，实现限位停车。限位高度一般设定为距吊滑轮 1.5 m，此数值通过计数器面板操作可修改，以使用方便、保证安全为原则。

（3）水深测量过程中，测深计数显示、河底信号报警安全限位停车，均实现了自动化。而对铅鱼升降的控制是手动电气控制，异重流测验中的不确定性因素较多，如何进一步提高自动化水平还需要进一步深入的试验研究。

5 流速信号采集方法

5.1 水下交流信号发射器

密封仓采用全不锈钢材料加工制成，彻底解决了生锈问题。接线端子是采用特制的防水四芯插头制成，起到接通内外导线的作用，同时又绝对密封。密封盖与密封仓之间用法兰盘螺栓固定，其间用"〇"形密封圈密封，需要更换电池时可以打开。发射电路采用 CC4093 构成 1 kHz 矩形波振荡器，由三极管构成互补型功率放大器，将振荡器信号以 0.2 W 的功率进行发射。该电路是对原各种水下流速发射电路进行优化后，经过对比试验最后选定的。其特点是：低电压供电（4.5 V）3 节 1 号电池；电路静噪抗干扰效果好；节电；流速仪触点控制发射电路的电源回路，当流速仪去掉后，发射器自动切断电源。

5.2 船上流速信号接收装置

选用市场上销售的 15～30 W 手提式音频扩音机稍加改装即可接收音频信号。因异重流水下流速分布很乱，用音响信号可以监听流速仪工作是否正常、流速信号是否正常。用秒表记时、数信号数计算流速。

5.3 流速信号传输方式

悬索与铅鱼连接处采取绝缘措施，发射线接悬索，铅鱼作为水下极板，信号源固定在铅鱼上，悬索及船体作为信号传输线，水体作为地线。接收流速信号的输入线，一条线与船体良好接通，另一条线可用带绝缘套管的钢丝绳，固定在船边，入水深度 2 m 左右为裸体钢丝绳，作为地线效果较好。

6 清浑水界面及前锋线探测

6.1 水库清浑水界面探测器的研制与应用

为了提高探测异重流界面位置的工作效率，我们于 2002 年汛前开发研制出了"水库清浑水界面探测器"，投入应用后取得了很好的效果。在 60 m 水深条件下，过去测一条垂线需要一个多小时，应用界面探测器后，每条垂线的测量时间不超过 40 min，减小了劳动强度，提高了工作效率。

在应用时，将水下光电探头固定在铅鱼的立翼上，在铅鱼测深的过程，铅鱼下放到清水或含沙量小于 1.0 kg/m³ 的水中，探测器不报警；当铅鱼下放到含沙量等于或大于 1.0 kg/m³ 的浑水时，光电探头将发射出 1.2 kHz 的音频报警信号，铅鱼停止下放，记录界面位置深度，采取一个界面测点沙样，探测信号定时发射 10 s 后自动停止。铅鱼继续下放至听到河底报警信号时停止下放，记录水深数值，采取河底测点水样。即在一次测深过程中可以测得总水深、浑水层厚度，并取得了界面和河底处两个水样。在异重流发生和增长阶段，用界面探测器可以跟踪监测异重流的厚度变化和前锋线的演进过程。

6.2 水库清浑水界面探测器的基本原理

6.2.1 电路的基本组成与特点

电路组成见图1。

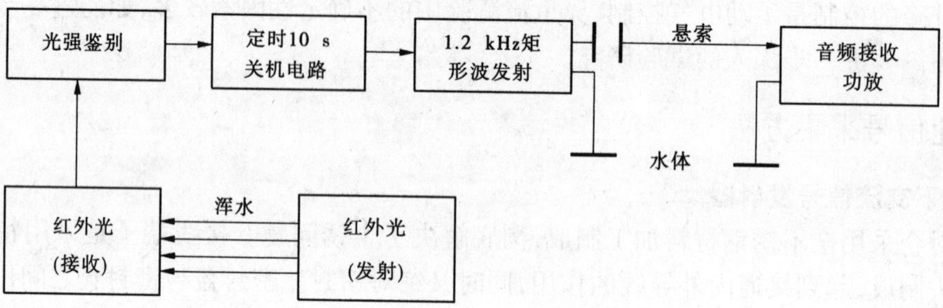

图1 电路组成逻辑框图

电路的特点：

（1）光电探头采用内置式 12 V/2 Ah 可充电源,全密封。

（2）选用红外线光电传感器,体积小,受日光的影响小,灵敏度高。

（3）采用 10 s 定时电路,可靠、节能。

（4）电路集成度高,全部为固定值元件,稳定性好。

6.2.2 基本原理分析

利用对射式红外线光电传感器感应浑水中的含沙量,当红外线发射管发射出的平行光束被一定量的非透明的泥沙阻断时,接收管接收不到要求的光通量,光强鉴别电路输出高电平控制定时电路工作,定时 10 s 发射音频探测信号后自动关闭,一方面节约电能,另一方面不再占用信号传输通道。当红外线发射管发射的平行光束通过清水照射到接收管时,光强鉴别电路将输出低电平使定时 10 s 电路复位,为下一次探测界面作好了准备,实现了电路的自动转换。根据异重流测验的需要,将含沙量探测指标设定为 $1.0\ kg/m^3$,音频信号的传输回路和接收机与流速信号采集共用一套设备,使结构更为简化,使用也方便。

7 悬移质单样含沙量采样方法

7.1 四仓无线遥控采样器

遥控系统基本原理:系统以 89C2051 单片微型计算机为核心构成控制电路,分为遥控发射器、水下遥控接收器、水下电源和电动采样器四部分,见图2。

在遥控发射器部分,通过 1 号单片机 CPU 将按钮的状态进行编码,并转换成一定频率的数字信号,通过发射电路发射到铅鱼悬索上。水下遥控接收器安装在与悬索绝缘的铅鱼上;水下电源装在铅鱼肚子里,选用氢镍 12 V/(7 Ah)可充电源。接收电路在水下,通过悬索获得的交流信号经过放大检波后送 2 号单片机 CPU 进行解码,然后分别控制四个水下电磁铁动作,关闭采样器,并将动作结果以编码的形式发回水上遥控器,产生相应的状态指标,用以监视采样器遥控的有效性。

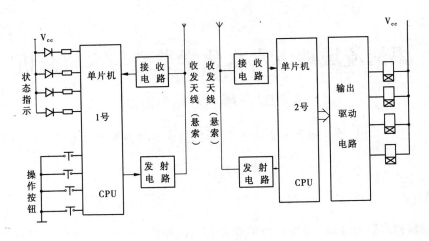

图2 遥控系统逻辑框图

7.2 耐压2 MPa水下电磁铁研制

该部件是实现水下遥控采样的核心,经过两年多的研制和现场试验,已在2003年汛期异重流测验中,成功应用于水深84 m,含沙量600 kg/m³的水流中,电磁铁的故障次数为零。耐压2 MPa水下电磁铁的设计是针对小浪底水库水深150 m、含沙量800 kg/m³的应用条件进行特殊设计,采用了特殊制造工艺,并在2 MPa水压仓中进行模拟试验、破坏性试验,最终试制成功了具有黄河特色的这一特殊器件。2 MPa水下电磁铁采用阀式结构,全密封型、Φ7.4 cm、长7.6 cm,工作电源12 VDC,轴向拉力50 N,有效行程10 mm。具有防水防沙的特殊功能,也可用于水文缆道采沙。

7.3 采样器的安装与使用

在100 kg铅鱼的吊板两侧各装一只,上下布置两层,共装4只,并设计有快速装卸机构。水下电源和遥控接收电路分别装在密封仓中,水下电源(12 VDC)可为电磁铁、遥控电路和界面探测器提供公用电源。四只采样器的安装可以互换,但装卸机构上标有编号,与遥控器的编码对应,以实现四仓分别控制,可按顺序操作,也可不按顺序操作,但必须记录好操作的号码,防止产生采样错误。

8 结语

对小浪底水库异重流跟踪监测方法的研究还是初步的,仅仅是认识问题的开始,但这项研究工作具有重要的生产应用价值,还有大量的工作要做,本篇论文主要是把小浪底水库异重流监测方法研究的进展情况进行小结。期望在各级领导的支持和在广大科技人员的共同努力下,水库异重流的跟踪监测方法将会更科学、更先进,对异重流运动规律的研究也会更加深入,更有成效。

黑河流域地下水水化学类型与水质分析

潘启民[1] 韩 捷[1] 郝国占[2]

(1. 黄河水文水资源研究所;2. 河南黄河勘测工程处)

1 流域简况

黑河属河西内陆河流域,地处河西走廊和祁连山中段,位于东经 97°37′ ~ 102°06′、北纬 37°44′ ~ 42°40′,西以黑山、疏勒河为界,东与大黄山、石羊河接壤,南起祁连山分水岭、北至居延海,跨青海、甘肃、内蒙古 3 个省(自治区),流域面积 128 283. 4 km²。

1.1 地形地貌

黑河上游位于青藏高原北缘的祁连山地,主要山脉有疏勒南山、讨赖山、走廊南山,山峰海拔都在 4 000 m 以上,山脚海拔一般为 2 000 m,是黑河的产流区和发源地。黑河中游位于河西走廊中段,地势平坦开阔,海拔 1 000 ~ 2 000 m,在祁连山与北山之间呈双向不对称倾斜平原,按照地质构造,自东向西分为大马营盆地、山丹盆地、张掖盆地和酒泉盆地,是黑河的主要耗水区。黑河下游为内蒙古高原西部的阿拉善高原,由一系列剥蚀的中、低山和干三角洲、盆地组成,海拔高程 980 ~ 1 200 m,是黑河的径流消失区。

1.2 河流水系、湖泊、冰川

黑河水系由 35 条独立出山河流(或沟道)组成,其中集水面积 100 km² 以上的河流有 18 条,这些河流均发源于祁连山,流经青海,在甘肃金塔县鼎新以上分别汇入黑河,注入内蒙古居延海。黑河流域天然湖泊很少,只在黑河干流的尾闾有东居延海(索果诺尔)和西居延海(嘎顺诺尔),由黑河的地表水、地下水补给,系淡水湖。历史上,西居延海湖水面积 350 km²,于 1961 年干涸,东居延海 1958 年湖水面积 35. 5 km²,现有水面 20 多 km²,平均水深约 1 m,蓄水量约 2 000 万 m³。

黑河流域河流源头分布有大小冰川 428 条,覆盖面积 129. 79 km²,冰储量估计有 3. 295 9 km³,年补给河流的冰川融水量约 3. 65 亿 m³,占流域地表径流量 37. 28 亿 m³ 的 9. 8%。

1.3 水文地质条件

黑河流域位于河西走廊中段,受"盆地系列式"山前平原的独特地质、地貌条件制约,主要水文地质特征可以概括为:巨厚的第四纪干三角洲相含水层广泛分布,地下水与地表水之间极为密切的相互转化关系,地下水水文地球化学分带,以及"径流与蒸发"相平衡的区域均衡。

基本汇集了山区降水、地下水和冰雪融水的祁连山河流的河水是盆地地下水的主要补给来源。据统计,中游盆地的地下水 70% 来自河(渠)水入渗,此外,为来自山区的侧向径流、田间灌溉水以及降水和凝结水的入渗。在戈壁带形成的地下水向细土带运移,含水层导水性减

原载于《农业节水与地下水开发利用》,中国农业科技出版社,2000。

弱,径流强度减弱。其排泄形式为泉水溢出、蒸发、蒸腾和人工开采。下游盆地与中游盆地有所不同,地下水来源于中游盆地的侧向流入和渠系水入渗补给占90%(民勤盆地),降水和凝结水补给仅占10%,其排泄方式为蒸发、蒸腾和开采。不分补给、径流和排泄区,补给和排泄几乎同时在全区发生为黑河流域地下水运动的特点。

2 地下水水化学类型分布特征

黑河流域地下水的补给、径流和排泄特点决定了地下水化学成分的多样性及分布规律,地下水化学类型基本呈现出由南向北、由东至西过渡变化的分布特征。受降雨和河流补给影响,山区地下水水化学类型多属 HCO_3 – Ca 型。进入走廊盆地,水化学成分产生分异:山前盆地冲、洪积扇带,河水入渗补给地下水,水化学类型呈现 HCO_3 – Ca – Mg 型或 HCO_3 – SO_4 – Mg 型;盆地的中、下游部分,黑河干流沿岸分布的细土平原地带,地下水属承压水,水化学类型呈 HCO_3 – SO_4 – Ca – Mg 或 SO_4 – HCO_3 – Ca – Mg 型。浅层地下水则局部溢出地表出露为泉水,在干旱气候条件下,表层潜水开始咸化,属 SO_4 – HCO_3 – Ca – Mg 型或 SO_4 – Cl – Mg 型水。下游冲积扇缘湖盆洼地,地下径流停滞、盐分累积并形成 Cl – SO_4 – Na – Mg 型水。

地下水离子总量和总硬度,由南部祁连山北麓冲洪积扇群向走廊平原的中部及北部依次增大,由东至西亦有相似变化。地下水化学成分年际变化不明显,年内则具季节性变化特征。据高台县境内的 1988~1989 年水质监测资料分析,离子总量季节性差异最大可达1 400~2 700 mg/L,总硬度相差 4.0~67 德国度。水质出现高离子含量与总硬度的季节性变化随补给源与水循环交替程度的不同而异,一般冬春季较高,有些地带则秋冬季较高,但无明显规律可循(见表1)。

表 1   黑河流域地下水总离子含量和总硬度

位置	民乐	张掖	临泽	山丹	高台
平均离子含量(mg/L)	690.70	1 089.89	1 149.34	970.49	1 225.12
总硬度(德国度)	9.80	28.80	136.80~773.64	18.10	135.80

3 地下水水质状况

因流域内砾质戈壁渗透性强,地表水与地下水相互转化频繁,地表污水极易污染地下水,使地下水环境恶化,天然水化学成分因此而改变。与地表水污染相似,地下水污染主要集中在城镇地带。经分析得出,张掖城区浅层地下水三氮含量超标 0.7%,微生物污染较为严重。泉水中总氮含量超标幅度与井水相差不大,氨氮含量却高于井水 12 倍,微生物污染较井水严重,挥发性酚有所超标,最高超标达 5.8 倍。以临泽县为例,城区 14 个井点水中氯化物、酚类及氟离子含量均超出国家饮用水水质标准,总硬度及给水卫生学指标也有所超标。据多年监测资料,浅层地下水含氮总量呈逐年上升趋势,其他水化学成分基本趋于平衡状态,年际变化与年内季节性变化均不明显。广泛使用硝酸铵成为水中氮升高的主要因素,同时受一定垃圾污染影响。张掖地区深层地下水(埋深大于 60 m)化学成分处于稳定状态,水环境质量良好。

黑河流域中游绝大部分地区地下水天然水质状况较好,城区周围地下水体污染较为严重,主要表现为含氮量、挥发性酚、汞等超标,局部不能饮用。下游地下水因无污染源,水化学成分以天然状态为主,随径流长度增加,愈往下游盐分含量愈高乃至不能饮用。据调查,地下水中溶解氧、COD 及氮含量均符合生活及灌溉水质标准,但盐分含量随流程而不断增加,尤其是 SO_4^{2-} 和 Cl^- 含量较高,不适宜饮用和灌溉。

在流域中、下游地下水径流滞缓的地带,如张掖红沙窝,高台南华和盐池一带,下游额济纳绿洲东部边缘及西北部沿山地带,有高氟(氟含量大于 1.0 mg/L)地下水分布。中游地区存在较为严重的此类原生病疫地下水区,主要在北山山间盆地,高台南华、临泽板桥、平川、张掖、靖安、上秦及山丹河以北地区,据有关调查资料,氟病区总人口约 6.5 万人,其中氟含量在 2 mg/L 以上的中重病区人口约 3.8 万人,近年由于大力开展了病区改水工程,使病疫状况得到了改善。

4 结论

尽管对地下水水质没有进行定量评价,从上述可得出如下结论:中、上游天然水质绝大部分地区均属优质淡水,在中下游局部地下水径流滞缓地带和沿山及盆地边缘地带,分布天然高氟,低碘病水,不适宜生活饮用;在城镇周围,浅层地下水受污染严重,深层地下水尚未被污染;中、下游地区,浅层地下水盐分含量逐渐增高,并随 SO_4^{2-} 和 Cl^- 增高而不宜作为生活用水。地下水总体上未遭受严重污染,在酒泉市区,潜水水质中石油类和大肠菌群两种指标超标,有污染倾向;在张掖地区部分城镇区,地下水中氨氮、挥发性酚、硫化物等有超标现象,对流域深层地下水水质而言,水质清洁,属Ⅰ、Ⅱ级水质类型。

黄河口清 8 出汉工程的作用及对河口演变的影响

谷源泽[1] 姜明星[2] 徐丛亮[2] 陈俊卿[2] 霍家喜[2]

(1.黄河水利委员会水文局;2.山东水文水资源局)

1 清 8 出汉工程实施背景及基本情况

利用黄河泥沙淤滩造陆,变滨海区的石油海上开采为陆上开采是近年胜利油田滨海区油汽开发的发展战略之一。在清 8 出汉工程预行河海域发现储量 2 亿多吨新滩垦东油藏情况下,胜利石油管理局提出了适当调整清水沟流路入海口门,利用黄河泥沙淤海造陆,变垦东 12 海域油区石油的海上开采为陆地开采的要求。20 世纪 90 年代以来黄河口断流日益加剧,给河道、河口演变带来诸多问题。黄河河口演变的客观形势也要求重新认识河口,采取新的治理对策。实施清 8 出汉工程不仅是淤滩采油的需要,而且为重新认识河口、寻找治理河口新方法提供了契机。清 8 出汉工程实施方案经山东黄河河务局详细论证并报请黄委会批准后,于1996 年汛前实施了人工出汉。该工程 5 月 11 日开工,7 月 18 日完工。工程主要包括(图 1):开挖引河 5.0 km;引河断面为梯形,纵比降1/5 000,平面挖深 1.0~1.3 m。在原河道修筑 4.1

本文原载于《泥沙研究》2000 年第 5 期。

km 长的截流坝;坝顶高出原河道两岸导流堤 0.4 m。在引河左岸距引河轴线 1.5 km 外,修筑 5.5 km 长的导流堤。在开挖引河两侧破除原河道左岸导流堤,破除口门 4 个。出汊工程实施后,黄河入海流程较原河道缩短 16.6 km。

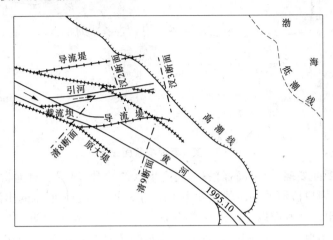

图 1　清 8 出汊工程示意

2　清 8 出汊工程的作用

2.1　出汊对河口段河道演变的作用

2.1.1　出汊河道行水状况及其河道形成机制

1996 年黄河入海水沙控制站利津站年水量为 167 亿 m³、年沙量为 4.5 亿 t,分别较多年平均偏小 53% 和 50%,该年河口来水来沙仍属枯水少沙系列。清 8 出汊后,当年河口段出现了一次较理想的流量过程,对河口口门段成河较为有利。汊河过流后几天内,利津站流量就超过 1 500 m³/s;并且该年黄河两次洪峰在河口段汇合,利津站最大洪峰流量达 4 130 m³/s。汊河行水初期因河口流量较小,水流沿开挖引河下泄入海;此后随着流量的增大,水流沿引河漫溢,在两侧导流堤之间下泄入海;但主流仍在引河内。当利津站流量达到 2 000 m³/s 时,截流坝南侧部分被冲开,老河部分过水,过水量约占总水量的 30%。利津站流量达到 2 800 m³/s 时,洪水沿开挖引河漫溢并冲毁右岸,分别沿引河、老河、导流堤破口处呈三股下泄入海。当利津站流量回落至 1 500 m³/s 时,因老河截流坝仍未堵复,老河仍有部分过流,此时出汊点以下河道流速均匀,已形成较明显河槽。出汊点下 1 km 范围内,河宽 300 ~ 400 m,深泓点水深 5 ~ 6 m;1 km 以下,河槽开始展宽,河宽 1 ~ 2 km,深弘点变浅,并且在出汊点以下 9 km 处,形成向左的微弯,入海口门处水深 1.1 m 左右。整个出汊河段比较顺直,大水过后无分汊现象。出汊工程缩短了入海流程,河口侵蚀基面相对降低,河口段河道发生冲刷。由实测资料计算分析,出汊点以下河道主槽平面冲深 0.5 m 以上,同时从出汊点以下的汊 2 河道断面比较图(图 2)可看出:出汊河道主槽河底高程亦明显低于该河段原始地面高程,主槽河宽约为开挖河槽的 2 倍;河两侧出现明显滩唇,滩唇最高点较两侧原始地面高约 1.5 m。可见,清 8 以下河道形成机制不像清水沟流路改道初期是单纯的淤滩成槽过程。而系在人为干预下与自然演变相结合发展形成的;即河道主槽形成机制为人工开挖引河,河水冲刷下切、拓宽逐渐淤滩成槽而成。

2.1.2　由河道冲淤变化看清 8 出汊的作用

近年因河口段连续的枯水枯沙系列、清水沟流路不断延伸,使河口段河道处于连续淤积状

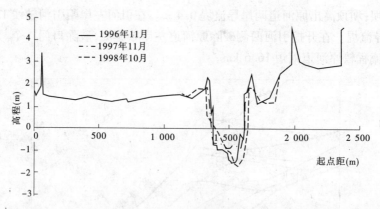

图2　汊2断面横断面比较

态,其表现在河道断面萎缩、河底高程抬高、同流量水位抬升,出现了对河口防洪、防凌不利的局面。清8出汊后河口段河道冲淤状况发生了质的变化。由表1所示的出汊前后利津以下河道冲淤变化可知:出汊前利津以下河道冲淤趋势仍是淤积,并且愈靠近河口淤积愈厚,淤积的溯源特征明显。1996年清8出汊后,汊河开始行水的7月中旬至9月中旬,2个月的时间,利津以下河道全面发生冲刷,其中利津至西河口河段冲刷830万 m³,西河口至清7河段冲刷1 440万m³。西河口以下河道的冲刷强度是利津至西河口之间的2.5倍,冲刷厚度也大于西河口以上;溯源冲刷特征明显。当年汛后至1997年汛前,利津站水量较小,且断流多次,致使清8出汊所引起的河道冲刷渐趋减弱。该阶段利津以下河道保持微冲状态;其冲淤特性仍为溯源性冲刷;根据实际查勘,清8出汊缩短黄河入海流程后,潮流影响已上溯到清6至清7断面间。此间口门段冲刷主要以潮流作用为主。1997年汛期,利津站水量只有2.44亿 m³,沙量仅有0.074 7亿t;河口出现了历史上罕见的枯水枯沙年份。致使利津至西河口段河道淤积了1 210万m³;西河口以下仍冲刷了1 110万 m³。至1997年汛后,清8出汊引发的河口段冲刷对西河口河段以下还发挥着作用。1997年汛后至1998年汛前,利津站来水5.43亿 m³,来沙0.02亿t,因该期严重干旱,河口段引水加大,且有地方部门在清6断面以下约3 km处修的截流坝,基本无水量入海。该阶段利津至截流坝段河道冲淤变化不大;截流坝以下河道因距入海口门较近,在潮流作用下继续表现为冲刷。1998年汛期,河口段水沙条件接近1986年后的正

表1　清8出汊前后利津以下河道冲淤变化

时段 （年·月）	冲淤量（万t）		冲淤强度（万t/km）		冲淤厚度（m）	
	利津至西河口	西河口至清7	利津至西河口	西河口至清7	利津至西河口	西河口至清7
1995.10～1996.5	40	490	0.84	11.8	0.01	0.06
1996.5～1996.9	−830	−1 440	−17.5	−40.5	−0.19	−0.22
1996.9～1997.5	−50	−30	−0.10	−0.06	−0.01	−0.01
1997.5～1997.10	1 210	−1 110	25.51	−31.15	0.27	−0.14
1997.10～1998.5	−20	−20	−0.42	−0.56	−0.004	−0.003
1998.5～1998.10	132	−36	3.16	−0.79	0.03	−0.006
1996.5～1998.10	442	−2 636	9.32	−57.9	0.10	−0.38

常年份,利津站水量为93.6亿 m³,沙量为3.53亿 t。该年因在河口段的朱家屋子至6断面间11 km范围内实施了"挖河固堤启动工程"实验,挖走了550万 m³泥沙,使河口段河道的边界条件在局部发生改变,其对河口段河道冲淤特性有所影响,挖沙河段发生回淤,而其上下河段一定范围内出现冲刷,产生了一定的减淤效果。由于挖沙部位在西河口以上,距河口尾闾尚有50余 km,因此其对河口尾闾段影响较小。

2.1.3 由同流量水位、河势及河长变化看清8出汊的作用

由表2可知:1990~1995年利津以下各站同流量下水位均呈逐年上升趋势。出汊后河口段同流量下水位均呈现下降趋势。1996年汛后相应于2 000 m³/s流量的水位四站较1995年10月分别下降了0.33、0.47、0.61、0.97m。同流量水位下降幅度呈下大上小之势,亦说明清8出汊工程实施后河口段河道冲刷的溯源特性。溯源冲刷的范围在西河口以上,约50 km。"96.8"洪水在黄河下游造成大漫滩,各河段超过或接近历史最高水位情况下,河口段没有发生较大范围的漫滩,洪峰流量相应水位较常年有所降低,其与清8出汊工程的实施有直接关系,减轻了河口地区防洪压力。1997年河口段来水来沙且断流天数多,其对延续河口段河道的溯源冲刷极为不利。至1998年利津以下各站2 000 m³/s流量级的水位利津至一号坝开始缓慢抬升,西河口以下仍保持下降趋势;其与1998年实施"挖河固堤启动工程"所产生的减淤效果有一定的关系。显然不利的水沙条件使清8出汊引发的河口段河道冲刷在逐渐减弱,影响范围逐渐减小。清8出汊人为控制了河口段河势。其对稳定河口段河势的作用是非常明显的。90年代以来清水沟流路河口段河势开始呈现不稳定性,每隔一两年就要发生一次或大或小的摆动。清8出汊后,入海泥沙基本保持一定的方向,河口段河势稳定,河长延伸较快。1996年7月引河行水至同年11月,河口段河长延伸了近9 km,西河口以下河长达55 km;1997年,因河口段水小沙少,且入海口门已延伸至水深较深海域,河长没有继续延长,与1996年相比,还略有蚀退;1998年虽然河口水沙维持一定的数量,因入海口门凸入海中,口门畅通,口门外水深较大,潮流作用较强,河长变化较小,西河口以下河长约56 km。由于影响河口段河道演变的因素是多方面的,单靠调整河道边界条件使河道演变向有利的方向发展是暂时的。必须以有利的水沙条件配合和加大河口治理的措施,才能达到长期的效果。

表2 利津、一号坝、西河口、丁字路口站1990~1998年2 000 m³/s同流量水位

时间(年·月)	利津(m)	一号坝(m)	西河口(m)	丁字路口(m)
1990.10	12.65	10.16	8.28	
1991.10	12.74	10.23	8.27	5.32
1992.10	13.00	10.39	8.53	5.62
1993.10	13.32	10.85	8.93	5.95
1994.10	13.29	10.74	8.95	5.74
1995.10	13.44	10.94	9.03	6.04
1996.10	13.11	10.47	8.42	5.07
1997.10	13.10		水小无资料	
1998.10	13.12	10.5	8.40	4.75

2.2 清8出汊工程对河口滨海区演变的作用

2.2.1 出汊前滨海区演变特征

原口门海域因始于1988年汛前的河口截支强干、工程导流等治理措施,入海泥沙基本保持单一入海之势,沙嘴处咸淡水快速混合絮凝,大部分泥沙淤积沉降在口门附近,使河口快速延伸、拦门沙坎顶抬高、拦门沙以内河道形成负比降。径流受壅水作用,摆动点大多发生在拦门沙以内河道,使河口口门方向每年甚至每次较大洪水都发生变动。由实测资料可知,入海泥沙最大淤积中心发生在口门及拦门沙区域,河口沙嘴沿着淤积中心轴线发育延伸。近口门50 km² 左右区域内,淤积泥沙量占近海泥沙淤积量的70%以上。距离口门此范围以外广大区域泥沙只是轻微淤积,年均不足0.5 m,而且距口门越远,淤积程度越轻。

孤东油田以南附近海域系清8出汊预行河海域,该海域位于原口门西北18 km处。从黄河入海泥沙分布规律知,入海泥沙只能影响淤进两侧海岸不足20 km范围,因此孤东油田附近海域属缓慢冲刷形态。桩西海港至孤东油田海岸为第二次亚循环三角洲冲积岸线,海岸平顺,沿岸流为东南轴向,处于0 m等值线冲淤平衡界面以内。该界面以内浅水区域等深线蚀退,海域冲刷;界面以外深水区域等深线外延,海域淤积。其淤积程度距河口越远越轻。由此可知,清8出汊预行河海域处于0 m等值线冲淤平衡界面起始与扩展部分,海岸及浅水海域侵蚀严重,其不利于该海域石油的开采。

2.2.2 清8出汊对海域地形演变的作用

以1995年11月至1996年9月河口海域41个断面数据来表征清8出汊对滨海区演变的影响,其基本特征为:①清水沟流路原口门海域因失去了沙源补给,使该海域凸入海中的沙嘴区由快速堆积向快速蚀退演变。主要冲刷中心2~5 m厚度面积9 km²,1~5 m厚度冲刷区域也位于原口门区域,面积接近30 km²,冲刷量为5 521万m³,占总冲刷量的65%。②原口门以南海域由缓慢堆积向缓慢冲刷转变:原口门向东南延伸,河口沙嘴南侧三面环海,此处涨潮流北向南、向西再向西北,落潮流基本相反。泥沙淤积主要靠潮流输送。清8出汊后,该海域缺少泥沙补给来源,产生冲刷,冲刷幅度为2~5 m,冲刷程度较原口门附近小。③出汊新河海域由蚀退转变为淤进。出汊新河入海泥沙扩散已影响到口门以北80 km²区域。该区域海岸部分得到沙源补给,岸线稳步扩展。出汊当年新河海域已在原海岸凸出淤积出一个巨大沙嘴,10 km海岸线宽度范围内新河淤积造陆24 km²;0 m岸线延伸距离在东方向上已达9 km,显示出入海泥沙淤海造陆的巨大作用。由于1997年利津来沙仅有0.16亿t,河口成陆有限,当年河口沙嘴发生蚀退;1998年利津站来沙3.65亿t,该年淤海造陆16 km²,河道延长3 km。截至1998年底,清8出汊新河行水2.5年,海域高潮线以上共造陆41 km²,沿岸线12 km宽度范围河口段河道延伸近10 km,口门主流轴向55°,新河显示出非常好的行河潜力。清8出汊工程使河口形态、海岸边界条件、河口海洋动力都发生了变化,出汊河口距五号桩M2无潮点距离缩短18 km,河口口门海洋动力作用加强,有利于入海泥沙向河口两侧输移,使河口沙嘴在一个较宽范围内淤海造陆,不仅成陆稳定,且更有效地延长海域行水年限。

3 人工干预下复循环演变规律的存在

黄河自1855年夺大清河故道入渤海至1976年的100余年来,在近代三角洲范围内决口、分汊或改道频繁。其中较大的改道有10次。10次改道变迁过程,反映了近代黄河三角洲的自然演变规律。其特征为:以宁海为顶点的第1~5次变迁完成第一次大循环,流路横扫整个近代三角洲,历时半个世纪;从 1926 年第五次改道重行三角洲东北方向,流路摆动顶点下移至渔洼附近,到清水沟流路结束将可能完成第二次亚循环,形成亚三角洲。以清 8 出汊为标志,三角洲顶点可再下移到清 6 断面附近,在北起孤东油田海堤,南到清水沟流路原河口或再外延至 18 户流路北侧之间区域开辟第三次小循环时期。

　　100 余年来,河口 10 次流路演变规律基本遵循了淤积(散流)—延伸(归一)—分汊(摆动)—改道的单循环自然演变过程。清 8 出汊新河是清水沟流路主河道基础上在自然分汊环节前主动实施的人工出汊工程。其仍应视为清水沟流路范畴。而清 8 出汊工程其规模之大,又具有超出以往任何尾闾自然分汊摆动的不同特性:即从工程实施环节上看做是一次分汊摆动,从新河的发育条件、过程、形态上它又具有一条流路的全部特点,也具有一般流路的自然演变环节,亦具有一般流路的行河年限。通过对清 8 出汊工程本身及其对河口、河床演变的作用分析认识到:清 8 汊河达到设计行水年限后可再人工安排出汊,即根据河口发展态势选择河口流路规划中的北汊或现口门与原口门两个大沙嘴之间的海湾流路,然后在新形成的第三次小循环三角洲海岸上合理安排新的行河水道。黄河在此三角洲面上规划,具有超过 50 km 长的海岸线安排行水,海域宽广,海动力有利,三角洲距离东营港与羊口港都超过 50 km,根据黄河入海泥沙扩散规律知黄河泥沙对两港水域影响微弱,年均淤积程度小于 0.2 m,东营港规划航道完全可通过疏浚解决。此安排解决了海洋石油开采、港口规划建设、黄河入海流路等矛盾冲突,使黄河在下大半个世纪有了可靠归宿,为黄河三角洲生产发展必将做出重要贡献;也为河口治理明确了思路,使对河口的认识在前人的基础上升华到一个新的高度。即把 70 年代发现的河口流路自然单循环演变规律发展成为 90 年代后的在分汊环节周期进行出汊调整的人工干预复循环规律。

主流平均流速法在宽浅河道断面洪水测验中的应用

吉俊峰　　马永来　　赵新生　　赵淑饶

(黄河水利委员会水文局)

　　黄河下游河道宽浅散乱,洪水期间的流量测验十分困难,洪水测报工作尚存在着测验历时过长、流量测次偏少、预估报精度不高等问题。主流平均流速法是通过实测主槽部分断面面积和主流区内 3~5 条垂线流速,计算出断面流量的一种测验方法,该方法的实施可弥补宽浅河道流量测次之不足,也可提高水情拍报和水量平衡计算的精度。本文以黄河下游防汛的标准站花园口水文站为例,详述如下。

1　基本情况

　　花园口水文站测验断面为沙质河床,断面宽、水流浅、关系线乱,没有稳定的水位流量关系。特别是进入 90 年代以来,河道萎缩严重,"小流量,高水位,大漫滩"情况频繁出现,测验

本文原载于《水文》2001 年第 3 期。

条件更趋困难。洪水期间,正常情况下,对于不漫滩洪水或漫滩洪水的主槽部分,一次流量测验需3只大机船和约26名职工。历时1.5~2.0 h;滩区部分需2~4只冲锋舟和8~18名职工,历时4~8 h。由于测验历时过长,在一定程度上影响流量测验精度,尤其是在风雨雾等恶劣天气,测船将不能顺利出航或不能准确定位而失去控制洪峰的最佳时机,进而影响洪水测报质量。

2 主流平均流速法实施的必要性

我们知道,流量测次分布的一般原则是:完整控制洪水过程和水位流量变化过程。而只有及时地施测流量,适当增加流量测次,才能完整控制水位流量关系线的变化过程及趋势,满足水文预报和推求不同时段径流量的精度需求。以"58·7"和"82·8"两场大洪水为例(见表1和图1),"58·7"洪水,因当时测洪能力低,单次流量测验历时长(平均为5.5 h),致使测次少,控制差,洪峰流量延长幅度达23%。同时,对整编定线和把握推流跳线时机产生影响,在1950~1990年资料审查中,"58·7"洪水洪量改大了3.22亿 m³。"82·8"洪水,机船组的投入使用提高了测洪能力,单次流量测验历时缩短为1.8 h,测次多,控制好,上下游洪峰过程对应、洪量平衡,无矛盾现象。在变动河床条件下,流量测验历时的长短是决定能否适当增加测次、改善水位流量关系和提高测验精度的关键因素之一。主流平均流速法的优势在于:①测验历时可缩短至约30 min;②一次流量测验仅需12人,劳动强度低;③对测船定位不做严格要求,可避免因风雨雾天气引起的测验困难。因此,主流平均流速法的实施使得缩短测验历时和增加流量测次成为可能。

表1 "58·7"、"82·8"洪水测验情况比较

洪水	最大洪峰流量（m³/s）		流量延长幅度（%）	10 000 m³/s以上流量		单次流量平均测验历时(h)
	实测	推估		历时(h)	测次数	
58·7	17 200	22 300	23	79	5	5.5
82·8	14 700	15 300	3.9	53	4	1.8

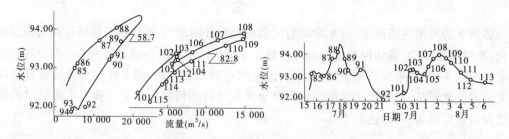

图1 "58·7"、"82·8"洪水水位流量关系及流量测次分布

3 主流平均流速法的建立

20世纪90年代以来,"小流量,高水位,大漫滩"是黄河下游河道严重萎缩的明证,因此以1992~1998年实测流量资料为基础来建立主流平均流速法更具现实意义。本文选取1992、

1994、1996、1998 年等 4 年峰值较大的洪水资料作为计算统计样本,利用统计出的断面平均流速系数,对 1993、1995、1997 年等 3 年实测洪水流量资料进行流量的再计算,以报汛和整编等工作对流量资料的精度要求来验证主流平均流速法的可靠性。

3.1 确定主流区

根据主流区的一般概念和实践经验,主流区水面宽度宜取主槽水面宽度的 30%,主流区内的垂线水深宜比主槽平均水深大约 20%,主流区的垂线流速宜较主槽平均流速大约 20%,即

$$B = b \times 30\% \quad H = h \times (1 + 20\%) \quad V = \bar{v} \times (1 + 20\%)$$

式中:b、h、$\bar{v}$ 分别表示主槽部分的水面宽度、平均水深和平均流速;B、H、V 分别表示主流区的水面宽度、垂线水深和垂线流速的参考值。

对于一份实测流量资料,照计算出的 B、H、V 值,即可界定出其主流区。见图 2。

3.2 计算断面平均流速系数

把主流区内所有实测垂线流速(一般为 3 ~ 5 条)的算术平均值作为主流区的平均流速($\bar{v}_1$)。断面平均流速($\bar{v}$)与主流区平均流速($\bar{v}_1$)的比值即是所求的断面平均流速系数(δ),即

$$\delta = \bar{v}/\bar{v}_1$$

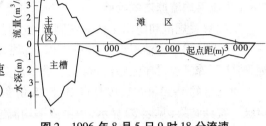

图 2　1996 年 8 月 5 日 9 时 18 分流速、水深沿断面分布情况

对于漫滩洪水,$\bar{v}$ 应是主槽部分的断面平均流速,滩区部分另作处理(详见本文 3.3)。统计样本中,根据主槽的过水情况将水流分为三类,分别计算其断面平均流速系数(δ):

(1)断面上明显分出一个主流区和 1 ~ 2 个漫流区,这是洪水过程中断面的基本过水情况。用断面平均流速除以主流区平均流速即是所求的断面平均流速系数。

(2)断面上明显分出两个主流区。分别计算两个主流区的平均流速,把两个主流区平均流速的算术平均值作为该测次主流区的平均流速来计算断面平均流速系数。

(3)断面上无明显的主流区或有两个以上主流区。此类情况主流区的界定难度和任意性较大,宜由对河道及测验比较熟悉的多名人员分别界定,综合确认一个或两个主流区,以此计算断面平均流速系数。

根据上述确认主流区的原则和计算断面平均流速系数的方法,对所选样本资料进行计算,结果显示:断面平均流速系数与断面过水情况,尤其是与垂线流速沿断面分布情况关系密切。即断面流速分布越均匀,断面平均流速系数越大;反之,断面流速分布越集中,断面平均流速系数越小。根据断面流速分布情况,把所选样本资料归纳为三类:Ⅰ、流速沿断面分布均匀,主流区不易划分或主要依据水深划分;Ⅱ、流速沿断面分布相对集中,水深和流速分布不甚一致;Ⅲ、流速沿断面分布相当集中,水深和流速分布基本一致。对应于流速沿断面的三类分布情况(类别),断面平均流速系数(系数)的计算结果见表 2。

3.3 滩区流量的推求

滩区部分,经分析"92·8"、"96·8"、"98·7"等洪水资料得知,其水位流量关系线规律明显且稳定。因此,用正常实测的滩区流量成果时时校正此水位流量关系,实施主流平均流速法测验时,所需的滩区部分流量可直接在滩区水位流量关系线上推求。

表2　不同年份不同断面情况下断面平均流速系数计算统计

年份	I	II	III
1992	0.88	0.86	0.80
1994	0.88	0.85	0.79
1996	0.90	085	0.82
1998	0.91	0.86	0.80
平均	0.89	0.86	0.80

3.4　主流平均流速法的检验

依据有关规范和防汛工作对花园口水文站洪水拍报的要求,该站现行的洪水拍报精度指标是:洪水过程平均估报精度在90%以上,峰顶估报精度在95%以上。流量资料整编精度指标是:实测流量连时序法整编定线,点据偏离关系线的差限不超过 ±8%。

对选定的1993、1995、1997年3年25份实测流量资料按主流平均流速法进行重新计算和检验。统计结果(见表3)显示,用主流平均流速法计算出的流量数据,完全能够满足水情拍报和水量平衡计算的需求。

表3　主流平均流速法对实测流量资料的验算精度统计

年份	资料份数	流量相对差均值(%)	最大相对差(%)	最小相对差(%)	相对差 >5% 的资料份数
1993	10	2.5	5.3	0.3	2
1995	8	3.6	9.8	0.6	1
1997	7	4.1	5.9	1.3	3

4　主流平均流速法的实施

4.1　测前准备

首先根据汛前实测大断面图,确定断面主槽和滩区的大致范围。洪水期间,及时点绘实测水深、流速沿断面分布图,并据此判断断面情况和流速分布情况,确认主流区的近似位置。

4.2　施测面积

利用1只机船,按有关规范规定施测主槽部分面积。在施测面积过程中注意河势情况并做记录,据此实时校正主流区范围,直至最终确定主流区。同时,观察流速沿断面大致的横向分布情况,划分其所属类别。

4.3　施测流速及选定断面平均流速系数

根据确定的主流区,在其中大致均匀地布设3~5条测速垂线施测流速,计算其算术平均值。根据确定的流速沿断面分布类别,选定断面平均流速系数。

4.4 流量计算与合成

主槽部分,主流区流速的算术平均值与断面平均流速系数之乘积即是主槽部分平均流速,据此可求出主槽部分流量;滩区部分,流量在实时校正过的滩区水位流量关系线上直接推求。主槽与滩区流量相叠加即获得一份实测流量。

5 主流平均流速法在应用中需注意的几个问题

（1）根据不同断面的过水情况和流速沿断面的分布情况分类选取断面平均流速系数。

（2）利用实测流量资料实时率定所选取的断面平均流速系数。

（3）因实测流量直接服务于洪水水情预报,主流区的选择应比平时的泥沙主流三线测验更为严格。实际操作中,在兼顾水面宽和水深的同时,应重点考虑流速,尤其是水面流速。

本文承蒙黄委会水文局牛占、袁东良两位高工的指导,特致谢意。

黄河流域委属区域代表站和小河站布局研究

刘九玉　杨汉颖　龚庆胜　韦淑莉　任志远

（黄河水利委员会水文局）

1 委属水文站网现状

1.1 委属各类测站的数目

水文站网是指在一定区域或流域内,按一定原则,用一定数量的各类水文站构成的水文资料收集系统。至 1997 年年底委属水文站 116 个(不包括渠道站),其中大河控制站 61 个、区域代表站 42 个、小河站 13 个。区域代表站、小河站主要分布在黄河中游地区,由于黄河流域的水文站点不足,在实际工作中,常将小河站按区域代表站对待,参加分析计算。

1.2 委属站网布设区域

黄河流域的水文站网由流域机构和省区分工管理,黄委辖区面积约 30.7 万 km^2(包括河源区),约占全流域面积的 40%。主要分布在:①黄河干流及河源区(巴沟以上)干、支流;②陕北、晋西大部分直接入黄支流;③泾河大部分干、支流,渭河干流及天水以上支流;④伊、洛河干支流,沁河润城以下干、支流,三门峡至花园口间(以下简称三花间)各小支流。

1.3 现有测站的实际功能

结合黄河的实际情况,委属区域代表和小河站可归纳为九大功能:①区域水文要素探索;②水资源评价;③水文情报;④水文预报;⑤规划设计;⑥工程管理;⑦水沙变化;⑧水质监测;⑨实验研究。

本文原载于《人民黄河》2001 年增刊。

2 委属区域代表站和小河站存在的主要问题

2.1 受水利工程影响的区域代表站水沙账不清

大量的坝库工程,拦蓄着洪水泥沙,使坝库下游水文站实测的水沙过程在数量和时程分配上发生了很大的改变。委属有 42 个站不同程度地受到人类活动的影响,约占总数的 76%。其中,有 35% 的水文站水库控制面积占集水面积的比超过 15%,如丹河山路平站高达73.8%、芦河横山站也高达 69.2%。

随着流域内工农业生产的发展,引水量逐年增加,表现为人类活动影响前后年降雨径流关系相差很大,如芦河的横山站 1978 年和 1959 年的降水量基本相同,而年径流量前者较后者减少 61.2%。目前,水文站观测资料只能反映出来水来沙的实况,因缺乏辅助观测和必要的水文调查,难以准确地定量估算出人类活动的影响程度和进行还原计算,导致了水沙账难于算清。

受水利工程影响较重的区域代表站,已很难履行原设站目的。今后的设站目的、服务对象如何调整,用什么样的指导思想和方式收集资料,是亟待研究的课题。

2.2 区域代表站、小河站的配套雨量站密度和观测段次稀

区域代表站、小河站的配套雨量站不完善,致使资料整编成果不能满足雨洪分析的要求。主要表现在两个方面:一是配套雨量站少,分析的 54 个站中,有 24 个站配套雨量站数严重不足。如 1966 年 8 月 15 日 20 时马湖峪站出现了 1 180 m³/s 的洪水,从流域内仅有的两个雨量站观测的资料来看,降雨量都不大(只有 13.6 mm),不可能产生这么大的洪水,说明两个雨量站未能控制住暴雨的空间分布。二是降水观测段次少。如 1970 年 8 月 1 日 3 时 50 分马湖峪站出现了 1 840 m³/s 的洪水(是有实测资料以来的最大洪水),马湖峪站降雨量 98.1 mm,由于是四段观测,降雨强度无法计算,因此影响了雨洪分析的结果。

2.3 部分区域代表站有跨区现象

委属区域代表站跨水文分区的有 15 个,约占 27.8%。其中黄甫、高家川、高石崖、王道恒塔等均跨两个以上分区,这给绘制输沙模数图带来困难。

2.4 存在"无站空白区"

黄河上游只有一个区域代表站,站点过稀;无定河上游及北岸、渭河上游、伊洛河均有"无站空白区",如渭河上游武山水文站以上控制面积 8 080 km²,有两个较大支流,没有一个区域代表站或小河站。

2.5 实验研究站点少

对治黄事业中遇到的重大问题,须进行实验研究性质观测的站点少。例如采用"水文法"分析水利水保工程的拦水拦沙数量所存在的问题,应该分区选定实验流域(如曹坪站),观测和调查水利水保工程的拦水拦沙数量,作为面上测算的旁证和依据。

3 区域代表站布设

布设区域代表站的目的,在于控制水文特征值的空间分布,通过网内各水文站之间的资料内插和资料移用技术,按照实用上的精度要求,确定区域内任何地点的基本水文要素的特征资料。区域代表站布设,首先要根据水文特征资料对水文分区的合理性进行分析,根据其空间变化的特性,划分水文一致区,然后在每个水文分区内,将中等河流的面积分为若干面积级,再从

每个面积级的河流中选择有代表性的河流设站观测。此布站原则称为"区域原则"。

区域代表站布设的主要问题是站网密度。站网密度的大小,一般受该地区的地理特征和经济发展水平的制约。水文站网密度,可以用"现实密度"与"可用密度"这两种指标来衡量。前者指单位面积上正在运行的站数,后者则包括虽停止观测,但已取得有代表性的资料或可以延长系列的站数。

4 小河站网布设

布设小河站的目在于收集小面积暴雨洪水资料,探索产汇流参数在地区上和随下垫面性质而变化的规律,为研究与使用流域水文数学模型提供不同地类的水文参数,澄清大河控制站区间水文特征值的矛盾和问题。其观测资料主要应用于暴雨产流、产沙、汇流、输沙的模型计算,在大中河流水文站之间的空白区,往往也需要小河站作补充,以满足等值线分析的需要。小河站设施简易、投资低,因此是水文站网中不可缺少的组成部分。

由于小流域下垫面特征的单一性很突出,因此布设小河站宜按下垫面性质分类、按面积分级进行布设。黄河流域的大部分水文站都不同程度地受到人类活动的影响,水文站实测的水沙资料已部分失去了资料的一致性,用调查的平均灌溉定额部分资料进行还原,必然存在一定的误差。如果选择部分受人类活动影响小的小河站或区域站的雨洪资料建立降雨—径流模型来还原径流量,则不失为一条计算还原水量的途径。

5 区域代表站、小河站调整意见

5.1 基本思路

水文站网的调整,是水文站网工作的主要内容之一,在科学技术日益提高和对水文规律不断加深认识的过程中,应定期或适时地分析检验站网存在的问题,进行站网调整。

区域代表站受水利工程的显著影响之后,所观测的洪水、径流与泥沙特征值已失去或部分失去其天然属性,不经过还原处理,就很难用传统的水文计算方法,为规划设计提供水文依据。然而,并不能由此得出可以撤销停测的简单结论。主要原因如下:

(1)有些站需要对工程影响后的洪水进行实时监测,为防汛提供实时信息。

(2)可以继续对工程影响后的实际来水来沙过程进行监测,为水资源的可持续开发、水环境评价和保护及有关工程的管理运用提供依据。

(3)选择其中部分测站,作为实验流域,开展比较详细的水文调查或辅助观测,查清水利水保工程对洪水、径流、泥沙的影响,建立水文模型,重演水沙过程或对天然水沙量进行还原计算,回答生产上提出的有关水文问题。

(4)多沙河流上的中小型水库和水保工程对洪水泥沙的影响,都有一个发生、发展、衰退和消失的过程。这类测站只要坚持观测,将为分析研究多沙区水利水保工程影响下水文泥沙情势的变化,提供极宝贵的观测资料。

5.2 委属水文站网调整

5.2.1 继续保留水文站

黄甫等53个区域代表站及小河站因其测站功能强或具有站网整体的作用,需要保留。其中,上游1站;河口镇至龙门片(以下简称河龙片)36站;泾、渭河片9站;三花片7站。

5.2.2 撤销水文站

神木—温家川区间贾家沟支流的贾家沟站除具备一般小河站的功能外,更主要的任务是验证神木—温家川区间的高输沙模数。据多年观测,贾家沟多年平均输沙模数只有 6 000 t/km²,与神木—温家川区间的 40 000 t/km² 相差一个数量级,由于该站已达不到设站目的,建议撤销该站。

5.2.3 拟建水文站

黄河河源区水资源量很丰富,但在站网上一直处于大面积"空白区",借助国家开发大西北的有利机遇,拟设 10 处水文站,为黄河水资源量与质的监测提供可靠的第一手资料,为西部开发及工程规划、设计提供系统资料。

黄河中游地区:①建议在窟野河增设 2 处小河站,一是弥补站网密度不足,二是该区间的输沙模数是黄河之冠,而为观察该区间的沙量变化,进一步验证该区间的高输沙模数。②无定河流域拟建米脂等 3 站,一是填补无定河北岸较大的"空白区",二是为探索该地区的产沙规律提供依据。③为防洪提供准确的水文信息,拟建罗峪口等 5 处直接入黄未控支流把口站。

渭河上游的水资源量比较丰富,由于"文革"时期撤了一些站,以至于形成了较大"空白区",恢复鸳鸯镇站,同时拟增漳县等 4 站,为探索该地区水文情势提供主要依据。

三花片是黄河中下游的重要防洪河段,其现状密度也达不到布站数目的下限。

综上所述,调整后,黄委管辖区的委属水文站网(中小河流)为 84 处;其中,河源片 11 处(增 10 处);河龙片 39 处(增 10 处);泾、渭河片 16 处(增 5 处);三花片 18 处(增 6 处)。调整后的站网分布,河源片:河源区 9 700 km²/站;河龙片:异强侵蚀区 1 470 km²/站,甚强侵蚀区 1 400 km²/站,风沙区 5 420 km²/站,土石山林区 1 330 km²/站;泾、渭河片;强侵蚀区 2 200 km²/站;三花片:低丘阶地平原区 1 750 km²/站,林区 800 km²/站。

5.2.4 泥沙站网规划

根据黄河泥沙分布的特点及布设原则,河龙片布设泥沙站网 39 处;泾渭片 16 处;三花片 5 处,共布设泥沙站网 60 处。

6 结语

(1)经合理性分析与调整,委属区域代表站、小河站共 84 处,其中,区域代表站为 58 处,小河站为 26 处。各分区均已满足《水文站网规划技术导则》布站的下限要求,从面上看,分布较为合理,结合黄河流域的实际情况,对每个站点的布局都进行了综合考虑,既抓住了重点,又照顾了一般。

(2)一部分中、小河流代表站,虽然已达到年径流的设站年限,但由于黄河流域的水文站网密度过稀,仅仅维持在《水文站网规划技术导则》规定的布站数目下限。因此,不宜轻易撤销。如何把受人类活动影响日益加剧的区域代表站实测值还原成天然值,建立产汇流水文模型是一个有效的办法。建议立专项作深入细致的研究,为水量还原计算走出一条新路。

黄河流域委属水文站设站年限估算

刘九玉　杨汉颖　龚庆胜　邱淑会

（黄河水利委员会水文局）

　　水文站按设站年限,可分为长期站和短期站。长期站用来探索水文要素在时间上的变化规律;短期站则依靠与临近长期站同步系列间的相关关系,或依靠与长系列资料建立转换模型,展延自身系列。在水文工作中,应通过有计划地撤销一些已满足生产需要的短期站或观测项目,把腾出的人力、物力,转移到其他需要设站的地点,设立新的短期站,扩大资料收集的范围。反之,不适当地撤销水文测站,又会造成连续记录的中断,影响站网的整体功能。有一定观测年限,并能与相邻站建立较好相关关系的水文站,可以转移或撤销。

　　天然河道上的流量站根据面积大小及作用划分为大河控制站、区域代表站和小河站。黄河流域多处于干旱与半干旱地区,一般将控制面积在 5 000 km² 以上的站作为大河控制站;控制面积在 500 ~ 5 000 km² 之间为区域代表站;控制面积在 500 km² 以下为小河站。

1　长期站

　　按中华人民共和国行业标准《水文站网规划技术导则》(以下简称《导则》)规定,大河控制站、集水面积在 1 000 km² 以上的区域代表站、大(1)型水库的基本站,除个别达不到设站目的者,都必须列入长期站;重要的小河站也可列入长期站。

2　区域代表站设站年限估计

　　委属区域代表站 42 处,需要进行估算设站年限的站如表 1 所示。

表 1　委属区域代表站设站年限估算

序号	水系	河名	站名	面积（km²）	至 1998 年设站年限	年径流$(1-\alpha)=80\%$		年输沙量$(1-\alpha)=80\%$	
						C_V	估算设站年限$(\varepsilon=0.1)$	C_V	估算设站年限$(\varepsilon=0.15)$
1	黄河	蔚汾河	兴县	650	13	0.61	61	1.16	98
2	无定河	大理河	青阳岔	662	41	0.40	29	1.16	98
3	无定河	小理河	李家河	807	41	0.38	26	1.09	87
4	黄河	清涧河	子长	913	41	0.42	31	0.90	60
5	泾河	柔远川	悦乐	528	41	0.62	64	0.88	58
6	泾河	合水川	板桥	807	41	0.56	53	1.63	194
7	伊洛河	涧河	新安	829	47	0.48	40	1.49	164

本文原载于《人民黄河》2001 年增刊。

按样本统计量的精度要求,估算设站年限公式如下:

$$N \geqslant (\frac{C_V t_\alpha}{\varepsilon})^2 \qquad (1)$$

式中:N 为设站年限;ε 为相对误差(即精度指标),%;C_V 为水文特征值的变差系数;t_α 为统计量,是显著水平为 α 时 t 分布的积分下限,当 $N > 10$ 以后,t_α 趋近一常数,可由数学手册查得。

该公式意义:对于已知样本变差系数的水文系列,若进行 N 年观测,则有 $(1 - \alpha)$ 的保证率,使样本与总体均值之间的相对误差不超过事先指定的相对误差 ε。

2.1 用年径流估算设站年限

表 1 中所列出站主要分布在黄河中游,并处于不同的水文分区,各站年径流 C_V 值的变化范围在 0.38 ~ 0.62 之间,相应的设站年限范围在 26 ~ 64 年之间。从公式(1)或表 1 中可以看出,当确定了精度指标、保证率之后,样本的变差系数(这里取年径流)C_V 值的大小对设站年限影响很大。C_V 值越大,设站年限越长,反之越小。单从年径流的变化估算设站年限来看,个别站已达到了估算的设站年限。须指出的是,由于黄河流域的特点,对于同一个站来说,选取不同的水文因子,C_V 值会相差很大,所以选某一种水文因子的样本来估算设站年限是很不全面的。

2.2 用年输沙量估算设站年限

经计算分析,年输沙量的 C_V 值一般比年径流的 C_V 值大,相应的估算年限则更长,见表 1。

从表 1 看出:年径流与年输沙量在保证率 $(1 - \alpha)$ 相同情况下,由于年输沙量的变差系数 C_V 比年径流大,虽年输沙量的误差取值比年径流的大,但估算设站年限普遍较采用年径流样本的年限长,如泾河的板桥站估算的设站年限由 53 年升至 194 年。由此说明,表 1 中站均达不到采用年输沙量样本估算的设站年限。随着黄河治理的不断深入,泥沙、水资源、水质等问题也越来越突出,在设站年限上应综合考虑各种水文因子的影响。

综上所述,有些站从单项水文因子分析,已达到设站年限,但并不意味这些站就完全满足了设站的要求,原因:①公式(1)的计算结果只是最起码的估算设站年限;②要综合考虑不同水文因子估算的设站年限;③保持基本站的相对稳定,发挥站网的整体功能;④目前黄河流域的水文站网密度还达不到世界气象组织规定的容许最稀站网密度。所以,这类站只有在条件成熟时,才可考虑是否撤销或转移。

3 小河站设站年限估算

《导则》规定,没有水情任务、单纯为收集暴雨洪水资料的小河站,在已测得 10 ~ 20 年一遇及以下各级洪水资料,并求得了比较稳定的产汇流参数,可以停测或转移设站位置。委属小河站共 13 个,皋落、桥头、石寺是 1996 年新设站,其余 10 站通过年最大洪峰流量频率计算,均测得了 20 年一遇的洪水。但这些小河站一是部分有水情任务,二是还未率定出稳定的产汇流参数,三是黄河流域水文站网密度还达不到容许的最稀站网密度,大多数小河站充当着区域代表站的作用。所以,继续研究小流域产汇流规律,是估算小河站设站年限的重要途径。

4 结语

(1)采用公式(1)计算的结果,适用于流域内布设足够的站网密度和确定了准确可靠的参证站的情况,对于黄委目前的站网现状,公式(1)计算的结果,对水文站网规划能起到一定的参考价值,但不是唯一的依据。

(2)在估算设站年限的问题上,如果能把精度要求和社会经济效益结合起来,结果会更加合理。

(3)目前黄委的区域代表站、小河站,有80%左右不同程度受到人类活动的影响,其中部分已失去了代表性,如果这类站还达不到估算的设站年限,是应继续观测下去,还是果断地撤销? 这需要我们做大量的工作,从理论上、实际上给出一个较为合理的结论。

布设断面测算河道水库容积及
冲淤量的数学解析与概化

牛　占　弓增喜　胡跃斌　刘　炜

(黄河水利委员会水文局)

布设断面测量河道水库形态、计算容积及冲淤量是河道水库水文泥沙观测的重要项目,方法概念简单,但系统的理论研究不够。本文根据我们长期探索的认识,针对容积及冲淤量计算目标,企图从断面布设、断面间距的分析概化、计算方法与公式的选择等几个环节建立一套逻辑关系基本协调的数学体系。

1　河道水库断面及作用简论

断面是与河道走势相交的有界竖平面,其下周界是与河床及岸坡相交的曲(折)线,上周界是与规定高程相交的直线。断面是作为水文泥沙观测的场地基准和作业实施的平台而体现其基本功用的。

水位、流量及悬沙测验作业的断面,一般宜布设在顺直、稳定、水流集中的顺直河段,各断面应垂直于流向,实际上,除流速仪流速－面积法测流要布置垂线测点深入水下进入断面测速、测沙外,水位(比降)观测仅在断面的水面某点位作业,浮标测速也只把断面在水面的投影线作为起、止标志线使用。

河道水库观测断面应选在河道水库平面形态显著变化处,断面应垂直于主流方向(或水库中心线)。其目的是控制地形变化,正确反映淤积部位和形态,满足计算库容及淤积的精度要求。

从以上引摘的有关规定看,水文测验与河道水库观测断面布设的目标和要求是不同的。前者河段范围较小,断面之间关联性不强;后者要在较长河段布设许多断面,测算容积及冲淤量的目标使其形成了一个体系。

根据我们多年的思考与讨论,认为对于以测算容积及冲淤量为目标的河道水库断面设计,应按河道水库平面走向大势划分较长的区段,在各个区段确定走向方向线,尽可能以与方向线正交的方向平行地布设各断面,以便于断面间距的确定和计算公式的选择。当河道水库弯曲较大或宽、深变化较大时,应以增加断面保证相邻断面间宽、深呈线性变化予以解决。

2 断面间距的意义与容积等效概化断面间距

2.1 断面间距是一个与应用目标相联系的概念

两个断面和河道水库周界及规定高程面之间围成一个立体,以河道水库走向或流向为主轴看待这个立体时,常简化为以两断面为底的(斜)柱体或(斜)截锥体。两断面平行时,断面之间的公垂线即为间距(柱体或截锥体的"高")。但当两个断面不平行时,几何学不定义间距。因此,工程中确定断面间距的方法很多又很难统一。

我们认为,工程中的断面间距应是一个与应用目标相联系的概念,如为了计算或预报水流从上断面流到下断面的时间,采用主流或主河长的曲线长度即流程作间距是合适的,从地图量河长就是这样做的;但要计算两断面间的容积,就应采用立体几何学柱体或截锥体的高的概念。由于两断面总体不平行时高的概念失效,我们拟建立容积等效概化断面间距的概念与算法,以期为解决这一问题提供参考。

2.2 建立容积等效概化断面间距的分析思路

在我们将河道水库测算目标定为推求某规定高程下从 J 断面到 $J+1$ 断面间的容积而两断面又不平行时,可将 J 断面分为许多面积微元,从 J 断面到 $J+1$ 断面的"间距(高)"应在 J 断面的面积乘以"间距(高)"的容积与以各面积微元为底的柱体的体积之和相等的条件下推出。

在 J 断面取面积微元 ω_{Ji} 由于其很小,形心处的垂线指向 $J+1$ 断面的距离即为以微元 ω_{Ji} 为底的柱体的高 y_{Ji-J+1}。因而 J 断面和 $J+1$ 断面之间微元柱体的体积为 $\omega_{Ji}y_{Ji-J+1}$,全断面所有微元柱体的体积之和为 $\sum \omega_{Ji}y_{Ji-J+1}$。另一方面, J 断面的总面积为 $\sum \omega_{Ji}$,设想有一个高 y_{J-J+1} 与 $\sum \omega_{Ji}$ 的积 $y_{J-J+1} \sum \omega_{Ji}$ 等于 $\sum \omega_{Ji}y_{Ji-J+1}$,则能够推出

$$y_{J-J+1} = \frac{\sum \omega_{Ji}y_{Ji-J+1}}{\sum \omega_{Ji}} \tag{1}$$

我们称 y_{J-J+1} 为容积等效概化断面间距。

实际上, J 断面和 $J+1$ 断面同为规定了最高高程的竖面,并且工程业务中多用起点距和高程描述断面,因而面积微元 ω_{Ji} 常取成竖向狭窄的长条,以便于由起点距和高程计算微元面积。

我们知道, J 断面和 $J+1$ 断面并不符合上述分析思路的对称,即以 J 断面为底指向 $J+1$ 断面的柱体推出的容积等效概化断面间距并不等于以 $J+1$ 断面为底指向 J 断面的柱体推出的容积等效概化断面间距,因此还应在 $J+1$ 断面取面积微元,作同样的分析,得出 $J+1$ 断面指向 J 断面的容积等效概化断面间距 y_{J+1-J},用 y_{J-J+1} 和 y_{J+1-J} 的均值作两断面的容积等效概化断面间距的应用值 $y_{J,J+1}$。

2.3 容积等效概化断面间距的解析推算

我们知道,断面布设确定后,要测量出端点的地理坐标,断面测量的基本数据成果是起点距和高程。现设 J 断面起点和终点的平面地理坐标分别为 $(X_{DJQ}、Y_{DJQ})$ 和 $(X_{DJZ}、Y_{DJZ})$, $J+1$ 断面起点和终点的平面地理坐标分别为 $(X_{DJ+1Q}、Y_{DJ+1Q})$ 和 $(X_{DJ+1Z}、Y_{DJ+1Z})$。 $(X_{DJ+1Q}、Y_{DJ+1Q})$ 到 $(X_{DJQ}、Y_{DJQ})$ 和 $(X_{DJZ}、Y_{DJZ})$ 的距离分别为

$$a = \sqrt{(X_{DJ+1Q} - X_{DJQ})^2 + (Y_{DJ+1Q} - Y_{DJQ})^2} \qquad (2)$$

$$b = \sqrt{(X_{DJ+1Q} - X_{DJZ})^2 + (Y_{DJ+1Q} - Y_{DJZ})^2} \qquad (3)$$

(X_{DJ+1Z}, Y_{DJ+1Z}) 到 (X_{DJQ}, Y_{DJQ}) 和 (X_{DJZ}, Y_{DJZ}) 的距离分别为

$$c = \sqrt{(X_{DJ+1Z} - X_{DJQ})^2 + (Y_{DJ+1Z} - Y_{DJQ})^2} \qquad (4)$$

$$d = \sqrt{(X_{DJ+1Z} - X_{DJZ})^2 + (Y_{DJ+1Z} - Y_{DJZ})^2} \qquad (5)$$

a、b、c、d 都是可以计算出确定值的。

现建立一个平面新坐标系 xOy(图 1),以 J 断面竖向投影线起点指向终点的方向为 x 轴,与 x 轴垂直指向 $J+1$ 断面方向为 y 轴,原点的竖向坐标在 J 断面竖向投影线起点的规定(最高)高程处。在平面新坐标系中,J 断面竖向投影线起点和终点的坐标分别为 $(0,0)$ 和 $(x_{xJZ},0)$,并且 x_{xJZ} 就是 J 断面竖向投影线起点到终点的长度,可通过其地理坐标由下式计算出来

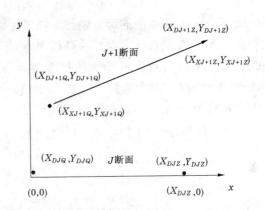

图 1 J 和 $J+1$ 断面在平面新坐标纱 $x0y$ 的示意

$$x_{xJZ} = \sqrt{(X_{DJZ} - X_{DJQ})^2 + (Y_{DJZ} - Y_{DJQ})^2} \qquad (6)$$

在平面新坐标系中,$J+1$ 断面竖向投影线为一条直线,若能推得这条直线的方程,则垂直于 x 轴到这条直线的距离即为 J 断面各点到 $J+1$ 断面的高,高可由这条直线的方程的纵坐标值求得。

下面建立 $J+1$ 断面投影线在平面新坐标系的方程。设 $J+1$ 断面投影线起点和终点的坐标分别为 (x_{xJ+1Q}, y_{xJ+1Q}) 和 (x_{xJ+1Z}, y_{xJ+1Z}),则 (x_{xJ+1Q}, y_{xJ+1Q}) 到 $(0,0)$ 和到 $(x_{xJZ},0)$ 的距离分别为

$$a_x = \sqrt{(x_{xJ+1Q} - 0)^2 + (y_{xJ+1Q} - 0)^2} = \sqrt{x_{xJ+1Q}^2 + y_{xJ+1Q}^2} \qquad (7)$$

$$b_x = \sqrt{(x_{xJ+1Q} - x_{xJZ})^2 + (y_{xJ+1Q} - 0)^2}$$
$$= \sqrt{(x_{xJ+1Q} - x_{xJZ})^2 + y_{xJ+1Q}^2} \qquad (8)$$

(x_{xj+1Z}, y_{zj+1Z}) 到 $(0,0)$ 和 $(x_{XJZ},0)$ 的距离分别为

$$c_x = \sqrt{(x_{xJ+1Z} - 0)^2 + (y_{xJ+1Z} - 0)^2} = \sqrt{x_{xJ+1Z}^2 + y_{xJ+1Z}^2} \qquad (9)$$

$$d_x = \sqrt{(x_{xJ+1Z} - x_{XJZ})^2 + (y_{xJ+1Z} - 0)^2} = \sqrt{(x_{xJ+1Z} - x_{xJZ})^2 + y_{xJ+1Z}^2} \qquad (10)$$

当平面新坐标系和平面地理坐标系所取单位一致时,一个断面各端点到另一个断面各端点的距离数值是不变(相等)的。因此,上面的式(2)~式(5)分别和式(7)~式(10)对应相等,从而可以解出 $J+1$ 断面竖向投影线起点和终点在平面新坐标系的坐标 (x_{xJ+1Q}, y_{xJ+1Q}) 和 (x_{xJ+1Z}, y_{xJ+1Z})

$$x_{xJ+1Q} = \frac{a^2 - b^2 + x_{xJZ}^2}{2x_{xJZ}} \qquad (11)$$

$$y_{xJ+1Q} = \sqrt{a^2 - x_{xJ+1Q}^2} \qquad (12)$$

$$x_{xJ+1Z} = \frac{c^2 - d^2 + x_{xJZ}^2}{2x_{xJZ}} \qquad (13)$$

$$y_{xJ+1Z} = \sqrt{c^2 - x_{xJ+1Q}^2} \qquad (14)$$

进而,可写出 $J+1$ 断面投影线在平面新坐标系的两点式方程

$$\frac{y - y_{xJ+1Q}}{x - x_{xJ+1Q}} = \frac{y_{xJ+1Z} - y_{xJ+1Q}}{x_{xJ+1Z} - x_{xJ+1Q}} \qquad (15)$$

在平面新坐标系,J 断面的起点距与 x 轴坐标值一致,若相邻两测点起点距分别为 x_i 和 x_{i+1};对应高程为 z_i 和 z_{i+1},规定(最高)高程为 z_0;与 x_i 和 x_{i+1} 对应的 y_i 和 y_{i+1} 可由式(15)求出,y_i 和 y_{i+1} 是 x_i 和 x_{i+1} 到 $J+1$ 断面的距离,也就是垂直于 x_i 和 x_{i+1} 之间以狭窄长条面积微元 ω_{Ji} 为底的微元柱体的两个边高。这个微元柱体的宽为 $x_{i+1} - x_i$,平均深为 $[(z_0 - z_i) + (z_0 - z_{i+1})]/2$,平均高为 $(y_i + y_{i+1})/2$;底面积为 $(x_{i+1} - x_i)[(z_0 - z_i) + (z_0 - z_{i+1})]/2$,微元柱体的体积为 $(x_{i+1} - x_i)[(z_0 - z_i) + (z_0 - z_{i+1})](y_i + y_{i+1})/4$;全断面总面积为所有狭窄长条微元面积之和 $\sum (x_{i+1} - x_i)[(z_0 - z_i) + (z_0 - z_{i+1})]/2$,全断面所有微元柱体的体积之和为 $\sum (x_{i+1} - x_i)[(z_0 - z_i) + (z_0 - z_{i+1})](y_i + y_{i+1})/4$。按照式(1),容积等效概化断面间距为

$$y_{J-J+1} = \frac{1}{2} \frac{\sum (x_{i+1} - x_i)[(z_0 - z_i) + (z_0 - z_{i+1})](y_i + y_{i+1})}{\sum (x_{i+1} - x_i)[(z_0 - z_i) + (z_0 - z_{i+1})]} \qquad (16)$$

以上我们以 J 断面为基面指向 $J+1$ 断面研究问题,同理,也可以 $J+1$ 断面为基面指向 J 断面研究问题得出 y_{J+1-J},从而两断面的容积等效概化断面间距的应用值为

$$y_{J,J+1} = \frac{y_{J-J+1} + y_{J+1-J}}{2} \qquad (17)$$

我们可以看出,所谓容积等效概化断面间距,在立体几何的等积变换中,就是以某断面为正底面,扭转另一断面(斜底面)与正底面平行后推出的柱体高(间距)。从计算的角度看,是斜底柱体面积加权平均推得的高(间距)。

容易明白,当两断面平行时,上述推算方法和过程仍然是适合的,只是实际要简化得多。这就是说,以任一断面竖向投影线为 x 轴建立新坐标系 xOy,由式(2)~式(15)推算的方程 y = 常数的“常数”即为两断面的间距。

一般来说,断面间距一旦确定总希望稳定,但断面又会冲淤变化,因此实际工作中还要研究容积等效概化断面间距的误差影响和误差指标。

3 断面间容积计算公式的适用性

测算出断面规定高程下的面积和确定了断面间距以后,选择公式计算断面间的容积及冲淤量是河道水库测算的基本目标。下面就有关公式的适用性和建立更实用的公式作些探讨。

3.1 截锥公式的适用性

截锥公式可表达如下

$$V_{jz} = \frac{1}{3} y_{J,J+1}(A_J + \sqrt{A_J A_{J+1}} + A_{J+1}) \qquad (18)$$

式中:V_{jz} 为截锥公式计算的两断面间的体积;$y_{J,J+1}$ 为两断面间距,A_J 为 J 断面的面积;A_{J+1} 为 J

+1 断面的面积。

截锥公式是有严格立体几何定义的公式,要求两底面平行且相似,各条侧棱延长后交于一点(顶点),并且两底面的面积与顶点到各自底面的距离(锥高)的平方成比例。实际河道断面间的立体很难符合这些条件,但因其立体概念明确,理论严谨,工程中常被采用。

3.2 梯形公式的适用性

梯形公式可表达如下

$$V_{tx} = \frac{1}{2} y_{J,J+1} (A_J + A_{J+1}) \tag{19}$$

式中:V_{tx}为梯形公式计算的两断面间的体积;$y_{J,J+1}$为两断面间距;A_J为J断面的面积;A_{J+1}为J+1 断面的面积。

这个公式适用于两断面之间面积呈线性变化的情况,简单推导如下。

设呈线性变化的面积变量为

$$A_y = A_J + \frac{A_{J+1} - A_J}{y_{J,J+1}} y$$

则其沿 y 方向的积分即 J 到 $J+1$ 断面的容积为

$$V = \int_0^{y_{J,J+1}} A_y d_y = \int_0^{y_{J,J+1}} \left(A_J + \frac{A_{J+1} - A_J}{y_{J,J+1}} y \right) \mathrm{d}y$$

$$= A_J y_{J,J+1} + \frac{A_{J+1} - A_J}{y_{J,J+1}} \left(\frac{1}{2} y_{J,J+1}^2 \right) = \frac{1}{2} y_{J,J+1} (A_J + A_{J+1})$$

因为 $V = V_{tx}$,从而证得上述结论。

虽然如此,但两断面之间面积是否呈线性变化,并不容易观测和掌握。

对于两断面面积和间距确定的空间体,梯形公式计算的容积大于截锥公式计算的容积,这是因为式(19)减式(18)得出的解析式有大于零的结果,推演如下。

$$V_{tx} - V_{jz} = \frac{1}{2} y_{J,J+1} (A_J + A_{J+1}) - \frac{1}{3} y_{J,J+1} (A_J + \sqrt{A_J A_{J+1}} + A_{J+1})$$

$$= \frac{1}{6} y_{J,J+1} \left[(\sqrt{A_J})^2 - 2\sqrt{A_J A_{J+1}} + (\sqrt{A_{J+1}})^2 \right]$$

$$= \frac{1}{6} y_{J,J+1} (\sqrt{A_J} - \sqrt{A_{J+1}})^2 \geq 0$$

3.3 两断面间断面宽和平均深呈线性变化的容积计算公式

设 J 和 $J+1$ 两断面宽分别为 B_J、B_{J+1},平均深分别为 H_J、H_{J+1},如果在两断面间两者均呈线性变化,即宽、平均深变量表达为

$$B_y = B_J + \frac{B_{J+1} - B_J}{y_{J,J+1}} y$$

$$H_y = H_J + \frac{H_{J+1} - H_J}{y_{J,J+1}} y$$

其对应的面积变量为

$$A_y = B_y H_y$$

A_y 沿 y 的积分即为两断面间容积 V_{BH},推导如下。

$$V_{BH} = \int_0^{y_{J,J+1}} A_y \, \mathrm{d}y = \int_0^{y_{J,J+1}} \left(B_J + \frac{B_{J+1} - B_J}{y_{J,J+1}} y \right) \left(H_J + \frac{H_{J+1} - H_J}{y_{J,J+1}} y \right) \mathrm{d}y$$

$$= B_J H_J y_{J,J+1} + \frac{B_{J+1} - B_J}{y_{J,J+1}} H_J \left(\frac{1}{2} y_{J,J+1} \right)^2 + B_J \frac{H_{J+1} - H_J}{y_{J,J+1}} \left(\frac{1}{2} y_{J,J+1} \right)^2$$

$$+ \left(\frac{B_{J+1} - B_J}{y_{J,J+1}} \right) \left(\frac{H_{J+1} - H_J}{y_{J,J+1}} \right) \left(\frac{1}{3} y_{J,J+1} \right)^3$$

……继续推演,最后得到

$$V_{BH} = \frac{1}{6} y_{J,J+1} (2 B_J H_J + 2 B_{J+1} H_{J+1} + B_J H_{J+1} + B_{J+1} H_J)$$

$$= \frac{1}{6} y_{J,J+1} (2 A_J + 2 A_{J+1} + B_J H_{J+1} + B_{J+1} H_J) \tag{20}$$

其中:$A_J = B_J H_J$,$A_{J+1} = B_{J+1} H_{J+1}$ 分别是 J 断面和 $J+1$ 断面的面积。

如果两个断面的宽(平均深)相等,平均深(宽)呈线性变化,则面积也呈线性变化,公式(20)就同公式(19)。因此,梯形公式也适合断面宽、深二维仅有一维呈线性变化的情况。

两个断面间宽呈线性变化是布设河道水库断面时从平面考虑的重要条件,常在扩张或收缩变形转折处布设断面就是这种控制。断面间深呈线性变化是陡坡水库的常见情况。由此可见,公式(20)是很有实用意义的。

因为式(20)有式(18)、式(19)没有交叉乘项 $(B_J H_{J+1} + B_{J+1} H_J)$,所以两断面间断面宽和平均深呈线性变化的容积计算公式与截锥公式及梯形公式计算容积大小的比较不易从解析式作出判断。

4 分和不分高程级计算水库库容的自洽问题

我们知道,用断面测量的基本数据成果(起点距和高程)推求水库库容曲线即高程－库容曲线的一般步骤是,首先分别计算各断面间某规定高程下分高程级的容积,然后将各断面间同高程级的容积累加得出全库同高程级的容积,最后将全库同高程级的容积依高程级从低向高逐次累计得出各级高程与其之下库容的数据对,由这些数据对在直角坐标系绘出高程－库容曲线。

上述最重要的步骤是计算各断面间分高程级的容积。原则说来,可以考虑适用条件,选择式(18)、式(19)、式(20)之一而计算之。但是实际工作中,有时作为校核也用不分高程级计算某规定高程下断面间的容积,发现由同一公式计算的某规定高程下断面间分高程级的容积的累计值与不分高程级计算的同一规定高程下断面间的容积不一定相等,即两个途径计算的成果不完全自洽协调。下面探讨这一问题。

设断面 J 和 $J+1$ 在某规定高程下对应分为 m 个高程级,各高程级之间的面积依次为 $A_{J,k}$ 和 $A_{J+1,k}(k = 1,2,\cdots,m)$,相应某规定高程下断面间分高程级的面积的累计值 A_J、A_{J+1} 分别为

$$A_J = A_{J,1} + A_{J,2} + \cdots\cdots A_{J,m} = \sum A_{J,k} \tag{21}$$

$$A_{J+1} = A_{J+1,1} + A_{J+1,2} + \cdots\cdots + A_{J+1,m} = \sum A_{J+1,k} \tag{22}$$

对于截锥公式即式(18),由各高程级之间对应面积 $A_{J,k}$ 和 $A_{J+1,k}$ 计算的容积为

$$V_{jz,k} = \frac{1}{3} y_{J,J+1} \left(A_{J,k} + \sqrt{A_{J,k} A_{J+1,k}} + A_{J+1,k} \right)$$

某规定高程下累计容积为

$$\sum V_{jz,k} = \frac{1}{3} y_{J,J+1} \left(\sum A_{J,k} + \sum \sqrt{A_{J,k} A_{J+1,k}} + \sum A_{J+1,k} \right)$$

若直接用相应某规定高程下不分高程级的断面面积(即断面间分高程级的面积的累计值)A_J、A_{J+1} 计算容积,则有

$$V_{jz} = \frac{1}{3} y_{J,J+1} \left(A_J + \sqrt{A_J A_{J+1}} + A_{J+1} \right)$$

$$= \frac{1}{3} y_{J,J+1} \left(\sum A_{J,k} + \sqrt{\left(\sum A_{J,k} \right) \left(\sum A_{J+1,k} \right)} + \sum A_{J+1,k} \right)$$

比较 $\sum V_{jz,k}$ 和 V_{jz} 右边的表达式,有不能由解析式确定是否相等的项 $\sum \sqrt{A_{J,k} A_{J+1,k}}$ 和 $\sqrt{\left(\sum A_{J,k} \right) \left(\sum A_{J+1,k} \right)}$,因此截锥公式两个途径计算的成果不完全自洽协调。

对于两断面间断面宽和平均深呈线性变化的容积计算公式即式(20),将 J 与 $J+1$ 断面的 A_J 与 A_{J+1} 分为若干 $A_{J,k}$ 和 $A_{J+1,k}$,求出相应宽 $B_{J,k}$、$B_{J+1,k}$ 和平均深 $H_{J,k}$ 和 $H_{J+1,k}$ 后进行与上述类似的推演比较,看出有不能由解析式确定是否相等的项 $\sum (B_{J,k} H_{J+1,k} + B_{J+1,k} H_{J,k})$ 和 $(B_J H_{J+1} + B_{J+1} H_J) = \left[\sum (B_{J,k} H_{J+1,k}) + \sum (B_{J+1,k} H_{J,k}) \right]$。一般说来各高程级的断面宽 $B_{J,k}(B_{J+1,k})$ 和各级面积的平均深 $H_{J,k}(H_{J+1,k})$ 与某规定高程的宽 $B_J(B_{J+1})$、平均深 $H_J(H_{J+1})$ 关系相当复杂,因此本公式两个途径计算的成果也不完全自洽协调。

但是,对于梯形公式即式(19),做同样的演算比较,可见两个途径计算的成果是完全相等的,也就是说梯形公式对这两个途径的计算有自洽协调的性质。

工程上常规定只采用一个计算途径,以避免采用不同途径算法造成成果数据的混乱。

5　冲淤量的计算

河道断面在生产安排上常定期测量,某规定高程下两断面间不同测次的容积之差即为测次期间的冲淤量(称体积差法)。设前次的容积为 V_q,后次的容积为 V_h,则冲淤量 V_{cy} 为

$$V_{cy} = V_h - V_q \tag{23}$$

V_{cy} 为正值反映冲刷,反之为淤积。

工程中也有由某规定高程下两断面两次测量各自断面面积差作底面组成新的立体套用式(18)或式(19)计算冲淤量的方法(称面积差法)。这在两断面面积差同为正或同为负即两断面同冲或同淤立体整通性明确时,运用也较方便。但在面积差一为正一为负即两断面一冲一淤立体上形成两个顶头楔时,有关计算就比较麻烦,通适性很差。不过探讨两种计算冲淤量方法的关系还是必要的。

设 J 和 $J+1$ 断面在某规定高程下前、后两次测量的面积分别为 $A_{J,q}$、$A_{J,h}$ 和 $A_{J+1,q}$、$A_{J+1,h}$。对截锥公式即式(18),面积差法计算的冲淤量为

$$V_{jzA} = \frac{1}{3} y_{J,J+1} \left[(A_{J,h} - A_{J,q}) \right] + \sqrt{(A_{J,h} - A_{J,q})(A_{J+1,h} - A_{J+1,q})} + (A_{J+1,h} - A_{J+1,q}) \right]$$

用体积差法计算的冲淤量为

$$V_{jzV} = V_{jz,h} - V_{jz,q}$$

$$= \frac{1}{3} y_{J,J+1} \left[(A_{J,h} + \sqrt{A_{J,h} A_{J+1,h}} + A_{J+1,h}) - (A_{J,q} + \sqrt{A_{J,q} A_{J+1,q}} + A_{J+1,q}) \right]$$

$$= \frac{1}{3}y_{J,J+1}\left[(A_{J,h} - A_{J,q}) + (\sqrt{A_{J,h}A_{J+1,h}} - \sqrt{A_{J,q}A_{J+1,q}}) + (A_{J+1,h} - A_{J+1,q})\right]$$

比较 V_{jzA} 和 V_{jzV}，可见有 $\sqrt{(A_{J,h} - A_{J,q})(A_{J+1,h} - A_{J+1,q})}$ 和 $(\sqrt{A_{J,h}A_{J+1,h}} - \sqrt{A_{J,q}A_{J+1,q}})$ 项的差别，从解析式结构不易判断大小，说明两种算法不一定协调自洽。

对梯形公式即式(19)，面积差法计算的冲淤量为

$$V_{txA} = \frac{1}{2}y_{J,J+1}\left[(A_{J,h} - A_{J,q}) + (A_{J+1,h} - A_{J+1,q})\right]$$

用体积差法计算的冲淤量为

$$V_{txV} = V_{tx,h} - V_{tx,q}$$
$$= \frac{1}{2}y_{J,J+1}\left[(A_{J,h} + A_{J+1,h}) - (A_{J,q} + A_{J+1,q})\right]$$
$$= \frac{1}{2}y_{J,J+1}\left[(A_{J,h} - A_{J,q}) + (A_{J+1,h} - A_{J+1,q})\right]$$

比较可见 V_{txA} 和 V_{txV} 相等，说明梯形公式计算冲淤量的面积差法和体积差法是自洽的。

实际上，由各断面两次测量各自面积差作底面组成新的立体的周界是不确定的，对于两断面间断面宽和平均深呈线性变化的容积计算公式即要用到的断面宽 $B_J(B_{J+1})$ 和平均深 H_J (H_{J+1})也不确定，因此式(20)不宜用于面积差法。

总之，我们认为，计算断面间规定高程下的冲淤量最好应用体积差法。

6 简短的结论——布设断面测算河道水库容积及冲淤量数学自洽体系的构建提纲

构建断面法测算河道水库容积及冲淤量的逻辑关系协调的数学体系，内容提纲如下：

(1)断面布设应按河道趋势划分成较长区段，各区段尽可能布设成与河道趋势正交的平行断面系。

(2)容积计算公式中的间距应采用容积等效概化断面间距，其值可由有关解析公式计算。

(3)河道、水库容积的计算应选择两断面间断面宽和平均深呈线性变化的容积计算公式。

(4)断面间规定高程下的冲淤量宜采用体积差法计算。

(5)一般水库，应采用某规定高程下分高程级的容积的累计值作测算的统一库容，并用前后两次统一库容的差作冲淤量。

"断面间距"论

牛 占 庞 慧 王雄世 林来照

(黄河水利委员会水文局)

河流泥沙工程中称为"断面法"的测算方法，是在河道(水库)布设断面，测量断面形态，将

本文原载于《第二届黄河国际论坛论文集》，黄河水利出版社，2005。

相邻断面间的几何图形近似为台体或截锥体,选择相应的公式计算断面间的容积及冲淤量。但由于大多断面斜交,计算的重要因子——间距的确定方法并无统一的认知,本文主要探讨断面间距这一问题。

1 断面法测算河道容积及冲淤量的空间模型

河道容积及冲淤测量断面是与河道走势相交的一个竖平面,实际工程中是一个有界的平面,其下周界是与河床及岸坡相交的曲(折)线,上周界是与规定高程相交的直线段。规定高程是根据工程需要而拟设的高程,比如历史最高水面线以上若干米,有堤防的堤顶临河边缘等。

断面上周界即规定高程的直线段称为"断面线",它有两个端点。一般情况下,两个端点控制着断面测算的上界范围。实际工程中,布设的两个断面端点可能不在同一高程,两点直接的连线与水平面倾斜,但一般应用时将其投影到规定高程的水平面。

两个相邻断面的空间区域是研究断面法测算容积及冲淤的基本单元,常将其概化为台体或截锥体。从台体或截锥体侧面看,两断面周界对应点均以直线相连,即形成立体的"母线"可看为直线。如果两断面平行且周界对应点的相连直线交于一点,则相邻断面的空间区域是截锥(棱台),对截锥(棱台)体,几何学有严密的体积(容积)计算公式。工程实际中,相邻断面一般不平行,其空间区域更难是截锥,但是用适当方法概化成空间模型后,选择公式可计算相邻断面间的容积。工程实践中常用下面三种公式计算相邻两断面间的容积。

1.1 截锥公式

截锥公式可表达如下:

$$V_{jz} = \frac{1}{3}d_{FG}(A_F + \sqrt{A_F A_G} + A_G) \tag{1}$$

式中:V_{jz}为截锥公式计算的两断面间的容积;d_{FG}为F、G两断面的间距;A_F为F断面规定高程下的面积;A_G为G断面规定高程下的面积。

截锥公式理论严谨,要求两底面平行且相似,各条侧棱延长后交于一点(顶点),并且两底面的面积与顶点到各自底面的距离(锥高)的平方成比例。

1.2 梯形公式

梯形公式可表达如下:

$$V_{tx} = \frac{1}{2}d_{FG}(A_F + A_G) \tag{2}$$

式中:V_{tx}为梯形公式计算的两断面间的体积;其他符号含义同前。

这个公式是因与平面梯形面积公式的同构性而得名的,它适用于两断面之间面积呈线性变化的情况。

1.3 两断面间断面宽和平均深呈线性变化的容积计算公式

公式可表达如下:

$$V_{BH} = \frac{1}{6}d_{FG}(2B_F H_F + 2B_G H_G + B_F H_G + B_G H_F)$$

$$= \frac{1}{6}d_{FG}(2A_F + 2A_G + B_F H_G + B_G H_F) \tag{3}$$

式中:V_{BH}为本公式计算的两断面间的体积;d_{FG}为F、G两断面的间距;B_F、H_F分别是F断面规定高程的宽和平均深,B_G、H_G分别是 G 断面规定高程的宽和平均深;$A_F = B_F H_F$,$A_G = B_G H_G$ 分别是 F、G 两断面规定高程下的面积。

如果两个断面的宽(平均深)相等,平均深(宽)呈线性变化,则面积也呈线性变化,式(3)就同式(2)。因此,梯形公式也适合断面宽、深二维仅有一维呈线性变化的情况。

两个断面间宽呈线性变化是布设河道水库断面时从平面考虑的重要条件,常在扩张或收缩变形转折处布设断面就是这种控制。断面间深呈线性变化是陡坡水库的常见情况。由此可见,式(3)是很有实用意义的。

2　确定断面间距的一些方法

一般说来,工程中的断面间距应是一个与应用目标相联系的概念,如为了计算或预报水流从上断面流到下断面的时间,采用主流或主河长的曲线长度即流程作间距是合适的,从地图量河长就是这样做的。但要采用上述常用的公式计算两断面间的容积,所谓间距就是立体几何学台体或截锥体的"高"的概念。两断面平行时,断面之间的公垂线即为间距。但当两断面不平行时,几何学不定义间距,理论上可以某断面为正底面,扭转另一断面(斜底面)使之与正底面平行,并且要求被扭转断面扭转的轴线位置保持两断面间容积不变(等积变换原理),然后将其看做拟台体或拟截锥体,由公垂线确定间距,用扭转某断面使之与另一断面平行的等积变换原理确定断面间距,工程实施并不容易,因而在具体的作业中提出许多确定断面间距的方法。

2.1　断面线中点连接法

在河道地图上标出断面线,量取相邻断面线的中点后,将两中点连成直线段,以此直线段的长作两断面的间距。

2.2　两侧边线平均法

在河道地图上,以相邻两断面线的四个端点作控制点画四边形,四边形的两边是断面线,另两边是顺河道的侧边线,用两侧边线长的平均值作两断面的间距。

2.3　断面线多点连接法

参考断面形态,在两断面线确定若干对应且点数相等的控制点,将其画放到河道地图的断面线上,连接对应点成直线段,分别量取各直线段的长,用各直线段的长的平均值作两断面的间距。

黄河下游确定断面的间距的一种做法是,在断面线段上以断面两端点、河道主槽两边点、河流中泓点为控制点。对应连成直线段量其长,以各线计算的平均长作两断面的间距,称为"五线控制法"。

2.4　断面形心连线法

这种方法的概念是,分别确定相邻两断面的几何中心点,量算两几何中心点的空间长度作两断面的间距。

2.5　断面线中点垂线法

断面线段中点垂线法有两种理解和做法。

2.5.1　本线中点垂线法

设 F 和 G 两相邻断面的断面线分别为 l_F 和 l_G,确定 l_F 的中点,由 l_F 的中点做 l_F 的垂线交于 G 断面线 l_G 的某点(交点),将从 l_F 的中点沿垂线量取到与 l_G 的交点的长作两断面的间距。

同理,也可以确定 G 断面线 l_G 的中点按本线中点垂线法作交于 F 断面线 l_F 的垂线,量取垂线的长作两断面的间距。

为了对称平衡,通常用以上两个本线中点垂线法的平均值作两断面的应用间距,称为"两断面本线中点垂线平均法"。

2.5.2 它线中点垂线法

设 F 和 G 两相邻断面的断面线分别为 l_F 和 l_G,确定 l_F 的中点,由 l_F 的中点做 G 断面线 l_G 的垂线交于 l_G 的某点(垂足点),将从 l_F 的中点沿 l_G 的垂线量取到在 l_G 的垂足点的长作两断面的间距。

同理,也可以确定 G 断面线 l_G 的中点按它线中点垂线法作交于 F 断面线 l_F 的垂线,量取垂线的长作两断面的间距。

为了对称平衡,通常用以上两个它线中点垂线法的平均值做两断面的应用间距,称为"两断面它线中点垂线平均法"。

画出这两种理解和做法的图形,可见两条垂线段和断面线 $l_G(l_F)$ 组成一个直角三角形,本线中点垂线法的垂线段是这个直角三角形的斜边,因而本线中点垂线法量取的两断面的间距大于它线中点垂线法量取的两断面的间距。

2.6 容积等效概化断面间距

设 F 和 G 为两相邻断面,将 F 断面分为许多面积微元,从 F 断面到 G 断面的"间距(高)"应在 F 断面的面积乘以"间距(高)"的容积与以各面积微元为底到达 G 断面的柱体的体积之和相等的条件下推出。

在 F 断面取面积微元 ω_{Fi},由于其很小,形心处的垂线到达 G 断面的距离可看为以微元 ω_{Fi} 为底的柱体的高 d_{FGi},因而 F 断面和 G 断面之间微元柱体的体积为 $d_{FGi}\omega_{Fi}$,全断面所有微元柱体的体积之和为 $\sum d_{FGi}\omega_{Fi}$。另一方面,J 断面的总面积为 $\sum \omega_{Fi}$,设想有一个高 d_{FG},其与 $\sum \omega_{Fi}$ 的积 $d_{FG}\sum \omega_{Fi}$ 等于 $\sum d_{FGi}\omega_{Fi}$,则能够推出

$$d_{FG} = \frac{\sum d_{FGi}\omega_{Fi}}{\sum \omega_{Fi}} \tag{4}$$

我们称 d_{FG} 为容积等效概化断面间距。

实际上,F 断面为规定了最高高程 z_0 的竖面,并且工程业务中多用起点距 l_i 和高程 z_i 描述断面,因而常将面积微元 ω_{Fi} 取成分断面线的宽为 $\Delta l_i = l_{i+1} - l_i$、两个边深分别为 $(z_0 - z_i)$ 和 $(z_0 - z_{i+1})$ 的竖向狭窄长条。这样,微元 ω_{Fi} 的平均深 $\overline{h}_i = \frac{1}{2}[(z_0 - z_i) + (z_0 - z_{i+1})]$,从而微元面积 $\omega_{Fi} = \Delta l_i \overline{h}_i = \frac{1}{2}[(z_0 - z_i) + (z_0 - z_{i+1})](l_{i+1} - l_i)$。同时用竖向狭窄长条到达 G 断面的边高 d_{FGi} 和 d_{FGi+1} 的均值 $\overline{d_{FGi}} = \frac{1}{2}(d_{FGi} + d_{FGi+1})$ 作 ω_{Fi} 的高。将分析的参量代入式(4)成为以下的计算式

$$d_{FG} = \frac{1}{2}\frac{\sum(d_{FGi} + d_{FGi+1})[(z_0 - z_i) + (z_0 - z_{i+1})](l_{i+1} - l_i)}{\sum[(z_0 - z_i) + (z_0 - z_{i+1})](l_{i+1} - l_i)} \tag{5}$$

我们知道,F 断面和 G 断面并不符合上述分析思路的对称,即以 F 断面为底指向 G 断面

的柱体推出的容积等效概化断面间距并不等于以 G 断面为底指向 F 断面的柱体推出的容积等效概化断面间距。因此,还应在 G 断面取面积微元,作以上同样的分析,得出 G 断面指向 F 断面的容积等效概化断面间距 d_{GF},用 d_{FG} 和 d_{GF} 的均值作两断面的容积等效概化断面间距的应用值 $d_{F \leftrightarrow G}$。

以上确定断面间距的一些方法以往多用地图量算作基本作业,由于实际空间各与水平面有交角的线段在地图上都是投影在水平面的,因而地图上有关线段量出的长度都是水平投影长,是与河道断面的竖向直线垂直的。

3 断面间距的解析计算

地理测绘平面坐标系(高斯－克吕格坐标)中,规定横标轴为 Y,纵坐标轴为 X。由此,我们约定,在以下的解析几何描述中,点的坐标用 $P(y,x)$ 或 (y,x) 表达,直线的倾斜角从横标轴 Y 起算。

如果获得研究点的经纬度坐标,可通过高斯－克吕格坐标表将其换算为高斯－克吕格坐标。

工程应用中的断面线是一条有向直线,其上各点的度量数值是从起点起算的起点距 l_i。坐标数值和起点距数值应采用同一长度单位。

3.1 断面线的解析几何

3.1.1 两点间距离与断面线的长度

已知坐标值的两点 $P_1(y_1,x_1)$ 和 $P_2(y_2,x_2)$ 之间的距离(长度)可由下列公式计算

$$| P_1P_2 | = \sqrt{(y_1 - y_2)^2 + (x_1 - x_2)^2} \qquad (6)$$

用断面线起点地理坐标 $Q(y_Q,x_Q)$ 和终点地理坐标 $Z(y_z,x_z)$ 的坐标值分别代替上式的 $P_1(y_1,x_1)$ 和 $P_2(y_2,x_2)$ 的坐标值,可得到断面线的长度 $|QZ| = \sqrt{(y_Q - y_z)^2 + (x_Q - x_z)^2}$。

3.1.2 断面线的方程和断面线起点距的坐标

在地理平面坐标系中,已知坐标值的两点 $P_1(y_1,x_1)$ 和 $P_2(y_2,x_2)$ 的直线方程可由两点法推出。即由 $\dfrac{x - x_1}{y - y_1} = \dfrac{x_2 - x_1}{y_2 - y_1}$ 推得

$$x = ky + (x_1 - ky_1) = ky + b \qquad (7)$$

其中,斜率 k、截距 b 及直线与横轴的交角 α 可由下列各式计算

$$k = \frac{x_1 - x_2}{y_1 - y_2} = \frac{x_2 - x_1}{y_2 - y_1} \qquad (8)$$

$$b = x_1 - ky_1 = x_2 - ky_2 \qquad (9)$$

$$\alpha = \arctan k \qquad (10)$$

用断面线起点地理坐标 $Q(y_Q,x_Q)$ 和终点地理坐标 $Z(y_z,x_z)$ 值分别代替上面各式的 $P_1(y_1,x_1)$ 和 $P_2(y_2,z_2)$ 的坐标值。可得到断面线的具体方程和其与横轴的交角等。

已知断面线上某点的起点距 l_i,应用下式可推算出地理坐标

$$\left. \begin{array}{l} y_i = y_Q \pm l_i \cos\alpha \\ x_i = x_Q \pm l_i \sin\alpha \end{array} \right\} \qquad (11)$$

如果约定,断面线的方向起于 $Q(y_Q,x_Q)$,终于 $Z(y_Z,x_Z)$,并且工程中根据河流具体情况

确定断面线和起、终点,则断面线与横轴形成的角度可在360°变化。由平面三角学分析$y_Q < y_Z$、$y_Q > y_Z$与$x_Q < x_Z$、$x_Q > x_Z$组合的角度象限范围及三角函数,可知,在α取为锐角的条件下,$y_Q < y_Z$时,式(11)中y_i右边两项间取"+"号,即$y_Q > y_Z$时,式(11)中y_i右边两项间取"−"号;$x_Q < x_Z$时,式(11)中x_i右边两项间取"+"号,$x_Q > x_Z$时,式(11)中x_i右边两项间取"−"号。

断面线中点的地理坐标(y_m, x_m),可使起点距l_i取断面线长度的一半由式(11)计算。但实际上常由下式计算。

$$\left. \begin{array}{l} y_m = \dfrac{1}{2}(y_Q + y_Z) \\[2mm] x_m = \dfrac{1}{2}(x_Q + x_Z) \end{array} \right\} \tag{12}$$

3.1.3 点到断面线的距离

已知地理坐标系的某点(y_i, x_i)和某断面线的方程$x = ky + b$(即$x - ky - b = 0$),可将断面线的方程化成法线式方程,用某点的坐标替代法线式方程的变量,可得到这点到断面线的距离。公式可写为

$$d_i = \left| \frac{x_i - ky_i - b}{\sqrt{k^2 + 1}} \right| \tag{13}$$

3.1.4 与断面线垂直的直线方程(系)

断面线的斜率是k时,与断面线垂直的直线方程系的斜率为$k_{cz} = -\dfrac{1}{k}$,截距为b_{czi}。则垂直断面线的直线方程系为

$$x_{czi} = k_{cz}y + b_{czi} \tag{14}$$

将同一地理坐标系的任意坐标点(y_i, x_i)代入上式,可以确定b_{zi},从而可得到通过该点且垂直断面线的具体直线方程。

3.1.5 两直线的交点与交角

直线$x = k_1 y + b_1$和$x = k_2 y + b_2$的交点可由它们联解的值y_{12}和x_{12}组成的坐标$P_{12}(y_{12}, x_{12})$确定。这两条直线的交角由下式确定。

$$\theta = \arctan \frac{k_2 - k_1}{1 + k_2 k_1} \tag{15}$$

3.2 由特定点间的距离推算断面间距

断面线中点连接法、两侧边线平均法、断面线多点连接法选择的都是相邻两断面线l_F和l_G的特定点,在求得特定点的坐标后,由式(6)可算出对应点的距离,从而推算断面间距。

3.2.1 断面线中点连接法

断面线中点连接法推算断面间距的一般程序为:

(1)分别将断面线l_F的起、终点坐标(y_{FQ}, x_{FQ})、(y_{FZ}, x_{FZ})和断面线l_G的起、终点坐标(y_{GQ}, x_{GQ})、(y_{GZ}, x_{GZ})代入式(12)求得l_F的中点坐标(y_{Fm}, x_{Fm})和l_G的中点坐标(y_{Gm}, x_{Gm})。

(2)将两断面线的中点坐标(y_{Fm}, x_{Fm})、(y_{Gm}, x_{Gm})代入式(6)计算出距离。

3.2.2 两侧边线平均法

两侧边线平均法推算断面间距的一般程序为:

（1）由断面线 l_F 的起、终点坐标(y_{FQ}, x_{FQ})、(y_{FZ}, x_{FZ})和断面线 l_G 的起、终点坐标(y_{GQ}, x_{GQ})、(y_{GZ}, x_{GZ})，组合出相应两侧边线的起、终点坐标(y_{FQ}, x_{FQ})和(y_{GQ}, x_{GQ})和(y_{FZ}, x_{FZ})、(y_{GZ}, x_{GZ})。

（2）将(y_{FQ}, x_{FQ})、(y_{GQ}, x_{FQ})和(y_{FZ}, x_{FZ})、(y_{GZ}, x_{GZ})分别代入式(6)计算出两侧边线的长。

（3）求两侧边线长的平均值。

3.2.3 断面线多点连接法

断面线多点连接法推算断面间距的一般程序为：

（1）按式(8)分别计算断面线 l_F 的斜率 k_{lF} 和断面线 l_G 的斜率 k_{lG}。

（2）按式(10)分别计算断面线 l_F 与横轴的交角 α_{lF} 和断面线 l_G 与横轴的交角 α_{lG}。

（3）由断面线 l_F 的起点坐标(y_{FQ}, x_{FQ})和确定的控制点的起点距 l_i，按式(11)计算出断面线 l_F 各控制点的地理坐标。

由断面线 l_G 的起点坐标(y_{GQ}, x_{GQ})和确定的控制点的起点距 l_i，按式(11)计算出断面线 l_G 各控制点的地理坐标。

断面线 l_G 和断面线 l_F 的控制点数相等且对应。

（4）选择断面线 l_F 和断面线 l_G 的各对应控制点，将其坐标分别代入式(6)计算出距离。

（5）求各距离的平均值。

3.2.4 断面形心连线法

断面形心连线一般是三维空间直线，应在规定横标轴为 Y，纵坐标轴为 X，竖标轴为 Z 的空间坐标系中计算。设 F 断面和 G 断面形心的坐标分别为 $W_{F0}(y_{F0}, x_{F0}, z_{F0})$ 和 $W_{G0}(y_{G0}, x_{G0}, z_{G0})$，则断面形心连线的空间距离为

$$|W_{F0}W_{G0}| = \sqrt{(y_{F0} - y_{G0})^2 + (x_{F0} - x_{G0})^2 + (z_{F0} + z_{G0})^2} \tag{16}$$

3.3 借助断面线的垂线推算断面间距

断面线中点垂线法（本线中点垂线法和它线中点垂线法）、容积等效概化断面间距都需借助断面线的垂线推算断面间距。

3.3.1 本线中点垂线法

本线中点垂线法推算断面间距的一般程序为：

（1）按式(8)分别计算断面线 l_F 的斜率 k_{lF} 断面线 l_G 的斜率 k_{lG}。

（2）按式(10)分别计算断面线 l_F 与横轴的交角 α_{lF} 和断面线 L_G 与横轴的交角 α_{lG}。

（3）分别将 l_F 的起、终点坐标(y_{FQ}, x_{FQ})、(y_{FZ}, x_{Fz}) 和 l_G 的起、终点坐标(y_{GQ}, x_{GQ})、(y_{GZ}, x_{GZ})代入式(12)求得 l_F 的中点坐标(y_{Fm}, x_{Fm})和 l_G 的中点坐标(y_{Gm}, x_{Gm})。

（4）将 l_F 的中点坐标(y_{Fm}, x_{Fm})和由 l_F 断面线确定的垂线斜率代入式(14)，推出通过 l_F 中点且垂直 l_F 断面线的具体直线方程。

将 l_G 的中点坐标(y_{Gm}, x_{Gm})和由 l_G 断面线确定的垂线斜率代入式(14)，推出通过 l_G 中点且垂直 l_G 断面线的具体直线方程。

（5）联立 l_G 的直线方程和通过 l_F 中点且与 l_F 垂直的直线方程，解出交点坐标。

联立 l_F 的直线方程和通过 l_G 中点且与 l_G 垂直的直线方程，解出交点坐标。

（6）将 l_F 中点坐标和对应交点坐标代入式(6)计算出距离，或者按点到断面线的距离的方法即式(13)的要求计算交点到 l_F 断面线中点的距离。

将 l_G 中点坐标和对应交点坐标代入式(6)计算出距离，或者按点到断面线的距离的方法

即式(13)的要求计算交点到 l_G 断面线中点的距离。

(7)求两距离的平均值。

3.3.2 它线中点垂线法

它线中点垂线法推算断面间距的一般程序为:

(1)按式(8)分别计算断面线 l_F 的斜率 k_{lF} 和断面线 l_G 的斜率 k_{lG}。

(2)按式(10)分别计算断面线 l_F 与横轴的交角 α_{lF} 和断面线 l_G 与横轴的交角 α_{lG}。

(3)分别将 l_F 的起、终点坐标 (y_{FQ},x_{FQ})、(y_{FZ},x_{FZ}) 和 l_G 的起、终点坐标 (y_{GQ},x_{GQ})、(y_{GZ},x_{GZ}) 代入式(12)求得 l_F 的中点坐标 (y_{Fm},x_{Fm}) 和 l_G 的中点坐标 (y_{Gm},x_{Gm})。

(4)将 l_F 的中点坐标 (y_{Fm},x_{Fm}) 和由 l_G 断面线确定的垂线斜率代入式(14),推出通过 l_F 中点且垂直 l_G 断面线的具体直线方程。

将 l_G 的中点坐标 (y_{Gm},x_{Gm}) 和由 l_F 断面线确定的垂线斜率代入式(14),推出通过 l_G 中点且垂直 l_F 断面线的具体直线方程。

(5)联立 l_G 的直线方程和通过 l_F 中点且与 l_G 垂直的直线方程,解出交点坐标(垂足)。

联立 l_F 的直线方程和通过 l_G 中点且与 l_F 垂直的直线方程,解出交点坐标(垂足)。

(6)将 l_F 中点坐标和对应交点坐标(垂足)代入式(6)计算出距离,或者按点到断面线的距离的方法即式(13)的要求计算 l_F 断面线的中点到断面线 l_G 距离。

将 l_G 中点坐标和对应交点坐标(垂足)代入式(6)计算出距离,或者按点到断面线的距离的方法即式(13)的要求计算 l_G 断面线的中点到断面线 l_F 距离。

(7)求两距离的平均值。

3.3.3 容积等效概化断面间距

本线中点垂线法是容积等效概化断面间距中推算 $d_{FGi}(d_{GFi})$ 的方法的特例,因而后者推算的一般程序同前者是类似的。容积等效概化断面间距推算的一般程序为:

(1)按式(8)分别计算断面线 l_F 的斜率 k_{lF} 和断面线 l_G 的斜率 k_{lG}。

(2)按式(10)分别计算断面线 l_F 与横轴的交角 α_{lF} 和断面线 l_G 与横轴的交角 α_{lG}。

(3)将 l_F 的起、终点坐标 (y_{FQ},x_{FQ})、(y_{FZ},x_{FZ}) 和各起点距 l_i 带入式(11)求得 l_F 各起点距点的坐标 (y_{Fi},x_{Fi})。

将 l_G 的起、终点坐标 (y_{FQ},x_{FQ})、(y_{FZ},x_{FZ}) 和各起点距 l_i 带入式(11)求得 l_G 各起点距点的坐标 (y_{Gi},x_{Gi})。

(4)按式(14)的要求建立垂直 l_F 的方程系,代入 l_F 各起点距点的坐标 (y_{Gi},x_{Gi}),推出通过 l_G 各起点距点的坐标且垂直 l_F 断面线的各具体直线方程。

按式(14)的要求建立垂直 l_G 的方程系,代入 l_G 各起点距点的坐标 (y_G,x_{Gi}),推出通过 l_G 各起点距点的坐标且垂直 l_F 断面线的各具体直线方程。

(5)联立 l_G 的直线方程和通过 l_F 各起点距点的坐标且与 l_F 垂直的各具体直线方程,解出各交点坐标。

联立 l_F 的直线方程和通过 l_G 各起点距点的坐标且与 l_G 垂直的各具体直线方程,解出各交点坐标。

(6)将 l_F 各起点距点的坐标和对应交点坐标代入式(6)计算出各距离 d_{FGi},或者按点到断面线的距离的方法即式(13)的要求计算各交点到 l_F 各对应起点距点的距离 d_{FGi}。

将 l_G 各起点距点的坐标和对应交点坐标代入式(6)计算出各距离 d_{GFi},或者按点到断面线的距离的方法即式(13)的要求计算各交点到 l_G 各对应起点距点的距离 d_{GFi}。

(7)将 d_{FGi} 代入式(5)计算 d_{FG}；将 d_{GFi} 代入式(5)计算 d_{GF}。

(8)求 d_{FG} 和 d_{GF} 的平均值 $d_{F\leftrightarrow G}$。

附带说明，在《布设断面测算河道水库容积及冲淤量的数学解析与概化》(牛占等,2004)一文中，我们提出过以某断面线为横坐标轴建立新坐标系，联合地理测绘坐标系推算容积等效概化断面间距的方法，其与本文的方法结果是一样的。具体工程作业时可任选其一。

4 断面间距问题的粗浅讨论

4.1 容积反算法与断面间距的标准问题

容积反算法的概念是，已知相邻两断面规定高程下的容积和容积计算公式中除断面间距以外的有关参量，代入容积计算公式，反算断面间距。从推求断面间距计算河道容积来说，很有理由将容积反算法计算的断面间距作为断面间距的标准值。但是对于尺度很大的河道或水库空间很难确定概念上的容积真值，并且在认识上有即知容积何求间距相悖之处。

一种通常认为比较可靠的测算河道或水库容积的方法是地形法，即在地形图上用相邻两断面间各级有等高线包围的面积和高距及选择的公式计算两断面间容积。用地形法计算的容积反算的断面间距，有时看做两断面间的标准间距，用来校核其他确定断面间距的方法。

应当清楚，地形法也是断面法，其与大致顺河道方向选择断面的断面法不同之处是在水平方向取断面(等高面)，容易被接受之处在于各断面平行高距即断面间距是确定的，测量的控制点较多且分布在全河段。但是在变动剧烈的河段因作业量大不易及时获得成果多不采用。另外，地形法也需要根据等高面间的几何形态选择容积计算公式。

4.2 断面空间模型要求限制相邻面间的夹角

我们前面介绍的确定断面间距的一些方法及解析计算并未引进断面交角因子，因而不易从断面空间容积及断面间距的误差限制推导断面交角的允许范围。不过需要着重说明，本文探讨的河道容积计算的断面空间模型是两断面交角不大或平行度较小的拟台体或拟截锥体，不考虑两断面周界对应点相连曲线之类的"环体"。工程实施中应按河道水库平面走向大势划分较长的区段，在各个区段确定走向方向线，尽可能以与方向线正交的方向平行地布设各断面，以便于符合模型的台体或截锥体。当河道弯曲较大或宽、深变化较大时，应以增加断面保证相邻断面间宽、深呈线性变化予以解决。我们2003年在进行黄河下游河道冲淤断面加密实施中提出了这一原则，并且要求相邻两断面交角一般不大于20°,最大不超过30°。

按照投影关系，两断面的交角就是两断面线的交角，除了可运用地图作业控制两断面的交角外，也可用式(5)的方法和要求核算或检验两断面的交角。

4.3 仅在平面考虑断面间距不妥

用断面线中点连接法、两侧边线平均法、断面线多点连接法、断面线中点垂线法(本线中点垂线法和它线中点垂线法)推求断面间距，其出发点都是将两断面线确定的平面看作近似梯形的四边形，追求由这样的断面间距乘以两断面线长度的均值获得平面四边形(梯形)的面积。体积(容积)与面积存在有否竖向的一维之差，断面线的长度和断面面积的量纲不同，数值通常也不相等，因而仅在平面考虑断面间距是不妥当的。考察本文计算相邻两断面间容积的式(1)和式(3)，与断面间距相乘的是两断面面积的复杂组合，结构不同于平面梯形面积计算公式。即使式(3)的所谓梯形公式，也仅因与平面梯形面积公式的同构性而得名，这里所用断面面积的量纲、数值与断面线的量纲、数值不是一回事。

在高程变差很大的水库断面空间,考虑到断面分布的偏向和相邻断面的对称,常将断面分成若干高程等级,按上述某种方法推算断面间距。应该明白,这种做法并未改变仅在平面考虑断面间距的不妥,而且在分层和不分层计算两断面间容积时会带来因断面间距选择不同的不一致。

4.4 容积等效概化断面间距的优良性质

初步考察,容积等效概化断面间距有如下一些优良性质。

第一,从立体考虑断面间距问题,符合计算容积的基本目标,克服了仅在平面考虑断面间距的不妥。

第二,取面积微元或分断面线起点距间隔取断面竖向窄条符合面积微分原理,以垂直断面方向划分柱体符合体积微分原理,用微元面积乘柱体高推算微元柱体体积符合体积计算原理。并且微分处理后充分挖掘出工程实际可能达到的精度。

第三,微元面积的累加和微元柱体体积的累加符合积分原理,断面间距推算的式(4)符合等(体)积变换原理,断面间距推算的式(5)解决了工程的可计算问题并充分挖掘出工程实际可能达到的精度。

第四,运用 F 断面到 G 断面和 G 断面到 F 断面双向容积等效概化断面间距的均值作两断面的容积等效概化断面间距的应用值,可对两断面的不对称起到一定的补偿作用。

另外,从计算的角度看问题,式(4)的容积等效概化断面间距是底面积加权平均推得的斜台体或斜截锥的有效(平均)高。加权平均是多因子乘积关系中由许多离散元素推算某一元素总体代表值(平均值)的最常用方法。具体到这里,微元面积和微元柱体高就是计算两断面间体积乘积关系的离散元素,推算的容积等效概化断面间距就是这一元素的总体代表值(平均值)。

4.5 采用解析计算克服了地图作业的一些困难

我们可以看出,确定断面间距的一些方法如以地图量算为获取有关要素的基本作业方式,则用小比例尺地图获得的数值的精度较低,用大比例尺地图占用作业场面很大,有时数幅地图难以铺拼在一起。采用解析计算确定断面间距,除了摘取断面线端点的地理测绘坐标及断面线的起点距外,几乎不用在地图上作业,因此也克服或减少了地图量算的一些困难。现在外业测量运用 GPS 等先进测绘仪器,可直接获得断面线端点的地理测绘坐标数值及较大比例尺的起点距数值,采用解析计算确定断面间距的优点更是明显。当然,一定比例尺的地图在规划河道断面系列作业中是必不可少的资料。

5 结语

两个相邻断面的空间区域常概化为台体或截锥体。两断面间断面宽和平均深呈线性变化的容积计算公式很有实用意义。

两断面不平行时推算容积所要求的断面间距,可应用等积变换原理使其一断面扭转与另一断面平行,变空间区域为拟台体或拟截锥体来推算。容积等效概化断面间距具有这一效果,并且符合容积计算的总目标,符合微积分原理与体积计算原理。

目前还难以确定不平行断面计算容积所用断面间距的标准值,但是在工程实践中,尽可能平行地布设断面或限制断面间的交角、避免仅在平面考虑断面间距而采用容积等效概化断面间距、用解析法计算断面间距等方法措施,不仅是可能的而且是必要的。

黄河流域浮标法流量测验误差问题的探讨

田水利　王家钰　庞　慧

（黄河水利委员会水文局）

浮标法是黄河流域中、小河站洪水期流量测验的主要方法,用经验系数和借用断面计算实测流量是黄河中小河站计算浮标法流量的主要手段。正确评估浮标法流量测验误差特别是评估经验系数和借用断面的误差,不仅对合理地进行资料整编、提高资料整编成果的可信程度至关重要,而且对正确使用测站实测资料也具有很重要的意义。

1　浮标法流量测验误差的主要来源

（1）测深、测宽和浮标流速测验误差,主要取决于设备条件、测验手段等。在这方面黄河流域和全国其他江河基本一致;垂线分布数不足的误差主要取决于断面形态、流速横向分布等,这一方面黄河流域除个别河床游荡性较大的测站外,多数站与其他江河无明显差别,误差的性质和大小也基本一致。

（2）影响浮标系数误差的主要因素是风向风力、垂线流速的分布、浮标形状、含沙量以及测站控制条件等,黄河与其他江河比较,主要差异是黄河含沙量变化幅度较大。理论推导和许多实验证明,垂线流速分布与含沙量有关,而垂线流速分布的变化会导致浮标系数发生变化,同时由于含沙量的影响,河水的密度必然发生变化,河水密度的变化又会使浮标在运行过程中产生不同的阻力,从而使浮标系数发生变化。

（3）黄河流域多数中小河站的断面,在洪水期都会有较大的冲淤,而且还常常表现为涨冲落淤的规律。由于施测能力不高,因此中高洪水部分的断面面积必须靠本次洪水中低水的实测断面作为依据断面来计算。由于涨冲落淤的影响,依据断面的代表性受到限制,因此使借用断面面积的误差性质和大小发生变化。

综上分析可见,黄河流域(多沙站)浮标法流量测验误差与其他江河的不同之处,主要在浮标系数和借用断面两个方面。

2　黄河流域借用断面及浮标系数误差特性

2.1　浮标系数误差特性

黄河流域多数中、小河站不具备浮标系数试验条件,在选取经验浮标系数时,为减少随意性,多数站的取值范围都比较小,据统计在 0.05 以内(包括风的影响)。

2.2　借用断面误差特性

黄河流域多数中小河测站的断面,在洪水期都有一定的冲淤变化。根据实测资料分析,小洪水的冲淤变幅多在 0.5～3 m 之间,较大洪水因缺乏实测资料,其冲淤变幅尚难以确定。较

本文原载于《人民黄河》2001 年增刊。

高洪水目前常用的借用断面方法为:在洪水期尽力抢测断面;利用涨水段的最大实测断面作为计算涨水段和峰顶借用断面的依据断面,利用落水段的最大实测断面作为计算落水段的依据断面,并假设依据断面面积与同水位借用断面的下半部面积相等;利用临近的实测大断面资料计算借用断面的上半部分面积,上、下两半部面积之和即为借用断面的面积。

3 借用断面和浮标系数误差对浮标法流量测验误差的影响

因系统误差和随机误差的性质不同,所以单项误差的传递方式也不相同。借用断面和经验浮标系数的系统误差(已定)是以直接传递方式传递到单次实测流量中的,即单次流量的系统误差(已定)与单项系统误差的方向相同,大小相等。按后大成站率定结果,仅借用断面一项就可使单次流量的系统误差(已定)超过10%;而随机误差则是按误差的平方和根方式传递的。为更直观地了解黄河流域借用断面、浮标系数随机误差对测验成果随机误差的影响,比较黄河流域与其他江河随机误差的差异,现按《河流流量测验规范》规定的不确定度计算公式,分别计算黄河流域和其他江河二类精度站单次浮标法流量的总随机不确定度和总不确定度。其他江河的有关单项不确定度一律按《河流流量测验规范》规定指标(无比测试验资料站的指标)取值。黄河流域浮标系数随机不确定度按龙门站的试验结果取值为8.53%,借用断面随机误差按后大成站的率定结果为3%,考虑到该站缺乏高水率定资料,拟增大为4%,折合成随机不确定度取值为8%,其余各单项随机不确定度的取值与其他江河相同。

4 浮标法流量测验误差与确定单一水位流量关系时允许点据离散度指标的关系

按照统计法则,单一水位流量关系上的所有点据应来源于同一总体,关系点据的离散程度主要是由实测流量及其相应水位两个独立的随机误差分量组成。因此,在确定单一水位流量关系时应当做到:关系点据应不含已定系统误差,关系线应居于点群中心。考虑到相应水位的影响且实测流量成果实际上存在着少量的已定系统误差,关系点据的不确定度指标稍大于实测流量的总随机不确定度应当是合理的。鉴于此,《水文巡测规范》所规定的单一水位流量关系允许不确定度指标(高水、浮标法)比浮标法实测流量测验允许指标大1%~3%。照此推论,以后大成站为例,由于黄河浮标法实测流量总随机不确定度和总不确定度比其他江河大3个百分点,因此黄河流域中小河站单一水位流量关系允许不确定度在《河流流量测验规范》规定指标的基础上再增加3个百分点同样是合理的。表1列出了据此计算得出的黄河上建议允许定线误差。

表1 均匀浮标法单次流量测验允许误差与单一线定线允许误差(高水)　　　　(%)

项目	二类精度站		三类精度站	
	总不确定度	系统误差	总不确定度	系统误差
《河流流量测验规范》允许测验误差	11	−2~1	12	−2.5~1
《水文巡测规范》允许定线误差	11~13	1	13~15	1
黄河上建议允许定线误差	14~16	1	15~18	1

水位流量关系能否确定为单一曲线是中小河测站实行简化测验的主要前提条件之一,但

若以表 1 所列黄河流域单一水位流量关系允许误差指标衡量,可实行简化测验的站很少,若以《水文巡测规范》指标衡量,可实行简化测验的站则更是凤毛麟角。于是,能否进一步放宽单一水位流量关系允许误差就成为黄河中小河站扩大实行简化测验范围的关键。

不少分析成果证明,对于中小河测站,若流量资料整编成果不含有系统误差,仅凭随机误差对应用的影响是相当微弱的。

(1)用小河站流量整编成果推算产汇流参数,其推算误差的来源不仅包含有流量资料的误差分量,同时也包括面雨量、洪水分割、地理因素等独立的误差分量。若这些误差分量是随机误差,就应以误差的平方和根的方式去影响参数的推算误差。湖南省水文总站曾据此作了匡算,匡算时假定以上各误差分量等价,并取参数相对误差等于 30%(累积频率为 75%)作为参数综合指标,推出流量误差为 15%。若以此值作流量整编成果的误差指标,《水文巡测规范》所规定的单一水位流量关系允许不确定度指标就有不小的放宽空间。

(2)黄委水文局在生成径流上加入期望值为零时呈对称分布的误差项 dx(相对),统计了不同 dx 值对 C_V 和频率流量的影响。现将通过 1 000 次统计试验得出的,当 $n = 100$,$\dfrac{C_s}{C_V} = 2$,dx = 10%、15% 时,C_V 和 $P = 1\%$ 频率流量均方误差的变化情况列于表 2。

表 2   不同 dx 值对 C_V 和频率流量的影响($n = 100$,$C_s/C_V = 2$)

C_V(原值)	0.2		0.4		0.6		0.8		1.0	
dx	10%	15%	10%	15%	10%	15%	10%	15%	10%	15%
加入 dx 后统计的 C_V 值	0.202 4	0.254 9	0.407 4	0.435 2	0.608 4	0.630 0	0.804 8	0.823 5	1.013 7	1.028 3
加入 dx 后统计的 $P = 1\%$ 频率流量误差	0.45	11.40	0.80	6.60	1.09	4.62	0.23	3.0	1.59	2.26

表 2 显示,C_V(原值)愈大,同一 dx 值的频率流量误差愈小,不同 dx 值频率流量误差的差别也愈小。这说明 C_V 愈大,dx 对频率流量的影响愈小。另据统计,黄河流域多数中小河站洪水系列的 C_V 值都在 0.5 以上,从这一实际情况出发,也说明黄河流域中小河站单一水位流量关系允许不确定度指标可以进一步放宽。

但如果整编资料成果含有较大的系统误差(已定),其对应用的影响就比较突出。它不仅可使时段径流、频率流量等产生相应的系统误差,对产汇流参数的影响更为显著。

综上分析可见,从应用角度出发,能否确保整编后流量成果系统误差不超限,是决定单一水位流量关系允许不确定度指标能否进一步放宽的关键。若对实测流量中所含的系统误差不加修正,用放大定线指标的办法,将既含有随机误差又含有大小不等系统误差的点据合并为单一关系曲线,势必会把系统误差引入整编成果,也违背了单一关系点据应来源于同一总体的原则。在此情况下,为保证流量整编成果的质量,单一水位流量关系允许不确定度指标不宜放宽,即使考虑黄河的特殊性,最多也不宜超过表 1 所建议的黄河允许定线误差指标。

5   小结与建议

通过以上分析可知,黄河流域中小河站浮标法流量测验误差主要有以下几个特点:

（1）因洪水期受涨冲落淤的影响，按现行方法借用断面，除具有一定的随机误差外，还会产生较大的系统误差（偏小）。据初步检验，其随机误差一般不超过3%，约相当于《河流流量测验规范》规定指标的上限，但系统误差有可能超过10%，远大于随机误差，也远大于《河流流量测验规范》的系统误差允许指标。

（2）据初步率定，黄河流域（多沙站）浮标系数主要有两个方面与其他江河不同：一是黄河流域浮标系数变动范围较大，稳定性差；二是浮标系数随机误差较大，其随机不确定度比《河流流量测验规范》规定指标大2.5个百分点。

（3）在浮标系数和借用断面两个误差分量的影响下，黄河流域浮标法流量成果的误差比较大。经计算，单次流量总随机不确定度偏大3个百分点，单次流量的系统误差有可能超过10%。在没有更多试验资料证明情况下，上述统计结果只反映了黄河流域多沙站浮标法流量测验误差的基本面貌，可供估算浮标法流量测验误差时参考。但须指出，在评估测验误差时，必须严格区分系统和随机两种不同性质的误差。采用经验浮标系数，若取值不正确，会使实测流量产生系统误差，而不会因此增加其随机误差。按黄河流域的河床特点，借用断面不仅会产生一定的随机误差，同时还会产生较大的系统误差，上述各类误差都应通过实测资料的率定结果来认定。在当前没有资料证明的情况下，忽略系统误差的存在，不适当地扩大随机误差就很有可能把系统误差误判为随机误差，对应用是极其不利的。

鉴于黄河流域浮标法流量测验成果含有较大系统误差的现实情况，为既能保证资料整编成果的系统误差不超限、满足应用的基本需要，又能适度放宽单一水位流量关系不确定指标，达到更多的中小河测站实现简化测验的预期目标，现提出如下建议。

（1）按照黄河流域中小河站的水流条件和目前的设备条件，再进一步提高施测断面的能力已很困难。为较好地解决借用断面系统误差问题，建议加强对测站冲淤规律的研究。选取若干参照站，在着重于历史资料的分析和相应试验研究的同时，设法获得洪水期最大冲刷断面，分析典型断面冲淤变化规律和借用断面误差。在此基础上按照参照站的研究成果，结合各站具体情况寻求借用断面方法，评估借用断面误差。

（2）搜集以往的浮标系数试验资料和水面流速系数试验资料，进一步分析浮标系数的变化规律。对含沙量较大的站（例如含沙量大于 100 kg/m³），分析时除注意能反映水流特性的参数（如 Fr）关联外，还应注意含沙量的影响。如果浮标系数试验资料不足，应选择有代表性的站开展试验。对于无条件开展浮标系数试验的站应尽力开展洪水期垂线水面流速系数试验，最后参照代表站浮标系数试验成果，结合各站水面流速系数的变化规律，选取合适的浮标系数，评估浮标系数误差。

（3）鉴于黄河流域浮标法流量有可能存在较大系统误差，为确保整编和简化测验后的成果质量，在确定水位流量关系之前，应先按前两条的分析结果对测验成果中的系统误差进行修正。对合并定线的测站，必须根据修正后的实测资料，进行不同年际（不同时段）点据的学生氏 t 检验，只有通过检验证明不同年际（不同时段）的点据与关系线的偏离值符合同一总体的限定指标时，才可以合并为单一水位流量关系。考虑到黄河流域部分中小河站受人类活动影响较大，建议受中等影响以上的测站，在作 t 检验之前可先假设两组样本各自总体之差不为零而为一限定值（1% ~ 2%），然后再检验其是否通过。这样，虽会使整编成果引入少量的系统误差，但与人类活动的影响相比只是少数，同时可以在更多的站实行简化测验，以便抽出力量开展水文调查，使整体质量得到提高。

黄河水量调度期低水流量测验方式研究

王德芳[1]　柴平山[1]　张芳珠[1]　刘淑俐[2]　刘巧媛[3]

(1.黄河水利委员会水文局;2.黄河水利委员会规划计划局;3.山东黄河水文水资源局)

黄河洪水陡涨陡落,峰高量小,破坏性大,虽有众多工程措施和非工程措施的防御,但仍是国家的心腹之患。洪水测报是水文部门的中心工作,它关系到防洪决策的正确依据、国民经济的稳定发展和人民生命财产安全,是防洪工程的重要生命线。半个世纪以来,水文测报发挥了关键的决策作用,减灾效益达数百亿元。然而,近年来,随着黄河流域经济建设的飞速发展,黄河水资源供需矛盾越来越突出,特别是自 1999 年黄河干流实行水资源统一调度管理后,对水文测报提出了新的要求。在水量调度期黄河水量相对较小,如何制定合理的水量调度方案,协调沿黄各省(区)的用水矛盾,需要委属水文测站提供及时、准确的监测数据。目前,水量调度对黄河下游山东河段水文测站已经提出了新的要求:高村水文站每天施测一次流量,泺口、利津水文站每两天施测一次流量,高村、孙口、艾山、泺口、利津水文站每日加报 14 时水情。水文测站测报数量大幅度增加,必将大大增加基层测站的工作量和人力、物力、财力的消耗,而现有人力、物力、财力配备均不足,难以满足水调工作要求。随着水量调度工作的深入开展,河南河段、宁蒙河段也将逐步增加水文测站测次。水资源调度管理对水文测报的全新要求,使得黄河水量调度期流量测验问题日益突出,应引起重视。

1 水量调度期流量测验的现状和问题

1.1 现状

(1)测次布置。部颁《河流流量测验规范》规定:水文站一年的测流次数,必须根据高、中、低各级水位的水流特性、测站控制情况和测验精度要求。掌握各个时期的水情变化,水位流量关系稳定的测站测次,每年不应少于 15 次,水位流量关系不稳定的测站测次,应满足推算逐日流量和各项特征值的要求。结冰河流,流冰期小于 5 天者,应 1~2 天施测一次;超过 5 天者,应 2~3 天施测一次,稳定封冻期测次较流冰期适当减少。

根据部颁规范规定,结合黄河水文测站的实际,黄河干流测站非汛期一般控制在 3~5 天施测一次流量,而中小河流测站根据水利部"站队结合"的有关规定,非汛期流量测验均进行了简化,实行定日测流,即经过对历史资料的分析,采用一日或两日的实测流量来代替月均流量。

(2)测验方法。黄河上中游测站以吊箱为渡河设施,测验人员在吊箱上测深、测速,施测流量;黄河下游站以机船为渡河设施,在船上安装测深、测速仪器,施测流量。在小水时,有时甚至采用测验人员涉水手持悬杆测验或小浮标法测验,测验方法通常采用常测法,即在保证一定精度的前提下,经过精简分析,或直接用较少的垂线、测点测速,但须保证累频 95% 的误差

本文原载于《人民黄河》2001 年增刊。

· 46 ·

不超过 ±5%、系统误差不超过 ±1%。

1.2 问题

(1)测验设施不适应低水流量测验。水文测报基础设施的标准高低是以测报大洪水的能力来衡量的。根据部颁《水文基础设施建设实施意见》,结合近年来的专项投资建设,多数委属水文测站进行了测报设施设备更新改造,旨在提高水文测报设施的防洪能力和测洪能力,而对低水测验很少考虑。

黄河中游测站吊船测流,在低水期吊箱与水面距离过大,测验人员在吊箱上操作不便,测验误差也必将增大。黄河下游测站机船法测流,在低水期由于机船对水流的扰动影响,测验误差也比洪水期增大。现有测验设施不能适应低水期流量测验。

(2)低水流量测验方法有待改善。现行低水流量测验方法(常测法)的问题,一是垂线流速测验方法不当,二是垂线布设的数目不足,测验方法有待进一步改善。

2 水量调度期流量低水测验方式研究

为适应新的形势需要,应结合水文测验的实际配备必要的低水测验设施,调整测站测报任务。

2.1 修订测站任务书

根据部颁规范规定和原有测报任务需要而制订颁发的《水文测站任务书》已不能适应和满足现在的形势需要,应尽快结合目前情况和水文测站的实际修订测站任务书。

2.2 开展低水位流量测验的方法研究

通过对低水测验的方法研究,探索测验部署方案,也即一年低水期施测多少次流量、什么时机施测以及采用何种测验方案为最优,既要满足水量调度的要求,又要投入产出比最高。其基本思路是:①选择代表性测站;②加密测次和测深、测速垂线,尽可能多地取得多线多点的单次流量测验成果;③利用统计规律和误差计算理论,确定满足误差要求的合理的流量测次和垂线布设数目。

2.3 特殊水流现象研究

黄河下游特别是山东河段在低水潮"假潮"现象十分突出,一日内可能出现 3 次以上"假潮"。例如孙口水文站测验河段自 2000 年 2 月中旬以来"假潮"现象十分频繁,水位日变幅一般在 0.5 m 左右,给流量测次的布置造成了一定的困难。"假潮"在实测点前后,所报出的流量易出现台阶现象,给水量调度工作带来了困难。"假潮"是黄河下游特别是山东河段特有的水流现象,认识"假潮",揭示其产生和发展的物理机制,对于制定合理的测验部署方案尤为重要,必须尽快开展专项研究。

2.4 设施配备

低水期流量测验设施配备要有机动性、灵活性和可操作性。机动性和灵活性是指测验设施可调节移动,不是一劳永逸的固定设施。可操作性是指要结合水文测站的测验实际,配备符合实际的设施设备。

黄河干流大站要在原测报大洪水测验设施的基础上,增加建设低水测验过河缆道、循环系统和吊箱,并配备适宜于低水测验的船只。

定位仪器配备便携式 GPS,提高测验定位精度;测速仪器配备直读式流速仪,逐步取代传统的机械转子流速仪。

黄河水文要逐步吸收和借鉴一些先进仪器,克服黄河水文测验中的障碍问题,与可科研部门和生产厂家共同研究解决,使先进的测验仪器能适应黄河特点并能推广应用。这样测验手段才能从根本上突破,测验质量才可大幅度提高,从而满足黄河治理、水资源调度等多方面对水文测报的要求。

3 结语

水量调度期流量测验要求越来越高,而目前测验设施不适应于低水测验,应尽快建设低水测验设施。要引进和吸收先进的测验技术和仪器改善测报手段,开展低水流量测验专题研究和特殊水流规律的分析研究,从而提高低水测验精度,以适应水资源调度对水文测报的要求。

黄河基础数据库建设

王 龙 刘 伟 张 勇

(黄河水利委员会水文局)

数据库系统是当今计算机信息系统的核心,也是黄河各专业应用系统与信息服务系统的基础。黄河的信息资源种类多、数量大,简单的文件存储方式不便于数据的管理和数据的规模化发展,因此需要按照信息的种类和信息的应用建立不同的数据库。按照应用类型,黄委数据库系统分为以下三种:基础类数据库、专用类数据库和综合类数据库。所谓基础类数据库,是指数据库中保存的数据有重要的历史价值,具有应用领域广、公用性强,其数据只能追加、不可更新且随时间不断变化等特点;专用类数据库指为特定应用程序提供信息支持的数据库,对数据的实时性有较高的要求;综合类数据库指数据库中保存的数据种类较多,能够满足日常业务和关键业务(黄河防汛决策等)的需要。

随着黄委计算机网络的普及,数据库系统的应用范围在不断扩大,防汛科研等业务都离不开数据库的支持,建立一系列完整的水利基础数据库对实现水利资源的高度共享,促进黄河信息化的发展意义深远。

1 基础数据库系统建设的现状及存在的问题

早在 20 世纪 70 年代,计算机技术已经在黄委得到应用。从 80 年代末期开始,网络与数据库技术在黄委得到较广泛的应用。1987 年在水利部统一部署下,国家水文数据库开始建设,黄河水文数据库是国家水文数据库的重要组成部分,至 1997 年基于 Sybase 企业级数据库管理系统平台的黄河水文数据库基本建成。除黄河水文数据库外,还相继建成了黄河实时水雨情数据库、黄河防洪工程数据库等,这些数据库系统在黄河防汛、科学研究等方面发挥了重要作用。

数据库是信息化的基础。多年来,黄委在数据库建设方面虽然做了大量工作,但是由于缺

本文原载于《人民黄河》2002 年第 5 期。

乏统一规划以及稳定的经费投入,数据库的建设工作发展缓慢。无论信息种类还是信息量都远达不到实际工作的要求,数据追加和更新不及时(如黄河下游工程三级数据库),有些数据库长期处于试验阶段。同时信息服务软件开发工作滞后,应用水平相对不高,数据库的利用率还比较低,尚未形成有效的信息服务体系。目前,黄委仅基本建成了黄河水文数据库,但缺乏信息交换的机制和省(区)间的协调,黄河流域有关省(区)所属测站的水文数据无法获取。同时该数据库的结构急需进行优化调整,以增强信息服务能力。

其他方面的数据库仅仅是为了专项工作的需要,各自建立并为其业务服务的专用数据库,信息资源少、技术落后,没有形成有效的信息资源。

2 基础数据库系统建设的目标与任务

基础数据库系统建设的目标是:采用先进的计算机、网络和数据库技术,建设涵盖黄河主要信息的基础数据库系统,构成黄委的基础信息资源,并通过有效的信息存储与服务体系,最大程度地实现信息资源共享。

数据库建设的具体任务是:

(1)2001~2003年,加强水文基础数据库的建设。解决水文数据库现存的技术问题,补充流域省(区)测站资料,基本建成完整的黄河流域国家水文数据库,实现上网服务。在此基础上,通过对数据的加工分析处理,提供成果化的信息,到2005年初步建立国家水文数据仓库,为科学研究、规划设计提供决策支持。

(2)初步建成黄河空间数据库,为实现"数字黄河"奠定基础。

(3)建成水利工程基础数据库、黄河流域水质数据库、水库河道淤积测量数据库、黄河档案等基础数据库。

3 基础数据库系统建设的内容

3.1 黄河流域国家水文数据库

黄河流域国家水文数据库存储经过整编的历年(自有资料记载)黄河水文观测数据,是专业应用系统的基础。黄河流域国家水文数据库的建设,技术上要在现有基础上重点解决测站编码、库表结构,水位基准、水量单位的统一,与整编程序的接口等问题;管理方面要协调好黄委和流域省(区)的关系,补充完善各省(区)测站的资料,尽快建成完整的黄河流域国家水文数据库,实现上网运行,提供信息服务。

国家水文数据库于20世纪80年代中期开始,受当时计算机和数据库技术的限制,为尽量减少数据的冗余,库表结构设计更多地遵循数据库的规范理论。如历史大洪水信息在国家水文数据库中有较为完整的信息,但没有独立的历史大洪水数据表,在实际工作中难以使用。历史水文资料的服务范围很广,为防汛服务只是其中重要的一个方面。从业务上划分,可分为水雨情、旱情、预报、调度决策、规划设计、环境、水资源、统计等主题。因此,国家水文数据库的表结构需要在兼顾数据存储和业务应用两个方面的基础上进一步优化。

3.2 黄河流域空间数据库

黄河流域空间数据库是描述黄河流域水利要素地理分布特征的数据库。建立1∶250 000、1∶50 000比例尺覆盖黄河流域地理信息的数据库,在防洪重点地区建立1∶10 000到1∶5 000比例尺的水利空间地理数据库。黄河流域空间数据库将为"数字黄河"工程打好基础。

黄河流域空间数据库的建设涉及空间数据的数字化。空间数据的数字化是在地理信息系统的支持下,首先实现地图的电子化,即电子地图;然后分层进行数字化,建立空间数据库。

电子地图分为黄河流域图和黄河河道图。黄河流域图用来显示流域基本情况和水雨情等属性数据;黄河河道图用于浏览显示和查询实时险情信息、防汛料物储备、堤防工程情况、工程水位情况、堤防防守情况、河道堤防工程等信息。电子地图制作包含图形矢量化处理、表结构定义和属性数据输入等。

3.3 水利工程基础数据库

水利工程基础数据库包括水库大坝、堤防工程、河道工程、分滞洪区工程等的设计指标、工程现状及历史运用信息。

水利工程信息涉及工程门类较多,信息量大。为便于计算机管理的规范化,将工程信息分为以下种类:河流、水库、水文控制站、堤防、分滞洪区、机电排灌站、水闸、治河工程、险工险段、跨河工程、穿堤建筑物、地下水监测站、灌区土壤墒情监测站点等。

3.4 黄河流域水质数据库

水质数据库是黄河水资源管理与保护的基础,主要用于上报、公告黄河水污染现状,为黄河水量调度和预报水质提供信息,为黄河水资源保护监督管理提供决策依据。主要包括基本监测站网水质数据和省界监测站网水质数据。

基本监测站网水质数据:常规监测水质数据库是全国环境监测站网的重要内容,为每年《全国水质量公报》提供基础监测数据。

省界监测站网水质数据:基本根据《水污染防治法》赋予流域水资源保护机构的重要职责,规划并开展了省界水体水资源保护监测,为监督各行政区域污染状况,调查处理、仲裁省际间水事矛盾提供依据。

3.5 黄河档案数据库

治黄档案信息资料包括档案 23 万卷,图纸 60 万张,图书资料近 20 万册,中外文专业期刊300 余种,主要以纸介质信息为主,并存有少量声像档案资料。现藏信息资源中以档案、情报专题资料最有价值,包括大量珍贵的文件材料、技术报告、工程图纸等,这些都是黄委在长期治河实践中积累的自产文献,是一部展示黄委治黄成就、研究成果和学术水平的百科全书。对它们进行全文数字化和深度开发是治黄档案信息工作的一个重要课题和紧迫任务。

3.6 黄河中下游水库河道淤积测量数据库

黄河中下游(三门峡水库及其以下)水库、河道淤积断面测量是一项经常性的测量工作,其主要任务是收集和提供准确完整的水文、泥沙及其相应的河床形态资料,研究黄河下游河道的河床演变和水库冲淤变化规律,为水库运用和黄河水沙调节及下游防汛服务,并通过对上述资料的分析研究,为解决治黄所面临的三大问题的决策提供依据。

黄河中下游水库、河道淤积测量,涉及黄河水文、河务等部门,是一项技术性、时效性很强的工作。建立黄河中下游水库河道淤积测量数据库,需要解决两个问题:①修订原"黄河下游河道观测试行技术规定"和"水库水文泥沙观测试行办法"以适应目前水库、河道观测(GPS、全站仪等先进仪器设备的应用)的需要。②开发统一的整编程序,规范测量成果的格式、精度、内容,以符合整编规范的要求。③对中下游水库、河道淤积测量数据进行科学、统一的管理,按照《水文资料整编规范》的要求,完成冲淤量、冲淤面积及冲淤分布等基础计算工作,用统一的数据格式为治黄各部门提供快捷、准确、优质的服务。

对 20 世纪 50 年代以来的淤积测量资料进行系统的整理和合理性检查,对需要插补延长的断面测次,按照有关规范、规定的要求,进行资料的插补和延长,达到规范要求后,将数据装入数据库。入库后的淤积测量数据格式统一、精度可靠、便于使用,可满足治黄各部门进行资料分析、工程规划、工程维护、水量调度等不同层次的需要。

黄河流域委属大河控制站站网布局分析检验与调整

袁东良[1]　　钮本良[2]　　赵元春[1]　　徐小华[1]

(1. 黄河水利委员会水文局;2. 黄河水利职业技术学院)

水文站是设在河、渠、湖、库上以测定水位和流量为主的水文测站。按目的和作用分为基本站、实验站、专用站和辅助站。水文站网是在一定地区或流域内,按一定原则,用适当数量的各类水文测站构成的水文资料收集系统。由基本站组成的水文站网是基本水文站网。按照水利行业标准《水文站网规划技术导则》(SL34—92)(以下简称《导则》)规定:控制面积为 3 000 ~5 000 km² (干旱、半干旱地区为 5 000 km²) 以上的大河干流上的流量站,为大河控制站。目前,黄河流域共布设水文站 451 处,其中黄委所属水文站 133 处(基本站 116 处,渠道站 17 处)。委属大河控制站 61 处,主要分布在黄河干流及其 12 条主要支流上,其中黄河干流 33 处、支流 28 处。

水文测站的设立都有其一项或多项具体的功能,主要有以下几种:①水沙变化;②水资源评价;③水文情报、预报;④规划设计;⑤工程管理;⑥冰凌观测;⑦水质监测;⑧法律仲裁。

1　问题的提出

黄委所属大河控制站均为水利部确定的重要水文站,几十年来收集积累了大量水文资料,在黄河的治理开发中发挥了重要作用。但目前,在管理上和布局上都存在一些问题,部分站已达不到设站的目的。具体表现在:①站网布局不尽合理。部分河段水量或洪水递变率很大,而站点密度偏稀,有的河段递变率很小,但站点布局过密。同时,受人类活动影响大,不能满足水资源计算、分配和管理的要求。②设站目的不清,专用站未正式确定,未实行分类管理。多数站是经统一规划由黄委设立的基本站,由于历史原因,部分站点是为了某工程专用目的而设立的,还有部分站是规划设计单位设立的,后移交黄委管理。在这些站中,有的不具备基本站作用,还有部分站既具有专用目的又具有基本站作用,应加以区分,分别管理。

2　站网布局分析检验

2.1　大河控制站密度分析检验原理

大河控制站布站密度不能过稀,也不能过密。布站过稀会使内插误差较大而影响使用,若布站过密,两相邻站之间的水量差别会被测验误差所淹没,投入大而效益不高。因此,在布设

本文原载于《人民黄河》2001 年增刊。

站网时应遵守以下原则：①要保证任何相邻站之间的水文特征值有显著差别，不使布站过密；②要保证沿程任何地点的内插误差不大于规定指标，不使布站过稀。

2.1.1 递变率原则计算河段布站数目上限

布站数目可用以下公式反映：

$$n \leqslant 1 + \frac{\ln Q_n - \ln Q_1}{\ln(1 + \gamma)}$$

$$\gamma = \frac{\ln P_1}{\ln P_0} \cdot \eta \tag{1}$$

式中：n 为布站数目；Q_1、Q_n 分别为干流河段最上游、最下游两个控制站某种流量特征值；γ 为下游站较相邻上游站某种水文特征值应保持的递变率；η 为测验误差；P_0 为当相邻站流量变差恰好为一倍测验误差时，误判为测验误差的概率，$P_0 = 0.5$；P_1 为相邻测站之间流量变差，完全误判为测验误差允许误差。

2.1.2 内插精度原则计算河段布站数目的下限

布站数目的下限可用下式表示：

$$n \geqslant 1 + \frac{L}{L_0 \ln \left| \frac{C_V{}^2 + \varepsilon^2}{C_V{}^2 - \varepsilon^2} \right|} \tag{2}$$

$$L_0 = -\frac{\sum \Delta L}{\sum \ln \gamma}$$

式中：L 为计算河段长，km；C_V 为变差系数；γ 为相关系数；L_0 为相关半径，km；ε 为内插误差。

2.2 站网布设的密度计算

2.2.1 计算河段划分

由于黄河流域自然地理条件、水文特性差异很大，各区段的开发情况、人口的疏密程度等也有很大差别，因此对水文的需求不可能在同一水平线上。为使站网密度分析成果更符合实际，将黄河干流分为以下河段进行布站密度检验，即：吉迈—唐乃亥，唐乃亥—兰州，兰州—头道拐，头道拐—龙门，龙门—花园口，花园口—利津。

黄河干流鄂陵湖、黄河沿站可用资料系列较短，未纳入计算，支流控制站站网的检验按水系进行划分。

2.2.2 资料选用

由于人类活动的影响，除河源区外，其他河段的实测资料系列已不能代表天然情况，因此站网密度分析所用的时段径流量采用 1952~1990 年还原资料，洪峰流量仍用实测资料。

2.3 站网密度计算

根据"直线原则"计算布站数目，即在一条河流的干流上布设流量站网，其中任何相邻两站应满足：下游站与上游站流量特征值的比例应大于一定的递变率，内插两站间任一地点的流量特征值的误差不大于指定值，《导则》推荐递变率和内插误差允许范围见表1，表中递变率 = $\frac{Q_{i+1} - Q_i}{Q_i}$，其中 Q_i、Q_{i+1} 分别为相邻上、下游站水文特征值。根据黄河干流各计算河段测验工作和生活困难程度及在防洪水资源管理中的重要程度选取，有关计算参数选用参考表2，其中吉迈—唐乃亥河段按极困难地区考虑，唐乃亥以下河段均按重要地段选取，计算测站数目下限时,其内插允许误差均按5%计算。利用时段径流量,按推荐公式(1)、(2)计算出各段测站数目的上限和下限,见表3。

表1 递变率、内插误差指标

特征值	递变率	内插误差
正常年径流量	不小于10%(上游困难地区可增大到20%)	不超过10%(困难地区可放宽到15%)
洪峰流量	不小于10%(上游困难地区可增大到20%)	不超过10%(困难地区可放宽到15%)
多年平均输沙量	不小于20%(上游困难地区可增大到40%)	不超过15%(困难地区可放宽到20%)

表2 参数 η、P_1 在不同地区取值范围

参数	困难地区	一般地区	重要地区
η	0.15~0.20	0.10~0.15	0.05~0.10
P_1	0.05~0.10	0.10~0.15	0.15~0.20

表3 各河段计算的测站数目

河 段	年径流量作为水文特征值		汛期水量作为水文特征值		洪峰流量作为水文特征值		现有站数
	上限	下限	上限	下限	上限	下限	
吉迈—唐乃亥	5	2	5	3	5	5	5
唐乃亥—兰州	3	2	3	2	4	4	5
兰州—头道拐	2	2	2	2	4	4	7
头道拐—龙门	3	2	3	2	5	5	4
龙门—花园口	5	3	5	3	5	5	4
花园口—利津	2	2	2	2	7	7	6

3 计算结果的评审

3.1 评审的原则和步骤

"直线原则"计算各河段大河控制站的布站数目是指一般情况而言,具体决定黄河干流布站数目和位置,还应结合各计算河段的实际情况,考虑以下因素:天然来水来沙地区的自然地理分区,需满足大洪水递变率和内插误差的重要防洪地段;水资源管理需要布设的重要水资源控制站和省际测站,设站河段的测验条件和交通、生活条件等。

评审步骤:①用时段径流量按公式(1)、公式(2)计算各河段布站数目的上限和下限,并通过实际出现相当于防洪标准的大洪水的洪峰流量的递变率和内插误差的检验,审查计算数目是否能满足防洪、水资源评价、沿黄沿理开发等主要功能的基本要求;②通过调查、分析,落实各河段近期治理开发对水文资料的需求,结合计算和检验结果,确定各河段测站数目的采用值;③根据各河段确定的测站数目,对照现有站数,结合测站位置、功能、测验及生活条件等,逐段逐站进行审查、综合评估,决定测站的撤、迁、留,并对密度不足的河段提出设站意见。

3.2 评审意见

(1)唐乃亥以上河段:属河源区,流域面积 12.2 万 km²(黄委管辖 10.7 万 km²)。该区段设站主要是了解河源区水资源量的时空分布。现布设水文站 11 处(其中干流控制站 7 处),经计算吉迈—唐乃亥区间布站上限 5 站、下限 2 站,现有 5 站、按极困难地区的参数指标符合要求,不再增设站点,但支流布站较稀,须根据实际增设站点。从测验条件考虑,需对区内部分站点进行调整:鄂陵湖站,由于地方政府在该站下游 17 km 处兴建水电站,将测验河段淹没,无法观测,拟予以撤销;黄河站,该站系热曲河控制站,1981 年设立,1990 年改为巡测。测验河段已被破坏,同时在洪水期断面上游有汊道分流致使漏测部分水量,拟撤销该站;门堂站,是丘陵沼泽草原自然分界线的干流控制站,该站冬季大雪封山,仅在汛期进行观测,达不到实测年径流特征值目的,拟将其迁至下游新建的公路桥处,并恢复为全年观测。

(2)唐乃亥—兰州河段:该区段显著特点是每两站之间都有大型水库相间隔,现布设有贵德、循化、小川、上诠、兰州 5 处水文站,用时段天然水量计算测站数目的上限为 3 站、下限为 2 站,用年输沙量计算需 6 站。其原因:上游来沙量较小,区间加沙后造成输沙量递变率较大,似需布设较多的测站,才能保证内插精度。根据统计,兰州站多年平均年输沙量仅为 0.8 亿 t,为此过多布设水文测站很不经济。考虑到本河段来水来沙、防洪及治理前景,可撤消上诠站。上诠站是盐锅峡水库的出库站兼八盘峡水库入库站,与其上游小川站之间集水面积仅 1 051 km²,区间来水来沙量在测验误差之内,属重复设站,该站资料系列可与小川站合并使用。鉴于小川站所处位置重要、测验生活条件优于上诠站,可撤销上诠站,若工程管理部门需要可改为专用站。

(3)兰州—头道拐河段:本河段位于甘、宁、蒙三省(区),主要特点是区间加入水量很小,而工农业耗水量很大,水资源管理对水文资料要求高,凌汛期冰情复杂,防凌问题突出。在站网设置上应满足以下要求:控制天然径流的沿程变化,为水资源评价和开发服务;掌握灌区引水退水情况,为水资源管理和调度服务;满足防洪特别是防凌的需求。现有水文站 8 处(不包括昭君坟站),根据计算结果为掌握天然水量沿程变化保留兰州、头道拐两站,但由于甘、宁、蒙省(区)是黄河上游用水大户,因此应保留下河沿、石嘴山等省际间水文站,作为水资源管理的宏观控制站,同时应保留青铜峡、巴彦高勒站作为宁、蒙间引水量的校核站;鉴于三湖河口站对内蒙古河段防凌起重要控制作用,仅在凌汛期观测,作为防凌专用站;安宁渡站,其水沙资料及测站特性与下河沿相近,从控制年径流量和输沙量递变率及内插精度看,作为基本站可以撤销。若考虑为规划拟建的大柳树水库服务,可改为专用站。

(4)头道拐—龙门河段:本河段是黄河泥沙主要来源区,洪水出现几率很高、陡涨陡落,对黄河下游及三门峡库区防洪至关重要。现布设有:头道拐、河曲、府谷、吴堡、龙门 5 处基本水文站和 1 处专用水文站(万家寨),按年径流量递变率和内插误差计算需要 3 站,从洪峰流量和输沙量角度审查:统计 1952~1990 年水文资料,龙门站超过 10 000 m³/s 的洪水共发生 14 次,有 5 次是府谷以上来水,另外 9 次来源于府谷—龙门区间,且主要来源于府谷—吴堡区间,洪峰流量递变率平均达 160%,最大值 410%,吴堡—龙门区间洪峰流量递变率为 56%。为满足吴堡站洪水预报需要,显然在府谷—吴堡区间应增设一处干流站,位置应在窟野河入黄口至佳县区间,但该位置恰位于拟建碛口水库淹没区,不能长久观测,因此可在万镇设水位站进行观测;河曲站是天桥水库的入库站,与其上游万家寨区间面积为 2 850 km²,区间仅有一条较大支流,面积 1 900 km²,又有测站控制,未控面积不足 1 000 km²,作为黄河干流站,其测验误差大于区间来水来沙量,属重复设站,可撤销,如工程管理部门需要,可改为专用站;龙门站是黄河重要控制站,地位和作用重大,但由于断面冲淤变化剧烈,流急浪高并伴有揭河底冲刷,投入大、测洪能力低,增设壶口断面作为龙门站的辅助站,其一是壶口—龙门区间加水较少,预报洪水入三门峡水库的预见期提前约4 h;其二是壶口断面稳定、测站控制较好,可提高测报质量;其三可减少人力、物力、财力的投入。

(5)龙门至花园口河段:区间有渭河、汾河、北洛河、伊洛河、沁河等重要支流,是黄河洪水主要来源区之一。区间建有三门峡和小浪底两座大型水库,设有潼关、三门峡、小浪底、花园口5站。从计算结果看河段布站数目上限5处、下限3处。由于本河段防洪地位重要,因此应以洪峰流量递变率和内插误差分析论证站合理性。龙门—潼关洪峰流量递变率较大,洪水出禹门口,水流扩散漫滩严重,洪峰值削减较多,为控制洪峰递变率,应在小北干流增设一处干流水文站,但由于区间系宽浅游荡河段,无合适站址,较大支流均有测站控制,故可增设水位站,以弥补干流水文站之不足;潼关—花园口区间站数基本满足规范要求,无须增设干流水文站,但也不宜减少测站。

(6)花园口—利津河段:位于黄河下游,区间加水较少,两岸工农业用水量很大,河道高悬于两岸地面,是防洪河段中的重中之重,防洪(防凌)、水资源统一管理、河道整治,对提供水文信息的要求越来越高。20世纪80年代以来,特别是90年代,黄河下游河道形势发生了显著的变化,频繁出现断流,河道萎缩、洪峰传播时间长,小流量、高水位、大漫滩。小浪底水库的运用,必将对下游防洪带来新的变化,因此下游需布设较密的站网,现有7处水文站位置比较合适,无须大的调整。

(7)重要支流控制站计算评审:①无定河丁家沟—白家川河段:区间现有2处大河控制站,位于无定河下游,区间面积6 240 km²,其间大理河绥德站控制3 893 km²,占62%,测站数目不宜减少,考虑无定河流域水沙变化不大,也不宜再增设测站。②渭河武山—华县河段:区间设有7处干流站,其中武山、北道、咸阳、华县归属黄委管理,其他归陕西省管理,位置交叉,根据水资源评价、洪水预报等方面需要,测站数目暂不考虑增减。③洛河长水—白马寺河段:区段设有长水、宜阳、白马寺三站,主要是控制洛河水沙变化过程,根据洪水传递变率和内插误差计算,三站均应保留。但由于原有宜阳站测验河段破坏严重,中低水测量困难,再者测验设施已报废,可考虑迁移断面。方案一,上迁几公里至八里堂;方案二,下迁至宜阳公路桥利用桥测。④沁河润城—武陟河段:区段设有润城、五龙口、武陟3站,五龙口站是沁河大堤防洪关键站,对沁河防洪调度有决策作用;武陟水文站是沁河水沙控制站,其资料也是花园口站预报方案的重要依据,计算洪峰流量递变率和内插误差,布设3站基本满足要求,测站数目不能减少。⑤其他重要支流控制站:唐克、大水、民和、享堂、温家川、甘谷驿、河津、杨家坪、毛家河、秦安、庆阳、雨落坪、龙门镇、黑石关、陈山口等水文站,设站目的明确、测站位置合适,无须调整。

4 结语

撤销鄂陵湖、黄河站;上诠、安宁渡、河曲3站改为专用站,若用户不需要则予以撤消;宜阳站迁移;增设壶口断面测验,作为龙门站的辅助站;增设万镇水位站。

黄河下游河道淤积测验断面布设密度研究

张留柱　胡跃斌　张松林

（黄河水利委员会水文局）

河道冲淤数量及其分布是洪水预报、防汛、河道治理、科研等工作的重要基础资料。为获得河道冲淤的数量,了解其时空分布及变化规律,需要用直接测量的方法长期对观测河段进行测量。直接测量冲淤量的方法分为地形法和断面法两种。由于黄河下游河道用地形法进行淤积测量工作量大、历时长,不能满足黄河下游冲淤变化快的特点,因此在黄河下游淤积测量中不采用该方法。断面法具有工作量小、速度快、方法简便等特点,是目前黄河下游河道淤积测量常用的方法。

断面法是沿河道布设一定数量的固定淤积测验断面,测量时沿断面线测量各测点的高程、起点距,计算出断面面积及计算同一断面两次断面测量的冲淤面积。在量算断面间距后可用下式计算断面间的冲淤量:

$$\Delta V = \frac{S_u + S_d}{2} L \tag{1}$$

式中:ΔV 为两断面间冲淤体积(或冲淤量);S_u、S_d 分别为上、下断面的冲淤面积;L 为断面间距。

黄河下游断面法淤积测验始于20世纪50年代初期,60年代初期基本形成了固定淤积测验断面。目前,河南段平均断面间距为 10.5 km,山东段平均断面间距 6.9 km。每年对这些淤积断面进行 2~3 次淤积测量,淤积资料的精度如何,各河段的断面数量是否合理等问题是使用资料者十分关心的问题。本文结合黄河下游实际,从断面法淤积测量的误差出发,研究其断面密度的优化问题。

根据断面法测量和计算冲淤量的方法及特点,可将断面法计算淤积量的主要误差来源分为两大类:一类为断面代表性误差;另一类为断面测量误差。

1 断面代表性误差分析计算

1.1 误差的来源

取两断面间的间距与两断面垂直,相邻两个实测断面面积为 S_u、S_d,两断面间任一位置处的断面面积为 S_x,且 S_x 与河段垂直,则对应河段内断面附近的体积为

$$dV = S_x dx$$

那么两断面之间的体积为

$$V = \int_0^L S_x dx$$

本文原载于《人民黄河》2001 年增刊。

假设断面面积沿河长方向变化为线性关系,即

$$S_x = S_d + \frac{S_u - S_d}{L}x$$

则

$$V = 在\int_0^L (S_d + \frac{S_u - S_d}{L}x)\,\mathrm{d}x = \frac{S_u + S_d}{2}L$$

从以上推导可以看出梯形公式使用条件是:两断面之间的断面面积呈线性变化,且两实测断面之间的各个断面相互平行。当两实测断面间面积变化完全符合上述条件时,公式(1)计算误差为零;若两断面间面积变化为非线性时,用公式(1)计算就会带来计算误差。这一误差可以认为是模型计算误差或模型代表误差。实际上天然河道任意两实测淤积断面之间各个断面的面积变化一般不满足直线变化条件,因此计算误差必然存在。

另一方面,如果计算模型(公式)不变,若在实测河段上逐点增加淤积测量的断面数量,使实测断面之间的间距 L 逐渐减小,则梯形公式的使用条件就能逐渐满足。当河段内测量的淤积断面数趋向无穷多时,两断面间面积的变化可认为是线性变化,这种情况下用梯形公式计算的河段冲淤量将不存在模型代表性误差。实际上一个河段上的淤积测量断面数是有限的,因此模型误差是必然存在的。模型误差也可认为是用有限的实测断面数计算的冲淤量代表计算河段真实的冲淤量而产生的误差,这一误差也称为断面代表性误差。

断面代表性误差产生的原因表面上看是由于实测断面数量有限而引起的,实际上是由于计算模型引起的。计算模型一旦选定,代表性误差的大小主要是测量河段断面的密度(断面的布设位置也会有影响)决定的。因此,断面密度是我们控制断面代表性误差大小的主要因素。

1.2　代表性误差的分析计算

由以上分析知,影响代表性误差的关键因素是断面布设密度(可用测量河段内的平均断面间距或断面数表示)。由于各河段的地形情况不同,因此目前尚不能通过理论分析研究建立普遍通用的断面密度和代表性误差关系。通过对黄河下游具体河段的实测资料分析计算,可建立该河段的断面密度与代表性误差的经验关系。为此,在河南河段我们选取了黄河下游花园口上、下 73.9 km 长的河段(石槽—辛寨)作为河南宽浅河段的代表性河段进行分析。1960 ~ 1961 年在该段内曾布设过 64 个加密断面(其中基本断面 6 个)进行测量。加密断面平均间距为 1.17 km,最大间距为 2.70 km,最小间距为 0.45 km。

为分析计算河段内淤积测验断面数与淤积测量误差的关系,首先计算河段内全部 64 个断面实测水位下的断面面积,并计算出河段内实测水位以下的容积作为标准容积。然后按断面最密处先减的原则,对河段内的断面数量进行精简,用河段内不同断面数量分别计算其相应的容积,并计算精简断面后计算的容积与标准容积的相对误差。两次测量之间的冲淤量为:$V_上 - V_下$。其中,$V_上$ 为上次测量计算河段容积,$V_下$ 为下次测量计算的河段容积。取 m_2、m_1 分别为 $V_上$、$V_下$ 对应的中误差,则在同一河段相同的测量条件下,可认为上次容积测量误差 m_2 与下次容积测量误差 m_1,均为 m,则河段内断面数为 i 时对应的冲淤量(即两次容积之差)代表性误差 m_i 为 $\sqrt{2}m$。将参加计算的断面数 i 与代表性误差 m_i 建立相关关系,结果见图 1。从图 1 可以看出:随河段内断面数量的减少,河段内计算的冲淤量代表性误差增加,对同一河段取两次资料计算的结果基本相同,图形变化趋势一致。

山东河段河道较河南河段相对窄深,河道特性与河南河段有一定差异。为了分析山东河段断面代表性误差,选取了山东河段杨集—松柏山河段进行了分析。该河段长 60.55 km,曾测量过 33 个加密断面。断面加密后该河段内最大断面间距 3.725 km,最小间距 0.31 km,平均断面间距 1.9 km。断面精简计算方法与河南段相同,计算分析结果见图 2。

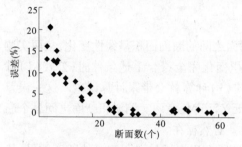

图 1 河南河段断面数与误差的关系

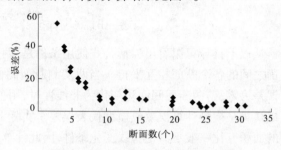

图 2 山东河段断面数与误差的关系

2 断面测量误差分析计算

2.1 断面测量误差主要来源

断面法淤积测量无论使用的仪器方法是否相同,最终测量的是测点的起点距(B_j)、高程(H_j)和断面间距(L_j)3 个物理量。因此,断面测量主要误差有起点距测量误差(m_B)、高程测量误差(m_H)和断面间距量算误差(m_L)。

另外,大断面测量中横断面上测点是否控制地形变化,也存在着实测断面对真实断面的代表性问题。黄河下游断面比较平坦且横断面上测点较密,测量中测点布设注意控制地形变化。此项误差相对较小,可以忽略不计。

根据误差传播定律可推出用梯形公式计算河道淤积量的误差(m_V)与 3 个测量值及主要测量误差之间的关系如下:

$$m_V = \sqrt{\sum_{j=1}^{k} \left(B_j^2 H_j^2 m_L^2 + \frac{1}{2} L_j^2 n_j H_j^2 m_B^2 + \frac{1}{4n_j} L_j^2 B_j^2 m_H^2 \right)} \qquad (2)$$

式中:k、n_j 分别为计算河段的总断面数和第 j 个断面上的测点数。

2.2 影响淤积测量误差的主要因素

由式(2)可以看出,影响淤积测量误差的主要因素有各断面的平均冲淤厚度、实测断面宽度、断面间距、断面上的测点数及起点距、断面间距和高程测量误差。测量河段和测量断面确定后断面间距为定值,各断面的测量宽度和断面测点数相对较稳定。当测量仪器(设备)、测量人员及测量方式确定后,起点距、断面间距和高程测量误差也相对较稳定。各次淤积测量之间变化比较大的因素是各断面的冲淤厚度(H_j)。由于黄河具有含沙量高、河道冲淤变化大的特点,因此洪水前后同一断面上冲淤厚度可达几分米至米级,而在平枯水时期,冲淤变化又较小,常为几毫米到几十厘米。可见,河道的冲淤厚度是影响各次淤积量测量误差的主要因素。

2.3 冲淤厚度和淤积测量误差的统计关系

利用公式(2)对黄河下游河南、山东河段分别统计计算了河段冲淤量测量的中误差。经分析,计算河段内平均冲淤厚度与冲淤量测量误差的经验关系良好,且河南、山东河段关系一致。根据实测数据建立的黄河下游平均冲淤厚度与淤积测量相对误差关系见图 3。

3 合理断面密度分析

3.1 代表性误差和断面测量误差的匹配问题讨论

根据测量误差理论,一个河段内冲淤量计算成果的总误差为

$$m_{总} = \sqrt{m_v^2 + m_i^2}$$

式中:$m_{总}$ 为河段内冲淤量成果总误差。

由以上分析知,若一个河段内断面数量很多,则 m_i 很小。当远远小于 m_v 时,由上式知,该河段内冲淤量总误差 $m_{总}$ 就会接近 $m_v(m_{总} \geqslant m_v)$。同样,若通过改进测量方法,采用高精度

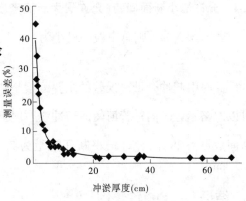

图 3 黄河下游冲淤厚度与测量误差的关系

测量仪器,就会降低 m_v,若使 m_v 很小,则影响 $m_{总}$ 的主要因素就是 m_i,$m_{总}$ 会接近 m_i。因一个河段的地形条件、观测仪器一定的条件下,m_v 在一定范围内变化,所以测量结果中 m_v 的存在相对较稳定,人为控制的幅度较小。m_i 大小是可以通过调整断面数量加以控制的,要使 m_i 很小,就要求测量的断面数很多,这样断面测量的工作量就很大;相反,若允许 m_i 大,则测量的断面数量就少。当 m_i 远大于 m_v,即外业测量精度相对很高,代表性误差很大,仍导致冲淤量总的中误差过大,使冲淤量资料的精度不能有效提高。因此,需要正确估计允许 m_i 值,从而选取合理的断面数量。

3.2 合理断面间距(合理断面密度)

当 m_i 与 m_v 两种误差相匹配、两种误差大体相当时,两者测量精度互不受影响,两者对河段冲淤量总误差的贡献大小也相同。因此,可认为 m_i 与 m_v 相对应的断面密度为合理断面密度。

由以上分析知,影响 m_v 的关键因素是河道冲淤厚度。根据 1960 ~ 1997 年共 36 年的汛前汛后统测资料统计,花园口河段各次统测断面冲淤变化厚度平均为 0.12 m。用图 3 关系求得 m_v 误差为 3.5%,取 $m_i = m_v$,按图 1 关系可定出该段对应的断面数为 20 个,对应的河段平均断面间距为 3.9 km 较合理。

据统计,山东河段冲淤厚度为 0.082 m。同样用图 3 关系求得 m_v 误差为 4.7%,按图 2 关系可定出该段断面数为 17 个,对应平均断面间距为 3.8 km 较合理。

3.3 允许最大断面间距(允许最小断面密度)

若 $m_v \leqslant \dfrac{1}{3}m_i$,则总误差最大为

$$m_{总} = \sqrt{m_v^2 + m_i^2} \leqslant 1.054 m_i$$

即若 $m_i \geqslant 3 m_v$ 时,则冲淤量总误差主要是由于代表性误差所致(达 95%),由大断面测量引起的冲淤量计算误差(不大于 5%)已达到可以忽略不计的程度。同样若河南河道平均冲淤厚度仍按 0.12 m,由图 3 确定 m_v 为 3.5%。取 $m_i = 3 m_v$,由图 1 关系可查得该河段最少布设断面数量为 10 个,对应河南河段允许最大断面间距为 8.2 km。同理山东河段平均冲淤厚度仍用 0.082 m,则对应山东河段允许最大断面间距为 7.6 km。

3.4 允许最小断面间距(允许最大断面密度)

若 $m_i \leqslant \frac{1}{3}m_V$,则总中误差最小为

$$m_{总} \approx 1.05\ m_V$$

此时引起冲淤量总误差的主要因素是测量误差(达 95% 以上),而断面代表性误差很小,可以忽略不计。同样若河南河道冲淤厚度仍以 0.12 m 控制,并取 $m_i = \frac{1}{3}m_V$,由图 1 知,对应断面数量为 28 个,允许最小断面间距为 2.7 km。同理得出,山东河段允许最小断面间距为 2.5 km。

4 结语

(1)目前黄河下游河南河段(铁谢—高村)河道长 283.5 km,共布设有基本淤积测量断面 28 个(含高村断面),平均断面间距为 10.5 km,超过该段允许的最大断面间距(8.2 km)和合理断面间距(3.9 km),淤积测量断面数严重不足。若满足允许最小断面密度的要求,则该段至少应增加 8 个淤积测量断面;若满足合理断面密度的要求,则该段应增加 45 个淤积测量断面。

(2)山东河段长 548.4 km,共布设基本断面 81 个,平均断面间距为 6.9 km,已满足允许最大断面间距的要求(7.6 km),但不满足合理断面间距(3.8 km)的要求,要达到合理断面间距需增加淤积测量断面 64 个。

(3)当前条件下淤积测验的误差小于断面代表性误差。以河南段为例,平均情况下断面测量误差为 3.5%,以平均断面间距 10.5 km 为例,断面代表性误差为 11%,总误差约为 11.5%,因此需要增加断面密度减少断面代表性误差。

(4)本文给出的合理断面密度是对河段平均情况而言,现场布设断面要结合实际地形情况,使断面更具代表性,更有利于提高淤积测量的精度。

最小二乘原理在径流量资料处理中的应用

张留柱[1] 袁东良[2]

(1. 河海大学;2. 黄河水利委员会水文局)

1 问题的提出

根据水量平衡原理,同一河流上相邻断面之间径流量存在如下关系:

$$W_d - W_u - \Delta W_e = \delta \tag{1}$$

式中:W_u 为河段上游站实测径流量;W_d 为河段下游站实测径流量;ΔW_e 为区间水量变化量,即两断面之间加入水量与引出水量之差,加入水量为区间径流量和灌溉退水量,引出水量包括区

本文原载于《水文》2001 年第 5 期。

间引水、区间蒸发、渗漏等各种耗水量。

河川径流量是由布设在河流上的水文站通过水位、流量测验,建立实测水位流量的相关关系,推求逐时流量,进行日、月、年径流量计算等环节而得到。由于流量测验、水位观测、水位流量相关关系和径流量计算等各个环节均存在一定的误差,从而导致各水文站刊布的实测径流量,也存在一定误差。一般情况下,式(1)中 $\delta \neq 0$,即水量为不平衡。

同一河流上各水文站实测径流量水量平衡方程组之间也会出现矛盾。同一河流上用不同水文站实测的径流资料(可加上区间水量变化量)进行规划设计、水资源评价时,就会得出不同的结果。这一矛盾现象,长期困扰着实测水文资料的使用。

2 最小二乘原理

由数理统计原理知,在随机变量总体分布无法求得的情况下,利用一定方法通过样本(观测值)求得无偏一致有效的参数估计量,是数据处理中的一项重要工作。

由于观测(测量)存在误差,不能直接由观测值求得其真值。但对含有偶然误差的观测值,可通过一定方法求得其数学期望的估计值(下文也简称估值),以此作为被观测值的真值。

设

$$L = \begin{bmatrix} l_1 \\ l_2 \\ \cdots \\ l_n \end{bmatrix}, \quad \bar{L} = \begin{bmatrix} \bar{l}_1 \\ \bar{l}_2 \\ \cdots \\ \bar{l}_n \end{bmatrix}, \quad V = \begin{bmatrix} v_1 \\ v_2 \\ \cdots \\ v_n \end{bmatrix}$$

分别表示观测值向量、相应估值向量及估值向量与观测值向量之差,则有:

$$\bar{L} = L + V \tag{2}$$

因观测值向量 L 已知,显然当知道了 V 就可以求得其估值向量 $\bar{L}$,故 V 又称做估值改正数。

最小二乘原理就是要求在 $V^T P V$ 最小的条件下,求观测值的最优估值,其中,P 为权矩阵。当观测值 l_i 相互独立时,则 P 为:

$$P = \begin{bmatrix} p_1 & 0 & 0 & \cdots & 0 \\ 0 & p_2 & 0 & \cdots & 0 \\ \vdots & & & & \vdots \\ 0 & 0 & \cdots & \cdots & p_n \end{bmatrix} \tag{3}$$

p_i 称做观测值 l_i 的权。按此要求对观测值进行数据处理后,就可以求出观测值的最优估值。

3 径流量数据处理模型的参数平差法

3.1 通过观测值向量 L 推求估值向量 $\bar{L}$ 的解算过程

根据最小二乘原理对观测数据进行处理(平差)的方法有参数平差和条件平差。现以参数平差法为例,对径流量平差模型推导如下:设有 n 个观测值为 $l_1, l_2, \cdots, l_n$ 相应估值改正数为 $v_1, v_2, \cdots, v_n$,并设选取函数独立的 t 个未知参数 $x_1, x_2, \cdots, x_t (t < n)$ 可有如下关系:

$$\begin{cases} l_1 + v_1 = a_{11}x_1 + a_{12}x_2 + \cdots + a_{1t}x_t \\ l_2 + v_2 = a_{21}x_1 + a_{22}x_2 + \cdots + a_{2t}x_t \\ \cdots\cdots \\ l_n + v_n = a_{n1}x_1 + a_{n2}x_2 + \cdots + a_{nt}x_t \end{cases} \tag{4}$$

其中，$a_{ij}(i=1,2,\cdots,n;j=1,2,\cdots,t)$ 为未知数 x_j 的系数。用矩阵表示:

$$V = AX - L \qquad (5)$$

$$A = \begin{bmatrix} a_{11} & a_{12} & \cdots & a_{1t} \\ a_{21} & a_{22} & \cdots & a_{2t} \\ \vdots & & & \vdots \\ a_{n1} & a_{n2} & \cdots & a_{nt} \end{bmatrix}$$ 为系数矩阵。

其中 V,X,L 同前。

由最小二乘原理 $V^T P V$ 为最小知，要求 $V^T P V$ 对 X 求导等于零，即

$$\frac{\mathrm{d}(V^T P V)}{\mathrm{d}X} = V^T P \frac{\mathrm{d}V}{\mathrm{d}X} + VP \frac{\mathrm{d}V^T}{\mathrm{d}X} = 0 \qquad (6)$$

对式(5)求导，得 $\dfrac{\mathrm{d}V}{\mathrm{d}X} = A$，代入式(6)并整理得：

$$X = (A^T P A)^{-1} A^T P L \qquad (7)$$

可以证明由此方法解得的参数向量 X 是参数真值向量的无偏差估计量。

将参数向量 X 代入式(5)可求得向量 V，再将 V 代入式(2)，可得出观测值的估值向量 $\bar{L}$。

3.2 精度估计

根据上述推导，参数向量 X 的中误差为：

$$m_j = \frac{\sqrt{\dfrac{V^T P V}{n-t}}}{\sqrt{P_{\bar{l}_i}}} \qquad (8)$$

其中 $P_{\bar{l}_i}$ 为平差后参数的权。

4 试算实例

现以黄河下游花园口至利津区间为例，选取 1966 ~ 1969 年共 4 年资料进行试算。

4.1 参数的选取

选取每个水文站的年径流量为参数 x_j，对本算例取花园口至利津 6 个水文站每个断面每年的径流量估值为参数，因取 4 年进行计算，共 24 个参数。由于各水文站在各自断面独立测验，互不干扰，可以认为各参数之间是相互独立的。观测值 l_i 的选取以 1966 年为例，示意图见图 1。

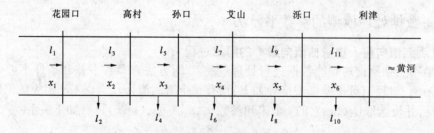

图1　黄河下游各站径流量估值参数、实测值与断面位置对应关系

l_1、l_3、l_5、l_7、l_9、l_{11} 分别为 1966 年花园口、高村、孙口、艾山、泺口、利津站年径流量实测值，l_2、l_4、l_6、l_8、l_{10} 分别为相应每两站区间水量变化量。1967、1968、1969 年花园口实测径流量对应

符号为 l_{12}、l_{23}、l_{34},其他站依示意图排列。

4.2 计算矩阵的确定

根据参数和观测值之间的关系按式(4)列出观测方程,并可得到:

$$A = \begin{bmatrix} 1 & 0 & \cdots & 0 & 0 \\ 1 & -1 & \cdots & 0 & 0 \\ \vdots & & & & \vdots \\ 0 & 0 & \cdots & 1 & -1 \\ 0 & 0 & \cdots & 0 & 1 \end{bmatrix}$$

由图1可以直接写出 L 向量。并由径流量测验计算方法可以确定径流量的相对允许误差,此处取1%。区间水量变化量相对允许误差取10%,据此可计算出各观测值的先验中误差 m_i,则先验权 $p_i = \dfrac{\mu^2}{m_i^2}$,$\mu$ 为单位权中误差。将 p_i 代入式(3)可得权矩阵 P。

4.3 计算结果及分析

将各个计算矩阵代入式(7)、式(5)、式(2)进行矩阵计算,结果见表1。

表1 1966~1969年黄河下游各站年径流量平差计算成果　　　　（单位:亿 m³）

项　　目		1966	1967	1968	1969	累　计
花园口	实　测	452.4	705.9	585.2	304.5	2 048
	估　值	452.8	713.9	591.2	302.0	2 059.9
	误　差	1.16	1.9	1.71	1.42	3.5
区　间	实　测	14.1	11.9	10.0	11.8	47.8
	估　值	14.1	11.7	9.8	12.2	47.8
	误　差	0.69	0.77	0.66	0.98	2.15
高　村	实　测	440.2	702.5	579.9	288.1	2 010.7
	估　值	438.7	702.5	581.4	289.8	2 012.1
	误　差	1.0	1.89	1.62	1.19	3.3
区　间	实　测	14.2	6.7	6.7	5.0	32.6
	估　值	14.3	6.6	6.6	5.0	32.5
	误　差	0.68	0.43	0.45	0.43	1.48
孙　口	实　测	426.2	694.5	574.4	284.2	1 979.3
	估　值	424.4	695.6	574.8	284.8	1 979.6
	误　差	0.93	1.87	1.60	1.17	3.2
区　间	实　测	-0.2	2.8	3.2	-11.3	-5.5
	估　值	-0.2	2.8	3.2	-11.3	-5.5
	误　差	0.01	0.18	0.21	0.90	0.25

项　目		1966	1967	1968	1969	累　计
艾 山	实 测	422.6	692.3	571.7	292.0	1 978.6
	估 值	424.6	692.8	571.6	296.1	1 985.1
	误 差	0.93	1.87	1.60	1.16	3.2
区 间	实 测	4.1	4.3	5.7	3.8	17.9
	估 值	4.1	4.3	5.6	3.7	17.7
	误 差	0.21	0.28	0.38	0.33	0.82
泺 口	实 测	417.1	692.2	567.2	294.0	1 970.5
	估 值	420.5	688.5	566.0	292.4	1 967.4
	误 差	0.94	1.88	1.61	1.17	3.2
区 间	实 测	12.9	9.9	14.4	7.3	44.5
	估 值	12.7	9.8	14.0	7.1	43.6
	误 差	0.63	0.64	0.94	0.63	2.0
利 津	实 测	410.2	684.0	558.1	287.8	1 940.1
	估 值	407.8	678.7	552.0	285.3	1 923.8
	误 差	1.06	1.95	1.78	1.27	3.5

从表1可以看出,经过平差计算后各站径流量值,不仅相邻测站之间消除了矛盾,达到了水量平衡,而且全河段也达到水量平衡,4年累计值任何河段间也均达到平衡。从计算结果又可看出,年径流量估算误差,除花园口、利津两站误差相对稍大,其余4站中误差相近。区间水量变化量相对误差大于水文站实测年径流量的相对中误差。

5　结语

(1)通过以上推导和试算说明,用参数平差法对河川实测径流量进行平差是一种切实可行的方法。通过参数平差可以解决各种偶然误差引起的实测水文资料上下游站水量不平衡问题,消除了矛盾。方法具有科学性、客观性,只要是确定权的方法一致,对同一河段资料不会因人不同计算处理出不同结果。

(2)用相邻河段各年实测资料一起组成矛盾方程组,进行整体平差计算,不仅使每年资料在空间上达到平衡,而且也可以消除年际间的矛盾,使平差后的资料更具客观性,资料的可靠性和使用性也同时增强。

(3)径流量资料通过参数平差计算,可以用式(6)给出各个水文站径流量实测资料的中误差,以此信息评价各站各年径流量测验精度,更具客观性。

(4)径流量资料通过平差,还可以进一步分析发现判断水文测验中是否存在粗差。通过对不同年份不同测站中误差分析,可以进一步发现水文测验中存在的问题,指导改进水文测验。

突发性水污染事件应急水质监测的问题及建议

柴成果 李 明 王玉华

（黄河水利委员会水文局）

水资源短缺、水污染严重是黄河的主要问题,尤其是在水量调度期间,水资源供需矛盾异常尖锐,水环境容量降低,入河污染物得不到有效控制,极易发生水污染事件,突发性水污染事件应急水质监测工作非常重要。

1 黄河流域水污染事件发生的原因及特点

黄河流域的水污染事件分为突发性水污染事件和因入河污染物超过水环境容量造成的水污染事件。突发性水污染事件有突然发生的性质,水质变化速率大。由于人们缺乏思想准备,不能及时采取防御措施,对社会、经济和环境影响是严重的,有的甚至很难恢复。突发性水污染事件发生的原因主要有以下几种:一是过失排放,管理措施不力;二是污染防治工程年久失修;三是洪水冲毁有污染物的工厂、仓库等,造成污染物向河流排放;四是首场暴雨径流将河道蓄积的废污水和面源污染物冲入水体。因入河污染物超过水环境容量造成的水污染事件主要是因为水量小时未及时控制污染物入河总量引起的,受水量和入河污染物的双重影响。

2 应急水质监测的特点和原则

应急水质监测是判断水污染事件影响程度的依据,它不同于日常的水质监测,特点之一是时间短,污染过程不可重复,事前无计划;特点之二是耗费资金、人力、物力;特点之三是污染物和排放方式不同,监测断面、项目和频率不同。

应急水质监测的原则是事前预防,有预案;事后就近监测、跟踪监测,测站监测与监测中心监测互相配合,固定监测与移动监测互为补充;作好人员培训、仪器设备装备和技术的储备。

3 应急水质监测目前存在的问题

3.1 对污染事故的敏感性认识不够,判断手段缺乏

水文站职工测流等工作在水边,有发现水污染事件的条件,长期以来,由于缺乏相关知识的培训,对污染事故的敏感性认识不够。水文站无监测设备,仅凭感官很难判断污染事故影响程度。

3.2 水污染严重,水质监测任务重

水污染严重是当前黄河的主要问题之一,在黄河流域旱情紧急、水调形势严峻的情况下尤其突出,委属各监测单位虽全力以赴,但由于战线长、人员少,工作处于被动应付状态。

3.3 装备不足

水污染事故的发生是突然的,应急监测应以快速准确地判断污染物种类、污染浓度、污染

本文原载于《中国水利》2004年第15期。

范围及其可能的危害为核心内容,应配备相应的仪器设备。在应急监测中调查、布点、采样、追踪监测污染物等,必须有相当数量的交通工具和采样装备、样品保存设备等。为了及时了解污染事件和事后对污染过程有一个描述,应配备通信和摄像器材等,另外还需配备一些防护用具,用于监测人员对有害污染物的取样。

3.4 实验室仪器设备配备差

目前的实验室环境和所用监测仪器与《水文基础设施建设及技术装备标准》的要求相距甚远。各基层实验室绝大部分建设水平偏低,布局不尽合理,安全性能差,达不到国家或部门的低限要求,普遍存在年久失修、陈旧渗漏的问题;无论是面积、结构、标准、合理性、环境条件(温湿度、采避光、实验台、抗震性),还是上下水路、电路、废气排放、通风等设施均不能满足需要;监测仪器比较简陋,档次低、型号陈旧,设备老化严重,有的已属超期服役,有的仪器不满足国家标准分析方法的规定,缺乏必要的有机污染物监测手段。

3.5 现行监测方式不能满足上级的监测要求

目前,黄河水质监测主要是定期监测水质资料,从采样方式上属于均匀采样、定期监测,各监测中心(站)的人员、设备也是基于这些配置的。而频繁发生的黄河水污染事件的监测时效和监测频次要求等都远比定时监测方式要高。黄委会下发了《黄河重大水污染事件应急调查处理规定》,对水污染事件报告与处理的时限做了更加严格的规定。

黄河水文现行的监测方式为监测中心一级监测,测站不具备水质监测能力及职能,相关人员未进行过相应培训,对应急监测的采样、分析要求缺乏理解,不适应监测工作的新要求。

4 应急水质监测的建议

4.1 树立水量水质统一监测意识,加强人员培训

水资源短缺、水污染严重是黄河面临的重要问题,水资源是量与质的统一,不可或缺。对一条河流,排放同样的污染物量,水量不同,污染物浓度不同,也就是说应该控制的污染物总量不同;相同的水量,入河污染物的差异决定了水质状况的不同,因此应树立水量水质统一监测的意识,既要控制水量变化,也要关注水质变化。

发挥水文职工的优势,加强污染事件敏感性和采样代表性知识的培训。

4.2 成立应急组织

成立应急组织,在污染事件发生时各负其责,及时开展调查、监测,应急组织包括应急监测领导小组、应急调查组、应急监测组、预测分析组、后勤保障组等。

4.3 制订应急水质监测预案

根据污染源的影响程度和范围、水量条件、河道条件、污染源的排放情况、事故排放情况、监测能力和条件,制订水质监测预案。建立应急监测队伍,配备相应的监测仪器和设备,在尽可能短的时间内对污染物的种类、浓度、污染范围及可能造成的危害做出判断,争取时间,为污染事件的处理提供依据。

4.4 建立污染物堆放档案

对可能影响黄河干流及主要支流的污染源建立档案,标示污染源分布图,加强管理,对影响较大的污染源,根据河道情况、周边环境和经济发展,进行污染事件风险分析。

4.5 改变现有监测方式

目前的水质监测方式主要是实验室监测,仪器设备、人员、实验环境等均是以实验室监测

方式配备的,对黄河的水质监测工作造成了制约。水资源紧缺、水污染严重是黄河面临的长期问题,尤其是在黄河旱情紧急情况下或水污染事件发生时,仅仅依靠现有的监测方式是远远不够的,应变实验室监测为实验室加测站两级监测,实验室负责《水环境监测规范》规定的任务,并承担对测站级水质监测工作的指导和现场监测仪器的比测工作,对辖区水污染事件进行调查和移动监测,配备相应的移动监测仪器,测站级水质监测负责旱情紧急情况下或水污染事件发生时特征污染物的加密监测和现场采样,对区段进行监视性巡查,并用现场监测仪器对水质状况做出预警,应配备必要的特征污染物固定监测设备和现场监测仪器。

4.6 分析研究稀释自净规律

根据河段水文特点,分析研究稀释自净规律,建立水量水质耦合模型。在模型未开发之前,对均匀河段突发性排入污水,采用一维模型,对下游水质进行预估。

$$c(x,t) = \frac{W}{A\sqrt{4\pi Et}}\exp(-kt)\exp\left(-\frac{(x-ut)^2}{4Et}\right)$$

式中:$c(x,t)$ 为瞬时突然排污引起的污染物浓度的时空分布,mg/L;W 为瞬时排入的污染物量,g/s;A 为河流断面面积,m^2;E 为纵向弥散系数,m^2/s;K 为污染物降解系数,1/d;u 为河流平均流速,m/s;x 为排污口下游距离,m;t 为时间,s。

4.7 出具水污染事件调查报告

水污染事件调查报告应包括:发生的时间、地点、原因;发生的过程及影响的范围,包括预测过程和结果;采取的措施和效果;造成的损失和影响;意见与建议等。

黄河水污染事件的应急水质监测影响因素较多,应充分发挥现有仪器设备和人员优势,做好工作,积极采取措施,进行硬件和软件建设,保证水质安全。

黄河宁蒙灌区引退水及其水质概况

霍庭秀 张亚彤 杨 峰

(黄河水利委员会宁蒙水文水资源局)

1 宁蒙河段自然概况

黄河宁夏—内蒙古河段全长 1 204 km,其中流经宁夏境内 397 km,内蒙古境内 830 km,两自治区交叉 23 km。宁蒙测区所辖河段从甘肃省景泰县黑山峡水位站至内蒙古托克托县头道拐水文站全长 1 038 km,约占黄河总长的 20.0%,流域面积 117 119 km^2,占黄河流域总面积的 15.6%。测区内宁蒙 2 大灌区近 10 年平均耗水量 100 多亿 m^3,约占黄河总水量的 20%,其中宁夏境内耗水量 40 多亿 m^3,内蒙古境内耗水量为 60 多亿 m^3。枯水期、封冻期测区内地面水劣 V 类水质的河段长 1 024 km,占区段河道总长的 94.6%,该段是黄河上游地区灌溉用水大户和黄河水污染的主要河段之一。

本文原载于《内蒙古水利》2004 年第 1 期。

2 宁夏灌区概况

2.1 自然环境

宁夏回族自治区位于中国西北地区的东北部,黄河中上游,地理坐标介于北纬 35°14′ ~ 39°23′和东经 104°17′ ~ 107°39′之间,最大南北相距 456 km,东西宽 250 km,总面积 6.64 万 km²,其中引黄灌区占 41%,南部山区占 59%。气候特征因宁夏地处西北内陆,位于我国季风区的西缘,属于典型大陆气候,南北相差 5 个纬度,具有南寒北暖、南湿北干、雨雪稀少、气候干燥、日照充足、风大沙多的特点。

干旱少雨是宁夏气候的又一主要特点,绝大部分地区降水小于 400 mm,南部山区较北部平原多,是我国降水量稀少的地区之一。宁夏还是我国多风沙天气的地区之一,特别是北部地区接近蒙古高原,地势较平坦,纵向起伏不大,又处腾格里、乌兰布和以及毛乌素 3 大沙漠包围之中,不仅风力强盛,而且易于产生沙尘暴。宁夏气温日变化较大,年极差为 24.6 ~ 33.7 ℃,大部分地区气温较差大于 27 ℃。多年平均气温较低,在 5 ~ 9 ℃之间。

2.2 社会经济

全区总人口为 571.54 万人,共有 35 个民族。总人口中汉族人口占 64.65%,回族人口占 34.77%,其他少数民族人口占 0.58%,是中国最大的回族聚居区。2002 年宁夏全区工业总产值 330 亿元,工业产值 90% 以上集中在引黄灌区;农业总产值 52.8 亿元,在农业总产值中以粮食为主的农业产值在 70% 以上。

2.3 农灌退水

宁夏引黄灌溉历史悠久,引黄水量主要用于农业灌溉,农灌用水占总用水量的 95% 以上,现在 17 条大中型引水干渠从黄河取水,引(扬)黄灌溉面积 1991 年 34 万 hm² 至 2000 年达 42 万 hm²。1991 ~ 2000 年引(扬)黄水量在 78.19 亿 ~ 87.82 亿 m³ 之间。10 年平均引(扬)黄河水量 82.19 亿 m³,引排比平均 58%,逐年引排水量见表 1。

表 1 宁夏引黄灌溉逐年引、排水量　　　　　　　　　　(单位:亿 m³)

项目	1991	1992	1993	1994	1995	1996	1997	1998	1999	2000	平均
引(扬)黄河水量	78.8	80.13	84.30	81.1	79.85	80.46	84.46	86.62	87.82	78.36	82.19
排入黄河水量	42.44	49.95	48.65	46.14	50.55	46.90	49.30	50.55	48.60	46.82	47.99
引 排 差	36.36	30.18	35.65	34.96	29.30	33.56	35.16	36.07	39.22	31.54	34.20

1991 ~ 2000 年,由于灌溉面积逐年增加,引黄水量也逐年增加。增加灌溉面积 8.1 万 hm²,1999 年比 1991 年增加引黄水量达 9.02 亿 m³。2000 年以来,由于引(扬)黄水价调整,加强了用水管理和逐年实施的节水灌溉,加之黄河来水偏枯,引黄水量较 1999 年有所减少。2002 年黄河干流宁夏段入境(下河沿水文站)实测年径流量 215.62 亿 m³,出境(石嘴山水文站)实测年径流量 180.0 亿 m³,入出境差 35.62 亿 m³。

2002 年宁夏引(扬)黄河水总计 73.499 亿 m³,其中:卫宁灌区总引水 17.421 亿 m³(包括固海、同心、红寺堡扬水);青铜夏灌区共引(扬)黄河水 56.078 亿 m³(包括盐环定、沟乐扬水)。固海扬黄灌区、红寺堡扬黄灌区、盐环定扬黄灌区、陶乐扬黄灌区共有大小引水干渠 10 多条。整个引黄灌区中有大小排水沟近 200 条,污染严重的有 13 条之多,城市、企业等各种废污水主要通过这13条污沟排入黄河。灌期水质明显好于非灌期,枯水季节全部劣Ⅴ类,超标倍数大。污染最为严重的是银新沟、四二干沟、第三排水沟、东排水沟、清水沟、中卫第四排水沟、中干沟、金南干沟。13条沟外的大小沟道灌溉期主要排水量为农田退水,除矿化度、氨氮、COD_{cr},比黄河水高外,其余指标基本同天然水特征。

3 内蒙古河套灌区概况

3.1 自然环境

巴彦淖尔市地处祖国北部边疆的内蒙古自治区西部(位于东经105°12′~109°53′,北纬40°13′~42°28′之间),全市土地面积6.44万 km^2,其中可耕地面积6 335 km^2,牧场草地面积39 875 km^2,森林面积1 749 km^2,水域面积441 km^2,沙丘面积6 091 km^2,荒山面积5 440 km^2,其他面积4 482 km^2。

巴彦淖尔市分布着300多个大小湖泊,水域面积近4.67万 hm^2,其中乌梁素海面积最大,约3万 hm^2,是我国八大淡水湖之一,盛产芦苇、薄草,有鲤、鲫、鲢等20多个鱼种。有120多种珍禽水鸟,其中有国家重点保护的疣鼻天鹅、大天鹅、斑嘴鹈鹕和琵琶等。

巴彦淖尔市地处中纬地带,属中温带大陆性季风气候。冬寒而长,夏短而热,春季多风沙,太阳辐射强烈,光照充足,降雨量少,蒸发量大,无霜期短,温差大,年降雨量为188 mm,多集中在7、8月,全年日照时数在3 100~3 000 h。

3.2 社会经济

巴彦淖尔市历史悠久。现辖临河区、磴口县、五原县、乌拉特前旗、乌拉特中旗、乌拉特后旗、杭锦后旗。居住着蒙、汉、回、满等20个民族,总人口由新中国成立初期41.62万人增加至1998年底177.02万人,年均增长3.0%。农业人口112.87万人,占63.8%。人口密度27.5人/km^2。

3.3 农业取退水

河套灌区年净引水量一般在50亿 m^3 左右,其中农作物生育期用水占总用水量的2/3左右,秋浇储水灌溉用水量约占1/3。灌区排水总量6.26亿 m^3,主要排入乌梁素海,经乌梁素海排入黄河约3亿 m^3 左右。

河套灌区内的生活、工业等废污水,也通过各排水沟汇入总排干沟进入乌梁素海,然后再排入黄河,1996~2000年取(退)水情况见表2。

4 黄河干流水质

4.1 干流水质

2002~2003年度黄河水量调度水质监测始于2002年11月,止于2003年7月,监控断面有下河沿、石嘴山、头道拐。主要监测项目有pH、电导率、DO、COD_{cr}、Cu、氨氮、总磷、挥发酚等。全年黄河干流宁蒙段各监测断面水质为Ⅳ~Ⅴ类水体,均未达到功能水体的要求。黄河水矿化度介于0.5~2.0 g/L之间,pH一般在7.9~8.5之间,水质类型为重碳酸盐——钙型或钠型水,水体水质丰水期地面水(2002)Ⅳ类型,枯水期在Ⅳ~Ⅴ类之间,部分时段劣于Ⅴ类。主要污染物为氨氮、COD_{cr}、挥发酚、总磷等。

表 2　1996～2000 年河套灌区取(退)水及灌溉情况

表 2　1996～2000 年河套灌区取(退)水及灌溉情况　　　　　　　　　（单位:亿 m³)

年度	(1) 总干 取水量	(2) 沈乌 取水量	(3) =(1)+(2) 灌区	(4) 总干泄 黄水量	(5)= (3)-(4) 灌区净 引水量	(6) 灌区排 水总量	(7)= (5)-(6) 灌区净 耗水量	灌区面积 （万 hm²）
1996	53.55	4.996	58.55	8.63	49.92	7.495	42.425	56.89
1997	49.5	5.508	55.008	4.27	50.738	6.872	43.866	57.12
1998	55.29	5.474	60.764	7.916	52.844	6.147	46.701	57.14
1999	55.94	5.91	61.85	7.401	54.449	5.341	49.108	57.71
2000	52.724	5.529	58.253	6.671	51.582	5.443	46.139	58.06
平均	53.401	5.483	58.884	6.978	51.906	6.26	45.646	

4.2　宁蒙段污染源

宁夏段沿黄主要入黄排污口有宁夏美利纸业、吴忠造纸等 24 个,年入黄废污水量达 35.4 亿 m³(含部分农灌退水);内蒙古段主要入黄排污口有乌海化工厂、乌梁素海总排干等 15 个,年入黄废污水量约 2.4 亿 m³。详见表 3、表 4。

表 3　黄河宁蒙河段监测断面水质现状评价

序号	断面位置	流量 （m³/s）	现状 水质类别 (GB3838— 2002)	超标项目	规划 水质 类别	说明
1	下河沿	1 280	Ⅲ	COD_{cr}	Ⅲ	黄河宁夏境内入境段水质部分时段可达到Ⅲ,主要超标物为化学需氧量、氨氮;出境段水质为Ⅴ类。区间废污水年加入量达 35.4 亿 m³(含部分农灌退水)
2	青铜峡	1 120	Ⅳ	COD_{cr}	Ⅲ	
3	叶盛桥		Ⅳ	COD_{cr}	Ⅲ	
4	石嘴山	1 210	Ⅴ	COD_{cr} 挥发酚	Ⅲ	
5	乌达桥		Ⅴ	COD_{cr}	Ⅲ	
6	三湖河口	655	Ⅴ	COD_{cr} 挥发酚	Ⅲ	黄河内蒙古境内入境段水质部分时段可达到Ⅴ类,主要超标物为化学需氧量、氨氮、挥发酚;出境段水质为Ⅴ类。区间废污水年加入量达 2.4 亿 m³
7	昭君坟		Ⅴ	COD_{cr}	Ⅲ	
8	画匠营		Ⅴ	COD_{cr} 氨氮	Ⅲ	
9	镫口		Ⅳ	COD_{cr} 氨氮 BOD_5	Ⅲ	
10	头道拐	510	Ⅴ	COD_{cr}	Ⅲ	
11	喇嘛湾		Ⅴ	COD_{cr}	Ⅲ	

表4　黄河宁蒙河段重点水功能区 2002 年水质达标情况

序号	水功能区	代表断面	水质目标	全年达标率(%)	所在省区
1	黄河甘宁缓冲区	下河沿	Ⅲ	33.3	甘、宁
2	青铜峡饮用农业用水区	青铜峡	Ⅲ	50.0	宁
3	黄河宁蒙缓冲区	石嘴山	Ⅲ	8.3	宁、蒙
4	包头昭君坟饮用工业用水区	昭君坟	Ⅲ	16.7	蒙
5	包头昆都仑过渡区	画匠营	Ⅲ	8.3	蒙
6	包头东河饮用工业用水区	磴口	Ⅲ	0	蒙
7	土默特右旗农业用水区	头道拐	Ⅲ	0	蒙
8	黄河托克托缓冲区	喇嘛湾	Ⅲ	8.3	蒙

呼和浩特市居民生活污水、工业废水等通过大黑河退入黄河,水质常年劣于Ⅴ类。

4.3　水量调度对黄河水质影响

受黄河来水及水量调度影响,黄河宁蒙河段水质较往年极大值与极小值之间变化幅度变小,其原因是:在该区域污染源持续、稳定排放下,不进行黄河水量调度时,来水大时,污染物得到稀释,测定值变小;而来水量小时污染物得不到稀释,如出现小流量,特别是出现比预警流量还要小的流量时,污染物测定值会很大,当开展黄河水量调度时,如出现比预警流量小的流量时,黄河实施全河水量统一调度,采取了限制宁蒙灌区引水灌溉等措施,减少了极小流量出现的可能。

5　污染治理及对策

5.1　调水调污,降低污染危害

黄河宁蒙段有较大直接入黄排污口近 40 个,且以污染严重的造纸、化工、纺织、印染、冶炼为主,污染物排放既有稳定、持续排放的一面,又有爆发突发性污染事故的一面,利用宁蒙灌区闸坝和三盛公水利枢纽进行水量调节,可减少极小流量的出现概率,达到降低污染物浓度、减少危害的作用,水量调度不仅可以调度水量的余缺,更可以通过调度水量,实现调节污染危害、改善供水水质的目的。

5.2　点源污染与面源污染要同步治理

黄河从下河沿入境宁夏,除少部分时段水质符合Ⅲ类水标准外,其余大部分时间河段水质都在Ⅵ～Ⅴ类或劣于Ⅴ类。2003 年入河污染源调查资料表明,宁夏有较大直接入黄排污口 20 余个,内蒙古有较大的直接入黄排污口 15 个,以污染严重的造纸、化工、纺织、印染、冶炼为主。

近年来,尽管国家加大了环境治理的力度,但该河段黄河水环境的恶化有增无减,点污染源控制治理收效甚微。宁夏境内大小 200 余条引黄灌区排水沟,在接纳大量农田使用的化肥、农药后,除少数几条排污沟有监测断面控制外,其余均无控制地排入黄河,面源污染基本无监测资料。内蒙古河套灌区有别于宁夏,河套灌区在接纳了灌区内的污染物后,也通过各排水沟汇入总排干沟进入乌梁素海,然后再排入黄河,其中包括了灌区内生活、工业等废污水,也包括了农业面源污染带来的污染物,因此乌梁素海是河套灌区最大的入黄污染源。

影响水环境的污染源可分为点污染源和面污染源 2 大类,长期以来,人们为减轻水环境污染,把精力集中在生产废水和生活污水等点源的控制和管理上。但是,实践表明,仅控制点源污染不能从根本上改善水环境的质量,因为除了点源污染外,还有大量的非点源污染物仍分散、间接地进入水环境,造成水体污染。有资料表明,流域内家禽饲养量、畜牧业和人口的增长,家庭生活污水的 COD_{cr} 污染负荷会增加。此外,河川水质与土地利用形态间的关联分析:氨氮与耕地的面积率、住宅率呈现良好的相关性;农田施肥的溶脱量及牲畜的粪便;饮食废弃物增加都会增加非点源污染的比例。

非点源污染分散、面广,污染负荷定量化测算及污染控制难度大,又涉及千家万户,是一个全社会的系统工程。必须坚持全面、综合科学整治的原则,实施从政策、法规、环境意识、科学技术、管理及规划等全方位的防治及控制,形成全社会、多学科、各部门通力合作的社会工程。因此,充分认识面源污染的危害性,及早开展面源污染定量化及其控制研究,是根本改善水环境质量的重大课题。

多泥沙河流开展水质自动监测的探讨

霍庭秀[1] 杨青惠[1] 韩淑媛[1] 罗 虹[2] 李文平[2] 车俊明[2]

(1.黄河流域水资源保护局中游局;2.黄河水利委员会中游水文水资源局)

目前,我国江河流域的水质监测是在江、河、湖、库布设监测断面,按一定的频率采集样品后,带回分析室进行分析测试。各种水质的水样,从采集到分析这段时间里,由于物理、化学、生物的作用,会发生不同程度的变化,这些变化使得分析时的样品已不同于采样时的样品。为了使这种变化降低到最小程度,需在采样时加入保存剂对样品加以保护。

根据 GB12999—91《中华人民共和国水质采样样品的保存和管理技术规定》及 SL219—98《水环境监测规范》,要求在 pH 值大于 12 的条件下保存的样品项目有 As、挥发酚、总氰化物、Se;要求在 pH 值小于 2 的条件下保存的样品项目有离子表面活性剂、As、COD_{Mn}、COD、NH_3–N、基耶达氮、NO_3–N、TCr、TP、Cu、Pb、Zn、Cd、Mn、Ca、Mg、Hg、总硬度等。

水质样品在保存期内发生变化的程度主要取决于水的类型及水样的化学性质和生物学性质。采取保护措施可以降低变化的程度或减缓变化的速度,但到目前为止,所有的保护措施还不能完全抑制这些变化,而且对于不同类型的水,产生的效果也不同,迄今为止还没有找到适用于一切场合和情况的绝对保存方法。

1 黄河多泥沙水样前处理存在的问题

对于黄河这样的多泥沙河流,水资源保护工作者尚未找到切实可行的办法解决其水质样品的前处理问题。存在的主要问题是:黄河水的 pH 值一般介于 8.0 ~ 8.5 之间,所含泥沙主要来自黄土高原第四纪沉积物,矿物成分主要是石英、长石、方解石、伊利石类;化学成分主要是铝硅酸盐、铁锰氧化物及碳酸盐等。用加酸(或加碱)的保存方法使样品 pH 值改变为小于

本文原载于《水资源保护》2002 年第 4 期。

2(或大于12)的过程中,一部分被泥沙吸附的这些物质会溶入水相发生相迁移,而另一部分物质会与酸(或碱)发生化学反应使水样的原有性质发生改变,导致部分测试项目测定值增大或减小。因此,如果只测定可溶态物质,就不能原貌反映水质污染状况,而如果测总量,其中又包含了泥沙的背景值,用该值来评价水质无实际意义。这种矛盾的存在一方面反映在《黄河水样的前处理办法暂行规定》中的"先求统一"、"再求合理"的原则;另一方面反映了现行国家标准及行业标准的样品前处理方法对保存多泥沙河流水质样品的不适应性。

2 开展水质自动监测的必要性

水质自动监测技术在我国发展较慢。在发达国家如美国、日本、加拿大等国水质自动监测开展较早。近年来,随着科学技术的发展,水质监测的新方法、新技术层出不穷,特别是多功能参数测定仪为水质现场自动监测创造了可能,应用自动监测可解决以下一些问题。

(1)样品的前处理问题。多泥沙水质样品加酸(或加碱)保存,会改变其理化性质导致被测成分的改变。如果用水质现场测定仪,可将仪器带到现场测定,避开样品前处理的加酸保存问题,即避免了黄河多泥沙水质样品加酸后发生理化反应,改变样品性质的问题。

(2)样品的代表性问题。目前,多泥沙河流水质样品采用定时定点监测,固定的时间采样,时间分布是合理的,但如污染发生不在采样的时间,而采样是接近的,但是要获得较真实的值,就需大量增加采样的次数,则工作量及经费支出的增加是难以承受的,如采用自动连续监测可在提高样品代表性的同时节约监测费用。

(3)水质信息传输的时效性和互访共享问题。加强水资源保护,必然要提高水环境监测的整体效能,解决信息传递速度缓慢等突出问题,也必然要求实现水利部门水环境监测系统计算机联网,改革环境质量和污染源报告的编报,促进全国水环境监测技术向统一化、标准化方向发展,实现水质信息的在线查询、分析、计算、图表显示、打印等,随时实现各单位之间水质信息的互访共享,以方便水环境信息的处理工作,缩短水质分析评价和领导决策的时间。如能实现水质的现场自动监测和数据的自动传送,就可以实现全流域水环境的综合评价,水质污染现状、污染动态的实时演示,污染过程的趋势分析和信息发布,提高水环境信息的时效性,为流域水资源保护的监督管理提供决策依据。

3 自动监测的可行性分析

3.1 环境保护和经济可持续发展的需要

目前,工业生产和生活排污造成的水环境恶化迫切要求环境治理和污染控制手段的现代化,以期迅速开展环境保护和污染治理并取得实际成效。开展污染物总量控制必然要求比较准确地测试出污染从发生到消退的全过程,以准确计量各省界监测断面的污染物总量,否则污染物总量控制只能是一句空话。

3.2 自动监测技术的发展情况

目前,我国江河的水质污染主要以 COD_{cr} 为代表的有机污染以及面源的 $NH_3 - N$ 污染为主。水质自动分析仪器在解决 DO、pH 值等参数的基础上,主要包括 COD_{cr} 和 $NH_3 - N$ 的自动分析测定。

(1)国内技术。复旦大学研制的"UV - 总有机污染监测仪"为国家重大成果,仪器结构简单,操作方便,响应快,费用低,可连续自动监测,具有实用价值。

湖南大学研制的"COD$_{cr}$全自动监测装置系统"为国家重大成果,实现了COD$_{cr}$分析测定中的输液、消解、滴定和记录的自动化。

(2)国外技术。目前美国 HYDROLAB 公司的主导产品有 DS4 型与 MS 型多参数自动监测仪,该仪器可用于各种水体的长期自动连续监测,也可用于取样式单个测定。主要测试项目有电导、温度、pH、DO,氧化还原电位、盐度、浊度、非离子氨、氨离子、氯化物,能够完成现场监测和水质监测数据的传递、自动存储。

加拿大 HANNA 公司生产的"水质多参数现场快速分析测量仪"也具有类似的功能。

3.3 国内水质动态监测的实践经验

安徽省水文部门发挥水文站网水质水量相结合的优势,利用水文系统测报和防汛手段,在常规水质监测的基础上,根据各河段的具体情况,分河段、逐站按不同的水情、污染程度,确定不同监测频率、监测项目和水质信息传递方法,采取河段(闸坝)定点监测和干、支流,上下游追踪监测相结合,以及河道和入河排污口水质水量同步监测的方针,在淮河流域首开水质动态监测工作的先河。水质动态监测工作的开展及利用水情通信手段传递水质信息,一改过去总在事后才能向有关部门提供水质信息的被动局面,基本上做到了能在水污染严重的警戒状态和水污染事故发生过程中适时地将信息传递给有关单位,防患于未然,充分体现了水利部门既管水量又管水质的优越性。

在长江流域,"长江水环监 2000"监测船已在长江投入使用,这是目前我目最先进的水环境监测船。专家认为,该船能够快速、准确地进行长江水环境的监测,监督、监测长江沿岸入河排污口状况,并对省界水体重点污染河段及水污染事故进行动态监测。该船具备自动采样和及时分析监测功能,设有化学分析室和仪器分析室,拥有"多参数水质监测仪"、"紫外分光光度计"等国内一流的监测设备,能够迅速采集 100 m 水深范围内的水样、水生生物样及底质样品并进行及时分析,为长江流域及时监测分析可能的突发性水污染事件提供了可能。

我国在水环境自动监测、移动快速分析等预警预报体系建设方面正处在探索阶段。2001年在淮河流域安徽省界首市颍河建成首家水质自动监测站,标志着我国环境监测工作实现了由人工间断监测到自动连续监测的历史性飞跃。

我国河流以 COD$_{cr}$ 等有机污染为主,由于黄河、长江水的含沙量较大,国内外的水质在线分析普遍存在着取样系统易堵塞,需要经常维护、清洗等问题,寻找一种合适的 COD$_{cr}$ 全自动在线分析仪器成为当务之急。河海大学洪陵成副教授成功研制出世界上第一台运用流动注射法技术的 COD$_{cr}$ 全自动分析仪器,具有快速测量、数据精确可靠、运行经济、抗泥沙干扰的优点,现已应用于"长江水环监 2000"监测船上。

国外开展水质自动监测的多为发达国家,污染治理与环境保护相对较好,没有像黄河这样高的含沙量,不需要解决泥沙干扰问题,因而尚无成功解决高含沙河流水质自动监测技术的先例。

3.4 水质自动监测方式的可行性

(1)以江河流域水文站网为依托,尽可能使水质站与水文站相结合,充分利用现有水文站的基础设施(房产、过河设施、通信手段),针对河流水质污染特点,选定敏感项目,配置相应的自动监测仪器,开展水质监测工作,已有成功的实践经验。

(2)以"长江水环监 2000"监测船流动监测为模式,正在实施沿江河上、中、下游流动监测。

4 信息传输的可行性

（1）目前可利用国家防汛指挥系统工程水情分中心示范区建设项目"实时水情接受转发及数据管理系统"，其实现的功能有网络自动接受水情、人工录入水情、检错、监控报文收发以及按一定条件通过网络转发水情等，基本可以达到无人值守。在此基础上只需加载安装一套"水质情报预报拍报办法"软件即可。

（2）黄河流域水资源保护局设计完成的"黄河流域水环境信息系统"是一个多部门多子域的广域系统，可以满足河流污染信息的快速、自动传递。

适用于全国范围的水面蒸发量计算模型的研究

蒸发是自然界水循环过程中的主导因素之一，是水量平衡中的重要组成因素。在水资源评价、水库湖泊的管理运用、工农业用水、以及水文预报等诸多方面，都需要蒸发量资料。

自然界的蒸发可大体分为水面蒸发和陆地蒸发（包括植物蒸腾）两大类。对于水面蒸发的测算方法，基本归为两种，一种为器测法，一种为气候学法。用气候学法推算水面蒸发的研究，国内外学者提出了不少水面蒸发模型，就我国而言，较常用的水面蒸发模型有气候指数模型和质量转移模型。气候指数模型虽是一个经验性的模型，但它也有一定的物理基础，经实验资料验证，精度较高。质量转移模型是从紊流扩散原理导出的，有着一定的理论基础，但经大量的实验资料检验表明，这一模型的精度较差。这两种模型的建立，大都是依据各地陆上水面蒸发场中大型蒸发池（20 m² 或 100 m²）的资料或漂浮水面蒸发场的资料得来的。经检验，这两种模型都有其适用范围，不是任何地方都可以通用，应用时都得考虑模型的出处及其自然地理条件。为此，笔者试图寻求一种既有一定的理论基础，又有较高精度，并能应用于任何地区的通用的水面蒸发量计算模型。

1 影响水面蒸发的因素

影响水面蒸发的因素较复杂，它是多种水文气象因素共同影响的"产物"，但是在众多的影响因素中，以下几种因素占有重要的主导作用。

1.1 水汽压力差

水汽压力差是水面饱和水汽压与水面以上某一高度空气中的水汽压之差。水面饱和水汽压是水面温度的函数，空气中的水汽压是气温和相对湿度的函数。水面温度决定着水面水汽压的大小及水分子的活跃程度；气温决定着水汽传播的快慢和接纳水汽多少的能力。因此，水温和气温的因素，可从水汽压力差中得到反映。早在1802年，道尔顿就提出了在其他因素不

本文原载于《水文》2000 年第 4 期。

变的情况下,水面蒸发强度与水汽压力差成正比。后来有的学者认为蒸发量与水汽压力差的 0.7 次方成比例,也有的认为蒸发量与水汽压力差的 0.8 次方成比例,但大多数学者则认为蒸发量与水汽压力差的 1 次方成关系。笔者点绘了巴彦高勒蒸发实验站(下称巴彦高勒站)20 m^2 蒸发池的蒸发量 E 与水汽压力差$(e_0 - e_{150})$关系(图略)。从图中可看到,同级风速下的 E 与$(e_0 - e_{150})$的关系成一直线,各级风速下的直线斜率,则随着风速的增大而增大。这说明蒸发量与水汽压力差成线性关系。

1.2 风速

风速的大小,表现在它对紊流扩散的强弱和干湿空气交换的快慢上。风速愈大,紊动愈烈,干湿空气交换的愈快,故蒸发也愈大。

风速对蒸发的影响,有的学者认为蒸发量与风速的平方根成正比,有的认为蒸发量与风速的 0.76 次方成正比,也有的认为蒸发量与风速的 0.85 次方成比例,而多数学者则认为蒸发量与风速的 1 次方成比例。

笔者曾于 1987 年在巴彦高勒站蒸发场做了不同草高对风速梯度的影响,和同一草高不同风速下的梯度分布试验,其结果是:①在同级风速下,风速梯度随下垫面粗糙度的增大而增大;②在同一下垫面粗糙度的影响下,随着风速的增大,梯度反而减小。这种现象说明,如果下垫面的粗糙度不变,随着风速的不断增大即梯度的不断减小,对水面上的水汽输散作用则会越来越大。另外,笔者根据巴彦高勒站距 20 m^2 蒸发池水面以上 0.2 m、1.5 m、和 10 m 的风速资料分析,不同高度的风速与蒸发量有不同的关系,随着测量风速的高度增高,风速指数在减小。综合上述分析笔者认为,当测量风速的高度固定后(如 1.5 m),在下垫面粗糙度保持不变的情况下,蒸发量与风速的方次并非是一个固定的关系,而是随着风速的增大而增大。

1.3 相对湿度

相对湿度是空气中的实际水汽压与当时气温下的饱和水汽压之比。它能反映出空气中的水汽含量距离饱和时的程度。由于水面上与其上空及外围存在着湿度差,相对湿度的大小能反映出水面上的水汽向外扩散和交换的快慢。当相对湿度较小时,水汽向外扩散和交换得快,故蒸发率大;当相对湿度增大后,它既对水面水分子的外逸有抑制作用,也使水汽的扩散和交换强度减弱,故蒸发率减小。

另外,用年平均相对湿度,也能间接地反映出地区的湿润或干旱程度。如东南沿海和江南地区,年平均相对湿度一般都大于 70%,这些地区多属于湿润和半湿润区,而西北地区年平均相对湿度一般都小于 60%,这些地区又多为干旱或半干旱区。

2 水面蒸发量计算模型的结构

暴露在大气中的水面,假设给出这样一个蒸发的物理过程:蒸发是由于水面水汽压大于其上空大气的水汽压,使逸出水面的水分子量多于从大气中返回水面的水分子量的结果。由水面进入大气中的水汽,在水面以上某一温度梯度的条件下,也应有一个相应的水汽压梯度存在,由于大气运动的作用,使水面上空不停地进行着干湿空气的掺混和交换,从而破坏了水面以上应有的水汽压梯度分布;水面以上的水汽压为了恢复它应有的梯度分布,就不停地由水面供给水汽来补充它失去的水汽,维持它应有的梯度。这种不断地由水面供给的水汽速度,由两者的水汽压力差以及流经水面上空空气的湿度和速度来决定。为此就可通过测定水面和其上空某一高度的水汽压,以及风速和湿度来计算水面蒸发量。

根据前面对影响水面蒸发因素的分析和水面蒸发的物理过程所作的假设,本文给出如下结构的水面蒸发模型:

$$E = C(e_0 - e_{150})W^{a \cdot W}$$

式中:E 为水面蒸发量;C 为水面蒸发系数;e_0 为水面水汽压;e_{150} 为水面上空 150 cm 处水汽压;W 为水面以上 150 cm 处风速;$a \cdot W$ 为风速指数,a 为 W 的函数。

3 水面蒸发量计算模型参数的确定

将本文给出的模型 $E = C(e_0 - e_{150})W^{a \cdot W}$ 中的水汽压力差 $(e_0 - e_{150})$ 移项后得

$$E/(e_0 - e_{150}) = CW^{a \cdot W}$$

将等式两边取对数则有:

$$\lg[E/(e_0 - e_{150})] = \lg C + a \cdot W \lg W$$

以 $E/(e_0 - e_{150})$ 值为纵坐标,以 W 值为横坐标,将两值对应地点绘在双对数纸上,根据点群重心定出一条曲线,横坐标为 1 的一点在纵坐标上的相应的读数,即为 C 值,此值为 $E/(e_0 - e_{150})$ ~ W 关系中的平均值。a 值的推求是在关系线上摘取各级风速下的 $E/(e_0 - e_{150})$ 值,并将平均 C 值代入,用 $a = \{\lg[E/(e_0 - e_{150})] - \lg C\}/W\lg W$ 推求 a 值。求出的 a 值是一个变数,它与风速的大小有关,将 a 值与 W 值点绘关系,是一条双曲线,将 a 值取倒数再与 W 在米厘格纸上点绘关系,则近似一直线,故用双曲线公式拟合,a 的表达式为

$$a = A/(W + B)$$

其中 A、B 为常数。将 a 的表达式代入风速指数 $a \cdot W$ 中,则有:

$$a \cdot W = [A/(W + B)]W = AW/(W + B)$$

风速指数的大小,与测量风速的高度以及下垫面的粗糙度有关。测量风速的高度越高,风速指数越小;地面粗糙度越大,风速指数也越小。这是因为下垫面的粗糙度越大,风速梯度也越大,作用于水面上的有效风速变小使紊流扩散减弱之故。当各蒸发实验站测量风速的高度一致,下垫面的粗糙度大致相同时,风速指数应基本接近。

上面给出了推求参数 C 和 a 的方法和步骤。现以文献[1]给出的丰满、营盘、桓仁、官厅、三门峡、重庆、东胡、宜兴、太湖、芦桐埠、东溪口、古田、广州等 13 站的资料(以下称广州等 13 站),和三盛公、上诠、哈地坡、羊卓雍湖、拉萨大桥、红山水库等 6 站(以下称红山水库等 6 站),以及笔者整理的巴彦高勒站的资料,分别点绘了 $E/(e_0 - e_{150})$ ~ W 的关系如图 1 所示。从图 1 中各自的曲线上,分别可求得广州等 13 站的平均 C 值为 0.243;红山水库等 6 站的平均 C 值为 0.330;巴彦高勒站的平均 C 值为 0.286。风速指数 $a \cdot W$,经作图分析计算(图略),广州等 13 站 $a \cdot W = 0.80W/(W + 2)$;红山水库等 6 站 $a \cdot W = 0.80W/(W + 2)$;巴彦高勒站 $a \cdot W = 0.85W/(W + 2)$。在这里需要说明的是,文献[1]给出的广州等 13 站和红山水库等 6 站的资料,有 2/3 是 20 世纪 50 ~ 60 年代观测的,而那时测量风速的高度是 $2 \, m$,巴彦高勒站测量风速的高度按现行规范 1.5 m 执行,故风速指数产生差异的原因,可能是测量风速的高度不同所致。现行规范规定,测量风速的高度为 1.5 m,故风速指数采用 $a \cdot W = 0.85W/(W + 2)$。

前面确定的 C 值,是关系线的平均值。根据资料分析,C 值与相对湿度有关。将已确定的风速指数代入本文模型 $E = C(e_0 - e_{150})W^{a \cdot W}$ 中,并将方程变形为 $C = E/[(e_0 - e_{150})W^{a \cdot W}]$,以逐日资料代入此式推求 C 值;求出 C 值后,以相对湿度加以分级,统计各级相对湿度下的对应 C 值,并求其平均;然后再以相对湿度 U 为纵坐标,以 C 值为横坐标点绘关系。依据巴彦高勒

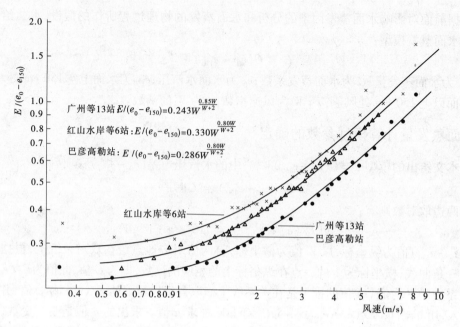

图1 $E/(e_0 - e_{150}) \sim W$ 关系图

站的资料,求得 $U \sim C$ 的关系表达式为

$$C = 0.1 + 0.24(1 - U^2)^{0.5}$$

　　为了进一步验证此关系的可靠性,将广州等13站和红山水库等6站的多年平均相对湿度 U 和 C 值点绘在图中检验,点子依附在曲线的两侧,关系良好。这一关系式表明,蒸发系数 C 值,是随着相对湿度的增大而减小,当空气中的水汽达到饱和时(即 $U = 1$),根据 C 的表达式计算,蒸发系数等于0.1。这是因为,虽然空气中的水汽达到了饱和,但水汽的质量仍比饱和后的空气质量轻,如果水面的水汽压大于空气中的水汽压时,水面的水汽仍会向外扩散。

　　以上对模型中的参数已确定,故得到本文给出的模型是:

$$E = [0.1 + 0.24(1 - U^2)^{0.5}](e_0 - e_{150})W^{[0.85W/(W+2)]} \tag{1}$$

式中:E 为水面蒸发量,mm/d;U 为相对湿度,以小数计;e_0 为水面水汽压,hpa;e_{150} 为水面上空 150 cm 处空气中的水汽压,hpa;W 为水面以上 150 cm 处的风速,m/s。

4 模型比较

　　文献[1]给出了广州等13站的3个模型是:

气候指数曲线模型:　　$E = 0.22(e_0 - e_{150})(1 + 0.32W^2)^{0.5}$ 　　(2)

气候指数直线模型:　　$E = 0.16(e_0 - e_{150})(1 + 0.56W)$ 　　(3)

质量转移模型:　　$E = 0.184(e_0 - e_{150})W$ 　　(4)

　　给出了红山水库等6站的3个模型是:

气候指数曲线模型:　　$E = 0.30(e_0 - e_{150})(1 + 0.27W^2)^{0.5}$ 　　(5)

气候指数直线模型:　　$E = 0.17(e_0 - e_{150})(1 + 0.76W)$ 　　(6)

质量转移模型:　　$E = 0.237(e_0 - e_{150})W$ 　　(7)

式(2)~式(7)中,符号所代表的意义同式(1)。

　　将广州等13站的多年平均年相对湿度 0.78 和红山水库等6站的多年平均年相对湿度

0.45,分别代入式(1),与式(2)～式(4)和式(5)～式(7)比较,分别绘于图2和图3中。从图2看到,式(1)和式(2)在各级风速下,两者都很接近;式(3)在风速1.0 m/s以下和3.0 m/s以上时,都较式(1)为小;式(4)在风速1.6 m/s以下时,较式(1)为小,在1.6 m/s以上时,随着风速的增大而逐渐偏大。从图3中看出,式(1)与式(5)、式(6)、式(7)的关系,与图2中式(2)、式(3)、式(4)同类模型的关系相近。

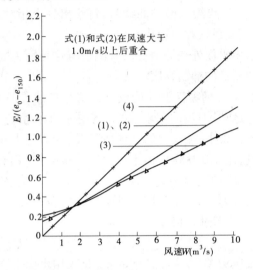

图2 广州等13站各模型与本文模型的比较

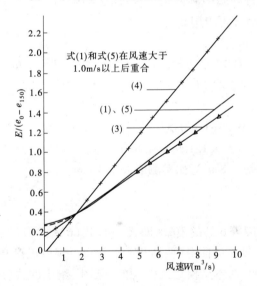

图3 红山水库等6站各模型与本文模型的比较

通过比较可知,本文给出的式(1),与文献[1]给出的气候指数曲线模型式(2)和式(5)是很接近的。文献[1]的研究指出,在其给出的3种类型的6个模型中,气候指数曲线模型式(2)和式(5)的精度最高。

5 本文模型的应用说明

5.1 蒸发系数和风速指数

本文给出的模型式(1),与其他模型最大的不同是,它的两个参数(即蒸发系数 C 和风速指数 $a \cdot W$)不是定值,而是变数。蒸发系数 C 是随着相对湿度的增大而减小,风速指数 $a \cdot W$ 则是随着风速的增大而增大。当要绘制模型曲线时,每给出一个相对湿度,便有一个模型曲线。而其他类型的模型中的蒸发系数和风速指数均为定值。

蒸发系数中相对湿度,采用水面外围陆地上的观测值。这是因为陆地的相对湿度小于水面,它能反映水汽向外扩散和交换的抑制程度。

本文模型中的风速 W,必须大于零模型才能成立。这与自然界的实际情况也是相符的。众所周知,大气总是在不停地运动(对流的和紊流的),它永远不会静止,至于我们用测风仪表测得风速为零,这只能说明风速很小,为仪器的性能所不及,并非是大气停止了运动。在应用模型时,风速可以取无穷小量,比如 0.0001,但不得为零。根据式(1)计算,当风速 W 趋近于无穷小时,那么 $W^{0.85W/(W+2)}$ 项就趋近于 1,这时,风速对蒸发的影响微乎其微,蒸发量只与相对湿度和水汽压力差有关;当风速为无穷大时,根据风速指数的表达式计算,风速指数可趋近于 0.85,也就是说,风速指数最大不超过 0.85。

5.2 水汽压力差

本文模型在率定时,水汽压力差$(e_0 - e_{150})$中的 e_{150} 是采用水面上空 150 cm 处的水汽压,在模型应用时,若采用陆地百叶箱中测得水汽压,那么必须建立水面上空和陆地上水汽压关系,将陆地上的水汽压换算后才可应用。

5.3 模型应用

以巴彦高勒站 1989 年 7 月 15 日资料为例。实测 20 m² 蒸发池的日蒸发量 4.5 mm,日均相对湿度 0.57,1.5 m 高处日均风速 1.5 m/s,日均水面上空水汽压力差 13.9 hpa。应用本文模型式(1)计算,则有:

$$E = [0.1 + 0.24(1 - 0.57^2)^{0.5}] \times 13.9 \times 1.5^{(0.85 \times 1.5)/(1.5+2)}$$
$$= 0.297 \times 13.9 \times 1.159 = 4.8 \text{mm}$$

式(1)计算的日蒸发量是 4.8 mm,比实测值大 0.3 mm。

6 模型的检验

文献[1]给出的红山水库等 6 站的模型(即式(5)、式(6)、式(7)),包含有三盛公站的资料。而三盛公站则是巴彦高勒站的前身(两站相距 5 km)。现以巴彦高勒站没有参加模型率定的 1997 年 4～10 月的资料,对本文模型式(1)和文献[1]给出的式(5)、式(6)、式(7)进行检验,结果见表 1。

从表 1 中看出,用日平均资料计算的结果,式(1)的系统差为 +0.5%,平均绝对差为 0.4 mm,绝对差 ≤0.5 mm 和 ≤1.0 mm 的天数所占比例分别为 65% 和 89%,较文献[1]给出的式(5)、式(6)、式(7)均优。在文献[1]给出的式(5)、式(6)、式(7)中,式(6)用于巴彦高勒地区的精度较式(5)和式(7)为好,但略低于本文模型式(1)。

另外,用巴彦高勒站 1997 年 4～10 月的月平均资料(即月平均相对湿度、月平均水汽压力差、月平均 1.5 m 高度的风速),分别代入式(1)、式(5)、式(6)、式(7)后,再乘以相应月份的

表1 模型检验结果

1997年	月	20m²蒸发池蒸发量(mm)	用月平均资料代入模型计算结果 式(1) 模型计算蒸发量(mm)	式(1) 系统误差(%)	式(5) 模型计算蒸发量(mm)	式(5) 系统误差(%)	式(6) 模型计算蒸发量(mm)	式(6) 系统误差(%)	式(7) 模型计算蒸发量(mm)	式(7) 系统误差(%)	用日平均资料代入模型计算结果 式(1) 模型计算蒸发量(mm)	式(1) 系统误差(%)	式(1) 绝对误差(mm) 平均	式(1) ≤0.5所占(%)	式(1) ≤1.0所占(%)	式(1) >1.0所占(%)	式(5) 模型计算蒸发量(mm)	式(5) 系统误差(%)	式(5) 绝对误差 平均	式(5) ≤0.5所占(%)	式(5) ≤1.0所占(%)	式(5) >1.0所占(%)	式(6) 模型计算蒸发量(mm)	式(6) 系统误差(%)	式(6) 绝对误差 平均	式(6) ≤0.5所占(%)	式(6) ≤1.0所占(%)	式(6) >1.0所占(%)	式(7) 模型计算蒸发量(mm)	式(7) 系统误差(%)	式(7) 绝对误差 平均	式(7) ≤0.5所占(%)	式(7) ≤1.0所占(%)	式(7) >1.0所占(%)
1997年	4月	124.4	125.5	+0.9	126.5	+1.7	125.8	+1.1	141.8	+14.0	126.1	+1.4	0.4	73	93	7	127.8	+2.7	0.4	73	90	10	123.8	-0.5	0.4	83	90	10	138.7	+11.5	0.9	57	70	30
	5月	189.3	175.8	-7.1	179.4	-5.2	178.8	-5.5	205.3	+8.5	179.3	-5.3	0.7	55	74	26	183.5	-3.1	0.7	48	74	26	181.0	-4.5	0.7	45	71	29	208.8	+10.3	1.1	39	52	48
	6月	173.1	190.2	+0.9	194.7	+12.5	190.8	+10.2	202.2	+16.8	191.6	+10.7	0.7	37	84	16	197.5	+14.1	1.0	20	60	40	189.7	+9.6	0.7	47	80	20	200.2	+15.7	1.3	20	53	47
	7月	171.2	169.4	-1.1	186.3	+8.8	179.8	+5.0	181.0	+5.7	174.9	+2.2	0.5	61	90	10	192.6	+12.5	0.7	35	74	26	182.1	+6.4	0.4	68	90	10	184.9	+8.0	1.0	42	55	45
	8月	159.4	160.4	+0.6	175.4	+10.0	169.3	+6.2	170.5	+7.0	163.4	+2.5	0.4	75	94	6	179.1	+12.4	0.7	45	77	23	169.2	+6.1	0.5	68	87	13	169.9	+6.6	1.3	19	58	42
	9月	142.4	132.2	-7.2	141.6	-0.6	136.7	-4.0	137.6	-3.4	134.6	-5.5	0.4	73	93	7	145.4	+2.1	0.4	67	97	3	136.2	-4.4	0.4	77	93	7	136.3	-4.3	0.9	30	63	37
	10月	105.9	100.0	-5.6	104.4	-1.4	102.3	-3.4	108.4	+2.4	101.3	-4.3	0.4	78	97	3	107.0	+1.0	0.4	71	97	3	101.8	-3.9	0.4	71	100	0	107.9	+1.9	0.7	50	69	31
	合计	1065.7	1053.5	-1.1	1108.3	+4.0	1083.5	+1.7	1146.8	+7.6	1071.2	+0.5	0.5	65	89	11	1132.9	+6.3	0.6	51	81	19	1083.8	+1.7	0.5	65	87	13	1146.7	+7.6	1.0	37	60	40

· 81 ·

天数进行了试算,其结果与用日平均资料计算的结果相差不大(同列于表1)。这表明本文给出的式(1)和文献[1]给出的式(5)、式(6)、式(7),虽是用日平均资料率定的,但也可用月平均资料计算月蒸发量。

7 结语

目前,全国的许多蒸发实验站,根据自己的实验资料,建立了适应本地区的水面蒸发模型,1984 年施成熙教授等集中全国 19 个蒸发实验站的资料,进行了整理分析,给出了适应于两大气候区(即湿润半湿润区和干旱半干旱区)的 6 个水面蒸发模型(即式(2)~式(7))。所有这些模型,在应用时都要考虑模型的出处和其适应的地理气候条件,也就是说,这些模型都不具备在全国范围内的通用性,这显然是不够理想的。本文根据文献[1]给出的全国 19 个蒸发实验站的资料,以及巴彦高勒站 1984~1996 年的资料,给出了一个能适应于全国范围内的水面蒸发量计算模型。这一模型虽是从全国 20 个蒸发实验的资料分析得出,但是还需全国各地不同气候条件及不同地理位置的资料进行验证。在此,诚请从事水面蒸发研究的学者、专家,给予宝贵的指导和帮助,使此模型得到不断的完善。

参考文献

[1] 施成熙,等. 确定水面蒸发模型[J]. 地理科学,1984,4(1).

黄河内蒙古段水污染状况分析

李玉姣   霍庭秀   张亚彤

(黄河水利委员会宁蒙水文水资源局)

内蒙古河段地处黄河上游,干流河段设置 6 个固定监测断面,由上游向下依次为三湖河口、昭君坟、画匠营、镫口、头道拐、喇嘛湾。区间有昆都仑河、四道沙河、东河槽、西河槽等污水排入黄河。正常情况下,黄委宁蒙水文水资源局监测中心在以上各监测断面每月采样一次进行分析。

1 污染概况及趋势分析

依据 1998~2003 年黄河内蒙古河段水污染的监测资料,对主要污染物总汞、挥发酚、总砷、氨氮、高锰酸盐指数、五日生化需氧量、化学耗氧量进行多断面的统计分析,结果显示目前该河段超标的主要项目有:氨氮、总汞、高锰酸盐指数、五日生化需氧量、化学耗氧量。超标按超地表水Ⅲ类标准计,超标率分别为 60.3%,39.9%,61.6%,49.1%,80.2%。其中,高锰酸盐指数最大值为 33.7 mg/L(三湖河口断面)、超标 4.6 倍,化学耗氧量最大值为 75.1 mg/L、超标 2.8 倍(三湖河口断面),超标主要在枯水期,高锰酸盐指数、化学耗氧量超标除与污染物增

本文原载于《人民黄河》2004 年增刊。

加有关外,还与含沙量大有关;氨氮最大值为 16.1 mg/L(画匠营断面),超标 15.1 倍,超标主要出现在枯水期和稳定封冻期,这与流量小及水温低有关;挥发酚最大值为 0.047 mg/L(三湖河口断面),超标 8.4 倍,主要与污染物增加有关;总汞最大值为 0.001 97 mg/L(画匠营断面),超标 18.7 倍,其含量已超过地表水Ⅴ类水标准。总汞、总砷、挥发酚的检出率分别为 67.4%、40.9%、38.5%。

黄河内蒙古段在 20 世纪 80 年代以前水质较好,各断面水质符合地表水Ⅰ、Ⅱ类标准,但是进入 90 年代后,水质日趋恶化,水污染主要表现出两个特点:

(1)污染物含量及超标率呈上升趋势。主要污染物含量(年内):1998 年氨氮为 0.76 mg/L,高锰酸盐指数为 4.6 mg/L;2003 年氨氮为 1.90 mg/L,高锰酸盐指数为 8.0 mg/L。主要污染物的超标率:1998 年氨氮为 18.4%,高锰酸盐指数为 9.9%;2003 年氨氮为 60.3%,高锰酸盐指数为 61.6%。

(2)超标水质在时间上逐年延长。水质超标时间:1998 年为 4 个月,2000 年为 5 个月,2001 年为 7 个月,2002~2003 年为 9 个月。超标期黄河内蒙古河段水质为地表Ⅳ~Ⅴ类水或超Ⅴ类水。需要说明的是,Ⅳ~Ⅴ类水已失去作为饮用水的功能,超Ⅴ类水则失去使用功能。

2 各断面水污染状况分析

黄河内蒙古河段各监测断面之间距离较长,泥沙对污染物有较强的吸附能力,黄河泥沙的运动方式与沉降过程在某种程度上缓冲了水体污染程度,而且控制了污染物的迁移。因此,上断面超标较轻的项目经过一段时间的流程自净后,在下游断面监测为不超标。1998~2003 年监测统计资料见表 1。

表 1 1998~2003 年主要污染物超标率　　　　　　　　　　　　　(%)

断　　面	化学耗氧量	高锰酸盐指数	五日生化需氧量	氨　　氮
三湖河口	80.4	44.2	35.5	27.4
昭君坟	78.6	37.7	34.0	22.4
画匠营	81.3	33.5	37.5	45.4
镫　口	76.4	33.7	40.8	40.6
头道拐	75.0	26.3	39.1	31.7
喇嘛湾	73.3	28.8	41.4	56.8

2003 年,三湖河口断面挥发酚检出率为 96.9%、超标率高达 84.4%,高锰酸盐指数超标率为 62.5%,超标原因主要是由于上游乌梁素海退水渠退水(由巴盟河套地区农业灌溉退水、造纸厂排污水等组成)的影响。三湖河口断面距离昭君坟断面 120 多 km,经过这段流程的自净后,昭君坟断面以下挥发酚不再超标。画匠营断面化学耗氧量、高锰酸盐指数、五日生化需氧量、氨氮超标主要是由于昆都仑河和四道沙河排污所致。由于镫口断面与画匠营断面间距较小(约 15 km),因此自净能力相对较低,一般画匠营断面污染物含量高的项目,镫口断面也高。头道拐断面与喇嘛湾断面距离上游镫口断面较远,区间没有较大的排污量加入,因此超标项目较上游断面少。其变化规律见图 1。

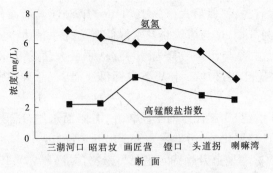

图1 黄河内蒙古河段主要污染物沿程变化

3 水污染的规律

黄河内蒙古段污染物主要是有机物, 水质的优劣除与纳污量直接有关外,还受水量、含沙量、流程等因素的影响:在纳污量一定的情况下,水量越大,流程越长,水质越好;反之,则差。

3.1 年内不同时段水污染变化规律

黄河水量年内分配极不均匀,一般丰水期来水量占年来水量的60%,平、枯水期占40%。根据水质监测资料统计,一般情况下,丰水期的水质好于枯水期的水质:五日生化需氧量无明显变化,均在3.2 mg/L左右;高锰酸盐指数一般枯水期大于丰水期,有时出现丰水期大于枯水期,与有机物含量增加或洪水含沙量大有关;氨氮含量一般枯水期大于丰水期,原因在于枯水期河流水温低、流量小,稀释能力降低。

3.2 年内不同流量下水污染变化规律

近几年,黄河内蒙古河段年内流量一般在80～1 000 m³/s之间。当河段流量小于200 m³/s时,高锰酸盐指数的含量各监测断面达到最大,尤其三湖河口断面的超标率为90%以上,最大值为12.7 mg/L;氨氮含量也较高,超过地表水Ⅴ类标准。当河段流量在200～1 000 m³/s时,各断面污染较轻,水质能够达到地表水Ⅱ～Ⅲ类标准。

3.3 封河和开河期水污染变化规律

黄河内蒙古河段一般在11月下旬至12月上旬封河,次年3月中下旬开河。在封河期间各断面氨氮含量达到全年的最高值,超标率占全年的80%以上,这主要是由于冰期含沙量小,加之水温低,使得水流稀释能力降低。其他污染项目在封河和开河期无明显变化。

4 排污口对黄河水质的影响

目前,黄河内蒙古境内主要入河排污口有15个,分布在乌海市、伊克昭盟、巴彦淖尔盟、包头市4个地区;其中乌海地区6个,伊克昭盟2个,巴彦淖尔盟3个,包头市4个。根据性质分类:属于工业废水排放的有9个,占60.0%;以工业废水为主混合排放的有3个,占20.0%;以生活污水为主混合排放的有2个,占13.3%;以农业灌溉退水为主排放的1个,占6.7%。15个排污口中,常年排污的有10个,间断排污的有5个。

该河段主要污染物有化学需氧量、氨氮、挥发酚、氟化物、石油类、总汞等。其中化学需氧量与氨氮的年入河量共计59.04万t,占主要污染物年入河量的99.7%。

黄河内蒙古段封冻期垂线流速分布规律分析

谢学东　李万义　赵惠聪　王文海　易其海　路秉惠

（黄河水利委员会宁蒙水文水资源局）

　　黄河内蒙古段地处高纬度地区,每年封冻期长100天左右,因此封冻期流量测验的精度对年径流量的计算有着重要的影响。封冻期盖面冰下垂线流速分布因受冰底粗糙度和冰花的影响而不断演变,分析掌握它的演变过程,对于流量测验中测速点位置的选用、流量测次的布置以及提高流量测验的精度都有着非常重要的作用。

1　试验情况

　　试验于2002年12月~2004年3月在巴彦高勒、三湖河口、头道拐3个水文站同时进行,每站在主流及两侧选定2~4条有效水深大于3 m的垂线。在从封冻到开河这段时间内,每隔3~5 d采用6点法测量每条垂线上的流速、水深、冰厚以及冰花厚,并全程观测了这些因素的演变过程。流速用流速仪施测,测速历时为100 s;水深、冰厚、冰花厚用规定的测量器具测量。

2　封河形式

　　巴彦高勒—头道拐河段全长521 km,是黄河最靠北的一段。该河段每年封冻,大多数情况是在三湖河口—头道拐之间的弯道狭窄处出现几处首封,首封处多为冰块、冰花团挤兑立封。首封段之间留下的敞露段,距离短的以清冻平封的形式向上下游延伸,距离长的以冰块、冰花团挤兑立封。三湖河口水文站以上的封河多以冰块、冰花团上延挤兑立封的形式为主。

　　平封河段的冰面、冰底较平整,冰底冰花较少;立封河段的冰面、冰底凸凹不平,冰底冰花较多。因平封与立封形成的冰底粗糙度不同,故对垂线流速分布的影响也不同。

3　垂线流速分布的演变特性

　　为使不同时期的垂线流速分布变化具有可比性,本文采用相对水深和相对流速(相对流速 = 测点流速/垂线平均流速)来表示。

3.1　巴彦高勒水文站

　　巴彦高勒水文站测验河段的封河形式为立封。实测资料表明,该站测流断面封冻后,主流部分冰底滞留有少量的冰花,主流两侧则滞留有1 m多厚的大量冰花。滞留于冰底的冰花在封冻后3~5 d内消失;主流两侧的冰花在封冻后7~10 d内消退,15 d左右消失。图1绘制了封冻后第5天第1次施测的两种情况下的垂线流速,一种为封河初期无冰花,另一种为封河初期有冰花。由图1可以看出,两线型相似,且最大流速均发生在相对水深0.8处;不同的是,在相对水深0.6以上的流速梯度有冰花时远比无冰花时大,且有冰花的在相对水深为0处的相

　　本文原载于《人民黄河》2005年第1期,为黄河水文科技项目"内蒙古段冰期水文测验方法研究"(H0203)。

对流速比无冰花的小。分析它们的影响因素,可认为两垂线冰底粗糙度相近,有冰花垂线的这种现象主要是水流中上部流动的冰花增大了水层的摩阻所致。

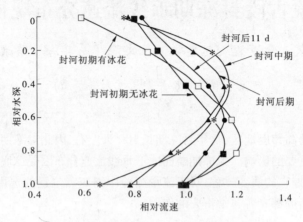

图1 巴彦高勒站封河后不同时期垂线流速分布

随着冰花的消失和冰底粗糙度受水流摩擦的不断减小,垂线流速分布在不断变化,最大流速位置不断上移,流速梯度也在不断减小。有冰花的垂线在封河后的15 d左右,最大流速位置上移至相对水深0.6附近,40~45 d上移至相对水深0.4处;无冰花的垂线,封河后10 d左右,最大流速位置上移至相对水深0.6附近,35~40 d上移至相对水深0.4处。无论是主流垂线,还是主流边垂线,也不论初期有无冰花影响,垂线最大流速位置上移至相对水深0.4处后都不再上移,一直保持在这一位置直到开河。上述这些垂线流速的演变过程,可从图1给出的不同时期的垂线流速分布中得到反映。

3.2 三湖河口水文站

三湖河口水文站测验河段以上有多处弯道狭窄段,这些地段常早于断面处封冻,因此测验河段常以平封为主,且测验河段内冰面、冰底较平整,冰底无论是主流部分还是主流两侧都没有冰花。

该站封河后的垂线流速分布因冰底较平整且没有冰花,故自封冻到开河,最大垂线流速位置一直维持在相对水深0.4附近,但封河初期、中期、后期的垂线流速分布则各有差异,主要表现在不同时期的流速梯度不同。封河初期,由于冰底还不够平滑,相对水深0~0.4之间的梯度较大,随着冰底愈来愈光滑,梯度也愈来愈小,由初期的0.50,到中期减小为0.21,到后期减至0.09,相对水深0.6至河底的流速梯度在各个时期的变化都不大,见图2。

3.3 头道拐水文站

头道拐站每年封河一般是断面上游先封,然后断面处封冻。当断面上游先封处离断面较近时,断面处为清冻平封;当断面上游先封处离断面较远时,上游会产生大量的冰花团在断面上挤兑立封。本次试验时为立封,冰面、冰底不够平整,主流冰底无冰花,主流两侧滞留有冰花,冰花在15~20 d消失。

图3绘制了该站封河初期、前期、中期、后期的垂线流速分布情况。从图3看出,封河初期,垂线最大流速出现在相对水深0.4~0.6处,以后随着冰底粗糙度的减小而上移,35~40 d后上移至相对水深0.4处,到封冻后期还略有上移。各层的流速梯度也随着冰底愈来愈光滑而逐渐减小。

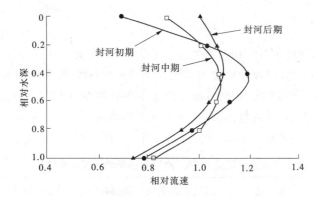

图2　三湖河口站封河后不同时期垂线流速分布

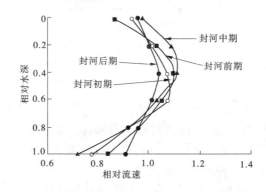

图3　头道拐站封河后不同时期垂线流速分布

3.4　特殊的垂线流速分布

巴彦高勒水文站在封冻后第 10～11d 的第 2、3 次测流中,主流的两条垂线上出现了如图 4 所示的特殊垂线流速分布线型。因这种垂线流速分布现象在这两条垂线上连续出现 2 次,就不能认为它是测验误差所致,应是实际情况。在出现这种垂线流速分布现象时,两垂线上均没有测到冰花。分析这两条垂线可知,河底流速最大,河底以上流速逐层递减。这与本站其他垂线以及其他站的垂线分布截然不同。造成这种特殊垂线流速分布的原因,可能是水流的中、上层挟带着大量的碎小冰花(冰花尺探测不到),水流的内摩擦力大于水流与河底的摩擦力所致。

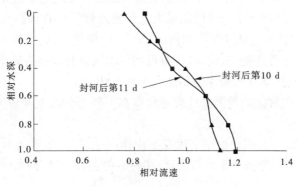

图4　巴彦高勒站特殊垂线流速分布

4　1 点法、2 点法、3 点法垂线平均流速的误差

从封冻到开河,三站均在主流和主流边选定了 2~4 条有效水深大于 3 m 的垂线,用 6 点法进行了垂线流速测量。巴彦高勒水文站共测 16 次 58 条垂线;三湖河口水文站共测 11 次 32 条垂线;头道拐水文站共测 13 次 18 条垂线。每条垂线分别用 2 点法、3 点法、6 点法计算了垂线平均流速及半深 1 点法流速系数,并以 6 点法计算的垂线平均流速为标准值,分别计算了 2 点法、3 点法的垂线平均流速的相对差、系统差、标准差、半深流速系数及标准差,结果见表 1。

表 1　各站半深、2 点法、3 点法垂线平均流速误差统计

站　名	垂线数	半深流速		2 点法垂线平均流速误差(%)			3 点法垂线平均流速误差(%)		
		系数	标准差(%)	相对差范围	系统差	标准差	相对差范围	系统差	标准差
巴彦高勒	58	0.89	4.2	-6.0 ~ +5.5	+0.23	2.26	-1.0 ~ +4.0	+0.93	0.99
三湖河口	32	0.89	4.5	-4.9 ~ +4.5	+0.22	2.46	-0.6 ~ +3.3	+0.80	0.97
头道拐	18	0.90	4.5	-3.1 ~ +1.6	-0.87	1.27	-1.3 ~ +3.3	+0.35	0.90

由表 1 可以看出,巴彦高勒站和三湖河口站 2 点法的系统差均偏大,头道拐站偏小;3 点法的系统差三站均偏大,但均未超出《河流流量测验规范》规定的 ±1% 的限定。三站 2 点法的标准差均小于 2.5%,3 点法的标准差小于 1.0%,都能满足规范要求。但 2 点法的标准差均比 3 点法的大,这说明 3 点法的测验精度高。

巴彦高勒、三湖河口、头道拐 3 个水文站半深流速系数试验结果分别为 0.89、0.89、0.90,与《水文测验手册》给出的 0.88~0.90 的数值很接近;三站半深流速系数的标准差在 4.2%~4.5% 之间,符合规范要求。

5　结语

(1)立封河段封冻时滞留在冰底的冰花,位于主流的部分在 3~5d 内消失,位于主流边的部分在 15d 左右消失,小流速或靠岸边的部分到封冻后期消失。

(2)立封河段在封冻初期,因受冰花和冰底粗糙度大的影响,垂线最大流速位置往往出现在相对水深 0.6~0.8 处。随着冰底粗糙度的减小和冰花的消失,垂线最大流速位置约 40d 上移至相对水深 0.4 处,之后不再上移。各层的流速梯度随着冰底愈来愈光滑而逐渐变小。

(3)从封冻初期到开河前,平封河段的最大垂线流速位置一直保持在相对水深 0.4 附近,但封冻初期、中期、后期的流速梯度各不相同,初期大,中期次之,后期变小。

(4)黄河内蒙古段巴彦高勒、三湖河口、头道拐三水文站封冻期有效水深在 1.50~2.00 m 之间。实践表明,3 点法测算有效水深的精度大于 2 点法。

(5)半深流速系数在封冻前期因垂线流速分布在不断变化而变幅较大,在封冻中、后期趋于稳定。

(6)在封冻后的 15 d 内,因盖面冰下冰花演变速度快,对过流能力的影响较大,故流量测次的间隔时间不宜过长,一般以 3 d 左右为宜;在封冻中、后期可根据水位的变化布置测次。

黄河三门峡库区水质评价与演变趋势分析

刘　茹　屠新武

（黄河水利委员会三门峡库区水文水资源局）

　　黄河三门峡库区包括龙门以下三门峡大坝以上区域,河段全程 244 km,位于陕、晋、豫三省交界的金三角地带。大坝控制黄河流域面积 68.84 万 km^2,占流域总面积的 91.5%。库区三门峡河段是三门峡市主要的供水水源地。为保护水源地水质,以 1989~2003 年水质监测资料,对进出库断面水质状况及其演变进行分析评价。

1　评价断面选择

　　入库为干流龙门、潼关断面及支流汾河河津、渭河华县断面;出库为坝下干流三门峡断面。

2　评价项目

　　选用高锰酸盐指数(I_{Mn})、氨氮(NH_3-N)、挥发酚、汞、镉、铅等 6 项进行分析评价。

3　评价方法

　　采用单因子评价法,依据 GB3838—2002《地表水环境质量标准基本项目标准限值》,综合评价结果以单项水质最高类别为准。水质评价标准见表1。

4　水质状况评价与演变分析

4.1　黄河入库龙门断面

　　入库龙门断面 1989~2003 年水质状况评价见表2。从表2综合评价结果看,水质为Ⅲ~劣Ⅴ类,其中Ⅲ类水出现 1 年、占 6.7%,Ⅳ类水出现 2 年、占 13.3%,Ⅴ类水出现 10 年、占 66.7%,劣Ⅴ类水出现 2 年、占 13.3%。主要污染物是铅、镉。其污染程度逐年有所减轻,水质均由Ⅴ类上升为Ⅳ类。有机物、汞无明显变化,未对水体造成影响。

表1　地表水环境质量标准基本项目标准限值(GB3838—2002)　　　　(单位:mg/L)

类别	I_{Mn}	氨氮	挥发酚	汞	镉	铅
Ⅰ	2	0.15	0.002	0.000 05	0.001	0.01
Ⅱ	4	0.5	0.002	0.000 05	0.005	0.01
Ⅲ	6	1.0	0.005	0.000 1	0.005	0.05
Ⅳ	10	1.5	0.01	0.001	0.005	0.05
Ⅴ	15	2.0	0.1	0.001	0.01	0.1

本文原载于《西北水力发电》2005 年第 1 期。

表 2　黄河入库龙门断面 1989～2003 年水质评价成果

年度	I_{Mn} 平均值（mg/L）	单项类别	氨氮 平均值（mg/L）	单项类别	挥发酚 平均值（mg/L）	单项类别	汞 平均值（mg/L）	单项类别	镉 平均值（mg/L）	单项类别	铅 平均值（mg/L）	单项类别	综合评价
1989	2.4	Ⅱ	0.18	Ⅱ	0.001	Ⅰ	0.000 10	Ⅲ	0.006	Ⅴ	0.075	Ⅴ	Ⅴ
1990	1.9	Ⅰ	0.36	Ⅱ	0.000	Ⅰ	0.000 20	Ⅳ	0.002	Ⅱ	0.100	Ⅴ	Ⅴ
1991	2.4	Ⅱ	0.81	Ⅲ	0.000	Ⅰ	0.000 10	Ⅲ	0.003	Ⅱ	0.092	Ⅴ	Ⅴ
1992	3.1	Ⅱ	0.94	Ⅲ	0.000	Ⅰ	0.000 00	Ⅰ	0.005	Ⅱ	0.090	Ⅴ	Ⅴ
1993	2.7	Ⅱ	1.05	Ⅳ	0.001	Ⅰ	0.000 00	Ⅰ	0.004	Ⅱ	0.088	Ⅴ	Ⅴ
1994	2.8	Ⅱ	1.19	Ⅳ	0.004	Ⅲ	0.000 00	Ⅰ	0.002	Ⅱ	0.080	Ⅴ	Ⅴ
1995	3.1	Ⅱ	0.47	Ⅱ	0.002	Ⅰ	0.000 10	Ⅲ	0.007	Ⅴ	0.100	Ⅴ	Ⅴ
1996	3.6	Ⅱ	0.52	Ⅲ	0.004	Ⅲ	0.000 00	Ⅰ	0.005	Ⅱ	0.097	Ⅴ	Ⅴ
1997	3.7	Ⅱ	0.81	Ⅲ	0.001	Ⅰ	0.000 00	Ⅰ	0.012	劣Ⅴ	0.133	劣Ⅴ	劣Ⅴ
1998	4.3	Ⅲ	0.99	Ⅲ	0.000	Ⅰ	0.000 00	Ⅰ	0.011	劣Ⅴ	0.157	劣Ⅴ	劣Ⅴ
1999	3.3	Ⅱ	1.06	Ⅳ	0.000	Ⅰ	0.000 02	Ⅰ	0.006	Ⅴ	0.091	Ⅴ	Ⅴ
2000	3.3	Ⅱ	1.04	Ⅳ	0.001	Ⅰ	0.000 01	Ⅰ	0.006	Ⅴ	0.070	Ⅴ	Ⅴ
2001	3.0	Ⅱ	0.63	Ⅲ	0.003	Ⅲ	0.000 00	Ⅰ	0.000	Ⅰ	0.019	Ⅲ	Ⅲ
2002	3.7	Ⅱ	0.72	Ⅲ	0.000 2	Ⅰ	0.000 12	Ⅳ	0.002	Ⅱ	0.044	Ⅲ	Ⅳ
2003	3.7	Ⅱ	1.16	Ⅳ	0.000 4	Ⅰ	0.000 02	Ⅰ	0.000	Ⅰ	0.008	Ⅰ	Ⅳ

4.2　汾河河津断面

入库汾河河津断面 1989～2003 年水质状况评价见表 3。从表 3 可以看出,汾河河津段水质均为劣Ⅴ类,主要污染物为有机物(高锰酸盐指数、氨氮、挥发酚)等。另外还可以看出,有机物的浓度值逐年升高,且成倍增长。污染日趋严重。重金属变化不明显。

表 3　入库汾河河津断面 1989～2003 年水质评价成果

年度	I_{Mn} 平均值（mg/L）	单项类别	氨氮 平均值（mg/L）	单项类别	挥发酚 平均值（mg/L）	单项类别	汞 平均值（mg/L）	单项类别	镉 平均值（mg/L）	单项类别	铅 平均值（mg/L）	单项类别	综合评价
1989	19.8	劣Ⅴ	3.08	劣Ⅴ	0.023	Ⅴ	0.000 10	Ⅲ	0.004	Ⅱ	0.047	Ⅲ	劣Ⅴ
1990	14.2	Ⅴ	2.64	劣Ⅴ	0.024	Ⅴ	0.000 20	Ⅳ	0.002	Ⅱ	0.076	Ⅴ	劣Ⅴ
1991	33.0	劣Ⅴ	4.17	劣Ⅴ	0.080	Ⅴ	0.000 10	Ⅲ	0.002	Ⅱ	0.079	Ⅴ	劣Ⅴ
1992	29.5	劣Ⅴ	4.60	劣Ⅴ	0.057	Ⅴ	0.000 00	Ⅰ	0.002	Ⅱ	0.052	Ⅴ	劣Ⅴ
1993	23.2	劣Ⅴ	5.34	劣Ⅴ	0.033	Ⅴ	0.000 10	Ⅲ	0.001	Ⅰ	0.071	Ⅴ	劣Ⅴ
1994	32.1	劣Ⅴ	6.22	劣Ⅴ	0.100	Ⅴ	0.000 00	Ⅰ	0.001	Ⅰ	0.072	Ⅴ	劣Ⅴ

年度	I_{Mn}		氨氮		挥发酚		汞		镉		铅		综合评价
	平均值 (mg/L)	单项类别	平均值 (mg/L)	单项类别	平均值 (mg/L)	单项类别	平均值 (mg/L)	单项类别	平均值 (mg/L)	单项类别	平均值 (mg/L)	单项类别	
1995	51.1	劣V	10.3	劣V	0.136	劣V	0.000 00	I	0.008	V	0.109	劣V	劣V
1996	37.8	劣V	9.54	劣V	0.166	劣V	0.000 00	I	0.005	II	0.116	劣V	劣V
1997	96.4	劣V	10.4	劣V	0.236	劣V	0.000 00	I	0.004	II	0.056	V	劣V
1998	237	劣V	11.8	劣V	1.28	劣V	0.000 00	I	0.007	V	0.097	V	劣V
1999	181	劣V	16.8	劣V	0.602	劣V	0.000 14	IV	0.003	II	0.026	III	劣V
2000	235	劣V	16.3	劣V	0.804	劣V	0.000 14	IV	0.004	II	0.049	III	劣V
2001	249	劣V	22.1	劣V	1.65	劣V	0.000 16	IV	0.002	II	0.042	III	劣V
2002	262	劣V	24.9	劣V	1.29	劣V	0.000 12	IV	0.002	II	0.054	III	劣V
2003	122	劣V	23.8	劣V	0.350	劣V	0.000 14	IV	0.005	II	0.042	III	劣V

4.3 渭河华县断面

入库渭河华县断面1989~2003年水质状况评价见表4。从表4中可以看出,水质为V类或劣V类。V类水仅出现1年,占6.7%;劣V类水出现14年,占93.3%。主要污染物依次为氨氮、高锰酸盐指数、挥发酚、铅等。有机物污染呈加重态势。铅、镉污染程度均有所减轻,汞污染基本持平。

表4 入库渭河华县断面1989~2003年水质评价成果

年度	I_{Mn}		氨氮		挥发酚		汞		镉		铅		综合评价
	平均值 (mg/L)	单项类别	平均值 (mg/L)	单项类别	平均值 (mg/L)	单项类别	平均值 (mg/L)	单项类别	平均值 (mg/L)	单项类别	平均值 (mg/L)	单项类别	
1989	3.7	II	0.45	II	0.002	I	0.000 10	III	0.003	II	0.058	V	V
1990	5.3	III	1.18	IV	0.002	I	0.000 20	IV	0.005	II	0.140	劣V	劣V
1991	6.5	IV	2.98	劣V	0.003	III	0.000 10	III	0.005	II	0.099	V	劣V
1992	7.8	IV	5.96	劣V	0.006	IV	0.000 10	III	0.008	V	0.109	劣V	劣V
1993	5.5	III	3.56	劣V	0.003	III	0.000 00	I	0.005	IV	0.098	V	劣V
1994	6.0	III	6.18	劣V	0.005	IV	0.000 00	I	0.006	V	0.102	劣V	劣V
1995	9.9	IV	9.07	劣V	0.006	IV	0.000 00	I	0.007	V	0.096	V	劣V
1996	9.4	IV	7.67	劣V	0.011	V	0.000 00	I	0.008	V	0.119	劣V	劣V
1997	9.0	IV	15.9	劣V	0.010	V	0.000 00	I	0.008	V	0.083	V	劣V
1998	9.3	IV	11.8	劣V	0.009	IV	0.000 00	I	0.007	V	0.118	劣V	劣V
1999	13.6	V	10.3	劣V	0.019	V	0.000 06	III	0.004	II	0.091	V	劣V

年度	I_{Mn} 平均值 (mg/L)	单项类别	氨氮 平均值 (mg/L)	单项类别	挥发酚 平均值 (mg/L)	单项类别	汞 平均值 (mg/L)	单项类别	镉 平均值 (mg/L)	单项类别	铅 平均值 (mg/L)	单项类别	综合评价
2000	11.8	V	10.7	劣V	0.009	IV	0.000 06	III	0.008	V	0.072	V	劣V
2001	14.9	V	11.1	劣V	0.008	IV	0.000 02	I	0.000	I	0.026	III	劣V
2002	18.0	劣V	11.5	劣V	0.016	V	0.000 18	IV	0.002	II	0.039	III	劣V
2003	14.6	V	8.40	劣V	0.017	V	0.000 09	III	0.001	I	0.015	III	劣V

4.4 黄河潼关断面

入库潼关断面(即黄河龙潼段、渭河、汾河、北洛河汇流后的控制断面)1989～2003年水质状况评价见表5。从表5中看出,水质为V类或劣V类。V类水仅1年,占6.7%,劣V类水14年,占93.3%。主要污染物是氨氮、铅等。有机物污染加重,重金属污染有所减轻。

表5 黄河入库潼关断面 1989～2003 年水质评价成果

年度	I_{Mn} 平均值 (mg/L)	单项类别	氨氮 平均值 (mg/L)	单项类别	挥发酚 平均值 (mg/L)	单项类别	汞 平均值 (mg/L)	单项类别	镉 平均值 (mg/L)	单项类别	铅 平均值 (mg/L)	单项类别	综合评价
1989	2.7	II	0.30	II	0.001	I	0.00030	IV	0.008	V	0.168	劣V	劣V
1990	3.1	II	0.33	II	0.002	I	0.000 20	IV	0.004	II	0.108	劣V	劣V
1991	3.9	II	1.20	IV	0.000	I	0.000 10	III	0.006	V	0.115	劣V	劣V
1992	4.4	III	1.16	IV	0.000	I	0.000 00	I	0.010	V	0.128	劣V	劣V
1993	4.4	III	1.93	V	0.001	I	0.000 00	I	0.006	V	0.124	劣V	劣V
1994	3.7	II	2.41	劣V	0.001	I	0.000 00	I	0.004	II	0.099	V	劣V
1995	3.6	II	1.70	V	0.003	III	0.000 10	III	0.008	V	0.118	劣V	劣V
1996	5.6	III	2.62	劣V	0.005	III	0.000 00	I	0.007	V	0.140	劣V	劣V
1997	4.9	III	2.78	劣V	0.002	I	0.000 00	I	0.012	劣V	0.172	劣V	劣V
1998	5.1	III	1.95	V	0.003	III	0.000 00	I	0.010	V	0.172	劣V	劣V
1999	4.6	III	1.87	V	0.002	I	0.000 02	I	0.005	II	0.078	V	V
2000	5.1	III	2.47	劣V	0.002	I	0.000 05	II	0.007	V	0.084	V	劣V
2001	5.5	III	2.98	劣V	0.002	I	0.000 00	I	0.001	I	0.041	III	劣V
2002	5.6	III	2.48	劣V	0.003	I	0.000 14	IV	0.004	I	0.004	I	劣V
2003	7.9	IV	3.82	劣V	0.006	IV	0.000 04	I	0.000	I	0.017	III	劣V

4.5 黄河出库三门峡断面

三门峡断面1989～2003年水质状况评价见表6。从表6中可以看出,水质为V类或劣V

类,Ⅴ类水出现5年,占33.3%,劣Ⅴ类水出现10年,占66.7%,主要污染物依次为铅、镉、氨氮等。氨氮污染加重,铅、镉污染有所减轻。

表6　黄河出库三门峡断面1989～2003年水质评价成果

年度	I_{Mn}		氨氮		挥发酚		汞		镉		铅		综合评价
	平均值 (mg/L)	单项类别	平均值 (mg/L)	单项类别	平均值 (mg/L)	单项类别	平均值 (mg/L)	单项类别	平均值 (mg/L)	单项类别	平均值 (mg/L)	单项类别	
1989	3.4	Ⅱ	0.30	Ⅱ	0.000	Ⅰ	0.00010	Ⅲ	0.008	Ⅴ	0.094	Ⅴ	Ⅴ
1990	3.6	Ⅱ	0.68	Ⅲ	0.000	Ⅰ	0.000 20	Ⅳ	0.007	Ⅴ	0.145	劣Ⅴ	劣Ⅴ
1991	2.7	Ⅱ	1.46	Ⅳ	0.000	Ⅰ	0.000 40	Ⅳ	0.003	Ⅱ	0.088	Ⅴ	Ⅴ
1992	5.8	Ⅲ	1.27	Ⅳ	0.000	Ⅰ	0.000 00	Ⅰ	0.008	Ⅴ	0.139	劣Ⅴ	劣Ⅴ
1993	3.8	Ⅱ	0.79	Ⅲ	0.000	Ⅰ	0.000 10	Ⅲ	0.008	Ⅴ	0.152	劣Ⅴ	劣Ⅴ
1994	4.4	Ⅲ	2.29	劣Ⅴ	0.000	Ⅰ	0.000 20	Ⅳ	0.016	劣Ⅴ	0.195	劣Ⅴ	劣Ⅴ
1995	4.0	Ⅱ	0.60	Ⅲ	0.002	Ⅰ	0.000 10	Ⅲ	0.012	劣Ⅴ	0.122	劣Ⅴ	劣Ⅴ
1996	6.5	Ⅳ	0.92	Ⅲ	0.004	Ⅲ	0.000 20	Ⅳ	0.010	Ⅴ	0.309	劣Ⅴ	劣Ⅴ
1997	5.3	Ⅲ	0.80	Ⅲ	0.001	Ⅰ	0.000 10	Ⅲ	0.009	Ⅴ	0.102	劣Ⅴ	劣Ⅴ
1998	4.8	Ⅲ	1.42	Ⅳ	0.000	Ⅰ	0.000 00	Ⅰ	0.009	Ⅴ	0.109	劣Ⅴ	劣Ⅴ
1999	4.2	Ⅲ	1.20	Ⅳ	0.000	Ⅰ	0.000 03	Ⅰ	0.003	Ⅱ	0.074	Ⅴ	Ⅴ
2000	4.7	Ⅲ	2.39	劣Ⅴ	0.001	Ⅰ	0.000 02	Ⅰ	0.003	Ⅱ	0.072	Ⅴ	劣Ⅴ
2001	4.5	Ⅲ	1.62	Ⅴ	0.001	Ⅰ	0.000 01	Ⅰ	0.001	Ⅰ	0.052	Ⅴ	Ⅴ
2002	5.4	Ⅲ	1.75	Ⅴ	0.001	Ⅰ	0.000 12	Ⅳ	0.000	Ⅰ	0.042	Ⅲ	Ⅴ
2003	7.2	Ⅳ	3.08	劣Ⅴ	0.002	Ⅰ	0.000 03	Ⅰ	0.001	Ⅰ	0.051	Ⅴ	劣Ⅴ

综上所述,入库两大支流汾河、渭河水质污染均重于干流;支流汾河水质劣于渭河,干流潼关断面水质劣于龙门及三门峡断面,五个断面水质由优到劣依次为龙门、三门峡、潼关、华县、河津。各断面有机物污染呈加重的态势,而重金属污染呈下降趋势。

5　区域污染源概况

1993、1998、2002年开展了三次入黄纳污量调查。据调查统计,区域有较大的或污染较重的入库支流19条,较大的厂矿企业直接入库排污口24个。

左岸黄河流经山西省的河津、永济、芮城、平陆等县(市),入库的主要支流为汾河、涑水河、张沟涧河、八政河等,分布排污口12个,主要为河津铝厂排污管、芮城西炉沟、风陵渡排污沟,芮城县、平陆县生活污水口等;右岸黄河流经陕西省的韩城、合阳、潼关等县(市),入库的主要支流为渭河、徐水河、潼河等,分布排污口5个,主要为韩城市生活污水口、韩城龙门钢厂排污沟等;右岸还流经河南省的灵宝市、陕县及三门峡市等,入库的支流主要有双桥河、宏农涧河、枣乡河、青龙涧河等,排污口7个,主要为陕县化纤厂、化肥厂、火电厂排污沟,三门峡城市生活污水口等。

据2002年调查,19条支流年径流量之和为20.2亿 m^3,污染物年输送总量为4 944万t,其中最大是渭河年径流量为 16.4 亿 m^3 ,占 81.2% ,污染物量为 4 831 万 t/a,占 97.7% ;24 个排污口年排放废污水总量 0.55 亿 m^3 ,排放污染物总量 4.1 万 t/a,其中三门峡城市生活污水口年排放废污水量最大,为 0.20 亿 m^3 ,占 36.4% ,污染物量为 0.93 万 t/a,占 22.7% 。支流及排污口情况见表 7。

表 7   三门峡库区污染源调查统计

年份	分类	总数（条/个）	径流量/废污水量（亿 m^3）	占入库量（%）	污染物量（万 t/a）	占入库量（%）
1993	支流	17	49.3	100	28.9	100
	排污口	—	—		—	
	合计		49.3		28.9	
1998	支流	19	53.7	97.7	5 573	98.8
	排污口	19	1.26	2.3	69.0	1.2
	合计		54.96		5 642	
2002	支流	17	20.2	97.3	4 944	99.9
	排污口	24	0.55	2.7	4.1	0.1
	合计		20.75		4 948	

注:1993 年未调查排污口,2002 年增加 5 个排污口。

从表 7 中可以看出,支流污染物入库量 1998、2002 年均比 1993 年高,污染呈加重态势。2002 年同 1998 年相比均有所下降,主要是各支流年径流量减少,污染物输送量亦随之减少。2002 年调查仅在 8 月份进行,实地查勘时发现有的污水用于污灌,统计废污水及污染物量均比 1998 年偏小。

从实地查勘的情况看,入库的支流半数以上水体发黑,几乎成为排污沟。

6   水污染成因分析

潼关断面水质劣于龙门断面。主要是潼关断面接纳了污染较重的渭河、汾河、涑水河、湅水河等 8 条支流及 8 个排污口所排放的废污水,潼关段氨氮主要来自于渭河、汾河、涑水河及韩城市生活污水口、河津铝厂排污管等;出库三门峡断面水质优于潼关,主要是潼关至三门峡段,虽然接纳了污染较重的 11 条支流和 16 个排污口所排放的废污水,但由于水库蓄泄和冲淤的调节作用大于区间加入污染的程度,使得出库三门峡断面水质优于潼关断面,但氨氮污染仍很严重,主要来自于平陆八政河、陕县化肥厂、三门峡城市生活污水口等;龙门断面是入库控制断面,其上游无污染较重的支流和排污口加入,所以水质状况较好些。

另外,各断面均出现铅污染严重的原因,一是入库龙门断面铅含量较高,二是沿途各支流水体中铅污染较重,三是铅属难降解性物质且易被泥沙吸附,随着水库的调蓄,泥沙淤积,铅逐渐在库区产生积累。

7   结论及建议

从三门峡进出库断面水质评价情况看,支流汾河河津有机物污染均重于重金属,其污染重于渭河华县,华县铅、镉污染重于河津,河津汞污染重于华县;干流由于污染较重的支流及排污口加入,主要污染物为铅和氨氮,从变化趋势分析,干支流5个断面有机物污染加重,重金属污染减轻。保护库区水质,加强库区水污染防治工作已刻不容缓。

为达到"污染不超标"和维持黄河健康生命的远期目标,必须做好以下工作:①彻底治理渭河和汾河河津段的污染,从源头截断污染源;②加快城市污水处理厂建设步伐,城市生活污水入库前达标排放;③做好三门峡河段水功能区划工作;④对一些排污企业进行定期或不定期监测、监督、检查;⑤加大新《水法》、《水污染防治法》宣传力度,增强库区群众依法治水意识,加强水资源管理,有效控制区域水污染。

距离—角度法水位观测探索与研究

1　水位观测存在的问题

尽管目前的水位观测方法很多,但仍然有一些情况是现有方法无法解决或解决起来比较困难的,在人力、物力、时间上需要较大的投入。

例如,2002年黄河潼关清淤工程断面水位观测中,水尺均在南岸水边设立,由于河道摆动,在南岸出现300~500 m的稀泥滩,观测人员无法到达水边。水流含沙量很高,使用操舟机机器磨损严重,安全存在问题。如果使用汽车绕北岸往返需3个多小时,派人驻守北岸会带来生活方面的各种问题。2002年渭河华县水文站洪水期水位观测也存在类似问题。

再如,三门峡水库坝前史家滩水位观测,在水库泄空过程中,从岸边到水边出现很深的泥滩,高差很大,在这种条件下根本无法设立水尺。河床的快速下切使得坡滩上的淤泥随时下滑,危及观测人员的安全。

2　距离—角度法水位观测的基本方法与原理

2.1　基本方法

距离—角度法水位观测的基本方法是用激光测距仪测出仪器站距观测点(对岸水边)的距离(斜距),用经纬仪或全站仪测出观测点处的垂直角度,利用几何学原理进行观测点处的水位计算,并利用测量学理论进行地球曲率与大气遮光改正。

2.2　基本原理

距离—角度法水位观测的基本原理是依据几何学中的三角函数关系。观测站距水边的倾斜距离可以用激光测距仪测出,观测站与水边水位点视线与水平线的夹角可以用全站仪或经纬仪测出,从几何学中可以导出观测站与河道水面的高差,由已知的测站高程可算出河道水

本文原载于《中国水利》2004年第5期。

位。

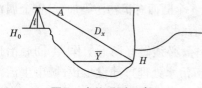

图1　水位观测示意

一般来说,仪器观测站高于河道水面(如图1所示)。假设其高程为H_0,仪器高为i,仪器站距观测点的距离(斜距)为D_x,水平面与观测点处水面的角度为A,观测点水位为H,则观测点水位可由下式计算:

$$H = H_0 + i - D_x \cdot \sin A \tag{1}$$

式(1)中若考虑地球曲率与大气遮光的影响,则

$$H = H_0 + i - D_x \cdot \sin A + f \tag{2}$$

其中,f为地球曲率与大气遮光影响的总误差:

$$f = 0.43 \cdot D^2/R \tag{3}$$

式中:D为仪器站距观测点的水平距离;R为地球半径。

改正后的水位计算公式为:

$$H = H_0 + i - D_x \cdot \sin A + 0.43 \cdot D^2/R \tag{4}$$

其中平距D与斜距D_x的关系为$D = D_x \cdot \cos A$,则

$$H = H_0 + i - D_x \cdot \sin A + 0.43(D_x \cdot \cos A)^2/R \tag{5}$$

3　距离—角度法水位观测的精度分析

在距离—角度法水位观测计算式(5)中,H_0是已知的数值,其对水位观测精度的影响与本法无关。仪器高i由观测时现场量出,只要认真量测,其数值可控制在满意的精度内。地球半径R采用6 371 km,影响水位观测精度的因素主要有斜距D_x以和垂直角A。

对式(5)进行偏微分:

先不考虑角度观测误差,将A看做常数:

$$dH_1 = (-\sin A + 0.86D_x/R \cdot \cos^2 A)dD_x \tag{6}$$

不考虑距离观测误差,将D_x看做常数:

$$dH^2 = -(D_x \cdot \cos A + 0.43D_x^2 \cdot \sin 2A/R)dA \tag{7}$$

在一般情况下,观测误差对f数值的影响很小,不会大于1 mm,式(6)与式(7)可简化为:

$$dH_1 = -\sin A dD_x \tag{8}$$

$$dH_2 = -D_x \cos A dA \tag{9}$$

根据式(8)与式(9)进行误差计算,可以看出:若不考虑角度观测误差,距离观测误差对水位数值的影响随垂直角的增大而增大,水位误差是距离误差的$-\sin A$倍。若要保证水位误差不大于0.02 m,则各种测距精度下的水位观测垂直角上限见表1。

表1　各种测距精度的水位观测垂直角上限

dD_x	0	0.01	0.02	0.03	0.04	0.05	0.06
A		90	90	43	30	24	19
dD_x	0.1	0.2	0.3	0.4	0.5	0.6	0.7
A	11	5.5	3.5	2.5	2.0	1.5	1.5

从表1可以看出,使用1‰精度的测距仪,观测距离在1 000 m以内时,距离观测精度为1

m,观测垂直角不宜超过1°。使用0.5‰精度的测距仪,观测距离在1 000 m以内时,距离观测精度为0.5 m,观测垂直角不宜超过2°。

根据式(8)与式(9)计算结果,若测距误差不超过1 m时,水位观测垂直角上限为1.0°;若测距误差不超过0.5 m时,水位观测垂直角上限为2.0°;若测距误差不超过0.1 m时,水位观测垂直角上限为11°;若测距误差不超过0.05 m时,水位观测垂直角上限为24°;若测距误差不超过0.02 m时,水位观测垂直角上限为90°,即可以不考虑观测角度的影响。

在工作中,应根据观测点处的角度大小选择、购买合适精度的激光测距仪。

若不考虑距离观测误差,角度观测误差1″,观测距离在300 m以内水位误差不超过0.001 m,观测距离在500 m以内水位误差不超过0.002 m,观测距离在700 m以内水位误差不超过0.003 m,观测距离在1 000 m以内水位误差不超过0.005 m。在相当大的范围内,水位误差受垂直角的影响很小,由于角度越大,cosA的值越小,则随垂直角的增大水位误差减小。当角度观测误差为2″、3″、4″、5″时,水位误差呈相应倍数增加。

由于水位观测两种误差的乘积很小,所以水位观测总误差可以认为是以上两种误差的和。即

$$dH = dH_1 + dH_2 = -(\sin A)dD_x + D_x(\cos A)dA \qquad (10)$$

根据式(10)由激光测距仪的精度、经纬仪或全站仪测角精度、观测距离、垂直角即可算出水位观测的总误差。

4 距离—角度法水位观测方法的应用

4.1 距离观测

距离观测使用激光测距仪。

观测距离时,仪器应放在三脚架上。由于水面不能反射信号,所以仪器瞄准应稍偏水面,以免误接岸上信号。距离观测应与角度观测在一条线上。

4.2 角度观测

角度观测使用全站仪或经纬仪。

观测角度时,仪器应认真整平,仪器高量读误差应小于1 mm。

瞄准水面时,应认真辨别水面线和岸边在水里映射的倒影。角度观测应与距离观测在一条线上。

4.3 水位计算

水位由式(5)进行计算,即

$$H = H_0 + i - D_x \cdot \sin A + 0.43(D_x \cdot \cos A)^2/R$$

式中:H为观测水位;H_0为仪器站高程;D_x为仪器视线距观测点斜距;A为水平线与仪器视线角度,即垂直角;R为地球半径,取6 371 km。

4.4 误差计算

测量前,应根据仪器性能进行误差估算,以免测量结束后误差超限,耽误观测时间。测量后,应根据实际数据计算误差,以确定水位观测质量。

水位观测误差按式(10)进行计算。

使用LYR205型激光测距仪,测距精度为0.5‰,即测距在1 000 m以内最大误差为0.5 m。当观测角度小于2°时,观测距离在700 m以内,由距离观测造成水位误差不超过0.017 m;

由 1″级仪器观测角度时,造成水位误差不超过 0.003 m,可保证水位观测总误差小于 0.02 m。由 2″级仪器观测角度时,造成水位误差不超过 0.007 m,则观测角度应小于 1.5°。

测角精度高的仪器,观测角度可以放宽;测角精度低的仪器,观测角度范围应减小,以保证水位观测总误差小于 0.02 m。

4.5 闭合差计算

使用距离—角度法进行水位观测时,每个测点水位观测应进行两次,两次观测结果的差值为水位观测闭合差。水位观测闭合差的允许值参考四等水准测量可定为 ±20 mm。

4.6 水位成果

当水位观测闭合差在允许值范围内时,可将两次水位取平均值作为水位观测成果。

黄河口孤东及新滩海域流场调查分析

陈俊卿 张建华 崔玉刚 何传光

(黄河口水文水资源勘测局)

1 流场调查测验过程

黄河口水文水资源勘测局分别于 2003 年 5 月 26 日 10 时~27 日 10 时、10 月 4 日 10 时~5 日 10 时两时段内,完成了黄河口孤东及新滩海域两次流场调查的外业测量工作。流场调查时,在黄河口孤东及新滩海域设立 GD01~GD06 定点测验站 6 个,同步进行水深、流速、流向的逐时观测与盐度、含沙量、水温、风速、风向的双时观测,观测层次分为表层(相对水深0.2)、中层(相对水深 0.6)、底层(相对水深 0.8)3 个层次;海底质 6 次取样;在孤东 59 井验潮站、3 号排涝站以及截流沟设立水尺进行人工潮位观测。

1.1 调查期间利津站水沙状况

利津站 2003 年 5 月 26 日日平均流量为 46.1 m^3/s,27 日日平均流量为 45.1 m^3/s,两天内日平均含沙量小于 1 kg/m^3。利津站 2003 年 10 月 4 日日平均流量为 2 000 m^3/s,日平均含沙量为 23.3 kg/m^3;5 日日平均流量为 2 070 m^3/s,日平均含沙量为 21.3 kg/m^3。

1.2 流场调查测站位置布设

两次流场调查时各站相对位置见图 1。

1.3 潮水位变化过程

潮汐是海水受引潮力作用而产生的海水体的长周期波动现象,它在铅直方向表现为潮位升降。流场调查期间设立孤东 59 井、3 号排涝站、截流沟 3 个潮位站进行水位观测。

从潮位变化过程线来看,孤东 59 井、3 号排涝站、截流沟 3 个潮位站的潮汐有以下特点:①孤东 59 井、3 号排涝站两站一天中只有一次较大的涨落,发生两次相近的波动间隔只有 2~3 h;截流沟站潮位曲线与孤东海域差别较大,一天有两次涨落,而且有高潮日不等现象。②5

本文原载于《人民黄河》2004 年 12 期,为国家重点基础发展研究项目(2002CB412408)。

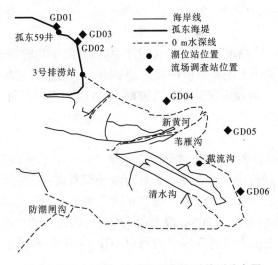

图1 2003年5月、10月流场调查时的测站布置

月份涨潮历时大于退潮历时;10月份涨潮历时小于退潮历时。

2 调查结果

2.1 含沙量

(1)各站含沙的水样个数。5月份时,各站含沙量主要受风浪影响,黄河径流作用微弱;10月份各站含沙量主要受黄河径流影响,没有风浪作用。5月份测验时,持续5~6级东南风,GD01~GD03 3站的海岸线是孤东海堤,一直处于持续蚀退状态,泥沙颗粒较粗,但仍有超过50%的水样含沙;黄河口海域和新滩海域GD04~GD06 3站的海岸线为沙泥质海岸线,泥沙易被风浪掀起,因此每个水样都含沙。

10月份测验时,西风为2~3级,水流基本没有掀沙能力,但是黄河历史罕见的华西秋雨和小浪底水库防洪预泄期间,河口径流持续超过2 000 m³/s。河口沙嘴两侧的黄河北拦泥站(GD04)与南拦泥站(GD05)位于潮流推动的蓝黄分界线边缘,受入海径流影响最大,但含沙的水样个数不到水样总数的1/2,完整垂线数只有3条;而其余4站远离河口,泥沙已基本不能扩散到各站位海域。因此,水样基本不含沙。

由此可见,GD01~GD06站所处的海岸区域主要受风浪掀沙和潮流输沙作用,河口泥沙输送于外海,很少扩散到近海岸,海岸处于蚀退状态。

(2)各站含沙量特征值。各站5月份含沙量普遍大于10月份。其中5月份表层测点最大含沙量出现在GD05站,中层测点最大含沙量出现在GD06站,底层测点最大含沙量出现在GD02站;10月份表层测点最大含沙量、中层测点最大含沙量均出现在GD05站,出现的时间是10月5日0时,此时潮位正处于最低潮。底层测点最大含沙量出现在GD04站。

(3)含沙量垂线分布。5月份GD05、GD06两站完整垂线数超过12条,其余各站各测次完整垂线数都少于3条。含沙量在垂线分布上总的表现为表层含沙量小于底层含沙量。绝大多数测点含沙量小于1 kg/m³,有个别底层测点含沙量大于1 kg/m³。10月份含沙量完整垂线数只有3条,GD04站取样过程中基本为清水,GD05站14时含沙量为0.165 kg/m³,属于5月份的低值范围。因此,河口径流泥沙受径流动力作用输往外海,河嘴GD04、GD05两站范围两侧仅受河口径流的轻微影响。

2.2 泥沙粒径

从2003年5月、10月GD01～GD06各站泥沙中值粒径、平均粒径的加权计算结果可知，孤东近堤海域海底质的泥沙无论是中值粒径还是平均粒径均比其他海域大，并且GD05站悬移质泥沙粒径比GD06站大，说明黄河泥沙入海时，粗沙沉积在口门附近，细沙则漂移沉积在距口门较远的海域。

2.3 盐度

孤东及新滩海域5月份各站、各测时平均盐度均大于10月份平均盐度，这是由于10月份的盐度受到了黄河淡水径流的强烈影响。5月份流场调查时，孤东及新滩海域平均盐度为34‰，最大为36‰，最小为32‰。盐度在平面和垂线上的变化一般在2‰以下；10月份流场调查时，孤东及新滩海域平均盐度为30‰，最大为33‰、出现在GD01站，最小为19‰、出现在GD05站，盐度在平面上变化为黄河口以北各站（GD01～GD04）盐度略大于黄河口以南各站（GD05、GD06）盐度。

2.4 流速、流向与潮流

2.4.1 流速、流向特征

5月份，GD01、GD02、GD06 3站最大流速为西北方向落潮流，GD03～GD05 3站5月份最大流速为东、东南向涨潮流；10月份，GD01～GD04 4站最大流速为东南向涨潮流，GD05站受径流作用影响，GD06站最大流速为西北向落潮流。该海域流速特征为：①孤东海域较新滩海域小，孤东海域流速一般在0.2～0.3 m/s，新滩海域流速一般在0.4～0.6 m/s；②80%的最大流速发生在表层，两次流场调查的最大流速均为0.66 m/s（10月份GD05站表层）。

2.4.2 流速垂线分布

潮流的流动，主要受大洋传播的潮波动力作用，同时表层流速容易受风海流影响，底层流速受海床的摩擦力影响。受风力与黄河口海域特殊地形的影响，GD01～GD06 6站流速在垂线分布上呈现出不同的特征。

2.4.3 潮流椭圆

潮流是黄河口孤东及新滩海域水体运动最重要的动力，对本海区近堤岸海域泥沙输移具有决定性的作用。调查海域的潮流受地形、淡水径流等影响，潮流比较复杂，潮流椭圆常常发生变形。

5月份时，相对水深0.2、0.6、0.8三处的潮流椭圆基本一致：GD01、GD02、GD06为往复流、沿岸流，GD03～GD05呈半圆式椭圆流。潮流的旋转方向在多数潮流层为逆时针方向。表1列出了2003年5月GD01～GD06 6站潮流涨落椭圆的长轴方向。

由表1可以看出，GD01、GD02、GD06 3站涨落方向一致，但深水区的GD03站椭圆长轴不是一条直线，而是一个开口为东北方向的折线，GD04、GD05两站也类似，只是折线开口方向分别为西南、北方向。

10月份时，相对水深0.2、0.6、0.8三处的潮流椭圆与5月份相比有显著改变：GD01、GD06两站基本不变，GD02站椭圆长轴顺时针旋转了10°，GD03站变成往复流，GD04站旋转180°，GD05站流速增大3倍，椭圆狭长，具有往复流特征。表2列出了2003年10月GD01～GD06 6站潮流涨落椭圆的长轴方向。

表1 2003年5月GD01~GD06 6站潮流涨落方向

相对水深	椭圆长轴	GD01	GD02	GD03	GD04	GD05	GD06
0.2	涨潮流方向	SE	SE	E	SSE	NE	SE
	落潮流方向	NW	NW	NNE	SWW	NNW	NW
0.6	涨潮流方向	SE	SE	NEE	SE	NE	SSE
	落潮流方向	NW	NW	NE	W	NNW	NW
0.8	涨潮流方向	SE	SE	NEE	SEE	NE	SSE
	落潮流方向	NW	NW	NE	W	NW	NW

表2 2003年10月GD01~GD06 6站潮流涨落方向

相对水深	椭圆长轴	GD01	GD02	GD03	GD04	GD05	GD06
0.2	涨潮流方向	SE	SSE	SEE	NNE	SSW	SSE
	落潮流方向	NW	NNW	NW	SEE	NNE	NW
0.6	涨潮流方向	SE	SSE	SEE	NNE	SSW	S
	落潮流方向	NW	NNW	NWW	SEE	NNE	NW
0.8	涨潮流方向	SE	SSE	SE	NNE	SSW	S
	落潮流方向	NW	NNW	NWW	SEE	N	NW

由表2可以看出,GD01、GD02、GD06 3站涨落方向同5月份基本一致,深水区的GD03站变化最大,涨落方向椭圆长轴不是一条直线,而是一个开口为东北方向的折线,GD04、GD05两站也类似,只是长轴开口方向分别为西南、北方向。

因强大径流的加入以及季节的周期变化,使得10月份除GD01、GD02站外,其他站无论潮流涨落方向、矢量线集中与扩散程度、潮流强弱等与5月份相比均发生了重大变化:GD01~GD03 3站落潮流速大,落潮流矢量线多于涨潮流,说明落潮流矢量方向为泥沙的主要运动方向,这也是该区蚀退的主要原因。GD04站流速最小,GD05站流速最大,但两站泥沙随潮流涨落向海岸输移,极易被风浪启动。如果河口径流微弱,那么GD04站的涨潮流、GD05站的落潮流就是细泥沙输移的主要动力,它将导致口门沙嘴蚀退。GD06站潮流矢量主要集中在涨潮时刻,这是清水沟老河口海岸泥沙向东南外海输移的主要原因。

2.4.4 潮流性质

潮流是潮波内水体的水平运动,它和潮位的升降是同一个现象中两种不同的表现形式。潮流类型判别因子是以两个主要日分潮流 W_{O1}、W_{K1} 之和除以太阴主要半日分潮 W_{M2} 来判别的,即:$(W_{O1} + W_{K1})/W_{M2} \le 0.5$ 属规则半日潮流型,$0.5 < (W_{O1} + W_{K1})/W_{M2} \le 2.0$ 属不规则半日潮流型,$2.0 < (W_{O1} + W_{K1})/W_{M2} \le 4.0$ 属不规则日潮流型,$(W_{O1} + W_{K1})/W_{M2} > 4.0$ 属规则日潮流型。本年度两次流场调查各站潮流类型指数见表3、表4。

表3 5月份各站潮流类型指数

站　名	潮流类型判别因子			潮流类型
	表层	中层	底层	
GD01	0.46	0.27	0.35	规则半日潮
GD02	0.45	0.44	0.46	规则半日潮
GD03	0.90	0.84	0.65	不规则半日潮
GD04	1.43	1.38	1.36	不规则半日潮
GD05	1.67	1.33	1.39	不规则半日潮
GD06	0.74	0.76	0.84	不规则半日潮

从表3可以看出,孤东及新滩海域的潮流类型呈现两种性质,GD01、GD02站潮流属规则半日潮,其他4站所处的新黄河口和新滩海域潮流属不规则半日潮。

表4 10月份各站潮流类型指数

站　名	潮流类型判别因子			潮流类型
	表层	中层	底层	
GD01	0.15	0.17	0.15	规则半日潮
GD02	0.19	0.20	0.21	规则半日潮
GD03	0.28	0.23	0.24	规则半日潮
GD04	0.86	0.87	0.69	不规则半日潮
GD05	0.35			规则半日潮
GD06	0.38	0.32	0.37	规则半日潮

从表4看出,除GD04站潮流属不规则半日潮外,其他5站潮流都为规则半日潮。由此也可以看出,径流的加入强烈地改变了口门海域潮流的性质。

2.5 余流

(1)调查海区余流特征。在大海中实际观测的水体流动总称海流。从海流中去掉周期性的潮流,剩余的非周期性流动称之为余流。黄河口地区余流主要是由风、地形、密度差、径流注入、气压差等因素引起的。由于受多种因素影响,因此其大小和流向变化比较复杂。

此次调查海区的余流特征为:该海域是一逆时针环流系统,这个环流系统底层与表层的特征基本相似,都是逆时针的蜗旋运动。它的余流流速较小,一般为 5 ~ 6 cm/s。两次流场调查最大余流流速为 12.1 cm/s,最小余流流速为 1.7 cm/s,余流的方向以北方向为主。

(2)潮流、余流与泥沙运动的关系。该调查海域潮流、余流与泥沙运动的关系主要表现在:① 调查海域太阴主要半日分潮的椭圆长轴方向大都与岸线或等深线平行,泥沙为沿岸输送;② 海堤沿岸潮流为往复流,它的流速比较大,所以挟沙能力比余流强;③余流虽然流速不大,但作用时间长,对泥沙的输送方向也是定向持久的,因此余流有定向输送泥沙的特点,其对泥沙长距离搬运的作用是非常明显的。

3　结语

(1)本海域6个流场调查站(GD01 ~ GD06)位于近堤岸区,泥沙主要受风浪掀沙作用,黄河径流入海泥沙向深海输送,对近堤岸区影响微弱,因此波浪掀沙、潮流输沙是近堤岸区泥沙运动的主要方式。

(2)5 月份时,波浪潮流是各测站主要的海洋动力,潮流涨落方向为泥沙输移的主要方向。GD01、GD02、GD06 3 站涨落方向一致,但深水区的 GD03 站涨落方向椭圆长轴不再是一条直线,而是一个开口为东北方向的折线;GD04、GD05 两站也类似,只是折线夹角开口方向分别为西南、北方向。10 月份时,GD01、GD02、GD06 3 站涨落潮流的椭圆长轴方向同 5 月份基本一致,深水区的 GD03 站变化最大;同时,由于强大径流的加入以及季节的周期变化,除 GD01、GD02 两站外,其他站无论潮流涨落方向、矢量线集中与扩散程度、潮流强弱等与 5 月份相比较均发生了重大变化。

(3)径流影响海水的温度与盐度。海水的温度随着气温作周期性的变化,但海水的温度变化较气温缓慢和滞后,一般滞后 1 ~ 2 h。没有径流影响时,盐度一般在 34‰左右,随着径流的加入,盐度将逐渐降低。对比海底质与悬移质可以看出,悬移质中值粒径与海底质中值粒径不在一个量级,海底质中值粒径为悬移质中值粒径的 0.98 ~ 6.50 倍。

(4)孤东及新滩海域的潮流主要是往复流、不规则半日潮流、沿岸流,潮流椭圆的旋转方向为逆时针。本海域流速值约小于 0.30 m/s,径流加入口门区流速数倍增大,潮流作用使泥沙主要沿椭圆长轴方向运动;余流有定向输送泥沙的特点,对泥沙长距离搬运的作用非常明显,其流速一般为 5 ~ 6 cm/s,余流的方向以北方向为主,本年度流场调查最大余流流速为 12.1 cm/s,最小余流流速为 1.7 cm/s。

黄河河口演变(Ⅰ)

——(一)河口水文特征

庞家珍　姜明星

(黄河水利委员会山东水文水资源局,黄河河口海岸科学研究所)

　　黄河自西向东流经我国青海、四川、甘肃、宁夏、内蒙古、陕西、山西、河南、山东9省(区),于山东半岛北部注入渤海,干流长5 464 km;在三角洲北面有马颊河、海河、蓟运河、滦河等河流注入渤海湾,三角洲南面有小清河、弥河、潍河等注入莱州湾。黄河河口系陆相、弱潮、多沙善徙的河口。在暴雨洪水冲蚀下,黄河上、中游黄土高原的泥沙通过干支流带入下游河道,并不断送至河口,使三角洲演变剧烈,尾闾处于不断淤积—延伸—摆动改道的演变过程之中。

　　黄河口可分为三部分,即河口段、三角洲和滨海区。河口段系指受周期性溯源堆积和溯源冲刷影响的主要河段,主要是滨州市以下至入海口长130多 km 的河段;三角洲系指以宁海(118°24′E,37°36′N)为顶点,北至徒骇河以东,西至南旺河(即支脉沟河口)以北约6 000 km²[1]的扇形地面。1949年以后,由于人工控制,三角洲顶点下移至渔洼附近,缩小了改道摆动范围,即西起挑河南至宋春荣沟,扇形面积为2 200 km²。三角洲形态大致是以东北方向为轴线,中间高、两侧低,西南高、东北低,向海倾斜,凸出于渤海的扇面。滨海区系指毗连三角洲的弧形海域,在10 000 km² 以上。

　　黄河每年有8.67亿 t[2]泥沙输送至河口。水少沙多是黄河河道多淤善变的主要因素,黄河入海泥沙造成河口向海延伸和河床抬高,这一进程发展到一定程度,在不能适应泄洪排沙要求时,水流冲破自然堤和人工堤的约束,通过三角洲的低洼地寻求新的路径入海。三角洲的演变过程就是若干新老套迭的河道发育的历史。黄河自1855年夺大清河道入渤海的一百多年来,在三角洲上决口、分汊、改道频繁,其中较大的改道有10次。

1　河口水文特征

　　黄河的上、中游流经我国干旱、半干旱地区,径流量匮乏而含沙量特高,居世界各大河之

　　本文原载于《海洋湖沼通报》2003 年第 3 期。

　　庞家珍、司书亨曾撰写了《黄河河口演变》,连载于《海洋与湖沼》1979.10(2)期、1980.11(4)期及 1982.13(2)期上。20多年来,黄河出现了一些新情况及新变化,笔者在上文基础上,延长资料,补充内容,撰成此篇。杨凤栋、张广泉、韩富、吕曼、王静等参加了部分工作,谨表谢意。

　　[1]在定义黄河三角洲范围时,考虑到不同历史时期三角洲的变化及经济、社会发展要求,可以有三种理解,黄河自河南孟津出峡谷进入平原,从三国时期演变迄今的2 500多年中,有多次大的改道,北抵天津,南达江淮,纵横25 万 km²,她既是华北大平原的塑造者,同时也给该地区人民造成巨大灾害,这个大三角洲习称黄河古三角洲。本文所述的以宁海为顶点,北至徒骇河以东,南至南旺河(即支脉沟河口)以北约6 000 km²的扇面是指1855年黄河在河南兰考铜瓦厢决口后从徐淮故道改行清济泛道后形成的现代三角洲,它是根据1954年总参测绘局实现的1:50 000地形图,以宁海为顶点用直线联结徒骇河口和南旺河口,量算出来的弧形面积,当时为5 400 km²,称近代三角洲,现已为社会普遍采用。再考虑到历史沿革和行政区划因素,为了有于经济和社会发展,黄河三角洲也可包括东营市和滨州市两辖范围,总面积共约 1.7 万 km²。

　　[2]据利津水文站1950~1999年50年实测资料统计;本文所述输沙量均为悬移质。各项河流水文数据均采用1950~1999年50年的实测系列。

首。下游无大的支流加入,花园口以下河道经多年淤积抬高,形成地上河。河口段水、沙过程基本上与下游河道相似。

1.1 水情

河口段有桃、伏、秋、凌四汛。全年内,春季4月桃汛过后至6月伏汛之前,是全年的稳定期,水位变幅小。近20年来,由于宁蒙河套及豫、鲁两省大量发展引黄灌溉,春季常出现断流现象。7~10月是伏秋大汛季节,汛水主要来源于黄河中游地区暴雨洪水,常出现年内最高水位。伏秋大汛过后的10月至凌汛前的一段时期,黄河流域的天气系统往往为高压所控制,天气多晴朗,也是冰情和河床比较稳定的时期。12月下旬至翌年2月底或3月初为封冻期;在结冰期与解冻期,常由于冰凌堵塞造成水位急剧上涨而漫滩,特别是"武开河"时,由于槽蓄水量逐步释放出来并沿程累积,形成向下游越来越大的凌峰,局部河段可出现年内最高水位。

按黄河口水沙控制站利津水文站1950~1999年50年实测系列资料统计,黄河输入河口段多年平均径流量为344亿 m^3,多年平均流量为1 090 m^3/s,出现的最大流量为10 400 m^3/s(1958年7月21日),最大年径流量为973.1亿 m^3(1964年),最小年径流量为18.6亿 m^3(1997年),最大值是最小值的52.3倍。全年内伏秋大汛7~10月4个月的水量占年总水量的61.3%,其余8个月的水量仅占年总水量的38.7%。全年月水量分配以2月份最少,仅占全年的2.97%,以8月份最多,占全年的18.1%。20世纪50~60年代水量较丰,70年代显著减少,80年代至90年代进一步减少。利津站的平均年径流量50年代(1950~1959)为480.48亿 m^3,60年代为501.16亿 m^3,70年代为311.22亿 m^3,80年代为286.27亿 m^3,递减至90年代为140.75亿 m^3。一方面是由于70、80年代流域雨量略有减少,90年代流域气候干旱,降雨偏少,另外,主要还是上中游水利水保工程的作用及中下游大量发展引黄灌溉等原因造成的(见图1、图2及表1)。

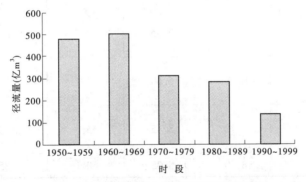

图1 利津站不同年代平均径流量柱状图

1.2 沙情

黄河输入河口段多年(1950~1999年)平均悬移质输沙量为8.67亿t,最大年输沙量为21.0亿t(1958年),最小年输沙量为0.164亿t(1997年),前者是后者的128倍。

输沙量在年内各月分配的不均衡性超过水量。利津站全年沙量分配以1月份最小,仅占全年总量的0.39%,以8月份最多,占全年总量的32.2%。汛期7~10月4个月的输沙量平均为7.36亿t,占全年的84.9%,而其余8个月的输沙量平均为1.31亿t,占全年的15.1%。多年平均含沙量为25.5 kg/m^3,最大年平均含沙量为48.0 kg/m^3(1959年),最小年平均含沙量为8.79 kg/m^3(1997年);多年最大含沙量为222 kg/m^3(1973年)。进入河口的沙量自50

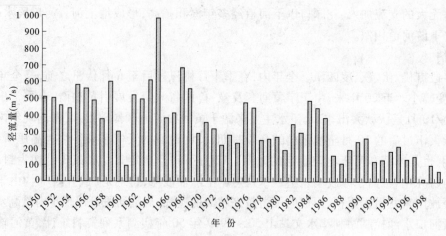

图2 利津站逐年径流量过程

年代至90年代逐年代递减十分明显;利津站50年代平均年输沙量为13.20亿t,60年代为10.89亿t,70年代为8.98亿t,80年代为6.39亿t,递减至90年代为3.90亿t。沙量及含沙量变化见图3、图4、图5。

表1 三门峡枢纽建成前后利津站悬移质泥沙组成变化

时段	平均年输沙量（亿t）	冲泻质≤0.025 mm		床沙质>0.025 mm	
		年沙量(亿t)	占总量(%)	年沙量(亿t)	占总量(%)
建库前 (1955~1960年)	12.08	7.72	63.9	4.36	36.1
蓄水运用 (1961~1964年)	11.65	7.55	64.8	4.1	35.2
滞洪排沙 (1965~1973年)	10.62	6.60	62.1	4.02	37.9
蓄清排浑调水调沙 (1974~1998年)	6.18	3.45	55.8	2.73	44.2
1955~1998年	8.40	5.05	60.1	3.35	39.9

注:1961年采用单位水样分析资料。1999年颗分规范采用新"国标",粒径分级改变。

　　另外,50年代至90年代进入河口的沙量虽然递减十分明显,但衡量河口水沙条件的来沙系数反而增大,50年代平均来沙系数为0.018 2 kg·s/m⁶,90年代平均年来沙系数为0.060 5kg·s/m⁶;增大趋势非常明显(见图6、图7)。黄河泥沙经过中下游漫长距离的移运、沉积和分选,至河口其悬移质比中上游有明显的细化。河口段悬移质组成的季节性变化也十分明显。汛期泥沙比较细,非汛期泥沙比较粗。这是因为汛期的泥沙主要通过降雨侵蚀流域表面带来,而非汛期的泥沙则多来自河床的冲刷和塌岸。从表1可以看出,三门峡水库的运用对河口产生明显影响,主要表现在总输沙量的减少及泥沙组成的粗化。将三门峡枢纽建成后大体分为三个运用时期,即1961~1964年为蓄水运用期,也就是蓄水拦沙期;1965~1973年为滞洪排沙运

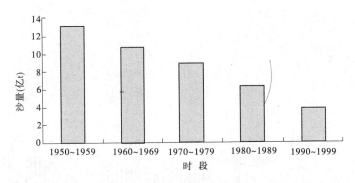

图3 利津站不同年代沙量柱状图

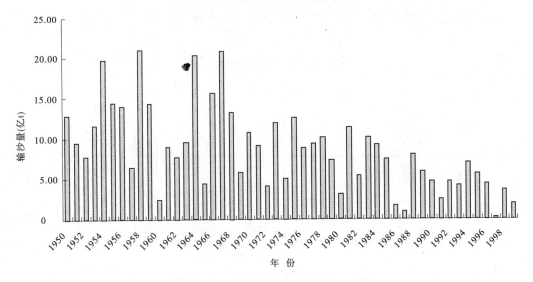

图4 利津站逐年沙量过程

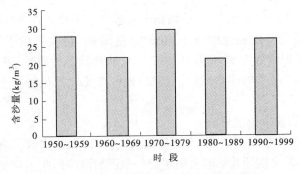

图5 利津站不同年代平均含沙量柱状图

用期;1974～1999年为枢纽改建后蓄清排浑、调水调沙运用期。这三个阶段与建库前比较,冲泻质有大幅度减小,百分数在递减;床沙质的绝对数量虽有所减小,但在输沙量中所占的百分数却有所增加。

1.3 离子径流量

黄河自1958年开始进行营养离子流量的监测,所说离子总量是包括钾(K^+)、钠(Na^+)、钙(Ca^{2+})、镁(Mg^{2+})、氯离子(Cl^-)、硫酸根(SO_4^{2-})、碳酸根(CO_3^{2-})、重碳酸根(HCO_3^-)8

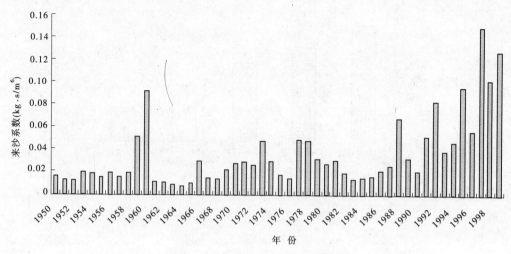

图6 利津站逐年来沙系数过程

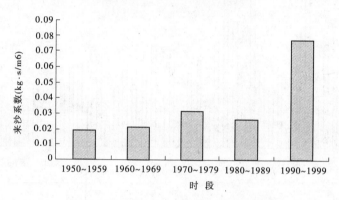

图7 利津站不同年代来沙系数柱状图

项离子之总和。年离子径流量是由年平均离子含量(mg/L)乘以年径流量(亿 m³),从而算得年离子径流量(万 t)。从监测成果看,年平均离子含量多年来稳定在 300 ~ 500 mg/L 之间,而年离子径流量变化的总趋势随径流的减小而减小,见图8。最大年离子径流量为 5 187 万 t(1964 年),最小年离子径流量为61.6 万 t(1997 年),从柱状图过程看,进入 90 年代基本上都在六七百万 t 左右。营养盐类的逐步减少,对河口地区鱼类和其他水生生物的生殖繁衍带来很大的影响。

1.4 潮汐与强风对河口段水位的影响

黄河口系弱潮河口,观测资料表明,无论神仙沟、钓口河和清水沟,其感潮河段均极短,影响范围在 15 ~ 30 km。洪水期间其影响范围更短。非汛期潮汐影响上溯稍远一些。潮汐影响的距离随潮汛大小、口门状况及流量大小而有所变动,随着河口延伸、河床抬高,影响范围也向下推移。在强劲而持续的偏北风作用下,河口形成较大增水,增水影响可达 50 km。潮流界只是枯水季节发生在口门以上 1 ~ 3 km 区域,断流期间略长一些,洪水季节则看不出这种影响。

1.5 河口断流问题(兼论"二级悬河")

1972 年以来,黄河出现断流现象日益突出,20 多年来,断流的特点是出现的频次增大,利津站 70 年代发生断流 6 年,80 年代发生断流 7 年,90 年代发生断流 9 年。断流的时段增长,70 年代为平均 7 d/a,80 年代为平均 7.4 d/a,90 年代剧增至平均 89.6 d/a。断流开始发生日

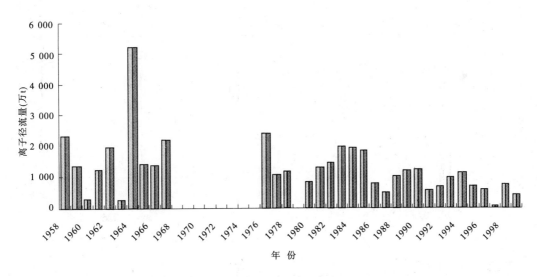

图 8 利津站逐年离子径流量过程

期逐年提前。断流河段范围由河口向上延伸,70 年代断流河段平均长 130 km,80 年代平均长 150 km,90 年代平均长 308 km,最长的是 1997 年,达到 704 km,从河口上延至河南省境内(见表 2)。

表 2 利津站历年各月断流天数统计

年份	断流最早日期（月·日）	7~9 月断流天数	断流次数	全年断流天数			断流长度（km）
				全日	间歇性	总计	
1972	04.23	0	3	15	4	19	310
1974	05.14	11	2	18	2	20	316
1975	05.31	0	2	11	2	13	278
1976	05.18	0	1	6	2	8	166
1978	06.03	0	4	5		5	104
1979	05·27	9	2	19	2	21	278
1980	05.14	1	3	4	4	8	104
1981	05.17	0	5	26	10	36	662
1982	06.08	0	1	8	2	10	278
1983	06.26	0	1	3	2	5	104
1987	10.01	0	2	14	3	17	216
1988	06.27	1	2	3	2	5	150
1989	04.04	14	3	19	5	24	277
1991	05.15	0	2	13	3	16	131
1992	03.16	27	5	73	10	83	303

年份	断流最早日期（月·日）	7~9月断流天数	断流次数	全年断流天数			断流长度（km）
				全日	间歇性	总计	
1993	02.13	0	5	49	11	60	278
1994	04.03	1	4	66	8	74	308
1995	03.04	23	3	117	5	122	683
1996	02.14	15	6	123	13	136	579
1997	02.07	76	13	202	24	226	704
1998	01.01	19	14	113	26	137	515
1999	02.06		1	36	6	42	278

断流对黄河下游防洪减灾,工农业生产及居民生活用水造成很大困难及危害,由于连年发生断流,其间的泥沙都淤积在断流断面以上的主河槽内。而黄河下游主槽之过洪能力要占全断面排洪能力的70%~90%;由于多年来非汛期断流,主槽淤积严重,行同浅碟,排洪通道几近丧失,形成近些年来"小流量,高水位"的严峻局面,洪水威胁正在加重。由于断流,黄河沿岸排入黄河污物得不到稀释和降解,生态环境受到损害,滩区及河口三角洲沙漠化趋重。长期断流对水生生物会产生重大影响,著名的黄河刀鱼、鲤鱼面临灭绝危险。由黄河淡水供应饵料之"百鱼之乡"的渤海和有"东方对虾故乡"之称的黄河口,一旦失去重要饵料来源,会极大影响海洋生物繁衍,造成无法估量的损失。再者,断流给东营市、滨州市工农业生产和胜利油田造成很大损失;沿海居民饮水十分困难。

黄河流域本身水资源匮乏。花园口以上流域内多年平均径流深77.4 mm,只相当于全国平均径流深276 mm的28%,相当于全国人均占有河川径流量2 670 m^3的30%。近20来,流域内降水略为偏少,黄河兰州以上,80年代的平均降水量为458 mm,比多年平均值低6%;中游地区70年代的年降水量平均值比1951~1989年低2%,80年代则低5%。而80年代利津断面的年平均径流量却只有286亿 m^3,约占黄河多年天然平均径流量580亿 m^3的49%。80年代利津以上灌溉耗水每年平均达到274亿 m^3。90年代黄河流域降水偏少,年降水量减少最显著的龙门至三门峡和三门峡至花园口区间,较多年平均分别偏少13.5%和10.1%。而90年代沿黄灌溉耗水量接近300亿 m^3(见表3)。主要是宁蒙、河南、山东3大灌区,再加上工业及城市生活用水,水资源开发利用率超过了50%,在世界各大江河中实属罕见。应该认识到,水资源的过量开发,超过了黄河水资源的承受能力,是引起断流的主要原因。

缓解黄河断流的对策,需节流与开发并举,从长远计,当以节流为主。尽管黄河流域水资源十分匮乏,但在水资源的开发利用上又存在严重的浪费现象,即水资源匮乏和水资源严重浪费同时存在。如用水大户的农业灌溉,用水效率仅有30%~40%。工业用水二次回用率低,居民用水使用中水的成分很少。因此建议:

(1)统一调度和管理全河水资源。实行"量水而行,以供定需"的政策。自1999年国家授权黄河水利委员会统一调度与管理全河水资源以来,已初见成效:1999年利津断流减至42天,2000~2002年连续三年利津断面未出现断流。

（2）制定《黄河法》，依法实施统一管理与调度。

表3　黄河流域各年代灌溉耗水量 （单位:亿 m³）

地区	1950～1959 年	1960～1969 年	1970～1979 年	1980～1989 年
兰州以上	9.0	14.0	15.5	17.6
兰州至河口镇	68.8	84.4	82.3	97.2
河口镇至龙门	1.7	1.7	3.1	4.9
龙门至三门峡	17.8	26.9	39.2	34.9
三门峡至花园口	15.5	21.6	19.7	21.6
花园口至利津	11.8	24.3	67.8	94.1
利津以上	125	175	233	274

注:①本表摘自《黄河水文》P87,熊贵枢文;②1990～1999年利津以上灌溉耗水量不少于300亿 m³。

（3）在黄河流域各省（区）倡导建立节水型社会。加强宣传教育,使节水意识深入人心。用经济杠杆制定合理水价和水费政策。大力推广节水农业,逐步淘汰大水漫灌的粗放方式,积极推广渠道衬砌,管道灌溉、喷灌、滴灌、微罐等现代节水灌溉方式。压缩耗水大的作物面积,多植耐旱作物。建立节水工业,提高工业用水的二次回收率。在城市积极搞污水净化,使用中水进行绿化及家居冲洗等用途。

黄河下游是世界上著名的"地上河",她如同通过黄淮海大平原上的一根鱼脊骨,大洪水威胁北抵天津,南达江淮。近些年来,出现了"二级悬河",即主槽平均河底高程高于滩地平均高程,而滩地平均高程又高于大堤背河的地面高程。20 世纪 50～60 年代,下游河道平滩流量为 6 000～8 000 m³/s,而进入 21 世纪时,下游河道平滩流量只有约 3 000～4 000 m³/s,夹河滩至孙口间有的河段平滩流量甚至只有 2 000 m³/s。高村站 1958 年洪峰流量 17 900 m³/s 的相应水位为 62.96 m,而 1996 年洪峰流量 6 810 m³/s 的相应水位竟高达 63.87 m（见表4）。这就是"小流量,高水位"的严峻局面。近 20 多年来,径流量急剧减少,洪峰次数减少,洪峰流量减小,逐年发生断流,在断流期间泥沙全部淤积在断流断面以上的主槽内,有的年份,汛期无汛,形同枯水季节,泥沙连续加重主槽淤积,使得下游用于排洪的主槽几乎淤积怠尽;滩区生产堤等阻水建筑,妨碍漫滩淤滩,滩唇与大堤之间的滩地长期得不到淤高,滩槽高差锐减;一旦发生大洪水,极易在串沟和堤河处形成过流,造成河势大变,产生横河、斜河特别是滚河问题,严重威胁大堤安全。

"二级悬河"的成因与断流同出一辙。过量引黄,使引黄总水量超过黄河的承受能力,生产与社会用水长期大量挤占冲沙用水,是"二级悬河"形成的主要原因。几十年来,引黄工程从无到有,从小到大,宁蒙、河南、山东三大灌区发展引黄灌溉总数达到 5 000 多万亩,解决了几千万人口的粮食问题,这是引黄灌溉成就的主流。但与此同时,粗放的灌溉方式（如漫灌）,存在巨大的水资源浪费,在引黄总水量中约有百分之几十的水是被浪费掉了。如果改粗放灌溉为科学灌溉（如管道、喷灌、滴灌、微灌）将灌溉水的利用系数提高到 60%,甚至 70%,则灌溉同样面积的农田,可以节水百分之几十。经过长期努力,沿黄各省（区）的引黄灌溉如逐步做到科学的节水灌溉,压缩引黄水量,以供定需,利津以上的引黄灌溉总水量可由现在的 300 亿 m³,有望减少 100 亿 m³ 以上,这个数量接近南水北调东线工程总调水规模 148 亿 m³（分三

表4 1958、1996 年下游各站最大流量及相应水位

（单位:流量,m³/s;,水位,m）

花园口	1958	流量	22 300(7.17)
		水位	94.42(7.17)
	1996	流量	7 860(8.5)
		水位	94.73(8.5)
高村	1958	流量	17 900(7.19)
		水位	62.88(左)62.96(右)(7.19)
	1996	流量	6 810(8.9)
		水位	63.87(8.9)
孙口	1958	流量	15 900(7.20)
		水位	49.28(7.20)
	1996	流量	5 800(8.15)
		水位	49.66(8.15)
艾山	1958	流量	12 600(7.21)
		水位	43.13(7.22)
	1996	流量	5 030(8.17)
		水位	42.75(8.17)
泺口	1958	流量	11 900(7.23)
		水位	32.09(7.23)
	1996	流量	4 700(8.18)
		水位	32.24(8.18)
利津	1958	流量	10 400(7.25)
		水位	13.76(7.25)
	1996	流量	4 130(8.20)
		水位	14.70(8.20)

期实施)的 2/3。这部分水可以显著地增加河槽生态用水,用以冲沙减淤,缓解"二级悬河"的威胁。1950 年至 1958 年 9 年间山东艾山至利津河段 400 km 基本不淤高,是因为 50 年代年年有较大洪水,而且河南、山东引黄水量极少,河槽虽在非汛期有所淤高,但汛期又冲刷降低。再者,1953 年小口子并汊改道,溯源冲刷向上影响至泺口,时效为二年半。这几个因素,再加上强大的人防,1958 年发生新中国成立后最大洪水,花园口洪峰流量 22 300 m³/s,在不分洪的情况下洪水从主河道通过。当时,济南以上大漫滩,形势紧张,而济南以下水势顺畅,利津洪峰流量 10 400m³/s,顺利入海,神仙沟口门有迅急的出河溜,直冲入海达 20 km 以上,海上过往船只必须绕开浪高溜急的出河溜而航行。因此,缓解"二级悬河"问题,势必在节水上长期下大工夫,精细调度引黄水量,降低引黄总水量。

除精心调度水资源大力节水以增加生态用水外;诚然,疏浚主槽将弃土填垫堤河及串沟,破除阻水的生产堤等障碍物以期洪水时增加淤滩机遇,亦为治理"二级悬河"之对策。

1.6 滨海潮汐

黄河三角洲滨海区大部分岸段为不正规半日潮,仅神仙沟口附近岸段表现为不正规日潮。综合大口河口、钓口、神仙沟口、甜水沟口、小清河口等海上实测潮汐资料调和分析的结果,上述各站半潮差比 $[(H_{K1} + H_{O1})/H_{m2}]$❶ 分别为神仙沟口 2.79、钓口 1.32、洼拉沟口 0.72、大口河口 0.60、甜水沟口 1.26、小清河口 0.97,说明离神仙沟口愈远半日潮性质愈强。现行黄河在清水沟入海,具有不规则半日潮性质。根据对渤海内 M_2(主太阴半日分潮)、S_2(主太阳半日分潮)、K_1(太阴太阳合成日分潮)、O_1(太阴日分潮)4 个主要分潮的分析结果,可知黄河口外滨海区以 M_2 分潮的量值最大。神仙沟老黄河口处于渤海湾的湾口,接近潮波节点处,神仙沟口附近出现一个无潮点。三角洲滨海区高潮发生的时间顺序是自西向东随时间先后依次出现的。神仙沟以北潮波节点附近潮差最小,仅有 0.4 m,由此沿三角洲北部岸线向西和沿三角洲东部岸线向南,潮差均逐渐增大,徒骇河口、小清河口潮差达 1.6 ~ 2.0 m。

滨海区分布着广大的浅滩,水深在 0 ~ 5 m 之间,海底摩擦对潮汐活动有很大影响,当潮波进入浅滩后,由于水深变浅,底摩擦加大,使潮波前坡变陡,后坡变缓,表现出涨落潮历时不等现象,除钓口站外,一般涨潮历时均小于落潮历时,即涨 5 小时落 7 小时。

1.7 滨海潮流

三角洲滨海区的潮流表现为明显的半日潮型。三角洲北部海区的神仙沟口至钓口河岸段海域,潮流旋转椭圆率很小,具有往复流性质,旋转方向为反时针,最大涨潮流速指向西偏北,最大落潮流速指向东略偏南。钓口以西海域,涨落潮流与岸线基本平行。神仙沟以南的三角洲东部海域,其最大涨潮流向指向南,落潮流向指向北,旋转方向为顺时针。

1984 年国家组织的全国海岸带及海涂资源综合调查的实测结果,在黄河口滨海区有两个强流区,一个在神仙沟口外 15 m 左右水深处,即 M_2 分潮无潮区,实测最大流速为 1.3 m/s;另一个在现黄河口(清水沟)外附近,实测最大流速达 1.87 m/s,但其影响范围较小。必须指出,清水沟口外的强流区是在黄河改道清水沟入海后,由于沙嘴迅速延伸,突入海中,海岸底坡变陡,海流受到挤压,使流线加密而形成的高流速区,诸如历史上黄河故道口各沙嘴如甜水沟口、神仙沟、钓口河口行水时,均因同样原因形成过局部的高流速区;而当黄河改道,故道口不再行水时,沙嘴便大幅度蚀退,底坡变缓,等流速线变得稀疏,局部的高速区变缓甚至趋于消失。这是与 M_2 分潮无潮点处的高流速区两种不同机理形成的高流速区。M_2 分潮无潮点形成的高流速区历时久远,而后者历时较短。见图 9。

M_2 分潮潮流椭圆的长轴方向大都与海岸线或等深线平行,这一特征有利于泥沙沿着岸线方向输送。

现黄河口(清水沟)口外的强流区,涨潮最大流速指向南,落潮的最大流速指向北,呈顺时针的往复流,与河流轴线大体垂直,黄河水沙在潮流携带下,移运至河口两侧。

滨海区水深较浅,海底摩擦的影响使涨落潮表现出历时不等现象,即落潮流历时大于涨潮流历时。不难理解,在一个潮流周期内,某一地区进出水量应该是相等的,由于落潮流历时大

---

❶ H_{K1}、H_{O1}、H_{m2} 分别为 K_1、O_1、M_2 分潮的半潮差。$(H_{K1} + H_{O1})/H_{m2} \leq 0.5$ 为半日潮型;$0.5 < (H_{K1} + H_{O1})/H_{m2} \leq 2$ 为不正规半日潮型;$2 < (H_{K1} + H_{O1})/H_{m2} \leq 4$ 为不正规日潮型;$(H_{K1} + H_{O1})/H_{m2} > 4$ 为正规日潮型。

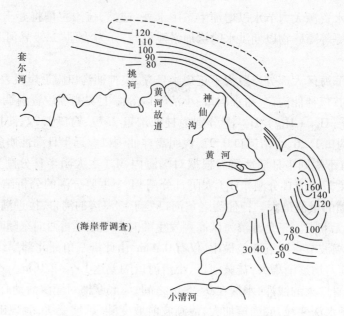

图 9　黄河河口滨海区夏季最大流速图

于涨潮流历时的原因,必然导致涨潮流流速大于落潮流流速的结果。涨落潮流速之比从渤海湾顶向湾口逐渐减小,在湾顶附近的塘沽其比值为 1.3,在湾口(神仙沟口外滨海区)则为 1.1,这样就会引起涨落潮过程中带进和带出海湾泥沙的不等量变换,由涨潮流作用带入海湾的泥沙在落潮流时有一部分沉积下来。

1.8　余流

在实测海流中,除了潮流成分外,还有因风、海水密度差、径流注入、地球偏转力等引起的流动。从实测海流中将周期性的潮流消除掉以后所剩余的流动,称为余流或常流。余流是海水搬运泥沙的动力之一。对三角洲滨海区风矢量的分布及余流平面分布的综合分析发现,黄河口滨海区的余流主要是风吹流。表层余流在偏南风作用下,由莱州湾口向西偏北往神仙沟口外再流向渤海湾湾顶。在偏北风情况下,表层余流由西北向东南。底层余流受风影响较小,都是由海洋向岸边流动,方向呈西偏北。表层余流和底层余流的差异,也表现了表层淡水和底层盐水流动方向的差异。

余流流速一般在 10 cm/s 左右,它有定向输送的特点,能对泥沙起到长距离搬运作用。

1.9　温、盐度分布

整个渤海湾长年受海岸注入的河川径流低盐水及中外海进入的高盐水两大水团所控制。河川径流由于受陆地气候影响表现在冬、夏两季温差变化大,因而沿岸在冬季半年(10 月至次年 3 月)表现为低温低盐,而夏季半年(4 ~ 9 月)则表现为高温低盐。进入渤海的外海水在年内表现温差较小,在冬季半年表现为高温高盐,而夏季半年则表现为低温高盐。渤海内各个时期温盐度分布的特点是两种水团相互消长的结果。在冬季半年整个渤海中部及渤海湾东部为外海进入的高盐水所控制,夏季半年特别是黄河大汛期,黄河低盐水势力增强,呈淡水舌状伸至渤海中部,大大压缩了外海高盐水团的控制范围。黄河低盐水的影响范围 20 世纪 50 至 60 年代在水平方向上冬季半年约为 20 km,而在夏季半年即可达到 70 ~ 120 km,在垂直方向上主要影响到上层的 5 m 层(见图 10)。

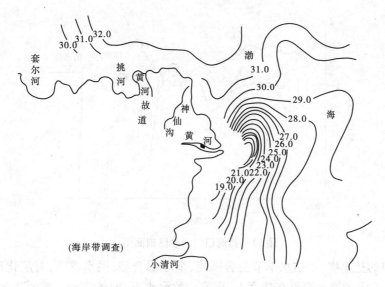

(海岸带调查)

图 10　黄河河口滨海区夏季盐度(‰)分布图(表层)

1.10　风暴潮

黄河三角洲沿岸是风暴潮易发地区,风暴潮在三角洲沿岸造成特大增水及大浪,对农田、盐田、油田及渔业生产产生巨大灾害。风暴潮多发生在春季及秋末,发生之前刮强劲的东南风一至数日,涨潮现象也小,海面比较平静,老百姓说潮被"摔煞了"。实际上,由于吹程长的偏南风连刮数日,使莱州湾和黄河三角洲沿岸以及渤海中部的海水通过风吹流大量积聚在塘沽以北沿岸直至辽东湾内,渤海海平面呈北高南低,形成大的落差,然后,当西伯利亚至蒙古的高压天气系统南下时,突然转偏北大风,强度往往达到 8~10 级,持续历时都在一昼夜以上,此时渤海北部积聚的大量海水,被吹程长而强劲的偏北大风推动南下,形成风暴潮,侵袭三角洲沿岸及莱州湾地区。风暴潮的侵蚀范围可达 15~30 km,风暴潮引起的高潮位可比一般潮位高出 2~3 m,并伴随巨大海浪。据历史文献记载,自 1366~1948 年的 582 年中,发生潮灾 52 次,累计受灾县 138 县次。以无棣、沾化受灾次数最多,昌邑、潍县受灾次数较少。新中国成立后至 1997 年的 48 年间,三角洲地区发生大风暴潮 5 次,分别为 1964、1969、1980、1992 年和 1997 年。

1.11　拦门沙与盐水楔

河口地区长年处于泥沙堆积的环境。上游泥沙经水流携带至河口,由于河宽增大,比降减小,流速减缓和泥沙絮凝,团聚而下沉落淤,此外盐水楔及风浪等也都促进河口淤积。

根据多次同步水文观测研究,黄河口拦门沙有如下一些特点:

(1)从纵剖面看,拦门沙的长度 3~7 km,宽度大体与河宽相同,横亘于黄河尾闾与海水连接的末端,河床越过拦门沙的最高点,迅急以陡坡形式过渡到滨海区深水部位(见图 11。)

(2)随着河口延伸,拦门沙的位置也向海推移,拦门沙高程也随之增高。淤积最多的部位是拦门沙顶端向下游靠海的一侧以及陡坡区。

(3)在拦门沙顶端,由于径流携带的下泄泥沙和潮流引起的底沙再悬浮,使高含沙中心(浑浊带)上下移动,即洪水时向下移动,枯水时向上后退。高含沙区在这 3~7 km 范围内往返移动,泥沙也就在这上下范围 3~7 km 内区段来回大量落淤,拦门沙也就在这往复过程中发育扩展,成长为 3~7 km 的拦门沙浅滩,并且不断向海推进。

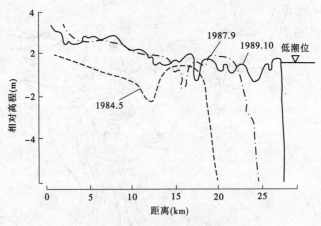

图 11 黄河口拦门沙纵剖面图

（4）黄河口的盐水楔,在枯水季节混合强烈,呈强混合型;洪水季节,有层化现象,属缓混合型,即含沙浓度大的淡水漂浮在盐度大、比重大的海水上,向外流动。黄河口盐水入侵范围小,在大潮及急涨阶段,盐水楔前端向上游发展,在小潮及急落阶段,盐水楔的尖端向下推移。盐水楔尖端上下移动的范围大体即是拦门沙的长度(如图 12 所示)。

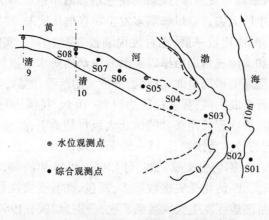

图 12-1 同步水文观测测站分布示意图

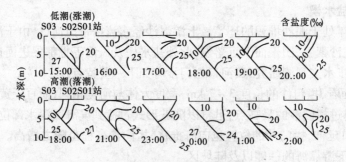

图 12-2 黄河口含盐度纵剖面图

拦门沙的生成与盐水楔有密切关系。也可以说,黄河口拦门沙是过量泥沙来源与盐水楔相合成的产物。

黄河河口演变(Ⅱ)

——(二)1855年以来黄河三角洲流路变迁及海岸线变化及其他

庞家珍 姜明星

(黄河水利委员会山东水文水资源局,黄河河口海岸科学研究所)

2 1855年以来黄河三角洲流路变迁及海岸线变化

2.1 三角洲上流路变化

黄河自1855年夺大清河入渤海以来,由于自然或人为因素,在近代三角洲范围内决口、改道频繁。据史料记载及实际调查统计,决口改道50余次,其中较大改道10次(见表5),即1855~1938年发生7次,1938年6月至1947年3月山东河竭,1947~1976年发生3次。1855~1938年三角洲上实际行水历时是一个复杂的问题,经多方查对历史文献,扣除了由于河口段以上决口改道使三角洲河竭的时段,黄河自1855年7月~1999年12月北流入渤海的144.4年中,在此三角洲上实际行水110年。其中1972年以来的多次断流时间未予扣除。

表5 1855~1996年黄河尾闾历史变迁[●]

序号	改道时间	改道地点	入海位置	至下次改道时距	至下次改道实际行水历时	累计实际行水历时	说明
1	1855年7月清咸丰五年	铜瓦厢	利津铁门关下肖神庙牡蛎嘴	33年9个月	18年11个月	19	铜瓦厢决口
2	1889年3月清光绪十五年	韩家垣	毛丝坨(今建林以东)	8年2个月	5年10个月	25	决口改道
3	1897年5月清光绪二十三年	岭子庄	丝网口东南	7年1个月	5年9个月	30.5	决口改道

本书原载于《海洋湖沼通报》2003年第4期。

[●] 在表5中第六列每条流路实际行水历时是一个复杂的问题,主要困难在于自1855年铜瓦厢改道至新中国成立前,黄河下游从无堤到有堤,行水条件变化甚大;而黄河决溢频繁,且缺乏详细记载,因而很难确切定出这些因素对行水年限的影响。经多方查对历史文献,采取了以下粗略方法处理:①扣除上游改道使三角洲河竭的年份;②1875年以前铜瓦厢以下仅部分地段陆续修有民埝御水,未建"官堤",洪水容易泛滥,大量泥沙在东坝头以下的冲积扇上堆积,也使入海沙量减小,假定按50%削减行水年数;③1876年以后,铜瓦厢以下已陆续修建"官堤",其中有决口、堵口时间及分流百分数记载者,直接据以削减行水年数,只有决口、堵口时间,无分流百分数记载号,凡分流历时半年以上,皆假令分流二分之一,并据以削减行水年数。见谢鉴衡、庞家珍、丁六逸等《黄河河口基本情况及基本规律初步报告》,1965年。

序号	改道时间	改道地点	入海位置	至下次改道时距	至下次改道实际行水历时	累计实际行水历时	说明
4	1904年7月清光绪三十年	盐窝	老鸹嘴	22年	17年6个月	48	决口改道
5	1926年6月民国15年7月	八里庄	沙石头及铁门关故道	3年2个月	2年11个月	51	决口改道
6	1929年8月民国18年9月	纪家庄	南旺河、宋春荣沟青坨子	5年	4年	55	决口改道
7	1934年8月民国23年9月	合龙处一号坝上	老神仙沟甜水沟宋春荣沟	18年10个月	9年2个月	64	决口改道
8—1	1953年7月	小口子	神仙沟	10年6个月	10年6个月	74.5	人工裁湾并汊
8—2	1960年出汊1962年夺流	四号桩以上1km,右岸	老神仙沟	10年6个月	10年6个月	劫夺改道	劫夺改道
9	1964年1月	罗家屋子	钓口与洼拉沟之间	12年4个月	12年4个月	87	人工爆堤改道
10—1	1976年7月	西河口	清水沟	20年	20年	107	人工截流改道
10—2	1996年7月	清8断面	清8下方位角81°30′				人工截流改道

1855年以来河口流路历次变迁的事实表明,在没有人工治理的条件下,以三角洲扇轴型为顶点,改道的顺序大体是:最初行三角洲东北方向,次改行三角洲东或东南方向,然后改行三角洲北部,基本上在三角洲普遍行河一次。而在每一条具体流路的演变阶段上,又是由河口向上游方向发展演变,出汊改道点逐次上移,经过若干小时段的三角洲变迁,从而使流路充分发育成熟以至衰亡,向下一次改道演进。我们对它的理解为:在整个近代三角洲的发育过程中,是由上而下向海推进的,而在每一条流路的具体演变阶段上,三角洲摆动顶点又是从下而上演进的。通过每条具体流路从下而上的演进,构成自上而下三角洲发展的总过程。

2.2 三角洲海岸线的变化

这次研究黄河三角洲140余年来的海岸线变化,主要采用了4条岸线,1855、1954、1976年和1992年的高潮线以及1976年与1992年的-2 m等深线。

1855年的高潮线,由庞家珍、杨峻岭二人于1957年进行40天实地调查,根据实地调查采访当地老人了解各历史流路入海鱼堡位置,并结合1962、1963、1965年黄河水利委员会所拍航空照片(近似1:50 000)进行判读,粗略确定的高潮线为北起套儿河口,经耿家屋子、老鸹嘴、大洋堡、北混水旺、老爷庙、罗家屋子和幼林村附近,南至南旺河口,全长128 km。1954年岸线是采用总参测绘局所测1:50 000地形图的高潮线。1976年岸线是采用黄委会济南水文总站实测的1:10 000黄河口滨海区水深图。1992年岸线是采用黄委会山东水文水资源局及黄河口水文水资源勘测局实测的1:10 000黄河口滨海区水深图。这三次测图采用现代手段,较为准确可靠。用这4条岸线比较、量算后发现,在行河岸段,海岸线迅速向前淤进,而不行河的岸段,由于风浪、海流等的侵袭,海岸线尚有所后退。其成果如表6及图13所示。

表6 黄河三角洲岸线淤进、蚀退数值

年代		淤进面积(km^2)	蚀退面积(km^2)	净淤进面积(km^2)	每年净淤进面积(km^2/a)
1855~1954		1 510		1 510	1 510/64 = 23.6
1954~1976		650.7	-102.4	548.3	548.3/22 = 24.9
1976~1992	高潮线	499.9	-82.5(清水沟以北) -37.9(清水沟以南)	364.4	364.4/16 = 22.8
	-2 m等深线	501	-24.2(清水沟以北) -24.5(清水沟以南)	234.5	234.5/16 = 14.7
1855~1992		2 660.6(高潮线)		2 422.7	23.8

从表6及图13分析看出,1855~1992年高潮线淤进总面积为2 660.6 km^2,去掉蚀退的面积,净淤出面积2 422.76 km^2,平均每年净淤出面积23.86 km^2。淤进面积与蚀退面积之比,从1954~1976年看为650.7/102.4≈6:1,而从1976~1992年看为499.9/120.4≈4:1。

这是由于1976年以后来沙少造成蚀退相对多,而淤进相对较少。蚀退速率与淤进速率之比从1/6到1/4。随着今后黄河来沙量的减少,淤进速率将进一步减缓。

海岸变化的平面分布,从清水沟行河20年来的实际情况看,大体以神仙沟为界,神仙沟以南是淤进为主,神仙沟以西至桩西油田属于相对稳定海岸(神仙沟停止行河后也曾一度属侵蚀性海岸),桩西油田以西至钓口河直至湾湾沟口属于侵蚀海岸,钓口河两侧被强烈侵蚀,现在渐趋稳定。

三角洲地带全年的强风为东北风,钓口河西侧处强风的袭击之下,防潮堤比较单薄,因此蚀退剧烈。湾湾沟口两侧在20世纪60~70年代被强烈侵蚀,按1997年11月实地调查,湾湾钓渔堡自1968~1980年间,向南蚀退了约3.5 km之多,即从北纬38°04′00″、东经118°24′20″退至北纬38°01′57″、东经118°24′20″。自桩西油田至孤东油田,由于油田修建了坚固的防潮大堤,这一带海岸相对稳定。清水沟口一带属于强烈淤进的海岸,其左岸(北岸)推进较右岸(南岸)强烈,在清水沟以南-2 m等深线还略有侵蚀。钓口河附近海岸线,以其停止行河(1976年)后的前十年侵蚀最快,自80年代中期至今蚀退速率减缓,垂直海岸的横断面较平坦,岸线相对光滑。

河口沙嘴及海岸的推进模式如图14、图15所示,其中,图14为实测的神仙沟流路和清水沟流路沙嘴演变图,图15为概化模式图。起始海岸线为图15中的Ⅰ线,河口沙嘴经过鸭嘴状

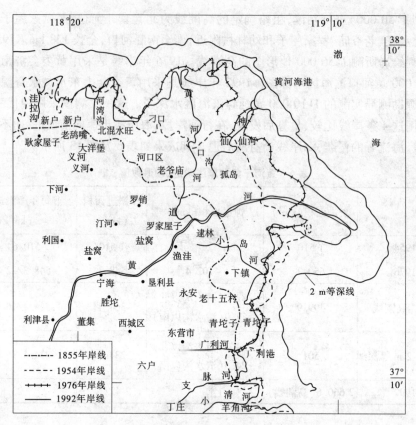

图13 黄河三角洲海岸线变迁图

若干次摆动后,从a—b—c,即构成第二阶段海岸线Ⅱ;此阶段河口岸线外延,河流总长增大,比降减小。而在不行河的岸段,海岸被海浪淘刷,泥沙被海流挟运,则岸线从a退至b,然后退至c,最后趋于稳定。

总之,黄河行河岸段,由于黄河入海泥沙的大量淤积,向海大量淤进,而停止行河的故道口岸段,在初期几年属强烈侵蚀后退,待断面坡度平缓后,则蚀退速率减缓。

1855年至今,在现代黄河三角洲上形成了自北向南的六大沙嘴,即太平镇西北沙嘴、车子沟沙嘴、钓口河沙嘴、神仙沟沙嘴、清水沟沙嘴、甜水沟沙嘴相互连接的六大沙嘴。自1855年的海岸线至六大沙嘴延伸总距离如表7所示。

表7 黄河三角洲海岸线延伸距离

（单位:km）

时段	太平镇西北	车子沟口	钓口河口	神仙沟口	清水沟口	甜水沟口
1855～1954	15	16.4	13.0	21.1	29.7	23.0
1855～1992	12	18.8	31.2	35.0	35.0	13.5

注:以宁海为轴心,分别用直线连接六大沙嘴,量算出延伸距离。

3 清水沟流路演变的特点

从1946年黄河归故至1999年的53年中,先后经过小口子裁湾并汊,1964年罗家屋子人工爆堤及1976年西河口人工截流改道三次较大的变迁。神仙沟、甜水沟、宋春荣沟并行9.2

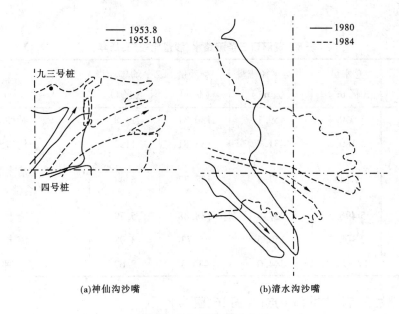

(a)神仙沟沙嘴   (b)清水沟沙嘴

图14　黄河口沙嘴变化图

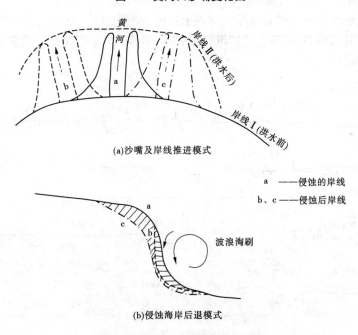

(a)沙嘴及岸线推进模式

a ——侵蚀的岸线
b、c ——侵蚀后岸线

(b)侵蚀海岸后退模式

图15　黄河口沙嘴及岸线变迁模式

年后,由神仙沟独流入海 10.5 年(含汊河 3 年),钓口河 12.5 年,清水沟行水 20 年,包括清 8 汊河在内至 1999 年行水 23 年;至 2003 年为 27 年。神仙沟及钓口河流路发育比较充分,清水沟由于水沙条件变化,流路发育相对缓慢。从表 8 中可以看出,清水沟流路(1976～1999 年)年平均水量为 279.4 亿 m³,只占神仙沟流路年平均水量的 48.7%,占钓口河流路年平均水量的 54.1%;清水沟流路(1976～1999 年)年平均沙量为 5.86 亿 t,占神仙沟流路年平均沙量的 47.3%,占钓口河流路年平均沙量的 54.3%。这就是清水沟流路发育相对缓慢的重要原因之一。

表 8　黄河口三条流路水、沙量比较(日历年)

时段	总水量 (亿 m³)	平均年径流量 (亿 m³)	总沙量 (亿 t)	平均年沙量 (亿 t)	流路
1953~1963	5 050.4	459.1	130.31	11.8	神仙沟
1964~1975	5 180.7	431.7	133.81	11.2	钓口河
1976~1995	5 148	257.4	128.77	6.44	清水沟 (不含清 8 汊河)
1976~1999	5 496.3	227.9	138.88	5.79	清水沟
1986~1999	2 108.2	150.6	55.73	3.98	清水沟
1950~1999	17 198.8	344.0	433.3	8.67	多年平均

3.1　三条流路发育有许多共同特点(见图16、图17)

(1)改道初期,改道点以下形成跌水,局部比降增大,改道点以下水面增宽、散乱,主流不定,漫流入海,改道点以下河槽是在原始滩地上由泥沙堆积成槽,而不是由水流冲刷下切成槽。1934 年(1953 年并汊是 1934 年改道的继续)、1964 年、1976 年均如此。此阶段是对黄河下游产生溯源堆积的反应。

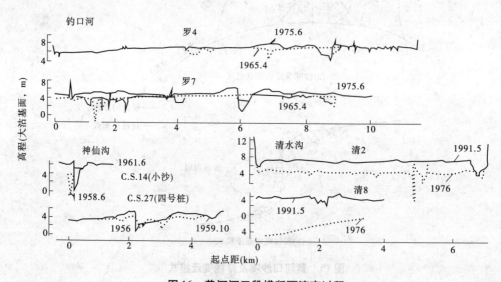

图 16　黄河河口段横断面演变过程

(2)经过淤积造床过程,一般在新滩面上普淤 2 m 以上,在滩面上形成河槽,并形成分汊入海的形势。

(3)各股水流输水输沙量能力很不平衡,优胜劣汰,逐渐过渡到单一河道,断面拓宽,滩槽差增大,至此,沉积造床过程基本完成,河势开始趋向稳定,口门摆动范围相对变小,此阶段一般具有较好的输沙能力,对黄河下游产生溯源冲刷的反应。

(4)沙嘴继续外延,河道伸长,逐步自上而下地由单一、顺直向弯曲性过渡,溯源冲刷又转

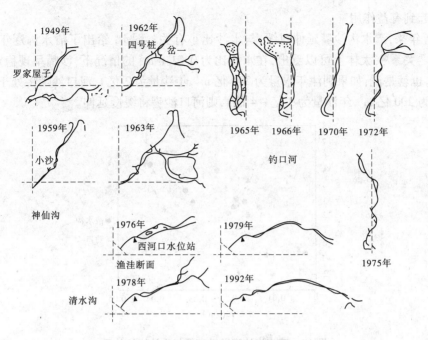

图 17　黄河河口平面演变过程图

为溯源淤积,由下而上发展,滩槽高差由大变小,河势由稳定向不稳定过渡。

(5)河道进一步向蜿蜒发展,河道伸长,比降减小,造成淤积壅水,在不能满足泄洪排沙情况下,水流选择凹岸塌岸,漫流行水,经过刷沟拓口,可能发展为出汊夺溜,甚至是新的改道。

(6)三条流路的潮汐影响均很小,感潮段只有 15~30 km,潮流段极短,仅限于枯季口门附近。

3.2　三条流路的不同点

(1)前两条流路,来水来沙较充沛,河口演变剧烈,而清水沟流路来水来沙减少,黄河水资源开发利用率愈来愈大,洪峰次数减少,洪峰峰量降低,演变速率减缓。清水沟流路年平均水量是神仙沟流路时期的 48.7%,是钓口河流路时期的 54.1%;清水沟流路年平均沙量是神仙沟流路时期的 47.3%,是钓口河流路时期的 54.3%。

(2)注意到 1986~1999 年的 14 年,清水沟水、沙量进一步减小,利津站在这 14 年中年平均径流量值为 150.6 亿 m^3,年平均沙量为 3.98 亿 t,但年平均含沙量仍保持 26.4 kg/m^3,来沙系数反而上升。河口断流天数逐年增多。进入黄河下游(三门峡以下)的泥沙大量淤积在断流断面以上的主槽内,进入河口的总沙量较前两条流路显著减少。再者,由于断流天数增加,粗沙淤在断流断面以上的主槽较多,而进入河口的泥沙则偏细。1976~1985 年利津站悬移质中粒径大于 0.025 mm 的泥沙占总量的 45.5%,而 1986~1999 年利津站悬移质中粒径大于 0.025 mm 的泥沙占总量的 39.2%。河口演变强度趋缓主要表现在河道相对顺直,主流摆动变化小;二是河口延伸速率大为减缓,河口附近海岸变化趋缓,悬移质泥沙入海距离变小。

(3)神仙沟及钓口河流路时期,在改道点以下基本上没有工程治理措施,属自然演变阶段。清水沟流路采取了人工治理措施。特别是近些年来,国家大量增加了治黄的投资(1998年至 2002 年 5 年间,国家对治黄投资是 1950~1997 年 48 年的 2.5 倍)。加高加固了河口黄河大堤,修筑了苇改闸以下的多处护滩控导工程,对增强防洪能力,稳定河势,集中水流和加大输沙能力起到有益作用。

（4）近年来，清水沟沙嘴延伸减缓，与水沙比小有关。图18给出了清水沟逐年淤进变幅与水沙比之关系[1]，大体上可以看出，在水沙比为0.01 t/m³的情况下，沙嘴呈现稳定，处于不延伸状态，也就是说，如果利津年水量为200亿m³，年沙量为2亿t，河口沙嘴将处于稳定。如果年水量为200亿m³，年沙量为3亿~4亿t，则河口沙嘴将缓慢延伸。

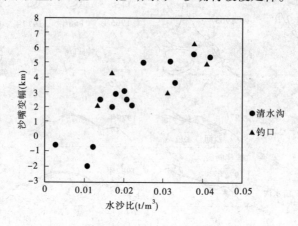

图18 清水沟沙嘴淤进变幅与水沙比的关系

4 河口变化对黄河下游的影响

河口的淤积、延伸、改道可以理解为变更河流侵蚀基面的高度，从而引起河流纵剖面的调整以及水流挟沙能力与来沙量对比关系的改变，产生自河口向上发展的溯源堆积和溯源冲刷。这种溯源性质的堆积和冲刷与河流塑造平衡纵剖面过程中所产生的沿程淤积和沿程冲刷是性质不同的两种河床变形，前者自下而上发展，变幅下大上小，受制于流程的增长和缩短，后者自上而下发展，变化范围一般上大下小，受制于水流挟沙力与来沙状况的对比关系。

铜瓦厢决口初期，下游无堤防控制，直至1875年以前，各部分河段修有民埝御水，洪水极易出槽，所挟泥沙大部分沉积在张秋镇以上的冲击扇上。因而自1855年铜瓦厢决口夺大清河道至1889年韩家垣决口改道毛丝坨，这34年的前期和中期，并不产生明显的溯源堆积。1875年，在陶城铺以上泛区开始修筑南北大堤，泺口以下淤积发展严重，决口频繁，直到1889年，黄河为获得输沙能力而对大清河纵剖面所进行的改造大体完成。此时，河口演变对黄河下游的影响相对突出出来。这种影响主要反映在泺口以下河段，表现在由改道初期产生的溯源性质的冲刷和淤积延伸所产生的溯源堆积的交替发展上。应当指出，当相临两次河口改道所形成的延伸长度大体一致，侵蚀基面的高度并未发生重大改变时，河床这种周期性的抬高和降低并不造成河床的稳定性抬高，只是当河口流路在其顶点所控制的扇面普遍摆动，海岸线普遍外延，也就是说，当侵蚀基面的高程发生稳定性抬高之后，下游水位将出现一次稳定性抬高，此后，溯源堆积及溯源冲刷的交替变化将在一个新的高度上进行。

图19为泺口、利津站3 000 m³/s流量的水位变化图，从图中可以看出，水位大体上呈三个台阶，第一个台阶是在1918~1934年，第二个台阶是在1936~1965年，第三个台阶是在1975

❶ UNDP 支持黄河三角洲可持续发展 CPR/91/114 项目分报告之一，P145。

~1995 年。三个台阶之间同流量水位发生两次稳定性抬高,第一台阶与第二台阶之间的水位大约稳定上升 1 m,此后,便在第二台阶的水位上波动;第二台阶与第三台阶之间水位大约稳定上升 2 m 以上。

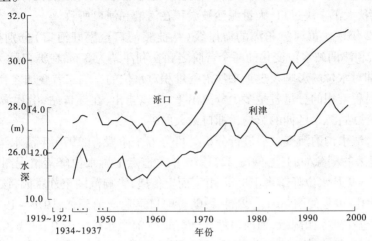

图 19 泺口、利津站 3 000 m³/s 流量之水位年际变化

表 9 各水文(位)站同流量水位及水位差值

时间	西河口			一号坝			利津			麻湾		
	1 000	2 000	3 000	1 000	2 000	3 000	1 000	2 000	3 000	1 000	2 000	3 000
1995 年	8.37	9.03	9.64	10.31	10.94	11.60	12.91	13.44	14.26	14.37	15.04	15.68
1984 年	6.67	7.26	7.76	8.80	9.40	9.87	11.23	11.85	12.31	12.75	13.40	13.97
1995~1984 年	+1.70	+1.77	+1.88	+1.51	+1.54	+1.73	+1.68	+1.59	+1.95	+1.62	+1.64	+1.71
1996 年(9~10 月)	7.64	8.42	9.17	9.85	10.47	11.07	12.51	13.11	13.94	14.18	14.83	15.46
1996~1995 年	-0.73	-0.61	-0.47	-0.46	-0.47	-0.53	-0.40	-0.33	-0.32	-0.19	-0.21	-0.22

时间	张肖堂			清河镇			刘家园			泺口		
	1 000	2 000	3 000	1 000	2 000	3 000	1 000	2 000	3 000	1 000	2 000	3 000
1995 年	17.05	17.87	18.64	19.69	20.48	21.24	25.17(9~10月) 25.00(7~8月)	25.85(9~10月) 25.72(7~8月)	26.48	29.16	30.10	30.99
1984 年	15.56	16.30	16.90	18.32	19.04	19.65	23.85	24.60	25.22	27.77	28.65	29.38
1995~1984 年	+1.49	+1.57	+1.74	+1.37	+1.44	+1.59	+1.32	+1.25	+1.26	+1.39	+1.45	+1.61
1996 年(9~10 月)	16.90	17.80	18.62	19.63	20.44	21.18	24.87	25.90	27.02	28.82	29.96	31.50
1996~1995 年	-0.15	-0.07	-0.02	-0.06	-0.04	-0.06	-0.30	+0.05	+0.54	-0.34	-0.14	+0.51

山东黄河下段两次水位稳定抬高,其原因之一是河口淤积延伸造成的三角洲岸线外移,另一重要原因是过量来沙超过水流挟沙力而产生的沿程堆积。简言之,水位抬升是溯源堆积和沿程堆积二者叠加的结果。第三阶段之所以比第二阶段水位上升幅度大,是由于人民治黄以来,黄河下游伏秋大汛未决过口,大量泥沙被淤积在河槽和河口所致。

1855~1992年现代黄河三角洲的海岸线(从徒骇河口至南旺河口)分别推进了12~35 km。上述泺口、利津两站水位变化的两个台阶之和在利津站为3 m,在泺口站为4 m左右,它们均为海岸延伸对水位的影响及过量来沙沿程堆积对水位的影响二者叠加之和。目前还很难将溯源堆积和沿程堆积的分量各是多少分离出来;应该指出,在泺口站,沿程淤积的影响占主要成分,而在利津站,海岸延伸的影响比泺口站大的多。

下面着重对清水沟的演变过程进行分析。可分五个阶段:①1976年清水沟改道初期的7~9月曾发生显著的溯源冲刷(参阅图22:1976年改道点上游水位降落情况图),在接近改道口的苇改闸站7~9月水位降落大于1 m,由下而上传递,影响范围至刘家园,该站最大降落大于0.5 m,纵剖面图可参阅图20-1。②嗣后,随着河口迅速向前延伸,1976~1979年表现为溯源淤积,其上界也在刘家园附近,西河口站3 000 m³/s流量水位上升0.73 m;③1979年,河口位置有一较大的变动,由清4改向北偏西方向,路程缩短,1979~1984年发生溯源冲刷,见图20-1及表10,西河口3 000 m³/s的水位下降1.24 m,上段影响至刘家园;④1984年以后至1995年,人工控制使河口相对稳定,这一时期又多以中枯水为主,长期发生溯源堆积加沿程堆积,见图20-2及表10,西河口3 000 m³/s水位上升1.87 m,影响上界点为刘家园附近,水位上升幅度是河口变化历史上最多的,各站上升幅度都很大,刘家园3 000 m³/s水位变化超过了1.2 m,参阅图20-2,尾闾出口在90年代前五年出现"龙摆尾",参阅图21❶的河口河势图,自清10以下1990~1991年向东,1992年向南,1993年向东南,1994年又向东,1995年又向东南,极不稳定,主河槽上升速度极快,利津站1958年过洪10 400 m³/s的水位为13.76 m,到1995年13.76 m只能过2 500 m³/s,防洪形势潜在着巨大危险;⑤1996年由胜利油田动议,经黄委批准,在市府领导下,油田与河务部门合作,进行了清8改汊工程。这次小型改道后,效果较好,参阅图20-3及表10,1995年至1996年9~10月相比,发生溯源冲刷,3 000 m³/s流量的水位沿程下降,向上至清河镇尚有微弱影响,西河口水位下降0.47 m,一号坝下降0.53 m,利津下降0.32 m,麻湾下降0.22 m,张肖堂下降0.02 m,清河镇下降0.06 m。利津以上维持时间一年,利津以下维持时间二年,丁字路1998年3 000 m³/s流量水位较1995年下降0.95 m,直到2002年小浪底水库实施人造洪峰调水调沙期间,丁字路最大流量2 450 m³/s,水峰过程13天,丁字路同流量的水位仍继续明显下降。1997~2001五年来水极枯,五年利津总水量为288.2亿m³,总沙量为6.15亿t,水、沙量均不足利津多年平均一年的水、沙量,这五年河口稳定,延伸极少:可以认为,丁字路2002年同流量水位下降是1996年清8改汊溯源冲刷的继续。因此,1996年清8改汊是一次一举两利的工程,下降了河口水位,缓解了河口水位迅急上升的严峻形势,又对浅海油田淤成陆上油田创造条件。清8改汊的成效有三个因素:一是事先开挖了引流沟槽,轴线方位角81°30′,与出汊前流向成29°30′夹角;二是1996年来水条件较好,8月20日利津发生4 130 m³/s洪峰,对汊河发生溯源冲刷提供了有利条件;三是改汊前的前期地形较高,因而溯源冲刷的效果显著。

---

❶ 《1996年清8出汊工程对河口、河床演变的作用》,黄委会山东水文水资源局,1998年。

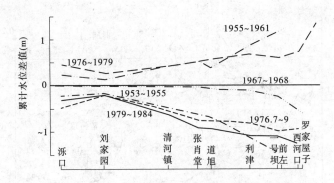

图 20-1　累计水位差值沿程变化

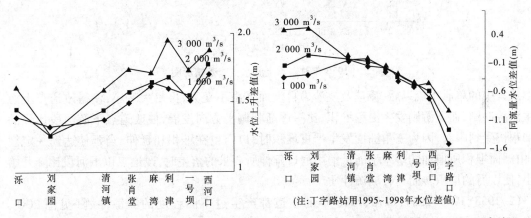

图 20-2　累计水位差值沿程变化(1984～1995 年)　图 20-3　累计水位差值沿程变化(1995～1996 年)

(注:丁字路站用1995～1998年水位差值)

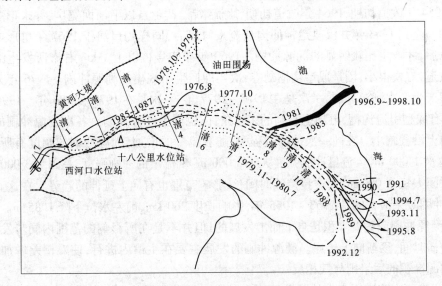

图 21　清水沟流路及清 8 改汊河势图

　　根据大小五次(1953、1960、1964、1976、1996 年)改道的背景及对下游河道直接影响的范围、幅度和作用历时作出如下综合分析:

　　(1)改道点对下游产生影响的物理性质,主要表现在河道纵比降上。改道后,在改道点以

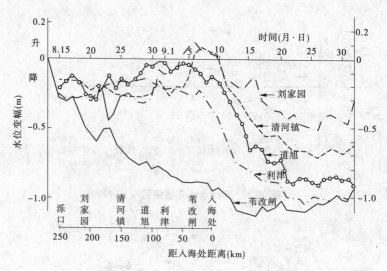

图 22　1976 年改道点上游水位降落情况图

下形成集中的单股水流以后,流速及挟沙力自上而下由小变大,再由大变小,使得改道点上游发生溯源冲刷,而下游则发生沿程堆积,比降逐渐朝调平方向发展,使改道点下游河段比降的增加很快受到限制,因为三角洲面发生严重堆积时,口门也在堆积和延伸,当延伸达到一定规模,由洲面堆积所增加的落差不能抵消由河口延伸所要求的落差时,改道点以下河段比降开始减小,使以后的堆积转而具有溯源性质。

(2)1953、1960、1964、1976、1996 年的改道都产生过不同程度的溯源冲刷(见图 20-1、20-2、20-3)。1953 年的河道是 1934 年合龙处改道的继续(1938 年 6 月~1947 年 3 月山东河竭),在 1934 年改道初期,1964 年改道初期,水流散乱,改道点以下河面宽广,并未形成明显的溯源冲刷。直到 1953 年并汊改道神仙沟独流入海以后,同样钓口河于 1967 年也形成单股集中水流以后,才产生比较明显的溯源冲刷。1960 年在四号桩以上 1 km 右岸所发生的老神仙沟劫夺改道,规模很小,因是成型沟槽劫夺,次年即产生小规模的溯源冲刷。1976 年人工改道清水沟曾产生两次溯源冲刷,一次是在 1976~1977 年,一次是在 1979~1984 年。1996 年的清 8 改汊因有成型引流沟槽,再加上有利的来水条件,也产生溯源冲刷。各次溯源冲刷的幅度由改道点向上沿程减小。在同一次冲刷过程中,随着流量的增加,溯源冲刷的幅度有所增强,但 1996 年这次 1 000 m³/s 流量冲刷强度大于 3 000 m³/s 流量的冲刷强度,是因为 3 000 m³/s 流量持续时间太短,1 000 m³/s 流量持续时间长,影响范围也有向上延伸的趋势。在这五次改道中,溯源冲刷效果最大的是 1953~1955 年,影响长度 200 km,前左水位下降 1.85 m。

(3)溯源冲刷或溯源堆积是自下而上发展的,但并不是在所影响的范围内同步发生,需要有一个传播时间,逐渐向上传递。溯源冲刷的发展主要在主槽内进行,使滩槽差增加,宽深比减小。溯源堆积的后果则与其相反。

(4)相临两次改道所产生的溯源冲刷过程中发展着溯源堆积,溯源冲刷是以溯源堆积为前提条件的,即溯源堆积发生在溯源冲刷之前。河口沙嘴延伸是渐进的,由此而造成的溯源堆积过程也是逐渐积累的,占河口演变中的大部分历时。河口流路变迁是河口演变过程的跃变,由此而产生的溯源冲刷过程是比较剧烈的,历时也比较短暂。黄河口溯源冲刷和溯源堆积交替发展,但以溯源堆积造成的后果为主;溯源堆积与沿程堆积叠加在一起,构成同流量的水位稳定抬升的最后结果。由于黄河过量来沙超过水流挟沙能力,溯源堆积的作用并不超过沿程堆积的作用。

表10　河口变化对下游河道影响的强度、范围及历时

时段	冲淤类别	影响上界	影响长度(km)	3 000 m³/s水位升(+)降(-)值(m)	说明
1953～1955年	溯源冲刷	泺口	208	-1.70(前左)	前左在改道点上游12.5 km
1955～1961年	溯源堆积	刘家园	224		罗家屋子距口门约45 km
1961年汛前至汛后	溯源冲刷	一号坝	52	-0.65(小沙)	小沙在改道点上游13 km,汊河劫夺改道
1961～1963年	溯源堆积	一号坝	74	+0.95(罗家屋子)	罗家屋子距口门约48 km
1963～1964年		宫家至道旭间	100	+0.35(罗家屋子)	罗家屋子即改道点、距口门约36 km(改道前河长58 km)
1964～1967年	溯源堆积	刘家园	229	+1.10(罗家屋子)	罗家屋子距口门约50 km
1967～1968年	溯源冲刷	杨房	153	-0.47(罗家屋子)	罗家屋子在改道点上游约25 km
1968～1975年	溯源堆积沿程堆积				
1975～1976年	溯源冲刷	刘家园	177	-0.62(利津)	西河口即改道点、距口门约27 km,利津距西河口约50 km
1976～1979年	溯源堆积	刘家园	215	+0.73(西河口)	1979年汛后口门距西河口38 km
1979～1984年	溯源冲刷	刘家园	177	-1.24(西河口)	1984年西河口距口门52 km
1984～1995年	溯源堆积沿程堆积	刘家园	252	+1.87(西河口)	西河口距口门约55 km
1995～1996年(9～10月)	溯源冲刷	清河镇	166	-0.47(西河口)	1996年7月在丁字路口以清8改道,轴线方位角81°31′.缩短流程16.6 km
1995～1998年	溯源冲刷			-0.95(丁字路)	丁字路距改道口门约7.5 km,1997年断流

注:溯源冲刷影响长度自改道点起算,溯源堆积影响长度自口门起算。表中3 000 m³/s系指各站的同级流量。

黄河口孤东及新滩海域蚀退分析

张建华　陈俊卿　何传光　崔玉刚

（黄河口水文水资源勘测局）

1　黄河口近期来水来沙情况

根据利津站水沙资料统计,2003 年 1 ~ 11 月黄河来水170. 54 亿 m³,来沙 3. 68 亿 t,分别占 1976 ~ 2001 年清水沟流路年平均来水来沙量的 49. 6%、42. 4%,是 1996 ~ 2002 年清 8 改汊后年平均来水来沙量的 230%、211%。与 2002 年相比,2003 年来水来沙量都大幅增加,且大都集中在 9 ~ 11 月份,分别占全年来水来沙量的 91%、99%;而作为主汛期的 7、8 月份来水来沙量均较小,仅分别占全年来水来沙量的 5. 3%、0. 41%。

2　孤东近堤海域水深及冲淤变化情况

2.1　水深变化

2.1.1　冲蚀严重的部位

根据 2003 年实测 J1 ~ J27 线绘制的孤东近堤海域水深图可以看出,孤东海堤处于蚀退区。具体情况为:

(1)桩号 11 + 100(J12)50 m 长的堤段为冲蚀最为严重的部位,该处近堤水深 4 ~ 5 m。桩号 11 + 100(J12) ~ 10 + 100(J18) 400 m 长的堤段为冲蚀最严重的堤段,该处近堤水深 3 ~ 4 m,平行距堤 50 m 外为水深 4 ~ 5 m 的深水区;桩号 10 + 600(J13)断面距堤 120 m 处有一个约 1 km² 的 5 m 等深线闭合区。

(2)桩号 12 + 100(J10) ~ 11 + 100(J12) 300 m 长的堤段、桩号 14 + 100(J6) ~ 13 + 600(J7) 150 m 长的堤段为冲蚀次严重的堤段,近堤水深为 3 ~ 4 m,且外海的断面水深变化不大。

(3)桩号 16 + 100(J2) ~ 14 + 100(J6) 650 m 长的堤段、J18 ~ J20 约 250 m 长的堤段为冲蚀次严重的堤段,近堤水深为 2 ~ 3 m;其中南段外海水深大,北段外海为小于 2 m 的三角滩。

2.1.2　海堤转弯处与海公路堤段的水深变化

(1)桩号 13 + 600(J7) ~ 12 + 100(J10)存在一个 450 m 长的转弯堤段,夹角为 120°,近堤水深 1 m 左右,多年来变化不大。

(2)十八桥海公路位于 J21 ~ J22 断面之间,长度为 600 m,两侧水深都在 1 m 左右,近两年来水深基本稳定。

海公路为丁字结构,主要起挑流作用。近堤岸区因受丁字堤阻隔,流速减小,强流区外移,使护岸海堤避开了风暴潮、海浪的直接冲击,使风浪直接冲击的部位从原护岸海堤转移到了丁字堤的堤头堤段。

本文原载于《人民黄河》2004 年第 11 期,为国家重点基础发展研究项目(2002CB412408)。

2.1.3 近堤根部水深的纵剖面变化

从 2002、2003 年孤东海堤近堤根部水深数据来看,各断面离堤距离均在 10~20 m,其近堤根部水深情况见图 1。

图 1　2002~2003 年孤东海堤近堤根部水深纵剖面比较

由图 1 可以看出,2002~2003 年孤东海堤近堤根部水深剧烈刷深的堤段为 J11~J18 断面。其中 J11 断面水深最大,为4.8 m;J12、J18 两断面水深次之,为 4.5 m。J11 断面比 2002 年刷深 1.6 m,J12、J13 断面均比 2002 年刷深 1.2 m。因此,J11~J13 之间堤段为侵蚀最剧烈的部位。

2.2　断面冲淤特性

由图 1 可以看出,2003 年孤东近堤海域相对于 2002 年仍然表现为冲刷,且各剖面均有不同的变化。依据断面位置与剖面冲淤变化的特点,可将各断面归纳为以下 7 种形态。

(1)J1~J2 断面。断面形态变化不大,近堤处水深保持不变,冲刷主要集中在海堤前沿沙坝的前沿急坡区和海堤近坡区,并逐渐靠近海堤,同时使沙坝逐渐消失。

(2)J3~J7 断面。其共同点是:前沿急坡区继续向海堤方向蚀退,靠近海堤的后坡区发生淤积,海堤根部产生较大冲刷;浅水坡顶连续向近堤靠近。从断面比较图上可以看出,海堤东部的沙坝有整体向海堤滚动的趋势。冲刷最剧烈的断面是 J6 断面,冲刷距离为 350 m,2003 年平均移动距离约为 200 m。J7 断面海堤根断水深与 2002 年基本持平,但海堤根部发育了一个宽 150 m 的海沟。

(3)J8~J10 断面。共性为冲刷量较小,海堤根部水深变化不大,与 2002 年相比水深都略有增加;堤前海沟逐渐发育,沙坝坝顶水深减小并逐渐向海堤靠近,坝顶平均移动近 300 m。

(4)J11~J14 断面。共性为海堤根部水深冲刷较大,除 J11 断面外,其他断面冲刷量及平均冲刷深度均较大,J11 断面虽然冲刷量不大,但海堤根部水深较 2002 年(刷深达 1.5 m)加大2.3 m。海堤根部海沟继续发育壮大,沙坝坝顶水深加大;浅水坡顶继续向近堤靠近,使倒比降加大。

(5)J15~J18 断面。呈放射状分布于孤东海堤拐点处,海堤根部冲刷较重、海沟继续发育壮大,沙坝坝顶持续冲刷,使水深不断加大。从整个断面形态上来看,除近堤 1 km 海域内冲刷剧烈外,其他部分则保持了一种缓慢的冲刷趋势。

(6)J19~J22 断面。从北至南经历了冲刷量和冲刷深度小—大—小的过程,海堤根部冲刷较轻,J22 断面甚至产生了淤积现象;在 J21、J22 两断面,冲刷范围在 0.5~3.0 km 内。

(7)J23~J27 断面。布设于孤东海堤的南端,是距离现河口最近的区域,也是本次地形调查中受黄河来水来沙影响最大的海域。虽然以上断面是孤东近堤海域冲刷最剧烈的地区之一,但在 J26、J27 断面已经产生了淤积现象,这是黄河泥沙短期内运移的结果,另外这些断面的海堤根部仍然持续冲刷。

2.3 等深线

2001 年测线距离较短,2002、2003 年两年测线距离均为 5 km,摘录数据基本一致。因海堤根部持续刷深,故中间段海堤 3~4 m 等深线位置出现了小于 2 m 等深线的情况,如 J7、J8、J11、J12 断面。

J11、J12 断面 5 m 等深线分别出现了 3.16、2.41 km 的蚀退,这是 2002 年以前海堤根部水深小于 5 m,2003 年 5 m 等深线挪到海堤根部所造成的。

2.4 冲淤量

孤东近堤海域共布设了 27 个断面,断面长度 5 km,测区面积 73 km²,2002~2003 年发生了全面冲刷,冲刷总量为 0.168 8 亿 m³,平均冲刷深度 0.23 m。

由图 2 可以看出,本年度孤东海堤近堤海域形成了 3 个冲刷剧烈的堤段,即 J4~J7、J12~J18 和 J20~J27 堤段。其中 J5 断面刷深最大,为 0.44 m;J14 断面次之,为 0.37 m;J23 断面又次之,为 0.32 m。

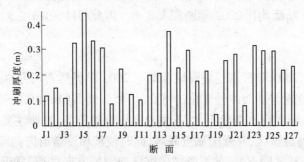

图 2 2002~2003 年孤东近堤海域 J1~J27 断面冲刷厚度分布

3 孤东新滩海域水深及冲淤变化情况

3.1 水深

根据 2003 年实测 S1~S12 线绘制的孤东新滩海域水深图可以看出,由于自 2003 年 8 月底以来小浪底水库实行防洪预泄运用,河口 2 000 m³/s 持续了 3 个多月,因此河口在口门区域突出延伸,造陆作用显著。

根据黄河入海泥沙输移规律,入海泥沙的作用距离达不到孤东新滩海域两侧。从 2002~2003 年孤东新滩海域 S1~S12 断面冲淤厚度分布图可以看出,南北两侧界限分别在 S3、S7 断面,中间海域淤积,包括 S3、S7 断面在内的两侧海域冲刷。

3.2 断面冲淤特性

孤东新滩海域根据断面冲淤特性可以分为 3 个区域,即冲刷区(S1~S3 断面)、淤积区(S3~S6 断面)、冲刷区(S7~S12 断面)。这 3 个区域各自的特点如下。

(1)S1~S3 断面的冲刷区共包括 5 个断面,位于孤东近堤海域冲刷区,由北向南冲刷量和断面平均冲淤厚度均呈逐渐减小的趋势。该区 S1 断面的冲刷量最大,为 7 900 m²,平均冲刷深度达到 0.67 m。

(2)S3~S6 断面的淤积区共包括 5 个断面,淤积量以位于新黄河口口门处的 S4 断面为最大,断面平均淤积厚度达到 0.60 m。这些断面位于河口口门两侧,各断面的淤积量及平均淤积厚度从 S4 断面向两侧递减。

(3)S7～S12 断面的冲刷区共包括 6 个断面,位于清水沟老河口口门冲刷区,各断面的平均冲刷深度都不大,而且从断面比较图上可以看出 2003 年度的冲刷趋势较过去几年有减缓的趋势,经分析认为这是由于黄河泥沙的补给造成的。

3.3 等深线

S1～S3 断面间的孤东海堤近堤海域全面冲刷蚀退,S1 断面 10 m 等深线蚀退 2.18 km、6 m 等深线蚀退 0.82 km,S2 断面蚀退 0.75 km。S1 断面 2 m 等深线蚀退量最大,为 0.26 km。由于 S 线断面与 J 线断面方向不同,因此相同部位的蚀退距离不同。

口门地区全面淤进,S4 断面 2 m 等深线淤进 2.09 km,6 m 等深线淤进 0.97 km,10 m 等深线淤进 0.28 km。2 m 等深线淤进距离可以近似作为河口沙嘴东西方向延伸发育的宽度。

清水沟老河口沙嘴海区处于冲蚀状态,不过冲蚀程度低于北边孤东海堤近堤海域。S9 断面 6 m 等深线最大蚀退 0.98 km,S12 断面 10 m 等深线蚀退 0.65 km,S10 断面 10 m 等深线蚀退 0.23 km。

3.4 冲淤量

孤东新滩海域布设 S1～S12 共 16 个断面,断面长度在 0.55～17.29 km 之间,测区面积 393 km^2。2002～2003 年度发生全面冲刷,冲刷总量为 0.16 亿 m^3,平均冲刷深度 0.10 m。其中 S1～S3 断面冲刷总量为 0.27 亿 m^3,平均冲刷深度 0.35 m;S3～S6 断面淤积总量为 0.25 亿 m^3(因断面没有测出复杂的口门区,故此值偏小),平均淤积厚度 0.37 m;S7～S12 断面冲刷总量为 0.14 亿 m^3,平均冲刷深度 0.27 m。

S1 断面为冲刷深度最大的断面,此断面位于孤东海堤最北端,东西横跨 J1～J14 断面,断面长度 11.69 km,平均冲刷深度 0.67 m;S9 断面次之,此断面位于清水沟老河口剧烈蚀退区,断面长度 8.27 km,平均冲刷深度 0.45 m。

4 结语

2003 年,孤东新滩海域完成了 J1～J27、S1～S12 共 43 个淤积断面的测量工作,主要结论为:

(1)2002～2003 年孤东海堤近堤根部剧烈刷深堤段为 J11～J18 断面,其中 J11 断面水深最大,为 4.8 m;J12、J18 两断面水深次之,均为 4.5 m。J11 断面比 2002 年近堤根部刷深 1.6 m;J12、J13 两断面均比 2002 年刷深 1.2 m,因此 J11～J13 断面堤段为侵蚀最剧烈的部位。

桩号 11 + 100(J12)50 m 长的堤段为冲蚀最严重的部位,该处近堤水深 4～5 m;桩号 11 + 100(J12)～10 + 100(J18)400 m 长的堤段为冲蚀最严重的堤段,该处近堤水深 3～4 m,平行距堤 50 m 外为 4～5 m 深水区;桩号 10 + 600(J13)断面距堤 120 m 外有一个约 1 km^2 的 5 m 等深线闭合区。

(2)拐弯堤段与丁字堤堤段处于小流速浅水淤积区。桩号 13 + 600(J7)～12 + 100(J10)折弯堤段的海堤形成了一个 120° 的夹角,近堤水深 1 m 左右。海公路丁字堤堤头发生蚀退,海公路两侧孤东海堤发生大面积潮滩,海公路改变了海堤的流场结构,但缺乏相关的调查资料。

(3)孤东新滩海域口门淤积、两侧海域冲刷。因入海泥沙作用不到孤东新滩海域两侧,因此 2002～2003 年孤东新滩海域表现出了"口门淤积、两侧海域冲刷"的特性,南北两侧的这个界限分别在 S3、S7 两断面。

黄河干流青甘段排污口调查及评价

任立新 冯亚楠 王 雁

（黄河水利委员会上游水文水资源局）

2003 年黄河干流龙羊峡至五佛寺河段（简称青甘段）纳污量调查，是"黄委会关于宣传贯彻《水利产业政策》的实施意见"要求开展的一项专项研究工作，也是进行入河排污口监督管理的基础工作。该河段全长 695 km，流域面积 119 359 km^2。

1 入黄排污口调查与评价

1.1 排污口分布、性质及排放方式

在黄河干流青甘段共监测排污口 74 个。其中，常年排污口 71 个，占 95.9%；间断排污口 3 个，占 4.1%。从排放方式上看，以暗管排放为主的有 44 个，占 59.5%；以明渠排放的有 30 个，占 40.5%。从污水性质上看，工业废水排污口 26 个，占 35.1%；生活污水排污口 31 个，占 41.9%；混合排污口 17 个，占 23.0%（其中以工业废水为主的有 3 个，以生活污水为主的有 14 个）。从入黄排污口省份分布看，青海省 4 个，占 5.4%；甘肃省 70 个，占 94.6%。

1.2 排污口废污水量的量级分布

在调查的入黄排污口中，废污水年入黄量大于 1 000 万 m^3 的排污口占调查总数的 13.5%，主要是大型企业工业废水和城镇污水；1 000 万 ~ 500 万 m^3 之间的排污口占 20.3%；500 万 ~ 100 万 m^3 之间的占 37.8%；100 万 ~ 50 万 m^3 之间的占 13.5%；50 万 ~ 10 万 m^3 之间的占 13.5%；小于 10 万 m^3 的占 1.4%。

在青海、甘肃两省的入黄排污口中：甘肃省废污水年入黄量在 500 万 ~ 100 万 m^3 之间的排污口数量较多，有 26 个，占该省调查排污口总数的 37.1%；青海省废污水年入黄量在 500 万 ~ 100 万 m^3 和 50 万 ~ 10 万 m^3 之间的排污口各 2 个，各占该省调查排污口总数的 50%。

1.3 排污口废污水入黄量

据对黄河干流青甘段 74 个排污口的实测、调查统计，各类废污水年入河总量为 4.21 亿 m^3。从青海、甘肃两省废污水入河量看，其废污水年入河量分别占废污水入河总量的 1.3%、98.7%。

在实测的入黄废污水中，工业废水年入河量为 1.47 亿 m^3，占废污水年入河总量的 34.9%；生活污水年入河量为 0.61 亿 m^3，占总量的 14.6%；以工业废水为主的混合污水，年入河量为 0.67 亿 m^3，占总量的 15.8%；以生活污水为主的混合污水，年入河量为 1.46 亿 m^3，占总量的 34.7%。

入黄废污水主要集中在一些大中型排污口，年入黄量大于 1 000 万 m^3 的排污口数量虽仅

本文原载于《人民黄河》2005 年第 1 期。

占干流青甘段排污口总数的13.5%,但其废污水入黄量却占废污水入黄总量的56.3%;废污水年入黄量在1 000万~500万 m³之间的排污口占排污口总数的20.3%,其废污水入黄量占25.4%;废污水年入黄量在500万~100万 m³之间的排污口占排污口总数的37.8%,其废污水入黄量占15.7%;入黄量在100万~50万 m³之间的排污口占排污口总数的13.5%,其废污水入黄量占1.8%;废污水年入黄量小于50万 m³的排污口占排污口总数的14.9%,但其废污水入黄量占废污水入黄总量的0.8%。

1.4 排污口污染物入黄量

黄河干流青甘段排污口主要污染物年入黄量约为41.38万 t,其中:悬浮物25.39万 t,占污染物年入黄量的61.4%;COD_{Cr}为8.23万 t,占19.9%;BOD_5为3.79万 t,占9.2%;总氮为2.39万 t,占5.8%。青海省排污口污染物年入黄量为0.14万 t,占青甘段污染物年入黄总量的0.3%;甘肃省污染物年入黄量为41.24万 t,占总量的99.7%。

1.5 排污口主要污染物评价结果

青海、甘肃两省入黄排污口主要污染物中,悬浮物等标污染负荷最大,污染负荷比为49.7%;其次是BOD_5,污染负荷比为16.8%;第三是氨氮,污染负荷比为12.7%;等标污染负荷较小的是总铅、挥发酚、氰化物,其污染负荷比分别为0.6%、0.5%、0.1%。

从不同性质污水来看,以生活污水为主的混合污水的等标污染负荷最大,污染负荷比为35.6%;其次是工业废水,污染负荷比为31.5%;再次是以工业废水为主的混合污水,污染负荷比为16.7%;等标污染负荷最小的是生活污水,污染负荷比为16.2%。

青甘段超标排污口达68个,占监测排污口总数的91.9%。表明绝大多数的入黄排污口废污水未达到《污水综合排放标准》(GB8978—1996,以下简称《排放标准》)对污染物排放浓度的要求。

从各主要污染物的超标情况看,悬浮物超标的排污口数量最多,达59个,占监测排污口总数的79.7%;其次是BOD_5,超标的排污口数占64.9%;再次是氨氮、COD_{Cr},超标排污口数分别占59.5%和55.4%;除个别排污口有pH值、总砷、总铜、总铅、总镉超标外,其他评价因子均无超标现象。

2 支流口水质与污染物输入量

青甘河段的主要入黄一级支流有7条,分别是隆务河、大夏河、洮河、湟水、庄浪河、宛川河和祖厉河。评价因子选取pH值、COD_{Cr}、氨氮、挥发酚、石油类。

在调查的7条支流口中,综合水质类别达到I、II类的支流有3条,占支流总数的42.8%;III类、IV类水质的支流各1条,共占28.6%;超V类水质的支流2条,占28.6%。其中有28.6%的支流口水质低于排放标准。

从各单项评价因子来看,各支流口pH值、挥发酚、石油类3项可满足I类水质要求,COD_{Cr}、氨氮有程度不同的超标现象;其中COD_{Cr}劣于V类的支流口数占总数的28.6%,氨氮劣于V类的支流口数占总数的28.6%。

据计算,7条支流每年向黄河输入的主要污染物量达40.71万 t,其中COD_{Cr}39.34万 t、氨氮1.35万 t,其余为挥发酚和石油类。

3 干流纳污量

黄河干流青甘段接纳的污染物主要来自两个途径:一是入黄排污口,二是入黄支流。

3.1 污染物接纳量

黄河干流青甘段主要污染物（COD_{Cr}、氨氮、挥发酚、石油类）年接纳量为50.40万t；其中排污口入黄量为9.69万t，支流输入量为40.71万t。接纳的主要污染物中，COD_{Cr}年接纳量为47.57万t，氨氮为2.73万t，其余为挥发酚和石油类。

3.2 主要污染物评价结果

氨氮的等标污染负荷最大，其污染负荷占干流污染负荷的49.3%（污染负荷比）；其次是COD_{Cr}，污染负荷比为44.5%；等标污染负荷最小的是挥发酚，其污染负荷比为2.0%。

3.3 河段纳污量评价

从各河段纳污量看，兰州段的等标污染负荷最大，负荷比为66.2%。该河段接纳了湟水、庄浪河、宛川河等污染严重的支流，以及兰州市的工业废水和生活污水，因此该河段等标污染负荷位居各河段之首。其次是白银段，污染负荷比为25.6%，该河段接纳了支流祖厉河的污染物，又接纳了白银市的工业废水和生活污水。第三是小川段，污染负荷比为7.9%。污染负荷比最小的是龙刘段，为0.3%。

3.4 纳污量变化趋势

3.4.1 排污口污染物入黄量变化趋势

1998年黄河干流青甘段共调查、监测了120个排污口；2003年调查了120个排污口，监测74个。1998年入黄排污口废污水入河量为6.00亿m^3，2003年废污水入河量为4.21亿m^3，与1998年相比，减少了29.8%。

1998年黄河干流青甘段排污口COD_{Cr}、BOD_5、氨氮、挥发酚、石油类、总氮、总磷、氰化物、总砷、总汞、六价铬、总铜、总铅、总镉、悬浮物等15项主要污染物接纳量为52.39万t；2003年这15项主要污染物入黄量为41.38万t，比1998年减少21%。在这15种主要污染物中，总磷、六价铬、总砷入黄量增加，其他各项污染物入黄量均有所减少。

3.4.2 支流口污染物输入量变化趋势

1998、2003年两年均调查了7个支流口。1998～2003年，黄河青甘段支流口水质略有改善，优于Ⅴ类水质的支流口数量增加；其中，Ⅱ类增加了42.9%，Ⅲ类增加了14.3%，Ⅳ类增加了14.3%。劣于Ⅴ类水质的支流口数量减少了71.4%。

支流氨氮、COD_{Cr}、石油类、挥发酚4项主要污染物2003年入河量为40.71万t，与1998年的29.17万t相比，增加了11.54万t，增加幅度为39.6%。

2003年主要污染物（4项）支流输入量与1998年相比，污染物输入量均有增加，增加幅度在36.6%～285.4%之间，其中挥发酚、氨氮分别增加了285.3%和285.4%。

4 干流水质评价

据黄河上游干流玛曲、大河家、小川、新城桥、钟家桥、兰州、包兰桥、五佛寺8个监测断面1999～2003年监测资料，按国家《地面水环境质量标准》（GB3838—2002）选取pH值、高锰酸盐指数、氨氮、溶解氧、氟化物、挥发酚、生化需氧量、氰化物、六价铬、砷、镉、汞等12个水质参数进行单项和综合水质评价，黄河上游甘肃境内以上水质概况为：玛曲至新城桥断面水质良好，为Ⅱ类水质，主要污染物为高锰酸盐指数、氨氮；兰州至五佛寺河段为Ⅲ类水质，主要污染物是氨氮、挥发酚。

5 建议

(1)对入河排污口进行排查,对不符合排放标准的排污口进行有计划强制性移改,实行排放许可证制度。

(2)加强支流综合整治,尽可能减少其对干流的污染。

(3)市政部门应加强下水管网的建设与管理,建设专用污水排放管道,防止生活污水排入雨水管网,造成雨污合流。

(4)要全面加强对企业的环境监督、管理和协调,建立入河排污监督、监测、报告制度。

黄河上游用水计量监测监督管理模式探讨

蒋秀华 王 玲 钞增平 李 东 王玉明

(黄河水利委员会水文局)

1 甘宁蒙用水现状及存在问题

宁蒙引黄灌溉历史悠久。新中国成立后,老灌区配套工程的建设和新灌区的不断建成极大地提高了灌溉用水保证率,灌溉面积由 20 世纪 50 年代的约 70 万 hm² 发展到 90 年代的约 140 万 hm²,耗水量由 70 多亿 m³ 增加到 100 多亿 m³。甘肃引水条件虽不如宁、蒙两省(区),但发展高扬程灌溉成绩卓著。"景电"两期工程设计年引水量 4.66 亿 m³,设计灌溉面积 5.3 万 hm²,总干 13 级泵站全部实现微机监控。"引大入秦"工程是一项大型跨流域自流灌溉工程,总干渠全长 87 km,设计流量 32 m³/s,设计灌溉面积 5.7 万 hm²。

宁夏引黄灌区分自流灌区和扬水灌区两部分,灌溉面积由新中国成立初的 12.8 万 hm² 发展到 90 年代的 41.7 万 hm²。灌区共有干渠、干支渠 15 条,总长度为 1 540 km;有排水干沟 32 条,总长度为 790 km;电力排灌站 570 座;干渠总引水能力 750 m³/s。

内蒙古河套灌区是我国最大的一首制自流引水灌区,灌区东西长 250 km、南北宽 50 余 km,土地总面积约 120 万 hm²;设计灌溉面积 73.3 万 hm²,设计引水流量 645 m³/s。现有总干渠 1 条、干渠 13 条、分干渠 43 条,渠道总长度为 2 058 km;总排水干沟 1 条,干沟 12 条,分干沟 68 条,干沟总长约 1 970 km。近年年引水量接近 70 亿 m³。

三省(区)用水管理体制的共同特点是公管与群管相结合,水权不集中,计划性差,存在不少问题:①灌溉粗放,用水浪费。自流灌区取水容易,用水方便,普遍采用大水漫灌串灌。引水渠系水利用系数低,计量手段落后,"喝大锅水",按灌溉面积平摊水费。②排水不畅,地下水位升高,土地盐碱化。宁夏灌区耕地盐碱化面积占总面积的 40%,地下水埋深 1~2 m;内蒙古河套灌区 80 年代达 51%,90 年代在 45% 左右,地下水埋深 1~2.5 m。以红圪卜排水站为主体的排水系统建立后,盐碱化状况就有了明显的改善。③水价过低,节水意识淡薄。1997 年宁夏自流灌区水价

本文原载于《人民黄河》2002 年第 2 期,为国家重点基础研究发展项目(G1999043606)。

为 0.006 元/m³,内蒙古河套灌区为 0.023 元/m³。自流灌区大引大排,干部群众的节水意识普遍比较淡薄。④水利投资不足,设施配套程度低。不少水利工程兴建于 20 世纪六七十年代,其中相当一部分属"三边"(边勘测、边设计、边施工)工程,工程设计标准低,先天不足,配套不齐全。投入运行后,改造、配套、维修经费不足,只能维持简单再生产,工程设备常年带病运转,很多灌区排灌脱节,跑、冒、滴、漏现象普遍。⑤管理薄弱,条块分割,用水量统计误差大。内蒙古河套灌区总干、沈乌、南干渠属内蒙古黄河工程管理局管理,而灌区内主要配水闸、泄水闸、排水口却由巴盟灌溉管理总局管理。扬水灌区以额定出流计量或自设站校测计量,退水无控制。有的管理部门为了保护地方和自身利益,水账和灌溉面积对上一本账,对下一本账,自己又有一本账。

另外,三省(区)还存在用水计量问题:①站网不完善,退水控制差。甘肃自流灌区引、退水均不设站,扬水灌区以额定出流计取水量,退水无控制。宁夏灌区主要取水口均设有控制站,分属各灌区管理;主要退水口设控制站,属自治区水文水资源勘测局管理。内蒙古自治区除巴盟灌区引退水设站观测外,包头市、呼和浩特市、伊盟三地(市)退水都没有设站。②计量误差大。如除"景电"、"镫口"用流速仪校测外,其他扬水灌区计量均用额定出流量乘系数计量,误差较大。仅刘川电灌一泵与二泵同样以额定出流计量,误差就达 10%。即使是流速仪施测的"景电"灌区,其测验方法也不正确,存在系统误差。③设备落后,巡测次数少,测验精度低。如宁夏是大引大排,排水受人类活动影响日变化明显。可有一些年排水量 1 亿~2 亿 m³ 的排水沟,没有自记水位计。流量测验有的用浮标,有的借用断面(断面有冲淤变化)施测,精度受到影响。另外有12%~15% 排水量为隔年调查、巡测而得,有的断面每月测一次代表一个月水量,还有 10% 排水量没有控制。④缺乏统一管理,资料分散。用水资料多来源于各地市、各部门,既分散又不规范,无统一的权威部门集中管理。如农业用水归水利部门,城市用水归城建部门,工业用水归工业部门,即使是水利部门,有的归工程部门,有的归水文部门,有的无人管理。⑤用水数据采集传输手段落后。实现用水动态管理,必须建立统一的权威控制机构,利用现代技术采集、传输用水信息,实时监控,迅速可靠地提供用水数据。

2 监测、监督管理的必要性和紧迫性

黄河可供水量不能满足沿黄各地工农业生产、城乡人民生活和生态环境发展的需要,其中一个重要的原因就是人类活动的影响:一是用水大量增加,如宁蒙灌区 50 年代年均耗水量 64 亿m³,1990~1997 年增加到 106 亿 m³。二是水资源浪费严重,灌溉定额高。大部分自流灌区由于引水方便,易于利用和水价过低,所以灌溉粗放,大水漫灌。加上多是土渠引水,设施年久失修,渗漏严重。三是没有统一的调度、管理机构,管理上各自为政,均按照自身利益要求用水,枯水期或用水高峰季节上、中、下游争水,激化用水供求矛盾,加速下游断流。

面对如此严峻的形势,如果全流域没有统一权威的用水计量监督实体,那么用水分配指标,取水许可限量就无法具体实施,地方用水必然是需要多少引多少,黄河水资源紧缺局面将越演越烈。黄委作为流域水资源主管部门,要实现全河水资源统一管理、统一调配、优化调度,在体制上必须建立相应的管理机构,行使相应的职权,包括有效行使用水计量监测、监督管理权。黄河水供需矛盾大,供不应求,引提水能力远大于可供水量,引提水又缺乏强有力的约束机制。如不实行统一的计量监测、监督管理,就很难及时发现问题,协调上、中、下游供需关系,兼顾各方面利益。②准确计量是调度工作的基础。各灌区普遍存在站网不完善、测次控制差、资料分散、传输手段落后等问题。据资料分析,计量误差可达 20%,急需由流域水文部门统一规划、布设监测站

网,进行权威性的计量监测、监督管理,统一技术标准,定时收集引退水信息,集中整理,保证提供可靠的用水信息。③要实时调度,动态管理,就必须对水量实行动态计量监测、监督管理。利用现代化手段,随时掌握和传递各主要控制断面用水信息,进行水资源长期预测、中期预报及实时修正,制定调度预案,按丰、平、枯来水确定分水指标,实时调度。

3 黄河上游用水计量监测、监督管理模式

黄委水文系统所属站网遍布大河上下,具有先进的测验设施设备和完整的通信网络,雄厚的技术力量,最具承担黄河用水计量监测、监督管理职能的条件。为此,建议黄委授予其用水计量监测、监督管理职权,相应基本职能可包括如下几方面:一是负责进行站网规划,实施和调整;对所属区段进行监测、监督管理。二是统一技术规程,对省(区)现有站网进行管理,采集资料,及时传输到调度中心。三是进行用水量预测预报,并实时修正预报;对引退水资料及时进行整编、汇总分析和实验研究。以此保证水量分配指标、用水许可限量的严肃性,水量统一调度的权威性,彻底扭转"诸侯割据"的用水管理体制。黄委水文系统用水计量监测、监督管理模式,在目前机构设置的基础上作适当的调整和完善,即可满足需要。具体如下:

(1)黄委水文局增设用水计量监测、监督管理处,负责全河的用水计量监测、监督管理工作。除履行基本职能外,还要统一计量监测、监督管理的规定、条例;向所属基层局下达计量监测、监督管理任务;协调流域与省(区)、省(区)与省(区)的关系;组织汇编水量月报、季报、年报,执行黄委下达的用水调度方案;组织全流域技术交流和举办业务培训。委属水文系统对省(区)计量监测、监督管理模式见图1。

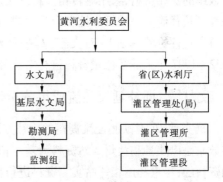

图1　委属水文系统对省(区)用水计量监测、监督管理模式

(2)黄委水文局所属各基层水文水资源局增设用水计量监测、监督管理科,负责所属区段用水量预测和实时预报;负责计量监测、监督管理及相关业务技术问题;向基层勘测局、站下达具体计量监测、监督管理任务;每年组织辖区内用水资料(包括地方站网资料)汇编、审核、分析等工作。

(3)基层水文水资源局所属水文水资源勘测局增设用水计量监测、监督组,具体负责用水计量监测、监督,收集、整理资料,参加资料汇编,提交计量监测、监督站点年度报告。

用水计量监测、监督管理的总原则是:条块结合,以条为主;大小结合,以大为主,保证重点。即凡黄委发放取水许可证的取水口,甘肃省灌溉面积在 10 万亩(0.67 万 hm^2)以上或年取水 0.5 亿 m^3 以上的取水口,宁蒙引黄灌溉面积 10 万亩以上的或年排水量在 1.0 亿 m^3 以上的排水口,采取驻测、巡测或调查的方式,以巡测为主进行计量监测、监督管理。

1919～1951年黄河水文资料插补延长计算成果分析评价

李红良　王玉明　蒋秀华

（黄河水利委员会水文局）

　　为适应黄河治理和国民经济建设的需要,在对文献[1]进行了审查的基础上,编制了黄河干支流主要断面1919～1960年水量、沙量计算成果,供各方面统一使用。文献[2]在人民治黄事业中发挥了巨大的作用,但编制时,受当时条件限制,对于缺实测资料年份,仅依靠陕县、兰州等极少数站的实测资料,采用辗转相关的方法插补延长,经过几十年的资料积累,已经具备对文献[2]插补延长径流成果的可靠性和合理性进行评价的条件。本文在对1919～1997年黄河实测资料进行审查评价的基础上,对文献[2]插补延长的径流成果进行分析评价,并对1919～1951年及1952～1997年天然径流量资料进行对比分析。

1　文献[2]插补延长径流成果分析评价

　　据文献[2]对缺测径流资料的插补方法记述:除河津、兰村2站采用雨量资料插补外,其余大多数站是以陕县和兰州2站资料为基本依据,采用上下游相关方法插补的,其中,凡相邻站有实测资料的,尽量利用相邻站实测资料进行插补;少部分站月径流量相关关系好的,就利用月径流量相关直接推算出月量,再按月合成年径流量;大部分是用年径流量相关推算出年量,再按月分配比值分配月量。插补所依据的实测资料系列太短,最短的不足10年,其插补资料外延很多。本文仅将黄河干流几个重要控制站的实测年径流量资料(含插补值)建立相关,进行分析评价。

　　绘制兰州、河口镇、龙门、陕县(华县＋洑头＋河津)(以下简称陕县*)等4站1919～1960年年径流量相关图,如图1～图4所示,并进行相关分析。

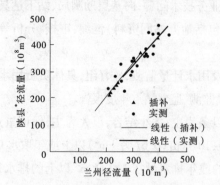

图1　陕县*—兰州1919～1960年
年径流量相关图

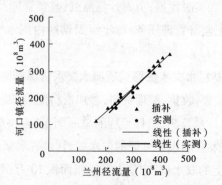

图2　河口镇—兰州1919～1960年
年径流量相关图

本文原载于《华北水利水电学院学报》2003年第1期。

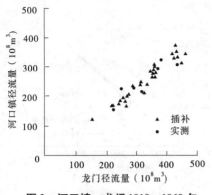

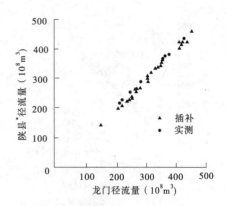

图 3 河口镇—龙门 1919 ~ 1960 年
年径流量相关图

图 4 陕县*—龙门 1919 ~ 1960 年
年径流量相关图

由图 1 ~ 图 4 可以看出：

(1)各站间都具有良好的线性相关关系,经分析计算,有实测资料时段的相关系数在 0.90 ~ 0.98 之间,含插补资料全时段相关系数在 0.95 ~ 0.99 之间。若以统计系列回归方程的标准差来判别相关关系的精度,则陕县*—龙门最好,为 1.9% ~ 3.6%,龙门—河口镇为 5.0% ~ 5.2%,兰州—河口镇为 3.4% ~ 6.2%;陕县*—兰州直接相关为 1.7% ~ 6.9%。回归方程的标准差反映的是两站相关成果综合误差,则单站误差应为综合误差的 $1/\sqrt{2}$,上述各站(时)段相关的最大标准差均未超过 7%,则单站误差应小于 5%。因此,1919 ~ 1951 年资料插补成果从统计学原理看是可信的。

(2)两回归方程之差可以说明不同时段相关关系的定量差异。从各站间插补资料部分较实测资料部分的差值分析得出:兰州—河口镇平均偏大 6.6%,年径量越小偏大越多;河口镇—龙门平均偏大 3.0%,随年径流量的增大而增大,但变幅在 3.8% 以内;龙门—陕县*偏大 1.2%,枯水年份偏小 0.4%,丰水年份偏大仅 2.3%。按兰州—陕县*两站直接相关看,插补资料部分较实测资料部分平均偏小 6.3%,枯水年份偏小多一些,平水年份较接近,丰水年份还略有偏大。这恰好说明兰州站 1919 ~ 1933 年无实测资料期间采用辗转相关插补成果与兰州—陕县*直接相关插补成果的差异。为了进一步说明两者之间的差异,计算辗转相关成果减直接相关成果、实测资料、插补资料及全部资料的差值,各级径流量的极差在 -3.2% ~ 1.4% 之间,平均情况无差异,证明文献[2]径流资料插补成果是封闭的、合理的。

2 1919 ~ 1951 年与 1952 ~ 1997 年天然径流量相关对比分析

1919 ~ 1951 年天然径流量资料,由文献[3]中的还原水量与文献[2]中的实测和插补径流量合成,1952 ~ 1997 年天然径流量资料采用文献[4]中资料,并运用这些资料绘制兰州、河口镇、龙门、三门峡(陕县*)等 4 站的天然径流量相关图,如图 5 ~ 图 8 所示,进行相关分析。

由图 5 ~ 图 8 可以看出：

(1)两个时段各站间径流量均呈现良好的线性关系。其中龙门—三门峡(陕县*)点带分布相当集中,两个时段基本一致;兰州—三门峡(陕县*)直接相关,虽然点群分布较为散乱,但线性关系良好,两个时段的点据混杂,没有系统差异。

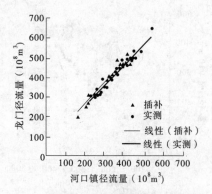

图 5 龙门—河口镇 1919~1997 年
天然径流量相关图

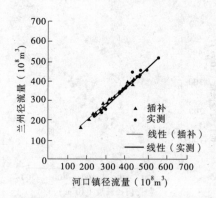

图 6 兰州—河口镇 1919~1997 年
天然径流量相关图

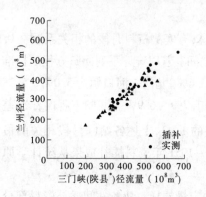

图 7 兰州—三门峡(陕县*) 1919~1997 年
天然径流量相关

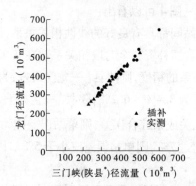

图 8 龙门—三门峡(陕县*) 1919~1997 年
天然径流量相关图

　　(2)两个时段各站的相关系数在 0.96~0.99 之间,兰州—河口镇、龙门—三门峡(陕县*)的相关系数接近于 1.0。各线性回归方程残差的标准差,除兰州~三门峡(陕县*)在 1952~1997 年为 5.3% 外,其余各站(时)段在 1.8%~4.7%,均小于 5.0%;小于 2 倍标准差占残差总数的 97% 以上,仅个别年份的残差达到和超过 3 倍标准差成为突出点。

　　(3)两站间 1919~1951 年与 1952~1997 年相关关系的比较。龙门—三门峡(陕县*)、兰州—三门峡(陕县*)两站段 1919~1951 年较 1952~1997 年的平均值仅相差 1.5% 和 1.0%,除年径流量在 200 亿 m³ 以下部分,1919~1951 年大于 1952~1997 年外,径流量处于中高水量时两者差异甚微。兰州—河口镇、河口镇—龙门两站相关关系,1919~1951 年较 1952~1997 年明显系统偏小,时段均值分别偏小 6.4% 和 5.6%,突出地反映出河口镇 1919~1951 年天然径流量资料系统偏小。

3 河口镇 1919~1951 年天然径流量系统偏小分析

　　由上述分析可知,河口镇站 1919~1951 年天然径流量资料系统偏小。现将河口镇 1919~1951 年实测径流量(含插补值)和还原水(灌溉耗水)量分析如下:

　　(1)河口镇 1919~1951 年的年径流资料都是插补值。该站采用包头—河口镇年径流量相关插补,包头站年径流资料缺测部分则由青铜峡站以及兰州站辗转相关插补。造成河口镇插补径流量偏小的原因:①兰州站 1934 年设站以前与陕县站相关插补值偏小,如图 9 所示。据统计,兰州—陕县*插补时段与实测时段回归方程的差值,15 年时段总量偏小 2.8%(2.607 × 10^{10} m³),该时段再由兰州辗转插补河口镇亦必然带来相同的差值。②河口镇赖以插补的实测径流资料仅有 1952 年 1 月~1958 年 12 月,而该时段河口镇站和兰州站的资料最近都做了改正,河口镇改正的原因是偏小,兰州改正的原因是偏大。按修改后的资料建立相关关系与原应用的相关关系比较,两回归方程的差值为 4.82 × 10^8 m³/a。若将以上两因素综合考虑,河口镇 1919~1951 年径流量插补年均偏小 1.118 × 10^9 m³,占总量的 4.48%。

(2)河口镇新中国成立前天然径流量中还原水量主要是宁蒙灌区的灌溉耗水量,其过程变化见图 10。由图 10 可见,1919~1959 年(无库调影响)按过程线的变化趋势,可分为 4 段,1919~1928 年均值为 3.79 × 10^9 m³,1929~1948 年均值为 4.67 × 10^9 m³,1949~1952 年均值增至 6.75 × 10^9 m³,1953~1959 年均值达 8.40 × 10^9 m³。历年过程变化分析,1948 年以前灌溉耗水量增长缓慢,1949~1952 年变化平稳,1953 年以后增长较快。特别是灌溉耗水量在 1948 年以前都在 5.0 × 10^9 m³ 以下,而 1949 年则猛增至 6.7 × 10^9 m³。对于 1948~1949 年 1 年间灌溉耗水猛增 1.7 × 10^9 m³,较 1948 年耗水量增加 34%,较 1948 年以前平均耗水量增加 43%。这样大的灌溉耗水量年增长率乃历年罕见,又无扩大灌区灌溉面积和增加引水等资料佐证,说明 1948 年以前宁蒙灌区灌溉耗水量的估算有偏小的可能。

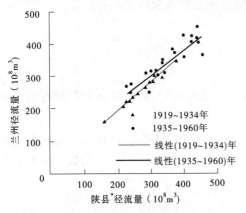

图 9 兰州—陕县* 1919~1960(日历)
年径流量相关图

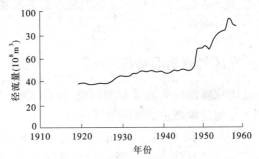

图 10 河口镇历年还原水量过程线图

4 结语

通过对文献[2]辗转相关插补成果的检验分析,可以得出以下几点结论:

(1)利用兰州、河口镇、龙门、陕县*等四站年径流量相关图,对文献[2]中的径流量成果进行相关检验。特别是对兰州站辗转相关插补资料同陕县*—兰州直接相关插补的资料,进行了综合分析评价,各级径流量的极差在 -3.2%~1.4% 之间,平均情况无差异,证明文献[2]插补的径流资料是封闭的、合理的。

(2)陕县*—龙门、龙门—河口镇、河口镇—兰州、兰州—陕县*各段相关的最大标准残差均未超过 7.0%,单站成果误差小于 5.0%,从统计学角度来看,文献[2]的插补计算成果是可信的。由于辗转相关插补兰州站的径流资料时采用的是实测资料,没有考虑区间用水影响,导致兰州站 1919~1933 年的插补资料偏小。

(3)通过对 1919~1951 年与 1952~1997 年天然径流量相关对比分析,发现河口镇站 1919~1951 年的天然径流量较 1952~1990 年系统偏小,偏小的主要原因有:①赖以插补的实测资料偏小和辗转相关插补兰州站 1919~1933 年的资料时,没有考虑区间用水影响,导致河口镇站 1919~1951 年的插补资料偏小;②1948 年以前宁蒙灌区灌溉还原水量偏小。

参考文献

[1] 黄河水利委员会.黄河流域水文年鉴[R].郑州:黄河水利委员会,1959.
[2] 黄河水利委员会.黄河干支流主要断面 1919~1960 年水量、沙量计算成果[R].郑州:黄河水利委员会,1961.
[3] 黄河水利委员会.黄河流域天然径流资料[R].郑州:黄河水利委员会,1976.
[4] 黄河水利委员会.1952~1991 年黄河流域天然径流资料[R].郑州:黄河水利委员会,1998.

万家寨水库开河期冰坝壅水计算及影响因素分析

钱云平[1]　金双彦[1]　李旭东[2]

(1.黄河水利委员会水文局;2.黄河水利委员会河务局)

1　库区河道地形特征

万家寨库区河道呈 U 型河槽,河宽 300~500 m,主槽为基岩,两岸滩地为砂卵石淤积物,拐上是河道纵坡由缓变陡的转折点。

距坝上 58 km 处是牛龙湾,该处为一 S 型弯道,其间河道断面宽度、河床比降变化大,加上有浑河入口及铁路桥,特殊的地形条件使冰凌在此下泄不畅,极易卡冰结坝,造成严重壅水。

2　冰坝形成

冰坝是热力、动力、河道特征等多种因素综合作用的结果。其主要形成条件可归纳为:①上游河段有足够数量和强度的流冰量;②有输移大量冰块的水流条件,一般来说,只要在大江大河形成武开河,其流量、流速都具备此条件;③有阻止流冰下泄的边界条件,如河道比降由陡突然变缓的河段、水库的回水末端、河流的河口地区、河流的急弯狭窄段和有坚硬冰盖的冰塞河段等。

冰坝有以下特点:①冰坝由块大质坚的冰块上爬下插堆积而成;②冰坝形成到消失一般时间较短;③溃决时常有凌峰产生且一般沿程递增;④冰坝造成的壅水和溃决形成的凌峰都可能造成较大的危害。

冰坝往往形成于那些冰盖厚、强度大而延迟解冻的地方以及特殊河道地形处。冰坝形成后,上游水位急剧上升,下游水位急剧下降。当冰坝发展到一定规模,承受不了上游冰水压力时,便突然溃决,以更多的水量和冰量、以更快的速度向下游流动,而在下游的弯曲、狭窄及固

本文原载于《人民黄河》2002 年第 3 期。

封河段卡冰阻水,再次形成冰坝。冰坝溃决形成的凌峰流量,往往是沿程递增。冰坝的形成和溃决过程,常常造成冰凌灾害。

3 冰坝壅水计算

冰坝壅水高低直接关系着冰凌灾害程度和影响范围,因此水库开河期水库调度方案的制定需要了解冰坝的可能壅水高度。

冰坝壅高水位 H 取决于研究河段的流量、冰或冰花堆积厚度以及水力和地形特性。

根据苏联 P. B. 多钦科等研究,认为冰坝壅高水位 H 是冰或冰花堆积上游边缘河深的函数,即

$$H = f(h) \tag{1}$$
$$h = e^{\alpha} I^{0.3} h_0 \tag{2}$$

式中:h 为冰坝上游水深;I 为冰坝河段的河槽比降;h_0 为畅流期平均水深;α 一般取 2.85 ± 0.15。

利用以上关系式可以确定无直接观测资料河段的冰坝水位。

由于万家寨水库运用时间短,实测资料少,因此可根据公式(1)估算可能壅水高度。计算冰坝时,α 取 3。

万家寨库区河道比降大约为 1‰,因此 $e^{\alpha} I^{0.3} = 2.53$。

根据回水曲线计算公式,给定流量,可计算出畅流期水位;根据河底高程就可确定相应水深 h_0。开河时开河流量在 700 ~ 1 000 m³/s,据此可计算出水库起调水位在 960 m 时冰坝上游平均水深 h_0 大约为 3 m,这样可根据公式(2)计算出可能的壅高水位:

$$h = 2.53 \times 3 = 7.59 \text{ m}$$

形成冰坝前河道水深为 2 ~ 3 m,因此冰坝壅水高度为 5 m 左右。计算结果与天桥水电站末端冰坝最大壅水高度(5.5 m)较为接近。

开河期库水位 970 m,流量 1 000、2 000 m³/s,相应 987 m 的出水高度在距坝 67.57 km 以内均在 5 m 以上,距坝 69.77 ~ 72.10 km 拐上范围内均不足 5 m。

4 库区冰坝溃决的影响因素分析

从 1999、2000、2001 年开河情况来看,影响冰坝溃决下移的因素比较复杂,特别是关于冰坝溃决下移的决定性因素,各方意见不一,争论的焦点是库水位与冰坝溃决下移的关系,以及降低水库水位是否对库区回水末端以上河段冰凌下泄起较大作用。

通过对这三年开河期的冰凌情况分析,我们认为影响冰坝溃决下移的因素主要有三个方面:一是冰坝本身上下游水头差作用;二是头道拐开河流量加大,动力条件变强;三是水库水位降低的作用。冰坝的溃决应该是以上三种作用共同影响的结果。

4.1 库水位对冰坝溃决的影响

冰坝形成后,冰坝壅水将不断抬高,冰坝上下游水位相差逐渐增大,从而坝体承受的水压力增大。在此作用下,一旦壅冰河段的上下游水头差达到一定高度(临界高度),冰坝就可能发生溃决。上下游水位相差多大时,冰坝可能发生溃决?为了解决这个问题,绘制了冰坝形成及溃决过程中库水位、头道拐流量与冰坝附近水位的过程线图。

图 1、图 2 分别为 1999 年开河时 WD56 断面水位变化与库水位、头道拐流量变化过程线

图,该断面位于距坝 56.5 km 的浑河口,位于冰坝的上游。从图 1 可看出,库水位从 2 月 15 日的 960 m 降低到 3 月 1 日的 952.7 m 时,WD56 断面水位没有什么变化,此时头道拐流量只有 500 m³/s,也就是说,在头道拐流量偏小,库水位从 960 m 降低到 953 m 左右,坝上 56 km 以上的变化影响不明显。3 月 6 日水库水位已降低到 940 m,WD56 断面水位没有降低,反而由于大量流冰堆积,使水位迅速上升到 976.5 m。随着库水位的迅速降低,流冰并没有随之迅速入库。这说明头道拐流量偏小时,降低库水位作用不明显。

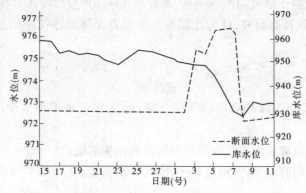

图 1   1999 年 2 月 15 日~3 月 11 日 WD56 断面水位与库水位过程线

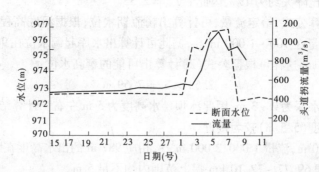

图 2   1999 年 2 月 15 日~3 月 11 日 WD56 断面水位与头道拐流量过程线

4.2   流量对冰坝溃决的影响

从图 2 看出,3 月 4 日后头道拐开河,流量逐渐增大,到 3 月 6 日流量达到 1 100 m³/s 后,冰坝于 3 月 7 日溃决。可见头道拐流量增大对冰坝的垮坝作用较明显。

从 2000 年和 2001 年开河看,情况也基本类似。

4.3   库水位、流量对冰坝溃决的综合影响

根据 1999~2001 年开河期情况的分析,当头道拐流量达到一定程度时,降低库水位,其促使库尾河道以上冰坝垮坝、冰凌入库的作用不可低估。

从 1999 年开河时库水位的降低与河道冰面变化情况来看,降低库水位,对回水末端附近河段及以下冰面影响很大,随着库水位的降低,库尾冰面也随之迅速降低。

降低库水位可以使回水末端堆冰破碎,同时库尾河段比降增大,回水末端的冰体随着水位的下降而下移,也有利于库尾以上河道来冰进入库中。在回水末端以上河道主流出现清沟或部分开通情况下,有可能形成"多米诺骨牌"效应,也利于回水末端以上河道冰凌下移入库。

另外,其他冰坝垮坝的影响因素还有冰坝自身的重力作用等。

总而言之,开河期冰坝垮坝主要是由三种因素共同作用的结果。通过上下游水位差产生的较大水头压力、头道拐流量增大和适时降低库水位,在"上推下排"等多重动力共同作用下,可促使冰坝溃决、堆冰下移。

黄河水利委员会雨量站网分析与调整

杨汉颖 刘九玉 龚庆胜 司风林

(黄河水利委员会水文局)

1 委属雨量站网分布范围及现状

1.1 委属雨量站网分布范围

目前,委属雨量站网分布范围为:

(1)上游。巴沟以上干支流。

(2)中游:①河曲—龙门区间干流和西岸各支流及东岸个别支流;②泾河亭口以上、渭河林家村以上大部分干、支流(其中,香水河、暖水河、颉河及葫芦河北峡以上为宁夏自治区布设);③伊、洛、沁(润城以下)河及潼关—花园口区间干支流。

1.2 委属雨量站网现状

1.2.1 雨量站网现状

截至 1997 年,委属雨量站网有基本雨量站 756 处,其中水文、水位站观测的有 106 处,委托雨量站 650 处;基本雨量站中汛期观测站 91 处,全年观测站 665 处。从观测方式统计,基本雨量站使用自记雨量计的有 511 处,自记化程度为 67.6%,使用雨量器观测的有 245 处。各区段雨量站情况见表 1。

表 1　1997 年委属雨量站网情况统计

区　间	基本雨量站数	实有功能			观测方式				观测时期	
		面雨量站	配套站	报汛站	水文、水位站观测		委托站观测		汛期	全年
					自记	雨量器	自记	雨量器		
河口镇以上	28	28		11	17	6		5		28
河口镇—龙门	268	198	159	43	37		136	95	76	192
龙门—三门峡	248	248	68	30	21		147	80		248
三门峡—花园口	211	196	88	112	24		128	59	15	196
花园口以下	1	1		1	1					1
合计	756	671	315	197	100	6	411	239	91	665

本文原载于《人民黄河》2001 年增刊。

1.2.2 雨量站的功能

基本雨量站按其设站目的,可分为两类:一类为与中小支流代表站相配套而设立,称为配套雨量站;另一类为控制大范围的雨量分布而设立,称为面雨量站。

《水文站网技术导则》(以下简称《导则》)第5.1.1条规定:面雨量站,应能控制月、年降水量和暴雨特征值在大范围内的分布规律,要求长期稳定。配套雨量站,应与小河站及区域代表站进行同步的配套观测,控制暴雨的时空变化,求得足够精度的面平均雨量值,以探索降水量与径流之间的转化规律,与面雨量站相比,要求有较高的布站密度,并配备自记仪器,详细记载降雨过程。

由于设站目的不同,雨量站的布站密度、仪器配备、观测时期、管理标准均不同。为便于科学管理,将雨量站按其作用划分为3种功能:①控制大范围的月、年降水量和暴雨特征值分布的站具有面雨量站的功能。②为控制暴雨时间、空间分布与中小支流代表站相配套使用的站具有配套雨量站的功能。③向黄河防总提供雨情的报汛站具有报汛雨量站的功能。各区段雨量站实有功能情况列入表1。

1.3 存在问题

(1)在中小河流代表站中,约有46%的区域代表站和小河站的配套雨量站不足,达不到《导则》规定的下限指标,控制不住暴雨的空间分布;搜集的雨量资料反映不出暴雨的实际情况,满足不了分析水文规律的需要,影响水文站网整体功能的发挥。

(2)小河站的配套雨量站是为搜集小面积上暴雨资料而设立的,暴雨资料应能满足产汇流参数分析、探索降水量与径流之间的转化规律等研究工作的需要。可是,现有小河站的雨量资料整编成果刊入大年鉴,摘录时段长,反映不出降雨强度的变化,满足不了科研工作的使用。

(3)雨量站网普遍存在委属与省(区)交叉布站的情况。现行的资料管理办法,给资料使用带来困难。这样,虽然雨量站网达到合理布设的要求,但对于使用资料部门来讲,达不到使用密度要求。另一方面,交叉布站给雨量站网的合理布局及调整带来困难。

(4)以往的雨量站网没有划分功能,这不利于管理部门对具有不同功能的站进行合理的投资、建设和科学、规范的管理。例如,泾河雨量站全部采用全年观测,控制年降水量的地区变化显得过密,不经济。由于雨量站的功能不明确,当区域代表站、小河站撤销时,容易被作为配套雨量站同时撤销,不利于面雨量站进行长期、稳定的观测。

2 合理布局分析

2.1 合理布局原则

以《导则》第5.1.7条作为雨量站合理布局的原则:①面雨量站应在大范围内均匀分布,配套雨量站应在配套区内均匀分布,并尽可能保留长系列站。②应能控制与配套面积相应的时段雨量等值线的转折变化,不遗漏雨量等值线图经常出现极大或极小值的地点。③在雨量等值线梯度大的地带,对防汛有重要作用的地区,应适当加密。④暴雨区的站网均应适当加密。⑤区域代表站和小河站所控制的流域重心附近,应设立雨量站。⑥应选择生活、交通和通信条件较好的地点。

2.2 雨量站网布设密度估算

在一定面积上,布设多少个雨量站才能以最少的投资,搜集到满足精度要求的雨量资料,是雨量站网合理布局需要解决的问题。

2.2.1 配套雨量站网布设密度估算

依据《导则》推荐的方法,结合委管辖区雨量站网布设现状,本次用相关系数法进行配套雨量站网密度的估算。当保证率为 $(1-\alpha)$ 时,欲使面积 F 上的平均时段面雨量 $\overline{X}$ 的误差不超过 $\Delta\overline{X}$,则至少要布设的雨量站数目 B,根据 T 检验原理导出计算公式

$$N = 1 + (\frac{t_\alpha \overline{K}}{\Delta\overline{X}})^2 \tag{1}$$

$$\Delta\overline{X} = \varepsilon \cdot \overline{X} + \Delta X_0 \tag{2}$$

式中: t_α 为显著水平为 α 时的置信系数; $\overline{K}$ 为降雨随机的空间标准差; $\Delta\overline{X}$ 为某时段面平均雨量 $\overline{X}$ 的允许误差。

ε、Δx 以及 α 可根据《导则》中的表 5.1.3 查取,公式(1)、(2)中的 $\Delta\overline{X}$ 和 t_α 集中概括了站网规划部门和资料使用部门的意图和要求。

河龙片是黄河流域水土流失最严重的地区,该区短历时、高强度、笼罩范围小的局部暴雨甚多。本文选该片为典型区进行分析。

用 1956 ~ 1988 年 33 年序列,每年选 1 ~ 2 场最大洪水对应的 12 小时暴雨绘制而成的等值线图,在区间上均匀划分出 105 个格点,内插出 105 个点雨量序列,作为分析样本。选用时段面平均雨量 $\overline{X}$ 的误差保证率 $(1-\alpha)$ 为 85%、80%、75%,取 ε 为 0.10、0.15 及 0.20,$\Delta X_0 = 3$,按公式(2)分别计算出面平均雨量的允许误差 $\Delta\overline{X}$。根据各支流情况,计算出 $\overline{K}$,用公式(1)计算区内各区域代表站、小河站控制面积配套雨量站布站数,并点绘曲线于图1。

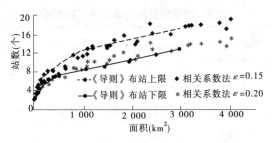

图 1　布站曲线

《导则》规定,在不具备分析条件的地区,可结合设站目的、地区特点,按照表2将面积与相应上、下限布站数绘制成关系曲线(见图1)。

表 2　面积和雨量站数目查算

面积(km^2)	< 10	20	50	100	200	500	1 000	1 500	2 000	2 500	3 000
雨量站数(个)	2	2 ~ 3	3 ~ 4	4 ~ 5	5 ~ 7	7 ~ 9	8 ~ 12	9 ~ 13	10 ~ 14	11 ~ 15	12 ~ 16

注:本表为《导则》表 5.1.4。

对以上两种方法的布站密度估算进行比较,《导则》规定的上、下限布站数与平均相关系数法(保证率 = 85%,相对误差为 0.15 ~ 0.20)估算出的布站密度相近(见图1)。从布站合理及使用方便的角度考虑,本文按表2进行河龙片配套雨量站网的建设。

泾渭片参考河龙片分析计算结果布站。

三花片是暴雨多发区,也是黄河防汛重点区,经多年的建设,雨量站网较密,能控制暴雨的

变化,不再作配套雨量站网布设密度的估算。

2.2.2 面雨量站布设密度估算

面雨量站网是为控制月、年降水量和暴雨特征值在大范围内的分布规律而设立的,布站密度与配套雨量站不同。

《导则》规定:面雨量站采用平均每 300 km² 一站(荒僻地区可放宽)的密度布设,要求分布均匀;平原水网区的面雨量站可以采用 250 km² 一站的密度标准。

2.3 雨量站网现实密度分析

2.3.1 配套雨量站现实密度分析

按 1997 年资料统计,黄河上委属水文站的区域代表站、小河站共有 55 处,其中区域代表站 42 处,小河站 13 处。黄河中游区域代表站 41 处,小河站 13 处,共有配套雨量站 315 处。

黄河中游委属区域代表站、小河站配套雨量站,达到《导则》规定下限布站数的有 29 个,占总数的 53.7%;不足下限布站数的有 25 个,占总数的 46.3%,其中严重不足的(只配下限半数)有 8 站,约占 15%。例如,无定河上的韩家峁站因人烟稀少,流域面积 2 452 km²,只有 3 个雨量站,布站密度为 817 km²/站,为黄河中游区域代表站中配套雨量站网密度最稀的站。

2.3.2 面雨量站现实密度分析

面雨量站网密度计算分片进行。由于委属雨量站与省(区)雨量站交叉布站,为了确切了解委属雨量站网分布现状、布站密度,分析范围仅限大部分为委属雨量站的区域。

流域各片面雨量站网密度计算结果列于表 3。

表 3　委管辖区面雨量站网现实密度

流域片	委属站分布面积(km²)	委属站数	省(区)属站数	合计站数	密度(km²/站)
河龙片	83 545	192	78	270	310
泾渭片	55 740	186	26	212	260
三花片	30 813	194	27	221	140
合 计	170 098	572	131	703	240

由表 3 看出,河龙片基本上达到了《导则》规定的 300 km²/站的密度标准,站网密度为 310 km²/站;泾渭片站网密度为 260 km²/站,大于《导则》密度标准,其中渭河现实密度为 320 km²/站,泾河为 230 km²/站;三花片地处暴雨多发区,为黄河防汛重点区,布站密度为 140 km²/站,远远超过《导则》的规定,达到了世界气象组织 WMO 推荐的温带山区雨量站网最小密度为 100 ~ 250 km² 有一站的标准。因此,现有雨量站密度能够满足收集控制面雨量的需要。

2.4 委属雨量站网站点合理布局检查

将委管辖区内现有雨量站点绘于多年平均降水量、时段典型暴雨量等值线图上,检查雨量站网对暴雨及多年平均面雨量分布控制情况。

从雨量站分布现状与暴雨等值线看出,河龙片大部分地区的雨量站能满足绘制暴雨等值线的要求,但个别人烟稀少,交通生活不便的山区、支流交界处等地方,有较大"空白区",如皇甫川与孤山川支流交界处。另外,1977 年 8 月 1 日在陕西、内蒙古交界的乌审旗呼尔吉特附近发生特大暴雨,暴雨中心木多才当 9 小时雨量达 1 400 mm(调查值),而附近雨量站少,不能控制大暴雨的空间分布。这些"空白区"及雨量站较少的区域应增设雨量站。

泾渭片、三花片雨量站网基本上能够能满足绘制暴雨等值线的要求。

从绘制出的黄河中游雨量站网分布及黄河流域 1956~1997 年多年平均降雨等值线看出,尽管泾河上游、三门峡—花园口区间多年平均降雨量等值线梯度较大,但范围内面雨量站较多,基本上能够满足控制大范围内年降水量分布的要求。

3 雨量站网调整意见

根据雨量站网合理布局原则以及雨量站网布设中存在的问题,考虑到各片雨量站网在治黄工作中所起作用的重要程度以及设站目的、生活条件等,按一定的密度标准,进行面雨量站及配套雨量站的调整。同时划定出每个站的实有功能,并按其功能确定观测时期(全年观测或汛期观测)。

3.1 配套雨量站的调整意见

配套雨量站的调整主要从以下几方面考虑:①重点配置河龙区间受人类活动影响较小的、配套雨量站严重不足的区域代表站、小河站。根据目前的经济条件,增设至《导则》下限标准。②拟撤区域代表站、小河站相应的配套雨量站,除保留面雨量站外,一律随之撤销。③对拟建的区域代表站、小河站进行配套雨量站网的规划。④对超过下限、未超过上限的配套站雨量站以及三花片超过上限的配套雨量站予以保留。⑤对于不具有面雨量站功能的配套雨量站调整为汛期观测。

依据上述意见,黄河中游有 25 处委属区域代表站、小河站需增补配套雨量站,除去拟改为专用水文站的,受人类活动影响严重的,人烟稀少、布设雨量站困难,暂不考虑配套的,及可借用邻近雨量站达到《导则》下限配套标准的水文站,仍有 12 处水文站需要增设 28 处雨量站达到《导则》下限配套标准。

对拟撤小河站及配套雨量站过密的小河站,需撤销配套雨量站 7 处。

根据委属区域代表站、小河站合理布局研究提出的拟建区域代表站 16 处、小河站 15 处的方案,需增配套雨量站 191 处。

为了达到经济、合理的布设雨量站网,需调整泾河上 11 处配套雨量站为汛期观测站。

3.2 面雨量站调整意见

面雨量站的调整主要从以下几方面考虑:①面雨量站密度不足或有较大空白区的地点,增设面雨量站。②根据雨量站的位置并参考多年平均等值线图、典型暴雨等值线图,及《导则》面雨量站的布站密度,对每个站的实有功能进行调整,将调整后不具备面雨量站功能的站,改为汛期观测站。③泾河面雨量站网密度大,拟考虑撤销一部分站。应避免撤掉具有长系列观测记录的雨量站,撤销后的雨量站网不应该对暴雨等值线的绘制及多年平均等值线图的绘制产生大的影响。

河口镇—三门峡区间的面雨量站网参考《导则》规定 300 km^2/站密度,根据合理布局原则,考虑各地区的实际情况拟定增、撤、改方案。

三花片大暴雨出现几率较高,暴雨洪水对黄河下游安全危胁很大,此区间的雨量站网在掌握雨情及下游洪水预报中起着重要作用。面雨量站网的布站密度为 143 km^2/站,根据实际情况密度维持原状。

上游区委属雨量站主要分布于巴沟以上地区,该区人烟稀少,目前不具备增设雨量站的条件,可用当地气象站及现有雨量站网来掌握降雨量的变化情况。

依据上述意见,黄河中游委管辖区内需增设面雨量站共15处,需撤销面雨量站9处。

无定河流域3处具有面雨量功能的汛期雨量观测站需要调整为全年观测站。

调整后,河龙片面雨量站密度由310 km²/站调整为300 km²/站;泾渭片面雨量站密度由260 km²/站调整为280 km²/站。

4 结语

黄河流域雨量站网若按此方案调整,雨量站将达到966处,比现有756处增加210处,增幅为28%;调整后单纯面雨量站功能439处,单纯配套雨量站功能300处,兼有面雨量、配套雨量站功能的227处;调整后全年观测的站为665处与1997年持平;汛期观测站为301处,较1997年增加210处。

(1)委属站与省(区)站交叉布站问题复杂,牵扯黄河流域各省(区)雨量站网规划、管理、资料相互使用等问题,建议由部主持各主管部门协商界定各自的管辖范围。

(2)这次雨量站网规划所用指标多以"下限"考虑,总体讲是不适应的,黄河应充分利用先进技术来加密雨量站网,如气象雷达、气象卫星等来扩展降雨资料的搜集途径。

(3)建议有关部门将小河站配套雨量站的资料全部刊印在黄河流域小河站的水文年鉴中,或刊印在大年鉴中,雨量资料的摘录时段应短一些,摘录的时段降雨应该能够反映雨强的变化。

图像法水面流速测验方法简介

刘建军　何志江　李白羽　王　勇

(黄河水利委员会中游水文水资源局)

1 概述

目前,水文测验技术有了长足发展,许多新的自动化测验技术、设备得到了很好的应用。由于不同地域水流情况的特殊性,有些传统的人工测验方式仍在沿用,浮标法水面流速测验就是其中一个例子。浮标法水面流速测验在北方山溪性河流冰流量和高洪测验中应用较为广泛,尤其在高洪期间,洪水波浪大,漂浮物多,采用流速仪测验较为困难,是测定流速的重要手段。浮标法测验的原理是通过仪表测定浮标流经中断面的位置以及流经一定河长的时间来确定中断面各起点距对应的水面流速,通常采用经纬仪、秒表、对讲机等工具。采用传统浮标法测验存在如下不利因素:①需要多名工作人员协调配合完成,一般需要5~15名工作人员;②只能逐次进行单个浮标的观测,不能同时控制多个浮标,测验历时长。图像法水面流速测验方法可以有效弥补上述不足,能同时记录多个浮标的运动,在短时间内由2~3名工作人员操

本文原载于《水文》2003年第6期。

作即可完成整个测验过程。

2 图像法水面流速测验方法简介

图像法水面流速测验方法针对河中有漂浮物或人工浮标的情况设计,采用立体几何和摄影测量学原理,建立图像与实际水面坐标的转换模型,采用计算机对浮标进行精确拟合,确定浮标的位置及速度。该方法具有设备简单,工作界面直观,瞬间可采集多个数据,测验历时短,不会漏测洪峰,数据自动显示,需要工作人员少等特点。

2.1 工作设备

图像法水面流速测验系统由计算机(视频采集卡)、摄像头、信号传输线路、控制软件组成。在岸边选取适当的位置,正对中断面安装摄像头并按一定方向固定,原则是图像清晰、能控制整个断面,使处理画面中的河段长度符合水文测验的要求,采集到的图像信号通过信号线传回控制室存储。

根据不同的测验要求选用摄像头,可以采用摄影测量专用设备,也可采用普通设备。夜间测验需要照明设备辅助,或者采用红外线摄像头。选用摄像头时可参考以下指标:物镜边缘部分分解力不小于 10 条/mm,最大畸变差不超过 ±0.04 mm。

2.2 工作流程

选取欲处理的时段,调用动态图像循环播放,输入待处理浮标流经中断面时水位,由坐标转换模型确定屏幕图像各点对应实际坐标,调整图像上人工标志的位置与速度,与浮标进行拟合,拟合完成后,输出该浮标对应的起点距、流速,至此,一个浮标处理完成。重复上述步骤,完成整个测验过程。图像在水面流速测验软件工作流程见图1。

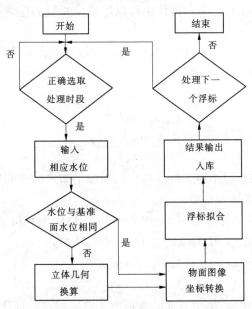

图 1 图像法水面流速测验软件工作流程图

3 主要技术

图像法水面流速测验方法的主要技术为图像与物面坐标转换模型的建立以及浮标的拟合。

3.1 坐标转换模型的建立

坐标转换模型根据立体几何及摄影测量学中心投影原理完成,基本思路如下:针对已知物面、图像,建立物面、象面(成像面)、图像3个面坐标的关系,象面和图像之间的关系是正中心投影,物面和象面之间存在倾角。为图像、象面、物面分别建立坐标系,图像、象面采用同一坐标系,Z轴与摄影轴重合,象面坐标与图像坐标间为倍比关系,象面与物面间存在三点共线方程,由3个面坐标间关系建立图像坐标与物面坐标的转换方程。

选定一基准面,建立物面坐标系,在图像上以对应象面象点中心的点作为原点建立图像坐标系,实际操作中可以用图像的几何中心作为原点。图像坐标与物面坐标间线性变换关系如下:

$$\left. \begin{aligned} x + \frac{L_1 X + L_2 Y + L_3 Z + L_4}{L_9 X + L_{10} Y + L_{11} Z + 1} = 0 \\ y + \frac{L_5 X + L_6 Y + L_7 Z + L_8}{L_9 X + L_{10} Y + L_{11} Z + 1} = 0 \end{aligned} \right\} \tag{1}$$

式中:L_i为转换系数;X、Y、Z为物面点的空间坐标;x、y为相应图像点的平面坐标。

在式(1)中,需要4组物面空间点坐标及对应的图像平面坐标确定系数L_i(4组数据点指8个坐标点,图像上4个点,相应物面上4个点)。

我们将拍摄的瞬时物面假定为水平,在河流水位发生变化时,如果图像上确定位置的4个点对应的基准面实际控制点发生变化,则通过立体几何方法换算出图像上原确定位置的4个点对应的新物面位置点平面坐标。作几何换算需要的数据有基准面的高程、基准面原控制点的坐标、新物面的高程、投影中心高程及其在物面坐标系投影的水平坐标(投影中心是物面点与象面对应点连线延长的交点。实际操作中可以用摄像物镜的位置代替投影中心,对计算结果影响很小)。

采用上述几何转换方法,物面与图像间的坐标转换就只需要考虑平面坐标,即Z轴方向坐标值为零。这样式(1)可以转化为:

$$\left. \begin{aligned} x + \frac{L_1 X + L_2 Y + L_3}{L_7 X + L_8 Y + 1} = 0 \\ y + \frac{L_4 X + L_5 Y + L_6}{L_7 X + L_8 Y + 1} = 0 \end{aligned} \right\} \tag{2}$$

在式(2)中,需要物面4组平面坐标及对应的图像平面坐标确定系数L_i。

将式(2)变形为如下线性方程组:

$$\left. \begin{aligned} X L_1 + Y L_2 + L_3 + 0 L_4 + 0 L_5 + 0 L_6 + X x L_7 + Y x L_8 = -x \\ 0 L_1 + 0 L_2 + 0 L_3 + X L_4 + Y L_5 + L_6 + X y L_7 + Y y L_8 = -y \end{aligned} \right\} \tag{3}$$

$$\left. \begin{aligned} (L_1 + x L_7) X + (L_2 + x L_8) Y = -L_3 - x \\ (L_4 + y L_7) X + (L_5 + y L_8) Y = -L_6 - y \end{aligned} \right\} \tag{4}$$

对应不同水位的每个物面,采用几何换算得出4组控制点数据作为初始值,由式(3)可以解出L_i;在式(4)中,将式(3)解出的L_i作为已知条件,可以解出图像上任意点坐标(x, y)对应的物面坐标(X, Y)。

实际操作中,首先选定一基准物面,布置4个控制点标志,建立物面坐标系,测量出控制点坐标;以屏幕图像几何中心为原点建立坐标系,量取对应物面各控制点的图像点坐标,以这4

组坐标值作为坐标转换的初始数据。需要指出的是,屏幕矩形图像对应的物面为扇形区域。依照水文测验规范要求,我们只需利用坐标转换模型换算出图像纵向中线上各点代表的物面起点距以及该起点距对应的上、下断面点在图像上的对应坐标即可。

3.2 浮标的拟合

浮标的拟合是指在循环播放影像片段时,由计算机模拟一个标志,通过人工调节使该标志与浮标同步,图像各点代表的物面坐标可由坐标转换模型完成,容易确定浮标对应的起点距和速度。软件设计思路如下:界面背景为循环播放的待处理时段动态图像,前景为一个水平方向循环运动的人工标志,该标志可以上下移动,用来确定对应中断面的起点距;在水平方向上,标志按指令调节速度,达到与背景中的浮标同步。

4 结语

用图像法水面流速测验方法采集到的数据精度除了受摄像头本身指标影响外,与基准面控制点的选择也有很大的关系。为提高精度,减少误差,在选择控制点的时候,必须注意位置的合理性,尽量使控制点分布均匀,还要使测验河段位于控制点的控制范围内。

图像法水面流速测验方法是摄影技术在水文测验领域的成功应用,影像资料可以长期保留,能够重现洪水过程,便于日后对成果的查核、比较和分析。处理对象是历史影像,不会漏测洪峰,具有提高工作效率、减轻劳动强度等优点,改变了浮标测验单一野外作业的局面,具有良好的经济效益和社会效益。

引黄涵闸流量自动监测技术研究

刘晓岩[1]　王建中[1]　刘　筠[2]　刘沛清[3]

(1. 黄河水利委员会水量调度管理局;2. 河南黄河河务局设计院;3. 北京航空航天大学)

1 监测系统原理与功能

1.1 系统原理

远程自动化流量监测系统的主要原理是:在引黄涵闸的上、下游安装水位传感器,闸门上安装闸位传感器,传感器的模拟信号通过 A/D 转化为数据信号发送到计算机内(如图 1 所示),由计算机随时监测过闸堰上下游水位和闸位的变化,然后利用堰闸出流公式计算不同时刻的引水流量。

1.2 监测系统功能

监测系统主要分两部分:一是实施监测的硬件系统,主要有闸门上下游水位计、闸位计、无线电发射台和传输、记录分析的设备等;二是用于流量计算、数据存储管理的软件系统,该软件系统主要根据李家岸历史实测资料,结合涵闸运行参数,以及远程监测信息传送、管理等开发

本文原载于《人民黄河》2001 年第 11 期。

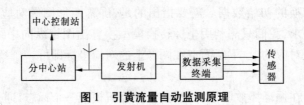

图 1　引黄流量自动监测原理

的实时流量计算模型。

为提高监测精度,同时选用五家单位的仪器进行实验。其中用于水位监测的设备有河海大学提供的进口超声波水位计,南京水文水资源自动化研究所(简称自动化所)提供的浮子式水位计,中国水利水电科学研究院(简称北科院)提供的压力传感器,黄委信息中心提供的电子水尺和黄河水利科学研究院(简称黄科院)提供的超声波水位计五种类型。主要技术指标详见表1。用于量测闸门开启高度的闸位计除河海大学、黄科院使用自己的仪器之外,其余均共用自动化所的光电编码闸位计。信号传送、监测记录等设备均采用自备监测设施,详见表2。

表 1　用于水位监测的各仪器的主要技术指标

项目	进口超声波水位计	浮子式水位计	压力传感器	电子水尺	国内超声波水位计
量程(m)	10、20、30	10、20、30	0~0.5~10	2.56	0~20
分辨率(cm)	1	1	1	1	1
精度(cm)	±2	±2	±0.2	0~1	±2

表 2　各参试单位监测设备一览

项目	河海大学	自动化所	北科院	黄委信息中心	黄科院
上下游水位	进口超声波水位计	浮子式水位计	压力传感器	电子水尺	国内超声波水位计
闸门开启高度	机械式闸位计	光电式闸位计	光电式闸位计	光电式闸位计	机械式闸位计
实时监测处理设备	计算机	计算机	计算机	计算机	计算机
信号传输方式	有线	有线	无线	无线	无线

监测系统软件是在 Windows 平台环境下进行工作的,通过界面型式可进行闸门控制、数据采集、处理、转送等项工作。主要功能有:

(1)实时自动采集各闸门开度,开闸孔数,上、下游水位等;

(2)自动记录开关涵闸次数及开关时间;

(3)能实现闸门远方自动启闭控制;

(4)能任意组合闸门启闭顺序;

(5)能自动计算各闸的过闸瞬时引水流量、日均引水流量、日均引水量、旬均引水量、月引水量和年引水量并生成报表;

(6)实时发送、存储和处理各类数据。

2 监测结果及分析

本次实验监测是在李家岸引黄涵闸上进行的。实验过程中,将各家仪器的水位传感器分别布置于涵闸上游闸墩和下游水流稳定处,闸位计安装在闸门启闭机上,当水位和闸门开启高度发生变化时,传感器向分中心发射模拟量,经计算机处理后转化为数字量,然后由流量程序计算得到瞬时流量、累计引水流量和水量。人工对比测验采用传统流速仪法,测验断面设在李家岸引黄涵闸下游 800 m 处的引水渠道上,根据实验的要求,每 6 小时测验流量 1 次,每日 4 次。测流的同时,人工观测涵闸上、下游水位,闸门开启孔数及开启高度等参数。

用于数据分析的自动采集数据点约 237 万,人工对比实测数据为 195 点。经对资料进行分析,形成了满足实验结果分析的样本系列。根据统计学原理又分析了监测系统的各类误差。

2.1 水位资料

鉴于过闸流量是由监测的水位间接获得。为了检验一次仪表量测精度,由表 3 给出各家水位计测量误差分析结果。河海大学、信息中心和自动化所上、下游水位监测精度基本一致,各类误差均达到国家行业标准《水位计通用技术条件》(SL/T243—1999)的规定,其准确度、精密度和精确度都较高。受闸墩和上游来流的影响,下游水位精度高于上游水位精度。

表 3 各水位监测系统随机误差计算结果 （单位:m）

项目		进口超声波系统	浮子水位计系统	压力传感系统	电子水尺系统	国内超声波系统
系统误差	上游	0.013	0.022	−0.504	−0.016	−0.064
	下游	0.003	−0.019	−0.041	0.036	0.018
随机均方误差	上游	±0.053	±0.051	±0.245	±0.034	±0.244
	下游	±0.035	±0.063	±0.034	±0.032	±0.093
随机不确定度	上游	±0.106	±0.102	±0.490	±0.068	±0.488
	下游	±0.070	±0.126	±0.068	±0.064	±0.186
综合均方误差	上游	±0.055	±0.056	±0.560	±0.038	±0.252
	下游	±0.035	±0.066	±0.053	±0.048	±0.095
综合不确定度	上游	±0.110	±0.112	±1.120	±0.076	±0.504
	下游	±0.070	±0.132	±0.106	±0.096	±0.190

2.2 流量分析

由水位资料得到的过闸流量误差分析结果分别由表 4 和表 5 给出。其中,表 4 为流量的系统误差,表 5 为流量值的随机误差。结果表明,就流量值的系统误差而言,进口超声波和浮子式水位计得到的结果均在量测仪器误差允许范围内,说明这两种监测系统的流量准确度满足要求;就流量值的随机误差而言,除国内超声波、压力传感系统随机误差较大外,其余随机误差均不超过 5%,说明流量值精度较高。此外,除浮子式水位计给出的流量系统误差为正值外,其余流量值系统误差皆为负值,说明整体上各监测系统的流量值偏小于实测值。

2.3 综合分析

测试数据表明,进口超声波、电子水尺和浮子式水位计均能满足流量远程自动化监测要求。但考虑到引黄涵闸的实际情况和其他因素的影响,水位监测仪器的选型以河海大学的超声波和信息中心的电子水尺为主。河海大学使用的进口超声波水位计为非接触式,泥沙和水草对测量结果基本上无影响,不怕风雨,自校正声速,准确度、精密度和精确度都较高,稳定可靠。信息中心的电子水尺结构简单,安装方便,适应性强,测量准确,稳定可靠,但量程受限,也易受波浪影响。自动化所的浮子式水位计没有电子元件,抗雷击性好,精确度较高,维修简便,但受水草影响大,安装时要打细井,水位突变时钢丝绳易滑动造成水位跳变。

表4　流量结果平均系统误差

方法	进口超声波系统	浮子水位计系统	压力传感系统	电子水尺系统	国内超声波系统
直接统计法	±1.3%	±0.1%	±14.0%	±9.4%	±19.3%
相关分析法	±1.4%	±0.2%	±15.1%	±9.5%	±23.1%

表5　流量结果随机误差

方法	进口超声波系统	浮子水位计系统	压力传感系统	电子水尺系统	国内超声波系统
相对均方误差	±3.1%	±4.1%	±4.8%	±3.5%	±8.3%
随机不确定度	±6.1%	±8.1%	±9.6%	±6.9%	±36.8%

3　问题与建议

初步研究表明,引黄涵闸流量自动监测系统是合理可行的,由监测水位间接获得流量值能够满足使用要求,通过进一步研究可获得较高准确度。现阶段存在的问题主要有:

(1)监测系统流量计算模型尚需要改进,应尽快开展涵闸流量率定和局部流态研究。影响流量准确度的主要问题是:①设计涵闸时的泄流曲线已不能代表目前涵闸泄流情况,用此曲线率定的参数计算出的流量与实测流量差距大。②受安装位置的限制,实验中水位传感仪器无法安放在理论要求位置。仪器安放在闸墩上后,与理论上的堰上水头存在一个 Δh 的系统误差,由于堰上水头正比于流量,因此测的流量结果均存在系统偏小问题。③河流泥沙对涵闸出流有很大的影响,主要表现在两个方面,一是泥沙在闸前后的冲淤导致相应的地形变化;二是含沙量对涵闸出流系数的影响。④大河河势变化及分流比对引黄涵闸过流量有一定的影响。为此,建议尽快开展涵闸流量率定和局部流态研究。

(2)缺少不同流量级监测数据,分析结果存在一定局限性。实验期间正值农业用水高峰期,95%的引水流量在 $60 \sim 80 \ m^3/s$ 之间,30 m^3/s 引水流量仅占实测流量的5%。受比测资料限制,运用实验资料对监测系统进行评价还存在一定局限性。因此,低水位、小流量条件下仪器的监测性能尚须进一步检验。

(3)停电无法监测,应配备备用电源。本次实验的李家岸引黄涵闸仅有一条供闸门启闭的动力线路(黄河下游引黄涵闸情况类似),根据管理规定下班后要关闭电源,这使得有线发射的监测设备就处于工作停止状态,尽管实时监测数据已经完成存储,但无法及时传输。此外,监测系统和闸门启闭共用同一电源,闸门启闭时,瞬时电流、电压波动较大,容易引起监测系统短时间终止工作,尤其易造成电脑损坏或死机,不利于监测系统的正常运行。为了保证系统运行正常,建设引黄涵闸流量监测系统时应配备备用电源。

二、水文气象情报预报

花园口水文站实测大洪水发生频次分析

冯相明　王怀柏

（黄河水利委员会水文局）

1　花园口水文站基本情况

花园口水文站（以下简称花园口站）是黄河下游防洪决策的基准站，也是黄河下游洪峰编号的依据站。该站位于郑州北郊花园口乡，站址上距河源 4 696 km，下距河口 768 km，居于黄河中、下游的分界点附近，集水面积73 万 km²，占整个黄河流域面积的97%，几乎控制黄河全部的来水来沙，是黄河下游的关键控制站。该站于 1938 年 7 月设立，1944 年 4 月停测，1946年 2 月恢复观测，1953 年 11 月改为水位站（流量测验断面上迁 14 km，在秦厂附近），1957 年 3月又恢复为水文站。设站至今高程系统均采用大沽高程。1970 年 8 月基本断面水位停测，水位断面下迁 3 140 m 至 C1 断面处观测至今。

2　花园口站不同量级实测洪水发生频次

2.1　统计原则

花园口站不同量级实测洪水的发生频次，特别是 10 000 m³/s 以上洪水发生次数一直是防汛部门和大众关注的焦点。此次统计立足水文年鉴资料，并按照黄防办〔1998〕22 号文印发的"黄河洪峰编号暂行规定"中规定的原则进行，具体如下：

（1）当黄河下游花园口站实际出现的洪峰流量小于 4 000 m³/s 时不编号，等于或大于4 000 m³/s 时进行编号；

（2）汛期第一次达到或超过 4 000 m³/s 的洪峰编为第一号洪峰；

（3）对于第一号洪峰后再出现的洪峰，当两峰间隔在 36 小时以内时，后峰不再编号。

2.2　洪水发生频次

表 1 为1949～1999 年花园口站各级洪峰流量发生次数统计结果。由表 1 看出，花园口站在 1949～1999 年伏秋大汛中共发生了 186 次流量超过 4 000 m³/s 的洪水，其中 50、60、70、80、90 年代分别发生 63、38、35、36、9 次，表明各年代 4 000 m³/s 以上洪水的发生次数有逐步下降的趋势。洪峰流量大于 10 000 m³/s 的洪水，50 年代发生 6 次，70、80 年代各发生 1 次，而 90年代至今尚未出现 8 000 m³/s 以上的洪水。1990～1999 年尽管黄河干流局部河段及少数支流出现了较大洪水，但黄河下游未出现大洪水。

1990～1999 年花园口站超过 4 000 m³/s 的洪水只有 9 次，与 80 年代相比不仅发生洪水的次数较少，而且洪峰流量也较小，最大为 1996 年 8 月的 7 860 m³/s，最小为 1991 年 6 月的3 190 m³/s，1999 年最大洪峰流量只有 3 260 m³/s。流量大于 3 000 m³/s 的天数平均每年只

本文原载于《人民黄河》2000 年第 6 期。

有 4 天,仅占汛期总天数的 3.3%。

表 1   1949 ~ 1999 年花园口站 4 000 m³/s 以上洪水发生次数

项目		各级流量(m³/s)洪水出现次数				合计
		4 000 ~ 8 000	8 000 ~ 10 000	10 000 ~ 15 000	15 000 以上	
出现时间	7 月 15 日前	16	1	0	0	17
	7 月 16 日 ~ 8 月 15 日	65	10	4	3	82
	8 月 16 日后	75	9	3	0	87
	合计	156	20	7	3	186
洪水类型	上大型	99	8	5	0	112
	下大型	4	1	1	3	9
	上下同大	53	11	1	0	65
	合计	156	20	7	3	186
出现年份	1949	3	0	2	0	5
	1950 ~ 1959	46	11	4	2	63
	1960 ~ 1969	35				38
	1970 ~ 1979	31	3	1		35
	1980 ~ 1989	32	3	0	1	36
	1990 ~ 1999	9	0	0	0	9
	合计	156	20	7	3	186

2.3   洪水发生时间

1949 ~ 1999 年花园口站洪水发生时间为 5 ~ 10 月,各月发生洪水次数分别为 2、1、46、87、36、14,最早为 1964 年 5 月 25 日(4 580 m³/s),最迟为 1961 年 10 月 25 日(5 630 m³/s),91% 的洪水发生在 7 ~ 9 月,其中发生在"七下八上"时期(即 7 月下旬至 8 月上旬)的有 82 次,占 44.1%;而 10 000 m³/s 以上洪水有 70% 发生在"七下八上"时期,15 000 m³ 以上的大洪水则全部发生在该段时间。90 年代的 9 次洪水全部发生在 7 ~ 8 月,其中 7 次发生在"七下八上"时期,占 77.8%,这说明洪水发生时间更趋集中。

从表 1 来看,历史上发生的洪水不全集中在"七下八上"时期,很多洪水是发生在"七下八上"以后。如 8 000 ~ 15 000 m³/s 量级洪水,8 月 16 日以后发生的次数占 40%,说明黄河防汛的关键时期不能仅限于"七下八上"时期。

2.4   洪水来源情况

统计表明,花园口站各量级洪水以上大洪水和上下同时大洪水为主,占 95.2%,下大洪水虽然发生频次不多,但多为较大洪水,15 000 m³/s 以上洪水全为下大洪水。1990 ~ 1999 年 9 次洪水中,除 1996 年 8 月两次洪水分别为上下大洪水、下大洪水外,其余 7 次均为上大洪水。

3 花园口站 10 000 m³/s 以上洪水发生次数分析

关于 1949 年以来花园口站 10 000 m³/s 以上洪水的发生次数,目前黄委内部众说纷纭,有的单位认为是 10 次,有的单位认为是 12 次,而"10 次说"、"12 次说"所包含的洪水又不完全一致,情况到底如何?现根据有关资料加以简要分析。

3.1 本文提供数据

根据黄委水文局水文水资源情报预报中心统计,1949~1999 年花园口站在伏秋大汛中共发生 186 次洪峰流量大于 4 000 m³/s 的洪水,其中洪峰流量大于 10 000 m³/s 的洪水共发生 10 次,其洪水特征值见表 2。

表 2   1949 年以来花园口站 10 000 m³/s 以上洪水特征值

时间 (年–月–日)	洪峰流量 (m³/s)	最大含沙量 (kg/m³)	洪水类型
1949 – 07 – 27	11 700	199.0	上大洪水
1949 – 09 – 14	12 300	38.3	上大洪水
1953 – 08 – 03	10 700	44.0	下大洪水
1954 – 08 – 05	15 000	111.0	下大洪水
1954 – 09 – 05	12 300	171.0	上大洪水
1957 – 07 – 19	13 000	79.8	上下同时大洪水
1958 – 07 – 17	22 300	146.0	下大洪水
1958 – 08 – 22	10 700	45.6	上大洪水
1977 – 08 – 08	10 800	437.0	上大洪水
1982 – 08 – 02	15 300	66.6	下大洪水

3.2 有争议的几次洪水

首先要说明的是,黄委其他单位提供的不同版本的 12 次洪水均包括水文局提供的上述 10 次洪水,而其他版本"10 次说"的洪水也分别只有 1 次与表 2 不同,有争议的洪水主要有表 3 中的 4 次。现根据黄委水文局编印的权威的《水文年鉴》资料及有关文献对这 4 次洪水作一简要剖析。

表 3   花园口站待考证洪水特征值

时间 (年–月–日)	洪峰流量 (m³/s)	最高水位 (m)	说明
1949 – 07-21			未提供具体数值
1949 – 09 – 25			未提供具体数值
1953 – 08 – 28	10 700	93.00	来自黄河防办
1958 – 08 – 15	16 100	93.96	来自《中国大洪水》

3.2.1 1949 年 7 月 21 日洪水

1949 年《水文年鉴》只有逐日平均流量表、逐日平均水位表和流量实测成果表,无洪水要素摘录表。

7 月 21 日花园口站日平均流量为 2 260 m³/s,流量实测成果表中无实测值,因此可以肯定该日洪水不会超过 10 000 m³/s。

3.2.2 1949 年 9 月 25 日洪水

9 月 25 日花园口站日平均流量为 8 560 m³/s,《水文年鉴》流量实测成果表中同一施测时间 25 日 12:00 ~ 17:00 刊印有两个实测值(13 260、10 930 m³/s),其测流方法、基本水尺水位、断面面积、水面宽度、平均水深、比降等完全一样,只有断面流速不同,说明当时资料整编时对这两个实测值确实无法取舍,只好一并刊印。至于为何出现两个实测值,《水文年鉴》中未加说明,只在花园口站逐日平均流量表中附注"本年实测点较少,整编成果欠准确"。因此,在有限的水文资料中,实在找不出 9 月 25 日洪峰流量超过 10 000 m³/s 的可靠证据。

从一些权威文献中,也找不到有关 9 月 25 日洪水的记载。《黄河防洪志》第 593 页记载:"1949 年汛期出现两次大于 10 000 m³/s 的洪峰,7 月 27 日花园口站出现 11 700 m³/s 的洪峰,9 月 14 日又出现 12 300 m³/s 的洪峰,10 000 m³/s 以上流量历时达 49 小时"。《中国大洪水》在"1949 年 9 月黄河中下游洪水"一文中,只记载 9 月 14 日洪水洪峰流量为 12 300 m³/s,并讲"7 月、9 月花园口出现两次超过 10 000 m³ 的洪水"。另外,《黄河防洪》第 427 页"1949 年山东黄河抗洪纪实"一章中,在叙述 9 月 25 日洪水时采用的是日平均流量值 8 560 m³/s,均未说明该日洪峰是否超过 10 000 m³/s。

综合以上情况,9 月 25 日洪水花园口站洪峰流量有超过 10 000 m³/s 的可能,但证据不足,不能确定。

3.2.3 1953 年 8 月 28 日洪水

1953 年《水文年鉴》资料亦只有逐日平均流量表、逐日平均水位表和流量实测成果表,无洪水要素摘录表。

8 月 28 日花园口站日平均流量为 8 410 m³/s,流量实测成果表中该日最大实测流量值为 8 406 m³/s,相应水位 92.79 m,施测时间达 10.3 小时(见表 4)。花园口站逐日平均水位表中该日平均水位为 92.80 m,最高水位 93.00 m,亦为 1953 年最高水位。从《水文年鉴》资料中,无法判断 8 月 28 日洪峰流量是否超过 10 000 m³/s。该洪水为上大洪水,含沙量较大,8 月 28 日花园口站日平均含沙量为 208 kg/m³,最大含沙量为 247 kg/m³,洪水过程比较尖瘦,同流量水位表现偏高。根据表 4 数据可以粗略绘出该次洪水的水位与流量关系(见图 1),其关系应为逆时针绳套。从图 1 上可以看出,最大流量超过 10 000 m³/s 的可能性不大。

表 4 1953 年 8 月 28 日洪水花园口站流量实测成果

施测起讫时间	水位(m)	流量(m³/s)
08 - 26T9:55 ~ 11:05	91.00	1 126
08 - 28T5:40 ~ 16:00	92.79	8 406
08 - 29T12:30 ~ 15:26	92.46	4 408
08 - 31T9:41 ~ 12:39	92.10	2 835
09 - 02T9:05 ~ 12:18	91.87	1 785

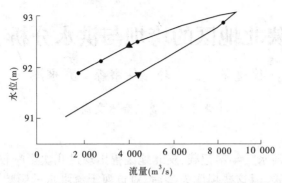

图1 1953年8月28日洪水花园口站水位与流量关系

《黄河防洪志》第596页记载"1953年汛期下游出现两次较大洪水,以8月3日花园口站10 700 m³/s洪峰最大,其次是8月28日,花园口站实测洪峰流量8 406 m³/s,这次洪水主要来自干流吴堡以上山陕区间",其中亦没有认同8月28日洪峰流量超过10 000 m³/s。

3.2.4 1958年8月15日洪水

1958年《水文年鉴》中虽然有洪水要素摘录表,但只摘录到8月6日。

8月15日花园口站日平均流量为9 270 m³/s,流量实测成果表中14日实测值为9 350 m³/s,相应水位93.32 m。逐日平均水位表中14日平均水位为93.33 m,表3所提供的最高水位93.36 m仅比实测水位高0.04 m,故最大流量超过10 000 m³/s的可能性不大,这从其水位与流量关系曲线上也可看出,图2中实线A似乎比虚线B合理。即使最大流量超过10 000 m³/s,也不可能为16 100 m³/s,从花园口站逐日平均流量表中可以看出,8月份最大流量为10 700 m³/s,即8月22日的洪峰流量(见表2)。后经询问有关单位技术人员,原来该数值为还原值,因此8月15日洪水花园口站洪峰流量不应视为超过10 000 m³/s。

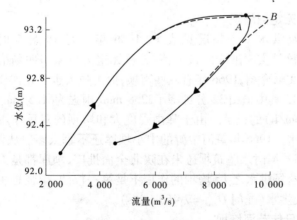

图2 1958年8月15日洪水花园口站水位与流量关系

4 结语

综合以上分析,我们认为1949年7月21日、1949年9月25日、1953年8月28日及1958年8月15日4次洪水,花园口站洪峰流量超过10 000 m³/s的可能性不大,目前仍坚持"10次说",即1949年以来花园口站洪峰流量大于10 000 m³/s的洪水共发生了10次。由于有些洪水发生年代久远,加之水文资料稀缺,缺乏可靠证据,因此对这些洪水尚需进一步分析、论证。

陕北地区的垮坝与洪水分析

徐建华　王　玲　徐书森　乔永杰

(黄河水利委员会水文局)

　　根据一些文献和黄河水文年鉴记载,陕北地区曾出现过几次影响较大的坝库(群)失事,给当地造成了较大的灾害,但这些坝库失事后,对黄河干流洪水的影响如何是本文探讨的内容,按垮坝出现的时间顺序进行讨论。

1　暴雨与洪峰关系的建立

　　1970年以前河龙区间坝库工程较少,流域雨洪关系近似天然状态,由于垮坝洪水分析是在1970年以前的暴雨洪水关系上进行的,因而建立合理的雨洪关系是分析的基础。通过多种方案比较,选取了四个要素来反映水利水保工程对暴雨洪水的影响:一是各支流的洪峰流量(Q_{max})与流域内该场暴雨中心雨量(P_{max})建立相关关系;二是洪峰流量与流域次暴雨的面平均雨量(P_{avg})建立相关关系;三是洪峰流量与流域内次暴雨中心的雨强(I_{max})建立相关关系;四是洪峰流量与面平均雨量和面平均雨强的乘积($P_{avg} \times I_{avg}$)建立相关关系。本文将趋势明显的图在相关讨论中加以介绍,图中1970年以前点据以"x"表示,1970年以后用"Δ"表示,图中拟合线是由1970年前点据根据最小二乘法原理拟合而成的。

2　垮坝与洪水

2.1　1966年7月17日无定河垮坝

　　本次暴雨、垮坝以及洪水基本情况见表1。1966年7月18日3时45分,川口出现4 980 m³/s的洪峰,这是该站实测洪峰的最大值,分析无定河白家川四场最大洪峰发现,洪峰与雨强的关系很大。据文献介绍,1966年有一些垮坝,但雨强大也是这次洪水大的主要因素,面平均雨强达11.3 mm/h,其中横山32分钟降了32.8 mm(雨强为61.5 mm/h),韩岔1小时22分降41 mm(雨强29.9 mm/h)的记录。由于降雨强度大和垮坝的双重作用,使该场洪水为有实测记录以来的最大洪水。1966年黄河中游的中小坝库还不算太多。从调查资料看,8个乡有693座坝,冲毁444座。当时水坠筑坝还未在陕北全面推广,坝库都是人工修建的,大多为小坝,从这个角度来说,这场洪水之大,垮坝的作用不是第一位的,雨强是主要原因,由于雨区范围小,并未造成龙门大洪水(龙门 Q_{max} = 7 460 m³/s)。

2.2　1970年8月1~2日佳芦河垮坝

　　据年鉴记载"1970年8月1~2日暴雨,佳县境内(占佳芦河流域面积80%以上)冲毁了淤地面积2 hm²(30亩)以上的淤地坝22座和蓄水量1万 m³以上的蓄水淤地坝2座,其中方坍乡王家湾蓄水坝(流域面积13.3 km²,库容73.5万 m³),暴雨前蓄水约8万 m³,7月31日至8月1日凌晨,该处降暴雨约100多 mm,库内水位猛增16 m,8月2日再降暴雨,库满(推估其蓄水量约100万 m³)洪水漫顶下泄,大坝整个溃决,以10 m高水头奔泄而下与佳芦河洪水相

　　本文原载于《西北水资源与水工程》2000年第4期。

遇。另据调查,这次洪水佳县境内共冲毁地 80 万 hm²,淤地坝 248 座,滚水坝 7 座,是形成该年佳芦河历史特大洪水(申家湾站最大流量 5 770 m³/s)的因素之一。年鉴上描述的水情是:"这次暴雨于 7 月 31 日 13 时在无定河与佳芦河分水岭附近的余新庄、清泉寺、兴隆寺一带起雨。3 ~ 5 小时后,雨区扩大至整个佳芦河流域。8 月 1 日 0 时开始在佳芦河右岸大支流五女川上游的清泉寺、兴隆寺和佳芦河中游的方坩、王家砭、朱官寨、金明寺、西山一带形成暴雨中心,降水 4 ~ 5 小时,降水量达 100 mm 以上。兴隆寺一带并降大冰雹,一般直径在 5 cm 以上。据群众讲,当时地上、河里冰雹铺了厚厚一层。金明寺一带,大部分淤地坝被山洪推脱。8 月 1 日白天暴雨区缓慢向通镇、刘家山一带移动。8 月 2 日 0 时以后,在上述地区形成特大暴雨区。据王家砭雨量站记载,7 月 31 日至 8 月 2 日共降水 242.5 mm,金明寺雨量站(因记载欠准未刊印)共降水 306 mm。据说这是近几十年来未见过的大暴雨。我们根据年鉴刊印的雨量资料分析,这次暴雨面平均雨量 127.2 mm,暴雨中心在王家砭,中心雨量 241.9 mm,次暴雨中心雨强达 20.2 mm/h。从所建立的洪峰与面平均雨量、中心雨强和面平均雨强的关系来看,佳芦河"70·8"洪水完全是因雨量大、强度高所致,见图 1 和图 2,垮坝增洪作用不明显,特别是1970 年,黄河中游的坝库工程不算多。对该场洪水的认识是:大暴雨洪水冲毁了一些基本农田,而并非是在大暴雨条件下基本农田或坝库工程的冲毁引起大洪水。

表 1 陕北地区部分暴雨垮坝调查汇总

垮坝时间	1966-07-17		1973-08-25		1975-08-05		1977-07-05 ~ 06		1994-08-05	
降雨量(mm)	165		112		108		167		152	
洪峰流量(m³/s)	4 980(川口)		1 870(延川)				4 320(延川)		3 220(白家川)	
调查地区	无定河绥德、米脂、横山		清涧河延川		延水延长		清涧河子长		无定河绥德、子洲	
调查范围	8 个乡		全县		全县		416 km²		全县	
调查单位	陕西省水保局		延安地区水利局延川县水利局		延安地区水电局延长县水电局		子长县革委会		黄委会水科院水文局、中游局	
垮坝时间	1966-07-17		1973-08-25		1975-08-05		1977-07-05 ~ 06		1994-08-05	
分类	座数	%	座数	%	座数	%	座数	%	座数	%
调查座数	693		7 570		6 000		403		2 488	
冲毁座数	444	64	3 300	43	1 830	30.6	121	30	1 219	49.0
坝体大部溃决 坝体大部冲走	172	24.8	1 120	14.8	373	6.2				
坝体部分溃决 坝地拉沟	53	7.7	890	11.8	844	14.1				
翻坎、拉大溢洪道	219	31.6	1 269	17	23	0.04				
洪水漫顶,没有损失					591	9.9				
总淤地面积(hm²)	141		1 466		2 493		342		6 907	
破坏坝地(hm²)	90	72	(220)	15	232	9.0	89	26	800	11.6

注:《黄河水沙变化研究论文集》(第一卷)P[183]也有刊载,1994 年 8 月 5 日垮坝和洪峰流量为本次添加。

表2 无定河白家川几场大洪水要素

序号	洪峰（m³/s）	时间（年-月-日T时:分）	洪量（亿m³）	最大点雨量（mm）	最大点历时（h）	最大点雨强（mm/h）	对应龙门洪峰	
							洪峰	时间（月-日T时:分）
1	4 980	1966-07-18T04:00	1.64	132.8	11.7	11.3	7 460	07-18T11:36
2	3 820	1977-08-06T02:36	0.94	208.6	23	9.1	12 700	08-06T15:30
3	3 220	1994-08-05T04:12	0.78	127.9	14.0	9.1	10 600	08-05T11:36
4	3 020	1964-07-06T09:30	1.27	156.5	26.7	5.9	10 200	07-07T04:30

2.3 1973年8月清涧河延川垮坝

垮坝基本情况见表1。在调查的7 570座坝库中，有3 300座被冲毁，占43%，1973年8月25日中心降雨112.5 mm，而8月25日10时06分延川站相应洪峰只有1 870 m³/s，算小洪水。因此，本次垮坝并未造成延川大洪水。

2.4 1975年8月5日延河延长县垮坝

垮坝基本情况见表1。在调查的6 000座坝中，有1 830座被冲毁，占30.6%，而延河各站均无洪水要素摘录，延长县在甘谷驿站以下，而8月5日前后该区各雨量站均无暴雨记录，干流龙门站也无洪水要素摘录，在《黄河流域水旱灾害资料汇编》中也未查到1975年8月5日垮坝的记载，若该次垮坝是事实，说明是局部暴雨山洪冲毁坝库，当时的水文和雨量站网均未监测到洪水和暴雨。

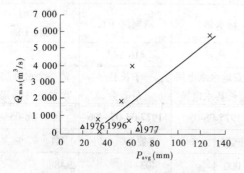

图1 佳芦河 $Q_{max} \sim P_{avg}$ 关系

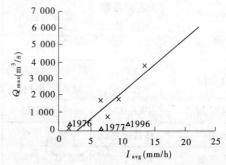

图2 佳芦河 $Q_{max} \sim I_{avg}$ 关系

2.5 1977年7月5～6日清涧河子长垮坝

从表1中看出，这次洪水垮坝率达30%，延川站洪峰达4 320 m³/s，为建站以来实测第二大洪水，但1970年前，均出现过两次相近洪峰的洪水（1964年4 130 m³/s，1966年4 110 m³/s），在建立的暴雨洪水关系图（见图3、图4）中看出，这场洪水基本上在1970年前所定的雨洪关系线附近，说明该次洪水仍是暴雨造成，垮坝没有增洪。

2.6 1977年7月6日延河垮坝

1977年7月5日至6日志丹、安塞、子长等县发生了特大暴雨。这次暴雨的范围很大，涉及四川、甘肃、宁夏、陕西、山西等省区，在陕西境内雨量大于100 mm的范围达9 000 km²，在延河流域甘谷驿以上平均降水量为90.6 mm。暴雨中心在陕西省安塞县招安公社王庄大队，调查的9小时（5日20时至6日5时）雨量为310 mm，王庄距招安雨量站约2.5 km，招安5日2

时 55 分至 20 时观测雨量为 99.4 mm,若将招安 5 日 20 时以前的雨量移植到王庄,则王庄 24 小时降水量接近 400 mm。

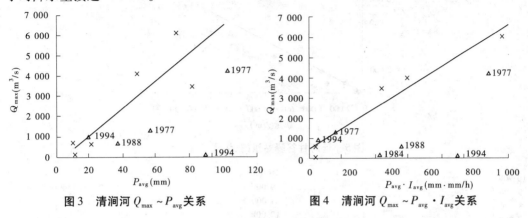

图 3　清涧河 $Q_{\max} \sim P_{\mathrm{avg}}$ 关系　　　　图 4　清涧河 $Q_{\max} \sim P_{\mathrm{avg}} \cdot I_{\mathrm{avg}}$ 关系

这次雨量之大、持续时间之长、笼罩面积之广,均为实测最大记录。暴雨过程从 5 日凌晨至 6 日凌晨有三个降雨时段:第一段是在 5 日 2 时至 14 时,暴雨中心带的雨量为 60 ~ 90 mm;第二段 14 时至 23 时雨量较小;第三段 23 时至 6 日 8 时,暴雨中心带的雨量达 90 至 310 mm,整个降雨过程历时约 30 h。在第一段降雨后,延安、甘谷驿两站发生了 7 月 5 日 1 000 多 m³/s 的洪峰流量,最后一段降雨强度最大,历时最长。暴雨中心由西南向东北方向移动,持续在延河的中上游。加上延河上中游干支流雨量大、分布均匀,前两段降雨后土壤较湿润,因而出现了延河自 1800 年以来的特大洪水。

洪水组成:延安站 7 月 6 日最大洪峰流量为 7 200 m³/s,甘谷驿站为 9 050 m³/s。这次洪水主要是暴雨大造成的,小型库坝的溃决对洪峰流量影响不大。这次洪水冲毁 100 万 m³ 以上的库坝 9 座,占 100 万 m³ 以上库坝的 9%;10 万 m³ 以上的 99 座,占 41%;10 万 m³ 以下的 3 400 多座,占 69%。因库坝溃决时间先后不一,洪峰流量增加不大。王瑶水库占延河流域面积的 1/5,这次拦蓄洪水 2 534 万 m³,对削减洪峰起到一定的作用,垮坝与拦蓄相抵,增峰作用不大。

延河的洪峰与洪量关系密切(见图 5),若垮坝对增洪量作用不大,则对增洪峰作用也不大。

为了解洪水来源和洪水组成,黄委会延安中心站和陕西省陕北分站,在洪水过后调查了真武洞、马家沟、茶坊、李家湾等处的洪峰流量和相应时间,用茶坊、真武洞、马家沟到达李家湾的传播时间和相应时间的流量,求得三站的合成洪峰流量为 7 520 m³/s,与调查的李家湾洪峰流量一致,也与延安站的洪峰流量接近。下游又调查了延安东关大桥,延长县城、阎家滩三处的洪峰流量。东关大桥是西川和延河两支流洪峰会合后的流量,两支流洪峰于 6 日 5 时 30 分遭遇后形成单一洪峰。因东关大桥以上地区雨量分布比较均匀,故所调查的洪峰流量都随着流域面积的增加而相应增大。自甘谷驿以下因降水量小,集水面积为狭长形,加上槽蓄,虽集水面积增加,但洪峰流量还略有减小,这是合理的。调查时间距洪水时间较近,洪痕明显,成果质量可靠。

根据所建立的 $Q_{\max} \sim P_{\max}$ 图(见图 6 ~ 图 9)看,除"84·7"暴雨洪水(△84)点外,所统计的 1970 年后的点据均在 1970 年前所定的关系线附近,说明延河流域的水利水保工程对暴雨洪水的削峰作用极为有限,从 $Q_{\max} \sim P_{\mathrm{avg}}$ 图(图 7)看,也有类似的现象。从几个图中看出,延河甘谷驿"77·7"大洪水是特大暴雨所致。水利水保工程对这场洪水的影响不大。

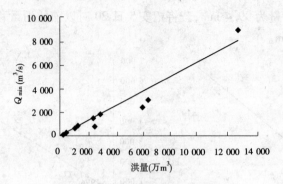

图5 延河甘谷驿站洪峰、洪量关系

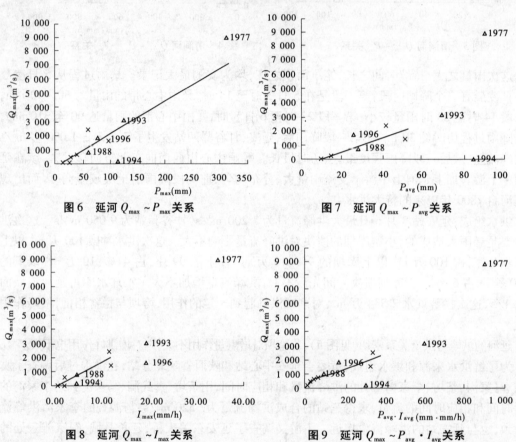

图6 延河 $Q_{max} \sim P_{max}$ 关系

图7 延河 $Q_{max} \sim P_{avg}$ 关系

图8 延河 $Q_{max} \sim I_{max}$ 关系

图9 延河 $Q_{max} \sim P_{avg} \cdot I_{avg}$ 关系

2.7 1977年8月1~2日孤山川垮坝

1977年8月1~2日,在内蒙古自治区什拉淖海的暴雨向东北伸向孤山川流域,形成了两个暴雨中心:三道川乡和木瓜川乡。2日雨量分别达210 mm和205 mm,8月1日2~8时为一次降水,但雨量不大。8月2日0~8时降水量达160 mm(孤山川站降水摘录),这是一次典型的纬向型暴雨。暴雨特点是雨强大,且分布均匀。全流域平均降雨量144 mm,新庙站雨强为(149/10)14.9 mm/h、新民镇为(146.9/6.8)21.6 mm/h、孤山堡站为(160/7.7)20.8 mm/h、高石崖站为(101.3/10)10.1 mm/h,暴雨走向基本上是从上游到下游,有利于暴雨洪水汇流集中,因此形成了高石崖站10 300 m³/s的洪峰。从上看出,本次暴雨不仅在总量上,而且在强度上都是本流域未曾出现过的。

本次暴雨洪水中垮坝对洪水的作用有多大？据文献记载,本次暴雨中,木瓜、新民、孤山和三道沟四个乡共有大小坝 600 多座,被这次洪水冲垮的就有 500 多座,其中木瓜乡最为严重,498 座坝库中,就有 491 座溃决,5 座 100 万 m³ 以上的水库被冲垮,垮坝对形成高石崖的大洪水肯定有一些作用。

但是高石崖站在洪水之后就对孤山川流域的水库进行了调查,结论是:暴雨前绝大多数水库均无蓄水,洪水后又多被冲毁,未起到拦蓄洪水的作用。100 万 m³ 以上的水库,为了保住库坝,在洪水时,有的还拦蓄了一部分水量,溃决的水库,库内水量则多是全部泄空。经计算这次洪水中有 535 万 m³ 的水量是由垮坝产生的。高石崖站这次洪峰总量为 1.1 亿 m³,主要是暴雨径流形成的。这次垮坝增加的水量只占该次洪量的 5%,故垮坝流量仅对洪峰流量有影响,但对洪水总量影响不大。

高石崖站的洪峰、洪量关系很好(见图 10),由于垮坝增加的洪量 535 万 m³,可利用图 10 所示关系计算,洪峰增加量为 522 m³/s,仅占高石崖站洪峰的 5%。可以认为垮坝对洪峰有一定的负作用,垮坝对高石崖的洪量影响为 5%,对吴堡的影响只有(535/5 183)1%。从点绘的洪峰与各暴雨要素关系图上看(见图 11 和图 12),1970 年后中小洪水(Δ符号点)虽在 1970

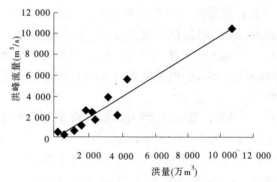

图 10 孤山川高石崖站洪峰、洪量关系

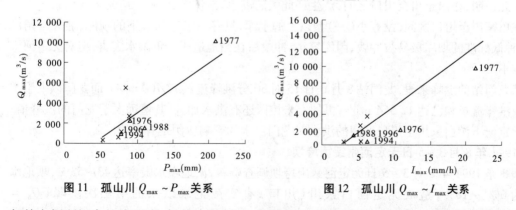

图 11 孤山川 $Q_{max} \sim P_{max}$ 关系   图 12 孤山川 $Q_{max} \sim I_{max}$ 关系

年前点据所拟合的线下面,但偏小并不多,说明孤山川流域水利水保工程的拦蓄能力极为有限。从 $Q_{max} \sim P_{max}$ 和 $Q_{max} \sim I_{max}$ 图看出,"77·08·02"洪峰点在 1970 年前关系线的外延线附近。又由于孤山川没有大中型水库,只有 6 座小(一)型水库(总库容约 1 829 万 m³)和近千座淤地坝,在大暴雨前库坝大多是空的,基本没有前期蓄水的加成作用,并且一些没有垮的库坝或多或少还有一些拦蓄作用,因此本次暴雨洪水洪峰之大,主要是暴雨作用造成,垮坝增峰不

是主要的。

2.8 1977 年 8 月 5~6 日无定河下游垮坝

1977 年 8 月 5~6 日在吴堡至龙门区间发生了一次大面积的降水,暴雨中心在无定河、屈产河下游。无定河白家川站以下雨量在 200 mm 以上,白家川站 5~6 日有两次降水:5 日 8 时至 14 时为第一次,雨量为 53.2 mm;5 日 23 时至 6 日 6 时为第二次,雨量达 146.9 mm。经第一次降雨后,土壤含水量已达饱和,在第二次暴雨时入渗率大大减小,径流系数增大,使白家川以下无定河干支流普遍涨水,造成严重的垮坝现象,大部分淤地坝冲的和治理前一样,有的商店、粮站被淹,造成了比较严重的洪水灾害。

为了解白家川站至川口(二)站的暴雨洪水情况,白家川站分别于当年 9 月中旬和 1978 年 1 月中旬进行了调查。由于区间各支流普遍发生大洪水,造成川口(二)站水位为 458.61m、流量为 9 300 m³/s 的特大洪水。水位比设站以来的最高洪水位还高 4.77 m(1966 年水位为 453.84 m,流量为 4 980 m³/s)。白家川至川口(二)站区间面积为 554 km²,川口(二)站的最大洪峰流量比白家川站大 5 480 m³/s,主要是暴雨洪水和垮坝流量造成的。为了解川口(二)站的洪峰流量组成情况,对白家川至川口(二)站区间的暴雨和支流的洪峰流量进行了调查。调查了四个乡观测的雨量资料和解家沟、上石峪沟、袁家沟、川口沟四条支流及干流川口(二)站的洪峰流量。川口(二)站是根据历年水位流量关系曲线延长后推得的最大流量。由于调查时间距发生洪水时间较近,洪痕明显,调查成果可靠。从调查成果分析,白家川站加以下区间支流的洪峰流量与川口(二)站的流量基本接近。这次调查的支沟流量,除店则沟是实测资料无垮坝外,其他均有不同程度的垮坝,但是调查时未调查暴雨前的水库蓄水量,不能为水文分析计算提供暴雨径流资料。

对于这场洪水,川口(二)站能出现如此大的洪峰,完全是暴雨大、雨强高所致。无定河下游暴雨中心四个雨量站次雨强在 8.3~32.5 mm/h 之间。川口站总降水量 253.7 mm,67% 的雨量以 20 mm/h 以上的高强度降落,最大达 64.1 mm/h;李家塌站降水量 210 mm,全部以 15.4~36.4 mm/h 的雨强降落;王家沟总降水量 195.0mm,全部以 33.7~55.8mm/h 的雨强降落。由此说明,在白家川至川口之间,产生如此大的洪水,雨量大、雨强高应是主要因素之一。

在白家川至川口区间,没有小(一)型以上的水库,只有小(二)型以下的坝库,遇大暴雨洪水,这种低标准的坝库极易被冲毁,因库容小,冲毁后在当地造成严重洪水灾害,但对无定河干流影响不大。

从龙门站的洪峰来看,龙门站 8 月 6 日 15 时 30 分洪峰流量 12 700 m³/s,而龙门以上干支流相应洪峰流量和已达 12 564 m³/s,再加上未控区还有洪水加入,其值远大于龙门的洪峰值,因此无定河下游白家川至川口区间的洪水对龙门洪水的影响比例是有限的。

2.9 1994 年 8 月 3~5 日无定河州绥德垮坝

表 3 是 1994 年 8 月 3~5 日无定河暴雨垮坝调查资料,淤地坝水毁率达 43~53%,坝地水毁率为 6%~18%,造成无定河白家川(川口)有实测记录以来的第三次洪峰(Q_m = 3 220 m³/s)。

对于这次洪水,可以说完全是降雨量大、雨强高所致(见图 13)。1994 年这次洪峰和洪量完全在 1970 年前所定直线附近,到 1994 年空库大坝已不多,大都为淤满已种的坝地,冲毁大量坝地是增不了什么洪水的。

表3   1994年8月5日暴雨淤地水毁情况

县名	最大一次降雨量（mm）	淤地坝水毁情况			坝地水毁情况		
		全县总座数（座）	水毁座数（座）	水毁率（%）	全县总坝地（hm²）	水毁坝地（hm²）	水毁率（%）
子州	130.0	986	421	43.0	3 693	227	6.1
绥德	144.2	1 502	798	53.1	3 213	573	17.8

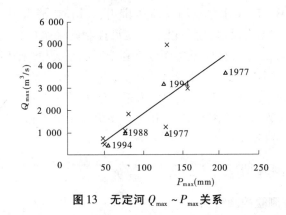

图13   无定河 $Q_{max} \sim P_{max}$ 关系

这次暴雨绥德雨量达152 mm,时间约14 h,由于当地山洪暴发,黄委会绥德水土保持试验站院内积水1 m,淤泥0.5 m,造成严重的设施损坏。9月份作者在子洲县马蹄沟乡看到,由于当地山洪暴发,下水道排水不畅,街道积水1~2 m深,淤泥近1 m。

在8月3日的暴雨洪水中,绥德水保站的样板沟之一——小石沟的六道坝全部被冲沟。小石沟综合治理号称"五道防线"(①山顶营造梁峁林带;②梁峁坡修梯田;③峁边营造峁边防护带;④谷坡营造灌木林;⑤沟地打坝堰)。小石沟的前四道防线都在坡面上,对一般暴雨作用是明显的,但对大暴雨作用极为有限,而1994年小石沟的第五道防线已完全不起作用,看不到坝地的痕迹,淤泥面已与坝顶高平齐,完全相当于台地。像小石沟1994年的坝地冲毁是一点也不会增加洪水的。

3   结语

河龙区间汛期多中小尺度暴雨,暴雨中心分散,故垮坝一般在局部发生,垮坝在当地有负作用;另一方面,暴雨中心以外没垮坝的地方仍有拦洪作用,洪水到下游入黄控制站时作用已不很明显,因此对干流洪水的影响也不明显。

黄河中游府谷站"03·7"洪峰流量合理性分析

徐建华[1]　马文进[2]　刘龙庆[1]　王玉明[1]

(1.黄河水利委员会水文局;2.黄河中游水文水资源局)

1　黄河干流府谷站洪水组成

　　黄河中游府谷站"03·7"洪水主要由支流黄甫川、县川河、清水川、干流河曲及河曲—府谷区间未控区来水组成。本次洪水,府谷以上干支流控制站来水量占府谷总水量的53%,区间是这次大暴雨的中心。由于该区间下垫面极有利于产汇流,因此未控区来水较大。

　　根据天桥电厂向黄河防汛总指挥部报告的情况,电厂下泄流量为9 850 m³/s,府谷断面洪峰流量为12 800 m³/s,那么天桥—府谷区间加入近3 000 m³/s的洪峰是否可能?对于这个问题,从府谷水文站洪水过程测验控制情况、天桥电厂下泄流量推算和天桥电厂—府谷区间洪水加入等3个方面进行了分析。

2　府谷水文站洪水测验情况

2.1　"03·7"洪水过程测验控制情况

　　在7月30日整个洪水过程中,共测流9次(总第67～75次),实测断面3次,峰前浮标法测流4次,峰后浮标法测流2次,流速仪法测流3次(总第73～75次),流量过程控制较好,见图1(图中数据为测次)。

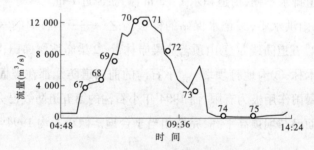

图1　府谷站实测流量过程

　　第70次和71次实测流量接近实际洪峰,其中第70次实测流量为12 400 m³/s,第71次为12 200 m³/s,两次实测断面流速取值分布见图2。

　　由图2可以看出,流速取值分布是基本合理的,并且两次实测值都接近12 800 m³/s的洪峰。

2.2　历年大洪水洪峰流量测验情况

　　该站大洪水流量测验都是用浮标法,断面借用见表1。本次洪水测验采用的浮标系数与历史大洪水浮标系数一样,都是0.85,中泓浮标系数是利用相邻全断面均匀浮标法分析确定的,最后采用值与该站历史大洪水中泓浮标系数很接近。本次洪水峰顶附近布置2个测次测

本文原载于《人民黄河》2004年第5期。

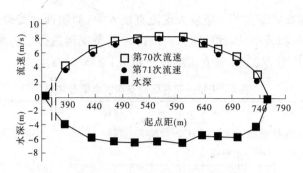

图 2　府谷站第 70、71 测次水深、流速分布

验流量,断面平均流速与历史大洪水断面平均流速相比是适中的,各项要素的测量结果是合理的,也是可信的。

表 1　府谷站历年大洪水洪峰流量测验情况

时间 (年-月-日)	断面编号	洪峰流量 (m³/s)	最高水位 (m)	实测最大流量 (m³/s)	相应水位 (m)	与最高水位之差 (m)	测量方法	断面面积 (m²)	平均流速 (m/s)
1972-07-19	一	10 900	815.73	10 900	815.73	0	中泓(0.70)4	1 850	5.84
1977-08-02	一	11 100	816.89	9 100	815.49	1.50	浮标(0.85)9	2 150	4.23
1989-07-21	一	11 400	814.52	10 800	814.47	0.05	浮标(0.87)10	1 860	5.81
1989-07-21	一	11 400	814.52	10 900	814.19	0.05	浮标(0.85)11	1 740	6.26
2003-07-30	二	12 800	813.80	12 400	813.64	0.02	浮标(0.85)6	2 080	5.96
2003-07-30	二	12 800	813.80	12 100	813.78	0.02	中泓(0.69)3	2 130	5.68

3　天桥电厂放水情况

据天桥电厂水调中心介绍,他们根据府谷勘测局的汛情通报和电厂建设的遥测系统收集到的资料分析,7 月 30 日 6 时左右将有 10 000 m³/s 左右的洪水入库。因此,从 4 时 40 分开始到 7 时 30 分共开启了 7 个弧形门、3 个排沙洞和 7 个上层堰(上层堰实际上未过流)进行泄流。

天桥电厂水调中心根据 7 时库上水位(828.0 m)和库下水位(816.5 m)查算泄流表,推算出下泄流量:$Q_{弧形门}$ = 8 050 m³/s,$Q_{排沙洞}$ = 1 800 m³/s。弧形门和排沙洞总泄流量为 9 850 m³/s,对于这一泄流量的估算,应注意:弧形门和排沙洞泄流表均是 20 世纪 70 年代初期设计天桥电厂时用模型试验率定的,30 年来从未进行过实际比测和校正。天桥电厂 834 m 高程原有总库容 6 734 万 m³,到 2003 年汛前剩余库容为 1 550 万 m³,这说明天桥水库淤积是很严重的,并且水库淤积都有“翘尾巴”现象。而设计实验为空库容,入库水流受大坝阻挡,坝前水流初速度接近于 0,坝下水流流速主要由势能转化而来。当水库淤满后,上游洪水几乎不经消能就下泄,流速非常大,因此用试验所得的泄流查算表查算结果一般偏小。

4　天桥—府谷区间加入量分析

4.1　支沟洪水调查分析

天桥—府谷区间河段长 8 km,区间面积 161 km²。左岸(即山西境内)有黄石崖沟、铁匠铺沟、张家沟、戴家沟和康家滩沟等5条较大支流直接入黄,而陕西片受孤山川支流沙川沟的影响,直接入黄的汇水面积较小,因此此次只对山西片5条支沟进行了洪水调查测量,计算方法采用比降面积法(结果见表2),5条支流洪峰之和为1 843 m³/s。

表2 天桥—府谷区间支沟洪水调查结果

编号	沟 名	洪峰流量(m³/s)	河道断面面积(m²)	平均流速(m/s)	平均水深(m)	水面比降(‰)	糙率	流域面积(km²)	河道特征及河床组成
1	黄石崖沟	710	60.2	11.8	1.80	253.0	0.020	47.5	护岸为光滑水泥墙,河道顺直,卵石淤泥河床
2	戴家沟	482	89.8	5.37	2.92	36.6	0.023	74.5	左岸毛石头护岸,右岸部分石头、部分土坡,河宽有变化,卵石淤泥河床
3	康家滩沟	161	32.2	5.00	1.88	43.3	0.020		石头砌墙护岸(光滑),河道顺直,卵石淤泥河床
4	张家沟	254	36.6	6.95	1.76	142.0	0.025		岸壁为土坡,河道顺直,卵石淤泥河床
5	铁匠铺沟	236	30.0	7.86	2.07	135.0	0.024		左岸毛石头护岸,右岸长草土坡,河道顺直,卵石淤泥河床
总计		1 843							

4.2 洪峰模数法估算

在调查的5条支沟中,保德县水保局对两条沟量算过控制面积,其中黄石崖沟为47.5 km²、戴家沟为74.5 km²。戴家沟有一些小库坝,而黄石崖沟基本上没有库坝工程,故本次利用黄石崖沟洪峰模数估算天桥—府谷区间洪峰。由表2可算出黄石崖洪峰模数为15 m³/(s·km²)。保德县水保局量算的面积是入黄面积,而实际洪水调查必须在靠上部分沟道顺直的地方进行,所以计算洪峰模数的面积是偏大的,洪峰模数偏小。黄石崖沟、戴家沟以外区域洪峰为585 m³/s,则天桥—府谷区间洪峰为1 777 m³/s。

前面已提到,因计算的洪峰模数偏小,故由此计算天桥—府谷之间的洪峰也是偏小的。

4.3 产汇流法估算

天桥—府谷区间公路、土石山区等地貌占据了相当部分面积,并且两岸坡度比较大,极有利于产汇流。从高石崖、府谷和路家村等雨量站观测资料可以看出:三站6时前已降雨约75 mm,7时前后1小时又分别降雨63.8、58.8、43.0 mm,平均55.2 mm,在6小时降雨过程中为雨强最大的1个小时。这时土壤水分已基本达到饱和。假定这部分降水全部为净雨量,则相应产洪量为:55.2 mm×161 km²=889万m³。

出流过程按三角形概化,则有

$$\Delta W = \frac{1}{2}\Delta t Q_m$$

$$Q_m = 2 \times \Delta W / \Delta t$$

式中:Q_m为区间7～8时加入洪峰;Δt为汇流时间。若Δt按2.5小时(借岔巴沟"66·8"洪水过程出流时间)考虑,则$Q_m = 1 976$ m³/s。

按照以上3种方法分析,取3种方案的下限,天桥—府谷河段区间加峰约1 800 m³/s,并且完全加在府谷的洪峰上。

4.4 对天桥—府谷区间产生 1 800 m³/s 洪峰合理性的论证

天桥—府谷区间面积 161 km²,岔巴沟曹坪水文站控制面积为 187 km²,面积相当。

1966 年 8 月 15 日 19 时 57 分,曹坪站发生了 1 520 m³/s 的洪水。表 3 为本次天桥—府谷区间暴雨洪水与 1966 年岔巴沟洪水对比分析的结果。

表 3 天桥—府谷区间与岔巴沟 1966 年洪水对比分析

名 称	面 积 (km²)	面平均雨量 (mm)	前期影响雨量 (mm)	降雨历时 (h)	平均雨强 (mm/h)	下垫面特点	洪峰流量 (m³/s)	出现时间 (年-月-日)
岔巴沟	187	36.6	0	1.5	24.4	黄土多、水域小、比降小、汇流慢	1 520	1966-08-15
天桥—府谷	162	55.2	74.8	1.0	55.2	黄土少、水域大、比降大、汇流快	1 800	2003-07-30

两个区间面积相当,面平均雨量天桥—府谷区间比岔巴沟大 50%,岔巴沟前期雨量接近于 0,而天桥—府谷区间为 75 mm;岔巴沟平均雨强为 24.4 mm/h,天桥—府谷区间为 55.2 mm/h;从下垫面特点来看,岔巴沟流域与天桥—府谷区间相比,比降小、黄土多、水域和基岩出露少。因此,岔巴沟能产生 1 520 m³/s 的洪水,天桥—府谷区间在这次洪水中产生 1 800 m³/s 的洪水也是很正常的。

5 低水位大流量问题分析

府谷站 2003 年 7 月 30 日洪水与 1989 年 7 月 21 日洪水比较,发生了低水位大流量的现象。本次洪水洪峰流量为 12 800 m³/s,相应水位为 813.80 m;1989 年 7 月 21 日洪水洪峰流量为 11 400 m³/s,相应水位为 814.52 m。本次洪水洪峰流量比 1989 年 7 月 21 日洪水洪峰流量大 1 400 m³/s,而最高水位却低了 0.72 m。府谷站历年大洪水水位流量关系套绘见图 3,由于河道冲淤变化,因此该站同流量水位(或同水位流量)相差较大。

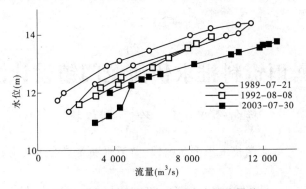

图 3 黄河府谷站历年大洪水水位流量关系

府谷站 1989 年 7 月 21 日洪水前期断面淤积,河床较高,故同水位过水断面面积较小。本次洪水发生低水位大流量,是由于前期断面发生冲刷、过水断面面积较大造成的,见图 4。

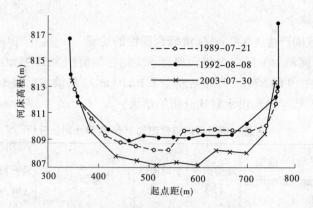

图4 黄河府谷站历年大洪水断面

套绘 2003 年 7 月 30 日洪水和 1989 年 7 月 21 日洪水起涨时断面(相应流量分别为 588、1 150 m³/s),可以看出 2003 年 7 月 30 日洪水较 1989 年 7 月 21 日洪水起涨时河床低。经计算两次洪水起涨时同水位断面面积相差 522 m²,平均河底高程相差 1.26 m,见表4。

表4 2003 年 7 月 30 日洪水与 1989 年 7 月 21 日洪水断面对比

时　间 (年 – 月 – 日)	同水位 面积 (m²)	平均水深 (m)	平均河 底高程 (m)	高程差 (m)	面积差 (m²)	最高水位 (m)	洪峰流量 (m³/s)
1989 – 07 – 21	1 422	3.29	809.71	1.26	522	814.52	11 400
2003 – 07 – 30	1 886	4.55	808.45			813.80	12 800

假如 2003 年 7 月 30 日洪水断面仍然是 1989 年 7 月 21 日洪水河床断面较高的状况,考虑河床坡降(两断面平均高差0.12 m),则 2003 年 7 月 30 日洪水最高水位就应该是814.94 m,高出 1989 年 7 月 21 日洪水最高水位 0.42 m。

综上所述,在"03·7"洪水中,天桥—府谷区间产生了 1 800 m³/s 的洪水直接加在了府谷站的洪峰上,天桥电厂最大泄流 9 850 m³/s 是偏小的。因此,府谷站在这种特殊的暴雨洪水条件下发生 12 800 m³/s 的洪峰是可信的,在断面冲淤变化较大的府谷水文站发生低水位大流量的现象也是正常的。

利用暴雨资料推求伊河龙门镇设计洪水

杨向辉[1,2]　王　玲[2]　刘权授[1]

(1. 河海大学技术经济学院;2.黄河水利委员会水文局)

我国大部分地区的洪水主要由暴雨形成,在实际工作中,中小流域常因流量资料不足或代

本文原载于《水利水电技术》2002 年第 6 期。

表性较差,难以使用相关法来插补延长,或者是由于人类活动的影响显著改变了径流形成的条件,破坏了资料系列的一致性,致使无法用流量资料推求设计洪水,这种情况下以及在一些无资料小流域地区,一般都需通过暴雨资料推求设计洪水。即使流量资料充足,用暴雨资料推求设计洪水,也可以增加推算设计洪水方法的多样性,以相互论证设计成果的合理性。

黄河设计洪水成果,其计算方法多由流量资料推求所得。为探索利用暴雨资料推求设计洪水在黄河上的应用,本文选择了黄河小浪底至花园口区间(简称小花间)伊河流域作为设计代表流域,利用暴雨资料推求伊河龙门镇的设计洪水,并与由流量资料推求的龙门镇设计洪水对比论证。

1 流域自然概况

伊河是是黄河干流小花间伊洛河上的一条支流,流域面积 6 029 km²,发源于伏牛山北麓河南省栾川县张家村,流经嵩县、伊川县,在偃师枣庄汇入洛河右岸,全长 268 km。伊河龙门镇水文站,是伊河的把口站,也是重要的报汛站,控制流域面积 5 318 km²,距伊河河口 41 km。位于伊河中游的陆浑水库,1959 年 12 月开始动工兴建,1965 年 8 月建成,总库容 12.9 亿 m³,控制流域面积 3 492 km²,占伊河流域面积的 58%。陆浑水库距伊河河口 95 km,距龙门镇水文站 54 km,是伊河上唯一的一座具有调节作用的大型水库。

2 水文资料

2.1 流量与雨量资料

龙门镇有实测洪水流量资料的年份有 1936 ~ 1943、1946、1947、1951 ~ 1997 年,但 1953 年以前雨量资料很少,此次采用流量系列与雨量系列同步为 1953 ~ 1997 年。选用 1954、1958、1982 年的三次大暴雨、大洪水过程作为次暴雨、次洪水的典型过程,为便于对比计算,每个典型年暴雨、洪水控制时段长度统一取 12 d,即 1954 年 8 月 2 日 ~ 13 日、1958 年 7 月 12 ~ 23 日、1982 年 7 月 29 日 ~ 8 月 9 日。考虑到陆浑至龙门镇洪水传播时间为 9 h,故以小时为单位的设计洪水过程的计算时段采用 $\Delta t = 3$ h。

2.2 流量还原

1953 ~ 1959 年龙门镇实测流量不受陆浑水库调节影响,可认为是天然流量,可以直接应用;1960 ~ 1997 年实测流量受上游陆浑水库调节影响,需要进行还原。

流量还原方法:采用龙门镇实测流量与水库蓄变量相加进行还原(考虑水库与下游断面之间的传播时间平移相加),即日平均流量还原方法

$$Q_{LM,2,t} = Q_{LM1,t} + \Delta Q_{LH,t} \tag{1}$$

式中:$Q_{LM1,t}$、$Q_{LM2,t}$ 为第 t 日(或时刻)龙门镇实测流量与还原流量;$\Delta Q_{LH,t}$ 为陆浑水库蓄变量。

对于日平均流量 $\Delta Q_{LH,t} = \dfrac{V(H_{LH,t+1}) - V(H_{LH,t})}{\Delta t}$,$\Delta t = 1$ d(86 400 s),$V(H_{LH})$ 为陆浑实测库水位(H_{LH})相应的库容。

对于次洪水过程 $\Delta Q_{LH,t} = \dfrac{V(H_{LH,t-2\Delta t}) - V(H_{LH,t-3\Delta t})}{\Delta t}$,$\Delta t = 3$ h(10 800 s)。

该方法目前在实际应用上都是假定整个水库水位相等,并采用坝前水位为水库的代表水位。

2.3 雨量站代表性分析

1953、1954年只有3个雨量站,1955~1959年也只有6个雨量站,站数较少,需要论证其代表性。

论证方法:本流域1975年8月5~16日、1982年7月29日~8月9日、1996年7月29日~8月9日三次大暴雨,雨量站较多,共有22个相同的雨量站。分别计算3个站、6个站和22个站在这三次大暴雨中的最大1、3、5、12 d雨量平均值,进行对比。在所计算的3次暴雨最大1、3、5、12 d平均雨量中,3个站、6个站的雨量平均值与22个站的平均值总体相差不大,而且这3个站(或6个站)分布基本均匀,应该说具有代表性。

3 产汇流计算模型

3.1 模型结构

本文产汇流计算模型采用三水源新安江模型,模型的流程见图1。

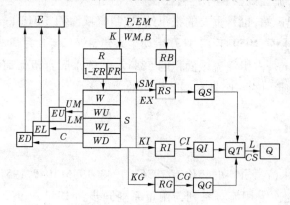

图1 新安江模型流程

P—降雨量;EM—水面蒸发量;R—透水面积产流量;FR—产流面积;$1-FR$—不产流面积;RB—不透水面积产流量;RS—地面径流量;QS—地面总入流;RI—壤中流;QI—壤中总入流;RG—地下径流量;QG—地下总入流;QT—河网总入流;Q—流域出流量;E—流域蒸散发量;K—蒸散发能力折算系数;C—深层蒸散发系数;WM—张力水容量,分上、下、深三层,$WM = UM + LM + DM$;B—张力水蓄水曲线的方次;SM—表土自由水容量;EX—表土自由水蓄水曲线的方次;KG—自由水对地下水的出流系数;CG—地下水的消退系数;KI—自由水对壤中流的出流系数;CI—壤中流的消退系数;CS—河网蓄量的消退系数;L—河网汇流的滞后时间

图中输入为实测雨量P,实测水面蒸发量EM;输出为流域出口流量Q;流域蒸散发E。方框内是状态变量,方框外是参数常量。模型结构与计算方法可分为四大部分。

3.1.1 蒸散发量计算

其参数为上层张力水容量UM,下层张力水容量LM,深层张力水容量DM,深层蒸散发系数C,蒸散发能力折算系数K,公式如下。

当上层张力水蓄量足够时,上层蒸散发EU为

$$EU = K \times EM \tag{2}$$

当上层已干,而下层蓄量足够时,下层蒸散发EL为

$$EL = K \times EM \times WL/LM \tag{3}$$

当下层蓄量亦不足,要触及深层时,蒸散发ED为

$$ED = C \times K \times EM \tag{4}$$

3.1.2 产流量计算

按蓄满产流概念,参数为包气带张力水容量 WM,张力水蓄水容量曲线的方次 B,公式为

$$WM = UM + LM + DM \tag{5}$$

$$MM = WM \times (1 + B) \tag{6}$$

$$A = MM\left[1 - (1 - W/WM)^{1/(1+B)}\right] \tag{7}$$

产流量 R 的计算公式(P 为降雨量)如下:

$$
\begin{cases}
\text{当 } P - K \times EM \leqslant 0, \text{则 } R = 0 \\
\text{当 } P - K \times EM + A < MM \text{ 时}, R = P - K \times EM - WM + W + \\
\qquad\qquad WM \times \left[1 - (P - K \times EM + A)/MM\right]^{1+B} \\
\text{当 } P - K \times EM + A \geqslant MM \text{ 时}, R = P - K \times EM - WM + W
\end{cases} \tag{8}
$$

式中:R 为产流量;MM 为流域最大点蓄水容量。

3.1.3 分水源计算

产流量 R 再分为三种水源流出:地面径流量 RS,地下径流量 RG 与壤中流 RI。参数为表层土自由水蓄水容量 SM,表层自由水蓄水容量曲线的方次 EX,表层自由水蓄量对地下水的出流系数 KG,及对壤中流的出流系数 KI。分水源产流公式为

$$MS = (1 + EX) \times SM \tag{9}$$

式中:MS 为表层土最大点自由蓄水容量。

$$AU = MS \times \left[1 - (1 - S/SM)^{1/(1+EX)}\right] \tag{10}$$

$$FR = R/(P - K \times EM) \tag{11}$$

$$RG = S \times KG \times FR \tag{12}$$

$$RI = S \times KI \times FR \tag{13}$$

$$
\begin{cases}
\text{当 } P - K \times EM \leqslant 0, \text{则 } RS = 0 \\
\text{当 } P - K \times EM + AU < MS, \text{则 } RS = \{P - K \times EM - SM + S + \\
\qquad SM \times \left[1 - (P - K \times EM + AU)/MS\right]^{1+EX}\} \times FR \\
\text{当 } P - K \times EM + AU \geqslant MS, \text{则 } RS = (P - K \times EM + S - SM) \times FR
\end{cases} \tag{14}
$$

3.1.4 汇流计算

地面径流 $QS(I)$ 的坡地汇流不计,直接进入河网。表层自由水以 KG 向下出流后成为地下径流 $QG(I)$,汇流用线性水库模拟,其消退系数 CG,出流进入河网。表层自由水以 KI 侧向出流后成为壤中流 $QI(I)$,经过深层土水库调蓄作用后进入河网,汇流也用线性水库模拟,其消退系数为 CI。计算公式为

$$QS(I) = RS(I) \times U \tag{15}$$

$$QG(I) = QG(I - 1) \times CG + RG(I) \times (1 - CG) \times U \tag{16}$$

$$QI(I) = QI(I - 1) \times CI + RI(I) \times (1 - CI) \times U \tag{17}$$

则河网总入流 $QT(I)$ 为

$$QT(I) = QS(I) + QG(I) + QI(I) \tag{18}$$

河网总入流再通过流域汇流流向出口断面形成出口流量过程 $Q(I)$。流域汇流计算有单位线法、瞬时单位线法与滞后演算方法,本文采用较简便的滞后演算法。滞后演算法的参数是

滞后量 L 与消退系数 CS。L 反映平移作用,CS 反映坦化作用。计算公式为

$$Q(I) = CS \times Q(I - L) + (1 - CS) \times QT(I - L) \tag{19}$$

式中:U 为单位换算系数,$U = $ 流域面积 $F/(3.6\Delta t)$;F 单位为 km^2;Δt 单位为 h。

3.2 模型参数及其量值确定

如前所述,新安江模型分为四类,共 14 个参数。第一类,蒸散发计算:K、UM、LM、C;第二类,产流计算:WM、B;第三类,分水源计算:SM、EX、KG、KI;第四类,汇流计算:CG、CI、L、CS。计算按照这个顺序进行。

依据分析与实践经验,这些参数中 WM、UM、LM、B、EX、C 等 6 个参数是非敏感参数,可根据已有经验确定;K、SM、KG、KI、CG、CI、L、CS 等 8 个参数是敏感参数,需要依据实际资料调试确定。

依据经验数据确定的非敏感参数的数值 $WM = 170$ mm,$UM = 30$ mm,$LM = 90$ mm,$B = 0.4$,$EX = 1.1$,$C = 0.08$。

最大深层土壤张力水容量:$DM = WM - UM - LM = 50$ mm。

K 值确定:应用多年日平均流量、雨量系列,以多年平均产流量误差 $\sum \Delta R$ 最小为目标函数,确定流域蒸发能力折算系数 K,即 $E_P = K \times Z_水$ 中的 K,其中 E_P 为流域蒸发能力,$Z_水$ 为水面蒸发量。由于本流域的水面蒸发资料在每年的 11 ~ 3 月、4 ~ 10 月分别是用 20 cm 和 E_{601}(或 80 cm)蒸发皿进行观测的,经调试 K 值如下:11 ~ 3 月采用 1.15,4 ~ 10 月采用 1.50。

次洪水敏感参数的确定:选择典型次洪水过程的时段流量与时段雨量,用上述产汇流模型进行产流量计算(次模型计算),计算时段采用 $\Delta t = 3$ h,以计算的与实测的洪水过程流量误差最小为原则,调试次洪水的 7 个敏感参数,调试结果如下为 $SM = 30$ mm,$KG = 0.04$,$KI = 0.04$,$CG = 0.998$,$CI = 0.80$,$CS = 0.40$,$L = 2$ h。

4 由流域平均雨量系列推求设计暴雨量

依据 45 年(1953 ~ 1997 年)流域平均雨量,计算 1、3、5、12 d 等时段最大平均雨量的经验频率,并分别用 P - Ⅲ型曲线进行适线。雨量频率适线后的统计参数与各种设计频率的雨量值见表 1。

表 1 由流域平均雨量推求伊河设计暴雨量成果

时段(d)	$\bar{X}$(mm)	C_v	C_s	X_P(mm)		
				$P = 0.01\%$	$P = 0.1\%$	$P = 1\%$
1	52	0.46	2.00	248	193	138
3	89	0.46	2.00	425	331	237
5	106	0.46	2.00	506	394	282
12	151	0.38	1.60	571	459	345

5 由设计暴雨量推求设计洪水

5.1 雨始时初始条件的确定

设计暴雨雨始时各项起始条件,包括 WU_0、WL_0、WD_0、S_0、QG_0、QI_0、Q_0 等物理量的确定需

要计算得出。雨始时土壤总张力水容量可由 $W_0 = WU_0 + WL_0 + WD_0$ 求得。起始条件不同,将直接影响设计洪水成果。选择 1954、1958、1982 年三个典型年的日流量和日雨量系列,以计算的与实测的日流量误差的绝对值之和最小为原则,进行日模型计算,调试日模型的 7 个敏感参数,并由此确定的雨始时各项起始条件数值见表 2。

表 2 由日模型计算的各典型年初始量数值

典型暴雨 (年 – 月 – 日)	WU_0 (mm)	WL_0 (mm)	WD_0 (mm)	W_0 (mm)	S_0 (mm)	QG_0 (m^3/s)	QI_0 (m^3/s)	Q_0 (m^3/s)
1954 – 08 – 02 ~ 08 – 13	6.0	64.0	50.0	120	0.4	10.1	15.7	26.2
1958 – 07 – 12 ~ 07 – 23	19.2	83.8	50.0	153	0	18.1	12.2	32.0
1982 – 07 – 29 ~ 08 – 09	11.0	3.8	49.4	64.2	0.7	2.9	2.6	12.0

由于 S_0、QG_0、QI_0、Q_0 变化较小,对设计洪量影响也较小,可取三次典型暴雨的相应平均值作为雨始时的初始值。而雨始时初始土壤含水量 W_0 差异较大,对设计洪量影响较大,选用不同的暴雨典型就会造成设计洪量的较大差异,致使设计成果任意性较大,稳定性较差。下面用频率的方法推求 W_0,能较好地解决这一问题。

应用日模型计算每年最大 12 d 雨量(X_{12})和雨始时土壤含水量 W_0,形成 $X_{12} + W_0$ 系列,然后计算 $X_{12} + W_0$ 系列各种设计频率的数值,相应频率 $X_{12} + W_0$ 与 X_{12} 之差 $(W_0 + X_{12})_p - X_{12p}$,即为频率为 $P(P = 0.01\%、0.1\%、1\%)$ 的设计暴雨雨始时的 W_{0p},当 $W_{0p} > WM$ 时,取 $W_{0p} = WM$。应用这个方法得到的各设计频率的雨始 W_{0p} 为 $P = 0.01\%、0.1\%、1\%$ 的相应 $W_{0p} = 170、170、150$ mm。即在稀遇设计暴雨时,雨始 W_{0p} 都趋于最大饱和值,由此计算出的设计洪水成果,在客观上更有利于安全。

由设计暴雨推求设计洪水,设计暴雨的频率与设计洪水的频率一般情况下并不相等,因为还存在另一个变量 W_0 的影响。由前述产流模型可知,当 $X_p + W_0 - E > WM$ 时,设计暴雨的产流公式为 $R = X_p + W_0 - E - WM$,式中 WM 是常数,E 值比较小,因此产流量 R 的频率与随机变量 $W_0 + X$ 基本上是相等的。由于所选典型雨型的不同使得 W_0 具有不确定性,很难保证设计暴雨 X_p 与设计洪水 R 具有同频率,也使得设计洪水成果也具有较大的任意性,依据 $W_{0p} = (W_0 + X_{12})_p - X_{12p}$ 求 W_{0p},避免了因雨型的不同而导致的 W_0 差异,增加了设计洪水成果的稳定性,而且这样求得的设计洪水 R 基本上符合设计频率。由此认为由同频率的 $X + W_0$ 与 X 差值求得的 W_0 具有较强的合理性。

5.2 由设计暴雨推求设计洪水

由设计暴雨量推求设计洪水需首先推求设计暴雨过程,用不同设计频率($P = 0.01\%、0.1\%、1\%$)的最大 1、3、5、12 d 的设计暴雨量,对 3 个典型暴雨过程进行同频率控制放大,求出对应于 3 个典型暴雨过程的设计雨量过程。然后利用产汇流模型由设计暴雨过程推求设计洪水。模型计算采用已调试好的 14 个次模型参数和上述确定的雨始时各初始条件。各典型暴雨、各频率的设计洪峰及设计洪量见表 3。

6 由暴雨和由流量资料推求的设计洪量比较

依据伊河龙门镇站 45 年(1953 ~ 1997 年)实测日流量资料,其中 1953 ~ 1959 年可被认为是天然洪水资料,1960～1997年是考虑上游陆浑水库调节影响后的还原洪水资料。计算各时段实测最大洪量经验频率,并用 P－Ⅲ 型曲线进行频率适线,适线后的统计参数与各种频率设计洪量值见表4。

表3 用不同典型暴雨计算的龙门镇设计洪峰及各时段设计洪量

频率	典型暴雨 (年－月－日)	最大洪量(亿 m³)				Q_m (m³/s)
		1 d	3 d	5 d	12 d	
$P = 0.01\%$	1954 － 08 － 02 ～ 08 － 13	11.5	19.2	22.1	25.6	20 000
	1958 － 07 － 12 ～ 07 － 23	10.0	20.1	23.8	26.5	17 900
	1982 － 07 － 29 ～ 08 － 09	9.8	19.8	23.0	26.1	17 000
$P = 0.1\%$	1954 － 08 － 02 ～ 08 － 13	7.9	13.3	15.4	20.3	13 900
	1958 － 07 － 12 ～ 07 － 23	6.9	13.9	17.4	21.0	12 300
	1982 － 07 － 29 ～ 08 － 09	6.6	13.1	15.7	20.4	11 800
$P = 1\%$	1954 － 08 － 02 ～ 08 － 13	5.8	9.3	10.9	13.9	10 600
	1958 － 07 － 12 ～ 07 － 23	5.2	10.8	12.6	14.5	9 060
	1982 － 07 － 29 ～ 08 － 09	4.3	9.3	11.2	14.1	7 700

表4 由流量资料推求的龙门镇设计洪量成果

时段 (d)	W (亿 m³)	C_v	C_s	W_P(亿 m³)		
				$P = 0.01\%$	$P = 0.1\%$	$P = 1\%$
1	0.8	1.22	3.25	11.4	8.0	4.8
3	1.5	1.15	3.25	20.1	14.2	8.6
5	1.9	1.15	3.00	24.1	17.2	10.5
12	2.8	1.0	2.40	27.9	20.5	13.3

由表3和表4显示的同一频率不同时段的设计洪量相差不大,据此初步认为:在本流域由设计暴雨推求的设计洪量值,与由流量资料推求的设计洪量值差异并不显著。

7 结语

本文在黄河流域伊洛河支流伊河上利用暴雨资料推求龙门镇设计洪水的尝试。在设计暴雨雨始时初始土壤含水量 W_0 的计算上,采用了 $W_{0p} = (W_0 + X_{12})_p - X_{12p}$ 的方法,避免了因典型雨型的不同而导致的 W_0 差异,而且使得设计洪水与设计暴雨基本上同频率,因而具有较强的合理性。用三水源新安江产汇流模型和调试的模型参数及初始条件,所推求的各时段设计洪量与由流量资料推求的同一时段的设计洪量,其量值没有显著的差异。由此认为,文章所述利用暴雨资料推求设计洪水方法可行,可以在流量资料短缺的中小流域加以应用,也可以与由流量资料推求的设计洪水成果相互印证。

黄河山东段"假潮"期水文测报方法分析

谷源泽　刘以泉　崔传杰　阎永新　张广海

（黄河水利委员会山东黄河水文水资源局）

黄河下游近年来连续小水。根据孙口水文站 1991～2000 年资料统计,每年流量小于 1 000 m³/s 的时间达 10 个月以上。黄河山东段在每年的 10 月份至次年的 4 月份,在无上游来水和区间加水的情况下,时常出现水位、流量、含沙量陡涨陡落的现象。在几十分钟甚至几分钟内水位会猛涨几十厘米,有的可达 1.2 m 以上,流速、流量、含沙量也是成倍地增加。这种特殊的水沙峰过程,一般每天出现 1 次,有时可出现 2～3 次,这一特点与海洋潮汐有些相似,但又与潮汐不同,所以称它为"假潮"。从"假潮"的发生、发展过程看,"假潮"现象有愈演愈烈之势,目前黄河山东段各水文站均有明显的"假潮"现象发生,给各水文站的测报工作带来了严重影响。

国内有关专家、学者早在 20 世纪五六十年代就对"假潮"现象进行过分析研究,但受测验条件和手段限制,再加上"假潮"成因复杂,又无专门人员进行系统跟踪研究,因而至今对"假潮"的成因机理尚无定论。

1 "假潮"发生的一般规律

以孙口水文站为例,"假潮"发生初期,一般每天出现 1 次,有时每天 2～3 次不等,发生时间一般在每天的早 4～8 时和 7～21 时。一个"假潮"过程一般持续时间 3～6 小时,最短时仅有 3 小时左右,是一个陡涨缓落过程(见图 1),水位 – 流量关系顺时针绳套曲线。在"假潮"发生过程中,水文因子变异较大,如水位陡涨缓落,几十分钟甚至几分钟水位变幅可达 1.2 m 以上,流速几分钟从 0.8 m/s 迅速递增到 2.8 m/s 以上,流量从 200 m³/s 增为 1 200 m³/s,含沙量也相应发生变化。

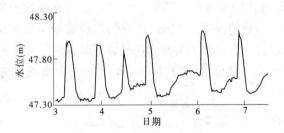

图 1　孙口站典型假潮过程线

(2000 年 12 月 3 日至 7 日)

本文原载于《人民黄河》2001 年第 3 期。

2 "假潮"期常规测报方法存在的问题

2.1 单次流量测验代表性差

常规水文测验在低水期一般3~5天施测一次流量,也就是说,施测的单次流量精度将影响以后3~5天的报汛精度。由于"假潮"发生频繁,持续时间短,如果施测的流量在"假潮"峰顶,则测出的流量往往偏大,它不能真实代表这一天大河水量的实际情况,用它定线推求3~5天的大河水量就会偏大;如果施测的流量在"假潮"谷底,测出的流量就较小,用它来进行推流报汛和计算出的水量就会偏小,据此计算出的水量就会偏小。因此,"假潮"期单次流量测验代表性较差。

2.2 测验时机不好把握

平时,人们对洪水测报的重视程度远远高于低水测报。对"假潮"现象也习以为常,在测验时机上没有引起对"假潮"引起的足够重视。由于"假潮"多发生在较冷季节,为了简化工作量,习惯上将测流与早8时的单沙取样同时进行。据统计,早8时左右发生"假潮"的几率较大,这样测出的单次流量代表性就较差。再者在测验人员的习惯和心理上,往往等到涨水(假潮峰顶)时,认为测得的流量才具有代表性,久之测出的单次流量高点就较多,低点就较少(见图2),故而在"假潮"期,水情拍报及资料整编同相邻站对照会呈现偏大或偏小现象。

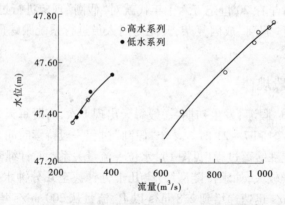

图2 孙口站"假潮"期水位-流量关系曲线

2.3 水位-流量关系

据分析研究,"假潮"过程的水流规律同平水时的水流变化规律差别较大,水位流量关系也不同于一般水流过程。一般情况下,"假潮"过程的水位流量关系多呈顺时针绳套曲线,而通常情况下黄河下游洪水过程水位流量关系为逆时针绳套曲线。常规的定线推流方法已不能代表或反映"假潮"期的水位-流量关系的变化规律。因此,用常规方法进行定线推流就会出现系统偏大或偏小的情况。

3 "假潮"期测报方法

3.1 注意选择合适的测验时机

根据多年实践经验及资料分析,要想做好"假潮"期的水文测报,把握好测验时机非常关键。为了掌握测验时机,应密切注视上下游水情,分析本站"假潮"活动的规律,即"假潮"的周期性,尽量避免代表性不好的测点,如"假潮"的峰顶及谷底等;及时点绘"假潮"期水位过程线,找出最佳流量施测时机进行测验。

3.2 前一日平均水位法

计算出"假潮"期某个时段的平均水位作参考,以前一日平均水位为依据来确定下次施测流量的时机。这需要水位观测人员密切注意水位的变化,及时联系上下游水情,掌握"假潮"的变化规律,选择出水位代表性较好的测验时段。从 2000 年 11～12 月经孙口站实验对比分析,这种方法已取得了较好的效果,基本上能代表当日的日平均流量,排除了"假潮"期流量忽大忽小的现象(见图 3),但考虑整编定线时的高、低水延长,仍选择适当时机施测高、低水点次,以避免高、低水位延长时无实测点据的情况。

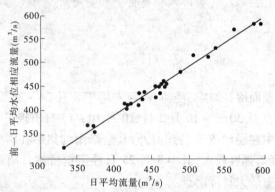

图 3 孙口站前一日平均水位相应流量与日平均流量关系曲线

3.3 高、中、低水位法

在"假潮"期,根据"假潮"变化规律,选出某时段"假潮"过程的高、中、低水位级,在不同的水位级合理确定测流时机,施测流量并确定相应的水位－流量关系线,在相应出现的水位级中推求相应的流量。这种方法推流定线较为准确,能基本控制"假潮"过程,但野外测验劳动强度大。

3.4 过程测验法

对整个"假潮"过程像对待洪峰一样进行连续测验,即抓住时机对"假潮"的起涨、峰顶、峰腰、落平进行施测,找出每次"假潮"的变化规律;用连时序曲线法定线推流,这种方法推流报汛及资料整编质量高。但目前实行这种方法十分困难,因为测验条件和手段难以满足对"假潮"的跟踪测验,即使满足了,其工作量和劳动强度可想而知。

3.5 水位－流量关系的确定

由于"假潮"期间水流变化规律的复杂性,采用常规的定线方法不能反映"假潮"的水位－流量关系的变化规律,用一条线推求一个"假潮"过程的方法往往使得流量过程呈锯齿形变化,依据实测流量及相应水位变化情况,充分考虑高水、中水、低水点据代表性,采用临时曲线过渡法处理能避免上下游流量过程不相应互相矛盾的现象。

4 结语

近几年黄河山东段的实际情况表明,黄河下游小水期延长,"假潮"现象频繁发生,给山东段各水文站测报带来了较大的困难。从孙口水文站的测报经验来看,用前一日平均水位代表法较为方便实用,高、中、低水位法作为校核使用,而过程测验法则较为困难。由于"假潮"的产生机理和发育机制目前还不清楚,且仅在黄河下游出现,建议今后应加强这方面的研究工作,为探索"假潮"形成机理及"假潮"期水文测报方法提供理论基础。

2003 年渭河洪水特性分析

蒋昕晖　霍世青　刘龙庆　孙文娟　陈　静

(黄河水利委员会水文局)

1　雨水情概况

受高空低涡切变及地面冷锋影响,泾河、渭河先后于 8 月 24 ~ 26 日、8 月 27 ~ 31 日、9 月 3 ~ 5 日、9 月 16 ~ 19 日、9 月 30 日 ~ 10 月 2 日、10 月 10 ~ 13 日出现了 6 次持续降雨过程。除第一次降雨过程主要集中在泾河支流马莲河外,其余降雨均集中在渭河中下游地区。6 次降雨中以第一、二次过程降雨强度较大,其中 8 月 25 日泾河贾桥站日雨量为 196 mm,庆阳站日雨量为 182 mm,均为历史最大日降雨量。

受持续降雨影响,渭河干支流先后出现 6 次洪峰过程:第一次洪峰过程以泾河来水为主,泾河张家山站 8 月 26 日 22 时 42 分洪峰流量 4 010 m³/s。其余 5 次洪水均以渭河上游及中游南山支流来水为主:渭河咸阳站最大洪峰为 5 340 m³/s(8 月 30 日 21 时),临潼站最大洪峰为 5 100 m³/s(8 月 31 日 10 时),华县站最大洪峰为 3 570 m³/s(9 月 1 日 11 时)。整个洪水过程中张家山站水量 12.53 亿 m³,输沙量 1.618 亿 t;咸阳站水量 34.51 亿 m³,输沙量 0.154 亿 t;华县站水量 62.62 亿 m³,输沙量1.950 亿 t。

2　洪水特点

2.1　峰高量大,持续时间长

渭河 6 次洪水在向下游演进过程中沿程增加,致使第二次洪水过程中咸阳站、临潼站均出现自 1981 年以来最大流量,华县站出现自 1992 年以来最大流量。此次渭河持续洪水历时约 60 天,其中,最大 3 日、7 日、15 日和 30 日水量中咸阳站仅次于 1981 年,排 20 世纪 80 年代以来第二位,华县站仅次于 1981 年和 1983 年,排 20 世纪 80 年代以来第三位(见表 1),但华县站次洪水量均大于 1981 年和 1983 年,为 20 世纪 80 年代以来最大。

2.2　水位表现高

在渭河第二次洪水过程中,咸阳、临潼、华县三站均出现了有实测资料以来最高洪水位,其中,咸阳站最高洪水位比 1981 年 8 月洪峰流量 6 210 m³/s 洪水的历史最高水位高 0.48 m;临潼站最高水位比 1981 年 8 月洪峰流量 7 610 m³/s 洪水的历史最高水位高 0.31 m;华县站最高洪水位比 1996 年 7 月洪峰流量为 3 500 m³/s 的历史最高水位高 0.51 m(见表 2)。

本文原载于《人民黄河》2004 年第 1 期。

表1 咸阳、华县两站20世纪80年代以来最大水量对比

表1 咸阳、华县两站20世纪80年代以来最大水量对比　　（单位:亿 m³）

站 名	累计时间	2003 年	1981 年	1983 年
华 县	最大 3 日	7.1	10.9	8.4
	最大 7 日	12.5	19.5	14.8
	最大 15 日	21.8	28.6	26.0
	最大 30 日	34.0	52.9	41.8
咸 阳	最大 3 日	6.6	7.7	4.4
	最大 7 日	9.3	13.9	7.3
	最大 15 日	15.6	19.1	13.8
	最大 30 日	22.9	34.3	21.9

表2 2003 年渭河洪水特征值排序

站名	时 间（月－日T时:分）	洪峰流量（m³/s）	相应水位（m）	流量排序	水位排序	说明
咸阳	08－30T 21:00	5 340	387.86	4	1	1981 年以来最大洪水,历史最高水位
张家山	08－26T 22:42	4 010	430.75	14	—	1977 年以来最大洪水
临潼	08－31T 10:00	5 100	358.34	8	1	1981 年以来最大洪水,历史最高水位
华县	09－01T 11:00	3 570	342.76	32	1	1992 年以来最大洪水,历史最高水位

2.3　前期洪水传播时间长,洪峰削减率大

经统计,1965~1989 年华县站共出现大于 2 000 m³/s 洪水 33 次,临潼至华县河段最大削峰率51.1%,平均削峰率12.6%;最长传播时间18.5 小时,平均传播时间11.8 小时。20 世纪90 年代华县站共出现大于 1 500 m³/s 洪水 7 次,最大削峰率41.2%,平均削峰率14.8%;最长传播时间33 小时,平均传播时间17.3 小时。本次洪水期间临潼至华县河段前三次洪峰平均削峰率41.2%,平均传播时间34.9 小时,其中第一次洪峰过程中削峰率高达53.1%,传播时间52.3 小时,均为历史之最(见表3)。

2.4　后续洪水削峰率逐渐减小,传播时间相应缩短

受渭河咸阳以上持续低含沙洪水以及南山支流等区间加水影响,临潼至华县河段洪峰削减率和传播时间自第三场洪水开始呈逐渐递减趋势,至第六次洪水过程中,受区间加水影响,华县站洪峰流量较临潼站增加 220 m³/s,传播时间缩短为 14 小时(见表3)。

3　洪水特性初步分析

3.1　水沙条件改变,河床淤积严重,形成高水位洪水

自 1994 年以来,渭河来水来沙条件发生了明显变化:咸阳站出现了连续枯水年份,尤其是汛期水量明显偏枯,无较大洪水发生,1998 年 8 月最大流量 1 590 m³/s,为 1994 年以来最大流量;华县站较大洪水主要来自于泾河,尤以支流马莲河洪水居多,含沙量大,其中,1996 年最大流量 3 500 m³/s,泾河张家山站相应洪峰 3 860 m³/s(见表4)。渭河来水来沙条件的变化,使

得渭河下游频繁发生高含沙中小洪水过程,水流挟沙能力降低,造床作用减弱,泾河洪水所携带的泥沙在渭河下游河道中大量淤积,致使河床逐年抬高,下游河道萎缩严重。

表3 2003年临潼至华县河段洪水削峰率与传播时间

站 名	洪峰流量 (m³/s)	峰现时间 (月-日T时:分)	削峰率(%)	传播时间 (h)
临 潼	3 200	08-27T 12:30	53.1	52.3
华 县	1 500	08-29T 16:48		
临 潼	5 100	08-31T 10:00	30.0	25.0
华 县	3 570	09-01T 11:00		
临 潼	3 820	09-07T 12:30	40.6	27.3
华 县	2 270	09-08T 15:48		
临 潼	4 320	09-20T 17:30	21.3	27.5
华 县	3 400	09-21T 21:00		
临 潼	2 660	10-03T 10:30	5.3	18.5
华 县	2 520	10-04T 05:00		
临 潼	1 790	10-12T 17:00	—	14.0
华 县	2 010	10-13T 07:00		

表4 渭河主要站1994年以来最大流量统计 　　　　　　　　(单位:m³/s)

年份	咸阳		张家山		华 县	
	时 间 (月-日)	洪峰流量	时 间 (月-日)	洪峰流量	时 间 (月-日)	洪峰流量
1994	06-26	585	07-08	2 360	07-08	2 000
1995	08-08	189	08-06	2 780	08-08	1 500
1996	06-05	469	07-28	3 860	07-29	3 500
1997	09-15	228	08-01	1 780	08-02	1 090
1998	08-22	1 590	05-22	2 030	08-22	1 620
1999	07-07	846	07-14	1 310	07-22	1 350
2000	10-11	1 440	06-21	437	10-13	1 890
2001	09-22	535	08-19	1 300	09-22	545
2002	06-10	640	06-22	978	06-11	1 200

3.2 河道过流能力降低,比降变缓,致使前期洪水削峰率大,传播时间长

(1)漫滩流量减少,滩槽过流比增加。自1985年以来,渭河下游河道萎缩加剧,漫滩流量呈逐年减小趋势,滩槽过流比增大。1985年渭河下游漫滩流量约3 500 m³/s,至1995年剧减为不足800 m³/s,虽1999年恢复到2 000 m³/s,但2000年以后又呈逐年降低趋势(见图1)。

从本次洪水的水位流量关系初步分析洪水前华县站断面漫滩流量不足1 000 m³/s。漫滩流量的减小使洪水在渭河下游河道发生漫滩的几率大大增加,洪水漫滩后,过流面积迅速加大,滩槽过流比增大,断面平均流速减小,致使洪峰削减率增加,洪水传播时间相应延长。

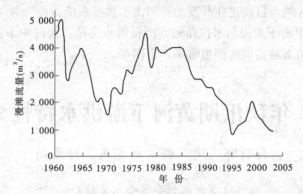

图1 渭河下游历年漫滩流量变化过程

(2)洪水在下游河道演进过程中大面积漫滩后,坦化变形严重,水流散乱,流向不一,滩槽水量频繁交换,其演进的规律也相应发生变化,进一步延长了洪水的传播时间,增加了洪峰削减率。从本次洪水在临潼至华县河段的水位、流量过程以及华县至华阴河段的水位过程来看,在漫滩流量以下的各站水位、流量过程基本正常,在漫滩流量以上的水位和流量过程越往下游坦化越明显。

3.3 人类活动、支流大堤决口对削峰率和传播时间的影响

(1)滩区大量高秆作物以及道路、生产堤阻碍行洪。由于渭河多年未发生较大洪水,因此当地农民在渭河滩区大量种植了玉米、高粱、向日葵等高秆作物,且正值收获期,作物高度在2 m左右。当地农民为种植作物的方便,在滩区修建了大量通向滩地的道路或生产堤。高秆作物及道路、生产堤的存在使得漫滩洪水在向下游行进的阻力加大,糙率增加,漫滩洪水流速大大减小,退水过程缓慢,滩区洪水滞留时间延长。

(2)支流洪水倒灌,南山支流部分大堤决口,加大了洪水削峰率。本次渭河下游各站水位表现偏高,南山支流出现洪水倒灌,其中渭河下游尤河、石堤河、方山河、罗纹河等支流大堤受洪水长时间浸泡决口。在华县站第二次洪峰过程中,位于华县站断面上游的尤河、石堤河大堤于9月1日上午10时左右出现决口,决口处流量约200 m³/s;华县站第三次洪峰过程中,支流大堤决口情况进一步加剧,客观上对华县站洪峰削减造成了一定影响。

3.4 洪水后期下游河道明显冲刷,漫滩流量增加,洪峰传播时间缩短

受渭河后续低含沙水的淤滩刷槽作用,渭河下游滩区大量淤积,主槽明显冲刷,其中临潼至华县段洪水期间共冲刷泥沙4.02亿t。从华县站汛前以及此次洪水过程中断面变化情况来看,洪水所挟带的泥沙主要在滩地大量淤积,最大淤高约1 m,主槽在洪水前后明显冲刷,同流量(1 000 m³/s和2 000 m³/s)水位分别下降2.31 m和2.03 m。从华县站洪水的水位流量关系分析,洪水后期该河段漫滩流量已由洪水前不足1 000 m³/s增加到2 000 m³/s左右。漫

滩流量的增加也使得渭河第五、六次洪水过程中水流基本在河槽中演进,未发生较大漫滩现象,洪峰削减率、传播时间均相应减小。

4 建议

(1)加强水文基本规律的研究。必须加强对渭河中下游产汇流规律的研究,补充、完善流域洪水预报方案,深入开展在人类活动影响加剧的新形势下流域水文基本规律的研究工作。

(2)建立一套完整的渭河中下游洪水预报系统。目前,迫切需要建立一套适应新情况的渭河洪水预报系统,并纳入目前正在开发的黄河洪水预报系统。

(3)增设渭河中下游干流报汛水位站和支流报汛水文站。渭河中下游报汛站网尚不能满足跟踪洪水的要求,给下游站洪水预报带来一定困难。

2003 年秋汛期黄河下游洪水特性分析

蒋昕晖 陶 新 刘龙庆 孙文娟

(黄河水利委员会水文局)

2003 年 9 月 6 日~10 月 26 日,黄委利用中游渭河、洛河及沁河洪水,通过三门峡、小浪底、陆浑、故县四库联合调节,成功地进行了黄河第二次调水调沙试验和防洪调度运用。与 2002 年黄河首次调水调沙试验不同的是,2003 年的调水调沙试验是利用渭河持续洪水和伊河、洛河、沁河(简称伊洛沁河)洪水进行流量、含沙量的"对接",同时,还借助异重流排沙和浑水水库排沙,达到了小浪底水库拦粗排细以利于下游输沙入海的目的,下游河道行洪能力得到了一定程度的恢复。此前,黄河下游受 8 月 28 日~9 月 6 日伊洛沁河洪水影响,也产生了一次洪水过程。

黄河下游自 8 月 28 日~11 月 6 日先后产生的 3 次连续洪水过程中,花园口站水量 117.9 亿 m^3,输沙量 1.673 亿 t;利津站水量 118.0 亿 m^3,输沙量 2.766 亿 t。小浪底—利津河段总冲刷泥沙 1.531 亿 t,见表 1。

1 洪水来源与组成

1.1 伊洛沁河洪水

受伊洛沁河洪水影响,黄河下游花园口以下各站自 8 月 26 日~9 月 6 日产生了一次洪水过程,其中:花园口站最大流量 2 780 m^3/s,最高水位 93.44 m,最大含沙量 10.4 kg/m^3;高村站最大流量 2 670 m^3/s,最高水位 63.65 m,最大含沙量 17.3 kg/m^3;利津站最大流量 2 450 m^3/s,最高水位 13.83 m,最大含沙量 27.0 kg/m^3。

1.2 黄河第二次调水调沙期洪水

黄河防总继 2002 年首次调水调沙试验后,于 9 月 6 日 8 时至 9 月 18 日 20 时进行了第二

本文原载于《人民黄河》2004 年第 1 期。

次调水调沙运用,小浪底水库最大下泄流量 2 340 m³/s,最大含沙量 156 kg/m³;洛河黑石关站洪峰流量 1 390 m³/s。

表 1   2003 年黄河下游洪水水沙量统计

站 名	起讫时间 (月-日)	水 量 (亿 m³)	输沙量 (亿 t)	冲淤量 (亿 t)
小浪底	08-25～10-29	72.96	1.189	
花园口	08-26～10-30	117.9	1.673	0.438
夹河滩	08-27～10-31	133.3	2.077	0.404
高村	08-28～11-01	117.9	1.892	-0.185
孙口	08-29～11-02	117.3	2.278	0.386
艾山	08-31～11-04	125.6	2.600	0.322
泺口	09-01～11-05	119.7	2.317	-0.283
利津	09-02～11-06	118.0	2.766	0.449
合计				1.531

注:小花河段冲淤量指花园口与小浪底、黑石关、武陟之间的差值。

受此影响,黄河花园口以下各站于 9 月 6～23 日产生了一次持续洪水过程,其中,花园口站最大流量 2 720 m³/s,最高水位 93.18 m,最大含沙量 87.8 kg/m³;高村站最大流量 2 720 m³/s,最高水位 63.51 m,最大含沙量 85.6 kg/m³;利津站最大流量 2 740 m³/s,最高水位 13.91 m,最大含沙量 80.1 kg/m³。

1.3   防洪调度运用期洪水

9 月 24 日～10 月 26 日,黄河防总在黄河中游来水较大的情况下,应用小浪底、陆浑、故县三座水库进行了防洪调度运用。期间,小浪底水库最大下泄流量 2 540 m³/s,最大含沙量 46.8 kg/m³;洛河黑石关站洪峰流量 1 420 m³/s,沁河武陟站洪峰流量 901 m³/s。受此影响,黄河下游花园口以下各站于 9 月 24 日～11 月 2 日产生了一次持续洪水过程,其中,花园口站最大流量 2 760 m³/s,最高水位 93.09 m,最大含沙量 23.6 kg/m³;高村站最大流量 2 930 m³/s,最高水位 63.32 m,最大含沙量 17.8 kg/m³;利津站最大流量 2 870 m³/s,最高水位 13.86 m,最大含沙量 30.9 kg/m³。

2   洪水特性

2.1   洪水持续时间长、量级稳定、水量较大

此次黄河下游花园口以下洪水持续时间较长,且量级稳定。其中,花园口站 2 300 m³/s 以上流量持续时间约 45 天,洪水期最小流量 866 m³/s,总水量 117.9 亿 m³(考虑小浪底水库蓄水影响,洪水期花园口站总水量 176.7 亿 m³,超过该站 1990 以来汛期最大水量);利津站 2 300 m³/s 以上流量持续时间约 33 天,洪水期最小流量 1 030 m³/s,总水量 118.0 亿 m³。洪水持续时间之长、水量之大均为近年来所罕见。

2.2 黄河下游河道冲刷明显

整个洪水期小浪底站输沙量 1.189 亿 t，花园口站输沙量 1.673 亿 t，利津站输沙量 2.766 亿 t。除夹河滩—高村以及艾山—泺口河段微淤外，黄河下游其余河段普遍冲刷。不计区间引沙，花园口—利津河段总冲刷泥沙 1.093 亿 t。

2.3 洪水传播时间接近 20 世纪 90 年代平均传播时间

由于 2003 年第二次调水调沙期间黄河下游夹河滩以下洪水传播时间受生产堤决口与破口分流影响较大，因此只对黄河下游前两次洪水过程的传播时间进行分析。

以黄河第二次调水调沙期各站最大流量统计，花园口—利津河段洪水传播时间 115 h，其中，花园口—孙口 75 h，孙口以下 40 h，与调水调沙前伊洛沁河洪水在下游的传播时间 102 h 相近，稍长于 20 世纪 90 年代同量级洪水平均传播时间 85 h，而较 2002 年调水调沙期洪水传播时间 313 h 大大缩短。2003 年调水调沙期洪水与 2002 年洪水相似，不同于自然洪水，若用最大流量出现时间来计算洪水传播时间，则较难反映真实的洪水演进情况。故对本次洪水过程中 2 500 m³/s 量级的洪水传播时间进行统计分析，花园口—利津洪水传播时间 101 h，比 2002 年调水调沙期同量级洪水传播时间缩短 36 h。

洪水传播时间缩短的主要原因：一是黄河下游河道在 2002 年调水调沙后发生了不同程度的冲刷，平滩流量增加，河道行洪能力有所增大；二是下游河道经前期洪水冲刷，河道边界条件较洪水前有所改善；三是前期下游河道未发生大漫滩现象，减轻了由滩槽水量交换引起的传播时间延长等因素影响。

2.4 水位低于 2002 年调水调沙期洪水

本次持续洪水期，花园口以下各站洪水位与 2002 年洪水位相比，除泺口、利津站分别高于 2002 年 0.02 m 和 0.11 m 外，其余各站均低于 2002 年洪水位，但夹河滩—艾山河段洪水位仍高于 2003 年警戒水位 0.09 ~ 0.45 m。黄河下游各水文站同流量水位与 2002 年相比偏低 0.11 ~ 0.34 m，且本次洪水前后各站同流量水位降低 0.10 ~ 0.96 m（见表 2）。

表 2 黄河下游主要水文站同流量水位比较 　　　　　　　（单位：m）

站　名	流量 (m³/s)	1996 年			2002 年			2003 年			$\triangle H_1$	$\triangle H_2$
		$H_涨$	$H_落$	$H_平均$	$H_涨$	$H_落$	$H_平均$	$H_涨$	$H_落$	$H_平均$		
花园口	2 500	93.90	93.30	93.60	93.38	93.11	93.25	93.35	92.92	93.14	-0.11	-0.43
夹河滩	2 500	77.10	77.10	77.10	77.20	77.20	77.20	77.46	76.50	76.98	-0.22	-0.96
高　村	2 500	62.96	62.43	62.70	63.68	63.44	63.56	63.56	62.88	63.22	-0.34	-0.68
孙　口	2 500	48.39	47.90	48.15	48.70	48.81	48.76	48.67	48.57	48.62	-0.14	-0.10
艾　山	2 500	40.81	40.84	40.83	41.61	41.72	41.67	41.50	41.25	41.38	-0.30	-0.25
泺　口	2 400	30.75	30.45	30.60	30.91	30.91	30.91	31.01	30.52	30.77	-0.15	-0.49
利　津	2 400	13.74	13.64	13.69	13.73	13.73	13.73	13.78	13.35	13.57	-0.17	-0.43

注：$\triangle H_1$ 指 2003 年与 2002 年平均水位之差，$\triangle H_2$ 指 2003 年洪水前后同流量水位之差。

本次洪水期间水位较 2002 年明显下降的主要原因是受持续洪水影响，洪水前后下游河道冲刷明显,同流量水位降幅较大。且此次利用小浪底水库含沙量较大的持续洪水进行调水调沙过程中,小浪底水库出库含沙量采用先大后小的过程,即 9 月 6 ~ 11 日出库平均含沙量约为 103 kg/m³,最大含沙量156 kg/m³,而 9 月 17 ~ 25 日、10 月 12 ~ 18 日出库含沙量均维持在 10 kg/m³ 以下的低含沙水平,10 月 18 日以后为清水下泄,避免了下游洪水在退水期携带较多的泥沙在主槽内淤积,造成洪水冲刷效率降低。此外,本次洪水期间黄河下游未发生大漫滩现象,也避免了由于洪水漫滩后水流流速降低、挟沙能力减弱而造成泥沙大量淤积的现象发生,保持了退水期洪水对河道的持续冲刷作用。

2.5 河槽行洪能力有所恢复

本次洪水期黄河下游各站的水位流量关系均表现为顺时针绳套关系(涨淤落冲),显示下游各站断面普遍处于冲刷状态。各站水位流量、水位面积关系曲线与 2002 年调水调沙期洪水相比,同水位下流量、面积曲线均出现不同程度右移,过流面积增加,同流量水位下降明显。下游各站的水位流量、水位面积关系整体表明 2003 年洪水期黄河下游河道行洪能力较 2002 年有所恢复。

不容忽视的是,黄河自 1986 年以来出现连续的枯水枯沙段,洪峰不高,水量较小,挟沙能力降低,河道淤积萎缩严重。虽经"96·8"洪水淤滩刷槽作用后河道条件有所好转,但 1997 ~ 2002 年来水来沙仍较少,河道萎缩加剧,过流能力逐渐减弱。2002 年调水调沙后行洪能力又有所恢复,但 2002 年汛后至 2003 年汛前下游部分河段仍出现淤积。从此次洪水与 1996 年洪水的同流量水位相比也可看出(见表2),河道行洪能力与 1996 年相比未有根本改观。

3 结论

2003 年黄河调水调沙试验和防洪调度运用是利用黄河中游洪水资源进行的,整个洪水期间小浪底水库出库最大含沙量达到 156 kg/m³;花园口输沙量为 1.673 亿 t,入海沙量 2.766 亿 m³,小浪底以下河段冲刷 1.531 亿 t,冲刷效果明显,为今后实现小浪底水库异重流排沙和最大限度实现洪水资源化提供了新的经验。

本次洪水过程中同流量水位较 2002 年明显降低,漫滩流量明显增加,黄河下游河槽的行洪能力有所提高,但目前黄河下游多年来持续出现的河道淤积萎缩严重、行洪能力逐年降低等形势没有根本好转。

小花间暴雨洪水预警预报系统建设

李根峰[1] 蒋昕晖[1,2]

(1. 黄河水利委员会水文局;2. 河海大学水文水资源及环境学院)

小浪底—花园口区间是黄河中游重要的暴雨中心之一,流域面积35 883 km²,多年平均降水量630 mm。区间有伊洛河、沁河两条支流汇入。小花间暴雨多集中在 7 月中旬至 8 月中

本文原载于《人民黄河》2003 年第 8 期。

旬,且该区产汇流迅速,洪水陡涨陡落。对较大面积降雨,从主雨出现到花园口洪峰出现平均 18 个小时左右。随着小浪底水库的建成运用,黄河小浪底以上地区的洪水基本得到控制,黄河下游的主要洪水威胁来自小花区间。为有效削减花园口洪峰流量,减小对黄河下游的威胁,需要对三门峡、小浪底、故县、陆浑等水库实行"四库"联合调度运用。根据测算,"四库"联合调度必须在花园口洪峰到来之前 30 小时运行,才能起到最好的削峰效果。因此,在小花间建设快速的信息采集系统,及时收集雨、水情信息,开发气象、洪水耦合系统,利用气象预报成果进行洪水预报,增长洪水预报预见期,这也正是"小花间暴雨洪水预警预报系统"的建设内容。

1 系统现状

小花间现有报汛站 143 处,其中雨量站 99 处、气象站 1 处、水位站 4 处、水文站 25 处、水库站 14 处。报汛站中,委属站 98 处,其中雨量站 72 处、水库站 2 处、水位站 4 处、水文站 20 处,此外还有 79 处委属非报汛雨量站。

小花间各测站的测验方式基本为传统的人工操作方式,测验历时较长。水情信息传输方式主要为电信电报、黄委防汛通信专网及全国水情计算机广域网,主要水文站雨、水情信息可在 60 分钟内收到。

目前,黄河气象预报主要依赖天气学预报方法,中尺度数值降雨预报模式正在试运行阶段,正式提供的预报产品为 1~3 日定性降水预报;小花间洪水预报采用的方法主要有降雨径流模型、河道洪水演进模型、河道水力学模型和相关回归模型。实时洪水预报按警报预报、降雨径流预报和河道洪水预报 3 个阶段进行。其中,警报预报的对象为黄河花园口水文站,开展降雨径流预报的区域为黄河三门峡—花园口区间。

2 系统建设目标和任务

2.1 建设目标

"小花间暴雨洪水预警预报系统"的建设目标是:充分利用现代科技成果,将系统建成以信息自动采集传输为基础、以数字流域(小花间)平台及现代化会商环境为支持、气象—洪水—径流预报耦合及预报—调度耦合为核心的现代化暴雨洪水预警预报系统,基本实现小花间水文测报自动化,为黄河防洪决策提供服务。具体的建设指标包括:

(1)通过测报设施自动化建设,缩短测验历时 0.5~1 小时;

(2)借助公共通信信道,建设信息传输系统,10 分钟内收齐区域水、雨情信息;

(3)河道洪水预报预见期 8~10 小时,精度达到甲级;

(4)降雨径流预报预见期 14~18 小时,精度达到乙级以上;

(5)花园口洪水警报预见期达到 30 小时,大洪水预报量级正确。

2.2 建设任务

作为黄河下游防洪的重要非工程措施,小花间暴雨洪水预警预报系统根本作用是为防洪工程措施及其他非工程措施充分发挥作用提供及时准确的水文情报预报。小花间暴雨洪水预警预报系统包括测站测验设施、水情信息采集传输、气象水文预报、预警预报中心和数字水文平台等 5 个部分的建设内容。

3 系统总体结构

　　黄河小花间暴雨洪水预警预报系统可划分为水文测验设施建设、水情信息采集传输、气象水文预报和预警预报中心 4 个系统,构成了小花间暴雨洪水信息的监测采集、传输处理、存储检索、预测预报、会商服务的有机整体。计算机网络系统、数字水文平台(含数据库系统)构成了系统的基础支撑。小花间暴雨洪水预警预报系统总体结构如图 1 所示。

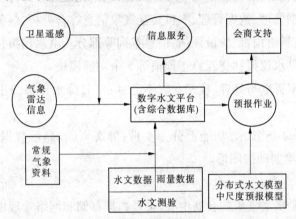

图 1　小花间暴雨洪水预警预报系统总体结构

3.1　水文测验设施设备

　　水文测验设施设备分为数据采集、信息传输、数据处理、数据库管理和测站管理 5 个部分。数据采集包括水位、雨量、流量、泥沙等信息的采集设施设备建设,信息传输包括各类水情信息的报送、接收和存储。数据处理包括关系建模、资料分析、资料整编等部分。数据库管理包括实时数据库管理和历史数据库管理两部分。测站管理包括测站基本情况、测洪方案管理、测验信息、测站行政管理等。计算机系统是"数字测站"运行的硬件基础,是支持水文站信息采集、处理、传输、存储各系统的运行平台。

3.2　信息采集传输

　　信息采集传输系统实质上是小花间水文自动测报系统的相关内容。信息采集传输系统包括 175 处报汛站的水位、雨量采集设施建设、报汛通信系统建设、4 处监控站和 1 个中心站建设。该系统包括信息采集、通信传输、安全系统、软件系统、接收处理系统、土建工程等。

3.3　数字水文平台

　　数字水文平台是水文数据组织、管理、服务、展示的平台,是一个以 GIS 为基础独立的或插件(组件、构件,下同)式的基础平台。数字水文平台由平台体系、综合数据库系统和功能组件体系以及由此所支撑的应用服务体系组成。数字水文平台采用 3S 集成技术、开放式地理信息系统(Open GIS)、分布式计算服务与互操作技术、空间数据库(Spatial Database)技术、互联网地理信息系统(Internet/Intranet GIS)技术、数字水文元数据(METADATA)系统及技术、虚拟现实技术(Virtual Reality)等先进技术。除空间数据外,数字水文平台处理 3 个层次的数据,即常规(含遥测)信息、卫星雷达探测解析信息和预报产品信息。

3.4　气象水文预报系统

黄河小花间气象水文预报系统按总体功能可划分为 3 个层次:信息接收处理、分析预报、信息服务。其中的分析预报又分为天气预报、洪水预报、径流预报、信息服务 4 个子系统及上述的数字水文平台。

信息接收处理包括常规气象信息接收处理,气象卫星信息接收处理,水文水资源信息接收处理,雷达探测信息接收处理,遥感信息、多源降雨信息同化处理等部分。

天气预报包括数据处理、数据管理、人机交互气象信息综合分析、气象产品服务、天气监视和降水预测、致洪致灾暴雨预警、质量评估、信息查询等部分。洪水预报包括信息查询、数据预处理、模型参数率定、洪水预报和交互修正预报等 5 个功能模块。

径流预报分为数据提取与处理、模型参数率定、4~7 日降水预报、7 日径流预报、3 日平均流量预报等模块。

信息查询基于 WebGIS 技术,功能上分为 4 种:静态页面、显示数据库信息的动态页面、GIS 页面、依据数据库绘制动态图形。

3.5　预警预报中心

预警预报中心既是水文气象的会商中心,又是数据存储和网络管理中心,是整个系统成果集中体现的载体。它由水情气象会商的软件开发、异地会商系统、水情气象会商显示与控制系统、中心机房及会商环境工程、计算机网络和主机存储系统、综合布线系统等部分构成。

4　效益分析

小花间暴雨洪水预警预报系统建成后,其具有的社会经济效益体现在以下几个方面:

(1)系统建成后可提供 30、14~18、8~10 小时不同预见期、较高精度、连续滚动的花园口洪水警报预报和实时暴雨、洪水情报,为黄河防洪调度决策提供科学依据,为黄河下游防洪抢险,特别是滩区 179 万群众迁安救护争取宝贵时间。

(2)及时准确的暴雨、洪水情报预报,可使三门峡、小浪底、陆浑、故县等水库和东平湖、北金堤等蓄滞洪区充分发挥作用,有效控制洪水,减轻下游堤防的压力,为确保堤防不决口提供基本支持,也可减轻或避免水库、蓄滞洪区因不当蓄水、滞洪等带来的经济损失。

(3)水文测验基础设施的防洪、测洪能力大大提高,干流站及主要支流控制站能施测百年一遇洪水,大洪水期间"测得出、报得准"的保证率大大提高。

(4)流量测验历时可控制在 0.5~2 小时,水情信息采集传输可在 10 分钟内基本完成,为黄河下游防洪决策、防汛调度、大堤防护等提供信息服务。

(5)将基本实现小花间水文工作现代化。水文情报及预测分析工作将从空间定点、时间分段的工作模式转变为时空连续的模式,水文监测工作也将逐步从点到面过渡,并为黄河水文现代化建设起到示范作用。

2003 年黄河流域汛期天气成因分析

王春青　彭梅香　张荣刚　金丽娜

2003 年汛期（6～9 月，下同），全国大范围降水的特点是前期大部地区多雨，后期南旱、北涝，北方地区大到暴雨频繁。黄河流域汛期降水在持续 6 年（1997～2002 年）偏少后，2003 年转为多雨年，中游地区连续出现了数次较强的降水过程，使干支流相继涨水，7 月 30 日府谷站最大洪峰流量达 13 000 m³/s，为该站建站以来同期最大值。8 月 26 日泾河的雨落坪站洪峰流量 4 280 m³/s、庆阳站洪峰流量 4 010 m³/s，分别为历史同期第二、第三位；8 月 29 日洛河的灵口、卢氏两站最大洪峰流量分别为 2 970、2 350 m³/s，均为历史同期最大值，黑石关站 9 月 3 日最大洪峰流量 2 220 m³/s，为 1984 年以来最大值。在 8 月下旬到 10 月上旬期间渭河先后出现 6 次洪峰，这在历史上也是非常罕见的。

1　降水概况

1.1　降水趋势

2003 年汛期黄河流域降水总量的等值线大多呈东西走向或西南到东北走向。全区大于 300 mm 的多雨区分别位于兰州以上的南部地区、内蒙古河段的部分地区、晋陕区间的干流以东、泾渭洛河（泾河、渭河、北洛河的简称，下同）、汾河的中下游地区和三门峡以下。上述地区的降水量大多在 300～500 mm 之间。降水量最少的兰州到西山嘴河段汛期降水总量也在 100 mm 以上。

由表 1 可以看到，汛期流域各分区的降水总量都是正距平。除兰州以上偏多 13% 外，其余地区偏多都在 30% 以上。其中咸阳、张家山、华县区间（简称咸张华区间）和三门峡—小浪底干流区间（简称三小区间）、洛河、小浪底—花园口干流区间（简称小花区间）分别较常年偏多 60%～80%。就汛期降水总量而言，泾渭洛河和三花区间汛期降水总量分别为 549、690 mm，超过历史最高记录的 1958 年，居第一位。洛河和三小区间，单站降水总量分别为 1 138、815 mm，也为历史罕见。

1.2　月降水量分布

对黄河流域各分区月降水量特征值的分析结果表明，虽然汛期各月降水均较常年偏多，但是，降水的分布和偏多的程度还是有明显的差别。主要特点是 6 月份降水分布不均，8、9 月份降水较常年明显偏多。6 月份三花区间、晋陕区间和兰托区间降水为正距平，其余地区降水接近常年或偏少。7、8、9 三个月黄河流域大部地区降水较常年偏多，其中 8、9 月份偏多尤为突出，黄河中下游大部地区偏多在 40%～150%。泾渭洛河 8、9 月份降水均为历史同期第二，分别为 203 mm（仅次于 1976 年的 215 mm）和 156 mm（仅次于 1975 年的 191 mm），为 20

本文原载于《人民黄河》2004 年第 1 期。

世纪 80 年代以来最大值;三花区间 8 月份降水量为历史同期第三位(229 mm),9 月份为历史同期第二位(177 mm)。从各月降水量的变化来看,月降水量偏多的程度(指距平值)呈递增的趋势,9 月份降水偏多最为突出。与历史同期相比,黄河中下游地区 9 月份的降水仅次于 1984 年,排历史第二位。

表1 黄河流域汛期降水总量分区特征值统计

分　区	降水量（mm）	距　平（%）	最　大	
			降水量(mm)	地点
兰州以上	359	+13	588	门　堂
兰托区间	232	+29	433	呼和浩特
晋陕区间	416	+33	548	新市河
汾　河	472	+37	639	京　香
北洛河	524	+47	725	交口河
泾　河	518	+52	682	贾　桥
渭　河	554	+42	759	黑峪口
咸张华区间	593	+66	783	大　峪
洛　河	731	+74	1 138	洛　南
沁　河	596	+46	652	飞　岭
二小区间	660	+65	815	北　冶
小花干流	655	+71	729	孟　津
黄河下游	609	+31	795	下　港

2　天气特点

2.1　雨季持续时间长,降水时段集中明显

黄河流域的雨季一般从 7 月上旬开始,降水量显著增加,7、8 两个月各旬降水量平均在 30 mm 左右,最大降水量出现在 7 月底至 8 月初,雨季特征非常明显。2003 年汛期黄河流域的雨季从 6 月下旬开始一直持续到 10 月中旬,长达 4 个月,夏雨和秋雨连在一起,界线不是非常清楚。7 月下旬到 8 月上旬,虽然流域出现了一段时间的伏旱,但是伏旱历时短、程度轻,也是 20 世纪 80 年代以来很少见的。这也是 2003 年汛期天气特点之一。特点之二是汛期降水阶段性非常明显,6 月下旬、7 月中旬和 8 月下旬到 10 月中旬为三个明显的多雨时段。其中又以 8 月下旬偏多最为突出,黄河流域大部地区的旬降水量偏多 1～3 倍,为历史同期最大值。8 月下旬到 10 月上旬黄河流域降水持续偏多,强度之大,持续时间之长,在历史上也是罕见的。

2.2　冷空气活动频繁,气温偏低

进入 20 世纪 90 年代以来,夏季北半球 500 hPa 中高纬度地区多纬向环流发展,影响我国北方地区的冷空气不仅势力较常年偏弱,而且次数也较常年偏少,黄河流域汛期表现出的是高温干旱少雨天气。2003 年入汛以后,北半球 500 hPa 中高纬度地区经向环流异常发展,由汛期北半球 500 hPa 平均高度场和距平场可以看到,欧洲大部为正的高距平所覆盖,欧洲大部受较强的高压脊控制,巴尔喀什湖至贝加尔湖之间为长波槽区,对应负距平中心,说明此长波槽稳定少动。黄河流域正处在此长波槽前,一是槽前有较强的暖湿气流,为黄河流域汛期的降水提供了有利的水汽条件;二是不断有冷空气东移南下影响黄河流域,使黄河流域汛期气温较常年偏低。

经统计,汛期影响黄河流域的冷空气过程共有31次,其中:6月份6次、7月份7次、8月份8次、9月份10次。强冷空气4次,是20世纪90年代以来没有过的,汛期除兰州以上地区外,黄河流域大部地区气温较常年偏低1℃左右。

2.3 汛期大到暴雨过程多

对逐日降水量的统计得出:2003年汛期黄河流域出现大到暴雨过程共计13次,其中暴雨过程7次。从多年平均状况来看:黄河流域年平均大雨以上的降水日数,除渭河宝鸡以下的南岸支流、三花区间洛河、沁河中下游各站年平均大雨日数多达6天以上外,中游其他区域各站年平均大雨日数一般为3~4天。黄河流域年平均暴雨日数的分布,与流域年平均大雨以上日数分布趋势是一致的。黄河下游平均为2天,最多可出现7天。三花区间和渭河中下游的南岸支流年平均暴雨日数在1~2天之间,最多年份可达4天,其余大多都在1天以下。2003年汛期大雨日数出现频率最多的地区是黄河下游,其次是洛河和泾渭河,这些地区大雨日数均超过了多年平均状况。暴雨的多发区主要在泾渭洛河和三花干流及以南地区。暴雨日数出现最多的地区是洛河,共计7天,为历史同期最大值;其次是北洛河,暴雨日数为4天,这在历史上也是为数不多的年份之一。从上述数据及与历史同期的对比分析得出,2003年汛期黄河中下游地区是大到暴雨过程发生频率高的年份之一。特别是进入10月份以后,即10月9~11日,黄河中下游大部地区还出现了中到大雨,部分地区暴雨的强降水过程,实属历史罕见。

2.4 台风生成较常年偏早,间接影响黄河流域的台风较常年偏多

2003年入夏以来,赤道辐合带较常年偏弱,台风活动较常年略偏少。常年到9月份有19~20个热带风暴或台风在西北太平洋和南海海域生成,2003年只有16个台风生成,其中1月份1个、4月份1个、5月份2个、6月份2个、7月份2个、8月份5个、9月份3个。从编号和登陆台风来看,除8月份登陆台风较常年偏多外,其他月份台风均较常年偏少。但初台生成时间较常年明显偏早,常年一般到4月份才有台风生成,而2003年元月就有1个台风生成,这也是1990年以来第一次。根据以往对台风的分析研究得知,影响黄河流域的台风年平均不到1个,2003年汛期虽然没有台风直接影响黄河流域,但是9号(莫拉克)、12号(科罗旺)和13号(杜鹃)台风的间接影响也是造成黄河流域汛期强降水过程偏多的主要原因之一。尤其是12号台风科罗旺减弱成低气压并与副高西南侧的偏南气流合并后,在我国西南地区到黄河中游一带形成一支强盛的偏南风急流,为黄河中下游8月25~26日的强降水过程提供了充足的水汽条件。

3 环流特征与主要影响系统

汛期的主要降水集中在8月下旬到10月上旬。下面着重分析讨论8月下旬到10月上旬的环流特征和影响汛期较强降水过程的主要天气系统。

3.1 环流的基本特征

通过研究具有代表性的9月份北半球500 hPa月平均高度和距平图发现:西风带环流呈槽—脊型,即整个欧亚地区中纬度西风带环流比较平直,巴尔喀什湖一带仍是一个槽区,此槽分裂短波槽的东移频频影响黄河中下游地区。由此可见,巴尔喀什湖一带低槽稳定和东亚中纬度西风带盛行纬向环流是黄河秋季连阴雨的基本条件。另外,东亚槽较常年明显偏西、偏弱,主槽向北收缩。由逐日500 hPa平均图上分析得出,2003年东亚槽建立时间较常年明显偏晚,强度也较常年偏弱,这是西太平洋副高到了秋季仍然像盛夏一样强盛、位置也较常年明显

偏北的主要原因之一。由 500 hPa 距平图可以看到较强的距平中心都集中在高纬度地区。极区有 -40 位势米的负距平中心,50°~70°N 纬度带上有两个较强的正距平中心,一个在北美大陆的北部(+80 位势米),另一个在鄂霍茨克海以北地区(+40 位势米)。也就是说除极区之外,北半球大部地区为正距平控制。另外一个突出的特点是,50°N 以南的北半球正负距平值均较小,进一步说明了东亚中纬度西风带盛行纬向环流。同时还可以看到在欧亚中纬度地区,只在青藏高原有一个负距平中心。夏季,青藏高原是一个热源,它对大气的加热作用使高原大气边界层内成为一个低压系统。这个负距平区反映出高原近地面层低压是偏强的,有利于低层暖湿气流向高原东侧地区汇集。它同时反映出 2003 年秋季高原季风比较活跃,暖湿气流从高原东侧向黄河流域输送,这无疑对黄河中游地区降雨天气系统的维持和发展以及水汽的源源不断供给具有重要贡献。这也是 2003 年汛期降水偏多,尤其是秋雨偏多的主要原因之一。

在副热带系统方面,最明显的特点是西太平洋副热带高压呈纬向分布,脊线在 25°~28°N 之间(有利于黄河流域降水的位置),西伸脊点位置在 110°N 附近,但是在其西边还有一个小的高压单体。再看伊朗高压的势力也比较强,在两个高压之间形成了一个低值区,这个低值区对于西风带中亚低槽的维持和发展,以及黄河中游地区强降水过程的产生都起着重要的作用。

为进一步分析多雨期间副高变化的特征,表 2 列出了 8、9 月份的副高特征值,在黄河流域多雨的 8、9 月份副高强度较常年明显偏强,其中强度指数仅次于 1995 年,为新中国成立以来第二位。西伸脊点也较常年明显偏西,8、9 两个月平均偏西 24°,这在历史上也是从来没有过的。副高的脊线和北界均较常年偏北 1°~3°,脊线平均位于 28°N 附近,处在对黄河流域降水最有利的位置。另外,从副高脊线北跳的时间来看也比常年偏早。这也是 2003 年汛期雨季来临早的主要原因之一。副高变化的另一特点是,其平均脊线位置北进到 25°N 以后,就没有再向南撤,始终稳定在 25°N 以北地区,一直到 10 月中旬副高才南撤到 25°N 以南地区,这在历史上是很罕见的情况。

表 2 8、9 月份西太平洋副高特征值统计

月份	项目	面积 指数	强度 指数	西伸脊点 (°E)	平均脊线 (°N)	北界位置 (°N)
8 月	实况	37	100	95	29	35
	均值	18	31	122	28	32
	距平(%)	+19	+69	-27	+1	+3
9 月	实况	34	71	95	27	32
	均值	18	34	116	25	29
	距平(%)	+16	+37	-21	+2	+3

3.2 主要影响系统

结合逐日地面和高空各层次天气图的天气系统进行分析统计,概括出 2003 年夏季影响黄河流域汛期降水的典型天气系统有 9 种(见表 3)。500 hPa 的主要影响系统是槽线,其次是切变线。700 hPa 和 850 hPa 则以切变线影响降水的几率最大。地面主要是冷锋、静止锋、冷高压三个系统配置。低空急流、低涡和台风也是造成 2003 年汛期降水偏多的天气系统之一。

表3　黄河流域汛期中雨以上降水过程的主要影响系统出现次数综合统计

影响系统	500 hPa	700 hPa	850 hPa	地　面
槽　线	11	7	5	
切变线	9	16	18	
低　涡	2	6	7	
急　流	5	7	4	
冷　锋				13
静止锋				10
锢囚锋				1
倒　槽				4
冷高压				10
台风影响次数				3

7月初至8月中旬初,由于副高主体稳定在我国东南沿海,且势力较强,因此西伸脊点偏西,脊线位置偏北。西风带经向环流和纬向环流交替出现,自西伯利亚南部不断分裂冷空气,经新疆、蒙古移入黄河中下游地区,并与副热带暖湿气流在黄河流域频繁交绥。所以,高空多为槽线,地面以冷锋和冷高压降水过程为主。

8月下旬至9月上旬,500 hPa最突出的特点是西风带经向环流异常发展,而且非常稳定。西太平洋副高呈纬向分布,西伸脊点在105°E,脊线平均在28°N附近,正处在有利于黄河流域降水的位置,从而导致热带气流源源不断地深入黄河中下游地区;同时位于亚洲西北部的西风带系统维持阻塞型,在南支锋区上不断分裂小股冷空气频繁东移,并在黄河中游与暖湿气流持续交绥,致使切变线、高原涡、静止锋等降水系统频繁交替出现;除此之外,8月下旬,黄河中下游地区又受减弱的12号台风低压环流影响,加上低层偏东风急流的加入,形成了持续性暴雨天气过程。

进入9月中旬,500 hPa环流系统开始调整,由原来经向环流调整为纬向环流,并在巴湖地区长时间维持一个长波横槽,黄河流域正处在槽前西南气流里。该槽不断分裂小槽东移,使一股股冷空气进入黄河流域,为秋季连阴雨天气提供了有利的动力条件。此时的副高仍较常年明显偏强、偏西、偏北,副高的稳定也为秋季降雨提供了充足的水汽来源,700 hPa则以冷切变线为主,地面多冷锋和冷高压、静止锋。

4　结语

2003年汛期黄河流域转为多雨年。汛期流域总降水量都为正距平。除兰州以上偏多13%外,其余地区偏多都在30%以上。其中泾渭洛河和三花区间汛期降水总量超过了1958年,为历史同期第一位。从汛期各月降水变化来看:月降水量偏多的程度呈递增的趋势,以8、9月份偏多最为突出,流域各分区月降水量偏多40%～150%。

2003年汛期黄河流域的天气有四大特点:雨季持续时间长,降水时段集中明显;冷空气活动频繁,气温偏低;汛期多大到暴雨过程;台风生成较常年偏早,间接影响黄河流域的台风较常年偏多。

2003年汛期环流场也有非常突出的特点:6～8月北半球500 hPa以经向环流为主,尤其在8月底到9月初的暴雨期间,北半球500 hPa经向环流异常发展。9月也就是秋雨期间北半球500 hPa欧亚地区中纬度西风带环流比较平直,盛行纬向环流。另外西太平洋副热带高压较常年明显偏强、偏西、偏北,呈纬向分布,副高的脊线平均位于28°N左右,处在对降水最有利的位置。

造成2003年汛期降水异常的主要天气系统是500 hPa槽线,其次是切变线。700 hPa和850 hPa则以切变线影响降水的几率最大。地面主要有冷锋、静止锋、冷高压三个系统配置。低空急流、低涡和台风也是造成2003年汛期降水偏多的天气系统。

黄河小花间暴雨洪水预报耦合技术研究

王庆斋　刘晓伟　许珂艳

(黄河水利委员会水文局)

黄河下游洪水主要由中游地区的降水造成。随着小浪底水库的建成并投入运用,小浪底以上洪水得到了有效控制,黄河下游防洪的主要威胁来自小浪底—花园口区间,即小花间。尽管小花间区域不大,却是黄河上的一个特大暴雨区,一般暴雨历时短、强度大,干支流洪水遭遇的机会又较多,河网较密集,有利于产汇流。据计算,小花间2.7万 km² 未控区间百年一遇洪水12 900 m³/s,考虑水库联合运用,花园口仍将出现15 700 m³/s的洪水,黄河下游的防洪形势依然严峻。

要想有效地削减花园口站的洪峰流量和洪水总量,三门峡、小浪底、陆浑、故县等四库的联合防洪调度必须在洪峰出现30小时之前进行,这就要求花园口站洪水预报的预见期不少于30小时。小花间洪水产汇流迅速、预见期短,依靠河道汇流、降雨径流等传统的洪水预报方法不可能获得如此长的预见期。

因此,实现花园口站洪水30小时预见期的唯一途径是将洪水预报与天气预报相结合,即通过黄河小花间暴雨洪水预报耦合技术的研究,建立暴雨预报和洪水预报有机结合的一体化模型,为黄河下游防洪提供决策支持。

1 国内外研究现状

近年来,水文、气象和信息技术均有较大发展。气象方面,气象卫星、天气雷达等遥感技术的应用,极大地丰富了气象信息的获取能力和信息量,中尺度数值天气预报模式更是取得了令人瞩目的成绩,这些新技术均可以进行栅格处理、取得量化的格点数据,为暴雨预报和洪水预报的有机结合奠定了良好的基础。洪水预报方面,随着3S技术的广泛应用,数字高程模型DEM已在流域河网生成等方面得到较多的应用。利用数字高程模型,流域地形、分水岭、河网、子流域的表达及集水面积的计算完全能用数字化技术实现,在此基础上,以具有空间分布特征的水文参数和变量来描述流域水文时空变化特性的、以栅格数据为输入、输出的分布式水

本文原载于《人民黄河》2003年第2期。

文模型的研究和应用技术已趋成熟,目前已进入实用阶段,能够直接计算出口流量过程,使暴雨预报和洪水预报耦合成为可能。

国际方面,美国天气局在20世纪80年代就建成了国家河流预报系统,输入降水资料为卫星估算降水、雷达测量降水和地面采集降水合成资料,并将天气预报与洪水预报进行结合,发布警报预报。欧洲洪水预报系统(EFFS,European Flood Forecasting System),集地理信息系统、数据库、多种水文及动力学模型和友好图形用户界面于一体,可与水文气象数据采集系统连接,自动进行数据预处理、降雨径流模拟计算、洪水演进模拟计算和预报结果动态显示等。目前,EFFS正在升级,改进的EFFS可耦合雷达降水估算和有限区域数值天气预报模式,建立暴雨预报和洪水预报耦合的一体化模型,并结合地面观测降水、雷达降水估算以及卫星云图降水估算技术,提供流域点面降水的最佳估计。德国、荷兰、澳大利亚等国也建立了以GIS为平台的洪水预报系统。

国内方面,水利部信息中心、长江委、珠委等也初步建成了以地理信息系统为平台的洪水预报系统;水利部信息中心开发的中国洪水预报系统,实现了客户机/服务器方式的系统运行、模型率定等功能。基于地理信息系统的分布式水文预报模型尚处于研制阶段,没有投入生产运行,更没有和暴雨预报模式有机结合。气象预报总体上属于国际先进水平,中尺度数值降水预报模式某些方面居国际领先水平,上海中心气象台已实现了定点预报,预报对象的空间分辨率已达3 km×3 km。

2 研究目标

黄河小花间暴雨洪水预报耦合技术的研究目标是通过开展小花间定量降水预报和基于GIS的分布式水文预报模型研究,开发小花间定量降水预报模式和数字水文模型,建立暴雨预报和洪水预报有机结合的一体化模型,实现连续、滚动的气象、洪水预报,使黄河花园口站洪水预报的预见期由目前的14~18小时延长到30小时,为黄河下游防洪提供决策支持。

3 研究内容

(1)GIS平台应用开发。建立统一的基础空间数据库,包括统一的网格、单元、区域、流域划分及编码,实现对同一区域对象的地理、水文、气象综合描述。

(2)研制开发中尺度数值降水预报模式。对现有的中尺度降水预报模式进一步完善,开发水平分辨率为17 km×17 km的预报模式,输出分辨率为1 km×1 km,时段长为1小时,供水文模型使用。

(3)研制开发数字高程模型。利用GIS软件中数字化子系统自动生成小花间分辨率为1 km×1 km的数字高程模型,实现小花间流域地形、分水岭、河网、子流域的数字表达和集水面积的自动计算。

(4)研制开发小花间数字水文模型。基于GIS的分布式水文预报模型和数字高程模型结合,构筑小花间数字水文模型,实现对流域出口断面洪水过程的预报和水文要素空间分布过程的描述。

(5)多源降水信息同化及整合技术研究。研究、开发黄河流域多源降水资料的同化技术,对空间、时间特征各不相同,精度各有差异的降水信息,包括人工水情站网采集的降水、遥测雨量站采集的降水、气象站网采集的降水、卫星云图估算降水、雷达观测降水以及数值降水预报模式预报降水等进行同化处理,充分发挥不同来源降水信息的整体优势,弥补单一资料的不足,并实现观测降水与预报降水的拼接,为洪水预报模型提供较高精度的输入信息,进而提高洪水预报精度。

(6)降水预报和洪水预报耦合技术研究。降水预报和洪水预报如何耦合是本次研究所涉及的关键技术,其主要研究内容包括在提高降水预报模型预报精度和洪水预报模型预报精度基础上,如何将降水预报技术融入实时洪水预报系统中,解决降水预报和洪水预报模型之间的相互适用问题,分析研究由于降水预报的不确定性所产生的洪水预报在时间、空间精度的降低及误差的传播,并对实时预报中降水预报和洪水预报模型两方面不确定性综合产生的误差进行分析,进而开发气象、水文预报的一体化模型。

4 关键技术

4.1 中尺度数值降水预报模式

自 1997 年起,黄委水文局开展了分辨率为 34 km × 34 km 的中尺度数值降水预报模式的应用研究工作,引进了中科院大气物理研究所开发的 η 坐标模式。该模式考虑了多变地形的影响及行星边界层和整个自由大气之间的相互作用过程,对黄河中游的降水模拟较好。本次研究以前期工作为基础,开发水平分辨率为 17 km × 17 km 的中尺度数值降水预报模式,输出小花间未来 24 小时内分辨率为 1 km × 1 km、时段长为 1 小时的定量降水预报。

4.2 数字水文模型

数字高程模型与分布式水文模型的结合,成为数字水文模型坚实的技术基础。流域洪水的产汇流过程,主要受下垫面具有空间分布特征的各种地理、地质和地貌因素的制约。在以往的模型中,之所以对这些方面研究不多,主要是缺乏对这些空间分布信息的采集、分析和处理的有力工具。在数字流域环境下,充分利用各种致洪因素的空间分布信息,建立数字水文模型,进一步完善对流域洪水过程的模拟,可以提高洪水预报的精度。同时结合雷达、卫星遥感资料分析和预报空间降雨,也可以增长洪水预报的预见期。

4.2.1 数字水文模型特点

数字水文模型具有以下 4 个明显的特点:①数字水文模型运行在由许多栅格(正方形网格或经纬网格)单元组成的流域上;②数字水文模型可以方便地利用具有空间分布的信息,如利用雷达、卫星测雨信息进行洪水预报,利用流域地形、植被、土地利用等空间分布信息确定某些模型参数;③模型参数的空间分布反映了流域下垫面产汇流特性及其空间变化;④模型输出信息具有空间分布特性,如逐时段的土壤水分、流域蒸散发、径流深空间分布等。

4.2.2 数字高程模型

DEM 数据类型一般有三种,即栅格型、矢量型(等高线)和不规则三角网,三种类型之间可通过 GIS 软件相互转换。

矢量数据结构类型具有"位置明显,属性隐含"的特点,操作比较复杂,许多分析操作用矢量数据结构难于实现,但矢量数据表达精度高。不规则三角网 TIN 是依据地表特征点(如山脊、山峰、沟谷等)构成的不规则点阵网,并储存为空间三维坐标集,其基本单元为三角面。然而,TIN 的无规律性使得流域属性的计算比栅格 DEM 困难。

栅格(正方形网格或经纬网格)DEM 数据简单、直观且易于操作,所以为水文过程模拟提供了最常用的数据结构。许多国家已有现成的栅格数据,并可直接为水文研究服务,但分辨率有所不同。

利用 DEM 可以直接获知栅格高程、栅格坡向、坡度、流向,生成河网、河流分级、栅格以上汇水面积等特征值。

4.2.3　数字高程流域水系模型

数字高程流域水系模型 DEDNM 是基于 DEM 的一种数字河网模型,它能给出如下结果:栅格水流流向;流域分水岭;自动生成的河网及子流域;河道与子流域的编码;河网结构拓扑关系。数字高程流域水系模型是数字水文模型运行的基础,其构建流程见图 1。

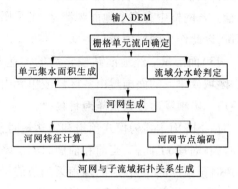

图 1　数字高程流域结构

4.2.4　数字水文模型框架

数字水文模型就是构建在 DEM 基础上的一种分布式水文模型,流域所有的下垫面特征(流域分水岭、子流域集水面积、水系、地形、植被、土壤等)都是栅格型数字式的点阵,模型的输入(降水、蒸散发能力等)也是以栅格为单元而组织的,流域产流单元、汇流路径、水系是根据地形由计算机自动生成。在这些栅格上根据各自的下垫面特性分别构建数字产流模型,再与基于数字河网模型的数字汇流模型嵌套联结,最终获得流域出口断面的洪水过程以及流域上径流、蒸散发、土壤湿度的空间分布过程。数字水文模型的结构如图 2 所示。

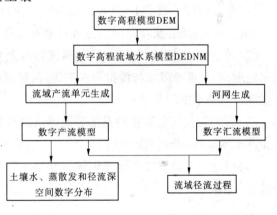

图 2　数字水文模型结构

4.3　多源降雨信息的同化处理

洪水预报的预报精度取决于所用资料的质量和模型的水平。降雨信息的不完备是制约降雨径流预报的关键因素。利用地面实测资料和雷达、卫星反演资料可得到空间连续的降雨场信息,可望使洪水预报精度有较大幅度的提高。

4.3.1　降雨信息分类

降雨信息按来源可分为人工水情站网降雨、雨量遥测系统采集的降雨、气象站网降雨、卫星云图估算降雨、雷达观测降雨及数值预报产品降雨。据空间特征的不同,可将降雨信息分为两类:点雨量和连续网格雨量。人工水情站网降雨、雨量遥测系统观测降雨、气象站网雨可归入点雨量,卫星云图估算降雨、雷达观测降雨及数值预报产品降雨可归入连续网格雨量。

4.3.2　实时雨量同化处理方案

(1)点雨量。点雨量采用同等对待原则,即认为不同信息源的资料,其质量水平相同,为该点降雨的真值,均参与降雨在空间和时间上的归整和分配。

卫星云图、雷达观测产品得到的是空间上连续分布的网格的雨量。若地面观测站落在某网格中,则利用该站观测的点雨量对该网格的产品进行改正。利用历史资料建立点雨量与产品雨量之间的关系(原则上可假定为线性关系或指数关系),并用该关系进行实时改正。

(2)网格雨量。若地面观测站落在某网格中,则认为利用该站观测的点降雨为该网格的雨量。若网格中有多个地面观测站,则采用算术平均法或加权平均法计算地面观测站的平均雨量,以此作为网格雨量。

(3)面雨量。经地面站校正后的雷达及卫星观测产品反映了降雨真值的空间分布。由此,区域或单元的面雨量由各区域或单元内各网格雨量的算术平均或加权平均得到。

4.3.3　实测降雨与预报降雨拼接

预报降雨主要为模式预报和雷达短时预报产品。为实现预报降雨与实测降雨的拼接,对某时刻(时段)T而言,当前和前面时间的降雨采用实测资料,其后面 1 ~ 3 小时的降雨采用雷达短时预报产品,再往后的降雨采用数值预报产品。

4.4　降水、洪水预报耦合及一体化模型

降水、洪水预报耦合采用以下途径:

(1)建立空间分辨率 1 km × 1 km 的统一的基础空间数据库,包括统一的网格、单元、区域、流域划分及编码,实现对同一区域对象的地理、水文、气象综合描述。

(2)对空间、时间特征各不相同,精度各有差异的多源降水信息,按照同等对待原则进行同化处理,实现观测降水与预报降水的拼接,将高精度网格点的降水数据作为暴雨预报和洪水预报耦合的基本中间变量。

(3)利用常规气象信息和卫星等遥感信息计算网格点的蒸发和土壤含水量,作为暴雨预报和洪水预报耦合的中间变量。

(4)通过关系数据库传递暴雨预报和洪水预报耦合的中间变量,实现暴雨预报和洪水预报的耦合。

5　结语

(1)洪水预报的预报精度取决于所用资料的质量和模型的水平。降雨信息的不完备是制约降雨径流预报的关键因素。利用地面实测资料和雷达、卫星反演资料可得到空间连续的降雨场信息,可使洪水预报精度有较大幅度的提高。

(2)研究开发由分布式水文模型和数字高程模型构筑的小花间数字水文模型,将模型建立在空间、时间连续的降雨输入、数字高程模型、空间连续的下垫面特征(遥感)及相应的模型结构或模型参数的基础上,能够对出口断面洪水过程进行预报和对水文要素空间分布过程进行描述,在多源降水信息同化方案支撑下,可以提高花园口洪水预报精度。

(3)研究开发小花间较高分辨率的定量降水预报模式,为暴雨预报与洪水预报有机结合奠定技术基础。

(4)通过一定的技术途径,可以建立暴雨预报和洪水预报有机结合的一体化模型,实现连续、滚动的气象和洪水预报,使花园口站洪水预报的预见期由目前的 14 ~ 18 小时延长到 30 小时,为防洪决策和防洪工程措施及其他非工程措施充分发挥作用提供及时准确的水文情报预报,争取将洪灾损失减少到最低限度,无疑具有重大的经济效益和社会效益。

黄河中游清涧河"2002·07"暴雨洪水分析

张海敏　薛建国　王玉明　徐建华

（黄河水利委员会水文局）

1　前言

2002年7月4日3:20~9:25,以陕西子长县城为中心的黄河中游支流清涧河上游地区突降特大暴雨,子长水文站发生了建站以来的特大洪水,洪峰流量4 670 m³/s,最高水位11.47 m,超过设站以来实测最大流量3 150 m³/s和最高水位10.24 m(1969年),也超过了历史调查最大洪水(Q_m=4.550 m³/s,1907年)。暴雨洪水造成子长县城大部分区域进水,损失惨重,子长水文站测验设施也遭受严重破坏。

受上游洪水影响,位于清涧河下游的延川水文站7月4日也出现建站以来次大实测流量(5 580 m³/s)和最高水位(92.55 m)的洪水;位于子长县、延川县之间的清涧县城的财产损失程度与子长县城不相上下;延川县城损失相对较小。通过对这次暴雨洪水的调查分析,发现了黄河中游防洪工作中存在的一些问题,其中一些深层次的问题更值得人们思考。

2　天气形势

2002年7月3~4日,500 hPa高空图上,西风带低压槽位于黄河中游地区,山陕区间受低压槽前的西南气流控制,西太平洋副高主体偏东。同时中低层切变线位于黄河上游,山陕区间受前倾槽影响,为能量和水汽的聚集地,有利于局部对流发展,从而形成较强的降水。

3　降雨

在有利于降水的高空大气环境条件下,从7月4日3:20起,在以清涧河上游子长县城为中心的区域内突降特大暴雨。根据暴雨走向分析、雨量观测现场及设备勘察以及雨量观测人员调查考证,暴雨中心位于子长县城,实测次降雨量(历时6小时)258.4 mm,实测24小时降雨量371.4 mm(子长县防汛指挥部办公室观测);位于县城县防办东侧6 km左右的子长县气象局人工观测次降雨量195.3 mm(1:05~9:20);位于气象局东侧2 km左右的子长水文站固态存贮雨量计观测次降雨量179.0 mm。据暴雨调查和考证,这些观测资料是准确可靠的。根据子长县防办观测时段和雨强资料分析,由于观测人员需将雨量筒抱回屋内量雨,每两个观测时段间有2分钟左右的缺测间隙,故有理由根据雨强资料分析,将其次降雨量插补为268.1 mm,24小时降雨量插补为384.8 mm。

本次暴雨主要观测站降雨过程及降雨累计过程分别见表1和图1;降雨量等值线见图2;雨深、面积与水量分析成果见表2。

本文原载于《水文》2003年第5期。

表1 清涧河"2002·07"暴雨主要观测站降雨过程表 （降雨量:mm）

子长县防办(人工)			子长县气象局(虹吸)			子长水文站(固态)		
起止时间	降雨量	累计降雨量	起止时间	降雨量	累计降雨量	起止时间	降雨量	累计降雨量
3:20		0	1:05			1:05		
4:20	72+2.4	72+2.4	1:10	0.4	0.4	1:15	0.4	0.4
5:15	13+0.5	85+2.9	2:50	0.5	0.9	2:45	0	0.4
6:20	102+3.1	187+6.0	3:20	1.2	2.1	3:00	0.2	0.6
7:10	28.5+1.1	215.5+7.1	4:00	28.5	30.6	4:00	26.4	27
7:50	34.5+1.7	250+8.8	6:00	24.5	55.1	5:00	16.4	43.4
8:00	3.7+0.7	253.7+9.5	7:00	81.8	136.9	6:00	15.6	59
8:35	2.2+0.1	255.9+9.6	8:00	47.6	184.5	7:00	64.8	123.8
9:25	2.5+0.1	258.4+9.7	9:00	3.9	188.4	8:00	48	171.8
		268.1	9:20	1.3	189.7	9:00	6	177.8
			人工观测值		195.3	9:20	1.2	179

注:表中子长县防办降雨量的前一项为实测值,第二项是根据前时段雨强对缺测时段(2分钟)进行插补的降雨量值。

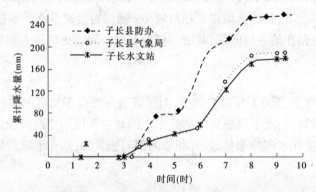

图1 清涧河"2002·07"暴雨主要观测站降雨累计过程线图

从资料分析可以看出,造成这次特大暴雨洪水的降雨过程有如下特点:

（1）暴雨中心降雨总量大。位于黄河中游黄土高原的清涧河流域属于半干旱地区,此类地区的主要特点是年降水总量小,且主要集中在汛期7、8、9三个月内,降雨强度大,降水时空分布极不均匀。以子长县为例,该县多年平均年降水汨513.2 mm,最大年降水量769.6 mm(1962年),最小年降水量237 mm(1999年)。据历史资料统计,多年平均7、8、9 3个月降水总量占年降水量的63.8%,7月份可占25.4%。本次降雨充分说明了这一点;位于暴雨中心的县城次降雨量达268.1 mm(6小时),24小时降雨量达384.8 mm,分别占该县平均年降水量的52.2%和74.8%,6小时、24小时降雨量分别比最小年降水量大31.1 mm和147.8 mm。不在暴雨中心的子长水文站本次暴雨过程最大1小时降雨量64.8 mm(6:00~7:00),最大6小时降雨量177.2 mm(3:00~9:00)。6小时降雨量超过该站日最长雨量历史极值118.5 mm和24小时降雨量历史极值165.7 mm(1977年7月5日)。

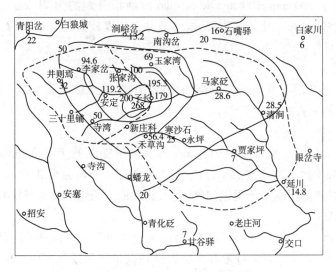

图2 清涧河"2002·07"暴雨降雨量等值线图

表2 清涧河"2002·07"暴雨洪水雨深、面积与水量分析成果

降雨区域	降雨量 （mm）	面积 （km²）	平均雨量 （mm）	水量 （亿 m³）
子长以上	268.1	1	268.1	2.68×10^{-3}
	268.1~200	69.9	234.1	1.64×10^{-1}
	200~100	202.4	150.0	3.04×10^{-1}
	100~50	321.9	75.0	2.41×10^{-1}
	50~20	317.8	35.0	1.11×10^{-1}
	小计	913		8.23×10^{-1}
延川以上	268.1	1	268.1	2.68×10^{-3}
	268.1~200	69.9	234.1	1.64×10^{-1}
	200~100	319.2	150.0	4.79×10^{-1}
	100~50	778.3	75.0	5.84×10^{-1}
	50~20	1 516.1	35.0	5.31×10^{-1}
	20~7	783.5	13.5	1.06×10^{-1}
	合计	3 468		1.87

（2）暴雨中心降雨强度大、历时短。黄河中游暴雨的另一个特点是降雨强度大、历时短，本次暴雨也充分证明了这一点。以暴雨中心子长县防办观测资料为例，本次暴雨有2个降雨集中时段:3:20~4:20 和5:15~6:20,1小时时段降雨量分别达76 mm 和105 mm,子长气象局和水文站的最大1小时降雨量也分别达到81.8 mm 和64.8 mm,毫无疑问,其中暴雨中心部分短时段雨强在 2 mm/min 以上。

（3）暴雨中心面积小、降雨空间分布梯度较大。从图 2 和表 2 可以看出，清涧河"2002·07"暴雨雨区主要位于清涧河上游子长县城及周围地区和上游区域。子长水文站以上降雨量大于 200 mm、100 mm 和 50 mm 的面积分别约为 71 km²、273km² 和 595 km²；延川水文站以上降雨量大于 200 mm、100 mm 和 50 mm 的面积分别约为 71 km²、290 km² 和 1 168 km²。这次暴雨在空间分布上比较集中，降雨空间分布梯度较大。

4 洪水和泥沙

2002 年 7 月 4 日 3 时至 9 时的这场高强度、短历时、降水区域高度集中的特大暴雨，是清涧河流域特大洪水的主要成因。

4.1 子长水文站

清涧河子长水文站以上集水面积 913 km²，在其上游支流上，距县城 35 km 处的中山川水库控制集水面积 143 km²。在本次洪水过程中，水库峰前下泄流量仅 3 m³/s，洪峰过后 9 小时加大至 9 m³/s，其成峰作用基本上可以忽略不计，故形成子长站 7 月 4 日洪峰流量的降雨面积可以认为只有 770 km²。

这次洪水子长水文站 4:12 洪水起涨，起涨流量 6.47 m³/s；7:06 达到峰顶，最高水位 11.56 m，最大流量 4 670 m³/s；洪峰最高水位较设站以来实测最高水位（1969 年）高 1.32 m，超过历史调查最高洪水位 11.47 m（1907 年），水位变幅达 8.03 m；最大流量较设站以来实测最大流量 3 510 m³/s（1969 年）大 1 520 m³/s，超过历史调查最大洪峰流量 4 550 m³/s（1907 年）。本次洪水子长站水位过程线见图 3。

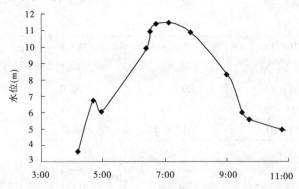

图 3 "2002·07"洪水子长站水位过程线图

本次洪水过程历时约 13 小时，洪量约 0.6 亿 m³（7 月 4 日 0:00～17:00），输沙量约 0.41 亿 t，平均含沙量 677 kg/m³。

4.2 延川水文站

受清涧河上游暴雨洪水的影响，7 月 4 日清涧河下游的延川站出现建站以来最高洪水位 92.55 m，比历史最高洪水位 91.94 m（1959 年）高 0.61 m；实测洪峰流量 5 580 m³/s，为设站以来第二大流量。本次洪水延川站水位过程线见图 4。本次洪水历时约 15 小时，洪量 0.75 亿 m³，输沙量 0.52 亿 t，平均含沙量 687 kg/m³。

5 问题与建议

"2002·07"暴雨洪水给当地人民群众的生命财产造成了很大损失，这其中有不少经验教训需要总结，其中暴露出的许多问题值得我们认真思考：

（1）黄河中游黄土高原地区小尺度暴雨洪水的突发性、随机性、无规律性是众所周知的。

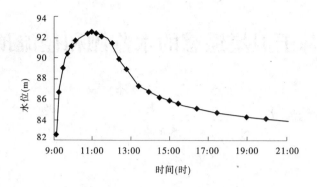

图4 "2002·07"洪水延川站水位过程线图

这次洪水过程中,黄河水文部门及时准确的水情通报、上下游地方防汛部门间的及时信息交换,在清涧县城人员的及时撤离中发挥了重要作用。清涧县城虽然遭受了较大的财产损失,但人员几无伤亡。应总结经验,进一步完善防汛信息监测传递的机制和手段。

(2)这次特大暴雨洪水是突发性灾害,有其不可避免的自然因素,但人为因素使灾害后果加重的影响也不可忽视。受地形限制,山区和丘陵沟壑区城镇的土地资源十分紧缺,发展建设城镇与保护河道常常发生矛盾。子长、清涧、延川3个县城都严重存在侵占河道现象,致使同流量水位远远高于天然状况,这是各县城遭受严重洪灾的重要因素之一。位于下游的延川县城,在汛期到来之前,河道行洪断面被挤占去近2/3,幸亏挤占河道的是一些松散的建筑废弃物,此前的几场中小洪水已先期冲刷了河道断面,加之本次洪水暴雨中心远在上游,否则洪峰水位可能更高、损失更大,其教训值得吸取。

(3)水文系统报汛雨量站网稀疏,报汛手段落后,是制约小尺度暴雨洪水预报的主要因素。基层水文测站工作辛苦,技术要求高,汛期工作危险性大,不是单靠雇用临工所能解决问题的;水文经费短缺,基层水文局和基层水文站水文设施、设备储备严重不足,集中储备因运输路途遥远,在发生洪灾时难以保证水文测报工作需要;很多能够提高工作效率、增加预见期的新技术、新设备,由于经费不足而不能及时推广应用。这些问题应引起有关方面的注意。

(4)洪水总量小、洪峰流量大、历时短、含沙量高是黄土高原丘陵沟壑区暴雨洪水的共有特点和规律,应根据这类洪水的特点采取有效的防范措施。从支流防汛以及整个黄河中下游防洪、生态建设及经济发展的角度考虑,修建骨干拦水拦沙工程可能是最有效的、综合效益最好的防洪措施和水土保持措施:它可以有效地削减洪峰流量,减轻对当地经济发展的危害;可以拦蓄对当地经济发展和生态环境建设非常宝贵的水资源;可以减少进入黄河的泥沙量,节省黄河干流用于输沙减淤的水资源消耗量,以满足经济社会发展的其他需求;可以减少当地水土流失,淤地造田,营造良好的农业生产环境,减轻黄河干流水利工程的淤积程度。

(5)退耕还林还草虽然是改善当地生态环境的重要措施,但这种措施一方面工程量巨大,短期内很难完成,效益不会很明显;另一方面,黄土高原河流非常发育,河流很多地方已下切至基岩,流域地面坡度很大,且黄土土质疏松,植被虽能增加径流形成的阻力,延长水体滞留和下渗时间,增加下渗量,减少产流量,对坡面侵蚀有一定的保护作用,但对这种高强度的暴雨洪水,还应同时采取工程水保措施,在黄土高原丘陵沟壑区各支流上规划修建骨干拦水拦沙工程。

黄河源区基于卫星遥感的水监测和径流预报系统

赵卫民　谷源泽

（黄河水利委员会水文局）

1　背景

黄河河源区指黄河干流唐乃亥水文站（即黄河干流龙羊峡水库）以上区域,位于东经95°55′~102°50′、北纬 32°10′~36°5′之间,横跨青海、四川、甘肃三省。流域面积为 12.2 × $10^4 km^2$,占黄河流域面积的 16.2%,多年平均径流量204.7 亿 m^3,占黄河年径流量的 35.3%。黄河河源区在黄河水资源调度管理、环境和生态系统恢复及建设方面极为重要。

为适应形势的要求,黄委水文局提出了开展"黄河河源区水文测报体系建设"的项目建议。由于黄河河源区为典型的高寒缺氧地区,其恶劣的气候、地理条件决定了无法按常规手段靠大规模增设站网、增加水文人员来解决站点稀少、信息不足的问题,因此在"河源区水文测报体系建设"中提出利用荷兰政府赠款建立"基于卫星的河源区水监测及径流预报系统",在常规观测基础上,利用卫星遥感为监测手段,采用空间数据采集技术,对河源区进行有效的时空连续的降雨、蒸发、径流、旱情监测,并在此基础上开发以分布式水文模型为核心的径流预报系统,对唐乃亥等水文站日径流进行预测预报。

2　系统构成

基于卫星的水监测和河流预报系统包括气象卫星接收处理系统、大口径闪烁仪观测数据接收处理系统、流域降雨蒸发旱情监测系统、小流域融雪径流观测系统、河源区径流预报系统和产品发布系统。系统总体结构见图1。运行系统框架见图2。

系统依据能量平衡与水平衡原理,根据接收的卫星探测资料和地面观测资料,以日单位进行降雨、辐射、蒸散发计算,进而进行径流过程（以日为单位）预报。

（1）气象卫星接收处理系统。建设地面气象卫星云图接收系统,实时接收中国风云 -2C业务气象卫星和日本新一代气象卫星云图数据,并对接收的数据进行质量控制;建立气象卫星云图处理系统,将接收的云图信息进行处理,处理过程包括对卫星云图进行几何纠正、格式变换,形成多通道卫星云图数据与图像并将处理后的结果存入相应的实时卫星云图数据库中。卫星云图为每小时接收一次红外通道、可见光通道和水汽通道的信息。

（2）大口径闪烁仪（LAS）观测数据接收处理系统。根据系统的实际需要,在黄河上游选择四处面积为 $25~km^2$ 的小流域（与卫星分辨率大致一致）,安装 LAS 及自动气象观测设备,通过非干涉光在空气中的传播及温度、风、湿度等观测,探测空气折射率的波动,进而计算显热通量,对利用卫星遥感信息进行的辐射、蒸发、降雨观测进行对比分析和校正。四处小流域为达

本文原载于《黄河源区径流及生态变化研讨会专家论坛》,2004。

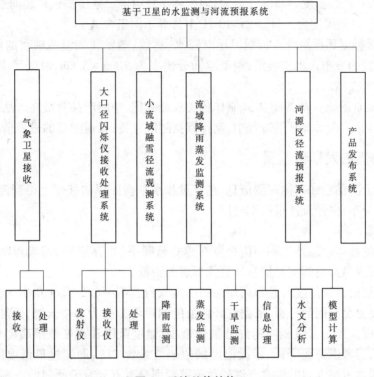

图1 系统总体结构

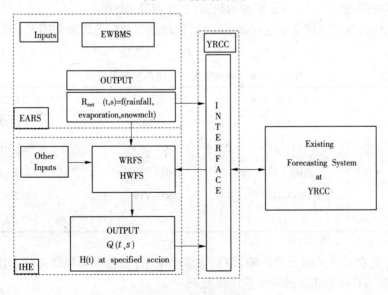

图2 运行系统框架图

日附近、玛曲附近、唐乃亥附近和泾河泾川水文站附近。

（3）小流域融雪径流观测。在上述小流域中选择1处进行融雪径流观测，以更好确定耗于蒸发和融雪的能量比例。小流域融雪径流观测包括测验设施设备建设和融雪期间的径流观测。

（4）流域降雨蒸发旱情监测系统。建立基于卫星云图和地面雨量站信息的降水监测和蒸散发监测系统，提供黄河河源区（可扩展到整个黄河流域）的每日降水、蒸散发空间场和干旱指数的分布,每日地表温度、1.5m气温、总辐射和净辐射等。系统提供产品的空间水平分辨率为 5 km × 5 km,时间尺度为 1 日、5 日、10 日、1 月等不同组合。

(5)河源区径流预报系统。依据卫星对降水、雪盖、蒸发和气温等项目的监测结果,建立唐乃亥以上区域的分布式水文模型,模型空间分辨率为 5 km × 5 km,时间尺度上为可全年运转的日径流预报模型。

(6)产品发布系统。以 Web 方式制作各类观测数据、中间产品及最终产品公告栏,实时发布、更新公告内容。在系统开发过程中,制作网页随时宣传、报道项目的进展情况。

3 流域降水蒸散发旱情监测

利用卫星云图信息和其他观测信息,在能量和水平衡原理的基础上得到流域降水和蒸散发的空间连续分布,供径流预报模型使用。

3.1 降水监测

降水监测的基本思想是先利用历史资料建立云频率(生存期)与像素点降水的统计相关关系,然后利用卫星得到的实时信息计算像素点的雨量。

由于对流层的云顶温度与其距离地面的高度大致具有 $-6.5 \, ℃/1\,000 \, m$ 的递减关系,因此,根据对历史卫星云图的分析,依据红外数值范围可将云分为 5 个云级,而红外数值又可以转化为行星温度。每个云级相应的红外数值范围、温度范围和高度范围高度见表 1。除表 1 所示的分级外,为考虑锋面降雨,增设温度阈值超值参数 TTE,即超过最低温度阈值的数量。在每一时刻,根据卫星观测的像素点红外数值可判别是否有云及云所属的级别(分类)。然后统计计算一定时间内(如 10 日)云出现的频率(云生存期 CD)。

在多重回归的基础上建立云生存期、温度阈值超值与相应地面观测雨量的关系:

$$R_{j,est} = \sum_{aj,n} CD_n + b_j TTE$$

表 1　云级分类与温度和大概高度范围对应

云级	红外数值范围	温度范围(K)	大概高度范围(km)
冷云	<45	<226	>10.8
高云	45 ~ 59	226 ~ 240	8.5 ~ 10.8
中高云	60 ~ 89	240 ~ 260	5.2 ~ 8.5
中低云	90 ~ 119	260 ~ 279	2.2 ~ 5.2
低云	>119	>279	<2.2

这里 CD_n 是在云级 n 的云生存期,TTE 为温度阈值,是表示雨强的指标。由于回归方程的局限性,每站估算降水和观测降水存在误差 D_j:

$$D_j = R_{j,obj} - R_{j,est}$$

应用反距离加权技术可得到各地面雨量站间像素点(i)的系数 a_j、n、b_j 和 D_j 值。最后可逐像素点进行降水场计算:

$$R_i = \sum_{ai,n} CD_n + b_i TTE + D_i$$

3.2 蒸散发监测

蒸散发监测的基础是能量平衡方程:$LE = I_n - H - E - G$,式中 LE 为潜热通量,I_n 为净辐射，H 为显热通量，E 为光合作用电子转移，G 为土壤热通量，单位均为 $W \cdot m^2$。对一日而言，G 近似为零，故 $LE = I_n - H - E$。

蒸散发监测的第一步是从卫星观测的合成数据提取行星温度 T_0^1（红外通道）和行星反射率值（可见光通道）。对红外通道，可直接采用原始图像中所带的转换表。可见光通道虽然也带有转换表，但该表不实用，需另行处理。可采用 Kondratyev 模型，以标准地表反射率作为其输入，则可由卫星探测数据得到行星反射率。从文献中得到的海洋、密林、沙漠及积雨云的表面反射率被用于模型。图 3 给出了 GMS 卫星原始的关系曲线及本系统率定的关系曲线。

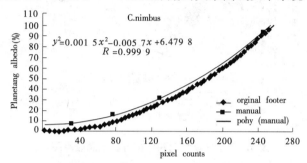

图 3　可见光通道观测数据与行星反射率的关系（点划线为 GMS 原始关系，方点及其连线为 EARS 公司率定的成果）

蒸散发监测的第二步是从行星温度和行星反射率得到表面温度与表面反射率（大气订正）。大气对太阳辐射的吸收和散射使卫星测到的反射率（称行星反射率）与地面的实际反射率不同，温度（行星温度）也低于地面实际温度。但散射对热红外的影响较小。

可见光大气订正以 Kondratyev（1969）提出的近似大气传输模型为基础，在消光系数中同时包含吸收和散射的作用。太阳总辐射的大气透过率是光学厚度（σ）的函数，一旦已知光学厚度，通过模型，就可以从行星反照率（A^1）推导出大气透过率（t）和地表反照率（A）。地表吸收的太阳辐射占总太阳辐射的 $t(1-A)$。图 4 展示了地表反照率（A）和吸收辐射 $t(1-A)$ 随行星反照率 A 的变化。为求光学厚度，首先确定图像中，最小的 10 日行星反射率，相应点取为最低行星反射率点，其相应的地面反射率也最小，当图像内存在足够密的树林时，最小地面反射率一般为 0.07。据此可计算出光学厚度，应用于整幅图像，可得到地面反射率。EARS 以加入两个系数的方式对 Kondratyev 模型进行了改正。

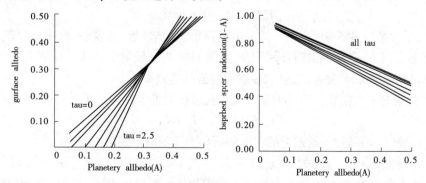

图 4　地表反照率和吸收辐射随行星反照率的变化图

红外大气订正采用地球－大气系统行星温度（T_0^1）和地表温度（T_0）之间的关系：

$$(T_0 - T_a) = [k/\cos(i_0)](T_0^1 - T_a)$$

其中, k 是大气订正系数, i_0 多是卫星天顶角, 大气边界层顶端的由正午和午夜的行星温度之间的线性回归关系 $T_{0,n}^1 = aT_{0,m}^1 + b$ (见图5) 求出在传热较好的情况下, 两种行星温度相等并等于大气边界顶端的温度, 即 $T_{0,n}^1 = T_{0,m}^1 = T_a = b/(1-a)$。

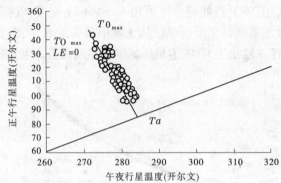

图5 正午行星气温和午夜行星气温散点图

为计算订正系数, 选取图像中的最干点并假定相应的蒸散发为零, 此时净辐射等于显热通量, 相应的地表温度可由净辐射与空气温度求出:

$$T_0 = T_a + I_n/\alpha$$

其中 α 仅为热传导系数, 从而有了一对对应的 T_0 和 T_0^1, 根据大气订正公式可以算出 k 值。

云检测用来区分某像素是晴空还是有云。取 200×200 像素子窗口, 可以找到该子窗口的最高亮温(最高无云时行星温度), 在该旬正午红外图像上滑动, 得到该旬最大正午地表温度图像($T_{\max}$); 用同样方法从该旬全部正午可见光图像上提取该旬最小反照率($A_{\min}$)图像。上述两幅图像代表的都是无云时的情况。采用一系列测试来判断某像素是否有云的最重要的一个测试是:

$$a. \ A1 \geqslant A_{\min} + \Delta A$$
$$b. \ T10 \leqslant T_{\max} - \Delta T$$

其中: ΔA 和 ΔT 是已知经验阈值。

上面已经讨论过如何推导出大气透过率(t)和地表反照率。则正午总辐射等于:

$$T_g^{noon} = S \times t \times \cos i_s$$

其中: S 是太阳常数($1\,355$ W/m^2); i_s 是太阳天顶角, 它是经度、纬度、一天中的时刻和一年中的日数的函数。对 $\cos i_s$ 从日出到日落积分, 得到日平均总辐射 I_g。若某像素有云, 将云的反照率代入 Kubelka—Munk 关系式, 得到辐射穿过云的透过率(t_c)。

地表净辐射等于太阳短波辐射通量和地面长波辐射通量的净结果。日平均净辐射为:

$$I_n = (1 - A)I_g + L_n$$

其中: L_n 是长波(热)辐射, 包括地表的向上辐射和大气的向下辐射:

$$L_n = \varepsilon_0 \varepsilon_a \sigma T_0^4 - \varepsilon_0 \sigma T_a^4 \approx \varepsilon_0 (1 - \varepsilon_a) \sigma T_a^4 + 4\varepsilon_0 \sigma T^3 (T_0 - T_a) = L_{nc} + H_r$$

其中: ε_0 是地表发射率, 假定为 0.9; 用 Brunt 方程估计大气发射率 ε_a, 其中空气湿度采用气候值。上式右边的第一项是气候净长波辐射(L_{nc}), 量级为 80 W $\cdot$ m^2, 第二项是辐热通量(H_r)。出于特定的原因, H_r 是与显热通量合并考虑。当有云时, 在云的下面, 向上和向下通量几乎相等,从而 $L_n \approx 0$。净辐射 $I_n = (1 - A)I_g + L_{nc} + H_r$。

正午无云时,与大气的热交换等于:

$$H = H_c + H_r = C_{va}(T_0 - T_a) + 4\varepsilon_0 \sigma T^2 (T_0 - T_a)$$

其中:H_c 是是对流显热通量;$(T_0 - T_a)$ 是卫星测得的地表和大气边界层顶端空气温度之差;T 为二者的均值。采用固定的平均风速 V_a 和地表发射系数 ε_0,则显热通量 H 里取决于地表与大气边界层顶端的温度差。C 是对流热交换系数,它依赖于地球表面的粗糙度:地表为裸土($LE = 0$)时 C 等于 1;随着地表植被增加,C 值也缓慢地线性增长,最大可增长到 2.4。假定一日中 Bowen 比为常数,则可求得日平均显热通量。

当有植被时,太阳辐射的一部分被用于光合作用电子转移 $E = \varepsilon \times (1 - A) \times I_g \times C_v$ 其中 ε 为以日为单位的光利用效率,C_v 为地表被植被覆盖的比例。Rosma 给出了赤道与北纬 60° 之间区域光利用效率与电子转移阻力(间接反映植物张开的气孔吸收 CO_2 的能力)、日平均总辐射、白昼小时数之间的函数关系。植被覆盖比例虽不能确知,但可以认为植被的存在与较高的蒸散发有关,因此可用相对蒸散发($LE/LEP \approx LE/(0.8 \times I_n)$)表示。

至此,可得到实际蒸散发的估计值为 $LE = I_n - H - E$。

当像素有云时无法确定显热通量,但是,可以估计出云下的净辐射。假定 Bowen 比等于最近的晴天的 Bowen(B_0)值,则

$$LE = I_n(1 + B_0)$$

就可由上式估计出实际蒸散 LE。

3.3 旱情监测系统

联合国荒漠化防治公约中所倡导气候湿润指数:

气修湿润指数(CMI)= 降雨量/潜在蒸散

土壤湿润指数(SMI)= 实际蒸散/潜在蒸散

在上述指数中,潜在的蒸散不是一个基本量。潜在蒸散可由几种方法进行推算。最简单的方法是用净辐射量的 0.8 倍进行估计。第二种方法用卫星观测到的大气温度结合 Thornthwaite 公式估计潜在蒸散。有条件的地点可用气象观测资料用彭曼公式进行计算。

4 积雪与融化处理

4.1 降雪

降雪处理的基本依据是前面得到的降雨和地表温度值。当任意区域的地表温度低于 272 K 时,降雨即以降雪的方式出现。这里至关重要的是温度的估算精度,应在 1 度范围内。

4.2 积雪

积雪的估算通过连续计算每个网格点的降雪,减去降雪间歇时可能发生的雪融化量得到。积雪以雪 – 水当量形式表示,而不是雪团本身的形态如雪厚等。

4.3 雪覆盖面积

通过积雪计算可以自动得到雪覆盖面积。作为辅助手段,可通过跟踪计算地表反射率的变化来确定地表的高反射率是由积雪造成的还是由云造成的,由此也可计算积雪面积。由于云是移动的,而积雪相对保持静止,因此在某个给定的时段内,如果高反射率保持不变,则可认为是积雪。系统计算出 10 日最小地表反射率可作为判别的基础。如过某时段内最小反射率高于某阈值,则该格点被认为有积雪覆盖。

当雪盖趋于"成熟"时,其反射率有减小趋势,因此反射率还可用于估算雪龄及新雪出现的区域。

4.4 网格部分积雪

对每个网格点而言(5 km×5 km),由于地形影响,雪可能只降落在其部分区域内。当一场降雪发生后,网格的反射率虽突然增加,但却仍保持较低的值,而未达到新雪所应有的值时,说明网格内可能是部分积雪。在雪盖融化的后期,网格的部分覆盖也可能出现。估算网格内积雪的覆盖范围是计算网格内潜热在融雪和蒸散发间分配比例的基础。

连续跟踪计算网格的反射率可解决网格部分积雪的问题。在任一场降雪之前,制作本底反射率图,然后将每网格的实际反射率与本底反射率对比。当降雪发生时,网格反射率急剧增加。当雪盖出现时,反射率会由高值(如0.8)平稳下降到中值(如0.4)。在雪盖融化的初期,表面反射率没有明显变化,但当网格内出现基本裸露地表时,反射率会有较大的降低。在反射率降至本底反射率以前,可以认为网格内雪盖仍部分存在。

本底反射率图的制作应格外小心,因为雪前雪后的地表反射率并不完全一致。雪前的植被可能在雪后相继死去,而雪后的地表极为潮湿,会有较低的反射率。

网格部分积雪对流域整体是否有明显影响尚待进一步研究,但对小流域(如进行融雪径流监测的小流域)来说肯定影响较大。

4.5 融雪

融雪计算的基础是能量平衡。系统可计算出净辐射 I_n 和显热通量 H,进而可计算出有效能量通量 LE:

$$LE = H - I_n$$

利用有效能量通量计算融雪的公式由 Singh 给出,用 Q_m 表示可用于融雪的净能量通量,M 表示融雪水深(mm/d),Singh 公式可表示为:

$$M = 0.003\ 1 Q_m$$

除了融化外,积雪会由于升华而损失,可用类似的公式计算:

$$M = 0.000\ 31 Q_m$$

如果雪盖存在,可以认为有效能量用于雪的融化和升华;如果雪盖不存在,则用于蒸散发。当网格部分被雪覆盖时,有效能量则同时用于融雪、雪升华及蒸散发。

融雪的发生时刻用雪盖的寒冷度估算。如果表面存在净辐射差(如净辐射为负),雪盖的温度将降低,则所谓的寒冷度增加。当表面的辐射转正时,雪盖温度增加,其寒冷度则降低,直至雪盖温度达到0℃时,积雪开始融化。雪盖的寒冷度可用下式估算:

$$Q_{cc} = - c_i \rho_w h_m (T_s - T_m)$$

式中:Q_{cc} 为雪盖寒冷度变化所相应的能量;c_i 为冰的热容量(2 012 J/(K·kg));ρ_w 为水的密度;h_m 为雪水当量;T_s 为雪盖的平均温度(降雪开始时为0℃);T_m 为融点温度(0℃)。

实际径流在雪盖饱和后一定时间开始。按照有关文献,径流一般在3%的雪水当量融化后开始。

5 土壤水分的冻结与融化

土壤中的冰将减少降雨和融雪的下渗量,当冰的含量足够高时,土壤几乎没有透水性。冻土在冬季也储存较多的水分,使其无法排出或蒸发。因此,有冻土的区域春季水分含量明显偏高。

决定土壤冻结的两个因素是表面的能量平衡和温度。只有当表面能量平衡为负,即地表能量减少时,土壤才开始冻结。系统可给出净辐射 I_n 和显热通量 H,则能量平衡方程为:

$$I_n = H + E$$

式中:E 为流失的能量。冬季相当一个时期的净辐射 I_n 为负。如果表面的能量平衡为负,地表温度会由于能量的流失而降低,土壤水分也将冻结。当表层土壤冻结时,表层温度将保持 $0\,℃$。因此,当发现表层温度降低到 $0\,℃$ 并保持一定时期时,可以假定土壤水分开始冻结。当土壤水分冻结到一定深度且能量平衡保持负值时,地表温度将降至 $0\,℃$ 以下,冻结锋面将向纵深延伸。当地表有雪时情况更为复杂。

通过雪 – 冻土层的热通量是该层的平均热传导度和平均温度梯度的乘积,其中温度梯度为平均日地表温度和冻土底部零度等温线的差值。从而有

$$Q_{sf} = \frac{K_{sf}\Delta T_{sf}}{Z_{sf}}$$

式中:Q_{sf} 为雪 – 冻土层的热通量,$W \cdot m^2$,即所求的能量流失量 E;K_{sf} 为雪 – 冻土层的平均传导度,$W/(m \cdot ℃)$;ΔT_{sf} 为雪冻土层的温度,$℃$;Z_{sf} 是雪 – 冻土层的深度或厚度,m。层状系统的平均热传导度为各层传导度的调和均值表示,即

$$K_{sf} = \frac{Z_{sf}}{\sum_{i=1}^{N} \left[\frac{Z_i}{K_i}\right]}$$

式中:Z_i 为各层的厚度,m;K_i 为各层的热传导度,$W/(m \cdot ℃)$;N 是层数;Z_{sf} 为各层厚度之和。

雪厚可用估算的雪水当量除以雪的密度得到。新雪的密度一般为 15%,老雪为 30%,可建立雪密度随时间变化的线性关系。

土壤解冻过程自雪盖融化后开始,解冻自上而下进行。土壤冻结所用方程的逆方程可用于确定土壤解冻的深度,Q_{sf} 此时将等于地表的净能量。

6 分布式模型

模型由坡面和河道两部分组成。坡面部分处理旁侧入流,而河道部分处理水流在河道内向河口方向的演进。如图 6 所示。

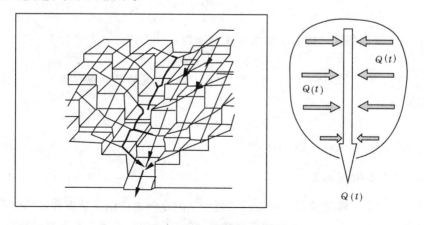

图6 分布式模型示意图

6.1 坡面部分

坡面部分以单层网格为处理单元,用二维扩散过程模拟。输入为系统得到的降雨、融雪和实际蒸散发。网格为系统统一划分的 5 km × 5 km 方格。

为表示单元格的水量,定义容积水势 $p(\mathrm{L})$ 为:

$$p = z + w$$

式中:z 为表面水位,L;w 为相对表面的水量差额,L。大部分情况下 $P < z$,w 值为负。

网格间的二维侧向入流将对水势严生影响,可表示为:

$$D\left(\frac{\partial^2 P}{\partial x^2} + \frac{\partial^2 P}{\partial y^2}\right) = \frac{\partial P}{\partial t} + r - q_t$$

其中:D 为扩散系数,L^2/T;r 为净雨,L/T;q_i 为单元网格向河道的出流率(如果存在)。

对于与河网连接的单元,从坡面向河网的侧向出流可表示为:

$$Q_l = D(p - z)$$

由于 $w = p - z$,出流与水差有直接关系。出流率 q_l 可由后边详细介绍的河道部分得到。方程应用的基本假定是垂向过程的规模明显小于水平方向的规模。

6.2 河道部分

河道部分以有侧向入流的 Muskingum-Cunge 方法为基础。某河段自时间步长 n 到 $n+1$ 的水流传播可表示为:

$$O_{n+1} = D(p - z)$$

式中:I 为上游入流;O 为下游出流,L^3/T。根据 Ponce(1986)的研究结果,式中的系数为:

$$c_0 = \frac{-1 + C + R}{1 + C + R} \qquad c_0 = \frac{1 + C - R}{1 + C + R}$$

$$c_0 = \frac{1 - C + R}{1 + C + R} \qquad c_0 = \frac{2C}{1 + C + R}$$

式中:C 为 Courant 数;R 为 Reynolds 数,分别为:

$$C = c\Delta t/\Delta s$$
$$R = Q/(BS_0 c\Delta s)$$

式中:c 为波速,L/T;B 为顶宽,L;S_0 为河道坡度;s 为河段长度,L。波速定义为:

$$c = \frac{\partial Q}{\partial A}\Big|_s$$

式中:A 为断面过流面积,L^2,其中 Q 的关系为幂函数

$$Q = \alpha A^m$$

式中:α 和 m 是河道几何特征和糙率的函数。在每一时间步迭代求解 c、B 和 Q。

前述出流率为

$$q_1 = c_3 Q_1/A_c$$

式中:A_c 为网格单元与河段相连的面积。

7 基础地理信息和遥感数据

河源区分布式水文模型的开发和运行需要特定的基础地理信息数据和遥感数据。本设计暂定基础地理信息数据为 1:25 万地理信息数据,条件许可时,采用 1:5 万基础地理信息数据。除气象卫星信息外,遥感信息主要包括下述部分。

（1）以中、低分辨率遥感卫星(250～1 000 m)探测资料反演地表水文参数，包括地表反照率、植被指数、叶面积指数等，反演成果空间分辨率为 5 km×5 km。

（2）中高分辨率卫星遥感反演流域土地利用状况，空间分辨率为 5 km×5 km。

（3）土壤类型(土类、亚类、土属)分析成果，空间分辨率为 5 km×5 km。

（4）卫星反演积雪分布。

上述遥感信息应能代表河源区下垫面的典型变化阶段。

20 m² 蒸发池和 E601 蒸发器的水面蒸发日变化研究

李万义[1]　任立清[2]

(1.黄河水利委员会巴彦高勒蒸发实验站;2.乌鲁木齐气象卫星地面站)

在水面蒸发的研究中,对月蒸发、年蒸发和日蒸发的研究较多,但对日蒸发的变化过程和日内各时段的蒸发研究甚少。尤其在西北干旱地区,这方面的研究更少。日内各时段的蒸发量及其所占日量的比重,对于水库湖泊的热量平衡计算,以及降水产流演算中的时段蒸发扣除,都具有重要的实际意义。

1　实验资料简介

20 m² 蒸发池有 1987 年至 1993 年 4～10 月的逐日自记蒸发资料,E601 蒸发器有 1990 年至 1993 年 4～10 月的逐日自记蒸发资料。自记蒸发记录的日蒸发量。与人工用测针观测的日量之差值,90% 以上的天数小于(等于)0.1 mm,且没有系统误差。符合水面蒸发观测规范规定,满足分析要求。20 m² 蒸发池和 E601 蒸发器,以及其他气象仪器,同在一个观测场内。故可认为它们所受的气候环境影响是相同的。

2　水面蒸发的日变化

2.1　日内变化过程

将一日分为 12 段,每 2 h 摘录一次,分别计算了历年 4～10 月逐日每 2 h 的蒸发量,并以月统计了多年平均的日内逐时蒸发变化过程。结果表明:

20 m² 蒸发池和 E601 蒸发器日内蒸发变化过程均呈单峰型,但日内变幅 E601 蒸发器远比 20 m² 蒸发池大;两蒸发池器的日内蒸发变化过程,随季节的变化各月存在有一定的差异。20 m² 蒸发池 4 月和 5 月的变化过程基本相同,从 8:00～10:00 起,蒸发率迅速增大。到 16:00～18:00 增至最大,然后又迅速变小,22:00 后变化趋于平缓,整个夜间的变化较均匀;6、7、8 三个月的日变化过程大致相似,8:00～10:00 蒸发率很小,10:00～12:00 缓慢增大,12:00 以后增大加快,至 18:00～20:00 达到最大,然后缓慢减小至次日 8:00;9、10 两个月的日蒸发率过程趋势大致相仿,由 8:00～10:00 开始缓慢增大,到 16:00～18:00 出现最大,然后缓慢减

本文原载于《甘肃水利水电技术》2001 年第 6 期。

小至发22:00,夜间的蒸发率趋于一致。E601蒸发器4~9月各月的蒸发率变化大致相似,8:00~10:00蒸发率很小,以后逐时迅速增大,至16:00~18:00变为最大,然后又逐时减少,22:00后减少变缓;10月份的变化与前几个月有所不同,由8:00~10:00起缓增大,到14:00~16:00出现最大,以后又逐时减小到22:00,22:00后变化趋平。

2.2 日内最大蒸发率出现的时间

20 m^2 蒸发池4、5月份出现在16:00~18:00,随日照时间的延长,6、7月份出现在18:00~20:00;8月份起日照时间开始缩短,最大蒸发率出现时间向前移动,8、9、10月份又出现在16:00~18:00。E601蒸发器日内最大蒸发率4~9月出现在16:00~18:00。10月份出现在14:00~16:00。日内最小蒸发率出现的时间,两池器各月一般都出现在8:00~10:00。日内最大最小蒸发率出现的时间,与日内气温和水温过程对照,一般滞后气温2 h,与水温的变化过程较相应。

2.3 日内蒸发率变化过程的变幅

20 m^2 蒸发池和E601蒸发器有着相似的规律,都是从4月份开始的,变幅逐月增大,20 m^2 蒸发池到7月份日变幅最大,达0.45;E601蒸发器6月份日变幅最大,达0.79,然后均是逐月减小。

一日内各个时期的蒸发率是很不均匀的,E601蒸发器比20 m^2 蒸发池更不均匀,如7月份20 m^2 蒸发池18:00~20:00的蒸发率是8:00~10:00的3.1倍,E601是8.7倍。

经对自记蒸发记录分析,20 m^2 蒸发池最大瞬时蒸发强度可达1.0 mm/h,E601蒸发器可达1.2 mm/h。出现这种大强度的蒸发,一般在夏季14:00以后,相对温度很小,水汽压力差很大,并伴有大风的情况下发生,但几率很小;最小蒸发强度为零的情况,一般发生在相对温度较大且日出气温急剧回升的无风天气,春秋季个别时间也发生在夜间。

3 影响水面蒸发日变化的因素

影响水面蒸发日变化的主要因素有水温、气温、相对温度和风速等。水温决定着水面水分子的活跃程度;气温决定着空中饱和水汽含量和水汽传播的快慢;相对温度反映了空气中的水汽含量距离饱和时的程度。因此,水温和气温愈高,相对温度愈小,则蒸发愈大。但水汽压力差为水温与气温和相对温度所决定,因此温度和湿度的因素可以从水汽压力差中得到反映。风速的大小,体现了紊动扩散的强弱和干湿空气交换的快慢。风速愈大,水面上空水汽扩散和交换愈快,故蒸发也愈大。

通过对蒸发率影响因素的实测资料分析,可以得到这样一个初步认识:水汽压力差的变化对蒸发率的变化影响较为迟缓,而风速的变化对蒸发率的变化影响较为敏感。

特殊天气影响下的蒸发日变化。经自记蒸发记录分析表明,全天为阴天或有小雨的情况下,由于没有太阳照射,气温和水温的变化都较平缓,故蒸发很小。蒸发率的变化也很小,各时段的蒸发率相差不大。在雷阵雨天气,降雨前的蒸发率较降雨后为大,这是因为降雨后空气温度升高的原故。连绵小雨,或是雷阵雨,降雨过程中均有蒸发,但很小。

经对风速资料统计,大多数都是白天的风速远大于夜间,故蒸发也是白天大于夜间。当全天无风或各时段的风速很小时,往往也是夜间的蒸发大于白天。

4 日内各时段蒸发量占日量的比重

将一日采用4段制(8:00~14:00、14:00~20:00、20:00~2:00、2:00~8:00)和2段制

(8:00～20:00、20:00～8:00),对自记蒸发记录资料进行分析统计,求得各时段蒸发量占日量的比重。

4.1 采用4段制时的比重及变化规律

20 m^2 蒸发池和 E601 蒸发器各月均是 14:00～20:00 所占比重最大;最小比重,E601 蒸发器各月均在 2:00～8:00,而 20 m^2 蒸发池则随着季节的变化有所变动,4、5 月份和 10 月份出现在 2:00～8:00,6～9 月出现在 8:00～14:00。就 4～10 月平均而言,14:00～20:00 所占比重最大,20 m^2 蒸发池为 35%,E601 蒸发器为 41%。在 2 段制中,20 m^2 蒸发池白天(8:00～20:00)所占比重为 51%～64%,平均为 55%;E601 蒸发器所占比重为 58%～62% 之间,平均为 60%。

各时段所占比重随季节更迭的这种变化,存在有一定的规律。在 4 段制中,8:00～14:00 和 20:00～2:00 这两个时段,20 m^2 蒸发池和 E601 蒸发器的变化规律基本相似。在 8:00～14:00 时段中,都是从 4 月开始,逐月减小,到 7～8 月所占比重最小,然后又逐月增大。在 20:00～2:00 时段中,由 4 月起逐月增大,到 7～8 月增至最大,然后又逐月减小,这两个时段 E601 比重变化规律正相反。在 14:00～20:00 时段中,20 m^2 蒸发池从 4 月开始,逐月减小到 9 月,10 月略有增大;而 E601 蒸发器的变化,与 20 m^2 蒸发池明显不同,它是从 4 月起逐月增大至 7 月,然后又逐月减小到 10 月。2:00～8:00 时段,两池器的变化各不相同,20 m^2 蒸发池是从 4 月起增大至 9 月,10 月略有减小;E601 蒸发器是从 4 月开始逐月减小至 7 月,以后又逐月增大至 10 月。

4.2 采用2段制时的比重及变化规律

在 2 段制中,20 m^2 蒸发池白天(8:00～20:00)所占比重,从 4 月份的 64% 逐月减小,到 7～9 月减小到 51%,与夜间所占比重接近,10 月份又增至 56%。E601 蒸发器白天所占比重从 4 月的 62% 逐月减小到 8 月的 58%,以后逐月增大到 10 月的 62%。两池器这种昼夜蒸发所占比重的变化趋势,几年试验的结果都大致相似。

5 E601 蒸发器各时段折算系数关系

因 20 m^2 蒸发池观测的水面蒸发量,可近似代表浅水湖泊和水库等自然水体表面蒸发量,故以 20 m^2 蒸发池的蒸发量为标准,计算了 E601 蒸发器各时段的折算系数。

以 R_1、R_2、R_3、R_4 分别代表 8:00～14:00、14:00～20:00、20:00～2:00、2:00～8:00 的折算系数;R_A、R_B、R 分别代表白天(8:00～20:00)、夜间(2:00～8:00)和 E601 蒸发器时段蒸发量占日量的比重值,各时段的折算系数有如下关系:

$$R = K_1 R_1 + K_2 R_2 + K_3 R_3 + K_4 R_4$$
$$R = K_A R_A + K_B R_B$$

其中:
$$K_A R_A = K_1 R_1 + K_2 R_2$$
$$K_B R_B = K_3 R_3 + K_4 R_4$$

巴彦高勒蒸发实验站 E601 蒸发器 4～10 月的平均关系为:
$$R = 0.19 R_1 + 0.41 R_2 + 0.23 R_3 + 0.17 R_4$$

在 4 段制中,2:00～8:00 的折算系数最大,8:00～14:00 的折算系数最小,它们之间的关系是:$R_1 < R_2 < R_3 < R_4$;在 2 段制中:$R_A < R_B$。各月均有这种关系。

各时段的折算系数,均是 4～7 月小于 8～10 月;就 4～10 月平均而言,夜间(20:00～

8:00)的折算系数最接近1。无论是4段制,还是2段制,4~10月间折算系数的变幅,白天远比夜间大。

6 日内各时段蒸发量与水文气象因子的关系

将一日分为2段制和4段制,分别计算了20 m² 蒸发池历年逐日各时段的蒸发量与水汽压力差的比值。即 $E_i/(e_0 - e_{150})_i$ 和相应时段1.5 m 高度的风速 v_i,以风速分级,统计了各级风速下的 $E_i(e_0 - e_{150})_i$ 的平均值,点绘 $E_i/(e_0 - e_{150})_{i-v_i}$ 关系,采用直线公式为:

$$E_i/(e_0 - e_{150})_i = A + Bv_i$$

拟合各线各式的相关系数都大于0.87;相关系数显著性检验,信度取0.01,检验结果各式相关显著。

分析各式中的 A、B 参数与水文气象因子的关系,A 值的变化与蒸发面的升温与降温有关。统计同期蒸发面的水温变化,8:00~14:00 平均升温 3.0 ℃,14:00~20:00 降温 0.8 ℃,20:00~2:00 平均降温 1.2 ℃,2:00~8:00 平均降温 1.0 ℃。20:00~2:00 降温最多,A 值最大;8:00~14:00 是升温,A 值为零最小。在2段制中,白天总的是水面吸热升温,A 值小;夜间水面散热降温,A 值大。从以上分析对比可知,水面的升温与降温,对 A 值的大小起到一定影响,并存在一定的关系。

经分析,B 值的大小,与相对温度 U 存在着一定的关系。在4段制中,各时段相对湿度有下列关系:

$$U_{(14:00~20:00)} < U_{(8:00~14:00)} < U_{(20:00~2:00)} < U_{(2:00~8:00)}$$

而各时段的 B 值关系则是:

$$B_{(14:00~20:00)} < B_{(8:00~14:00)} < B_{(20:00~2:00)} < B_{(2:00~8:00)}$$

各时段相对湿度的关系与各时段 B 值的关系正相反。

在2段制中,白天相对湿度小,B 值大;夜间相对湿度大,B 值小。与4段制有相同的关系。

7 结语

中国地域辽阔,各地区的气候环境存在较大差异,仅以巴彦高勒蒸发实验站的资料得出上述结果。这些结果是否符合较大区域的规律,将有待于更多和更广泛的试验和验证。

用气象因子推算干旱半干旱地区水(冰)面蒸发量的研究

李万义 谢学东 李玉姣 曹大成

(黄河水利委员会宁蒙水文水资源局)

蒸发实验站和地理科研等单位,利用他们的实验资料,建立了适应本地区的水面蒸发模

本文原载于《中国水文科学与技术研究进展——全国水文学术讨论会文集》,2004。

型。在这些模型中,绝大多数采用的是水汽压力差和 1.5 m 高度风速这两个因子,由于水汽压力差和 1.5m 高度风速在气象台站是不观测的,所以这类模型就无法直接采用气象台站的资料去计算水面蒸发量。这无疑是一个遗憾。建立以气象因子为主的水(冰)面蒸发模型,是实现气象资料广泛服务于科研和生产的一个重要途径。

在我国湿润和半湿润地区,利用气象资料建立的水面蒸发模型有一些研究,而在干旱半干旱地区,由于实验资料的缺乏,研究很少。本文依据干旱地区巴彦高勒蒸发实验站(下称巴彦高勒站)的资料,对影响水(冰)面蒸发的气象因素进行了分析,并给出了以气象因子计算水(冰)面蒸发的模型,以供参考。

1 各蒸发池(器)水(冰)面蒸发量的时程变化

目前,我国水文和气象部门水(冰)面蒸发观测使用的仪器主要有 E601 型蒸发器(下称 E601)和 20 cm 口径蒸发器(下称 Φ20),20 m² 蒸发池(下称 20 m² 池)作为代表自然界水体蒸发的仪器仅在一些科研单位和专门实验站使用。故本文主要对 20 m² 池、E601、Φ20 这三种蒸发池(器)的水(冰)面蒸发量进行研究。

1.1 三池器水(冰)面蒸发量在年内月际间的变化

用巴彦高勒站各池器 13 年的蒸发量资料,求其各月的平均值,点绘了如图 1 所示各池器的逐月蒸发量变化过程图。从图 1 中看到,各池器的蒸发均是从 1 月的最小开始增大至 5 月,然后又逐月减小。三池器的蒸发过程相似,都是单峰型。但它们各自的蒸发变化率不同,2 月以后,随着气温的回升和湿度的减小,Φ20 因体积小,随气温影响反应快,白天冰体融化,变为水面蒸发,故蒸发率迅速增大;而 E601 和 20 m² 池,2~3 月份气温升高吸收的热量,主要用于了融冰,蒸发仍以冰面为主,故蒸发率增加缓慢。3 月底各池器冰体全部消融以后,4 月份随着气温急剧升高和湿度的继续减小,三池器蒸发率增大很快,是一年中蒸发增幅最大时期;5 月份以后,由于气温继续升高的影响不敌湿度增大及风速和饱和差减小的影响作用,使蒸发率开始回落,但三池器蒸发率回落速度相差较大,Φ20 回落速度最快,近乎等量直线下落,E601 次之,20 m² 池最慢。

从图 1 中还可以看出,在一年的蒸发过程中,Φ20 的变幅最大,E601 次之,20 m² 池最小。Φ20 的变幅将是 20 m² 池的 3 倍。分析历年三池器的蒸发过程,都与图 1 的过程基本相似。

三池器各月蒸发量占年量的比例,历年相差不大,其历年平均值如表 1 所列。从表 1 中看到,一年的蒸发主要发生在 4~9 月,这 6 个月的蒸发量占年总量的比重,20 m² 池是74.7%,E601 是 74.4%,Φ20 是 75.4%;封冻期的 12 月~次年 2 月,3 个月的蒸发量还不到 5 月份的一半。从表 1 中还可以看出,三池器各月蒸发量所占总量的比重在年内的变化,在蒸发增大期的 3~5 月,Φ20 各月的比重比 E601 和 20 m² 池大;在蒸发量减小期的 7~12 月,Φ20 各月的比重比 E601 和 20 m² 小。但三池器各月所占比重都相差不是太大。

表 1 三池器各月蒸发量占年总量比重统计 (%)

器类	1 月	2 月	3 月	4 月	5 月	6 月	7 月	8 月	9 月	10 月	11 月	12 月	年
20m²	2.4	2.9	4.5	10.9	14.1	13.7	13.3	12.1	10.6	7.9	4.5	3.1	100
E601	2.6	3.2	5.0	11.2	14.8	14.2	13.4	11.4	9.4	6.9	4.6	3.3	100
Φ20	2.2	3.1	6.4	12.6	16	14.2	13	10.8	8.8	6.6	3.8	2.5	100

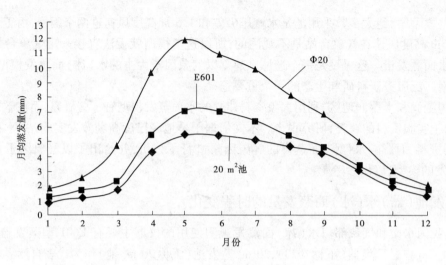

图1 三池器蒸发量过程图

1.2 三池器水(冰)面蒸发量在年际间的变化

经统计历年三池器的蒸发量资料可知,同月的蒸发量在年际间的相差是较大的(见表2)。三池器同期蒸发均是冰期(11～3月)的变差大于非冰期,尤其是稳定封冻期的12～2月,同期月蒸发量最大年份是最小年份的2倍以上。历年同期变差最小时段一般都在5～7月。三池器相比,20 m² 池历年同期的变差最小。就年总量来说,历年最大与最小之差与多年平均值之比,20 m² 池是14.0%,E601是32.2%,Φ20是28.0%。这说明年蒸发量在年际间的变化也是比较大的。

2 气象因素对水(冰)面蒸发的影响

气温。气温决定着空气中能接纳水汽量的能力和水汽传播的快慢。气温和水温也存在着相应的密切关系,气温升高会使水温相应升高。水温升高会增大水面水汽压力,使水面水分子更加活跃和易于外逸。因此,水(冰)面蒸发与气温成正比关系。

表2 三池器历年最大最小蒸发量　　　　　　　　（单位:mm）

器类	项目	1月	2月	3月	4月	5月	6月	7月	8月	9月	10月	11月	12月	年
20 m² 池	历年最大	34.8	44.5	78.2	144.2	189.3	182.9	180.9	164.4	142.4	105.9	66.6	51.7	1 268.1
	历年最小	14.9	22.4	41.0	91.5	132.1	143.6	137.7	112.7	110.6	81.1	37.4	27.3	1 104.3
	大小之比	2.3	2.0	1.9	1.6	1.4	1.3	1.3	1.6	1.3	1.3	1.8	1.9	1.1
E601	历年最大	53.9	66.2	106.1	189.4	255.5	253.1	260.0	217.2	172.1	117.1	85.5	73.4	1 749.0
	历年最小	21.0	28.6	53.7	125.0	167.4	173.5	160.9	131.7	108.1	79.3	47.2	36.2	1 281.3
	大小之比	2.6	2.3	2.0	1.5	1.5	1.5	1.6	1.6	1.6	1.5	1.8	2.0	1.4
Φ20	历年最大	74.8	105.1	206.4	358.9	462.9	395.0	390.4	308.3	251.1	174.3	102.2	91.4	2 682.9
	历年最小	31.9	50.9	119.4	206.2	299.5	274.1	259.0	175.3	158.3	135.4	60.0	37.7	2 043.2
	大小之比	2.3	2.1	1.7	1.7	1.5	1.4	1.5	1.8	1.6	1.3	1.7	2.4	1.3

注:本表各月最大、最小及年蒸发量,是从历年中挑选的。

相对湿度。空气中相对湿度的大小,反映了在当时气温条件下,空气中水汽含量距离饱和时的相对程度,同时也反映了空气的干湿程度。相对湿度的增大,对蒸发面上的水汽扩散起到了抑制作用,并减少了蒸发面上水汽与外围的交换量。故相对湿度愈大,蒸发率愈小。水(冰)面蒸发与相对湿度成反比关系。

饱和差。饱和差是衡量空气中的水汽含量在当时气温条件下,距离饱和时的绝对程度。饱和差愈大,说明空气愈干燥,还能接纳的水汽也愈多,蒸发能力也愈强。故水(冰)面蒸发与饱和差成正比关系。

风速。风速的大小,主要体现在它对蒸发面上空的水汽紊动扩散的强弱和干湿空气交换的快慢上。风速愈大,水汽的紊动扩散愈烈,干湿空气交换的也愈快,故蒸发率也愈大。因此,水(冰)面蒸发与风速成正比关系。

将气温、饱和差、相对湿度、风速与水(冰)面蒸发量同绘在一起可看出(图略),3~4月份蒸发增大较多的原因是气温、饱和差、风速增大,相对湿度减小,四因素都对蒸发起正向促进影响的作用。5月份虽然风速的减小和相对湿度的增大会减弱蒸发,但气温的继续上升和饱和差继续增大的影响强于它们,使蒸发仍在增大。6月份虽然气温和饱和差仍在增大,但相对湿度的继续增大和风速的继续减小起了主导作用,使蒸发开始减小。7、8月份气温、饱和差、风速较前减小,相对湿度增大,四因素对蒸发的影响都减弱,使蒸发减小加快。9月份以后,虽是风速增大和相对湿度减小对蒸发起正向的促进作用,但不敌气温的下降和饱和差减小的影响,使蒸发的减小更快。

综合分析各气象因素对水(冰)面蒸发的影响可知,在一年的蒸发变化中,当各气象因素都对蒸发起正向影响时,会促使蒸发率的增大加快;当部分因素起正向影响,而另一部分因素起反向影响时,它们各自的作用会相互抵消一部分,使起主导作用的因素影响着蒸发的变化;当各因素的影响都同时减弱时,蒸发率会很快相应减小。

3 水(冰)面蒸发量与气象因子的关系

经点绘分析,各气象单因子与三池器水(冰)面蒸发量都没有较好的单一关系。综合各气象因子的影响,可给出如下函数关系:

$$E = f(T, d, W, 1/U)$$

即:水(冰)面蒸发量 E 与气温 T 成正比,与饱和差 d 成正比,与10 m风速 W 成正比,与相对湿度 U 成反比。设四因子共同影响着水(冰)面蒸发,那么取四因子乘积的几何平均则有:

$$E = f[(T \times d \times W/U)^{0.25}]$$

因水面蒸发与冰面蒸发是两种不同状态面的蒸发,水面蒸发的潜热是250 J/mm,冰面蒸发的潜热是283 J/mm,它们蒸发所耗的热量不同,故分别点绘水面蒸发和冰面蒸发与$(T \times d \times W/U)^{0.25}$的关系(见图2、图3、图4)。其关系式见表3。

在点绘各蒸发池器的冰面蒸发关系时,根据历年月平均气温的最低情况,为使计算结果不是负值,在原气温 T 值上加了20。在点绘图4中的Φ20的水面蒸发时,原气温不加20前点据较为离散,加上20后点据较为集中。这可能是Φ20是完全暴露式安装,所受气象因素的影响与20 m²池和E601存在差异所致。3月和11月是冰面和水面混合蒸发期,对于期间在公式的应用时较为难定,这要根据蒸发面的状态(水面或冰面)以及月平均气温来决定。当月平均气温为正值,蒸发面状态大多数时间为水面时,可选用水面蒸发公式,否则就选用冰面蒸发公式。

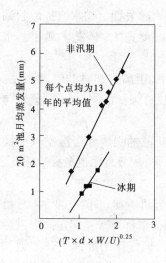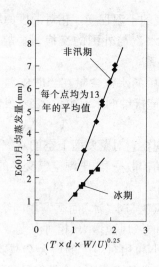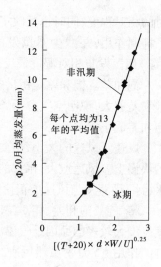

图2 20m² 池蒸发与气象因子关系   图3 E601 蒸发量与气象因子关系   图4 Φ20 蒸发量与气象因子关系

表3 三池器水(冰)面蒸发量计算公式

公式归属	公式应用时段	水(冰)面蒸发量计算公式	公式编号
20m² 池	4~10 月	$E_1 = [2.734 \times (T \times d \times W/U)^{0.25} - 0.507] \times N$	式(1)
	1~3 月、11~12 月	$E_1 = \{2.146 \times [(T+20) \times d \times W/U]^{0.25} - 1.439\} \times N$	
E601	4~10 月	$E_2 = [4.386 \times (T \times d \times W/U)^{0.25} - 2.537] \times N$	式(2)
	1~3 月、11~12 月	$E_2 = \{1.883 \times [(T+20) \times d \times W/U]^{0.25} - 0.716\} \times N$	
Φ20	4~10 月	$E_3 = \{7.549 \times [(T+20) \times d \times W/U]^{0.25} - 8.131\}\} \times N$	式(3)
	1~3 月、11~12 月	$E_3 = \{2.866 \times [(T+20) \times d \times W/U]^{0.25} - 1.322] \times N$	

注:本表各式中:E_1 为 20 m² 池月蒸发量(mm);E_2 为 E601 月蒸发量(mm);E_3 为 Φ20 月蒸发量(mm);T 为月平均气温(℃);d 为月平均饱和差(hPa);W 为月平均 10m 高空风速(m/s);U 为月平均相对湿度(%);N 为一月天数。

4 对水(冰)面蒸发公式的检验

用表3给出的各池器水(冰)面蒸发量计算公式,分别计算了 20 m² 池、E601、Φ20 各 156 个月的月蒸发量及与实测值的相对误差,并分别统计了非冰期和冰期相对误差 ≤ ±10%、≤ ±20% 的月数占总月数的比例(见表4)。将相对误差 ≤ ±10% 定为良好,≤ ±20% 定为合格加以衡量,从统计结果看,三池器公式计算的月蒸发量误差,非冰期 ≤ ±10% 的月数所占比例都在78%以上,≤ ±20% 的月数所占比例都在95%以上。而冰期公式计算的月蒸发量误差,虽然绝对差与非冰期不相上下,但相对差比非冰期大,这主要是冰期月蒸发小所致。

将公式计算的一年各月蒸发量之和(即年总量)与实测年总量比较(同列于表4),三池器历年相对误差 ≤ ±5% 的年份所占总年数的比例都在 77% 以上,全部年份的相对误差均 ≤ ±10%,精度是良好的。

表4 公式计算的蒸发量与实测蒸发量的误差频率统计

仪器型号	非冰期(4~12月)		冰期(1~3月、11~12月)		相对误差小于或等于某一级的年数占总年数的比例(%)	
	相对误差小于或等于某一级的月数占总月数的比例(%)		相对误差小于或等于某一级的月数占总月数的比例(%)			
	≤±10%	≤±20%	≤±10%	≤±20%	≤±5%	≤±10%
20 m² 池	86	99	46	77	92	100
E601	78	95	63	85	85	100
Φ20	86	98	57	88	77	100

5 结语

(1)本文采用一般气象台站普遍进行观测的气象因素建立的水(冰)面蒸发量计算模型,可以将气象台站的资料直接用于水(冰)面蒸发量计算,这将有利于气象资料更广泛地服务于生产和科研。

(2)本文表3给出的公式可以用于干旱半干旱地区的水(冰)面蒸发量计算,其精度能够满足生产和科研的要求。表3给出的式(1)可以直接用于计算自然界浅水湖泊和水库的水(冰)面蒸发量;式(2)、式(3)计算的蒸发量,需乘以相应蒸发器的折算系数后,才能作为自然界的水(冰)面蒸发。

(3)气象部门对饱和差的计算已停止了多年,而分析表明,饱和差是影响水(冰)面蒸发的一个重要因子。所以,建议气象部门恢复对饱和差的计算,如有可能,将停算期间的饱和差也补算出来,这样有利于资料的连续和使用单位的方便。

2003~2004年度黄河宁蒙河段凌情特点分析

王瑞君[1] 郭德成[1] 路秉慧[1] 沈北平[2] 王兆祯[1]

(1.黄河水利委员会宁蒙水文水资源局;2.黄河水利委员会上游水文水资源局)

1 凌汛概况

2003年11月22日,头道拐断面开始流凌,12月7日,位于包头市土右旗境内皿己卜河段首封,至2004年2月上旬进入稳定封冻期。封冻最大长度910 km,其中内蒙古段封冻720 km,宁夏段190 km。2004年2月13日,宁夏段开始解冻开河,至3月19日宁蒙河段全线开通,整个冰期历时119天。

本文原载于《内蒙古水利》2004年第4期。

2 凌汛特点

2003～2004年度凌汛期特点是：流凌、封河日期晚，封、开河水位高、槽蓄水量偏大、封冻河段长、冰层较薄，开河时间早、开河流量偏大。

2.1 气温

本年度宁蒙河段气温变化：①月平均气温。除头道拐11月和1月稍有偏低外，其他各站月气温均较多年平均偏高。其中2月份偏高1.6～3.1℃；②旬平均气温。石嘴山站11月上旬、12月上旬、1月下旬、2月上旬较多年平均偏低0.4～2.0℃，其余月均偏高，特别是2月上旬偏高3.9℃，巴彦高勒、三湖河口、头道拐3站11月上旬气温偏低2～3℃，封河期12月上旬偏低1℃左右，开河期气温均偏高，其中2月中、下旬偏高3.6～6.9℃。

2.2 水温

11月石嘴山巴彦高勒2站月平均水温分别较常年偏高0.1～0.8℃，三湖河口、头道拐站较常年略偏低；旬平均水温石嘴山、巴彦高勒2站（除上旬石嘴山略偏低外）较常年偏高0.4～1.3℃，三湖河口、头道拐偏低0.2～0.8℃。

2.3 流凌、封河

2.3.1 流凌

2003年10月31日，受新西伯利亚强冷空气的影响，宁蒙地区先后出现大风降温过程，气温下降8～12℃。11月8日，黄河三湖河口河段首次出现流凌；10日，随着气温回升，流凌消失。11月14日，受较强冷空气入境影响，宁蒙地区气温下降6～8℃；22日，头道拐河段出现流凌；23日，三湖河口河段再次流凌。

12月1日，包头郊区李五营子险工处流冰花5/10，水位开始上涨；大成西、昭君坟浮桥处流冰花3/10～4/10。

12月3～5日，三湖河口至画匠营子河段流冰花2/10～3/10，画匠营子至头道拐河段流冰花3/10～5/10。冰花团逐渐增大、增高，但较松软，部分河道出现漫滩现象。

12月6日，受冷空气影响，黄河宁蒙河段气温普降8～10℃，石嘴山、巴彦高勒断面出现流冰花，三湖河口以下河段流冰花密度增加到5/10～6/10，弯道部分流冰花密度达7/10～8/10，整个河段流凌明显增多，岸冰增宽。石嘴山以下河段全线流凌，三湖河口以下河段流凌密度达5/10～7/10，见表1。

表1　各水文站流凌日期与多年均值比较

站名	石嘴山	巴彦高勒	三湖河口	头道拐
流凌日期	12月6日	12月6日	11月23日	11月22日
历年均值	12月2日	11月30日	11月18日	11月18日
距平	晚4d	晚6d	晚5d	晚4d

2.3.2 封河

（1）封河前流量。上游兰州站11月平均流量比历年平均值偏大15.1%，封河期12～1月，月均流量比历年平均值偏小4.8%～8.8%，但较近年偏大。封河前5天流量，石嘴山—头道拐站均较历年平均偏大5.7%～69.6%，而封河时流量石嘴山—头道拐年平均偏小

16.2%~40.2%。三湖河口站日均流量由封河前12月6日的765 m³/s减小至封冻后12月10日的140 m³/s。

(2)封河。12月7日受冷空气影响,黄河宁蒙河段气温下降,头道拐站最低气温达-19 ℃。石嘴山—头道拐河段流凌密度在2/10~6/10之间,弯道部分流冰花密度达7/10~8/10。12时30分,位于包头市土右旗皿己卜险工处,即头道拐以上23.5 km出现首封,封冻性质为立封,封冻处冰面宽600 m,主流宽300 m,至17时封河长度已达5 km,并迅速向上游延伸。

12月15~21日,宁蒙河段受冷空气影响,气温有所下降,封河速度加快。19~20日,巴彦高勒站水位上涨,左岸大堤全部吃水,巴彦高勒站断面下新建高速公路桥处水流漫过生产堤,20日14时,巴彦高勒水文站水位1 053.70 m,流冰花8/10。21日10时40分,巴彦高勒站断面上下全部封冻,封河最高水位1 054.08 m。

2003年12月22日~2004年1月6日,由于气温回升且相对平稳,封河速度减慢,特别是1月2~6日,由于气温偏高,流凌密度减小,封河速度减慢。

2月上旬封河进入稳定封冻期,封河上界位于宁夏永宁县望洪镇境内。本年度最大封冻长度910 km,其中,内蒙古段720 km,宁夏段190 km。各水文站封河日期见表2。

表2　各水文站封河日期与多年平均值比较

站名	石嘴山	巴彦高勒	三湖河口	头道拐
封河日期	1月22日	12月2日	12月8日	12月13日
历年均值	1月9日	12月15日	12月5日	12月7日
距平	晚13d	早13d	晚3d	晚6d

(3)封河流量。河段封河流量均较历年偏小。各站封河流量与历年比较见表3。

表3　宁蒙河段各站封河水位流量比较

站名	2003~2004年			1986~1995年	
	封河时		封河前5d流量 (m³/s)	平均封河流量 (m³/s)	封河前5d流量 (m³/s)
	水位(m)	流量(m³/s)			
石嘴山	1 089.24	298	651	419	536
巴彦高勒	1 053.38	394	670	470	634
三湖河口	1 019.93	225	768	376	600
头道拐	986.78	222	704	278	415

(4)槽蓄水增量。2003年12月1日开始随着气温下降岸冰逐步增加,河段水位上涨产生槽蓄水增量。2003年1月25日宁蒙河段槽蓄水增量达到最大值13.9亿 m³。槽蓄水量主要集中在三湖河口至头道拐区间,约为4.7亿 m³,占总槽蓄量34.6%;石嘴山以上河段约2亿 m³,占总槽蓄量14.7%;石嘴山—巴彦高勒区间约3.4亿 m³,占总槽蓄量25.0%;巴彦高勒区间约3.4亿 m³,占总槽蓄量25.0%;巴彦高勒—三湖河口区间约为3.5亿 m³,占总槽蓄量25.7%。2月1日后槽蓄量逐步释放,至4月1日头道拐站基本释放完毕。净释放槽蓄水量约10亿 m³,滩地下渗、填洼、滞留、冰水面蒸发等损失量约3亿 m³。槽蓄增量变化过程与近

3 年比较,见图 1。

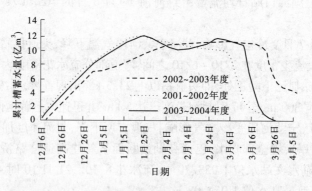

图 1   2001~2004 年度石嘴山至头道拐区间槽蓄水量变化

（5）冰厚。冰层厚度自河段上游至下游沿程呈递增趋势,封冻河段越早,冰层厚度也越大,三湖河口至巴彦高勒段为最大;立封段冰层厚度大于平封段。巴彦高勒、石嘴山断面最大冰厚出现在 2 月 6 日,分别为 0.7、0.26 m;三湖河口、头道拐站断面最大冰厚出现在 2 月 11 日,分别为 0.54、0.65 m。2 月 10~18 日测得河段最大冰厚在包头段为 0.60 m,较历年平均偏薄(见图 2)。1 月份测量计算河段冰量(不包括青铜峡库区)为 1.83 亿 m³,较近年偏少。

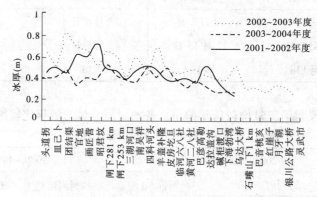

图 2   2001~2004 年度各河段冰厚沿程变化

2.4   开河

2.4.1   开河期上游来水

开河期 2~3 月月均流量比历年均值偏小 14.3%~18.1%,其中 2 月下旬~3 月上旬旬均流量偏小近 30%。2 月份兰州站月均流量 416 m³/s,较历年平均偏小 18.1%,3 月上、中旬兰州站流量基本稳定在 380 m³/s。

2.4.2   开河日期

本年度开河从 2004 年 2 月 9 日宁夏青铜峡库区融冰开始。2 月 21 日,石嘴山站开河,2 月 23 日宁夏河段全线开通;3 月 8 日,巴彦高勒站开河,3 月 14 日,三湖河口、头道拐站开河,3 月 19 日,内蒙古河段全线开通,各站开河日期见表 4。

2.4.3   开河水量

2 月 21 日石嘴山断面解冻开河。开河最大流量 815 m³/s,3 月 23 日头道拐站开河,最大流量 2 850 m³/s;除巴彦高勒站开河流量较历年平均偏小外,其余各站均较历年平均最大开河流量偏大(见表5)。

表4 各水文站开河日期与多年平均值比较

站名	石嘴山	巴彦高勒	三湖河口	头道拐
封河日期	2月21日	3月8日	3月14日	3月14日
历年均值	3月6日	3月16日	3月23日	3月23日
距平	早14d	早8d	早9d	早8d

表5 宁蒙河段各站开河水位流量比较

站名	2003~2004年					1968~1995年	
	开河时		开河时最高(大)		开河前 5日流量 (m³/s)	平均 开河流量 (m³/s)	开河前 5日流量 (m³/s)
	水位 (m)	流量 (m³/s)	水位 (m)	流量 (m³/s)			
石嘴山	1 087.98	532	1 087.96	815	520	768	634
巴彦高勒	1 052.90	520	1 053.23	540	499	717	665
三湖河口	1 020.35	980	1 020.56	1 610	653	1 184	738
头道拐	988.50	580	988.90	2 850	501	2 108	719

2.4.4 开河形势

2月上、中旬宁蒙河段气温持续回升,中旬气温较历年偏高 2.5~5.9 ℃。2月9日,宁夏段部分河段开河,开河平稳,开河性质以文开为主。

2月21日,石嘴山站开河,开河水位 1 087.94 m,流量 810 m³/s。至此,宁夏石嘴山以上河段基本开通。

由于开河期上游流量控制适当,为全河段文开创造了有利条件,但内蒙古部分河段形成卡冰现象,出现险情。

3月6日10时,三湖河口站水位达 1 020.68 m,接近历史同期最高水位 1 020.69 m(1958年3月),为历史第二高水位。石嘴山以下河段开河期水位普遍偏高,乌海段开河水位创历史同期最高水位。

3月14日,开河至乌拉特前旗脑包村,由于其下游未开,水位迅速上涨,部分地段水面距离堤顶 0.5~0.7 m,在闸下 189~193 km 之间出现卡冰,后动用飞机轰炸人工破冰开河。

3月18日,黄河内蒙古河段主流已没有盖面冰和流冰现象,水位逐渐回落,昭君坟站以下河段水位仍然较高,整个河段槽蓄水量释放缓慢。19日,内蒙古河段主流全部开通。由于上游来水控制较理想,整个开河河过程相对较平稳,没有发生凌汛灾害。

黄河潼关站洪水组合对渭河北洛河的影响

程龙渊 郭相秦 张松林 郑艳芬 刘彦娥 马新明

(黄河三门峡库区水文水资源局)

黄河流经山陕峡谷最后一个卡口——禹门口,河宽仅 105 m。出禹门口后河宽增大为 3000~18000 m,又接纳了濋河、汾河、涑水河等支流。最大支流渭河于潼关站上游 3~8 km 注入黄河,北洛河于潼关站上游 11~15 km 处垂直注入渭河。潼关卡口最大河宽为 1 000 m。由于渭河、北洛河口距潼关卡口较近,导致三条河流的洪水遭遇相互影响。洪峰流量大的河流就会顶托倒灌洪峰流量小的河流,河道比降大的河流受影响较小,河道比降小的河流受影响较大。三条河流 1950~2002 年均水沙特性统计如表 1 所示。

表 1　黄渭洛水沙特性统计(1950~2002 年)

河名	站名	年均水量 (10^8 m³)	最大年水量 (10^8 m³)	实测最大流量		年均输沙量 (10^8 t)	最大年输沙量 (10^8 t)	年均含沙量 (kg/m³)	实测最大含沙量	
				流量 (m³/s)	发生年份				含沙量 (kg/m³)	发生年份
黄河	龙门	275.8	539.4	21 000	1967	8.01	24.6	29.0	1 040	2002
渭河	华县	70.34	187.6	7 660	1954	3.50	10.6	49.7	905	1977
北洛河	狱头	6.897	19.17	6 280	1994	0.798	2.63	116	1 190	1950
黄河	潼关	360.3	699.3	15 400	1977	11.52	29.9	32.0	911	1977

从年均水沙量看,黄河最大,北洛河最小;从年均含沙量看,北洛河最大,黄河最小;黄渭洛河汇流区比降,根据 1960 年 7 月实测天然水面比降和 1967 年 3 月实测水面比降,黄河上源头——潼关段为 3.90‰和 2.23‰,渭河华县——潼关段为 1.15‰和 0.83‰,北洛河朝邑——渭河吊桥段 1967 年 3 月实测为 2.01‰。由于黄河洪峰流量大,比降大,所以渭河、北洛河洪水对黄河影响不明显;渭河流量大于北洛河,而河段比降最小,所以受黄河、北洛河影响最明显;北洛河虽然水沙量最小,含沙量最大,而比降大于渭河,所以受影响较轻。

当黄河发生较大洪水顶托倒灌渭河华阴河段时,华阴断面的水位随着黄河水位升高而升高,甚至出现逆流。开始时表层水流为渭河自身来水,呈正方向流,底层为黄河或北洛河水,呈负方向流;随着黄河流量的增大,华阴水位继续升高,表层水也演变为逆流,最大负流量出现在峰前。受黄河洪水顶托倒灌,华阴最高水位时流量为 0。随着黄河水位的回落或者渭河来水的相对增大,华阴水位降落,流量向正方向递增,直到脱离顶托影响而恢复正常。据不完全统计,华阴站实测顶托倒灌 20 峰次,实测最大负流量为 956 m³/s。

鉴于拦门沙淤积断面未能在各次洪水前后测验,无法计算各次洪水的拦门沙淤积。又由于 1967 年渭河淤塞河段位于北洛河入渭点以上,所以,根据华阴断面实测资料计算其 200 m³/s 水位差,作为渭河河口拦门沙的冲淤变化进行分析。华阴断面位于吊桥水位站上游 12.8

本文原载于《泥沙研究》2004 年第 6 期。

~13.9 km 处。由于华阴断面既受黄河洪水的顶托倒灌影响,又受渭河洪水的涨落影响,绘制华阴断面水位流量关系图查读华阴 200 m³/s 水位时,限制黄河潼关流量不超过 2 000 m³/s,以消除壅水产生误差,并对突出点还进行了复核检查。1968 ~ 1974 年,华阴停测时段,采用华县 200 m³/s 的对应吊桥水位,计算吊桥断面的冲淤变化,与华阴断面合并统计。

1 潼关站洪水组合对渭河华阴断面的冲淤影响

统计三门峡建库以来潼关站 67 次洪水组合(按照渭河华县站洪峰流量大于 250 m³/s,北洛河洪峰流量大于 150 m³/s,称之为洪峰),依照各河洪峰流量大小顺序划分为五种类型,即黄单型、黄洛型、黄渭型、黄洛渭型、渭黄洛型,如表 2 所示。

表 2 黄河潼关站历年洪水组合对华阴断面的影响

洪水组合	峰次				华阴断面冲淤厚度												
				总计			潼关大于 10 000 m³/s			潼关 5 000 ~ 10 000 m³/s			潼关 3 600 ~ 5 000 m³/s				
	淤积	冲刷	稳定	峰次	冲淤厚(m)		峰次	冲淤厚(m)		峰次	冲淤厚(m)		峰次	冲淤厚(m)			
					总计	峰均		总计	峰均		总计	峰均		总计	峰均		
黄 单	11	2	5	18	5.95	0.33	3	3.42	1.14	12	2.73	0.23	3	-0.20	-0.07		
黄 洛	8	0	1	9	8.19	0.91	1	1.13	1.13	4	3.87	0.97	4	3.19	0.80		
黄 渭	4	3	9	16	-0.93	-0.06				14	-0.18	-0.013	2	-0.75	-0.38		
黄渭洛	5	9	4	18	-4.32	-0.24	2	-3.05	-1.53	11	-1.04	-0.09	5	-0.23	-0.05		
渭黄洛	0	4	2	6	-3.85	-0.64				3	-1.59	-0.53		-2.26	-0.75		

黄单型洪水计 18 次,占总峰次的 26.8%。华阴断面淤积的计 11 峰次,冲刷计 2 峰次,不冲不淤计 5 峰次。总淤积厚度 5.95 m,峰均淤厚 0.33 m。潼关洪峰流量大于 10 000 m³/s 的计 3 次,华阴峰均淤厚 1.14 m,5 000 ~ 10 000 m³/s 共 12 次,华阴峰均淤厚 0.23 m。5 000 m³/s 以下洪水 3 次,华阴峰均冲刷 0.07 m。

黄洛型洪水计 9 次,其中 8 次洪水淤积,1 次洪水不冲不淤,总淤积厚度为 8.19 m,峰均淤厚 0.91 m。潼关洪峰流量大于 10 000 m³/s 的 1 次,华阴淤积 1.13 m;5 000 ~ 10 000 m³/s 洪水 4 次,华阴峰均淤积厚为 0.97 m;5 000 m³/s 以下洪水 4 次,华阴峰均淤积厚 0.80 m。

黄渭型洪水组合计 16 次,华阴断面淤积的计 4 峰次,冲刷的计 3 峰次,不冲不淤的计 9 峰次,总冲刷厚度为 0.93 m,峰均冲刷 0.06 m。其中潼关洪峰流量为 5 000 ~ 10 000 m³/s 的计 14 次,华阴断面峰均冲刷为 0.01 m;潼关洪峰流量小于 5 000 m³/s 的洪峰计 2 次,华阴峰均冲刷 0.38 m。

黄渭洛型洪水计 18 次,占总峰次的 26.8%。华阴断面淤积的计 5 峰次,冲刷的计 9 峰次,不冲不淤的计 4 峰次,总冲刷厚度为 4.32 m,峰均冲刷 0.24 m。其中潼关洪峰流量大于 10 000 m³/s 洪水 2 次,峰均华阴冲刷厚为 1.53 m,其他 16 次洪水华阴断面峰均冲刷厚均小于 0.1 m。

渭黄洛型洪水计 6 次,占总峰次的 9.0%。由于渭河洪水大于黄河洪水,华阴断面冲刷的计 4 峰次,不冲不淤的 2 峰次,总冲刷深为 3.85 m,峰均冲刷 0.64 m。潼关洪峰流量为 5 000 ~ 10 000 m³/s 和小于 5 000 m³/s 各 3 次,峰均华阴冲刷厚为 0.53 m 和 0.75 m。

综合以上五种洪峰组合对渭河口华阴断面的影响,黄渭型、黄渭洛型、渭黄洛型洪水计 40 次,占 60%,华阴断面累计冲刷 9.10 m,峰均冲刷 0.23 m;黄单型 18 次,占 27%,累计淤积厚为 5.95 m,峰均淤积 0.33 m;黄洛型洪水 9 次,占 13.4%,累计淤积厚度 8.19 m,峰均淤积 0.91 m,为黄单型洪水的 2.76 倍。按黄单、黄洛两种洪水组合,华阴断面淤积厚度为 14.14

m,其中黄洛型 9 次洪水淤积 8.19 m,占 58%,黄单型洪水占 42%。

2 典型年黄河潼关不利洪水组合对渭河口华阴断面的冲淤影响

1967 年 8 月黄淤 2 +1 至渭淤 4 断面淤塞 8.8 km,导致陈村水位升高 2.5 m,华县断面水位抬高 1.0 m,淹没南北夹槽滩地 2 万余公顷。该月龙门洪峰流量大于 14 000 m³/s 计 5 次,最大的为 21 000 m³/s,潼关站洪峰流量大于 5 000 m³/s 的计 7 次,最大洪峰流量为 9 500 m³/s。北洛河出现大于 100 m³/s 的洪水计 7 次;大于 200 m³/s 流量的计 4 次。渭河仅有 4 次小峰,最大洪峰流量为 546 m³/s(见表 3)。其中,黄洛型 3 次和黄洛渭型 1 次洪水,渭河华阴断面总淤积厚达 5.17 m。占该年 10 次洪水总淤积厚 5.65 m 的 91%。黄单型洪水 2 次,华阴断面总淤积厚为 0.51 m,占该年 10 次洪水总淤积厚的 9%。其他黄渭洛型和黄渭型洪水计 4 次,华阴断面冲淤基本平衡,冲淤厚仅 -0.03 m。

表 3 典型年黄河潼关站不利洪水对渭河口华阴断面的影响

洪水组合	洪峰时间		洪峰流量（m³/s)					洪峰含沙量（kg/m³)					华阴冲淤厚度(m)
	年	月·日	龙门	华县	华阴	朝邑	潼关	龙门	华县	华阴	朝邑	潼关	
黄洛	1967	8.2	9 500	65	80	159	5 550	119	1	45	812	38	1.51
黄洛	1967	8.3 ~ 4	7 670	105	42	93	6 280	184	5	29	680	71	0.96
黄洛	1967	8.24 ~ 27	7 400	71	- 10	364	4 220	168	1	673	850	122	1.49
黄洛渭	1967	8.29 ~ 31	7 760	291	- 2.7	374	5 080	193	43	585	711	155	1.21
黄单	1967	8.20 ~ 21	14 900	91	102	5	6 950	320	1	10	26	77	0.17
黄单	1967	8.23	14 000	70	91	4	6 500	326	1	6	8	199	0.34
黄渭洛	1967	8.5 ~ 7	15 300	546	506	146	8 020	379	731	530	802	115	- 0.14
黄渭洛	1967	8.12 ~ 13	4 500	243	230	180	4 850	443	110	65	940	220	0.25
黄渭	1967	8.10 ~ 11	21 000	400	394	31	9 520	464	169	100	154	153	0.06
黄渭	1967	8.28 ~ 29	6 620	100	104	14	4 720	172	6	2	321	57	- 0.20
黄洛	1994	9.1 ~ 4	4 020	59.1		2 050	3 700	316	56.9		826	336	0.45
黄洛	1995	8.6 ~ 10	3 190	94.6		333	3 980	346	716		525	329	1.00
黄渭	1994	7.27 ~ 30	1 460	1 010		144	1 930	73	802		528	172	1.08
黄渭	1994	8.6 ~ 10	10 600	643		188	7 360	401	649		918	246	0.34
黄渭洛	1994	7.6 ~ 10	4 780	2 000		429	4 890	115	765		975	257	- 1.16
黄洛渭	1994	8.12 ~ 15	5 460	1 450		848	4 310	378	782		758	351	- 0.62

1994 ~ 1995 年黄河潼关站出现黄洛型洪水组合峰 2 次,华阴断面淤积厚达 1.45 m;出现黄渭组合型洪水 2 次,华阴断面淤积厚为 1.42 m,黄渭洛型和黄洛渭型洪水 2 次,华阴断面冲刷 1.78 m。黄洛、黄渭型华阴断面淤积总厚为 2.87 m,其中黄洛型占 51%,黄渭型占 49%。

黄渭型洪水 1967 年 2 次洪水,潼关洪峰流量为 9 520 m³/s 和 4 720 m³/s,渭河华县洪峰流量为 400 m³/s 和 100 m³/s,含沙量为 169 kg/m³ 和 6 kg/m³,华阴断面冲淤厚度为 0.06 m 和 -0.20 m;而 1994 年两次洪水,潼关洪峰流量为 1 930 m³/s 和 7 360 m³/s,渭河华县洪峰流量为 1 010 m³/s、643 m³/s,含沙量达 802、649 kg/m³,导致华阴断面淤积 1.42 m。最突出的 7 月 27 ~ 30 日,潼关洪峰流量仅 1 930 m³/s,华县流量为 1 010 m³/s,朝邑流量为 144 m³/s,造成华

阴断面淤积 1.08 m,反映了渭河高含沙洪水的不利作用。

3 黄河洪水对北洛河河口段的影响

北洛河河口段受黄河、渭河大洪水顶托影响,在历史上有不少改道的记载。三门峡水利枢纽改建基本完成以前的 1960~1970 年,北洛河河口段淤塞改道达 5 次,这说明水库运用对北洛河河口段影响较严重。

枢纽两次改建工程基本完成并投入运用后,由于水库按蓄清排浑控制运用,回水末端均不超过潼关,且北洛河河口段比降大于渭河,北洛河河口段萎缩较轻,没有再发生改道现象。

另据收集不完整的记载,1470~1933 年间北洛河直接入黄的有 7 次,这也说明在自然条件下,黄河洪水也能造成北洛河河口改道的后果,北洛河河口段改道情况见表4。

表 4 北洛河河口段改道情况

年份	汇入河名	汇合口位置	距黄淤 41 断面的距离(km)
1470~1480 年(明成化中期)	黄河	河屡西侵,乃崩洛河,至赵渡镇东街与河合不复入渭	约 12
1555 年(明嘉靖三十四年)	黄河	"洛水入河至赵渡东街与河合不复入渭"	约 13
1584 年(明万历十二年)	黄河	"洛水改流东过赵渡镇南挺趋于河不复入渭"	约 12
1795 年	黄河	黄、渭、洛并涨,河又改道西流赵渡,导洛入河	约 12
1836 年(清道光十六年)	黄河	"河水西移……夺洛水于赵渡镇南入河后东西流,至上官转而东南"	约 13
1842 年(清道光二十二年)	黄河	三界河图量得	约 13
1927~1933 年	黄河	不详	
1960 年前	渭河	渭淤 1+1 上 0.7 km	15.3
1962 年	渭河	渭拦 9 断面	11.2
1964 年	渭河	渭淤 1+1 到 2 间,多股入渭	15.3
1965 年	渭河	渭淤 2 下 0.3 km	15.6
1967 年 9 月	渭河	渭淤 2 上多股入渭	16.2
1969 年以来	渭河	渭拦 10 上 0.75 km	12.9

4 试评黄河潼关洪水组合的北洛河对渭河口拦门沙影响比

按 1950~2002 年实测资料统计,多年平均黄河龙门站含沙量为 29 kg/m³,渭河华县站为 49.7 kg/m³,北洛河湫头站为 116 kg/m³。1967 年黄洛组合 4 次洪水,渭河华县最大为 1~43 kg/m³,潼关最大含沙量为 38~155 kg/m³,而华阴断面最大含沙量为 45~673 kg/m³,略小于北洛河朝邑站最大含沙量 711~850 kg/m³。反映了北洛河高含沙洪水倒灌渭河淤塞渭河河道现象;突出的 8 月 24~26 日和 8 月 29~31 日 2 次洪水华阴断面负流量为 10 m³/s 和 27 m³/s,华阴站含沙量达 673、585 kg/m³,华阴断面淤积 1.49、1.21 m。

1967 年 8 月 4 次黄洛河洪水组合,华阴断面淤积厚度达 5.17 m;占 10 次淤积厚度 5.65m 的 91%,2 次黄河单独涨水,潼关洪峰流量为 6 950、6 500 m³/s,均大于上述黄洛组合 4 次洪峰流量;最大含沙量为 77、199 kg/m³,华县含沙量为 1 kg/m³;华阴含沙量为 10、6 kg/m³;华阴断面 2 次峰淤厚 0.51 m,占 10 次洪水淤积厚度的 9%。考虑 4 次黄洛洪水组合淤积 5.17 m 中

·239·

含有黄河洪水因素,按本年2次黄单洪水峰均淤积厚为0.255 m予以剔除,则北洛河洪水淤积为5.17-0.255×4=4.15 m,占本年淤积厚度5.65 m的73%。

1994年和1995年的2次黄洛河洪水组合,华阴断面淤厚1.45 m;2次黄渭组合洪水,华阴断面淤厚1.42 m。按上述4次洪水华阴总淤积厚度2.87 m为准,黄洛型淤厚占51%,黄渭型占49%。剔除黄洛型洪水中黄河峰均淤厚0.255 m(按1967年黄单型),则北洛河洪水对渭河的淤积厚为1.45-0.255×2=0.94 m,占2.87 m的33.0%。

1961~1998年潼关站黄单洪水,华阴断面总淤积厚为5.95 m,峰均淤积0.33 m;9次黄洛型洪水,华阴断面淤积厚度为8.19 m,峰均淤积0.91 m。以27次洪水华阴断面总淤积厚度为14.14 m,黄洛型9次洪峰占58%;黄单型18次洪水华阴断面淤积占42%。剔除9次黄洛洪水组合淤积中黄河的影响量,则北洛河影响量为8.19-0.33×9=5.22 m,占37%。

上述3项试评结果,黄洛河组合洪水中北洛河对渭河华阴断面影响为33%~73%。突出的1967年为73%。

据上述分析,黄河北干流与北洛河地理位置相邻,洪水遭遇时有发生,导致黄河大洪水顶托倒灌渭河,将北洛河高含沙水流倒灌到北洛河口以上的渭淤2~7断面形成淤积。形象地说,北洛河是渭河的一条盲肠,若将北洛河的洛淤1(附近)以下改道直接入黄河,则有利于渭河下游河道的改善。

致谢:本文承龙毓骞教授级高工审阅修改,特表感谢。

三门峡水库调洪演算预报的方法

李杨俊[1]　郭宝群[2]　郭相秦[1]　郑艳芬[1]　孙文娟[1]

(1.黄河水利委员会三门峡库区水文水资源局;2.黄河水利委员会水文局)

将三门峡水库库区分为上下两段,对库区上段潼关至黄淤26号断面之间天然河道,用"马斯京根法"进行演算;北村到大坝之间的水库蓄水段,用"蓄率中线法"进行调洪演算。上段演算的出流过程,作为下段的入流进行调洪演算,最后得到出库洪水的最高水位、最大下泄流量和洪水过程。

1　潼关至黄淤26号断面的马斯京根流量演算法

根据实测河道洪水资料,通过试算拟合洪水过程(即试错法),并结合理论进行优选,求得马斯京根演算参数K、X值,换算为潼关至北村参数值,其K、X参数值与入库洪峰流量关系见表1。使入库潼关站不同的洪峰流量用不同的马斯京根流量演算参数K、X值进行演算。

根据潼关站入库洪水的洪峰流量Q_m,用关系式求出相应的优选参数K、X值,并计算马法系数C_0、C_1、C_2,进行演算,其计算公式如下:

$$Q_t = C_0 I_t + C_1 I_t - 1 + C_2 Q_{t-1} \tag{1}$$

本文原载于《东北水利水电》2005年第12期。

式中：
$$C_0 = \frac{\Delta t/2 - kx}{k - kx + \Delta t/2} \qquad C_1 = \frac{\Delta t/2 + kx}{k - kx + \Delta t/2}$$

$$C_2 = \frac{k - kx - \Delta t/2}{k - kx + \Delta t/2} \qquad C_0 + C_1 + C_2 = 1$$

其中：I_t 为上游入流过程；Q_t 为计算得下游出流过程，m^3/s。天然河道分为 6 段（$n = 6$），计算时段 $\Delta t = 1\ h$。

表1   马斯京根演算参 K、X 值

洪峰流量 (m^3/s)	潼关至大禹渡		潼关至北村		洪水次数	
	X 值	K 值	X 值	K 值	试算	演算调整
$Q_m \geq 5\,000$	0.35	5	0.34	6.0	3 场	14 场
$3\,000 \leq Q_m < 5\,000$	0.34	5	0.34	6.5	4 场	12 场
$Q_m < 3\,000$	0.34	6	0.35	7.0	4 场	4 场

注：Q_m 为入库潼关站洪峰流量。换算考虑距离、传播时间。

用公式（1）求出分段的马法演算系数，$C_{i,0}$、$C_{i,1}$、$C_{i,2}$，进行分段连续演算，第一段的出流作为第二段的入流，最后得到河段下断面（黄淤 26 断面）的出流过程 Q_t。将 Q_t 作为下段（26 断面至大坝间）入流过程，用蓄率中线法进行调洪演算，得到水库洪水的出流过程 Q_t。

2   黄淤 26 号断面—大坝段的蓄率中线演算法

蓄率中线法演算的关键是建立库容关系曲线 $H \sim V$ 和泄流关系 $H \sim q$。

（1）水位 – 库容关系的建立和实时校正模型。调峰演算所用库容关系曲线，是采用每年汛前（5、6 月份）实测的库容资料，建立水位 – 库容关系 $H \sim V$。

为了考虑洪水冲淤，使库容发生变化对调洪演算预报的影响，根据洪水的冲淤量建立了实时校正模型，随时根据洪水对库区的冲淤量，对库容关系进行实时修正。经分析其冲淤分布的特点，将库水位分 $293 \sim 302\ m$、$302 \sim 312\ m$、$312 \sim 320\ m$ 三级，利用回归计算方法，建立了其库容校正模型，对库容曲线进行实时修正。实时校正模型是先将洪水对库区的冲淤量 ΔW（亿 t），换算为冲刷体积 ΔV（亿 m^3），然后用校正模型对各级水位库容进行修正计算。其公式：

$$\Delta V_i = \frac{\Delta W_s}{\gamma} \qquad \Delta V = \sum_{i-1}^{P} \Delta V_{i,H} \qquad (2)$$

其中：ΔW_s 为冲刷量（出库输沙量减去入库输沙量），亿 t；$P = 3$ 为所分水位级（$i = 1 \sim 3$）；$\Delta V_{i,H}$ 为分级水位校正体积；ΔV 为洪水冲刷体积，等于按水位所分的三段冲刷量之和；γ 为泥沙干容重，取 $1.25\ t/m^3$。

各级水库水位 H，冲刷量为 1 亿 m^3，单位修正值模型公式如下：

$302 > H \geq 293\ m$ 时，校正模型为：

$\Delta V_{1,H} = 6E^{-47} e^{0.346\,97H}$

$312 > H \geq 302\ m$，校正模型：

$\Delta V_{2,H} = 0.027\,2H - 8.037\,6$

$320 > H \geq 312\ m$ 模型：

$\Delta V_{3,H} = 15.376 \mathrm{Ln}(H) - 87.816$

库容实时修正计算如下公式(3)

$$V_{H2,i} = V_{H1,i} + \frac{\Delta W_s}{\gamma} \cdot \Delta V_{PH} \qquad (3)$$

其中:$V_{H2,i}$ 为修正后各级水位库容值;ΔW_s 为水库冲刷量,亿 t;$V_{H1,i}$ 为汛前实测水位库容资料;ΔV_{PH} 为各级水位单位库容的修正值(单位量为 1 亿 m^3)。

将 1996 年 8 月和 2003 年 8 月洪水,用校正前后的库容分别进行调洪演算,其库容经模型校正后的预报精度比未校正库容的洪峰预报精度分别提高了 6.3% 和 8.3%,库容校正后预报精度明显提高,见表 2。

水位变幅 $\Delta H = 6.2$ m,流量过程预报精度用确定性系数反映。

表 2　1996 年 8 月洪水库容校正前后预报精度比较

实测入库潼关站		实测出库洪水			洪峰预报		水位预测		确定性系数
时间 (月-日 T 时:分)	Q_m (m^3/s)	时间 (月-日 T 时:分)	Q_m (m^3/s)	H_w (m)	误差	精度 (%)	误差	精度 (%)	
08-11T15:00	7 400	08-11T18:30	5 100	307.68					
库容未校正预报		08-11T19:00	5 640	308.37	540	89.6	0.75	87	0.72
校正库容后预报		08-11T20:00	5 230	307.43	130	97.3	-0.25	98	0.81

注:水位变幅 $\Delta H = 6.2$ m,流量过程预报精度用确定性系数反映。

(2)泄流关系 $H \sim q$ 的建立。泄流关系($H \sim q$)是随着闸门开启的变化而改变,因而在演算时,根据各时刻闸门的变动情况,随时计算各时段的泄流关系,进行演算。其计算公式和方法如下:

$$q = N_1 q_1 + N_3 q_3 + N_4 q_4 + N_5 q_5 + N_6 q_6$$

其中:N_1 为隧洞开启个数;q_1 为隧洞的泄流量;N_3 为深孔的打开个数;q_3 为深孔的泄流量;N_4 为底孔的打开个数;q_4 为底孔的泄流量;N_5 为排沙钢管打开个数;q_5 为排沙钢管的泄流量;N_6 为发电钢管打开个数;q_6 为发电钢管的泄流量;q 为总的泄流量。

(3)"蓄率中线法"调洪演算,用以上方法,根据各时段闸门的开启情况计算并建立泄流关系 $H \sim q$ 和库容关系曲线 $H \sim V$,也相应计算得到工作曲线 $H \sim \frac{V}{\Delta t} - \frac{q}{2}$ 和 $H \sim \frac{V}{\Delta t} + \frac{q}{2}$,用以下公式(4)进行调洪演算得到出库的洪水过程。根据水量平衡方程得

$$\overline{Q} + \frac{V_1}{\Delta t} - \frac{q_1}{2} = \frac{V_2}{\Delta t} + \frac{q_2}{2} \qquad (4)$$

其中:$\overline{Q}$ 为时段初末入流量平均值 $\frac{Q_1 + Q_2}{2}$;V_1、V_2 为时段初末水库蓄水量;q_1,q_2 为时段初和末的水库泄流量;Δt 为时段长度。

对参加预报方案编制的 28 次洪水,及未参加方案的 2 场洪水,共 30 场洪水,进行方案的误差评定。洪峰流量预报的合格率为 90%;峰现时间预报合格率为 76.7%;洪水过程预报的合格率为 86.7%。水库洪水位预报的合格率为 76.6%。达到了部颁《水文情报预报规范》"乙等"标准,可用于实际工作中。

系统软件用 VB 语言和 Access 数据库研制开发,可视化、自动化程度高,有较强的可移植

性,实现了对预报成果绘图、显示、打印等输出功能。

3 结语

本系统充分考虑了三门峡水库"蓄清排浑"控制运用以来入库洪水在水库上下段不同的调蓄特点,分别用"马斯京根河道流量演算法"和"蓄率中线法"进行演算预报;对洪水过程闸门的变动能实时率定泄流曲线;对库容因冲淤变化对预报的影响,建立了库容实时校正模型,提高了预报精度。系统软件采用视窗界面、菜单提示,操作简单,使用维护方便。

黄河中游"2003·7"特大暴雨洪水分析

屠新武[1] 马文进[2]

(1. 黄河水利委员会三门峡库区水文水资源局;2. 黄河水利委员会中游水文水资源局)

2003 年 7 月 30 日,受高空低涡切变及地面冷锋天气影响,黄河中游府谷县城附近发生特大暴雨,黄甫、府谷水文站日降雨量分别为 136 mm 和 133 mm,7 月 30 日 8 时府谷水文站洪峰流量为 12 800 m³/s,为该站历史最大洪水;洪水经过演进,于当日 21 时到达吴堡水文站,洪峰流量为 9 400 m³/s。该次洪水为典型的区域突发性洪水,洪水来势凶猛,具有涨落急剧、沿途坦化、含沙量相对较小、洪水特性怪异等特点。现将"2003·7"暴雨洪水分析如下。

1 流域概况

黄河北干流河曲至吴堡区间河长 295 km。河曲至府谷区间有黄甫川、清水川、县川河等较大支流汇入,府谷水文站上游 8 km 处为天桥水库;府谷至吴堡区间有孤山川、窟野河、秃尾河、佳芦河、朱家川等较大支流汇入。流域属于典型的黄土丘陵沟壑地貌,地面崎岖起伏,植被差,水土流失严重。流域多年平均年降水量为 450 mm,降雨主要集中在 6~9 月,多以暴雨形式出现,暴雨历时短、笼罩范围小、强度大。府谷水文站多年平均年径流量为 235.4 亿 m³,多年平均流量为 746 m³/s,多年平均年径流深为 58.3 mm;吴堡水文站多年平均年径流量为 254.3 亿 m³,多年平均流量为 806 m³/s,多年平均年径流深为 58.7 mm,多年平均年输沙量为 5.10 亿 t。区间为黄河主要产沙区,来沙量占全河的 52.3%,粗沙量占全河的 85% 以上,多年平均侵蚀模数在 15 000~23 000 t/km² 之间,其中窟野河多年平均侵蚀模数在 30 000 t/km² 以上。

2 暴雨

受高空低涡切变及地面冷锋影响,2003 年 7 月 30 日凌晨至 8 时,河曲至府谷区间自西北向东南普降暴雨。本次暴雨(次雨量大于 100 mm 范围)主要发生在河曲至府谷黄河干流山陕区间和清水川上游,其中大于 130 mm 的范围集中在府谷以上 10 km 黄河干流山陕区间。降水过程明显分为 2 个阶段:2~4 时降雨以清水川上游哈镇和黄甫川黄甫为中心,7~8 时以府

本文原载于《水文》2004 年第 4 期。

谷县城为中心。本次降雨具有突发性强、降雨量大、强度大、持续时间短、笼罩范围小等特点。

（1）本次降雨雨量大，属大暴雨。黄甫 8 小时降雨量 136 mm，超过历史最大日降雨量3.5mm，府谷、路家村、高石崖 6 小时降雨量分别为 133 mm、133 mm 和 131 mm，府谷水文站日降雨量为历史第二大降雨量。

（2）降雨强度大。沙圪堵、大路峁、哈镇、古城、黄甫、高石崖、府谷最大 1 小时降雨量分别为 31.1 mm（0～1 时）、46.2 mm（0～1 时）、37.0 mm（1～2 时）、32.6 mm（1～2 时）、49.8 mm（2～3 时）、52.4 mm（6～7 时）、40.2 mm（7～8 时）。

（3）持续时间短。大部分测站从 30 日 0 时开始降雨，8 时基本结束，持续时间约为 8 小时，比历史同类降水持续时间短。

（4）降雨笼罩范围小。降雨量大于 130、100、50、25 mm 笼罩面积分别为 270、1 462、11 847 km² 和 61 871 km²，其中降雨量大于 130 mm 集中在以黄甫为中心、直径约 5 km 的圆形范围，以及府谷县城以上沿黄河两岸约 10 km 长的带状区域内，较大降雨量笼罩面积小。

3 洪水

3.1 支流洪水来源及组成

3.1.1 河府区间支流洪水来源及组成

7 月 29 日 23 时 10 分，清水川河源大路峁、黄甫川田圪坦开始降雨，黄甫川沙圪堵站 30 日1 时洪水起涨，流量仅为 0.08 m³/s，1 时 48 分洪峰流量为 3 500 m³/s（见图 1），水位从 98.28m 上升到 102.80 m，涨幅为 4.52 m，8 时洪水落平。

30 日 0 时，黄甫站流量仅为 1.50 m³/s，水位为 863.96 m/s，受上游沙圪堵来水和区间降雨影响，4 时流量为 60 m³/s，4 时 12 分流量为 1 460 m³/s，4 时 30 分洪峰流量高达6 660 m³/s，30 分钟流量上涨了 6 600 m³/s（见图 1），水位涨幅为 3.23 m，该场洪水最大含沙量为 517 kg/m³，与洪峰同时出现。

县川河旧县站 4 时 24 分流量为 1.8 m³/s，水位为 883.06 m，7 时 24 分洪水达到峰顶，水位 887.20 m，洪峰流量为 588 m³/s，持续时间 1 小时，最大含沙量为 623 kg/m³，比洪峰超前1.1 小时。清水川清水站 30 日 3 时 30 分流量为 5.40 m³/s，6 时 12 分洪峰流量为 880 m³/s，实测最大含沙量为 410 kg/m³，比洪峰提前 0.7 小时。

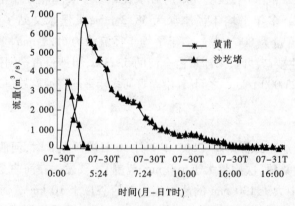

图 1　黄甫川"2003·7"洪水沙圪堵站、黄甫站流量过程线

3.1.2 府吴区间支流洪水来源及组成

孤山川高石崖站30日0时流量为0,5时42分起涨,7时36分洪峰水位为48.07 m,洪峰流量为2 920 m³/s,洪峰持续10分钟,最大含沙量为367 kg/m³,超前于洪峰1.5小时。

朱家川桥头站30日3时36分开始涨水,9时30分洪峰流量为1 380 m³/s(设站以来最大),同时出现最大含沙量375 kg/m³(见图2)。

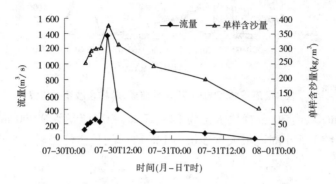

图2 朱家川桥头站"2003·7"洪水流量、单样含沙量过程

窟野河温家川站30日8时36分起涨,流量为1.6 m³/s,11时54分洪峰流量为2 200 m³/s,最大含沙量为367 kg/m³,比洪峰滞后1小时。

3.2 干流洪水来源及组成

支流黄甫川、清水川、县川河洪水经过演进迅速进入天桥水库,干流河曲约有流量为700 m³/s的洪水同时入库。天桥水库至府谷水文站区间2时开始降雨,府谷站洪水5时24分起涨,起涨水位为809.72 m,流量为538 m³/s。7~8时,府谷站降雨量为40.2 mm,天桥至府谷区间5条未控支流同时洪峰流量为1 800 m³/s(洪水调查推算值),府谷水文站7时49分用全断面均匀浮标法实测历史最大流量为12 400 m³/s,相应水位为813.64 m。8时洪水到达峰顶,水位为813.80 m,相应流量为12 800 m³/s(设站以来最大流量,见图3),水位涨幅4.08 m,8时26分水位开始回落。本次洪水府谷站最大含沙量为344 kg/m³(见图4),沙峰超前于洪峰0.5小时。洪量为2.089 4亿 m³,次洪沙量为3 594万 t。洪水过后主河槽平均淤高2 m。

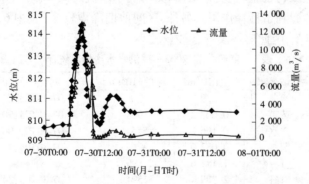

图3 府谷站"2003·7"洪水水位、流量过程线

黄河干流府谷洪水,支流孤山川、朱家川、窟野河洪水继续向下游推进,吴堡水文站30日16时起涨,水位为637.71 m,流量为275 m³/s;21时18分洪峰流量为9 400 m³/s(见图5),相

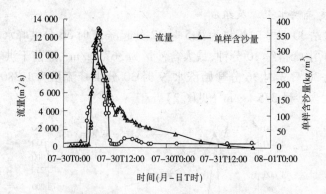

图4 府谷站"2003·7"洪水流量、单样含沙量过程线

应水位为 641.1 m;21 时 30 分峰顶水位为 641.17 m,相应流量为 9 300 m³/s;水位涨幅 3.46 m,洪峰持续时间约 1.5 小时。最大含沙量为 168 kg/m³,比洪峰滞后 6.5 小时(见图5)。

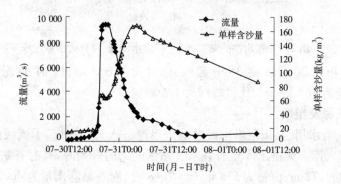

图5 吴堡站"2003·7"洪水流量、单样含沙量过程线

3.3 "2003·7"洪水上下游水沙量对比分析

黄河府谷以上干流、支流来水 1.111 6 亿 m³,来沙 2 899 万 t(见表1),未控区间来水 0.977 8 亿 m³,来沙 695 万 t。由于黄河两岸未控区间位于暴雨中心,主要由黄河干流水域、城镇、公路及土石山区组成,表面黄土覆盖层薄,为有利于产流的低产沙区,未控区间来水既起到了造峰作用,又对泥沙起到了稀释作用。另外,区间前期降雨较多(其中 6 月降水量较常年偏多 25%),植被较为丰茂,因此府谷洪峰含沙量较小。

表1 黄河中游"2003·7"洪水水沙情况统计

序号	河名	站名	水量(10⁸m³)	沙量(10⁴t)	起讫时间(月-日 T 时:分)
1	黄河	河曲	0.229 2		07-29T23:00 ~ 07-30T10:00
2	黄甫川	黄甫	0.603 2	1 968	07-30T04:00 ~ 07-31T16:00
3	清水川	清水	0.196 2	555	07-30T00:00 ~ 07-31T20:00
4	县川河	旧县	0.083 0	376	07-30T04:24 ~ 07-31T08:00
		Σ1~4	1.111 6	2 899	
5	黄河	府谷	2.089 4	3 594	07-30T05:24 ~ 07-30T12:36
6	孤山川	高石崖	0.240 3	692	07-30T04:30 ~ 07-31T24:00
7	朱家川	桥头	0.271 5	840	07-30T03:36 ~ 07-31T20:00
8	窟野河	温家川	0.232 3	367	07-30T08:36 ~ 07-31T08:00
		Σ5~8	2.833 5	5 491	
9	黄河	吴堡	2.933 4	3 002	07-30T13:00 ~ 08-01T08:00

吴堡以上干支流来水 2.833 5 亿 m³,来沙 5 491 万 t,吴堡站洪量为 2.933 4 亿 m³,输沙量为 3 002 万 t(见表 1),吴堡站水量偏大 0.099 9 亿 m³,考虑到府吴区间还有秃尾河、佳芦河、蔚汾河等其他支流加入,区间未控面积为 6 831 km²,且区间降雨量都在 10 mm 以上,吴堡站洪量偏大合理。吴堡站沙量偏小 2 489 万 t,即使忽略其他支流及未控区间来沙,府吴区间淤积量约为 2 500 万 t,河道淤积较多。

4 "2003·7"暴雨洪水与历史资料对比分析

4.1 支流黄甫川

黄甫川历年高含沙洪水较多,最大含沙量为 1 570 kg/m³(1974 年 7 月 23 日)。黄甫站"2003·7·30"洪水与历年大洪水比较,最大含沙量、次洪水平均含沙量最小(见表 2)。本次洪水平均含沙量为 326 kg/m³,比该站多年洪水平均含沙量 422 kg/m³ 偏小 22.7%。本次洪水洪峰流量与"1988·8·5"洪水洪峰流量(6 790 m³/s)接近,而次洪水水量、沙量却分别是"1988·8·5"洪水的 39.1% 和 21.7%,次洪水平均含沙量比"1988·8·5"洪水偏小 44.5%。

表 2　黄甫川黄甫站历年大洪水水量、沙量统计

时间 (年-月-日)	洪峰流量 (m³/s)	相应含沙量 (kg/m³)	最大含沙量 (kg/m³)	相应流量 (m³/s)	沙峰相对水峰 出现时间(h)	输沙量 (亿 t)	径流量 (亿 m³)	平均含沙量 (kg/m³)
1971-07-23	4 950	1 130	1 250	2 800	超前 0.2	0.348 5	0.451 0	773
1979-08-10	4 960	1 160	1 400	2 670	超前 0.4	0.659 2	1.340 0	492
1979-08-13	5 990	1 100	1 280	4 120	超前 0.2	0.541 0	1.218 0	444
1981-07-21	5 120	1 120	1 220	758	超前 0.2	0.424 8	0.750 5	566
1988-08-05	6 790	693	802	2 610	超前 0.5	0.905 6	1.543 0	587
1996-08-09	5 110	811	1 190	4 600	超前 0.2	0.371 0	0.671 0	553
1989-07-21	10 600	690	984	8 640	超前 0.4	0.624 6	1.406 0	451
2003-07-30	6 660	517	517	6 660	同步	0.196 8	0.603 2	326

4.2 干流府谷站

府谷站洪峰含沙量较小,但次洪平均含沙量不小(见表 3)。沙峰含沙量较小的原因是:①黄甫川含沙量比以往历次洪水含沙量都小;②天桥水库至府谷区间黄河两岸位于暴雨中心,暴雨中心以土石山区为主,低产沙区洪水对沙峰起到了稀释作用。

表 3　黄河府谷站历年大洪水水量、沙量统计

时间 (年-月-日)	洪峰流量 (m³/s)	相应含沙量 (kg/m³)	最大含沙量 (kg/m³)	相应流量 (m³/s)	沙峰相对洪峰 出现时间(h)	输沙量 (亿 t)	径流量 (亿 m³)	平均含沙量 (kg/m³)
1972-07-19	10 700	709	792	10 200	超前 0.2	0.668 5	3.637	184
1977-08-02	11 100	271	517	6 060	滞后 1.3	0.509 8	1.944	262
1979-08-11	8 460	348	1 070	3 900	超前 5.0	1.028 0	4.260	241
1979-08-13	9 490	348	363	9 160	超前 0.5	0.788 1	11.040	71.4
1988-08-05	9 000	612	717	8 770	超前 0.5	1.436 0	4.866	295
1989-07-21	11 400	717	754	9 200	超前 0.3	0.523 0	2.488	210
1992-08-08	9 200	722	746	8 460	超前 0.2	0.390 0	2.488	157
2003-07-30	12 800	344	344	10 300	超前 0.5	0.376 7	1.446	261

次洪平均含沙量不小的原因是:①本次洪水来水来沙以黄甫川为主,黄河干流河曲站基流较小,以往历次洪水中河曲来水的稀释作用在本次洪水中没有体现;②区间暴雨持续时间短,区间来水只对沙峰起到了稀释作用,远没有历次洪水中河曲洪水对沙峰过程的稀释作用明显。

4.3 低水位大流量问题分析

府谷站"2003·7·30"洪水洪峰流量为 12 800 m³/s,相应水位 813.80 m;"1989·7·21"洪水洪峰流量为 11 400 m³/s,相应水位为 814.52 m。本次洪水洪峰流量比"1989·7·21"洪水洪峰流量大 1 400 m³/s,而最高水位低了 0.72 m,水位低流量大。"1989·7·21"洪水前期河床(断面)淤积,同水位过水断面面积较小。而本次洪水前期河床发生冲刷,过水断面面积较大(见图6)。显然,"2003·7·30"洪水起涨时河床低,起涨时同水位断面面积相差 522 m²,平均河底高程相差 1.26 m(见表4)。如果"2003·7·30"洪水为"1989·7·21"洪水河床断面时,最高水位应为 814.94 m(考虑两断面平均高差 0.12 m)。

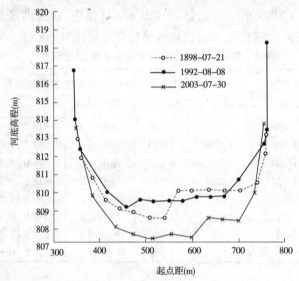

图6 黄河府谷站大洪水断面

表4 "2003·7·30"洪水和"1989·7·21"洪水断面对照

时间 (年-月-日)	同水位面积 (m²)	平均水深 (m)	平均河底高程 (m)	高程差 (m)	面积差 (m²)	最高水位 (m)	洪峰流量 (m³/s)
1989-07-21	1 422	3.29	809.71	1.26	522	814.52	11 400
2003-07-30	1 886	4.55	808.45			813.80	12 800

5 结语

本次暴雨洪水为典型的局地大暴雨形成的区域突发性洪水,具有降雨量大、强度大、持续时间短、范围小、突发性强、洪水涨落急剧、洪峰流量削减较多、洪水持续时间较短、含沙量相对较小、水沙输移快、输沙量不完全平衡、破坏力强、区域灾害严重等特点。由于本次洪水暴涨暴落,洪水来源区集中,洪水演进过程中坦化系数大,峰顶削减量大。府谷、保德等县在洪水中遭受严重灾害。该次洪水演进中泥沙淤积,含沙量沿程衰减,河道行洪能力进一步减弱。

本文在写作过程中,参考了徐建华等同志 2003 年 8 月撰写的《黄河中游"2003·7"暴雨洪水调查报告》,特此致谢。

"2001·8"东平湖水库水情分析

崔传杰 刘以泉 张世杰 王庆斌 张厚宪

(黄河水利委员会山东水文水资源局)

1 大汶河降雨及来水情况

由于 7 月下旬大汶河流域先后有两次降雨过程,且均为中到大雨,局部暴雨,解决了该流域的干旱问题,并使大汶河产生了两次小的洪水过程,东平湖入湖控制站戴村坝水文站洪峰流量分别为 158 m^3/s(7 月 23 日 10 时)和 1 050 m^3/s(8 月 1 日 12 时 18 分),致使东平湖水库蓄水 5.81 亿 m^3,相应库水位 43.27 m。

8 月 4 日 4~20 时,大汶河流域普降大到暴雨,局部特大暴雨,雨区主要集中在北支上游和南支,北支最大点雨量郑王庄站 155 mm,南支最大点雨量楼德站 268 mm,流域平均降雨量 221 mm。由于前期土壤湿润,大汶河基流维持在 300 m^3/s 左右。

受 8 月 4~5 日降雨影响,戴村坝水文站 8 月 4 日 23 时开始涨水,流量为 500 m^3/s,8 月 5 日 10 时出现洪峰,洪峰流量 2 620 m^3/s,相应水位 45.89 m,至 8 月 20 日 16 时,流量降为 62 m^3/s,此次洪水累计产生径流 6.68 亿 m^3。

本次洪水过程属于暴涨暴落的山洪,涨落过程迅猛,水位及流量变幅均较大。戴村坝的水位流量关系为典型的受洪水涨落影响的逆时针绳套曲线,因其主要是受洪水波的附加比降影响,表现为同水位情况下涨水段流量大于落水段。

2 陈山口闸、清河门闸泄洪情况

2.1 泄洪情况

7 月 31 日 8 时,老湖水位已升至 42.42 m,库区蓄水量 4.48 亿 m^3,接近警戒水位,考虑上游来水情况,开启陈山口和清河门两个闸泄洪,通过大清河故道排入黄河。清河门闸为 15 孔泄洪闸,设计泄洪流量 1 300 m^3/s;陈山口闸为 7 孔泄洪闸,设计泄洪流量 1 200 m^3/s。31 日 20 时,两闸开启,闸门完全敞开,泄流方式为自由泄洪。开闸流量 177 m^3/s(两闸流量合并计算,下同),闸上水位 42.34 m,闸下水位 41.00 m。最大下泄流量 670 m^3/s(8 日 18 时),相应闸下水位 44.07 m。截至 20 日 20 时,共下泄水量 6.26 亿 m^3。

2.2 两闸水位流量关系分析

从陈山口、清河门两闸水位流量关系曲线图(图略)可以看出,在两闸敞开自由泄流时,两

本文原载于《人民黄河》2001 年增刊。

闸水位流量关系均表现为十分特殊的顺时针"8"字形绳套曲线,不同于一般闸门的泄流曲线。这种水位流量关系属于受变动回水影响下的水位流量关系,在黄河下游受洪水涨落、冲淤和滩地蓄水共同影响,有时也表现为类似的"8"字形绳套曲线,像夹河滩、孙口站"82·8"洪水。

形成陈山口站两泄洪闸这种特殊的水位流量关系曲线的原因,我们分析认为有以下几个因素:

两闸泄洪方式为敞开式自由泄流,闸门对水位流量失去控制作用,湖水自由下泻,形成类似于天然河道的洪水演进形式。

由于黄河逐年淤积,使出湖河道入黄口门抬高,东平湖由于近十多年来未开闸放水,大清河故道内芦苇、蒲草丛生,加之在入黄河道滩地上开垦,种植一些树木和高秆作物,造成排洪不畅;另外,由于出湖闸上游围湖造田,使闸上河宽从1600~2600 m缩窄到700 m左右,最窄处仅有540 m,加之闸上有大面积芦苇阻水严重,影响过流,也使出湖流量减小,这是初始放水时段流量较小的主要原因。

河管部门在考虑戴村坝入湖水量较大、湖区水位上升较快、两闸下泻洪水不畅的情况下,紧急在入湖口门附近河段进行爆破、水陆挖掘机挖掘、吸泥船清淤等措施,以上措施加大了大清河泄洪河道的纵比降,增加了洪水下泻能力,致使落水段流量大于涨水段流量。

在水位上涨到42.30 m附近时,涨水段出现一拐点,造成这种现象的原因是6日凌晨闸上5 km侯集附近老湖左岸围湖堤上出现一处溃口,大量湖水通过此溃口流到堤外,形成分流,造成3个自然村被淹,淹没面积近1万亩,致使以后的涨水段流量涨幅变缓。为使受淹村庄尽快退水,加大下泻流量,河管部门7日凌晨在清河门闸上游围湖堤左岸400 m处实施爆破,形成一个宽近60 m的退水口门,使水位在44.00 m以后两闸下泻流量迅速加大,形成类似于支流加入的形势,加大了两闸的下泻流量,这是形成"8"字形水位流量关系的另一个原因。

3 东平湖水库蓄水情况

受大汶河前期两次小洪峰来水影响,截至7月31日8时,东平湖水库已蓄水4.48亿m³,相应老湖水位42.42 m,接近警戒水位,4~5日大汶河流域暴雨山洪入湖以后,老湖水位急剧上涨。至7日1时,蓄水达到最大,达7.61亿m³,相应老湖水位44.38 m,为历史最高水位,超过警戒水位1.88 m,防汛形势十分紧张,金山坝出现多次险情。至7日18时,下泻流量开始大于来水流量,之后湖区水量开始缓慢下降,但因大清河故道排洪不畅,致使下降过程十分缓慢。造成这种现象的原因,主要是开始阶段,大汶河来水流量远远大于两闸下泻的流量,致使湖区蓄水迅速增加。另外,出湖闸上游围湖造田,金山坝等数处围湖生产堤大大缩减了库区容积。因此,东平湖防洪库容减小是产生高水位的主要原因。

4 意见和建议

通过以上分析可以看出,虽然这次大汶河暴雨洪峰流量并不大,累计产生径流仅6.86亿m³,远低于1958年大汶河洪水(洪峰流量7900 m³/s),除大清河排洪不畅因素外,库区防洪库容减小是主要原因。由于近十多年来大汶河流域未发生大洪水,库区群众围湖造田、围湖养鱼,致使库区有效防洪库容减小,使得东平湖水库蓄滞洪水的能力大大降低,一旦出现大汶河流域1958年型的洪水,东平湖老湖势必难保,因此有效保护防洪库容十分必要。

陈山口闸、清河门闸两闸设计下泻流量为2500 m³/s,但本次开闸放水两闸最大泄流量只有

670 m³/s,这与大清河故道排洪不畅有极大关系。因此,今后对大清河故道进行清淤十分必要,放水过程中,河管部门采取的一些措施已十分明显,今后应未雨绸缪,在汛前就应早作准备。

在陈山口水文站外业测验中,由于断面上及断面附近有许多芦苇,使断面垂线流速分布极为散乱,测验十分困难,影响了单次流量测验精度,因此今后在每年的汛前,应组织人力物力进行断面清障,消除影响测验的这些因素。另外,受清河门闸上游生产堤溃决影响,造成了这次特殊的水位流量关系,使得我们在进行资料分析时,难度很大,因此建立和河管部门进行良好的水情、险情协商通报制度也是十分有必要的。

本文得到谷源泽高级工程师的审阅修改,在此谨致谢意。

影响黄河下游洪峰传播时间因素的分析

周建伟[1]　王庆斌[1]　王　欣[2]　李永鑫[3]

(1.黄河水利委员会山东水文水资源局;2.武汉大学水资源与水电工程国家重点实验室;
3.河南黄河水文勘测设计院)

洪峰传播时间是水文预报中的一个复杂的问题。因为天然河道的洪水波属于缓变不稳定流,在其传播过程中,水流的各水力要素不但沿程变化,而且随着时间也在不断变化。在运动变化过程中,洪水波出现波体的变化,这种变形主要表现为洪水波的展开和扭曲,这两种现象是在洪水波的运动过程中同时发生的。但是,在每次洪水过程中,由于水力因素的影响不同,二者所表现的程度不同,给洪水波的传播时间带来差异。本文主要借助洪水波的运动变化的基本规律,深入分析黄河下游洪峰传播时间与水面比降、水流阻力之间的关系。

1 洪水波运动中各水力因素的变化

1.1 水面比降对水流能量变化的反映

水面比降就是沿水流方向,单位水平距离水面的高程差。洪水波在运动过程中,其水流能量的变化可以从水面比降上反映出来。不稳定流运动方程为:

$$S_0 - \frac{\partial d}{\partial L} = \frac{n^2 v^2}{d^{4/3}} + \frac{1}{g}\frac{\partial v}{\partial t} + \frac{av}{g}\frac{\partial v}{\partial L} \tag{1}$$

式中:S_0 为稳定流比降;n 为河床糙率;g 为重力加速度;t 为时间;L 为距离;d 为平均水深;v 为断面平均流速;a 为断面流速分布不均匀系数。

从式(1)可以看出,单位时间(dt)内,作用于单位水体的重力及其他外力所做的功,等于该水体的动能变化。式(1)右边第一项是水流沿程克服摩阻力所消耗的能量,即摩阻项;后2项是流速随时间和沿程变化需要克服惯性力所消耗的能量,即惯性项。这3项的变化集中表现在水面比降的变化上。由于运动波在实际中惯性项比摩阻项要小的多,实际应用中常忽略它的变化影响。于是就可以由式(1)导出不稳定流的流速随河槽断面形状、河床糙率、水面比

本文原载于《水利电力机械》2005 年第 2 期。

降、水深、时间等变化的近似方程式

$$v = \frac{1}{n}d^{2/3}S^{1/2} \qquad (2)$$

该方程主要是将不稳定流沿程的位能消耗看成与稳定流一样,主要用于克服沿程的摩阻。水面比降越大,沿程克服摩阻消耗的能量就越大。

1.2 传播时间与水流阻力的关系

由于传播时间 t 与波速 ω 之间存在如下关系

$$t = \frac{L}{\omega} = \frac{L}{\eta v}$$

将式(2)代入上式即得

$$t = \frac{nL}{\eta d^{2/3}S^{1/2}} \qquad (3)$$

式中:η 为波速系数。

从式(3)可以看出,对于一次洪水波的运动,在河段长度一定的情况下,其传播时间与河床糙率成正比,与水面比降成反比,还与断面形态有关系。

2 黄河下游河道的特点

2.1 洪水期水面比降的变化

黄河下游为游荡性河道,整个河槽在两岸大堤的控制下,河道横断面为宽浅式复式河槽,

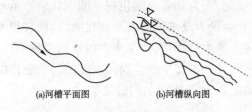

(a)河槽平面图　　(b)河槽纵向图

图1　河槽断面

河道纵断面不平整,深浅槽相间存在。在中枯水时期,水面比降受河槽纵断面形式的控制,但随着水位的升高,在洪水期,到高水位时水面曲线成一倾斜直线,水面比降也接近一个常数,成一组近似平行的直线。随着水位的升高,河槽纵断面形势的控制作用逐渐消失,转而为平面形势控制,如图1所示。

2.2 水流阻力的表现形式

黄河是一条多泥沙的河流,在每一次洪水波的运动中,都伴随着泥沙的运动。由于泥沙的组成不同,含沙量的多少不同,形成的水流阻力大小也不同。从理论上分析主要存在沙粒阻力、沙波阻力和泥沙运动所造成的附加阻力等,这几种阻力即形成了河流床面的总阻力。但从直观上讲,这种总阻力的变化主要反映在水流阻力系数 n 的变化上。

2.3 传播时间的特点

经过上述分析,结合式(3)可以看出,黄河下游河段的洪水波传播时间具备如下特点:

·(1)相当于一次洪水波的传播来说,由于下游河段的断面形态基本相似,而水面比降又接近于一个常数,那么,洪水的传播时间将随着河床糙率的增大而增长。

(2)对于同一河段的不同次洪水波来讲,由于每次形成的波体不一样,所产生的水面比降又存在着差异,那么,水面比降又成为区分每次洪水波传播时间的一个重要参数。

3 洪水传播时间与河床糙率关系的建立

为了充分研究黄河下游洪水传播时间 t 与河床糙率 n 的关系,我们选择了黄河下游高村水文站和孙口水文站自 1954 年以来的洪峰传播资料,水面比降和河床糙率主要选择上游站(高村站)在洪峰顶前的实测流量资料,来代表洪水波波前的水面比降和水流阻力情况,具体资料见表 1。

表 1 黄河下游高村—孙口历年洪峰传播时间及水力因素统计

年份	洪峰次数	高村洪峰流量(m³/s)	糙率 n	比降 s (10^{-4})	传播时间 t (h)
1954	1	7 610	0.015	4.3	24.0
	2	9 640	0.019	8.0	24.0
1957	1	12 400	0.034	4.2	31.0
	2	8 490	0.010	2.3	29.0
1958	1	5 940	0.008	2.2	30.0
	2	17 900	0.015	2.4	31.5
	3	6 100	0.008	2.4	21.0
	4	8 200	0.008	2.4	22.0
1959	1	7 180	0.012	3.8	19.0
	2	8 650	0.010	4.9	20.0
1964	1	4 480	0.005	0.3	14.0
	2	3 810	0.009	1.3	17.0
1965	1	3 710	0.005	0.5	12.0
	2	6 110	0.008	0.9	16.0
1966	1	8 440	0.007	1.5	17.0
	2	3 950	0.019	1.0	28.0
1982	1	13 000	0.018	1.9	48.0
	2	6 020	0.013	4.1	30.0
1983	1	7 020	0.012	1.8	25.0
	2	6 740	0.012	1.4	13.3
1984	1	5 220	0.012	2.6	20.0
	2	6 230	0.008	1.1	11.0
1985	1	7 500	0.018	2.6	9.4
	2	5 330	0.018	1.9	8.0
1987	1	3 180	0.009	1.3	16.0
1988	1	3 300	0.009	1.0	27.0
	2	5 310	0.007	1.0	17.0
	3	5 840	0.004	0.4	10.0
	4	6 550	0.009	1.4	11.0
	5	6 400	0.014	2.5	11.0

年份	洪峰次数	高村洪峰流量(m³/s)	糙率 n	比降 s (10⁻⁴)	传播时间 t (h)
1992	1	4 100	0.008	1.3	28.0
1994	1	3 600	0.008	1.4	17.4
	2	3 510	0.008	2.0	14.2
	3	2 870	0.007	1.1	16.0
	4	3 170	0.006	1.3	13.0
	5	2 760	0.006	1.2	13.0
1996	1	2 000	0.009	2.0	18.0
	2	6 810	0.032	1.5	121.0
2002	1	2 930	0.013	1.5	146.5

3.1 直接建立 $t \sim n$ 关系

我们根据上述的理论分析和实测资料,直接建立 $t \sim n$ 关系曲线(简称直接法),如图 2 所示。

3.2 采用时间分割法建立 $t \sim n$ 关系

从图 2 可以看出关系点仍然比较散乱,特别对于水面比降这个参数的反映上不直观。为了更加直观地说明问题,我们采取时间分割的办法建立 $t \sim n$ 关系。该方法的具体步骤是:将洪峰传播时间分成两部分,一部分是假定洪水波在到达上游站时,其峰顶时刻的断面平均流速 (v) 在沿程不受任何阻力的情况下到达下游站所需时间 (t');另一部分是由于洪水波受到各种水流阻力的影响,造成洪峰的传播历时延时 $(\Delta t = t - t')$。建立 $t' \sim v$,$\Delta t \sim n$ 关系曲线,利用 $t = t' + \Delta t$ 求得洪峰传播时间(如表 2、图 3、图 4 所示)。

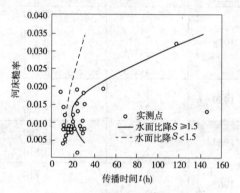

图 2 高村—孙口洪峰传播时间与河床糙率关系曲线

表 2 黄河下游高村—孙口历年洪峰传播时间分割计算

年份	洪峰次数	流速 v(m³/s)	糙率 n	时间 t'(h)	时间 Δt(h)
1954	1	2.69	0.015	13.4	10.6
	2	3.28	0.019	11.0	13.0
1957	1	1.00	0.034	36.0	−5.0
	2	3.09	0.010	11.7	17.3
1958	1	2.49	0.008	14.5	15.5
	2	1.64	0.015	22.0	9.5
	3	2.29	0.008	25.8	5.2
	4	2.39	0.008	15.1	6.9
1959	1	2.84	0.012	12.7	6.3
	2	2.87	0.010	12.6	7.4

续表2

年份	洪峰次数	流速 $v(\mathrm{m^3/s})$	糙率 n	时间 $t'(\mathrm{h})$	时间 $\Delta t(\mathrm{h})$
1964	1	1.89	0.005	19.1	-5.1
	2	1.76	0.009	20.5	-3.5
1965	1	1.76	0.005	20.5	-8.5
	2	1.76	0.008	20.5	-4.5
1966	1	2.39	0.007	15.1	1.9
	2	2.26	0.019	16.0	12.0
1982	1	1.08	0.018	33.4	14.6
	2	2.84	0.013	12.7	17.3
1983	1	2.46	0.012	14.7	10.3
	2	2.36	0.012	15.3	-2.0
1984	1	2.42	0.012	14.9	5.1
	2	2.80	0.008	12.9	-1.9
1985	1	2.33	0.018	15.5	-6.1
	2	2.26	0.018	16.0	-8.0
1987	1	1.97	0.009	18.3	-2.3
1988	1	1.77	0.009	20.4	6.6
	2	2.30	0.007	15.7	1.3
	3	2.62	0.004	13.8	-3.8
	4	2.56	0.009	14.1	-3.1
	5	2.27	0.014	15.9	-4.9
1992	1	1.98	0.008	18.2	9.8
1994	1	2.58	0.008	14.0	3.4
	2	2.69	0.008	13.4	0.8
	3	2.34	0.007	15.4	0.6
	4	2.76	0.006	13.1	-0.1
	5	2.64	0.006	13.7	-0.7
1996	1	2.22	0.009	16.3	1.7
	2	0.60	0.032	60.2	60.8
2002	1	1.06	0.013	34.0	112.5

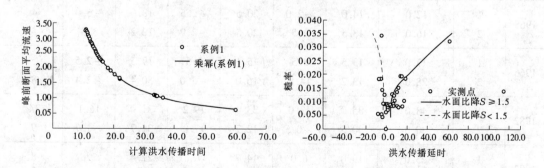

图3　高村峰前断面平均流速与计算洪水　　图4　高村—孙口洪水传播延时与糙率关系曲线
　　　　传播时间关系曲线

4 相关关系的合理性分析及误差评定

从上述关系曲线可以看出,关系测点比较集中,在水面比降较大时,由于水流沿程克服摩阻消耗的能量大,水流的运行速度减小,传播时间相应增长;反之,传播时间就缩短。另一个影响传播时间的主要因素是河床糙率,从关系曲线直观地反映出随着糙率的增大传播时间呈逐渐延长的趋势。

从两种方法的误差评定表(见表3)分析,采用直接法建立 $t \sim n$ 关系,其预报合格率达到74.4%;采用分割法建立 $t \sim n$ 关系,其预报合格率达到69.2%。但从单次预报的精度来看,分割法要比直接法高8%。所以,在实际应用中两种方案可以结合使用,以达到最佳预报目的。

表3 黄河下游高村—孙口历年洪峰传播时间误差评定

年份	洪峰次数	实际传播时间 $t(h)$	直接法		分割法				允许误差 (h)
			预报 $t(h)$	预报误差 (h)	计算历时 $t(h)$	延时 $\Delta t(h)$	预报 $t(h)$	预报误差 (h)	
1954	1	24.0	21.0	3.0	13.4	10.5	23.9	0.1	7
	2	24.0	35.0	-11.0	11.0	19.2	30.2	-6.2	7
1957	1	31.0	136.0	-105.0	36.0	60.0	96.0	-65.0	9
	2	29.0	20.0	9.0	11.7	4.0	18.5	10.5	9
1958	1	30.0	23.0	7.0	14.5	3.5	25.5	4.5	9
	2	31.5	21.0	10.5	22.0	10.5	26.3	5.2	9
	3	21.0	23.0	-2.0	15.8	3.5	18.6	2.4	6
	4	22.0	23.0	-1.0	15.1	3.5	16.2	5.8	7
1959	1	19.0	19.0	0	12.7	6.0	18.6	0.4	6
	2	20.0	20.0	0	12.6	4.2	23.3	-3.3	6
1964	1	14.0	14.0	0	19.1	-3.2	17.3	-3.3	4
	2	17.0	13.5	3.5	20.5	-2.5	18.0	-1.0	5
1965	1	12.0	14.0	-2.0	20.5	-2.5	18.0	-6.0	4
	2	16.0	13.5	2.5	20.5	-2.9	12.2	3.8	5
1966	1	17.0	13.5	3.5	15.1	3.5	19.5	-2.5	5
	2	28.0	13.2	14.8	16.0	-3.0	30.4	-2.4	8
1982	1	48.0	35.0	13.0	33.4	19.2	31.0	16.1	14
	2	30.0	30.5	-0.5	12.7	17.0	31.7	-1.7	9
1983	1	25.0	19.0	6.0	14.7	7.1	22.4	2.6	8
	2	13.3	14.0	-0.7	15.3	-2.4	12.9	0.4	4

续表3

年份	洪峰次数	实际传播时间 t(h)	直接法		分割法				允许误差 (h)
			预报 t(h)	预报误差 (h)	计算历时 t(h)	延时 Δt(h)	预报 t(h)	预报误差 (h)	
1984	1	20.0	18.5	1.5	14.9	6.0	20.9	-0.9	6.0
	2	11.0	13.5	-2.5	12.9	-2.9	10.0	1.0	3.3
1985	1	9.4	30.5	-21.1	15.5	17.0	32.5	-23.1	2.8
	2	8.0	30.5	-22.5	16.0	17.0	33.0	-25.0	2.4
1987	1	16.0	13.5	2.5	18.3	-2.5	15.8	0.2	4.8
1988	1	27.0	13.5	13.5	20.4	-2.5	17.9	9.1	8.1
	2	17.0	13.2	3.8	15.7	-3.0	12.7	4.3	5.1
	3	10.0	14	-4.0	13.8	-3.5	10.3	-0.3	3.0
	4	11.0	13.5	-2.5	14.1	-2.5	11.6	-0.6	3.3
	5	11.0	19	-8.0	15.9	9.0	24.9	-13.9	3.3
1992	1	28.0	14.5	13.5	18.2	-2.9	15.3	12.7	8.4
1994	1	17.4	13.5	3.9	14.0	-2.9	11.1	6.3	5.2
	2	14.2	18.5	-4.3	13.4	3.5	16.9	-2.7	4.3
	3	16.0	14	2.0	15.4	-3.0	12.4	3.6	4.8
	4	13.0	14	-1.0	13.1	-3.0	10.1	2.9	3.9
	5	13.0	14	-1.0	13.7	-3.0	10.7	2.3	3.9
1996	1	18.0	19	-1.0	16.3	5.0	21.3	-3.3	5.4
	2	121.0	122	-1.0	60.2	54.0	114.2	6.8	36.3
2002	1	146.5	18.5	128.0	34.0	7.0	41.0	105.5	44.0

5 结语

通过对洪水波运行规律的分析,明确了黄河下游水面比降和河床糙率与洪峰传播时间的关系,在利用该参数进行洪峰传播时间预报时应注意以下几点:

(1)对于上游站水面比降的观测一定要仔细认真,特别在临界值($S=1.5\times10^{-4}$)要多观测几次,该值对预报曲线的选择十分重要。

(2)对于突出点群要及时分析其影响因素,做到适时校正。

2003 年黄河流域雨水情特点分析

霍世青　王庆斋　刘龙庆　邬虹霞

（黄河水利委员会水文局）

1　降水概况

2003 年黄河流域各区降水量较常年偏多 10% ~ 70% 。其中兰州以上、晋陕区间和黄河下游偏多 10% ~ 40% ;泾河、渭河、北洛河（以下简称泾渭洛河）及三花区间偏多 50% ~ 70% 。1 ~ 6 月除兰州以上地区接近常年外,其余地区降水量较常年偏多 10% ~ 40% ; 7 ~ 10 月兰州以上和黄河下游偏多 10% 左右;晋陕区间偏多 35% ;泾渭洛河及三花区间偏多达 60% ~ 70% ,见表 1。

表 1　2003 年黄河流域各区降水量统计　（单位:mm）

时　间	项　目	兰州以上	晋陕区间	泾渭洛河	三花区间	黄河下游
1 ~ 6 月	实况	183	164	188	259	271
	均值	178	120	157	222	197
	距平(%)	+3	+37	+20	+17	+38
7 ~ 10 月	实况	321	401	563	676	448
	均值	283	296	347	389	419
	距平(%)	+13	+35	+62	+74	+7
全　年	实况	509	591	780	969	771
	均值	468	428	466	644	643
	距平(%)	+9	+38	+67	+50	+20

2　径流特点

2003 年黄河上中游主要来水区（站）合计来水量 475 亿 m^3 ,接近多年均值（1950 ~ 2000 年均值为 489 亿 m^3 ）,较 20 世纪 90 年代平均偏多 30% 。本年度黄河流域来水量的时程分配特点是"前少后多",即 1 ~ 7 月来水明显偏少,8 月份以后来水量偏多;空间分布特点是上游少、中游多。1 ~ 7 月份,尽管黄河流域大部分地区降水量较常年偏多,但主要来水区（站）来水量仍持续偏少,各月来水量较常年偏少 40% ~ 50% 。其中上游唐乃亥站（龙羊峡水库入库）、龙羊峡—刘家峡区间和刘家峡—兰州区间来水较常年偏少 40% ~ 60% ;中游河龙区间、渭河华县站、汾河河津站、北洛河洑头站、沁河武陟站、洛河黑石关站来水较常年偏少 60% ~ 70% 。由于干支流来水严重偏少,加之区间引水,使得头道拐、吴堡、龙门、潼关等站 1 ~ 6 月径流总量分别只有 41.4 亿、46.0 亿、57.6 亿 m^3 和 58.6 亿 m^3 ,较常年偏少 40% ~ 50% ,均为有实测记

本文原载于《人民黄河》2004 年第 1 期。

录以来的最小值。进入 8 月份以后,黄河流域大部分地区降水量持续偏多,来水量明显增加,尤其是进入 8 月下旬以后,黄河中游渭河和三花间来水量较常年明显偏多,9 ~ 12 月渭河华县站来水量较常年偏多 1 ~ 2 倍,洛河黑石关站偏多 1 ~ 3 倍,沁河武陟站偏多 2 ~ 6 倍(见表 2)。

表 2 2003 年黄河上中游主要站(区)来水量统计

| 站(区) | 项目 | 月平均流量(m³/s) | | | | | | | | | | | | 全年径流总量(亿 m³) |
		1 月	2 月	3 月	4 月	5 月	6 月	7 月	8 月	9 月	10 月	11 月	12 月	
唐乃亥	实况	90	103	148	214	372	514	790	1 180	1 450	970	433	207	171.0
	均值	168	164	218	362	589	882	1 270	1 070	1 220	962	472	226	204.0
	距平(%)	−47	−37	−32	−41	−37	−42	−38	+10	+19	+1	−8	−8	−16
龙刘区间	实况	28	33	46	40	90	69	113	356	336	405	143	82	46.0
	均值	61	62	74	111	178	204	280	325	353	271	138	86	56.5
	距平(%)	−54	−47	−39	−64	−49	−66	−60	+10	−5	+49	+4	−5	−19
刘兰区间	实况	42	40	36	54	114	128	236	399	358	202	98	60	46.7
	均值	44	46	49	84	133	171	290	326	274	165	83	58	45.5
	距平(%)	−4	−13	−26	−36	−14	−25	−19	+22	+31	+22	+17	+4	+3
河龙区间	实况	35	70	100	60	50	80	150	280	200	300	119	97	40.7
	均值	48	115	162	174	143	84	263	437	230	217	152	107	56.3
	距平(%)	−27	−39	−38	−66	−65	−5	−43	−36	−13	+38	−22	−9	−28
华县	实况	37	37	30	78	77	18	146	420	1 160	1 100	271	144	92.8
	均值	62	74	96	166	232	178	391	380	492	376	197	84	72.0
	距平(%)	−41	−50	−69	−53	−67	−90	−63	+11	+136	+193	+38	+71	+29
河津 + 洑头	实况	12	13	6	11	12	10	27	107	138	207	64	37	17.0
	均值	29	31	33	31	30	34	136	115	78	52	28		18.3
	距平(%)	−59	−57	−82	−65	−62	−71	−72	−21	+20	+165	+23	+31	−7
黑石关	实况	16	14	20	14	16	24	82	116	587	455	157	106	42.3
	均值	42	38	45	56	68	59	164	192	141	120	79	52	27.9
	距平(%)	−61	−64	−55	−74	−77	−60	−50	−40	+316	+279	+99	+104	+52
武陟	实况	1	4	8	1	2	2	17	73	176	266	87	44	18.0
	均值	11	8	9	8	9	12	46	99	53	38	28	15	8.9
	距平(%)	−94	−55	−11	−86	−78	−83	−63	−26	+232	+600	+211	+195	+102
月总径流量(亿 m³)	实况	7.0	7.6	10.5	12.2	19.6	21.9	41.8	78.5	114	105	35.7	20.8	475.0
	均值	12.5	13.0	18.4	25.7	37.0	42.1	75.0	79.4	74.6	59.7	31.1	17.6	489.0
	距平(%)	−44	−42	−43	−52	−47	−48	−44	−1	+53	+75	+15	+18	−3

3 洪水

2003 年汛期,黄河中游出现了多次较强的降水过程,北干流、泾渭洛河、伊洛沁河等干支流相继发生洪水。北干流府谷站和洛河灵口、卢氏站均发生有资料记录以来的最大洪水;渭河 8 月下旬 ~ 10 月上旬先后出现 6 次洪峰,咸阳、临潼、华县等站均出现了历史最高洪水位,持续高水位使渭河南山支流尤河、石堤河、方山河、罗纹河等发生倒灌决口。

3.1 7 月北干流洪水

7 月 29 日夜间至 30 日凌晨,晋陕区间北部部分地区降中到大雨,局部降暴雨到大暴雨,暴雨中心黄甫、府谷、高石崖、哈镇等站日降雨量分别达 136、133、130、114 mm,其中黄甫、府谷、旧县 4 小时降雨量分别达 110、69、78 mm。受降雨影响,晋陕区间北部干支流相继涨水,府谷站 30 日 8 时洪峰流量达 13 000 m³/s,为该站有实测资料记载以来最大值。吴堡站 30 日

21.5 时洪峰流量 9 400 m³/s，龙门站 31 日 13.3 时洪峰流量 7 230 m³/s。洪水进入小北干流河道后发生严重漫滩，8 月 1 日 19.4 时到达潼关水文站时洪峰流量只有 2 150 m³/s，洪峰削减率达 70%，传播时间为 30.1 小时。洪峰削减率和传播时间均为历史同级洪水之最。

3.2 渭河秋汛洪水

8 月下旬到 10 月上旬，泾渭河先后于 8 月 24～26 日、8 月 27～29 日、9 月 3～5 日、9 月 16～19 日、9 月 29 日～10 月 3 日、10 月 9～12 日出现了 6 次持续降水过程，渭河干支流先后出现 6 次洪峰过程。在 6 次降水过程中以第一、二次强度较大。

第一次暴雨中心在泾河。8 月 25 日，泾河贾桥站、庆阳站日降雨量分别为 196、182 mm，均为历史最大日降雨量。受降水影响，泾河庆阳、雨落坪、景村三站 26 日先后出现 4 010、4 280、5 220 m³/s 的洪峰，分别为设站以来的第三、二、四大洪峰。泾河张家山站 26 日 22.7 时洪峰流量 4 010 m³/s，洪水于 27 日 12.5 时演进至渭河临潼站时洪峰流量为 3 200 m³/s。由于临潼—华县发生严重漫滩，因而造成洪水到达华县站时洪峰流量只有 1 500 m³/s。

第二次暴雨中心在渭河中上游，面平均雨量达 63 mm，洪水主要来自渭河上中游。魏家堡站 8 月 30 日 2 时洪峰流量 3 180 m³/s；咸阳站 8 月 30 日 21 时洪峰流量 5 340 m³/s，为设站以来第四大流量，是 1981 年以来最大洪峰流量，最高水位 387.86 m，为有实测资料以来最高水位；临潼站 8 月 31 日 10 时洪峰流量 5 100 m³/s，最高水位 358.34 m，为有实测资料以来的最高水位；华县站 9 月 1 日 11 时洪峰流量 3 570 m³/s，相应水位 342.76 m，比历史最高水位（1996 年 342.25 m）还高 0.51 m，为有实测资料以来的最高水位。

3.3 三花区间秋汛洪水

受高空低涡切变影响，三花区间分别于 8 月 28 日～9 月 1 日、9 月 5～6 日、9 月 17～19 日、9 月 30 日～10 月 4 日、10 月 10～13 日出现了 5 次持续降雨过程。受降雨影响，洛河黑石关站先后出现了 5 次洪水过程。

在 5 次降水过程中，以 8 月 28 日～9 月 1 日降雨过程强度较大，暴雨中心陶花店、缑氏两站 28 日降雨量分别达 185、172 mm。8 月 29 日洛河灵口、卢氏两站洪峰流量分别为 2 970、2 350 m³/s，均为有资料记录以来最大洪水；伊河龙门镇站 9 月 1 日 23 时洪峰流量 1 250 m³/s，为 1982 年以来最大流量；洛河白马寺 9 月 2 日 7 时洪峰流量 1 350 m³/s，为 1996 年以来最大流量；洛河黑石关站 9 月 3 日 2 时洪峰流量 2 220 m³/s，为 1984 年以来最大流量，相应水位 113.42 m，为 1982 年以来最高水位。

4 河道冲淤变化

不计引水引沙，按输沙率方法计算，2003 年三门峡库区共冲刷泥沙 1.100 亿 t，黄河下游小浪底—花园口河段冲刷 0.750 亿 t，花园口—利津河段冲刷 1.800 亿 t。

1～6 月三门峡库区共淤积 0.279 亿 t，其中，潼关以上冲刷 0.253 亿 t，潼关以下淤积 0.532 亿 t。小浪底—花园口冲刷 0.104 亿 t，花园口—利津淤积 0.128 亿 t。

7～10 月份，三门峡库区共冲刷 2.98 亿 t，其中，潼关以上冲刷 0.62 亿 t，潼关以下冲刷 2.36 亿 t。黄河下游小浪底—花园口河段冲刷 0.41 亿 t，花园口—利津河段冲刷 1.38 亿 t。

2003 年黄河中下游主要站输沙量统计见表 3。

表3 2003年黄河中下游主要站输沙量统计 （单位:亿 t）

站 名	输沙量			冲淤量
	1~6月	7~10月	全 年	
三门峡入库	0.284	4.767	5.177	
潼 关	0.537	5.386	6.246	-1.069
三门峡	0.005	7.742	7.747	
小浪底	0.030	1.151	1.181	
进入下游	0.030	1.231	1.262	
花园口	0.134	1.639	2.010	-0.748
高 村	0.183	2.101	2.806	-0.796
利 津	0.006	3.019	3.809	-1.003
花园口—利津				-1.799

注:三门峡入库为龙门、华县、河津、洑头合计;小浪底、黑石关、武陟合计为进入下游。

5 水库蓄水

1~7月,由于黄河来水持续偏少,使得水资源供需矛盾十分突出,干支流主要水库蓄水量持续减少,龙羊峡、刘家峡等大型水库已达到或接近死水位。进入8月份以后,黄河上中游来水量较常年偏多,各大水库蓄水量明显增加。截止到12月31日,龙羊峡、刘家峡、万家寨、三门峡、小浪底、陆浑、故县、东平湖等八大水库总蓄水量为267.8亿 m³,较7月1日多蓄153.8亿 m³,其中龙羊峡、刘家峡、小浪底等水库分别多蓄75.2亿、7.9亿、56.9亿 m³;较1月1日多蓄136.0亿 m³,其中龙羊峡水库多蓄65.3亿 m³,小浪底水库多蓄55.0亿 m³,见表4。

表4 黄河流域主要水库2003年蓄水情况统计

库 名	1月1日		7月1日		12月31日		年蓄水变量
	水位(m)	蓄水量(亿 m³)	水位(m)	蓄水量(亿 m³)	水位(m)	蓄水量(亿 m³)	(亿 m³)
龙羊峡	2 538.29	68.7	2 533.07	58.8	2 565.86	134.0	65.3
刘家峡	1 721.19	25.3	1 717.59	21.8	1 725.14	29.7	4.4
万家寨	963.38	4.2	965.51	4.4	970.29	4.9	0.6
三门峡	313.76	1.8	304.29	0.1	317.70	4.8	3.0
小浪底	221.26	23.4	219.37	21.5	257.81	78.4	55.0
陆浑	311.07	3.7	310.33	3.5	315.63	5.2	1.5
故县	513.39	3.3	512.14	3.2	533.55	6.3	2.9
东平湖	40.19	1.2	39.80	0.7	42.43	4.5	3.3
合计		131.6		114.0		267.8	136.0

6 小结

(1)2003年黄河流域各区降水量均较常年偏多,其中以泾渭河和三花间偏多最为明显。8月下旬~10月上旬泾渭河和三花间分别出现6次和5次持续的降水过程,使黄河中游出现了多年不遇的秋汛。

(2)2003年1~6月份,黄河流域大部分地区降水量较常年偏多,但主要来水区来水量却为有资料记录以来的最小值,其主要原因可以归纳为两个方面:一是由于 20 世纪 90 年代以来黄河流域降雨、径流持续偏少,尤其是 2002 年汛期黄河流域降水量和径流量均为历史同期最小,致使地下径流补给显著减少(地下径流补给是黄河非汛期径流的主要来源)。尽管 1~6月降水量较常年偏多,但由于降水强度不大,因此对径流的贡献相对较小。二是由于自然和人类活动等引起的下垫面变化造成径流量减少,如水利水保工程、集雨工程,地下水开采增加,河源区植被退化等,使得径流系数减小。

(3)20 世纪 90 年代以来黄河上中游持续枯水,发生大洪水的频次明显减少,致使小北干流和渭河中下游河道淤积、萎缩严重,平滩流量显著减小。平滩流量减小和人类活动的进一步加剧,改变了河道洪水的演进规律,使得洪水传播时间延长、削峰率增大,给洪水的分析、预报工作带来了很大困难。

(4)自然因素和人类活动影响的进一步加剧,使降雨径流规律和河道洪水的演进规律均发生了较大变化,因此有必要尽快开展野外观测、实验,并进行深入的调查和分析研究。

2003 年渭河秋汛暴雨洪水特性分析

霍世青　蒋昕晖　赵元春　许苏秦

(黄河水利委员会水文局)

1　降雨概况

2003 年 7~10 月,泾河、渭河流域降水量较常年偏多 6 成以上,尤其是 8 月下旬~10 月上旬,泾渭河流域连续发生多次强降水过程,降雨持续时间长达 50 多天。泾河、渭河 8、9 月份降水量分别为 209 mm 和 164 mm,较常年偏多 0.8~1 倍,均为历史同期第二位,是 20 世纪 80 年代以来的最大值。受连续降水影响,泾河、渭河出现了自 1981 年以来历时最长的秋汛。

1.1　主要降雨过程

2003 年 8 月下旬~10 月上旬,泾河、渭河流域先后出现了 6 次持续降雨过程(泾河、渭河 8 月 24 日~10 月 12 日主要降雨过程详见表 1),在 6 次降雨过程中,以前 2 次强度为最大。

第一次暴雨中心在泾河,8 月 24~26 日,泾河部分地区降中到大雨,局部暴雨。暴雨中心贾桥站、庆阳站 8 月 25 日日雨量分别为 196 mm 和 182 mm,均为历史最大日降雨量。

第二次暴雨中心在渭河中游的千河、漆水河、沮河一带以及咸阳以下南山支流,8 月 27~29 日,泾河、渭河降大到暴雨,其中 28~29 日 2 日雨量,泾河华亭站 94 mm,渭河乾县站 124 mm,富平站 119 mm,林游站 113 mm,林家村站 112 mm,美源站 131 mm,耀县站 106 mm。

1.2　暴雨特性

(1)降雨范围广。本次持续降雨过程笼罩了西起甘肃天水、庆阳地区,东到陕西华阴、潼关一带的整个渭河流域,降雨量 50 mm 以上笼罩面积近 130 000 km²。

(2)降雨时间长。本次降雨自 8 月 24 日~10 月 12 日的 50 多天中,出现 6 次较大降雨过

本文原载于《水文》2004 年第 5 期。

程。由于持续降雨,致使渭河流域上中游地区土壤含水量较大,易于产流。

表1　泾河、渭河8月24日~10月12日主要降雨过程统计　　　　　　(单位:mm)

序号	起止时间 (月-日)	降雨中心	面平均雨量			最大日雨量		最大过程雨量	
			泾河	咸阳以上	张咸华区	站点	雨量	站点	雨量
1	08-24~08-26	泾河	83.5	27.7	11.3	贾桥	196	贾桥	204
2	08-27~08-29	渭河上中游	56.8	62.1	80.1	固关	81	美源	131
3	09-03~09-05	渭河上中游	30.6	38.5	37.8	美源	26	涝峪口	82
4	09-16~09-19	渭河中游	39.2	53.0	86.8	涝峪口	80	涝峪口	144
5	09-29~10-03	渭河中游	62.2	68.5	107.7	两亭	45	大峪	136
6	10-09~10-12	渭河中游	37.8	26.8	53.4	临潼	42	临潼	84

(3)降雨强度大。第一次降雨过程中,泾河贾桥站、庆阳站8月25日日雨量分别为196 mm和182 mm,均为历史最大日降雨量,泾河日雨量超过50 mm的雨量站达14个;第二次降雨过程中,渭河林家村、林游、乾县、固关、富平、美源、耀县等9个站2日降雨量超过100 mm。

2 洪水

2.1 洪水来源与组成

受持续降雨影响,渭河干支流于8月下旬~10月中旬先后出现6次洪水过程,渭河主要站"2003·9"洪水特征值统计详见表2。8月23~30日,渭河第一次洪水主要来源于泾河上游的马莲河,其中,马莲河庆阳站26日1.1时洪峰流量4 010 m³/s,为设站以来第三大洪峰流量;雨落坪站26日8.7时洪峰流量4 280 m³/s,为设站以来第二大洪峰流量;景村站8月26日14.8时洪峰流量5 220 m³/s,为设站以来的第四大洪峰流量;张家山站26日22.7时洪峰流量4 010 m³/s。泾河洪水8月27日12.5时到达渭河临潼站时洪峰流量为3 200 m³/s,华县站8月29日16.8时洪峰流量1 500 m³/s。

表2　渭河主要站"2003·9"洪水特征值统计

序号	咸阳		张家山		临潼		华县	
	洪峰流量 (m³/s)	峰现时间 (月-日 T时)	洪峰流量 (m³/s)	峰现时间 (月-日 T时)	洪峰流量 (m³/s)	峰现时间 (月-日 T时)	洪峰流量 (m³/s)	峰现时间 (月-日 T时)
1	90.0*	—	4 010	08-26T22.7	3 200	08-27T15.5	1 500	08-29T16.8
2	5 340	08-30T21.0	850*	—	5 100	08-31T10.0	3 570	09-01T11.0
3	3 700	09-06T21.6	240*	—	3 820	09-07T12.5	2 270	09-08T15.8
4	3 710	09-20T6.9	83.0*	—	4 320	09-20T17.5	3 400	09-21T21.0
5	1 630	10-02T14.2	550*	—	2 660	10-03T10.5	2 810	10-05T6.5
6	893	10-11T20.7	360*	—	1 790	10-12T17.0	2 010	10-13-7.0

注:*表示相应流量。

8月30日~9月5日,渭河第二次洪水主要来源于渭河上游和中游南山支流(咸阳站洪量占临潼站68%)。其中,渭河魏家堡站8月30日2时洪峰流量3 180 m³/s,咸阳站8月30日21时洪峰流量5 340 m³/s,最高水位387.86 m,为设站以来第四大流量、1981年以来最大洪峰流量、有实测资料以来最高水位;临潼站8月31日10时洪峰流量5 100 m³/s,洪水位358.34 m,为有实测资料以来最高水位;华县站9月1日11时洪峰流量3 570 m³/s,相应水位342.76 m,为有实测资料以来最高水位。

2.2 洪水特性

2.2.1 水位异常偏高

2003年渭河秋汛洪水从洪峰流量的量级来看属于中常洪水。咸阳站最大流量的量级约为14年一遇,临潼站约为7年一遇,华县站仅为3年一遇。但由于渭河水位异常偏高,使中下游南山支流洪水发生倒灌,尤河、石堤河、方山河、罗纹河等支流大堤受持续高水位影响,先后发生决口,给沿河群众带来了严重灾害。

在渭河第二次洪水过程中,咸阳、临潼、华县站均出现了有实测资料以来最高洪水位。其中,咸阳站最高洪水位比1981年8月洪峰流量6 210 m³/s洪水的历史最高水位高0.48 m;临潼站最高洪水位比1981年8月洪峰流量7 610 m³/s洪水的历史最高水位高0.31 m;华县站最高洪水位比1996年7月洪峰流量为3 500 m³/s洪水的历史最高水位高0.51 m。2003年渭河洪水特征值排序见表3。

表3 2003年渭河洪水特征值排序

测站	时间 (月-日T时:分)	洪峰流量 (m³/s)	相应水位 (m)	流量排序	水位排序	说明
咸阳	08-30T21:00	5 340	387.86	4	1	1981年以来最大洪水,历史最高水位
张家山	08-26T22:42	4 010	430.75	14	—	1977年以来最大洪水
临潼	08-31T10:00	5 100	358.34	8	1	1981年以来最大洪水,历史最高水位
华县	09-01T11:00	3 570	342.76	32	1	1992年以来最大洪水,历史最高水位

2.2.2 历时长、洪量大

受持续降雨影响,渭河秋汛洪水持续50多天,洪水总量达60多亿m³。其中,最大3日、7日、15日水量咸阳站仅次于1981年,排20世纪80年代以来第二位,华县站仅次于1981年和1983年,排20世纪80年代以来第三位。与历年相比,最大30日水量咸阳站排历年第四位,华县站排历年第三位。咸阳、华县站20世纪80年代以来最大洪量对比见表4。

表4 咸阳、华县站20世纪80年代以来最大洪量对比 (单位:亿m³)

站名	洪量	2003年	1981年	1983年	1964年
华县	最大3天	7.09	10.9	8.42	10.2
	最大7天	12.5	19.5	14.78	15.3
	最大15天	21.8	28.6	25.96	27.4
	最大30天	34.0	52.9	41.75	43.9
咸阳	最大3天	6.6	7.67	4.36	5.34
	最大7天	9.28	13.9	7.26	8.52
	最大15天	15.6	19.1	13.79	15.0
	最大30天	22.9	34.3	21.87	24.7

2.2.3 中下游河段洪水削峰率大、传播时间长

经统计,1965～1989年华县站共出现大于2 000 m³/s洪水33次,临潼—华县河段最大削峰率51.1%,平均削峰率12.6%;最长传播时间18.5 h,平均传播时间11.8 h。20世纪90年代华县站共出现大于1 500 m³/s洪水7次,最大削峰率41.2%,平均削峰率14.8%;最长传播时间33 h,平均传播时间17.3 h。2003年秋汛洪水期间,前3次洪峰临潼—华县河段平均削峰率为41.2%,平均传播时间为34.9 h。其中第一次洪水过程中临潼—华县河段洪峰削峰率高达53.1%,传播时间52.3 h,均为历史之最。

3 洪水削峰率大、传播时间长、水位高的原因分析

河道淤积、萎缩严重,主槽过流能力降低和滩区人类活动影响加剧,是造成渭河2003年洪水削峰率大、传播时间长和洪水位异常偏高的主要原因。

(1)河道淤积、萎缩严重,主槽过流能力降低。自1996年以来,渭河出现了连续枯水年份,发生较大洪水的频次减少,小洪水也多来自泾河,泾河洪水的特点是含沙量大、洪量小。高含沙小洪水频繁发生,水流挟沙能力低,洪水所携带的泥沙在渭河下游河道中大量淤积,致使河床逐年抬高。泾河、渭河主要站1996年以来最大洪峰流量统计详见表5。

表5　径河、渭河主要站1996年以来最大洪峰流量统计

年份	咸阳		张家山		华县	
	时间 (月-日)	洪峰流量 (m³/s)	时间 (月-日)	洪峰流量 (m³/s)	时间 (月-日)	洪峰流量 (m³/s)
1997	09-15	228	08-01	1 780	08-02	1 090
1998	08-22	1 590	05-22	2 030	08-22	1 620
1999	07-07	846	07-14	1 310	07-22	1 350
2000	10-11	1 440	06-21	437	10-13	1 890
2001	09-22	535	08-19	1 300	09-22	545
2002	06-10	640	06-22	978	06-11	1 200

图1是2003年和1996年汛前华县站断面对比图。由图1可以清楚地看出,2003年汛前华县站主槽过流断面较1996年显著减小,平滩流量不足800 m³/s。主槽过流能力明显降低,使洪水在渭河下游河道发生漫滩的几率大大增加,洪水漫滩后,过流面积迅速加大,断面平均流速减小,致使洪峰削减率增加,洪水传播时间相应延长。洪水大面积漫滩后,在下游河道演进过程中坦化变形严重,导致水流散乱,流向不一,滩槽水量频繁交换,洪水演进规律也相应发生变化,进一步延长了洪水的传播时间,增加了洪峰削减率。

(2)人类活动影响和支流大堤决口进一步加大了洪峰削减率,延长了传播时间。由于渭河多年未发生较大洪水,当地农民在渭河滩区大量种植了玉米、高粱、向日葵等高秆作物,且正值收获期,作物高度一般在2 m左右。同时,当地农民为种植作物方便,在滩区修建了大量通向滩地的道路或生产堤。洪水漫滩后,高秆作物及道路阻水严重,使漫滩洪水流速大大减小,水位偏高。洪水期间由于水位异常偏高,南山支流洪水发生倒灌,尤河、石堤河、方山河、罗纹

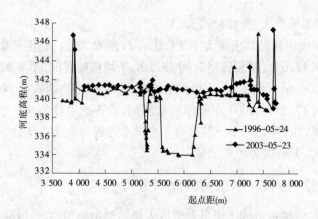

图1 2003年、1996年汛前华县站断面对比

河等支流大堤受持续高水位长时间浸泡发生决口,进一步加大了洪峰削减率。

4 结语

(1)1996~2002年渭河流域未发生较大洪水,致使中下游河道淤积、萎缩严重,平滩流量显著减小。平滩流量减小和人类活动的进一步加剧,改变了河道洪水的演进规律,使得洪水传播时间延长、削峰率增大,给洪水的分析、预报工作带来了很大困难。

(2)自然因素和人类活动影响的进一步加剧,使降雨径流规律和河道洪水的演进规律发生了较大变化,加强对这些新情况的分析、研究,对渭河的治理和开发具有重要意义。

黄河三门峡水库入库非汛期径流总量预报方法及其应用

霍世青 饶素秋 薛建国 张永平 魏 军

(黄河水利委员会水文局)

1 黄河三门峡入库非汛期径流变化特点

黄河三门峡以上地区是黄河径流的主要来源区,三门峡水库入库(用潼关站代表)年径流总量占花园口站年径流总量的90%以上。潼关站多年平均(1950~1995年)非汛期径流量为169亿 m³,约占年径流量(387亿 m³)的44%,其中60%以上来自头道拐以上地区。表1给出了不同年代黄河中游主要站径流量资料统计,可以看出,头道拐站年径流量70年代以后较70年代以前减少了12%,而非汛期径流量70年代以后较70年代以前增加了11%;潼关站非汛期径流量占年径流总量的比例由70年代以前的41%提高到70年代以后的47%。这主要是

本文原载于《人民黄河》2001年第12期,为国家重点基础研究发展规划(973)项目(G1999043608),国家"九五"重点科技攻关项目(98-928-01-02)。

由于刘家峡水库运用以后,改变了黄河径流的年内分配规律。

表1 黄河中游主要站(区)多年平均实测径流量统计   (单位:亿 m³)

站(区)	1950~1970 年			1971~1995 年			1950~1995 年		
	非汛期	全年	非汛期占全年径流量比例(%)	非汛期	全年	非汛期占全年径流量比例(%)	非汛期	全年	非汛期占全年径流量比例(%)
头道拐	97	249	39	108	220	49	104	234	44
龙门	130	325	40	131	266	49	131	293	45
河龙区间	33	76	43	23	46	50	27	59	46
华县	38	91	42	24	65	37	30	76	39
河津	7	18	39	3	8	38	5	12	42
洑头	3	8	38	3	7	38	3	7	43
潼关	179	438	41	160	343	47	169	387	44
花园口	202	489	41	167	372	45	183	425	43

三门峡水库入库非汛期径流主要由头道拐以上来水和头道拐—三门峡区间加水共同组成。11 月至翌年 4 月期间,头道拐—三门峡区间降水量较少(6 个月降水量仅占年降水量的 13%~20%),三门峡水库入库径流的 70% 以上(70 年代以后)来自头道拐以上,潼关站流量过程与头道拐站流量过程基本一致。5~6 月,宁夏、内蒙古河段进入灌溉用水高峰期,头道拐以上来水相应减少,随着头道拐—三门峡区间降水量的逐渐增加,区间加水所占比例也相应增加,而且随降雨量的不同,流量变幅加大。

2 黄河三门峡入库非汛期径流影响因素

2.1 前期径流

每年 11 月至翌年 3 月,黄河中游地区降水量稀少,5 个月的降水总量仅占年降水量的 7%~9%,河川径流主要由流域蓄水补给。因此,前期径流能较好地反映当时地下水蓄量的多少。表 2 给出了华县、河津、洑头站 11 月至翌年 6 月各月平均流量与前月下旬平均流量的相关系数。可以看出,华县、河津、洑头站 11 月至翌年 3 月平均流量与前月下旬平均流量的相关系数平均分别为 0.87、0.84、0.84,而 4~6 月前后期径流的相关系数较 11 月至翌年 3 月明显降低。这说明前期径流是 11 月至翌年 3 月径流的主要影响因素。

表2 干支流主要站月平均流量与前月下旬平均流量相关系数统计

站 名	11 月	12 月	1 月	2 月	3 月	11~3 月平均	4 月	5 月	6 月	4~6 月平均
华 县	0.91	0.92	0.90	0.86	0.77	0.87	0.75	0.54	0.51	0.60
河 津	0.77	0.92	0.81	0.82	0.87	0.84	0.55	0.47	0.38	0.47
洑 头	0.91	0.87	0.75	0.78	0.87	0.84	0.63	0.67	0.84	0.71

2.2 降水

进入 4 月份以后,黄河中游地区降水量明显增加。据统计,黄河中游地区 4~6 月份降水量占年降水量的比例山陕区间为20%,渭河达到25%~30%。这期间,中游各主要站前后期径流相关系数较11月至翌年3月明显减小,地下蓄水量对径流的影响相对减小,降水量成为影响径流量的主要因素之一。

降水量对径流量的影响主要表现在两方面:首先,降水量的多少直接影响产流量的多少;其次,降水量的多少影响灌溉引水量的多少,从而影响径流量的多少。一般情况下,降水量多,灌溉用水量就少;反之,降水量少,灌溉用水量就多。在前期径流量基本相同的情况下,降水量不同,流量相差也较大。

2.3 灌溉耗水

随着沿黄农业生产的不断发展,黄河流域灌溉面积和引耗水量呈逐年增加的趋势,农业灌溉耗水量占流域耗水量的90%以上,灌区引耗水量已成为影响非汛期径流的主要因素之一。

黄河宁蒙引黄灌区地处我国北疆,区域内干旱少雨,多年平均降水量只有200~300 mm,而年蒸发能力却高达2 000 mm以上,这里自古以来就有"没有灌溉就没有农业"之说。新中国成立后,灌区面积不断发展,80年代灌溉面积达100多万 hm²,灌区耗水量对非汛期5~6月径流的影响较大。从50年代至80年代,兰州—头道拐区间耗水量逐年增加,80年代5、6月两月耗水量分别占同期兰州站实测径流量的75%和65%。特别是5月份耗水量80年代较50、60、70年代分别增加了101%、57%和27%。近几年,5月引水高峰时期,灌区耗水量占同期兰州以上来水量的90%以上。可见宁蒙灌区引水量是影响5~6月黄河三门峡入库径流的主要因素之一。

泾、渭河流域灌区耗水对黄河中游地区非汛期径流的影响也比较大。

2.4 水库调度

随着黄河流域的治理与开发,黄河上、中游地区修建了不少大中型水利枢纽工程。水库的运用改变了黄河径流的天然属性,对黄河上、中游地区非汛期径流的影响比较明显,特别是黄河上游龙羊峡、刘家峡水库建成运用后,对兰州站的径流影响非常显著。表3是龙羊峡、刘家峡建库前后兰州站非汛期月平均流量对照表。可以看出,12月至翌年4月,刘家峡建库后兰州站月平均流量较建库前增加了110~200 m³/s,整个非汛期,兰州站径流量较建库前增加约18%。龙羊峡水库1986年投入运用以后,12月至翌年4月兰州站月平均流量又有所增加。龙、刘水库的调度运用,对黄河干流兰州以下各河段非汛期径流也有相应的影响。

表3 龙、刘水库建库前后兰州站非汛期月平均流量对照

年代	11月	12月	1月	2月	3月	4月	5月	6月	平均
1951~1969	818	460	352	330	396	556	988	1 190	636
1970~1985	865	589	557	526	511	735	1 040	1 200	753
1986~1995	837	645	590	549	522	728	1 170	1 110	769

3 径流总量预报模型的建立

3.1 资料系列选取

在对历史径流资料分析的基础上,考虑到70年代以后,黄河三门峡水库入库非汛期径流

由于受刘家峡等水库运用,宁蒙灌区、渭河流域灌区引水以及水利水保工程等影响较大,采用 1970～1995 年资料建立预报模型,用 1995 年以后资料作预报检验。

3.2 预报模型的建立

根据 1970～1995 年资料的统计分析,龙门站 11 月至翌年 6 月径流总量与 10 月至翌年 5 月兰州径流总量和 11 月至翌年 6 月兰州—托克托区间耗水总量关系密切(兰州—龙门区间非汛期径流传播时间为 20～25 天);华县、河津、洑头站 11 月至翌年 6 月径流总量主要与前期径流和 4～6 月降水量有关。各站 11 月至翌年 6 月径流总量预报方程见表 4。

表 4 黄河中游主要站非汛期径流总量预报方程

站名	预报方程	说明
龙门	$Y = 37 + 0.707X_1 - 0.433\,2X_2$	X_1 为 10 月至翌年 5 月兰州站径流总量,X_2 为 11 月至翌年 6 月兰州—托克托区间耗水量(实际预报中可取近 2～3 年平均值)
华县	11 月至翌年 3 月径流总量: $Y_1 = 4.8 + 0.017X_1 + 0.004X_2$ 4～6 月径流总量: $Y_2 = -5.95 + 0.007\,1X_1 + 0.105\,1X_2$ 11 月至翌年 6 月径流总量: $Y = Y_1 + Y_2$	X_1 为华县站 10 月下旬平均流量,X_2 为 10 月上中旬平均流量 X_1 为华县站 10 月下旬平均流量,X_2 为 4～6 月降水量
河津	$Y = 1.57 + 0.035X$	X 为河津站 10 月下旬平均流量
洑头	$Y = 1.58 + 0.033X$	X 为洑头站 10 月下旬平均流量
潼关	$Y = -2.5 + 1.011X$	X 为龙门 + 华县 + 河津 + 洑头 11 月至翌年 6 月径流总量预报值

4 径流总量预报模型精度的评定及预报检验

根据《水文情报预报规范》中有关规定,枯季径流预报的许可误差取实测值的 30%。考虑到黄河水量调度的实际情况,潼关站径流预报的许可误差取实测值的 20%。径流总量预报方案的合格率均为 100%,属甲等预报方案。潼关站计算值与实测值历史拟合曲线见图 1。

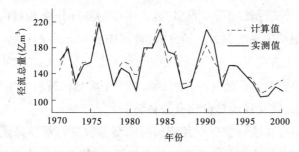

图 1 潼关站非汛期径流总量计算值与实测值比较

表 5 列出了 1995～1996、1996～1997 和 1997～1998 年度龙门、华县、潼关站 11 月至翌年

6月径流总量试预报值与实测值比较,以及1998~1999、1999~2000和2000~2001年度实际预报与实况值比较。可以看出,由于华县站非汛期径流总量预报模型中难以直接考虑(尚无确切统计数据)泾、渭河灌区耗水和中小水库蓄水对径流的影响,因此预报的相对误差较大。龙门、潼关站3年试预报全部合格;潼关站3年试预报最大预报误差为9%,平均误差为6.7%。在近3年的实际预报中,龙门、潼关站的预报也全部合格,但预报误差较试预报年明显增大。

表5　黄河中游主要站11月至翌年6月径流总量预报模型检验　　（单位:亿 m³）

站名	项目	试预报年			预报年		
		1995~1996	1996~1997	1997~1998	1998~1999	1999~2000	2000~2001
龙门	预报值	115	99	99	109	117	97
	实测值	120	83	94	105	104	87
	误差(%)	-4	19	5	4	12	11
华县	预报值	17	11	15	16	14	15
	实测值	9	18	13	14	10	12
	误差(%)	89	-39	15	14	40	25
潼关	预报值	134	111	115	127	132	113
	实测值	127	105	106	121	113	97
	误差(%)	6	5	9	5	17	16

5　结语

在分析非汛期径流变化特点和影响因素的基础上,建立的黄河三门峡水库入库非汛期径流总量预报模型,其合格率高,试预报效果也比较好。在近3个年度实际作业预报中,预报结果全部合格,为黄河水量调度提供了重要依据。

由表5中预报结果与实况比较可以看出,近3年度的实际作业预报误差较试预报的前3年度明显增大,而且预报结果系统偏大。经分析,黄河中游地区受人类活动影响较大,有些影响因素在预报模型中很难直接予以考虑(如区间引耗水等)。潼关站非汛期径流总量预报模型是根据1970~1995年资料系列建立的,近几年,黄河中游地区持续干旱少雨,区间引耗水量较90年代以前明显增加,致使径流总量预报值系统偏大。

因此,有必要根据近几年实际情况对径流预报模型参数进行重新修正。在实际作业预报中,要采用预报模型和相关预报图等手段进行综合分析,才能取得较为满意的预报结果。

黄河小北干流"2003·7"洪水演进特点分析

霍世青　蒋昕晖　罗思武　何晓应　许苏秦

(黄河水利委员会水文局)

1　河道概况

黄河龙门—潼关河段(简称黄河小北干流)河长128 km,河道宽浅、散乱,平均宽度9 km左右,窄处2~3 km,最宽处可达15 km,滩区面积占河道总面积的70%左右。由于地质结构等方面的原因,黄河出禹门口后骤然展宽,大石嘴、庙前、东雷、夹马口和潼关等处河岸抗冲性好,河床束窄,并构成限制水流横向位移的天然节点。在河段分布上,宽窄河段相间分布,禹门口—大石嘴段河宽1~3 km,岙村附近展宽为10 km,东雷一带河宽仅3.5 km左右,至夹马口又宽达5 km以上,蒲城老城以下汇流区最宽处达15 km。河道内较大的滩地有山西境内的连伯滩、永济滩,陕西境内有新民滩和朝邑滩。

2　雨水情概况

受高空低涡切变及地面锋线影响,2003年7月29日夜间至30日凌晨,晋陕区间北部部分地区降中到大雨,局部降暴雨到大暴雨。暴雨中心黄甫、府谷、高石崖、哈镇等站日降雨量分别为136、133、130、114 mm,其中黄甫、府谷、旧县4小时降雨量分别达110、69、78 mm。

受降雨影响,晋陕区间北部干支流相继涨水,府谷水文站30日8时洪峰流量13 000 m³/s,为该站有实测资料记载以来最大值;吴堡站30日21.5时洪峰流量9 400 m³/s;龙门站31日13.3时洪峰流量7 230 m³/s。干流洪水在小北干流河道发生严重漫滩。8月1日19.4时,潼关水文站洪峰流量仅为2 150 m³/s。

3　洪水演进特点

3.1　洪峰削减率大

经统计,1950~1989年,龙门站大于5 000 m³/s的洪水共出现50次,龙门—潼关最大洪峰削减率为1967年的56%,最小为1978年的3%,平均洪峰削减率为23%;20世纪90年代龙门站大于5 000 m³/s的洪水共出现8次,其中洪峰削减率最大的是1992年的54%,最小的是1998年的17%,平均洪峰削减率为34.0%,见表1。

本次洪水在小北干流河段演进过程中,龙门站7 230 m³/s的洪峰流量到达潼关站时仅有2 150 m³/s,洪峰削减率高达70%,为历史之最。

3.2　洪水传播时间长

20世纪90年代以前龙门站大于5 000 m³/s的洪水传播时间最长的是1970年的20.5小

本文原载于《人民黄河》2004年第1期。

时,最短的是 1972 年的 10 小时,平均传播时间为 13.9 小时;90 年代以来龙门站洪峰流量大于 5 000 m³/s 的洪水传播时间最长为 1993 年的 25.8 小时,最短为 1996 年的 17 小时,平均传播时间为 20.7 小时。本次洪水在小北干流河段演进过程中,龙门—潼关站洪峰传播时间长达 30.1 小时,为有资料记录以来 5 000 m³/s 以上洪水的最长洪峰传播时间。

表 1　龙门—潼关河段洪峰削减率与传播时间统计

年　份	站　名	洪峰流量(m³/s)	合成流量(m³/s)	削峰率(%)	传播时间(h)
1992	龙　门	7 740	7 890	54	21.2
	潼　关	3 620			
1993	龙　门	4 600	5 280	24	25.8
	潼　关	4 010			
1994	龙　门	4 780	6 900	29	19.2
	潼　关	4 890			
	龙　门	10 600	10 600	31	24.8
	潼　关	7 360			
1995	龙　门	7 860	7 930	48	18.1
	潼　关	4 160			
1996	龙　门	4 580	5 310	33	20.7
	潼　关	3 560			
	龙　门	11 100	11 700	37	17.0
	潼　关	7 400			
1998	龙　门	7 160	7 800	17	18.4
	潼　关	6 500			
2003	龙　门	7 230	7 300	70	30.1
	潼　关	2 150			

4　洪峰削减率大和传播时间长的原因

4.1　河道主槽淤积严重、平滩流量历史同期最小

1998 年以来,黄河北干流连续 4 年未发生较大洪水,且小洪水多来自吴堡以上的多沙粗沙区。这类洪水的特点是洪量小,含沙量高,因此常呈现"小水带大沙"的局面。洪水进入小北干流宽浅河道以后,流速迅速减小,水流挟沙能力大大降低,洪水所挟带的泥沙大量落淤,使得小北干流河段淤积逐年加剧。1998 ～ 2002 年龙门—潼关河段泥沙淤积量多达 3 亿 t。通过对比 1998 年和 2003 年汛前黄淤 42 断面和黄淤 56 断面可以看出,1998 年以来该河段主槽淤积、萎缩严重,主槽过流断面面积 2003 年汛前较 1998 年减小 50% 以上,部分河段已无明显主槽。河道严重淤积使得小北干流平滩流量与历年相比显著减小,平滩流量由 20 世纪 90 年代的 4 000 ～ 6 000 m³/s 减小到 2003 年汛前的 2 000 m³/s 左右。

4.2　龙门站洪水过程峰高量小

形成本次洪水的降雨区域集中、强度大,但范围较小,造成晋陕区间北部只有个别支流涨

水,吴堡—龙门区间几乎没有支流洪水加入。府谷站洪峰流量高达 13 000 m³/s(历史最大洪峰),但洪量仅 1.35 亿 m³,只相当于一般洪水的水量,吴堡、龙门站次洪水量也分别只有 2.63 亿 m³ 和 2.74 亿 m³,洪量小也是造成洪峰削减大和传播时间延长的主要原因之一。

对比分析 20 世纪 90 年代以来小北干流各次洪水的洪量和洪峰削减率(见表 2)可以看出,洪量越小的洪水洪峰削减率越大。

表 2 20 世纪 90 年代以来各次洪水洪量和削峰率统计

年份	站名	起止时间 (月 - 日 T 时)	洪峰流量 (m³/s)	水量 (亿 m³)	削峰率 (%)
1992	龙门	08 - 09T02 ~ 08 - 10T08	7 740	3.01	54
	潼关	08 - 09T20 ~ 08 - 11T02	3 620	2.91	
1994	龙门	08 - 05T08 ~ 08 - 08T08	10 600	10.66	24
	潼关	08 - 06T00 ~ 08 - 09T00	7 360	9.33	
1995	龙门	07 - 30T00 ~ 07 - 31T00	7 860	3.53	48
	潼关	07 - 30T20 ~ 07 - 31T20	4 160	2.81	
1996	龙门	08 - 09T16 ~ 08 - 12T16	11 100	7.23	37
	潼关	08 - 10T08 ~ 08 - 13T08	7 400	10.11	
1998	龙门	07 - 13T04 ~ 07 - 14T18	7 160	3.55	18
	潼关	07 - 13T17 ~ 07 - 15T07	6 500	5.60	
2003	龙门	07 - 31T10 ~ 08 - 01T14	7 230	2.74	70
	潼关	08 - 01T05 ~ 08 - 03T10	2 150	2.50	

4.3 滩区人类活动影响增大

近几年来,当地农民为保护滩区作物不被洪水淹没,自发修建了部分围堤和道路,滩区内种植了大量的玉米、棉花等高秆作物。洪水漫滩以后,围堤、道路和高秆作物阻水严重,影响了洪水的演进速度,削峰滞洪作用也明显增大,尤其是对洪量较小的洪水影响更为明显。

5 结语

(1)黄河流域自 1986 年以来进入了连续的枯水时段,黄河北干流发生大洪水的频次减少,小洪水也多来自吴堡以上的多沙粗沙区,洪水含沙量高。小水带大沙使得该河段主槽淤积、萎缩严重,部分河段已无明显主槽。

(2)河道淤积、萎缩严重,平滩流量减小和人类活动的进一步加剧,改变了小北干流河道原有的洪水演进规律,这是造成该河段 2003 年 7 月洪水削峰率和传播时间均为历史同级洪水之最的主要原因。

(3)小北干流河道原有的洪水演进规律发生了较大变化,这些新的洪水演进特点需要进行深入的分析、研究,在此基础上,尽快开发小北干流河段洪水预报模型和预报系统,提高该河段洪水预报的精度,为黄河防汛提供更准确的预报信息。

黄河小花间洪水预报系统总体设计

刘晓伟[1]　席　江[2]　许珂艳[1]　王淑雯[1]

(1. 黄河水利委员会水文局;2. 河南黄河水电工程公司)

1　概述

黄河小浪底—花园口区间(简称"小花间")位于黄河中游末端,流域面积 3.6 万 km^2,内有伊洛河、沁河两大支流,是黄河下游主要洪水来源区。小花间尽管区域不大,却是黄河上的一个特大暴雨区,一般暴雨历时短、强度大,干支流洪水遭遇的机会又较多,加上主要产流区河网较密集,有利于产汇流。据计算,小花间 2.7 万 km^2 未控区间百年一遇洪水 12 900 m^3/s,考虑水库联合运用,花园口仍将出现 15 700 m^3/s 的洪水,黄河下游的防洪形势依然严峻。同时,小浪底水库建成运用初期,黄河下游河道将面临调整过渡期,随时都可能发生新的情况和危险。可以预见,小浪底水库投入运用后,为充分发挥水库的防洪功能,将会对洪水预报提出新的、更高的要求,洪水预报的任务只会加重而不会减轻。

黄河下游防洪需要三门峡、小浪底、陆浑、故县四座水库联合调度,客观要求花园口站洪水预报的预见期不少于 30 h。要实现这一目标,唯一的途径是通过暴雨洪水预报耦合技术的研究,建立暴雨预报和洪水预报有机结合的一体化模型,直接应用降水预报的结果进行洪水预报。

为此,黄委水文局于 2001 年启动了"小花间暴雨洪水预警预报系统"项目,其中洪水预报系统是该项目的核心。小花间洪水预报系统(简称"XHRFFS")主要建设内容如下:①引进国外先进的可视化河流预报系统(VisualRFS);②引进国外气象预报和洪水预报耦合的一体化模型;③分布式水文模型的开发研制;④现有预报模型优化;⑤实时滚动预报和实时修正技术;⑥多种预报结果的综合分析;⑦洪水预报系统与数字水文平台的接口处理;⑧子系统集成。

2　系统总体设计

2.1　系统功能结构

XHRFFS 系统在功能上划分为信息提取、水文分析、实时洪水预报、结果显示与输出、系统管理五个模块。系统功能结构如图 1 所示。

2.1.1　信息提取模块

信息提取模块主要用于气象、雨情、水情与调度信息等相关信息收集和处理,使得系统能自动或人机交互方式把收集上来的各类信息加以分类、格式化、预加工、存储,最终根据需要把各类处理好的信息转储到相应的数据库中,为系统的正常运行提供信息资源服务。

2.1.2　水文分析模块

本模块用于对实时降雨量、河道水位、流量、水库进出流量和蓄水量、闸门开启度、下泄流

本文原载于《中国水文科学与技术研究进展》,2004。

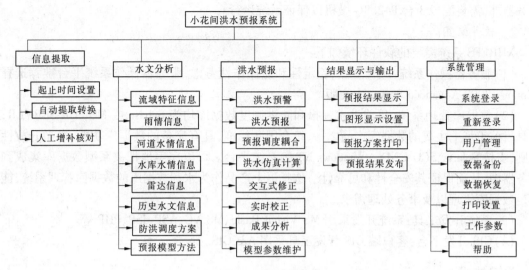

图1 系统功能结构

量等信息进行查询,为预报员提供相关信息,使预报员能及时把握雨水情特性,了解流域下垫面特征,合理选择预报模型及参数,以提高洪水预报精度。查询方式既包括单站查询也包括区域查询和某一时刻实时水雨情信息查询。信息的表示方式主要是分布显示图、文本、表格以及表格数据的图示化结果,如分布显示图、过程图等。

按信息类型划分为流域特征信息、雨情信息、河道水情、水库水情、雷达信息、历史水文信息、防洪调度方案、预报模型和方法等。

2.1.3 洪水预报模块

该模块用于实现小花间主要控制站洪峰流量、峰现时间、流量过程预报。可以根据不同的输入及方案组合进行警报预报、降雨径流预报和河道洪水预报。警报预报的对象为花园口水文站。该模块既可用于实时洪水预报,亦可进行洪水仿真计算。该模块具有人机交互修正预报结果功能,同时还可进行实时校正等。

洪水预报模块又划分为洪水预警、洪水预报、预报调度耦合、洪水仿真计算、交互式修正、实时校正、预报成果分析、模型参数维护等八个子模块。

2.1.4 结果显示与输出模块

将预报结果进行表格化和图形化显示,并将其输出到预报数据库,供调度系统或信息服务系统调用。该模块提供过程线、表格、地图三种显示方式。

2.1.5 系统管理模块

包括系统登录、用户管理、数据备份、数据恢复、打印设置、工作参数、帮助等功能。

2.2 系统体系流程

根据黄河小花间洪水预报系统的业务特点和需求分析,本系统拟采用 C/S 结构开发。

2.3 系统开发运行环境

XHRFFS 系统运行需要硬、软件环境的支持。根据本系统的用户需求和建设规模,选用合适的软硬件平台来保障系统的实施和运行。

2.3.1 硬件环境

根据 XHRFFS 系统业务和混合 C/S 体系结构需求,除现有的 DEC 工作站、微机和数据库服务器外,需要配置 3 台 P42.8G 微机以保证系统运行。

2.3.2 软件配置

XHRFFS 系统需要的软件环境如下:

(1)服务器操作系统:从安全性、稳定性和易操作性考虑,服务器操作系统平台推荐选择 Windows 2000 Advanced Server 中文版。

(2)数据库管理系统:目前洪水预报和防洪调度数据库均为 Sybase 或 MS SQL SERVER,这是目前市场上主要的数据库产品之一,符合国际标准,具有完备的数据库功能,遵循开放性原则,支持 Solaris、SCO UNIX、Windows NT 等系统平台。可以完美地把关系型数据库集成到服务器中,从而保证其安全性和可靠性。选择以上产品作为水利数据库的数据库管理系统,能满足数据库管理以及事务处理需求。

(3)系统开发工具:系统开发采用 MS Visual Basic、MS VC、ASP、JSP、PHP 等。

(4)GIS 开发平台:客户端 GIS 开发工具采用 Arc GIS。

3 关键技术

3.1 分布式水文模型

分布式水文模型是系统的开发重点,其主要任务是在可以直接利用 DEM、土地利用、土壤类型、植被等空间数字化信息,率定分布式水文模型的参数,利用水文气象信息进行流域洪水预报。

分布式水文模型是基于数字流域构建而成的,许多流域要素(诸如集水面积、河长、坡度)皆由 DTM/DEM 自动生成;其次,分布式模型不仅能输出传统水文模型的结果,而且能够十分方便地给出水文要素和水文状态变量(如土壤干湿状况、实际蒸散发、径流深等)的空间分布场以及任一站点上游各支流的来水流量过程线;再者,分布式模型可以利用卫星云图、雷达测雨和地面雨量站测雨的多源数据,为遥感遥测技术所获取的雨量信息在水文模型中的应用提供最佳平台和技术准备,雷达或卫星捕获的高分辨率实时雨量信息可以与数字水文模型进行最佳联结,提高模型预报的精度及预见期长度;另外,通过下垫面自然地理条件可以直接确定部分水文模型参数。

由以上功能可以得知分布式水文模型具有以下 4 个明显的特点:①基于 DEM 的分布式水文模型是运行在由许多栅格(正方形网格或经纬网格)单元组成的流域上;②分布式水文模型可以方便利用具有空间分布的信息,如利用雷达、卫星测雨信息进行洪水预报,利用流域地形、植被、土地利用等空间分布信息确定某些模型参数。③模型参数的空间分布反映了流域下垫面产汇流特性及其空间变化。④模型输出信息具有空间分布特性,如逐时段的土壤水分、流域蒸散发、径流深空间分布等。

分布式水文模型建立的关键技术包括:①反映下垫面状况的网格内模型结构定义;②根据 DEM 生成的流域特征和土地利用、土壤类型、植被等客观计算模型参数。

3.1.1 分布式水文模型框架

分布式水文模型从实际应用出发结合利用雷达测雨信息,DEM 的空间分辨率应与雷达空间信息的分辨率相匹配。计划应用于小花间暴雨洪水预警预报系统的车载 X 波段全相参双偏振脉冲多普勒天气雷达测雨的空间分辨率最大为 0.5 km,测雨精度较高的分辨率为 1 km,因此 DEM 的空间分辨率应以 1 km 为宜。

分布式水文模型就是构建在 DEM 基础上的一种水文模型,先由 DEM 建立数字高程流域水系模型,再与分布式产流模型和分布式汇流模型有机结合。分布式水文模型是依据地形数据寻求有物理基础的一种现代模拟技术,流域所有的下垫面特征(流域分水岭、子流域集水面积、水系、地形、植被、土壤等)都是栅格型数字式的点阵,模型的输入(降水、蒸散发能力等)也是以栅格为单元而组成的,流域产流单元、汇流路径、水系根据地形由计算机自动生成。在这些栅格上根据各自的下垫面特性分别构建

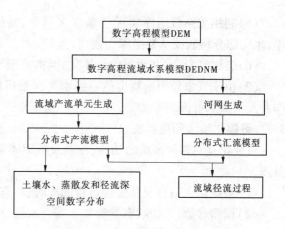

图 2   分布式水文模型(DHM)结构

分布式产流模型(这些子单元上的特性、水文变量及参数均以数字矩阵形式记录),再与基于数字河网模型的分布式汇流模型嵌套联结,最终获得流域出口断面的洪水过程以及流域上径流、蒸散发、土壤湿度的空间分布过程。数字水文模型(DHM)的结构如图 2 所示。

3.1.2   小花间分布式水文模型构建

小花间分布式水文模型的建立应在继承原有的研究和应用成果的基础上开发新的方法,根据这一原则,分布式水文模型研究分两步完成。首先,在建立数字高程流域水系模型的基础上,网格单元产流模型以原有产流模型为基础进行构建;然后,开发新的产汇流模型,以利用更多的地理信息(包括植被、高程、坡度、地质、土地利用等)。

分布式水文模型是运行在 GIS 数字水文平台上,其输入信息包括:同化信息;为了率定模型参数,还需要下垫面特征的空间分布信息;模型参数的空间数字化。水文模型模拟结果数字化包括每个网格单元的下渗、蒸散发、径流深、土壤含水量和地下水位等,以此形成数字化空间分布结果。

本次开发中建立的分布式产流模型包括新安江模型、Horton 超渗产流模型、Topmodel 等。流域汇流模型包括三水源滞后演算模型、等流时线法。河道汇流采用马斯京根分段连续演算模型。

在建立小花间分布式水文模型时,分 17 个区分别建立数字水文模型,模拟 17 个控制断面的洪水过程,然后进行河道汇流计算,最终形成故县水库、陆浑水库入库洪水预报,武陟、黑石关、花园口等水文站洪水预报。

3.2   气象预报和洪水预报耦合

气象预报和洪水预报耦合是本系统的关键技术之一。实现气象水文耦合的途径如下:

(1)建立统一的基础空间数据库,包括统一的网格、单元、区域、流域划分及编码,实现对同一区域对象的地理、水文、气象综合描述,系统的基本分辨率规定为空间 1 km × 1 km,时间为 1 h 及 1 d;

(2)多源降雨信息的同化及整合;

(3)实测与预报降雨的拼接,降雨是气象水文耦合的基本中间变量;

(4)常规气象信息的提取及蒸发、土壤含水量的卫星、遥感计算,蒸发、土壤含水量也是水文气象耦合的中间变量;

（5）利用关系数据库实现气象水文耦合,具体要求为,每整点气象部分将数据写入数据库,水文部分将数据从数据库中读出;

（6）尝试气象、水文预报的一体化,但本系统不将此作为目标;

（7）由于气象预报的精度达不到水文预报所期许的精度,水文气象耦合的主要目的是制作并发布洪水警报。

3.3 可视化洪水预报系统

可视化是对软件系统的功能、性能及框架体系方面所作的要求,即以流域电子地图作为背景图,

（1）系统输入信息及其处理过程的实时、动态、多维显示与监视。

（2）模型参数、系统状态参数如土壤含水量、净雨等的空间及时间分布动态显示与分析。

（3）系统输出的多维显示。

（4）多模型、方法、方案的可选择性及动态链接。

（5）方便高效的模型建立和参数率定机制。

（6）预报、分析产品的制作、发布。

（7）降雨、产流、坡面汇流、河道演进、水库调洪等物理过程的虚拟现实模拟。

（8）流速、流向等物理场的空间显示与分析。

（9）河网、地形、地貌、土壤、植被等状态的空间显示与分析。

（10）系统工作日文件的产生和分析,系统历史工作的回调。

4 结语

黄河小花间洪水预报系统总体设计是在经过广泛的国内外调研和专家咨询的帮助下而完成的。系统采用当今较为先进的计算机、网络、软件工程、气象预报及水文预报技术等,以数字高程模型、地理信息系统为基本支撑,以地面165处雨量站、雷达测雨、中尺度数值降水预报成果等多源同化信息为基本输入,充分利用流域土地利用、植被、土壤分布等信息,现代水文模型与传统模型相结合,实现连续、滚动的洪水预报,生成具有不同精度和预见期的洪水预报成果,为黄河防汛调度决策提供强有力的技术支持。

目前,系统建设在顺利进行,预计明年汛期可投入试运行。分布式水文模型、气象预报与洪水预报耦合等新技术在黄河上还是首次尝试,其效果如何有待于实际应用来检验。

黄河下游河段枯水期水流传播时间初步分析

刘晓伟[1]　霍世青[1]　许珂艳[1]　秦 飞[2]　赵玉国[3]

（1. 黄河水利委员会水文局;2. 黄河流域水资源保护局;3. 东营区黄河河务局）

水流传播时间是研究黄河下游枯水径流演进规律的基础,是研制枯水径流模型的关键参

本文原载于《人民黄河》2003 年增刊。

数,它直接影响着模型建立的合理性和计算精度。黄河下游枯水径流不同于天然河道的洪水波,也不同于稳定流,其演进受河道损失、引水及河道形态等因素的影响很大,河段上下断面很难有相对应的波形或恒定的水流存在,因此水流传播时间较难确定。以往,对黄河下游径流演进规律的研究主要集中在洪水,而对枯水的研究较少,没有可以借鉴的方法或成果。在2002年启动的黄河小浪底以下河段枯水水量调度模型研究项目中,人们借助于大量的原型试验和近期历史资料,尝试用水文学中经验相关法分析河段水流传播时间,取得了初步成果,并在枯水径流模型中得到较好的应用。

1 分析计算方法

以原型试验期间黄河小浪底—利津干支流基本水文站实测流量、下游沿黄涵闸引水资料为主,1997年以来同期历史资料为辅,采用水文学中的经验相关法进行水流传播时间分析计算。即根据各断面流量与断面平均流速(以下简称流速)相关关系,确定各断面不同流量级所对应的流速,再由各断面流速计算河段平均流速,最后由河段距离除以河段平均流速,即为该河段传播时间。

断面平均流速关系式为

$$V = f(Q) \tag{1}$$

式中:V 为流速,m/s;Q 为流量,m^3/s。

河段平均流速采用算术平均和加权平均两种方法计算。算术平均法就是将河段上、下断面流速取算术平均值,即

$$\bar{V} = (V_{上} + V_{下})/2 \tag{2}$$

式中:$\bar{V}$ 为河段平均流速,m/s;$V_{上}$、$V_{下}$ 分别为河段上、下断面流速,m/s。

加权平均法主要用在原型试验期水文站之间增加临时断面时,求相邻水文站之间的河段平均流速,即以相邻水文站为河段,临时断面将该河段分为几个子河段,各子河段平均流速乘以该子河段长占该河段的权重,最后累加即为该河段平均流速,其公式为

$$\bar{V} = \frac{1}{L} \sum_{i=1}^{n-1} l_i (V_i + V_{i+1})/2 \tag{3}$$

式中:$\bar{V}$ 为相邻水文站河段平均流速,m/s;L 为相邻水文站河段距离,km;l_i 为第 i 个子河段相邻断面距离,km;V_i、V_{i+1} 分别为第 i 个子河段上、下断面流速,m/s;n 为断面个数。

河段传播时间计算式为

$$\tau = L/\bar{V} \tag{4}$$

式中:τ 为河段水流传播时间,d;$\bar{V}$ 为河段平均流速,m/s;L 为河段相邻断面距离,km。

断面距离又分断面间距和深槽间距两种,前者指相邻水文站断面距离,后者指深泓点连线距离。

2 原型试验及成果

2.1 试验概况

2002~2003年分别进行了冬、春、夏三季枯水原型试验,因2003年9~11月黄河流量较大,所以无法进行秋季原型试验。在冬季试验中,观测断面除小浪底—利津干支流基本水文站外,还增设了8个临时断面;春、夏两季原型试验未增加临时断面。基本水文站为黄河干流小

浪底、花园口、夹河滩、高村、孙口、艾山、泺口、利津,黄河支流黑石关、武陟和东平湖出库陈山口水文站。原型试验概况如下:

(1)冬季原型试验。试验期为 2002 年 11 月 30 日~12 月 11 日,历时 10 天,小浪底日均下泄流量 170~212 m³/s,平均 184 m³/s,加上伊洛沁河来水,黄河下游来水日均流量维持在 200 m³/s 左右;由于引黄济津、引黄济青、其他引黄涵闸的引水及沿程水量损失等原因,12 月 6 日之前利津站日均流量为 30~40 m³/s,之后约 70 m³/s。

(2)春季原型试验。2003 年 2 月 21 日~3 月 20 日和 4 月 15~30 日先后进行了两次试验:第一次试验,小浪底日均下泄流量 145~700 m³/s,加上伊洛沁河来水 20~40 m³/s,黄河下游来水日均流量为 160~740 m³/s;第二次试验,小浪底日均下泄流量 280~620 m³/s,黄河下游来水日均流量为 290~630 m³/s。受下游沿黄涵闸引水及沿程水量损失等因素影响,利津站日均流量一直维持在 30 m³/s 左右。

(3)夏季原型试验。试验期为 2003 年 6 月 10 日~7 月 5 日,小浪底日均下泄流量为 420~680 m³/s,加上小花区间来水,黄河下游来水日均流量为 470~710 m³/s,利津流量为 40~130 m³/s,但多数维持在 100 m³/s 以下。

(4)2003 年 9~11 月黄河下游持续流量较大,无法进行枯水原型试验,因此秋季枯水期水流传播时间是基于 2000~2002 年资料分析的,其中又以 2002 年为主。

2.2 试验成果

(1)冬季原型试验,综合各种计算结果,黄河下游来水流量约 200 m³/s 时,小浪底—利津河段水流传播时间约为 16 天(见表 1)。

表 1　2002 年冬季原型试验小浪底—利津水流传播时间统计

河段	断面间距 (km)	深槽间距 (km)	传播时间(d)					
			按断面间距			按深槽间距		
			方法①	方法②	方法③	方法①	方法②	方法③
浪底小—花园口	124	134	2.79	2.56	2.53	3.01	2.82	2.79
花园口—夹河滩	96	108	1.75	1.80	1.80	1.97	2.02	2.02
夹河滩—高村	93	83	1.75	1.79	1.78	1.56	1.59	1.59
高村—孙口	130	128	2.28	2.38	2.38	2.25	2.35	2.35
孙口—艾山	63	61	1.27	1.27	1.26	1.23	1.27	1.22
艾山—泺口	108	105	2.53	2.20	2.19	2.45	2.13	2.13
泺口—利津	174	176	3.84	3.69	3.69	3.87	3.72	3.72
合计	788	795	16.21	15.69	15.59	16.44	15.90	15.82

注:方法①仅用水文站断面,方法②、③用水文站断面加临时观测断面,但河段平均流速分别采用算术平均和加权平均。

(2)春季第一次试验分为 200、500、600、700、800 m³/s 流量级(指小浪底、黑石关、武陟合成流量,下同),第二次试验分为 200、300、400、500、600 m³/s 流量级,分别统计传播时间。综合两次试验和各种计算结果,200~800 m³/s 各流量级小浪底—利津河段水流传播时间分别约 15、13、11、11、10、9、9 天。

(3)夏季原型试验,流量分为 400、500、600、700 m³/s 几个量级,综合各计算结果,400~700 m³/s 各量级小浪底—利津水流传播时间分别为 11、10、10、9 天。

(4)2002 年秋季,200~800 m³/s 各量级小浪底—利津河段传播时间分别为 17、13、12、

11、10、9、9天。

2002~2003年枯水期原型试验小浪底—利津河段各级流量相应水流传播时间统计见表2。

表2　2002~2003年原型试验小浪底—利津水流传播时间统计

河段	距离(km)	传播时间(d)																	
		200 m³/s			300 m³/s		400 m³/s			500 m³/s			600 m³/s			700 m³/s			800 m³/s	
		冬	春	秋	春	秋	春	夏	秋	春	夏	秋	春	夏	秋	春	夏	秋	春	秋
小浪底—花园口	124	2.79	2.09	2.63	1.72	2.03	1.46	1.79	1.66	1.24	1.58	1.40	1.09	1.41	1.21	0.94	1.28	1.11	0.84	0.99
花园口—夹河滩	96	1.75	1.56	1.55	1.29	1.29	1.08	1.20	1.10	0.92	1.06	0.97	0.81	0.95	0.86	0.72	0.86	0.81	0.68	0.72
夹河滩—高村	93	1.75	1.79	1.56	1.34	1.29	1.08	1.01	1.10	1.06	0.95	1.05	0.91	0.85	0.92	0.88	0.77	0.85	0.88	0.82
高村—孙口	130	2.28	2.64	2.94	2.20	2.21	1.70	1.43	1.98	1.76	1.48	1.77	1.48	1.22	1.47	1.39	1.13	1.26	1.33	1.26
孙口—艾山	63	1.27	1.24	1.81	1.29	1.30	0.94	0.86	0.95	0.91	0.78	0.87	0.83	0.70	0.79	0.73	0.59	0.68	0.65	0.60
艾山—泺口	108	2.53	2.16	2.70	1.84	1.97	1.57	1.79	1.97	1.57	1.42	1.49	1.57	1.42	1.49	1.47	1.20	1.38	1.37	1.08
泺口~利津	174	3.84	3.81	3.79	3.17	3.24	3.17	2.92	3.24	3.18	2.92	3.24	3.18	2.92	3.24	3.20	2.92	3.24	3.20	3.24
合计	788	16.2	15.29	16.98	12.85	13.32	11.00	11.00	12.00	10.64	10.14	10.79	9.88	9.48	9.99	9.33	8.75	9.34	8.95	8.72

注:冬、春、夏指相应季节原型试验,秋季采用2002年资料。

3　成果综合分析

3.1　试验成果分析

由表1可见,就小浪底—利津全河段而言,用水文站断面资料计算与水文站和临时观测断面资料计算,仅相差0.5天。增加临时断面虽然可以弥补水文站间距过长的劣势,较全面地反映河段内河道形态变化,但临时断面测验条件不如水文站,且要增加大量的人力和物力投入,因此在水文站测验精度能够得到保证时,没有必要增加临时断面,这也是在春、夏季原型试验中未增设临时观测断面的原因所在。至于采用断面间距和深槽间距计算传播时间,两者相差不大,如小浪底—利津河段仅相差0.2天。因此,表2及下文所讨论的成果都是由断面间距进行计算。

从表2可以看出,同一试验期,小浪底—利津河段水流传播时间随流量增大而递减。流量愈小,相邻流量级对应的水流传播时间相差愈大;流量愈大,相邻流量级对应的水流传播时间相差愈小。如200 m³/s、300 m³/s两个量级传播时间相差3天,500~800 m³/s各流量级传播时间相差不足0.5天。表明了枯水期水流在主槽行进时,断面流速随流量增大而增加,但当流量增到一定值时,流速则稳定在某一范围。

另外,不同试验期同一流量级传播时间也有所不同,且当流量较小时差别较明显,如流量级200 m³/s时,小花河段冬季和春季传播时间相差0.7天,高村—孙口河段冬季和秋季相差0.6天。而随着流量的增加,不同季节同一量级水流传播时间趋于一致。其原因是断面变化所致。正如上文提到的,黄河下游河道因受冲淤影响,断面形态年际变化很大。如小花河段,2002年秋季和冬季水流传播时间仅差0.13天,而这两季与2003年春季传播时间分别相差0.7天和0.5天,将花园口断面这三个时期的断面图套绘,发现2002年秋季和冬季基本没有很大的变化,而2003年春季与这两季的断面有了一些变化,特别是深泓处。其他河段也与此类似,不一一列举。因此,当断面变化不大时,季节变化对水流传播时间影响不大。

3.2　试验与历史成果比较

原型试验与历史资料统计的水流传播时间相差不大,如小浪底—利津全河段,试验与历史成果相比(见表3),最大相差0.9天,最小为0,且多数都在0.3天以下。试验与历史统计成果相差不大,一方面是因为历史成果是历年平均情况,另一方面表明黄河下游河道断面变化虽对枯季径流演进有影响,但不显著,流量大小是决定水流传播时间的主要因素。

表3 小浪底—利津整个河段试验与历史成果比较

项目	传播时间 (d)														
	200 m³/s			600 m³/s		300 m³/s		700 m³/s		400 m³/s		800 m³/s		500 m³/s	
	冬	春	秋	春	秋	春	秋	春	秋	春	秋	春	秋	春	秋
试验	15.9	16.0	16.4	12.2	12.8	10.9	12.2	10.6	10.8	10.0	10.1	9.2	9.3	8.0	8.8
历史	16.2	15.3	17.0	12.8	13.3	11.0	12.0	10.6	10.8	9.9	10.0	9.3	9.3	9.0	8.7
差值	0.3	-0.7	0.6	0.7	0.6	0.1	-0.2	0.1	0.0	-0.1	-0.2	0.2	0.0	0.9	-0.1

注:夏季历史资料未统计。

由于原型试验期河道相对稳定,断面水位与流量关系较稳定,同量级流速相差也不大,因此各断面流量与流速关系较好,相关系数都在0.85以上,其中小浪底、夹河滩、泺口断面达到0.95以上,并且每天进行1~2次流量测验的情况下能较好地控制水流过程,因此原型试验成果是可靠、合理的。

4 结语

黄河下游枯水期水流传播时间的原型试验为研究枯水径流演进规律积累了丰富的资料,基于试验资料进行的各河段水流传播时间计算成果是可靠、合理的,其成果为枯水调度模型的研制奠定了良好的基础,以此为参数的枯水径流模型在2002~2003年黄河下游水量调度中取得的应用效果是对该分析成果的很好验证。

在现有河道条件下,小浪底加伊洛沁河来水流量200~800 m³/s时,小浪底—利津整个河段水流传播时间为9~16天。但水文站测验断面一般选在比较顺直的河段上,其断面流速可能大于河段平均流速,因此实际水流传播时间可能略长于计算的传播时间。

对黄河下游枯季径流演进规律的研究仅仅是开始,所分析计算的各河段水流传播时间只是初步成果,随着边界条件的改变可能会有所不同,其变化规律有待于进一步研究。

人类活动影响下的洛河产汇流特性变化

刘晓伟 刘龙庆 王玉华 陈 静

(黄河水利委员会水文局)

1 流域概况

洛河发源于陕西省华山南麓蓝田县境内,至河南省巩县境内汇入黄河,河道长447 km,流

本文原载于《西北水资源与水工程》2003年第4期,为国家科技部重点基础项目(19990436-01)。

域面积 18 881 km²,是黄河小浪底至花园口区间(简称"小花间")的最大一条支流,亦是黄河主要洪水来源区之一。

洛河流域北靠华山、崤山,南倚伏牛山,地势西南高东北低。河流走向大致与黄河干流平行。流域土石山区占流域面积的 45.2%,主要分布在上中游地区,植被较好,并有大片森林覆盖,水源涵养条件较好。黄土丘陵区和冲积平原区分别占流域面积的 51.3% 和 3.5%。洛河两岸支流众多,源短流急,最大支流为伊河,位于流域南部,集水面积 6 029 km²,占流域面积 31.9%,流向与干流平行,河谷形态亦与干流相似。次大支流为涧河,位于流域北部,集水面积 1 349 km²,占流域面积 7.1%。往往伊、洛、涧河同时发生洪水,汇流集中,形成较大的洪峰流量。在伊河和洛河上,分别建有陆浑、故县两座大型水库。

2　降水变化

洛河流域处于暖温带南部,年降水量大于 600 mm,南部山区高达 900 mm。降水量年内分配不均,主要集中在汛期 7~10 月,占全年降水量的 60% 左右;而 7、8 两月降水量又占汛期降水量的 65%。

据 1951~1999 年资料统计,流域多年平均降水量为 698.9 mm,最大降水量为 1 127 mm(1964 年),最小降水量为 417.4 mm(1997 年),最大与最小比值为 2.7,90 年代年际变幅减小。50、60、80 年代降水基本处于同一水平,分别为 737.7、718.3、740.1 mm;90 年代降水最少,为 628.2 mm,较多年均值偏少 10%。除 80 年代外,各年代降水呈下降趋势,与 50 年代相比,60、70、90 年代水量分别减少 3%、9%、15%(见图 1 和表 1)。

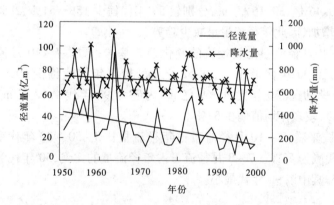

图 1　洛河年降水、径流量变化过程

表 1　洛河降水、径流量统计

年代	降水量(mm)			径流量(亿 m³)		
	全年	7~10 月	7~8 月	全年	7~10 月	7~8 月
1951~1959	737.8	448.8	347.3	41.73	27.19	20.69
1960~1969	718.3	436.5	259.6	35.48	19.37	8.75
1970~1979	674.1	392.8	243.0	20.46	11.99	6.03
1980~1989	740.1	466.3	286.9	30.16	18.89	9.33
1990~1999	628.2	341.6	231.2	14.57	6.52	4.12
1951~1999	698.9	417.3	272.4	27.92	16.42	9.47

7~10 月降水变化趋势基本同年降水,50、60、80 年代相差不大,其中以 80 年代 466.3 mm 为最大;90 年代最小,为 341.6 mm,较多年均值偏少 18%,较 50、80 年代分别偏少 24% 和 27%。7~8 月降水,50 年代最大,为 347.3 m;各年代分别较 50 年代偏少 25%、30%、17%、33%。

降水年内分配:7~10 月降水量占年降水比例,50~80 年代为 60% 左右,90 年代减为 54%。7~8 月降水占年降水比例,50 年代为 47%,60~90 年代减为 37% 左右。受南北向切变线加低涡或台风间接的影响,流域内暴雨较多,多出现在 7 月中旬至 8 月中旬,而且降雨强度大,雨区面积也较大,暴雨中心常出现在流域中部。50、80 年代大面积日暴雨过程较多,60、70 年代次之,90 年代明显减少。如 1982 年 7 月 28 日~8 月 1 日暴雨过程,暴雨中心宜阳县石埚镇站最大 24 h 降雨量高达 734.3 mm,面平均雨量连续 4 天超过 50 mm,5 天面平均雨量 264.3 mm。

3 径流与洪水变化

3.1 径流变化

径流量的年际、年内变化过程与降水量变化过程相似(见图 1 和表 1)。以流域控制站黑石关站为例,70 年代以前最大年径流量达 95.4 亿 m^3,最小为 17.2 亿 m^3,相差 78.2 亿 m^3,最大与最小比值为 5.5;90 年代最大和最小年径流量分别为 22.71 亿 m^3 和 5.55 亿 m^3,相差 17.6 亿 m^3,比值为 4.1,可见径流量及其变幅都在减小。各年代平均年径流量,50 年代最大,为 41.73 亿 m^3;90 年代仅为 14.6 亿 m^3,较 50 年代偏少 65%,为各年代最小;60、70、80 年代分别为 35.48 亿、20.46 亿、30.16 亿 m^3,分别较 50 年代偏少 15%、51%、28%;80 年代径流增加主要是降雨量的增加,因此年径流量呈减少趋势。

7~10 月和 7~8 月径流量与年径流的变化趋势基本一致。7~10 月径流量,50 年代最大,为 27.19 亿 m^3;而 90 年代最小,为 6.52 亿 m^3,较多年均值偏少 60%,较 50 年代偏少 76%。7~8 月径流量,仍以 50 年代 20.69 亿 m^3 为最大,90 年代 4.12 亿 m^3 为最小,90 年代较 50 年代偏少 80%,较多年均值偏少 57%。

从径流年内分配来看,7~10 月径流量占年径流量比例,50~80 年代变化不大,保持在 55%~60%;90 年代减为 43%。7~8 月径流量占年径流量的比例,50 年代为 45%,其余各年代只有 25%~31%,其中以 90 年代最小。

3.2 洪水变化

洛河流域无论是洪峰流量、次洪水量还是出现频次随年代均大幅度减少,尤以 90 年代为甚。黑石关站 1951~2000 年所出现的几场大洪水或较大洪水,几乎都发生在 50 年代,如最大洪峰 9 450 m^3/s 出现在 1958 年,次大洪峰 8 400 m^3/s 发生在 1954 年,另外,50 年代还出现了 4 场洪峰流量在 5 000 m^3/s 左右的洪水;而 60~90 年代,除 80 年代出现一场 4 110 m^3/s 的洪水外,均未出现大于 4 000 m^3/s 的洪水。

从洪峰流量分级来看,3 000 m^3/s 及其以上的洪水共 11 次,其中 50 年代就有 9 次,占总数的 82%,其余 2 次发生在 80 年代;2 000 m^3/s 及其以上的洪水共出现 21 次,其中 50 年代 10 次,占总数的 48%,60、80 年代分别为 6 次和 4 次,各占总数的 29% 和 19%,70 年代仅有 1 次;1 000 m^3/s 左右的洪水,50 年代每年平均 3 次以上,60 年代减少为 2~3 次,70 年代出现较少,80 年代初的几年由于汛期暴雨多又有增加,而整个 90 年代也只不过 1 次,且超过 500 m^3/s 以上的洪水亦寥寥无几。

洪水出现的时间也有所变化。70 年代以前,年最大洪峰可出现在 5 ~ 10 月,但 7 ~ 10 月发生次数约在 90% 以上,大洪水或较大洪水则集中在 7、8 两月;70 年代以后,5、6 月份小洪水都极少出现(80 年代除外),年内最大洪水一般出现在 7 ~ 10 月,但仍集中在 7、8 两月。洪水过程多为陡涨缓落单峰形,也有连续洪峰,一般洪水过程持续时间 3 ~ 5 d,连续洪水可达 10 d 以上,洪水历时没有明显的变化。

4 降雨与径流关系变化

4.1 降雨与径流关系

从流域降雨、径流变化过程可看出两者关系密切。由于降雨、径流主要集中在汛期,因此这里重点分析汛期降雨、径流规律。首先看 7 ~ 10 月降雨与径流关系(见图 2),各年代相关系数依次为 0.96、0.96、0.91、0.95、0.72,降雨与径流具有很好的相关关系,表明了在同一时期径流量主要受降雨的影响,也就是径流量随降雨量的增大而增大;但降雨径流关系点群随年代向左偏离,表明了在相同降雨条件下,不同时期径流量是不同的,即径流量减小趋势,如 80 年代与 50 年代雨量相近,径流量相差 31%。7 ~ 8 月降雨与径流关系(见图 3)与 7 ~ 10 月相似,但其相关程度随年代在降低,50 年代相关系数高达 0.95,70、90 年代为 0.69,60、80 年代分别为 0.81 和 0.91,说明水利水保工程对降雨更集中的 7 ~ 8 月降雨径流关系影响更大。由图 1 可看出,同一降雨条件不同年代的径流量相差很大,如 90 年代与 50 年代相比,降雨量呈减少 22%,而径流量减少 80%,径流量的减幅远大于降雨量的减幅。

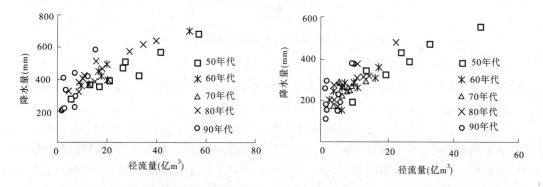

图 2 洛河 7 ~ 10 月降水量与径流量关系 　　图 3 洛河 7 ~ 8 月降水量与径流量关系

再来看降雨径流系数的变化,各年代年径流系数分别为 0.3、0.25、0.16、0.21、0.12;各年代 7 ~ 8 月份径流系数分别为 0.29、0.17、0.13、0.16、0.09。年、汛期降雨径流系数均呈递减趋势,主汛期的减幅略大于全年。

上述降雨径流关系的变化,充分反映了流域人类活动对径流的影响。50 年代流域内综合治理及人类活动影响很少,这一时期可认为是天然状态,径流量的大小主要取决于降雨量,降雨与径流关系较好。70 年代以来,开展了大规模的水利水保工作,如修建蓄水工程(大型水库 2 座、中小型水库 328 座)、小流域综合治理等,流域下垫面条件发生了显著变化,此时,径流受降雨和人类活动的双重影响,降雨与径流的关系也随之改变。一般来说,中常降雨条件下,水利水保工程减水作用对径流的影响较大;而当大雨年份,水库拦蓄能力有限,其减水对径流的影响则相对减弱,这就是 70、90 年代降雨径流相关系数减小而 80 年代增加的原因所在。

4.2 暴雨洪水降雨与径流关系

由黑石关站 60 场洪水特征值统计来看,相同降雨条件下,次洪水量、洪峰流量伴随着年代大幅减少。由图 4 可以看出,70 年代以前的点据多在点群的右侧,表明同等降雨条件下,产流随年代有减小的趋势,特别是雨量在 100 mm 以下时,趋势比较明显;同一时期,产流随降雨增大而增大。现选取 1958 年 7 月、1982 年 8 月、1996 年 8 月三场洪水(分别简称"58·7"、"82·8"、"96·8")进行对比(见表 2),"82·8"洪水最大 5 日面平均雨量为 264.3 mm,是"58·7"雨量的 1.8 倍,但洪量却少 13%,洪峰偏小 1.3 倍;"96·8"与"58.7"降雨相近,但"96·8"洪水的洪量和洪峰仅为"58·7"的 20%,相差甚大。

次洪径流系数,70 年代以前一般洪水为 0.2~0.4,大洪水 0.5 左右,最大达 0.59;70 年代以后一般洪水为 0.1~0.2,大洪水或较大洪水为 0.3 左右,但强连阴雨产生的洪水仍可达 0.4 以上,如 1983 年 10 月和 1984 年 9 月两场洪水径流系数分别为 0.41 和 0.42。

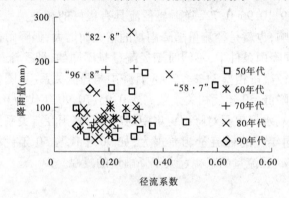

图 4　洛河暴雨洪水降雨与径流关系

由此可见,下垫面的变化改变了流域的产流特性。流域的综合治理提高了拦蓄水能力,相应地减少了产流能力。应该指出的是,流域水利水保工程的防御标准是有限的,即拦蓄能力是有一定限度的,遇大暴雨仍可产生大洪水或较大洪水。

由于洛河属半湿润地区,且大部分时间处于干旱状态,尤其是汛初第一场洪水,土壤缺水量较大,遇大强度降雨会发生超渗产流,产流的特性与雨强的关系很大,因此蓄满及超渗产流兼有。另外,下垫面及暴雨时空分布的不均匀性,以及水利水保工程在汛期首场洪水和连续出现几场洪水情况下的拦蓄能力不同,对次洪产流影响很大,致使暴雨洪水降雨与径流关系比较复杂。

表 2　洛河黑石关站典型洪水特征值

年份	峰现时间 (月-日 T 时)	洪峰流量 (m³/s)	次洪量 (亿 m³)	径流深 (mm)	降雨量 (mm)	前期影响雨量 (mm)	径流系数
1958	07-17T13:36	9 450	16.59	89.37	151.0	36.5	0.59
1982	08-02T0:00	4 110	14.53	78.27	264.3	14.4	0.30
1996	08-04T09:00	1 980	3.385	18.24	146.5	26.6	0.12

注:前期影响雨量为反映流域土壤湿度的指标,取 45 天。

5 结语

（1）洛河流域径流量的变化与降水量的变化趋势基本一致。除80年代外,各年代降水量、径流量呈减少趋势,特别是90年代,降水量、径流量最小。径流量的减幅远大于降水量的减幅,表明了流域径流除受降水影响外,还受人类活动的影响。

（2）流域一系列治理措施减小了本地区产流能力。相同降雨条件下径流量大幅度减少,大洪水发生的次数在不断减少,洪水出现频次、洪峰流量、次洪水量随年代大幅度减少。

（3）流域产流具有蓄满和超渗的特征。受人类活动的影响,流域下垫面发生了显著变化,产流特性更加复杂。

（4）由于流域水利水保工程是有一定防御标准的,中常降雨条件下拦水作用较大,但对大暴雨减水作用相对减弱。因此,如遇大暴雨仍可出现大洪水或较大洪水。

2002～2003年黄河流域降雨径流特点分析

饶素秋[1]   杨特群[1]   邬虹霞[1]   秦 飞[2]

（1. 黄河水利委员会水文局;2. 黄河流域水资源保护局）

2002～2003年度黄河流域降水严重偏少,经历了有资料记录以来的最少来水。据初步估算,本年度黄河花园口以上天然来水量约290亿 m³,较多年均值(560亿 m³)偏少48%,是有资料记录以来来水量最少的一年。其降雨径流特点主要表现为年度降水量偏少,年内主汛期降雨量严重偏少,相应的黄河上中游各主要来水区年度来水总量特枯,实测径流总量较多年均值偏少55%,是有资料记录以来实测径流量最小的一年,汛期来水特少,全年多站多月出现了径流量的历史最小值。

1 降雨特点

本年度黄河流域降雨的主要特点表现为年度降水总量偏少,年内主汛期降雨量严重偏少,非汛期降雨总量较多年均值偏多,但时空分布不均,且降雨量值相对较小,不足以缓解旱情。

2002年7月至2003年6月黄河各主要来水区降雨总量偏少,其中降雨最少的区间为黄河下游,较多年均值偏少29%,其次是兰州以上偏少22%,其余3个区间偏少7%～17%(见表1)。

降雨的年内分配不均,特别是主汛期(7～10月)降雨严重偏少。5个主要来水区间汛期降雨量较多年均值偏少26%～60%,其中兰州以上和黄河下游区间降雨量为历年同期最小值,泾渭洛和三花间降雨量排历年同期倒数第三和第四位。在枯水期的11月～翌年3月,黄河中游的晋陕区间和泾渭洛河降雨较多年均值分别偏多61%和69%,其余区间降雨量仍偏少4%～23%。2003年4～6月,黄河流域降雨形势较前期有所改善,各主要来水区降雨量均较

本文原载于《人民黄河》2003年增刊。

历史同期偏多,偏多20%以上的区间有兰州以上、晋陕区间和黄河下游,距平值分别为25%、32%和48%。

本年度各月降雨量与历史同期相比较,偏少最多的月份是2002年7、8月。其中7月各区间降雨量偏少33%~62%,泾渭洛河降雨量为有资料记录以来的最小值;8月各区间降雨量偏少31%~68%,兰州以上区间降雨量为历史最小值。2002年12月开始黄河中下游各区降雨量普遍较多年均值偏多,其中晋陕区间从12月~翌年6月连续7个月降雨量较历史同期偏多20%以上;泾渭洛区间12月~翌年3月各月降雨量偏多60%以上;三花间12月、2月和6月降雨量均偏多50%以上。2003年4~6月,降雨在空间分布上变化较大。4月降雨量,兰州以上、晋陕区间和黄河下游分别较多年均值偏多25%、68%和137%,而泾渭洛和三花间分别偏少11%和2%;5月降雨量,除三花间偏少21%外,其余区间偏多11%~54%;6月降雨量,兰州以上和泾渭洛河接近常年,其余3个区间偏多25%~53%。

表1 各区间降雨总量统计 (单位:mm)

时段	项目	兰州以上	晋陕区间	泾渭洛河	三花间	黄河下游
7~10月	实况	163	223	224	257	167
	均值	290	303	327	387	419
	距平(%)	−44	−26	−31	−34	−60
11月~翌年3月	实况	17	45	61	82	48
	均值	27	28	36	85	62
	距平(%)	−37	61	69	−4	−23
4~6月	实况	168	136	139	200	239
	均值	158	103	134	174	162
	距平(%)	6	32	4	15	48

2 径流特点

据现有报汛资料统计,2002年7月~2003年6月黄河流域各主要来水区实测径流总量约220亿 m^3 ,较多年均值(492亿 m^3)偏少55%,是有资料记录以来实测径流量最小的一年。其中7~10月径流总量约112亿 m^3 ,较多年均值(293亿 m^3)偏少76%;11月~翌年6月径流总量约108亿 m^3 ,较多年均值(199亿 m^3)偏少46%。汛期和非汛期径流总量均为有资料记录以来的最小值(详见表2)。

虽然各区间径流总量均偏少,但偏少的程度有所差别。7月~翌年6月年度总量各区间偏少幅度为24%~83%,7~10月总量偏少幅度在39%~90%,11月~翌年6月偏少幅度为7%~68%。所有区间中,唐乃亥和龙刘区间汛期、非汛期和年度径流总量均为有资料记录以来的最小值;华县站11月~翌年6月径流总量为历年最小,7~10月和年度总量均为历史倒数第二。本年度各主要来水站(区)各月径流总量变化见图1。可以看出,各月径流实况均较多年均值偏少,偏少幅度在31%~69%,其中偏少60%以上的月份有2002年的8、9、10月。各主要站多月出现有记录以来的历史同期最小流量,如唐乃亥站2002年8月~2003年3月连续8个月月平均流量为历史同期最小值,洮河红旗站2002年9~12月连续4个月各月平均流量为历史同期最小值。由于黄河兰州以上各区间来水量在多年平均来说占花园口以上来水量的65%左右,这一区间来水量减少直接导致整个流域水资源量的减少。

表2 2002～2003年度黄河各主要来水站(区)径流量统计 （单位：亿 m³）

时段	项目	唐乃亥	龙刘区间	刘兰区间	河龙区间	华县	河津+洑头	黑石关	武陟	合计
7～10月	实测	52	8	17	16	11	3	4	1	112
	多年均值	131	34	28	26	44	11	15	5	293
	距平(%)	-60	-75	-39	-39	-75	-68	-76	-90	-62
11月～翌年6月	实测	46	10	14	22	9	2	4	1	108
	多年均值	85	25	18	24	28	7	11	2	199
	距平(%)	-45	-60	-22	-7	-68	-68	-64	-64	-46
7月～翌年6月	实测	98	18	31	38	20	6	7	1	220
	多年均值	215	59	46	50	72	17	26	7	492
	距平(%)	-54	-69	-32	-24	-73	-68	-71	-83	-55

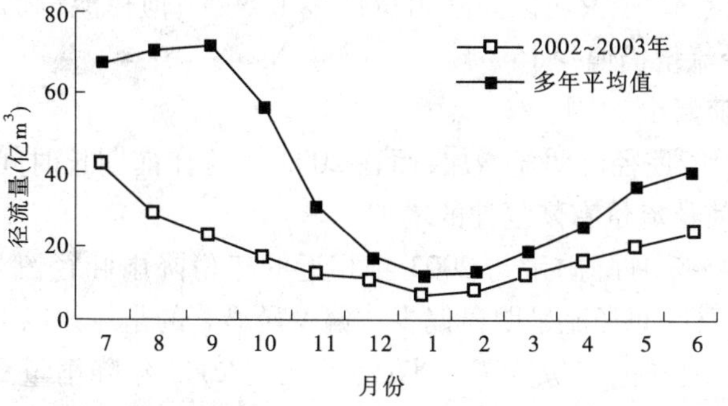

图1 2002年7月～2003年6月各主要来水区径流总量的变化

3 降雨、径流关系变化分析

降雨是径流补给的主要来源,分析表明,2002～2003年,各区间降雨偏少的时段中,同期径流量较降雨量偏少的幅度大,而不同季节径流受降雨影响的程度也不同。汛期降雨量对径流量的影响最大,不仅影响了汛期的径流量,而且对非汛期前期的径流量也有一定的影响。非汛期降雨量增加仍未能使径流量明显增加。各区间降雨、径流关系的变化特点主要为:兰州以上区域7月～翌年2月降雨和径流变化幅度基本一致,3月份以后降雨量增加,但径流量仍在减少;黄河中游各区间汛期径流量减小幅度较降雨减少的幅度大,非汛期降雨较多时径流量仍偏少。本年度各不同时期各区间降雨径流关系特点如下。

3.1 主汛期径流减小幅度较降雨减小幅度大

本年度各区间汛期降雨量偏少幅度为26%～44%,径流量偏少幅度为50%～83%。其中兰州以上区域两者减小幅度较一致,但黄河中游各区间径流减小的百分比是降雨量减小的1倍多。分析表明,黄河中游降雨量偏多和偏少时径流与降雨的关系会呈现不同的趋势。图2为河龙区间汛期降雨量少的年份降雨与径流关系图,可以看出,2002年7～10月降雨量所产生的径流量相对历史上降雨少的年份同等降雨所产生的径流量偏少(图中实心点为2002年),另据分析,泾渭洛区间径流减少更显著,224 mm 降雨量所产生的径流量只相当于以前160~180 mm降雨所产生的径流量。

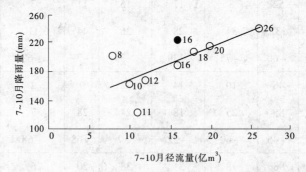

图2 河龙区间汛期降雨少的年份雨量与径流量关系

3.2 11 月~翌年3月降雨量少,对径流影响小

冬季(11月~翌年3月)的降雨由于其降雨量相对汛期来说很小,因此对径流影响很小,冬季径流主要受前期土壤含水量影响,以地下水补给为主,因此冬季即使降雨较多也几乎不能产生什么径流,如本年度冬季,泾渭洛区间降雨量偏多了69%,但径流量仍偏少69%;河龙区间降雨量偏多了61%,径流量仍偏少15%。

3.3 4~6月降雨多,径流量少

春季降雨在一般年份能使径流明显增加,而在2003年这样前期长时间干旱的年份,降雨偏多10%~30%仍不能使径流量有恢复性的增加。

表3列出了历史上4~6月降雨量与2003年相近的年份降雨和径流量的对比。可以看出,同等降雨情况下各主要区间径流量明显偏少。偏少最显著的是兰州以上区域,降雨相近年份的径流量2003年最少,较其他年份少了一半;河龙区间2003年降雨量和径流量均与1987年相近,但较五六十年代径流量明显偏少;泾渭洛区间同等降雨量条件下2003年的径流量几乎是最少的,与1978年相近,与其余年份比较,径流量偏少60%以上。

表3 4~6月降雨量相近年份降雨量与径流量对比

兰州以上			河龙区间			泾渭洛		
相似年份	降雨量(mm)	径流量(亿m³)	相似年份	降雨量(mm)	径流量(亿m³)	相似年份	降雨量(mm)	径流量(亿m³)
1964	177	85	1954	128	31	1972	132	9
1976	167	84	1956	153	24	1973	145	11
1983	168	95	1963	153	22	1974	136	10
1988	161	64	1983	148	6	1978	138	4
1991	165	54	1984	152	9	1989	131	19
1994	165	80	1987	135	12	1992	137	8
2003	168	42	2003	136	13	2003	139	5

4 水库蓄水

在 2002～2003 年度黄河干流水库对调节水量、缓解旱情起到了至关重要的作用。从 2002 年 7 月 1 日至 2003 年 7 月 1 日黄河干流五大水库共减少蓄水量约 62 亿 m³,其中龙羊峡和小浪底水库分别减少蓄量 31 亿 m³ 和 22 亿 m³。在 2002 年汛期(7～10 月)水库减少蓄量最多,五大水库共减少蓄量约 40 亿 m³,其中起主要作用的是小浪底水库,减少了 31 亿 m³。一般年份的汛期是龙、刘两库增加蓄水量的季节,但 2002 年汛期两库减少蓄量共 8 亿 m³,其中龙羊峡水库减少蓄水 2 亿 m³,这是其建库以来第一次在汛期出现蓄水量减少的情况。11 月～翌年 4 月五大水库蓄水总量增加 2 亿 m³,其中龙羊峡水库减少 29 亿 m³,刘家峡和小浪底水库分别增加蓄量 6 亿 m³ 和 20 亿 m³。2003 年 4～6 月五大水库共减少蓄水 23 亿 m³,其中刘家峡和小浪底水库分别减少 6 亿 m³ 和 11 亿 m³。

5 结语

通过对 2002～2003 年黄河流域降雨径流特点的分析,得出以下结论:

(1)本年度是黄河流域有资料记录以来来水最少的一年,有多站多月出现了流量的历史最小值。

(2)本年度各主要来水区降雨量偏少,特别是主汛期(7～10 月)黄河流域各主要来水区降雨量严重偏少,这是径流特枯的主要原因。

(3)近年来随着人类活动影响的增加,黄河各主要来水区的降雨径流关系发生了改变:兰州以上 4～6 月同等降雨条件下径流量明显减少;黄河中游各主要来水区间各时段的径流量均较降雨量减少的幅度大,特别是泾渭洛河 4～6 月同等降雨量条件下的径流量减少更加显著。

(4)本年度黄河干流五大水库年度总蓄水量减少 62 亿 m³,对调节径流、缓解旱情起到了至关重要的作用。

2003 年 9 月洛河洪水产汇流特性分析

许珂艳[1,2]　陶　新[1,2]　刘龙庆[1]　秦　飞[3]　孙文娟[1]

(1. 黄河水利委员会水文局;2. 河海大学水文水资源及环境学院;
3. 黄河流域水资源保护局)

洛河位于黄河小浪底至花园口区间,是黄河十大支流之一,也是黄河下游主要暴雨洪水来源区。2003 年 8 月 28 日～9 月 6 日,小花间出现了持续 10 天的降雨过程,使洛河出现数次较大的洪水过程。经故县、陆浑两水库的防洪运用,黑石关站 9 月 3 日 2 时洪峰流量 2 220 m³/s,洪峰水位 113.42 m,为自 1982 年以来最高水位,伊河、洛河夹滩地区出现了自"82·8"洪水以来最严重的漫滩。

本文原载于《人民黄河》2004 年第 1 期。

1 天气与降雨概况

2003年8月28~29日,受高空低涡切变影响,洛河普降大到暴雨,个别站降大暴雨,陶花店、侯氏站28日日雨量分别达185、172 mm,2小时降雨量达64、78 mm;8月31日洛河部分地区降大到暴雨。

9月5~6日,受700 hPa低涡切变影响,伊河大部地区和洛河部分地区降大到暴雨。伊河庙子站、洛河官坡站6日雨量分别为65、54 mm。

2 洪水来源与组成

由于9月2~4日洛河降雨转弱,可将洪水过程分为两次来叙述。

(1)受8月28日~9月1日降雨影响,伊河上游东湾站形成了3次较尖瘦的洪水过程,最大流量为8月30日12.8时的1 500 m³/s;陆浑水库9月1日18.2时最大下泄流量1 180 m³/s,龙门镇9月1日23时洪峰流量1 250 m³/s。受陆浑水库泄流影响,龙门镇1 200 m³/s以上流量持续18小时。

洛河上游灵口站8月29日6时洪峰流量2 970 m³/s。受故县水库调蓄影响,白马寺9月2日7时最大流量1 350 m³/s,为1996年以来最大流量,1 200 m³/s以上流量持续了34小时。

洛河黑石关站9月3日2时洪峰流量2 220 m³/s,洪峰水位113.42 m,为1982年以来最高水位。

(2)受9月5~6日降雨影响,伊河上游东湾站9月7日1时洪峰流量1 440 m³/s,经陆浑水库调蓄后,龙门镇7日16时洪峰流量663 m³/s;洛河上游卢氏站6日23.7时洪峰流量1 310 m³/s,经故县水库调蓄后,白马寺站7日12时洪峰流量1 100 m³/s。伊河、洛河洪水汇合后,黑石关站7日16时洪峰流量1 390 m³/s。洛河洪水特征值见表1。

表1 洛河洪水特征值统计

站 名	最大流量 (m³/s)	出现时间 (月-日 T 时:分)	相应水位(m)	起止时间 (月-日 T 时:分)	水量 (亿 m³)
灵 口	2 970	08-29T 06:00	100.86		
白马寺	1 000	08-31T 16:00	14.31		
	1 350	09-02T 07:00	15.06	08-29T 08:00~09-12T 08:00	7.77
	1 130	09-07T 11:00	14.31		
东 湾	1 500	08-29T 15:30	8.02		
	1 490	09-01T 16:00	8.09	08-29T 01:00~09-10T 08:00	4.94
	1 440	09-07T 01:00	8.07		
龙门镇	1 250	09-01T 23:00	51.16	08-29T 08:00~09-12T 08:00	5.30
	663	09-07T 16:00	50.39		
黑石关	1 010	08-31T 18:18	11.81		
	2 340	09-03T 01:12	13.42	08-30T 08:00~09-13T 08:00	11.80
	1 390	09-07T 16:00	11.83		

3 产汇流特性分析

3.1 降雨径流特性

洛河流域属半湿润地区,兼有蓄满产流和超渗产流特性。由于洛河流域前期影响雨量较大,加上本次降雨持续时间又长,因此土壤长时间处于饱和状态,极易产流。在本次洪水中洛河径流系数为0.31(陆浑、故县两水库洪水期间的蓄水已经还原),仅比1984年9月洪水径流系数小(1984年9月洪水亦是降雨历时较长,从9月21～27日持续7天),而大于"82·8"、"96·8"洪水。且上游受人类活动影响较小的卢氏、东湾两个区域的径流系数在本次洪水中也都较长。洛河流域1980年以来大洪水径流系数统计见表2。

表2 洛河黑石关以上流域历年径流系数统计

时 间 (年 - 月)	前期影响雨量 (mm)	洪峰流量 (m³/s)	径流深 (mm)	降雨量 (mm)	径流 系数	说明
1982 - 08	15.2	4 110	75.69	270	0.28	双峰
1983 - 10	15.3	2 780	30.06	103	0.29	单峰
1984 - 09	18.3	2 400	71.70	171	0.42	双峰
1996 - 08	26.6	1 980	32.21	147	0.22	单峰
2003 - 09	36.8	2 220	69.98	224	0.31	双峰

注:①陆浑、故县水库蓄水量已还原;②前期影响雨量为反映流域土壤湿度的指标,取暴雨洪水前40天。

此外,洛河历史上所发生的暴雨洪水中降雨历时一般为4～5天。本次降雨从8月28日到9月6日历时10天,是历时较长的一次。另外,在黑石关站1950年以来所发生的62场洪水中,9月份以后共发生较大洪水19次,占洪水总数的30%。其中,20世纪80年代以前仅有8次,80年代以后发生11次,有时一年之中9月份连续发生数场洪水,这说明洛河流域9月份以后发生较大洪水的几率在增大。

3.2 洪水演进特点

(1)洛河洪水以上游来水为主,洪峰流量大、持续时间长、洪量较大。由于降雨历时长,使得洛河上中游各站均形成持续的洪水过程。黑石关站于8月31日、9月3日和9月7日共出现3次洪峰,自8月29日至9月9日洪水持续时间长达12天,最大12天洪量10.8亿m³。

本次洪水中洛河上游多站超过设站或近十几年来最大洪峰流量。其中,伊河东湾站洪峰流量为设站以来第四大流量,伊河陆浑,洛河灵口、卢氏两站洪峰流量均为设站以来最大值;洛河长水站洪峰流量为1993年故县水库投入运用以来最大流量,洛河白马寺站、伊河龙门镇站分别为1996、1982年以来最大流量;黑石关站为1984年以来最大流量,洪峰水位为1982年以来最高水位。

(2)下游洪水传播时间长。1990年以来洛河除发生1996年8月洪峰流量为1 980 m³/s的较大洪水外,其余年份均未发生较大洪水,河槽过流能力逐渐降低。黑石关站9月3日洪峰传播至花园口站的时间为20个小时左右,大大超过正常传播时间8～12小时。

(3)伊河、洛河夹滩地区出现"82·8"洪水以来最严重的漫滩。受持续降雨和上中游洪水影响,9月2日2时左右伊河、洛河夹滩地区出现漫滩,并由伊河、洛河交汇处向东横堤发展,至 16 时 20 分东横堤以东地区全部漫滩,岳滩村村内进水,村内平均水深大于 0.4 m,滩区内最深处 1.78 m,这次也是"82 · 8"以来夹滩地区最严重的一次漫滩。

(4)洛河第一次洪峰过程使黑石关断面发生冲刷,行洪条件有所好转。黑石关站 9 月 3 日 2 时洪峰水位 113.42 m,超过 1984 年的洪峰水位 1.02 m。在落水过程中断面有所冲刷,同流量(1 000 m³/s)水位下降 0.6 m。9 月 7 日 16 时洪峰流量1 390 m³/s,相应水位 111.83 m,比第一次洪水涨洪段约降 0.55 m。受 9 月 3 日洪水的冲刷作用,洛河下游河道条件有所好转,黑石关至花园口段洪水传播时间约 16 小时,较前期洪水传播时间缩短 4 小时。

(5)陆浑、故县两水库调蓄作用明显。由于陆浑、故县两水库在洪水期有效拦蓄了上游来水,因此避免了洛河上游来水与中下游洪水遭遇,从而最大限度地削减了黑石关站洪峰。其中,陆浑水库于 8 月 31 日 8 时前关闭全部闸门,完全拦蓄了伊河上游前两次洪水过程。自 8 月 31 日 8 时起陆浑水库按进出库平衡运用(基本按入库流量的日均流量下泄),最大下泄流量1 180 m³/s,洪水期间共拦蓄水量 1.46 亿 m³,削减上游洪峰 20%;故县水库于 8 月 30 日 13 时后按 500 m³/s 下泄,8 月 31 日 14 时后按 800 m³/s 下泄,9 月 1 日 14 时按 1 000 m³/s 下泄运用,洪水期间共拦蓄水量 2.17 亿 m³,削减上游洪峰 57%。

4 认识

本次洪水过程中洛河径流系数较 20 世纪 80 年代以来几场典型洪水的径流系数偏大,其主要原因是受持续降雨影响,洛河流域土壤长时间处于饱和状态,非常有利于产流。由于自 1996 年以来洛河流域未发生较大洪水,因此目前所建立的洪水预报系统中各参数主要是依靠 1996 年以前较大洪水资料率定的,还未专门针对近年来中小洪水进行参数率定,须进一步开展此项工作。

在人类活动影响日益加剧的情况下,洛河流域下垫面条件发生较大变化,其产汇流规律也在逐渐发生变化。这些变化均需要人们在今后加强水文基本规律研究,补充修订流域洪水预报方案,完善洪水预报系统。

小理河流域产汇流特性变化

许珂艳[1,2] 王秀兰[1] 赵书华[1] 王淑文[1]

(1. 黄河水利委员会水文局;2. 河海大学水资源环境学院)

1 流域概况

小理河是大理河的一条主要支流,属山溪性河流,流域面积 807 km²。小理河流域属于黄土丘陵沟壑区,基岩为中生代砂页岩,其上为更新世黄土层覆盖,土层厚 50 ~ 100 m,不仅梁峁相隔,沟壑纵横,而且山高坡陡,植被很差。土质多为黄土和沙土,因而土壤侵蚀剧烈,水土流

本文原载于《西北水资源与水工程》2004 年第 3 期。

失严重。流域控制站李家河水文站基本控制了小理河的水量。该流域有 6 个雨量站和 1 个水文站。

2 降雨变化

小理河流域属大陆性气候,冬春干寒、雨量稀少,夏季炎热、雨量较多。降水量年内分配不均,主要集中在汛期且多以暴雨形式出现,6～9 月降雨量占全年降雨量的 73% 左右,而 7～8 月降雨量又占汛期降雨量的 63%,最大月降雨量多集中在 8 月份。另外,降雨空间变化不大,各雨量站降雨量由西向东略有增加。

据 1959～1999 年资料统计,流域多年平均降雨量为 397 mm,降雨年际变化较大,1997 年流域面平均降雨仅 209 mm,而 1994 年降雨则高达 500 mm,是 1997 年降雨的 2.4 倍;各雨量站年降雨量在 150～670 mm 之间,李家河站 1978 年降雨量曾高达 671 mm,1997 年降雨量仅243.4 mm(见图 1 和表 1)。

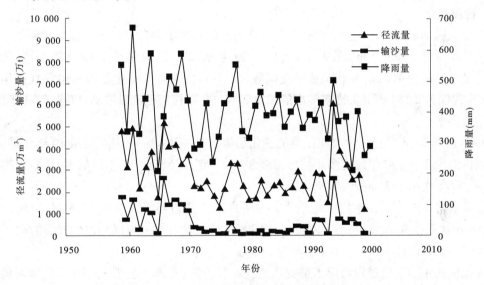

图 1　小理河年降雨、径流、输沙变化过程线

表 1　小理河降雨、径流量及输沙量统计

年代	降雨量(mm)			实测径流量(万 m³)			输沙量(万 t)		
	全年	6～9 月	7～8 月	全年	6～9 月	7～8 月	全年	6～9 月	7～8 月
1959～1969	460.3	325.1	198.8	3 668	2 345	1 729	1 275	1 236	1 028
1970～1979	374.4	277.2	190.4	2 483	1 337	976	325	323	298
1980～1989	395.9	299.2	162.1	2 185	1 048	666	197	194	164
1990～1999	362.5	260.2	172.2	2 873	1 770	1 295	722	704	567
多年	399.7	291.3	181.3	2 823	1 642	1 180	646	629	527

分年代统计表明,60(1959～1969)～90 年代降雨量分别为 460.3、374.4、395.9、362.5 mm,除 60 年代降雨量较其他年代偏大较多外(也可能是资料原因造成,1965 年以前该流域只

有李家河一个雨量站),其他年代变化不大。90年代最小,较多年均值偏少9%;80年代降雨较60年代偏少14%,但较70、90年代偏多6%、11%。

6~9月降雨60~90年代有逐渐减少的趋势,90年代最少,为260 mm,较多年均值偏少11%,较60、70、80年代分别偏少20%、6%、13%。7~8月降雨量的变化趋势与6~9月略有不同,70~90年代较60年代分别偏少4%、18%、15%,90年代比80年代略有增加,但仍低于60、70年代,90年代变幅最大,80年代变幅最小。

降雨的年内分配,6~9月降雨占年降雨73%左右,各年代差别不大。7~8月降雨占年降雨的比例,60、80年代为40%,70、90年代为50%左右。

以上分析表明,90年代虽然年降雨、6~9月降雨最少,但降雨较集中,7~8月降雨较80年代偏多。

3 径流、输沙变化

3.1 径流变化

该流域属半干旱地区,蒸发旺盛,径流量小,产流不均匀,年际变化大。流域控制站李家河多年平均径流量2 823万 m³,最大径流量为1994年6 100万 m³,最小为1999年1 263万 m³,最大与最小比值为4.8,90年代径流量变幅最大。各年代平均年径流量60~80年代逐年代减少,80年代仅为2 184万 m³,比多年均值偏少23%,90年代年径流量增加,仅次于60年代,与多年均值持平。

6~9月和7~8月径流量与年径流的变化趋势基本一致。6~9月径流量80年代最少,比多年均值偏少37%,90年代比多年均值偏多8%;7~8月径流量80年代最少,比多年均值偏少43%,90年代比多年均值偏多9.7%。

径流量的年内分配各年代变化较大,6~9月径流量占年径流量的比例,60年代最大为64%,80年代最小为48%,90年代为62%;7~8月径流量占6~9月径流量的比例60年代最大为74%,80年代最小64%,多年平均为71%。

径流量的年际变化过程与降水量变化过程略有不同(见图1和表1),80年代降雨量最大而径流量最少,90年代降雨量最少而径流量仅次于60年代,比70、80年代都大,其原因主要是:

(1)该流域1971~1985年兴建了大量的水利(引水灌溉)工程,渠道引水多发生在4~10月,据统计,有引水记录的工程引水量占年径流量的比例,从1%~12%不等,平均年引水量在4%左右,1975~1987年引水量较大,这一时期平均年引水量约150万 m³。引水量的增大相应削减了径流量,使70、80年代径流量较少。

(2)70、80年代虽然年降雨量比90年代偏多,但分配较均匀,不易产生大洪水,对该流域各年最大流量分析可知:李家河站年最大流量排第一位的是1994年1 310 m³/s,次大是1960年1 240 m³/s,最小的是1981年13.7 m³/s。年最大流量60、70、80、90年代平均分别为439、151、84.8、350 m³/s,其中60年代最大,80年代最小。70~80年代年最大流量大于200 m³/s的只有4次,最大为1974年294 m³/s,而90年代年最大流量大于200 m³/s的有7次,有的年份如1992、1994一年有2~3次洪水过程。

(3)90年代虽然年降雨量最少,但7~8月降雨量比80年代略多,且集中在几次洪水过程。90 年代径流量偏多集中表现在 1994 年,1994 年虽然年降雨量不是最大(排第 7 位),但 8 月降雨量却居历年之首,高达 239 mm,比排第二位的 1970 年偏多 37%。且 8 月降雨量集中在两次暴雨洪水过程,8 月 4 日 16 时~5 日 8 时该流域平均降雨量 95 mm,暴雨中心大路峁台 2 小时降雨量 90.6 mm,最大雨强 45.3 mm/h;8 月 10 日 4 时~11 日 2 时流域平均降雨量 93 mm,该次降雨空间分布较均匀,最大雨强为 36.6 mm/h(李家河站)。这两次总历时 22 小时的降雨过程降雨量占 8 月降雨量的 79%,一般一次洪水过程降雨量越大,汇流的水沙也越多,但对下垫面的产流和侵蚀起直接作用,还与雨强有关,尤其是对于以超渗产流为主的黄土丘陵沟壑区,雨量的不同分配,将引起不同的效果,降雨越集中,雨强越大,形成的地表径流越多,对地表的侵蚀作用也越剧烈,故 1994 年径流量、输沙量、最大洪峰流量均居多年之首,从而使得 90 年代径流量、输沙量偏多。

3.2 输沙量变化

小理河流域由于植被差,水土流失严重。下暴雨时,大量的沃土随波逐流,使河水含沙量高达 1 000 kg/m³ 以上,洪水过后涓涓细流清澈见底。1963 年 6 月 17 日流量仅 100 m³/s 左右,但含沙量高达 1 220 kg/m³,发生了浆河现象,揭河底现象设站至今从未发生过。

小理河流域年输沙量变化与径流量变化过程相似(见表 1 及图 1),李家河站多年平均输沙量 646 万 t,最大输沙量为 1994 年 2 656 万 t,最小为 1983 年 27.5 万 t,最大输沙量为最小值的 96.6 倍,70 年代输沙量变幅最小,90 年代变幅最大。各年代平均输沙量,60~80 年代锐减,80 年代最少,仅 197 万 t,比 60 年代偏少 85%,90 年代比 60 年代偏少 48%,比 70、80 年代均偏多。输沙量的减少幅度比径流量大。

6~9 月和 7~8 月输沙量与年输沙量的变化趋势一致。6~9 月输沙量 60 年代最大,比多年均值偏多 102%,80 年代最少,比多年均值偏少 70%,90 年代比多年均值偏多 11%;7~8 月输沙量 60 年代最大,比多年均值偏多 95%,80 年代最少,比多年均值偏少 69%,90 年代比多年均值偏多 7.6%。

由于输沙与洪水关系密切,年输沙量几乎完全来自 6~9 月。从输沙量的年内分配看,6~9 月输沙量占年输沙量 98%,各年代变化不大,而 7~8 月输沙量又占 6~9 月输沙量的 85%,即年输沙量的 84% 来自 7~8 月。

4 降雨-径流关系变化

从流域降雨、径流变化过程可看出两者关系较密切,图 2 为小理河流域年降雨-径流相关图,各年代相关系数依次为 0.89、0.73、0.61、0.67,其相关程度随年代逐渐减小,80 年代最小,90 年代又略有回升,表明了从 60~80 年代径流量受降雨量的影响逐渐减弱,而受其他因素(如人类活动等)的影响在加强。另外,从图 3 可以看出,60~80 年代降雨径流关系点群随年代向左偏离,表明了在相同降雨条件下,不同时期径流量是不同的,即径流量呈减小趋势,如 80 年代与 60 年代相比,降雨量减少 14%,而径流量减少 40%,径流量的减幅大于降雨量的减幅。

7~8 月降雨-径流关系与年降雨径流关系相似,但其相关程度比年降雨径流好,各年代相关系数依次为 0.91、0.84、0.64、0.84,降雨与径流具有较好的相关关系,表明了在 7~8 月径流量主要受降雨的影响,也就是径流量随降雨量的增大而增大,说明了该流域的水利工程对降雨集中的 7～8 月降雨径流关系影响不大。

再来看径流系数的变化,年径流系数多年变化不大,在 0.05～0.17 之间,平均在 0.09 左右,只有少数年份偏差较大,如 1966、1994、1997 年分别为 0.17、0.15、0.16,年径流系数 80 年代明显偏小,在 0.05～0.09 之间,90 年代点据较散乱,但 1994～1997 年,年径流系数明显偏大,均在 0.1 以上,平均达 0.137,各年代年径流系数分别为 0.10、0.08、0.07、0.10;7～8 月径流系数的变化趋势同年径流系数,但多年变化较大,最大为 0.26,最小仅 0.03,各年代径流系数分别为 0.10、0.06、0.05、0.09。年、7～8 月径流系数 60～80 年代逐年代减小,而 90 年代又有增大趋势,这与径流量的表现一致。

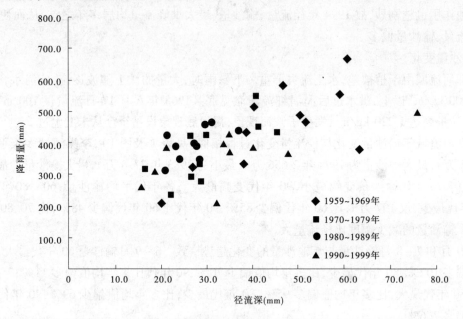

图 2　小理河流域年降雨 – 径流关系

上述降雨径流系数的变化,充分反映了人类活动对径流的影响。60 年代该流域内水利工程很少,这一时期可以认为是天然状态,径流量的大小主要取决于降雨量,降雨与径流关系较好。1971～1985 年该流域兴建了大量的水利水保工程,如修建水库、淤地坝(至 1985 年,建成中型水库 1 座,小型水库 2 座)及渠道等引抽水建筑物,流域的下垫面条件发生了较大的变化,此时,径流受降雨和人类活动的双重影响,降雨与径流的关系也随之改变。由于该流域的水利水保工程以引水灌溉为主,引水多发生在 4～10 月,而 7～8 月降雨较多,需要的引水灌溉量相应减小,故 7～8 月该流域降雨径流相关关系密切。另外,中常降雨条件下,水利水保工程减水作用对径流的影响较大,而当大雨年份,水库拦蓄能力有限且此时不需要引水灌溉,其减水对径流的影响相对减弱,由于 70、80 年代洪水较少而 90 年代洪水较多,故 70、80 年代降雨径流相关系数减小而 90 年代增加。

5　结论

(1)小理河流域年、6～9 月径流量的变化与降雨量的变化趋势不一致,降雨量呈逐年代减少的趋势,而径流量 60～80 年代逐渐减少,90 年代有所增大,但还未达到 60 年代水平;7～8

月径流量的变化与降雨量的变化趋势一致。

（2）与 60 年代相比,70、80、90 年代年均降雨量减少的幅度并不大,分别只有 19%、14%、22%;年径流量减少的幅度较大,分别为 32%、40%、22%;年均输沙量减少则非常显著,分别为 75%、85%、43%。这种变化从一定程度上反映出 70 年代以后小理河流域水沙量的减少,除降雨偏少外,兴建水利水保工程等人类活动也起了一定作用,并且人类活动的减沙作用大于减水作用。

（3）流域 70 年代后兴建的水利水保工程减小了小水年份的径流量,对大洪水年份影响不大,故对 70、80 年代的减水减沙作用比对 90 年代大,而且水利水保工程都有一定的防御标准,如遇大暴雨有可能出现溃坝现象,反而加大径流量。

利用卫星云图估算黄河中游地区平均面雨量

杨特群　王春青　张　勇

（黄河水利委员会水文局）

及时掌握降水信息是做好洪水预报和水资源预测预报的重要前提。长期以来,雨量计资料是有关降水信息的主要资料来源。但是,雨量计空间分辨率不足,尤其是在广大的高原及海洋地区,即使是在雨量计分布稠密的地区,对于中小尺度系统的观测能力也很有限;另外,雨量计测到的是一点的降水,对丁面降水的代表性比较差。雷达可以提供高分辨率的降水时间和空间分布,但是雷达的覆盖范围非常有限。卫星资料得到的降水分布时间和空间分辨率都较高,而且覆盖面广,静止气象卫星可以 1 小时甚至半小时进行一次扫描,红外线云图空间分辨率可以达到 5 km 左右,可见光可以达到 1 km 左右。由卫星资料得到的降水估计弥补了常规雨量计的不足及雷达覆盖的局限性,因此利用卫星云图估算黄河中游地区平均面雨量对黄河下游防洪和黄河流域水资源的有效利用都具有十分重要的意义。

1 利用卫星资料估计降水的基本方法

应用卫星资料做降水估计的研究始于 60 年代后期。最初的研究以手工技术为主,逐步发展到以后的人机交互技术。到 80 年代后期,以 Scofield 方法为代表的人机交互技术得到重大发展,降水估计的精度明显提高。与此同时,应用数字图像资料做降水估计的自动技术也相应发展起来。

用卫星云图估计降水建立在两点基础上:第一,根据降水天气系统云系的特征演变和降水强度之间的关系估计降水;第二,除去极端情况外,把可见光云图和红外线云图结合起来,判断对流云发展的强弱程度,再考虑其他一些因素就可能用卫星图像估计降水。总的来讲,卫星图像与降水并没有直接的物理联系,主要是根据云的形状、亮度、种类、面积与降水之间的关系作

本文原载于《河南气象》2002 年第 2 期。

为统计因子用统计方法间接求得的。降水估计就是要从错综复杂的云图上找出可降水的云,从而得到降水的空间和时间分布。研究已经表明,通过分析卫星图像上云的形状、类型、变化或通过提取图像上有关辐射及纹理特征做降水估计是完全可能的。

降水是云中水汽的凝结降落,它是大气动力作用与热力作用的综合结果,这种作用不仅决定了云中的降水,而且决定了降水云的外在形态。可见光及红外降水估算方法就是借助于可见光和红外扫描辐射仪对降水云外在形态的探测去推断云中的降水信息,是目前卫星云图估算降水最常见的方法之一。研究表明,一些云图特征量(如云顶温度、温度梯度、云团的膨胀、云体相对于云团中心的偏离量、穿透性云顶的存在等)与云的降水特征有着一定的对应关系,其中强对流云团的云顶温度是与降水强度关系最为密切的云图特征量,而在实际应用中,为了便于云图数字资料的处理,通常用云顶灰度代替云顶温度。

目前,利用云图估计降水的方法很多,"云指数"法和"云生命史"法是两类基本的降水估计方法。云指数法是在仅能获得极轨资料的地方所使用的基本方法,它主要是根据云图或定量辐射资料确定的指数来反映云区特征,经验性地估计出降水潜势。云生命史法是运用静止卫星资料跟踪云场整个生命史来作出降水估计。

2 黄河中游地区平均面雨量估算

为了估算黄河中游地区平均面雨量,采用了中国科学院大气物理研究所与水利部信息中心联合开发的一种降水估算方法。其基本原理和方法如下:

将 GMS 卫星 1 小时间隔的可见光和红外云图作为判别的两个特性进行分类,确定红外线资料的所有最小值点作为对流核,通过搜索红外线图像资料找到亮度温度的最小值,这一最小值被作为中心点,所有比周围温度低的点都被认为是对流核。

参照 Negri – Adler 的方法,应用斜率参数按下式消除卷云:

$$S = T_{1-6} - T_{\min}$$
$$T_{1-6} = (T_{i-2,j} + T_{i-1,j} + T_{i+1,j} + T_{i+2,j} + T_{i,j+1} + T_{i,j-1})/6$$

其中,T_{1-6} 是 6 个最近像素的平均值。相对大的 S 值表示有一对流区存在,小的 S 值表示一个不活跃区存在。

应用一维云模式确定红外线图上对流核的降水率。层状云降水通过一个温度阈值给出。在已经确定的非对流云区,凡是温度小于其温度期望值的区域,其降水率为 2 mm/h(此值是根据层状云的降水率约为对流云降水率 20 mm/h 的 1/10 得到的)。

技术路线如下:

云图分类。首先利用 Bayes 判别分析方法,分类后的图像包括地表、中低云、强降水区和卷云等 7 类,并且在每次分类后重新计算均值、协方差矩阵和先验概率,以此作为下一次分类的依据,这就达到了在分类过程中不断学习的效果,使计算能够自动进行,同时分类结果受季节、天气系统等具体影响较小。在夜间没有可见光云图的情况下,则利用白天不断更新的云图分类结果作为阈值,对红外云图进行密度分割,从而提高分类的准确性。

降水量估算。在云分类的基础上,对分出的层云和对流云用不同的方法分别估算其降水率。采用 Adler 和 Negir1988 年提出的对流云、层云方法(CST)并进行了改进。主要步骤是:

(1)在对流云中找出对流核心。通常搜索对流云区中亮点温度比周围低的点并衡量其活跃程度,确定对流核心像素点 T_d(核像素的亮度温度)。

（2）计算对流降水区域。根据一维云模式,A_d 和 T_d 线性关系为

$$\ln(A_d) = aT_d + b$$

（3）估计层云降水率。由于层云降水比较均匀,根据不少专家研究成果,取平均值 2 作为层云的降水率。

（4）选取的估算范围为 20° ~ 50°N、80° ~ 140°E 的区域,估算内容大致可分为:估算选定时次各像素点的降水率(1 h 时降雨量),有关像素点的估算值以数据形式保存,可供其他程序使用;累加选定时段各像素点的降雨总量,累加结果以数据形式保存,可供其他程序使用;分别估计山陕区间、汾河、泾渭洛河、三花间等 4 个区域在选定时段内的面平均雨量和时段总降水量,计算结果保存在数据文件"suanrain.tab"中,可供其他程序使用。

3 应用实例

2001 年 7 月 26 ~ 28 日黄河流域出现了一次较强的降雨过程。兰州以上部分地区降小到中雨,个别站大雨;黄河中下游大部地区降小到中雨,局部大到暴雨,个别站大暴雨。对于此次降雨过程,用上述卫星云图估算降水的方法对黄河中游各区间的累计降水量进行估算(见表1),从表 1 可以看出,两者对降雨情况的描述在降水趋势上相当接近,而在数值上,利用卫星云图估算出的面平均雨量值普遍小于用雨量站资料的简单算术平均值。由于每个区间内的雨量站都不可能布满整个区间,而且已有的各雨量站控制面积也不可能完全相等,所以用雨量站资料进行简单的算术平均很难反映面平均值。利用卫星云图估算面平均雨量,以像素点为计算单位,像素点之间为 5 km 等距,卫星云图完全覆盖各个区间,克服了用雨量站资料进行简单算术平均的不足,而且在收到卫星云图后可以很快计算出估算结果,节省了雨量信息传递的时间,更便于在生产中使用。综合以上分析不难看出,利用卫星云图估算黄河中游面平均雨量,具有很好的实用价值。

表 1　卫星云图估算结果和雨量站观测资料对照

日期	26 日			27 日			28 日		
	估算值（mm）	实测值（mm）	总量估算（万 m³）	估算值（mm）	实测值（mm）	总量估算（万 m³）	估算值（mm）	实测值（mm）	总量估算（万 m³）
山陕区间	24.6	32.2	335 198	2.8	3.6	36 784	3.0	<0.1	40 207
汾河	18.2	22.1	169 005	5.1	19.0	69 619	2.9	0.2	40 525
泾渭洛河	20.4	24.0	276 583	7.8	7.7	105 427	15.1	7.1	206 041
三花间	9.1	18.0	122 548	6.0	18.5	79 758	2.2	1.8	30 808

注:估算值为利用卫星云图资料估算的面平均雨量,实测值为区间雨量站均值,总量为区间各像素点的估算值之和。

4 结语

降水的时空分布和强度变化极不均匀,常规观测手段难以获取其三维时变信息,遥感技术的应用便成了降水监测方法研究不可缺少的内容。多年来,气象学家在全球范围内广泛地开展了利用卫星云图资料进行降水估算的研究工作,形成了各具特色的降水估计方法,据 AIP

（降水估计方法比较计划）的资料介绍,全世界有影响的降水估算方法有 30 多个,降水估算技术得到了很大的发展,利用红外云图和可见光云图资料进行降水估算已经成为监测降水的重要方法之一。

然而,利用卫星云图资料进行降水估算在以下几个方面仍然遇到了较大的困难:

第一,强对流云团的发展速度很快,以小时为单位的卫星观测不足以监测云团的快速变化。

第二,卫星资料的空间分辨率仍显不够。在中纬度地区,一个 GMS 红外像素覆盖几十甚至上百平方公里的面积,在这几十平方公里的范围内,强对流云团的云顶表现以及地面降水都会有很大差异,因此仅靠一个或几个像素辐射值是不足以反映这种差异的。

第三,由于红外与可见光扫描辐射仪无法直接获取来自降水粒子的辐射信息,因此各种方法都存在一定的误差。

第四,不同地理区域的降水特性相差甚大,各地的估算模型都需要一定的校正时间。

第五,利用卫星资料估算降水从根本上还是基于统计和经验的降水反演,而不是基于物理过程的模式反演,必然存在一些统计方法所无法避免的误差,比如对于很强的降水过程估计偏小,而对于很弱的降水过程估计偏大等。

要克服以上这些不足,必须将卫星资料、地面雨量观测资料以及雷达探测资料有机融合,实现降水估算模型与实时资料库的有效连接,用实时资料对估算结果进行实时校正。随着计算机、网络和通讯技术的迅猛发展,地面雨量观测站(包括自动站和人工站)采集的点雨量资料越来越及时,雷达探测资料实现大范围联网。在这种基础上,将地面雨量观测站采集的点雨量资料和卫星资料大范围的面观测以及雷达探测资料相结合,在利用卫星资料进行降水估算时,用卫星云图资料的估算结果作为初始场,再引入地面雨量观测资料和雷达探测资料进行客观分析,以提高降水估计的精度,必将成为卫星云图降水估算的一个发展方向。

黄河花园口"05·7"洪水"异常"现象分析

弓增喜　赵新生　王　军

（黄河水利委员会水文局）

2005 年 7 月上旬,黄河发生了一次高含沙洪水,小浪底站最大流量为 2 380 m³/s,传播到花园口时洪峰流量为 3 640 m³/s。扣除区间加水 60 m³/s 后,比小浪底增大 1 200 m³/s,即增大约 50%。

本次"异常"洪水是花园口水文站 2005 年入汛以来的最大洪水,主要来源于黄河中游,经三门峡、小浪底两水库调节后,在下游河道运行过程中产生。在区间水很小的情况下,洪峰传播中因何发生如此大的增值现象? 与刚刚结束的调水调沙是否有关? 笔者通过花园口站实测

本文原载于《人民黄河》2005 年第 11 期。

资料以及历史洪水洪峰增值情况的对比分析,探讨了形成原因。

1 断面河道状况

2005 年 6 月 8 日 8 时,花园口断面流量为 610 m³/s。6 月 9 日小浪底水库加大泄流,开始调水调沙预演。6 月 16 日调水调沙生产运用正式开始,7 月 1 日调水调沙生产结束。

调水调沙开始预演之前,6 月 8 日 9 时 48 分花园口站实测流量为 510 m³/s,河道水面宽 420 m,平均水深为 1.41 m,过水面积为 592 m²;调水调沙后,7 月 4 日 9 时 12 分花园口站断面实测流量为 570 m³/s,河道水面宽 395 m,平均水深为 1.64 m,过水面积为 649 m²。表 1 给出了调水调沙前后花园口断面过流能力的变化。图 1 为调水调沙前后花园口断面形态变化情况。由表 1 可以看出,调水调沙使花园口河段河道刷深,行洪能力增大。由图 1 可以看出,调水调沙前,断面由两个起点距分别为 70 ~ 300 m 和 400 ~ 500 m 的三角形河槽组成,断面 300 ~ 400 m 间平均水深不足 0.2 m,流速小于 0.2 m/s,基本无流量;调水调沙后,断面河道河槽刷深,形似矩形和抛物形。

表 1 调水调沙前后花园口站断面过流能力的变化

项 目	实测时间		变化情况
	06 - 08T09:48	07 - 04T09:12	
流量(m³/s)	510	570	+12%
水面宽(m)	420	395	-6%
过水面积(m²)	592	649	+16%
平均水深(m)	1.41	1.64	+10%

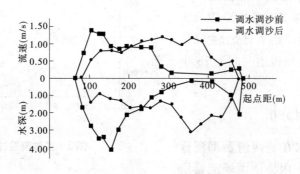

图 1 调水调沙前后花园口断面形态变化

2 水沙传播变化

小浪底水库 7 月 5 日放水排沙,下泄最大流量为 2 380 m³/s,最大含沙量为 152 kg/m³。区间支流伊洛河黑石关站和沁河武陟站流量加水不足 60 m³/s。扣除区间加水 60 m³/s 后,花园口站 7 日 5 时 54 分洪峰流量为 3 640 m³/s,比小浪底站洪峰流量增大 1 200 m³/s,即增大大约 50%。表 2 给出了小浪底水库排沙期间小浪底、花园口两站流量的变化情况。

表2 小浪底水库排沙期间小浪底、花园口两站流量的变化

时 间 （月 - 日 T 时：分）	小浪底 （m³/s）	花园口 （m³/s）	说 明	时 间	小浪底 （m³/s）	花园口 （m³/s）	说 明
07 - 05T08：00	143	760	推·流	07 - 07T09：36	—	3 220	实 测
07 - 05T18：24	1 960	—	实 测	07 - 07T13：06	—	2 590	实 测
07 - 05T20：00	2 140	—	推 流	07 - 07T16：00	2 210	2 200	推 流
07 - 05T20：36	2 300	—	实 测	07 - 07T19：54	—	2 260	实 测
07 - 06T05：30	2 120	—	实 测	07 - 08T08：00	2 420	2 480	推 流
07 - 06T08：00	2 260	610	推 流	07 - 08T09：24	2 510	—	实 测
07 - 06T09：06	2 290	—	实 测	07 - 08T12：00	2 210	2 490	推 流
07 - 06T12：00	2 380	—	推 流	07 - 08T16：24	—	2 480	实 测
07 - 06T14：42	—	1 470	实 测	07 - 08T18：12	1 640	—	实 测
07 - 06T18：30	—	2 100	实 测	07 - 08T18：54	1 200	—	实 测
07 - 06T20：00	2 090	2 180	推 流	07 - 08T20：00	1 140	2 530	推 流
07 - 07T04：00	—	2 570	推 流	07 - 09T00：00	—	2 510	推 流
07 - 07T05：24	—	3 640	实 测	07 - 09T08：00	663	2 390	推 流
07 - 07T07：12	—	3 420	实 测	07 - 09T14：00	—	1 870	推 流
07 - 07T08：00	2 380	3 420	推 流	07 - 09T15：06	—	1 660	实 测

表2数据表明,小浪底水库持续以大于2 000 m³/s流量下泄,6日12:00洪峰流量为2 380 m³/s,花园口站7日5:54峰顶流量为3 640 m³/s,洪峰传播时间近18小时。流量过程见图2。

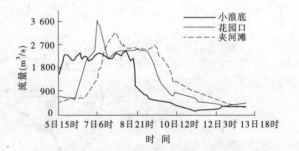

图2 多站流量过程线

3 异常现象及成因分析

一般情况下,洪水在宽浅游荡型河道演进时,漫滩和槽蓄作用将使洪峰流量沿程减小,而历时较长的高含沙洪水却会出现洪峰流量沿程增大的现象。近30年来,下站流量大于上站的情况共发生过9次,除1977年8月龙门—潼关河段发生过1次外,另外8次均发生在小浪底—花园口区间,最近的1次发生在2004年8月,见表3。

3.1 历史洪水增值现象

图3为1992年8月高含沙洪水期间小浪底、花园口两站的洪水过程线。由图3可知,在区间无来水的情况下,花园口站的最大洪峰流量达6 260 m³/s,比上游小浪底站的最大洪峰流量4 570 m³/s净增1 690 m³/s。这种现象在1973年的高含沙洪水过程中也曾出现过。

表 3　近 30 年来下站流量大于上站情况统计

年　份	河　段	洪水特征值统计					
		时间 （月 - 日 T 时：分）	Q_m（m³/s）	$Q_出/Q_入$	S（kg/m³）	传播时间 （h）	传播速度 （m/s）
1973	小浪底—花园口	08 - 27T01：42	4 320	1.10	110	33.3	1.07
		08 - 28T11：00	4 710	(1.00)	120		
		08 - 30T00：00	3 630	1.38	360	22.0	1.60
		08 - 30T22：00	5 020	(1.30)	230		
		09 - 02T12：00	4 400	1.34	325	22.0	1.60
		09 - 03T10：00	5 890	(1.27)	330		
1977	龙门—潼关	08 - 06T15：30	12 700	1.21	480	7.5	4.81
		08 - 06T23：00	15 400		911		
	小浪底—花园口	07 - 08T15：30	8 100	1.00	170	28.5	1.25
		07 - 09T19：00	8 100		450		
	小浪底—花园口	08 - 07T21：00	10 100	1.07	840	15.7	2.26
		08 - 08T12：42	10 800		437		
1992	小浪底—花园口	08 - 15T20：00	4 570	1.37	495	22.0	1.60
		08 - 16T18：00	6 260	(1.34)	216		
2004	小浪底—花园口	08 - 23T03：00	2 600	1.37	292	24.0	1.47
		08 - 24T03：00	3 550		170		
2005	小浪底—花园口	07 - 06T12：00	2 380	1.53	152	17.9	1.97
		07 - 07T05：54	3 640	(1.50)	87		

注：①1973 年 8 月 27 ～ 28 日区间支流来水约 400 m³/s，故 $Q_出/Q_入$ > 1 属区间来水造成；②括号内的数字为扣除区间来水影响后的比值。

由图 3 可知，这场洪水历时达 6 ～ 7 天。在洪水初期，沿程削峰明显，下站洪峰流量大于上站的情况发生在洪水的后期。从流量、含沙量过程线可知，洪峰流量发生在最大沙峰 535 kg/m³ 之后。

图 4 为"04·8"洪水多站流量过程线。由图 4 可知，该场洪水过程中，不仅花园口站出现了增值现象，而且下游的夹河滩站与上站花园口站比较也出现了洪峰流量明显增大的现象。

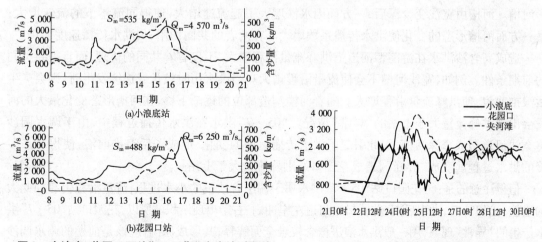

图 3　小浪底、花园口两站"92·8"洪水水沙过程线

图 4　"04·8"洪水多站流量过程线

3.2 "05·7"洪水异常现象

表4为2005年调水调沙前后及异常洪水期花园口站断面过流能力的变化情况。表4数据表明,调水调沙使该河段河道刷深,主槽行洪能力增强。

与历史洪水洪峰流量增值现象不同的是,1973年和1992年8月的高含沙洪水历时都为6~7天。"92·8"洪水初期沿程削峰明显,下站洪峰流量大于上站发生在洪水的后期;"05·7"洪水历时不足3天,下站洪峰流量大于上站发生在洪水的前期,洪水后期沿程削峰明显。

本次放水排沙过程中,7月8日(9时54分)小浪底站洪峰流量为2 510 m³/s,大于7月6日(12时)的2 380 m³/s。花园口洪峰流量出现在8日20时,洪峰流量为2 530 m³/s。扣除区间加水(约80 m³/s)后,与前日发生洪峰流量增值不同,洪峰流量沿程减小,由"异常"转为正常。

表4 2005年调水调沙前后及异常洪水期花园口断面过流能力变化

项 目		06 - 08 9:48	07 - 04 9:12	07 - 07 5:24	07 - 07 7:09	07 - 11 8:45
流量(m³/s)		510	570	3 640	3 420	610
水位(m)		91.51	91.00	92.53	92.62	90.96
水面宽(m)		420	395	450	450	390
水深(m)	平均	1.41	1.64	3.33	3.38	1.72
	最大	4.20	3.10	4.82	5.10	3.69
流速(m/s)	平均	0.68	0.88	2.28	2.39	0.91
	最大	1.48	1.28	3.12	3.27	1.31
过水面积(m²)		592	649	1 520	1 500	671

3.3 "05·7"洪水异常现象分析

从一般洪水演进的影响因素而言,造成洪峰沿程增大的影响因素有:①区间来水;②河槽冲刷和含沙量增大,使浑水流量增大;③测验误差;④洪水传播特性的变化引起的峰型变化。

图5为"05·7"洪水前后花园口断面河床形态及流速-水深分布。"05·7"洪水洪峰流量沿程增大,经实地查勘和调查,排除上述的①、③两项因素。表4和图5表明是②和④两项因素影响的结果:调水调沙使花园口河段河道刷深,河床形态由三角形河槽转向矩形与抛物线形河槽。河槽由宽浅变窄深后,一方面因水深增大引起流速增大,使得同流量下的流速增大;另一方面河槽形态的变化使洪水传播系数增大。在两者的共同作用下,洪水传播速度加快。

造成高含沙洪水在游荡型河道上洪峰流量沿程增大,不仅有着共同的机理,而且需要类同的前期条件。例如,宽浅河槽不会使流量沿程增大。当洪水历时较长或连续发生时,则会产生后浪推前浪,使洪峰流量沿程增大。随着河槽塑造部位的逐渐下移,在河槽形态变化最大的河段会出现洪峰流量大于上站的"异常"情况。"05·7"洪水在洪水传播过程中,由于调水调沙将宽浅河道塑成窄深河槽,因此引起了洪水传播速度的变化,形成了后浪推前浪,使得原来多峰的洪水过程演变成"胖峰",造成花园口站洪峰流量大于上站。

值得注意的是:①花园口站"05·7"洪水属于偏小含沙量的小水过程,流量沿程仍有如此大的增值;②"05·7"洪水后期,花园口站河道左岸冲刷、右岸出现淤积。所以,花园口站"05·7"洪水产生的"异常"现象,用一般洪水演进概念较难全面解释,其形成原因,应该是前期的调水调沙造成了"滩区先蓄后泄"与"后峰赶前峰"。

4 结论

据统计,1950~2004年,黄河下游共发生最大含沙量大于 300 kg/m³ 的高含沙洪水约30次,高含沙洪水在宽浅河道中输送时,除了出现洪峰流量沿程增大(没有支流汇入)外,有时还会出现"异常"高水位,形成了特殊的防洪问题。

保障河流健康生命,有效实施河道整治,既要有先进的研究工具(数学模型、实体模型等),也要有足够的基

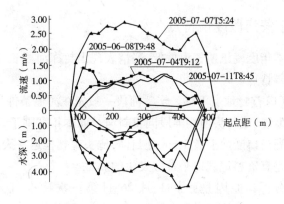

图5 "05·7"洪水前后花园口站断面
河床形态流速-水深分布

本资料(水文数据、生态数据等)。由于高含沙洪水在游荡型河道上演进的复杂性,因此还有待积累更多的实测资料并进行深入的分析研究,才能给出流量增大的定量数值。

建议:加强特殊洪水期如调水调沙不同阶段、异重流排沙出库等时期的水文、河道、泥沙观测等项目的动态测验,同时注意洪峰流量沿程增大等异常洪水资料的收集与研究,为防洪和河道整治策略的完善与实施提供科学的依据。

1999~2000年度黄河宁蒙河段及万家寨
水库凌情分析

可素娟[1]　钱云平[2]　杨向辉[2]　兰华英[2]

(1.合肥工业大学;2.黄河水利委员会水文局)

1 宁蒙河段凌情概况

1999~2000年度凌汛期,宁夏、内蒙古河段(以下简称宁蒙河段)于12月9日首先在头道拐河段封河,然后向上、下游发展。12月18日三湖河口河段封河,22日封河至巴彦高勒河段,1月上旬最上封河至青铜峡坝下,最大封冻长度为1 040 km,其中内蒙古河段长840 km、宁夏200 km。最大冰盖厚1.5 m,最大槽蓄水量20亿 m³。

2月中下旬以后气温回升,宁夏河段冰盖开始融化。2月25日石嘴山测验断面下游1 km处文开河,3月3日开河到内蒙古境内,3月15日巴彦高勒水文站文开河,3月27日宁蒙河段全线开通。

本文原载于《人民黄河》2000年第5期。

2　宁蒙河段凌情特点

本年度凌汛期气温偏低,凌情表现出封冻河段长、冰盖厚、槽蓄水量大,开河平稳、凌峰流量小等特点。

(1)首封地点下移。宁蒙河段一般先在河道条件最不利的三湖河口河段封河,然后向上、下游发展,或与头道拐河段同日封河。而本年度则于12月9日在头道拐河段首封,至12月18日三湖河口断面上游1 km处封河,比头道拐推迟9天。三湖河口河段推迟这么长时间封河的情况是有资料记载以来首次发生的。

分析其原因是:当11月26日第一次冷空气入侵时,三湖河口最低日平均气温为-11.1℃,当时三湖河口流量为850 m³/s,头道拐最低日平均气温为-10.1℃,流量在700 m³/s以上。因为气温刚转负,累计负气温值小,且流量大,所以第一次冷空气没有造成封河。

12月6日,第二次冷空气入侵路径为东北方向,只影响到头道拐河段。头道拐12月6、7日日平均气温为-10℃、-11.1℃,而三湖河口最低日平均气温仅-7.5℃,尚达不到封河条件,当时河道流量也减小到700 m³/s以下,因此第二次冷空气造成头道拐河段封河,成为本年度的首封河段。三湖河口河段一直到12月17日第三次冷空气侵入后才封河。封河当日平均气温为-10℃,流量为520m³/s。

(2)封冻河段长,冰盖厚。自从龙羊峡、刘家峡水库防凌联合调度运用以来,封冻上端一般在石嘴山断面附近,宁夏河段为不稳定封冻河段,内蒙古河段稳定封冻长度为840 km左右,而本年度封冻上端达到青铜峡水库坝下,封冻长度达1 040 km,比正常年份增长了24%。

宁蒙河段最大冰盖厚度一般为1 m左右,而本年度滩冰厚0.8~1.0 m,河槽最大冰厚为1.5 m,实属历史罕见。

形成这种情况的主要原因是气温低。经统计,本年度气温是近20年来最低的,三湖河口最低气温达-28℃,头道拐最低气温达-33℃。以头道拐站为例,比较头道拐本年度日平均气温与多年(1960~2000年)日平均气温过程得知,本年度气温低,且低气温持续时间长,日平均气温在-15℃以下的时间持续了近1个月,异常寒冷的天气造成本年度封冻河段长、冰盖厚度大、冰面上清沟少的现象。

(3)槽蓄水量大。本年度内蒙古封冻河段槽蓄水量为17.14亿 m³,宁夏封冻河段槽蓄水量为3亿 m³,总槽蓄水量20.14亿 m³,而一般年份槽蓄水量为10亿 m³左右。造成本年度槽蓄水量大的原因有两方面:一是封冻河段长;二是由于1999年龙、刘两库蓄水量比常年多蓄50亿 m³,1999年底共蓄水达200亿 m³,影响到整个凌汛期来水量偏大,致使封河段槽蓄水量也大。

(4)封河期巴彦高勒下游河段产生冰塞。本年度巴彦高勒水文站12月22日封河,三湖河口河段12月18日封河。封河后,三湖河口站流量由封河时的520 m³/s减小到26日的80 m³/s,且200 m³/s以下流量持续10天,到1月4日增大到230 m³/s,而这期间巴彦高勒站水位由1 052.08 m上升到1 053.67 m,水位上涨了1.59 m,乌海河段局部堤段发生险情,一座扬水站受淹。这说明在巴彦高勒河段下游发生冰塞阻水,使下游流量减小,上游水位升高。

(5)凌峰流量小,开河形势为"文开河"。由于封河冰盖厚度大、封冻河段长、槽蓄水量大,若在开河期再遇上不利的气温条件,开河形势势必紧张。为早有准备地迎接开河,国家防总、黄委会有关领导先后到宁蒙河段巡查凌情,黄河防总办公室下调令,于3月初即控制刘家峡水库泄流量不超过 300 m³/s,一直持续到 3 月 16 日,这为"文开河"争取了水力条件。同时,在开河期气温变化比较平稳,又为文开河创造了热力条件。开河时由下向上,且分段开河,从 2 月 25 日石嘴山开河到 3 月 27 日宁蒙河段全线开通持续了一月有余,形成了以热力因素为主的文开河,大量冰块落滩就地融化,使槽蓄水量分散释放,形成槽蓄水量大、开河凌峰小的有利形势,三湖河口最大开河凌峰为 1 400 m³/s,头道拐最大开河凌峰为 2 200 m³/s。比较近 4 个年度槽蓄水量及开河凌峰见表 1。

表 1   宁蒙河段槽蓄水量及开河凌峰比较

年度	封河段槽蓄量(亿 m³)	开河凌峰(m³/s)	
		三湖河口	头道拐
1996 ~ 1997	1	1 800	3 060
1997 ~ 1998	10	2 000	3 260
1998 ~ 1999	8	1 200	1 770
1999 ~ 2000	20	1 400	2 200

3   万家寨水库凌情及对内蒙古河段防凌的影响

3.1   凌情特点

万家寨水库于 1998 年 10 月 1 日下闸蓄水,11 月 28 日正式发电,到目前为止,已度过两个凌汛期。其中,1998 ~ 1999 年度为暖冬年,1999 ~ 2000 年度为冷冬年,凌情都比较典型。1998 ~ 1999 年度表现出了流凌时间长、封河速度慢、冰塞严重、开河期冰坝持续时间长等特点;1999 ~ 2000 年度表现出了封河速度快、两次形成冰塞,冰塞壅水相对较轻,开河期卡冰较轻等特点。具体情况如下:

1998 ~ 1999 年度为暖冬年,头道拐于 1 月 11 日封河,较常年推迟 1 个月。由于流凌时间长,流冰量大,流凌封河期在库区河道形成严重冰塞,使位于坝上游 63 km 附近的内蒙古清水河水泥厂处水位壅高 7 m,造成道路被淹。冰塞体一直持续到开河期,并且与开河期上游来冰叠加形成严重冰坝,持续了 7 天,给清水河县造成了较大的淹没灾害。

1999 ~ 2000 年度为冷冬年,是近 20 年来最冷的年份,在流凌封河期两次形成冰塞。其中,第一次冰塞壅水比较严重,发生在 11 月 27 日至 12 月 2 日。当第一次冷空气入侵时,于 11 月 27 日在距坝址 40 km 以下形成库面冰,由于当时头道拐流量在 700 m³/s 以上,这次冷空气没有造成头道拐河段封河。由于流量大,敞露水面大,气温又低,所以产冰量大,大量流冰流到库尾末端,并向上堆积,形成严重冰塞,至 12 月 1 日冰塞上延至清水河水泥厂(5 天时间堆冰上延 30 km,相当于 1998 ~ 1999 年度 37 天的堆冰长度),2 日水泥厂水位上升到 982.4 m,水位壅高 5.4 m,岸边公路上水 1.2 m,壅水影响到距坝址 70 km 处的内蒙古喇嘛湾公路大桥,桥下水位壅高 0.94 m。到 12 月 2 日 12 时,冰塞体上下游水位差达到 7.84 m。此时,上游来水流量在 700 m³/s 以上,而水库水位由 960 m 以上降到了 956 m,在水头压力、水流推力和库水位降低产生的拉力及冰塞体自身重力等的综合作用下,冰塞体被推入库尾区段。

与 1998 ~ 1999 年度开河期情况相比,本年度卡冰较轻,3 月 17 日在水泥厂至丰准铁路桥河段形成堆冰,于 3 月 19 日下移进入库区末端,持续了 3 天,水泥厂最高水位为 982.20 m,比

1998～1999 年度冰坝壅水低 1.22 m,水泥厂公路上水 0.40 m,形势相对缓和。

3.2　水库运用对内蒙古河段冰情的影响

分析水库运用后两个凌汛期的情况,内蒙古河段凌情有以下变化:

(1)稳定封冻河段向下延长 30 km。万家寨水库运用以前,内蒙古稳定封冻河段下端在头道拐下游 40 km 左右,该河段以下为峡谷型河段,比降在 1‰以上,常年以淌凌为主,而 1998 年万家寨水库蓄水运用后,正常蓄水位为 977 m,由于水库回水末端流速骤然减小,有滞冰作用。从运用后两个年度的封河情况看,头道拐至万家寨大坝河段形成全线封河,成为稳定封冻河段,内蒙古稳定封冻河段向下延长约 30 km。

(2)冰塞、冰坝形成几率增大。受万家寨水库回水末端的阻水作用及在水库坝上 53～60 km 处河呈"S"形大弯、丰准铁路桥桥墩阻冰等不利条件的影响,库区河段几乎每年在流凌封河期形成冰塞,开河期形成冰坝。其壅水可能影响到内蒙古准格尔旗和托克托河段,增加了内蒙古河段凌汛形势的严峻性。

4　建议

通过对宁蒙河段、万家寨库区实地查勘及凌汛形势分析,提出以下几点建议:

(1)加固和完善内蒙古河段堤防。尽管本年度凌汛开河比较顺利,卡冰较少,但是由于内蒙古河段特别是包头以下河道堤防土质差且堤身大部分为生产堤,多不完整,出现严重管涌和渗漏险情达 500 多处,威胁两岸安全,急需加固和完善堤防。

(2)更新水文测验设施。宁蒙河段水文站测验设备落后,观测项目不全,测验精度低,急需更新,提高测报精度,进一步做好凌情测报、预报和科研工作。

(3)加强对万家寨水库凌汛期运用方式的研究。万家寨水库具有灌溉、发电及防凌防洪的作用,凌汛期存在发电与防凌的矛盾,需尽快研究制定在保证防凌安全前提下,最大限度地满足发电的水库最佳调度运用方案。

本文得到黄委水文局原副总工吕光圻的指导,在此特表感谢。

万家寨水库防凌调度模型研究

可素娟　王　玲　金双彦

(黄河水利委员会水文局)

1　初始封河期调度模型

1.1　冰量预报

由于每年的水力条件和热力条件不同,造成每年的凌汛特点不同,因此每年凌汛期水库实

本文原载于《人民黄河》2002 年第 3 期,治黄专项(99Z03)。

时调度的具体情况也不同。决定初始封河期调度方案的主要因素是流量和冰量,制订初始封河期水库调度方案时流量可用流量演算法预报出来(该方法已比较成熟),关键是计算冰量。万家寨水库流冰主要是在 11 ~ 12 月,冰量的大小主要受流量和气温影响。计算万家寨水库初始封河期的冰量用 11 ~ 12 月的平均气温和平均流量,用近 3 年实测资料率定计算公式如下:

$$W_t = 9.3 \times | T_{11,12} |^{-0.5} \times Q_{11,12}^{0.992}$$

式中:$T_{11,12}$ 为 11 ~ 12 月平均气温,℃;$Q_{11,12}$ 为 11 ~ 12 月平均流量,m^3/s;W_t 为预报冰量,万 m^3。

利用上式计算 1998 ~ 1999 年、1999 ~ 2000 年和 2000 ~ 2001 年三个年度开始流凌至稳定封冻之间万家寨水库的冰量,三个年度计算值分别为 2 154 万 m^3、1 667 万 m^3、1 495 万 m^3,实测值分别为 2 240 万 m^3、1 800 万 m^3、1 410 万 m^3。1999 ~ 2000 年度实测冰量为模拟计算的冰塞体冰量。

当流量、气温预报值已知时,即可预报出冰量。

1.2 初始封河期水库运用方式研究

目前,万家寨水库移民高程为 984 m,所以水库运用的控制条件是使距大坝 72 km 处的拐上断面水位不超过 984 m。据此控制条件,确定初始封河期不同流量和不同冰量所相应的水库运用方式。

1.2.1 确定流量级和冰量级

制订封河期调度方案,将冰量分为四个等级,即 1 000 万 m^3、2 000 万 m^3、3 000 万 m^3、4 000 万 m^3。将封河流量分三个标准,即 450、600、700 m^3/s。由冰量和流量值按《水文计算规范》中的方法计算拐上 984 m 移民高程下初始封河期的安全运用水位。

1.2.2 安全运用水位计算

根据不同的冰量和流量,按照冰塞壅水计算方法,用试算法确定水库安全起调水位,具体步骤如下:①假定一水库水位;②确定冰塞头部、尾部及冰塞体的分布(具体方法见冰塞壅水计算方法);③计算距大坝 72 km 的拐上断面的冰塞壅水水位;④若该水位超过现在移民高程 984 m,则降低水库水位,重复①~③步,直至拐上断面计算水位低于 984 m 为止;⑤根据上述计算结果求出最佳水库运用水位。

考虑到凌汛期万家寨水库运用原则"在保证防凌安全的前提下兼顾发电,充分发挥水库的综合效益",所以水库起调水位也不宜太低。制订调度方案时,在保证拐上水位低于 984 m 情况下,水库蓄水位采用上限水位,使调度方案比较合理。通过上述步骤,可得不同冰量和不同流量时水库的安全运用水位,计算结果见表 1。

表 1 不同冰量、入库流量对应的安全运用水位计算成果　　　　　　　　（单位:m）

流量（m^3/s）	不同冰量（万 m^3）下水位			
	1 000	2 000	3 000	4 000
450	970.9	964.8	961.5	959.9
600	969.0	964.2	961.4	959.0
700	967.3	963.5	960.7	958.9

1.3 调度模型的制订

上面将不同冰量级和不同流量级对应的水库安全运用水位计算出来,初始封河期调度模型可以概化为如图1所示。

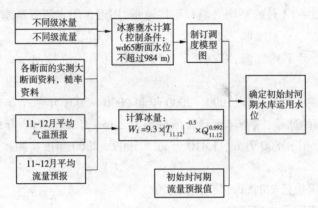

图1 万家寨水库初始封河期调度模型流程

2 稳定封冻期水库调度方案

稳定封冻期形成了稳定冰盖,冰盖厚且强度大,河道内不再产生冰花,凌情、水情都比较稳定,所以这时可适当抬高水库运用水位。根据天桥电站运用经验,在稳定封河期,若库尾没有产生严重冰塞,为充分利用有效库容,提高水能利用率,尽量发挥电站的经济效益,在初封期库水位的基础上,可适当抬高库水位。

3 开河期水库调度方案

制订开河期调度方案需要考虑冰坝壅水高度、上游来流量等因素。万家寨库区开河期主要问题是冰坝壅水问题,根据冰坝形成原因、影响冰坝垮坝的各种因素分析,在头道拐流量达到一定量时,降低库水位。这样在"上推下排"等多重动力共同作用下,可促使冰坝溃决、堆冰下移。但目前很难确定库水位与冰坝壅高水位的直接关系。

在形成冰坝后,应根据冰坝发展过程、头道拐流量,逐步降低水位。根据冰坝壅水计算和近几年实际运用情况,一般冰凌情况下水库水位降低到不低于952 m,然后再根据上游来冰及冰凌下泄情况,决定是否再继续降低水位。若遇到严重冰坝,则水库运用水位降到952 m以下,同时在冰凌灾害解除后,停止降低水位,并可根据实际情况逐步抬高水位,保证凌汛后能有足够的蓄水量。

开河期,万家寨水库库区河道不利的河道条件及库尾阻冰作用,很容易造成卡冰结坝,阻塞过水断面,使上游水位壅高。根据前面冰坝壅水计算可知,冰坝壅水高度可达5 m左右。

开河期库水位970 m,流量1 000、2 000 m³/s时,相应987 m高程的出水高在距坝67.57 km以内均在5 m以上,距坝69.77～72.1 km(拐上)均不足5 m;水库运用水位970 m、流量1 000 m³/s时,相应987 m的出水高在拐上仅4 m左右。

4 移民高程调整意见

确定万家寨水库移民高程,主要是根据初始封河期冰塞壅高水位和开河期冰坝壅高水位的计算。现行移民高程为 984 m,制约了冬季水库的运用水位,不能采用高水位运行。为了在保证防凌安全的前提下,充分发挥水库的经济效益,按照或尽量接近水库原设计的运用方式运行,需要提高移民高程。

根据前述计算结果,综合考虑各方面的因素,认为移民高程定为 987~988 m 比较合适。

5 结语

制订初始封河期水库调度方案需要预报初始封河期的流量和冰量。初封期,若预报冰量在 4 000 万 m³ 时,水库水位应在 959~960 m。稳封期,在初封期库水位的基础上,适当抬高库水位。开河期水库水位降低到不低于 952 m,若遇到严重冰坝,则水库运用水位降到 952 m 以下,同时在冰凌灾害解除后,停止降低水位,并可根据实际情况逐步抬高水位,保证凌汛后能有足够的蓄水量。

模型计算结果表明,在现有移民高程情况下,水库运用水位不能过高。封河时控制水库水位 960 m 左右,稳封时可适当提高运用水位,在开河时,水库应选择适当时机逐步降低库水位,除遇严重凌情外,库水位一般不低于 952 m 为宜。综合考虑各方面的因素,认为移民高程定为 987~988 m 比较合适。

黄河中游府谷—吴堡区间水文特性分析

马文进　李　鹏　任小凤　齐　斌　曹嫦娥

(黄河水利委员会中游水文水资源局)

1 概述

府谷—吴堡区间(以下简称区间)位于黄河中游的晋陕蒙接壤地区。除部分在风沙区外,其余大部分属黄土丘陵沟壑区。该地区地貌的最大特点是地面崎岖起伏,千沟万壑,支离破碎;植被条件较差,处于干旱、半干旱气候区;降水集中,易形成暴雨洪水。

区间黄河干流河道长 242 km,河宽一般在 400~1 000 m 之间,纵比降平均约 7×10^{-4}。府谷和吴堡水文站都是黄河北干流的重要控制站,府谷站集水面积 404 039 km²,是天桥水库的出口站。吴堡站集水面积 433 514 km²,区间集水面积 29 475 km²。其中,右岸 17 225 km²,左岸 12 250 km²。区间流域面积大于 1 000 km² 的支流有 8 条,左岸有朱家川、岚漪河、蔚汾河、湫水河等 4 条,右岸有孤山川、窟野河、秃尾河、佳芦河等 4 条。区间主要支流水文地理特征见

本文原载于《水文》2002 第 5 期,为黄河水文科技基金资助项目。参加该项工作的还有陈志洁、邵玉梅、王勇等。

表1。

区间洪水含沙量之大、侵蚀之强烈均为世界罕见。各站实测最大含沙量一般都在1 000 kg/m³以上,窟野河、秃尾河、佳芦河等支流中下游输沙模数超过10 000 t/(km² · a)。

表1 区间主要支流水文地理特征

河名		流域面积 (km²)	站名	断面位置(坐标)	
				东经	北纬
左岸	朱家川	2 292	下流碛	111°06′	40°57′
	岚漪河	2 167	裴家川	110°54′	40°37′
	蔚汾河	1 478	碧村	110°53′	40°31′
	湫水河	1 989	林家坪	110°52′	37°42′
右岸	孤山川	1 272	高石崖	111°03′	39°03′
	窟野河	8 706	温家川	110°45′	40°26′
	秃尾河	3 294	高家川	110°29′	40°15′
	佳芦河	1 134	申家湾	110°29′	40°02′
区间		29 475	府谷	111°05′	39°02′
			吴堡	110°43′	37°27′

2 降水特性

区间多年平均降水量为423.1 mm。降水量年际变化大,时空分布不均,具有很强的集中性和突发性。

2.1 年际变化

降水量年际变化大,最大年降水量是最小年降水量的3倍,多年平均C_V值为0.254。个别站点年降水量的极值比则更大,神木站1967年降水量达819 mm,1965年降水量仅118 mm,最大年降水量是最小年降水量的6.9倍。降水量不同年代也有较大变化,20世纪50年代降水较多,比多年平均偏多15.5%;80年代偏少8.7%,全年、汛期、7~8月降水量分别比50、60年代同期降水偏少20.9%、22.7%、30.1%和11.6%、10.3%、20.5%。

2.2 年内分配

降水量年内分配很不均匀,主要集中在汛期(6~9月),占全年降水量的76.4%。汛期又主要集中在7、8月,占汛期降水量的近70%,占年降水量的比例一般超过50%。窟野河杨家坪站1971年7月25日12个小时降水量达408.7 mm,占该站当年降水量641.4 mm的63.7%。

2.3 空间分布

降水量空间分布不均,各地差异较大。如1976年和尚泉站降水量达646.3 mm,而大路湾站只有306.2 mm,不到和尚泉站的一半;窟野河流域芦草沟站1987年降水量达721 mm,有的站还不足300 mm。

3 径流特性

吴堡站多年平均年径流量为255.7亿 m³,府谷站多年平均年径流量为237.5亿 m³,占吴堡来水量的92.9%。区间多年平均年径流量为18.2亿 m³,仅占吴堡来水量的7.1%。显然,吴堡来水主要是以黄河干流来水为主。

3.1 年际变化

吴堡站年径流量极值比为4.5,多年平均 C_V 值为0.314。区间最大年径流量为44.3亿 m³,是最小年径流量4.7亿 m³ 的9.4倍,年径流量多年平均 C_V 值为0.454。区间1967年来水38.2亿 m³,占吴堡当年径流量的12.8%,而1986年区间来水仅占吴堡当年来水的2.3%。年径流量极值比最大的是左岸支流朱家川,比值为199,年径流量多年平均 C_V 值达1.32。年径流量极值比最小的是右岸支流秃尾河高家川站,比值为2.1,年径流量多年平均 C_V 值为0.204,原因是秃尾河流域约2/3地处沙漠区,地下水较充沛,并且补给量平稳。总体上讲,径流量年际变化支流比干流大,左岸支流比右岸支流大,区间比府谷以上大。

干支流不同年代来水,吴堡20世纪60年代最多,80年代与多年均值基本持平,90年代最少,90年代径流量分别比60年代和多年平均值偏小41.4%和29.9%。府谷来水和吴堡来水情况一致,90年代径流量分别比60年代和多年平均值偏小41.3%和30.2%。区间来水50年代最多,70年代与多年均值基本持平,80年代最少,80年代径流量分别比50年代和多年平均值分别偏小46.9%和30.2%。吴堡来水变化主要是受府谷以上来水变化影响,受区间来水影响较小。

3.2 年内分配

水量年内分配不均,汛期多,非汛期少。吴堡站汛期径流量占年径流量的47.1%,汛期又主要集中在7、8月。8月份多年平均径流量最大,是多年平均径流量的16.1%,是多年平均最小的1月份的4倍。汛期径流量占年径流量比例有减小的趋势,由50、60年代的50%以上,降低到90年代的不足40%。

孤山川汛期径流量占年径流量的75.5%,1994年汛期占年径流量的92.8%,同年仅7、8月两月就占年径流量的84.2%。最小的1965年汛期只占全年的20.3%。水量年内分配也极不均匀,8月份径流量是1月份径流量的173倍,月平均径流量多年平均 C_V 值为1.25。秃尾河汛期径流量只占年径流量的40%,水量年内分配较均匀,月平均径流量多年平均 C_V 值为0.254,最大的8月份径流量是最小的1月份径流量的2倍。

流量变幅大,"大至成千上万,小至断流河干",窟野河、孤山川、湫水河等支流时有断流河干现象发生。窟野河温家川站1975年首次出现断流河干,1990年以来年年如此。孤山川高石崖站1997年8月21日至11月9日连续河干80天,全年共计河干161天。朱家川桥头站1998年全年只有7、8月总共13天有水,其余全部为河干。

3.3 地域分布

不同地区来水差别较大,区间多年平均径流模数为 1.96×10^{-3} m³/(s·km²)。其中,右岸平均径流模数为 2.55×10^{-3} m³/(s·km²),是左岸平均径流模数 1.17×10^{-3} m³/(s·km²)的2.2倍。不同支流径流模数差别更大,枣大的秃尾河为 3.58×10^{-3} m³/(s·km²),是最小的

朱家川 $0.336 \times 10^{-3} \mathrm{m}^3/(\mathrm{s} \cdot \mathrm{km}^2)$ 的 10 倍(见表 2)。

表 2　各支流站平均径流模数、输沙模数及最大含沙量统计

河名		站名	集水面积 (km²)	径流模数 ($10^{-3}\mathrm{m}^3/(\mathrm{s}\cdot\mathrm{km}^2)$)	输沙模数 ($10^4 \mathrm{t}/(\mathrm{km}^2 \cdot \mathrm{a})$)	最大含沙量 (kg/m³)
左岸	朱家川	下流碛	2 881	0.336	0.468	1 260
	岚漪河	裴家川	2 159	1.30	0.542	975
	蔚汾河	碧村	1 476	1.39	0.608	1 110
	湫水河	林家坪	1 873	1.41	1.036	1 010
	平均			1.17	0.752	
右岸	孤山川	高石崖	1 263	2.21	1.75	1 300
	窟野河	温家川	8 645	2.41	1.25	1 700
	秃尾河	高家川	3 253	3.58	0.645	1 440
	佳芦河	申家湾	1 121	1.99	1.39	1 480
	平均			2.55	1.26	
府谷—吴堡区间			29 475	1.96	0.863	1 700

显然,径流模数右岸比左岸大,其中秃尾河最大,朱家川最小。年际变化朱家川最大,秃尾河最小。年内分配是秃尾河最均匀,孤山川等支流极不均匀。

4　泥沙特性

4.1　输沙量

吴堡站多年平均年输沙量为 5.152 亿 t,府谷站多年平均年输沙量为 2.532 亿 t,占吴堡输沙量的 49.1%。区间多年平均年输沙量为 2.620 亿 t,占吴堡年输沙量的 50.9%,约占黄河年输沙量的 16%。

4.1.1　年际变化

输沙量较径流量年际变化大。干流和区间最大来沙量均为 1967 年,吴堡站年输沙量达 19.52 亿 t,是最小年输沙量 1.105 亿 t 的 17.7 倍,年输沙量多年平均 C_v 值为 0.680。区间最大年输沙量为 10.86 亿 t,是最小年输沙量 0.298 亿的 36.4 倍,年输沙量多年平均 C_v 值为 0.824。区间 1991 年来沙量占吴堡来沙量的 77.2%,1965 年区间来沙量仅占吴堡来沙量的 26.6%。年输沙量极值比最大的是左岸支流蔚汾河,比值达 641,年输沙量多年平均 C_v 值为 1.32。年输沙量极值比最小的是右岸支流孤山川,比值为 30.6,年输沙量多年平均 C_v 值为 0.876。

干支流不同年代来沙量差别较大。吴堡 50、60 年代较多年平均偏多 40% 左右,70 年代与多年平均持平,80、90 年代偏少 40% 左右,来沙量最多的 50 年代,平均来沙量是来沙最少的 90 年代平均来沙量的 2.7 倍。府谷以上来沙量与吴堡来沙量不同年代平均变化趋势基本一致,

不同的是90年代来沙量更小,来沙量最多的60年代是它的4.1倍。府谷以上来沙量80年代占吴堡来沙量比例最高,达59.0%,而90年代府谷以上来沙量只占吴堡来沙量的32.2%。区间来沙量50年代最多,是80年代的2.9倍。区间来沙量80年代占吴堡来沙量比例最低,只有41.0%,而90年代区间来沙量占吴堡来沙量的67.8%。

4.1.2 年内分配

输沙量比径流量年内分配更集中,吴堡站汛期输沙量占全年输沙量的比例平均达81.7%,1959年为93.8%。8月份多年平均输沙量最大,是多年平均输沙量最小值1月份的104倍,是多年平均年输沙量的39.4%,而1月份多年平均输沙量只占多年平均年输沙量的0.4%。7、8月两月输沙量占多年平均年输沙量的63.8%,占汛期输沙量的78.1%。输沙量的集中性各支流更突出,孤山川高石崖站汛期占全年输沙量平均达99.4%,近90%的年份输沙量达99%。窟野河温家川站7、8月两个月输沙量占全年输沙量的比例平均达89.2%,最高达98%以上,该站年最大一次洪水输沙量占全年输沙量平均达54.5%,5次较大洪水输沙总量占全年输沙量的比例平均高达92.1%。

4.1.3 地域分布

不同地区来沙差别也较大,区间多年平均输沙模数为0.863万 $t/(km^2 \cdot a)$,其中,右岸平均输沙模数为1.26万 $t/(km^2 \cdot a)$,是左岸平均输沙模数0.752万 $t/(km^2 \cdot a)$的1.7倍。不同支流输沙模数差别也较大,最大的孤山川为1.75万 $t/(km^2 \cdot a)$,是最小的朱家川0.468万 $t/(km^2 \cdot a)$的3.7倍。右岸支流比左岸支流最大含沙量普遍大,分界值在1 260~1 300 kg/m^3 之间。

4.2 含沙量特性

府谷以上来水含沙量较小,而且随着年代的变化,含沙量呈减小的趋势,90年代平均含沙量还不到50年代平均含沙量的40%。吴堡站的多年平均含沙量约是府谷站多年平均含沙量的2倍。吴堡站含沙量50~80年代也是逐渐减小,90年代平均含沙量又比80年代有所增大,90年代在水沙量均减小的同时,水量减小更甚,使含沙量增大,造成不利的水沙组合局面(见表3)。

表3 区间主要站含沙量变化统计　　　　　　　　(单位:kg/m^3)

测站	50年代	60年代	70年代	80年代	90年代	平均	最大年	年份	最小年	年份
府谷	14.0	13.0	10.2	7.9	5.45	10.7	24.0	1969	2.99	1987
吴堡	26.7	23.0	20.2	12.7	15.7	20.1	42.8	1959	7.57	1965
区间	162	145	156	106	141	144				
高石崖	234	246	303	232	221	250	405	1977	49.8	1955
温家川	164	161	193	129	154	163	391	1966	17.9	1965
高家川	95.8	60.2	61.2	33.0	47.1	62.0	139	1959	6.35	1965

区间来水含沙量很高,多年平均含沙量是府谷以上来水含沙量的13.5倍。区间来水80年代含沙量最小,90年代有所增大。孤山川高石崖站多年平均含沙量达250 kg/m^3,最大年平

均含沙量 1977 年高达 405 kg/m³。区间 1965 年是枯水年,所以含沙量也较小,秃尾河年平均含沙量只有 6.35 kg/m³。各站洪水期含沙量则更大,高石崖、温家川站 7、8 月平均含沙量都在 300 kg/³m 以上,温家川站 1972 年 7 月份平均含沙量高达 733 kg/m³,该站 80% 以上的年份最大含沙量达 1 000 kg/m³,最高含沙量记录是 1958 年 7 月 10 日的 1 700 kg/m³。

4.3　悬移质泥沙粒径特性

府谷、吴堡、高石崖、温家川、高家川等站悬移质泥沙粗沙(粒径大于或等于 0.05 mm)比例分别是:29.5%、31.4%、39.4%、51.0%、55.0%。上述各站悬移质泥沙平均粒径分别是:0.047、0.042、0.061、0.114、0.117 mm。显然区间来沙粗泥沙所占比重较大,泥沙粒径粗,粗沙所占比例最高的是秃尾河。窟野河温家川站大洪水粗沙平均达 76%,1976 年 8 月 2 日洪水粗沙达 82.4%,峰顶附近粗沙达 89.9%,泥沙粒径大于或等于 0.1 mm 的最粗沙达 77.3%。

5　洪水特性

区间是黄河中游洪水 3 个主要来源区之一,也是泥沙(粗沙)的主要来源地。区间来水主要是由暴雨洪水形成的。各支流多属山溪性河流,洪水特点是暴涨暴落,洪峰高、历时短、峰形尖瘦,一般都是高含沙水流。吴堡洪水按来源分为 3 种类型:一是府谷以上来水为主,洪水的特点是涨落较缓慢,含沙量较小;二是区间来水为主,洪水的特点是暴涨暴落,为高含沙水流;三是府谷以上加区间来水,洪水特点介于前两类洪水之间。

5.1　中常洪水

吴堡站中常洪水(洪峰流量在 5 000 ~ 10 000 m³/s 之间)从发生时间来看,60 年代以来 31 次中常洪水都发生在 7 月 2 日至 10 月 1 日之间。其中,29 次洪水即 93.5% 的洪水发生在 7、8 月份,26 次洪水即 83.9% 的洪水发生在 7 月下旬至 8 月中旬。从洪水来源看,府谷以上来水为主有 12 次,单从府谷以上来水只有 4 次;区间来水为主有 20 次,其中窟野河来水所占比重最大,该支流单独来水形成吴堡较大洪水有 3 次。31 次中常洪水,其中,60 年代 11 次,70 年代 8 次,80 年代 6 次,90 年代 6 次。

5.2　大洪水

吴堡站大洪水(洪峰流量大于或等于 10 000 m³/s)从发生时间来看,60 年代以来 15 次大洪水发生在 7 月中旬至 8 月中旬之间的共 12 次,占 80%;9 月初仅 1967 年出现 1 次。从洪水来源看,府谷以上来水为主有 5 次,区间来水为主有 10 次,区间又主要以窟野河来水为主,吴堡所有大洪水都有窟野河较大洪水的加入。区间单独来水也能形成类似于吴堡站 1970 年 8 月 2 日洪峰流量达 17 000 m³/s 的大洪水。显然,吴堡大洪水主要还是以区间来水为主加府谷以上来水遭遇形成。15 次大洪水中,60、70 年代各 7 次,其中,1967 年就出现 5 次,80 年代仅 1 次,90 年代未出现大洪水。随着降水的减少,特别是暴雨的减少,发生大洪水的次数在减少。

1976 年 8 月 2 日黄河吴堡站洪峰流量为 24 000 m³/s,是该站 1842 年以来的最大洪水。支流窟野河温家川站相应的洪峰流量为 14 000 m³/s,也是府谷—吴堡区间各支流实测的最大洪水。这次洪水主要是府谷站、孤山川高石崖站、窟野河温家川站同时涨水遭遇形成的。三站最大流量累加只有 21 500 m³/s,形成吴堡站的反常洪峰,是窟野河洪水较大,汇入黄河后倒流槽蓄,接着干支流洪水汇集遭遇,造成吴堡站罕见的特殊大洪水。此次洪水窟野河温家川站含沙量大于 1 000 kg/m³ 持续了 2 个多小时,洪水中挟带的卵石、泥沙、大块煤炭汇入黄河后由于流速减小,落淤在黄河河槽里,河床抬高,阻拦槽蓄水量下泄,当干流洪水来临时,河槽淤积物被冲开,后来的洪峰赶上温家川的洪峰,两峰在吴堡以上遭遇,造成吴堡 24 000 m³/s 的高尖瘦洪峰。这次洪水来势猛,吴堡、温家川站水位涨率分别达 3 m/h、5.13 m/h。流量涨率分别达 11 200 m³/(s·h) 和 10 100 m³/(s·h)。

陕北清涧河"2002·7"暴雨洪水分析

杨德应[1]　王　玲[2]　高贵成[1]　高国甫[1]

(1. 黄河水利委员会中游水文水资源局;2. 黄河水利委员会水文局)

2002 年 7 月 4～5 日,陕西北部清涧河中上游地区子长县城附近降特大暴雨,子长水文站降水量 283 mm, 最大 24 小时降水量 274.4 mm,较同时段历史实测最大的 1977 年 165.7 mm 多 108.7 mm,为 500 年一遇的特大暴雨,形成了子长水文站 7 月 4 日最大流量 4 670 m³/s,是该站 1958 年 7 月设站以来实测最大值,为百年一遇洪水。延川水文站 7 月 4 日最大流量 5 500 m³/s,是该站 1953 年 7 月设站以来实测第二大洪水,第一高水位。该暴雨洪水造成子长和延川水文站测验设施、部分生活设施被冲毁,直接经济损失为 327.43 万元。洪水经过的子长、清涧、延川三县城直接经济损失分别为 24 000 万元、10 400 万元、822.33 万元。造成部分房屋、道路、桥梁、通信线路、电力线路冲毁或受淹,交通、通信、供电、自来水一度中断。洪水过后,我们对流域内降雨及洪水情况及时进行了调查分析。

1 流域概况

清涧河位于黄河中游的一条一级支流,发源于陕西省的安塞县,流经子长、清涧、延川县,全长 167.8 km,流域面积 4 080 km²。该流域属于黄土丘陵沟壑区,植被差,水土流失严重。属于半干旱气候,降雨主要集中在汛期 6～9 月,降雨多为暴雨,其特点为历时短、强度大、笼罩范围小。流域内多年平均年降水量约 500 mm,多年平均年径流深约 50 mm,多年平均年侵蚀模数在 5 000～10 000 t/km² 之间。清涧河干流上游设有子长水文站,控制流域面积 913 km²。子长站下游 72 km 设有延川水文站,控制流域面积 3 468 km²,至入黄口 38 km。两站区间最大的支流是从右岸入汇的永坪川,另有文安驿川、吴塞子沟等较大支沟。

2 暴雨

2.1 暴雨成因及走向

根据子长县气象局雷达观测结果分析,7 月 4 日凌晨,清涧河上游子长县城附近降雨为"单体对流,高空低涡影响形成的局部特大暴雨"。降雨由两块特小尺度(直径为 10～20 km)

本文原载于《人民黄河》2002 年第 12 期。

云团产生。第一块云团从上游移动到子长县城以下后,又转而向上游移动,与下移的第二块云团在县城西南附近相遇。从降雨资料分析,暴雨中心以 10 ~ 15 km/h 的速度从西北向东南方向移动。

2.2 暴雨时空分布及特点

对应于 7 月 4 日和 5 日的两次洪水过程,以下将 7 月 4 日凌晨至中午降雨称为第一次降雨,暴雨中心在子长县城附近;7 月 4 日晚至 7 月 5 日上午降雨称为第二次降雨,暴雨中心在永坪川上游禾草沟附近。这两次降雨特点是:降雨量大、强度大、持续时间长、范围小。

（1）降雨量大是两次降雨过程的特点之一,属于特大暴雨。暴雨中心附近瓷窑调查雨量二次合计 463 mm。

（2）降雨强度大。第一次降雨子长站 7 月 4 日 6:15 至 7:15 最大 1 小时降雨 78.0 mm,较最大历史记录 1978 年 7 月 18 日同时段内降雨 62.4 mm 大 15.6 mm。第二次降雨禾草沟 7 月 4 日 20:05 至 21:05 最大 1 小时降雨 85.0 mm,接近于同时段历史最大 1996 年 6 月 16 日降雨 88.1 mm。

（3）降雨持续时间长。第一次降雨多数站在 7 月 4 日 1:00 ~ 11:00 持续时间达 10 小时。第二次降雨从 7 月 4 日 20:00 至 7 月 5 日 10:00 持续时间为 14 小时。

（4）降雨范围小。第一次降雨雨量大于 50 mm 以上笼罩面积为 1 895 km²;雨量大于 100 mm 以上笼罩面积为 683 km²;雨量大于 150 mm 以上笼罩面积为 70 km²;第二次降雨雨量大于 50 mm 以上笼罩面积为 1 425 km²;雨量大于 100 mm 以上笼罩面积为 380 km²;雨量大于 150 mm 以上笼罩面积为 65 km²。

3 洪水

3.1 延川站第一次洪水来源及组成

第一次降雨形成了子长站第一个洪峰,从 7 月 4 日 4:12 起涨 6:42 到达峰顶。水位从 3.61 m 上升到 11.56 m,涨幅为 7.95 m;流量从 6.9 m³/s 到 4 670 m³/s(见图 1)。

延川站第一个洪峰,从 7 月 4 日 9:12 起涨 11:00 到达峰顶。水位从 82.58 m 上升到 92.55 m,涨幅为 9.97 m。流量从 3.74 m³/s 到 5 500 m³/s。

3.1.1 延川站第一次洪水洪峰流量组合

延川站本次洪水主要来自干流吴家寨子以上。暴雨中心从上游向下游移动,致使干流来水与支流来水同时遭遇。从调查的洪水看,西川和南川洪峰流量叠加为 4 470 m³/s,两川相会后的子长水文站最大流量为 4 670 m³/s,比上游增大 200 m³/s。在子长站下游 8 km 处吴家寨子断面调查洪峰流量为 5 830 m³/s,比子长站增加 1 160 m³/s。由此可见,洪峰流量是沿程增加的,子长站增加的洪峰流量较上游两川不明显的原因是洪水经过县城时进入三条街道,对洪水起到了蓄滞作用,削减了洪峰流量。

在干流吴家寨子以下,洪水走出暴雨中心以后,洪峰流量呈现沿程削减的趋势。但从调查资料显示以下主要支流吴塞子沟、永坪川等洪峰几乎和干流洪峰同时相遇,延川以上叠加洪峰流量为 6 870 m³/s。延川站最大流量为 5 500 m³/s,区间洪峰流量削减 1 370 m³/s。本次洪水洪峰从子长站到延川站 72 km 河段传播时间为 4.3 小时。与一般暴涨暴落的洪水比较,这次洪峰流量削减较少。经分析认为,主要原因是上游洪峰持续时间较长、峰型较胖和沿程支沟洪水入汇等。

3.1.2　第一次洪水上下游水沙量对照

干流吴家寨子洪量为 0.680 6 亿 m^3,区间支流吴塞子沟、永坪川等 4 条支流为 0.065 2 亿 m^3,合计为 0.745 8 亿 m^3。延川站 7 月 4 日 8:00 至 5 日 0:42 计算洪水总量为 0.753 5 亿 m^3,5 日 0:42 以后延川第二次洪水到来,将第一次洪水退水洪量为 0.011 4 亿 m^3 分割。因此延川站第一次洪峰洪量应为 0.764 9 亿 m^3。与上游洪量合计 0.745 8 亿 m^3 比较,延川站大 0.019 1 亿 m^3。考虑到子长到延川之间还有近 1 000 km^2 的未调查区间,平均降雨在 30 mm 左右。所以延川站洪水总量大 0.019 1 亿 m^3 是合理的。

本次洪水子长站输沙量为 4 090 万 t,延川站输沙量为 5 600 万 t。延川站增大的沙量 1 510 万 t,主要来自子长站至干流吴家寨子调查断面和区间永坪川等支流。

3.2　延川站第二次洪水来源及组成

第二次降雨形成了子长站的第二个洪峰,从 7 月 5 日 0:00 起涨 1:30 到达峰顶。水位从 4.12 m 上升到 7.50 m,涨幅为 3.38 m。流量从 140 m^3/s 到 1 350 m^3/s。

延川站第二个洪峰从 7 月 5 日 0:42 起涨 5:18 为最高峰顶,为复式峰。水位从 86.66 m 上升到 87.61 m,涨幅为 0.95 m。流量从 126 m^3/s 到 1 690 m^3/s(见图 2)。

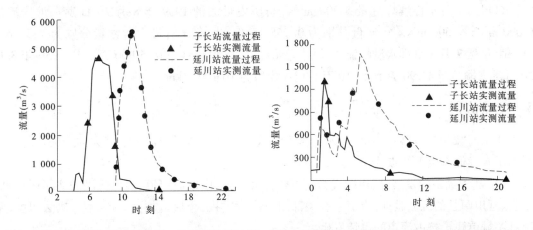

图 1　清涧河子长、延川站 7 月 4 日洪水流量过程　图 2　清涧河子长、延川站 7 月 5 日洪水流量过程

3.2.1　延川站第二次洪水洪峰流量组合

延川站本次洪水主要来自支流永坪川和干流子长站。从调查结果看:延川站 7 月 5 日 1:06 洪峰流量 783 m^3/s 洪水来自永坪川上游禾草沟附近 7 月 4 日晚 20:40 ~ 21:40 的主要降雨过程,对应于永坪川口马家坪调查断面 5 日 0:30 ~ 1:00 发生的洪峰流量 860 m^3/s。

禾草沟附近 7 月 5 日 0:20 至 2:30 的连续降雨过程,又形成延川站 7 月 5 日 3:18 洪峰流量 736 m^3/s 和 4:30 洪峰流量 1 230 m^3/s 的锯齿状峰型。对应于永坪川刘马家圪旦为 5 日 3:30 ~ 4:00 的 1 130 m^3/s 洪峰和清坪川马家坪断面 5 日 3:30 ~ 4:00 洪峰 44 m^3/s 相遇后,形成的永坪川口马家坪调查断面 5 日 4:10 ~ 4:30 洪峰 1 070 m^3/s。

延川站 5 日 5:18 的最大洪峰流量 1 690 m^3/s,则是上游子长站来水、吴塞子沟来水以及下游文安驿川来水组合而成。

3.2.2　第二次洪水上下游水沙量对照

干流子长站洪量为 0.154 4 亿 m^3,区间支流吴塞子沟、永坪川、文安驿川三条支流为

0.209 7 亿 m³，以上合计为 0.364 1 亿 m³。延川站 7 月 5 日 0:42 ~ 24:00 计算洪水总量为 0.397 0 亿 m³，再减去第一次洪水分割洪量 0.011 4 亿 m³，实际洪量应为 0.385 6 亿 m³。与上游总洪量 0.364 1 亿 m³ 相比较，延川站大 0.021 5 亿 m³。考虑到子长到延川之间还有超过 1 000 km² 的未调查区域，尤其是子长站至吴家寨子干流降雨量也较大，延川站洪量大应是合理的。本次洪水子长站输沙量为 708 万 t，延川站输沙量为 2 100 万 t。延川站增大的沙量 1 392 万 t 主要来自支流永坪川，另有子长站以下区间的少量加入。

4 "2002·7"洪水与历史资料比较

子长站 7 月 4 日洪峰流量 4 670 m³/s，与历史最大的 1969 年 8 月 9 日洪水洪峰流量 3 150 m³/s 大 1 520 m³/s；两次洪水径流量分别为 0.602 亿、0.168 亿 m³，最大含沙量分别为 771、966 kg/m³，虽然 7 月 4 日洪水含沙量小一些，但输沙量达 4 090 万 t，是 1969 年 8 月 9 日洪水输沙量 1 400 万 t 的 2.9 倍；侵蚀模数为 44 800 t/km²。经点绘径流量—输沙量关系图（图略），7 月 4 日、5 日洪水关系点较历年关系线偏小 6.9% 和 38.0%；而 7 月 5 日洪水输沙量偏小较多，主要是由于第一场雨刚刚将流域表面疏松的土层剥离后，又连续降雨流，因此流域侵蚀量减小是正常的。

延川站 7 月 4 日洪峰流量 5 500 m³/s，与历史最大的 1959 年 8 月 20 日洪水洪峰流量 6 090 m³/s 小 590 m³/s；径流量分别为 0.765 亿、0.908 亿 m³；最大含沙量分别为 743、698 kg/m³。虽然 7 月 4 日洪水洪峰流量、洪水总量小一些，但输沙量达 5 600 万 t，比 1959 年 8 月 20 日洪水输沙量 4 990 万 t 大 610 万 t；侵蚀模数为 16 100 t/km²。

5 几点认识

清涧河"2002·7"特大暴雨洪水给国家和人民群众生命财产造成了巨大的损失。对这场暴雨洪水我们有以下几点认识：

（1）随着经济的发展，城市建设力度不断加大，建设中侵占河道、阻碍行洪的事屡屡可见。子长、延川两县的沉痛教训，应引起有关部门的高度重视，今后应加强《防洪法》执法力度，坚决杜绝城市建设挤占河道的事情发生。

（2）2002 年 7 月 4 日洪水使子长水文站以上 913 km² 流域范围侵蚀模数达 44 800 t/km²，延川水文站以上 3 468 km² 流域范围侵蚀模数 16 100 t/km²，均为该两站历年次洪水的最大记录。可见清涧河流域综合治理刻不容缓。

（3）暴雨洪水调查的重要性。尽管清涧河流域雨量站比较密集，但发生超小范围的特大暴雨时，现有雨量观测站点还不能较好地控制暴雨中心。只有通过暴雨洪水调查，才能弥补定点水文观测的不足。

（4）水文是社会公益性事业，应该得到各级政府的关心和社会各界的大力支持。在"2002·7"洪水洪峰到来前，子长水文站及时可靠的水情报，使清涧县委县政府能够按照抢险预案及时组织群众有计划地进行了安全撤离，减少了人民生命财产损失。

三、水资源与河流泥沙

潼关—三门峡河段河势变化及其
对库区冲淤的影响

李连祥[1]　孙绵惠[1]　段新奇[1]　付卫山[1]　任　伟[2]

(1. 黄河水利委员会三门峡库区水文水资源局;2. 黄河水利委员会水文局)

潼关断面以上为黄河、渭河和北洛河汇流区。黄河在此调转 90°拐向东流,主流流向急剧变化,平面位置游荡不定。潼关河床处在汇流区宽浅河道突然收缩进入峡谷河道的衔接处。影响潼关河床冲淤变化的因素十分复杂,如来水来沙、水库淤积和河床边界条件等。在不同时期可能是某个条件为主导因素,在不同情况下又相互联系、相互制约。近期来水来沙偏枯,黄河主流摆动加剧,河槽宽浅坦化,泄洪输沙能力减小,库区淤积增多,潼关高程居高不下。研究河势变化规律及其对库区冲淤带来的影响,有助于采取措施改善河道输沙条件,减轻潼关河段淤积。

1　河势变化特点

1.1　黄、渭河汇流区

三门峡水库建库前,汇流区无工程防护,黄河主流最大摆幅达 10 km 以上。古蒲津关在宋时改为大庆关,因黄河突发性改道,时在河东,时在河西,所以素有"三十年河东,三十年河西"之说。

建库以来,该段河道虽未发生过突发性的河道变迁,但主流摆动幅度常达 2～3 km。建库初期黄河主流沿尊村、蒲州老城、上源头一线,绕过龙头嘴,经长旺湾入潼关。1967 年大洪水时,汇流区严重滞洪滞沙,河槽淤塞,河势变化加剧,尊村以下河道主流向西摆动 2～5 km。1977 年黄河小北干流上段发生强烈的揭底冲刷,河势趋于顺直。汇流区黄河主流自上源头一带挑向对岸,黄淤 45 断面右岸塌滩近 1 000 m。汇 4 断面左岸经大洪水淤积之后又随即坐弯淘刷,出弯水流直冲潼关老城西关,在黄淤 42—汇 1 断面间坐弯淘刷。1978～1979 年汛后逐渐形成长达 1.8 km、塌宽 300 余 m 的新河湾。水流出弯后又顶冲对岸凤凰嘴,潼关(六)断面主流随之北移,塌岸 100 余 m。随着黄河河势的不断变化,渭河口逐年上提。1991 年前后渭河口位于渭拦 2—渭拦 3 断面间,距潼关(六)断面 5.9 km,比控制运用前(1970 年)上提约 4.2 km。1996 年凌汛之后,汇流区河势发生变化,靠近西岸牛毛湾工程的一股河槽淤堵,自汇 4 断面以下水流趋于集中,渭河口下移至黄淤 42 断面附近。为了控导河势,保滩护岸,自 1968 年以来在禹门口—潼关沿河两岸陆续修建了护岸导流工程和护滩工程 30 多处,有效地控制了

本文原载于《人民黄河》2001 年第 11 期,为"九五"国家重点科技攻关项目(98 - 928 - 02 - 01 - 05)。

河势变化。经过长期的工程治理,该段河道主流受两岸工程的控导,河宽已基本控制在 3~4 km 范围内。

1.2 潼关—大禹渡段

潼关—大禹渡段库岸地质条件较差。原抗冲性较好的岩层已被埋在水库淤积面以下。上部库岸除局部库段有黏土出露外,大多由均质的黄土类黏质砂土组成,结构松散,抗冲性差。该库段处在非汛期运用水位 315~324 m 的变动回水区,河床冲淤频繁,且具有主流游荡的特点。尤其在 1977 年大洪水之后,河势变化加剧,并引起部分库段滩岸坍塌,河槽展宽。据初步统计,1977~1979 年该段河道塌滩塌岸土方量多达 0.5 亿 m³ 左右。多数断面河槽塌岸后展宽 300~500 m,黄淤 33、32 断面两岸塌宽 1 300 余 m,潼关附近的黄淤 39、38 断面河岸塌宽 400~600 m。河槽展宽后,各断面河相系数 $\sqrt{B/H}$ 值由 10~15 m$^{-1/2}$ 增大至 30 m$^{-1/2}$ 以上。在黄淤 39~37 和 34~32 断面间逐渐形成两处宽浅游荡型河段。目前,塌岸库段已先后修造了护岸导流工程,塌岸基本得到控制。但主流摆动仍较频繁,局部河段塌滩现象时有发生。

1.3 大禹渡—灵宝老城段

大禹渡—灵宝老城库段,左岸为山前洪积倾斜平原前缘,岸壁陡峭,岩性结构致密,抗冲性强。南岸黄淤 28 断面以上库段岸线平直,由均质的黏质砂土组成,结构松散,抗冲性差。下段稠桑—宏农涧河口一带,为山前洪积倾斜平原前缘,岩性抗冲性较强。灵宝老城一带为宏农涧河冲积的砂质黏土和淤泥夹沙卵石层,抗冲性很好。该库段滩地平坦,河槽窄深,水流集中。受两岸地质条件和上段河道主流摆动的影响,河势变化以弯道发育为主。黄河流至灵宝老城一带,束窄水流,改变流向,直冲北岸高崖,经弯道出流后,又折转向南,在灵宝老城周围形成舌状阶地,与对岸马崖河湾之间构成天然卡口。目前的河流形态是在建库初期大量淤积的基础上,经历年水库壅水淤积与洪水冲刷共同塑造而成的。1977 年大洪水之前,大禹渡河湾顶冲点下移,弯曲半径变小,河湾出流方向变陡,洪水之后又有所加剧。受其影响,黄淤 29 断面右岸 900 余 m 滩地被冲塌之后继续坐弯淘刷。至 1984 年汛后,高崖库岸塌宽 450 m 左右。东古驿河湾的发展又导致对岸河势的变化。凹岸坍塌后退,凸岸边滩随之淤积升高,逐渐在东垆滩黄淤 27~29 断面间形成"Ω"形弯道(见图 1)。1988 年前后,受大禹渡弯道变化的影响,东古驿弯道顶点上提,相应引起西古驿较大范围的库岸坍塌。自 1979 年以来,东古驿与西古驿库段累计塌岸线长达 3 667 m,塌岸宽 350~600 m。对岸东垆弯道蜿蜒,主河道 3 次通过黄淤 28 断面,顶点位于黄淤 28 断面左岸。1993 年汛期曾在弯道的曲颈处自然取直,但裁弯后的新河势没有稳定下来,主河道又重新沿着原来的弯道发展方向向北摆动,形成新的弯道。目前,该段河道已基本恢复至自然裁弯前的河流形态。

1.4 灵宝老城—坝前段

灵宝老城以下库段是典型的峡谷河道,滩高槽深,水流集中。库岸上部主要为第四纪黄土和三门系砂砾石层。下层覆盖有钙质胶结的砂岩、黏土岩和砂砾石层。沿黄河两岸出露部分构成了抗冲性强的天然节点,能有效地控导水流,限制了水流的横向摆动。该库段除因主流顶冲点上提下挫而在局部河段引起塌滩塌岸外,河势基本比较稳定。

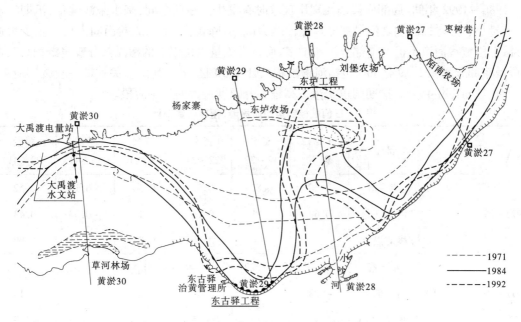

图1 东古驿河段河势

2 河势变化对库区冲淤的影响

河势变化对库区冲淤的影响主要包括三个方面:一是因局部河段河长变化及比降调整,对本河段及上段河道产生的冲淤;二是由于主流横向摆动,不但引起库岸及河流形态的变化,而且在滩与槽的转换过程中两岸滩地大量坍塌,河槽展宽后淤积抬高;三是由于断面形态调整所引起的输沙能力变化对河床冲淤产生的影响。自三门峡水库控制运用以来,潼关—灵宝老城区间是进行泥沙调节的主要库段。该段河道两岸滩地较高,河槽相对窄深,泥沙调节主要发生在河槽以内,高滩以上淤积主要由1977年汛期高含沙量洪水滞洪漫滩所致。另外还有非汛期蓄水过程中库水位超过滩面高程之后,沉积在滩唇一带的少量淤积。滩地冲刷则发生在河势剧烈变化期间,由于主流旁蚀淘刷所引起的河岸坍塌,大量泥沙冲往下游,从数量上减少了该段河道淤积。但河槽展宽后水流趋于分散,泄洪输沙能力减小,泥沙淤积增多,同流量水位抬升。在一个时期内滩地冲刷及河槽淤积的相对变化,综合说明了河势变化的冲淤特点。从表1中各库段的滩、槽冲淤情况可以看出,1973~1977年潼关以下河势相对稳定。泥沙淤积主要发生在河槽以内。除黄淤41~36断面间滩、槽产生少量冲刷外,下段河道河槽和嫩滩以上部分都是淤积的,其中河槽部分淤积1.88亿 m^3。这部分淤积物的95%分布在黄淤31断面以下,主要因水库运用方式由滞洪排沙改为蓄清排浑运用后,近坝库段壅水淤积所致,淤积量沿程增大。嫩滩以上部分淤积较少,黄淤36~22断面间共淤积0.20亿 m^3。1977~1985年是主流摆幅较大时期,黄淤41~22断面间两岸滩地和库岸大范围坍塌,河槽展宽,淤积升高。在此期间河槽部分淤积0.14亿 m^3,因滩、岸坍塌所引起的冲刷量多达1.34亿 m^3,二者相抵之后还多冲1.20亿 m^3。黄淤22断面以下库段在汛期平均运用水位降低后,河槽冲刷0.60亿 m^3。以上两个运用时期,黄淤36~41断面间的河槽冲淤量大致相抵,潼关高程经过较长时间的冲淤调整,于1985年汛末降至326.64 m,与1973年同期持平。

1986～1992年间,局部库段塌滩塌岸现象时有发生。在此期间,来水来沙偏枯,汛期洪水少、流量小、含沙量高,加之河槽展宽后输沙能力减小,除黄淤31～22断面间河槽产生少量冲刷外,上段宽浅河道不但河槽部分淤积增多,而且常流量水位以上的嫩滩部分普遍淤积。三个库段嫩滩部分淤积1.19亿m³,包括河槽淤积共计1.50亿m³。其中潼关—坫埼段淤积最多,达0.69亿m³,占46%。这期间也是潼关高程上升幅度最大的运用阶段。

表1　三门峡控制运用阶段滩、槽冲淤量统计　　　　　　　　　　　　（单位:亿m³）

时段	部位	黄淤12以下	黄淤12～22	黄淤22～31	黄淤31～36	黄淤36～41	黄淤22～41
1973-09～1977-10	滩+槽	0.60	0.82	0.52	0.14	-0.14	0.52
	河槽部分	0.60	0.82	0.36	0.10	-0.03	0.43
	嫩滩以上			0.16	0.04	-0.11	0.09
1977-10～1985-10	滩+槽	-0.38	-0.22	-0.49	-0.40	-0.31	-1.20
	河槽部分	-0.38	-0.22	0.05	0.05	0.04	0.14
	嫩滩以上			-0.53	-0.46	-0.35	-1.34
1985-10～1992-09	滩+槽	0.09	-0.16	0.27	0.54	0.69	1.50
	河槽部分	0.09	-0.16	-0.10	0.19	0.22	0.31
	嫩滩以上			0.37	0.35	0.47	1.19
1992-09～1998-11	滩+槽	0.27	0.12	-0.22	-0.07	0.10	-0.19
	河槽部分	0.27	0.12	-0.04	0.09	0.07	0.12
	嫩滩以上			-0.18	-0.16	0.03	-0.31

注:黄淤22以下库段冲淤变化主要发生在河槽以内,嫩滩以上部分未作统计。

1993年以来,来水来沙继续偏枯,河势相对稳定,滩、槽冲淤变化较小。河槽部分除黄淤22断面以下库段淤积0.39亿m³外,其余三个库段冲淤量均小于0.10亿m³,共淤积0.12亿m³。嫩滩以上部分共冲刷0.31亿m³,其中黄淤22～31和31～36断面间分别冲刷0.18亿m³、0.16亿m³,黄淤36～41断面间淤积0.03亿m³。

3　结　语

(1)潼关以下河道受上游河势和黄、渭河洪水水沙组合变化的影响,具有主流游荡的特点。潼关—大禹渡段河势以主流频繁摆动为主要特征,并相应引起部分库岸和滩地坍塌,河床宽浅,水流分散。大禹渡—灵宝老城段,滩高槽深,水流集中,河势变化以弯道发育为主。1977年以来,在东垆滩黄淤29～27断面间逐渐形成"Ω"形弯道。灵宝老城—坝前段为典型的峡谷河道,水流集中,河势基本稳定。

(2)因主流摆动所引起的河岸坍塌,大量泥沙冲往下游河道,从数量上减少了河段淤积。但河槽展宽后,水流趋于分散,泄洪输沙能力减小,泥沙淤积增多,同流量水位升高。在一个时期内滩地冲刷及河槽淤积的相对变化,综合说明了河势变化对库区冲淤的影响。

汛期洪水水沙组合对潼关河床冲淤的影响

李连祥[1]　刘浩泰[1]　鲁承阳[1]　高　潮[2]

（1.黄河水利委员会三门峡库区水文水资源局;2.黄河水利委员会勘测规划设计研究院）

1　洪水水沙组合情况

三门峡水库蓄清排浑控制运用以来,汛期潼关出现各级流量、含沙量洪峰4～6次,总历时30～70天,最多达90余天。汛期平均洪水总量110亿 m³ 左右,占汛期总水量的50%～60%;平均输沙量约5.8亿 t,占汛期输沙总量的70%～80%。各年汛期洪水的出现次数及洪量、输沙量的变差较大。丰水平沙的1975年汛期发生4次洪峰,历时88天,洪水总量247亿 m³,占汛期总水量的81.7%;输沙8.93亿 t,占汛期总沙量的86.7%。枯水枯沙的1997年,汛期仅出现一次洪峰,最大流量4 700 m³/s,洪水总量10亿 m³,输沙总量1.58亿 t。

据1974～1999年汛期潼关站115次各级流量、含沙量洪峰统计,潼关站出现由黄河干流洪水单独组成的洪峰21次,占18.3%;由渭河洪水单独组成的洪峰18次,占15.7%,其余76次洪峰由黄河、渭河、北洛河和汾河等洪水共同组成。

在潼关各级流量洪峰中,大于5 000 m³/s 洪峰发生26次,每年平均一次,占洪峰总数的22.6%;流量级5 000～3 000 m³/s 和流量小于3 000 m³/s 洪峰分别出现51、34次,二者之和占洪峰总数的73.9%(见表1)。流量大于10 000 m³/s 洪峰仅出现4次,其中3次发生在1977年汛期,最大流量15 400 m³/s(8月6日)。洪峰含沙量以小于100 kg/m³ 居多,其次为含沙量100～200 kg/m³ 和200～500 kg/m³,大于500 kg/m³ 洪峰仅有2次,均发生在1977年,其中1977年8月6日洪峰最大含沙量高达911 kg/m³。

表1　1974～1999 年潼关各级流量、含沙量洪峰次数统计

流量级 (m³/s)	含沙量级（kg/m³）			
	> 100	100～200	200～500	> 500
> 10 000	0	0	2	2
5 000～10 000	10	6	10	0
3 000～5 000	25	14	12	0
< 3 000	14	9	11	0

在各级流量、含沙量洪峰中,以流量级3 000～5 000 m³/s、含沙量小于200 kg/m³ 洪峰居多,共计39次,占洪峰总数的33.9%。其中,25次洪峰含沙量小于100 kg/m³,占该流量级洪峰次数的64.1%;其次为流量小于3 000 m³/s 和流量级5 000～10 000 m³/s 中含沙量小于

本文原载于《人民黄河》2001 年第11期,为"九五"国家重点科技攻关项目(98－928－02－01－05)。

100 kg/m³ 的洪峰,二者共计 24 次,占 20.2%;在流量小于 10 000 m³/s 的各级中小流量洪峰中,含沙量 200 ~ 500 kg/m³ 出现的几率大致相同,各占洪峰总数的 10% 左右;流量大于 10 000 m³/s 洪峰的含沙量均大于 200 kg/m³。

2 洪水期潼关高程变化特点

汛期潼关河床冲刷主要发生在洪水期。平水期河床微淤或处于冲淤相对均衡状态。从 1974 年以来洪峰期潼关高程的变化情况看,多数年份洪水期潼关高程下降 0.5 m 以上,并大于当年汛期的下降值。其中 6 年汛期潼关高程在洪水期间下降 1.0 m 以上,1975 年洪水期下降值高达 1.47 m。经平水期回淤之后,整个汛期潼关高程下降 1.19 m。1997 年汛期在仅有的一次小流量洪峰中潼关高程下降 1.80 m,峰后河床大量回淤,整个汛期潼关高程下降 0.22 m。也有个别年份汛期洪峰少,流量小,潼关高程下降值小于 0.20 m,或者略有升高。1986 年以来,洪峰明显偏少,历时短,峰值低,洪水期潼关高程下降值亦相应减小,且有 3 年汛期洪水期河床淤积升高。

就一次洪峰而言,潼关河床在涨水过程中都是冲刷的,但河床高程的变化则在一定程度上取决于洪峰后期的回淤情况。据 1974 ~ 1999 年洪峰资料统计,洪峰期间潼关河床冲淤变化有三种类型:一是洪峰上涨阶段的河床冲刷量与落水过程的淤积量大致平衡,潼关高程升降变幅小于 0.51 m 的一般洪峰。二是出现水沙组合和河床边界条件有利的情况下,潼关河床在一次洪峰的上涨阶段发生强烈冲刷,经洪峰后期回淤之后,潼关高程下降 1 m 以上。三是潼关河床经过一次洪水强烈冲刷之后,滩地淤高变宽,河槽束窄刷深,比降变缓,河床泥沙组成粗化,河势趋于归顺。然后,在中小流量洪水的作用下,主流流向不断变化,在比降迅速调整的同时,河槽展宽淤高。当年汛期随后出现的各次洪峰,对河道形态的调整起到加速作用。不论这些洪峰在涨水阶段的冲刷情况如何,经落峰过程回淤之后的潼关高程都是上升的。此类洪峰以下简称为回淤型洪峰。

3 河床发生强烈冲刷时的洪水水沙条件

在高含沙水流的作用下,黄河小北干流和渭河下游河床发生强烈冲刷时,常出现"揭河底"现象。潼关虽无"揭底"现象发生,河床冲刷却是十分强烈的。往往在洪水上涨阶段数小时或 10 余小时内平均刷深 2 ~ 4 m。经落峰过程回淤之后,潼关高程仍较峰前下降 1 m 以上。1977 年 7 月 7 日洪水,潼关高程下降 2.61 m,是历次洪水强烈冲刷中潼关高程下降幅度最大的一次。

自 1974 年汛期三门峡水库控制运用以来,潼关河床发生强烈冲刷的有 1977 年 7 月和 1992 年 8 月洪水。潼关高程分别下降 2.61、1.45 m。追溯到泄洪排沙运用时期,还有 1970 年 8 月洪水和 1973 年 9 月洪水,潼关高程分别下降 2.04、1.68 m。"96·7"和"97·8"洪水流量小,河床条件差,经过潼关河段的清淤,改善了河道输沙条件,小流量洪水发生强烈冲刷,潼关高程分别下降 1.91、1.80 m;1999 年 7 月 12 ~ 18 日洪水潼关最大流量 2 220 m³/s,潼关高程下降 1.01 m。

潼关河床发生强烈冲刷,是黄河、渭河、北洛河洪水在水沙组合及河床边界条件有利时出现的一种特殊冲刷现象。就洪水的水沙组合而言,各次洪水均为高含沙量,且主要由渭河高含沙洪水所致。渭河华县站含沙量均大于 500 kg/m³,变幅 527 ~ 795 kg/m³;潼关站除"92·8"洪水含沙量较小外(最大含沙量297 kg/m^3),其余洪峰均大于400 kg/m^3,最大含沙量631 kg/m^3。

渭河洪水在潼关以下河道产生强烈冲刷的基本条件有两个:一是渭河洪水汇入黄河后,并不立即与黄河水流掺混,而是在相当长的河段内继续保持渭河高含沙洪水的水流输沙特性;二是渭河河口段及黄、渭河洪水汇流后的河道形态有利于泄洪输沙。

在河道条件有利的情况下,遇黄河高含沙量大洪水时,沿程冲刷与溯源冲刷的联合作用也会带来潼关河床的大冲刷。如"70·8"洪水,黄河龙门站最大流量13 800 m^3/s,最大含沙量802 kg/m^3。至潼关流量削减为8 420 m^3/s,含沙量减至631 kg/m^3。洪水前,潼关以下河道比降在坫埼附近发生转折变化,上段比降2.0‱,下段比降2.6‱,纵剖面上缓下陡,呈上凸形。在此河道条件和高含沙量大洪水的作用下,坫埼以下河床冲刷溯源发展,以及沿程冲刷的持续发展,导致潼关河床大幅度冲刷下降。尤其渭河高含沙量洪水汇入后,虽然流量大幅减小,但河床冲刷继续发展。汇流区亦相应发生较大范围冲刷,上源头站1 000 m^3/s流量相应水位下降0.27 m。

4 黄河洪水与渭河洪水对潼关高程的影响

潼关河床发生强烈冲刷与急剧回淤,是冲淤变化的特殊情况。1974年以来共发生强烈冲刷型洪峰5次,相应出现的回淤型洪峰11次。若将这些洪峰除外,再按照黄、渭、洛河来水来沙的组合情况分类时,以黄河或渭河洪水为主出现的洪峰次数少,分别为14、13次,二者之和占洪峰总次数的23.5%。此类洪峰潼关河床产生冲刷的占85%左右,淤积的洪峰仅占极少数。潼关高程变幅多在0.3 m以下,且以升降值小于0.20 m的洪峰居多。只有两次洪峰潼关高程下降幅度较大,即1978年7月10~18日渭河洪水和1998年8月22~30日黄河洪水,潼关高程分别下降0.37、0.46 m。

由龙、华、河、洑四站来水组成的洪峰共72次。其中,以单一峰出现的41次,其余部分共组成16次复式洪峰。潼关河床在单一峰中产生冲刷的次数较多,但河床淤积升高的尺度明显偏大。在19次淤积型的单一峰中,5次潼关高程上升0.30 m以上,其中3次洪峰潼关高程上升值大于0.50 m。复式洪峰水量大,历时长,造床能力强,对潼关河床的冲刷作用尤为显著。在所统计的16次复式洪峰中,仅有2次河床发生淤积,且潼关高程上升值小于0.30 m。其余14次冲刷型洪峰中,有8次潼关高程下降0.50 m以上。1981年8月26日~10月17日来源于黄河上游和渭河宝鸡峡以上洪水,历时长达52天,黄河小北干流和潼关以下河段分别冲刷1.33亿、1.84亿t,潼关高程下降0.68 m。

5 不同流量、含沙量洪水对潼关高程的影响

洪水期潼关河床冲淤变化一方面与洪水流量和含沙量的数量级有关,另一方面则在一定程度上取决于洪水的水沙组合情况。在各级流量洪峰中,潼关高程下降0.5 m以上主要发生在流量大于5 000 m^3/s洪峰中。1974年以来共发生该类洪峰21次,有15次洪峰潼关河床发生冲刷,其中7次洪峰潼关高程下降0.5 m以上;6次河床淤积的洪峰,潼关高程上升值均小于0.30 m。流量3 000~5 000 m^3/s和3 000 m^3/s以下洪峰,河床发生冲刷与淤积的次数大致相同,潼关高程变幅多在0.30 m以下。

在各级含沙量洪峰中,含沙量越高,河床冲刷的机会越少。含沙量小于100 kg/m^3的洪峰中产生冲刷的洪峰占83.5%;含沙量100~200 kg/m^3的洪峰中,产生冲刷的洪峰占69.6%;含沙量大于200 kg/m^3的洪峰中,产生冲刷的仅占45.8%。

各级流量、含沙量洪峰中,潼关高程下降0.50 m以上主要发生在流量大于5 000 m³/s的各级含沙量洪峰中,上升0.50 m以上的洪峰次数少,以流量小于5 000 m³/s而含沙量大于200 kg/m³洪峰居多。流量级3 000~5 000 m³/s,含沙量小于100 kg/m³是潼关河床发生冲刷最多的洪峰类型,占该级流量含沙量洪峰次数的95.0%。

近期洪峰少,流量小,含沙量增高,洪水水沙组合发生不利变化。1986年以来,渭河华县站流量大于3 000 m³/s和黄河龙门站大于5 000 m³/s洪峰很少出现,尤其1994年以来,高含沙量小洪峰频繁出现,潼关站仅发生3次流量大于3 000 m³/s洪峰,而含沙量大于200 kg/m³洪峰多达15次。受其影响,洪峰期潼关高程下降幅度减小。1985年前洪峰期河床都是冲刷的,潼关高程平均下降0.73 m。1986年以来,洪峰期平均下降0.37 m,偏小50%左右。其中,有3年洪峰期潼关高程上升0.10 m左右。近期黄、渭河洪峰减少及水沙组合的不利变化,是潼关高程逐年上升的主要原因。

6   结语

(1)汛期潼关高程变化主要发生在洪水期,平水期河床微淤或处于冲淤相对均衡状态。以黄河或渭河单独来水出现的洪峰次数大致相同,二者之和占洪峰总数的23.5%。此类洪峰产生冲刷的占85%左右,潼关高程变幅多在0.3 m以下。由四站来水组成的复式洪峰水量大,历时长,冲刷作用显著。在所统计的复式洪峰中,87.5%的洪峰冲刷,且有50.0%的洪峰潼关高程下降0.50 m以上。在各级流量、含沙量洪峰中,使潼关高程下降0.5 m以上主要发生在流量大于5 000 m³/s的各级含沙量洪峰中。上升0.5 m以上的洪峰少,占洪峰总数的5%,以流量小于5 000 m³/s,而含沙量大于200 kg/m³洪峰居多。流量5 000~3 000 m³/s和含沙量小于100 kg/m³,是潼关河床发生冲刷次数最多的洪峰类型。近期黄、渭河洪峰减少及水沙组合的不利变化,是潼关高程居高不下的主要原因。

(2)潼关河床发生强烈冲刷,是黄河、渭河、北洛河洪水在水沙组合及河床边界条件有利时出现的一种特殊冲刷现象。主要由渭河高含沙量洪水所致;在河道条件有利的情况下,遇黄河高含沙量大洪水时,沿程冲刷与溯源冲刷的联合作用也会带来潼关河床的大冲刷。

黄河流域天然径流量计算解析

李 东   蒋秀华   王玉明   李红良

(黄河水利委员会水文局)

流域降水量、产水量、地表水资源量、河川天然径流量概念是有区别的,本文讨论的是建立在水文站实测资料基础上的河川天然径流量。由于人类活动的影响,水资源利用率越来越高,各控制水文站的实测径流已不能反映河川径流的实际情况。为了研究流域水文特性,科学合

本文原载于《人民黄河》2001年第2期,为国家重点基础研究发展规则(973)项目(G1999043605);黄委会重点生产项目(96Z07)。

理地开发水资源,需要把人类活动的影响(主要是农业灌溉、工业生活和水库调蓄)水量进行还原。河川还原水量与一般意义上的消耗水量是有区别的,一般意义的耗水量不适用于流域还原计算,特别是向流域外引水、高扬程或远距离输水、灌区内滞留的水量等还原计算中需要用净用水量;还原概念中把引出流域外的水量作为耗水量,如黄河下游灌区的耗水量,如果没有回归河道则引水量即为耗水量,这里的耗水量相对于河道来说是净用水量。

1986 年黄委设计院完成了"黄河水资源利用",1997 年黄委水文局完成了"1950～1990 年黄河水文基本资料审查评价及天然径流量计算"(该成果被黄委确定为今后统一使用的水文资料),现又对 1919～1949 年天然径流量进行了审查,同时完成了 1991～1998 年天然径流量成果计算,从而形成了一套"1919～1998 年 80 年系列的黄河流域天然径流量成果"。以上成果中还原水量的计算是黄委应用于流域水量计算较为成熟的方法。

1 基本概念

黄河河川水资源开发利用历史悠久,随着国民经济的发展,历年用水量有较大的变化。在做好实测水文基本资料审查工作的基础上,开展黄河河川径流历年耗水量调查,以期弄清流域河川径流(也称地表水,下同)的耗水情况和天然径流量,为黄河规划治理与水资源合理配置及优化调度提供依据。

黄河流域已建工程可以分为蓄水工程、引水工程、提水工程,即通过塘坝以达到取水目的为蓄水工程;河道中建闸坝或无闸坝自流引水为引水工程;利用扬水站从河流、湖泊中取水为提水工程。地表供水量指各种用户通过水源工程自河道内提取的水量。用水量指由供水量分配给用户的包括输水损失在内的毛用水量。按用途又可将用水分为农业用水、工业用水和生活用水。耗水量指在输水、用水过程中,通过蒸发、土壤吸收、渠系损失、产品消耗、居民和牲畜饮用等形式消耗,而不能回归到地表水体或地下含水层的水量。

现有的有关用水统计中,并没有河川径流耗水量的直接统计数据,因此需要通过调查分析等手段进行必要的计算。

根据黄河流域水资源利用的具体情况,各项用水含义如下:引、取水量指从黄河干支流中引、取的水量。退(排)水量指从黄河干支流中引、取的水量中又回归黄河干支流的水量。黄河河川径流耗水量指引、取黄河干支流河川径流水量中不能(直接或间接)回归到黄河干支流的水量,也就是指引、取黄河干支流中的水量扣除其回归到黄河干支流河道后的水量。

黄河河川径流耗水量即国民经济各部门用水后未回归黄河的水量,这一耗水量称为天然径流的还原水量。

农业灌溉自河道提引的水量,一部分消耗于渠系和田间,另一部分从排水渠道和地下潜流回归河道,恢复为河川径流。这部分回归河道水已包括在实测的河川径流量内,需要还原的是消耗于渠系和田间的不能回归的水量,即灌溉耗水量,也称为农业还原水量。

对于农业灌溉耗水的推求,一般采用"引(提)退(排、回归)水量差计算"。在没有实测引、退水资料的地区,可用"面积定额"法作补充,灌溉定额的选用可利用他人成果或参考临近有实测资料的灌区。对于工业用水如果没有排水计量则可按废污水排放比例(系数)经验数据作补充。

黄河流域干支流修建了一系列大、中、小型水库工程,由于水库运用,改变了河川径流年际年内分配,也需要进行还原。在具体还原时,主要考虑了干流上的刘家峡、龙羊峡、三门峡 3 座水库,其他均为径流发电站或灌溉闸坝,不起调节作用,故没有考虑。但新建的蓄水运行的水库如李家峡和大峡考虑在内。至于黄河支流上众多的中小型水库,对于支流径流影响虽是明显的,但由于缺乏蓄变量的实测资料,同时对流域影响不大,如果蓄水变化主要由于渠道外用水,如灌溉用水已在农业灌溉耗水量中计算,则不再重复计算。

关于黄土高原地区水土保持用水,由于自然条件复杂,且缺乏合理的计算方法,暂未进行还原,留待今后研究。

2　天然径流量的计算

某个河流断面以上天然径流量方程式为

$$W_{天然} = W_{实测} + W_{灌溉} + W_{工业} + W_{水保} + W_{库蓄} \pm W_{引水} \pm W_{分洪}$$

式中:$W_{天然}$为断面以上的天然水量;$W_{实测}$为断面实测水量;$W_{灌溉}$为断面以上流域内的农业灌溉消耗水量;$W_{工业}$为断面以上流域内的工业及城市生活耗水量;$W_{水保}$为断面以上流域内水利水保措施减少水量;$W_{库蓄}$为断面以上流域内的大中型水库蓄泄水变化量;$W_{引水}$为断面以上引入、引出流域的水量;$W_{分洪}$为断面以上流域内的河道分洪漫滩水量。

上式是天然径流量计算的基本方程式,其右端各项即为需要调查和分析计算的项目。对于某一河段,可能只有其中的某些项。就黄河流域用水而论,农业耗用水量要占总用水量的90%以上。因此,农业耗用水量调查分析是该工作的主要内容。另外,为了满足上下游水量综合平衡对照分析需要,还需要计算黄河干流河道的水面蒸发量和河道渗漏量(天然径流量计算中不包括该内容),以及各河段区间未控制的其他增减水量的计算统计。

根据黄河流域实际情况,还原水量主要考虑农业灌溉、城市生活与工业用水,以及大型水库调蓄变化量。此外水土保持,中、小型水库以及因修建中、小型水库所增加的蒸发渗漏等,对天然径流也有一定的影响,有待于今后进一步研究。因此,天然径流量计算公式可简化为

$$W_{天然} = W_{实测} + W_{工农业} + W_{库蓄}$$

式中:$W_{工农业}$为农业灌溉与工业及城市生活耗水量;其他符号意义同前。

依实际情况经过初步处理的数据及平衡差值,采用条件平差法对各项数据作最后修正。平差处理时,首先选取断面控制条件好、测验精度较高的黄河干流兰州、石嘴山、头道拐、龙门、三门峡、添口六站为参证站的实测径流资料及各站之间的区间变量,进行严格平衡差值改正。实际上是根据水量平衡原理和误差理论建立数学模型,其平差改正值能定量反映干流径流量及干流区间变量各因素的误差。根据水量平衡原理,对黄河干流列出各参证站之间改正前方程如下:

$$W_{上} + W_{区间} - W_{下} = \Delta W_{误差}$$

式中:$W_{上}$、$W_{下}$、$W_{区间}$分别为上、下站实测径流量和干流区间变量(区间变量指上、下站之间集水面积产水量,即控制区与未控区加入、工农业耗水量、水库调节量和其他损失量等);$\Delta W_{误差}$为水量平衡差值。区间未控径流量推算法是用已知支流径流模数作为区间未控径流模数推算。

各参证站间改正后方程的水量平衡差值 $\Delta W_{误差} = 0$,改正前水量平衡差值 $\Delta W_{误差} \neq 0$,与水准点测验类似,把水量平衡差值作为误差改正值分配进去闭合,不同处在于以6个参证站为基本参照点,于是建立各自的上、下站径流量和区间变量与水量平衡差值 $\Delta W_{误差}$ 之间条件方程式(组),即误差改正值方程组,用求解条件极值的方法即"拉格朗日待定系数法"求解,即可获得各站径流量和各段区间变量的误差改正数。修正后,提供出符合生产要求且各站间成果平衡(平衡差值基本为零)的采用系列资料。

3 耗水量计算方法

根据黄河流域河川径流耗水量的特性,还原水量计算以实测引退水资料为基础,以用水调查和灌溉试验成果为依据的面积定额法为辅,用水量平衡法作校核。通过几种成果的比较综合,反复平衡对照分析,确定成果的合理性。最后,还原水量的统计以引退水法为主。

3.1 引退水法

引退水法又叫引排差,其表达式为

$$W_{耗水} = W_{引水} - W_{退水}$$

式中:$W_{耗水}$为河川径流消耗于灌溉、城市工业与生活的水量;$W_{引水}$为从河道引出的水量;$W_{退水}$为从渠道、沟道退入河道的水量。

引退水法的耗水量就是用实测引水量减去实际退水量。该方法是耗水量计算中较可靠的一种计算方法。它力求以实测资料为主,对于宁夏、内蒙古和下游沿黄地区一些大中型灌区,由于资料较全,一般均采用此方法。

3.2 上、下游水量平衡法

上、下游水量平衡法又称平衡扣损法,它是以水文站实测资料为基础,从上、下断面入流、出流的差值中,扣去蒸发、渗漏等损失量,即可得出河段耗水量。用方程式表达如下:

$$W_{耗水} = (W_{上} + W_{区入} + W_{未控}) - (W_{蒸发} + W_{渗漏}) - W_{下} \pm \Delta W_{误差}$$

式中:$W_{上}$为上断面入流水量;$W_{下}$为下断面出流水量;$W_{区入}$为该段区间实测(已控)加入水量;$W_{未控}$为该段区间未控加入水量;$W_{蒸发}$为该段区间河道水面蒸发水量;$W_{渗漏}$为该段区间河道渗漏水量;$\Delta W_{误差}$为水文测验误差水量;$W_{耗水}$为该河段区间工农业耗水量,或称工农业还原水量。

该方法适用于河段区间支流加水较少,或者支流加水控制较好,并且工农业引用水量较多的干流河段,如宁夏灌区、内蒙古灌区和下游沿黄灌区所在河段等。$\Delta W_{误差}$项包括水文测验系统误差和偶然误差。系统误差在历年水文资料审查过程中已基本消除,偶然误差对于长系列来讲视为零处理。另外,对于有水库影响的河段,如果蓄水动态影响不大则不计入,下游河段在某些时段应考虑分洪、漫滩等水量。

3.3 面积定额法

对于引退水资料较少的灌区,或者用于检验地表水回归系数的合理性时,利用面积定额法作必要的补充或检验。

4 结语

黄河流域地域广阔,自然地理条件各异,用水部门多、用水量较大且历年增加较快,全面的引、退水实测资料又缺乏,因此给还原水量的确定增加了一定难度。在一些大中型灌区均有实测资料,其还原水量占全河还原水量的 70% ~80%,故基本达到精度要求。更为重要的是天然径流量成果的合理性分析,在还原水量的分析中使用引退水法、面积定额法及上、下游水量平衡法,对干流河段作控制、校核。

同时又根据水量平衡原理,对实测资料进行误差改正,提供出符合生产要求且各站间成果平衡的系列资料。最终提供的天然径流量既消除了水文资料中的测验误差,同时又消除了引退水资料的测验误差,提供一套可以在黄河上统一使用的天然径流量系列资料。

1990~1997 年利津站以上工农业还原水量平差后为 312.1 亿 m³(含部分断流损失量),

1919~1997年79年系列花园口站天然径流量平均为557.7亿 m³,1950~1997年48年系列利津站天然径流量平均为588.0亿 m³。

在使用各省(区)工农业用水资料中应特别注意其合理性,耗水量的计算要结合河段实际进行分析,如宁夏引黄灌区排水量中既包括引黄灌溉排水量,也包括降雨产生的径流量及利用地下水所产生的废水排放。因此,在统计的排水量中,应把山洪排水量分割出去,扣除少量的基排水量和排污水量。内蒙古三盛公水利枢纽的还原水量,用三大干渠引水量,扣除二、三、四泄水闸,西山嘴及4个乡的抽排水,以及南干渠的排水量。排入乌梁素海的水量通过西山嘴排入黄河的部分统计在内,排入乌梁素海的水量不排入黄河部分也作为消耗水量。黄河下游(包括花园口以上人民胜利渠等)的用水主要引向外流域如海河流域、淮河流域等,因此对黄河来说即为消耗水量。

流域天然径流量计算与流域水资源量计算是有所区别的,前者是以干支流水文站断面实测径流量与断面以上还原水量之和,反映的是河川径流量的多少,以便在规划设计中应用;后者是以流域内各小分区天然径流量累计成断面径流量,如果机械地进行相加而没有充分考虑径流输移过程中河道调蓄和蒸发渗漏损耗,后者成果可能比前者成果偏大,这一成果可称为流域产水量,或地表水资源量。

通过分析建议在制定河川径流耗水量的统计原则与通则时,应充分考虑引水、退水量的统计,并分析其退水的合理性,推求出黄河天然径流中真实的还原水量。建议流域水资源公报用还原水量来代替一般意义的耗水量。

本文得到黄委会设计院白炤西高级工程师(教授级)的审阅修改,在此表示感谢。

黑河流域水资源供需分析及对策

潘启民[1]   郝国占[2]   曹秋芬[3]

(1.黄河水利委员会水文局研究所;2.黄河水利委员会河南河务局;3.黄河水利委员会通信管理局)

1 流域概况

1.1 自然地理

黑河属河西内陆河流域,地处河西走廊和祁连山中段,位于东经97°37′~102°06′、北纬37°44′~42°40′,流域面积12.83万 km²,横跨青海、甘肃、内蒙古三省(区),涉及5个地级行政区,10个县(旗、市)。流域地势南高北低,地形复杂,按海拔高度和自然地理特点分为上游祁连山地、中游走廊平原和下游阿拉善高原三个地貌类型区。

黑河上游位于青藏高原北缘的祁连山地,主要山脉有疏勒南山、讨赖山、走廊南山,海拔都在2 000 m~4 000 m之间;属青藏高原的祁连山—青海湖气候区,降水多、蒸发少、气温低、高寒阴湿是本区气候的基本特点,是黑河的产流区和发源地。黑河中游位于河西走廊中段,地势

本文原载于《西北水资源与水工程》2001年第2期。

平坦开阔,海拔 1 000 ~ 2 000 m;属温带蒙—甘区的河西走廊温带干旱亚区,干旱是本区气候的基本特点,是黑河的主要用水区。黑河下游属内蒙古高原西部的阿拉善高原,系由一系列剥蚀中、低山和干三角洲、盆地组成,海拔 980 ~ 1 200 m;属温带蒙—甘区的阿拉善和额济纳荒漠极端干旱亚区,区内降水量稀少、蒸发强烈,冬春干冷而漫长,夏秋酷热而短促,日照长、风沙大是本区气候的基本特点,是黑河的径流消失区。

1.2 社会经济简况

1995 年,黑河流域人口总数 181.26 万人。人口密度约 14.1 人/km^2,其中农业人口 140.62 万人,非农业人口 40.65 万人。全流域土地面积 19 243 万亩,其中山丘区 4 204 万亩,占 21.9%;走廊农业绿洲区面积 8 396 万亩,占 43.6%;荒漠区 6 643 万亩,占 34.5%。流域内共有耕地面积 615 万亩,灌溉面积 484.6 万亩。全流域工业总产值 75.41 亿元,粮食产量 124.32 万 t,大小牲畜共计 283.37 万头(只)。

黑河下游的额济纳旗边境线长 507 km,区内有我国重要的国防科研基地;居延三角洲地带的额济纳绿洲,既是阻挡风沙侵袭、保护生态环境的天然屏障,又是当地人民生息繁衍、国防科研和边防建设的重要依托。合理利用黑河流域水资源直接影响着流域下游的生态环境改善和经济建设,同时也关系到西北、华北地区生态环境的保护与改善,事关民族团结、社会安定、国防稳固的大局。

2 水资源开发利用的历史沿革与现状

2.1 水资源开发利用的历史沿革

黑河流域灌溉农业历史悠久,远在汉武帝元狩二年(公元前 121 年),霍去病驻军河西,移民屯田积粮,开渠引水,发展农业灌溉。黑河流域历代灌溉事业的发展,尤以明清两代最为显著,民国时期也有所发展。新中国成立以后,黑河流域水利开发进入了新的发展时期,大致分为三个阶段:1949 ~ 1963 年,属恢复和巩固阶段;1964 ~ 1975 年为发展阶段;1976 年以后,黑河流域水利开发进入调整阶段。

2.2 水资源开发利用现状

黑河流域的水资源具有多次转化和重复利用特点。祁连山区降水和融冰化雪水,部分渗入地下含水层,补给中、下游地下水;部分形成地表径流,沿山区河道下泄,至出山口被引入上游灌区,其中部分耗于蒸发和作物蒸腾,部分经河道、渠道、田间下渗,补给中游地下水;中游的河道、渠系、田间下渗量又补给下游地下水,在下游灌区出露或被引用,下游灌区的下渗水量和地下潜流量,最后潜入流域末端或沙漠。由此可见,黑河流域上、中、下游水力联系密切,水的重复利用提高了水资源的利用程度。因此,在进行黑河水资源开发利用时,必须结合这种特点,综合考虑上、中、下游的用水关系。1995 年全流域实际供水量 33.58 亿 m^3,其中地表水供水 30.39 亿 m^3,占全部供水量的 90.5%,地下水供水 3.19 亿 m^3,仅占 9.5%。地表水供水中蓄水工程供水 8.81 亿 m^3,引水工程供水 21.50 亿 m^3,提水工程供水 0.08 亿 m^3。

全流域现状用水量 33.58 亿 m^3,其中地表水 30.39 亿 m^3,地表水利用率达 87.9%。按行业部门划分,农业用水 31.75 亿 m^3,占流域全部用水量的 94.6%;工业用水 1.42 亿 m^3,占 4.2%;城镇生活用水 0.17 亿 m^3,占 0.5%;农村生活用水 0.23 亿 m^3,占 0.7%。全流域现状用水耗水量 20.00 亿 m^3,耗水率为 59.6%,其中地表水耗水量 18.05 亿 m^3,耗水率 59.4%;地下水耗水量 1.95 亿 m^3,耗水率 100%。

3 现状水资源供需分析

根据青海、甘肃、内蒙古三省(区)1995年的社会经济指标、工程供水能力和各种定额指标计算其供水量和需水量。其中农村生活用水(包括牲畜饮水),需水定额统一按每人每天35 L,大牲畜每头每天40 L,小牲畜每只每天12 L计。

3.1 需水量

全流域总需水量38.02亿 m^3 ,其中农业需水量31.23亿 m^3 ,占总需水量的82.1%;工业需水量1.42亿 m^3 ,占总需水量的3.7%;城镇生活需水量0.17亿 m^3 ,占总需水量的0.5%;农村生活需水量(包括牲畜用水)0.38亿 m^3 ,占总需水量的1.0%;生态环境需水量4.82亿 m^3 ,占总需水量的12.7%。

3.2 可供水量

可供水量采用各分区不同频率组合法计算,即统计各分区近10年实际供水量,进行供水量频率计算,确立各分区各种频率的代表年份,按代表年份进行组合分析,求得该区可供水量。内蒙古和青海省可供水量采用省区提供的数据。

经计算,黑河流域在50%、75%、95%等三种保证率的可供水量分别为34.81亿 m^3 、32.30亿 m^3 和29.86亿 m^3 ,其中地表水可供水量分别为31.63亿 m^3 、29.12亿 m^3 和26.67亿 m^3 ,分别占流域相应保证率可供水量的90.8%、90.1%和89.3%。

3.3 供需平衡

供需平衡后,黑河流域三种不同保证率50%、75%和95%的缺水量分别为3.20亿 m^3 、5.72亿 m^3 和8.16亿 m^3 ,缺水率(缺水量与需水量之比)分别为8.4%、15.0%和21.5%。黑河流域各分区不同保证率下可供水量、需水量、缺水量详见表1。

表1 1995年黑河流域可供水量及缺水量统计 (单位:亿 m^3)

水系	分区	可供水量			需水量			缺水量		
		50%	75%	95%	50%	75%	95%	50%	75%	95%
东部	东部山区	0.30	0.30	0.30	0.30	0.30	0.30	0	0	0
	东部平原	23.26	20.92	18.53	20.43	20.43	20.43	2.83	0.50	-1.89
	东部高原	2.38	2.28	1.98	6.23	6.23	6.23	-3.85	-3.95	-4.25
	黑河东部	23.71	21.38	18.99	26.96	26.96	26.96	-3.24	-5.58	-7.97
中部	中部山区	0	0	0	0	0	0	0	0	0
	中部平原	2.97	2.81	2.80	2.91	2.91	2.91	0.06	-0.09	-0.11
	黑河中部	2.97	2.81	2.80	2.91	2.91	2.91	0.06	-0.10	-0.11
西部	西部山区	0	0	0	0	0	0	0	0	0
	西部平原	8.13	8.11	8.07	8.15	8.15	8.15	-0.02	-0.04	-0.08
	黑河西部	8.13	8.11	8.07	8.15	8.15	8.15	-0.02	-0.04	-0.08
黑河流域		34.81	32.30	29.86	38.02	38.02	38.02	-3.20	-5.72	-8.16

注:全流域缺水量包括内蒙古生态环境需水量4.82亿 m^3 。

4 黑河水资源开发利用方向

4.1 水资源开发利用的几点认识

根据对黑河水资源开发利用现状及存在问题的分析,并结合近期有望实施的节水改造投入及水资源管理措施的加强,对黑河流域水资源的开发利用有如下认识:

(1)加快甘肃境内的灌区节水改造步伐,尽早完成中下游地区的水资源利用规划。近几年内如不加大灌区节水改造投入,甘肃省中下游地区节水潜力难以充分发挥,黑河水资源供需局面将不容乐观。中游地区应规划出近期各灌区发展的控制规模、机电井建设规划、"合渠并坝"及渠系衬砌规划、平原水库的废弃及限制蓄水规划;下游的额济纳旗应尽早对林草灌溉规模、灌区分布及灌水方式做出规划。

(2)额济纳旗的生态缺水问题急待解决。黑河下游的额济纳旗水资源危机缘于入境水量的减少和断流时间的延长。解决额济纳旗严重的生态缺水问题,需要控制中下游地区的引、耗水规模;更有效地缓解下游生态危机,需要加快正义峡水库、内蒙古输水干渠的前期工作进度,争取早日建成使用。

4.2 水资源合理开发利用方向

根据对黑河水资源开发利用现状的认识及对近期水资源供需局面的展望,未来黑河水资源合理开发利用方向可以总结为:

(1)尽早促成正义峡水库和内蒙古输水干渠建成。正义峡水库和内蒙古输水干渠是向黑河下游额济纳旗调节供水量、有效输水的配套工程。由于现状黑河下游来水主要集中在上年的 11 月至当年的 3 月,仅有输水干渠,其冬季行水期间防冻问题难以解决;仅有正义峡水库,其下泄水量在大墩门至狼心山河段蒸发渗漏损失过大,因此应争取两者尽早同时建成。

(2)改变下游额济纳旗的林草灌溉方式。额济纳旗的林草要逐步采用集约种植,成片灌溉、养护的模式,并需彻底改变传统的大水漫灌方式。

(3)甘肃省中下游地区应结合井渠并口计划,加快渠系配套建设。根据各灌区的布井条件,加大流域用水中地下水的开采比重;同时应根据各灌区的引水、井灌条件和平原水库的库容规模,逐步废弃一批平原水库,并逐年限制一些水库在春季及汛期蓄水;对于中下游地区一些库容规模较大、一定时期内调节补水作用明显的水库,应逐年安排防渗处理。

在推行常规节水建设的同时,甘肃省中、下游地区应加快推广低压管道灌溉、滴灌等高新节水技术的应用。同时应强化水资源管理,减少无效引水。

(4)加强流域水资源管理的法制化、规范化建设。黑河水资源的开发与管理,因前些年缺少流域管理机构而各自为政,致使水管理工作在法制、行政、经济、工程等诸方面措施不力。目前黑河流域管理局已经成立,黑河流域水资源管理工作刚进入正规,需要不断探索可行的管理办法,流域水资源综合管理的法制化、规范化建设亟待加强和完善。

黄河流域地下水资源量及其分布特征

潘启民[1] 李 玫[2] 王 玲[1]

(1.黄河水文水资源科学研究所;2.黄河水利委员会规划计划局)

1 评价方法

黄河流域地下水资源量的评价对象是与大气降水和地表水体有直接水力联系的、矿化度 $M \leqslant 2$ g/L 的浅层地下水(包括潜水和弱承压水),系列年限为 1980～2000 年 21 年多年平均。

地下水资源量的评价方法,平原区采用传统的水均衡法,即总补给量－总排泄量＝蓄变量。各项补给量包括降水入渗补给量、山前侧向补给量、地表水体入渗补给量(包括河道渗漏补给量、渠系渗漏补给量、田间灌溉入渗补给量和库(湖)塘(坝)渗漏补给量)以及井灌回归补给量。各项排泄量包括潜水量蒸发量、河道排泄量、侧向流出量和浅层地下水实际开采量。水均衡后,以总补给量扣除井灌回归补给量表示平原区地下水资源量。

山丘区采用排泄量法评价地下水资源量。山丘区各项排泄量包括河川基流量、山前泉水溢出量、山前侧向流出量、浅层地下水实际开采量和潜水蒸发量,以上各项之和为山丘区总排泄量,总排泄量减去浅层地下水实际开采量形成的回归补给地下水部分为山丘区的地下水资源量。

2 分区地下水资源量的计算及其构成

2.1 不同分区类型分区地下水资源量计算

2.1.1 由单一平原区构成的计算分区

首先分别确定构成计算分区的各均衡计算区的计算面积和各项补给量模数、各项排泄量模数和地下水蓄变量模数,然后用面积加权法对计算分区的各项补给量、排泄量和地下水蓄变量分别进行计算,各项补给量之和、各项排泄量之和、蓄变量之和,分别为该计算分区的地下水总补给量、总排泄量和蓄变量。水均衡后,分区总补给量减去井灌回归补给量即为该计算分区的地下水资源量。

2.1.2 由单一山丘区构成的计算分区

首先确定构成计算分区的各个均衡计算区的计算面积和各项排泄量模数,然后用面积加权法对计算分区的各项排泄量分别进行计算,各项排泄量之和即为计算分区的总排泄量。总排泄量减去浅层地下水实际开采量形成的回归补给地下水部分为山丘区的地下水资源量。

2.1.3 由平原区和山丘区共同构成的计算分区

首先分别对构成计算分区的平原区和山丘区的各项补给量、排泄量、地下水蓄变量,用前述方法分别计算得平原区和山丘区的地下水资源量;然后分析平原区的山前侧向补给量和地表水体补给量中的河川基流补给量等与山丘区地下水之间的重复计算量,平原区和山丘区的

本文原载于《第二届黄河国际论坛论文集》,黄河水利出版社,2005 年。

地下水资源量之和再扣除其间的重复计算量即为分区地下水资源量;最后利用山丘区的河川基流量、平原区的地表水体补给量及其中的河川基流补给量、平原区排泄量中的降水入渗补给量形成的河道排泄量等,分析地下水资源量与地表水资源量间的重复计算量。

2.2 分区地下水资源量评价成果

黄河流域地下水计算面积为 749 620 km², 分区地下水资源量为 377.58 × 10⁸ m³,其中山丘区分别为 597 135 km² 和 265.04 × 10⁸ m³,平原区分别为 152 485 km² 和 154.57 × 10⁸ m³,山丘区与平原区地下水资源量间的重复计算量为 42.03 × 10⁸ m³。地下水与地表水间的重复计算量为 267.13 × 10⁸ m³。黄河流域二级流域和省级行政区地下水资源量计算成果见表1。

2.3 地下水资源量的主要构成

在山丘区,地下水资源量主要由全部与地表水重复的河川基流量构成,全流域山丘区平均河川基流量占其地下水资源量的83.5%。在平原区,降水入渗补给量和地表水体入渗补给量构成地下水资源量的主体,分别占平原区地下水资源量的48.7%、39.4%。一般来说,其地区分布为:降水入渗补量的比重由西向东由小变大,而地表水体入渗补给量则基本上由西向东由大变小。

3 地下水资源量的分布特征

3.1 地下水资源量的分区分布

由表1可以看出,在各二级流域分区,分区地下资源量以龙门至三门峡的 91.02 × 10⁸ m³(包括 53.73 × 10⁸ m³ 与地表水的重复量)为最多,占全流域分区地下水资源量的24.1%;其次为龙羊峡以上的 82.81 × 10⁸ m³(包括 82.35 × 10⁸ m³ 与地表水的重复量),占全流域的21.9%。而黄河内流区仅为 7.80 × 10⁸ m³(包括 0.06 × 10⁸ m³ 与地表水的重复量),只占全流域的2.1%,是最少的二级流域分区。

由表1可以看出,在各省级行政区,分区地下资源量以青海省的 92.69 × 10⁸ m³(包括 90.50 × 10⁸ m³ 与地表水的重复量)为最多,占全流域分区地下水资源量的24.5%;其次为陕西省的 68.05 × 10⁸ m³(包括 43.27 × 10⁸ m³ 与地表水的重复量),占全流域的18.0%。而四川省仅为 12.80 × 10⁸ m³,只占全流域的3.4%,且全部为与地表水的重复量,是分区地下水资源量最少的省份。

3.2 地下水资源量的地区分布

黄河流域地下水资源量的地区分布,与各地的地形地貌、地质构造、水文气象、水文地质条件和人类活动有着密切的联系,由于以上条件的差异,各地区地下水资源量分布贫富不均。

山丘区主要由于降水量和下垫面条件等的影响,地下水资源相对比较贫乏,但在山丘区植被条件较好的河流上游的深山区和石质山区则相对丰富一些。

一般来说,平原区由于地下水补给条件较好,地下水资源则比较丰富。一般平原区的太行山前沁河下游和黄河下游金堤河、天然文岩渠、黄河滩区,这些地区由于主要接受大气降水和地表水体的入渗补给,地下水资源比较丰富,地下水资源量年模数在 20.0 ~ 30.0 × 10⁴ m³/km² 之间。山间盆地平原区,在地表水体入渗、降水入渗补给量以及山前侧向补给量较大的地区,其地下水资源比较丰富,如青海的湟水河谷盆地、宁夏的银南和卫宁灌区,地下水资源量年模数大于 50.0 × 10⁴ m³/km²;宁夏的银川平原北部、河南的伊洛河河谷平原,地下水资源量年模数在 40.0 × 10⁴ m³/km² 左右;陕西的关中平原地下水资源量年模数在 20.0 ~ 30.0 × 10⁴ m³/km² 之

表1 黄河流域二级流域和省级行政区地下水资源量计算成果

（单位：计算面积，km²；流量，亿m³）

分区	计算面积	山丘区			平原区							分区地下水资源量	地下水与地表水资源量间重复计算量
		计算面积	地下水资源量	河川基流量	计算面积	降水入渗补给量	山前侧向补给量	地表水体补给量 补给量	地表水体补给量 基流形成面	地下水资源量	降补形成河排		
龙羊峡以上	129 590	126 735	82.10	81.88	2 855	0.58	0.20	0.24	0.10	1.01	0.33	82.81	82.35
龙羊峡至兰州	89 382	88 752	53.37	51.22	630	0.46	0.84	2.24	0.89	3.54	0.21	55.18	52.78
兰州至河口镇	135 860	88 459	16.48	4.36	47 401	10.83	8.86	30.89	11.99	50.58	0.42	46.21	23.68
河口镇至龙门	110 733	92 359	19.05	13.00	18 374	15.42	0.81	1.26	0.68	17.49	4.14	35.05	17.72
龙门至三门峡	186 798	150 927	51.59	39.19	35 871	28.06	6.57	17.64	6.28	52.28	3.18	91.02	53.73
三门峡至花园口	41 085	37 909	30.06	24.83	3 176	3.19	0.57	3.86	1.70	7.62	0.18	35.41	27.17
花园口以下	19 137	10 297	12.16	6.78	8 840	9.23	0.24	4.83	2.12	14.30	0.15	24.10	9.64
内流区	37 035	1 697	0.23	0.06	35 338	7.57	0.18	0	0	7.75	0	7.80	0.06
青海	150 745	147 260	90.16	88.49	3 485	1.06	1.03	2.47	0.99	4.55	0.53	92.69	90.50
四川	16 960	16 960	12.80	12.80	0	0	0	0	0	0	0	12.80	12.80
甘肃	139 594	138 641	43.10	40.07	953	0.49	0.05	0.08	0.03	0.62	0.26	43.64	40.38
宁夏	37 968	31 993	4.20	3.38	5 975	1.00	0.32	21.16	8.47	22.48	0.41	17.89	16.48
内蒙古	133 490	49 882	15.91	4.58	83 608	22.25	9.12	9.79	3.53	41.16	0.47	44.42	11.31
山西	96 487	80 987	37.85	23.45	15 500	9.50	5.01	3.63	2.16	18.14	0.07	48.82	24.99
陕西	128 898	98 271	29.25	26.36	30 627	28.41	1.93	15.14	4.75	45.48	6.52	68.05	43.27
河南	34 057	22 844	19.61	15.41	11 213	11.10	0.57	8.43	3.73	20.10	0.18	35.41	20.29
山东	11 421	10 297	12.16	6.78	1 124	1.53	0.24	0.26	0.10	2.04	0.15	13.86	7.09
合计	749 620	597 135	265.04	221.32	152 485	75.34	18.27	60.96	23.76	154.57	8.61	377.58	267.13

表 2 黄河流域二级流域分区地下水资源量成果比较

	项 目	兰州以上	兰州至河口镇	河口镇至龙门	龙门至三门峡	三门峡至花园口	花园口以下	内流区	合 计
上次成果	计算面积(km²)	221 391	152 755	111 595	187 598	41 227	20 986	39 812	775 364
	山丘区地下水资源量(10⁸m³)	152.19	13.84	23.77	63.76	29.97	8.39	0.22	292.14
	平原区地下水资源量(10⁸m³)	0	58.92	17.07	46.20	6.66	22.11	6.32	157.28
	山区与平原间重复计算量(10⁸m³)	0	24.05	0.52	12.46	1.43	5.17	0.03	43.66
	分区地下水资源量(10⁸m³)	152.19	48.71	40.32	97.50	35.20	25.33	6.51	405.76
	与地表水间重复计算量(10⁸m³)	152.19	26.74	29.62	70.65	29.13	14.96	0.28	323.57
本次成果	计算面积(km²)	218 972	135 860	110 733	186 798	41 085	19 137	37 035	749 620
	山丘区地下水资源量(10⁸m³)	135.47	16.48	19.05	51.59	30.06	12.16	0.23	265.04
	平原区地下水资源量(10⁸m³)	4.55	50.58	17.49	52.28	7.62	14.30	7.75	154.57
	山区与平原间重复计算量(10⁸m³)	2.03	20.85	1.49	12.85	2.27	2.36	0.18	42.03
	分区地下水资源量(10⁸m³)	137.99	46.21	35.05	91.02	35.41	24.1	7.8	377.58
	与地表水间重复计算量(10⁸m³)	135.13	23.68	17.72	53.73	27.17	9.64	0.06	267.13

表3 黄河流域省级行政区地下水资源量成果比较

	项 目	青海	四川	甘肃	宁夏	内蒙古	山西	陕西	河南	山东	合 计
上次成果	计算面积（km²）	151 545	16 980	142 551	48 598	141 649	97 445	129 242	34 985	12 369	775 364
	山丘区地下水资源量（10^8 m³）	92.79	21.48	51.39	3.73	14.91	44.21	40.04	15.2	8.39	292.14
	平原区地下水资源量（10^8 m³）	0	0	0.26	21.63	48.92	15.41	42	24.47	4.59	157.28
	山区与平原间重复计算量（10^8 m³）	0	0	0	9.18	14.87	6.27	6.73	5.27	1.34	43.66
	分区地下水资源量（10^8 m³）	92.79	21.48	51.65	16.18	48.96	53.35	75.31	34.4	11.64	405.76
	与地表水间重复计算量（10^8 m³）	92.79	21.48	51.52	14.86	19.54	37.37	54.65	21.4	9.96	323.57
本次成果	计算面积（km²）	150 745	16 960	139 594	37 968	133 490	96 487	128 898	34 057	11 421	749 620
	山丘区地下水资源量（10^8 m³）	90.16	12.80	43.10	4.20	15.91	37.85	29.25	19.61	12.16	265.04
	平原区地下水资源量（10^8 m³）	4.55	0	0.62	22.48	41.16	18.14	45.48	20.10	2.04	154.57
	山区与平原间重复计算量（10^8 m³）	2.02	0	0.08	8.79	12.65	7.17	6.68	4.3	0.34	42.03
	分区地下水资源量（10^8 m³）	92.69	12.8	43.64	17.89	44.42	48.82	68.05	35.41	13.86	377.58
	与地表水间重复计算量（10^8 m³）	90.5	12.8	40.38	16.48	11.31	24.99	43.27	20.29	7.09	267.13

间;山西的汾河山间河谷盆地平原地下水资源量年模数在 $20.0 \times 10^4 \mathrm{m}^3 / \mathrm{km}^2$ 左右;地表水体和降水入渗补给量以及山前侧向补给量较少的地区,地下水资源相对贫乏,如青海的共和盆地、宁夏的清水河河谷平原和灵盐台塬,地下水资源量年模数小于 $5.0 \times 10^4 \mathrm{m}^3 / \mathrm{km}^2$。沙漠区地下水资源比较贫乏,陕北风沙草原区地下水资源量年模数在 $10.0 \times 10^4 \mathrm{m}^3 / \mathrm{km}^2$ 左右,内蒙古库布齐沙漠和毛乌素沙地大部分地区地下水资源量年模数小于 $5.0 \times 10^4 \mathrm{m}^3 / \mathrm{km}^2$。

4 不同系列分区地下水资源量对比分析

本次评价成果地下水计算面积、平原区地下水资源量、山丘区与平原区间的重复计算量和分区地下水资源量均基本与上次评价成果(1956 ~ 1979 年 24 年多年平均)接近,山丘区地下水资源量和与地表水间重复的地下水资源量分别为 $265.04 \times 10^8 \mathrm{m}^3$ 和 $267.13 \times 10^8 \mathrm{m}^3$,分别比上次评价成果偏小 9.3% 和 17.4%,主要是由于四川、甘肃、山西与陕西省山丘区河川基流量的衰减所致。黄河流域二级流域和省级行政区本次与上次地下水资源评价成果比较见表 2、表 3。

黑河流域生态需水量分析

潘启民[1]　任志远[2]　郝国占[3]

(1. 黄河水利委员会水文局黄河水文水资源研究所;2. 河南黄河水文水资源局;
3. 黄河水利委员会河南河务局)

1 流域概况

黑河属河西内陆河流域,地处河西走廊和祁连山中段,位于东经 97°37′ ~ 102°06′,北纬 37°44′ ~ 42°40′,流域面积为 128 283.4 km²,横跨青海、甘肃、内蒙古三个省(区),涉及 5 个地级行政区的 10 个县(旗、市)。流域地势南高北低,地形复杂,按海拔高度和自然地理特点分为上游祁连山地、中游走廊平原和下游阿拉善高原三个地貌类型区。

黑河上游位于青藏高原北缘的祁连山地,主要山脉有疏勒南山、讨赖山、走廊南山,海拔均在 2 000 ~ 4 000 m 之间;属青藏高原的祁连山—青海湖气候区,是黑河的产流区和发源地,降水多、蒸发少、气温低、高寒阴湿是本区气候的基本特点。黑河中游位于河西走廊中段,地势平坦开阔,海拔 1 000 ~ 2 000 m。蒙—甘区的河西走廊温带干旱亚区,是黑河的主要用水区,干旱是本区气候的基本特点。黑河下游属内蒙古高原西部的阿拉善高原,系由一系列剥蚀中、低山和干三角洲、盆地组成,海拔 980 ~ 1 200 m;蒙—甘区的阿拉善和额济纳荒漠属温带极干旱区,是黑河的径流消失区。区内降水量稀少,蒸发强烈,冬春干冷而漫长,夏秋酷热而短促,日照长、风沙大是本区气候的基本特点。

2 黑河流域生态系统的特点

2.1 生态环境相互影响相互制约

水是西北内陆干旱地区生态环境的最大影响因素,由于流域上、中、下游同属于一个水资

本文原载于《黄河水利职业技术学院学报》2001 年第 1 期。

源系统,因而各区域生态环境存在相互影响、相互制约的关系。

2.2 生态系统的脆弱性

黑河是一条内陆河,其能量的交换和流动有着相对的封闭性,总体生物量有限,加之气候条件恶劣,水资源总量有限,人类对资源的不合理利用和对生态环境的破坏,因而其生态系统表现出相对脆弱的特点,大部分地区生态环境一经破坏,就难以恢复。

2.3 局部生态系统的可塑性

黑河下游生态环境的严重退化主要是因为缺水造成的,有水区域是绿洲,无水区域是荒漠。只要给额济纳供应足够的水资源,其生态环境是会朝良性方面转化的。这需要我们在开发利用水资源时,上下游应该统筹兼顾,合理分配。由此可知,改善黑河流域的生态环境问题关键是中游绿洲的内部防风、外围防沙及下游额济纳的生态环境退化问题。

3 流域绿洲生态需水量分析

生态用水,可以理解为生态需水量和生态耗水量两个概念。生态需水量,指流域内一定时期存在的天然绿洲、河道内生态体系(河岸植被、河道水生态及河流水质)以及人工绿洲内防护植被体系等维持其正常生存与繁衍所需要的最低水量。生态耗水量,指在现有供水与灌溉技术水平下,为维持所确定的生态保护体系,建设良性的生态研究体系或改善与恢复生态环境体系的所需要的水资源供给值。相比而言,生态需水量是状态值,强调的是现状生态环境体系维持的实际需用水量。而生态耗水量则是一个动态的概念,强调生态环境保护所需的适宜供水量,与水资源利用水平和技术措施有关。

生态需水量和耗水量与生态类型密切相关,不同类型的生态体系,其需水量与耗水量不同,对植被生态而言,需水量主要表现在生长期间的蒸腾耗散,因此还与所处地域的气候、水文条件有关。在进行计算时,应区别不同生态类型和同一类型所处的气候、水文及地貌单元。为了便于计算,在本次研究中,我们将流域生态环境体系划分为农田防护林、人工绿洲防护林草、下游荒漠河岸灌丛、荒漠乔木以及荒漠盐生草甸植被五类,分别进行生态需水量与耗水量的计算。

3.1 中游绿洲防护林生态需水量分析

人工绿洲生态,主要包括农田、防护林、人工及残存天然林草地、人工水域以及村镇等体系,防护林、人工林草地及残存天然林草地与人工绿洲的生态环境状况关系密切。其中人工林草地与农作物相类似,是人工种植行为,目的是获取直接经济效益,而天然林草在人工绿洲区所占比例很小,部分已纳入防风固沙体系中。因此,这里主要分析农田防护林体系和人工绿洲防风固沙植被生态体系两种生态类型的耗水量与需水量。

黑河流域中游平原区农田防护林建设与西北干旱区其他地区一样,经过了逐渐发展、不断完善的过程,在纳入"三北"防护林重点建设区以后,农田防护林建设得到了较快发展,也逐渐形成了其基本格局,一般以渠、路为林网骨架,以窄林带、小网格为主,并注意因地制宜。农田防护林体系中,沿渠林带,一般不进行专门灌溉,其耗水量实质是渠道系统渗漏水的一部分,因缺乏专门的观测研究,在计算时按充分灌溉考虑。其他近路渠、干支渠防护林带,均按农田灌溉折算。林带折算面积由下式计算:

$$F = [(M - 1 \times D + 4] \times L/10\ 000 \tag{1}$$

式中:F 为林带面积,hm^2;M 为林带行数;D 为林带行距,m;L 为林带长度,m。

采用不同的方法分别估算生态需水量。参考内蒙古、新疆和河西走廊部分地区进行的有关调查与试验结果,各种方法的数学方程确定如下:

(1)实测蒸腾量法,根据水量平衡的原理,林带耗水量 Q 与地下水位降幅之间存在下列方程式:

$$Q = P\lambda_1 + R \cdot \lambda_2 - \mu\Delta H \tag{2}$$

式中:μ 为给水度;P 为降水量,mm;R 为灌水量,mm;λ_1 为降水补给系数,mm;λ_2 为灌溉补给系数。

(2)阿维杨诺夫公式:根据有关观测与试验资料潜水蒸发极限深度 H_{max} 取 5.0 m,E_0 为水面蒸发量,则

$$E = 0.856(1 - H/H_{max})^{3.674} \cdot E_0 \tag{3}$$

(3)潜水蒸腾法(沈立昌公式):根据甘肃水文一队在玉门、张掖等地的试验,可得:

$$E = 6.12E_0^{0.552}(1 + H)^{-2.607} \tag{4}$$

(4)通过用以上方法对防护林生态系统需水量的计算(见表1),流域中游人工绿洲区防护林生态需水量约为 $2.109 \times 10^8 \sim 2.159 \times 10^8 \text{m}^3/\text{a}$。三种方法计算的结果十分接近,相差仅有 2.3% 左右。

表1 人工绿洲系统防护林生态需水量计算结果 (单位:$10^4 \text{ m}^3/\text{a}$)

方法	林种	临泽	高台	山丹	张掖	民乐	金塔	酒泉	合计
实测蒸腾量	农田防护林带	441.69	2 380.20	163.26	1 818.99	74.92	266.04	839.22	5 984.31
	防风、固沙林	2 420.80	2 309.80		1 655.30	228.97	6 821.00	234.85	13 670.60
	其他防护林	939.12	482.76	32.61	80.49	4.95		1.23	1 541.16
	合计	3 801.61	5 172.76	195.87	3 554.78	308.83	7 087.00	1 075.3	21 196.12
阿维杨诺夫	农田防护林带	370.84	1 998.38	137.07	1 527.21	64.29	233.37	704.59	5 025.75
	防风、固沙林	2 378.41	3 114.02	—	1 929.76	169.83	7 436.50	245.21	15 273.72
	其他防护林	788.47	405.33	27.38	67.58	4.16	—	1.04	1 293.96
	合计								21 593.4
沈立昌公式	农田防护林带	354.06	1 907.97	130.87	1 458.11	61.38	213.26	672.72	4 798.37
	防风、固沙林	2 270.81	2 973.14	—	1 842.45	180.44	7 475.10	234.12	14 976.08
	其他防护林	752.79	386.98	26.14	64.53	3.97	—	0.99	1 235.4
	合计								21 009.86

3.2 下游天然荒漠绿洲生态需水量估算

根据甘肃水文二队在玉门、张掖等地的试验资料和额济纳旗平原区定位观测植物蒸腾与土壤水分关系的分析成果,同样采用前述三种方法进行生态需水量估算,标定公式如下(实测蒸腾量法同上):

(1)阿维杨诺夫公式:

$$E = 1.174(1 - H/H_{max})^{3.663} \cdot E_0 \tag{5}$$

(2)沈立昌公式:

$$E = 5.32E_0^{0.974}(1 + H)^{-2.732} \tag{6}$$

根据卫星照片解译结果,不同地下埋深对应不同的植被类型。这样可分别计算不同植被类型的分布面积,结合上述公式,就可得出不同植被类型的生态需水量(见表2)。三种方法(实测蒸腾量法同上)的计算结果分别为 $5.70 \times 10^8\ m^3$、$5.34 \times 10^8\ m^3$ 和 $5.23 \times 10^8\ m^3$。可以认为绿洲区天然植被需水量大约为 $5.3 \times 10^8\ m^3$。需要说明的是,上述估算量仅针对沿河三角洲区覆盖度 $>25\%$ 组成绿洲的主要植被类型,不包括草原化荒漠及稀疏戈壁植被类型,也不包括固定、半固定沙土植被,在地域上仅包括三角洲区约 $6.0 \times 10^4\ km^2$ 范围。

表2　下游荒漠天然绿洲生态需水量估算

(单位:面积,km²;需水量,10⁸m³)

植被类型	实测蒸腾估算		阿维杨诺夫公式		沈立昌公式	
	面　积	需水量	面　积	需水量	面　积	需水量
河岸林、灌丛低湿草甸	1 057.46	2.25	1 057.46	2.36		
河泛地、湖滩低湿	1 739.85	2.02	1 739.85	1.75	1 739.85	1.41
盐化灌丛、杂类草	3 738.53	1.46	3 738.53	1.12	3 738.53	1.46
合　计	6 535.84	5.70	6 535.84	5.34	6 535.84	5.23

黄河流域平原区地下水可开采量分析

潘启民[1]　邵　坚[2]　宋瑞鹏[1]

(1.黄河水文水资源科学研究所;2.华北水利水电学院环境工程系)

1　基本概念

所谓可开采量,是指在可预见的时期内,通过经济合理、技术可行的措施,在不引起生态环境恶化条件下允许从含水层中获取的最大水量。

可开采量评价的对象为目前已经开采和有开采前景的、矿化度 $M \leqslant 2\ g/L$ 的平原区浅层地下水资源量。

影响可开采量的因素主要是总补给量大小,包括含水层厚度、岩性、渗透性能、单井涌水量等在内的含水层条件。本次评价成果为1980~2000年21年的平均值。

2　可开采量的计算方法

2.1　可开采系数法

可开采系数(ρ)是指某一地区的地下水可开采量($Q_{可采}$)与该地区地下水总补给量($Q_{总补}$)

本文原载于《人民黄河》2005年第9期。

的比值,即

$$\rho = Q_{可采}/Q_{总补}$$

此方法适用于含水层水文地质条件研究程度较高的地区,即对该地区浅层地下水含水层岩性、厚度、渗透性能及单井涌水量、单井影响半径等开采条件掌握得比较清楚的地区。

可开采系数的确定主要以含水层的开采条件为依据:开采条件好,可开采系数大(但不能大于1);开采条件差,可开采系数小。黄河流域平原区可开采系数的取值范围一般在0.5~0.9之间。

在确定了均衡区的可开采系数后,即可结合各均衡区浅层地下水总补给量,根据上式计算各均衡区的地下水可开采量。

2.2 实际开采量调查法

顾名思义,一些地区地下水可开采量可用调查统计的实际开采量来代替。本方法适用于浅层地下水开采程度较高,地下水实际开采量统计资料较准确、完整且潜水蒸发量不大,多年地下水水位相对稳定的地区。

3 可开采量的确定及其分布特征

黄河流域平原区浅层地下水矿化度 $M \leq 2$ g/L 的可开采量为 119.39 亿 m^3;其中矿化度 $M \leq 1$ g/L 的为 90.75 亿 m^3,占平原区地下水可开采量的 76%。黄河流域二级流域分区及省级行政区平原区各矿化度分区浅层地下水可开采量计算成果见表1、表2。黄河流域二级流域分区和各省级行政区平原区浅层地下水矿化度 $M \leq 2$ g/L 的可开采量分布情况见图1、图2。

表1 黄河流域二级流域分区平原区浅层地下水可开采量

矿化度	项 目	龙羊峡以上	龙羊峡至兰州	兰州至河口镇	河口镇至龙门	龙门至三门峡	三门峡至花园口	花园口以下	内流区	合 计
$M \leq 1$ g/L	计算面积(km²)	2 855	630	26 025	16 822	29 449	3 061	7 491	33 370	119 703
	总补给量(亿 m³)	1.01	3.54	25.56	16.00	48.05	7.97	12.88	7.45	122.46
	可开采量(亿 m³)	0.61	2.48	19.62	11.37	36.09	6.47	9.90	4.21	90.75
1 g/L $< M \leq 2$ g/L	计算面积(km²)	0	0	21 376	1 552	6 422	115	1 349	1 968	32 782
	总补给量(亿 m³)	0	0	26.35	1.77	7.83	0.25	2.70	0.58	39.48
	可开采量(亿 m³)	0	0	18.91	1.41	5.78	0.21	2.04	0.29	28.64
$M \leq 2$ g/L	计算面积(km²)	2 855	630	47 401	18 374	35 871	3 176	8 840	35 338	152 485
	总补给量(亿 m³)	1.01	3.54	51.91	17.77	55.88	8.22	15.58	8.03	161.94
	可开采量(亿 m³)	0.61	2.48	38.53	12.78	41.87	6.68	11.94	4.50	119.39

根据表1和图1可以看出:在各二级流域分区,平原区浅层地下水矿化度 $M \leq 2$ g/L 的可开采量以拥有汾渭盆地的龙门至三门峡的 41.87 亿 m^3 为最多,占全流域的 35.1%;其次为集中了宁蒙灌区的兰州至河口镇的 38.53 亿 m^3,占全流域的 32.2%;仅拥有共和盆地的龙羊峡以上 0.61 亿 m^3,是平原区地下水可开采量最少的二级流域分区,只占全流域的 0.5%。

表 2　黄河流域省级行政区平原区浅层地下水可开采量

矿化度	项 目	青 海	四 川	甘 肃	宁 夏	内蒙古	山 西	陕 西	河 南	山 东	合 计
$M \leqslant 1$ g/L	计算面积(km²)	3 485	0	894	3 137	63 137	12 622	25 555	9 857	1 016	119 703
	总补给量(亿 m³)	4.55	0	0.54	13.98	24.31	16.51	41.48	19.08	2.01	122.46
	可开采量(亿 m³)	3.09	0	0.23	10.73	16.44	12.62	31.05	14.87	1.72	90.75
1 g/L$< M \leqslant 2$ g/L	计算面积(km²)	0	0	59	2 838	20 471	2 878	5 072	1 356	108	32 782
	总补给量(亿 m³)	0	0	0.08	8.51	18.51	2.80	6.64	2.78	0.16	39.48
	可开采量(亿 m³)	0	0	0.05	6.22	13.16	2.21	4.75	2.11	0.14	28.64
$M \leqslant 2$ g/L	计算面积(km²)	3 485		953	5 975	83 608	15 500	30 627	11 213	1 124	152 485
	总补给量(亿 m³)	4.55		0.62	22.49	42.82	19.31	48.12	21.86	2.17	161.94
	可开采量(亿 m³)	3.09		0.28	16.95	29.60	14.83	35.80	16.98	1.86	119.39

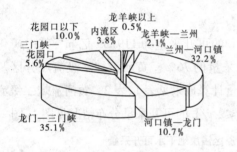

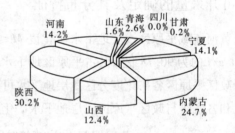

图 1　黄河流域二级流域分区平原区
地下水($M \leqslant 2$ g/L)可开采量百分比

图 2　黄河流域省级行政区平原区
地下水($M \leqslant 2$ g/L)可开采量百分比

根据表 2 和图 2 可以看出:在各省级行政区,平原区浅层地下水矿化度 $M \leqslant 2$ g/L 的可开采量以分布有关中盆地的陕西省的 35.80 亿 m³ 为最多,占全流域的 30%;其次为集中了河套灌区的内蒙古的 29.61 亿 m³,占全流域的 24.7%。四川省由于没有平原区分布,地下水可开采量为 0。

4　不同系列浅层地下水可开采量对比分析

本次评价成果平原区浅层地下水矿化度 $M \leqslant 2$ g/L 的计算面积为 152 485 km²,比上次评价成果的 167 007 km² 减少了 14 522 km²,相对减少 8.7%,主要是由于本次评价平原区扣除不透水面积、位于宁夏的清水河河谷平原范围划小和黄河内流区未做计算所致。本次评价成果平原区浅层地下水矿化度 $M \leqslant 2$ g/L 的总补给量和可开采量均基本与上次评价成果接近。黄河流域二级流域和省级行政分区本次与上次浅层地下水矿化度 $M \leqslant 2$ g/L 可开采资源的评价成果比较见表 3、表 4。

表3 黄河流域二级流域分区平原区浅层地下水（$M \leqslant 2$ g/L）可开采量成果比较

项　目		龙羊峡以上	龙羊峡至兰州	兰州至河口镇	河口镇至龙门	龙门至三门峡	三门峡至花园口	花园口以下	内流区	合　计
上次成果	计算面积(km²)	0	0	64 846	18 958	31 459	3 836	9 743	38 165	167 007
	总补给量(亿 m³)	0	0	60.37	17.22	49.63	7.30	23.29	6.35	164.16
	可开采量(亿 m³)	0	0	41.93	10.37	38.76	6.05	17.42	4.05	118.58
本次成果	计算面积(km²)	2 855	630	47 401	18 374	35 871	3 176	8 840	35 338	152 485
	总补给量(亿 m³)	1.01	3.54	51.91	17.77	55.88	8.22	15.58	8.03	161.94
	可开采量(亿 m³)	0.61	2.48	38.53	12.78	41.87	6.68	11.94	4.50	119.39

表4 黄河流域各省级行政区平原区浅层地下水（$M \leqslant 2$ g/L）可开采量成果比较

项　目		青海	四川	甘肃	宁夏	内蒙古	山西	陕西	河南	山东	总　计
上次成果	计算面积(km²)	0	0	828	18 514	91 585	14 741	27 361	12 852	1 126	167 007
	总补给量(亿 m³)	0		0.27	21.66	50.35	16.15	44.84	26.3	4.59	164.16
	可开采量(亿 m³)	0		0.14	13.01	36.18	13.1	32.45	20.16	3.54	118.58
本次成果	计算面积(km²)	3 485	0	953	5 975	83 608	15 500	30 627	11 213	1 124	152 485
	总补给量(亿 m³)	4.55		0.62	22.49	42.82	19.31	48.12	21.86	2.17	161.94
	可开采量(亿 m³)	3.09		0.28	16.95	29.60	14.83	35.80	16.98	1.86	119.39

黄河流域与地表水不重复的
地下水资源特征分析

潘启民[1]　曾令仪[1]　张春岚[2]

(1. 黄河水文水资源科学研究所;2. 黄河水利职业技术学院)

水资源由地表水和地下水两部分构成,它们之间密切联系、相互转化、互为依存,可以说是一个共生的整体。要想弄清一个地区的水资源总量,必须清楚它们之间的转化关系,分别计算地表水资源量、地下水资源量和地表水与地下水间的重复计算量。在计算过程中,确定地表水与地下水间的重复计算量,确切地说,就是确定与地表水不重复的地下水资源量(以下简称不重复的地下水资源量),是求得该地区水资源总量的关键所在。

1　不重复的地下水资源量及其年代变化

黄河流域1956～2000年和1980～2000年多年平均不重复的地下水资源量分别为112.32 m³ 亿和110.35 亿 m³,表明近期条件下(1980～2000年)全流域不重复的地下水资源量有减小的

本文原载于《人民黄河》2005年第2期。

趋势。黄河流域各区间与流域各省不重复的地下水资源量不同时段均值统计详见表1和表2。

表1　黄河流域各区间不重复的地下水资源量不同时段均值统计　　（单位:亿 m³）

时　段 （年）	龙羊峡 以上	龙羊峡 —兰州	兰州— 河口镇	河口镇 —龙门	龙门— 三门峡	三门峡 —花园口	花园口 以下	内流区	总　计
1956～1960	0.43	0.87	23.46	20.70	38.53	6.69	16.67	9.42	116.77
1961～1970	0.47	0.87	22.96	20.40	37.44	6.95	16.08	10.20	115.37
1971～1980	0.45	1.09	22.03	17.93	34.92	7.92	15.91	8.54	108.79
1981～1990	0.48	2.24	21.17	17.65	37.72	8.56	14.24	8.18	110.24
1991～2000	0.45	2.61	24.57	17.65	35.47	9.40	14.83	7.69	112.67
1956～1979	0.46	0.91	22.98	19.83	36.75	7.25	16.26	9.61	114.05
1980～2000	0.46	2.40	22.53	17.33	36.47	8.94	14.46	7.75	110.35
1956～2000	0.46	1.61	22.77	18.66	36.62	8.04	15.42	8.74	112.32

2　不重复的地下水资源量的年间变化

经1956～2000年黄河流域不重复的地下水资源量基本呈现稳中有降的趋势,其中山丘区不重复的地下水资源量随时间变化略有增加,而平原区则减小比较明显。主要原因在于:随着工农业生产规模的扩大和居民生活用水的增加,山丘区对地下水的开采量有所增加,导致地下水开采净消耗量增加比较明显;平原区连年的地下水开采造成了地下水埋深加大,因而不利于降水的入渗补给。黄河流域历年不重复的地下水资源量见图1。

表2　各行政分区不重复的地下水资源量不同时段均值统计　　（单位:亿 m³）

时段 （年）	青　海	四　川	甘　肃	宁　夏	内蒙古	陕　西	山　西	河　南	山　东	总　计
1956～1960	0.90	0	1.95	0.67	38.06	28.69	24.75	14.43	7.32	116.77
1961～1970	0.96	0	2.28	0.68	37.89	27.62	24.61	14.57	6.76	115.37
1971～1980	1.17	0	2.04	0.70	34.48	24.77	23.40	14.86	7.37	108.79
1981～1990	2.08	0	2.96	1.34	32.54	26.04	23.84	14.61	6.83	110.24
1991～2000	2.32	0	3.62	1.55	35.01	23.91	23.73	15.79	6.74	112.67
1956～1979	1.00	0	2.10	0.68	37.24	26.94	24.23	14.71	7.15	114.05
1980～2000	2.19	0	3.25	1.42	33.10	24.78	23.72	15.12	6.77	110.35
1956～2000	1.55	0	2.64	1.03	35.31	25.93	23.99	14.90	6.97	112.32

3　不重复的地下水资源量的地区分布

不重复的地下水资源量的多年平均值:1956～2000年山丘区为39.89亿 m³、平原区为72.43亿 m³,分别占全流域的35.5%和64.5%;1980～2000年山丘区为43.61亿 m³、平原区为66.74亿 m³,分别占全流域的39.5%和60.5%。

各流域分区,1956～2000年和1980～2000年多年平均不重复的地下水资源量统计(详见

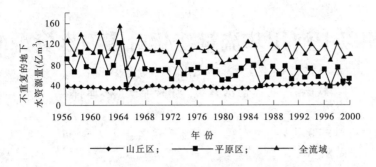

图1 黄河流域历年不重复的地下水资源量

表3),均以龙门至三门峡区间的36.62亿 m³ 和36.47亿 m³ 为最多,分别占全流域的32.6% 和
33.1%;同样均以龙羊峡以上的 0.46 亿 m³ 为最少,均占全流域的 0.4%。各行政分区,
1956～2000 年和1980～2000 年多年平均不重复的地下水资源量统计(详见表4),均以内蒙古
的35.31亿 m³ 和33.10亿 m³ 为最多,分别占全流域的 31.4% 和30.0%;除四川为 0 外,同样
均以青海的1.55 亿 m³ 和2.19 亿 m³ 为最少,分别占全流域的 1.4% 和2.0%。

表3 黄河流域各区间各地貌类型区不重复的地下水资源量统计 （单位:亿 m³）

流域分区	1956～2000 年均值			1980～2000 年均值		
	丘陵区	平原区	合 计	丘陵区	平原区	合 计
龙羊峡以上	0.20	0.26	0.46	0.20	0.26	0.46
龙羊峡—兰州	1.35	0.26	1.61	2.15	0.25	2.40
兰州—河口镇	11.41	11.35	22.77	12.12	10.41	22.53
河口镇—龙门	6.03	12.64	18.66	6.05	11.28	17.33
龙门—三门峡	10.34	26.28	36.62	11.59	24.89	36.48
三门峡—花园口	4.91	3.13	8.04	5.93	3.01	8.94
花园口以下	5.47	9.95	15.42	5.39	9.07	14.46
内流区	0.18	8.56	8.74	0.18	7.57	7.75
总 计	39.89	72.43	112.32	43.61	66.74	110.35

表4 行政分区各地貌类型区不重复的地下水资源量统计 （单位:亿 m³）

行政分区	1956～2000 年均值			1980～2000 年均值		
	丘陵区	平原区	合 计	丘陵区	平原区	合 计
青 海	1.04	0.52	1.55	1.67	0.51	2.19
四 川	0	0	0	0	0	0
甘 肃	2.38	0.26	2.64	3.02	0.23	3.25
宁 夏	0.38	0.64	1.03	0.82	0.59	1.42
内蒙古	11.28	24.03	35.31	11.34	21.78	33.12
陕 西	2.38	23.55	25.93	2.89	21.89	24.78
山 西	13.87	10.12	23.99	14.28	9.43	23.72
河 南	3.09	11.81	14.90	4.20	10.93	15.12
山 东	5.47	1.50	6.97	5.39	1.38	6.77
总 计	39.89	72.44	112.32	43.61	66.74	110.35

黄河兰州以上河川基流量变化对黄河水资源的影响

钱云平[1,2]　金双彦[2]　蒋秀华[2]　林亚萍[3]

(1. 北京师范大学环境科学研究所;2. 黄河水利委员会水文局;3. 宁夏自来水公司)

黄河兰州以上是黄河流域主要来水区,多年平均来水量占花园口来水量的59%,其中地下水补给量(基流)在黄河径流量中占有较大的比重。

近年来,由于气候变化和人类活动的影响,河川基流明显减少,对黄河径流量减少产生较大影响,特别是近十几年来,由于黄河上游来水量明显偏小,加上沿途大量引水,进入下游水量剧减,黄河下游断流频繁,严重影响流域经济的发展和流域生态环境的建设,因此,研究流域主要产水区基流变化及影响因素,对合理开发利用流域水资源,加强水资源管理具有重要的意义。

1　黄河上游概况

黄河上游兰州以上流域面积为 22.3 万 km^2,其支流众多,是黄河流域的主要产水区,其多年平均(1950～2000 年)来水量(天然径流量)为 334.5 亿 m^3,占花园口以上多年平均来水量(567.5 亿 m^3)的 58.9%。

本区水系发育,受构造体系的控制,干流弯曲多变,支流众多,水资源较为丰富。青海玛多以上属河源段,海拔在 4 000 m 以上,河段内扎陵湖、鄂陵湖为中心的湖群,蓄水量大;玛多至玛曲区间,黄河流经巴彦喀拉山与积石山之间的古盆地和低山丘陵,大部分河段河谷宽展;玛曲至龙羊峡区间,黄河流经高山峡谷,水流湍急,水力资源丰富;控制流域面积 13.1 万 km^2,属高寒草原地貌;龙羊峡至兰州,川峡相间,地势由西向东呈阶梯状下降,水量充沛,落差大,是黄河流域水电资源重点开发区,著名的龙羊峡、刘家峡水库就建于此区间,该区间属半农半牧地区。

本区由于地处中纬度的内陆高原,东西高差和垂直高度十分显著,不同地区气候差异大,年平均降水量为 426 mm,降水最多的玛曲地区,多年平均降水量在 600 mm 以上,而玛多以上和唐乃亥至贵德区间,降水量只要 300 mm 左右。同时降水主要集中在汛期(6～9 月),汛期降水占年降水量的 60% 左右,年降水量的变差系数一般为 0.15～0.25 之间,是黄河流域变化最小的地区。降水总的特点是历时长、面积大、强度小,形成的洪水涨落平缓,呈矮胖型。

2　水文地质条件

本区内地下水的形成与分布,主要受水文、气象、地形地貌和地质构造等因素的控制与影响。

根据黄河兰州以上地区地下水的形成条件、储存特点和分布规律,地下水可分为以下几种类型:

(1)多年冻结层水。主要分布在黄河河源地区和巴彦喀拉山、积石山和祁连山的部分地

本文原载于《水资源与水江工程学报》2004 年第 1 期,为国家重点基础研究发展规划(973)项目(编号:G1999043606)。

区,呈岛状或片状分布的多年冻土区。按埋藏的部位,分为冻结层上水和冻结层下水。

冻结层上水:主要分布在山间河谷、盆地、山前冲洪积扇地区多年冻土层上部的季节性融化层内,水位埋藏浅,水质较好。主要补给来源是大气降水,一般径流途径短,以水平径流和垂直蒸发形式排泄。

(2)松散岩类孔隙水。可分为盆地型和河谷型。

盆地型孔隙水:主要分布在祁连山—青南中间盆地带的共和盆地、同德—兴海盆地等,地下水主要接受大气降水和基岩山区潜流补给。由于黄河河谷切割较深,地下水主要以黄河为基准面逐段向河谷排泄。

河谷型孔隙水:主要分布于大通河、湟水、洮河及大夏河等河谷阶地。含水层岩性主要为第四系砂卵砾石层。地下水主要补给来源为山区的地表水和地下潜流。

(3)碎屑岩类孔隙水。主要分布在本区东部的中新生代小型断陷盆地中。盆地位于侵蚀基准面以上,无地表径流补给,其地下水主要靠大气降水补给,但补给量小。地下水径流短促,大多以泉的形式在盆地周边排泄。

分布在祁连山、青南高原、大坂山、拉脊山和积石山等地区的山地基岩裂隙水,含水层岩性主要为变质岩、碎屑岩和岩浆岩,以风化裂隙为主,地下水接受大气降水及高山冰雪融水的补给后,以泉或潜流形式补给山间河谷及平原。

3 基流计算方法

常用的基流计算方法有逐日平均流量过程线切割法和枯季径流法。日平均流量过程线切割法,其计算精度相对较高,成果较可靠,但资料要求也高,要求有较长系列的实测日流量资料。适用于人工控制程度低、具有长系列日流量的河流。

枯季径流法主要以年内几个月径流量的最小平均(最小月平均或连续几月最小平均)为基准,平行切割全年径流量,直线以下部分即为河川基流量。枯季径流法的精度取决于最小平均月份是否合适,在降水比较集中的情况下,枯水期较长,用最小平均月份计算出的基流值偏小,相反,降水年内比较均匀的情况下,计算出的基流量偏大。

黄河兰州以上大多数主要支流和干流唐乃亥以上,人工控制程度较低,可采用实测日流量过程线切割法进行基流切割。干流唐乃亥至兰州,兴建有龙羊峡和刘家峡等水库,干流流量过程已为人工控制,因此,不适用日流量过程线切割法,可采用枯季径流法,径流量取天然径流量。

传统日平均流量过程线切割一般由人工在日平均流量过程图上,逐年进行手动切割,工作量非常大。本文采用 Tony L. Wahl 和 Kenneth L. Wahl 编写的基流 BFI 计算程序进行基流计算,该方法可计算日历年和水文年。

本文基流计算均采用水文年系列,除兰州站基流计算采用天然径流量系列外,其他均采用实测径流量系列。

4 基流计算及变化分析

黄河兰州以上可分为黄河源头区、黄河沿至玛曲、玛曲至唐乃亥和唐乃亥至兰州。

4.1 黄河源头区

玛多(黄河沿站)以上一般被认为是黄河源头区,该区面积 20 930 km²,地形基本为起伏丘陵和盆地,植被属低草牧区。区域内湖泊、沼泽众多,是以扎陵湖、鄂陵湖为中心的湖群,蓄水能力强。年降水量主要在 250 ~ 400 mm 之间,其中 2/3 的降水为固体,即雪和冰雹。黄河源头站黄河沿,降水主要集中在 6 ~ 9 月。根据已有实测资料,其年均实测径流量 7.01 亿 m³(水文年)。基流计算结果见表 1。

从计算结果可以看出,黄河源头基流所占比重较大,基流指数 BFI(基流量/径流量)在 0.63 ~ 0.70 变化,平均基流指数为 0.69。这是由于该地区地形地貌为丘陵和盆地,植被较好,地下水位埋藏浅,非汛期降水主要为固体,地表水、地下水冬季冻结,夏季融化,有利于补给水。

表 1 黄河沿站基流计算结果表(水文年)

时间 (年 – 月)	径流量 (亿 m³)	基流量 (亿 m³)	降水量 (mm)	基流指数 BFI
1955 – 07 ~ 1960 – 06	4.70	3.02	334.4	0.63
1960 – 07 ~ 1969 – 06	6.81	4.67	285.1	0.66
1976 – 07 ~ 1980 – 06	6.19	3.65	320.4	0.64
1980 – 07 ~ 1990 – 06	11.36	7.67	316.9	0.68
1990 – 07 ~ 2000 – 06	4.32	2.91	328.9	0.70
年 均	7.01	4.67	312.4	0.67

注:1970 ~ 1975 年缺测

从基流量变化分析可知,20 世纪 80 年代最大,黄河沿站年均基流量为 7.67 亿 m³,90 年代最小,仅为 2.91 亿 m³,其中 1995 年 7 月 ~ 2000 年 6 月基流量仅 1.78 亿 m³。径流和基流大幅减少的原因,一方面可能是气候变化,另一方面是人类活动。由于黄河沿以上降水量观测站很少,表中所列降水量仅是黄河沿站降水量,不能反映面上降水情况。从该站降水量反映,黄河沿降水量没有明显变化,基流减少的主要原因可能是人类活动的影响,近年来黄河源头区由于大量非法开采沙金和修建水电站等人类活动,开采沙金破坏植被,引起严重水土流失和沙漠化,造成地下水位下降,使基流大幅减少,非汛期断流频繁。

4.2 黄河沿至玛曲区间

黄河沿站至玛曲站区间面积 41 029 km²,海拔 3 400 m 以上,年降水量 300 ~ 700 mm,为黄河上游的主要产流区。右岸有白河、黑河两大支流加入。植被由上而下变为高密植物,大部分地区是宽广平坦的草滩,多沼泽,坡面蓄水能力大。由于降水持续时间长,汇流慢,洪峰过程涨落平缓。玛曲基流计算结果见表 2。

表 2 玛曲基流计算结果表(水文年)

时间 (年 – 月)	实测径流量 (亿 m³)	基流量 (亿 m³)	降水量 (mm)	基流指数 BFI
1960 – 07 ~ 1970 – 06	154.1	83.2	439.1	0.548
1970 – 07 ~ 1980 – 06	143.4	77.7	554.3	0.543
1980 – 07 ~ 1990 – 06	168.6	88.0	577.7	0.526
1990 – 07 ~ 2000 – 06	126.7	76.6	456.7	0.608
年 均	148.2	81.4	491.7	0.556

注:降水量为玛曲以上降水量,系列为 1960 ~ 1997 年。

玛曲以上来水量较大,年均径流量为 148.2 亿 m³,年均基流量为 81.4 亿 m³,平均基流指数为 0.56。年基流与年径流量:20 世纪 80 年代年均最大,90 年代最小。与 80 年代相比,径流减少的幅度远大于基流减少的幅度。90 年代基流减少的主要原因是降水量的减少,80 年代年均降水量达到 577.7 mm,而 90 年代仅为 457 mm。基流变化小,主要是产水区大部分地区是宽广平坦的草滩,多沼泽,蓄水能力大。基流指数,除 90 年代较大,为 0.61 外,其他年代变化较小。90 年代基流小,但基流指数大,反映 90 年代降水量不大,但相对比较均匀。

4.3 玛曲至唐乃亥区间

玛曲至唐乃亥区间位于积石山的北侧,区间面积 35 924 km²,海拔 2 700 m 以上,降水量较大,在 400 ~ 700 mm 之间。分布在左岸的切木曲、曲什安、大河坝等一级支流在该区间加入,且汇流迅速。军功站以下多峡谷,河道切割深,落差大,水流急,水能蕴藏量大。唐乃亥站基流计算结果见表 3。

表 3　唐乃亥基流计算结果表(水文年)

时间 (年 – 月)	实测径流量 (亿 m³)	基流量 (亿 m³)	降水量 (mm)	基流指数 BFI
1956 – 07 ~ 1960 – 06	155.8	99.7	407	0.64
1960 – 07 ~ 1970 – 06	216.0	113.6	443	0.53
1970 – 07 ~ 1980 – 06	201.3	118.7	433	0.59
1980 – 07 ~ 1990 – 06	240.8	129.4	441	0.54
1990 – 07 ~ 2000 – 06	173.8	108.8	398	0.63
年　均	203.2	115.6	427	0.57

从表 3 可以看出,唐乃亥以上基流变化与玛曲以上变化基本一致。唐乃亥站年均径流量为 203.2 亿 m³,占兰州以上来水 60% 左右。年均基流量则为 116 亿 m³,基流指数为 0.57。除去 50 年代资料不全外,90 年代径流量年均是最小的。与 60 ~ 80 年代的平均量 219.4 亿 m³ 相比,90 年代径流量减少近 46 亿 m³,减少比例为 21%;基流减少幅度小,与 60 ~ 80 年代的平均量 120.6 亿 m³ 相比,90 年代减少 11.8 亿 m³,减少比例为 10%。基流与径流量减少的主要原因是降水量的减少,特别是汛期降水量的减少,90 年代降水量与 60 ~ 80 年代平均相比减少 10%。90 年代基流指数大,也说明由于汛期产水减少,基流比重相应增加。

4.4 唐乃亥至兰州区间

唐乃亥至兰州区间河道坡陡流急,黄河穿行于崇山峻岭中,两岸山势险峻,岩石裸露,河道比降大,主要峡谷段有拉干峡、李家峡、公伯峡、积石峡、刘家峡和盐锅峡。本区间支流众多,主要支流有隆务河、大夏河、洮河、湟水、大通河和庄浪河,其中洮河、大夏河暴雨量较大,是黄河上游洪水主要来源区。四条主要支流大夏河、洮河、湟水、大通河基流计算结果见表 4。

根据各支流站基流计算结果,除湟水基流指数偏低外,其他河流基流指数相差不大,平均在 0.53 左右。湟水河基流指数偏低的原因是该河人类活动影响较大,湟水灌区农业耗水量较大,大约占兰州以上农业耗水量的 1/3,由于地下水开采和非汛期引水灌溉,减少了河川基流,因此,基流指数较低。其他河流人类活动影响不大,基流变化主要受气候影响。

本区间 1968 年和 1986 年分别兴建刘家峡水库和龙羊峡水库,由于大型水库的调节作用,改变了径流的年内分配。刘家峡水库建成前,兰州站汛期实测径流占年径流的比重为 60%,

投入运用后,汛期所占比重下降到52.8%;龙羊峡水库建成后,汛期所占比重下降到41%（1986～2000年）。

表4　唐乃亥至兰州区间主要河流基流计算结果表（水文年）

河名	站名	时间 （年–月）	实测径流量 （亿 m³）	基流量 （亿 m³）	降水量 （mm）	基流指数 BFI
大通河	享堂	1950–07～1960–06	29.3	15.3	473.4	0.52
		1960–07～1970–06	28.0	14.5	474.8	0.52
		1970–07～1980–06	26.6	13.4	443.7	0.51
		1980–07～1990–06	31.9	16.7	458.3	0.54
		1990–07～2000–06	26.0	14.2	426.1	0.54
		年均	28.4	14.8	455.3	0.53
湟水	民和	1950–07～1960–06	18.5	8.90	422.7	0.48
		1960–07～1970–06	18.1	9.09	483.8	0.49
		1970–07～1980–06	14.1	5.47	483.5	0.39
		1980–07～1990–06	18.0	7.87	457.6	0.43
		1990–07～2000–06	13.2	5.90	433.6	0.44
		年　均	16.4	7.45	456.2	0.45
大夏河	折桥	1964–07～1970–06	13.72	6.92	552.7	0.50
		1970–07～1980–06	8.91	3.93	611.6	0.44
		1980–07～1990–06	8.76	4.60	552.0	0.52
		1990–07～2000–06				
		年　均	9.80	4.91	574.3	0.50
洮河	红旗	1964–07～1970–06	65.90	32.97	584.9	0.50
		1970–07～1980–06	44.51	22.80	572.2	0.51
		1980–07～1990–06	50.87	28.36	537.7	0.56
		1990–07～2000–06				
		年　均	51.14	29.14	562.7	0.53

　　由于人类活动的影响,黄河干流自贵德以下,主要为人工控制河流,给计算基流带来了困难。采用枯季径流法对黄河兰州以上基流进行估算（见表5）,兰州以上基流指数平均为52%。

表5　兰州站基流计算结果表（水文年）

时间 （年–月）	天然径流量 （亿 m³）	基流量 （亿 m³）	降水量 （mm）	基流指数 BFI
1950–07～1960–06	320.33	147.88	427	0.46
1960–07～1970–06	373.08	170.08	438	0.46
1970–07～1980–06	330.84	199.31	433	0.60
1980–07～1990–06	354.92	206.59	428	0.58
1990–07～2000–06	277.67	128.64	402	0.46
年　均	334.79	173.17	426	0.52

5 基流变化对黄河水资源影响分析

黄河兰州以上是黄河主要产水区,其天然径流量占花园口来水量的59%。根据本文前面计算,上游河川基流占黄河上游来水量的50%左右,因此基流的变化对黄河水资源的影响很大。表6为兰州站、花园口站实测、天然径流量对比表。

表6 兰州站、花园口站实测、天然径流量对比

时间（年）	兰州站径流量(亿 m³)		花园口径流量(亿 m³)	
	实测	天然	实测	天然
1950~1959	315.3	323.8	485.7	596.9
1960~1969	357.9	369.9	505.9	657.1
1970~1979	318.0	334.9	381.6	552.7
1980~1989	333.5	368.1	411.7	601.8
1990~2000	259.8	281.3	250.2	435.1
年 均	315.8	334.5	403.9	567.5

从表中可以看出,90年代以来,黄河水量大幅减少。这主要由于气候变化,降水量减少,加上人类活动影响,地表产流减少,主要来源非汛期的基流补给量也出现减少,使兰州以上来水量大幅减少。

与80年代相比,1990年7月~2000年6月黄河源头区年均径流减少7.04亿 m³,其中基流减少4.76亿 m³,基流减少占径流减少量的68%。唐乃亥站年均径流减少67亿 m³,基流减少20.6亿 m³,基流减少量占径流减少量的31%。从主要支流基流变化分析,与80年代相比,大通河和湟水90年代基流减少量均占径流减少量的比例在43%和41%。

90年代以来,由于气候和人类活动影响,兰州以上干支流地表产流量和基流的减少,致使兰州以上来水量的减少,兰州站1990~2000年年均实测径流量仅259.8亿 m³,比多年平均实测径流量的315.8亿 m³减少了18%,其中1995~2000年实测径流量仅240.9亿 m³,比多年平均减少23%。兰州以上来水量的减少,对黄河水资源的影响很大,使黄河水资源供需矛盾更加尖锐,1990~2000年,花园口实测径流量仅250.2亿 m³,其中1995~2000年实测径流量仅210.4亿 m³。90年代以来黄河上游来水量的大幅减少,是造成黄河下游频繁断流的一个重要因素。

6 结论

通过本文基流计算和分析,可得出以下结论:

(1)黄河兰州上游基流量占上游来水量的50%左右,并且自下而上基流指数逐渐增大,黄河源头区基流指数达到0.7左右。

(2)近年来,由于气候变化和人类活动的影响,兰州以上干支流基流不同程度地出现减少趋势,其中黄河源头区减少幅度最大。

(3)黄河兰州以上基流量的变化对黄河水资源影响较大,与80年代相比,不同河段干支流基流减少量占径流量减少量的比例在30%~68%,其中黄河源头区基流减少量比例最大。90年代以来黄河上游来水量的大幅减少,是造成黄河下游频繁断流的一个重要因素。

黄河中游黄土高原区河川基流特点及变化分析

钱云平[1]　蒋秀华[2]　金双彦[2]　张培德[2]

(1. 北京师范大学环境科学研究所;2. 黄河水利委员会水文局)

河川基流是指由地下水补给河川的水量。在黄河流域,非汛期河川径流主要由基流补给,基流在黄河径流量中占有相当大的比重。近年来,由于气候变化和人类活动的影响,河川基流大幅减少,对黄河径流量减少产生较大影响,特别是近年来,由于黄河来水量明显偏小,黄河下游断流频繁,严重影响流域经济的发展并破坏流域生态环境,因此,研究流域各地区基流变化及影响因素,对合理开发利用流域水资源,加强水资源管理具有重要的意义。

1 河龙区间黄土高原概况

黄河中游河龙区间(河口镇—龙门)地处黄土高原干旱、半干旱地区,为黄土丘陵沟壑区,该地区黄土层深厚、土质疏松、植被稀少,暴雨集中且强度大,水土流失严重,是黄河泥沙特别是粗沙的主要来源区。本区间支流水系发育,主要支流有黄甫川、孤山川、窟野河、秃尾河、佳芦河、无定河、清涧河等。

该区间年降水量为 300~550 mm,汛期(7~10 月)降水占全年 74% 左右,在空间分布上,南多北少,降水多以暴雨形式出现,且历时短、强度大,最大日暴雨可达 100~600 mm,因此常形成尖瘦的高含沙洪水过程线。

区内各种黄土侵蚀地貌发育典型,黄土斜梁沟壑、黄土梁峁沟壑及黄土峁状丘陵分布广泛。

20 世纪 70 年代以来,黄土高原开展了水土保持,兴建了大量水利水保工程,发挥了较好的减水减沙作用。

2 水文地质条件

本区内地下水的形成与分布,主要受水文、气象、地质、地貌和构造等因素控制,各含水岩类的分布及富水性均有较大差异。

区内大多为黄土丘陵沟壑区,广泛分布第四纪黄土,厚度范围 50~200 m,以黄土梁峁为主,沟谷非常发育,切割很深,深切至基岩,地下水补给条件差,排泄条件好,不利于地下水的储存,大气降水多由地表流失,加之降水量较小,因此除较宽阔的河谷、沙漠草原区稍富地下水外,其他地区地下水均较贫乏。

在黄土梁峁区,广泛分布风积、洪积黄土层孔隙、裂隙水,含水层主要为下更新统黄土,地下水埋深较大,从几十米至百余米,水量小,地下水主要为大气降水补给,以泉水形式向沟谷排泄,由于水循环条件较好,所以水质好。

在定边、榆林、神木一带的沙漠草原,分布风积冲湖积粉细砂、粉土孔隙潜水,由于基岩的

本文原载于《地球科学与环境学报》,为国家重点基础研究发展规划(973)项目(G1999043606)。

· 360 ·

起伏和古河道的变迁,致使含水层厚度及岩性变化较大,一般沙漠草原含水层厚度为 15～80 m,最大可达 160 m,水位埋深较浅,一般埋深仅几米。地下水以降水入渗补给为主,其次为凝结水和地表水灌溉入渗补给,主要以向河水排泄为主。

在无定河等较宽阔的河谷川道,分布冲积砂、砂砾卵石孔隙水,含水层为中更新至全新统的砂、砂砾卵石层,厚度 3～30 m,水位埋深 5～20 m。地下水补给主要来自降水及河水,水质较好。

在靖边、延安、黄陵以东广大梁峁区,还分布砂岩、页岩互层裂隙孔隙水。

3 基流切割方法

河川径流量由地表径流和地下径流排出量(基流)两部分水量组成,由于两者的成因和径流的条件不同而具有不同的退水规律,地表径流退水快而陡(在流量过程线上反映),地下径流即基流退水慢且平缓。因此,根据这种规律,可用分割流量过程线的方法切割基流。

常用的基流计算方法是采用逐日平均流量过程线切割法,其计算精度较高,成果较可靠,但资料要求也高,要求有较长系列的日流量资料。

传统日平均流量过程线切割一般由人工在日平均流量过程图上,逐年进行手动切割,工作量非常大。笔者采用 Tony L. Wahl 和 Kenneth L. Wahl 编写的《基流 BFI 计算程序》进行基流计算,该方法具有自动计算、速度快等优点,可计算日历年和水文年的基流量,特别适合处理长系列资料。

4 基流计算及变化分析

研究中选取黄甫川、孤山川、窟野河、秃尾河、佳芦河、无定河、清涧河等支流进行基流计算。这些河流代表黄土高原不同地貌类型的河流(见表 1)。

表 1　基流计算所选支流情况

河名	控制站名	主要地貌类型	日流量系列
黄甫川	黄甫	黄土丘陵沟壑区	1953～1997
孤山川	高石崖	黄土丘陵沟壑区	1955～1997
窟野河	温家川	沙质、砾质、黄土丘陵沟壑区	1954～1997
秃尾河	高家川	草滩区、风沙区、盖沙区、黄土丘陵沟壑区	1956～1997
佳芦河	申家湾	风沙区、黄土丘陵沟壑区	1957～1997
无定河	白家川	风沙区、河源梁洞区、黄土丘陵沟壑区	1958～1997
清涧河	延川	黄土丘陵沟壑区	1954～1997

基流计算按水文年系列进行计算,各支流具体基流计算结果见表 2。

根据计算结果,基流指数(基流量与径流量的比值)BFI 较大的河流主要为位于本区南部的秃尾河、无定河等,其中秃尾河 BFI 平均为 0.68。这些河流基流比重较大的主要原因,是这些河流的上中游,是草滩区和风沙区,其中秃尾河流域草滩区和风沙区占流域面积的 50%,无定河风沙区占流域面积的 54%,这两个类型区,地势较平坦,林草覆盖较好,有利于地下水补给,一般降水不产生地表径流,即使发生暴雨,地表径流也很小,大部分降水都补给地下水,地

表2 基流计算结果统计

河名 站名	年代 （水文年）	年均径流量 （亿 m³）	年均基流量 （亿 m³）	降水量 （mm）	基流指数 BFI （基流/径流）
黄甫川 黄甫	1953.7～1960.6	2.42	0.40	474.1	0.16
	1960.7～1970.6	1.98	0.25	428.8	0.13
	1970.7～1980.6	1.98	0.14	390.1	0.07
	1980.7～1990.6	1.49	0.17	372.9	0.11
	1990.7～1997.6	1.17	0.07	355.5	0.06
	年 均	1.80	0.20	401.9	0.11
孤山川 高石崖	1955.7～1960.6	1.01	0.22	487.8	0.22
	1960.7～1970.6	1.12	0.24	454.3	0.21
	1970.7～1980.6	0.95	0.18	418.2	0.19
	1980.7～1990.6	0.57	0.08	391.2	0.13
	1990.7～1997.6	0.60	0.07	366.0	0.12
	年 均	0.84	0.16	418.7	0.18
窟野河 温家川	1954.7～1960.6	8.24	2.68	478.7	0.33
	1960.7～1970.6	7.24	2.60	428.5	0.36
	1970.7～1980.6	7.07	2.40	410.1	0.34
	1980.7～1990.6	5.07	1.60	381.1	0.32
	1990.7～1997.6	5.10	1.47	365.5	0.29
	年 均	6.53	2.16	408.9	0.33
秃尾河 高家川	1956.7～1960.6	3.62	2.43	478.7	0.67
	1960.7～1970.6	4.38	2.97	428.5	0.68
	1970.7～1980.6	3.85	2.56	410.1	0.66
	1980.7～1990.6	3.04	2.10	381.1	0.69
	1990.7～1997.6	2.92	2.08	365.5	0.71
	年 均	3.58	2.44	408.9	0.68
佳芦河 申家湾	1957.7～1960.6	0.99	0.31	427.6	0.32
	1960.7～1970.6	0.99	0.39	431.4	0.39
	1970.7～1980.6	0.80	0.32	395.6	0.40
	1980.7～1990.6	0.41	0.20	374.7	0.48
	1990.7～1997.6	0.39	0.16	379.7	0.40
	年 均	0.67	0.27	396.9	0.40
无定河 白家川	1958.7～1960.6				
	1960.7～1970.6	15.52	8.43	444.9	0.54
	1970.7～1980.6	12.13	6.70	396.9	0.55
	1980.7～1990.6	10.43	6.05	390.2	0.58
	1990.7～1997.6	9.59	5.32	358.2	0.55
	年 均	12.24	6.75	401.6	0.55
清涧河 延川	1954.7～1960.6	1.50	0.26	486.6	0.18
	1960.7～1970.6	1.63	0.41	521.5	0.25
	1970.7～1980.6	1.47	0.40	470.5	0.27
	1980.7～1990.6	1.14	0.49	474.2	0.43
	1990.7～1997.6				
	年 均	1.41	0.41	487.2	0.29

下水资源丰富,水位埋深较浅,其补给河流的水量较大。本区北部的河流如黄甫川、孤山川和窟野河,由于流域基本都属黄土丘陵沟壑区,植被条件差,沟谷深切,补给条件差,排泄条件好,不利于地下水储存,地下水贫乏,加上流域降水量小,且以暴雨形式出现,主要形成地表径流,因此这些河流基流所占年径流的比例非常低,如黄甫川、孤山川基流指数分别平均仅为0.11、0.18,这些河流也是水土保持效益不太明显的河流。

从各支流基流量变化趋势分析,基本上随年代呈显著下降趋势,特别是20世纪70年代以来,下降更为显著。如无定河白家川站,基流量也由60年代的8.4亿m³减少到90年代的5.3亿m³,与60年代相比,基流下降了37%;相应径流量也大幅下降,60年代,白家川站实测径流量为15.5亿m³,到90年代仅9.6亿m³,下降了38%。其他河流均有此相似变化,如窟野河温家川站基流量、径流量分别由60年代的2.75亿m³、8.0亿m³,减少到90年代的1.5亿m³、5.1亿m³。

据分析,影响河龙区间各河流基流量变化的因素主要有气候变化和人类活动影响等。

从表2中可以看出,河流基流量的变化与降水量的变化有较好的对应关系。各流域降水量基本呈减少变化趋势,特别是90年代,降水量减少最明显;基流量随降水量的减少而减少。如无定河60年代,降水量平均为444 mm,基流量平均为8.43亿m³,而90年代降水量年均仅358 mm,基流量减少到5.32亿m³。其他河流均有类似变化。这是因为流域地下水主要由当地降水量补给,降水量的减少,导致地下水补给量减少,相应河流基流量也随之减少。

基流减少的另一个主要原因是流域地下水开采量和非汛期灌溉引水量的增加。近年来,在定边、榆林、神木一带的沙漠草原区,井灌面积不断扩大,地下水开采量大量增加,部分地区地下水位下降1~2 m,由于地下水位的下降,地下水量的减少,使补给该地区河川的基流也相应减小。此外,在各流域沟谷地带傍河地下水开采量和非汛期河道灌溉引水量也大量地增加,无疑造成河川基流量的减少。

20世纪70年代以来黄土高原开展的大规模水土保持,对流域基流的增加有一定作用,特别在水利水保效益比较明显的河流,但河川基流量大小主要决定于流域降水量大小,水土保持作用对基流的影响主要反映在基流所占径流比例BFI的变化上。如无定河、佳芦河、清涧河等,基流指数BFI均呈增加的趋势。这是由于水利水保工程的拦水拦沙作用,部分被拦截的水量入渗补给地下水,使基流量有所增加,因此70年代以后,这些河流基流所占比例相应增加,如无定河,60年代为0.54,80年代基流指数增大到0.58;佳芦河60年代为0.39,80年代基流指数增大到0.48,清涧河等也有类似的变化。但这些河流90年代基流指数有所下降,这与90年代发生了较大的洪水有关,对大洪水,水利水保工程减水作用明显降低,遇大暴雨,并不会减少产流,相反还会增加产流,因此基流所占比例相应就低。

为更好说明这个问题,以无定河为例,其径流量与基流指数BFI过程线图(图1,图中年份为水文年,即1959年代表1958.7~1959.7),从图1可以看出,年径流量随年代基本呈下降趋势,但基流指数稳中有升,同时70年代以来,基流指数与径流量之间关系变化有明显的规律性,在图上两者基本呈对称性分布,径流量越小,基流指数越大,这反映水利水保措施对不同强度降水量的拦水作用,在降水量强度较小时,拦水作用明显,产流少,有利于下渗,相应基流指数BFI增大,反之,基流指数BFI就低。而北部黄甫川、孤山川和窟野河等河流的基流指数没有这种变化,一方面是因为这些流域的水保效益不明显,拦水作用不明显,同时这些地区地下水位埋藏较深,加上此区域气候干旱,减少的水量主要以蒸发形式损失掉,对地下水的补给作用很小。

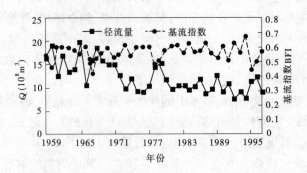

图1 无定河径流量与基流指数 BFI 过程线图

5 结论

根据河龙区间各支流基流计算结果及其分析,可得出以下结论:

(1)河龙区间基流量,决定于流域的气候、地形地貌和地质、水文地质条件,本区南部的秃尾河、无定河基流指数较大,而北部黄甫川、孤山川等支流基流指数较小。

(2)河龙区间各支流基流变化基本呈显著减少的趋势,基流减少的原因主要有两方面,一方面是气候变化,20世纪70年代以来流域降水量呈减少趋势;另一个原因是流域内地下水开采量和非汛期河道引水量的大幅增加,使地下水补给河流量减少。

(3)20世纪70年代以来黄土高原开展的大规模水土保持工作,对流域基流的增加有一定作用,反映在基流指数的增大,特别是水土保持效益较好的河流,如无定河等,与60年代相比,70~80年代基流指数有所上升;而水土保持效益不太明显的河流如黄甫川、孤山川等支流,基流指数增加则不明显。

(4)基流变化对黄河水资源影响较大。由于气候和人类活动影响,河川基流的减少,必将减少黄河径流量。因此,应加强黄河流域基流变化的研究。

成文中,得到长安大学王文科教授的指导,在此谨表谢意。

应用同位素研究黑河下游额济纳盆地地下水

钱云平[1,3]　林学钰[1]　秦大军[2]　王　玲[3]

(1. 北京师范大学环境科学学院;2. 中国科学院地质与地球物理研究所;
3. 黄河水利委员会水文局)

干旱区的生态环境主要取决于水资源的支持,尤其是地下水资源。干旱区地下水的形成和循环机制一直是干旱区水资源研究的重要课题。一些学者对额济纳盆地地下水问题进行了研究,但由于盆地自然条件恶劣,水文地质研究程度较低,对地下水循环演化规律和地下水补

本文原载于《干旱区地理》2005年第5期,为国际原子能机构(IAEA)2003-2004年技术项目(TC Project)(CPR/08/015/)资助。

补给来源等还未有一个较清晰的认识。

近年来,在国际原子能机构(IAEA)的支持和推动下,环境同位素示踪技术已成为地下水研究的重要手段,被广泛应用于研究地下水的起源、流动路径和地下水年龄等,并取得了许多进展。在 IAEA 的资助下,自 2002 年来,我们在黑河下游额济纳盆地开展了利用环境同位素技术进行额济纳盆地地下水形成和演化规律的研究,此项研究可为黑河下游水利工程规划和水量调度提供科学依据,对黑河下游额济纳盆地生态环境建设具有重要的意义。

1 研究方法

1.1 盆地概况

发源于祁连山的黑河在穿越中下游分界线正义峡以后,经鼎新盆地进入黑河下游的额济纳盆地。盆地南与甘肃省鼎新盆地相邻,西以马鬃山剥蚀山地东麓为限,东接巴丹吉林沙漠,北抵中蒙边境。盆地为典型的大陆性干旱气候区,大部分地区为戈壁沙漠,降水量极少,蒸发强烈,多年平均降水量为 47 mm,年最大降水量为 103 mm,最小降水量仅为 7 mm,年蒸发能力平均高达 2 250 mm 以上,自然条件非常严酷,生态环境极为脆弱。

黑河是流入额济纳盆地唯一的河流,也是维系盆地绿洲的主要水资源,在额济纳盆地内的总流长约 240 km。黑河在盆地内的狼心山分为东、西两个支流(河),分别流向盆地北部的东、西居延海,即黑河的尾闾。盆地内地势低平,海拔高度介于 820 ~ 1 127 m,最低点为盆地北部的东西居延海,最高点为南部的狼心山。总体上,地势自南向北、自东向西缓慢倾斜,地面坡降 1‰ ~ 3‰。

额济纳天然绿洲的植被,是以地下水为主要耗水来源的天然植物群落,黑河水是盆地地下水的主要补给来源。由于河水的滋润,在额济纳盆地干三角洲上,形成了以胡杨、沙枣、柽柳、苦豆子及甘草等为主的现代荒漠河岸绿洲,是阻挡风沙进入我国内陆的第一道绿色天然屏障。

1.2 水文地质条件

额济纳盆地为阿拉善台隆以北的边缘凹陷盆地,南部与阿拉善台隆为深大断裂接触,东侧与巴丹吉林沙漠也为断层所限,北、西侧与山体为不同角度的山足面接触。额济纳盆地冲积、洪积平原属阿拉善高原,由一系列剥蚀中、低山和三角洲、盆地组成,包括古日乃湖、东西居延海等湖盆洼地和广阔的戈壁、沙漠。

盆地内含水层系统主要由第四系含水层(组)、侏罗系碎屑岩类裂隙 - 孔隙含水层和基岩裂隙含水层所组成,侏罗系碎屑岩类裂隙孔隙水和基岩裂隙水呈条带状分布于盆地周边,水量贫乏;盆地内第四纪地层发育较为齐全,是盆地内含水层系统的主体(见图 1)。

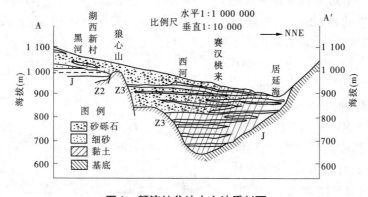

图 1 额济纳盆地水文地质剖面

额济纳盆地自南向北沉积物颗粒渐细,含水层层次渐多,富水性渐弱,地下水位埋深渐浅。

盆地内含水层由南向北可将其划分为单层含水层区、双层结构含水层区和多层结构含水层区。盆地西南部主要为潜水,含水层主要由冲洪积砾石、砂砾石所组成,局部夹有黏土、亚黏土透镜体,含水层一般厚 150～200 m,局部可达 250 m。盆地南部处于河流的上部,有利于接受河水补给,含水层的透水性和富水性较好;盆地中部以下,为潜水、承压水多层含水层结构,相对隔水层主要由黏土、亚黏土组成,厚度 5～15 m,分布稳定,顶板埋深一般 30～50 m 不等,含水层厚度一般厚 100～200 m,该区域有利于地下水的富集。多层结构含水层还分布于盆地东南部的古日乃和盆地北部的赛汗陶莱—额济纳旗城一带,承压含水层顶板埋深一般为 40～50 m,含水层的总厚度一般为 150～180 m,局部地段可达 300 m,含水层岩性以粉细砂、黏土、中细砂互层为主。北部东西居延海至中蒙边界一带,含水层组成以冲、洪积物为主,南部地区洪积和冲洪积物交叉堆积,岩性变化相对复杂,由南向北,含水层厚度由大变小,富水程度由好变差。

盆地内无区域性的隔水层,各含水层间存在一定水力关系。在盆地内部,地下水自南向北主要以水平径流的方式流动,由单一潜水含水层逐渐流向多层含水层,同时各含水层间存在着由下向上的越流补给。

额济纳盆地地下水的补给主要来自黑河水季节性的垂向渗漏,其次是大气降水的入渗和盆地周边的侧向径流补给。地下水的排泄途径主要有潜水蒸发、植被蒸散发和地下水开采等。

1.3 研究方法

本文研究方法主要采用环境同位素方法,结合水化学分析方法和区域水文地质条件进行研究分析。环境同位素研究方法使水文地质学的研究能够从大气水—地表水—地下水的统一系统出发,定量研究它们之间的转化关系,从而为解决许多水文地质问题提供经济、快速和精确的研究手段。

本文采用的环境同位素示踪剂包括稳定同位素 ^{2}H(氘)、^{18}O 和放射性同位素 ^{3}H(氚),其中放射性同位素 ^{3}H 主要用于分析地下水年龄。此外,本文中地下水测龄示踪剂还采用了碳氯氟化合物 CFC(氟里昂),CFC 是近十多年来测定年轻地下水年龄非常有效的示踪剂,被广泛应用于近 50 年以来地下水的定年,其原理是通过测定地下水中溶解的 CFC 含量来确定地下水的补给年龄。

本文作者分别于 2002 年 9 月、2003 年 6 月和 2004 年 6 月,三次在黑河下游额济纳盆地采集了地表水、地下水(包括浅层、深层(> 100 m) 地下水和泉水)。由于远离河边大都为戈壁沙漠,找到合适的取样井比较困难,因此取样点大都在靠近河边的绿洲地区。取样时现场测定了水样的电导率 EC、温度和 pH 值等,采样点见图 2,所采水样分

图 2　额济纳盆地采样点位置图

别送有关实验室进行水化学、环境稳定同位素δD、δ¹⁸O 和放射性同位素³H 以及 CFC 分析。

限于篇幅,仅列出部分水样的结果,见表 1。

表 1　额济纳盆地部分水样同位素组成

序号	采样日期	采样地点	水样类型	电导率 ($\mu s/cm$)	δD (‰, SMOW)	$\delta^{18}O$ (‰, SMOW)	^3H (TU, ±2)
1	2002.9	哨马营水文站	地表水	781	−44.5	−7.07	29.3
2	2002.9	狼心水文站东河	地表水	789	−41.8	−6.93	26.6
3	2002.9	空军基地	深层地下水	1 565	−50.2	−7.64	14.2
4	2002.9	基地83号井	浅层地下水	1 714	−47.0	−7.33	16.3
5	2002.9	古日乃	浅层地下水	2 240	−48.6	−3.10	17.7
6	2002.9	古日乃边防派出所	深层地下水	941	−58.1	−4.52	0.4
7	2002.9	大树里	深层地下水	1 066	−48.5	−7.48	16.9
8	2002.9	基地公园	浅层地下水	2 890	−45.4	−6.64	18.9
9	2002.9	狼心山水文站	浅层地下水	1 256	−46.9	−7.48	20.5
10	2002.9	十七号	深层地下水	1 118	−52.6	−8.08	18.1
11	2002.9	巴彦保格德苏木	浅层地下水	1 600	−48.4	−7.51	28.5
12	2002.9	菜茨格敖包	浅层地下水	1 480	−47.0	−7.11	17.1
13	2002.9	王爷府	浅层地下水	4 720	−46.1	−6.77	16.9
14	2002.9	王爷府附近	深层地下水	2 190	−46.6	−6.58	15.3
15	2002.9	四道桥	浅层地下水	3 000	−44.6	−6.82	24.9
16	2002.9	东德布家	深层地下水	939	−49.2	−6.95	6.5
17	2002.9	依布土喀喳	深层地下水	2 001	−54.8	−7.60	15.1
18	2002.9	东居延海自流井	深层地下水	2 650	−87.9	−10.22	3.6
19	2003.6	鼎新镇	浅层地下水	3 290	−47.3	−5.90	21.2
20	2003.6	古日乃牧民家	浅层地下水	2 130	−32.8	−2.98	12.9
21	2003.6	基地三站四队	深层地下水	695	−58.8	−7.86	0.61
22	2003.6	基地三站四队	浅层地下水	2 140	−57.6	−7.26	7.76
23	2003.6	苏泊淖尔派出所	浅层地下水	2 640	−57.2	−6.72	27.4
24	2004.6	十号基地	深层地下水	1 270	−52.4	−7.27	22.3
25	2004.6	河边牧民家	浅层地下水	1 240	−56.6	−7.3	25.9
26	2004.6	公路边牧民家	浅层地下水	1 430	−51.2	−7.68	9.9
27	2004.6	黑城遗址	深层地下水	612	−58.1	−8.38	2.3
28	2004.6	额旗农场	深层地下水	2 950	−52.9	−7.48	6.1
29	2004.6	额济纳旗城	深层地下水	1 130	−48.7	−6.78	0.38
30	2004.6	农场六连	深层地下水	1 840	−50.2	−6.23	12.6
31	2004.6	西居延海自流井	泉水	2 490	−73.2	−9.71	8.0
32	2004.6	老口岸	深层地下水	1 780	−73.4	−9.83	1.4

2 结果和讨论

2.1 地表水、地下水水化学分布特征

根据水化学分析结果,划分出的水化学类型反映出盆地内地表水、地下水水化学空间分布特征具有一定的规律性。

盆地河流为来自祁连山降水补给的黑河,河水矿化度(TDS)较低,一般在 0.5 g/L 左右,电导率 EC 小于 1 000 μs/cm,阴离子主要以 SO_4^{2-} 占优势,阳离子以 Ca^{2+} 为主。由于盆地内气候极度干燥,降水量少,蒸发强烈,自南向北,河水矿化度呈缓慢增大的变化趋势,Cl^- 和 Na^+ 离子含量逐渐增加,水化学类型也由南部的 $SO_4 - HCO_3 - Ca - Mg$ 型转化为北部 $SO_4 - HCO_3 - Na - Mg$ 型等。

盆地地下水水化学分布特征,自盆地西南部的鼎新至北部额济纳旗城之间,河流附近浅层地下水由于地表水的入渗补给,水交替强烈,一般为矿化度小于 1 g/L 的淡水,电导率 EC 一般在 1 000~2 000 μs/cm 之间,其化学类型一般为 $HCO_3 - SO_4 - Cl - Mg$ 型或 $SO_4 - HCO_3 - Na - Mg$ 型;向河流东西两侧,主要为矿化度 1~3 g/L 的 $SO_4 - HCO_3 - Na - Mg$ 型;本区间深层地下水矿化度大多低于浅层地下水矿化度,电导率一般在 1 000 μs/cm 左右,水化学类型主要为矿化度小于 1 g/L 的 $HCO_3 - SO_4 - Na - Mg$ 型。

额济纳旗城附近及其以北区域,浅层地下水由于埋深变浅,水循环变缓,受蒸发等影响,矿化度较高,电导率大都在 2 000~4 500 μs/cm 之间,水化学类型主要为 $SO_4 - Cl - Na - Mg$ 型。而深层地下水矿化度明显偏小,电导率一般在 1 000~2 000 μs/cm 之间,水化学类型大多为 $HCO_3 - SO_4 - Cl - Mg$ 和 $SO_4 - Cl - Ca - Mg$ 型。

盆地东南部古日乃浅层地下水,矿化度从小于 1 g/L 到 2 g/L,电导率 EC 大多为 1 000~2 500 μs/cm。水中阴离子以 Cl^- 为主,阳离子以 Na^+ 为主,水化学类型主要为 $Cl - HCO_3 - Na$ 型。在低洼泉水出露处,由于受强烈蒸发作用,矿化度非常高,电导率 EC 高达 6 000~7 000 μs/cm,水化学类型属 $Cl - Na$ 型。古日乃一深层地下水(6 号水样,边防派出所院内,据调查井深大于 100 m),矿化度仅 0.6 g/L,电导率为 941 μs/cm,水化学类型也为 $Cl - SO_4 - Na$ 型。

自东西居延海至中蒙边境,所采样品均为深层地下水,其中东西居延海间四个井为自流井。该区域水的矿化度自北部中蒙边境向南部居延海逐渐增高,电导率由 1 700 μs/cm 增加到 2 640 μs/cm,地下水水化学类型均为矿化度为 2~3 g/L 的 $SO_4 - Cl - Na - Ca$ 型。

2.2 同位素分布特征

2.2.1 稳定同位素组成

黑河下游地表水与地下水 $\delta D—\delta^{18}O$ 关系见图 3。

从图 3 中可以看出:

(1)盆地河水稳定同位素组成 $\delta D—\delta^{18}O$ 关系点大多位于全球降水线 GMWL 左侧,其 $\delta^{18}O$ 和 δD 变化范围分别在 $-7.35‰ \sim -6.32‰$ 和 $-46.6‰ \sim -39‰$,氘过量参数 $d(d = \delta D - 8 \times \delta^{18}O)$ 平均为 $+12‰$。由于受蒸发的影响,沿河自南向北,重同位素 $\delta^{18}O$ 逐渐富积,图中关系点向右偏移。

(2)盆地地下水同位素组成分布明显可分为三个区域:①盆地西南端鼎新至东西居延海区间深、浅层地下水;②盆地东南部邻近巴丹吉林沙漠古日乃地下水;③盆地北部东西居延海至中蒙边境深层地下水。地下水同位素组成上的这种分区,表明不同地区地下水在补给来源

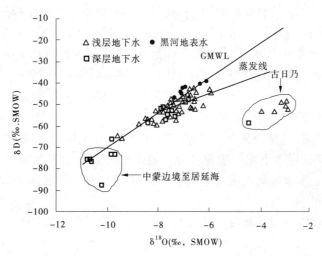

图3 额济纳盆地地表水、地下水稳定同位素 δD—δ^{18}O 关系图

和循环历程上的差异。

（3）河流附近大部分浅层地下水同位素组成 δD、δ^{18}O 平均为 -50‰、-7.3‰，与地表水稳定同位素组成接近。同时大部分地下水稳定同位素组成 δD—δ^{18}O 关系点位于 GMWL 右侧，位于蒸发线附近，且北部浅层地下水重同位素比南部浅层地下水富积。

（4）河流附近大多数深层地下水稳定同位素组成与浅层地下水接近，在 δD—δ^{18}O 关系图上位于同一区域，但与浅层地下水相比，重同位素稍微偏负。

（5）古日乃地下水稳定同位素组成显著远离黑河水稳定同位素组成，浅层地下水重同位素明显富积，埋深小于 10 m 的浅层地下水，δ^{18}O 和 δD 变化范围分别在 -2.85‰ ~ -2.98‰ 和 -48.6‰ ~ -32.6‰ 之间，其关系线大致与黑河同位素组成关系线平行。深层地下水同位素组成则明显相对偏负，如 6 号水样，δ^{18}O 和 δD 分别为 -4.52‰ 和 -58.1‰，反映了深层、浅层地下水所受蒸发强度的差异。

（6）黑河东西居延海至中蒙边境深层地下水稳定同位素组成位于 δD—δ^{18}O 关系图左下角，明显低于黑河水同位素组成，其稳定同位素组成 δD、δ^{18}O 范围分别在 -87.5‰ ~ 65.9‰ 和 -10.2‰ ~ -9.83‰ 之间。

2.2.2 ^{3}H(氚)的分布特征

下游河水的 ^{3}H 值变化不大，在 26 ~ 29 TU 之间（2002 年 9 月），而地下水 ^{3}H 值变化相对较大。

（1）河流附近浅层地下水，由于受地表水入渗补给，水交替强烈，^{3}H 值较大，一般在 15 ~ 30 TU，而远离河流的浅层地下水 ^{3}H 值较小，如距离河流 10 km 左右戈壁两个浅层地下水 ^{3}H 值仅为 7 TU 左右。

（2）河流附近深层地下水 ^{3}H 值一般小于浅层地下水，但盆地西南部深层地下水与中北部深层地下水有所不同。盆地西南部如 10 号基地附近，深层地下水 ^{3}H 值也较高，80 m 深甚至更深地下水含有较高的 ^{3}H 值，一般大于 15 TU，与浅层地下水接近；而在盆地靠北部，如额济纳旗城附近，深层地下水明显比浅层地下水低，如额济纳旗城内一深井（100 m），其 ^{3}H 值仅为 0.38 TU。

（3）河流两侧广大戈壁沙漠深层地下水一般具有非常小的 ^{3}H，如 27 号和 32 号水样，基本不含氚。

(4) 古日乃浅层地下水具有较高的 ^3H 值, 在采集的 6 个样品中, 4 个样品的 ^3H 值在 10 ~ 17 TU。在古日乃唯一采集的深层地下水(据调查, 井深大于 100 m), 其水中 ^3H 值仅为 0.42 TU。

(5) 东西居延海至中蒙边境, 采样主要为深层水, 东西居延海间深层井为自流井, 这些地下水的 ^3H 值一般较低。靠北部的 ^3H 值在 2 TU 左右, 靠西居延海 3 个自流井 ^3H 值稍高, 在 10 TU 左右。

2.2.3 CFC 的分布特征

根据 CFC 分析结果, 盆地大部分地下水 CFC 年龄与 ^3H 值吻合性非常好。盆地黑河附近浅层地下水和西南部深层地下水一般都含有一定浓度的 CFC 含量, CFC 年龄大多为 20 ~ 30 年, 盆地北部深层地下水或远离河流浅层地下水一般 CFC 含量较低甚至未检出, 说明其地下水补给年龄大于 50 年。

在黑河下游东南部古日乃, 取自古日乃 10 m 井深的地下水样品 CFC 数据, 其地下水年龄为 15 年左右。

东居延海至中蒙边境地下水, 居延海以北的地下水样品中 CFC 含量低, 甚至低于 CFC 检测限, 推断地下水年龄较老。东西居延海间的自流井, 检出有 CFC(但在 2002 年 9 月的取样中, 东居延海泉水中未检出 CFC), 这种变化可能受来水变化影响。

2.3 分析讨论

根据前面水化学、同位素分布特征的分析, 不同地区、不同地质单元, 其水化学、同位素组成具有明显不同的特征, 表明盆地地下水具有不同的埋藏条件、补给条件和循环机制等。

2.3.1 盆地西南鼎新至居延海

根据下游水文地质条件, 鼎新至居延海区段地下水与河流方向一致自南向北流, 含水层由单一的潜水逐渐过渡到多层含水层结构, 含水层岩性也由粗砾石变为细砂和粉砂, 水位埋深由深变浅。

从该区间水化学、同位素分布特征看, 河流附近浅层地下水与河水具有相似的水化学、同位素特征, 说明浅层地下水含水层与地表水联系密切, 浅层地下水接受河水补给。高 ^3H 值和 CFC 年龄显示浅层地下水为近 20 ~ 30 a 以内形成的现代水。浅层地下水, 特别是河流两侧 (10 km 内) 的戈壁地下水其稳定同位素组成相对于河水同位素组成, 重同位素富集, 在 δD— δ^{18}O 关系图上向右偏, 说明浅层地下水在其转化过程以及其后的径流过程中, 又再度经受蒸发, 使地下水的重同位素进一步富集, 其稳定同位素组成从而有别于其补给水源——河水, 同时河流两侧戈壁浅层地下水 ^3H、CFC 值远小于河流和河流附近浅层地下水的 ^3H、CFC 值, 说明地下水随运移途程的增大, 地下水年龄逐渐变老。

盆地西南部河流附近, 深层地下水稳定同位素组成与浅层地下水在 δD—δ^{18}O 关系图上位于同一区域, 说明都来源于地表水的入渗补给, 同时一些井深超过 100 m 的地下水仍具有较高的氚值, 如 3 号、7 号水样, 氚值在 15 TU 左右, 可见该处深层地下水得到浅层地下水的补给, 现代水的循环深度超过 100 m。而离河稍远的深层地下水则有所不同, 如表 1 中 21 号水样, 该采样点距离河流 10 km 左右, 该深层地下水中基本不含氚, 属于"老水", 没有现代水的补给, 说明地下水随运移路程和深度的增大, 地下水年龄逐渐变大。

盆地北部深层地下水, 其含水层由南部单一潜水含水层变为潜水 – 承压水多层含水层结构, 含水层岩性主要为中细砂、粉砂和粉细砂。从稳定同位素组成分析, 大多与浅层地下水接近, 但氚值、CFC 含量与浅层地下水相比, 明显偏小, 水中氚值一般在 0 ~ 15 TU, 说明深层地下水由南部地下水水平径流而来。同时发现一些深层地下水氚值大小与电导率之间存在反比关系,如表1中29号水样,其位于额济纳旗县城,井深100 m,电导率为1 130 μs/cm,氚值仅为0.4 TU,而14、17号水样,分别来自115 m、130 m深井,它们的电导率均大于2 000 μs/cm,氚值也均为15 TU,这些井中矿化度的增加显然并非蒸发浓缩作用所致,而是溶滤作用的结果,反映深层地下水与上覆高电导率浅层地下水补给发生混合作用,可见这些深层地下水与浅层地下水存在一定联系。

2.3.2 古日乃地下水

古日乃位于盆地东南部,其东南部为巴丹吉林沙漠,古日乃植被主要为梭梭林、红柳林及芦苇。古日乃草原为干湖盆,面积约3 000 km²,高程1 000～1 050 m,年降水量50 mm,含水层为第4纪沉降运动沉积的巨厚冲、湖积地层,含水层岩性主要由不同时期的冲、湖积形成的中细砂、粉砂及黏土、亚黏土所组成,上部为潜水,下部为承压水的多层含水结构。

古日乃地区地下水埋深较浅,一般小于3 m,在低洼处泉水出露。潜水矿化度一般不高,电导率在1 000～2 500 μs/cm之间,水化学类型主要为Cl-HCO₃-SO₄-Na水。其δD—δ¹⁸O关系线大致平行且显著偏离黑河水δD—δ¹⁸O关系线,反映出地下水在形成过程中受到强烈蒸发。其氘过量参数$d(d = \delta D - 8\delta^{18}O)$平均为-23‰,与黑河河水的$d$值(+12‰)差异较大。同时古日乃浅层地下水³H值和CFC含量较高,³H值在10 TU左右,CFC年龄为15年左右,说明浅层地下水存在现代水补给。而深层地下水地下水年龄较老,在古日乃一深层地下水(6号水样),其³H值仅为0.42 TU,说明其形成年代较早。

关于古日乃地下水来源,有一种观点认为黑河对古日乃地下水有较大贡献。但根据已有古日乃地下水同位素组成(在黑河至古日乃间为戈壁沙漠,无法取到地下水样品),并不支持这种说法。依据水化学和同位素数据推断,古日乃地下水主要是由该区域降水和东南部巴丹吉林地下水侧渗补给的,并在形成和径流过程中受到强烈蒸发。虽然当地降水量很小,只有50～100 mm,而蒸发量大于3 000 mm,但沙漠地区降水能否对地下水补给,决定于次降水的强度,在该区域降水集中,一般常以"阵雨"形式出现,因此对地下水是有一定补给作用的。

2.3.3 居延海至中蒙边境地下水

居延海至中蒙边境含水层组成以冲、洪积物为主,其中东西居延海地势处于额济纳盆地的最低处,含水层主要由河流冲积、湖洪积物等组成,由于地势较低,东西居延海间深层地下水为承压自流水,水头高出地面,但自90年代以来自流井水头和流量呈现衰减趋势,说明其补给条件较差。

该区域深层地下水矿化度较高,自北部中蒙边境至居延海,电导率有逐渐增高趋势,从1 700 μs/cm增加到2 650 μs/cm,同时东西居延海间自流井电导率也有由西向东增加的趋势,从2 400 μs/cm增加到东居延海的2 650 μs/cm,这些深层地下水水化学类型均为较高矿化度SO₄-Cl-Na-Ca型。

该区域深层地下水稳定同位素组成同位素组成δD和δ¹⁸O平均为-75.5‰和-10.24‰,与黑河地表水稳定同位素δD为-42.7‰、δ¹⁸O为-6.85‰明显不同,同位素组成显著偏负,指示该域地下水是在较寒冷的气候条件下形成的。这些深层地下水的氚、CFC含量大都较低,说明该区域地下水年龄较老。但取自2004年6月西居延海自流井中水样中发现有较高氚和检出有CFC含量,而武选民于1996年10月在该自流井取样,其氚值非常低,仅0.69 TU,这说明自流井氚和CFC的增大是由于黑河调水后,每年均有一定数量地表水补充居延海,来水对浅层地下水有一定补给作用,深部地下水在上升过程中与浅层地下水混合,使水中混合有一定比例的现代水,从而使水中氚含量 CFC 含量增大。

居延海至中蒙边境深层承压水具有相似的水化学特征,高矿化度、低氚、低 CFC 进一步证明了深层承压水是补给条件较差、水循环速度十分缓慢的"老"地下水。因此,综合以上分析,可推测居延海至中蒙边境深层地下水是主要来自蒙古高原的地下水补给,在气候较现今寒冷的气候条件下形成的。

3 结论和建议

根据以上分析,可以得出以下结论和建议:

(1)黑河下游不同地区、不同地质单元地下水由于含水层结构、埋藏条件、补给来源和循环历程不同,地下水水化学、同位素组成具有明显不同的分布特征。

(2)根据地下水水化学、稳定同位素组成和放射性同位素[3]H 以及 CFC 的分析,额济纳盆地地下水补给具有多源性,黑河是盆地地下水的主要补给来源,但古日乃地下水主要来自大气降水和东部巴丹吉林沙漠地下水的侧渗补给;中蒙边境至居延海深层地下水主要来自北部的蒙古高原的"老"地下水的补给。

(3)黑河水对盆地地下水的补给以及对下游生态环境恢复起着重要作用,保证黑河下游河道一定的流量,对于维护沙漠绿洲和生态环境是至关重要的。

(4)盆地天然绿洲生存主要依赖于地下水,而黑河水是盆地地下水的主要补给来源,因此在下游规划修建输水干渠时,防止因地下水补给量减少而影响天然绿洲的生存。

(5)盆地深层承压水,特别是盆地北部,地下水年龄较老,径流速度十分缓慢,说明其再生能力、补给条件较差,因此对深层承压水的开采一定要慎重。

黄河上游泥沙特性分析

钱云平[1]　王　玲[1]　范文华[2]　林银平[1]

(1.黄河水利委员会水文局;2.山东水文水资源局)

1 黄河上游概述

黄河上游是指河口镇以上地区,面积约 38.6 万 km^2,占全河总流域面积的 51.3%。汇入的主要支流有白河、黑河、隆务河、大夏河、洮河、湟水、祖厉河、清水河、大黑河等。根据区域地势地貌特征,黄河上游可分为三个河段,河源至龙羊峡为黄河上游的上段,位于青海高原,南界巴颜喀拉山脉,西界昆仑山脉,北临柴达木盆地,积石山横亘其中,控制面积 13.1 万 km^2,占流域总面积 16.5%,属高寒草原地貌。龙羊峡至下河沿区间位于青海高原和黄土高原的结合部,地势由西向东呈阶梯状下降,流域面积 12.3 万 km^2,占流域总面积 16.3%。黄土高原西起日月山,东至太行山,南靠秦岭,北抵鄂尔多斯高原,大部分在黄河中游。黄河上游洮河以下的

本文原载于《水土保持学报》2003 年第 6 期,为国家重点基础研究发展规划(973)项目(编号:G1999043602)。

一些支流流经黄土高原,土质松散,垂直节理发育,植被稀疏,水土流失十分严重,是黄河上游泥沙的主要来源地。下河沿至河口镇是黄河上游的下段,位于长城以北,腾格里沙漠和毛乌素沙漠之间,流经黄河河套平原,面积13.2万 km²,占流域总面积17.6%。

2 黄河上游水沙分布特征

2.1 水沙分布

黄河上游是黄河流域主要来水区。水沙特点是水量大,含沙量低,水沙异源,时空分布不均匀。黄河上游干支流主要水文站实测年水沙量见表1。从表1可以看出:黄河上游的水主要来自唐乃亥以上,唐乃亥水文站年均水量203.9亿 m³,占兰州站水量的65%;唐乃亥至循化区间来水较少,区间加入水量年均13.3亿 m³;循化至兰州区间来水量较大,区间加入水量年均为97.5亿 m³;兰州至头道拐区间为干旱区,降水量很小,区间产流很少;该区间宁蒙灌区为黄河流域最大的灌区,引水量很大,近年来,耗水量近100亿 m³,因此头道拐水量明显减少,1954~2000年,兰州站年均水量为314.7亿 m³,而头道拐水量仅223.2亿 m³。

表1 黄河上游主要水文站实测水沙量统计

河名	站名	时段	水量			沙量		
			汛期（%）	非汛期（%）	全年（亿 m³）	汛期（%）	非汛期（%）	全年（万 t）
黄河干流	唐乃亥	1954~2000	58.7	41.3	203.9	83.9	16.1	1 291
	贵德	1954~2000	52.8	47.2	207.3	76.1	23.9	1 875
	循化	1954~2000	52.9	47.1	217.2	82.4	17.6	3 505
	小川	1954~2000	46.3	53.7	264.8	83.8	16.2	2 959
	兰州	1954~2000	50.7	49.3	314.7	87.6	12.4	7 535
	安宁渡	1954~2000	51.0	49.0	307.4	90.8	9.2	13 812
	头道拐	1954~2000	46.7	53.3	223.2	65.3	34.7	11 332
洮河	红旗	1954~1990	54.2	45.8	51.1	88.7	11.3	2 712
湟水	民和	1954~2000	53.9	46.1	16.4	92.0	8.0	1 655
大通河	享堂	1954~2000	65.3	34.7	28.6	91.1	8.9	317
祖历河	靖远	1954~1990	79.4	20.6	1.3	94.8	5.2	5 558
清水河	泉眼山	1954~1990	72.6	27.4	1.1	96.1	3.9	2 395

注:表中%数,表示占全年的百分数。

黄河上游沙量呈现出显著的水沙异源特性,唐乃亥以上来沙量很小,年均仅1291万 t;自循化进入黄土高原区,沙量开始大量增加,循化至兰州区间水量增加97.5亿 m³,沙量增加了4 000万 t;兰州至安宁渡,来水量很少,但来沙量大幅增加,主要是支流祖历河和清水河的来沙量,两河年均来水量加起来仅2.4亿 m³,而来沙量则多达7 935万 t。

自安宁渡以下,由于来沙量较少,加上该区间为黄河流域主要用水地区,引水引沙,同时沙量沿程淤积,使沙量沿程减少。

2.2 水沙年内分配

从表1看出,黄河上游水量年内分配主要集中在汛期(7~10月)。黄河干流汛期水量占年水量的50%~58%,支流水量在年内的分配更为集中,如祖历河汛期水量占年总量的比例达到 79%。

沙量主要也集中在汛期,干流除头道拐外,汛期沙量所占年沙量比例多在 80~90%。头道拐由于安宁渡以下泥沙沿程衰减,而产沙主要产于汛期,泥沙减少也在汛期,因此头道拐泥沙汛期所占比例大幅减少,平均仅 65%。

支流泥沙在汛期所占比重比干流更大,大都在 90% 以上,其中清水河汛期比例达到 96%。

3 上游不同地区产沙特性

黄河上游的泥沙主要由降雨侵蚀形成,由于各区段地质、地貌植被和降雨情况不同,因而产沙特性也不同。表 2 为黄河上游各水文站历年输沙量统计表。

表 2 黄河上游各水文站历年输沙量统计

河名	站名	1954~1969	1970~1979	1980~1989	1990~2000	1954~2000
黄河	玛曲	391	449	671	308	444
黄河	唐乃亥	1 033	1 220	1 983	1 037	1 276
黄河	贵德	2 220	2 717	2 344	185	1 876
黄河	循化	4 015	4 292	3 966	1 600	3 498
黄河	兰州	11 844	5 736	4 474	4 914	7 354
黄河	安宁渡	21 048	11 970	9 156	9 463	13 875
黄河	下河沿	20 246	12 174	8 943	8 640	13 407
黄河	石嘴山	20 053	9 704	10 067	9 011	13 142
黄河	头道拐	17 336	11 371	9 759	3 984	11 330
湟水	民和	2 108	2 190	1 107	1 004	1 654
大通河	享堂	359	363	352	182	317
隆务河	隆务河口	156	159	181		164
大夏河	折桥	425	406	192		347
洮河	红旗	2 795	2 962	2 488		2 737
庄浪河	红崖子	193	145	107		152
祖厉河	靖远	7 223	5 081	3 825		5 580
清水河	泉眼山	3 044	1 915	1 795		2 395
十大孔兑*		2 900	2 290	4 210		3 100

注:* 该栏数据截至 1989 年,摘自《黄河水沙变化研究》第一卷(上册)P456。

3.1 黄河上游唐乃亥以上

黄河上游唐乃亥以上地区位于青藏高原东北部,主要地貌类型有高山积雪区、沼泽草地区、丘陵草地区、石山林区。唐乃亥以上产水量很大,但产沙量小。年均沙量只有 1 276 万 t,80 年代较大,年均 1 983 万 t,90 年代只有 1 037 万 t,从输沙模数分析,高山积雪区、沼泽草地区、丘陵草地区的输沙模数最低,在 100 $t/(km^2 \cdot a)$ 左右,其他地区输沙模数一般也在 500 $t/(km^2 \cdot a)$ 以下,该区间由于人类活动影响较小,各年代输沙模数变化较稳定。

3.2 唐乃亥至循化区间

黄河唐乃亥至循化区间主要地貌类型有高山积雪区、沼泽草地区、丘陵草地区、石山林区、沙地草原区、黄土丘陵沟壑区。黄土丘陵沟壑区主要分布在黄河干流两侧。

本区间水土流失严重的地区为黄土丘陵沟壑区,沙量增加较多,循化站多年平均沙量为3 498万t,60年代最大,为4 292万t,90年代最小仅1 600万t,主要是由于龙羊峡水库(1986年建成运行)运行后,水库蓄水拦沙,使水库下游沙量骤减,贵德站输沙量仅185万t。支流隆务河产沙量很小,隆务河口站多年平均入黄泥沙仅164万t,且各年代变化不大。该区间产沙量主要集中于黄土丘陵沟壑区,因此输沙模数较大,在3 000~5 000 t/(km² · a)之间,其他各地貌分区各年代的输沙模数均在400 t/(km² · a)以下。

3.3 循化至兰州区间

3.3.1 干流

循化至兰州区间主要有大夏河、洮河、湟水、庄浪河等支流加入。该区间沙量增加较多,主要原因是区间支流的加入,如湟水、洮河这两条河下游位于黄土丘陵沟壑区,沟壑纵横,植被稀少,黄土裸露,水土流失严重,是黄河上游泥沙的主要来源区之一。

兰州站年均输沙量为7 354万t,其中1954~1969年输沙量为11 844万t,1968年后由于刘家峡水库的运用,水库的蓄水拦沙作用,沙量减少,如70年代年均沙量降为5 736万t。

3.3.2 支流

黄河上游支流南北跨度较大,地貌类别复杂多样,因此侵蚀强度也不尽相同。下面分别叙述各支流的产沙特性。

(1)大夏河。大夏河产沙量较小,1980年之前,年均输沙量大约为400万t,80年代下降为192 t,这有气候方面的因素,同时也与水土保持作用有关。从产沙区分布,流域中上游的大部分地区为丘陵草地区、石山林区及土石山区,因此输沙模数一般不超过700 t/(km² · a)。

产沙区主要集中在下游的黄土丘陵沟壑区,虽然该区间只占流域面积的8%,但水土流失严重。天然情况下,1954~1969年最大输沙模数为5 850 t/(km² · a),1970~1979年最大输沙模数为6 110 t/(km² · a),开展水土保持后,1980~1989年最大输沙模数降为2 860 t/(km² · a)。

(2)洮河。洮河为本区间最大支流,年均径流量为51亿m³,但也是黄河上游产沙量较大的河流,多年平均入黄泥沙2 737万t。与70年代以前相比,80年代输沙量有所下降,为2 488万t。洮河中、上游为草原区和茂密的森林,地面覆盖度高,水源涵养条件好,人类活动影响小,产沙量较小,各年代输沙模数在1 000 t/(km² · a)以下。洮河下游属黄土丘陵沟壑区,沟壑纵横,植被稀少,黄土裸露,水土流失严重。各年代输沙模数均在3 000 t/(km² · a)以上,且各年代输沙模数峰值均出现在支流东峡河流域,最大达8 560 t/(km² · a)(1954~1969年系列),70年代以后各年代输沙模数峰值有所降低,1980~1989年最大输沙模数为6 790 t/(km² · a),主要原因是流域大力开展水利水保工程,这些措施起到了拦蓄泥沙的作用。

(3)湟水。湟水也是上游沙量的主要来源之一。60、70年代,民和站来沙量相差不大,年均2 100万t,80、90年代沙量减少明显,年均在1 000万t左右,主要是由于水土保持与气候的共同作用。从产沙区分布分析,湟水上游河源一带以及脑山地区仍保留着高山草甸地貌,自然植被较好,人类活动影响不大,水土流失较轻,各年代输沙模数均在200 t/(km² · a)以下。中游西宁至大峡区间地貌类型主要有石山林区、土石山区、黄土丘陵沟壑区,输沙模数一般在1 000 t/(km² · a)以下。

产沙区主要集中于下游黄土丘陵沟壑区,这一地区多为浅山,植被覆盖率很低,人类活动频繁,水土流失严重,输沙模数均在2 500 t/(km² · a)以上,1954~1969年最大输沙模数为7 260 t/(km² · a),80年代由于水土保持作用,年最大输沙模数下降为3 200 t/(km² · a)。

支流大通河位于流域北部,上、中游植被良好,人类活动影响小,产沙量很小,输沙模数均在 500 t/(km² · a) 以下。下游地区为黄土丘陵沟壑区,产沙量稍大,输沙模数均在 1 000 ~ 1 500 t/(km² · a) 之间。大通河总体产沙量不大,多年平均为 317 万 t,80 年代只有 182 万 t。

(4) 庄浪河。庄浪河虽然河道和黄河贯通,但由于干旱和人类活动影响,40 多年来很少向黄河输入径流泥沙,年均输沙量只有 152 万 t。

3.4 兰州至安宁渡区间

本区间沙量增加较大,几乎增加 1 倍,主要是支流祖厉河沙量的加入,这条河水量不大,年均径流量只有 1.3 亿 m³,但产沙量很大,年均达 5 580 万 t(1954 ~ 2000 年)。

祖厉河流域地处黄土高原西部,属黄土丘陵沟壑区,土层深厚,塬、梁、峁交错,沟壑纵横。流域植被属温带半干旱草原和干旱草原,自然植被稀疏,生态环境失调。祖厉河流域 1970 年以前人类活动影响较小,加上降水偏丰,产沙量很大,1954 ~ 1969 年年均产沙 7 223 万 t,输沙模数除关川河流域低于 5 000 t/(km² · a) 外,其他区域都在 6 000 t/(km² · a) 以上,局部达到 10 290 t/(km² · a)。70 年代后,由于流域内大力开展水利水土保持,特别是 80 年代小流域综合治理速度加快,加之水库、灌溉工程的建设,改变了下垫面条件,同时 80 年代由于降水偏枯,因而产沙量减少,80 年代产沙量下降到 3 825 万 t,1980 ~ 1989 年输沙模数峰值降为 6 470 t/(km² · a)。

安宁渡以上年均来沙量为 13 875 万 t,其中 1954 ~ 1969 年年均来沙 21 048 万 t,90 年代为 9 463 万 t。

3.5 安宁渡至河口镇区间

该区属于黄河流域的干旱地区,受降水和蒸发的共同作用,本区基本呈现干旱地貌景观,主要支流有清水河、红柳沟、苦水沟、都思兔河、十大孔兑和大黑河等,入黄水量很小。

本区间清水河产沙量较大,它处于黄土高原的西北边沿,地貌以黄土覆盖的丘陵为主,流域内以中游侵蚀最为严重,如折死沟输沙模数达 7 214 t/(km² · a);下游因雨量稀少,侵蚀轻微。清水河年均产沙量 2 395 万 t,70 年代以来由于修建水库并发展灌溉,水量和沙量减少明显,最近 20 年清水河大部分径流、泥沙消耗在流域内。

其他支流如红柳沟、苦水沟、都思兔河、大黑河等,由于气候干旱,大部分为流域侵蚀轻微,进入黄河的泥沙不多,只有内蒙古的十大孔兑进入黄河的泥沙较多。十大孔兑发源于水土流失严重的石比沙岩区,又流经沙漠,且位于东胜暴雨中心范围内,属季节性河流,只有洪水期才有径流产生,多年平均输沙量 3 100 万 t,输沙模数在 2 000 ~ 7 000 t/(km² · a) 之间,但次洪水输沙模数可高达 30 000 ~ 40 000 t/km²,最大含沙量可达 1 500 kg/m³ 以上,经常淤堵黄河。

70 年代以来,从安宁渡至头道拐,沙量沿程减少,90 年代安宁渡以上年均来沙量为 9 463 万 t,到头道拐减少到 3 984 万 t,其主要原因有:

(1) 来沙量少。区间虽然有支流加入,但因气候干旱,流域侵蚀轻微,产沙量小。

(2) 黄河出安宁渡后进入平原河道,沙量沿程淤积;

(3) 宁蒙灌区在大量引水的同时,将一部分泥沙引走。

4 结论

根据以上分析,可得出如下结论:

（1）总体而言，黄河上游水沙特点是水量大，含沙量低，水沙异源，时空分布不均匀。

（2）黄河上游水土流失较严重的地区集中分布在唐乃亥至循化区间、循化至安宁渡区间以及内蒙古十大孔兑地区。上游泥沙主要来自唐乃亥至循化区间、洮河下游、湟水大峡以下以及祖厉河流域。

（3）70 年代以来，由于各支流开展了水土保持，同时干流修建了刘家峡、龙羊峡水库，入黄泥沙大幅度减少。

黄土高原水土保持生态建设耗水量宏观分析

徐建华　李雪梅　王志勇

（黄河水利委员会水文局）

黄土高原地区水土流失严重，经过几十年的综合治理，水利水土保持工程现状减少入黄泥沙约 3 亿 t，减少入黄水量约 10 亿 m^3。但大规模综合治理后，将耗水多少，这是黄河水资源规划中必须关注的问题之一。现从 3 个途径进行分析。

1 按径流组成分析可能耗水量

该方法的基本思路为：水土保持措施只能影响地表径流，对地下径流基本没影响。在"黄河的重大问题及对策"分析中认为：河口镇以上耗水主要是水利工程，水土保持耗水很少，可不作分析。而河口镇至花园口区间的 24.4 万 km^2 水土流失区又分为多沙粗沙区和一般流失区，多沙粗沙区主要包括河口镇至龙门，泾河亭口站以上，北洛河交口站以上和渭河南河川站以上，流域面积 18.68 万 km^2，与过去规划中常说的多沙粗沙区面积 19.1 万 km^2（实际是多沙区）差不多；其他为一般水土流失区，面积 5.3 万 km^2。

1.1 多沙粗沙区减水量分析

在多沙粗沙区，天然情况下多年平均年径流量 103 亿 m^3（1949 年 7 月~1961 年 6 月），其中基流 53.1 亿 m^3、汛期地表径流 49.9 亿 m^3。推算过去规划中常用的多沙粗沙区（19.1 万 km^2）汛期地表径流为 51 亿 m^3。

各种水土保持措施利用地表径流的最大数量，是指 2050 年达到较高水平条件下的径流利用率。在较高水平条件下，治理有效面积按流失面积的 90% 计，有效面积的径流利用率按规划的措施构成比例及利用径流率加权平均计算，其值为 70%，二者相乘就是该区的径流利用率，为 63%。

由上分析，水土保持措施实施后，在较高治理水平条件下，最大用水率按 63% 计，总用水量为 32.1 亿 m^3。

1.2 一般流失区减水量分析

在一般流失区，因为实测径流资料受渭、汾平原及干流大中型水库和灌区的影响很

本文原载于《人民黄河》2003 年第 10 期，为国家自然科学基金重大项目"黄河流域典型支流水循环机理研究（50239050）"资助。

大,所以难以准确分割出地下径流与地表径流。参考多沙粗沙区实测的汛期地表径流模数(2.67 万 m³/km²),考虑到一般流失区在多沙粗沙区的南面,降水量偏大,其汛期地表径流模数采用3 万 m³/km² 较为合理。据此,一般流失区的汛期地表径流量为15.9 亿 m³。水土保持措施实施后,较高治理水平条件下,最大用水率仍按63%计,用水量为10 亿 m³。

1.3 河口镇—花园口区间减水量分析

河口镇—花园口区间流域面积34.4 万 km²,水土流失面积24.4 万 km²,占流域总面积的70%;地表径流总量为66.9 亿 m³。在较高治理水平条件下,区间最大用水量为42.1 亿 m³(不含回归因素)。该研究对各水平年用水推荐匡算(均以概略数计)结果如下:

(1)现状(1998 年)水平 8 亿~10 亿 m³;

(2)2010 年水平 15 亿 m³ 左右;

(3)2030 年水平 30 亿 m³ 左右;

(4)2050 年较高标准水平 40 亿 m³ 左右。

2 按水土保持规划措施预估可能耗水量

该方法的基本思路是根据各规划水平年的水土保持措施量与各项措施减水指标综合分析得来的,由于各家的减水指标和措施规划指标不同,因而结果也不一样。

(1)黄河水利科学研究院在"黄河流域防洪规划"项目中,进行了"黄河中游水土保持减水减沙作用分析",该报告参照"八五"攻关研究成果,提出了各项措施平水年减水指标:梯条田296 m³/hm²、林地248 m³/hm²、草地210 m³/hm²、水地296 m³/hm² 和坝地4 500 m³/hm²。再参照1997 年编制的《黄河流域黄土高原地区水土保持建设规划》提出的规划指标分析水土保持措施耗水量为:规划基准年减水量8 亿~10 亿 m³,2010 年减水量14 亿~18 亿 m³,2020 年减水量25 亿~30 亿 m³。

(2)景可根据《全国水土保持建设规划》中提出 2001~2050 年黄土高原将新增基本农田1 245 万 hm²,骨干坝 2 万座(淤地20 万 hm²),林草地2 965 万 hm² 的规划目标,再根据各种措施减水指标,林草10%(即75 m³/hm²)、水平梯田300 m³/hm² 和坝地300 m³/hm² 计算,到2050 年林草减少径流量22.23 亿 m³,水平梯田拦蓄径流量37.4 亿 m³,坝地年拦蓄径流量0.6 亿 m³,总减水至少60 亿 m³。

(3)根据水利部"黄河水沙变化研究基金"第二期冉大川分析的河口镇—龙门区间各种水土保持措施耗水量,计算出单项措施耗水比值,梯田[78 m³/(hm²·a)]大于造林[31 m³/(hm²·a)]大于种草[20 m³/(hm²·a)]。再根据《近期黄河重点治理规划》确定的2010 年和水土保持规划资料确定的2030 年规划的坡面措施量,估算出 2010 年和2030 年水土保持措施耗水量为26.9 亿 m³ 和66.2 亿 m³(见表1)。

表1 中未来淤地坝耗水量依据"黄河流域黄土高原地区水土保持淤地坝建设规划"中的淤地坝建设进度及运行方式,考虑了淤地坝坝地种植后的耗水量、骨干坝淤满前的水面蒸发损失量、人畜饮水、生态用水以及灌溉用水等计算得来。经分析,2010 年坝地耗水约 15 亿 m³,2020 年约 44 亿 m³,2030 年约 49 亿 m³,2040 年约 43 亿 m³。

表1　水土保持措施耗水估算

时　段	分　类	梯田	造林	种草	坝地	合计
1970～1996 年 (河龙区间)	保存量(万 hm²)	30.1	144.0	14.0	4.2	
	减水量(万 m³/a)	2 355	4 429	275		7 559
	单位面积耗水量 [m³/(hm²·a)]	78.3	30.8	19.7		
2010 年 (全河)	措施量(万 hm²)	847.8	1 567.1	157.5		
	耗水量(亿 m³/a)	6.6	4.8	0.3	15.2	26.9
2030 年 (全河)	措施量(万 hm²)	1 203.8	2 389.7	399.5		
	耗水量(亿 m³/a)	9.4	7.4	0.8	48.6	66.2

3　按减沙目标分析可能耗水量

根据国家自然科学基金委员会重大项目"黄河流域环境演变与水沙运行规律研究"中第二课题"流域侵蚀产沙规律及水利水保效益分析"报告:1970～1989 年,黄河上中游水利水保工程共拦泥 5.52 亿 t;其中水库拦泥 2.17 亿 t,灌溉引沙 0.64 亿 t,水土保持拦泥 2.71 亿 t。根据"黄河的重大问题及对策"分析,水土保持现状耗水约 10 亿 m³,该报告提出:2010、2030、2050 年减少入黄泥沙目标分别为 5 亿、6 亿、8 亿 t 左右。由现状看出,拦泥 5.52 亿 t 将减少入黄泥沙 3 亿 t。若要水土保持减少入黄泥沙 5 亿、6 亿、8 亿 t,相应拦沙分别为 9.2 亿、11.04 亿、14.72 亿 t。现状水土保持措施拦沙 2.71 亿 t 时,耗水 10 亿 m³;拦沙 9.2 亿、11.04 亿、14.72 亿 t 相应耗水量为 34 亿、41 亿、54 亿 m³。

4　综合分析

经过多种方法的综合分析(见表2),大致按照算术平均法估算黄土高原不同时期的水土保持耗水情况是:现状耗水约 10 亿 m³,2010 年耗水约 20 亿 m³,2030 年约 40 亿 m³,到 2050 年将达 50 亿 m³。可以看出,在黄河水资源规划中,对生态环境建设用水要有充分估计,才能保证黄河生态用水的安全。

表2　黄土高原水土保持生态建设需水量宏观分析汇总

编号	作　者	分析方法	各水平年减水量(亿 m³)					
			时间	现状	2010 年	2020 年	2030 年	2050 年
1	"黄河的重大问题及对策"研究组	按径流组成分析	1999	8～10	15		30	40
2	黄河水利科学研究院	按水土保持措施规划分析	1999 – 05	8～10	14～18	25～30		
3	景　可	按水土保持措施规划分析	2002 – 01					60
4		按水土保持措施规划分析			27		66	
5		按规划减沙目标分析		10	34		41	54
		推荐意见		10	20	30	40	50

黄土高原植被恢复需水量分析

徐建华　王　玲　王　健

（黄河水利委员会水文局研究所）

黄土高原主要产沙区属半干旱半湿润地区,年均降水量 400~500 mm,而蒸发能力却高达 1 000~1 500 mm(E601),是降水量的 2~3.75 倍。林草的生长势必引起蒸发量的增加,原因在于黄土层深厚、透水性强。林草截留雨水,增加入渗,使之贮存在土中,水分未及下渗至地下水层便被蒸发,从而使径流减少。

1　典型流域植被耗水量分析

1.1　葫芦河张村驿以上植被耗水量分析

北洛河支流葫芦河张村驿以上属黄土丘陵天然次生林林区,流域面积 4 715 km^2,植被覆盖度接近 100%,年平均降水量 569.3 mm(1959~1970 年),同期平均径流深 29.2 mm,其中基流约占 50%,径流系数(R/P)为 0.051 3。

北洛河上游的刘家河以上地区属黄土丘陵区,面积 7 325 km^2,位于葫芦河北面,属黄河中游多沙粗沙区,水土流失严重,输沙模数高达 20 000 t/(km^2·a),植被覆盖度极低。年均降水量 461.7 mm(1959~1970 年),比张村驿少 107.6 mm;年均径流深 37.8 mm,比张村驿大 8.6 mm。径流系数高达 0.082,且基流比重小,为 28.9%。

由相邻流域对比看出,黄土丘陵林区植被茂密的(张村驿站)较植被稀少的(刘家河站)径流深小 8.6 mm,径流系数小 37.5%(见表 1)。

1.2　汾川河临镇以上植被耗水量分析

汾川河临镇以上是黄土丘陵林区,面积 1 121 km^2,植被覆盖度接近 100%,多年平均降水量 538.9 mm(1959~1970 年),径流深 22.69 mm,径流系数为 0.042 1。

在汾川河临近的延河甘谷驿以上、昕水河大宁以上和州川河吉县以上,也是黄土丘陵区或残塬区,植被覆盖度很低,对比发现,汾川河临镇站的径流系数比临近的 3 个站小 45.6%~77.8%(见表 1)。

从表 1 可以看出:林区的地表、地下和总径流系数比非林区小,并且地表径流系数减少比例最大。由此看出植被措施首先是减少地表径流,对地下径流也有减少作用。但植树造林可改善小气候,加大局部地区降雨量,减少洪水径流,增加基流的比重(见图 1、图 2),降低水流含沙量,改善当地的生态环境,为水资源的开发利用带来有利条件。

本文原载于《人民黄河》2003 年第 1 期。

表1 乔木林区耗水参数分析

站 类		研究站	参证站	研究站	参证站	研究站	参证站	研究站	参证站
河流名		北洛河	北洛河	汾川河	延 河	汾川河	昕水河	汾川河	州川河
站 名		张村驿	刘家河	临 镇	甘谷驿	临 镇	大 宁	临 镇	吉 县
面 积(km²)		4 715	7 325	1 121	5 981	1 121	3 992	1 121	436
植被覆盖度(%)		100	9	100	8	100	10	100	<10
降水量(mm)		569.3	461.7	538.9	536.1	538.9	526.8	538.9	535.3
径流量 W (万 m³)	总 量	13 761	27 716	2 544	24 809	2 544	19 713	2 544	2 312
	地 表	7 014	19 694	1 353	17 660	1 353	13 888	1 353	1 707
	基 流	6 747	8 022	1 191	7 149	1 191	5 825	1 191	605
径流深 R (mm)	总 量	29.19	37.84	22.69	41.48	22.69	49.38	22.69	53.03
	地 表	14.88	26.89	12.07	29.53	12.07	34.79	12.07	39.15
	基 流	14.31	10.95	10.62	11.95	10.62	14.59	10.62	13.88
径流系数 $f = R/P$	总 量	0.051 3	0.082 0	0.042 1	0.077 4	0.042 1	0.093 7	0.042 1	0.099 1
	地 表	0.026 1	0.058 2	0.022 4	0.055 1	0.022 4	0.066 0	0.022 4	0.073 1
	基 流	0.025 1	0.023 7	0.019 7	0.022 3	0.019 7	0.027 7	0.019 7	0.025 9
ΔR (mm)	总 量	8.65		18.79		26.69		30.34	
	地 表	12.01		17.46		22.72		27.08	
	基 流	-3.06		1.33		3.97		3.26	
Δf	总 量	0.030 7		0.035 3		0.051 6		0.057 0	
	地 表	0.032 1		0.032 7		0.043 6		0.050 7	
	基 流	-0.001 4		0.002 6		0.008 0		0.006 2	
$(\Delta f/f_{参})$ (%)	总 量	37.5		45.6		55.1		77.8	

注:资料系列:1959~1970年,其中因张村驿1962年缺测,刘家河1962年资料也未参加计算。

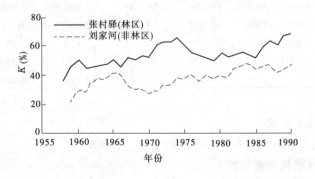

图1 张村驿与刘家河地下径流与总径流比值(K)5年滑动平均过程线

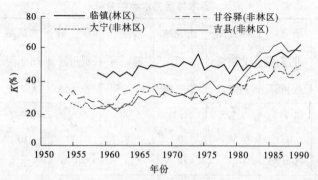

图2　林区与非林区地下径流与总径流比值(K)5年滑动平均过程线

2　黄土高原退耕还林还草需水量估算

2.1　植被耗水定额分析

2.1.1　乔木林耗水定额分析

在小区试验中,森林减水作用平均可达70%,但葫芦河张村驿和汾川河临镇以上反映了大面积天然次生乔木林的实际情况,退耕还林还草后能达到这一覆盖度就很好了。前面四组资料对比分析,乔木林减少径流在37.5%～77.8%之间,平均54%。

2.1.2　种草耗水定额分析

根据绥德、离石和延安等试验小区资料(见表2),人工种草减少径流在5.5%～58.9%之间变幅较大,平均34%。

表2　人工牧草的水保作用

植　被	水保站名	资料年限	径流模数(m^3/km^2)		侵蚀模数(t/km^2)		蓄水减蚀作用(%)	
			措施区	对照区	措施区	对照区	径　流	泥　沙
苜　蓿	绥　德	1955～1960	18 720	30 640	749	7 340	38.9	89.8
苜　蓿	绥　德	1959～1963	12 240	29 760	3 380	9 660	58.9	65.0
苜　蓿	准　旗	1983～1984	26 000	42 500	130	2 770	38.8	95.3
苜　蓿	离　石	1957～1958	12 750	20 640	5 890	16 940	33.0	65.2
草木樨	绥　德	1955～1960	23 230	30 640	2 240	7 340	24.2	69.5
草木樨	绥　德	1959～1960	21 540	36 340	2 940	10 200	40.7	71.2
草木樨	离　石	1957～1966	18 700	19 800	1 580	6 980	5.5	77.3
草木樨	离　石	1957～1958	12 380	20 640	2 160	16 940	39.0	87.0
草木樨	延　安	1956～1966	30 750	48 060	3 150	4 990	17.2	36.9
沙打旺	准　旗	1983～1984	19 300	32 700	150	1 320	41.0	88.7
平　均			20 480	31 170	2 240	8 450	34.3	73.5

2.1.3　灌木林耗水定额

灌木林的减水系数取乔木林和草地的平均,为44%。

2.2　黄土高原林草耗水量估算

2.2.1　高标准林草措施耗水量分析

高标准是指宜林则林、宜灌则灌、宜草则草,覆盖度达到90%以上。根据熊贵枢等的研究,年降水量小于 350 mm 地区,一般为草原植被,减少值按种草考虑,取 34%;年降水量在 350 ~ 550 mm 之间,为灌丛草原植被带,减少值取草和灌木的平均值,按 40% 考虑;年降水量大于 550 mm 的地区,适宜于乔木生长,减少值取 54%。

根据"黄河流域黄土高原地区水土保持生态环境建设规划"资料,可以分析出各省区现状和不同规划水平年的林草面积,根据林草措施量便可估算耗水量。计算方法是根据各省区各种措施的径流系数乘以上面分析的因植被耗水后径流系数的减少值,再乘以降水量得到减少的径流深,减少的径流深乘以措施面积就得到植被措施耗水量。例如,2050 年陕西省林草措施耗水量计算结果见表 3。

表 3   2050 年陕西省林草措施耗水量估算

植被带	植被面积 (km²)	降水量 (mm)	径流深 (mm)	径流系数	径流系数减少值(%)	植被减少径流系数	植被减少径流量	
							(mm)	(亿 m³)
草原植被	23 221	400	25	0.06	34	0.021	8.5	1.97
灌丛草原植被	44 175	450	40	0.09	40	0.036	16.0	7.07
乔木植被	43 651	550	40	0.07	54	0.039	21.6	9.43
合 计	111 047							18.47

黄土高原各规划水平年林草措施计算耗水量见表 4;表 4 是高标准覆盖度情形下的计算成果,预计到 2050 年林草措施耗水量达 81 亿 m³,这一数值约占黄河河川径流总量(580 亿 m³)的 14%。据有关专家分析,要使流域生态环境得到良性发展,必须从流域总径流中提供约 15% 的水量供植被生态建设使用。

表 4   黄土高原各规划水平年高覆盖度情况下林草措施耗水量估算

省(区)	林草面积(km²)				耗水量(亿 m³)			
	1998 年	2010 年	2030 年	2050 年	1998 年	2010 年	2030 年	2050 年
青 海	3 353	7 267	19 303	20 862	2.33	4.47	11.24	12.12
甘 肃	22 279	47 664	85 270	91 356	1.92	5.20	8.96	9.56
宁 夏	5 045	12 045	32 391	34 923	0.33	1.43	3.30	3.49
内蒙古	17 605	36 490	113 405	120 711	2.04	3.97	11.21	11.87
陕 西	37 651	60 625	105 628	111 047	6.11	10.16	17.59	18.47
山 西	21 309	37 814	75 983	81 027	3.49	6.63	12.69	13.46
河 南	4 761	5 448	14 716	16 112	3.82	4.35	11.53	12.61
合 计	112 003	207 354	446 696	476 039	20.06	36.21	76.52	81.57

以上分析的植被耗水量是高覆盖度或小区试验资料基础上的。大面积的覆盖度低,也就是说,81 亿 m³ 水量是植物措施耗水量的上限值。

根据黄河水利委员会上中游管理局规划设计研究院资料统计,黄土高原现有初步治理的水土保持林草面积 11.2 万 km²,未来 50 年将新增 36.4 万 km²,累计达 47.6 万 km²。2050 年水土保持林草措施实际耗水量按高覆盖度情况的 60% 考虑,将耗水 50 亿 m³,这对水资源紧缺的黄河流域来说,不容忽视。当然,这一部分水量的消耗也会带来许多正效益,首先是涵养了水源,保持了水土;其次为各类野生动物提供栖居地;第三在有一定规模的植被中心部位使大气湿度增加。

2.2.2 现有林草措施实际耗水量估算

表4计算的现状林草措施耗水量达20亿 m^3 ,是指在高覆盖度条件下的耗水量,但黄土高原现有水土保持林草的覆盖度是很低的。根据黄土高原水土保持林草措施的覆盖度分析,现有水土保持林草措施覆盖度只有10%,据此推算水土保持林草措施的现状耗水量约为2亿 m^3 。

3 几点认识

(1)水土保持造林种草后,植被的截留、蒸腾蒸发作用必然要减少径流量。

(2)通过葫芦河和汾川河流域(覆盖度90%以上)与临近植被较差流域(覆盖度10%以下)对比分析,乔木林可减少径流37.5% ~77.8%,平均54%。

(3)按黄土高原水土保持生态环境建设规划,植被耗水近81亿 m^3 ,考虑到黄土高原大面积实际覆盖度只有典型流域的60%,实际耗水量估计约50亿 m^3 。在南水北调西线工程和水资源规划中,必须充分考虑这部分生态用水。

(4)根据林草保存率分析,水土保持林草措施现状耗水约2亿 m^3 。

黄河中游多沙粗沙区区域界定

徐建华　吕光圻　甘枝茂

(黄河水利委员会水文局)

黄河中游的水土流失,带来黄河下游的严重淤积,而在淤积的泥沙中,哪一粒径级的泥沙最多,这部分泥沙又来自中游的何处?以及它们的输移规律是什么?这是大家所关心的问题,因为它涉及水土保持的治理规划和治理方略等重大策略问题。由黄委会水文局、黄委会水科院、陕西师范大学、中科院地理所、内蒙古水科院、黄委会绥德水保站等近50名科技人员共同承担的黄委会水土保持科研基金重大项目(1997年被列为水利部科技计划项目)《黄河中游多沙粗沙区区域界定及产沙输沙规律研究》课题,进行了历时4年的研究,取得了较好的成果。

1 黄河"粗泥沙"定界论证

1.1 黄河"粗泥沙"的含义

泥沙有粗细之分,地学或土力学中常说的粗沙粒径一般在0.5 ~ 2 mm之间,然而进入黄河下游泥沙中,几乎没有 $d \geq 0.5$ mm以上的粗沙。为与地学上的粗沙相区分,本文所指的黄河"粗泥沙"是具有特定的含义,即主要指由于黄河上中游水土流失的泥沙,通过河道输移到下游河道,其中淤积在河道中占多数的那部分粗粒径泥沙。也就是说,黄河"粗泥沙"应包括以下几个含义:首先,泥沙是来自上中游水土流失地区;其次,经水流输移,一部分淤积在下游

本文原载于《中国水利》2000年第12期。

河道;第三,淤积物中粗颗粒泥沙应占多数。

综合各方面的研究认为,下游河道淤积危害严重的部位主要在主槽,因此不仅要分析整个河道,更主要地是要分析在主槽淤积物中占多数的粗泥沙是哪一粒径级。"粗泥沙"定界论证就是分析黄河下游河道(含三门峡库区)主槽淤积物中占多数的粗泥沙粒径级。研究黄河"粗泥沙"的目的是要弄清这部分泥沙的来源区,并进行重点治理。

1.2 泥沙粒径资料改正

由于 20 世纪 60、70 年代用粒径计法分析的泥沙粒径系统偏粗,必须进行改正,否则会影响整个成果的精确度。

粒径计分析法是以单颗粒在清水中自由沉降不受其他任何影响为前提条件的一种颗粒分析方法。对于日常泥沙颗粒分析样品而言,均含有群体的泥沙颗粒,不可能采用单颗粒沉降分析的方法。由于群体颗粒在清水中沉降的初始阶段因清、浑水的密度不同而不可避免地产生异重沉降和扩散影响,导致测得的泥沙颗粒的沉速偏大,计算粒径偏粗,而且这种影响是粒径越细影响越大。

改正方法采用黄委会黄水政[1996]14 号文批准的黄委会水文局研究的改正方法。

经改正后看出:龙门站 $d \leqslant 0.05$ mm 的泥沙平均偏粗 17.8%,花园口平均偏粗 15.8%,因此粒径计颗分资料必须改正后才符合实际。

1.3 三门峡库区及下游河道淤积物粒径分析

通过三门峡库区及下游河道淤积物粒径的分析计算,可找出对三门峡库区及下游河道淤积造成严重危害的泥沙,为黄河"粗泥沙"定界论证提供依据。

本次淤积物粒径分析采用两种方法进行,一是悬移质泥沙级配平衡计算法,其原理是质量守恒,它考虑了计算区间的输入、输出和区间引灌等要素,求出淤积量中各分级粒径沙量占总淤积量的比例。二是淤积物取样分析法,该方法是直接取样进行颗粒分析,其优点是能分别在滩地和主槽取样,采用该法可以与平衡法进行对照。通过这两种方法分别对三门峡库区和下游河道淤积物粒径进行分析计算。

平衡法:库区淤积物中 $d \geqslant 0.05$ mm 的百分含量占 37.6%,下游河道占 44.6%,平均占42.3%,通过分析,淤积物有细化趋势,$d \geqslant 0.05$mm 的泥沙含量由 50 年代的 50.9% 变为 90 年代的 30.3%。

取样法:库区淤积物中 $d \geqslant 0.05$ mm 占 42.2%,下游河道占 44.4%,平均占 42.9%,和平衡法计算结果基本接近。其中主槽淤积物中,$d \geqslant 0.05$ mm 的泥沙库区占 69.7%,下游河道占74.7%,平均为 71.8%。

1.4 黄河"粗泥沙"界限的确定

根据黄河"粗泥沙"的含义,经综合分析认为,在库区和下游河道淤积物中,$d \geqslant 0.05$ mm以上的泥沙约占总淤积量的一半,但按滩槽分别计算,主槽淤积物中 $d \geqslant 0.05$ mm 以上的泥沙则占大多数,从下游防洪及河床演变这个角度来看,人们更关心的是主槽淤积;同时,0.05 mm以上的泥沙来的不多,但淤积比重较大;而且 0.025 mm 和 0.05 mm 两个界限界定的多沙粗沙区面积基本接近,因此定黄河"粗泥沙"界限为 0.05 mm 比较适宜。

2 黄河中游多沙粗沙区区域界定

黄土高原面积约 45.3 万 km²,由于该区干旱且雨暴,植被稀少,沟壑纵横,再加之黄土抗蚀性差,水土流失极为严重,致使黄河成为一条有名的多沙河流,多年平均输沙量达16亿t。通过研究发现,黄河泥沙的来源十分集中。人们为了探寻集中治理的可能性,提出了黄河中游多沙粗沙区的概念,这一概念的提出,对集中力量重点治理严重水土流失地区起到了积极的指导和促进作用。过去曾作过不少分析,但是确定多沙粗沙区面积的方法和指标不统一,致使多沙粗沙区的面积变幅很大,多沙区面积大到21万 km^2,小到5.1万 km^2,粗沙区的面积也在21万~3.8万 km^2 之间,给领导决策重点治理区的工作带来一些困难。本次工作从加强基础资料分析、研究界定原则、方法和指标着手,以1954~1969年同步系列为本底,采用室内分析、野外查勘和遥感图片对照等综合分析方法,最后得出比较科学、实用的成果。

2.1 界定原则、方法及指标

2.1.1 界定原则

采用既是多沙区又是粗沙区的二重性原则进行黄河中游多沙粗沙区区域界定。

2.1.2 界定方法

采用输沙模数指标法,根据界定原则以及合理的指标,结合资料分析、实地考查、遥感图片和地貌类型分区图等综合分析,进行多沙粗沙区区域界定。

2.1.3 界定指标

(1)多沙区。黄河中游的多沙区应是区域内产沙强度较大的地区,由于全河沙量90%来自中游地区,因此根据中游区的输沙总量,求其中游区的平均侵蚀强度,凡是大于平均侵蚀强度的地区都属多沙区。根据这一方法分析,中游区多年平均实测输沙模数约为5 000 $t/(km^2 \cdot a)$,即输沙模数大于5 000 $t/(km^2 \cdot a)$ 的地区为多沙区,反之为少沙区。这和原水利电力部划分中度和强度侵蚀模数分界线的标准是一致的,这就是本次选定的多沙区指标。

(2)粗沙区。从实测资料可以看到,粒径≥0.05 mm以上的泥沙,在黄河中游分布范围还是很广的,但并非这些地区都是粗泥沙区,应当有个量的概念,即必须是粗泥沙的侵蚀强度较大的地区才是粗沙区,与多沙区阈值分析方法类似,根据中游区的粗泥沙总量,求其粗泥沙平均输沙模数,凡大于平均粗泥沙输沙模数的地区即为粗泥沙区。据此计算 $d \geq 0.05$ mm的泥沙平均输沙模数约为1 300万 $t/(km^2 \cdot a)$,这就是本报告选定的粗沙区指标。

(3)多沙粗沙区。所谓多沙粗沙区,顾名思义应包括两方面的内容:一是这个地区的产沙量比邻近地区多,二是这个地区所产粗泥沙也比邻近地区多;换句话说,满足既是多沙区又是粗沙区的地区即为多沙粗沙区。

综合以上分析,将多年平均全沙输沙模数≥5 000 $t/(km^2 \cdot a)$ 与粗泥沙输沙模数≥1 300 $t/(km^2 \cdot a)$ 的地区套绘在一起确定为多沙粗沙区。

2.2 输沙模数图的绘制

2.2.1 资料插补延长处理

实测泥沙资料是分析流域产沙强度及多沙粗沙区区域界定的主要依据之一。但是,由于流域内各水文站观测起始时间的不同步,泥沙资料系列参差不齐,加上人类活动等因素的影响,资料基础不一,很难反映产沙的时空分布特性。为此,首先绘制日降水等值线图并插补所选雨量站的日降水资料,然后根据我们在"八五"攻关项目研究中建立的降雨—径流—输沙模型插补计算输沙量和粗泥沙量。

通过这一处理,增强了资料的完整性和代表性。

2.2.2 地貌类型分区图的绘制

受现有水文站网的限制,一个站以上往往包括若干个不同地貌单元,所得到的输沙模数是一个平均结果,无法直接应用,给资料移用造成诸多困难。而且在气候因素相近的情况下,不同地貌单元的产沙模数差别是很大的。因此,需要对每个水文站控制范围内产沙模数差异较大的地貌单元进行分区,为绘制分区输沙模数图做准备工作。本次地貌分区图以"七五"国家重点科技攻关项目(75 - 04 - 03 - 02)编制的《黄土高原地区侵蚀强度与侵蚀类型图》为基础,以侵蚀类型图斑为基本单元进行区划。同时与《黄河流域片水资源评价》中《自然地理分区图》进行了比较,并参照以往黄土高原地貌的有关研究,反复检查验证并作了修改。最后绘制出"黄河中游侵蚀地貌分区图"。该图共划分了以下9种地貌类型:①土石山区;②石山林区;③黄土台塬阶地区;④冲积平原区;⑤黄土丘陵沟壑区;⑥黄土高塬沟壑区;⑦台状土石丘陵区;⑧黄土丘陵林区;⑨沙漠区。

根据各水文站的同步输沙资料,求出各图斑的输沙模数,再绘出输沙模数等值线图。

2.3 黄河中游多沙粗沙区区域界定

2.3.1 内业分析

将多年平均输沙模数 $\geqslant 5\,000\ t/(km^2 \cdot a)$ 的多沙区分布面积与粗泥沙输沙模数 $\geqslant 1\,300\ t/(km^2 \cdot a)$ 的粗沙区分布面积套绘在一起,其重叠的地区即为多沙粗沙区。经分析,多沙区面积为 11.05 万 km^2,粗沙区面积约为 6.80 万 km^2。

2.3.2 外业查勘修正

黄河中游多沙粗沙区区域界定内业分析成果,其核心部位是合理的,但有些局部边界地区还需外业查勘加以落实。

通过外业查勘修改后确定的多沙区面积为 11.19 万 km^2,粗沙区为 6.99 万 km^2。

2.3.3 根据卫片和地貌图综合修正

用卫片和地貌分区图对照发现,在地貌类型等差异较小的图斑上,多沙粗沙区界线从中穿过,显然是不合理的,需要进行调整,调整后的多沙区面积为 11.92 万 km^2,粗沙区面积为 7.86 万 km^2,对应的多沙粗沙区面积为 7.86 万 km^2(见图1)。

黄河中游多沙粗沙区面积不算太大,占河口镇至桃花峪区间总面积的23%,可产生的泥沙较多,达 11.82 亿 t,占中游同期(1954~1969 年)实测输沙量(17.07 亿 t)的69%,产生的粗泥沙量更多,达 3.19 亿 t,占中游同期实测总粗泥沙量(4.13 亿 t)的77%。因此,加强该区的水土流失治理,是减少黄河下游河道泥沙淤积的关键所在。

以上所确定的多沙粗沙区界限是一个宏观的界限,在线内大平均是超过多沙粗沙区的指标值,但在局部也有产沙强度很小的地方,如道路、水域、峁顶或难侵蚀基岩出露部分;反之线外也有局部侵蚀很大的地方,如易滑坡的黄土陡崖等,由于这些面积较小,或离大片的多沙粗沙区较远,所以没再划分。

本次界定的黄河中游多沙粗沙区涉及 5 个省(区)(山西、陕西、甘肃、内蒙古和宁夏),44个县(旗、市)。其中河龙间多沙粗沙区涉及23条支流,面积5.99 万 km^2;北洛河、泾河多沙粗沙区面积1.87 万 km^2,主要分布在北洛河刘家河以上,泾河马莲河上游和蒲河。从行政区域看,陕西省最多,占55.4%,其次是山西省占19.1%,甘肃省占13.3%,内蒙古自治区占11.7%。

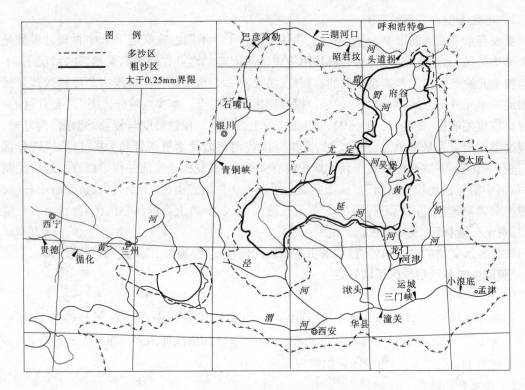

图 1　黄河中游多沙粗沙区区域界限

3　多沙粗沙区亚区划分

3.1　亚区划分的目的及其原则

3.1.1　划分目的

在多沙粗沙区内部,由于侵蚀环境的差异,不同个性的地区在侵蚀强度上也有相当程度的差异,治理上应有不同的策略。因此,为了做到因地制宜,应根据一定的原则通过分区进行治理,这就是亚区划分的目的。

3.1.2　亚区划分的基本原则

综合性原则、亚区之间差异性与亚区内部相似性原则、主导因素(因子)原则、治理与开发方略的一致性原则、可操作性及实用性原则。

3.2　亚区划分指标体系的确定

一级亚区—侵蚀物质,二级亚区—侵蚀强度。

3.3　亚区划分结果

一级亚区 3 个:易侵蚀岩为主的侵蚀亚区(Ⅰ)、沙盖黄土侵蚀亚区(Ⅱ)和黄土侵蚀亚区(Ⅲ)。

3.4　亚区特征

3.4.1　易侵蚀岩为主的侵蚀亚区(Ⅰ)

1)自然环境特征

该亚区位于多沙粗沙区东北部内蒙古与陕西省毗邻地区,总面积 0.75 万 km² ,占多沙粗沙区面积的 9.6%。

亚区地面组成物质以砒砂岩等易侵蚀岩为主,基岩裸露普遍。因该区成岩程度低,颗粒之间胶结程度差,抗蚀性弱,表层风化破碎,遇水极易崩解。由于表层岩层风化强烈,多节理裂隙,易受外营力侵蚀搬运,因此本区成为黄河粗泥沙的主要来源地之一。

本区作为晋、陕、蒙接壤地区的一部分,其最大的优势就在于优质煤炭资源特别丰富,是世界上罕见的特大煤田之一,仅内蒙古东胜、准格尔煤田的已探明储量即为 1 212 亿 t(1985年),必须高度重视因煤炭资源开发带来的新增水土流失问题。

2)土壤侵蚀

属风水混合侵蚀区,风蚀和水蚀都很强烈,土壤侵蚀特征有三点值得重视:一是侵蚀类型多样化,水蚀、风蚀、重力侵蚀及人为侵蚀俱在;二是土壤侵蚀的突发性大,夏季暴雨频发时表现最为明显,一场暴雨即可造成严重的侵蚀,并以产粗泥沙为主;三是伴随着能源矿产资源的开发,以废渣堆积为主的人为侵蚀越来越占据重要地位,防治人为侵蚀的任务繁重。

3.4.2 沙盖黄土侵蚀亚区(Ⅱ)

1)自然环境

呈长条形自东北向西南延伸于多沙粗沙区的北部,包括晋西北、内蒙古伊旗和准旗东南部及陕北北部地区。属黄土高原北部风蚀—水蚀过渡区,本区自东向西延伸跨度较大,面积1.31 万 km^2,占多沙粗沙区总面积的 16.7%。

地面组成物质以第四系风成沙、沙黄土和中生界砂页岩为主,地貌类型东西差异较大。该亚区煤炭资源丰富,神府煤田位于区内,西部有丰富的天然气资源。

2)土壤侵蚀特征

侵蚀方式多样。在南部黄土丘陵区以水蚀为主,西北部沙丘沙地以风蚀为主,多数地区以水—风混合侵蚀为主,以盖沙黄土丘陵地貌侵蚀产沙最为强烈,水蚀模数多在10 000 t/(km^2·a)以上,总体属极强度—特剧烈侵蚀,在水—风混合侵蚀区随季节侵蚀方式有所侧重,夏秋季多暴雨以水蚀为主,冬春季干冷多风以风蚀为主。黄甫川和窟野河之间的广大地区为侵蚀中心,土壤侵蚀模数在 20 000 t/(km^2·a)以上,由于煤炭开发引发的人为侵蚀也日趋严重。

3.4.3 黄土侵蚀亚区(Ⅲ)

1)自然环境

本区是黄土高原土壤侵蚀的典型地区,也是水土保持的重点地区,在多沙粗沙区所占面积最大,包括晋西北、吕梁山以西山西省境,陕西的孤山川中下游,窟野河、秃尾河、佳芦河中下游,无定河中下游,清涧河下游,延河中下游等流域及北洛河上游、甘肃马莲河中上游的部分地区,计5.80 万 km^2,占多沙粗沙区总面积的 73.7%。

2)土壤侵蚀特征

水力侵蚀方式极具特征,坡面和沟谷侵蚀都很严重。大多数地区土壤侵蚀模数在10 000 t/(km^2·a)以上,总体为特剧烈—极强度侵蚀,尤以陕西清涧河以北地区侵蚀最为严重,孤山川、窟野河和佳芦河中下游为侵蚀中心,土壤侵蚀模数达 20 000 t/(km^2·a)。

黄河中游多沙粗沙区在黄河流域有"承东启西"的过渡作用,并且在治黄大业中也有重要的战略地位,因此该区的重点在于根治多沙粗沙区的严重水土流失。其综合治理开发的指导思想可以概括为:全面贯彻落实党中央、国务院关于西部大开发、黄河治理和水土保持生态环境建设的战略部署,按照多沙粗沙区的水土流失特点,采取科学合理的水土保持措施,有效地减少入黄泥沙,大力改善生态环境与农业生产条件,促进群众脱贫致富,为国家西部大开发战略的实施与加快黄河的治理开发服务,逐步建立一个有序和谐的人地关系系统——实现"山川秀美"。

黄河流域水环境现状与水资源可持续利用

柴成果[1,3]　姚党生[2]

(1.河海大学交通学院;2.河海大学水资源环境学院;3.黄河水利委员会水文局)

水是生物圈内生命系统和非生命系统的组成要素,是经济和社会发展的重要基础资源。流域以水为纽带,上下游相互影响,左右岸互相制约。流域系统是由社会、经济、人口、资源、环境构成的复合系统,水在其中起着非常重要的作用。

1　水环境现状

随着黄河流域内外引用水量的增长,黄河水资源供需矛盾日益突出,缺水日益严重。黄河水资源危机不仅表现为量的匮乏,而且还表现为因严重的水污染而造成的水质恶化、水体功能降低或丧失。

1.1　水资源短缺

黄河虽为我国的第二大河,但河川径流量仅为全国河川径流量的2.2%,居我国七大江河的第五位,缺水形势十分严峻,流域内及下游引黄灌区引用黄河水的人口占全国的12%,耕地面积占全国的15%。黄河流域水资源开发利用程度已达67%。水资源的过度开发,导致了断流、污染加剧、地下水严重超采、河口生态环境恶化等问题。上中下游不断扩大的供水范围与持续增长的供水要求,使黄河承担的供水任务已超过其承载能力。黄河首次断流出现于1972年,此后26年间,有21年断流,其中1990~1998年,年年断流,1997年黄河断流时间长达226天。实行黄河水量统一调度以来,虽然改变了断流局面,但水资源的供需矛盾依然存在。

黄河流域是典型的季风气候区,降水季节性强,连续最大4个月降水量大部分地区出现在6~9月,占年降水量的70%~80%,而且多以暴雨的形式出现。黄河流域内河川径流量主要由降水形成,在降水季节性变化极大的情况下,径流年内分配十分集中,主要集中在汛期(7~10月),占年径流量的60%以上,个别支流可达到85%。时间上的分配不均,使得非汛期水资源供需矛盾更加突出。

1.2　水污染问题严重

黄河水质污染状况已从支流发展到干流,干流水污染也从上游兰州段、包头段发展到中下游河段。据2003年黄河流域地表水环境质量年报统计,在参加评价的断面中,多于3/4断面的水质劣于《地表水环境质量标准》(GB3838—2002)Ⅲ类标准,主要污染物为化学需氧量、氨氮、高锰酸盐指数等。黄河干流主要污染河段为石嘴山—乌达桥、三湖河口—喇嘛湾以及潼关—三门峡等,污染严重的支流主要有湟水、汾河、涑水河、渭河、伊洛河、沁河等。水量少、废污水排放量大,导致污径比增高,水污染严重。

本文原载于《人民黄河》2005年第3期。

2 可持续发展的原则

2.1 可持续发展的内涵

发展的真正目的是改善人类的生活条件,提高人类的生活质量。可持续发展就是要处理好近期目标和长远目标、近期利益和长远利益的关系。评价发展的标准不仅仅是区域,还要看到全局;不仅仅是现在,还要看到将来;不仅仅是数量,还应包括质量。重视产业结构和工业布局的调整,对水资源进行优化配置,推行节水技术、清洁生产技术,转变工业污染末端治理的落后观念,建立节水优先,工业水污染防治过程控制为主、过程控制与末端治理相结合的资源环境新理念。

2.2 发展是可持续发展的基本点

"发展是硬道理",发展是人类共同的和普遍的权利。目前,黄河流域有些地区承受着贫困和生态环境恶化的双重压力,贫困是导致生态环境恶化的根源,生态环境恶化又加剧了贫困。只有发展才能摆脱贫困,这就要求给这些地区一定的优惠政策,为生态环境和脱贫致富解决资金问题,使社会经济的发展不降低环境质量。国家的西部开发战略是西部可持续发展的有力保障。

2.3 公平性是可持续发展的一个原则

公平性包含时间和空间两层含义。时间上,应做到使当代人的机会与后代人的机会平等,也就是说,要有长远打算,不能用祖宗的钱、断子孙的路,以牺牲水环境为代价;空间上,要求在区域内部和不同区域间实现水资源利用与保护成本 – 效益的公平负担和分配。从水量上看,上下游要有平等的权利,不能说水从上游过,上游用水就有优先权;也不能说上游的单位水成本效益不如下游高,应首先满足下游。从水质上看,上游排放废污水不能不考虑下游。应在充分考虑水资源承载能力和水环境承载能力基础上,实行断面流量控制、浓度控制。

2.4 持续性是可持续发展的另一个原则

人类对水资源的利用必须限制在水资源承载力范围之内,在利用水资源的同时,向水体排放污染物不能超过水环境承载力范围,才符合可持续发展的持续性原则。地表水的利用,不能造成河道断流,要保证生态环境用水;地下水的利用,要在保证地下水水位能够恢复的前提下,不能形成地下漏斗,造成地面沉降。这些都是持续性的原则。

3 保证水资源可持续利用的措施

3.1 完善水资源管理的法规体系

法规体系建设是依法管理黄河水资源的基础和前提。水资源管理首先要完善相关的法规体系,加大执法力度,切实使水资源管理纳入正规化、法制化轨道。流域水资源管理机构应在明确责任的基础上,依法制订水资源利用规划,实行取水、入河排污许可制度和用水总量、污染物入河总量控制,根据水体功能、水资源承载能力和水环境承载能力,监督管理流域内各行政区的水资源利用。

3.2 进行流域统一管理

流域内各种自然要素之间相互制约、相互影响。如黄河上中游的过量用水,影响下游水量利用;上游的水污染直接影响下游。应统筹考虑流域与区域、近期与远期以及各部门、各地区间的利益分配,在综合平衡和协调处理上下游、左右岸及干支流之间的水资源权益和纠纷基础上,实施流域水资源的统一规划、统一配置、统一调度和统一管理,充分发挥流域机构在水资源管理中的重要作用。

3.3 加强水量水质统一监测

对一条河流,排放同样的污染物量,水量不同,污染物浓度不同;相同的水量,入河污染物数量的大小决定了水质状况的不同。流域水体监测不仅仅是提供基础资料,而应根据不同的水体功能提供及时准确的资料。如省界水体监测是监督各行政区间利用水资源量及河流纳污能力是否公平和解决水事纠纷的重要依据。水量水质监测要增加自动化含量。监测站网设置应在优化调整固定监测站点的基础上,研究开展自动监测和移动监测,弥补监测资料时间和空间上的不足。在监测范围和项目上,应根据社会经济发展和黄河治理需要进行拓展。

3.4 建立水量水质联防队伍

充分利用水利部门沿河"点多面广"的优势,密切监视河水水位、流量变化以及入河污染物排放,及时发现水量调度突发事件,发现问题随时向相关部门报告,为水资源管理人员提供信息。管理部门及时决策,采取主动措施,避免水量调度突发事件的发生或使损失降到最低程度。

3.5 实行水资源总量、入河污染物总量控制

从水量上,综合考虑流域内各行政区特点,在总量上、空间上、时间上进行水资源分配;从水质上,以水功能区管理为重点,根据社会经济发展和水资源永续利用的要求,对入河排污口进行监控,在入河污染物浓度控制基础上,实行入河污染物总量控制,在保证水体目标功能的前提下,进行经济、技术、环境的系统分析,根据水量动态地计算纳污能力,合理分配污染物入河量,实现水资源的定性、定量管理。对水资源承载能力和水环境承载能力在流域范围内进行统一分配、统一配置。

3.6 开展洪水、污水资源化研究

联合国教科文组织和世界气象组织关于水资源的定义:水资源是可供利用或有可能被利用,具有足够数量和可用质量,并可适合某地对水的需求而能长期供应的水源。因此洪水也是水资源,经处理达标的污水也是水资源。目前黄河已进行了三次大规模的调水调沙试验,为维持黄河健康生命积累了大量资料,应在此基础上充分研究中小洪水的生态功能,对洪水进行科学管理,加快城市污水处理设施建设,并保证正常运行,根据处理情况进行合理利用,使洪水和污水为维持黄河健康生命做贡献。

3.7 开展污染物在汇流面上的运行规律研究

多年的调查分析表明,流域的面污染源对水污染影响呈逐步加重趋势。黄河径流量较少,流域内一定时段产生和排放的大量水污染物,遇暴雨尤其是首场洪水,经流域汇流和河道演进,形成污水团集中下泄,造成局部或一定河段的水质污染,影响相应地区的生产生活。目前,分布式水文模型已开始研制、应用,应在分布式水文模型基础上,开展黄河流域或典型区域面污染源影响、水质预测研究。

3.8 加强清洁生产和节水减污工作

目前我国的万元工业产值耗水量一般是发达国家的 10 ~ 20 倍,个别行业达 45 倍,工业生产用水的重复利用率约为 40%,远低于发达国家的 75% ~ 80%;每千克粮食的耗水量是发达国家的 2 ~ 3 倍。黄河流域一方面经济比较落后,另一方面单位产品产量或产值水量消耗高,使得排水量和排污量远大于工业发达地区,因此工农业生产中节水潜力较大。综合利用水资源,即节约用水、提高水的重复利用率和污水资源化,不仅可以减少污水排放量,有益于水资源

保护,而且可以减少新水用量,缓解水资源的紧张状况。

用水量少了,排污水量自然减少。在进行经济建设时,严禁在黄河流域规划和建设高耗水、重污染的工业项目。对重大耗水项目应建立水资源管理部门的一票否决制。

应推行清洁生产技术,强化流域建设项目取水许可审批管理和经常性检查工作,实施取水项目的取水、耗水和退水的动态管理。对耗水多、退水水质不符合规定要求的企业,要吊销其取水许可证。应建立取水项目的水资源论证评估制度。在审批和年审建设项目取水许可及用水申请计划时,重点加强项目清洁生产分析、水资源量平衡、节水减污和排污入河可控水平的审核工作,明确取水项目必须采取的节水减污措施和应达到的清洁生产水平。

3.9 发挥水资源的经济杠杆作用

运用经济杠杆调控引黄水量,制订合理的水费标准。水价可根据来水、用水情况和水质状况合理浮动。

3.10 加强珍惜水资源的宣传工作

用水安全关系到国家、集体和个人的切身利益。要通过新闻媒体,加强流域公众参与及宣传工作;采取有力措施,营造良好的社会氛围,唤起人们节约用水、保护水资源的责任感。

黄河下游河段枯水期水量损失初步分析

蒋昕晖[1,2]　霍世青[1]　金双彦[1,2]　邬虹霞[1]

(1. 黄河水利委员会水文局;2. 河海大学水资源环境学院)

1　水量损失计算方法

根据黄河下游河道特性,枯水期小流量水流在下游河道演进过程中,其漫滩损失水量、分洪水量、河道泥沙冲淤转换水量等基本为零,可不作考虑。因此,河道损失水量主要是河道蒸发和渗漏产生的损失量。其中,蒸发量是指下游河道水面净蒸发量,它在年内分配随各月气温、湿度、风速等因素的变化而变化,最小蒸发量一般出现在 1 月或 12 月;渗漏是指黄河下游两岸大堤侧渗水量,由于黄河下游为地上悬河,下游河道向外侧渗水量较大,是下游水量平衡因素中不可缺少的一部分。黄河下游河道侧渗量计算公式为:

$$W_{渗} = \frac{1}{n}\sum_{i=1}^{n}(q_{渗i}/Q_i) \cdot Q_{黄} \cdot L \cdot t \cdot \alpha \tag{1}$$

式中:$W_{渗}$ 为河道时段侧渗量,m^3;n 为河段内侧渗断面数;$q_{渗i}$ 为第 i 个断面单侧河床侧渗量,$m^3/(m \cdot d)$;L 为河段长;$Q_{黄}$ 为河段时段平均流量;Q_i 为相应于 $q_{渗i}$ 的河段时段平均流量,m^3/s;t 为计算时段,以天计;α 为河道单侧侧渗量修正系数。

从上式中可以看出,黄河下游河道时段侧渗量与该河道时段平均流量成正比关系,即流量越大,河道侧渗量也相应增大。

本文原载于《人民黄河》2003 年增刊。

但由于下游河道没有水面蒸发资料,渗漏量的计算也较复杂。因此,本文采用水量平衡法计算损失水量,其方程式如下:

$$W_{损失} = W_{上} + W_{区入} - W_{下} - W_{引} \tag{2}$$

式中:$W_{损失}$为某时段内河段损失水量;$W_{上}$、$W_{下}$分别为某时段内河段上、下断面水量;$W_{区入}$为区间支流加入水量;$W_{引}$为河段引水量。

2 原型试验成果

2002~2003年黄河下游分别进行了冬、春和夏季枯水期原型试验。为了便于叙述,以下分别简称"冬季试验"、"春季试验"和"夏季试验"。各试验期黄河下游主要站日均流量过程线见图1~图6。

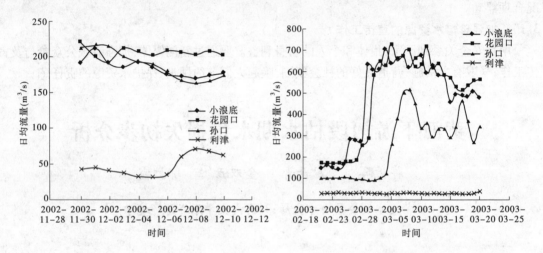

图1 2002年冬季试验期黄河下游主要站
日均流量过程线

图2 2003年春季试验期黄河下游主要站
日均流量过程线(一)

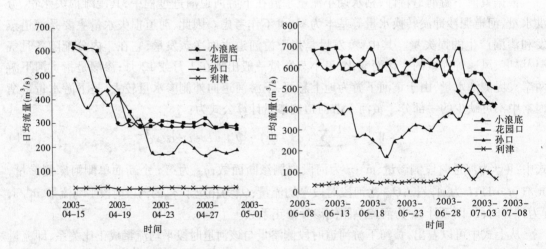

图3 2003年春季试验期黄河下游主要站
日均流量过程线(二)

图4 2003年夏季试验期黄河下游主要站
日均流量过程线

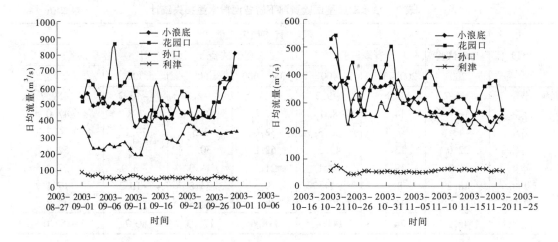

图5 2003年秋季试验期黄河下游主要站
日均流量过程线(一)

图6 2003年秋季试验期黄河下游主要站
日均流量过程线(二)

2002年11月30日~12月11日进行的"冬季试验"中,小浪底日均下泄流量170~212 m³/s,花园口平均流量约200 m³/s,利津站日均流量30~70 m³/s。

2003年2月21日~3月20日和4月15~30日进行的"春季试验"中,第一次小浪底日均下泄流量145~700 m³/s,花园口日均流量160~740 m³/s,其中2月21~28日流量150~281 m³/s,3月1日至结束流量在500 m³/s以上,600 m³/s以上流量持续约10天;第二次小浪底日均下泄流量280~620 m³/s,花园口日均流量290~630 m³/s,其中4月15~18日流量430~620 m³/s,18日以后流量维持在300 m³/s左右。利津站日均流量始终维持在30 m³/s左右。

2003年6月10日~7月4日进行的"夏季试验"中,小浪底日均下泄流量420~680 m³/s,花园口平均流量约580 m³/s,利津站日均流量35~130 m³/s。

2002年9月1~20日以及10月21日~11月8日流量较稳定,持续时间较长,实测数据较多,河道条件与目前相似,故将此时段作为"秋季试验"资料。其中,第一次小浪底日均下泄流量400~560 m³/s,花园口站平均流量约550 m³/s;第二次小浪底日均下泄流量260~370 m³/s,花园口平均流量约370 m³/s。利津站日均流量40~70 m³/s。

为充分利用原型观测资料,同时也为水量损失计算方法的统一性,采用逐河段进行上、下站不同量级时段总水量平衡计算,计算中水流传播时间取原型试验期实际传播时间(见表1)。

表1 枯水期原型试验黄河下游小浪底—利津河段水流传播时间统计

量级(m³/s)	200	300		400	500		600	
季节	冬季	春季	秋季	春季	春季	秋季	春季	夏季
传播时间(d)	16	13	13	11	11	10	10	10

综合原型试验结果,小浪底—利津河段日均损失流量分别为:200~300 m³/s量级冬、秋季46~81 m³/s;400 m³/s量级春季140 m³/s;500~600 m³/s量级春、夏、秋季157~180 m³/s(见表2)。

表2　枯水期原型试验黄河下游各河段水量损失统计　　（单位:m³/s）

河段	日均损失流量						
	冬季试验	春季试验		夏季试验		秋季试验	
	200	200~300	400	500~600	600	300	500
小花	−5.7	0.1	−9.2	−24.9	−2.3	−10.7	−59.7
花夹	16.0	14.2	8.0	27.6	28.1	7.8	47.0
夹高	−13.4	7.9	26.3	32.0	3.5	70.1	24.7
高孙	22.0	13.7	42.3	62.8	30.7	3.9	52.6
孙艾	1.1	19.2	53.1	21.4	44.0	−3.0	27.4
艾泺	18.2	8.9	−11.7	19.5	33.8	−10.2	17.1
泺利	7.9	12.6	32.5	40.4	34.4	22.8	47.9
总计	46.2	76.5	141.4	178.6	172.3	80.7	157.0

3　历史统计成果

为验证原型试验期黄河下游河道水量损失结果的合理性,在进行原型试验计算的同时,还利用 1999 年小浪底水库下闸蓄水以来同期资料,采用月径流总量法、时段总水量法和滑动平均法进行验证(由于历史引水资料中引黄涵闸仅有月引水总量,日引水资料采用平均值),其中冬季水流传播时间取历史资料分析结果,200 m³/s、500 m³/s 流量传播时间分别为 16 d、10 d。

3.1　月径流总量法

对小浪底站 1999 年以来冬季资料以及 2000 年以来秋季资料进行统计,计算小浪底至利津各站相应月径流总量,并根据各河段月引水总量进行上下游站水量平衡计算,得出全河段日均损失流量。

计算结果表明,流量在 500 m³/s 以下,小浪底至利津河段日均损失流量冬季为 49.7 m³/s,秋季为 142.7 m³/s,计算结果与原型试验结果基本接近。

3.2　时段总水量法

对小浪底站 1999 年以来 11 月至次年 2 月小流量时段(小于 500 m³/s)进行统计(历史资料中下游秋季流量变化范围较大,同量级流量持续时间较短,故在此未作统计),按水流传播时间(10 d 和 16 d)计算小浪底以下各站总水量,并根据各河段日均引水量进行上下游站水量平衡计算,得出全河段日均损失流量。

计算结果表明,按水流传播时间 10 d 和 16 d,冬季小浪底至利津河段日均损失流量分别为 63.4 m³/s 和 72.5 m³/s,比月径流总量法和原型试验结果稍大。

3.3　滑动平均法

对花园口站 1999 年以来 11 月至次年 2 月小流量时段(小于 500 m³/s)进行统计,取滑动时段长 $\Delta T = 10$ d,小浪底以下各站按传播时间滑动,计算各站滑动累计水量及各河段滑动累计引水量,进行河段水量平衡计算,得出全河段日均损失流量。

计算结果表明,按水流传播时间 10 d,小浪底以下全河段日均损失流量约 60 m³/s,比月径流总量法计算结果稍大,接近时段累积水量法计算结果,但各河段水量不平衡现象多于前两种方法。

3.4 特例计算

取 2000 年 1 月 23～31 日小浪底平均流量约 200 m³/s 的小流量资料(与冬季原型试验相近)按时段总水量法计算河段日均损失流量。

计算结果表明,按水流传播时间 16 d,小浪底以下全河段日均损失流量 41.8 m³/s,接近原型试验成果。

4　成果综合分析

由于原型试验期各水文站和临时观测断面每日至少实测一次流量,对相应河段流量幅度控制较好,水位流量关系相对稳定,且在原型试验期对区间引水实行监控,引水资料较为精确,故全河段水量损失结果也较为可靠,基本反映了黄河下游河道水量的实际损失量。产生误差的因素主要包括未知引水(如滩区引水、涵闸以外引水等)、测验误差(包括水文站和各引黄涵闸,其中干流一类水文站低水测验允许误差为 9%)、各河段传播时间取舍,以及原型试验期流量不稳定,同量级流量持续时间较短,部分试验时间较短,试验期内水流过程尚不能全部通过利津等。尤其是在小流量演进过程中,由上述因素产生的误差对水量损失计算影响较大,这从大流量级(500 m³/s)各河段出现水量不平衡的现象少于小流量级(200 m³/s)的水量不平衡现象中也能部分反映。

在对历史成果分析当中,由于月径流量法主要从月径流总量的角度考虑,且不计水流传播时间,减少了由引水资料的均化处理和各河段水流传播时间取舍带来的误差影响,其结果也与原型试验结果较一致。而由时段总水量法和滑动平均法计算结果较原型试验偏大的主要原因为:一是在计算水量损失时,对日引水量的均化处理不能真实反映逐日引水量的实际变化过程;二是未知引水量较原型观测期大;三是进行滑动计算与滑动时段长 ΔT 的选取有关,即 ΔT 的选取未达最优;四是存在测验误差。

此外,黄河下游河道水量损失量与流量级和季节的变化有关:①随流量的增加,全河段水量损失也相应增加,其主要原因是随流量的增加,水面面积和水深随之增加,水面蒸发和河道侧渗量也相应增大;②在一年四季中,全河段水量损失夏季最大,冬季最小,其主要原因是夏季受高温、日照时间影响,水面蒸发量较大,同时作物生长用水多、未知引水量大等,冬季受流凌、封河、日照时间影响,水面蒸发量较小,以及作物生长用水少、未知引水量小等。

5　结论

(1)由原型试验所得的黄河下游河道水量损失结果在 2002～2003 年度冬、春、夏季黄河下游枯水调度模型试应用中得到了较好的应用和检验,为科学调度黄河水量提供了重要参考依据。

(2)虽然本次分析研究已初步得出黄河下游河道水量损失随流量和季节变化的一般规律,但由于黄河下游河道特性非常复杂,河道渗漏量计算也较复杂,且没有水面蒸发资料,建议尽快开展下游河道蒸发观测,加强水面蒸发、河道渗漏的试验研究,并在提高断面流量测验和引水统计精度的同时,对河道水量损失不平衡量问题进行深入研究。

(3)由于部分原型试验持续时间较短,如冬季仅 10 天,试验水流未全部通过下游各个断面,不能满足水量平衡计算所要求的时段长度。部分试验水流前后流量过程不稳定,未控引水变化大以及黄河下游冰凌问题等,也对原型试验中水量损失计算产生一定影响。

（4）由于目前国内外尚无针对复杂河道小流量的演进和水量损失的分析成果,本模型自2002年11月以来一直处于边研究边开发边应用阶段,其中黄河下游河道水量损失的计算方法也处于摸索阶段,其合理性和实用性均尚待进一步检验。

黄河源头地区水文气象要素变化及对生态环境的影响

林来照　许叶新　庞　慧

（黄河水利委员会水文局）

1 黄河源头地区概况

本文所指黄河源头地区是指青海省玛多县(治玛查里)黄河公路大桥断面以上的黄河流域。位于青藏高原东部,北依扎日加—布青山与柴达木河水系分流;南抵巴颜喀拉山与长江上游通天河谷地相隔。黄河在其源头总长约为285.5 km,流域面积约2.09万km²,河道平均比降为2.3‰,多年平均径流量7.50亿m³。地理坐标为东经95°53′~98°23′、北纬33°55′~35°30′。海拔在4 200~5 000 m之间。

1.1 水文、气象特征

该区域气候具有内陆高寒气候特征,属青藏高原亚寒带的半湿润和半干旱区。主要表现为:气温低、温差大、四季不分,光照足、辐射强,空气稀薄、严重缺氧;降水集中在夏季;冬季干冷多风,并多霜冻、雪灾、冰雹、雷暴等。区内年平均气温在-3.9~-7.9 ℃之间,最低气温-48 ℃,最高气温22.9 ℃,无霜期不足20天。一般年平均气压为581~670 hPa,只相当于海平面标准气压的57%~60%。区域内日照时数长为2 510~2 717 h,相对日照百分率为56%~62%。太阳总辐射量为625.3~683.3 MJ/m²。多年平均风速为3.4 m/s。多年平均相对湿度为59%。

黄河源头地区降水量分布一般由南向北,由东向西递减,海拔在4 800 m以下,随地势增高而递增,海拔在4 900 m以上,呈相反趋势。据玛多气象站1955~2000年降水资料统计,多年平均降水量315.8 mm,最大降水量出现在1989年,为485.6 mm,最小出现在1962年,为184.0 mm,降水多集中在6~9月。多年平均年蒸发量1 343.1 mm,年最大蒸发量出现在1960年,为1 575.0 mm,最小出现在1983年,为1 065.8 mm。

黄河源区河川径流以降水补给为主。故受降水的时间分布规律影响较大。年径流量集中于降水高峰期的6~9月,该期间径流量占全年总径流量的62%~91%,表现出降水越充沛,径流量越集中的特征;根据1955~2000年45年资料统计,河源地区(黄河沿断面)多年平均流量23.8 m³/s,相应年径流量7.50亿m³;实测年径流量最大值是1983年24.70亿m³,最小值为1960年0.70亿m³。

本文原载于《第二届黄河国际论坛论文集》,黄河水利出版社,2005年。

黄河源头区湖泊众多,有大小湖泊 5 300 多个。湖泊面积大于 5 km² 的湖泊有 7 个。水面 1 ~ 5 km² 的湖泊有 16 个,湖水面积大于 0.5 km² 的湖泊共有 48 个,其湖水面积共 1 271 km²。湖泊分布多在干支流河流附近和低洼平坦的沼泽地带。源头区最大的湖泊为扎陵湖和鄂陵湖,两湖相距仅 10 km 多,均为淡水外流湖。扎陵湖位于源头区中部偏北,水面面积 526.1 km²,储水量 46.7 亿 m³,平均水深 8.9 m,最大水深 13.1 m。鄂陵湖水面面积 610.7 km²,储水量 107.6 亿 m³,平均水深 17.6 m,最大水深 30.7 m。鄂、扎两湖对黄河径流有良好的调节作用。

1.2 生态环境特征

黄河源头地区生态环境体系属于我国环境脆弱性分区的青藏高原干旱带,在区域生态地域划分上属于半湿润、半干旱寒冷高原生态系统的青南羌塘草原荒漠生态区,高寒与干旱构成该区域系统的基本气候特征。从生态系统分类角度,黄河河源区的生态体系可以归结为草地生态系统和湿地生态系统,由高寒草甸、高寒草原和高寒沼泽、湖泊及其动物等组成。

该区域植被的分布垂直分带明显,种类繁多,并有复合分布的特征。一方面形成了自东南向西北由暖湿至寒旱的水平分异样度;另一方面大致沿玛多—两湖盆地北缘的低山带,是干旱高山草甸与高山草原区的界线。主要植被群落分布为:高寒(山)草甸类植被;高寒沼泽化草甸类莎草草场;高寒干草原类禾草草场;平原草甸草场类禾草草场以及石生稀疏植被。

该区域位于青藏高原东部,处于多年冻土强烈退化区内,区内呈现出大片连续、岛状多年冻土和季节冻土并存的格局。由于地形复杂,加之岩性、坡向和植被等影响,多年冻土厚度分布的地带性规律不甚明显,但海拔仍是控制多年冻土厚度分布的主导因素,最大的多年冻土层为 65 m 左右,大部分地区多年冻土厚度较薄,小于 30 m,最下的仅为 5 ~ 10 m。多年冻土处于长期不稳定状态,气候变暖极大地影响着多年冻土的稳定性。

2 水文气象要素的变化

黄河源头地区属于半湿润、半干旱区(降水量 300 ~ 400 mm),其水文、气象要素控制着该区域植被的生长发育,而天然植被又是反映该地区土地荒漠化和生态环境恶化的主要现象指标。因此,该区域的水文气象要素的变化往往是这一半湿润、半干旱的生态环境问题日益突出的直接驱动力。从以下几方面分析其变化。

2.1 气候变化

青藏高原自有记录的 20 世纪 50 年代以来,总体气温变化特征是:50 年代较暖,60 年代气温降低,70 年代波动回升,80 年代进入高温期,90 年代是继 80 年代高温期的延续。玛多一带自 70 年代后期开始气温波动上升,20 年平均增温 0.55 ℃(见图 1)。由于气温变化,使得黄河源头地区生态环境相应变化,对高寒草原和高寒沼泽化草甸植被生长不利,尤其是夏季气温升高将使蒸发强度增大,相同时期降水量没有增加甚至减少,造成植被因干旱而退化,沼泽化草甸因干旱而疏干,湿生草甸植被向中旱生植被演替。同时,造成冻土融区范围扩大,季节融化层增厚,甚至下伏多年冻土层完全消失。而多年冻土退化又使植被根系层土壤水分减少,表土干燥,沼泽疏干,高寒草甸、沼泽化草甸植被退化,流域产汇流条件变化,从而改变了其水文要素的变化规律。

2.2 降水量的变化

降水量的变化决定黄河源头地区水文过程和生态环境的变化,降水是该区域水文系统和

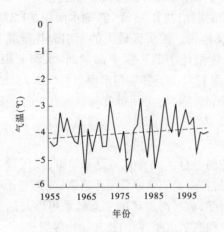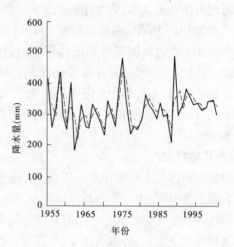

图1 黄河源头地区多年气温变化趋势　　图2 黄河源头地区降水量多年变化趋势

生态系统主要水分来源,黄河源头地区的生态过程依赖于水文过程,降水量的变化起到一定的链接作用。

黄河源头地区降水量的年际变化(见图2)显示,50年代末至60年代初,降水量出现一次高峰期,60年代前期开始波动下降直至70年代中期,在70年代后期开始直至90年代中期降水量波动增加,1975年降水峰值484.8 mm,是这一次降水增加期的起始标志年,1989年又一次出现有记录的降水量最大值485.6 mm,但90年代中期降水量呈减少趋势,但后期波动平稳,趋于多年均值。

降水的年内变化具有显著的夏季风降水特征,降水量主要集中在6~9月,基本平稳,没有明显的波动趋势(见图3),但多为阵性降水,降水的连续性差,同时,降水以固态形式出现较多。而在冬、春季降水量自80年代以来呈持续增加的趋势(见图4)。这种变化趋势对流域的产汇流是不利的,冬、春季的降水以固态形式,不产流,而断流又发生在径流的枯水段,不难得出冬、春季的降水对补给径流没有直接关系。

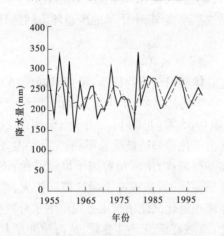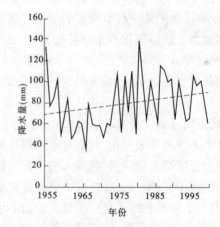

图3 黄河源头地区6~9月降水量变化　　图4 黄河源头地区冬、春季降水量变化趋势

2.3 蒸发量的变化

自20世纪50年代以来,黄河源区气温具有显著升高的趋势,而且该区域具有较为广阔的

湖泊、沼泽群。因此,蒸发因素是黄河源区广泛水域消耗水量的主要因素。而且蒸发与径流有着较密切的关系。用玛多气象站的蒸发资料,点绘蒸发与径流深度相关图(见图5),呈幂指数关系,相关系数为0.72,相关关系较显著,二者之间关系可用以下公式表示:

$$E_w = 1\,604W^{-0.060\,6}$$

式中:E_w 为年水面蒸发量,mm;W 为年径流深,mm。

以上公式说明蒸发量与径流量的关系,在枯水年份,蒸发量的变化大于径流量的变化,蒸发量占主导地位,湖泊、沼泽的来水先补充由蒸发引起的亏水,使得黄河干流径流量减少。但是,黄河源头地区的湖泊、沼泽的湖面蒸发是强烈的。较大的湖泊,即湖水面积为1 271 km²,还有大片沼泽地(星宿海盆地草甸沼泽面积413 km²,扎、鄂两湖间沼泽地136 km²),其蒸发量对河源径流有重要影响。根据北方地区巴彦高勒蒸发实验站的20m² 池多年蒸发量资料,采用器量法求出折算系数,对这一地区的湖泊及沼泽水面蒸发量进行估算,得出整个湖泊、沼泽总的蒸发量约为4.45亿 m³,约占黄河沿站多年径流量的60%,这不仅影响河源区径流量,而且对该区域的生态环境影响也较大。

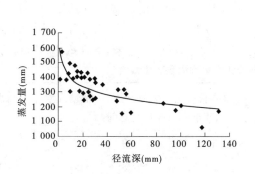

图5 黄河黄河沿站蒸发量与径流深关系　　图6 黄河源头地区多年年径流量过程

2.4 地表径流的变化

黄河源头地区水系支流众多,河川径流以降水补给为主。因此,受降水的时间分布规律影响较大。仅从长系列的观测资料分析说明径流的变化,1975 年以前呈现波动增加趋势,1975～1989 年出现一个平台期,但丰水年主要集中在 80 年代,1990 年以后呈明显递减的趋势(见图6)。根据模比系数(K_p)的分析计算,黄河源头区 20 世纪 50 年代处于平水时段,60 年代偏丰,70 年代又呈平水段,80 年代回升呈偏丰,90 年代以来出现连续偏枯,具有一定的持续性(见表1)。

表1 黄河源区径流过程丰枯变化

年份	平均 K_p	距平(%)	丰枯变化	枯水年发生数(年)	丰水年发生数(年)
1950～1959	0.94	−6.48	平水	9(1952～1962)	
1960～1969	1.12	4.56	偏丰		8(1961～1968)
1970～1979	1.05	−1.52	平水	6(1969～1974)	
1980～1989	1.24	16.3	偏丰		12(1975～1986)
1990～1999	0.86	−19.5	偏枯	13(1987～1999)	

3　对生态环境的影响

影响区域生态环境变化的因素一般可以归纳为两方面:一是自然因素,包括气象、水文、地质和地貌等要素。在这些要素中,较短时间尺度如百年尺度以内的生态环境变化、气候条件变化引起的水文要素的变化起决定作用。二是人为因素,人类活动对生态环境的作用,无论是改造或是破坏,均将引发自然环境的变化。在黄河源头地区,气候条件的变化是重要因素。

3.1 黄河源头生态景观的变化

采用 20 世纪 70 年代 MSS 影像资料、80 年代中期以及 90 年代中期 TM 影像资料,对比分析黄河源头地区生态景观的变化过程,通过对卫星遥感影像资料解译结果,把黄河源头地区生态景观划分为 7 种类型,它们是:高山草原化草甸、高寒沼泽化草甸、高寒草原、高寒荒漠化稀疏草原、高寒平原草原化草甸、流动及半固定沙地、湖泊水域系。经分析,20 世纪 70 ~ 90 年代各类景观的面积有所变化,见表 2。根据对卫星遥感影像资料解译分析,黄河源头地区生态景观变化十分剧烈。从各类景观所占据的面积变化情况来看,高山草原化草甸类型、高寒草甸类型以及沼泽草甸类型均呈显著减少趋势,其减少速度在 70 ~ 80 年代分别为 2.26%、3.74% 和 24.53%,在 80 ~ 90 年代其减少速度递增为 6.64%、24.21%、34.45%。与之景观类型不同,以高寒荒漠化稀疏草原为代表的高山草原草甸退化景观以及流动和半固定沙丘为代表的严重荒漠化景观类型,在进入 90 年代后发展迅速,空间占据面积的增加幅度分别由 70 ~ 80 年代的 39.67% 和 17.19% 上升为 261.52% 和 347.22%,增加 6 ~ 20 倍。湖泊、沼泽水域面积减少了 9.78%,黄河源区的扎陵湖、鄂陵湖的水位也在缓慢下降,近 50 年来,下降约 3 ~ 4 m。

表 2   黄河源头区各类生态景观面积变化幅度   (%)

年代 (20 世纪)	高山草原化 草甸	高寒沼泽化 草甸	高寒草原	高寒荒漠化 稀疏草原	高寒平原 草原化草甸	流动及半 固定沙地	湖泊 水域
70 ~ 80	- 2.26	- 3.74	- 24.53	39.67	17.19	13.76	- 0.54
80 ~ 90	- 6.64	- 24.21	- 34.45	261.52	42.38	347.22	- 9.25

3.2 草地生态环境变化

黄河源头地区草地生态环境在黄河源区整个生态系统中占据主导位置。由于夏季降水减少,蒸发量大,干旱寒冷多大风,牧草生长期短,草皮的覆盖率不高(一般为 60% ~ 70%),土壤蓄水保肥能力差,加之长时期过牧践踏、鼠害破坏等因素,造成 90 年代以来,生态环境越来越坏,草场退化,沙化严重,径流减少,湖泊干枯。以玛多县调查统计为例,该县 1987 年与 1997 年两次草地调查统计结果见表 3。从对比结果可以看出,90 年代以来大面积草地退化程度加剧。

表 3   玛多县 20 世纪 80 年代与 90 年代草地面积(万 hm²) 退化对比

年份	轻度退化	比例(%)	中度退化	比例(%)	重度退化	比例(%)	合 计	占草地 面积(%)
1987 年	72.28	67.54	5.077	4.74	29.66	27.72	107.02	46.55
1997 年	13.13	8.16	55.67	34.62	92.02	57.22	160.82	69.95
增 减	- 59.15		+ 50.59		+ 62.36		+ 53.8	50.29

3.3 黄河源头断流情况

河流的断流与河流的水文气象要素变化和生态环境变化有密切的联系。近几年,在黄河源头玛多县以上干流出现断流现象。从水文有记载年份到 2000 年为止,曾发生过 3 次断流,时间均在 1 月、2 月份，依次是 1961 年、1980 年和 1998 年。从其水文要素的变化上表明：1960年、1979 年和 1997 年均是黄河源头径流量近 40 年的低值年，其年径流量分别为多年均值的9.3%、25.2%、32.7%，低于多年均值的 40%，易在翌年的 1~2 月发生断流。但在 1998 年 10月下旬，黄河源头的鄂陵湖与扎陵湖之间相连接的河段也发生了断流。反映了水文气象要素的变化对生态环境的影响具有一定的延续性。

4 结语

黄河源头地区生态环境变化剧烈，以草甸、草场持续退化，土地荒漠化持续发展，湖泊水域不断萎缩，黄河源头干流断流次数增加等为表现。气候变异是引起该区域生态环境变化的主要因素。首先是气温的升高。其次，该区域降水量呈现略有增加的趋势，但增加主要体现在冬、春季降水的明显增加上。对植被生长起重要作用的夏季降水量总体上没有明显变化。气候的这种变化趋势使该区域多年冻土环境发生明显变化，造成冻土融区范围扩大，季节融化层增厚，甚至下伏多年冻土层完全消失。多年冻土的退化使植被根系层土壤水分减少，表土干燥。加之夏季的降水量多为阵性降水，降水的连续性差，同时，降水以固态形式出现较多，在这种情况下，夏季气温显著升高，不利于植被正常生长与繁衍，导致植被大范围退化。

在植被退化后，地表裸露，蒸发增加，土壤沙化，多年冻土继续退化，地下水位下降，河川径流减少，草场沙化，土地荒漠化。这种水文系统和生态系统相互作用、相互影响，在该区域的生态体系中不断演绎。

自然界中的水文系统和生态系统是两个十分复杂、相互联系、相互交叉的大系统。常常包括两个系统中的地表水体、陆地、植被等各种类型，它们的水文循环、水文特征、生态系统特征等是及其复杂多样的。因此，对黄河源头地区水文气象要素的研究，是基于该区域水文气象特征的变化对生态环境变化的影响所产生现象的定性的探讨。

黄河源区水文水资源情势变化及其成因初析

牛玉国[1,2]　张学成[2]

(1. 河海大学水资源环境学院；2. 黄河水利委员会水文局)

黄河源区是黄河干流唐乃亥断面以上区域，位于青藏高原东北部，集水面积为 12.2 万km^2。黄河源区干流长 300 余 km，河道平均比降为 1.2‰。该区域分布有高山、盆地、峡谷、草原、沙漠和众多湖泊、沼泽、冰川及多年冻土等地貌，表现为高原面上一系列近于平行的低山和宽谷，地形相对开阔，起伏平缓，河流切割作用弱，地势西高东低，高原面保留完整。黄河流域水资源调查评价成果及相关计算成果表明，黄河源区多年平均年降水量(1956~2000 年系列，下同)为 485.9 mm，多年平均天然径流量为 205.2 亿 m^3，占黄河天然总径流量的 38%。

本文原载于《人民黄河》2005 年第 3 期，为国家自然科学基金重点项目(50239050)；国家自然科学基金主任项目(50249024)。

在气候区划上,黄河源区处于青藏高原亚寒带的那曲—果洛半湿润和羌唐半干旱区,气温东南高西北低,具有典型内陆高原气候特征。黄河源区多年平均气温 -4.0 ℃(其中5~9月日均气温超过0℃),空气含氧量为海平面的60%,冰期近7个月。据玛多、达日和兴海3个气象站的气温系列资料分析,黄河源区气温年代间变化特征是:20世纪50年代较暖、60年代气温持续降低、70年代中期开始波动上升、80年代后进入暖期。图1为玛多气象站1956年以来年平均气温变化情况。

图1 1956年以来玛多气象站年平均气温逐年对比

1 水文水资源情势变化及其成因

1.1 水文水资源情势变化特点

黄河源区多年平均年降水量485.9 mm,其中5~9月降水量可占年降水总量的83%;多年平均水面蒸发量为873 mm;多年平均水资源总量205.6亿 m³。黄河源区多年平均水资源量及其年代间变化统计结果,见表1。

表1 黄河源区年平均水文要素对比统计

项 目	1956~1959年	1960~1969年	1970~1979年	1980~1989年	1990~2000年	1956~2000年	1956~1979年	1980~2000年
降水量(mm)	461.3	494.9	482.7	507.9	469.5	485.9	484.2	487.8
气温(℃)	-4.1	-4.3	-4.3	-4.0	-3.4	-4.0	-4.3	-3.7
水面蒸发(mm)	953.3	867.7	863.1	841.6	871.1	873.0	880.1	857.1
天然径流量(亿 m³)	162.9	217.7	205.1	242.3	175.4	205.2	203.3	207.2
水资源总量(亿 m³)	163.3	218.2	205.6	242.8	175.8	205.6	203.8	207.7

图2给出了1956年以来黄河源区降水量和天然径流量5年滑动平均过程线。可以看出,黄河源区天然径流量与降水量对应关系十分密切。黄河源区水资源状况,50、90年代偏枯、60、80年代偏丰、70年代为平水。同时,黄河源区降水径流年内分配呈周期性变化,目前黄河源区年降水量更加集中于5~9月,径流量更加集中于6~10月(见图3)。

图4给出了唐乃亥水文站1919年以来年实测径流量5年滑动平均过程线。可以看出,85

年间黄河源区经历了 4 次枯水、3 次丰水阶段。从年代对比来看,20、30、50、90 年代偏枯,60、80 年代偏丰,40、70 年代为平水。

从表 2 可以看出,黄河源区 1996 年以来平均降水量 462.9 mm,较多年均值偏少不足 5%,但由于气温升高、草甸涵养水分能力下降等因素影响,黄河源区实际来水量明显减少,较多年均值偏少幅度接近 22%,源头区实际来水量更是减少了 70% 以上。黄河源区近几年降水径流规律发生了较大的变化,表现为径流系数减小(见图 5)。

图 2　1956 年以来黄河源区降水量与天然
径流量 5 年滑动平均过程

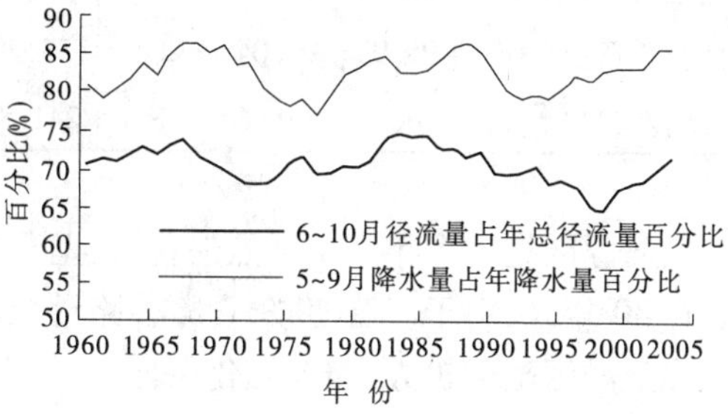

图 3　1956 年以来黄河源区降水量与天然
径流量年内分配 5 年滑动平均变化过程

图 4　唐乃亥水文站实测年径流量
5 年滑动平均过程

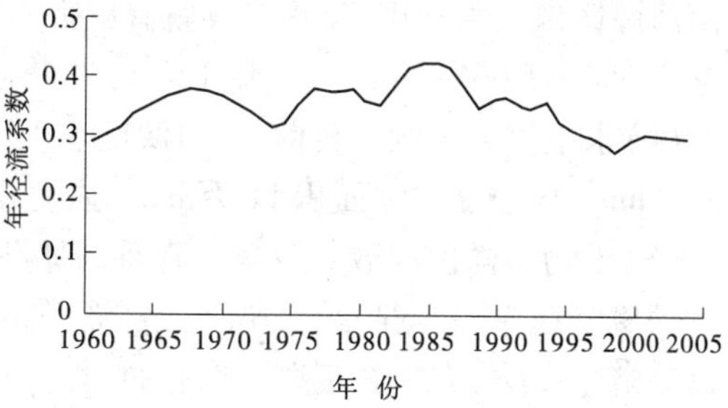

图 5　1956 年以来黄河源区年径流系数
5 年滑动平均过程

1.2　生态环境情势变化特点

近些年来,由于气候呈暖干型变化趋势,加上人为的不合理的经济社会活动,使黄河源区生态环境严重恶化。主要表现在:

(1)土地资源荒漠化。黄河源区土地资源荒漠化,主要表现在土壤沙漠化及次生裸土化等。其中高寒草原草地以草地荒漠化为主,高寒草甸草地突出的退化表现是"黑土滩"化与沼泽草甸疏干、旱化。目前,黄河源区土地资源荒漠化面积已达 37 万 hm²。

(2)湖泊和湿地萎缩,冰川消融,冻土层埋深加大。黄河源头地区的玛多县号称千湖之县,20 世纪 90 年代初有大小湖泊 4 077 个,现已不足 2 000 个。

20 世纪 70 年代,黄河源区沼泽出现了自然疏干现象,沼泽植被向草甸植被演替,中生、旱生植物侵入,湿地萎缩退化,2000 年沼泽湿地及湖泊面积比 1976 年减少了近 3 000 km²。

近 30 年来大多数现代冰川呈退缩状态,据调查,黄河源头地区的黄河阿尼玛卿山地区冰川面积较 1970 年减少了 17%,冰川末端年最大退缩达 57.4 m。

表2　黄河源区年降水及实际来水量情况

项　目	1996年	1997年	1998年	1999年	2000年	2001年	2002年	2003年	1996~2003年平均	1956~2000年平均
河源区降水量(mm)	454.4	460.4	515.9	522.1	407.8	449.6	392.9	500.3	462.9	485.9
黄河沿径流量(亿m³)	1.91	2.45	3.52	3.17	0.20	0.28	3.06	2.20	2.10	7.14
吉迈径流量(亿m³)	22.36	24.27	37.75	46.82	35.38	22.19	19.54	31.37	29.96	40.08
玛曲径流量(亿m³)	95.93	94.04	132.90	175.20	118.30	97.65	72.00	138.80	115.60	145.10
唐乃亥径流量(亿m³)	140.0	141.6	183.1	241.8	154.5	138.1	105.7	171.4	159.5	203.9

　　黄河源区处于多年冻土强烈退化区,呈现大片连续片状、岛状多年冻土和季节冻土并存现象。近30年来,由于气温变暖,青藏公路沿线和玛多县深度20 m以内的多年冻土温度升高,造成冻土融区范围扩大、季节融化层增厚,甚至多年冻土层完全消失。

　　(3)草场退化,鼠虫害肆虐。20世纪70年代以前,黄河源区覆盖着大量的高山草原化草甸和高寒沼泽化草甸,草丰畜肥。70年代以后,黄河源区植被普遍日益退化,目前退化面积为可利用面积的26%~46%,其中严重退化面积约占退化总面积的27%。伴随着草场的退化,黄河河源区鼠虫害肆虐,仅玛多县就有鼠害面积1.49万km²。整个黄河源区,目前鼠害严重区鼠洞为556~1 065个/km²,鼠兔120只/km²。

　　(4)水土流失加剧。目前,黄河源区水土流失面积已达417万hm²,其中强度侵蚀面积达225万hm²,极强度侵蚀面积11万hm²,强度以上侵蚀面积已占土地总面积的18%多。

　　(5)生物多样性和数量锐减。青藏高原孕育了独特的生物区系和植被类型,被誉为高寒生物种质资源库,如藏野驴、野牦牛、岩羊、藏原羚、白唇鹿等野生动物和华福花、星叶草、藏芥、藏蒿等野生植物,都是青藏高原特有的动植物。目前,黄河源区受到威胁的生物物种占该区生物总类的15%~20%,高于世界10%~15%的平均水平。

1.3　水文水资源情势变化原因初析

　　鉴于观测资料项目及系列长度限制,对黄河源区水文水资源情势变化规律和原因尚无统一的认识及权威性看法。国内外学术界从不同专业领域提出了不同的认识和观点,如降水量减少论、气候变暖论、地质构造变异论、生态环境影响论、人类活动影响论、鼠害论等。例如,有专家认为气候暖干和超载过牧作用占66%,鼠害等作用占15%,人类不合理干扰作用占10%。不过大多研究只是停留于推测阶段,缺乏有力的数据支撑。

1.3.1　降水量丰枯变化直接影响河川径流量的变化

　　黄河流域位于我国北中部,属于典型的大陆性气候,河川径流主要是由大气降水形成的。对于黄河源区,大气降水是产生河川径流的主导因素,约35%的降水能够形成径流。因此,近几年降水量连续偏枯直接导致了河川径流量的减少。

1.3.2　径流系数减小是河川径流减少的主要因素

　　降水量变化不大的情况下,气候变暖、蒸散发量加大导致径流系数减小,是造成黄河源区河川径流减少的主要因素,并通过以下途径对径流变化产生影响:

　　(1)气温升高将直接造成蒸散发量加大,进而影响径流量变化。从图1和表1可以看出,20世纪90年代以来黄河源区年平均气温较50、60年代升高了约0.8 ℃,尤其近几年升高幅度更大。气温的升高,造成水体、沼泽、湿地、植物蒸散发量或蒸腾量加大,根据水量平衡式,在降水量总量变化不大的情况下,蒸散发的增大,必然导致河川径流的减少。

分析气温变化与蒸散发能力的关系,目前常用的是高桥浩一郎公式。该公式是利用热量平衡原理,在对空气湿度、日照等因素进行均化的基础上提出的,公式为

$$E_w = (1 + cu)\left[ae^{17.2/(235+T)}\right]/\left[1 + bPe^{-17.2/(235+T)}\right]$$

式中:E_w 为蒸散发能力;T 为月平均气温;P 为月降水量;u 为风速;a、b、c 为辐射、日照等因素的函数参数;e 为自然指数。

对上式进行求导计算,可以得到气温变化与蒸散发能力变化的关系。笔者通过对黄河上游进行统计计算,大致可以认为:气温升高 1 ℃,蒸散发量将提高 5% ~ 10%。

(2)人类活动、鼠害加剧,间接加大蒸散发量,进而影响河川径流:①修建水库等增加了水域面积,进而增加了水面蒸发量;②修建公路等,一方面破坏了草甸,一方面切断了地表径流的通道,进而加大了地表蒸散发量;③鼠害猖獗,鼠洞的增多,加大了地表水、地下水与外界的接触面积,畅通了潜水蒸发通道。同时,鼠害还加快了草地的萎缩、退化。

(3)气候变暖,造成冰川减退或消失,减少了融冰或融雪对河川径流的补给。黄河源区冰川主要分布于阿尼玛卿山。1970 年调查,冰川面积约 192 km²,其冰川融雪年径流总量为 2.03 亿 m³,约占黄河源区天然径流量的 1%。目前黄河源头地区的冰川面积较 1970 年减少了 17%,对黄河的径流补给作用减小。

(4)气温升高致使冻土层埋深加大,原有的依靠冻土层拦截地表径流与地下水径流交互作用消失,增加了土壤下渗量,从而增加了潜水蒸发量。气温升高 1 ℃,黄河源区多年冻土上限将下降 5 m 左右,季节冻土上限下降 10 m 左右,冻土层厚度减少 20 m 左右。

黄河源区水文水资源、生态环境情势之间的相互作用可用图6 表示。

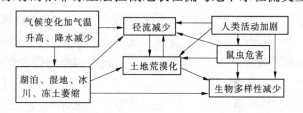

图6 黄河源区水文水资源、生态环境情势变化相互作用关系

2 水文水资源情势变化趋势

上述分析表明,目前黄河源区水文水资源情势变化,除受降水量丰枯变化直接影响外,主要受气候变暖、水面蒸发能力上升、人类不合理干扰等因素的影响。

长时期来看,大气降水呈周期性波动,笔者通过采用小波技术对青铜峡站 1723 ~ 2000 年 278 年逐年天然径流量系列和三门峡站 1765 ~ 2000 年 236 年逐年天然径流量系列进行分析,发现黄河天然径流量系列具有 128、64、32 年等主要周期变化。由于黄河径流主要由降水形成,径流与降水关系密切,这也意味着黄河年降水量系列存在以 128、64、32 年左右变化的主要周期。根据近几年黄河源区降水量偏少的现象分析,可以认为黄河源区今后一段时期内降水量可能呈略有增多趋势。

中国科学院知识创新工程重大项目"西部生态环境演变规律及水土资源可持续利用研究"研究成果认为,近 50 年中国西部呈气候变暖、降水增加趋势;在总结近千年气候变化趋势基础上,预测到 2050 年,西北地区气温可能上升 1.9 ~ 2.3 ℃。

根据 IPCC(政府间气候变化与专门委员会)以及我国研制的大气环流模型预测未来气候

因子如降水、气温等要素,其基本结论是:21 世纪全球平均气温将继续上升,可能的上升范围在 1.4~5.8 ℃,海平面上升预测为 0.1~0.9 m。

总的来看,今后一段时期内黄河源区降水量可能呈略有增多趋势,但其对径流的作用不足以与气温升高引起的蒸发能力加大对径流的影响,因而未来天然来水仍可能呈减少趋势。

3 南水北调西线工程建设的必要性和紧迫性

黄河属于资源性缺水河流。黄河流域 1956~2000 年平均年降水量 3 554 亿 m³,相当于降水深 447.1 mm,约有 83.4% 消耗于地表水体、植被和土壤的蒸散发以及潜水蒸发,只有 16.6% 形成了地表水资源,即 594.4 亿 m³,占全国地表水资源量的 2.2%,黄河流域人均占有年径流量不到全国人均占有量的 26%,耕地单位面积占有径流量仅为全国平均水平的 18%。

随着流域经济社会的发展,对水资源的需求量会继续加大,而黄河源区供水能力又呈下降趋势,这将进一步加大流域内经济社会发展用水和河道内用水之间的矛盾,增多上中游、左右岸水事纠纷的频次,河道水量统一管理与调度的难度也将增大,难以支撑流域经济社会的可持续发展。因此,一方面要尽快开展黄河源区的综合治理,恢复其涵养水体功能,提高其补给黄河中下游水量能力;另一方面只有尽快实施南水北调西线工程,才能从根本上缓解黄河水资源供需矛盾。

4 结论

(1)降水量丰枯变化是造成黄河源区水文水资源情势变化的根本原因。20 世纪 90 年代以来,黄河源区降水总量没有发生大的变化,其水文水资源情势变化的主要原因是气候变暖、水面蒸发能力上升、人类不合理干扰等因素的综合作用。

(2)黄河源区水文水资源情势变化与水生态环境情势变化互为作用、相互影响。

(3)今后一段时期内黄河源区天然来水形势仍不容乐观。

(4)只有加快黄河源区的综合治理,实施南水北调西线工程,才能从根本上缓解黄河水资源供需矛盾,实现维持黄河健康生命的目标。

激光粒度分析仪应用于黄河泥沙颗粒
分析的实验研究

牛 占[1] 和瑞勇[2] 李 静[1] 袁东良[1]

(1. 黄河水利委员会水文局;2. 黄河水利科学研究院)

2000 年,黄河水利委员会水文局引进了由英国马尔文(Malvern)仪器有限公司生产的 MS2000 激光粒度分析仪,筹建了泥沙颗料分析中心实验室。随后开展了激光粒度分析仪应用

本文原载于《泥沙研究》2002 年第 5 期。

于黄河泥沙颗粒分析的实验研究。本文主要报告我们针对黄河泥沙进行的基础参数确定实验、泥沙粒度分析应用实验、激光法与传统法泥沙粒度分析相关关系研究的方法与成果。

1 激光粒度分析原理

衍射和散射经典理论指出,光在传播中,波前受到与波长尺度相当的隙孔或颗粒的限制,以受限波前处各元波为源的发射在空间干涉而产生衍射和散射,衍射和散射的光能的空间(角度)分布与光波波长和隙孔或颗粒的尺度有关。用激光做光源,光为波长一定的单色光后,衍射和散射光能的空间(角度)分布就只与粒径有关。对颗粒群的衍射和散射,各颗粒级的多少决定着对应各特定角处获取的光能量的大小,各特定角光能量在总光能量中的比例,应反映着各颗粒级的分布丰度。按照这一思路可建立表征颗粒级丰度与各特定角处获取的光能量的数学物理模型,进而研制仪器,测量光能,由特定角度测得的光能与总光能的比较推出颗粒群相应粒径级的丰度比例量。

Malvern 仪器公司 M2000 型激光粒度分析仪的原理结构示于图 1。它由主机、供样器组件、计算机三部分集成件组成。

主机的主要部件包括一只波长 $\lambda = 632.8$ nm(红光)、一只波长 $\lambda = 466$ nm(蓝光)的激光器(光源),透光试样槽(样品盒),光路光具(光学透镜等),光信号接收与光电转换器,光路系统监控器等。

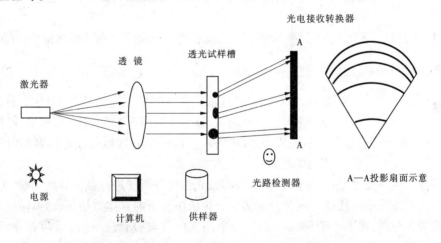

图 1　激光粒度分析仪原理结构示意图

主机工作的大致过程是,激光器发出的单色光,经光路变换为平面波的平行光,射向光路中间的透光试样槽(样品盒),分散在介质中的大小不同的颗粒遇光发生不同角度的衍射、散射后产生的光投向布置在不同方向的分立的光信息接收与光电转换器,光电转换器将衍射、散射转换的信息传给微计算机进行处理,转化成粒子的分布信息。

供样器组件的作用就是将样品分散混匀充分并传送至主机。典型(标识为 Hydro 2000G)的湿法供样器,主要部件包括试样池、试样泵、螺旋浆搅拌器、超声分散器、连接管路等。在试样泵的驱动下,循环系统输送分散在液体(水)分散剂中的颗粒(泥沙)在透光试样槽循环。在设定的分析时间内,一个颗粒可多次循环通过透光试样槽,加之激光器和光信号接收与光电转换器可以每秒千多次的频率发射和接收,因此同一颗粒可很多次的得到测量分析。

2 粒度分析成果描述

激光粒度分析仪测出的是颗粒迎光方位的特征尺度(投影粒径)。由于许多颗粒和同一颗粒的不同方位态在激光粒度分析仪透光试样槽中的复杂分布与不停运动,加之频率极高的信号采样快照,使得光信号接收与光电转换器中的各光电检测器,在分析时段收到的是一个窄带特征尺度的混合平均。这与实际测量不规则大颗粒体时常用多方位的线度平均表征其体积当量等效球径的方法在概念上是一致的。因此,激光粒度分析仪测出的窄带特征尺度的混合平均也就是颗粒体积当量等效球径 D,由此颗粒的体积用 $V = \pi D^3/6$ 计算。

Malvern 仪器公司激光粒度分析仪测量成量通常表达为某粒径级体积占样本颗粒群体积的百分数或小于某粒径部分体积占样本颗粒群体积的百分数,可用分布曲线或数表描述。与水文泥沙界通常用某粒径级的颗粒质量占样本总质量的比例的描述相比,在物质(泥沙)密度确定时是一致的。事实上,对具体区域和一般工程,总是将泥沙密度取确定值的。

样本颗粒群平均粒径一般用 $D(4,3)$ 表达,其定义为 $D(4,3) = \sum D_i^4 / \sum D_i^3$。定义可以看作为 $D(4,3) = \sum (D_i^3 \cdot D_i) / \sum D_i^3$,式中 D_i 是样本中的某粒径,D_i^3 表征某粒径体积($V = \pi D^3/6$)或在密度一定时的质量,因此 $D(4,3)$ 反映的是样本体积或质量加权的平均粒径。实际上 $D_i^3 / \sum D_i^3$ 表达某粒径级的颗粒体积占样本总体积或某粒径级的颗粒质量占样本总质量比例的丰度级配,当级配 ΔP_i 用百分数给出时,就与我国规范中计算平均粒径的公式 $D_{PJ} = \sum \Delta P_i \cdot D_i / 100$ 一致。

另外,还有 $D(3,2) = \sum D_i^3 / \sum D_i^2$,是样本投影面积加权的平均粒径,也称为索尔特平均粒径。

3 实验研究的泥沙样品

本次试验收集到黄河干支流 34 个主要控制站悬移质及河床质泥沙样品 120 组,总的看,收集到的泥沙样品具有广泛的代表性。鉴于黄河流域上、中、下游地域较广,来水来沙区域不尽相同,各区域泥沙粒径分布范围不一致,为了进一步实验时具有区域代表性,特将各区域的沙样按粒径分布情况分为相对粗、中、细类型。

将同一泥沙样品一分为二,一份送中心实验用激光粒度分析仪进行颗粒分析实验,另一份试样由各测区实验室用传统法进行颗粒分析实验。传统法分析的具体方法是,过 63 μm 筛后,筛上部分用筛析法分析,筛下小于 63 μm 部分分别用光电仪或吸管法分析,以两者分析结果计算全样颗粒级配。筛析法、光电法和吸管法的操作技术,均按《河流泥沙颗粒分析规程》的有关规定进行。

根据激光法分析的结果,在 120 个沙样中,最大粒径达 250 μm、500 μm、1 000 μm 的分别有 109 个、10 个、5 个沙样,D_{50} 最大 67 μm,最小 41 μm。图 2 汇总了激光法测量的样品粒度曲线,可概览样品的粒度分布总况。

4 泥沙粒度分析基础实验

4.1 基础参数确定实验的意义

Malvern 仪器公司激光粒度分析仪在应用湿法供样器分析物质的颗粒级配时,需要通过实验确定的基础参数有分散时间、超声强度、搅拌器速度、泵速、遮光度、测量"快照"次数(测量时间)、颗粒折射率、颗粒吸收率、分散剂折射率等,以上前 6 项为测量参数,后 3 项为模型计算

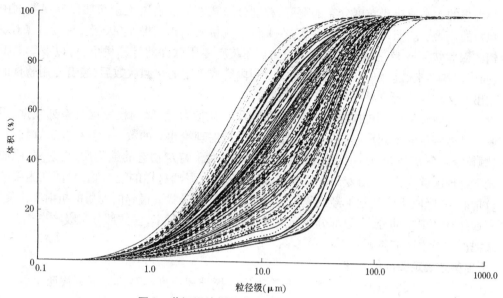

图2 黄河泥沙样品激光法测量级配曲线汇总

参数。

Malvern 仪器公司激光粒度分析仪广泛地应用于化工、地质、医药、食品、磨料等领域,因此该仪器中影响测量结果的参数设置范围非常宽。针对黄河泥沙这一特定的物质,必须通过实验将这些参数的最佳适用范围确定出来,这对确保黄河泥沙颗粒级配的准确测量,提高一致性,满足工程实际应用的精度是至关重要的。

保证一定的分散时间、超声强度、搅拌器速度及泵速,其目的是防止颗粒胶结与沉淀,以使在试样池中保持均匀分散的悬浮颗粒,然后将所有粒度的颗粒输送至透光试样槽(样品盒)测量。大颗粒和密度明显高于悬浮液的颗粒必须以足够高的速度流过导管和透光试样槽,以防止最大的颗粒沉淀下来。同时有必要使最大的颗粒与较小颗粒以近似相同的速度穿过透光试样槽,以使速度偏移量的作用不会影响最终结果。对这几个参数的调节,可通过装有专用软件的计算机的显示导引操作指示供样器执行。

分散时间的单位是分钟,范围从 0 开始,未设上限;超声强度的单位是指标数,范围 0 ~ 100;搅拌器速度及泵速的单位是转/分(r/min),范围分别为 0 ~ 1 000 和 0 ~ 2 500。分散时间指的是快照前的时间,这段时间设置的超声强度、搅拌器速度及泵速等促使颗粒群样本充分分散而并不进行快照摄取信息。设置的分散时间结束后,开始执行快照测量,在快照测量时间内,设置的超声强度、搅拌器速度及泵速等仍在运转。

遮光度是对任一时刻光束中样品数量的度量,是分散在介质中的欲分析颗粒的投影面积浓度,其度量单位是百分数,通常范围为 10 ~ 20,样品颗粒群较细时,也可小于 10,反之可大于 20。如果该值太高,则可能出现颗粒层叠的多重散射甚或不透光而无法测量;如果太低,则检测不到足够的信号,精度就会受到影响。调节的方法是在分散介质中逐渐加入分析试验样品,边加试样边观察计算机屏幕由软件给出的显示标志,待浓度标志指示到合适的百分数范围,方可进行有效的粒度测量。

"快照"是对所有检测器收到的衍射、散射强度光线的同步高频抽样测量,其度量单位是次数。每次快照冻结了特定时间点的测量值,一次完整的测量就是由大量快照的能量汇合而成的。理想的次数取决于粒度分布的宽度,粒度分布宽的样品需要大量快照以确保数据中包含大颗粒的代表。快照每毫秒摄取一次,在1秒钟测量时间内快照1 000次,且设置步长为1秒分档。因此快照次数是由测量时间决定的,在装有专用软件的计算机里,可以设置测量时间,从而确定快照次数。每一个设置的测量时间内完成确定的快照次数后,装有专用软件的计算机输出一次粒度分析成果。

以上各参数确定后,由快照会得到被分析物质颗粒衍射、散射的粒度信息系列数据,后面的作业就是将测量的系列数据输入依据光学衍射、散射理论建立的数理计算模型,这时颗粒折射率、颗粒吸收率及分散剂折射率的数值就须确定。对于特定物态的纯物质,折射率、吸收率已经光学物理实验测出,可由专门手册查阅,而对于河流泥沙这样的混合物,只能在主要成分(SiO_2)折射率、吸收率的基础上经反复实验选择确定。粉末状或很碎的物质的折射率是复数,包括实数部分和虚数部分,实数部分是指成块物质的实际折射率,虚数部分与吸收率相关。泥沙或细泥沙的折射率应是复数。

4.2 基础参数确定实际的方法

基础参数确定实验按照分散时间→超声强度→搅拌器速度→泵速→测量快照次数(测量时间)→遮光度(以上为测量参数部分,以下为计算参数部分)→颗粒折射率→颗粒吸收率→分散剂折射率的顺序依次进行。

首选分散时间,是因为这一参数始终为一变量,贯穿于所有测量参数确定的过程中。进行分散时间参数实验时,其他参数按 Malvern 仪器公司工程师推荐的经验值设置,分散时间按分钟分档进行测量,以确定合格值。进行其他测量参数实验时,已实验取得最佳值的参数按此值设置,尚未进行实验的参数仍按 Malvern 仪器公司工程师推荐的经验值设置,本测量参数作为变量,分若干档进行实验测量,以确定合适值。可见按上述顺序,后一参数的确定,总是建立在前一参数选定为最佳值的基础上的,全部实验完成后,就筛选出匹配的一套参数。

具体实验并确定参数的方法是,仪器调整到工作状态后,将泥沙试样加入供样器试样池,设定待试参数外的其他参数,依次调整待试参数,输出各次粒度分析成果,比较级配曲线图和特定粒径的级配数值,直至后次的成果与前次相比曲线重合、数据趋于稳定、Φ 分级各粒级的体积级配百分数的最大差值小于1。

在各测量参数都确定为较理想的状态下产生的原始试验数据,输入计算模型后,每改变一组折射率、吸收率的值,测量软件即计算产生出一组新的数据,并以新产生的系列数据给出拟合图形及与原始测量图形吻合程度的残差。这是一个反复试错的过程,最终以图形稳定、与原始测量图形吻合、残差较小确定出折射率、吸收率的合适值。通过对16个样品的试错计算和数据统计,最终确定黄河泥沙折射率为1.6、吸收率为1.5。

对黄河泥沙颗粒分析而言,水作为分散剂即符合实际,又最廉价。水的折射率1.33是确定的。

4.3 基础参数确定实验的成果与认识

激光粒度分析仪应用于黄河泥沙颗粒分析的实验研究中,我们选取流域各地各站粗、中、细沙型共16个代表试样进行基础参数确定实验,成果汇总如表1所示。表中站名及编号是采集沙样单位的原编号,最大最小值是实验成果收敛、曲线重合、数据趋于稳定、特定粒径的体积级配百分数的最大差值小于1的有效限值,合适值给出应选范围,最佳值则是确定值。一般进行黄河泥沙粒度分析时应取最佳值。

通过泥沙粒度分析基础测量参数确定实验,得出如下一些认识:

(1)分散时间:分散时间不宜过短,但也不宜过长而降低工作效率。大体说来,试样粒径范围较宽时,分散时间应长些。

(2)超声激击:超声激击对沙样有较好的分散作用,但强度不宜大,时间持续不宜长,否则使颗粒产生细化趋势,且无谓地产生噪声干扰。

传统沉降法进行泥沙颗粒分析时,常用化学分散剂(如六酸偏磷钠等)分散颗粒的胶结状,经我们对比试验,表明对黄河泥沙来说,超声激击作用完全可以替代化学分散剂,并优于化学分散剂的应用效果。

(3)搅拌器速度:搅拌器速度的大小对粗沙影响较大,对中沙影响次之且有明显的稳定界限,对细沙无大影响;当搅拌器速度较小(如 200 r/min)时,粗沙中的较大粒子未被搅起,产生沉淀,因此造成测量结果偏细。如华县 5 沙样,对 31 μm 粒径级,在 200 r/min 和 400 r/min 的搅拌速度下产生的粒径百分数的差达 27.6。

表1　激光粒度仪分析黄河泥沙参数合适值范围确定表

样品来源	类型	名称	分散时间(分)		超声强度		搅拌器速度(r/min)		泵速(r/min)		测量快照次数(测量时间)(1000次=1秒)		遮光度(%)		颗粒折射率		颗粒吸收率		分散剂(水)折射率
			min	max	min	max	min	max	min	max	min	max	min	max	min	max	min	max	
上游局	悬粗	青铜峡1	3	5	20	60	400	1 000	1 500	2 000	1 000	10 000	6	20	1.0	2.0	1.0	2.0	1.33
	悬中	民和18	2	5	0	100	600	1 000	2 000	2 500	1 000	10 000	10	20	1.0	2.0	1.0	2.0	1.33
	悬细	兰州25	2	6	20	100	400	1 000	1 500	2 500	2 000	10 000	10	20	1.0	2.0	1.0	2.0	1.33
中游局	悬粗	白家川4	2	6	20	60	400	1 000	2 000	2 500	2 000	10 000	10	20	1.0	2.0	1.0	2.0	1.33
	悬中	延川26	2	6	0	60	400	1 000	2 000	2 500	2 000	10 000	10	20	1.0	2.0	1.0	2.0	1.33
	悬细	子长30	1	6	20	100	400	1 000	2 000	2 500	2 000	10 000	10	20	1.0	2.0	1.0	2.0	1.33
三门局	悬粗	华县5	3	5	20	60	600	1 000	1 500	2 500	2 000	10 000	10	20	1.0	2.0	1.0	2.0	1.33
	悬中	龙门6	2	5	20	60	600	1 000	2 000	2 500	2 000	10 000	10	20	1.0	2.0	1.0	2.0	1.33
	悬细	潼关2	1	6	20	60	400	1 000	2 000	2 500	2 000	10 000	10	20	1.0	2.0	1.0	2.0	1.33
河南局	悬中	长水23	3		20	80	400	1 000	2 000	2 500	2 000	10 000	10	20	1.0	2.0	1.0	2.0	1.33
	悬细	河堤30	3		20		200	1 000	2 000	2 500	2 000	10 000	10	20	1.0	2.0	1.0	2.0	1.33
山东局	悬粗	孙口2	3		20	80	400	1 000	1 500	2 500	2 000	10 000	10	20	1.0	2.0	1.0	2.0	1.33
	悬中	利津24	3		20	80	400	1 000	2 000	2 500	2 000	10 000	10	20	1.0	2.0	1.0	2.0	1.33
	悬细	艾山17	1		20	80	600	1 000	2 000	2 500	2 000	10 000	10	20	1.0	2.0	1.0	2.0	1.33
小浪底库区	悬细	桐树岭35	2	6	20	60	400	1 000	2 000	2 500	2 000	10 000	10	20	1.0	2.0	1.0	2.0	1.33
	悬细	桐树岭100	1	6	20	100	400	1 000	2 000	2 500	2 000	10 000	10	20	1.0	2.0	1.0	2.0	1.33
合适值范围			3 ~ 5		20 ~ 60		600 ~ 1 000		2 000 ~ 2 500		2 000 ~ 10 000		10 ~ 20		1.0 ~ 2.0		1.0 ~ 2.0		1.33
最佳值			4		40		800		2 200		6 000		1.5		1.6		1.5		1.33

(4)泵速:泵速的大小对粗、中、细沙影响都较大。因黄河泥沙颗粒的密度较大,粒径范围较宽,当泵速大于 2 000 r/min,测量数据才较稳定。

(5)测量快照次数:测量快照次数的变化对粗、中、细沙影响均不大,说明黄河泥沙是单模的,其基本粒度特性可以用较少的快照捕获到。

(6)遮光度:遮光度的变化对粗、中、细沙影响均较大。因为黄河泥沙粒径分布较宽,因此需要较大的遮光度。对粒径分布很宽的试样,也可超出建议正常范围的上限20,否则可能会造成细小颗粒信息丢失而使级配结果偏粗。

（7）折射率、吸收率：进行粒变分析的物质的折射率、吸收率及分散介质的折射率对成果精度影响很灵敏，当进行粒度分析的物质及分散介质改变时，应相应改变或实验确定这些参数。

4.4 沙样重复稳定性试验方法与成果

确定了基础参数后，以这些参数为设置条件，进行了单样重复稳定性实验。在黄河水利委员会5个水文水资源局提供的测站沙样中，分别取粗、中、细试样各1个（考虑到各局辖区应有代表性，粗、中、细的划分仅是本辖区的相对粗、中、细，而非全河比较意义上的粗、中、细）共15个试样，对每个试样做重复性试验。具体做法是，单个试样重复做20次粒度分析，取得20个结果资料，以20为样本容量统计计算 Φ 分级各粒级的均值和均方差。15个试样重复稳定性试验成果误差统计见表2，表列均方差值远远小于《河流泥沙颗粒分析规程》规定的重复稳定性试验同粒径级丰度累积级配百分数的均方差不超过3.5的指标，表明激光粒度分析仪粒度分析的重复稳定性精度很高。

表2还列出了同一母样传统法粒度分析重复稳定性实验各粒级的最大均方差，与激光法对比，其结果传统法的平均最大均方差是激光法的6倍，显而易见，激光法的重复测量精度远远高于传统法。

表2 激光法样品重复性试验成果误差统计

| 序号 | 样品来源及类型 | 样品名称 | 均方差 粒径级（μm） | | | | | | | | | 激光法各粒径级最大均方差 | 传统法各粒径级最大均方差 |
			2	4	8	16	31	62	125	250	500		
1	上游局 悬粗	青铜峡2	0.1	0.1	0.1	0.2	0.2	0.2	0.1	0		0.2	0.9
2	上游局 悬中	兰州11	0.1	0.2	0.4	0.5	0.6	0.5	0.3	0		0.6	1.1
3	上游局 悬细	民和30	0.1	0.2	0.3	0.4	0.4	0.2	0.1	0		0.4	1.1
4	中游局 悬粗	甘谷驿1	0.04	0.1	0.1	0.2	0.2	0.1	0			0.2	1.9
5	中游局 悬中	白家川12	0.1	0.1	0.1	0.2	0.3	0.1	0			0.3	1.9
6	中游局 悬细	子长27	0.1	0.1	0.1	0.1	0.1	0.1	0			0.1	1.8
7	三门局 悬粗	龙门3	0.1	0.1	0.2	0.2	0.2	0.2	0			0.4	1.9
8	三门局 悬中	华县2	0.1	0.2	0.2	0.3	0.3	0.2	0			0.3	2.1
9	三门局 悬细	甘谷2	0.1	0.1	0.1	0.2	0.2	0.2	0.2	0		0.2	3.3
10	河南局 床粗	花园口35	0.02	0.1	0.1	0.2	0.2	0.1	0			0.2	0.5
11	河南局 悬中	夹河滩62	0.1	0.1	0.1	0.2	0.3	0.1	0			0.3	1.2
12	河南局 悬细	长水41	0.1	0.2	0.2	0.3	0.3	0.2	0			0.3	2.4
13	山东局 悬粗	利津29	0.1	0.2	0.2	0.3	0.3	0.1	0			0.3	3.5
14	山东局 悬中	高村5	0.1	0.2	0.3	0.4	0.4	0.2	0.3	0		0.4	2.6
15	山东局 悬细	艾山6	0.1	0.2	0.3	0.4	0.4	0.2	0.1	0		0.4	2.5
平均												0.3	1.9
最大												0.6	3.5

4.5　所收集沙样的激光法粒度分析

激光法粒度分析是一种有明显优势的现代粒度分析方法,但是黄河及其他河流已用传统法进行了数十年的粒度分析,积累了大量的资料,为了探讨激光法与传统法的相关关系,使两者有效衔接,对所收集的泥沙样品,我们一方面安排各水文水资源局粒度分析实验室进行传统法粒度分析,一方面在粒度分析中心实验室,在基础试验和应用试验完成的基础上,用激光粒度分析仪输入确定的基础参数进行了粒度分析。粒度分析的这批数据,为下一步研究两种方法之间的相关关系奠定了基础。

5　激光法与传统法泥沙粒度分析相关关系研究

5.1　传统→激光法泥沙颗粒级配成果相关分析

黄河泥沙颗粒级配分析应用过许多方法,粗颗粒的级筛分析法与细颗粒的沉降分选沉速反算法是最常用的传统方法。当我们企图用激光粒度分析仪替代传统法作新一代泥沙颗粒级配分析的主流方法时,探讨他们以相同样本的级配关系,使资料系列衔接起来,成为本次实验研究的重要任务。

具体方法如下:①将激光法测量级配值系列定义为 Y,传统法测量级配值系列定义为 X,在 X、Y 正交坐标系作多项式的趋势线并求出回归方程和相关指数 R^2 值。②将回归方程看做消除了误差的变换关系,将从回归关系推算的级配值看作标准值,计算系列各激光法测量值对回归方程值的绝对误差,统计系列绝对误差的均方差(或曰统计标准差)作随机误差 S,用误差系列代数和的均值作系统误差。③用通用公式 $y = Y \pm 3S$ 的计算值作相应拟合方程曲线的绝对误差限的外包线,剔除外包线之外的数据对(点)。重复①~③各步骤,直至外包线之外无数据对(点),使有效的数据对(点),对自己拟合的方程曲线,封闭于 $\pm 3S$ 区间。

我们知道,对于正态随机变量,有所谓"3 倍均方差($3S$)准则",即以均值为中心,落在 $\pm 3S$ 区间内的分布概率达 0.9974,也就是说落在 $+3S$ 区间外的分布几乎是不可能的事。在这里我们用了这个准则,把用于相关分析的数据对(点)看作正态随机变量,把回归方程曲线看作均值中心,用 $\pm 3S$ 对数据对(点)进行"过滤"。

激光、传统法泥沙颗粒级配成果的样品来自同一母本,在忽略分样误差时,应有共同的真值,这是相关分析的根据。但是,由于两种粒度分析方法原理不同,更由于操作技术的差异,相互之间会出现系统误差和随机误差,回归方程曲线只是按照"最小二乘法"原理,把正交坐标系中呈一定宽度的带状分布的数据对(点)整合成最佳对应关系。由此不难理解,究竟怎样选择数据对(点)系列和优化回归方程是需要反复探索的过程。经过探索筛选,我们认为以 116 个沙样、796 个数据对(点)为资料,建立传统→激光法全部样品累积级配百分数、分粗中细沙型累积级配百分数的,经过 $y = Y \pm 3S$ 外包线过滤的,二次多项式回归方程曲线的相关关系是合适的。

5.2　沙型界定与 D_{50} 的相关分析

在探讨不同粗细沙样激光与传统两种方法测量级配的相关关系前,有必要将其先行分类,在此称之为沙型界定。

沙型界定常用方法是,将沙样按粒径分为 $D > 45\ \mu m$、$45\ \mu m > D > 15\ \mu m$、$D < 15\ \mu m$ 三个区间,分别称粗、中、细沙,求出各粒径区间级配的百分数,以含量最多即级配百分数最大的区间代表样品的粗细,样品相应称为粗型沙、中型沙、细型沙,或粗沙、中沙、细沙。但是这种界定

方法操作繁难,实用性较差,故采用以 D_{50} 值为判断标准的方法,即 $D_{50} \geqslant 40$ μm 为粗型沙,40 μm $> D_{50} > 15$ μm 为中型沙,$D_{50} \leqslant 15$ μm 为细型沙。

先以激光粒度分析仪的成果,用常用方法对 116 个沙样进行沙型界定,其粗、中、细型沙样分别为 19、22、75。在常用方法进行沙型界定的各沙型范围,再用 D_{50} 值为判断标准的方法进行同型界定,对应的粗、中、细型沙样分别为 16、22、61。后法对前法界定同型沙的符合度分别为:粗型沙 16/19 = 84%;中型沙 22/22 = 100%;细型沙 61/75 = 81%。可见两种沙型界定法是高度一致的。从应用考虑,D_{50} 值为判断标准的方法最方便,故将此法作为基本界定法,按此法确定 116 个沙样中粗、中、细型沙样分别为 16、39、61。

为了互换研究的需要,在激光粒度分析仪和传统法分析的级配成果曲线图上求出各沙样的 D_{50},建立两种分析方法 D_{50} 的相关,从而确定与激光法 D_{50} 沙型界定粒径范围相应的传统法的 D_{50} 的粒径范围。

由传统法 D_{50} 为 Y 激光法 D_{50} 为 X 高度相关($R^2 = 0.979\ 3$)确定的二次方程 $Y = -0.004\ 9X^2 + 1.243\ 8X - 3.501\ 1$ 求得 X 分别为 15 μm 和 40 μm 时,Y 对应为 14.05 μm 和 38.41 μm,也就是说激光法 $D_{50} \geqslant 40$ μm 为粗型沙,40 μm $> D_{50} > 15$ μm 为中型沙,$D_{50} \leqslant 15$ μm 为细型沙,与传统法 $D_{50} \geqslant 38.41$ μm 为粗型沙,38.41 μm $> D_{50} > 14.05$ μm 为中型沙,$D_{50} \leqslant 14.05$ μm 为细型沙是相应的。由于两种方法的沙型分界值(15 和 14.05,40 和 38.41)很接近,为统一起见,我们约定,无论激光法或传统法 $D_{50} \geqslant 40$ μm 为粗型沙,40 μm $> D_{50} > 15$ μm 为中型沙,$D_{50} \leqslant 15$ μm 为细型沙。

5.3 激光与传统法颗粒级配相关分析的结果

在上述研究工作的基础上,我们获得了全部样品累积级配百分数、分粗中细沙型累积级配百分数的,经过 $y = Y \pm 3S$ 外包线过滤的,二次多项式回归曲线的相关关系,成果汇总见表 3。

表 3 激光与传统法颗粒累积级配百分数相关分析结果

传统法沙型	沙样数	数据点对	回归方程 (Y—激光 X—传统;用 $y = Y + 3S$ 过滤)	R^2	系统误差(%)	均方差(%)
全部样品	116	762	$Y = 0.003\ 1X^2 + 0.612\ 8X + 6.826\ 4$	0.984 1	-0.06	4.17
粗 $D_{50} \geqslant 40$ μm	16	108	$Yc = 0.002X^2 + 0.724\ 8X + 5.274\ 5$	0.995	0.06	2.7
中 $15 < D_{50} < 40$ μm	29	255	$Yz = 0.000\ 3X^2 + 0.909\ 1X + 4.365\ 7$	0.991 3	0	3.19
细 $D_{50} \leqslant 15$ μm	61	398	$Yx = 0.002\ 5X^2 + 0.783\ 7X - 3.547\ 1$	0.977	-0.41	4.01

* 表中 R^2 是相关指数;S 是沙样颗粒级配百分数的绝对误差的均方差;y 是外包线方程。

以上二次方程的数学反演方程(按激光法分沙型)	
全部样品	$Yf = -98.838\ 7 + [0.375\ 5 - 0.012\ 4\ {}^* (6.826\ 4 - X)]^{1/2}/0.006\ 2$
粗	$Ycf = -181.2 + [0.525\ 3 - 0.008\ {}^* (5.274\ 5 - Xc)]^{1/2}/0.004$
中	$Yzf = -1\ 515.166\ 7 + [0.826\ 5 - 0.001\ 2\ {}^* (4.365\ 7 - Xz)]^{1/2}/0.000\ 6$
细	$Yxf = -156.74 + [0.614\ 2 + 0.01\ {}^* (3.547\ 1 + Xx)]^{1/2}/0.005$

* 表中 Yf、Ycf、Yzf、Yxf 分别为传统法全部样品、粗、中、细沙的级配;X、Xc、Xz、Xx 分别为激光法对应沙的级配。

表3的上部分是以传统法的测量级配值作为自变量 X，以激光法的测量级配值作为倚变量 Y 的相关分析结果，下部分是以激光法的测量级配值作为自变量 X，以传统法的测量级配值作为倚变量 Y 的结果，后者由前者经数学反演推导而得出，推演过程如下。

我们知道，二次方程

$$ax^2 + bx + c = 0$$

的求根公式为

$$x = -b/(2a) \pm (b^2 - 4ac)^{1/2}/(2a)$$

将二次函数

$$y = ax^2 + bx + c$$

改写为二次方程的形式

$$ax^2 + bx + (c - y) = 0$$

则由求根公式得到的下式是二次方程函数的反方程函数解

$$x = -b/(2a) \pm [b^2 - 4a(c - y)]^{1/2}/(2a)$$

由这些概念，将二次方程函数和其反方程函数解写为正反共轭方程函数的形式

$$Y = aX^2 + bX + c$$

$$Y = -b/(2a) \pm [b^2 - 4a(c - X)]^{1/2}/(2a)$$

对于激光法为 Y，传统法为 X，116 个沙样，762 个数据对的全部实验泥沙，拟合的二次方程函数

$$Y^2 = 0.003\,1X^2 + 0.612\,8X + 6.826\,4$$

其传统法为 Yf，激光法为 X 的反方程函数为（在有 ± 根式的两支中，取合理的 + 支）

$$Y^2f = -0.612\,8/(2 \times 0.003\,1) + [(0.612\,8)^2 - 4 \times 0.0031 \times (6.8264 - X)]^{1/2}/(2 \times 0.0031)$$

$$= -98.838\,7 + [0.375\,5 - 0.012\,4 \times (6.8264 - X)]^{1/2}/0.006\,2$$

同样，可以推出粗、中、细沙型的反方程函数。

将由传统法（X）换算到激光法（Y）的4个二次多项式方程曲线绘在一起可看出有一些系统偏差，因此为了获得更好的换算结果，应用换算方程前，还是应该按照 D_{50} 指标确定沙型，从而选择合适的公式。

5.4 激光与传统法颗粒级配相关分析拟合方程曲线应用时"边缘"问题的处理

因为《河流泥沙颗粒分析规程》规定的粒径 Φ 分级是不连续的，故从拟合方程曲线关系由传统法（激光法）级配推求激光法（传统法）级配时，要很好处理"边缘"问题。具体说明如下。

（1）始点 $X = 0$，$Y = 0$；终点 $X = 100\%$，$Y = 100\%$，在级配 $0 \sim 100\%$ 范围，两者一一对应，可直接用拟合方程换算，并且两者 0 与 0、100% 与 100% 对应于相同的粒径级（见图3）。

（2）若终点 $X = 100\%$，$Y < 100\%$，这时使 Y 增加规定的一个料径级，且令此级的 $Y = 100\%$（见图4）。

例如：当传统法（激光法）粒径为 125 μm 的 $X = 100\%$ 时，推得激光法（传统法）$Y = 95.0\%$，这时使激光法（传统法）增加 125 μm 粒径的上一级粒径 250 μm，且令小于 250 μm 粒径级的 $Y = 100\%$。

（3）若终点 $X = 100\%$，$Y > 100\%$，表明在 $X < 100\%$ 的某点存在 $Y = 100\%$，此时 $Y = 100\%$ 对应的粒径介于 $X = 100\%$ 对应粒径 d_i 和其下一级 d_{i-1} 之间，则直接使 d_i 的 $Y = 100\%$（见图5）。

例如：由 $d_i = 250$ μm 的 $X = 100\%$ 推得 $Y > 100\%$，由 d_i 下一级 $d_{i-1} = 125$ μm 的 $X = $

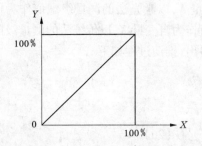
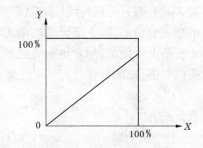

图 3　始点 $X=0$,$Y=0$;终点 $X=100\%$,$Y=100\%$　　　　图 4　终点 $X=100\%$,$Y<100\%$

95.0% ,推得 $Y=98.5\%$,则 $Y=100\%$ 介于 250 μm 和 125 μm 粒径级之间,直接使 $d_i=250$ μm 的级配 $Y=100\%$ 。若由 $d_{i-1}=125$ μm 的 X 仍推得 $Y>100\%$,则继续向下一级推,直至出现 $Y<100\%$,就令其上一级的 $Y=100\%$ 。

（4）若始点 $X=0$,$Y>0$,则使与 $X=0$ 对应的 d_i 级粒径的以下相邻 d_{i-1} 级粒径的级配 $Y=0$, 本级 d_i 粒径对应的级配取由 $X=0$ 推得的 Y 值(见图6)。

例如:在 $d_i=310$ μm 级 $X=0$ 时,推得 $Y=5.3\%$,则使 d_i 相邻下一级 $d_{i-1}=160$ μm 的 $Y=0$,本级 $d_i=310$ μm 的 $Y=5.3\%$ 。

（5）若始点 $X=0$,$Y<0$,则从 X 的某粒径级 d_i 推出最小的 $Y>0$ 值,且使 d_i 以下相邻的 d_{i-1} 粒径级的 $Y=0$(见图7)。

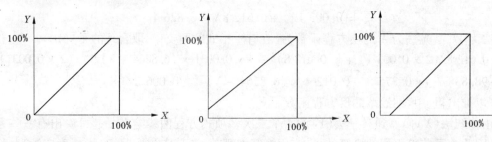

图 5　始点 $X=100\%$,$Y>100\%$　　　图 6　始点 $X=0$,$Y>0$　　　图 7　始点 $X=0$,$Y<0$

例如:在 $d_i=310$ μm 级的 $X=10.3\%$,推得 $Y=3.5\%$,在 $d_{i-1}=160$ μm 级 $X=4.5\%$ 时推 出 $Y<0$,则 $d_i=310$ μm 的 $Y=3.5\%$ 是最小的 $Y>0$ 值,且使 d_i 以下相邻 $d_{i-1}=160$ μm 粒径级 的 $Y=0$ 。

6　简短的结论

基于经典光学原理与现代信息采集技术的激光粒度分析仪,具有动态范围宽(如 M2000 型为 $0.02\sim2\,000$ μm)、自动化水平与测试速度高、工作质量保证体系强、重现性好、适应性广 (干、湿试样均可分析)、无破坏性等特点,很有推广价值。若用于河流泥沙粒度分析,将使本 项业务技术发生根本的飞跃变化。

通过基础参数确定实验,我们取得了适于黄河泥沙粒度分析的一套基础参数,为进一步推 广应用做好了准备。应用时一般应选取基础参数的最佳值(见表1)。

通过激光与传统法颗粒级配相关分析,获得了两者的互换关系(见表3),使资料能够衔接 起来,解决了本业务技术发展的一个基本问题。

筛法/激光粒度仪法接序测定全样泥沙级配的调整处理

牛　占　李　静　和瑞莉　吉俊峰

（黄河水利委员会水文局）

在泥沙全样粒度范围较宽，一种粒度测定方法不能覆盖全样粒度分析的情况下，可用筛法/激光粒度仪法接序测定全样粒度。实际做法是，规定两种接序测定方法的分界粒级，对于泥沙全样，大于分界粒级用筛分法，小于分界粒级用激光粒度分析仪法。先用筛分法分析泥沙全样到分界粒级，计算出各小于某粒级泥沙占全样泥沙质量/体积比例（%）的级配序列，然后将小于分界粒级的泥沙作为新的全样对待，用激光粒度分析仪法分析，给出小于某粒级泥沙占新全样泥沙质量/体积比例级配序列（区间为 0 ~ 100% 的数值）。有时，激光粒度分析仪法在分界粒级以外范围测出有泥沙，即出现"分级交混现象"。分级交混现象的产生原因，应与泥沙颗粒体态的复杂性和不同分析方法的原理及测定方位差别等有关，这里不予讨论。但当以小于某粒级泥沙占全样泥沙质量/体积比例（或相邻粒级间泥沙占全样泥沙质量/体积比例）描述级配时，分界交混现象会造成二值问题，需要计算调整予以处理。

设全样泥沙的质量/体积为 W，筛分法和激光粒度分析仪法的分界粒级为 D_{FJ}，分界粒级 D_{FJ} 上、下的沙样质量/体积分别为 W_S 和 W_X，小于 D_{FJ} 可粒级泥沙占全样泥沙质量/体积比例为

$$P_{SFJ} = \frac{W_X}{W} \tag{1}$$

因为筛分后小于分界粒级 D_{FJ} 的泥沙作为新的全样对待，用激光粒度分析仪法分析，其分析结果小于某粒级泥沙占全样泥沙质量/体积比例级配序列区间为 0 ~ 1（100%），小于分界粒级 D_{FJ} 的泥沙的质量/体积比例会出现恰好等于 1（100%）和小于 1（100%）两种可能。现分别探讨它们的调整处理方法。

1　激光粒度分析仪法分析小于分界粒级 D_{FJ} 的泥沙的质量/体积比例等于 1（100%）

对于粒级 D_{FJ} 的级配，有两重角色，在筛分全样中小于 D_{FJ} 粒级泥沙占全样泥沙质量/体积比例为 P_{SFJ}（%），相应在激光粒度分析仪法分析级配序列 P_{JGi} 中为 1（100%）。要使 P_{JGi} 接序在全样级配序列中，后者的 1（100%）就应变为 P_{SFJ}（%）。考虑在激光粒度仪法分析的 0 ~ 1（100%）区间以线性变换予以调整处理，则在全样级配序列中调整后的激光粒度分析仪法分析的级配序列 P_{JGTZi}（%）应为 P_{JGi} 通乘因子 P_{SFJ}（%），表达成公式为

$$P_{JGTZi} = P_{JGi} \times P_{SFJ} \tag{2}$$

本文原载于《水文》2006 年第 1 期。

2 激光粒度分析仪法分析小于分界粒级 D_{FJ} 的泥沙的质量/体积比例小于 1(100%)

设激光粒度分析仪法分析的小于分界粒级 D_{FJ} 的泥沙的质量/体积比例为 P_{JGDfj}，则表明有

$$\Delta W = W_X \times (1 - P_{JGDfj}) \qquad (3)$$

的泥沙被激光粒度分析仪法分析为属于 W_s，即以激光粒度分析仪法分析结果看待筛分法结果，W_S 多了 ΔW 或者 W_X 少了 ΔW。考虑筛分法和激光粒度分析仪法难评准误，此取 $\Delta W/2$ 调整 W_X 为 W_{XTZ}，则

$$W_{XTZ} = W_X - \frac{\Delta W}{2} \qquad (4)$$

调整后的 $P_{SFJ}(\%)$ 变为 $P_{SFJTZ}(\%)$，计算式为

$$P_{SFJTZ} = \frac{W_{XTZ}}{W} \qquad (5)$$

另一方面，P_{JGDfj} 不恰好等于 1(100%)，需要将其"放大"到等于 1(100%)，再进行激光粒度分析仪法分析的级配序列 P_{JGi} 调整。从这两方面考虑，则在全样级配序列中调整后的激光粒度分析仪法分析的级配序列 $P_{JGTZi}(\%)$ 应为 P_{JGi} 通除因子 P_{JGDfj}，通乘因子 P_{SFTZ}。表达成公式为

$$P_{JGTZi} = P_{JGi} \frac{P_{SFJTZ}}{P_{JGDfj}} = k \times P_{JGi} \qquad (6)$$

其中，$k = \dfrac{P_{SFJTZ}}{P_{JGDfj}}$ 是激光粒度分析仪法级配序列 P_{JGi} 调整到 P_{JGTZi} 的调整因子。

上面我们从调整处理的思路过程推导了有关公式，进一步若将式(5)、式(4)、式(3)、式(1)逐次代入式(6)整理后，

$$k = \frac{1}{2}(1 + \frac{1}{P_{JGDfj}}) P_{SFJ} \qquad (7)$$

本式不用计算交混沙量，直接用分界粒级 D_{FJ} 对应的激光粒度分析仪法和筛分法的小于某粒级泥沙的级配数值 P_{JGDfj} 和 P_{SFJ} 即可计算出 k，从而由式(6)计算调整激光粒度分析仪法的级配序列并接序到筛分法级配序列之后形成全样级配序列。

另外，若 $P_{JGDfj} = 1(100\%)$，则式(7)的 $k = P_{SFJ}$，式(6)即为式(2)。说明激光粒度仪法分析小于分界粒级 D_{FJ} 的泥沙的质量/体积比例等于 1 (100%)是小于 1(100%)的特例。

3 规定激光粒度分析仪法分析小于分界粒级的泥沙的质量/体积比例大于某值不调整

这种情况下，我们可以不再进行式(3)~式(5)的对 P_{SFJ} 变为 P_{JGTZ} 的调整计算，在式(6)中不用因子 P_{SFJTZ} 而改用因子 P_{SFJ}。但是有必要根据实际经验和允许误差，对激光粒度分析仪法分析的小于分界粒级 D_{FJ} 的泥沙的质量/体积比例接近 1(100%)的程度作出规定，例如 P_{JGDfj} 大于 90%、95%、98%等不再作 P_{JGTZ} 计算。这时，全样级配序列中调整后的激光粒度分析仪法分析的级配序列 $P_{JGTZi}(\%)$ 的计算公式应为

$$P_{JGTZi} = P_{JGi} \frac{P_{SFJ}}{P_{JGDfj}} \qquad (8)$$

4 级配序列展布

(1)处理前的级配序列(小于某规定序列粒级的泥沙的质量/体积比例%):①筛法序列 P_{Si},P_{S1}(100%),P_{S2},$\cdots$,P_{SFJ}(相应于 D_{FJ});②激光粒度分析仪序列 P_{JGi},P_{JG1}(100%),P_{JG2},$\cdots$,P_{JGFJ}(相应于 D_{FJ}),$\cdots$,P_{JG}(0)。

若两序列无分级交混现象,按级配关系 P_{JG1}(100%)应与 P_{SFJ}(相应于 D_{FJ})对应,按粒径关系 P_{JGFJ}(相应于 D_{FJ})应与 P_{SFJ}(相应于 D_{FJ})对应。由于分级交混现象,无论按哪一种对应关系考虑序列对应而接序成为全样序列,在分界粒级及临近粒级会出现两种粒度分析方法有不同数值的二值问题。

分级交混现象可以发生在 D_{FJ} 以上的各粒级,但主要应发生在 D_{FJ} 和其相邻的上一级,上述式(3)~式(5)处理中,也只考虑到 D_{FJ} 和其相邻的上一级。

(2)处理后的级配序列(小于某规定序列粒级的泥沙的质量/体积比例%):P_{S1}(100%),P_{S2},$\cdots$$P_S$($D_{FJ}$上一级),$P_{JGTZ1}$,$P_{JGTZ2}$,$\cdots$$P_{JG}$(0)。注意,本序列分界粒级的级配采用激光粒度分析仪法系列处理后的数值。当然,序列分界粒级也可采用处理前的筛序列的数值 P_{SFJ}(相应于 D_{FJ})。一般说来,两者的差别不应太大,否则要探查测试实验作业。对一个河系或实验室应明确规定序列分界粒级配采用的方法和数值。

(3)粒级级配差序列(泥沙的质量/体积比例%):由小于某规定序列粒级泥沙的质量/体积比例(%)的滑动顺序差值构成。在粒级级配展布图中,粒级级配差序列一般表达成柱状阶梯序列。

5 算例

某沙样,总质量 $W=225$ g,以粒级 $D_{FJ}=1.00$ mm 分界,大于 D_{FJ} 用筛分析,小于 D_{FJ} 用激光粒度分析仪分析。筛分析后,大于 D_{FJ} 的质量 $W_S=34$ g,小于 D_{FJ} 的质量 $W_X=191$ g。筛分析和激光粒度分析仪分析的小于规定粒级泥沙的质量比例(%)级配序列数值列如表 1 所示。因出现分级交混现象,需要予以计算调整处理。

表中激光粒度分析仪法序列处理按式(3)~式(5)计算,成果如下。

$$\Delta W = W_X \times (1 - P_{JGDfj}) = 191\text{ g} \times (1 - 96\%) = 7.6\text{(g)}$$

$$W_{XTZ} = W_X - \frac{\Delta W}{2} = 191\text{ g} + \frac{7.6\text{ g}}{2} = 187.2\text{ (g)}$$

$$P_{SFJTZ} = \frac{W_{XTZ}}{W} = \frac{187.2\text{ g}}{225\text{ g}} = 83.2\%$$

$$P_{JGTZi} = P_{JGi}\frac{P_{FJTZ}}{P_{JGDfj}} = k \times P_{JGi} = 0.866\,7 \times 96.0 = 83.2$$
$$= 0.866\,7 \times 90.0 = 78.0\cdots\cdots$$
$$= 0.866\,7 \times 25.0 = 21.7$$
$$= 0.866\,7 \times 0 = 0$$

(也可用 $k = \frac{1}{2}(1 + \frac{1}{P_{JGDfj}})P_{SFJ} = 0.5 \times (1 + \frac{1}{0.96}) \times 0.85 = 0.867\,7$ 计算 k 值。)

激光粒度分析仪法处理后,与筛分序列接续,构成处理后全样序列。序列中 $D_{FJ}=1.0$ mm

分界粒级的级配采用激光粒度分析仪法序列处理后的83.2%，而未用筛法序列的85.0%。

不作P_{SFJTZ}计算但按式(8)作序列接续计算是按激光粒度分析仪法的P_{JGFfj}大于95%不再作P_{FJTZ}计算考虑的成果。在表中，$P_{JGDfj}=96.0\%$。

6 两种简化方法

6.1 以筛法分界粒级级配为准

以筛法分界粒级级配为准，就是在全样的级配序列数值中，等于和大于分界粒级用筛法的小于某粒级泥沙的质量/体积比例(%)级配数值，小于分界粒级用调整后的激光粒度分析仪法的小于某粒级泥沙的质量/体积比例(%)级配数值。激光粒度分析仪法级配数值调整处理的计算同式(8)。实际上前述的“3 规定激光粒度分析仪法分析小于分界粒级D_{FJ}的泥沙的质量/体积比例大于某值不调整”是“筛法分界粒级级配为准”的特例。

按“5 算例”的数值，本法在1.0～2.0 mm粒级有$\Delta W=W_X(1-P_{JGDfj})=191\ \text{g}\times(1-96\%)=7.6\ \text{g}$的激光粒度分析仪法向上粒级的“分级交混”质量未予考虑，占筛法同粒级间质量$225\times(95-85)\%=22.5\ \text{g}$的33.8%。表明以“筛法分界粒级级配为准”处理分级交混现象的问题，会造成很大的误差。

表1 筛法/激光法分析全样泥沙粒度级配计算

	小于某粒径的质量比例(%)											
粒径(mm)	4.0	2.0	1.0	0.50	0.25	0.125	0.062	0.031	0.016	0.008	0.004	0.002
按式(3)～式(5)作P_{SFJTZ}计算和序列接续计算												
筛法序列P_{Si}	100	95.0	85.0									
激光法序列P_{JGi}		100	96.0	90.0	85.0	76.0	68.0	60.0	50.0	38.0	25.0	0
激光序列处理			83.2	78.0	73.7	65.9	58.9	52.0	43.3	32.9	21.7	0
处理后全样序列	100	95.0	83.2	78.0	73.7	65.9	58.9	52.0	43.3	32.9	21.7	0
粒级级配差序列	5.0	11.8	5.2	4.3	7.8	7.0	6.9	8.7	10.4	11.2	21.7	
不作P_{FJTZ}计算但按式(8)作序列持续计算												
全样序列	100	95.0	85.0	79.7	75.3	67.3	60.2	53.1	44.3	33.6	22.1	0
粒级级配差序列	5.0	10.0	5.3	4.4	8.0	7.1	7.1	8.8	10.7	11.5	22.1	

6.2 以激光粒度分析仪法最大粒级级配为准

以激光粒度分析仪法最大粒级级配为准，就是不考虑规定的分界粒级，而用激光粒度分析仪法小于某粒级泥沙的质量/体积比例数值在100%处所对应的粒级做新的分界粒级，按式(2)计算调整激光粒度分析仪法级配序列。在全样的级配序列数值中，大于新的分界粒级用筛法的小于某粒级的泥沙的质量比例(%)级配数值，等于和小于分界粒级用调整后的激光粒度分析仪法的小于某粒级的泥沙的质量/体积比例(%)级配数值。实际上前述的“1 激光粒度分析仪法分析小于分界粒级D_{FJ}的泥沙的质量/体积比例等于1(100%)”是“以激光粒度分析仪法最大粒级级配为准”的特例。

按“5 算例”的数值，本法在1.0～2.0 mm粒级有$225\times(95-85)\%=22.5\ \text{g}$的筛法向

下粒级的"分级交混"质量未予考虑,是激光粒度分析仪法同粒级间质量 $\Delta W = W_X \times (1 - P_{JGDfj}) = 191$ g $\times (1 - 96\%) = 7.6$ g 的 2.96 倍。表明以"以激光粒度分析仪法最大粒级级配为准"处理分级交混现象的问题,会造成很大的错误。

7 结语

筛法/激光粒度仪法接序测定全样泥沙粒度是我们今后进行泥沙粒度分析的基本方法,分级交混现象会时有出现,研究全样级配的调整处理是重要的事情。一般情况,先用筛分法分析全样泥沙到分界粒级,再用激光粒度分析仪法分析筛下的泥沙粒度,激光粒度分析仪法向上粒级的分界交混质量较小,应用本文"2 激光粒度分析仪法分析小于分界粒级 D_{FJ} 的泥沙的质量/体积比例小于1(100%)"的方法和公式,调整处理分级交混问题比较合理。

1977～1996 年黄河下游水文断面反映的河床演变

牛　占　田水利　王丙轩　拓自亮

(黄河水利委员会水文局)

1976 年汛前,黄河口流路在西河口改北行为东流,入海流程缩短 37 km。1977 年黄河中下游来了两场高含沙大洪水,下游河床发生了较大的变化。之后由于经济发展,黄河水的外流引用增大很多。1996 年 8 月,黄河下游洪峰流量不算大(7 000 m³/s),但又出现了水位特别高、滩地淹没范围广的严重局面。这些现象均表明,1977～1996 年黄河下游河床演变进入了一个新的时期。

1 主槽断面形态变化反映的淤积过程

黄河下游河道的时空变化常用横断面资料描述。从 1977～1996 年许多断面大量测次断面图对比看,黄河下游河道虽有汛期洪水冲槽非汛期淤积坦化的年际变化,但多年总趋势呈持续淤积抬升的态势。

按形态可将河道断面划分为单式、复式与复杂几种类型。一般单式河槽断面,后面测次的断面图线整个高于前面测次的图线,可以明显地看出期间河槽垫底全淤的状况。复式断面指在考察期间有两个主槽,水流一定时期主要在一个主槽行进,当两主槽规模差别较大时也可看出冲淤演变,一般可通过不同时期特定高程下断面面积的比较得出冲淤的概念。图 1 给出的高村断面是一个典型的复式断面,由图 1 可见,1989 年 5 月与 1986 年 10 月相比主槽横移 800余米,面积也有所减少,产生了"倒槽淤积"现象。至 1991 年 5 月原来两主槽被淤填,新主槽已呈宽平状,河底比前两主槽高 4 m 多。最后到 1996 年 5 月淤积就更趋严重,且有右倾成槽的趋势。复杂断面一般指无规模较大而稳定的主槽,一次洪水一条沟,平水小水又漫散的状况。如花园口可谓复杂断面,图 2 绘出了本断面部分测次的断面图。可见 1983 年 10 月断面

本文原载于《泥沙研究》2000 年第 3 期。

是窄槽宽谷状,但从 1991 年 10 月、1993 年 5 月、1995 年 10 月的图线看,断面虽经多次反复演变但都未形成控制性主槽,行洪形势已相当恶化,直至 1996 年 8 月才被"96·8"洪水冲开一个窄槽。

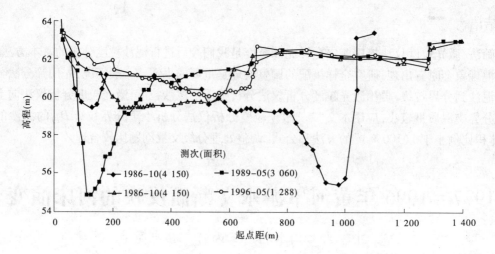

图 1　高村断面 63.0 m 高程下代表级面积断面

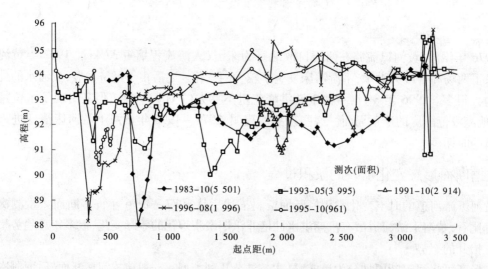

图 2　花园口断面 94.0 m 高程下代表级面积断面

黄河下游河道自孟津至入海口,除南岸邙岭和泰山两段依偎山麓外,其余均由大堤约束。走向上,孟津至兰考为自西而东,兰考至入海口为自西南而东北。我们用 1990 年河道断面资料,制绘了以主槽中线为横轴,以主槽界线和大堤界线为纵坐标的河道平面展布图(图 3)。由图可见,800 余 km 河道的平面格局,大致以孙口为界,约有一半属宽槽,一半属窄槽,到河口一带再行畅开。宽槽段的图形又呈藕节状,郑州铁路大桥(秦厂)、辛寨、开封公路桥(曹岗)、东坝头、东明大桥(高村)、陶城铺、艾山等为藕节卡口,其间分别是伊洛河口、花园口、高村、孙口等宽槽大滩河段(俗称"大肚子"河段)。卡口节点断面附近的河道对大洪水泄流和河势展拓有制约作用,"大肚子"河段则是滞存水沙的广阔天地。又按习惯划分,高村以上为游荡型河段,高村至陶城铺称过渡型河段,陶城铺以下至前左为弯曲型河段,前左以下的河口段也是游荡型河道。前述三种类型的断面及其演变特征在黄河下游河道的分布,与现行河道的格局是有较强关联的。一般单式断面分布在卡口节点与窄槽弯曲河道,复式断面多在过渡型河段,复杂断面主要在游荡型河道。这种联系,从历史过程看,河道的宽窄及游荡程度是水势和泥沙作用的结果,从河道状态形成后的反作用看,对水流的约束不尽相同。比如游荡型河道由于主槽变幅大,真正对河流起约束作用的两堤距不得不修的很宽(多在 10 km 以上),以致大多时期主槽在离堤甚远的滩中。相应由于滩岸约束差,造成主槽摆幅较宽(多在 4 km),河流以游荡为主,断面表现就很复杂;而窄河道的槽线、堤线比较接近,大堤的形成与对水流的约束达到统一。

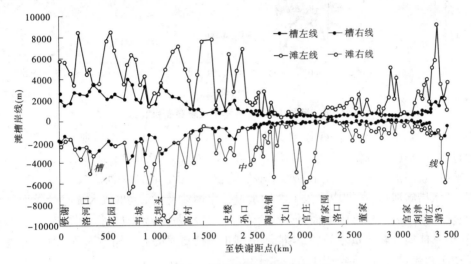

图3 黄河下游河道平面展布

黄河下游河道滩槽分布转化与防护工程目标有着非常复杂的关系,大堤是黄淮海大平原的防洪生命线,是黄河防洪的最基础工程,其作用是确保漫滩以上大洪水不溃决,不出现迁徙改道。但堤内滩地又居住着 100 多万人口,治河时又要考虑不致在一般洪水时毁滩成灾,故多在滩唇或主槽两岸修筑堤坝以保滩地,这样河流的自然摆动和淤沙空间极受限制,出现了河中河现象。图4 所示的孙口断面反映了河中河现象的状况与危险形势,在 4 500 m 宽的河道中存在着约 500 m 宽的主槽,从主槽岸缘向大堤是横向正坡,水位高与流量大时河中河的水流容易溢泛成横河直冲大堤。黄河下游此类河中河段不少。另外,为了稳定流路,也修筑将主槽约束在一定摆幅范围的治河工程,但是因此而改变了河流横向自然调节的扫描式淤积,打破了使断面较均衡升高的过程,也出现了如图4 所示的"河中河"状况,或孕育积累着造成河冲河溢趋势的危险。

主槽断面面积按流速—面积测算流量的原理看,是衡量过流能力最重要的要素之一,也一定程度决定着河相系数(断面宽深比),河底平均高程等断面特征指标。由大量的断面图套绘分析中可看出,从 1990 年到 1993 年黄河下游河道主槽由上游到下游顺次发生了一次较大变化,重要的表现是特定高程下主槽的断面面积、河宽、河相系数普遍变小,表明河道由于淤积向新的稳态转化。这是因为,从那时起黄河下游年径流量减少甚多,赖以冲拓造床的洪水也次少量小,以致主槽淤积相对加重,河槽逐渐萎缩,行洪形势日益恶化。

黄河下游近年年径流大量减少,可从花园口 1950~1997 年 5 年滑动平均实测径流量过程曲线图中显示的演变态势看出,其值 1970 年之前在(400~600)×10 ^{8} m^3 量级波动,之后到

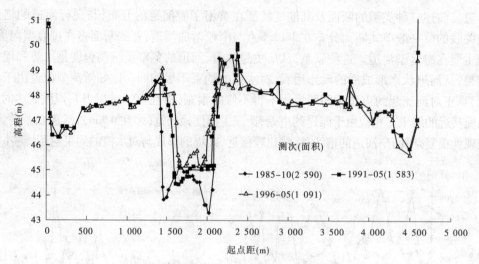

图4 孙口断面48.0 m高程下代表级面积断面

1985年在$400 \times 10^8 \mathrm{m}^3$量级上下变化,越过1985年的$500 \times 10^8 \mathrm{m}^3$峰点后则一直下降,1991年后再未超过$300 \times 10^8 \mathrm{m}^3$,最甚者1997年不足$150 \times 10^8 \mathrm{m}^3$。来水量的减少,除自然波动的降水减少影响外,黄河流域总用水耗水量连年增加的影响更大。由于黄河流域多为干旱地区,经济要发展,节水措施滞后,预期内进入下游的水量仍呈减少趋势,至少较大流量持续时间会减少,河槽只能保持与之相适应的断面,河槽萎缩也不易克服。合理的水利调度可救水荒,可增加总效益,但不能根本解决贫水问题,不能解决制止河槽萎缩的冲沙输沙入海问题。这些重大问题寄希望于跨流域引水,寄希望于流域水土保持发挥效益。

2 主槽断面面积演变过程与泥沙传输冲淤波

黄河下游属冲积性河道,河床总是处在不断的变化之中,通常每年两次断面测量一般在汛前和汛后进行,汛期冲、非汛期淤的特点,使特定高程下邻次断面面积多呈现交替大小的变化,主槽断面面积过程图线显得复杂。为了消除这一影响,更主要是考虑到河床演变具有的累积效应,我们用历年历次测量成果计算的主槽断面面积,按时间次序排出序列,顺序推求5测次滑动平均值,用其值过程概化断面随时间的演变情况。图5绘出几个水文断面滩唇高程下(主槽断面)5测次面积滑动平均值演变过程线。由图5可看出一个重要的现象,即大约从1982年到1986年,花园口断面在增大时,其下游的高村断面反而在缩小,之后前者开始缩小,后者则从1986年到1988年增大后再缩小。从时空演变看,河道断面面积变化有如波的传播。到达更下游由宽河段过渡到窄河段的孙口断面之后,断面面积变化的这种波动传播有所减弱不再明显。此现象我们暂称为泥沙传输冲淤波。

黄河下游现行河道,上接秦岭—中条山峡谷,下延泰山山麓,横穿华北裂谷系沉陷带,受两头高中间低地势构建的控制,河道的纵坡总势是一条下凹曲线,但各区段不同时期局部纵向坡势是会变化的。联系黄河下游河道地形平面格局的实际情况(图3)可知,黄河在伊洛河口、花园口、高村、孙口等河段是被卡口分割的几个"大肚子"河段,可概化成几个串联的沉沙池,长期以来有"接力"传递输沙,产生泥沙传输冲淤波的功能。表现是,在前半周期上池淤积断面面积缩小,下池冲刷断面面积扩大,而后半周期则为上池冲刷断面面积扩大,下池淤积断面面积缩小的波动。具体来说,花园口以上"大肚子"沉沙池河段,正是河出峡谷,河床坡度由陡变

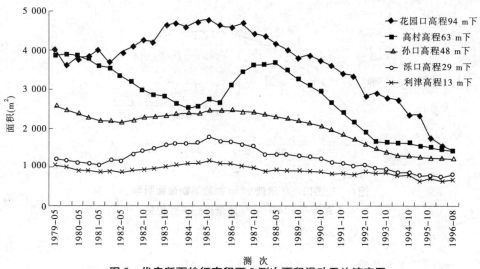

图 5　代表断面特征高程下 5 测次面积滑动平均演变图

缓转折明显之处,水势变弱水流分散的沉积过程特别发育,对河床的淤垫相对较强,特定高程下的河槽断面有一个减小过程,河底高程有一个升高过程。相应时期,高村"大肚子"沉沙池河段因来水含沙减小,会产生冲刷,特定高程下的河槽断面有一个增大过程,河底高程有一个降低过程。当这种态势发展到一定程度后,花园口以上"大肚子"沉沙池河段与峡谷段的衔接坡降转折变小,花园口以上"大肚子"沉沙池的淤积减缓或停止,而花园口以上和高村一带上、下两个"大肚子"沉沙池河段的河底高差变大时,将花园口以上"大肚子"沉沙池河段的淤积冲挟到高村"大肚子"沉沙池河段的过程也就开始,泥沙传输冲淤波由前半周期向后半周期转变。以后这种过程交替循环,其表象即造成泥沙传输冲淤波。就此分析来看,泥沙传输冲淤波的出现,与黄河下游横向、纵向的特定河道格局有相当大的关联。

泥沙传输冲淤波现象,在黄河下游历年漫滩洪水部位的时空演变中也有明影显示。1977 年洪水,在河出峡谷的伊洛河口一带"大肚子"河段发生高含沙浆河的严重淤积,水位特别高,漫滩滞流,而往下游洪水基本未漫滩。1982 年洪水的最高水位下移到郑州黄河铁路桥与花园口之间,水依多年未行河的左岸大堤流下,花园口"大肚子"河段漫滩严重。1996 年漫滩最严重的部位则更下移到夹河滩到高村区间。这种洪水时空演变图景与水文断面面积的时空演变过程是很相似且大致对应的,都是泥沙传输冲淤波的重要反映。

3　汛前主槽断面面积与花园口前期大流量天数及年平均来水量的关系

黄河下游洪水危胁是我国的心腹大患之一,其中每年的第一次洪水危险性最大,汛前主槽断面面积相当程度上决定着首场洪水的过流能力,决定着是否出现槽决水溢横河顶堤的险情,研究汛前主槽断面面积的演变过程和发展趋势对实际水文预报业务有重要作用。主槽断面的形态复杂,过流面积多变,影响因素多而不稳,寻求断面面积变化的引源,并建立引源与主槽面积定量关系有较大困难,同时从工程实用的角度看,定量关系不能复杂。我们经过多种方案试探,建立了 1976～1996 年各水文测站断面当年汛前主槽断面面积与花园口前 5 年流量大于 3 000 m^3/s 的平均天数及与花园口前 5 年年平均来水量两种较好的相关,现示出两幅关系图于图 6、图 7,并将一些相关拟合曲线方程列出如下。

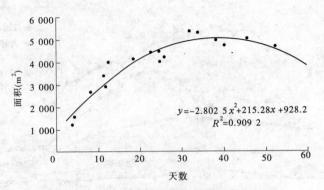

$y = -2.802\,5x^2 + 215.28x + 928.2$

$R^2 = 0.909\,2$

图6　花园口当年汛前94 m高程下断面面积与
前5年大于3 000 m³/s流量平均天数相关

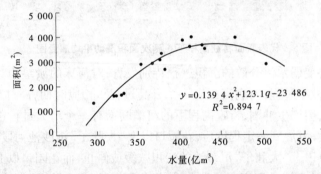

$y = 0.139\,4x^2 + 123.1q - 23\,486$

$R^2 = 0.894\,7$

图7　高村当年汛前63 m高程下断面
面积与花园口前5年年平均水量相关

花园口当年汛前94 m高程下断面积 y(m²)与前5年年平均来水量 q(亿 m³)相关拟合方程为

$$y = -0.117\,8q^2 + 105.38q - 18\,74\,6 \qquad R^2 = 0.856\,1$$

高村当年汛前63 m高程下断面面积 y(m²)与花园口前5年流量大于3 000 m³/s 平均天数 x(d)相关拟合方程为

$$y = -2.241\,7x^2 + 171.03x + 319.75 \qquad R^2 = 0.918\,3$$

孙口当年汛前48 m高程下断面面积 y(m²)与花园口前5年流量大于3 000 m³/s 平均天数 x(d)相关,与花园口前5年年平均来水量 q(亿 m³)相关拟合方程为

$$y = -0.875\,4x^2 + 75.035x + 797.12 \qquad R^2 = 0.911\,2$$

$$y = -0.035\,4q^2 + 33.816q - 5\,685.6 \qquad R^2 = 0.888\,9$$

艾山当年汛前39 m高程下断面面积 y(m²)与花园口前5年流量大于3 000 m³/s 平均天数 x(d)相关,与花园口前5年年平均平均来水量 q(亿 m³)相关拟合方程为

$$y = -0.222\,4x^2 + 21.251x + 319.41 \qquad R^2 = 0.875\,6$$

$$y = -0.008\,5q^2 + 8.488\,5q - 1\,304.2 \qquad R^2 = 0.779$$

泺口当年汛前29 m高程下断面面积 y(m²)与花园口前5年流量大于3 000 m³/s 平均天数 x(d)相关,与花园口前5年年平均来水量 q(亿 m³)相关拟合方程为

$$y = -0.361\,9x^2 + 27.639x + 392.31 \qquad R^2 = 0.909\,8$$

$$y = -0.016\,2q^2 + 14.685q - 2\,399.1 \qquad R^2 = 0.859$$

利津当年汛前 13 m 高程下断面面积 $y(m^2)$ 与花园口前 5 年流量大于 3 000 m^3/s 平均天数 $x(d)$ 相关,与花园口前 5 年年平均来水量 q(亿 m^3)相关拟合方程为

$$y = -0.366\,6x^2 + 38.247x + 480.75 \qquad R^2 = 0.916\,9$$
$$y = -0.018\,7q^2 + 18.671q - 3\,177.1 \qquad R^2 = 0.884\,8$$

建立这些曲线拟合方程的基础与推论有,第一,用花园口站的水流物理量和分布在 800 km 长河道的有关断面主槽断面面积建立相关是以黄河下游河道的通体性为基础的。曾用各站的水流物理量与本断面主槽面积建立相关但效果并不好。第二,进入黄河下游河道(花园口水文站)的水量和大于 3 000 m^3/s 流量的天数对主槽断面的形成与保持有密切的决定作用。虽然泥沙冲淤量对此有直接的表现,但与水流相比较它不是动源。从物理原理看,流过的水量对断面的塑造是"能量"在起作用,较大流量有"高能量集中"的冲击作用,而冲淤的泥沙量仅是能量作用下的静态性"质量"效果。第三,汛前断面是前期较长时间水流作用累积的结果。我们试探的初步结论是前 5 年的水流物理量和次年汛前断面主槽面积关系最密切,用比此短的年数建立的同类相关关系都不太好。虽然每年断面都有较大的变化,但汛前断面却有相对稳定的意义,历年的汛前断面面积序列有一定的承继性和可比性,因此某年汛前断面面积也是与之相应较长时间水流累积作用的总效果。通常惯用的当年(或当场洪水)冲淤仅与当年(或当场洪水)水沙联系的思路在如较大洪水冲淤之类的研究中仍是适用的,而这里的研究考虑累积作用,蕴有"系统分析"的初步涵义,对诸如最近时期汛前稳淤之类的分析或许更适用。第四,相关关系是呈有极值的二次型方程,这是由有滩有槽复式河床的客观背景所决定的。曲线方程二次型的上升段是很易理解的,乃是水量较大,大流量的天数较多,主槽断面面积相应较大,属水流河床的正常调整。但在水量很大,大流量天数很多时(一般大于 3 000 m^3/s 的天数较多时,更大流量的天数也多),主槽的面积反而倒转下降,一般说应是洪水漫滩后,漫滩洪水水量比例较大,使主槽水势减弱,相对加重主槽淤积所致。从各断面的对比看,花园口、高村、孙口、泺口等断面均有较大的滩区,拟合的二次型曲线的下降段较明显,而艾山、利津等窄河槽无滩,断面拟合的二次型曲线下降趋势就较弱。第五,根据 1977~1996 年 20 年资料总结的曲线可看出,花园口 5 年年平均流量大于 3 000 m^3/s 的天数在 30~40 天,5 年平均年来水量在(400~450)亿 m^3 时各断面主槽断面面积最大,花园口、高村、孙口、艾山、泺口、利津分别大约为 5 000、3 500、2 400、800、900、1 400 m^2。1990 年以后花园口年径流降到 350 亿 m^3 以下,对照这些图线及拟合方程可知,各站断面主槽面积比最大面积减少了一半以上。

从两种相关比较看,汛前主槽断面面积与花园口 5 年年平均流量大于 3 000 m^3/s 的天数的关系更好一些,与先验知识更符合一些。

除了测站断面外,我们还选择一些断面建立同样的相关,如辛寨、韦城、一号坝等关系都比较好。但是对于一些无河槽控制的断面(如夹河滩断面等)关系就差的多,无实用意义。

各断面汛前主槽面积与花园口站多年水流物理量的关系,既是一种资料的经验总结,也是一种发展趋势相关。值得强调的是,在时间方面,用于建立相关的汛前主槽断面面积滞后于花园口站的水流物理量值,是一种时间序递相关,当知道了今年以前花园口的水流物理量值后,在条件无很大变化时可以预测明年汛前的主槽断面面积,工程实用性较强。然而因相关模式采用了前期 5 年的滑动平均量(水量或大流量天数)作因变量,长处是因此而使关系稳定,不足则是对突变特异性年份变化反映不灵敏。

4 洪水水位流量关系反映的河床演变

水位流量关系是河床特定断面泄流能力的重要反映。在水位作纵坐标、流量作横坐标的正交坐标系中,将历年或不同时期及各较大洪水期的水位流量关系绘成曲线套绘对比,可分析同一水位下泄流能力(流量)的演变和同一流量下水位的升降。虽然流量是流速与过流面积的乘积,但像黄河下游这种冲积河床,由于过流面积变化相对于流速的变化大的多,其对通过流量的影响常是主要的。因此,当不同时期同流量的水位有了变化时就认为断面面积起了相应的变化,也就是河床有了变化甚或认为就是河床的某种特征高程(如平均河底高程)尺度有了升降,这可看做是水位流量关系反映河床演变的原理。

由水位流量关系分析河床演变,多用某测站典型洪水的资料绘成的水位流量相关曲线。图8、图9绘出了花园口、利津站1958年7月(58·7)、1977年7月(77·7),1982年8月(82·8)、1996年8月(96·8)各场洪水的水位流量关系线。就各站的图线来看,各曲线的位置都有从"58·7"到"96·8"依时向左上方移动的特点,表明了同流量水位升高、同水位流量减小的总趋势,这与前面所述黄河下游河床从长时期看一直淤积上升的走向是一致的。图中花园口"77·7"曲线包容在"58·7"之中,乃是因为"77·7"是一场特殊的高含沙洪水,曾出现潼关站洪峰流量大于上游龙门站,花园口站洪峰流量大于上游小浪底站的现象,花园口以上河段还出现"浆河"、"阵流"的水位骤升猛降现象。这场洪水是连续复式峰,艾山以上河段全面大淤积,花园口以上淤积最严重,但在后一洪峰过程中行洪主槽发生大冲刷,是一场淤滩刷槽的洪水,造成洪水的水位流量关系曲线回落到"58·7"水平,图中"77·7"洪水的那条曲线就是后场洪水冲刷后的水位流量关系。同时从单次洪水水位流量关系曲线中还可看出,"58·7"洪水花园口同流量水位变幅最大,表明冲淤最强烈。利津站"82·8"曲线与"77·7"曲线几乎重合,表明利津河床在此期间冲淤平衡,保持良好的泄流状态。这显然是1976年西河口改道后,黄河入海流路缩短37 km,水位明显下降,有利的入海坡降直到"82·8"洪水期尚无大变的持续作用所造成的。

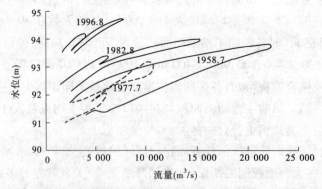

图8　花园口站典型洪水水位流量关系

由这些洪水水位流量关系图可以推出某流量级下的水位升高,现将花园口和高村水文站流量5 000 m³/s、泺口和利津水文站流量4 000 m³/s下水位升高值列于表1。表中高、低水位是各绳套曲线的上下支水位值,相应高位升高和低位升高是邻场洪水同指标水位的升高值,前者常在防洪中使用,后者及平均升高意寓说明河床变化的情况。各间隔年栏下值是所列年份的顺序差,各累计年栏下值是间隔年栏下值的顺延累加。就水位升高总幅度情况看,泺口最

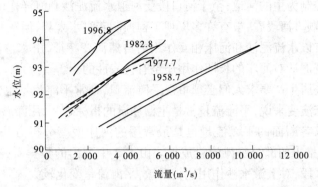

图9　利津站典型洪水水位流量关系

高,利津次高,花园口和高村较小,这与黄河下游河道纵坡的总势及局部格局有关。实际上,影响黄河下游河道纵坡的因素很复杂,除了前述上接秦岭—中条山峡谷,下延泰山山麓,横穿华北裂谷系沉陷带,受两头高中间低古地质建构的控制,使花园口、高村一带河床在下游800余km的整个河流纵坡总势中处于下凹相应外,泺口还受艾山卡口的直接影响,利津还受海洋的顶托,河槽断面宽窄及横向调整程度也有相当作用。因此,在用洪水水位流量关系图推出某流量级下的水位升高以反映水流泥沙对河床的长期作用时,了解水文测站在黄河下游现行河道格局中的总地位还是需要的。据我们观察,郑州铁桥以上河段有从山谷向平原过渡的特征,有支流汇入的影响;部分卡口段河床对水流的反作用较明显;陶城铺以下大多河段已成为河弯不

表1　各站由洪水水位流量关系反映的某流量级下的水位升高　　　　　　（单位:m）

年份	年数		低水位	高水位	平均水位	低位升高		高位升高		平均升高	
	间隔	累计				间隔年	累计年	间隔年	累计年	间隔年	累计年
花园口 5 000 m³/s											
1958	0	0	91.40	92.30	91.85	0.00	0.00	0.00	0.00	0.00	0.00
1977	19	19	91.68	92.06	91.87	0.28	0.28	-0.24	-0.24	0.02	0.02
1982	5	24	92.80	93.22	93.01	1.12	1.40	1.16	0.92	1.14	1.16
1996	14	38	94.12	94.30	94.21	1.32	2.72	1.08	2.00	1.20	2.36
高村 5 000 m³/s											
1958	0	0	60.86	61.23	61.05	0.00	0.00	0.00	0.00	0.00	0.00
1977	19	19	61.84	62.10	61.97	0.98	0.98	0.87	0.87	0.92	0.92
1982	5	24	62.31	63.08	62.70	0.47	1.45	0.98	1.85	0.73	1.65
1996	14	38	63.52	63.70	63.61	1.21	2.66	0.62	2.47	0.91	2.56
泺口 4 000 m³/s											
1958	0	0	27.42	27.80	27.61	0.00	0.00	0.00	0.00	0.00	0.00
1977	19	19	29.62	29.75	29.69	2.20	2.20	1.95	1.95	2.08	2.08
1982	5	24	30.26	30.90	30.58	0.64	2.84	1.15	3.10	0.89	2.97
1996	14	38	31.96	31.95	31.96	1.70	4.55	1.05	4.15	1.38	4.35
利津 4 000 m³/s											
1958	0	0	11.30	11.50	11.40	0.00	0.00	0.00	0.00	0.00	0.00
1977	19	19	12.86	13.00	12.93	1.56	1.56	1.50	1.50	1.53	1.53
1982	5	24	13.03	13.15	13.09	0.17	1.73	0.15	1.65	0.16	1.69
1996	14	38	14.66	14.66	14.66	1.63	3.36	1.51	3.16	1.57	3.26

能自由发展的人工控制为主的河道;至于河口段受河道水流泥沙和海洋作用影响,河床演变更复杂一些;就一般较顺直河段看,虽有许多堤坝工程控制着洪水大势,但花园口、高村、泺口、利津各河段在总体上有以水流泥沙和河床相互作用的自然演变特征,由水位流量关系中某流量级水位升高反映水流泥沙对河床的长期作用还是有代表性的。

黄河下游滩区人居生产要求人们必须重视平滩流量,通常平滩流量也作为黄河下游的造床流量应用。对河床演变来说,平滩流量常是主槽冲淤的指标之一,用滩唇高程在洪水水位流量关系曲线图中推求各断面的平滩流量也是最常用的河床演变分析方法,表2列出了文献[2]和我们本次分析推求的部分平滩流量成果。由表2中列出的数据看,花园口因接近黄河从峡谷向平原过渡区段,对上游水沙作用比较灵敏,平滩流量变化较大,高村略有变化,到泺口和利津1970年以来一直变小。值得注意的是,1982年8月之前泺口和利津的平滩流量已很小,致使"82·8"洪水动用了东平湖滞洪区分洪。1996年8月全下游各站平滩流量均更小,反映出河槽淤积已到了最危险的时候,致使"96·8"洪水水位全线超高,滩区严重积水淹没,典型的如铜瓦厢改道141年来未上过水的原阳等高滩也被淹没。洪水期间花园口至夹河滩区间大于河槽蓄水(估算 2×10^8 m³)的时间达11天,且蓄水值最大的一天达 6×10^8 m³;夹河滩至高村区间大于河槽蓄水(估算 2×10^8 m³)的时间达12天,且蓄水值最大的一天达 10×10^8 m³;高村至孙口区间超过河槽蓄水(估算 3×10^8 m³)的时间达24天,且蓄水值最大的一天达12.4 $\times 10^8$ m³。这种严重的漫滩蓄水造成极大的灾害,并将河道洪水传播过程改变如水库蓄调,邻站的峰现时间大为延迟,如夹河滩到高村距离仅93 km,峰现历时近80 h,是历史上曾出现最长历时24 h的3倍多。因为滩区蓄水,淤积也有所增大,减少了直接向下游输移的泥沙,"96·8"洪水在花园口—夹河滩—高村—孙口四站三个区段间分别落淤 0.721×10^8 t、0.431×10^8 t泥沙。

表2　代表站一些时期的平滩流量　　　　　　　　　(单位:m³/s)

	时间	花园口	高村	泺口	利津
文献 [2] 所载	1953	6 280	6 200	6 460	6 170
	1958.07.17	8 000	12 400		
	1964~1965	8 000	9 000	7 400	6 800
	1971	2 300	2 650		
	1973 汛前	3 500	3 000	5 000	
	1975 汛前		5 000		
	1976 汛后	7 400	6 800	5 400	7 000
所取滩唇高程(m)		94	63	29	13
本次 分析	1958.07	24 000	18 000	3 500	8 000
	1977.07			3 000	4 000
	1982.08	15 000	4 300	2 000	3 700
	1996.08	2 700	2 500	1 000	1 300

从历年水位流量关系图摘录点绘花园口1950~1998年4 000 m³/s流量级水位过程线分析可知,水位虽有数次大的峰谷变化,但总趋势是抬升的,最高为1998年的94.37 m,最低为1962年90.73 m。按顺序与前期比较,20世纪50年代水位抬升1.67 m,60年代下降0.57 m,70年代又抬升1.41 m,80年代下降0.19 m,至1998年的90年代再抬升1.41 m,累计抬升3.73 m,平均每年升高0.078 m,而1990~1998共9年年均升高0.157 m,是多年平均上升速

度的 2 倍以上。高村站 1950~1998 年 3 000 m³/s 级流量水位过程的表现概况是,最高的 1998 年为 63.40 m,最低的 1950 年为 59.46 m,50 年代 10 年间抬升 1.31 m,1960~1965 年 5 年间下降 0.89 m,1965~1980 年的 15 年间呈锯齿状变化,累积升高 2.29 m,1990~1998 年持续升高,平均每年上升 0.155 m。

由诸如此类的分析都给出了黄河下游行水河床区域整体冲淤升降的物理图景。但是需要指出的是,水位流量关系指示的河床升降变化仅在行水区域有效,对无滩的单式河槽,若长期行水区域不变,水位的升降当然很说明实际情况。对有滩的复式河槽,若水位指示的不在同一槽道或槽区,可能会出现误导,如行河由较高的主槽倒向较低的主槽,同流量水位虽然下降,但实际在新的主槽仍淤积,然而会误认为产生了冲刷。

5 结语

1996 年 8 月黄河下游出现灾害严重的洪水以来,我们整理了大量水文断面的资料,研究得到了一些成果,本文报道了部分内容,可简要概括为:黄河下游古地质构建特征和现行河道格局对河床演变有基础性制约作用;1977~1996 年较长时段,特别是 1990 年以来,黄河下游河床萎缩恶化,主要表现为窄河道单式断面的全面抬高、过渡河道复式断面的填槽上升、游荡河道复杂断面的普遍淤积,这都是径流大大减少造成的;泥沙传输冲淤波是空间相邻"大肚子"沉沙池河段的纵横格局与水流泥沙冲淤交变形成的现象;探索建立的各水文断面汛前主槽断面面积与前期进入黄河下游(花园口)水流物理量之间良好的二次相关拟合方程,不仅是重要的历史总结,而更具有河床演变趋势预测的作用。从两种相关比较看,汛前主槽断面面积与花园口 5 年年平均流量大于 3 000 m³/s 的天数的关系更好一些,与先验知识更符合一些;在洪水水位流量关系图中揭示出目前河床升高之甚与平滩流量之小的状况,预示了小洪水高水位大漫滩的危险局面。

参考文献

[1] 戴荚生. 黄河流域地质构造的基本特征[J]. 人民黄河,1984(3).
[2] 潘贤娣,等. 三门峡水库修建后黄河下游河道演变[C]//黄河三门峡水利枢纽运用研究文集. 郑州:河南人民出版社,1994.
[3] 牛占,等. 黄河"96·8"洪水的水文表现[J]. 人民黄河,1997(5).

20 世纪下半叶黄河实测径流量变化特点

田水利[1]　张学成[1]　韩　捷[1]　赵安林[1]　曹兴毅[2]

(1. 黄河水利委员会水文局;2. 原阳县黄河河务局)

黄河是我国西北、华北地区的重要水源。新中国成立以来,国家在黄河水资源开发利用方面投入了大量的人力、物力和财力,兴建了一大批水利枢纽和灌溉、供水、除涝工程,为国民经

本文原载于《人民黄河》2001 年增刊。

济建设提供了必要的基础设施,取得了显著的社会、经济效益和生态效益。但是,随着人类活动的增加,黄河实测径流量及其年内分配发生了明显的变化。通过对黄河干流上的兰州、头道拐、龙门、三门峡、花园口、利津以及支流渭河上的华县、北洛河的洑头、汾河上的河津、伊洛河上的黑石关和沁河上的武陟等 11 个主要水文站实测径流量的 1950～1999 年系列进行分析,总结出 20 世纪下半叶黄河流域实测径流量的年际和年内分配变化特点。

1 年际变化特点

1.1 基本变化特征

表 1 给出了黄河干支流 11 个水文站 1950～1999 年间实测径流量年际变化的基本特征值。从 C_v 值和最大最小比值来看,支流实测径流量年际变化幅度远大于干流变化幅度。干流实测径流量的 C_v 值为 0.22～0.55,除利津站外,最大年与最小年数值比介于 2.54～6.04 之间,总的趋势是自上游向下游年际变化幅度加大。主要支流的 C_v 值为 0.44～0.90,最大年与最小年数值比介于 6.21～277;北洛河年际变化幅度最小,沁河年际变化幅度最大。

1.2 年代变化特点

表 2 给出了黄河主要干支流水文站不同年代实测径流量的对比情况。

(1)黄河干流。与多年均值相比,20 世纪 50 年代,除兰州站偏枯外,其余各站都偏丰;60 年代,自上游到下游,都普遍偏丰;70、80 年代,上游略偏丰,中下游则普遍偏枯;90 年代,上下游都偏枯,其中兰州站偏少幅度最小,为 18%,沿程向下游偏少幅度逐渐加大,利津站偏少最大,达到了 59%。

(2)主要支流。与多年均值相比,50 年代,除北洛河略偏枯外,渭河、汾河、伊洛河和沁河都偏丰;60 年代,5 条支流都偏丰;70 年代,5 条支流都偏枯;80 年代,渭河和伊洛河略偏丰,北洛河、汾河和沁河则偏枯;90 年代,除北洛河基本持平外,其余支流都偏枯,幅度达到了 40%～58%。

表 1 黄河主要干支流水文站年实测径流量基本特征值

站名	均值 (亿 m³)	C_v	R_1	R_2	R_3	最大值		最小值		最大值/最小值
						年径流量 (亿 m³)	发生年份	年径流量 (亿 m³)	发生年份	
兰州	316.9	0.22	0.30	-0.06	0.17	517.9	1967	203.8	1997	2.54
头道拐	229.1	0.33	0.32	-0.01	0.22	444.9	1967	101.8	1997	4.37
龙门	283.3	0.30	0.33	0.03	0.29	539.4	1967	132.7	1997	4.07
三门峡	371.8	0.33	0.37	0.17	0.37	685.3	1964	139.6	1997	4.91
花园口	408.4	0.36	0.41	0.18	0.32	861.4	1964	142.6	1997	6.04
利津	343.9	0.55	0.57	0.37	0.41	973.0	1964	18.61	1997	52.30
华县	72.80	0.46	0.31	0.26	0.22	187.6	1964	16.83	1997	11.15
河津	11.51	0.66	0.43	0.40	0.33	33.56	1964	1.87	1999	17.96
洑头	7.07	0.44	0.06	0.01	-0.04	19.17	1964	3.09	1974	6.21
黑石关	28.22	0.62	0.41	0.20	0.08	96.45	1964	5.55	1995	17.18
武陟	8.97	0.90	0.46	0.39	0.16	30.98	1956	0.11	1991	276.80

注:均值表示 1950～1999 年平均径流量,C_v 表示变差系数,R_1、R_2 和 R_3 分别表示一阶、二阶和三阶自相关系数。

1.3 丰枯段变化特点

与多年均值相比:丰水段,1950～1968 年时段较 1975～1989 年时段偏丰幅度大;枯水段,1990～1999 年时段较 1969～1974 年时段偏少幅度大。干流自上游向下游,丰水段,1950～1968 年,距平正值逐渐加大,1975～1989 年,距平正值逐渐减小;枯水段,1969～1974 年,距平负值大体相近,1990～1999 年,自上游向下游,距平负值逐渐加大。与干流各站相比,支流各站:1950～1968 年距平正值最大;1990～1999 年,除洑头站外,距平负值最大。对比情况见表3。

表2 不同年代实测径流量对比 （单位:亿 m³）

站名	1950～1959 年		1960～1969 年		1970～1979 年		1980～1989 年		1990～1999 年		1950～1999 年
	数值	距平(%)	数值	距平(%)	数值	距平(%)	数值	距平(%)	数值	距平(%)	数值
兰州	315.3	-0.51	357.9	318.0	12.95	333.5	259.8	0.34	5.24	-18.02	316.9
头道拐	245.6	7.22	271.0	18.30	233.1	1.75	239.0	4.33	156.7	-31.59	229.1
龙门	321.0	13.33	336.6	18.82	284.5	0.44	276.2	-2.52	198.1	-30.07	283.3
三门峡	434.0	16.73	453.8	22.05	358.2	-3.68	370.9	-0.25	242.3	-34.85	371.8
花园口	485.7	18.93	505.9	23.89	381.6	-6.56	411.7	0.83	256.9	-37.08	408.4
利津	480.5	39.73	501.1	45.74	311.0	-9.54	285.8	-16.88	140.8	-59.05	343.9
华县	85.53	17.48	96.17	32.11	59.41	-18.39	79.15	8.72	43.73	-39.93	72.80
河津	17.57	52.69	17.87	55.32	10.36	-9.95	6.64	-42.25	5.08	-55.81	11.51
洑头	6.70	-5.16	8.76	23.90	5.91	-16.44	6.98	-1.19	6.99	-1.12	7.07
黑石关	41.73	47.86	35.48	25.71	20.46	-27.49	30.15	6.84	14.64	-48.13	28.22
武陟	16.17	80.29	14.04	56.55	6.15	-31.43	5.47	-38.99	3.73	-58.40	8.97

表3 不同丰枯段实测径流量对比 （单位:亿 m³）

站名	1950～1968 年		1969～1974 年		1975～1989 年		1990～1999 年		1950～1999 年
	数值	距平(%)	数值	距平(%)	数值	距平(%)	数值	距平(%)	数值
兰州	342.8	8.17	270.2	-14.72	340.8	7.55	259.8	-18.02	316.9
头道拐	265.4	15.82	179.8	-21.51	251.2	9.63	156.7	-31.59	229.1
龙门	336.0	18.62	232.1	-18.07	293.7	3.69	198.1	-30.07	283.3
三门峡	453.1	21.85	302.2	-18.74	383.2	3.05	242.3	-34.85	371.8
花园口	505.9	23.88	327.6	-19.78	418.7	2.39	256.9	-37.08	408.4
利津	501.5	48.84	282.5	-17.84	304.1	-11.56	140.8	-59.05	343.9
华县	92.85	27.54	55.21	-24.16	73.82	1.40	43.73	-39.93	72.80
河津	17.63	53.19	11.89	3.35	7.88	-31.50	5.08	-55.81	11.51
洑头	7.71	9.01	5.14	-27.34	7.09	0.26	6.99	-1.12	7.07
黑石关	39.36	39.47	19.50	-30.91	27.40	-2.92	14.64	-48.13	28.22
武陟	15.51	73.01	6.27	-30.04	5.68	-36.66	3.73	-58.40	8.97

1.4 大型水库工程前后变化特点

与多年均值相比,三门峡水库投入运行前即 1950~1960 年时段,实测径流量偏丰幅度较小;三门峡水库投入运行至刘家峡水库投入运行前时段即 1961~1968 年,黄河干流实测径流量偏丰幅度较大,1968 年以后至龙羊峡水库运行前即 1969~1986 年时段,实测径流量普遍偏少,但减少幅度很小;龙羊峡水库运行后即 1987~1999 年,实测径流量减少幅度大大增加。对比情况见表 4。

表 4 大型水利工程运行前后实测径流量对比　　　　　　　　　（单位:亿 m³）

站名	1950~1960 年		1961~1968 年		1969~1986 年		1987~1999 年		1950~1999 年
	数值	距平(%)	数值	距平(%)	数值	距平(%)	数值	距平(%)	数值
兰州	312.0	-1.56	385.2	21.55	326.5	3.04	265.7	-16.15	316.9
头道拐	240.4	4.93	299.7	30.80	238.5	4.11	163.1	-28.81	229.1
龙门	313.8	10.79	366.5	29.39	284.2	0.33	204.9	-27.67	283.3
三门峡	416.3	11.97	503.6	35.44	368.3	-0.96	258.0	-30.61	371.8
花园口	459.8	12.59	569.3	39.40	401.5	-1.68	275.3	-32.58	408.4
利津	445.1	29.44	579.0	68.40	317.4	-7.70	150.2	-56.33	343.9
华县	82.56	13.41	107.0	46.97	68.53	-5.86	49.41	-32.13	72.80
河津	16.60	44.25	19.04	65.48	9.35	-18.77	5.55	-51.75	11.51
洑头	6.44	-8.93	9.45	33.69	6.50	-8.03	6.92	-2.05	7.07
黑石关	39.72	40.72	38.92	37.90	25.35	-10.20	16.78	-40.53	28.22
武陟	15.00	67.30	16.50	80.13	5.96	-33.56	4.07	-54.62	8.97

2 年内分配变化特点

2.1 年代变化特点

从年内分配变化来看:20 世纪 50 年代,黄河干流汛期(7~10 月,下同)径流量普遍可占年径流量的 60%左右,非汛期占 40%左右,最小月径流量一般发生在 1 月份,最大月径流量发生在 8 月份,最大最小比为 7.0 左右;至 90 年代,黄河上中游汛期径流量比例普遍下降至 45%以下,非汛期比例上升至 55%左右,最小月径流量发生在 5 月份,最大月径流量发生在 8 月份,最大最小比缩小至 4.3 左右。不过,下游利津水文站汛期径流量占年径流量的比例没有大的变化。支流情况是,不同年代汛期径流量比例也发生了一定的变化,最大最小月径流量比值显著增大,不过最小月径流量仍发生在 2 月份,最大月径流量发生在 8 月份。例如沁河,50~90 年代,汛期径流量比例逐渐增加,非汛期比例逐渐减小,但最大最小月径流量比值也由 50 年代的 12.3 上升至 138.7。对比情况见表 5。

表 5　不同年代实测径流量年内分配汛前所占比例　　　　（%）

站名	1950～1959 年	1960～1969 年	1970～1979 年	1980～1989 年	1990～1999 年
兰州	59.7	60.5	51.3	52.6	40.1
头道拐	60.9	61.9	53.3	54.5	37.5
龙门	59.6	60.3	52.9	53.1	40.5
三门峡	60.0	56.1	54.6	56.0	43.7
花园口	61.4	56.9	56.3	58.4	45.3
利津	62.2	58.2	60.2	66.4	61.2
华县	60.8	55.9	63.8	64.7	55.4
河津	67.7	55.2	64.2	62.1	63.0
洑头	59.4	57.7	67.9	61.0	59.0
黑石关	65.1	54.6	58.5	62.6	44.9
武陟	69.4	61.5	81.9	80.1	75.7

2.2　丰枯段变化特点

一般地讲,黄河干流丰水段,汛期径流量占年径流量比例高,非汛期比例低;枯水段则反之。例如花园口水文站,1950～1968 年丰水段,汛期径流量比例为 59.6%,非汛期为 40.4%,而 1990～1999 年枯水段,汛期径流量比例只有 45.3%,非汛期为 54.7%。不过也有个别例外情况,例如利津站,1950～1968 年丰水段,汛期径流量比例为 60.6%,非汛期为 39.4%,1990～1999 年枯水段汛期比例也达到了 61.2%,非汛期为 38.8%。

黄河支流,渭河、北洛河和汾河汛期径流量比例基本没有大的变化;伊洛河则呈现丰水段汛期比例大、枯水段汛期比例小的特点;而沁河呈现丰水段汛期比例小、枯水段汛期比例大的特点。具体对比情况见表 6。

表 6　不同丰枯段实测径流量年内分配汛期所占比例　　　　（%）

站名	1950～1968 年	1969～1974 年	1975～1989 年	1990～1999 年	1950～1999 年
兰州	60.7	46.5	53.3	40.1	53.5
头道拐	62.1	44.6	56.0	37.5	55.0
龙门	60.4	45.4	55.0	59.5	54.5
三门峡	58.5	46.9	57.4	43.7	55.1
花园口	59.6	48.1	59.6	45.3	56.7
利津	60.6	51.1	66.4	61.2	61.3
华县	58.9	54.4	65.9	55.4	60.2
河津	61.9	56.3	66.0	63.0	62.1
洑头	58.7	56.5	65.6	59.0	60.7
黑石关	60.6	48.9	63.4	44.9	58.8
武陟	66.0	72.8	81.8	75.7	70.5

2.3 大型水利工程运行前后变化特点

大型水利工程的运行,普遍改变了黄河河道实测径流量的年内分配情况,表现在汛期比例下降、非汛期比例上升,尤其对兰州、头道拐、龙门、三门峡和花园口水文站实测径流量影响是相当显著的。例如花园口水文站,在没有大型水利工程运行前(1950～1960年),汛期比例可达到61.6%,非汛期只有38.4%;大型工程运行后(如1987～1999年),汛期比例下降至47.3%,非汛期上升至52.7%。不过,对于黄河下游大型工程的影响不是十分显著,例如利津水文站,1950～1960、1961～1968、1969～1986、1987～1999年4个时段汛期径流量比例分别为62.4%、58.7%、62.1%和62.0%,非汛期分别为37.6%、41.3%、37.9%和38.0%。主要支流,渭河汛期比例略有下降;北洛河和汾河汛期比例基本没有变化;伊洛河呈现汛期比例显著减小,非汛期比例明显增大的趋势;而沁河汛期径流量比例逐渐增大,非汛期比例逐渐减小,对比情况见表7。

表7 大型水利工程运行前后实测径流量年内分配汛期所占比例　　　　　　　　　　　　(%)

站名	1950～1960年	1961～1968年	1969～1986年	1987～1999年	1950～1999年
兰州	60.0	61.5	52.2	41.9	53.5
头道拐	61.1	63.1	54.4	39.6	55.0
龙门	59.6	61.4	53.4	42.4	54.5
三门峡	59.9	56.9	55.5	45.6	55.1
花园口	61.6	57.3	57.5	47.3	56.7
利津	62.4	58.7	62.1	62.0	61.3
华县	61.4	56.2	64.2	56.0	60.2
河津	67.1	55.7	60.7	66.7	62.1
洑头	59.9	57.5	63.3	60.6	60.7
黑石关	65.3	54.6	61.0	48.2	58.8
武陟	69.6	61.9	78.1	78.6	70.5

3 结语

经过以上分析,这里得出了如下两点基本认识:

(1)50年间,黄河流域实测径流量发生了很大的变化,表现在呈逐渐减少的趋势,支流年变化幅度大于干流。

(2)50年间,黄河流域实测径流量年内分配也发生了很大的变化,表现在汛期比例下降、非汛期比例上升的趋势,不过黄河干支流具有较大差异。

黄河枯水期河道径流损耗估算及误差来源分析

袁东良　吉俊峰　赵淑饶

（黄河水利委员会水文局）

1　基本概念

水量平衡是指任一区域在给定的 Δt 时段内,各种输入量等于输出量与区域内蓄水量的变化之和。它通常用来对水文测验、资料整编、水文预报、水文分析计算等成果进行合理性检查并评价成果精度。水量平衡方程式为:

$$WI = WO + \Delta W$$

式中: WI 为 Δt 时段内输入区域的各种水量之和; WO 为时段内输出区域的各种水量之和; ΔW 为区域内 Δt 时段始、末的蓄水变化量。区域内蓄水量增加, ΔW 为正值,蓄水量减少, ΔW 为负值。

黄河流域水资源供需矛盾突出。2002~2003 年度,为有效利用水资源,确保黄河不断流,达到优化调度的目的,黄委开展了枯水径流模型原型观测试验,为黄河下游枯水径流演进模型的建立提供河道径流损失量及沿程传播时间。图 1 为黄河下游各水文站断面示意图。在计算小浪底至利津区间水量平衡的各组成项时,用小浪底、黑石关、武陟三站水量之和作为小花区段的入流(WI),其他区段的入流用其上断面径流过程;出流(WO)主要是各区段下断面的径流过程和区间引黄水量;降雨形成的区间加入水量,因量值小且具有不确定性而不参加平衡计算;蒸发、渗漏、河道槽蓄变化等引起的区间水量变化,因难以逐项分解而笼统概括为河道径流损耗。

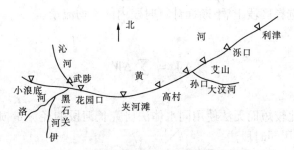

图1　黄河下游各水文站断面示意图

2　径流损耗量计算

2.1　两种常用算法

2.1.1　同水体法

同水体法是以选定的某一水体作为研究对象。根据同一水体在不同区段演进过程中的水

本文原载于《水文》2004 年第 5 期。

量平衡,估算区段径流损耗量。

各断面的计算时段根据其水位(流量)过程线的变化形态和水流趋势而定。首先选择上断面的计算时段($\tau_{i\pm}$),参照水流传播时间,确定下断面相应的计算时段($\tau_{i\top}$)(即把相应计算时段内的水流作为由上站传递下来的同一水体进行水量平衡计算),如此类推至需要计算的每一个区段。

计算径流损耗量时,假定各断面的瞬时流量为已知,则水量平衡方程中各要素的计算公式为:

$$WI_i = \int_{t_{\pm 1}}^{t_{\pm 2}} \frac{\partial q}{\partial t} \mathrm{d}t \left(\text{计算时用} \sum_{i=1}^{m_1} (q_{i\pm} \Delta t_{i\pm})\right)$$

$$WO_i = \int_{t_{\top 1}}^{t_{\top 2}} \frac{\partial q}{\partial t} \mathrm{d}t \left(\text{计算时用} \sum_{i=1}^{m_2} (q_{i\top} \Delta t_{i\top}) + W_{引}\right)$$

$$\tau_{i\pm} = \sum_{i=1}^{m_1} \Delta t_{i\pm} = t_{\pm 2} - t_{\pm 1}$$

$$\tau_{i\top} = \sum_{i=1}^{m_2} \Delta t_{i\top} = t_{\top 2} - t_{\top 1}$$

$$\Delta W_i = \sum_{i=1}^{m_1} (q_{i\pm} \Delta t_{i\pm}) - \sum_{i=1}^{m_2} (q_{i\top} \Delta t_{i\top}) - W_{引} \qquad (1)$$

式中:WI_i、WO_i分别为所选区间(i)的入流量和出流量;$W_{引}$为所选区间(i)的引黄水量;$q_{i\pm}$、$q_{i\top}$分别为第i个区间上、下断面的瞬时流量;$\Delta t_{i\pm}$、$\Delta t_{i\top}$分别为第i个区间上、下断面的瞬时流量的计算步长;$t_{\pm 1}$、$t_{\pm 2}$分别为第i个区间上断面的开始、结束计算时间;$t_{\top 1}$、$t_{\top 2}$分别为第i个区间下断面的开始、结束计算时间;ΔW_i为对应区段的水量损耗。

由于不可能无限多的获得瞬时流量,通常是用有限的瞬时流量计算出时段平均流量。这样,式(1)就可以简化为:

$$\Delta W_i = Q_{i\pm} \tau_{i\pm} - Q_{i\top} \tau_{i\top} - W_{引}$$

式中:$Q_{i\pm}$、$Q_{i\top}$分别为选择区段上、下断面计算时段内的平均流量。

河段总损耗量为:

$$\Delta W = \sum_{i=1}^{n} \Delta W_i \qquad (2)$$

2.1.2 同时段法

当试验资料系列比较短而无法使用同水体法研究长河段的径流量损耗时,只要时段水流过程比较平稳,可以采用同时段法。

同时段法是以不同区段同一时段的水量作为研究对象。具体的计算方法是:将计算河段(L)划分为不同的计算区段(ΔL_i),各个区段取相同的计算时段(τ),即平衡计算时段中各区段上断面的开始时间($T_{u始}$)和下断面的结束时间($T_{l末}$)分别相同。然后,根据各个区段上、下断面间各自的水流传播时间(t_i),分别确定相应的下断面开始时间($T_{l始}$)和上断面结束时间($T_{u末}$),即

$$\tau = T_{l末} - T_{u始}$$
$$T_{l始} = T_{u始} + t_i$$
$$T_{u末} = T_{l末} - t_i$$

水量平衡计算方程中各要素的计算公式为：

$$WI = Q_{上i}(\tau - t_i)$$

$$WO = Q_{下i}(\tau - t_i) + W_{引}$$

$$\Delta W = WI - WO = (Q_{上i} - Q_{下i})(\tau - t_i) - W_{引}$$

式中：$Q_{上i}$ 为计算区段上断面推算时段内的平均流量；$Q_{下i}$ 为计算区段下断面推算时段内的平均流量。

2.2 径流损耗量计算及成果评价

2.2.1 计算实例

以 2003 年枯水径流原型观测试验资料例解常用的两种径流损耗计算方法。其中各区段不同流量级所用传播历时见表 1。

表 1 不同流量级各区段传播历时统计　　　　　　　　　　　　（单位：d）

河段	小—花	花—夹	夹—高	高—孙	孙—艾	艾—泺	泺—利	小—利
200 m³/s	2	2	2	3	1	2	3	15
600 m³/s	1	1	1	2	1	1	3	10

采用同水体法，对不同流量级各区段径流损耗量计算见表 2。

表 2 同水体法不同流量级各区段径流损耗量计算成果

河 段		小—花	花—夹	夹—高	高—孙	孙—艾	艾—泺	泺—利	小—利
200 m³/s	区间损耗（亿 m³）	0.14	0.14	- 0.05	0.27	0.1	0.04	0.09	0.73
	日损流量（m³/s）	20.2	20.2	- 7.23	39.1	14.5	5.79	13	106
600 m³/s	区间损耗（亿 m³）	- 0.05	0.48	0.35	0.48	0.2	0.67	0.72	2.85
	日损流量（m³/s）	- 4.45	42.7	31.2	42.7	17.8	59.6	64.1	254
全流量级日损流量（m³/s）		7.88	31.5	12.0	40.9	16.2	32.7	38.6	180

采用同时段法，不同流量级各区段径流损耗量成果见表 3。

表 3 同时段法不同流量级各区段径流损耗量计算成果

河 段		小—花	花—夹	夹—高	高—孙	孙—艾	艾—泺	泺—利	小—利
200 m³/s	区间损耗（亿 m³）	0.028	0.091	- 0.031	0.10	0.058	0.054	0.064	0.37
	日损流量（m³/s）	5.30	17.6	- 6.00	24.0	9.70	10.4	14.8	75.9
600 m³/s	区间损耗（亿 m³）	- 0.21	0.37	0.14	0.31	- 0.001	0.35	0.31	1.27
	日损流量（m³/s）	- 27.0	47.8	18.4	44.6	- 0.20	45.4	50.5	180
全流量级日损流量（m³/s）		- 10.9	32.7	6.20	34.3	4.75	27.9	32.7	128

2.2.2 计算成果评价

计算显示，小浪底—利津区间日均损失流量约占小浪底来水量的 3 成，两种方法的计算结果趋势基本一致，但各流量级来水同水体法比同时段法日均损耗量估算值普遍偏大。考虑区间引水资料是以日为计时单位，水量平衡计算时各区间也以日为计时单位，这对同水体的划分产生的误差是明显的。

为了全面、客观地反映影响某一区段水量平衡计算的主要和次要矛盾,使用同时段法对小浪底—利津区段不同时段的资料进行验算(见表4)。表中显示:河段日平均流量损失与河道过流量和时间(季节)有较强的关系,即流量级越大,气温越高,河段日平均流量损失越大。这是由于除了资料精度,河段日平均流量损失还主要包括河道的蒸发渗漏和农业灌溉季节黄河滩区未经计量的引水量。

表4　小浪底—利津区段日平均流量损失计算

小浪底断面计算时段	小浪底站流量级 (m^3/s)	日平均损失流量 (m^3/s)
2002 年 12 月 1~7 日	200	46.2
2003 年 2 月 21~26 日	200	75.9
2003 年 4 月 21~28 日	400	141
2003 年 6 月 10 日~7 月 4 日	600	172

事实上,同水体法可以客观反映下垫面条件等因素对各区段径流损耗能力的影响,对涨落明显的水流过程,水体易于分割,物理概念清晰。在枯水期,同水体的划分有一定的难度,特别是有客水(包括降水)加入或资料系列短、水流过程平稳时,同时段法方法简便,能够客观地反映气候条件等因素对各区段径流损耗能力的影响。两种方法各有侧重点,又互为补充,可以根据不同的资料条件和不同的需要分别选用。

3　误差来源分析

黄河下游特殊的河道形态,造成其误差来源的多渠道,也是困扰水量平衡计算的关键所在。通过对资料的对比分析,归纳为以下几种主要来源。

3.1　资料误差

3.1.1　水文测验误差

水文测验误差主要指流量测验中的误差,根据其产生根源可分为Ⅰ、Ⅱ、Ⅲ型3种。就黄河下游干流各水文站而言,由于以前的建设主要考虑洪水的测报,低水测验设施配备、低水测验方法研究等相对薄弱,影响流量测验精度。比如:用较大型的测船进行低水测验,由机船本身触发的水体波动,可能会放大测验中的Ⅰ型误差;常规的测流垂线以及垂线上测速点的布置数量可能不满足低水测验的精度要求,亦会对Ⅱ、Ⅲ型误差有所放大。根据黄河下游宽浅河道善冲善淤的特性,Ⅲ型误差(不同水面宽时,在断面上不同位置选取测速测深垂线而造成的抽样误差)是流量测验误差的主要方面,试验资料表明,垂线数较少的常测法可使实测流量偏小2%~4%。

3.1.2　涵闸引水资料的代表性

涵闸的引水资料精度是影响水量平衡计算的主要因素。据了解,由于许多引黄涵闸受资金等因素的困扰,建筑物年久失修,不同程度的存在水流渗漏现象;涵闸泄流曲线长期得不到精确率定,提供的引水资料和实际引水量之间存在一定的误差。同时,当其不恒定引水时,日均流量的代表性问题也值得关注。

3.2　计算误差

3.2.1　计算方法误差

当水体的附加比降比较大或附加比降的变化比较大时,如果所选时段较短,同时段法不可能保证每一区段都能包含研究水体的涨落,即用同时段法进行水量平衡计算时,会出现人为对一完整的洪水波进行分割,其计算结果误差就比较大。

同水体法进行水量平衡计算时,由于不可能在每一个计算断面都能找到其严格对应的同相位点,即找不到严格的同水体,只能大致进行分割,计算误差由此产生。

3.2.2 资料整编误差

黄河下游河道泥沙冲淤变化剧烈,河势摆动频繁,水文资料整编定线存在很大难度。水调期间为实施精细调度,流量测次较原来增加了近 10 倍。测次增多,关系散乱,尽管整编定线误差由正常的 8% ~11% 降低到 5%,但在资料处理时,使用现行规范规定的方法势必会产生较大的误差。

3.3 其他误差

降水:降水对 ΔW 的贡献是正值。黄河下游有广阔的滩区,总面积高达 4 647 km^2,降雨可以在下游滩区发生产、汇流,进入河道,以净雨量 10 mm 计算,产流量可达 46.47 × 10^6 m^3。因此,长历时的强降雨引起的区间水量加入应进行估算,一般降雨可忽略不计。

蒸发:蒸发对 ΔW 的贡献是负值。引用水高峰期也是气温较高、旱情严重的时期,水面蒸发量比较大。据黑石关水文站蒸发观测资料记载,年蒸发量约 1 000 mm,最大日蒸发量超过10 mm。而干旱的宁蒙河段,径流量多年平均蒸发损失达 4 亿 ~5 亿 m^3。

渗漏:渗漏对 ΔW 的贡献是负值。黄河下游 878 km 长的河段高悬于两岸地面之上,侧向渗漏极为可观。据有关资料计算,黄河通过侧向渗漏,仅向武陟县境内的地下水补给量日均约有 10 万 m^3,相当于 1.2 m^3/s 的日均流量。

河道槽蓄水量:河道槽蓄水量对 ΔW 的贡献有正有负。黄河下游河道善徙、善变,随着水体流路的改变,一方面,河道前期槽蓄水量被纳入水流体内重新形成径流,增加了水体流量,另一方面可能有一部分水体被滞留在河道的低洼、支沟等处,成为新的河道槽蓄水量。

未经计量的河道引水量:黄河下游滩区有 179 万人口和 300 多万亩耕地,在农业灌溉的高峰期,众多的抽水泵直接从黄河抽水,其量可观。2003 年 6 月潼关站出现预警流量,主要就是由于上游区间的无控制抽水引发的。

4 误差控制

(1)对于水文测验误差,除严格执行有关规范规定,进一步提高流量测验的精度外,还应该在测验设施设备投资和测验方式方法研究等方面努力。事实上,近几年水文行业已经在这些方面做了许多有益的尝试,积累了许多宝贵的经验。比如,建设专用的低水测验缆道、使用ADCP 进行流量测验、增加流量测次布置、加密断面垂线布设、报汛定线按低于 5% 的误差掌握等。

建议增加设施设备建设投资,开展低水测验方法专项研究,尽快制定小流量、多测次等非常规情况下的水文资料整编、处理的规范和方法。

(2)关于涵闸引水资料的代表性问题,应加密涵闸水文测验频次,尤其是在闸门频繁升降的断面,要加强闸前、闸后的水位观测,严格按水文规范计算日平均水位和日平均流量。

建议对漏水严重的涵闸进行工程处理,对所有的引黄涵闸进行泄流曲线率定,强化水资源意识。

(3)根据小浪底水库泄流情况,选择合适的水量平衡计算方法。

（4）考虑在黄河下游开展水面蒸发和河道渗漏的观测，把这些因素在水量平衡计算中的贡献大小测算清楚。在滩区布设雨量站，加强滩区产流、汇流量的分析研究工作。

（5）在用水尤其是农业灌溉用水的高峰期，加强沿河巡查，控制未经计量的引黄水量，掌握其引水位置、引水时间、引水量等基本情况。

黄河水资源问题与对策探讨

张海敏　牛玉国　王丙轩　李世明

（黄河水利委员会水文局）

黄河全长 5 464 km，流域面积 79.5 万 km²，是中国第二大河，她孕育了勤劳勇敢的中华民族和悠久灿烂的民族文化，是中华民族的母亲河。同时，它又是曾给中华民族带来无数灾难的一条害河。20 世纪 90 年代后，黄河进入了一个相对的枯水阶段，同时，随着流域及下游经济社会的发展，对水资源的需求急剧增加，流域内人类活动加剧，下垫面变化剧烈，各种拦、蓄、滞水工程增多，水资源消耗量增加，供需矛盾日益突出。黄河水资源问题成为继洪水、泥沙之后的又一个热点问题。

1　黄河流域水资源概况

黄河径流量的地区分布很不均匀。据 1952～2000 年的长系列实测径流资料分析，贵德水文站以上黄河上游河源区属于高寒阴湿的高原地区，年降水量较大，蒸发量相对较小，是黄河的主要水源区，其径流是黄河基流的主要组成部分，多年平均实测年径流量（下同）为 208.6 亿 m³；贵德至兰州区间，多年平均年径流量随流域面积的增加增至 314.2 亿 m³，仍是黄河的主要产水区；兰州以上流域面积占全流域的 28%，平均年径流量占全河的 58% 以上，是黄河径流的主要来源区。在兰州至头道拐之间，随着河长与流域面积的增加，多年平均实测年径流量反而减至 226 亿 m³，这是黄河的第一个主要耗水区。该区水资源消耗以农业灌溉用水为主，蒸发损耗大；在黄河中游区头道拐至潼关区间，多年平均年径流量增加到 364.4 亿 m³；在潼关至花园口区间，集水面积仅占全河面积的 5.5%，多年平均实测年径流量增加 41.2 亿 m³，是其又一个产流较多的地区。在黄河下游花园口以下，由于河床底部高于两岸，基本不能接纳两岸来水，只向两岸提供工农业用水和补给地下水，是黄河的另一个水资源消耗区，多年平均实测年径流量从花园口的 400.8 亿 m³ 锐减至利津站的 330.4 亿 m³。

20 世纪 90 年代以后，黄河进入了一个相对枯水期，而这一时期黄河流域经济社会高速发展，工农业生产和人民生活对水资源的需求快速增长，水资源供需矛盾日益突出，最终导致黄河下游频频断流。情况最严重的 1997 年和 1998 年，黄河利津水文站分别断流 11 个月和 10 个月。1997 年，包括黄河主汛期在内的 6～11 月几乎全部断流，给黄河下游工农业生产和生态环境造成了严重影响。此后，由于采取了行政干预措施，实行了流域水资源统一调度，才暂时缓解了这一矛盾，勉强维持黄河下游近几年没有发生断流。表 1 为黄河利津断面 20 世纪

本文原载于《水文》2004 年第 4 期。

90 年代断流统计情况。

若以 1990 年为界,将 1952~2000 年的实测水文资料系列分成两个部分对比分析,可以看出 20 世纪 90 年代黄河径流量明显减少。据研究,降水量减少在 90 年代黄河径流减少中的影响占 52%,人类活动的影响占 48%。

表 1　黄河利津断面 20 世纪 90 年代各月断流情况统计

年份	断流天数												合计	断流长度 (km)
	1 月	2 月	3 月	4 月	5 月	6 月	7 月	8 月	9 月	10 月	11 月	12 月		
1991					15	2							17	131
1992			3	5	18	30	26	1					83	303
1993		4	17	9	3	26							59	278
1994				15	18	30	1			13			77	380
1995			28	9	30	30	23						120	683
1996		16	30	20	22	30	15					3	136	579
1997		22	20	7	16	30	31	21	26	28	21	4	226	700
1998	20	26	24	12	19	3	13		6	14		5	142	449
1999	23	11			7			1					42	278

2　黄河流域水资源的问题及其特点

2.1　水资源总量严重不足

黄河流域属于干旱、半干旱地区,黄河流域水资源的短缺是绝对的资源性短缺。黄河流域多年平均年降水量 570 mm,多年平均年径流量 580 亿 m^3,而流域内总人口达 1.07 亿(1997),土地总面积 7 937 万 hm^2(含内流区),耕地面积 1 201 万 hm^2,林地面积 1 021 万 hm^2。流域内人均水资源量为 542 m^3,仅为全国平均值的 1/4;流域内耕地亩均水资源量为 324 m^3,仅占全国均值的 17%,考虑黄河跨流域对外供水,实际拥有水量更少。80 年代黄河河川径流年耗用量已达 290 亿 m^3,平均入海水量约 300 亿 m^3,利用率近 50%;90 年代黄河年均入海水量仅余 119 亿 m^3。黄河水资源利用率在世界上的大江大河中位居前列(1997 年达 67%)。

2.2　水资源时间和空间分布极不均匀

黄河水资源的时间分布特点是年际变化大、年内分布集中。首先,黄河水资源量年际变化很大,黄河干流最大最小年径流的比值可达 3 以上(如花园口站最大年径流量为 988.5 亿 m^3,最小为 285.2 亿 m^3,比值为 3.47);在一些较大支流上,比值可达 6 以上;而在一些小的支流上,这个比值甚至可高达 20。其次,黄河水资源年内分布极不均匀,尤其是在黄河中游的支流上,年径流大部分集中在汛期的几个月内。黄河上游兰州以上水资源的年内分布还比较均匀,而中下游干流水资源年内分布不均主要是中游支流水资源年内分布极不均匀所致。在这些支流上,全年降水量和径流量的 70% 以上往往集中在汛期几天甚至更短时间的一二场暴雨洪水中。如黄河中游支流清涧河 2002 年 7 月 4 日的特大暴雨洪水,子长水文站发生历史最大暴雨和最大洪水,暴雨中心子长县城 6 h 降雨量 268.1 mm,最大 24 h 降雨量 384.8 mm,占多年平均年降水量的 75% ,比降水量最少的 1972 年多 105.2 mm,在仅 800 多 km^2 的集水面积上,产生了 4 760 m^3/s 的历史最大流量。

黄河流域水资源在空间上的分布也极不均匀。上游兰州以上流域面积占全流域的 28% ,径流量占总径流量的 58% ,是黄河水资源的主要贡献区;而从兰州到头道拐的黄河上游下段产流很少,两岸引水量大,河道蒸发渗漏强烈,对黄河水资源无贡献,是重要的水资源消耗区,此段流域面积增加 18.3% ,年平均径流量反而减少了 88 亿 m^3 ;黄河中游区占流域面积的 50.9% ,多年平均入黄年径流量为 174.8 亿 m^3 ,仅占 30% ;黄河下游长 800 km 的河道为地上悬河,集水面积增加 2.8% ,但多年平均实测年径流量从花园口的 401 亿 m^3 减少至 330 亿 m^3 ,净减 70 亿 m^3 ;黄河下游支流集水面积 9 100 km^2 的大汶河多年平均入黄水量为 11.45 亿 m^3 (1950 ~ 1990 年),是黄河下游的唯一产水区。

黄河流域特殊的气候、下垫面、流域、河道及地形条件,构成了黄河水资源供水区与需水区异位的空间分布特点,造就了黄河水资源空间供需矛盾的特殊性。

2.3 水污染严重

黄河流域传统上以农业生产为主,近 20 多年来,随着工业和城市的发展,水污染日趋严重,大量污水未经处理直接排入河道;农业大量施用化肥和农药,造成面源污染。特别是靠近城市的河流,绝大多数已成为纳污河。另一方面,由于黄河的径流总量小,水体纳污能力低,更易造成水污染指数严重超标,使本属资源性缺水的黄河,又产生了污染性缺水,进一步加剧了水资源的供需矛盾。

据统计,20 世纪 70 年代后期废污水年排放量为 18.5 亿 m^3 ,80 年代初为 21.7 亿 m^3 ,1993 年达 41.7 亿 m^3 。黄河流域的面污染源主要是农药、化肥、废渣、垃圾和随水土流失进入河流的污染物(主要是砷和重金属类)。据 1990 年统计,全流域年施用农药 2.58 万 t,化肥 674 万 t,工业废渣和生活垃圾年排放总量约 4 500 万 t。根据 2002 年 12 月黄河水质监测公报,黄河干流只有兰州以上河段属 I、II 类优良水质;兰州至甘肃景泰为水质尚好的 III 类水,可用于集中式生活饮用水;自宁夏中卫以下,黄河干流水质污染指数全部超标,在 23 个监测断面中,有 6 个为 IV 类水,仅可用于一般工业用水;有 7 个为 V 类水,仅可用于农业用水;有 9 个断面水质劣于 V 类,基本失去水体功能。自小浪底以下 900 多 km 的中下游干流,除山东济南泺口断面为 V 类水外,其余断面水质全部劣于 V 类。黄河中下游支流除极少数为 V 类水外,其余水质基本劣于 V 类。

2.4 水资源需求增长迅速,水资源紧缺与效益低下、浪费严重问题共存

近 50 年来,黄河流域对水资源的需求增长迅速。黄河流域工农业用水 1949 年仅为 74 亿 m^3 ,1990 年达 278 亿 m^3 ,增加了近 3 倍。在水资源需求急剧增长的同时,水资源利用效益低下,水资源浪费问题非常严重。黄河流域灌区农业灌溉基本上采用大水漫灌,特别是宁蒙灌区,每公顷灌溉水量高达 15 000 m^3 。在工业供水方面,平均定额为 300 ~ 600 m^3/万元,而重复利用率只有 40% ~ 60% ,供水效益小于 30 元/m^3 ,与目前国内其他城市工业供水效益相比差距很大,与世界先进水平相比差距则更大。

2.5 没有形成有效的拦沙机制,下游输沙需水量大

黄河多年平均输沙量为 16 亿 t,多年平均含沙量达 38 kg/m^3 ,均为世界之最。黄河泥沙产生和输移的时空分布极不均匀。黄河泥沙主要来源于中游的多沙粗沙区,时间上则集中在每年汛期的几个月,甚至集中产生于一二场暴雨洪水。

据 39 年(1952~1990 年)的资料分析,黄河中游从头道拐到潼关,区间年均产沙量为 10.17 亿 t,占同时期潼关年输沙量的 90.4%。从输沙量的年内分布上,黄河一年内绝大多数泥沙集中在 7~10 月份。在头道拐以上的黄河上游,7~10 月份的输沙量占全年输沙量的 81%;在头道拐以下的黄河中下游,7~10 月份的输沙量占全年输沙量的 87%;在头道拐至花园口间的黄河中游区段内,黄河重要支流 7~10 月份的输沙量平均占全年输沙量的 92%;比例最大的窟野河占 96%。

在主要产沙区,支流洪水含沙量高达 1 000 kg/m³ 以上,黄河中下游干流洪水含沙量仍可高达数百千克每立方米。如此之高的含沙水流在输移过程中沿程落淤,形成"地上悬河",为减缓黄河下游河床的抬升趋势,必须有足够的径流量将这些洪水期间淤积的泥沙输送入海。据多年的观测研究表明,每年用来输沙所需的径流量大约为 200 亿 m³,这对水资源严重不足的黄河来说,无疑是雪上加霜。这是黄河水资源问题的一大特点,也是黄河治理开发和水资源开发利用中的最大难题。

2.6 水资源供需关系特殊,水资源负荷沉重

一方面,由于黄河处于干旱、半干旱地区,降水量少,流域内人均水资源占用量小;另一方面,黄河下游 800 km 长的地上悬河基本不能接纳两侧来水,不但需要用大量的水资源输送黄河泥沙,而且还要向下游两岸非黄河汇流区提供工农业生产和城市生活用水,补给两岸地下水消耗,有时甚至向津、冀、青、烟等地引水,使得黄河与其他河流相比,水资源的负荷特别沉重,这是造成黄河水资源紧缺的又一重要原因。

2.7 流域生态环境建设对水资源需求特殊

从严格意义上来讲,黄河流域中上游属于干旱地区,其水资源可支持的人口和经济发展规模是有限度的。黄河水资源承载力有限,水资源不足以支撑全流域生态环境的高水平维持是一个不争的事实。历史上黄河下游的发展和保持较好的生态环境所需的水资源,都是以黄河上中游部分地区的缓慢发展和生态环境的低标准维持为代价的。目前黄河水资源的紧缺状况,除了天然降水减少、工农业生产对水资源的需求增加外,主要是上中游支流区域人类活动影响所致。流域经济社会发展和生态环境建设都需要相应的水资源支持,在水资源严重不足的条件下,必须用可持续发展的观点,按以供定需的原则进行全流域的统一规划。也就是说,黄河流域的经济社会发展和生态环境建设必须有所为有所不为,不可能全面发展、全面开花,可能需要以部分地区的缓慢发展或生态环境的低标准维持,来为其他地区的发展和生态环境的改善在水资源方面做出贡献。

2.8 流域洪水资源化力度不够

黄河流域尤其是黄河中游黄土高原地区生态环境恶劣,下垫面植被覆盖度低,流域坡度大,降水量时空分布极不均匀,由此造成该地区洪水暴涨暴落,河流洪水泥沙在时间、空间上高度集中,形成黄河上有名的水沙异源、水资源时空分布不均匀的结果。这给黄河水资源利用和开发治理造成了极大的困难。一方面,流域降水量少;另一方面,降水往往集中于几场洪水排泄入海,造成水资源的浪费。据统计,1990 年以前,黄河年均入海水量为 385 亿 m³,在水资源非常紧缺的 90 年代,年均入海水量为 119 亿 m³,即使在下游断流非常严重的 1997 年和 1998年,黄河入海水量仍分别达到了 186 亿 m³ 和 106 亿 m³。因此,黄河流域洪水资源化问题就显得尤为重要。

水资源的时空分布不均,与人类对水资源需求的时空分布不相符是普遍现象。利用水利

工程进行调节,将洪水资源化是人类利用自然资源的重要手段。一分为二地看待黄河水沙异源、水资源时空分布不均匀的现象,可以从中找到有利于治理的因素,因势利导地开展流域治理工作。利用黄河水沙异源、中游支流水少沙多的特点,可以实行水沙分治,在中游支流上有效地拦蓄黄河泥沙。

目前,黄河流域水沙治理中存在的最明显的问题,是对水沙资源的人工调节能力不足,现有水利工程和水土保持工程的类别、规模、空间分布不能充分满足流域全面综合治理的需要,其集中表现是当地生态环境恶化与水土流失、水质污染同在,水资源短缺与大量雨洪排泄入海并存。

另一方面,在水利工程规划、设计与管理调度方面,也存在一些问题。随着经济社会的发展,全流域对水资源的需求普遍增加,水资源开发利用水平提高,开发力度和能力加大,水利工程上游耗水量增多、来水量减少,下游对水资源的需求增加,已建工程的原设计径流资料代表性发生很大变化,最终导致在新的水文情势下,水利工程要满足原定兴利目标,兴利库容明显不足。

此外,由于近年来水资源持续短缺,许多地区地下水超采,造成地下水位严重下降,形成地下水降落漏斗。而在水量丰沛时如何对地下水进行有效补给,充分利用地下含水层对水资源进行调蓄方面的研究远远不够,地下水的有效补给机制没有形成。

2.9 水文气象预报及水利工程管理调度水平亟待提高

准确的水文气象预报对于水利工程的运用调度极为重要。加强水文气象预报工作,提高预测预报精度,增长预见期,是提高水利工程管理水平,实现洪水资源化和水资源科学调度的前提与关键。

在水利工程调度中,防洪库容的作用发挥不足,汛前限制水位应用太死。因此,应不断提高工程管理调度水平,以减少弃水。

传统上,在水利工程设计时,基本上是将洪水过程当做一个完全的随机过程而进行调洪演算的。随着气象卫星、测雨雷达的应用,大气环流形势、台风、暴雨的监测技术、手段和效果都有了根本的改善,洪水预测预报技术也不断提高,预见期有所增加,尤其是通信与信息处理技术条件的不断改善,为高效快速地进行工程调度提供了条件。充分考虑并利用这些条件,有可能将汛前限制水位在应用中逐步过渡到洪前限制水位。把水利工程的汛前限制水位当做一个动态标准对待,是在现有工程条件下,提高工程调蓄能力的一个重要途径。

3 解决黄河流域水资源问题的对策

针对黄河流域水资源问题的状况和特点,就如何解决这些问题提出如下建议。

3.1 完善流域水资源开发利用整体规划,加强流域生态环境建设研究工作

应根据黄河水资源的状况、特点、规律、发展计划与需求,制定完善的流域水资源开发利用的统一规划。应充分考虑黄河水资源对区域经济社会可持续发展的支撑能力,调整全流域及其下游区域经济社会整体发展规划。尤其是在研究黄河流域生态环境的历史、现状的基础上,充分考虑生态环境建设对水资源的需求和影响,制定切实可行的黄河流域生态环境建设的整体规划和区域规划。

3.2 强化流域水资源统一管理,提高水资源利用效益

认真贯彻落实新《水法》,强化流域机构对黄河水资源统一管理职能,提高水资源管理的

效能和权威。认真研究水权理论,建立水权分配制度,在政府宏观指导下,逐步建设水权市场,形成水权处分机制。逐步运用市场经济手段,拓宽水资源开发利用的投资渠道,实现黄河水资源跨区域开发,吸引外部资金投入黄河水资源开发。在水资源节约利用方面,建立有效的激励机制,用市场经济手段,鼓励在污水处理、节水、提高水资源的重复利用率和利用效益等方面进行投入。工作重点是河套平原与黄河下游两岸引黄灌区的农业节水、城市用水及工业污水的治理和排放控制。

3.3 加强水资源时空调节,增加水资源可利用量

水利工程措施是开发利用水资源不可替代的基础手段。黄河流域局部和整体水资源不足,洪涝灾害时有发生,弃水量很大,这一方面说明仍有较大的调节空间,另一方面说明调节力度和调节能力不够。水资源调节利用的工程措施在规模上有待加强,布局上有待改善。应继续加强工程措施及管理措施,提高流域水资源多年调节能力。考虑到黄河水资源问题的特殊性,黄河流域水资源开发的强度、水利工程对河川天然径流调控的程度、水资源工程建设的力度都是其他江河无法相比的。

除险加固现有水库,实现其正常功能;研究改进工程调度方案,提高科学管理水平,充分发挥现有水利工程的效益。

改善黄河流域工程布局,在来水量较大的重要支流上布设梯级控制工程,改善局部水资源供应状况,减轻下游洪水威胁和防洪压力,改善当地的经济社会发展条件和生态建设环境。

应当依据新的来水条件和需水资料,重新研究审查黄河流域大中型水利工程兴利库容的设计。近年来,由于气候的变化,流域内人类活动对流域天然水文情势的影响,使河流的水文特征发生了很大变化,许多水利工程设计时计算兴利库容所依据的枯水期来水资料和需水资料都有了较大变化,水文资料完全成了新的系列。总的来说,是来水减少、需水增加,导致兴利库容相对变小,储水不足,造成弃水增加,使许多水库依据原来的设计方案调度不能发挥预期的供水兴利功能。

3.4 加快南水北调工程实施的步伐,增加可用水资源的绝对量

造成黄河流域水资源供需矛盾的原因是多方面的,但最根本的原因是黄河水资源的资源性短缺,对黄河以外区域的跨流域供水是加剧这个矛盾的一个很重要的因素。在其他重大的水资源开发利用措施发挥效益之前,黄河水资源缺乏的紧张局面恐一时难以缓解。早日实现南水北调,是增加黄河可用水资源的绝对量、确保缓解黄河水资源紧缺状况的最有效的措施之一。

3.5 建立中游支流多沙粗沙区拦沙工程体系,强化拦沙机制

黄河的泥沙集中来自黄河中游的多沙粗沙区。在落实黄河中游黄土高原种树种草、退耕还林等已有水土保持措施,提高流域表面对水体泥沙的滞蓄保持能力,延长下渗时间,增加下渗量,改变径流组分的同时,应在黄河中游多沙粗沙区的支流上规划建设梯级骨干拦沙工程体系,强化拦沙机制。黄河中游黄土高原地区,流域坡度大,河流下切深,黄土壁立,垂直节理发育,有些河段还穿过沙漠区。要有效地减少入黄泥沙,仅靠表面的水土保持措施和小规模、低档次的拦沙工程是不可能很好解决问题的。必须建设大型永久性的拦沙工程体系,抬高局部侵蚀基准面,在时间上、空间上阻滞泥沙向下游输移。

这些工程应以拦蓄泥沙、减少入黄沙量、减少黄河干流水库和河道淤积、节省黄河下游输沙用水、延长黄河干流骨干工程的寿命、提高工程效益为主要目的,兼可收到淤地造地、改善当

地经济社会发展条件和生态环境建设条件、控制黄河下游河床抬高速度、减轻下游防洪压力等综合效益。在工程建设上,可一次规划设计,分阶段加强提高。在运行方式上,可以蓄浑排清、浑清并蓄,在工程寿命结束后,最后恢复自然泄流方式。用这种方式,可以在相当长的历史时期内解决黄河的泥沙和水资源问题,并为其他水土保持措施发挥效益争取足够的时间。

应加强基础研究工作,分析比较不同泥沙拦排方式的建设投资效益和拦沙节水与其他方式调水增水的建设投资效益。可以预计,随着黄河水资源利用效益的提高,拦沙的效益也会逐渐显著。

应将拦沙工程建设纳入黄河防洪与水资源开发利用建设的整体规划,可建立拦沙蓄沙工程投资与黄河水权的置换机制,拓宽拦沙工程建设投资渠道,加快建设步伐。

3.6 完善黄河流域地下水补给机制,发挥地下水库对水资源的调蓄作用

应鼓励河套平原地区、黄河下游两岸引黄灌区等用水大户,利用当地地下蓄水层参与黄河水资源调节,建设平原水库和湿地。应主要利用利益驱动机制,调整黄河河川径流和地下水资源的水价,实行峰谷差价、季节差价。在黄河河川径流紧缺时,鼓励取用地下水;在黄河河川径流丰盈时,鼓励引用河川径流对地下水进行补给。

3.7 加强水污染防治和水环境保护工作

黄河是一条水资源宝贵、供需矛盾尖锐的河流,不可能耗用大量水体来运载、稀释和净化污染物,应加强污染治理、控制污染物排放总量,在抓紧治理工业污染、控制治理点源污染的同时,着手研究和解决随着农业生产发展可能造成的面源污染。

黄河流域的水环境恶化问题已经引起了全社会的广泛关注。水资源污染是比水资源浪费更为严重的问题。目前,人们所关注的水环境污染的重点是工业生产和城市生活污水,是那些集中排放或突然排放的污染源,而对于面源污染等一些潜在的威胁还没有引起足够的重视。

应该吸取发达国家地下水面源污染的教训,从现在开始就应该考虑从污染物质的产生、使用、排放总量上加以控制,提高污染物处理的能力和比例。在工业生产中,推广低污染、无污染的技术和产品,淘汰落后的生产工艺和生产流程,提高水的重复利用率和综合利用率,加强监督,控制点源污染,强化城市和工业废水污水处理、中水利用。在城镇建设和居民生活中,推广使用节水设备和环保产品。在农业生产中,坚持使用有机肥料,推广防治虫害的生物措施,加强高效低毒农药、除草剂的开发研制和推广应用,并对可能发生或已经发生的由农业生产所造成的面源污染,给予充分的重视。

3.8 加强水文气象预报工作

水资源时空分布不均匀需要通过水利工程来调控,水资源的供需矛盾需要通过对水资源的调控来解决。只有准确及时的水文水资源信息,尤其是有一定预见期的准确的定量预报成果,才能进行有效的调控,以达到抗旱排涝、开源节流的目的。

目前,黄河水文气象预报还存在不少问题,水利工程调度的科学性也有待提高。不解决这些问题,则难以摆脱有水不敢蓄,无水蓄不上,水少疲于应付,水多大量弃水的被动局面。因此,采取有效措施,引进先进技术和设备,采用包括卫星、雷达在内的各种遥感、遥测手段来提高气象和水文水资源中长期预报及短期预报的精度,增长预见期,提高水利工程的调度管理水平,发挥已有工程的综合效益,是同时解决防洪与水资源矛盾的最有效的方法,也是一项长期的和具有战略意义、极大综合效益、极高投入产出比的系统工程,应给予足够重视。

3.9 加强基础研究与应用技术研究

黄河流域的防洪、水资源开发保护利用、生态环境保护和建设等工作是一个有机的整体，是相辅相成的一个系统工程。而这个系统工程的许多方面和环节都有很多不成熟、有待研究的问题。发展迅猛的信息科学和其他边缘学科，与水资源科学之间存在一个相互结合、相互促进、共同发展的问题，应加强基础研究和应用技术研究工作，为各项工作的开展提供技术支撑。

3.10 抑制需求，减少浪费

从根本上讲，人口数量的急剧增长，人均资源消耗水平的迅速提高，人类活动资源消耗总量和人类活动产物总量的急剧增加，以及对自然环境破坏活动的加剧等，是生态环境恶化的最主要的原因。因此，合理控制人均资源消耗水平的不适当提高，防止人类对大自然实施超出其再生能力的过度索取和恣意破坏，应是保证黄河流域生态环境向良性循环方向发展的长期战略措施。

直读式累积沉降管的研制和率定

（黄河水利委员会水文局）

一、绪论

1. 研究范围

本报告所讨论的内容是"河流泥沙测验分析方法研究"总项目的一部分。这个项目从1939年起一直由美国联邦协调机构主持，其目标是收集有关天然河流泥沙输送的特性和规律等工程基本资料及信息，以便更好地了解河流泥沙问题，以及寻求与工业、商业、公用事业发展有关的河流问题的解决办法。现将有关这些问题已经进行的一些研究工作的部分项目的题目和摘要简述如下。

报告之一："悬移质取样野外操作方法和设备"，详细地回顾了从已知最早的到目前仍在使用的悬移质采样的方法和设备，讨论了所使用的各种不同方法和设备的优缺点，提出了能够满足各种野外条件的悬移质采样所应达到的各种要求。

报告之二："推移质、河床质采样设备"，用与报告之一中讨论悬移质采样所采用的类似的方法回顾了推移质、河床质的采样方法和设备。

报告之三："悬移质采样方法的分析研究"，研究了在河流的垂直方向上进行悬移质采样所使用的不同方法的精度。这些分析研究工作是根据泥沙输移的紊流理论进行的。

报告之四："泥沙分析方法"，描述了为确定沙样的颗粒粒径、颗粒级配及总含沙量而提出的许多方法。对许多常用的方法作了详细的说明。这些方法是由那些在泥沙研究领域进行综合研究工作的机构提出和使用的。

报告之五："悬移质采样器的实验室研究"，报告了进口条件对泥沙样品代表性和缓慢注入型采样器注水特性的影响。

报告之六:"改进型悬移质采样器的设计",描述了各种适用于在河流中进行垂向积深采样和在固定点进行积时式采样的积分式采样器,对那些已被采用的类型做了详细的介绍。

报告之七:"悬移质粒径分析新方法的研究",报告了适合于大多数悬移质研究工作需要的粒径分析方法的研究情况,介绍了一种新的粒径分析设备和方法——底漏管法。

报告之八:"河流输沙率测量",介绍了在天然河流中可能遇到的不同条件下进行泥沙测验所使用的方法和设备。

报告之九:"水库中淤积泥沙的密度",提供了不同的正在运用的水库的淤积泥沙的容重资料,总结概括了研究结果,给出了一些对工程研究有用的结论。

报告之十:"用底漏管法进行泥沙粒径分析的精度"。介绍了为评估底漏管法的精度而进行的详尽、广泛的试验,在这些试验中玻璃珠被用来代替泥沙。

2. 有关机构和全体工作人员

总项目现在是由美国国家水资源委员会泥沙分会发起和组织的,美国地质调查局、陆军工程兵团积极参加了这项研究工作。实验室工作是由贝尔农.C.考尔贝、乔治.M.瓦兹、克里德、O.约翰逊、约翰.J.克西和劳伦斯、J.盖费尔德完成的。这个报告是贝尔农.C.考尔贝、克里德.O.约翰逊、乔治.M.瓦兹与鲁塞尔.P.克里斯森合作,在马丁.E.内尔森和鲍尔.C.贝耐德克的指导下准备的,鲍尔.C.贝耐德克还审阅了这个报告。

3. 致谢

农垦局的 E.W.莱恩和 W.M.勃兰德,地质调查局的 R.F 克瑞斯和 C.S 赫瓦德,陆军工程兵团的 D.C 邦杜兰特,圣·安塞尼瀑布水力试验室主任 L.G.斯博士都对本报告提出了许多建议和建设性的批评意见,谨此致谢。

4. 研究目的

现阶段研究工作的目的是找出一种改进的确定沙样粒径分析的方法,特别是主要或部分地由沙粒组成的悬移质沙样粒径分布的方法。这种方法特别强调操作简便、经济和计算组成沙样的泥沙颗粒的沉降速度的准确性。很多年来,我们一直期望有这样一种泥沙粒径分析方法。

近年来广泛开展的野外泥沙测验工作证明了这项工作的重要性。由于近来对河流泥沙输送问题的日益关注,研究这种方法变得更为迫切。研究的重点已由研究单颗粒的几何尺寸或体积转向确定其沉降速度或沉降粒径。单颗粒泥沙在水中的沉降速度显得最有意义,成为泥沙颗粒粒径的基本量度。

对具有较高精度的实验室沙样分析方法的迫切需要,特别是对沙粒范围内实验室沙样分析方法的迫切需要似乎能够借助于某种类型的沉降管来满足。这种方法最终形成了直读或累积沉降管的设备和方法。为了事先确定沉降速度的分布,只需通过长期单调乏味的准备工作,就可以精确地准备好天然沙样。然而,值得庆幸的是,在以前的底漏管法精度的研究中已经掌握了玻璃珠沙样的特性。系列报告之十中详细介绍了这项研究成果。因此,已知沉降速度分布的玻璃球沙样可以事先准备好。这种沙样被用于直读式累积沉降管(VA管)的初期研究和标定。

5. 定义

本节中给出了与河流泥沙分析有关的一些术语的定义,其中有些在本报告中有特定的含意,其他的则更具有普遍的意义,但这些术语通常的定义对这个报告来说不够准确。

分散系统(Dispersed System)（浑匀沉降体系，译者注）：分散系统指的是这样一个系统，泥沙颗粒在其中从初始均匀分散状态开始沉降，最后不同沉降粒径的颗粒又沉积到一起。粒径分布可以像在管法中那样，通过在给定深度和在一定的沉降时间间隔测量含沙量来确定，或者像底漏管法中那样，通过测算不同时间间隔后仍处于悬浮状态的泥沙的数量来确定。

分层系统(Stratified System)（清水沉降体系，译者注）：分层系统指的是这样一个系统，泥沙颗粒在其中以一个共同源点开始沉降，按沉降速度呈层状分节，像在直读式累积沉降管中那样。在任一给定时刻，沉至管底的颗粒具有同一沉降粒径，比这个粒径粗的泥沙颗粒已在此时刻前沉降，比这个粒径细的泥沙颗粒依然处于悬浮状态。因而，分层系统的粒径分布计算比分散系统简单得多。

分散(Disperse，Dispersed，Dispersion)：用于泥沙系统的分散指的是颗粒的分布，它可以借助于机械的方法来达到。在用玻璃球进行分析时不用化学分散剂。然而，在去除沙样中的淤泥和黏土的预处理过程中有时使用了化学分散剂，这可以使得后面的机械分散工作更为有效。

沉降速度(Settling Velocity)：沉降速度指的是泥沙颗粒或沙样的任何沉降速度。

标准沉降速度(Standard fall velocity)：标准沉降速度指的是单颗粒泥沙在 24 ℃ 的条件下，在无限深的静止的蒸馏水中独自沉降，最终达到的平均沉降速度。出于实用的目的，沉降速度(fall velocity)被用来代表接近于标准沉降速度的沉降速度，或者用来代表如果进行温度改正可以非常接近于标准沉降速度的沉降速度。可以利用玻璃球的速度水温—转换关系，将一个在接近于 24℃ 的水温条件下实测的沉降速度转换成标准沉降速度。

筛析粒径(Sieve Size or Sieve diameter)：一个颗粒的筛析粒径是正方形筛孔的边长，通过这些筛孔，给定粒径的颗粒正好可以通过。

沙粒粒径(Sand size)：沙粒粒径指的是筛径从 0.06 mm 到 2.0 mm 的泥沙颗粒的粒径。

沉降粒径(Sedimentation size)：沉降粒径指的是任一种从泥沙颗粒的沉降速度推算的粒径。

沉降直径(Fall diameter)：泥沙颗粒的沉降直径指的是与该颗粒具有同样沉降速度，比重等于 2.65 的球体直径，沉降直径可以使用石英砂关系从沉降速度推出。

沉积直径(Sedimentation diameter)：泥沙颗粒的沉积直径指的是和泥沙颗粒具有相同比重、具有相同标准沉降速度的球体直径。这与通常的沉积直径的定义有所不同，后者允许用任一种沉降速度来确定直径，而与液体和温度无关。

粒径分布(Size distribution or distribution)：当用于任一粒度概念时，表示的重量百分数表示的某种材料的粒径级配或粒径谱。

速度—粒径关系(Velocity - size relation)：直读式累积沉降管法(VA 管法)是一种以泥沙颗粒在管中呈群体沉降状态的颗粒沉降速度为基础，确定沙样沉降粒径分布的方法。为了给出单颗颗粒的沉降速度，我们对这种方法进行了标定，并根据不同的速度对分析结果进行了讨论，写出了这方面的讨论分析报告。然而，报告给出的结果是沉降粒径，这一方面是因为粒径的概念渊源于沉降思想，另一方面是为了便于与筛分粒径的结果相比较。

6. 沉降粒径分析方法回顾

现对几种沉降粒径分析方法作一概要的回顾。

a. 底漏管法

在用底漏管法进行粒径分析的过程中,沉积过程从初始的颗粒分散悬浮状态开始,在确定的时间间隔从粒径计管底部接取数次水沙混合物,再将泥沙干燥称重,然后用奥登(Oden)曲线法计算粒径分布,这个方法对粒径范围属粉砂和黏土内的砂样是精确的,含有砂粒的砂样的单次分析成果看来不太稳定。这个方法耗时、单调、成本较高。

b. 沉降摄形法

沉降摄形法是由克瑞(Carey)和斯特梦德(Stairmond)提出的,这个方法包括了从照片上测量代表给定的曝光时间内泥沙颗粒沉降距离条纹的长度。照片上的沉降距离与原型的沉降距离有关。沉降速度可以从已知时间内的沉降距离计算,可以认为,计算的沉降速度是精确的。然而这个方法需要一套相当精密的专用设备,且费时长、花钱多。

c. 代表性颗粒沉降法

在比较筛分粒径和沉降粒径时,塞尔(Serr)为了得到单颗颗粒的沉降速度,使用了一种方法,他丢放数百粒单颗沙粒来确定一个沙样的粒径分布。如果塞尔的数学处理方法更加严密精确,且最细的砂粒也一颗颗丢放的话,这种方法将会是颗粒分析的最好方法,然而,其代价将是昂贵的。

d. 压差法

压差法是衣阿华大学提出的,两个压强计测出静水压差,这个静水压差与水中浸没的悬浮泥沙的重量成比例,被传感器记录下来的压力差能和粒径建立关系,其结果或许与所要求的沉降速度接近,但其精度还未被证实。这个方法还不能用于各种粒径范围。这种方法的代价也相当昂贵,需要专用设备,需要进行冗长的计算。

e. 电测量法和超声波测量法

首先在这里简要介绍一下测量河流含沙量的两种电测法和一种超声波法的基本原理。

有一种建立在泥沙柱体对高频电流通过的阻抗作用基础的电测法是由摩根和皮尔提出的,如果泥沙颗粒是仅由一种矿物质所组成的,且这种泥沙颗粒和流体的混合物对施加电流的阻抗明显不同于纯流体对电流的阻抗,当对那种矿物进行率定后,这种方法对于均匀粒径来说,能够测出确定的含沙量。

第二种电测法是由贝叶和劳斯得尔提出的。这种方法是建立在电解质在电池阴极的任何运动都可导致干电池的内阻减小这一基本原理之上的。精心设计的外电路能够放大并记录由于变化的含沙量通过电池阴极所引起的电压的变化。

凯林提出的方法,是根据泥沙颗粒对超声波辐射造成的散射影响。超声波用电子方法产生,通过水柱的没有发生偏转的超声波被记录下来,当泥沙与水混合后,通过混合液柱被接收元件接收的波强减小。对于同一种粒径分布的泥沙颗粒,接收元件处波强的衰减量是混合液体中含沙量的函数。

对日常分析工作来说,大多数电子的和超声波的方法还不能达到令人满意的精度,一般说来,必需的设备价格昂贵、结构复杂,对不熟练的人员来说,操作困难,这一类测量方法对将来的研究发展提供了多种可能性。

f. 筛分析法和显微镜观读法

筛分析法和显微镜观读法已被用于各种粒径分析中,这些方法本身不能得出沉降速度,但对一种给定的沙型,筛分粒径或显微镜观读粒径与沉降粒径的关系可以通过丢放分散颗粒或用直读式累积沉降管法来建立。然后,筛分粒径和显微镜观读粒径可以用于计算沉降粒径分布或沉降速度分布。如果对一种沙型进行多次分析,则每次分析的成本是适中的。

g.分层沉降法(清水沉降体系)

在很长一段时间内,许多研究者使用了分层沉降法。在这种方法中,泥沙从水柱的顶部开始沉降。这些方法可能得出与标准沉降速度差别很大的沉速。然而,因为这种分析结果一般说来可高度重现,所以这种仪器似乎可以改进到能直接得出用标准沉降速度表示的结果。这种方法已改进得能适应沙粒粒径范围内的分析工作,且具有迅速、简便、经济的特点。

最简单的一般分层沉降法当推直读式累积透明管法,即粒径计法。这种方法与贝尼哥森、肯尼迪、克劳森、维纳、米莉、戴维斯和其他一些人用的方法相似。三种典型的仪器如图1所示(图略,下同)。贝尼哥森使用了一个盛沙的烧瓶,将水和泥沙在瓶中搅拌均匀,然后将瓶子倒转过来,观测不同的时间间隔内沉积到瓶颈中沉积物的高度。

卡尔松对这些设备进行了改进,他把混合分散泥沙的球状部分与颈部搞成可以分离的,并用较小的球状物来代替原来较大的球状物,用一段更长的、带有一段收缩部分的沉降管来测量沉积的泥沙。1925年魏纳设计出一套设备,这包括一根直径为1.5 cm的管子,另一根稍细的带有刻度的管子插在这根管子的底部用来测量沉积泥沙的体积。除此之外,这套设备还有一个放大镜,用来提高读数精度。埃米莉沉降管和他的一套操作方法是1938年提出的,沙样首先在一根较短的管子内混合均匀,然后从顶部倒入沉降管,在沉降过程中,轻敲沉降管以使沉积泥沙均匀地逐渐变得坚实,并使沙柱顶部成为一个水平面,以便能够精确地读数。在所有这些方法中,都可以得到用沉积泥沙体积与沉积时间的关系表示的粒径分布。

二、常用的直读式累积沉降管法(粒径计法)

7.一种令人满意的方法应达到的基本要求

一种比较令人满意的沙样分析方法应满足的基本要求是:有较快的操作速度;能直接观测;能够分析计算粒径;计算简便。另外最重要的是应具有较高的沉降速度精度。很显然,对于一个令人满意的分层沉降法来说,下述要求是必须满足的:

(1)必须有足够的沉降距离来保证最粗颗粒的分离,这些粗颗粒通常出现在悬沙中,其粒径大约在700 μm,保证较粗颗粒分散的条件是必需的。根据报告之四[5]中提出的观点,沉降管的最小尺寸应该有100 cm长,其内径应达2.5 cm。

(2)沙样从沉降介质的顶部加入以产生一个分层沉降系统,避免造成更加复杂的沉降系统的分析计算。

(3)计算从悬浮液中沉降下来的泥沙的方法必须简单。沉降管的底部必须细一些,以保证精确观读沉积的泥沙量。观测的沉积泥沙高度是与体积成比例的,而分析工作需要的是用重量表达的量。尽管在管子收缩变径段和收缩变径后的一段管内泥沙沉降问题以及在把体积观测数值变换为重量的过程中可能会遇到的困难是可以预见的,但直读式分层次沉降法的速度和操作方法的简单化,成为进一步深入研究的依据。

上述分析讨论了用直读式累积沉降管法进行泥沙颗粒分析的基本要求,有三个基本问题需要回答:

(1)用这种方法能否得到精确的沉降速度分析精度。

(2)如果未经改正的分析成果的精度不够,能否采用改正措施得到满足需要的精度。

（3）如果能得到令人满意的分析精度,在日常的分析工作中,该方法的实用价值如何?

目前可以得到的泥沙文献除了表明这种分析方法的结果比较稳定一致、具有较好的重复性外,还不能圆满回答上述问题。一个有关埃米莉累积沉降管法的报告表明,除粗沙外,这种方法的分析结果非常稳定。为了改进粗沙范围内的分析结果,对埃米莉累积沉降管法中使用的仪器提出了三项改进意见:①用机械的方法加入沙样,以保证比人工加入法有更好的一致性;②在分析过程中,不断轻敲沉降管,以助于分析过程中沉积泥沙的上部表面保持水平和减少沙粒形成大块的机会;③使用一个人工操作的记录装置,按照一定的时间间隔记录泥沙沉积的过程。时间尺度是由一个电动机控制的。使用这个记录装置后不再需要由人在一定的时间间隔匆忙地读记,并能提供长时间的连续的沉降记录。

遗憾的是迄今为止,还没有得到任何有关这种方法分析结果的精度和对这种方法评价的信息。有些研究工作者已经用筛分法分析了一些沙样,用这些资料来筛分粒径与在 VA 管法中沉降时间的关系。

用筛分法率定不能满足研究工作的需要。该项研究需要计算悬沙沙样中泥沙颗粒的沉降粒径和沉降速度。在某种意义上,泥沙分析中的粒径分布总是泥沙颗粒沉降速度的函数。然而,同一个沙样,在沉降管中的沉降速度不一定和无限深的同一种液体中的沉降速度相同。同样,在沉降管中,泥沙颗粒的沉降速度也不会和它们单颗沉降的速度一样。

如果一次分析结果与含沙量、泥沙分散程度和其他给定时刻的泥沙的特有状态变量互相独立,则得到的一个沙样的沉降速度分布必定和表示全部沙样单颗颗粒标准沉降速度组成的分布相对应。尽管改进了的分散沉降系统的粒径计法已经得到了广泛的应用,但是,还缺乏资料来建立累积沉降管法得到的粒径分布与从单颗颗粒的标准沉降速度得到的粒径分布之间的关系。因此,必须制造一种分析仪器,作为这项研究工作的一部分,必须进行完整的率定试验。第一批试验是用玻璃珠沙样做的,因为球形的颗粒可以给我们提供建立泥沙颗粒几何尺寸与沉降速度关系的途径。后来,这个方法被用于沙样的分析。这些沙样是为了这项研究工作采用特殊技术精心准备的。

8. 直读式累积沉降计设备

最初研制的用于试验的通用直读式累积沉降计的设备草图见图 2。玻璃沉降管的主要部分长 80 cm,内径 25 mm。过渡部分长 20 cm,其内径逐渐变化与两端的粗细管相连。沉积泥沙部分的长度是 20 cm,其内径均匀一致。刚开始,沉降管收集泥沙部分的内径从 2 mm 到 5 mm,按照不同的尺寸制造,用来作为确定分析沙样不同数量、不同粒径所需的沉积部分的管径。后来,还试验了一些更粗的沉降管。

一根橡胶管将一个玻璃漏头和沉降管的顶部连在一起,用一个夹子夹住橡胶管将漏斗部分和沉降管相分离,松开这个夹子,橡胶管能立即恢复原来的形状。橡胶管的上部和漏斗的颈部组成一个腔室,泥沙颗粒在进入沉降管前可以在这个腔室内混合并在水中分散。在沉降管过渡段底部附近,有一个由电动机驱动的弹簧片,电动机有一个凸轮,它以每分钟 240 转的速度轻敲簧片,簧片直接作用在沉降管上产生振动。这种振动有助于粒径计过渡段的管壁上不粘附泥沙,有助于改善管底泥沙的沉积状态。

记录仪器包括一个目镜、一块记录板、一支记录笔和一张记录纸。目镜的放大倍数为 2,上面有一根水平方向上的细丝,利用此丝能很方便地跟踪沉积物的高度。目镜被固定在一个 12″×9″×1/16″的不锈钢磁板上,这块磁板在一个手动操纵轮的控制下,可以在垂直方向上沿双轮齿条移动。随齿条一起移动的记录笔由一个每秒钟一转的电动机驱动（并敷有电缆）。记录笔在水平方向上以 1.1 mm/s（后来改变成 0.70 mm/s 或每分 1.653″）的速度移动。记录笔沿着一根绷得很紧的钢琴弦在一条水平轨道上运行。记录纸倒放着由一个小磁铁固定在记录板上。在记录泥沙沉积的过程中，目镜和固定目镜的不锈钢磁板作为一个整体向上移动，而记录笔沿水平方向移动。这样泥沙沉积就被记录下来，但是在图上的记录是颠倒着的。

9. 未做改正的图纸的绘制

图 3、图 4 中的未做改正的图纸，一个用于玻璃珠沙样，一个用于泥沙样。二者都是根据"不正确的"颗粒在沉降管中的群体沉降速度绘制的。玻璃珠沙样用图是根据用显微镜测定的粒径与沉降速度的关系绘制的。这个关系是通过试验建立的，见于报告之十的图 4 和表 3。泥沙沙样用图中的粒径与沉降速度的关系是从报告之四[5]中的图 5 和报告之七的表 2 中得到的。它表明石英砂（球体）的粒径与一定的沉降速度相对应。

为了计算未做改正的图表上粒径温度线的位置，必须知道不同粒径颗粒的沉降距离。如果沙样在混合室中没有分散开，所有颗粒都从混合室的底部开始沉降，则相对于夹子中心有一个有效高度（虽然混合室的底部稍高于夹子的中心，但橡胶管比圆筒粗，所以打开夹子后水柱有少许下降）。从夹子到沉降管底部止动器的沉降距离是 123 cm，当淤积高度达到 10 cm 时，颗粒沉降距离少了 10 cm，即 113 cm，图 3、图 4 中粒径分界线的倾斜就是随着沉积物高度的增加，沉降距离不断减小的结果。

多数沙样在沉降时是处于分散状态的，因此沉降距离大于那些群体沉降的沙样，至少对于那些细颗粒沙样来说是这样。

分散有效性的研究表明，在打开管子的瞬间，大于 246 μm 的颗粒停在混合室的底部，较小粒径的颗粒部分分散。粒径越小，分散程度越高。然而，即使粒径为 62.5 μm 的细颗粒泥沙在 20 cm 长的混合室内也不是完全均匀分散。开始沉降的位置假设从管夹（相对于粒径 246 μm）到管上部 7 cm（相对于粒径 6.25 μm）的范围内变化。

表 1（表略，下同）给出了用未做改正的图表上的一些粒径和温度，从起始时间计算距离的算例。为了绘制图 3 和图 4，还进行了许多此种类型的计算。

粒径分界值选用了那些在颗分工作中经常使用的数值，为了满足其他特殊需要，也可以使用其他分界值。沉降速度随着流体的运动速度而变，所以也随着温度而变，因而在制备表 1 及图 3、图 4 时，考虑了水温变化的影响。

图上的水平距离主要是时间的量度。如果与沉降距离建立关系，则该距离也可表明沉降速度。在图 3、图 4 的时间标尺上以沉降直径显示的粒径是玻璃球和石英球体的直径。它们分别具有与在图表那些位置的沉降速度相等的标准沉降速度。如果在直读式累积沉降管中，团状颗粒都以各自的标准沉降速度沉降，未经改正的图表将分别给出以沉降直径表示的玻璃球砂样和石英砂样的颗粒分析结果。

10. 粒径分析的方法步骤

在研究和率定直读式累积沉降管法中使用的方法步骤被用于各种不同的粒径分布和各种不同沙量的玻璃球样品及泥沙样品的粒径分析中。沙样在分析前都经过了彻底的浸泡和水洗。

粒径分析的详细方法步骤如下：

（1）在沉降管的细端安上止动器，将沉降管固定在一个垂直的位置上，注入蒸馏水，蒸馏水的注入量大约到管夹上方 2 cm 处,然后关上管夹。

(2)旋转操纵轮调整目镜,使目镜上的水平细丝与沉降管底部止动器的上表面重合。

(3)填写日期、蒸馏水水温和其他必要的标识不同沙样的注释。在记录板上调整图表的位置,使得记录笔恰好从基线的起始位置开始记录,并使基线与记录笔的走向平行。

(4)开动驱动弹簧振动器的电动机。

(5)将试验沙样放进关闭的管夹上方的混合室中,使用一个装在杆上的圆形搅拌器来分散混合室中的泥沙颗粒(但对于那些计划不用预分散处理的沙样则不必有此步骤)。

(6)迅即打开管夹,开启驱动记录笔的电动机。这两项操作应尽可能地同时进行。有一种新型的机械装置可以在打开管夹的同时,启动计时器的开关。

(7)操作者通过目镜观察并旋转操纵轮,使目镜上的水平线始终与沉积泥沙的表面保持在同一高度。

(8)当认为所有颗粒都沉入沉积部分后关闭振动器和记录器。

(9)从沉降管底部取出沙样,冲洗干净沉降管。

11. 由累积沉降曲线推算粒径分布

由第 10 部分讲述的方法可以得到一条以沉降时间为横坐标,以泥沙沉积高度为纵坐标的记录曲线。如果不假设或建立一条沉降时间与颗粒径关系的曲线,就不能从泥沙沉积曲线推算出泥沙粒径分布,未做改正的图纸是建立在第 9 部分中提到的参考文献所给出的沉降速度—粒径关系基础之上的。借助于表 1 所说明的计算方法建立沉降速度与时间和未做改正的图上图距之间的关系。改正过的图是根据沉降时间和粒径关系绘制的。这个关系则是通过分析已知沉降速度分布沙样的直读式累积沉降管的试验结果建立的。

粒径分布是从许多沉积曲线,从改正过的和未改正过的图上计算确定的。如果一条沉积曲线原来不是记录在要求用的图纸上,就将这条曲线套放在有所需要的时间、粒径关系的图纸上。粒径分布可如此确定:如图 5 所示,沉积曲线与分析水温分划线的交叉点用短线作了标记。可以利用任一种使用方便的尺子来量取细于某一分界粒径的泥沙百分数。这把尺子可将总的沉积量分成 100 份。零放在总累积曲线上,100% 放在零累积曲线上。将这把尺子水平移动到短线标志处,细于分界粒径的百分数可从尺子直接查读。这些百分数实际上是一体积百分数。但正像后面将要解释的,它们与重量百分数在本质上没有分别。

三、分析玻璃球沙样的直读式累积沉降管法的改进

12. 概述

直读式累积沉降管法(VA 管法)的一个基本问题是提高分析方法的精度。只有当这种方法分析的粒径分布结果从综合所有按重量调配的不同颗粒的单颗沉降速度得出的粒径分布结果相一致,才能认为这种方法是精确的。未做改正的方法不够精确,因此要得到令人满意的精度,必须进行改正。VA 管法的改进和计算精度的提高需要分析很多已知以标准沉降速度的粒径分布的沙样。

VA 管法的前期研究是以分析玻璃珠沙样为基础的。把已知标准沉降速度和其他特性的玻璃球配制成各种不同的重量和粒径分布的沙样。表 2 给出了在 3 种不同水温时的粒径分布和沉降速度。按照第 10 部分所描述的方法步骤分析玻璃球沙样。图 6 ~ 图 10 给出了以未改正图表法的粒径分布的误差表示的分析结果。这些误差是以已知的粒径分布为标准计算出来

的。在每幅图的下面给出了各沙样组已知的粒径分布。由点绘出的误差可知,分析得到的粒径分布与已知的粒径分布不符合。例如:如果由分析得到的粒径分布数值表明细于 350 μm 的玻璃砂的重量是 68.2%,已知的粒径分布值给出了细于 350 μm 的重量是 70%,其误差是 3.8%。

13. 注沙方法的影响

用分层沉降法进行过试验分析工作的研究工作者在往沉降柱体的顶部加沙时,已经使用过了各种不同的方法。但是究竟那一种加沙方法更好,他们并未取得一致的意见。要评估不同的加沙技术的优劣,还缺乏足够的资料。在 VA 管法中,沙样可以在混合室中分散或者在打开管夹的瞬间停在混合室底部。同一沙样可以在不同的分散条件下重复试验来比较其影响。这些分析结果见图 6~图 9。两种条件下的分析结果差异不大。然而因为分散沙样的分析结果似乎更为稳定一致,所以在混合室中分散泥沙的方法被作为 VA 管法的标准方法。

图 6~图 9 的资料表明,往 VA 管中加沙的方法对分析精度不会产生严重的影响。

14. 管子冲洗方法的影响

当用底漏管法或直读式累积沉降管法进行分析时,有一些玻璃球体粘附在管子内壁上。虽然这种粘附现象对分析精度没有产生显著的影响,但它是一种干扰因素,我们有必要对其进行研究。

用蒸馏水或中性的清洗剂冲洗沉降管不能消除玻璃球与玻璃管间的粘附作用。然而,在分析前用下述特殊方法进行处理,可以有效地消除吸附作用;用 1 L 浓硫酸加 35 mL 重铬酸钠溶液配制成清洗剂,用少许这样的清洗液冲洗粒径计管使其内表面全部湿润,将清洗液从管内倒出,然后,先用自来水后用蒸馏水彻底冲洗(清洗剂可以再用,这种清洗剂只能用于玻璃,应避免与皮肤及衣物接触)。后来又发现了一种更合适的清洗剂“醇王”(Alconox),这种清洗剂至少对泥沙沙样分析来说是合适的。

为了弄清使用这种特殊的清洗剂清洗直读式累积沉降管的影响,我们做了一些试验。试验结果见图 6~图 9。每幅图的上面的一组曲线是没有使用特殊清洗剂的结果,中间一组曲线是用同一沙样,在用特殊清洗剂处理过的管子中分析的结果,下面的一组曲线是采用一种相似的检验方法但不是用同一沙样的分析结果。每个已知重量和粒径分布的沙样都用 4 种不同的方法进行了分析。

清洗方法的影响对于细颗粒沙样和在 2 mm 管径的沉积管中进行的分析最为明显(见图 7)。即使在这样的条件下,在用普通方法冲洗的管子和用特殊清洗剂清洗的管子中进行分析的平均差值,对于细沙沙样来说,只有全部沙重的 2%,对于粗沙沙样来说则更少。由于采用特殊清洗剂冲洗的管子的分析结果更为稳定,所以,把用这种特殊清洗剂冲洗管子作为分析玻璃球沙样标准方法的一个组成部分。后来的试验表明沙粒对管壁的吸附作用比玻璃球弱,因而,这种特殊清洗方法能使玻璃球沙样更接近地重现实际沙样的特性。

15. 玻璃球样分析结果的改正

用未经改正的分析方法分析出的粒径分布结果与已知的粒径分布还存在有一定的差异,不能达到令人满意的精度。分析得到的细于某一粒径的百分数一般都偏小。很明显,颗粒在管子中群体沉降的沉降速度大于标准沉降速度。

图 6~图 10 给出的在用特殊方法清洗的管子中用分散沙样分析的粒径分布,被用来寻求改正因子,以使经过改正的分析结果与已知的粒径分布更加接近。图 10 中的每种粒径分布不

像图 6~图 9 那样取自单次分析结果,而是代表同一沙样至少每次分析结果的平均值。所有的分析工作都是用分散沙样,在经过特殊清洗过的管子中进行的。在试用过的许多改正方法中,选择了减小沉降时间百分数的方法,这是因为这种方法比较简单,且具有一定的精度。对沉降时间的改正照下述方法进行:对于 2 mm 管,改正量为 −19%;对 3.2 mm 管,改正量为 −13%,对 4 mm 管,改正量为 −12%;对 5 mm 管,改正量为 −11%。将这些改正量用到图 6~图 10 的资料中,改正后的误差一般都在 5% 以内(见图 11、图 12)。

图 11 和图 12 的所有曲线都有一定的特点,这取决于各个沙样的粒径分布。但总的模式(或线型)对所有的分析结果来说,或多或少有点代表性。

为了使分析结果与已知的粒径分布更为一致,可能有人会使用随粒径而变的改正量对分析结果进行改正。然而,由于任一已知的粒径分布的不准确值可达 3%,所以,采用更加复杂的改正方法似乎没有必要。

可以事先绘制进行过沉降时间改正的新的计算图表,除了根据不同管径的相应修正百分数(例如:5 mm 管子修正数为 −11%)修改原来的横坐标外,新的图表与图 3 中的图表是相同的,在使用新的图表进行分析计算时,没有什么新方法。

16. 管径及含沙量的影响

图 11、图 12 表明,使用不同管径得到的分析成果的精度几乎没有多大差别。用大管径分析的误差一般略小一点,重 0.1 g 沙样的分析误差说明了当沙量太小时,对分析精度的影响。沙量太小时,分析结果不太稳定,这可能是由于总的沉积高度太小所致。

粗沙沙样分析的结果说明,分析粗于 500 μm 的粗沙时所需的合适的含沙量,即使沙量多少适度,在 2 mm 管径的管子中进行分析时,其分析精度也有下降的趋势。最大误差出现在分析重 0.8 g 的沙样时。这是在 2 mm 管中进行分析的最重的沙样。在 5 mm 管中的分析结果受最粗颗粒的影响没有受相对较粗的颗粒(粒径在 350 μm 的颗粒)与高含沙量综合作用的影响显著。

除了在太细的管子中分析粗颗粒泥沙外,管径似乎不是影响分析精度的重要因素。然而由于含沙量的影响,对于不同管径的管子,应该把沙量控制在一个合适的限度之内。一般应控制在 3″ 或 4″ 的沉积高度。最大沉积高度 6″、最小沉积高度 1″ 应作为控制沙量的界限。如果在整个分析过程中任一时刻的沉积速度太快,都会给跟踪沉积高度的工作带来困难。因此,当沙样的粒径范围很小时,需要的沙样沙量也应少一些。

在同样粗细的管子中用不同重量的沙样进行分析的差异还难以最后定论,有可能是沙量少的沉积得快一点。如果高浓度的沙样中不包含相对于分析管径来说的粗颗粒,则没有证据表明含沙量是影响分析精度的一个重要因素。没有精确测定分析玻璃球沙样时的粒径和浓度的界限,因为玻璃球的界限与泥沙沙样的界限是不一样的。

17. 玻璃沙样的分析精度

如图 11 和图 12 所示,对于分析玻璃球沙样,直读式累积沉降管法在粒径分布曲线的所有点上,分析误差都在 5% 以内,很少有点据与已知分布曲线的偏差超过 4%。事实上,大多数点据的偏差在 3% 以内,这种偏差可部分地归于已知分布曲线本身包含误差,这个误差可大至 3%。

18. 直读式累积沉降管法与底漏管法精度的比较

为了比较两种方法的精度,用了 6 组粗粒度居中的沙样。先用 VA 管法,后用底漏管法进行分析。每组两个沙样分别在不同管径的 VA 管中进行分析。分析结果与已知粒径分布的偏差被点绘于图 13。与底漏管法相比,VA 管法的分析结果更为准确、更为稳定。

19. 玻璃球的体积,重量关系

VA 管法的分析结果是根据体积百分数得到的。体积百分数与重量百分数没有本质上的差异。已知重量的各种不同粒径的玻璃球在 2 mm、3.2 mm、4 mm 和 5 mm 管径的管子中的高度见图 14。体积重量关系影响 VA 管法分析结果的唯一因素是管径、沙重不变的情况下,不同粒径沉积高度的差异。

根据体积和重量计算的细于某一粒径的百分数之差的计算方法见表 3。这种比较方法基本上是根据沙样的颗粒级配进行的。除了一些异常级配的沙样外,即使是 2 mm 管径的沉积(其变化最大),体积、重量关系的变化也基本不会使细于一粒径的百分数产生 1% 的差异。

四、用于沙样分析的直读式累积沉降管法的率定

20. 分析筛及其率定

此项研究中使用的分析筛的精度对 VA 管法中的分析精度没有直接的影响,然而,在整个研究过程中筛子的孔径分布一直被用来进行比较。对筛分结果的改正是根据用显微镜分析粒径在 20 ~ 700 μm 的玻璃球的分析结果进行的。筛分结果改正的数据及资料可以在报告之十[四]中找到。报告中给出的分析结果是各标称筛径之间的沙样百分数,但可以将其迅速地变换成细于某一标称孔径的累积百分数。如果将报告之十表 4 中 20 ~ 700 μm 的颗粒级配的显微镜分析结果点绘出来,我们就会很快发现报告之十图 2 中,靠近图底部的与原始筛分级配百分数相等的那些粒径,就是分析筛实际上将沙样分成几部分的粒径。例如:筛分结果表明细于 125 μm 孔径的沙量百分数是 29.9,但显微镜分析结果给出的相应于细于某一粒径的累积百分数为 29.9 的粒径却是 121 μm。因此,标称筛径为 125 μm 的分析筛在相应于显微镜分析粒径 121 μm 处把玻璃球沙样分开。同样地,孔径为 250 μm 的分析筛(制造商在分析玻璃球时率定粒径为 246 μm)相应于 246 μm ,149 μm 相应于 146 μm,88 μm 相应于 90 μm ,74 μm 相应于 78 μm ,62.5 μm 相应于 64.5 μm,44 μm 相应于 49 μm 。其他筛径的改正量可以忽略,即它们影响标称粒径的值小于 1%。

改正的泥沙筛分级配曲线是用沙量累积百分数与改正后的筛径而不是与标称筛径点绘关系曲线。从点绘出的关系曲线上即可得到标准级配。除了表 5 中使用的是改正后的粒径而不是标准粒径外,本报告的正文、表格、插图中所提到的筛分级配都是指的标准级配。

21. 直读式累积沉降管分析结果改正的必要性

因为评价泥沙颗粒级配分析方法的精度非常困难,非常耗费时间,研究工作者一直倾向于以分析结果的重现性,或者以筛结果为标准建立关系,来研究颗分方法。

图 15、图 16 说明了鲍德(powder River)两种级配泥沙改正后的筛分析结果与未经改正的 VA 管法分析结果的差异。这种差异分别以直读式累积沉降管法的分析结果相对于筛分结果的误差和以两种分析结果细于某一粒径的百分数的代数差的形式点绘在图上。

图 15 中上面三部分中的每一种分布都是 4 次分析结果的平均值,而图 16 中上面三部分中的每一分析曲线则是两次分析结果的平均值。图 16 中分析工作的一半是在用饱和硫酸钠溶液清洗过的管子中(如 14 节中所述)进行的。这种特殊的清洗方法不比用"醇王"清洗优越。人们一般不把"醇王"当成一种特殊清洁剂,在图 16 中的另一半分析工作中和其他所有

的泥沙沙样分析工作中都使用了这种清洁剂。未经率定的 VA 管法分析结果是使用图 4 中给出的未经改正的泥沙沙样分析用图得到的。图 15 与图 16 表明,筛分析结果与未经改正的 VA 管法分析结果的关系,不仅随组成基本沙样的级配的粗细而变,而且也随着颗粒粒径而变。未经改正的 VA 管法分析结果与筛分析结果差异较大。

可以对 VA 管法进行改正来提供一个以筛分粒径表示的相关稳定的分析结果,但颗粒形状和比重会对分析结果产生较大的影响,这种改正只有在一个操作系统中、对特定的一套分析筛才是可行的。即使分析筛率定建立了一个更为稳定的比较标准,它也不能满足该项研究工作的需要。该项研究工作需要提出以泥沙颗粒沉降速度为基础的粒径分析方法。

要使 VA 管法得到广泛的应用,就必须用某种确定的、易于理解的、易于重现的泥沙粒径单位来改正这个方法。本报告中所定义的标准沉降直径和标准沉降速度的概念,为表达用沉降法进行泥沙颗粒级配分析的结果提供了一个简明的基础。这一套单位以单颗粒沉降为基础,表达了泥沙沙样的基本水力特性。无论它能否得到普遍应用,它至少是现成的、有准确定义的。

VA 管法初始研究阶段采用的是玻璃珠沙样,初步研究表明这种方法是切实可行的,可以给出具有高度重现性的结果,但它同时也表明这种分析方法不能直接确定标准速度分布。标准沉降速度分布可以通过综合单颗粒的沉降速度得到。这种基本的分布形式只能通过对 VA 管法的分析结果进行改正而得到。对玻璃珠沙样进行的分析表明,需要将这种方法用于改正泥沙沙样的分析结果。然而,并没有确切的把握保证对于泥沙沙样的改正,会和对玻璃珠沙样的改正相同或类似。

我们对用一些间接的手段,对泥沙沙样分析结果的改正问题进行了探索。如对同一个沙样在几个不同的管子中的分析结果进行比较分析,或者对具有相似的级配,但总沙重不同的一些沙样的分析结果进行比较等。用这些方法进行的改正计算,对要达到令人满意的精度来说还难以最后定论。对泥沙沙样来说,以标准沉降速度标定 VA 管法的唯一可能是,利用其标准沉降速度事先已用其他方法予以确定的沙样。

22. 确定沉降直径分布的方法

为了进行这项研究,我们提出了一种新的确定泥沙沙样沉降直径分布的方法。将一个由 5 种沙子复合配成的大沙样(见第 27 节)过筛,每次 10 g,直到得到所需要的各种不同筛分粒级。记录下根据各组沙子的总重量得出沙样的筛分级配,然后,将欲确定其沉降粒径分布的每一筛分粒径的沙样细心地反复分下去,直到大约只剩下 100 颗左右的代表颗粒,将这些颗粒一粒一粒地丢放在静水中,则可以得到每颗沙粒的沉降速度,平均沉降速度可以准确到 5% 范围以内。利用附录中的表 10,可以将沉降速度转换成沉降粒径。

泥沙颗粒的沉降直径的立方接近于其相对体积和重量。将沉降粒径按照从小到大的顺序依次排列,再将沉降粒径的立方按从小到大的顺序累加求和,然后在大约相应于累积总和一半处选择一个沉降直径。小于这一沉降粒径的沉降粒径的立方和,可以表示成总立方和的分数。例如在直径为 350 ~ 500 μm 的筛分粒级中,0.517 小于(或 0.483 大于)400 μm 的立方(见表 4),对于已经确定其沉降粒径的每一筛分粒级的沙样都可以得到这种类似的数据。如果已知一个沙样有 37.0% 细于 350 μm,有 25% 在 350 ~ 500 μm 之间。那么,整个沙样中有 49.9%(37% + 0.517 × 25%)的泥沙颗粒的沉降粒径小于 400 μm。这些数据说明了沉降粒径分布推算的方法,表 5 给出的是 cheyenne 河沙样的数据。

4个确定沉降粒径分布有关的确定的说明：

（1）假设沉降粒径的立方与泥沙颗粒的重量成比例。这个关系不是直接的。但即使使用沉降粒径的一次方对计算结果影响不大（如果筛径间隔很小的话），其立方也比其一次方更能近似地代表泥沙颗粒的重量和体积。

（2）在所列举的算例中，一般来说其计算结果是合理的。但在粗于筛子孔径 500 μm 的沙子中，偶然地有一部分沙粒的沉降直径小于 400 μm，或在细于筛子孔径 350 μm 的沙子中，偶然地有一部分沙粒的沉降直径大于 400 μm。通过另外的计算，将跑入其他粒径级范围的泥沙颗粒相应代表的重量移回到了相对于 400 μm 粒径来说它合适的一侧。

表6给出的是筛分粒径范围为 1 000 ~ 1400 μm 的 100 颗泥沙颗粒的资料。这一粗沙部分的沉降直径分布与邻近区域的中值沉降直径相互交叉覆盖。当有交叉现象时，级配计算则需按表7给出的算例进行。

（3）在沙样的整个粒级范围内，用100颗沙粒作为基础来确定某一粒径级范围内的沉降直径分布，从分析结果来确定某一粒径级范围内的沉降直径分布，从分析结果所表现出的一致性来看，其精度是令人满意的（见第 28 节）。通常，要确定一个全沙沙样的沉降直径分布曲线，需要将沙样的粒径范围分成这样的大约 8 个粒径。因为这条曲线的形状必须与该沙样筛分直径分布曲线非常相似。很显然，不同粒径范围的划分方法不是一成不变的。如果这样变化不大，则邻近的分析结果就被平均掉了；但如果发现有很大的差异，则应重新检查原来的划分方法。在前面所列举的例子中，如果小于 400 μm 的立方不是 0.517 而实际上是 0.600（额外的差异），则细于 400 μm 的百分数将从 49.9 改变为52.0，这仍在可以接受的精度范围内。各个粒级内的误差是相互独立的，不受累积误差的影响，通常适用于一个全沙沙样较次要的部分。

（4）在 20 ~ 35 ℃的温度内，认为温度对水中泥沙颗粒沉降速度的影响基本上与其对比重为 2.65 的球体的影响相同。附录中的表11（它是从报告之四中图 5 的资料得出的）可以被用来在已知其他水温条件下的颗粒沉降速度时，查找在 24 ℃时的沉降速度。同样，表10可被用于在已知 24 ℃水温时的沉降速度或直接地从其他水温时的沉降速度查找泥沙颗粒的沉降直径。

可能有一些颗粒，对于它们来说，温度对沉降速度的影响与温度对比重为 2.65 的球体的沉降速度的影响有很大差别。沉降颗粒阻力曲线的研究已经表明，一般对于一组泥沙颗粒来说，其与球体颗粒的关系还是可以成立的。没有正式发表的陆军工程兵团用密苏里河上的沙样进行的研究表明，对于在 3 ~ 17 ℃的水温中沉降的沙粒来说，使用球体沉降关系可以得出令人满意的结果。关于温度对泥沙颗粒沉降速度的影响的进一步研究见报告《粒度分析的一些基本问题》。

23. 已知沉降粒径分布的试验沙样

一个沙样的每个筛分粒级的沙子被用来组合成另一个其沉降直径分布可以从已知的筛分粒径的分布推算出来的沙样。首先，将所需重量的最粗粒级的沙子放进一个刚称过空碟重的碟子内，记下毛重。然后重复这一操作过程，直到碟子内包含有所有的筛分粒级的沙子。这些按原来筛分粒级的重量比例合成的沙样有与原来的沙子相同的沉降粒径分布。按其他比例合成的其他沙样则有不同的沉降粒径分布。各个筛分粒级内的沉降粒径分布并没有改变。因此，一般来说，合成沙样的沉降粒径分布并不能构成一条平滑的曲线。为了得到一个需要的粒径范围或类型的沙样,有时需要使用两个或更多沙样的筛分粒级的沙子。

计算的分布曲线对试验沙样分布曲线的代表性如何,是一个重要的问题。当用大约 8 个不同筛分粒级的资料来计算累积沉降粒径分布时,分界粒径百分数的精度大约在 2 以内,即如果在 350 μm 处,细于 350 μm 的百分数为 45,真正的细于 350 μm 的百分数则在 43 ~ 47 之间。在沙样称取过程中,在从每一筛分粒级中称取用于合成沙样的沙子的过程中,都不可避免地要出现一些小错误。

24. 已知沉降粒径分布的沙样分析

按照第 10 节所述的方法步骤,我们分析了每一个已知沉降粒径分布的沙样。在每天使用之前,沉降管都用"醇王"进行了冲洗。在分析之前,沙样都在混合室中进行了分散处理。

对前面已经研究的沙样(Power River)制取了备份沙样并进行了分析。其余的在这些试验中,每种沙重则只用了单个沙样。每一个沙样在适合分析该沙样的每一种管径的沉降管中,至少进行了两次分析。沙样的重复使用提供了独立于不同沙样沉降粒径分布,也独立于不同沙样之间任何差异的一致性检查。

在所研究的沙样中,一般来说,絮凝不是沙样分析所遇到的大问题,但偶尔在有些分析过程中,泥沙颗粒呈团状下沉。如果让沙样在水中停留较长的时间,泥沙颗粒有时将会以两粒或更多颗粒一组而不是单颗沉降。搅拌沙样后让其澄清,然后倒掉上层的清水,这样一般可有效地使沙样适于进行分析。特别是将这个过程重复几次后,其把握性更大。如果需要的话,可以加入几滴化学分散剂。但是,除了氧化沙样中的有机物质,在这些试验中一般不使用化学药剂。

对那些含有一定数量的有机质的沙样,或对那些在潮湿的环境中存放时间过长,已形成带状的、用水洗的方法不能除去的有机物,用 6% 的过氧化氢溶液进行了处理。加入 1 ~ 10 mL 的过氧化氢溶液,具体加入量要根据对沙样中有机物数量的估计确定。将沙样放入器皿中用文火煮沸,直到有机物完全氧化。加入蒸馏水,搅拌,让其沉淀,倒去上层澄清层,用这样的方法将沙样冲洗 3 次,然后让沙样冷却到室温温度再进行分析。

直读式累积沉降管法(VA 管法)只适于分析沙粒范围内的沙样。除了"泰勒斯瀑布"沙样(它是一种含有大量的有机物、粉沙和泥土的沙样)之外,组合已知沉降粒径分布沙样的方法,解决了从细颗粒中分离沙子的问题。在准备"泰勒斯瀑布"沙样的筛分粒级时使用了通用的干筛操作法,但这并没有除去粘附在沙粒上的非常细的颗粒。那些沉降粒径小于 44 μm 的颗粒是采用让沙样通过水体沉降的方法从沙子中除去的。为了得到最终的筛分结果,将从沙样中除去的细沙的干重加到筛分结果中沉降粒径小于 49 μm 的那部分沙样中。

"泰勒斯瀑布"的一系列特殊沙样的组成使沙样的 50% 以上细于 62 μm,这部分细沙的大多数属于黏土的粒径范围。这些沙样被用于研究在用 VA 管法进行沙样分析之前,如何从沙样中除去很细的物质的问题。每一个沙样从沉降管的顶部注入,让其沉降一段时间,这段时间与直径为 55 μm 的石英球体的沉降时间相等。然后,沉积下来的泥沙被取出并在 VA 管中进行分析,分析结果是令人满意的。但是,由于上述分离过程没有除去细颗粒,沙样在 VA 管中完全沉降所需要的时间太长。在沉降管中用相似的沉降法再分离一次,除去了大多数的细腻物质,使得剩余沙样的分析迅速而精确。

用未率定的 VA 管法分析 Power River 的沙样得出的沉降粒径分布与已知的沉降粒径分布之间的差异见图 17、图 18。前边在图 15、图 16 中已将 VA 管法分析的同一结果同筛分级配进行过比较,未经改正的 VA 管法的分析结果与沉降粒径分布不相符,因此必须进行改正。

因为水体的流动是泥沙颗粒的运动或水沙混合物的运动所引起的,在 VA 管中以群体沉降的泥沙颗粒的沉降速度一般大于颗粒的标准沉降速度。从百分数来讲,在沙粒范围内,百分数相差最大的是细沙,非常粗的沙粒在 VA 管内的群体沉降过程中仍以接近于本身标准沉降速度下沉。给定泥沙的沉降速度似乎是在含沙量非常低时沉降得最快,低于一般 VA 管法分析中的单颗粒沉降。在所有的 VA 管法分析过程中,随着含沙量的增加,沉降速度趋于逐渐下降。

含沙量对水中泥沙沉降速度的影响可能取决于颗粒粒径和密度,取决于管子的粗细,与颗粒形状和水的温度也有一定的关系。用现有的理论和知识来评估这些关系是不够的,特别是对于从沉降柱体的顶部加沙的分层沉降系统来说是这样。

25. 图表的改正

VA 管法的改正是对于沉降管中产生的液流的影响进行改正,同时也对体积重量关系进行改正。为了对 VA 管法进行改正,对于不同的预先计算好沉降粒径分布的沙样进行了近 300 样次的分析。改正关系是根据大量的沙样、各种不同的级配和已知的分析含沙量的平均情况建立的。进行改正需要用两张图,一张用于长 120 cm 的管子,一张用于长 180 cm 的管子。

每次分析得到的一条时间—泥沙累积沉降高度曲线(见图 19(A)),对于每一次分析,相应于不同的分界粒径,代表相应的已知沉降粒径分布的百分数的点子被标注在曲线上。如果被改正沙样的 40% 细于 125 μm,则对 125 μm 来说,40% 范围以内的曲线就确定了从时间起始线的距离。因而,对于分析水温来说,每一次分析都为改正每一个分界粒径所使用的 VA 管建立了一个点据。数次分析的点据被集中到图 19B 中,通过每一组点据绘出一条代表一特定的分界粒径和水温的曲线。从图上时间起始线到一分界粒径线的距离代表了其粒径等于分界粒径的颗粒在 VA 管中沉降所需的时间。

不同水温的分析结果为进行温度改正提供了资料。分析结果不能完全解释水温对沉降时间的影响,但它表明温度变化的影响近似于与其对石英球体沉降速度的影响成比例。因为对于改正工作中相对很小的温度变化范围来说,采用石英球体关系曲线不会引起很大的误差,所以假定水温变化对泥沙颗粒沉降速度的影响与其对石英球体沉降速度的影响相同。

虽然未经改正的图 3 与图 4 表明,随着累积沉积物高度的增加和沉降距离的减小,沉降时间逐渐缩短,但改正图表给出的几乎是垂直的时间—温度线。所以,对于某一分界粒径,其沉降时间改正量应随沉积高度而变。这种差异是由于当沉积高度较大时,悬浮液所具有的较高的含沙量的减速作用而引起的。

用于 VA 管法进行沙样分析的最终改正用图见图 20。图 20(A) 是用于长 120 cm、收集管内径为 2.1 ~ 7 mm 的沉降管的,图 20(B) 是用于长 180 cm、收集管内径为 9 mm 或 10 mm 的沉降管的。从沉降管顶部到管夹再到沉降管底部止动器的沉降距离(见图 2)——从沙粒的出发点开始,沙粒沉降的最小距离分别为 125 cm(最初设计 123 cm)和 185 cm。这些改正数是根据所分析的那些粒径范围和含沙量都在允许范围以内的沙样得出的,最终的率定图根据调整计算的连续性和平差的要求进行了平滑处理。

因为用于分析的有些沙样的量太大或由于某一粒径颗粒的浓度太大,所以某些分析结果的精度有所下降。这些分析结果没有直接用于建立改正图表,然而,它们帮助找到了能够在各种不同尺寸的 VA 管中令人满意地进行分析的沙量和颗粒粒径的上限。这些界限是必要的,因为粒径过大或沙量过多,或者两种因素的任意组合都会使沙样的沉降速度减低。

所分析的最小粒径是 62 μm,沙样中少量的粉沙对分析精度的影响并不很大,但延长了分析所用的时间。试验沙样的最小沙重是 0.1 g,这么重的沙样只在 2.0 mm 的管子中进行了分析。在其他型号管子内分析的沙样的最小沙重取决于能够在这种型号的管子内进行合理的、准确的分析所允许的最小沉积高度。在较细的管子中要准确地跟踪沉积物的顶部更为困难,因此需要有一个较大的最小沉积高度。

试验沙样的研究给出了在各种不同类型的沉降管中能够准确地进行分析的沙样的颗粒粒径和沙量的近似界限(见表 8)。

表中沉降管的尺寸与一些在分析试验中所用的管子不同,表中给出的那些管子的尺寸是那些最后接受的作为标准的沉降管。允许的最大颗粒粒径受制于不超出沙样的一个太大的百分数。如果沙样相对于管子的容积来说很小,或者粗沙部分的分析不是非常重要,则允许超出的百分数可以大一些。一般说来,如果沙样在沉降管底部的沉积高度在 1″到 4″之间,可望得到最好的分析结果。但对于一个粒径范围很小的沙样或粗颗粒泥沙占支配地位的沙样,需要减小这个沉积高度。

五、沙样分析的精度

26. VA 管法分析记录

记录笔跟踪记录了一条连续的累积沉降高度—时间关系曲线。纵坐标是沉积在管子底部的泥沙的高度,横坐标是沉降时间,1 分钟在标准记录纸上相当于图距 2.020″,不同类型沙样的沉积曲线见图 21。

图 21 的曲线 A 给出的是一条对于要求得到准确的百分数读数来说有足够高度的总的沉积曲线,但对于含沙量来说不够高。曲线代表均匀的分布,并以不同的角度截取粒径线,这些截距使得易于读取百分数。全部沙样的 62% 细于 62 μm,如果不存在细沙,分析时间将不需要这么长。

除了总的沉积高度只有大约 3/4″外,累积曲线 B 与曲线 A 具有同样的特点。在总高度这样小的情况,累积曲线记录本身的误差和读取百分数的误差都变得不可忽略。但是对 2.0 mm 或 2.1 mm 的沉降管来说,这样高度的记录是足够的。

除了总的沉积高度是最大的之外,累积曲线 C 与曲线 A 和 B 是相似的。只是因为沙样的分布是均匀的。任一分界粒径的含量不特别高,由曲线 C 得到的结果才算符合要求。即使对于均匀分布的沙样,曲线 A 的总沉积高度也是最合适的。

曲线 D 给出了对粒径分布集中在有限范围内的中等粗细的沙样和粗沙沙样来说所需要的最大沉积高度。如果总的沉积高度比它大,且不延长分界粒径线段的话,500 μm 线将不与曲线相交。分界粒径线已经划到了安全的最大高度。如果在 500 μm 沉积的总高度已经高于粒径分界线,沉积速度可能已经超限。沉积太快会难以跟踪,它表明累积沉降段的高含沙量已经反过来影响了泥沙颗粒的沉降。因为沙样中主要是粗沙,故必须特别注意把记录笔放在时间起始线上(零时刻线上)。

曲线 E 表明沙样的 32% 是粉砂,粉砂并没有破坏分析的精度。因为粉砂的沉降速度很慢,要得到合理的分析结果,需要 30 分钟的沉降时间,实际上这些试验沙样沉降了 60 分钟。

表 8 是对管子大小与沙样关系的初步介绍,泥沙沉积曲线的形状说明了对一个给定的沙

样来说,如果选择确定管子的尺寸要考虑哪些重要的因素,这些都是一些一般的标准。若不能达到最好的条件,通常在分析中只会产生很小的差异。

27. 分析所使用的基本沙子

试验沙样是用5种具有不同粒径分布的基本沙子混合配制成的。

鲍德河沙是1951年3月1日在怀俄明州萨克塞斯附近鲍德河的河床上取得的。

共和河沙是1951年4月3日取自于内布拉斯加的斯特顿附近的共和河河床上。

奇因河沙是1951年3月9日在南达科达的哈特斯普林取自奇因河河床。

泰勒斯瀑布沙是由中沙、细沙和很大比例的黏土和粉沙组成的表层冲积物,这种沙子不像大河干流中的沙子分选得那么好。这种沙子是1952年8月11日从明尼苏达州泰勒斯瀑布附近取得的。

特种沙的选用是因为其级配很粗,据说它是从北达科达的盖里逊附近的密苏里河的河床或河堤上取来的大批沙子中得到。

图22~图26给出了各种沙子不同筛分粒级的比重,同时也给出了每种沙子一些筛分粒级的体积—重量关系。容重是以一定重量的不同沙子筛分粒级的累积高度来表示的。对于分析工作来说,不同沉降管之间与不同沙子之间容重的变化不大。只有在重量相同的不同的筛分粒级之间,沉积高度的变化才是重要的。

从沉积高度随粒径的变化,我们可以计算出给定级配的沙子体积百分数或重量百分数的之间的差异。表3给出了玻璃珠沙样的计算方法,说明了容重影响的相对大小。然而,容重影响因素以及其他影响因素都被VA管法的改正给包括了。

图27~图31给出的是每种沙子4种筛分粒级的代表颗粒的缩微照片,显示了颗粒的粗度特征和一般形状(这些照片是在内布拉斯加州欧马哈的陆军工程兵团密苏里河师的实验室摄制的)。在本项研究中没有考虑形状因素,因为我们的主要兴趣在于沉降速度。与确定形状因素相比,我们可以更为容易、更为准确地确定泥沙颗粒的沉降速度。

28. 试验沙样的粒径分布

已知天然沙样的沉降直径分布见图32~图36和表12。每种沙子的天然粒径分布是经常使用的,有时也会用于其人工分布。这些人工分布的沙型是按细沙、中沙、粗沙设计的。但这里的细沙、中沙、粗沙只具有个别说明中的相对的含义,并不是指沙子标准的粒径分级。

我们分析了每种沙子天然的筛分粒径分布,对天然的粒径频率分布曲线通常都进行了光滑处理。有些人工沙样的粒径分布非常规则,这是因为每一筛分粒级内的粒径分布与天然分布是一样的。而筛分粒级却不像天然沙样中那样成比例。曲线上最不光滑的地方是在不同分析筛的分界粒径处。例如,在图32中,在121 μm处分布曲线不连续,而121 μm是名义上125 μm筛子的实际筛径。

每一种筛分粒径分布所对应的沉降粒径分布是根据点绘的点据确定的,每一个点据则是从至少100粒沙粒的沉降速度资料计算出来的(见表4~表7)。沉降粒径分布则是根据完全独立于VA管分析方法的基本资料的计算得出的。

一般来说,对于比重大约为2.65的沙粒,对于细沙,天然沙粒的沉降粒径大于筛分粒径;对于中等粗沙子,筛分粒径等于沉降粒径;稍粗些的沙子沉降粒径则小于筛分粒径。因为绝大多数的筛孔是正方形的,可能在10%形状不规则的、名义上等于而实际上大于筛子孔径的颗粒会通过筛子。对于小沙粒(它以较小的雷诺数下沉),10%的粗颗粒的加速影响比起颗粒形状和表面粗糙的减速影响更为明显。所以,其沉降粒径大于筛分粒径。而对于粗沙颗粒形状和表面粗糙对沉降速度的减弱作用相对较大,减速作用成为首要的。

对于沿图的底部标注出的每一种分界粒径,都点绘出了以 VA 管法分析结果得出的平均沉降粒径分布。这些点子用三角形加以标注,但没有把这些点子单独连成一条曲线。平均分析数据是数据在可以接受的沙量和粒径范围内所有的分析结果得到的(见表 12),在平均值计算和将来的讨论中没有使用的沙样在表中都用星号加以标注。

29. 单个沙样的分析精度

图 37 ~ 图 41 给出了大约 1/4 的用 VA 管法分析结果的精度。选择分析结果的原则是尽可能地包括较大的沙子、粒径分布的范围和 VA 管不同的管形。当一个沙样有多次分析结果时,只点绘出前 3 次的分析结果。图 37 ~ 图 40 中所用的资料都是 120 cm 长的沉降管的分析结果。

每幅图中上面两组曲线给出的,是用相对于用丢放单颗粒泥沙得到的沉降粒径分布而言,细于某一粒径的泥沙的累积百分数的误差表示的分析精度。即如果沉降粒径给出的细于 500 μm 的泥沙颗粒的百分数是 89,而分析结果给出的是 92.5,这个点子将表明在 500 μm 处,误差为 +3.5。这些误差可以事先从表 12 得到,并将其点绘出来,来说明在细于或粗于某一粒径的百分数曲线上分界粒径处的误差。

在某种程度上,细于某一粒径的累积百分数曲线上的误差,随着某一给定分界粒径处相对沙量的增加而变大。这其中的部分原因可能在于从像图 21D 型曲线这样陡的累积曲线上,准确地读取细于某一粒径百分数的困难。但毫无疑问,另一部分原因是由于沉降速度分析计算中存在着一些小误差。

如果曲线很陡,沉降速度微小的误差将会引起细于某一粒径百分数的较大的误差。

图 37 ~ 图 40 中上面两组曲线的分析精度都在总沙样的 5% 以内。图 40 在粒径 88 μm 处出现了相当大的误差,尤其是 3.4 mm 的沉降管。但在 VA 管中分析沙样的 3/4 是 62.5 ~ 125 μm 的粒径范围内。图 41 中也出现了一些 5% 左右的误差,但这是由于在出现这些相对大的误差的分界粒径处,该粒径沙子的浓度太高。

在图 37 ~ 图 41 中,每幅图中下面两幅曲线给出的是在每一分界粒径中以沉降速度误差表示的 VA 管法的分析精度。数据的推算可用图 21 中的曲线 A 来说明;在沉降粒径 88 μm 处,细于该粒径的百分数是 26,在 25.9 ℃(这正是分析水温),88 μm 的分界粒径线距时间起始线的距离是 4.08″。曲线 A 上细于某粒径查百分数为 26 的点出现在距时间起始线 4.08″ 处,因为距离也代表沉降时间,从分析结果得出的沉降速度与真实沉降速度的比值是 4.22/4.08(1.03),即分析结果给出的沉降速度偏大 3.4%。

图中给出的沉降速度的误差是直接从 VA 管记录仪画出的分析曲线上取得的。按照前面所述的方法步骤,将表 12 的分析结果在一张改正图上点绘出一条光滑的曲线,也能得到相似的结果。

一般来说,当与在细于某一粒径的百分数曲线上 5% 的沉降粒径误差相比,沉降速度可以在误差小于 10% 的范围内确定。最大误差出现在图 39 中 62.5 μm 处。这些误差产生于跟踪、记录和判读小于总沙量 1% 的分析结果的困难。这些较大的速度误差只用于总沙样很小的一部分。在图 37 和图 38 中,在粒径 700 μm、500 μm,在 3.2 mm 管的 350 μm 附近出现了 10% 左右的误差。这些沉降粒径大于前面推荐的适于在这种型号的沉降管中进行分析的粒径。类似的情况在图 39 中,700 μm 处可以发现。对 7 mm 和 9 mm 的沉降管来说,虽然 700 μm 本身不是太长,但粒径的结合和高浓度对于 9 mm 来说则是不希望遇到的,对于 7 mm 管来说已经是太大了。

沉降速度误差的研究表明,如果注意颗粒粒径和浓度的必要界限,在有足够数量的沙样的情况下,在任何一点,用 VA 管法确定的沉降速度的误差都很少超过 10%。

30. 总的分析精度

表 9 给出了用 VA 管法进行沙样分析的精度的总结,给出的误差是已知的沉降粒径分布与分析结果给出的分布间的代数差,这些误差可从附录表 12 中直接得到,分析结果中 3/4 以上的误差不超过 2%,90% 以上的误差在 3% 以内,99% 的误差在 5% 以内。

除了在沉积断面为 2 mm 的沉降管中误差较大外,其他几种型号的沉降管中分析结果的精度基本一致。那些较大的误差可能反映了在配制复合沙样和在这样小的管子中分析这样小沙量的沙样的难度。

不同粒径分布之间的精度有所差异。粗沙沙样只含有较小的粒径范围,所以某些分级粒径中浓度很高,这些沙样的分析误差也较大。如果在某一分界粒径的浓度很高,则图上沉降时间任一很小的差异,沉降速度或改正值都会产生占总沙样百分数的一个较大的误差。

除了在粒径 1 000 μm 处由于高浓度产生较大的误差外,不同沉降粒径处精度的差异不大。只有很少的几个沙样在其他粒径处有高浓度问题。粒径在 62 μm 处的分析结果更为精确,因为这个粒径的浓度相当低。

偶然地会有一些沙样的分析结果超出表 9 的精度概率。除了那些含有一些比重相对较小的物质,但分析结果精度没有明显下降的沙样外,其他的比重与 2.65 相差较大而产生的影响没有进行分析。已经分析了一些只包含一或两种粒径级的沙样,但对这些沙样的分析精度没有进行分析。由于浓度较高且变化迅速,单一粒径沙样的分析是不必要的。

六、日常沙样分析工作中的 VA 管法

31. 概述

第 8 节到第 10 节叙述了检验 VA 管法的试验设备和方法。因为这种方法显示了一定的发展前途。为了便于商业化批量生产和实验室的日常使用,我们重新设计了这些仪器设备,实验步骤和操作技术作了相应的改变。应该进行进一步的试验来改进这个方法。然而,下面描述的设备和方法步骤,已经被几个实验室使用分析了几千个沙样。

32. 仪器设备

如图 42 所示,分析泥沙颗粒级配的 VA 管法所使用的仪器设备由下述几个主要部分组成。

(1)一个大约 25 cm 长的玻璃漏斗,玻璃漏斗颈部有一个参考标志,用来指示出分析前合适的水柱高度。

(2)一段连接漏斗和沉降管的橡胶管。这段橡胶管和一个特制的机械夹具一道,起一个阀门的作用(这个夹具将管子夹在一起的详细机制见图 43。)

(3)玻璃沉降管。玻璃沉降管有两种长度。长 180 cm 的管子中,有 140 cm 长的部分其内径为 50 mm,有 20 cm 长的收缩段,还有一段长 20 cm 内径为 10 mm 的沉积段。当有足够的沙样时,这种管子被用于分析河床、河滩或其他地方的粗颗粒沙子。120 cm 长的管子中,有一段

长 80 cm,内径为 25 mm,有 20 cm 长的收缩段和一段长 20 cm,内径分别为 2.1 mm、3.4 mm、5.0 mm 或 7.0 mm 的沉积段。这种短管只适用于分析少量的、筛分粒径小于 1 mm 的沙样。沉积管的底部塞有一个弹性的塞子。

（4）一个电力操纵的振动器,它轻轻地敲击玻璃管,有助于管内泥沙沉积物均匀地堆积,并保持沉积物顶部是个水平面。

（5）一套专用的 VA 管记录仪。它包括:①滑动架,可用一个手动装置使它垂直移动,它上面装有一支记录笔;一个上面带有一道水平线的高倍的望远镜目镜组成的光学仪器。②一个滚筒,它在分析过程中以恒定的速度旋转,带动图纸转动。

（6）记录图,这是考虑包括了沉降粒径改正的一种印刷品。

我们可以提供 VA 管设备所有部件的图纸和说明书。一整套 VA 管设备的价格大约为 500 美元,大约为一套分析筛加震筛机的价格。

33. 适合分析的沙样

颗粒粒径主要在沙子范围内的沙样适合在 VA 管中进行分析。对于细沙,沙样的重量可以少至 0.05 g,对于具有正常颗粒分布的沙样,其沙样沙量可以大至 15 g。如果沙样中有许多大于筛分粒径 1 mm 或 2 mm 的粗颗粒泥沙,应该先用筛分的方法除去这些粗颗粒。如果沙样中有许多粉砂或黏土（粒径在 62 μm 以下的颗粒）,在分析前应将其除去。

有点较粗的粉砂对分析结果的精度影响不大,如沙样中含有一定量的粉砂会延长分析所用的时间。应该用筛分或沉降的方法从沙子中除去粉砂和黏土,但其界限不需要十分精确。

已经做了一些有关泥沙颗粒形状的 VA 管法的改正工作,即已经考虑了颗粒具有不规则形状的影响,即使有时沙样中包含了许多比重大于或小于 2.65 的颗粒,也认为沙样的比重为 2.65。对于具有特殊形状颗粒或其比重与 2.65 相差甚远的沙样,精确的分析可能需要进行特殊的改正。

34. 分析沙样的准备

因为大多数用 VA 管法分析的沙样原来都包含有黏土和粉砂,因此在分析之前,将沙子从细于砂粒的沙样中分离出来是一个基本问题。砂样中黏土和粉砂去除得越彻底,VA 管法分析工作越简单,进行得越快。现有的去除黏土和粉砂的方法并不能完全令人满意。从减少总分析历时的观点看来,应该进一步对这个问题进行研究。

两种湿筛筛分法可以用来分离沙子和更细的沙。如果是使用筛径为 62.5 μm 的分析筛来进行分离,一些沉降粒径大于 62.5 μm 的颗粒将会通过分析筛。可是,部分地由于筛分的不完全,许多小于此粒径的颗粒也会留在筛子上面。准确的泥沙分析需要将滞留在筛子上面的（沉降粒径小于 6.25 μm）细沙鉴别出来,同时也需要把通过筛子的（沉降粒径大于 6.25 μm）的粗颗粒沙子也鉴别出来。如果上述分离工作是用筛径为 50 μm 的分析筛做的,将会只有很少的沙子通过分析筛。把分析通过筛子部分的黏土和粉砂的工作与用 VA 管法分析留在筛子上面的粗沙部分的工作相结合,就能得到精确的分析结果。然而,筛子越细,筛分过程越困难,耗费的时间也越长。

还有另外一种方法。可以用沉降管将沙子、（粉）沙、黏土相分离。对于一定的水温和沉降距离,要使沉降粒径大于 62.5 μm 的全部粗颗粒泥沙沉至管子底部需要一定的时间。先确定这个时间,然后从沉降管的顶部加入沙样,让沙样沉降这么一段时间,沉到管子底部的部分可以用 VA 管法进行分析。没有沉降的部分则可使用任一种适合于分析粉砂和黏土的方法去分析。用这种分离方法可以进行准确的分析。但在 VA 管中进行分析所耗费的时间将会较长,因为沉到管底的部分可能包括部分细沙。

在分析之前必须将沙样充分浸泡,使每颗沙子完全湿润,沙子中不能含有多于 40 mm 的高于 VA 管中分析水温的水。分析沙样中不能含有太多的有机质,在这样的条件下,泥沙颗粒才会有单颗沉降而不会成团沉降。

如果沙样中有机质的数量足以降低分析精度,从沙样中就应该能够看出来。当沙样在 VA 管中沉降时就更为明显。同样,在用 VA 管法分析的过程中,絮凝现象通过目镜是可以看到的,一个合格的操作者将会意识到分析结果是不正确的。

在分析之前,需要用一个烧杯来确定颗粒能否分散沉降。将浸没的沙样迅速搅动一会儿,然后让其在烧杯中沉积。如果只有较轻微的凝絮趋势,反复冲洗几次——给沙样中加入蒸馏水,搅拌,让其沉降,倒出上层澄清液———般都将会改善沙样的沉降特性。

或许是因为有机质的体积,或者是因为它是产生絮凝现象的动因,沙样中有机质可能是很令人讨厌的东西。可以采用下述步骤将有机质氧化:将含有大约 40 mL 水的沙样中加入 6% 的过氧化氢溶液。每克干沙加入大约 5 mL 的过氧化氢溶液。将水沙混合物充分搅拌然后盖上。如果氧化过程太慢,或者在氧化过程变慢后,将水沙混合液加热到大约 200 ℉,将其保证在这样的温度,并不时搅动一下,可能还需再加入更多的过氧化氢溶液,直到沙样中的有机质完全氧化。除了还需要冷却之外,再完成 2~3 次如前面所述的冲洗过程即已足够满足分析沙样的要求了。

要想避免重复分析经过处理的沙样所造成的污染,就应该经常更换 VA 管中的水。污染似乎并不会改变分析的精度,但是如果在分析之后将沙样干燥称重,沙样的重量可能已经改变。

35. VA 管尺寸的选择

进行分析必需的准备工作是选择对于分析沙样来说合适的 VA 管。通常是两种或两种以上型号的 VA 管都适用。沙量和沙样颗粒粒径的上限被用来作为选择管子型号的指标,表 8 给出了适用于分析不同沙样的管子的型号。如果不能从取样河流粒径的经验中得到沙样的有关特性,可将要进行分析的沙样与一套配制合成沙样进行比较。例如,如果一个沙样在沙量和颗粒粒径上都不超过沙量为 0.8 g、最大粒径为 250 μm 的合成沙样,则此沙样可以在 21 mm 的 VA 管中分析。

表 8 中给出的最大颗粒粒径,是指在一个沙样中不能有很大百分数的沙子的粒径超过此值。如果与管子的容量相比,沙样较小或粗沙部分的分析不是很重要,超过的百分数可以稍大些。

一般地说,如果管子底部总的沉积高度在 1″~4″ 之间,可以得到最好的分析结果。如果一个沙样的粒径范围非常有限或者沙样沙粒非常粗,沉积高度低于 4″ 时也可以得到较好的结果,如果第一次没有选择出一个令人满意的管型,此沙样可以在另一型号的管子中重新分析。然而,选择一个合适的管子是不困难的,因为不同管子的适用范围互相重叠。

36. 分析方法

对于改进的 VA 管记录仪,第 10 节中给出的粒径分析方法步骤已经进行了修改。如果沙样颗粒粒径的沉降速度大于 62 μm/s,分析工作可以在 10 分钟以内完成;如果沙样中有粉砂黏土,分析工作将需要更长的时间。VA 管分析的方法步骤按照时间顺序如下:

（1）按照管子的长度选择图表；验证并记录沙样、操作者和分析者后，将图放在滚筒之上，图的底线应该与滚筒的底部平行，以使记录笔的轨迹在没有泥沙沉积时与底线平行。

（2）把记录笔的位置定在零时线和零沉积线上，在滚筒旋转时，记录笔应该向零时线的右方开始进行。

（3）调整记录仪使目镜中的水平线与管塞的顶部相平。泥沙的沉积正是从这里开始的。

（4）装好仪器后，往 VA 管中加蒸馏水，恰好加至阀门处。测量并记录管内的水温，关上阀门。通常不必每次分析后都换水。

（5）开动电动震动仪，这个操作动作同时也接通了阀门处开关的电路，使得在打开阀门的同时，滚筒开始旋转。

（6）将沙样倒入关闭着的阀门上面的漏斗中，往漏斗中加水至参考标志处，然后，用一特制的搅拌棒轻轻地、迅速地搅动约 10 s。

（7）立即将阀门全部打开。因为打开阀门的同时自动地开动了滚筒，所以图表记时和管中的颗粒沉降同时开始。

（8）操作者通过目镜观察并在第一颗沙粒到管子的底部时，就开始以使水平线与泥沙沉积物顶部保持水平的速度，垂直移动滑动架。这个操作过程一直持续到记录笔在图上已超过 62 μm 的粒径线。然后，滚筒的旋转自动停止。如果泥沙继续沉降，跟踪操作继续进行，至少是间歇地跟踪，直到最大的沉积高度确定下来。

（9）当记录笔处于最大沉积高度位置时，滚筒驱动离合器释放，滚筒靠手动旋转使最大沉积高度记录线划过图表。

（10）关闭阀门后，拔去底部的管塞，将沙样排放到一个烧杯内。轻轻松开阀门，多排出一点水将管子底部的沙子全部冲洗出来，然后重新塞上塞子。

（11）从滚筒上取下记录图纸。

37. 由分析图得出粒径分布

从第 36 节所述的操作过程得到一张已经进行过 VA 管法沉降粒径改正的分析图。记录笔的轨迹是一条以沉降时间为横坐标，以累积沉降高度为纵坐标的连续曲线，通常需要的分析结果是沙样细于（或粗于）某些给定粒径，改正后的图上给出了一些常用的粒径。在图上，细于这些粒径的百分数可以借助于一根尺子从图上读出，这根尺子可以很方便地把总沉积高度分成 100 份（常用的方法见图 5）。累积曲线与粒径分界线的交叉点用短线加以标记（如果需要的话，根据分析水温进行内插）。将图纸展开放平，将尺寸上的零百分数放在总沉积高度线上，把百分数 100 放在零累积曲线上。将尺子水平移动到曲线与标有粒径水温曲线的交点上，如果穿过那些交叉点划出的是水平线而不是倾斜的短划线，则所有的百分数都可以从尺子上读出。累积曲线之上部分的沉积高度代表了细于某一粒径的百分数，它可以从尺子上直接读出。把尺子颠倒过来，则可读出粗于某一粒径的百分数。

如果在分析之前有 10% 的粗于适于在 VA 管法进行分析的粒径的沙子已被从沙样中除去，为了直接显示出总沙样的百分数的读数，则可将 90% 的标志放在零累积曲线上，类似地，如果原沙样的 40% 被作为黏土和粉砂在分析之前从沙样中除去，为了直接得到占总沙样百分数的读数，40% 的标志应该放在总积高度线上。

七、结论

38. 结论

许多泥沙研究工作者已经使用了一种基本的泥沙分析方法。在这种方法中,沙样从蒸馏水柱的顶部加入,从水柱底部累积沉降的速度可以得出沉降速度分布。这种基本方法被发展改进成为直读式累积沉降管法(VA 管法)。

设计出了一种用一个阀门激发的加沙装置,这套装置使泥沙的加入过程简单化、系统化,提高了分析结果的重现性。

一个能够提供获得永久的、连续的、准确的泥沙沉积记录的简单手段而不需要经过特殊技能训练操作者的记录仪已研究成功。这种记录可以很容易地变化为粒径分布。

玻璃珠沙样在 VA 管法的初始研究阶段是一种辅助手段。但是,要得到令人满意的分析精度,必须对分析结果进行改正。且用于玻璃珠沙样的改进方法不能拿来改正泥沙沙样的分析结果。

为了得到天然沙样准确的分析结果,VA 管法的分析结果需要特别的改正。改正方法根据按重量的标准沉降速度或沉降粒径分布,根据 300 个已知标准沉降粒长分布的沙样的分析结果确定的。以前的研究工作者没有对这种基本方法进行改正或者是比照筛析结果(筛分粒径分布)进行的改正。VA 管法这种唯一的改正方法的研究是一件非常费力气的,但对泥沙分析来说也是非常有意义的工作。

VA 管法的分析精度是被许多其他分析结果所验证确认的。

对于粗沙沙样来说,VA 管法是一种简单、迅速、经济的分析方法,这种方法已被不同的实验室在数千次日常分析工作中使用。

我们可以向您提供一部长 400 英尺、宽 16 mm 的介绍示范本方法的电影拷贝。

改正方法的研究需要一种新的、准备一个以单颗粒标准沉降速度表示出粒径分布沙样的处理方法,这个处理方法用于其他泥沙问题中也是有益的。

附录

39. 表的解释

表 10 和表 11 给出的是在不同的温度条件下,石英球体在蒸馏水中的沉降速度与粒径的关系,对许多用途来说,这个表与通常的关系图相比,是一个更为便利、更为准确的工具。

表 12 给出的是一些据以建立 VA 管法改正方法的分析结果。对所有沙样都给出了以重量百分数表示的筛析粒径分布和沉降粒径分布。沉降粒径分布是根据很多组的 100 颗沙样的沉降速度计算出来的。这 100 颗沙子中,每颗沙子都是单颗丢放的。表 12 还给出了各种沙样、不同管径的改正后的 VA 管法分析结果,筛分粒径分布和沉降颗径分布都是 100% 地细于 2 000 μm。

表 12 中使用了下述符号:

(*)表明一个没有直接用于确定改正方法或用于表 9 的精度概率统计中,因为这个沙样远远超出了所介绍的分析管径所适用的浓度范围和粒径范围。

(a)表示一个因为原沙样被丢失或污染被替换的重复沙样。

潼关高程推算方法研究

赵淑饶　牛　占　王丙轩　吉俊峰

（黄河水利委员会水文局）

1　潼关水文站的测验断面

潼关水文测验河段位于黄河、渭河、北洛河汇合处下游,河道宽 1 000 ~ 1 500 m,水面宽数百米。三门峡水库建成运用以来,随着铁路、公路桥梁建设和河势变化,在此河段共建立并使用过 3 个基本(测流)断面。图 1 为潼关水文测验河段主要断面的平面位置。

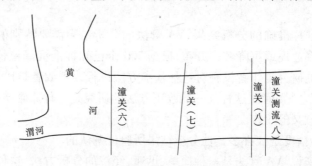

图 1　潼关水文测验河段主要断面的平面位置

以现在使用的潼关(八)基本断面为参照,其上游 2 310 m 处为潼关(六)断面、1 326 m 处为潼关(七)断面,其下游 165 m 处为潼关(八)测流断面。潼关(六)断面设立于 1960 年,与黄淤 41(三)断面基本重合,1960 年 12 月 ~ 1984 年 1 月在本断面测流和观测水位,1984 年 1 月以后只观测水位;1984 年 1 月 ~ 1995 年在潼关(七)断面测流和观测水位;1995 年以来在潼关(八)基本断面观测水位,在潼关(八)测流断面测流。由于潼关河段为强烈堆积性的游荡性河道,因此黄河、渭河、北洛河汇合口门变动范围很大。近年的口门离潼关(八)基本断面约 6 km,断面冲淤变化也较剧烈,洪水期主流常有摆动,枯水期水流宽浅分散,水位—流量关系相当复杂。

2　潼关高程的意义

因潼关河段河床是渭河的侵蚀基准面,而河床的形态及变化又非常复杂,以河床的特征高程(断面平均高程、谷底高程、平滩高程等)表征侵蚀基准比较困难,故借用潼关(六)断面流量 1 000 m³/s 所对应的水位表征渭河的侵蚀基准,定义为潼关高程。按此定义,潼关高程也反映潼关河段的泄流能力及向上游,特别是向渭河的壅水水平。由于渭河下游及黄河、渭河汇流区是极易遭受洪灾的地带,并且渭河地下水位与关中平原的经济建设关系密切,因此潼关高程长期以来备受关注。

本文原载于《人民黄河》2004 年第 6 期。

因为潼关河段的河床不稳定,水流流速有变幅,所以流量1 000 m³/s所对应的水位实际是个变数,特别是在7~9月的汛期,水流、河床变化较剧烈,水位波动大,12月至次年1、2月的凌情对水位影响也较大。因此在一个水文年或日历年中,总是用水流、河床较稳定的3~6月和10、11月(也称非汛期的畅流期)的测验资料推算潼关高程。一般把用6月和10月的测验资料推算的流量1 000 m³/s所对应的水位分别称为汛前和汛后的潼关高程。

虽然潼关高程是个变数,但从长期来看有一定的演变趋势,这正是用潼关高程表征渭河侵蚀基准面变化的意义。图2为1960年以来潼关高程的变化情况。表明潼关高程自1960~1968年明显升高以后,多年间有几次较大幅度的起伏变化。至于小的锯齿波,则是各年度水位汛前高、汛后低这一交替变化的反映。

图2 1960年以来潼关高程的变化情况

根据对1960~2000年日平均流量资料进行的统计,每年3~6月和10、11月200(<350)、500(350~750)、1 000(750~1 250)、1 500(>1 250)m³/s4个流量级出现频率的统计结果见表1。总体来说,潼关(六)断面1 000 m³/s流量级的出现频率最大或较大,用其相应水位代表潼关高程是合适的。但是1990~2000年500 m³/s流量级的出现频率最大,一些时段流量非常小,这给延长水位—流量关系曲线以推算潼关高程带来了一些困难。

表1 各流量级出现的频率

时 段	流量级 (m³/s)	出现频率(%)		
		1960~1990年	1991~2000年	1960~2000年
3~6月	200	10.30	27.13	14.52
	500	30.23	32.21	30.73
	1 000	46.21	31.31	42.47
	1 500	13.26	9.34	12.28
10~11月	200	2.74	20.82	7.19
	500	23.98	56.56	32.01
	1 000	31.38	21.15	28.86
	1 500	41.90	1.48	31.93
3~6月和 10~11月	200	7.74	25.03	12.05
	500	28.11	40.33	31.16
	1 000	41.19	27.92	37.88
	1 500	22.96	6.72	18.91

3 潼关高程推算的基本方法

潼关高程推算的基本方法是:以潼关水文站实测流量和相应水位资料,点绘水位—流量关系曲线或建立水位—流量关系的表达式,经过查图或解析计算,以求出流量1 000 m³/s时所对应的水位。这个基本方法描述的是所选水位—流量关系代表的相应时段的潼关高程,它不是某个瞬时的潼关高程。如果某次流量测验结果恰好为 1 000 m³/s,那么人们仍然会将这个(对)数据点纳入其对应时段的水位—流量关系曲线或水位—流量关系表达式。

对全年或多年来说,潼关水文站的水位—流量关系是多条曲线或多个表达式,在水文资料整编作业中它们都有唯一的对应时段,在一些曲线相交(或重合)或表达式共解的区间包含 1 000 m³/s 时,这些相应时段才有相同的潼关高程。因此,潼关高程是与某时段紧密联系的,如果用详细的过程线表达,那么潼关高程图形将呈阶梯状。

某些研究者喜欢或习惯于用水文资料年鉴中的日平均流量和日平均水位建立水位—流量关系,并以此推算潼关高程,但是日平均流量和日平均水位都是用《水文资料整编规范》(水利部,2000)规定的方法推算的,其中就包括上述以实测流量和相应水位资料建立水位—流量关系的基本方法。当然,由这些整编后的资料建立的水位—流量关系的控制性与平滑性可能会好些,但只有事后研究的价值。

由于潼关水文站的水位—流量关系是相当复杂的,因此不同的人或同一个人在不同的认知条件下,利用同样的资料和方法所推出的潼关高程是会有差别的。

4 潼关高程推算中的一些问题和处理办法

4.1 水位—流量关系曲线呈绳套状

潼关水文站洪水过程的水位—流量关系曲线在涨水时段和落水时段多不重合,呈绳套状。一般来说,流量 1 000 m³/s 对应的水位可能有两个数值,分别适用于涨水时段和落水时段,即一场洪水有两个潼关高程,这是前述潼关高程推算的基本方法所蕴涵的内容。若这两个潼关高程差别较大,并且各有相当长的稳定时间,那么就会有两个具有实际意义的潼关高程;若黄河洪水持续时间较短,且由涨水时段和落水时段推算的两个潼关高程差别不大,那么就用这两个潼关高程的平均值作为这场洪水的潼关高程。还有一种做法是在两支曲线中内插中间曲线,将由中间曲线推算的 1 000 m³/s 流量对应的水位作为这场洪水的潼关高程。

4.2 水位—流量关系曲线的延长

推算潼关高程的时段流量小于或大于 1 000 m³/s 时,水位—流量关系曲线就要做延长处理。相应做法是:将小流量(< 1 000 m³/s)时的水位—流量关系曲线顺势延长到 1 000 m³/s 对应的水位,该水位减去原曲线中最大水位的差值与该曲线实测流量的水位变化值的比值应小于0.3;将大流量(> 1 000 m³/s)时的水位—流量关系曲线顺势延长到 1 000 m³/s 对应的水位,原曲线中的最小水位减去该水位的差值与该曲线实测流量的水位变化值的比值应小于0.1。如超过此限度,则应至少用两种其他方法加以比较,并对得出的成果进行说明。关于曲线延长的处理:在实测水位变幅较小时,可按水位—流量关系曲线的走势进行徒手作业,这种方法无论水位观测与流量测验是否在同一断面均适用;在实测水位变幅较大时,可根据水位—面积、水位—流速关系或利用曼宁公式这两种方法来延长水位—流量关系曲线,但这两种方法只适用于水位观测与流量测验在同一断面的条件。

4.3 测流断面远离潼关(六)断面

4.3.1 以潼关(六)断面水位数据为直接要素的方法

几十年来,潼关水文站的基本断面和测流断面有过 2 次迁移,但为了保持潼关高程推算的连续性,潼关(六)断面一直有水位观测任务。因此,可以用潼关(六)断面的水位数据和潼关

（七）、（八）测流断面的流量数据分别建立对应时期的水位—流量关系，并以此来推算潼关高程。具体运用时要区分以下几种情况。

（1）在流量稳定的平水条件下。可直接用潼关（七）、（八）测流断面的实测流量数据和潼关（六）断面同时的实测水位数据建立水位—流量关系，以此来推算潼关高程。

（2）在水流不稳定的条件下。一般是先确定潼关（七）、（八）测流断面某一流量出现的时间，再由断面流速和其与潼关（六）断面的距离向前推算潼关（六）断面出现该流量的相应时间，最后按对应的数据建立水位—流量关系，以此来推算潼关高程。

（3）在事后研究中。可用潼关（六）断面日平均水位资料和潼关（七）、（八）测流断面同日的日平均流量资料建立对应时期的水位—流量关系，以此来推算潼关高程。

4.3.2 水位辗转相关法

以潼关（六）断面水位数据为直接要素建立水位—流量关系来推算潼关高程的方法，通常是有效和方便的，但在根据水位—面积、水位—流速关系延长水位—流量关系曲线或采用曼宁公式推算潼关高程的情况下就不太好用。这时的做法是：先用潼关（七）或（八）测流断面的对应数据建立该断面的水位—流量关系，推出该断面 1 000 m^3/s 的水位，然后建立潼关（六）断面水位和（七）或（八）测流断面对应（同时、同日或考虑水流传播的同相位）水位的相关关系，再借此关系来推算潼关高程。

5 结论

从长远来看，由于非汛期的畅流期水文资料日统计频次高，因此将潼关（六）断面 1 000 m^3/s 流量时的水位作为潼关高程这个指标不宜改动；有关潼关高程的具体数据的有效时段是与推得潼关高程的特定水位—流量关系的有效时段相一致的；河段变化与断面迁移给潼关（六）断面水位推算带来的问题需要认真分析，并在此基础上选择合适的计算方法；在提供潼关高程数据时，应详细说明引用的资料和采用的方法。

黄河下游断面法和沙平衡法冲淤量精度分析

程龙渊　张留柱　胡跃斌　张　成　和瑞莉

（黄河水利委员会水文局）

1 沙量平衡法和各沙量平衡因素资料收集

1.1 沙量平衡方程

以三门峡为准计算各站系统差 δ 的方程为

$$S_{三} - S_{出} + \sum S_3 - \sum S_4 - \sum S_5 - \sum S_6 \gamma_1 - \sum D \gamma_2 = \delta \tag{1}$$

用沙量平衡法计算冲淤量的公式为

本文原载于《人民黄河》2001 年增刊。

$$S_1 - S_2 + S_3 - S_4 - S_5 - S_6\gamma_1 = V \tag{2}$$

由于各因素均存在误差,因此引入综合误差 ΔE 值,即

$$V + \Delta E = D\gamma_2 \tag{3}$$

$$\Delta E = D\gamma_2 - V \tag{4}$$

式中:$S_三$ 和 $S_出$ 分别为三门峡站和出口站输沙量,亿 t;S_1 和 S_2 分别为进、出口站输沙量,亿 t;S_3 为区间加入的泥沙量,亿 t;S_4 为区间引水引沙量,亿 t;S_5 为区间分洪引沙量,亿 t;S_6 为区间吸泥淤堤量,亿 m^3;γ_1 为区间吸泥淤堤干密度,t/m^3;V 为沙量平衡法冲淤量,亿 t;ΔE 为各因素综合误差,亿 t;δ 为各站系统偏差,亿 t;D 为实测断面法冲淤量,亿 m^3;γ_2 为泥沙干密度,t/m^3。

可以看出,输沙量平衡法计算的冲淤量 V 中,包含了各因素的综合误差 ΔE,因此和断面法冲淤对照多数情况下是矛盾的。当河段不冲不淤时,则沙量平衡法计算的冲淤量完全是综合误差 ΔE。

1.2 各沙量平衡因素资料介绍

三门峡以下各水文站和伊、洛、沁河把口站资料均系经过历年资料审查修改后的数据;区间加入量和区间分洪引出量均采用历年资料审查计算值;区间引沙量采用黄委水文局系列和设计院系列,二者缺算时段采用黄科院申冠卿提供值;吸泥淤堤量,根据黄委河务局刊印的河南、山东两省各年吸泥淤堤总量,按各水文站之间的大堤长度比分配计算。花园口以上占 17%,花园口—夹河滩段占 49%,夹河滩—高村段占 34%,山东的高村—孙口段占 31%,孙口—艾山段占 13%,艾山—泺口段占 15%,泺口—利津段占 41%,干密度均采用 1.5 t/m^3;实测断面法冲淤量和干密度采用 2000 年计算值,干密度花园口以上为 1.54 t/m^3,花园口—高村段采用 1.51 t/m^3,高村—利津段采用 1.47 t/m^3。

2 各站实测悬移质输沙量精度分析

三门峡断面稳定,受大坝泄流影响,含沙量垂直梯度变化和横向分布较为均匀。该站输沙率测验多用积点法,精度较高;单沙取样方法均经过论证,单断沙关系较好。无偏大因素,无推移质输沙,略大于下游各站,定性合理。

《黄河水文基本资料审查评价及天然径流量计算》(水文局 1997 年 8 月版)中对于下游各站评述:"花园口等少数站因测次少、控制过程差,致使推算的输沙量有偏小现象……泺口站较上下游站偏小约 5.0 亿 t"。

按方程式(1)计算各大时段各站系统偏差 δ 如表 1 所示。

引沙量差异对系统偏差的影响:1960～1964 年最大影响量为 2.44 亿 t,影响相对差为 5%。1965～1997 年最大影响量为 23.64 亿 t,影响相对差为 9.2%。

1960～1964 年,系三门峡水库初期运用阶段,大量泥沙淤在库内,下泄清水或含沙量较小的水流。下游河道普遍冲刷。该时段三门峡与小浪底基本平衡。花园口站较三门峡偏小 4.62 亿 t,相对差为 -11.7%(引 1),夹河滩—利津六站均偏小 15.8%～20.1%(引 1)以上。造成这一现象的原因有二:一是该时段除铁谢—辛寨 143 km 和杨集—官庄 129 km 河段淤积断面很密、断面法冲淤量精度较高外,其他河段淤积断面很少;又借用绿皮本资料和一些水位站用同流量水位法估算冲淤面积参加断面法冲淤量计算,精度较低。二是各站悬沙测验方法存在偏小问题;黄河下游河床均为冲积泥沙组成。水库下泄清水,因此造成沿程冲刷。而冲刷

表 1 黄河下游各站较三门峡系统偏差统计

项目	时段	年数	引沙系列	小浪底	花园口	夹河滩	高村	孙口	艾山	泺口	利津
偏差总量（亿 t）	1952～1959	8	引1	-1.74	-9.17	-8.35	-8.06	-8.27	-6.73	-11.90	-5.61
	1960～1964	5	引1	-0.24	-4.62	-7.64	-8.78	-7.53	-7.35	-9.25	-9.26
			引2		-4.98	-8.47	-9.99	-9.06	-9.38	-11.28	-11.69
	1965～1997	33	引1	-10.33	-29.81	-23.13	-21.31	-11.10	1.98	-3.01	14.33
			引2		-32.13	-28.10	-27.33	-19.73	-8.84	-18.61	-8.30
	1952～1997	46	引1	-12.30	-43.60	-39.12	-38.15	-26.91	-12.10	-24.16	-0.53
			引2		-46.28	-44.92	-45.28	-37.06	-24.95	-41.78	-25.60
相对偏差（%）	1952～1959	8	引1	-1.20	-6.80	-6.40	-6.70	-7.30	-6.10	-11.30	-5.10
	1960～1964	5	引1	-0.70	-11.70	-18.00	-19.50	-15.80	-15.80	-20.10	-18.90
			引2		-12.60	-20.00	-22.30	-19.10	-20.20	-24.50	-23.80
	1965～1997	33	引1	-2.80	-9.00	-7.50	-7.50	-4.10	0.70	-1.20	5.80
			引2		-9.70	-9.10	-9.50	-7.30	-3.20	-7.30	-3.40
	1952～1997	46	引1	-2.20	-8.60	-8.20	-8.50	-6.20	-2.80	-6.00	-0.10
			引2		-9.20	-9.40	-10.10	-8.60	-5.80	-10.30	-6.30

阶段的底层含沙量所占比重就会增大。若不用积点法或积深法实测悬沙，就可能导致悬沙系统偏小。统计各站 1961～1964 年单沙测验方法多为主流边一线 2:1:1 定比混合法。而输沙率测验采用 2:1:1 定比混合法，除三门峡占 21% 外，其他各站均占 70%～83%。由于绝大多数断沙测验与单沙的测验均未实测相对水深 0.8 以下的含沙量，因此造成实测单断沙关系的失真情况，导致所推悬沙偏小。

1952～1959 年系统偏差小浪底最小，为 -1.2%，泺口最大，为 -11.3%；其他各站为 -5.1%～-7.3%，差异较小。

1965～1997 年系统偏差均不超过 10%，其中花园口、夹河滩、高村偏小 -9.0%～-7.5%；孙口、泺口偏小 -4.0% 和 -1.2%。艾山、利津偏大 0.7% 和 5.8%（引 1），偏小 -3.2% 和 -3.4%（引 2）；反映了引沙量的影响程度。

不同文献计算的各站悬沙量系统偏差对照如表 2 所示。

各文献采用时段虽有差异，但系统偏差较为接近。以引 1 计算为准，花园口、夹河滩、高村系统偏小达 40 亿 t 左右，相对差为 -8.2%～-8.6%；孙口、泺口站偏小 25 亿 t 左右，相对差为 -6% 左右；小浪底、艾山、利津偏小 -0.53 亿～-12.3 亿 t 以下，相对差均小于 3%。

3　对黄河下游断面法冲淤量的误差讨论

实测断面法冲淤量误差，主要为断面疏密控制代表性误差和测量误差。由于断面法不存在误差累积问题，因此长时段的冲淤量精度较高。现就单次断面法冲淤量误差分析如下：

（1）淤积断面精简分析。本文分析了石槽—辛寨 73.95 km 河段的 1956～1965 年计 11 次实测加密断面达 35～62 个的冲淤量精简断面。精简计算方法是以相邻断面间距最小排序依次精简，但必须保留石槽和现测的淤积断面。每次精简 2～3 个断面，计算一次精简后的冲淤量，以最多断面的冲淤量为真值，计算各次精简后的冲淤量的相对误差。点绘各次精简后的河段平均断面间距与相对误差（绝对值）关系图，通过点群中心定线，查读各次的不同断面平均间距的相对误差如表3所示。根据表3绘制以断面平均间距为参数的冲淤量或与相对误差（绝对值）关系如图1所示。图形反映了冲淤量小、误差大,平均断面间距小、相对误差小的特征。

表2　不同文献计算的水文站悬沙量较三门峡系统偏差 δ 对照

项目	文献	时段	小浪底	花园口	夹河滩	高村	孙口	艾山	泺口	利津
系统偏差（亿 t）	历审	1952～1990	−11.05	−41.86	−38.84	−35.65	−30.39	−17.98	−31.95	−18.93
	白皮本	1952～1990	−7.71	−40.29	−37.77	−32.10	−26.27	−15.02	−25.80	−7.86
	人民黄河	1952～1990	−11.05	−42.36	−39.74	−34.15	−28.22	−17.44	−26.94	−9.00
	本次计算（引1）	1952～1997	−12.30	−43.60	−39.12	−38.15	−26.91	−12.10	−24.16	−0.53
	本次计算（引2）	1952～1997	−12.30	−46.28	−44.92	−45.28	−37.06	−24.95	−41.78	−25.60
相对差（%）	历审	1952～1990	−2.2	−8.4	−8.2	−7.9	−7.1	−4.4	−7.8	−4.8
	白皮本	1952～1990	−1.5	−8.1	−7.6	−6.4	−5.3	−3.0	−5.2	−1.6
	程龙渊	1952～1990	−2.3	−9.3	−9.1	−8.2	−7.1	−4.4	−7.2	−2.4
	熊贵枢	1961～1980	−2.0	−8.4	−8.2	−6.8	−6.2	−5.2	−5.7	−3.6
	本次计算（引1）	1952～1997	−2.2	−8.6	−8.2	−8.5	−6.2	−2.8	−6.0	−0.1
	本次计算（引2）	1952～1997	−2.2	−9.2	−9.4	−10.1	−8.6	−5.8	−10.3	−6.3

按河段冲淤量为 0.7 亿 m³、平均冲淤厚为 25 cm 计,断面平均间距 10 km 的相对误差为 26.9%;断面间距为 4 km 的相对误差降低为 ±14.0% 和 ±10.3%。若冲淤量为 0.3 亿 m³、冲淤厚为 10 cm,断面平均间距 10 km 的相对误差为 ±56.8% 和 ±55.5%;断面间距为 4 km 的则相对误差降低为 ±25.7% 和 ±23%。这说明现测淤积断面太稀。

表3　石槽—辛寨(73.95 km)淤积断面精简误差计算

时段	断面数	冲淤量（亿 m³）	主河槽冲淤厚(cm)（B = 4 870 m）	不同断面间距相对误差（%）					
				12 km	10 km	8 km	6 km	4 km	2 km
1959−05～1959−10	60	1.00	28.0	37	33	28	24	18	8
1961−05～1961−10	62	1.02	28.0	18	16	14	12	9	2
二次平均		1.01	28.0	28	25	21	18	14	5
1964−05～1964−10	34	1.46	41.0	26	22	17	11	4	
1964−10～1965−05	34	1.06	29.0	15	12	9	6		
二次平均		1.26	35.0	20	17	13	9	3	
1956−10～1957−10	43	0.12	3.2	120	105	85	60	35	
1961−10～1962−05	34	0.15	4.3	70	62	55	45	30	
二次平均		0.14	3.8	95	84	70	53	32	
1960−05～1960−10	57	0.20	5.6	50	45	40	32	25	
1960−10～1961−05	62	0.16	4.6	90	82	75	65	45	28
二次平均		0.18	5.1	70	63	58	48	35	28

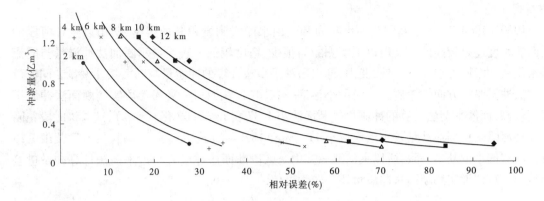

图1 石槽—辛寨河段冲淤量与平均断面间距相对误差关系

（2）熊贵枢将铁谢—辛寨143 km河段的1962年5月～1967年10月计11个段次进行精简计算。精简前平均断面间距为3.57 km，精简后平均断面间距为7.32 km，最大正误差为27.5%，最大负误差为 -29.0%；5年半11段次累积冲淤量相对误差为 -14.0%。

（3）作者对铁谢—辛寨1959～1965年加密断面60个，平均间距为2.4 km，精简为现测断面14个，平均间距为11.0 km，就精简后相邻两个测次计算的冲淤量来说，当加密断面法冲淤量达0.50亿 m³以上的8个时段中，现测断面的最大正误差为27.3%，最大负误差为 -32.3%，8段累积冲淤量误差为6.8%。而小于0.50亿 m³的5个时段中，最大正误差为11.68%，最大负误差为 -53.5%。全部13段累计冲淤量相对误差为12.8%。

概括以上所述黄河下游实测断面法冲淤量精度，较长时段且冲淤量较大时，可达85%以上。相邻两次的单次冲淤量达0.50亿 m³以上时，其精度可达70%左右。随着时段的加长，累积冲淤量的增加，相对误差会逐渐减小。

4 实测断面法与沙量平衡法计算冲淤量对比

根据式（2）和式（4）计算黄河下游各站间的1952～1997年的沙平衡法冲淤量 V 和综合误差 ΔE 对比如表4所示。为了检查大时段冲淤量的合理性，将同流量水位计算的各水文站之间平均冲淤厚列入对照。1952～1965年淤积断面布设较稀（铁谢—辛寨段和杨集—官庄段除外），精度较低。1965年以来，淤积断面已布设定型完善，精度较高。

1952～1959年断面法冲淤量与同流量水位差（冲淤厚）对比，除泺口—利津段断面法淤积0.31亿 t，而同流量水位法则冲刷0.27 m，呈定性矛盾外，其余7区段均定性一致。而沙平衡计算法计算的冲淤量与断面法冲淤量和同流量水位冲淤量对比，孙口—艾山、艾山—泺口呈方向性矛盾，显然是沙平衡法的问题。泺口—利津段沙平衡法计算的冲淤量与同流量水位法冲淤厚虽然定性一致，但沙平衡法河段冲刷量达5.98亿 t，折合4.07亿 m³。按500 m冲刷宽，则河段平面面积为0.86亿 m³，平均冲刷深可达4.73 m，显然也是不合理的。三门峡—小浪底段和小浪底—花园口段也是沙平衡法计算的冲淤量不合理造成的。花园口—夹河滩、夹河滩—高村、高村—孙口3区段断面法与沙平衡法计算的冲淤量较为接近，也与同流量水位冲淤厚度定性一致；这是由于4站较三门峡相对差为 -6.4%～-7.3%，差异很小造成的；也说明断面法冲淤量精度基本可信。综上分析，虽然断面法冲淤量精度较低，但仍有一定的使用精度。沙平衡法计算的冲淤量有5个区段是不真实的。

1960～1964年,由于花园口河床断面和位山水库实测淤积断面很密,艾山以上各河段的断面法精度还是较高的。艾山以下实测断面很少,精度较低。表4显示断面法冲淤量与同流量水位法冲淤厚方向完全一致,艾山、泺口段沙平衡法计算的冲淤量与断面法冲淤量和同流量水位法冲淤厚呈方向性矛盾。该时段小浪底—花园口、花园口—夹河滩段实测断面法冲淤量精度较高,而沙平衡法计算的冲刷量较断面法小4.37亿t和3.02亿t(引1),这与该时段花园口和夹河滩站实测输沙量较小浪底偏小11.7%和18.0%有关(见表1);高村、孙口、艾山三站较三门峡偏小值基本一致,所以夹河滩—艾山三区段断面法冲淤量与沙平衡法计算冲淤量差异较小。总体说实测断面法冲淤量还是较为可信的。

表4　实测断面法冲淤量与沙平衡法冲淤量对比　　　　　　(单位:亿t)

时段	项目	三门峡—小浪底	小浪底—花园口	花园口—夹河滩	夹河滩—高村	高村—孙口	孙口—艾山	艾山—泺口	泺口—利津	三门峡—利津
1952～1959	断面法		8.44	3.57	8.86	6.42	1.33	-0.46	0.22	28.38
	沙平衡法	1.74	16.98	2.84	8.41	6.79	-0.21	4.71	-5.98	35.28
	综合误差 ΔE		-8.54	0.73	0.45	-0.37	1.54	-5.17	6.20	-6.4
	同流量水位差(m)		0.89	0.80	1.07	1.16	0.29	-0.51	-0.27	
1960～1964	断面法		-10.24	-6.69	-4.29	-3.03	-0.36	-1.50	-2.78	-28.89
	沙平衡法(引1)	0.24	-5.65	-3.68	-3.16	-3.07	-0.53	0.52	-3.55	-18.88
	沙平衡法(引2)	0.24	-5.28	-3.22	-2.77	-2.75	-0.03	0.52	-3.15	-16.44
	ΔE_1(引1)		-4.59	-3.01	-1.13	-0.04	0.17	-2.02	0.77	-10.01
	ΔE_2(引2)		-4.96	-3.47	-1.52	0.28	-0.33	-2.02	-0.37	-12.45
	同流量水位差(m)		-1.20	-1.26	-0.87	-0.79	-0.40	-0.35	-0.03	
1965～1997	断面法		10.86	20.52	12.25	15.10	2.57	4.40	8.92	74.62
	沙平衡法(引1)	10.33	30.34	13.82	11.58	4.7	-10.51	9.39	-8.01	61.66
	沙平衡法(引2)		32.66	16.49	12.91	7.41	-8.32	14.16	-0.97	84.67
	ΔE_1(引1)		-19.48	6.88	0.67	10.40	13.08	-4.99	16.93	12.96
	ΔE_2(引2)		-21.80	4.03	0.66	7.69	10.89	-9.77	9.89	-10.05
	同流量水位差(m)		1.78	2.44	2.29	3.56	3.07	3.67	2.56	

1965～1997年对比,小花间断面法淤积量为10.86亿t,而沙平衡法则淤积30.34亿t(引1)和32.66亿t(引2),算得综合误差 E_1 和 E_2 值 -19.48亿～-21.8亿t。同流量水位差升高1.78 m,反映了沙平衡法冲淤量偏大的失真情况。孙口—艾山段断面法淤积2.57亿t,同流量水位升高3.07 m,定性一致。沙平衡法冲刷 -8.32亿～

-10.51 亿 t,显然是虚假的。泺口—利津段断面法淤积 9.34 亿 t,同流量水位升高 2.56 m,沙平衡法冲刷 -0.97 亿 ~ -8.01 亿 t,显然不符合实际。三门峡—小浪底基本不冲不淤,沙平衡法则淤积了 10.33 亿 t,这完全是综合误差造成的。统计综合误差 ΔE 值大于实测断面法冲淤量 50% 的计 6 个区段,占 8 个区段的 75%,反映了沙平衡法计算的冲淤量中绝大部分是综合误差成分;统计三门峡—利津的冲淤总量,实测断面法为 79.25 亿 t,而沙平衡法计算的冲淤量则为 61.66 亿 t(引 1)和 84.67 亿 t(引 2)。小浪底—利津段实测断面法冲淤量不变,而沙平衡法计算的冲淤量为 51.33 亿 t 和 74.34 亿 t,若按统计花园口—利津段的断面法冲淤量为 63.76 亿 t,沙平衡法计算的冲淤量为 20.99 亿 t 和 41.68 亿 t。这反映了沙平衡法采用入口站的精度差异会导致区间冲淤变化差异,也揭示了沙平衡法计算冲淤量的任意性和失真性。

5 结语

(1)水文站悬移质输沙量测验目的是测验通过断面的悬移质输沙数量。按黄河年沙量 16 亿 t 计,误差若为 5%,则一个站的年输沙量误差可达 ±0.8 亿 t,二站综合误差就更大。就输沙量而言,满足了规范要求。若用沙量平衡法计算的冲淤量则把测验误差包括在冲淤量中了。加之区间加入量误差、引出量误差和不能及时收集到的因素等,均包含在沙平衡法计算的冲淤量中。因此当综合误差 ΔE 大于实际冲淤量时,则所反映的冲淤变化是虚假的。

(2)通过沙量平衡,对三门峡以下各水文站的悬沙测量精度进行了检验。以三门峡为准,按水文局引沙系列计算,小浪底、艾山、利津系统误差较小,其值为 -0.53 亿 ~ -12.1 亿 t;花园口、夹河滩、高村系统误差最大,其值为 -38.15 亿 ~43.60 亿 t;孙口、泺口偏小值为 26.91 亿 t 和 24.16 亿 t。因此就造成了小花间和艾泺间的淤积量特大的假象,以及孙艾间和泺利间的冲刷假象(均为引 1 计算值)。

(3)两个系列的引沙总量差达 25.1 亿 t,占实测断面法冲淤量 79.25 亿 t 的 32%。反映了沙平衡法计算冲淤量的任意性。

(4)沙平衡法计算黄河下游 1952 ~ 1997 年"冲淤总量",除引沙量差异外,还有采用起始站的差异,仍以水文局引沙系列计算,三门峡—利津淤积量为 81.2 亿 t;小浪底—利津站淤积量为 68.89 亿 t;花园口—利津站再加上花园口以上的断面法冲淤量计算冲淤总量仅为 36.29 亿 t。进一步反映了沙平衡法计算冲淤量的任意性和失真性。

(5)黄河下游现测淤积断面较少,测验误差较大。单次测验区段冲淤量精度可达 70% 以上,冲淤量很小时,也会出现方向性矛盾。淤积断面测量误差随着测次增多而削减。因此较长时段的冲淤变化量较大时则测验精度可达 85% ~ 90%。能够较为真实地反映冲淤数量和分布。

(6)用同流量水位法计算的各站之间的冲淤厚度,参加平衡对照,证明了 1952 ~ 1964 年断面法冲淤量的定性是合理的,也证明了小花段、孙艾段、艾泺段、泺利段用沙量平衡计算的冲淤量的失真情况。从某种意义上说,在有些河段用同流量水位差反映的冲淤厚度变化,还较沙量平衡法计算的冲淤量合理和符合实际。

(7)为了及时反映一次大洪水的河段冲淤变化概况,可用不同流量级的同流量水位差法或水文站、水位站的实测大断面资料计算冲淤厚度或冲淤面积。

黄河下游淤积物初期干密度观测与分析

程龙渊 张留柱 张 成 李 静 和瑞莉

（黄河水利委员会水文局）

1 国内外淤积物干密度经验公式

淤积物干密度是研究水库或河道冲淤变化,进行水量、沙量平衡计算的一项不可缺少的资料。黄河下游河道测量未进行系统的淤积物干密度观测,因此各家采用的淤积物干密度互不一致。根据黄河下游实测淤积物干密度资料,利用国内外泥沙专家根据泥沙颗粒级配建立的淤积物初期干密度经验公式进行检验,以期能用实测床沙颗粒级配资料计算较为系统的床沙干密度。

1.1 美国垦务局经验公式

1965 年,美国垦务局根据 1 300 个沙样建立的淤积物干密度经验公式:

$$\gamma_0 = a_c P_c + a_m P_m + a_s P_s \tag{1}$$

式中:γ_0 为淤积物初期干密度;P_c 为泥沙粒径小于 0.004 mm 的含量比;P_m 为泥沙粒径为 0.004 ~ 0.062 mm 的含量比;P_s 为泥沙粒径大于 0.062 mm 的含量比;a_c、a_m、a_s 为上述三种泥沙粒径组的干密度。

若水库运用情况不同,则淤积物的干密度不同。黄河下游淤积均属自然河道,因此采用公式(1)为

$$\gamma_0 = 0.961 P_c + 1.17 P_m + 1.55 P_s \tag{2}$$

1.2 韩其为经验公式

各粒径组试验平均干密度如表1所示。韩其为公式如下:

$$\gamma_0 = 0.299 P_C + 0.538 P_D + 0.776 P_E + 1.06 P_F + 1.26 P_G + 1.38 P_H + 1.41 P_I + 1.61 P_J \tag{3}$$

表1 粒径组试验平均干密度

泥沙级配(mm)	<0.003	0.003 ~0.005	0.005 ~0.010	0.010 ~0.025	0.025 ~0.05	0.05 ~0.10	0.10 ~1.0	>1.0
粒径比符号	P_C	P_D	P_E	P_F	P_G	P_H	P_I	P_J
干密度(t/m³)	0.299	0.538	0.776	1.06	1.26	1.38	1.41	1.61

1.3 三门峡水库经验公式

根据实测 501 个干密度和颗粒级配资料,对式(2)、式(3)进行检验,公式(3)系统偏小 14.8%,公式(2)系统偏小 7.2%。

为此建立了以公式(2)为模式的三门峡水库潼关以上河段的淤积物干密度经验公式:

本文原载于《人民黄河》2001 年增刊,为水利部重点项目"黄河下游断面法冲淤量计算与评价"(SZ—9854)。

$$\gamma_0 = 0.961P_c + 1.22P_m + 1.70P_s \tag{4}$$

泥沙粒径级为 0.005 mm、0.005 ~ 0.05 mm 和大于 0.05 mm。

2 黄河下游淤积物干密度观测和经验公式检验

1960 年实测位山到杨集段淤积物 200 个,东平湖淤积物 64 个。1982 年熊贵枢等在铁谢—高村区段取滩地淤积物 105 个。1983 年汛前山东河段取滩地淤积物 128 个,颗粒级配均用粒径计法分析,已根据黄委会水文局资料予以改正。1991 年牛占等进行闸门摩阻试验,在花园口断面附近取床沙样数吨运到郑州装入铁桶搅拌均匀后沉淀,取分层原状土沙样 12 个。总计沙样 509 个,均进行了淤积物干密度和泥沙颗粒级配分析。

2.1 用公式(2)计算淤积物干密度

泥沙级配采用小于 0.004 mm、0.004 ~ 0.062 mm、大于 0.062 mm,用直线内插法计算小于 0.004 mm 和 0.062 mm 的百分数,再计算淤积物干密度。

2.2 绘制相关图

根据实测 509 个沙样,用经验公式(4)、式(2)、式(3)计算淤积物干密度,绘制黄河下游实测淤积物干密度与经验公式计算干密度相关图见图 1。

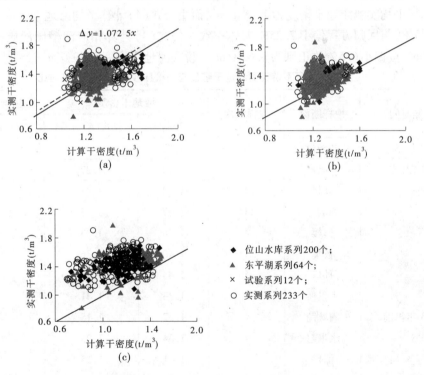

图1　黄河下游实测淤积物干密度与经验公式计算的干密度相关图

图1(b)、(c)显示美国垦务局公式和韩其为公式计算干密度突出系统偏小;图1(a)显示式(4)计算的淤积物干密度与实测干密度相关偏小较少,回归方程为 $y = 1.0725x$,即计算值偏小 7.25%。总体来说,公式(4)优于公式(2)和公式(3)。

3 黄河下游淤积物初期干密度计算与精度分析

3.1 计算河槽床沙质初期干密度

根据每年汛前、汛末各断面的实测河床质颗粒级配成果,均用公式(4)计算 1957~1997 年计 1 750 个断面次的床沙质初期干密度(粒径计法已改正)。按照铁谢—花园口—夹河滩—高村—孙口—艾山—泺口—利津—清 7 断面 8 个区段,计算出各区段、各年的汛前、汛末平均河槽床沙初期干密度。

3.2 计算的床沙质干密度误差分析

床沙质干密度的代表性取决于每年实测 2 次河床质的代表性。影响其代表性有以下几点:

(1)每年实测汛前、汛末两次河床质,是否能代表汛期、非汛期时段的平均床沙质的颗粒级配。

(2)水文站间实测河床质的断面数量。如河南河段仅有水文站断面测取河床质资料,两个断面的算术平均值代表河段平均,精度必然较低。

(3)实测滩地淤积物粒径偏细,干密度偏小;河槽床沙质则粒径偏粗,干密度偏大。根据 1982、1991 年实测滩地淤积物干密度和对应测取河槽床沙质计算的干密度对比如表 2 所示。77 点加权平均实测滩地干密度为 1.39 t/m³,而用公式(4)计算平均滩地干密度为 1.30 t/m³,偏小 6.5%,与回归方程偏小 7.25% 大体一致。公式(4)计算相应河槽床沙质平均干密度为 1.55 t/m³,按偏小 6.5% 改正则为 1.65 t/m³。说明滩地干密度 1.39 t/m³ 较河槽偏小 15.8%。

表 2　黄河下游实测滩地干密度与河槽床沙质计算干密度对比　　　　(单位:t/m³)

观测时间	取样断面	取样点次	滩地干密度		河槽床沙质公式(4)计算的干密度
			实测	公式(4)计算	
1982 年汛末	花园口	12	1.52	1.24	1.62
1991 年汛末	花园口	12	1.40	1.37	1.52
1983 年汛前	高村	4	1.42	1.42	1.57
	苏泗庄	4	1.37	1.35	1.38
	彭楼	4	1.36	1.33	1.52
	杨集	3	1.40	1.36	1.50
	孙口	4	1.44	1.26	1.51
	十里堡	4	1.33	1.41	1.42
	陶城铺	4	1.37	1.15	1.51
	水牛赵	4	1.34	1.23	1.61
	泺口	4	1.31	1.25	1.56
	刘家园	5	1.33	1.22	1.56
	杨房	5	1.26	1.38	1.67
	道旭	4	1.34	1.23	1.47
	一号坝	4	1.35	1.26	1.61
合计		77	20.56	19.51	23.03
加权平均			1.39	1.30	1.55

3.3 公式(4)计算床沙干密度代表性分析

以表2计算的平均值为例,若淤积物只分布在河槽,则用公式(4)计算的干密度偏小6.5%;设滩槽淤积比为4:6,断面平均干密度应为 $0.4 \times 1.39 + 0.6 \times 1.65 = 1.55$ t/m³,与公式(4)计算值 1.55 t/m³ 相同;设滩槽淤积比为5:5,断面平均干密度应为 1.52 t/m³,公式(4)计算值偏大 1.9%;设滩槽淤积比为 6:4,断面平均干密度为 1.49 t/m³,公式(4)计算值偏大3.9%;设滩槽比为7:3,断面平均干密度为 1.47 t/m³,公式(4)计算值偏大5.2%。

4 对淤积物干密度的实用意见分析

4.1 大时段划分

根据三门峡水库运用方式和影响黄河下游河道冲淤变化的条件,分为四大时段:1964年以前,基本为三门峡水库建成高水头运用和泄流设施改建前水库严重淤积阶段,导致下游沿程冲刷;1965~1973年为三门峡水库改建过程的滞洪排沙运用,导致三门峡水库潼关以下库段冲刷下切,加大下游淤积阶段;1974~1986年,为三门峡水库蓄清排浑运用阶段;1987~1997年龙羊峡投产运用,汛期蓄水,加之天然水量减少,削弱黄河中下游汛期冲刷能力阶段。

4.2 四个时段平均床沙干密度计算与分析

根据计算出的初期干密度统计公式(4)计算四个时段的汛前、汛末平均床沙干密度如表3所示。四个时段的各区段平均汛前、汛末干密度差异很小,与均值相对差仅2.6%,因此采用汛前、汛末平均值是可以的。另外,不同时段、不同库段均有明显变化。1958~1964年是两头大、中间小特征。1965~1973年为三门峡水库改建阶段下游普遍回淤,干密度明显变小。1974~1997年为三门峡蓄清排浑运用阶段。前段1974~1986年水丰,干密度大,后段1987~1997年水枯,干密度小;特别突出的是艾山以下河段干密度为历年的最小值。

表3 黄河下游各区段、各时段平均床沙质干密度　　　　　　　　(单位:t/m³)

站名	距坝(km)	平均距离(km)	1958~1964年			1965~1973年			1974~1986年			1987~1997年		
			汛前	汛末	平均	汛前	汛末	平均	汛前	汛末	平均	汛前	汛末	平均
铁谢	25.7													
花园口	131.9	78	1.64	1.66	1.65									
夹河滩	236.0	184	1.62	1.64	1.63	1.60	1.54	1.57	1.63	1.58	1.61	1.61	1.61	1.61
高村	309.5	272	1.62	1.64	1.63	1.56	1.49	1.53	1.62	1.58	1.60	1.56	1.58	1.57
孙口	430.9	370	1.51	1.5	1.51	1.51	1.52	1.52	1.57	1.59	1.58	1.51	1.52	1.52
艾山	494.1	462	1.51	1.51	1.51	1.59	1.57	1.58	1.55	1.59	1.57	1.53	1.53	1.53
泺口	594.3	544	1.59	1.60	1.60	1.53	1.55	1.54	1.58	1.59	1.59	1.54	1.53	1.54
利津	766.4	680	1.60	1.62	1.61	1.48	1.53	1.51	1.58	1.58	1.58	1.49	1.49	1.49
清7	849.6	808				1.49	1.48	1.49	1.58	1.57	1.58	1.43	1.41	1.42

4.3 实用方案比较

用各年实测河槽床沙质级配,由公式(4)计算的干密度偏大,按滩槽淤积比5:5偏大1.9%、6:4偏大3.9%、7:3偏大5.2%;采用修正系数0.98、0.96、0.95。按花园口以上或铁谢—花园口、花园口—高村、高村—艾山、艾山—利津、利津以下计算 5 个区段 4 个时段的平均干密度和多年平均干密度共 8 个方案如表 4 所示。

表 4　黄河下游主河槽淤积物干密度推荐方案比较

方案	年份	花园口以上	花园口—高村	高村—艾山	艾山—利津	利津以下
计算值	1958～1964	1.65	1.63	1.51	1.60	(1.50)
主河槽	1965～1973	(1.59)	1.55	1.55	1.52	1.49
	1974～1986	(1.63)	1.60	1.58	1.58	1.58
	1987～1997	(1.61)	1.59	1.53	1.51	1.42
	加权平均	1.62	1.59	1.55	1.55	1.51
修正值 $K_1 = 0.98$	1958～1964	1.62	1.60	1.48	1.57	1.47
河槽比 5:5	1965～1973	1.56	1.52	1.52	1.49	1.46
	1974～1986	1.60	1.57	1.55	1.55	1.55
	1987～1997	1.58	1.56	1.50	1.48	1.39
	加权平均	1.59	1.56	1.52	1.52	1.47
修正值 $K_2 = 0.96$	1958～1964	1.58	1.56	1.45	1.54	1.44
滩槽比 6:4	1965～1973	1.53	1.49	1.49	1.46	1.43
	1974～1986	1.56	1.54	1.52	1.52	1.52
	1987～1997	1.53	1.53	1.47	1.45	1.36
	加权平均	1.55	1.53	1.49	1.49	1.44
修正值 $K_3 = 0.95$	1958～1964	1.57	1.55	1.43	1.52	1.43
滩槽比 6:4	1965～1973	1.51	1.47	1.47	1.44	1.42
	1974～1986	1.55	1.52	1.50	1.50	1.50
	1987～1997	1.53	1.51	1.45	1.43	1.35
	加权平均	1..54	1.51	1.47	1.47	1.43

注:( )内为插补值。

5　黄河下游典型年汛末床沙质干密度沿程变化(式(4)计算值)

　　根据三门峡水文站各年径流量变化,选取 4 个时段的丰水年为 1964、1967、1976、1989 年,枯水年为 1962、1969、1986、1991 年。统计绘制 8 个丰、枯水典型年汛末床沙质初期干密度沿程变化见图 2。

　　图 2(a)反映了受三门峡水库运用影响铁谢—高村段干密度大,受原位山水库影响孙口—艾山段干密度特别小的特点。图 2(b)反映了 1967 年丰水干密度大,1969 年枯水干密度小的特征;还反映了 1967 年泺口、利津、艾山站附近干密度较其他河段均大的特征。图 2(c)反映的平水、枯水年份的干密度相互交叉,无明显差异的特征。图 2(d)反映了由于水量偏枯,因此泺口以下河段干密度明显变小的特征。

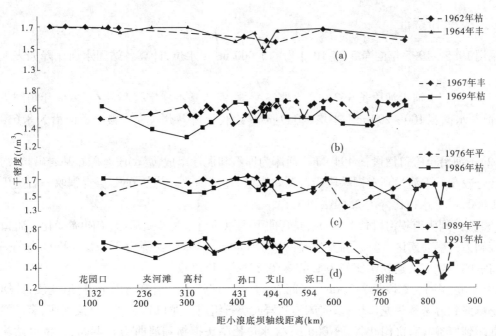

图2　黄河下游典型年汛末淤积物干密度沿程变化

沙量平衡法计算冲淤量的不确定度
——兰州到花园口河段

程龙渊[1]　弓增喜[2]　和瑞莉[2]　李　静[2]　宋海松[2]

(1. 黄河三门峡库区水文水资源局;2. 黄河水利委员会水文局)

　　兰州到龙门河段长 2 078 km。穿越兰州—下河沿 362 km 的峡谷河段,流经辽阔富饶的宁夏平原和内蒙古河套平原,到头道拐计 980 km。又穿越头道拐到龙门达 735 km 的黄河上最长一段连续性峡谷。全河段设有水文站 14～18 个,系统观测水位、流量、含沙量、大断面等资料。未系统实测河道冲淤变化。根据水文站观测资料,分析计算站点和区段冲淤变化方法为:①同流量水位差法,视为本断面某时段主河槽冲淤厚度。②同断面面积水位差法,视为本断面某时段冲淤厚度。③最高洪水位下断面面积差法,计算本断面某个时段的冲淤面积。④相邻水文站间用沙平衡法计算某时段冲淤量。

　　上述①、②、③法均是计算本断面的冲淤变化。若用于估算河段冲淤量,就必须根据水文站所处位置的代表性和相邻站间的河床组成、碛滩分布等粗略估算相邻站之间的河段平均冲淤厚度或冲淤量。本文以同流量水位差法计算各站之间的主河槽平均冲淤厚度和沙量平衡法计算的冲淤厚度进行对照分析。参与有关研究分析该河段冲淤变化的讨论,以期取得共识,为黄河治理服务。

　　本文原载于《泥沙研究》2001 年第 1 期。

1 河道概况和特征

采用 1955～1995 年的逢 5、逢 10 年份的 1 000 m³/s 水位,计算各站间水面比降如表 1 所示。

(1)兰州到下河沿河段长 362 km,为峡谷河段,河床基本稳定,河谷断面多呈开阔倒三角形或梯形,水面宽 100～200 m。平均 1 000 m³/s 水位比降兰州—安宁渡—下河沿为 8.6‰ 和 7.06‰。

(2)下河沿至磴口河段长 404 km。河床为卵石和泥沙组成,局部段有砾石基岩出露,河床冲淤变化较小。下河沿到青铜峡段为青铜峡库区,建库前比降为 7.68‰。青铜峡—石嘴山—磴口 1 000 m³/s 水位比降为 2.49‰ 和 3.13‰。

(3)磴口到头道拐河段长 576 km,是弯曲型平原河道。为沙质河床,有冲淤变化。磴口到巴彦高勒为三盛公库区,建坝前磴口—渡口堂 1 000 m³/s 水位比降为 2.72‰。巴彦高勒—三湖河口—昭君坟—头道拐站比降为 1.47‰、0.82‰ 和 1.189‰。

(4)头道拐到府谷段长 217 km。区间有 44 条支流汇入。喇嘛湾以上,河道宽浅,沙质河床。喇嘛湾到万家寨为龙口峡谷,河床为基岩或块石组成。龙口到曲峪为沙质河床,有冲淤变化。曲峪到府谷间有义门峡谷。1 000 m³/s 水位比降头道拐到河曲为 8.44‰,天桥电站建成前,河曲到义门为 7.01‰。

表 1 兰州—前左各站间汛前 1 000 m³/s 水位比降统计

河段	距河口距离 (km)	平均比降 (‰)	河段	距河口距离 (km)	平均比降 (‰)
兰州	3 344.6		河曲—府谷	1 785.5	
兰州—安宁渡	3 175.0	8.60	义门—吴堡 2	1 543.8	7.30
安宁渡—下河沿 2	2 982.5	7.06	府谷—吴堡 2	1 543.8	7.20
下河沿 2—青铜峡 2	2 859.1	7.68	吴堡 2—龙门(马)	1 268.6	9.34
青铜峡 2—石嘴山 2	2 664.5	2.49	龙门(马)—潼关 6	1 141.1	4.24
石嘴山 2—磴口 2	2 578.1	3.13	潼关 6—三门峡 6	1 024.8	4.14
磴口 2—巴彦高勒	2 522.7		三门峡 6—小浪底	895.7	10.8
磴口 2—渡口堂	2 539.0	2.72	小浪底—官庄峪	796.6	3.74
巴彦高勒—三湖河口	2 302.0	1.47	官庄峪—花园口	767.7	2.31
渡口堂—三湖河口	2 302.0	1.52	花园口—夹河滩 2	662.3	1.81
三湖河口—昭君坟 4	2 176.1	0.82	夹河滩 2—高村 4	579.1	1.52
三湖河口—包头	2 234.1	1.05	高村 4—孙口	448.6	1.13
昭君坟 4—头道拐	2 002.3	1.18	孙口—艾山	385.5	1.17
包头—头道拐	2 002.3	1.00	艾山—泺口 2	276.4	1.00
头道拐—河曲	1 841.5	8.44	泺口 2—利津 3	103.6	0.90
河曲—义门	1 777.9	7.01	利津 3—前左	72.9	0.80

注:兰州到龙门段为汛前同流量水位计算,龙门到前左段为汛末同流量水位计算。

(5)府谷到龙门河段长 517 km,除壶口瀑布上下 30 km 河床为基岩外,其余约 3/5 为卵石和块石组成,约 2/5 为沙质河床。区间支流 340 余条。较大支流与黄河交汇处,在黄河上形成冲积扇浅滩。据调查,府谷—禹门口段有浅滩 100 多个,属于碛滩的有 37 个。碛滩都经受了干支流历史洪水的冲积塑造,处于相对稳定碛滩段。每个碛滩均是上游河段的侵蚀基点,控制上游河段沙质河床的相对稳定,即大流量大流速时冲刷,小流量小流速时淤积,以保持长时段的相对稳定。当发生特大洪水,导致碛滩升降时,它又处于新的相对稳定阶段。据文献[6]实测碛滩形态特征如表 2 所示。所列碛滩除壶口瀑布为基岩外,其他均为块石组成。碛滩长达 900 ~ 2 400 m,水面比降达 44‰ ~ 112‰。实测枯水水面流速达 4.0 m/s。

表 2　重点碍航碛滩形态特征

名称	距禹门口(km)	位置	长(m)	宽(m)	纵比降(‰)	说明
肖木碛	467.6	府谷县白云沟口	2 150	415	44.0	府谷下 51.0 km
川口碛	447.6	兴县岚漪河口	1 550	325	100.0	府谷下 71.4 km
大同碛	326.6	临县湫水河口	2 400	525	100.0	吴堡上 49.1 km
土金碛	216.6	绥法县石盘沟	1 550	310	112.0	吴堡下 15.9 km
老牛坝	178.6	清涧县清涧河口	1 300	305	57.0	吴堡下 98.3 km
禹王碛	107.6	延长县延河口	900	375	112.0	
壶口瀑布	69.6	宣川县				龙门上 67.9 km
宁家碛	33.0					龙门上 31.3 km
禹门口	0	韩城县				

府谷到吴堡河段长 242 km,区间有 106 条支流汇入。河段内有碛滩 60 多处。主要碛滩有肖木碛、川口碛、大同碛。河段平均 1 000 m³/s 水位比降为 7.2‰。吴堡到龙门河段长 275 km,区间有 240 条支流加入,河段内主要碛滩有土金碛、老牛坝、禹王碛、壶口瀑布、宁家碛等,平均 1 000 m³/s,水位比降为 9.34‰。

(6)龙门到三门峡河段长 244 km,属于三门峡库区。其中龙门到潼关段为黄河中游唯一宽浅游荡性河道,洪水河宽 3 ~ 8 km,最宽的达 18 km。建库前 1 000 m³/s 水位平均比降为 4.56‰,建库后降低为 4.14‰。黄河进入潼关河宽缩窄为 1 000 m,河道几经收缩、放宽交替,到三门峡市又进入峡谷河段,建库前潼关到三门峡河段 1 000 m³/s 水位比降为 4.14‰。

(7)三门峡到花园口河段长 257 km。其中三门峡到小浪底河段长 129 km,是黄河最后一个峡谷河段,平均 1 000 m³/s 水位比降达 10.8‰,水面宽 250 ~ 400 m,河床多为卵石、块石组成,间有碛滩,河床稳定。小浪底以下约 20 km,黄河进入下游平原地区。1 000 m³/s 水位比降,小浪底—官庄峪—花园口为 3.74‰ 和 2.31‰。花园口以下沿程递减,到泺口—利津—前左段降低为 0.9‰ 和 0.8‰。

2　同流量水位差反映河段冲淤厚度变化的实用讨论

水文站和水位站同流量(1 000 m³/s)水位差,反映了本断面的主河槽的平均冲淤厚度变化,它不包括复式断面的洪水漫滩部分的冲淤厚度。水文站多设在顺直河段中央,具有较好的断面控制或河道控制,所以水位—流量关系相对较好。

（1）上下二站间河床均为沙质，且无水利工程改变其进出口水沙条件时，二站之间有一个相对平衡的河床比降。因此用1 000 m³/s的水位差反映的二站之间的主河槽冲淤厚度，具有一定代表性。

（2）峡谷河道，河床基本稳定，区间虽有碛滩，但无水利工程建设，相邻二站的同流量水位差，能反映河段冲淤变化很小的特征。若系碛滩和沙质河床相间，而水文站又设在沙质河床段，且冲淤幅度较大，这类站的同流量水位差，只代表上下游碛滩间的河段冲淤变化。如龙门站揭河底冲刷只在上游31 km的宁家碛开始。因此应将碛滩按不冲不淤计，用距离加权法计算其河段平均冲淤厚度较为合理。

（3）用日平均1 000 m³/s的相应日平均水位，计算兰州以下各站历年汛前、汛末的1 000 m³/s水位。概括各站、各河段的主河槽冲淤变化如下（见图1）：

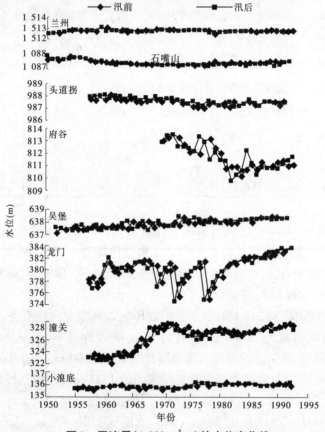

图1　同流量(1 000 m³/s)的水位变化线

①兰州到下河沿河段较为稳定，年度变化多不超过0.3 m。历年1 000 m³/s水位变幅兰州为0.53 m，安宁渡为0.68 m，下河沿为0.50 m。

②青铜峡水库1967年投产，对上游下河沿、下游石嘴山断面无明显影响。青铜峡出库站产生冲刷，最大冲刷深为1.23 m，1987年以来河床又趋于稳定。

③石嘴山、磴口断面较为稳定，1 000 m³/s水位最大变幅为0.74 m和0.70 m。

④巴彦高勒、昭君坟、三湖口站，历年1 000 m³/s水位变幅可达0.99~1.68 m。冲淤趋势大体一致。如青铜峡水库投产1962~1968年明显冲刷0.5 m左右，龙羊峡水库投产1987~

1996 年逐渐升高 1.03 ~ 1.46 m。

⑤头道拐、河曲断面 1 000 m³/s 水位变幅为 1.18m 和 0.57 m。头道拐 1958 ~ 1985 年冲刷 0.6 m,1986 年龙羊峡水库投产,刷深 0.41 m。河曲断面基本稳定。

⑥义门到龙门河段,为沙质河床和碛滩相间,大洪水局部冲刷剧烈。1 000 m³/s 水位变幅,义门为 4.05 m,府谷为 3.23 m,沙窝铺为 2.77 m,吴堡为 1.21 m,龙门为 8.94 m。如图 1 所示。天桥电站 1973 年建成,府谷断面经过淤积—冲刷—淤积—冲刷三个半的冲淤交替过程,1997 年汛末较 1972 年汛末冲刷 1.22 m。吴堡断面 1951 ~ 1997 年汛末缓慢升高 1.0 m 左右。龙门断面 1951 年以来曾发生 7 次揭河底冲刷,揭河底冲刷幅度达 1.78 ~ 5.68 m。1977 年末揭河底冲刷后,1 000 m³/s 水位为 374.8 m,到 1997 年升高为 383.5 m,反映了府谷和龙门断面的局部河段冲淤变化的剧烈程度,也反映了吴堡下游 16 km 的"土金碛"对吴堡断面的控制作用。

⑦龙门到三门峡河段为三门峡库区,有系统实测断面法冲淤资料。

⑧三门峡—小浪底河段长 129 km,断面较为稳定。同流量水位最大变幅分别为 1.03 m 和 0.70 m。

⑨小浪底到花园口河段长 128 km。铁谢以下有实测断面法冲淤资料。

(4)兰州以下各水文站间河段平均 1 000 m³/s 水位差(冲淤厚度)计算方法:相邻两站间无水位站和碛滩者,均用算术平均法。头道拐到龙门河段碛滩与沙质河床相间,将主要碛滩均视为不冲不淤断面,用距离加权法计算河段平均冲淤厚度较为接近实际。

3 沙量平衡法计算河道冲淤量的精度讨论

(1)沙量平衡方程:沙量平衡法计算相邻站之间的冲淤量和实测断面法冲淤量方程式为:

$$V = S_1 + S_3 - S_4 - S_2 \tag{1}$$

$$D \cdot r_1 = V \pm \Delta E \tag{2}$$

$$\Delta E = D \cdot r_1 - V \tag{3}$$

式中:S_1、S_2 为进、出口输沙量,亿 t;S_3 为区间加入量,亿 t;S_4 为区间引出量,亿 t;V 为沙平衡法计算的河段冲淤量,亿 t;ΔE 为各因素综合误差,亿 t;D 为实测断面法冲淤量,亿 m³;r_1 为冲淤量干密度,t/m³。

根据以上公式,可以看出沙量平衡计算的冲淤量包含了各因素的测验、计算等综合误差。因此,当相邻二站间不冲不淤时,则沙量平衡计算的冲淤量完全是综合误差 ΔE。用公式(1)计算兰州—花园口各水文站之间的冲淤量如表 3 所示。

(2)综合误差 ΔE 的量值简析。

①水文站的悬沙测验系统误差,按 ±5% 计,则小浪底和花园口站 1952 ~ 1990 年输沙量为 492.59 亿 t 和 453.65 亿 t。误差量可达 ±24.6 亿 t 和 ±22.7 亿 t。同符号相消,异符号则相加为 47.3 亿 t。

②未控区间加沙量计算误差,按 ±20% 计。1952 ~ 1990 年,府谷—吴堡—龙门分别为 29.16 亿 t 和 34.83 亿 t;误差量可达 ±5.83 亿 t 和 ±6.97 亿 t。

③区间灌溉引沙量误差,如 1960 ~ 1990 年黄河下游引沙总量,设计院计算值为 32.68 亿 t,水文局计算值为 56.23 亿 t,二者相差 23.66 亿 t。用沙量平衡法计算冲淤量,仅引沙量造成的误差就达 23.66 亿 t。

表3 相邻站间沙量平衡法"冲淤量"V计算 （单位：亿t）

时段	项目	兰州	安宁渡	下河沿	青铜峡	石嘴山	巴彦高勒	三湖河口	昭君坟
1952	悬沙量	10.85	19.66	20.35	23.06	17.62	18.13	14.38	12.66
~	区变量		9.35	0.583	2.70	-1.589	-0.071	-2.491	0.235
1959	冲淤量		0.54	-0.107	-0.01	3.85	-0.581	1.26	1.96
1960	悬沙量	9.96	17.07	16.94	14.47	17.01	14.95	17.30	17.48
~	区变量		7.50	0.476	1.87	-0.858	-1.792	0.011	0.535
1969	冲淤量		0.39	0.606	4.34	-3.49	0.358	-2.34	0.355
1970	悬沙量	5.75	12.00	12.43	10.75	9.71	8.51	9.09	10.47
~	区变量		6.52	0.35	1.61	-0.649	-0.994	0.161	-0.021
1979	冲淤量		0.27	-0.08	3.29	0.39	0.206	-0.42	-1.401
1980	悬沙量	4.70	9.76	9.71	11.10	10.91	9.04	9.64	9.81
~	区变量		5.36	0.252	2.19	-1.125	-1.48	0.146	0.882
1990	冲淤量		0.30	0.302	0.80	-0.935	0.39	-0.454	0.712
	悬沙量	31.26	58.49	59.43	59.38	55.34	50.63	50.41	50.42
合计	区变量		28.72	1.66	8.368	-4.221	-4.34	-2.173	2.21
	冲淤量		1.49	0.72	8.42	-0.18	0.37	-1.953	2.20

时段	项目	头道拐	府谷	吴堡	龙门	潼关	三门峡	小浪底	花园口
1952	悬沙量	12.08	28.72	59.66	101.6	146.1	151.24	150.23	134.66
~	区变量	0.078	17.03	30.22	42.22	50.14	0.91	0.72	1.407
1959	冲淤量	0.66	0.39	-0.72	0.28	5.64	-4.23	1.73	16.98
1960	悬沙量	18.27	36.73	70.38	113.15	142.27	114.46	113.12	111.32
~	区变量	0.409	15.07	36.14	45.81	58.25	9.65	0.68	0.198
1969	冲淤量	-0.381	-3.39	2.49	3.04	29.13	37.46	2.02	2.00
1970	悬沙量	11.52	24.43	51.82	86.80	131.78	139.8	139.21	123.61
~	区变量	0.56	14.52	31.92	33.40	49.51	1.29	0.73	-1.322
1979	冲淤量	-0.49	1.61	4.53	-1.58	4.53	-6.74	1.32	14.28
1980	悬沙量	10.39	19.92	34.86	51.55	85.55	93.21	90.03	84.06
~	区变量	0.958	8.94	15.29	18.07	37.43	3.54	0.75	-1.21
1990	冲淤量	0.378	-0.59	0.35	1.38	3.43	-4.12	3.93	4.76
	悬沙量	52.26	109.92	216.72	353.1	505.7	498.71	492.59	453.65
合计	区变量	2.005	55.57	113.5	139.53	195.22	15.38	2.89	-0.934
	冲淤量	0.165	-1.69	6.44	3.15	42.72	22.37	9.01	38.01

④水量不平衡引起的误差,如小浪底站 1952～1990 年较三门峡和花园口偏小 105 亿 m^3,相对差为 0.7%,影响小浪底沙量偏小 3.45 亿 t。

⑤不易收集的平衡因素,均视为冲淤量。如三门峡水库塌岸量 1959～1990 年计 13.86 亿 t;黄河下游吸泥淤堤总量为 5.63 亿 t;推移质输沙量差等。

(3)综合误差 ΔE 值计算:根据实测河段的断面法冲淤量 $D \cdot r_1$ 计算潼关—三门峡—花园口河段的 ΔE 如表 4 所示。显示了各区段断面法冲淤量 $D \cdot r_1$ 与沙量平衡法冲淤量 V 值均呈定性矛盾。综合误差 ΔE 值为实测断面法冲淤量的 6～24 倍。

表 4　1974～1990 年综合误差 ΔE 计算

项目	进口站输沙量 S_1(亿 t)	出口站输沙量 S_2(亿 t)	区间变化量(亿 t)	沙平衡冲淤量 V(亿 t)	实测断面法冲淤量 $D \cdot r_1$(亿 t)	综合误差 ΔE(亿 t)	ΔE 为断面法冲淤量的倍数 (6/5)
潼关—三门峡	162.63	171.45	1.29	−7.53	1.55	9.08	5.9
三门峡—小浪底	171.45	167.97	1.08	4.56	0	−4.56	
小浪底—花园口	167.97	155.03	−1.77	11.17	−0.69	−11.86	17.2
三门峡—花园口	171.45	155.03	−0.69	15.73	−0.69	−16.42	23.8

4　同流量水位法和沙量平衡法计算冲淤厚度对比分析

为了进行对比,将沙量平衡法计算的河段冲淤量除以干密度(三门峡以上用 1.4 t/m^3,三门峡以下用 1.5 t/m^3)和河段面积求得冲淤厚度。

(1)以同流量水位差加权计算的河段平均冲淤厚为准,当二者相差 3 倍且绝对值大于 0.5 m 者视为反常段,则计算的 60 段中,反常段计 48 段,占 80.0%。如表 5 所示。

(2)突出反常段简述:

①兰州—安宁渡—下河沿段,1952～1990 年,同流量水位差法分别淤积 0.14 m 和 0.17 m,而沙量平衡计算则淤积 4.19 m 和 1.34 m。相差 8～30 倍。反常段占 100%。

②青铜峡—石嘴山段,1952～1959 年同流量水位差法仅淤积 0.24 m,而沙平衡法淤积 4.04 m,1960～1969 年同流量水位差法仅冲刷 −0.69 m,而沙量平衡法则冲刷 −3.66 m。相差 5.3 倍。反常段占 100%。

③巴彦高勒—三湖河口—昭君坟段 1952～1990 年,同流量水位差法计算河段冲淤厚为 −0.01 m 和 0.39 m,而沙量平衡法计算的冲淤厚达 −2.20 m 和 2.78 m,相差 7 倍以上。反常段占 80%。

④头道拐—府谷 1960～1969、1970～1979 年同流量水位差计算冲淤厚为 −0.57 m 和 −0.02 m,而沙平衡法计算的冲淤厚达 −3.86 m 和 1.77 m,相差 7 倍以上。反常段占 60%。

⑤府谷到吴堡段 1952～1990 年同流量水位计算冲刷厚为 −0.19 m。沙平衡法则淤积厚达 6.49 m,明显不合理。反常段占 100%。

⑥吴堡到龙门段,1952～1990 年同流量水位差法淤积 0.27 m,沙平衡法则淤积 2.72 m。相差 10 倍,反常段占 80%。

⑦三门峡—小浪底—花园口,反常段占 100%,以 1952～1990 年为例,同流量水位差法仅淤积 0.51 m 和 0.47 m,而沙量平衡法则淤积 15.52 m 和 7.92 m,相差 30～17 倍。

表5　同流量水位法和沙量平衡法计算冲淤厚度对比

项目		兰州—安宁渡	安宁渡—下河沿	青铜峡—石嘴山	石嘴山—巴彦高勒	巴彦高勒—三湖河口	三湖河口—昭君坟
时段（年）	间距（km）	169.6	192.5	194.6	141.8	220.7	125.6
	冲淤宽（m）	150	200	350	400	400	450
	冲淤平面积（亿 m³）	0.245	0.385	0.681	0.567	0.883	0.565
1952 ~ 1959	平衡法冲淤量（亿 t）	0.54	−0.107	3.85	−0.581	1.26	0.196
	平衡法冲淤厚（m）	1.52	−0.28	4.04	−0.73	1.02	2.47
	同流量冲淤厚（m）	0.18	0.07	0.24	0.01	0.19	0.47
1960 ~ 1969	平衡法冲淤量（亿 t）	0.39	0.606	−3.49	0.358	−2.34	0.355
	平衡法冲淤厚（m）	1.10	1.12	−3.66	0.45	−1.89	0.45
	同流量冲淤厚（m）	0.03	0.09	−0.69	0.08	−0.61	−0.76
1970 ~ 1979	平衡法冲淤量（亿 t）	0.27	−0.08	0.39	0.206	−0.419	−1.401
	平衡法冲淤厚（m）	0.76	−0.15	0.41	0.26	−0.34	−1.77
	同流量冲淤厚（m）	0.17	0.06	−0.12	−0.29	−0.29	0.13
1980 ~ 1990	平衡法冲淤量（亿 t）	0.30	0.302	−0.935	0.39	−0.454	0.712
	平衡法冲淤厚（m）	0.84	0.56	−0.98	0.49	−0.37	0.90
	同流量冲淤厚（m）	−0.24	−0.05	−0.24	0.36	0.70	0.55
合计	平衡法冲淤量（亿 t）	1.49	0.72	−0.18	0.37	−1.95	2.20
	平衡法冲淤厚（m）	4.19	1.34	−0.19	0.47	−2.20	2.78
	同流量冲淤厚（m）	0.14	0.17	−0.81	0.16	−0.01	0.39
反常段占（%）		100	100	100	60	80	80

项目		昭君坟—头道拐	头道拐—府谷	府谷—吴堡	吴堡—龙门	三门峡—小浪底	小浪底—花园口
时段（年）	间距（km）	174.1	216.8	241.7	275.2	129.1	128.0
	冲淤宽（m）	450	300	300	300	300	2500
	冲淤平面积（亿 m³）	0.783	0.65	0.725	0.825	0.387	3.20
1952 ~ 1959	平衡法冲淤量（亿 t）	0.658	0.39	−0.72	0.28	1.73	16.98
	平衡法冲淤厚（m）	0.60	0.44	−0.69	0.24	2.98	3.54
	同流量冲淤厚（m）	0.55	0.57	0.72	0.16	−0.07	0.35
1960 ~ 1969	平衡法冲淤量（亿 t）	−0.381	−3.39	2.49	3.04	2.02	2.00
	平衡法冲淤厚（m）	−0.35	−3.86	2.38	2.63	3.48	0.42
	同流量冲淤厚（m）	−0.58	−0.57	−0.82	−0.01	0.13	−0.12
1970 ~ 1979	平衡法冲淤量（亿 t）	−0.49	1.61	4.53	−1.58	1.32	14.28
	平衡法冲淤厚（m）	−0.45	1.77	4.46	−1.37	2.27	2.98
	同流量冲淤厚（m）	0.02	−0.02	0.25	−0.11	0.40	0.15
1980 ~ 1990	平衡法冲淤量（亿 t）	0.378	−0.59	0.35	1.38	3.93	4.76
	平衡法冲淤厚（m）	0.34	−0.64	0.48	1.19	6.77	0.99
	同流量冲淤厚（m）	0.29	−0.32	−0.34	0.23	0.05	0.09
合计	平衡法冲淤量（亿 t）	0.165	−1.69	6.77	3.15	9.01	38.01
	平衡法冲淤厚（m）	0.15	−1.86	6.49	2.72	15.52	7.92
	同流量冲淤厚（m）	0.28	−0.34	−0.19	0.27	0.51	0.47
反常段占（%）		0	60	100	80	100	100

上述反常情况定性说是沙量平衡法把综合误差 ΔE 当做冲淤量造成的。如兰州—安宁渡段、青铜峡—石嘴山段冲淤厚达 3~4 m,府谷—吴堡、三门峡—小浪底—花园口冲淤厚达 6~15 m 等都是虚假的。

5 沙量平衡法计算头道拐—龙门河段冲淤量对照分析

文献[8]采用时段为 1959~1989 年;文献[4]采用时段为 1964~1988 年,用年平均值乘以 31 年可与文献[8]对比。本文采用历年水文资料审查确定数值计算冲淤量和河段平均冲淤厚,与同流量水位差法计算的平均冲淤厚度。对比如表 6 所示。

表 6　北干流沙量平衡法计算 1959~1989 年冲淤量对照

项目		头道拐—府谷	府谷—吴堡	吴堡—龙门
间距(km)		261.8	241.7	275.2
冲淤宽(m)		300	300	300
冲淤面积(亿 m³)		0.65	0.725	0.826
沙平衡冲淤量 (亿 t)	文献[8]		-10.88	2.66
	文献[4]	-3.61	5.93	2.49
	本文计算	-1.95	7.72	3.13
沙平衡冲刷厚 (m)	文献[8]		-10.72	2.30
	文献[4]	-3.96	5.84	1.78
	本文计算	-2.14	7.60	2.71
同流量水位差(二站平均)		-0.97	-0.95	0.74
同流量水位差(碛滩按 0 计参加加权平均)			-0.18	0.09

头道拐—府谷段,各文献计算的冲淤量值均为冲刷,但数量相差 2~4 倍。府谷—吴堡段,文献[8]冲刷量为 -10.88 亿 t,文献[4]和历审资料淤积量为 5.93 亿 t 和 7.72 亿 t。三者相差 16.8 亿~18.6 亿 t。文献[8]冲刷厚为 -10.72 m,同流量水位差的冲刷厚为 -0.95 m 与 -0.18 m,与文献[8]定性一致,但数量相差 11~60 倍;文献[4]与本文计算淤积厚达 5.84 m 和 7.60 m,充分反映了三者用沙平衡计算的冲淤量均不符合实际。吴堡—龙门段三者计算的冲淤量较为接近,但淤积厚度,沙量平衡法为同流量水位差法的 3~20 倍。

6 结语

本文用同流量(1 000 m³/s)水位法计算了兰州以下各水文站 1952~1997 年以来每年汛前、汛末的同流量水位变化,进而计算了各水文站之间纵比降和本断面的主河槽冲淤厚度,重点剖析了府谷—龙门河段的主要碛滩的控制条件和相对稳定性,并将主要碛滩按不冲不淤计参加区段平均冲淤厚计算,较为真实地反映了 1952~1990 年各大时段各水文站之间的主河槽平均冲淤厚度变化。

用沙量平衡方程剖析了沙量平衡法计算的冲淤量的要害是把各因素的测验、计算等综合误差 ΔE 值视为冲淤量。根据潼关到花园口之间有实测断面法冲淤量河段计算三门峡水库"蓄清排挥"运用的 1974~1990 年的沙量平衡法冲淤量 V 值,再用 $\Delta E = D \cdot r_1 - V$ 公式计算各区段的 ΔE 值。从理论上说明了沙量平衡法计算的冲淤量包含了综合误差 ΔE,因此是不真实的。

本文用历年审查确定采用的各站实测沙量和区间加入量、引入量,计算 1952 ~ 1990 年四大时段的兰州—花园口各站之间的冲淤量 V 值,并换算为冲淤厚度(含滩地冲淤量)与同流量水位法计算的河段平均冲淤厚度(不含滩地冲淤量)粗略对比和各家均用沙量平衡法计算的头道拐—龙门各河段的 1959 ~ 1989 年冲淤量进行对比;进一步揭示了沙量平衡法计算河段冲淤量的虚假程度。

综上所述,未实测河道冲淤变化河段,用同流量水位法计算河段主河槽平均冲淤厚度,虽然存在站点少、代表性差的问题,一般说定性合理,且对研究平滩流量过洪能力等具有实用价值。不分析、不改正水文站沙量测验误差,简单地用沙量平衡法计算冲淤量很可能是不符合实际的。

致谢:本文承蒙龙毓骞教授级高级工程师指导,特表感谢。

参考文献

[1] 程龙渊,席占平.刘家峡、龙羊峡水库运用对三门峡库区冲淤影响初步探讨[C]//三门峡水利枢纽运用研究文集.郑州:河南人民出版社,1994.
[2] 焦恩泽.黄河干支流水库泥沙问题//黄河泥沙[M].郑州:黄河水利出版社,1996.
[3] 黄河流域地图集[M].北京:中国地图出版社出版,1989.
[4] 程秀文,焦恩泽.黄河上、中游河道的冲淤演变//黄河泥沙[M].郑州:黄河水利出版社,1996.
[5] 刘建民.天津设计院.黄河府谷到禹门口段站枯水航道查勘报告[C]//黄河航运研究开发论文集.西安:陕西科学技术出版社,1991.
[6] 陈永宗,龙联元.黄河府谷到禹门口河段溪口滩成因和发展[C]//黄河航运研究开发论文集.西安:陕西科学技术出版社,1991.
[7] 席占平,程龙渊.关于黄河龙门长河段揭河底现象的观测和分析[J].人民黄河,1999(9).
[8] 张仁.黄河粗沙对下游河道的影响及河口镇到潼关河段冲淤变化//黄河泥沙[M].郑州:黄河水利出版社,1996.

三门峡水库蓄清排浑运用以来库区冲淤演变初步分析

程龙渊　张松林　马新明　刘彦娥　薛　晟　郑艳芬

(黄河三门峡库区水文水资源局)

三门峡水库泄水建筑物的改建,于 1971 年 10 月完成两洞四管和 1 ~ 8 号底孔的改建工程,1990 年和 2000 年完成 9、10 和 11、12 号底孔改建工程。1960 ~ 2002 年全库淤积量达 73.3 亿 m³。1960 ~ 1964 年的全库淤积量为 45.91 亿 m³,潼关以下淤积 37.22 亿 m³,占 81.1%,小北干流淤积 6.51 亿 m³,占 14.2%;渭河淤积 1.69 亿 m³,占 3.7%;北洛河淤积 0.48

本文原载于《泥沙研究》2004 年第 4 期。

亿 m³。1965～1973 年全库区淤积 11.87 亿 m³,潼关以下冲刷 9.21 亿 m³,占 77.6%;小北干流淤积 12.03 亿 m³,占 101.1%;渭河淤积 8.25 亿 m³,占 69.51%;北洛河淤积 0.8 亿 m³。1974～2002 年全库淤积 15.52 亿 m³,潼关以下淤积 3.44 亿 m³,占 22.2%,小北干流淤积 6.91 亿 m³,占 44.5%,渭河淤积 3.44 亿 m³,占 22.2%,北洛河淤积 1.74 亿 m³,占 11.2%。

1972 年 11 月原三门峡库区水文实验总站曾对 1972 年以前潼关河床高程的变化进行了系统的分析,我局同志编辑出版了《三门峡库区水文泥沙实验研究》,还参加了三门峡水利枢纽运用研究。这些著作均对 1990 年以前的冲淤演变有较详细的叙述。本文仅对蓄清排浑运用以来的库区冲淤演变进行初步探讨,仅供参考。

1973 年底水库采用蓄清排浑运用,汛期的平均水位为 303.27～304.41 m。回水末梢位于黄淤 17 断面。非汛期平均水位为 317.59～320.45 m,回水末梢位于黄淤 31 断面。

1 潼关局部侵蚀基准面对黄河、渭河、北洛河的影响

统计黄淤 41、45,渭淤 2、10 和洛淤 2、8 断面的主河槽平均河底高程,并计算冲淤厚度如表 1 所示。

潼关 41(三)断面的平均河底高程既受水库运用影响,又受上游来水来沙条件和上游河道冲淤演变下延影响。从冲淤厚度看,1973～1986 年黄淤 41(三)淤高 0.7 m,黄淤 45 冲刷 0.6 m;渭淤 2、10 断面淤高 3.4 m 和 3.1 m,为 41(三)的 4～5 倍;洛淤 2、8 断面淤高 1.3 m 和 1.7 m,为 41(三)的 2 倍。1986～1995 年黄淤 41(三)和 45 断面升高 0.8 m 和 1.2 m,而渭 2 断面升高 0.3 m,而渭 10 断面还冲刷 2.1 m;洛淤 2、8 断面冲刷 0.3 m 和 0.4 m。反映了潼关侵蚀基准面对上游干支流影响的局限性。

表 1 淤积断面主河槽平均河底高程和冲淤厚度

项目	时间	断面					
		黄 41(三)	黄 45	渭 2	渭 10	洛淤 2	洛淤 8
主河槽平均河床高程(m)	1973.10	325.8	331.4	325.2	334.9	331.9	338.9
	1986.10	326.5	330.8	328.6	338.0	333.2	340.6
	1995.10	327.3	332.0	328.9	335.9	332.9	340.2
	2002.10	327.9	332.3	329.6	338.6	333.7	340.5
冲淤厚度(m)	1973～1986	0.7	-0.6	3.4	3.1	1.3	1.7
	1986～1995	0.8	1.2	0.3	-2.1	-0.3	-0.4
	1995～2002	20.6	0.3	0.7	2.7	0.8	0.3

2 潼关水沙量变化与潼关以下库段实测冲淤变化

以 1950～1959 年水沙量为准,1974～1986、1987～1995、1996～2002 年,3 个时段的年均水量减少 9.1%、33.5%、55.5%,输沙量减少 40.9%、49.6%、66.2%,表现为减水少、减沙多。潼关以下库段年均淤积量为 0.042 亿、0.161 亿、0.208 亿 m³,依次递增。潼关同流量水位依次升高 0.54、1.16、0.61 m(流量为 1 000 m³/s 的水位,下同,简称为潼关同流量水位)。如表 2 所示。

表2 潼关水沙量变化与潼关以下库段冲淤变化

时 段	黄河潼关站				黄淤1~41冲淤量(亿 m³)		潼关同流量水位变化(m)
	年均水量 (亿 m³)	增减 (%)	年均输沙量 (亿 t)	增减 (%)	年均	总量	
1950~1959	430.8		16.82				0.25
1974~1986	391.6	-9.1	9.948	-40.9	0.042	0.556	0.54
1987~1995	286.4	-33.5	8.474	49.6	0.161	1.457	1.16
1996~2002	191.8	-55.5	5.687	66.2	0.208	1.446	0.61

3 潼关同流量水位升降的反常现象

蓄清排浑运用以来,潼关站有5年汛期和2年非汛期同流量水位升降反常。如表3所示。

(1)5年汛期平均库水位为302.45~305.40 m;潼关站汛期水量均不超过140亿 m³,其中有2年小于100亿 m³。5年实测黄淤41~45和黄淤36~41断面汛期淤积量为0.242亿 m³和0.220亿 m³。大坝—黄淤41断面冲刷5.138亿 m³。由此推断这5年的汛期潼关同流量水位升高1.16 m是潼关以上黄河的沿程淤积下延造成的。

表3 潼关同流量水位升降反常现象

季节	年份	汛期库水位(m)		潼关1 000 m³/s 水位(m)			潼关水量		冲淤量(亿 m³)		
		最高	平均	汛前	汛末	升高	汛期 (亿 m³)	占年量 (%)	黄淤 36~41	坝~41	41~45	41~45 ~渭淤10
汛期	1986	313.08	302.45	327.08	327.18	0.10	134.3	48.1	0.074	-0.695	0.052	
	1993	310.82	303.13	327.70	327.78	0.08	139.6	47.7	-0.072	-1.765	0.019	
	1995	311.56	303.74	327.95	328.34	0.39	113.8	47.5	0.097	-1.303	0.025	
	2000	314.90	305.40	328.31	328.33	0.02	73.11	39.3	0.040	-0.478	0.027	
	2002	312.62	304.52	328.38	328.95	0.57	58.28	33.4	0.081	-0.897	0.119	
	合计					1.16			0.220	-5.138	0.242	
春灌蓄水	1996				328.07							
	1997	321.81	316.84	327.98	327.61	-0.09	97.93	62.7	0.058	1.544	-0.001	-0.005
	1999				328.33							
	2000	321.73	316.00	328.31		-0.02	112.89	60.7	0.026	1.250	-0.040	-0.003
	合计					-0.11			0.084	2.794	-0.041	-0.008

(2)非汛期潼关同流量水位升高是正常的。而1997年和2000年却降低0.11 m。这2年非汛期潼关以下和黄淤36~41断面淤积量达2.794亿 m³和0.084亿 m³;黄淤41~45和黄淤41~渭淤10断面累计冲刷量为0.049亿 m³,反映了潼关同流量水位降低与上游河道冲刷关系是一致的。

4 黄河小北干流河道冲淤演变的分析

(1)实测冲淤量变化。黄河小北干流,在自然条件下汛期淤积,非汛期冲刷。水库采用蓄清排浑运用以来,非汛期蓄水回水末梢一般在黄淤 36 断面以下。1974~2002 年全区段共淤积 7.281 亿 m³(非汛期为 −12.2 亿 m³,汛期为 19.48 亿 m³),其中黄淤 41~45 断面为 0.574 亿 m³,占 7.9%,黄淤 45~59 断面为 3.533 亿 m³,占 48.5%;黄淤 59~68 断面为 3.174 亿 m³,占 43.6%;按单位冲淤量分布看,黄淤 41~45、45~59、59~68 断面为 0.031 亿、0.056 亿、0.063 亿 m³/km。反映了远离潼关段淤的多,近潼关段淤积少的沿程淤积分布特点。如表 4 所示。

表4 小北干流历年冲淤量统计　　　　　　　　　　（单位:亿 m³）

时段		黄淤 41~45(18.4 km)			黄淤 45~59(63.3 km)			黄淤 59~68(50.0 km)			全区段合计(131.7 km)		
		非汛	汛期	合计	非汛	汛期	合计	非汛	汛期	合计	非汛	汛期	合计
1974~	时段	−0.677	0.730	0.053	−3.287	3.845	0.558	−1.757	1.835	0.078	−5.721	6.410	0.689
1986	年均	−0.052	0.056	0.004	−0.253	0.296	0.043	−0.135	0.141	0.006	−0.440	0.493	0.053
1987~	时段	−0.236	0.644	0.407	−1.806	3.956	2.150	−1.520	4.006	2.485	−3.562	8.606	5.044
1995	年均	−0.026	0.072	0.045	−0.201	0.440	0.240	−0.169	0.445	0.276	0.396	0.956	0.560
1996~	时段	−0.141	0.254	0.113	−1.389	2.214	0.825	−1.387	1.998	0.610	−2.917	4.466	1.549
2002	年均	−0.149	0.036	0.016	−0.198	0.316	0.118	−0.198	0.285	0.087	−0.417	0.638	0.2210
1974~	合计	−1.054	1.628	0.574	−6.482	10.015	3.533	−4.665	7.839	3.174	−12.20	19.482	7.281
2002	年均	−0.036	0.056	0.020	−0.224	0.345	0.122	−0.161	0.270	0.109	−0.421	0.672	0.251
单位冲淤量(亿 m³/km)				0.031			0.056			0.063			0.055

(2)淤积量大的年份实测水沙量和河段冲淤量变化如表 5 所示。

表5 突出年龙门水沙量和小北干流冲淤量统计　　　　　　（单位:亿 m³）

年份	龙门站水沙量			小北干流冲淤量(亿 m³)	
	年水量 (亿 m³)	汛期水量 (亿 m³)	年沙量 (亿 t)	运用年	汛期
1988	202.0	102	9.10	1.654	2.152
1990	243.0	90.1	4.55	0.635	0.886
1991	185.3	44.5	3.90	0.787	1.298
1992	196.6	80.9	6.31	0.512	1.028
1994	249.4	116	8.51	1.055	1.391
1995	218.5	102	6.99	0.542	0.858
1996	197.2	89.8	7.33	0.464	0.866
1998	157.2	55.7	4.49	0.884	1.116
2002	156.7	51.4	3.35	0.415	0.908
合计	1 805.9	731.88	54.53	6.947	10.502
平均	200.7	81.3	6.058		
占 29 年(%)				95.3	53.9

龙门站 9 年年均汛期水量为 81.3 亿 m³,仅为 1950～1973 年汛期平均水量 183 亿 m³ 的 44.2%。汛期水量占年水量的比例,平均为 40.5%。9 年小北干流全段淤积量为 6.947 亿 m³,占 29 年淤积总量 7.28 亿 m³ 的 95.3%,其中汛期淤积 10.50 m,占年量的 151%。

5　渭河下游河道冲淤情况剖析

(1)水库蓄清排浑运用以来,渭河下游河道是多数年份非汛期冲刷,汛期淤积,与黄河小北干流相似。29 年的非汛期冲刷年份,渭淤 10～26、1～10 和渭拦断面为 18、10、4 年。29 年全区段非汛期冲刷量为 0.596 亿 m³。渭拦断面淤积 0.168 亿 m³,渭淤 1～10 断面冲刷 0.255 4 亿 m³,渭淤 10～26 断面冲刷 0.508 7 亿 m³,如表 6 所示。反映了上游冲刷多、下游冲刷少、渭拦段淤积的特点。

(2)29 年渭淤 1～37 断面累计淤积 3.435 亿 m³,其中渭淤 1～10 和 10～26 断面淤积 2.109 亿 m³ 和 1.03 亿 m³,占 61.4% 和 30%,1987～1995 年渭淤 1～10 断面淤积 1.716 亿 m³,占 29 年该区段淤积量的 81.4%,其中汛期淤积 1.952 亿 m³,非汛期冲刷 0.236 5 亿 m³。反映了 1987～1995 年间的不利洪水造成了汛期严重淤积主河槽萎缩。

表 6　渭河下游各河段冲淤分布　　　　　　　　　　　　　　　(单位:亿 m³)

时段		渭拦(10 km)			渭 1～10(38.5 km)			渭 10～26(77.2 km)			渭淤 1～37 冲淤量
		非汛	汛	合计	非汛	汛	合计	非汛	汛	合计	
1974～1986	时段	0.116 6	-0.037	0.079 6	0.022 6	0.042 2	0.064 8	-0.010 4	-0.453	-0.463	-0.315
	年均	0.009	-0.002 8	0.006 1	0.001 7	0.003 2	0.005	-0.000 8	-0.034 8	-0.036	-0.024
1987～1995	时段	0.036 8	0.063 9	0.100 7	-0.236 5	1.952 1	1.715 6	-0.238 5	1.193 4	0.954 9	2.861 4
	年均	0.004 1	0.007 1	0.011 2		0.183	0.190 6	-0.026 5	0.132 6	0.106 1	0.317 9
1996～2002	时段	0.014 6	0.007 5	0.022 1	-0.041 5	0.370 1	0.328 6	-0.259 8	0.798 7	0.538 6	0.887 9
	年均	0.002 1	0.001 1	0.003 2	-0.005 9	0.052 9	0.046 9	-0.037 1	0.114 1	0.076 9	0.126 8
1974～2002	时段	0.168	0.034 4	0.202 4	-0.255 4	2.364 4	2.109	-0.508 7	1.539 1	1.030 1	3.434 5
	年均	0.005 8	0.001 2	0.007	-0.008 8	0.081 5	0.072 7	-0.017 5	0.053 1	0.035 5	0.118 4

(3)渭河华县站年均水沙量变化:

①1974～1986 年水量较大,特别是汛期水量达 49.2 亿 m³,渭淤 1～10 断面仅淤积 0.064 8 亿 m³,渭淤 10～26 断面冲刷 0.463 亿 m³。华县 200 m³/s 水位仅升高 0.03 m。以 1974～1986 年的水沙量为准,计算了 1987～1995、1996～2002 年的水沙量递变百分数,如表 7 所示。

②1987～1995 年较 1974～1986 年汛期水沙量分别减少 36.5% 和 8.0%,由于减水多,减沙少,造成汛期平均含沙量增加 44.9%。导致渭淤 1～10 断面淤积 1.952 亿 m³,渭淤 10～26 断面淤积 1.193 亿 m³。华县同流量水位升高 1.07 m。

表7 蓄清排浑运用以来华县水沙量变化

时段	年			汛期				非汛期	
	水量 (亿 m³)	沙量 (亿 t)	平均含沙量 (kg/m³)	水量 (亿 m³)	占年量 (%)	沙量 (亿 t)	平均含沙量 (kg/m³)	水量 (亿 m³)	沙量 (亿 t)
1974～1986	73.17	3.3	41.4	49.2	67.2	2.749	55.9	23.93	0.281
1987～1995	56.5	2.918	51.6	31.23	55.3	2.53	81	25.27	0.388
1996～2002	31.82	2.164	68	18.28	57.4	1.834	100	13.54	0.33
递变(%)									
1987～1995	-22.8	-11.6	24.6	-36.5	-11.9	-8.0	44.9	5.6	38.1
1996～2002	-56.2	-34.4	64.2	-62.8	-9.8	-33.3	78.9	-43.4	17.4

③1996～2002 年,年均汛期水沙量仅 18.28 亿 m³ 和 1.834 亿 t,较 1974～1986 年汛期水沙量减少 62.8% 和 33.3%,汛期平均含沙量达 100 kg/m³,导致汛期渭淤 1～10 和 10～26 断面汛期淤积 0.370 亿 m³ 和 0.799 亿 m³。华县同流量水位又升高 0.37 m。

④全区段汛期淤积量大于 0.5 亿 m³ 的有 5 年,如表 8 所示。

表8 淤积特大年份水沙量和冲淤量统计

年份	华县站水沙量					渭河冲淤量(亿 m³)						
	年水量 (亿 m³)	汛期 水量 (亿 m³)	汛期占 (%)	汛期 沙量 (亿 t)	汛期占 (%)	汛期 平均 含沙量 (kg/m³)	渭淤 1～37 断面			渭拦	渭淤 1～10 断面		
							年量	汛期	汛期占 (%)	汛期	年量	汛期	汛期占 (%)
1977	37.2	19.2	51.6	5.48	96	285	0.634	0.627	98.8	0.073	0.656	0.631	96.1
1992	64.19	45.65	71.1	4.5	92	98.5	1.159	1.115	96.2	-0.002	0.861	0.849	98.7
1994	37.45	16.84	45	3.57	93	212	0.77	0.83	108	0.016 9	0.497	0.505	101.6
1995	17.51	11.41	65.2	2.36	99	207	0.737	0.815	111	0.006 2	0.312	0.337	108.1
1996	38.21	22.91	60	4.03	96	176	0.6	0.592	98.7	-0.009	0.14	0.16	112.4
合计							3.899	3.979	102	0.0851	2.466	2.48	100.6
平均							0.135	0.137		0.002 9	0.085	0.09	
占29年(%)							113.5	100.1		247.4	116.9	104.9	

5 年全区段淤积 3.899 亿 m³,汛期占 102%,非汛期占 -2.0%。渭淤 1～10 断面 5 年淤积量为 2.466 亿 m³,占全区淤积量的 63.2%;汛期淤积量为 2.48 亿 m³。其中 1977、1992、1996 年华县最大流量为 4 470、3 950、3 500 m³/s,渭淤 1～10 断面汛期淤积量为 0.631 亿、0.849 亿、0.16 亿 m³,而华县同流量水位汛期分别降低 1.04、0.51、0.81 m,反映了大水淤滩冲槽的特征。1994、1995 年,华县最大流量为 2 000、1 500 m³/s,渭淤 1～10 断面汛期淤积量达 0.505 亿 m³ 和 0.337 亿 m³,华县同流量水位升高 1.51 m 和 0.59 m。反映了小水淤槽导致渭河主河槽萎缩。

1994 年和 1995 年洪水遭遇对渭河下游的影响:1994 年黄河、渭河发生 4 次洪水,北洛河发生 3 次洪水;1995 年 8 月 6 ~ 10 日发生一次较大洪水,如表 9 所示。1994 年 7 月 6 ~ 10 日和 8 月 12 ~ 15 日的黄渭洛洪水组合,渭河下游河段产生冲刷,其他 4 次洪水组合淤积。华县、陈村、华阴站淤厚 2.20、4.9、1.1 m,潼关站冲刷 0.2 m。套绘 5 次实测断面图,如图 1 所示,清楚形象地显示了渭河中小洪水造成华县断面贴边淤积,导致主河槽萎缩的过程。

表 9 1994 年和 1995 年黄、渭、洛洪水组合对渭河下游的影响

时段		洪 水 组 合						组合型	潼关流量 (m³/s)	同流量水位变化(m)			
		龙门		华县		洑头				潼关(六)	华阴	陈村	华县
		Q_m (m³/s)	C_s (kg/m³)	Q_m (m³/s)	C_s (kg/m³)	Q_m (m³/s)	C_s (kg/m³)						
1994	7.6 ~ 7.10	4 780	115	2 000	765	695	1 030	黄渭洛	4 890	-0.50	-1.16	0	-0.40
	7.27 ~ 7.30	1 460	73.0	1 010	802			黄渭	1 930	0.30	1.08	1.15	0
	8.6 ~ 8.10	10 600	401	643	649			黄渭	7 360	0	0.34	1.60	0.80
	8.12 ~ 8.15	5 460	378	1 450	782	2 160	655	黄洛渭	4 310	0	-0.62	0	0
	9.1 ~ 9.4	4 020	316	59.1		6 280	805	黄洛	3 700	0	0.45	1.10	1.00
1995	8.6 ~ 10	3 910	346	94.6	716	189		黄洛	3 980	0	1.0	1.05	0.80
合计										-0.20	1.09	4.90	2.20

6 北洛河下游冲淤演变

蓄清排浑运用以来,北洛河下游河段多数年非汛期冲刷、汛期淤积。洛淤 1 ~ 10 断面 29 年非汛期冲刷 0.034 亿 m³,汛期淤积 1.316 亿 m³。1992 年洑头出现 2 780 m³/s 大洪水,洛淤 1 ~ 10 断面淤积 0.30 亿 m³,而朝邑断面 50 m³/s 水位降低 1.54 m;1994 年洑头出现的 6 280 m³/s 大洪水,洛淤 1 ~ 10 断面淤积 0.732 亿 m³,而朝邑断面同流量水位还降低 0.53 m;反映了大洪水冲槽淤滩的特征。综合 1973 ~ 1999 年朝邑断面同流量水位由 332.20 m 递变为 332.61 m,仅升高 0.41 m。

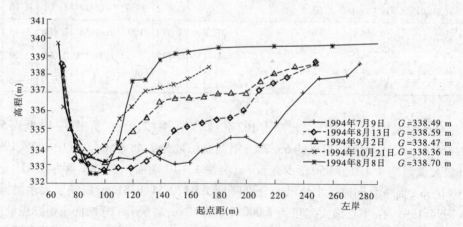

图 1 华县水文站 1994、1995 年实测断面套绘

(1)水库蓄清排浑运用 29 年,由于自然因素和人类活动影响,减少了入库水沙数量,改变了汛期和非汛期的水沙量分配。潼关以下为非汛期蓄水淤积,汛期冲刷;潼关以上干支流均是汛期淤积,非汛期冲刷。反映了水库运用对潼关以上影响很小的情况。

(2)蓄清排浑运用以来,各库段均产生了淤积,潼关以下的淤积是非汛期蓄水造成的,潼关以上干支流的淤积是汛期水沙条件和边界条件造成的。由于干支流来水来沙条件、河段比降和洪水组合等原因导致渭河主河槽严重枯萎,小北干流淤积最多,但主河槽枯萎程度较轻;北洛河水量减少较小,河道虽有淤积仍接近正常情况。

(3)潼关同流量水位 1973～2002 年升高 2.31 m,受上游河道冲淤下延的 7 年升高 1.05 m,占 45.5%;天然因素和其他因素影响升高 1.26 m,占 54.5%。

(4)小浪底水库投产运用,减轻了三门峡水库的春灌蓄水和汛期调水调沙任务,在不利的水沙年份适当降低运用水位,促进溯源冲刷发展,有利于控制和降低潼关高程。

(5)总体来说,黄、渭河水量偏少,而汛期更甚。若能早期启动西线的南水北调工程,或引江济渭工程,则既可满足沿黄各省的供水需要,又可改善黄河小北干流和渭河下游河道。还可进一步发挥三门峡水利枢纽的综合效益。

致谢:本文承龙毓骞教授级高级工程师审阅修改,特表感谢。

黄河小北干流和渭河揭河底冲刷现象分析

程龙渊　张　成　刘彦娥　席占平　朱英明　胡念霞

(三门峡库区水文水资源局)

揭河底冲刷是在高含沙量、大洪水过程产生的短时段大幅度长河段的剧烈冲刷现象。揭河底冲刷对河道治理、引水灌溉、防汛、通航等影响较大,为国内外水利专家所关注。真正的揭河底冲刷现象,是短时间内将整个主河槽冲刷数米深的现象。通常见到的将泥块掀起,露出水面,再坍塌消失的现象,在黄河、渭河是经常见到的,多未造成长河段的冲刷数米后果。作者自龙门站 1955 年由船窝迁马王庙以来,汛期在龙门站测验不下 10 余年。只有 1969 年目睹一次真正的揭河底冲刷现象。为了捕捉这一揭河底冲刷现象,龙门站配备了照相机,要求即时拍照。1993～1995 年曾拍摄了掀起泥块现象的 40 余张照片,流量范围为 530～4 030 m³/s,含沙量范围为 14.6～487 kg/m³,均未造成河段冲刷数米深的现象。在较小流量和较小含沙量时也能出现泥块掀起再坍塌消失的现象,因此这不完全是真正的揭河底冲刷现象。

作者于 1969 年 7 月 28 日 5 时,在禹门口断面观测到"斜跨全河的一道漩涡水流,好像一道水堤将水流阻挡,水堤顶高出上游水面 1～2 m,极为汹涌,上游水面风平浪静。约 10 分钟这道水堤已向下游移动 500 m 左右。水位降低 1.92 m,主槽 200 m 宽的河床刷深 1.78 m。当

本文原载于《泥沙研究》2005 年第 4 期。

时的流量为 2 780 m³/s,含沙量为 740 kg/m³"。这是多年观测到的一次真正的揭河底冲刷现象。在绘制揭河底冲刷时段的水位—流量、面积关系时,多有相邻两次实测点突出反常现象。兹将这些反常现象的水沙因素变化统计于表 1。1969 年为现场观测和实测资料统计,其他均为实测年鉴资料统计。由于实测流量测次不是瞬时测验,所以只能统计相邻测次的平均测时推算揭河底冲刷历时,定性偏大,但可以看出相邻测次的剧烈冲刷与 1969 年现场观测的现象有相似之处。1964 年、1966 年和 1977 年 8 月河底冲刷均是夜间,当然见不到揭河底冲刷现象。1970 年 8 月和 1977 年 7 月揭河底冲刷发生在上午 6 ~ 10 时和下午 16 ~ 19 时,观测人员也未发现揭起泥块现象。

表 1　揭河底短时段龙门实测水位 G、流量 Q、断面 A 变化

年·月	日	时:分	历时 (min)	水位 (m)	升降 (m)	流量 (m³/s)	变化	面积 (m²)	冲刷 (m²)	河宽 (m)	冲刷厚度 (m)	依据
1964.7	起 7	3:03	178	382.79	-0.76	7 230	350	1 580	246	284	0.87	实测
	迄	6:01		381.93		7 580		1 610				
1966.7	起 18	18:01	309	382.31	-3.64	5 240	-900	1 170	899	269	3.34	实测
	迄	23:10		378.67		4 340		1 090				
1969.7	起 28	5:0	10	381.20	-1.92	2 870	-700				1.78	洪水要素
	迄	5:10		379.28		2 170						
1970.8	起 3	6:02	248	379.03	-2.26	6 090	-270	1 900	555	272	2.04	实测
	迄	10:10		376.77		5 820		1 840				
1977.7	起 6	16:22	178	385.66	-1.71	12 200	2 100	1 900	429	274	1.71	实测
	迄	19:20		383.95		10 100		1 860				
1977.8	起 6	16:30	336	380.73	-2.25	9 920	-1 850	1 840	537	274	1.96	实测
	迄	22:06		378.48		8 070		1 760				

1　黄河小北干流揭河底冲刷洪水来源和冲刷范围

兹将各年揭河底冲刷干支流各站洪水的最大流量 Q_m 和最大含沙量 C_{sm} 统计于表 2,冲刷深度和范围统计于表 3。

1964、1966、1969、1977 年 5 次揭河底冲刷洪水均发生在吴龙区间的细沙区。其中清涧河延川站发生 2 次流量大于 4 000 m³/s 的洪水,屈产河发生 4 次大于 1 200 m³/s,2 次大于 2 700 m³/s 的洪水;延河甘谷驿站发生 2 次流量大于 1 910 m³/s 的洪水,最大洪峰流量为 9 050 m³/s;昕水河大宁站发生 3 次流量大于 1 030 m³/s 的洪水。洪峰含沙量达 700 kg/m³ 左右。各河流的平均粒径均小于 0.05 mm。

1970 年 7 月一次揭河底冲刷洪水来自府谷到吴堡间的粗沙区支流。佳芦河申家湾站和窟野河温家川站,洪峰流量为 5 770 m³/s 和 4 450 m³/s,秃尾河高家川站和孤山川高石崖站洪峰流量为 3 500 m³ 和 2 700 m³/s。洪峰含沙量均在 800 kg/m³ 以上。平均粒径均大于 0.05 mm。

表2 龙门揭河底冲刷洪水来源

河名	站名	河道比降(‰)	平均粒径(mm)	1964.7.6~9		1966.7.17~20		1969.7.26~29		1970.8.1~4		1977.7.5~8		1977.8.5~8	
				Q_m	C_{sm}	Q_m	C_{sm}	Q_m	C_{sm}	Q_m	C_{sm}	Q_m	C_{sm}	Q_m	C_{sm}
黄河	府谷	0.839	0.042	1 160	67	364	488			2 480	888				
孤山川	高石崖	5.69	0.058							2 700	891				
窟野河	温家川	2.57	0.126			1 190	1 210			4 450	999				
秃尾河	高家川	3.63								3 500	1 300			875	1 190
佳芦河	申家湾	6.07	0.101			582	815			5 770	847				
湫水河	林家坪	6.78	0.039					1 080	611	850	685	1 860	582	875	540
黄河	吴堡	0.828	0.044	3 330	238	3 700	544	2 300	412	17 000	888	4 770	348	4 700	189
三川河	后大成	4.70	0.031			4 700	758	2 860	674			1 350	616	1 300	475
屈产河	裴沟	9.98		1 500	752			3 380	698			2 710	666	1 200	625
无定河	白家川	1.64	0.050	650	551	4 980	878	569	906	1 760	1 180	939	756	3 820	755
清涧河	延川	3.98	0.037	4 130	805			605	808			4 320	767	1 020	786
昕水河	大宁	5.84	0.027	1 030	511			2 880	574			1 820	649		
延河	甘谷驿	2.60	0.046	1 910	882			623	817			9 050	798	620	711
汾川河	新市河	5.09										1 120	715		
黄河	龙门	0.841	0.042	10 200	676	7 460	933	8 860	752	13 800	826	14 500	690	12 700	821
黄河	潼关	0.817	0.031	9 240	465	5 130	456	8 420	582	8 420	631	13 600	616	15 400	911

表3 北干流揭河底冲刷深度和范围

站名	距三门峡大坝里程(km)	冲淤厚(m)						
		1951 8.16~17	1964 7.6~9	1966 7.17~20	1969 7.26~29	1970 8.1~4	1977 7.5~8	1977 8.5~8
宁家碛	292.5					0		
万宝山	289.5					-2.0		
船窝	268.5					-10.0		
龙门	259.5		-2.45	-5.86	-1.78	-5.44	-2.19	-1.95
禹门口	257.8	-2.0						
北赵	209.1			-0.5	0.6	-0.9	-1.1	-0.9
王村	197.8			-0.4		-0.3	-0.8	-0.4
老永济	158.6			0.2				
上源头	144.8			0.4	0.4	0	0.8	0.7
潼关	125.1	0	0.7	0.3	-0.2	-1.2	-2.9	0

据1970年揭河底冲刷后调查,龙门马王庙断面上游33 km 的宁家碛,为陕山峡谷的最下游的石碛,揭河底冲刷的起点在宁家碛以下的沙质河床,万宝山冲刷2.0 m,最大冲刷厚度为船窝断面10 m,马王庙断面冲刷5.4 m,出禹门口后冲刷深度依次递减直到消失。如表3所示。

揭河底冲刷是由上游开始向下游发展的,起始段冲刷深度较小,发展到窄深河段的船窝河宽为 105 m,冲刷最深,出禹门口后依次递减直到消失。如图 1 所示。

揭河底深度,为含沙量达 500 kg/m³ 以上的高含沙量时段的冲刷厚度,不包括该断面的涨水冲刷和落水淤积的变化。所以,较其他文献计算的冲淤厚度较小。如 1970 年涨水冲刷 3.56 m,揭河底冲刷 5.44 m,落水淤积 2.41 m,前两者合计冲刷深 9.0 m,三者合计冲刷深为 6.59 m,本文只采用 5.44 m。

龙门以下各水位站的揭河底厚度是采用龙门揭河底冲刷洪水的峰前峰后的日平均流量与各站日平均水位点绘水位—流量关系图,查读 1 000 m³/s 水位差求得。1970 年万宝山和船窝的揭河底冲刷厚度是调查数据;各次揭河底冲刷范围均未超过老永济水位站。如图 1、图 2 所示。

揭河底冲刷形成机理探讨:根据 1969 年 7 月目睹的揭河底冲刷现象,对揭河底冲刷机理形成提出以下几点。

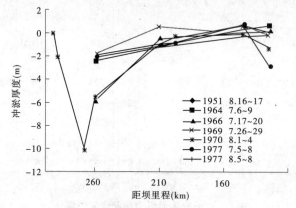

图1　黄河小北干流揭河底冲刷分布

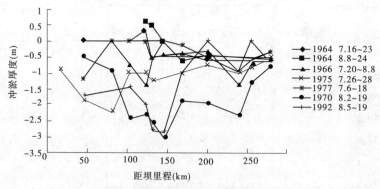

图2　渭河揭河底冲刷与溯源冲刷分布

(1)形成条件:高含沙量洪水单宽输沙量越大,能量越大,揭河底冲刷长度越长;高含沙量洪水持续时间越长,冲刷越深,冲刷长度越长。

(2)揭河底冲刷的起始点:碛滩和岩石是冲不动的。碛滩下游的沙质河床上淤积的树枝、芦苇根、冰坝等,受碛滩上流下的高含沙、高流速水流,冲击树枝、芦苇根处的泥沙,形成揭河底冲刷坑,从横向上坍塌扩大,纵向上向下游发展。

(3)突破处呈现河床倒比降,上游高含沙水流的能量(单宽流量×含沙量),直冲下游的沙质河床,形成涡漩水流,随着能量的沿程损失,揭河底冲刷深度递减直到消失。

（4）主河槽流速大，含沙量大，所以揭河底冲刷在峡谷河段是全断面发生，小北干流的宽河段发生在主河槽。

2 渭河揭河底冲刷

1964～1992 年曾发生过 7 次揭河底冲刷，这 7 次揭河底冲刷洪水均来自泾河。其特点是河槽冲刷变为窄深，滩地淤积，滩槽差加大，平滩流量增大，河势规顺。

2.1 渭河揭河底冲刷洪水来源

统计 7 次揭河底冲刷洪水来源如表 4 所示。马连河西川庆阳站 5 次洪峰流量为 1 330～4 580 m³/s，突出的 1964 年和 1977 年洪峰流量为 4 590～3 930 m³/s；各次洪水最大含沙量为 689～998 kg/m³。马连河东川庆阳站 1964 年和 1977 年洪峰流量为 2 170 m³/s 和 3 690 m³/s，最大含沙量为 591～699 kg/m³。蒲河毛家河站有 4 次洪峰流量为 1 000～1 330 m³/s，含沙量为 586～677 kg/m³。红河杨间站 1966 年洪峰流量为 1 710 m³/s。泾河泾川站和泐河袁家庵站 7 次洪峰流量均不超过 700 m³/s。马连河把口站雨落坪站 7 次洪峰流量均超过 1 000 m³/s；1964、1966、1977 年洪峰流量为 3 710、3 290、5 220 m³/s。泾河把口站杨家坪站 7 次洪峰流量为 745～3 600 m³/s，最大的 1966 年为 3 600 m³/s，系红河、蒲河来水造成。泾河总把口站张家山站 7 次洪峰流量达 2 180～7 520 m³/s，1964、1966、1977 年 3 次洪峰流量为 4 970、7 520、5 750 m³/s。渭河咸阳站 7 次洪峰流量也超过 1 000 m³/s，其中 1964、1977、1992 年为 3 000、3 280、

表 4 渭河揭河底冲刷洪水来源 （单位：Q_m，m³/s；C_{sm}，kg/m³）

河名	站名	河道比降(‰)	平均粒径(mm)	1964.7.16~24		1964.8.12~17		1966.7.26~31		1970.8.2~10		1975.7.26~28		1977.7.6.~10		1992.8.8~20	
				Q_m	C_{sm}	Q_m	C_{sm}	Q_m	C_{sm}	Q_m	C_{sm}	Q_m	C_{sm}	Q_m	C_{sm}	Q_m	C_{sm}
泐河	袁家庵	5.32		112	582	197	224	631	498	283	465	88	461	467	447	134	186
泾河	泾川	5.84		87.8	22.8	96.7	16.6	203	33.1	145	209	263	582	640	475	248	372
红河	杨间	3.49		557	282	497	1 710	703	314	483	558	566	398	581	601	558	
蒲河	毛家河	3.26	0.026	458	630	1 000	630	1 310	608	249	673	303	420	1 330	677	1 090	586
泾河	杨家坪	4.12	0.035	1 080	612	1 550	525	3 600	616	2 420	706	745	525	1 580	670	1 270	605
西川	洪德	1.35	0.041	935	906	636	872	1 230	952	689	899	263	875	29.8	873	425	944
西川	庆阳	1.54	0.036	1 520	869	4 590	998	1 830	908	1 330	825	623	679	3 930	689	677	821
东川	庆阳	2.69		518	692	2 170	591	680	704	238	842	688	748	3 690	699		
马连河	雨落坪	1.40	0.042	1 570	821	3 710	875	3 290	934	1 690	842	1 340	698	5 220	653	1 020	754
达溪河	张家沟	2.78						560	761	781	398	87	444				
泾河	景村	2.65		2 390	813	5 120	713	8 150	761	3 240	512	2 630	595	6 190	741		
泾河	张家山	2.78	0.028	2 180	696	4 970	766	7 520	629	2 700	491	2 390	612	5 750	670	2 380	769
渭河	咸阳	2.0	0.024	3 000	455	1 320	666	1 660	327	1 250	333	1 290	367	3 270		2 080	440
渭河	临潼	1.86		5 030	602	3 970	670	6 250	688	2 930	801	2 290	645	5 550	695	4 150	557
渭河	华县	1.44	0.025	3 790	659	3 560	643	5 180	636	2 540	702	1 720	634	4 470	795	3 950	569
黄河	龙门	0.84	0.042	8 500	418	17 300	401	10 100	434	13 800	799	3 220	94	14 500	690	7 720	400
黄河	潼关	0.82	0.031	7 600	462	12 400	314	7 830	407	8 420	631	4 740	292	13 600	590	3 910	297

2 080 m³/s,洪峰最大含沙量除 1964 年 8 月为 660 kg/m³ 外,其他洪峰含沙量均不超过 500 kg/m³。泾、渭河汇合的临潼站 7 次洪峰流量为 2 290 ~ 6 250 m³/s,1964 年 7 月、1966 年和 1977 年洪峰流量为 5 030、6 250、5 550 m³/s,最大含沙量为 557 ~ 801 kg/m³。黄河龙门站相对应的 7 次洪峰流量为 3 220 ~ 17 300 m³/s,其中 4 次洪峰流量超过 10 000 m³/s。

概括以上统计,渭河揭河底冲刷洪水,主要来自马连河、蒲河和红河的多沙区。其平均粒径不超过 0.05 mm。

2.2 渭河揭河底冲刷的深度和范围

根据临潼、华县实测资料计算交口、渭南、陈村、华阴、吊桥的 200 m³/s 水位差。又根据潼关实测资料计算坩垴、太安、北村、会兴站的 1 000 m³/s 水位差,计算各站冲淤厚度如表 5 所示。

1964 年 7 月揭河底冲刷河段为临潼—吊桥。冲刷河段长为 151.3 km。1964 年 8 月,由于三门峡水库最高库水位达 325.26 m,最低库水位为 320.38 m,影响揭河底冲刷发展,揭河底河段为临潼—陈村。冲刷河长为 122.6 km。

1966 年 7 月,三门峡大坝的 4 条钢管改建工程完成投产,泄水建筑物底坎高程由 300 m 降低为 278.85 m。最低库水位降低为 304.92 m,揭河底河段为临潼—坩垴。冲刷河长达 186.9 km。

表 5　渭河揭河底冲刷和溯源冲刷统计

河名	站名	距三门峡大坝里程（km）	冲淤厚（m）						
			1964 7.16~23	1964 8.8~24	1966 7.20~8.8	1970 8.2~19	1975 7.26~28	1977 7.6~18	1992 8.5~19
渭河	临潼	280.3	-0.64	-0.58	-0.80	-0.50	-0.36	-0.80	-0.70
	交口	256.5			-0.70	-0.86	-0.6	-1.30	0
	渭南	241.0			-1.40	-1.00	-0.97	-2.22	-0.94
	华县	201.5	-0.60	-0.43	-0.32	-0.75	-0.50	-1.93	0
	陈村	169.2	-0.40	-0.62	-0.37	-1.04	-0.12	-1.88	-0.99
	华阴	146.3	-0.47	0	-0.40		0	-3.05	-2.86
	吊桥	132.9	-0.53	0.50	-0.65	-1.24	-0.62	-2.55	-2.80
黄河	潼关	125.1	0.34	0.56	-1.34	-1.00	0	-2.30	-1.96
	坩垴	104.5	0		-0.73	-1.00	0	-2.44	-1.43
	太安	82.3	0		0	-2.22	0	-0.90	
	北村	46.2	0			-2.16	-1.16	0.50	-1.70
	会兴	15.7				-0.86			

1970 年 8 月,由于水库改建工程完成两洞四管和 1 ~ 3 号三个底孔,下泄流量规模扩大,最低库水位为 291.95 m,自上而下的揭河底冲刷与自下而上的水库溯源冲刷的对接,加之龙门洪峰流量达 13 800 m³/s,导致潼关和坩垴冲刷深达 1.00 m;太安、北村冲刷深为 2.25 m。该次华县站洪峰流量为 2 540 m³/s,黄河龙门站洪峰流量达 13 800 m³/s,揭河底冲刷范围可达潼

关附近。与自下而上的溯源冲刷在潼关附近对接。

1975年水库改建已完成两洞四管和8个底孔的改建工程;4号机组开始发电。临潼7月下旬洪峰流量为2 290 m³/s,最大含沙量为645 kg/m³。冲刷河段长达82.3 km。北村溯源冲刷1.16 m。

1977年水库改建已完成两洞四管和8个底孔的改建工程,2、3、4号机组投产发电。水库泄流规模进一步增大。最低库水位为301.82 m,该次洪水临潼站洪峰流量为5 550 m³/s,黄河龙门站洪峰流量为14 500 m³/s。渭河揭河底冲刷深度由临潼的0.8 m发展到华阴的3.05 m,小北干流也发生了揭河底冲刷,北赵、王村冲刷深1.1 m和0.8 m,上源头断面还淤了0.8 m。渭河吊桥,黄河潼关、坫埝冲刷深为2.55 m和2.3、2.44 m。太安冲刷深度为0.90 m,北村淤积0.50 m,反映了揭河底冲刷(含沿程冲刷)与溯源冲刷的交汇点在潼关、坫埝附近。

1992年水库已完成两洞四管和10个底孔的改建工程,1~5号机组投产发电。泾河张家山和渭河咸阳站洪峰流量为3 380 m³/s和2 080 m³/s,临潼和龙门洪峰流量为4 150 m³/s和7 220 m³/s。最高库水位为302.03 m,最低库水位为297.48 m。揭河底冲刷深度,临潼、渭南、陈村为0.7~0.94 m,而交口和华县河床稳定。华阴冲刷深达2.86 m,吊桥、潼关、坫埝依次递减为2.80~1.43 m,北村冲刷1.70 m。揭河底冲刷和溯源冲刷的交汇点似在华阴—潼关区间。

概括以上分析,1964年水库因泄洪能力较小,库水位较高,揭河底冲刷均未发展到潼关。1966年是沿程递增,渭南以下又沿程递减。而华阴、吊桥、潼关既受渭河揭河底冲刷影响,又受龙门大洪水的沿程冲刷影响,冲刷深度较大。

3 黄河小北干流和渭河揭河底冲刷的异同

(1)黄河禹门口以上为窄深河槽,禹门口以下为宽浅游荡性河槽。小北干流平均比降为3.6‰。$\sqrt{B/H}$为20~50。揭河底冲刷能量削减较快,限制冲刷河段延长。渭河下游河槽宽为200~800 m,为窄深型。平均比降为1.5‰,$\sqrt{B/H}$为3~4,水流集中,河道弯曲。仓四至潼关段为黄、洛、渭的汇流段,比降仅1‰左右。主槽水流集中,揭河底冲刷能量削减较慢,有利于冲刷河段延长。

(2)小北干流揭河底冲刷洪水,均来自山陕峡谷左右岸的高含沙支流。其中1970年来自府谷至吴堡的粗沙区,平均粒径多大于0.05 mm。其他5次均来自吴堡至龙门的细沙区,平均粒径均小于0.05 mm。

渭河揭河底冲刷洪水,多来自马连河、红河和蒲河的高含沙河流,平均粒径均小于0.05 mm。泾河泾川和泐河袁家庵站7次揭河底冲刷洪峰流量均未超过700 m³/s,最大含沙量均未超过500 kg/m³。渭河咸阳水文站有3次洪峰流量大于2 000 m³/s,最大含沙量均未超过500 kg/m³。

(3)揭河底冲刷深度和趋势。黄河龙门马王庙断面冲刷最深,到禹门口以下依次递减,直到老永济或上源头站消失,均未发展到潼关。渭河临潼至渭南多为递增趋势,渭南至华县又呈递减趋势,华县至吊桥、潼关段呈递增趋势。由于渭河河口受黄河大洪水影响,拦门沙淤积,揭河底冲刷时华阴吊桥断面也冲刷最厚。1964年揭河底冲刷到达潼关。1966年水库无溯源冲刷,揭河底冲刷发展到潼关以下的坫埝站。冲刷河段长达176 km。1970年水库改建工程投产,最低库水位降低为291.95 m,溯源冲刷和揭河底冲刷于潼关至太安段对接,导致太安刷深

2.22 m。1977 年揭河底冲刷与溯源冲刷交汇点在华阴至坫垾河段。

（4）渭河揭河底冲刷的影响因素：

①除泾河的高含沙洪水外，还有渭河来水因素。

②华阴、吊桥站，位于渭河口的拦门沙淤积河段，因此揭河底冲刷较深。

③水库改建加大泄量，降低库水位产生自下而上的溯源冲刷，一般是下游冲刷深，向上游依次递减。由于自上而下揭河底冲刷发展与溯源冲刷交接，所以导致交接河段的冲刷深度最大。

（5）揭河底冲刷均为高含沙大洪水，均发生在主河槽。滩地淤积，滩槽差加大，平滩流量加大。自上游向下游发展。

（6）统计绘制黄渭河揭河底冲刷与溯源冲刷汇总于表6、表7，并绘制龙门、临潼的单宽输沙率与揭河底冲刷长度关系图，见图3。

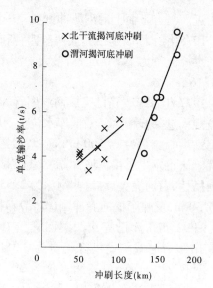

图3　龙门、临潼单宽输沙率与冲刷长度关系图

表6　黄河揭河底冲刷汇总

河段	冲刷类别	项目	1951.8	1964.7	1966.7	1969.7	1970.8	1977.7	1977.8
黄河小北干流	揭河底冲刷	龙门最大流量（m³/s）	13 700	10 200	7 460	8 860	13 800	9 050	12 700
		最大含沙量（kg/m³）	600	676	933	752	826	690	821
		终点位置	北赵	王村	夹马口	北赵	老永济	尊村	尊村
		冲刷长度（km）	50.4	61.7	74.0	50.4	100.9	81.7	81.7
		主槽宽（m）	2 000	2 000	1 600	1 600	2 000	1 600	2 000
		单宽输沙率（t/s）	4.1	3.4	4.4	4.2	5.7	3.9	5.3

①龙门洪峰流量大，而单宽输沙率小，揭河底冲刷龙门以下河段均不超过老永济，最大河段长仅 100.9 km。

②渭河临潼洪峰流量较小，但单宽输沙率多数大于龙门。揭河底冲刷到临潼以下的河段长度均超过 100 km，有 3 次到达潼关、坫垾。最长达 176 km。

③渭河揭河底冲刷年中，除 1964、1966 年因水库未改建导致库水位升高，而未发生溯源冲刷外，1970、1977、1992 年 3 次揭河底冲刷与溯源冲刷对接于坫垾与吊桥之间，导致潼关 1 000 m³/s 水位降低 1.0～2.3 m。

（7）统计绘制渭河揭河底冲刷时段的潼关单宽输沙率—溯源冲刷距坝里程关系见图4。1977 年 7 月单宽输沙率达 14.6 t/s，溯源冲刷发展到华阴，距坝里程达 146.3 km。1970 年潼关单宽输沙率达 10.7 t/s，溯源冲刷发展到潼关，距坝里程达 125.1 km。

溯源冲刷与潼关洪峰流量成正比，与最低水位成反比，计算潼关洪峰流量/史家滩最低水位与冲刷长度关系见图5。即比值越大，溯源冲刷越长，比值越小，溯源冲刷越短。与图4趋势大体一致。

表7 渭河揭河底冲刷与溯源冲刷汇总

河段	冲刷类别	项目	1964.7	1964.8	1966.7	1970.7	1975.7	1977.7	1992.8
渭河下游	揭河底冲刷	临潼最大流量(m³/s)	5 030	3 970	6 250	2 930	2 290	5 550	4 150
		最大含沙量(kg/m³)	602	670	688	801	645	695	557
		终点位置	吊桥下	华阴	垆垞	潼关	华阴	垆垞	吊桥
		冲刷长度(km)	151.3	134	175.8	155.2	134	175.8	147.4
		主槽宽(m)	450	400	450	350	350	450	400
		单宽输沙率(t/s)	6.7	6.6	9.6	6.7	4.2	8.6	5.8
黄河潼关以下	溯源冲刷	潼关最大流量(m³/s)	7 600	12 240	7 830	8 420	4 740	13 600	3 910
		最大含沙量(kg/m³)	462	314	407	631	292	590	297
		最低库水位(m)	314.34	320.38	304.92	291.95	301.23	301.82	297.48
		$Q_{潼}/G_{史}$	24.2	38.7	25.7	28.8	15.7	45.1	13.1
		终点位置				潼关	太安	华阴	垆垞
		距坝里程(km)				125.1	82.3	146.3	104.5
		平均冲刷厚度(m)				1.77	0.89	1.87	1.87
		主槽宽(m)	500	550	500	500	450	550	450
		单宽输沙率(t/s)	7.0	7.1	6.4	10.6	3.1	14.6	2.6
最高库水位(m)			318.54	325.26	319.52	312.92	305.49	317.18	302.03
最低库水位(m)			313.34	320.38	304.92	291.95	301.91	301.82	297.48

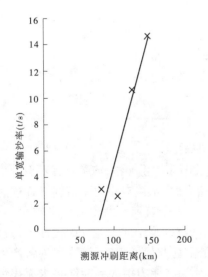

图4 潼关单宽输沙率与溯源冲刷距离关系

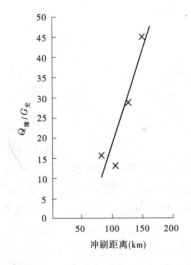

图5 $Q_{潼}/G_{史}$ ~溯源冲刷距离关系

(8)小北干流揭河底冲刷河段短,将冲刷段的泥沙又淤积到下游的不揭河底冲刷段。对潼关高程极为不利。渭河揭河底冲刷河段达潼关以下时,能降低潼关高程;当自上而下的揭河底冲刷与自下而上的溯源冲刷对接于潼关附近时,则潼关河床高程降低幅度较大。

非汛期黄河来水对潼关高程的影响及对策

牛长喜　刘彦娥　张永平

（三门峡库区水文水资源局）

黄河潼关（六）断面流量 1 000 m³/s 时对应的水位定义为潼关高程。潼关是黄河、渭河、北洛河交汇后由宽浅河道进入峡谷河道的起始处,距三门峡水库大坝约 113.5 km。其上游汇流区为宽浅河道,下游为峡谷河道,潼关断面处于宽浅河道与峡谷河道转换的卡口处。特殊的断面位置使潼关高程变化成为河段冲淤变化的晴雨表。潼关河床的淤积抬高与冲刷降低对其上游三条河道起局部侵蚀基准面的作用。

1 黄河来水与潼关高程的升降规律

来水流量是潼关河段输水输沙的动力条件。上游来水将上游一部分泥沙带入潼关河段,通过潼关河段向下游输送。在输送过程中,根据流量的大小及水流挟沙能力的变化,水流挟带的泥沙可能在潼关河段淤积或将潼关河段河床泥沙冲刷起一并挟带输送到下游。

来水流量（由于潼关高程变化是在一个时段形成的,这里的流量指时段平均）与潼关高程升降有一定的关系,见图 1。

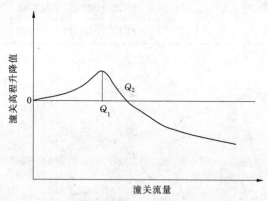

图 1　潼关流量与潼关高程升降关系

当河道无水即上游来水流量为 0 时,没有水流对潼关河床产生冲淤,潼关高程不会发生变化,因此潼关高程变化值也为 0。当河道流量从 0 逐渐增大时,水流对小北干流河床冲刷逐渐增大,潼关以上来沙量逐渐增大（包括悬移质与推移质）。由于黄河小北干流比降较大（一般为 6‰）,潼关河段比降较小（一般为 2‰）,所以,上游来沙特别是小北干流冲刷泥沙不易被输送出潼关河段,极易在潼关河段淤积。因此,当来水流量由 0 开始增大时,潼关河床将产生淤积,潼关高程将抬高。当流量增大到某一数值 Q_1 时,水流挟沙能力增大到能够将水流挟带的部分泥沙输送出河段（这部分泥沙可看成是由于流量增加引起的上游冲刷增量）,河段由淤积增大趋势变为恒定淤积趋势,潼关高程的时段抬高值达到极限。当流量大于 Q_1 时,潼关河段挟

本文原载于《人民黄河》2004 年增刊。

沙能力的增量大于上游来沙的增量,潼关高程的时段抬高值逐渐减小。当流量增大到 Q_2 时,潼关河段挟沙能力与上游来沙量相等,潼关河段不冲不淤,潼关高程的时段抬高值为 0。当流量大于 Q_2 时,潼关河段挟沙能力大于上游来沙量,水流不仅能将上游来沙送出潼关河段,并且还能冲刷潼关河床,潼关高程由淤积抬高变为冲刷下降。

潼关河段与黄河小北干流的挟沙能力变化也能证明上述推断,挟沙能力公式为

$$S_* = K\left(\frac{u^3}{gRw}\right)^m \tag{1}$$

式中:S_* 为水流挟沙能力;g 为重力加速度;K、m 分别为系数与指数;R 为断面水力半径;u 为断面平均流速;w 为泥沙平均沉速。

由曼宁公式:

$$u = \frac{1}{n}R^{\frac{2}{3}}I^{\frac{1}{2}} \tag{2}$$

式中:I 为河道水力比降。

将式(2)代入式(1)得

$$S_* = K\left(\frac{RI^{\frac{3}{2}}}{gwn^3}\right)^m \tag{3}$$

天然河道水力半径 R 可用断面平均水深代替,则式(3)中挟沙能力与水流断面平均水深及 $I^{3/2}$ 的积成正比。黄河小北干流的河道比降约为 6‰,潼关河段的河道比降约为 2‰。小水时同流量下潼关河道与小北干流的断面平均水深差别不大,但黄河小北干流的河道比降是潼关河段的 3 倍,因此小北干流河道的挟沙能力远远大于潼关河段,这是非汛期潼关河床淤积、潼关高程抬高的主要原因。随着流量的增大,小北干流受漫滩等影响河道宽浅,潼关河段相对窄深,同流量断面平均水深潼关河段大于小北干流,加之河道比降的调整(特别是洪水附加比降)使两河段的差异减小,潼关河段水流挟沙能力的增量大于小北干流。当流量增加到一定值后,就会使潼关河段的水流挟沙能力大于小北干流,使潼关河床开始冲刷,潼关高程开始下降。

为了从实测资料验证图 1 推断,点绘了历年非汛期 11 月至次年 2 月(冰期)、3 ~ 4 月(桃汛期)、5 ~ 6 月(春灌蓄水期)潼关月平均流量与潼关高程月平均升降值的关系,见图 2。从图 2 可看出,其基本性质特征与图 1 是符合的。由于潼关高程受到的影响因素很多,因此图形在一定的带宽里变化。

冰期、春灌蓄水期潼关高程全部是抬高的,桃汛期潼关高程基本是降低的。冰期流量在 700 ~ 800 m³/s 间将造成潼关高程的最大抬升,月平均抬升为 0.15 m,最大可抬升 0.26 m;当流量在 300 m³/s 时,潼关高程月平均抬升 0.025 m,是最大月平均抬升量的 1/6;流量大于 800 m³/s 后,潼关河床抬高量逐渐减少;当流量大于 1 300 m³/s 时,潼关河床不会发生抬高。

桃汛期当流量大于 600 m³/s 时,潼关河床就开始冲刷,潼关高程开始下降;当流量大于 1 300 m³/s 时,潼关河床不会发生抬高(这一点与非汛期其他时段特点相同,可以认为是共性)。

桃汛过后 5、6 月份的春灌蓄水期潼关月平均流量与潼关高程月平均升降值的关系比较散乱。从图 2 可以看出,很小的流量潼关高程升降值也可很大;很大的流量潼关高程升降值也可很小。在一个流量区间内(200 ~ 1 100 m³/s),潼关高程的升降与时段流量的数值没有明显的关系。在这一时段的一个突出特点是小流量对潼关高程抬高的影响远远大于冰期。

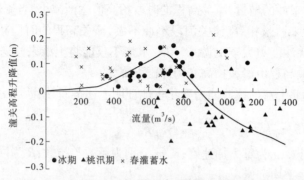

图2　非汛期月平均流量与潼关高程升降的关系

从图2中若将流量换算成水量分析,非汛期的冰期、桃汛期、春灌蓄水期三个时段来水对潼关高程升降的影响不同。冰期流量较小,对黄河小北干流的冲刷是沿程和缓慢的,平均月水量达10亿 m³时,潼关高程月平均抬高0.038 m,4个月才抬高0.15 m。月平均水量15亿~20亿 m³ 时,是潼关高程抬高的极值范围,月平均抬高0.12 m,月最大抬高0.26 m。桃汛期水量增大,但含沙量增大不多,使得水流在潼关河段有较大的冲刷能力。当月平均水量达到20亿 m³ 左右时,潼关高程下降,历年月平均最大下降0.12 m。5~6月份一方面春灌蓄水库水位较高,另一方面,桃汛洪峰将黄河小北干流上、中段泥沙冲刷搬运到中、下段,使得桃汛后较小的水量就能从小北干流冲刷较多的泥沙,为潼关河段淤积、潼关高程的抬高形成条件,对潼关高程造成很不利的影响。与冰期相比,冰期平均月水量达10亿 m³时,潼关高程月平均抬高0.038 m。而春灌蓄水期平均月水量达5亿 m³时,潼关高程月平均抬高0.075 m。水量减少1倍,潼关高程抬高速度却增大了1倍,即潼关高程抬高速度实际增大4倍。冰期平均月水量15亿~20亿 m³ 时,是潼关高程抬高的极值范围。春灌蓄水期平均月水量10亿~15亿 m³时,是潼关高程抬高的极值范围,极值区间向小水量推移。

2　黄河来沙与潼关高程的升降规律

水流对河床的冲刷作用取决于水流挟沙能力与水流含沙量的关系。同流量情况下,当含沙量的数值小于水流挟沙能力时,水流将对河段造成冲刷,其最大冲刷能力可以用冲起泥沙可能对水流含沙量的增量来表示,其数值为水流挟沙能力与来水含沙量的差值。因此,当水流挟沙能力一定时,随着水流含沙量的增大,水流对河床的冲刷作用将减弱;反之,随着水流含沙量的减小,水流对河床的冲刷作用将增强。当含沙量的数值大于水流挟沙能力时,水流泥沙将在河段造成淤积,其最少淤积数量为水流含沙量的必须减少量,含沙量变化的数值为来水含沙量与水流挟沙能力的差值。水流挟沙能力不变,则含沙量增大时 ,河段淤积加重;含沙量减小时,河段淤积减轻。

总的来说,含沙量增大,加重潼关河道淤积或减少潼关河道冲刷;含沙量减小,将减少潼关河道淤积或增大潼关河道冲刷。潼关河道淤积,高程抬高;潼关河道冲刷,高程降低。

但是,仅从含沙量数值来判断潼关河段冲淤及潼关高程升降是不合适的,图3为历年非汛期各时段潼关高程升降与含沙量的关系。冰期与春灌蓄水期可以说含沙量与潼关高程升降无关,但冰期平均含沙量具有在1.5~4.2 kg/m³ 之间变化的特征。桃汛期含沙量似乎与潼关高程下降有正比关系,但并不表明含沙量增大对潼关高程下降有好的作用。说明桃汛期洪水不

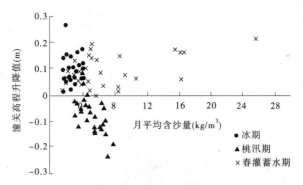

图 3　非汛期含沙量与潼关高程升降关系

仅对潼关河段造成冲刷,其对上游河段也有冲刷。上游河段的冲刷增大水流含沙量。桃汛期洪水的沿程冲刷作用使得水流含沙量及潼关高程的下降数值同步变化,所以才出现水流含沙量与潼关高程下降的正比关系。

从以上来水含沙量对潼关高程升降的影响我们可以得出这样的结论:

(1)平水期由于潼关河段与其上游河段河道比降的差异(上游河段比降大于下游河段比降),上游冲刷泥沙流经潼关河段时,不易被输送到下游,极易在潼关河段淤积,抬高潼关高程。因此平水期来沙量是潼关高程抬高的主要原因,潼关高程抬高与来水含沙量有明显的正比关系。

(2)洪水期潼关河段输沙能力增强,上游来沙能否被输送到河段下游,取决于来水流量与来水含沙量关系的大小,潼关河段可表现出淤积、不冲不淤、冲刷三种状态,潼关高程相应有抬高、不变、降低三种情况。来水来沙量、含沙量只是上下游河道冲刷表现反映出来的一个抽样现象,潼关高程抬高与来水来沙量、含沙量没有独立关系,反映在关系图上是含沙量大、来沙多时,潼关高程反而出现冲刷下降的现象。

3　潼关高程与河段冲淤分布的关系

根据资料分析,黄淤 41 ~ 40 断面间累计冲淤量与潼关高程有良好的关系(见图4)。

图 4 中 1977 年以前偏离曲线,1978 年以后有很好的关系,其主要原因可能是 1977 年黄河小北干流发生沿程"揭河底"造成的。1978 年以后没有发生较长河段的"揭河底",所以 1978 年以后有较好的相关关系。

从图 4 反映出,黄淤 41 ~ 40 断面间每淤积 100 万 m^3 泥沙,潼关高程约抬高 0.6 m,每冲刷 100 万 m^3 泥沙,潼关高程约降低 0.6 m。说明减少潼关河段淤积对降低潼关高程是重要的。

4　从来水方面解决潼关高程问题的对策

根据上述分析,非汛期潼关高程是抬高的,但并不是一个连续的抬高过程。将非汛期分成冰期(11 ~ 2 月)、桃汛期(3 ~ 4 月)、春灌蓄水期(5 ~ 6 月),冰期与春灌蓄水期潼关高程是抬高的,桃汛期高程是降低的。对历年非汛期月平均流量、水量与潼关高程变化的分析,可以得出结论:同样的流量与水量,平水与洪水对潼关高程的影响截然不同。桃汛期潼关高程的降低正是由于桃汛洪峰的存在。因此,针对非汛期黄河来水方面,我们解决潼关高程问题的对策就是在黄河小北干流调水调沙,改善来水过程。其具体实施措施为利用未来在黄河龙门上游修

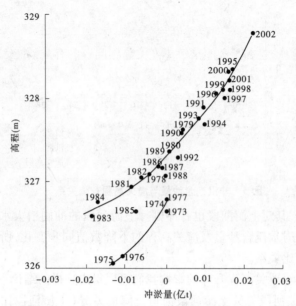

图4 潼关高程与黄淤 41～40 断面间累计冲淤量关系

建的古贤水库,对黄河小北干流进行调水调沙。

统计资料表明,冰期容易造成潼关高程抬高的月平均流量为 700～800 m³/s,在水库调度时应尽可能避免这种情况发生。月平均流量在 1 300 m³/s 以上时,可保证潼关高程不抬高。有条件时,应促使洪峰平均流量在 1 300 m³/s 以上。从桃汛期月平均流量超过 600 m³/s 潼关高程就开始下降及冰期、春灌蓄水期流量 1 100 m³/s 左右潼关高程仍为抬高看,平水与洪峰情况下同样的流量对潼关高程的影响不同,应通过调水调沙,变冰期、春灌蓄水期的平水过程为小洪峰过程,峰顶流量尽可能超过 1 300 m³/s,峰谷流量不超过 300 m³/s。

从水量变化情况看,冰期控制月平均水量在 5 亿 m³ 以下,可使潼关高程抬高甚微。月水量在 18 亿～20 亿 m³,潼关高程抬高较多,在水量调度中应考虑避免。当月平均水量在 33 亿 m³ 以上,即可保证潼关高程一定下降。从桃汛期水量与潼关高程升降的关系看,如果采用小洪峰调水调沙,当月平均水量超过 15 亿 m³ 以上时,潼关高程即可下降。说明利用人工调水调沙解决潼关高程,将比自然的平水情况节约一半的水力资源。

目前,来水来沙减少趋势对潼关高程的不利形势是肯定的,在黄河小北干流实施调水调沙不仅是重要的,而且也是必要的。实施调水调沙的根本方法就是在黄河龙门上游修建水库,调节水量,使通过黄河小北干流的流量有利于潼关高程的下降,避免潼关高程的抬高。

潼关河段上游有万家寨水库控制,距潼关 747 km,利用万家寨水库可先进行一些调水调沙试验。但万家寨距离潼关较远,调水调沙的效果会比利用古贤水库调水调沙差一点。

5 结语

(1)潼关河床非汛期淤积升高,汛期冲刷下降,年内大致冲淤平衡。年际间总的变化趋势是淤积升高的。

(2)影响潼关高程的特征河长不会很长,特征河长向下不会超过黄淤 39 断面。据资料分析,存在二级特征河长,其范围为潼关至黄淤 35 断面。二级特征河长内淤积与潼关高程升降也有较好相关关系。

(3)非汛期来水来沙量不大,但对潼关高程的影响显著。

(4)在黄河龙门上游修建古贤水库是解决潼关高程问题的有效措施。

三门峡库区拦排泥沙的讨论

王爱霞　张松林　孙章顺　刘福勤　郑冬峡　程龙渊

(三门峡库区水文水资源局)

三门峡水库进库站有黄河龙门站、渭河华县站、汾河河津站、北洛河洑头站四站(以下简称四站),出库站为三门峡站。潼关站居中,把库区分为两大区段。库区淤积物粒径级配关系到水库是否是拦粗排细问题。笔者根据水库运用方式和人类活动影响等分为四大时段,用悬移质输沙率法、沙量平衡法、实测断面法计算了两大区段的总冲淤量和粗沙($d > 0.05$ mm)冲淤量,对拦粗排细问题进行了讨论。

1 悬移质输沙率法

统计计算进出库站各时段的实测悬移质输沙总量和粗泥沙($d > 0.05$ mm)量,从而可以计算出四站—潼关、潼关—三门峡和四站—三门峡(全库)的泥沙拦蓄量。粗沙百分数除1960～2003年、1974～2003年为粗沙量除以总沙量求得外,其他时段均为实测值。结果如下。

(1)1960～1964年,全库拦蓄粗沙13.52亿t,其中,潼关以上拦蓄1.93亿t,占14.3%;潼关以下拦蓄11.59亿t,占85.7%。

(2)1965～1973年,全库拦蓄粗沙0.17亿t,其中潼关以上拦蓄6.76亿t,占3 976.5%;潼关以下排泄6.59亿t,占 -3 876.5%。

(3)1974～2003年,全库拦蓄粗沙0.39亿t,其中潼关以上拦蓄6.70亿t,占1 717.9%;潼关以下排泄6.31亿t,占 -1 617.9%。

(4)1960～2003年,全库拦蓄粗沙14.14亿t,其中潼关以上拦蓄15.44亿t,占109.2%;潼关以下排泄1.3亿t,占 -9.2%。

2 沙量平衡法

全沙输移和沙平衡法可以计算粗泥沙拦、排量,其中全沙包括了实测悬沙和实测或推算的推移质沙量的总和。

2.1 推移质输沙量计算

1958～1966年有关站实测全沙输沙率,龙门站176次,华县站91次,河津站127次,潼关(陕县)站151次。程龙渊(1999)统计计算了推/悬比百分数和粒径大于0.05 mm粗沙的百分数,据此可以推算各站各时段的推移质输沙量和粗沙推移量。推/悬比百分数除以效率系数0.5,龙门为0.72%,华县为0.08%,河津为0.56%,潼关为0.32%。推移质泥沙中粒径大于

本文原载于《人民黄河》2005年增刊。

0.05 mm 的粗沙百分数,龙门站为 99.1%,华县站为 81.7%,河津站为 90.7%,潼关站为 95.8%。虽然推移质输沙量仅占悬移质输沙量的 0.08% ~ 0.72%,1960 ~ 2003 年计算龙门、华县、河津三站之和为 2.36 亿 t,而粗沙量则达 2.32 亿 t。

2.2 区间未控加沙量计算

根据历审资料计算和插补计算,1960 ~ 2003 年四站—潼关区间未控加沙总量为 2.43 亿 t,潼关—三门峡区间为 5.35 亿 t,其粒径大于 0.05 mm 的粗沙百分数采用上游站的比值。

2.3 坍岸量计算

坍岸量是入库泥沙的组成部分,其量较大。1960 ~ 1984 年全库塌岸量达 9.23 亿 m³,其中潼关以下为 8.08 亿 m³。根据潼关到大坝库段的 9 个剖面 104 个库岸原状土样本的分析成果,天然状态和干燥状态容重分别为 1.66 t/m³ 和 1.47 t/m³,约大于库区淤积物干容重的 10%。据此将粒径大于 0.05 mm 坍岸量的粗沙百分比按上游站的全沙中(悬、推沙)大于 0.05 mm 百分数乘 1.1 求得。

2.4 进出库的泥沙输移计算

由于龙门、华县、河津、潼关四站均有推移质输沙量,而推移质粗沙输沙量所占比例均达 80% 以上,又增加了未控区间加沙量和坍岸量,这样就增大了粗沙输移量,而出库三门峡站则仍为悬移质输沙量,因此拦粗沙量就明显增大。计算结果如下。

(1)1960 ~ 1964 年,全库拦粗沙为 15.85 亿 t,其中潼关以上拦蓄 2.20 亿 t,占 13.9%;潼关以下拦蓄 13.65 亿 t,占 86.1%。

(2)1965 ~ 1973 年,全库拦蓄粗沙为 2.00 亿 t,其中潼关以上拦蓄 7.30 亿 t,占 365%;潼关以下排泄 5.30 亿 t,占 -265%。

(3)1974 ~ 2003 年,全库拦蓄粗沙 3.46 亿 t,其中潼关以上拦蓄 7.68 亿 t,占 222.0%;潼关以下下泄排粗 4.22 亿 t,占 -122.0%。

(4)1960 ~ 2003 年,全库拦粗沙量 21.34 亿 t,其中潼关以上拦蓄 17.22 亿 t,占 80.7%;潼关以下拦蓄 4.12 亿 t,占 19.3%。

3 实测断面法

三门峡水库运用迄今,积累了 54 年的实测断面法淤积物资料。每年汛前汛末测次,均在黄淤 2、8、12、15、19、22、26、29、31、33、36、38、41、42、45、49、51、53、55、59、61、63、65、67 断面测取滩地表层淤积物和水下表层河床质进行颗粒级配分析,从而可以计算淤积物的干容重。当然可以分析计算粗细泥沙的冲淤量。经统计汛前、汛末的实测表层淤积物大于 0.05 mm 的粗颗粒百分数,用间距加权法计算出黄河潼关以上和潼关以下库段的粗颗粒泥沙百分数,以反映水库拦沙粗细搭配情况。据此可以对实测断面法冲淤量的粗细量分配,以反映水库拦沙粗细搭配。鉴于本文所列时段量均是按年统计的,所以采用汛前、汛末的平均值百分数。计算结果如下。

(1)1960 ~ 1964 年,全库拦粗沙为 28.45 亿 t,其中潼关以上拦蓄 9.246 亿 t,占 32.5%;潼关以下拦蓄 19.2 亿 t,占 67.5%。

(2)1965 ~ 1973 年,全库拦粗沙 11.10 亿 t,其中潼关以上拦蓄粗沙 20.6 亿 t,占 185.6%;潼关以下排泄粗沙 9.51 亿 t,占 -85.6%。

(3)1974 ~ 2003 年,全库拦蓄粗沙 12.50 亿 t,其中潼关以上拦蓄 11.30 亿 t,占 90.4%;

潼关以下拦蓄 1. 203 亿 t,占 9.6%。

（4）1960～2003 年,全库拦粗沙为 52.05 亿 t,其中潼关以上拦蓄 41.15 亿 t,占 79.1%;潼关以下拦蓄 10.90 亿 t,占 20.9%。

4 3 种计算方法的对比

统计各时段的 3 种方法实测或计算的冲淤量和粗沙冲淤量结果,见表 1。由表 1 可以看出,3 种方法实测或计算的冲淤量和粗沙冲淤量差异较大。其精确度是实测断面法最高,能比较真实地反映实际情况;沙平衡法由于包括了推移质输沙,区间未控加入沙量和坍岸量,较单纯的悬沙量输沙率法计算的冲淤量精确度有所提高。

表 1　水库实测与计算冲淤量对比　　　　　　　　　　　　　　　　（单位:亿 t）

时段	类别	四站—三门峡			四站—潼关			潼关—三门峡		
		断面法	沙平衡法	输沙率法	断面法	沙平衡法	输沙率法	断面法	沙平衡法	输沙率法
1960～1964	混合	62.48	50.42	41.70	12.58	8.90	7.87	49.90	41.52	33.83
	粗沙	28.45	15.85	13.52	9.25	2.20	1.93	19.20	13.65	11.59
1965～1973	混合	14.69	15.33	10.46	27.04	24.60	23.34	−12.35	−9.27	−12.88
	粗沙	11.10	2.00	0.17	20.60	7.30	6.76	−9.51	−5.30	−6.59
1974～1986	混合	1.491	−2.73	−9.50	0.755	0.44	−1.21	0.74	−3.17	−8.29
	粗沙	0.914	−1.24	−3.18	0.557	2.13	1.60	0.36	−3.37	−4.78
1987～1995	混合	13.94	11.71	9.66	12.00	11.18	10.26	1.94	0.83	−0.60
	粗沙	9.811	3.39	2.68	8.98	3.78	3.48	0.84	−0.39	−0.80
1996～2003	混合	2.38	5.56	3.99	2.35	3.55	2.92	0.03	2.01	1.07
	粗沙	1.78	1.31	0.89	1.77	1.756	1.62	0.01	−0.45	−0.723
1960～2003	混合	94.93	80.20	56.29	54.73	48.58	43.16	40.20	31.62	13.13
	粗沙	52.05	21.34	14.14	41.15	17.22	15.40	10.90	4.12	−1.30
1974～2003	混合	17.81	14.49	4.12	15.11	15.12	11.94	2.70	−0.63	−7.82
	粗沙	12.50	3.46	0.39	11.30	7.68	6.70	1.20	−4.22	−6.31

4.1 大于 0.05 mm 粗沙百分数的精确度

（1）就全库实测 25 个淤积物断面的表层淤积物颗粒级配代表性而言,它基本反映了上游粗、下游细的沿程变化大体合理,有一定的代表性。

（2）实测悬移质泥沙大于 0.05 mm 的百分数,精确度较高。

（3）推移质输沙量,是根据 9 年实测资料计算推/悬比百分数,平均大于 0.05 mm 百分数计算各段的推移质输沙量和大于 0.05 mm 的推移质输沙量,代表性较低。

（4）坍岸数量是采用三门峡水库资料（程龙渊等,1999）的计算值,较为可靠。其粗颗粒百分数,是根据9个剖面的104个原状土的干容重大于库区淤积干容重约10%;用上游站的大于0.05 mm的平均百分数乘1.1求得,代表性较低。

4.2 各种方法拦蓄粗沙的情况

(1)1960~1964年,全库拦粗沙为28.45亿~13.52亿t,其中潼关以上拦蓄粗沙9.25亿~1.93亿t,潼关以下拦蓄粗沙19.20亿~11.59亿t。断面法最大,输沙率法最小。

(2)1965~1973年,全库拦粗沙为11.10亿~0.17亿t,其中潼关以上拦蓄粗沙20.60亿~6.76亿t,潼关以下拦蓄粗沙-9.51亿~-5.30亿t,属上段拦,下段排。

(3)1974~2003年,全库拦粗沙为12.50亿~0.39亿t,其中潼关以上拦蓄粗沙11.30亿~6.71亿t,潼关以下拦蓄粗沙1.20亿~-6.31亿t。断面法拦粗;沙平衡法和输沙率法排粗。

(4)1960~2003年,全库拦粗沙为52.05亿~14.14亿t,其中潼关以上拦蓄粗沙41.15亿~15.4亿t,潼关以下断面法和沙平衡法拦蓄粗沙10.90亿~4.12亿t,输沙率法排粗沙1.30亿t。

5 结论

输沙率法计算冲淤量失真情况严重,因此影响到计算粗沙淤积量的失真。如1960~2003年实测断面法全库淤积量为94.98亿t,而输沙率法仅为56.29亿t,偏小38.69亿t,相对偏小40.7%;潼关以下库段断面法淤积40.20亿t,而输沙率法仅淤13.13亿t,偏小27.12亿t,相对偏小67.4%。

用沙平衡方法计算库区冲淤量,由于进库站有9年的推移质资料,较为全面地计算了坍岸量等,提高了计算冲淤量精确度。但由于进出站实测悬沙量误差(包括水量误差)和区间变化量的计算误差均包含在计算的冲淤量中,因此仍然存在失真情况。如1974~1986年全库断面法淤积1.49亿t,而沙平衡法则冲刷2.73亿t(输沙率法冲刷9.5亿t),属定性矛盾,当然也影响了水库拦蓄粗沙数量的差异。

实测断面法冲淤量可信度较高,采用库区表层沙的粗颗粒泥沙百分数,从沿程分布变化基本合理,所以用该法计算的拦蓄粗沙数量相对较好。以实测断面为准计算的库区粗沙拦蓄量概况是:

(1)潼关以上库段1960~2003年共拦蓄粗沙41.15亿t,其中1960~1964年拦蓄粗沙9.25亿t,占22.5%;1965~1973年拦蓄粗沙20.6亿t,占50.1%;1974~2003年拦蓄粗沙11.3亿t,占27.5%。各时段均起到拦粗排细作用。

(2)潼关以下库段1960~2003年拦蓄粗沙10.90亿t,其中1960~1964年拦蓄粗沙19.2亿t,占176.1%,拦粗排细明显;1965~1973年滞洪排沙阶段,排泄粗沙9.51亿t,占-87.2%,且排粗沙多排细沙少;1974~2003年三个时段拦蓄粗沙1.202亿t,占11.0%,拦粗作用不明显。

(3)全库合计,各时段均有拦粗排细作用。

蓄清排浑运用30年间水库冲淤变化情况为:

(1)潼关以上库段,拦淤混合沙15.11亿t,占四站入库全沙量263.52亿t的5.7%,其中拦蓄粗沙11.3亿t,占四站入库粗沙53.8亿t的21.0%,拦粗作用明显。

(2)潼关以下库段,拦蓄混合沙2.70亿t,占潼关站全沙总量251.8亿t的1.1%,拦蓄粗沙1.203亿t,占潼关粗沙量47.10亿t的2.6%。亦有轻微拦粗作用。既期望达到冲淤平衡,就不可能有明显拦粗排细作用。

（3）蓄清排浑运用方式的设计思想,要求能长期发挥水库综合效益,且能保持潼关以下库段的冲淤平衡,潼关高程相对稳定。

由于天然水沙量的变化,人类活动减少了汛期冲刷水量,潼关以上淤积发展和水库运用等原因,尚未完全达到预期设计要求。期望全流域的调水调沙试验进一步取得经验,以进一步优化水库调度运用,达到三门峡水库潼关以下库段的周期平衡,继续发挥水库的综合效益。

黄河三角洲地区生态环境问题探讨

李荣华　李世举　张　利　王振生　张汝军

（黄河山东水文水资源局）

1　黄河三角洲地区自然环境概况

黄河三角洲的主体位于山东省东北部地区,是渤海湾经济圈和黄河经济带的交汇点。该区域属于北温带半湿润大陆性季风气候,年平均气温12.3 ℃,年均降水量537 mm,年均蒸发量1 900 mm左右,年均风速4.0 m/s左右,具有明显的海洋性气候特征,光照充足,热量丰富,四季分明,气温适中,但降水量年内分布不均,常有旱、涝、风、霜、雹和风暴潮等自然灾害。

2　黄河三角洲地区的主要资源

黄河三角洲是一个极具发展潜力的地区,黄河为其提供了丰富的淡水资源、不断增长的土地和巨大的新生湿地;丰富的油气资源使其形成了我国第二大石油生产基地;适宜的气候有利于作物生长;广阔的浅海和滩涂蕴藏着丰富的海洋生物和盐卤资源;生物多样性和独特的自然景观构成了旅游资源。

（1）水资源。该地区多年平均降水量仅为537 mm,地下水位低但因矿化度高、含盐量大而不能被利用,因此黄河、引黄干渠、数量多面积大的人工水库蓄水是工农业生产和人民生活的重要水源,也是形成和维持本区生态环境的主导因素。据利津水文站实测,20世纪80年代黄河进入河口地区的年径流量为286亿 m³, 90年代后年平均径流量仅为140亿 m³左右。除黄河外,该区还有溢洪河、挑河、神仙沟等排污、排涝河道单独入海,均为季节性河流。

（2）湿地资源。截至1997年底,黄河三角洲共有天然和人工湿地402 071 hm²,其中:浅海湿地面积最大,有167 940 hm²,占湿地面积的41%;其次是滩涂湿地,有101 913 hm²,占25%;再次是沟渠湿地,有35 150 hm²,占9%;有沼泽和草甸湿地23 459.7 hm²,占6%。黄河三角洲湿地分布情况是:沿海区(县)湿地面积广阔,分布集中,随着向内陆的深入,主要湿地面积逐渐减少,分布也较零散。

本文原载于《人民黄河》2005年第9期。

（3）动植物资源。黄河三角洲动植物资源非常丰富,1992年10月黄河三角洲经国务院批准为国家自然保护区。据初步调查,该保护区内有海洋浮游植物116种、各种植物393种、海洋浮游动物有79种、陆栖动物331种、鸟类265种,其中属国家一级重点保护鸟类的有7种、国家二级重点保护鸟类的有31种。世界上鹤类共有15种,中国有9种,该地区已观察到灰鹤、丹顶鹤等5种。

（4）后备土地资源。黄河三角洲国土总面积805 300 hm²,人均占有土地0.48 hm²,高于山东省人均水平。黄河每年携带大量泥沙进入河口地区,使该地区平均每年新增淤地1 230 hm²,为该地区的开发建设提供了可靠的后备土地资源。

（5）矿产及其他资源。黄河三角洲地区蕴藏着丰富的石油、天然气、盐矿和地热资源,是我国第二大石油生产基地。

3 黄河三角洲存在的主要环境问题

（1）黄河入海流路不稳定对地区环境生态系统造成影响。黄河三角洲是我国大河三角洲徙中海陆变迁最活跃的地区,黄河口造陆速度之快,尾闾河道迁徙之频繁更是世界罕见。黄河高含沙水流和河口弱潮作用,给黄河在给河口地区带来丰富的水沙资源的同时,也造成了该区大环境的不稳定。黄河自1855年以来在黄河三角洲实际行水140年,较大改道变迁有11次,决口50多次,仅1976年至今口门摆动就达15次,入海口门摆动弧线距离近150 km。黄河尾闾每次改道、决口和口门摆动,就使原天然湿地遭到破坏,水文生态系统演替又发育成新的湿地生态系统。黄河泥沙淤积造成的河口频繁变动以及洪水、冰凌,给油田和三角洲的发展带来了困难和威胁。随着油田建设的不断发展和三角洲地位及作用的日益重要,保持黄河入海流路长期稳定、确保防洪安全的要求更加迫切。

（2）黄河断流频繁,水资源供需矛盾突出。黄河山东段自1972年首次断流至1999年有23年出现断流,断流时间最长的1997年黄河口断流高达226天,占全年的近60%,黄河三角洲年径流量仅有139亿m³,为多年平均径流量的38%,使三角洲失去维持水系和环境生态平衡的主导因素。黄河的频繁断流,加之水利工程存在设计引提水能力大、渠系输水能力低、引输不配套、调蓄能力不足等问题,使河口地区水资源供需矛盾十分突出,给工农业生产和群众生活造成很大影响,水环境质量和生态环境也因断流向恶化方向发展。

（3）风暴潮灾害严重。三角洲沿岸是我国风暴潮的多发区,平均10年一次。新中国成立到20世纪90年代前期,渤海沿岸发生风暴潮12次,平均3～4年一次,其中特大风暴潮4次,平均10年一次。每次风暴潮,特别是特大风暴潮,都造成较大的风暴潮灾害,不仅给三角洲工农业生产和人民生命财产造成巨大损失和威胁,还对三角洲生态环境系统造成严重破坏。

1992年8月,因16号台风引起的特大风暴潮侵袭黄河三角洲地区,垦利县、河口区、广饶县、利津县4个县(区)的27个村庄被水围困,房屋倒塌,农田被淹,冲毁防潮堤50 km,冲毁桥梁、涵闸等建筑物350座,冲毁大量盐田、果林、草场等,东营市和胜利油田均造成亿元以上经济损失。1997年特大风暴潮灾害超过1992年,东营市和胜利油田经济损失均超过数亿元。为抵御风暴潮灾害,三角洲地区在20世纪50年代就修建了部分防潮堤。80年代以来,根据工农业生产发展的要求,防潮工程建设发展迅速,为减轻风暴潮灾害损失起到了很大的作用。但已建防潮堤大部分标准偏低且不连续,有的经海潮多年侵袭,损坏严重,已失去防潮作用。

(4)生态环境脆弱,土壤盐渍化严重。20世纪90年代以来,黄河以每年12.3 km² 左右的速度造陆,给当地带来了丰富的土地资源,但多数地区土壤以粉细沙为主,成土时间短,质地均匀,草甸发育程度不够,海拔低,潜水位高,盐分易升地表,导致土地盐渍化,加之旱涝灾害影响以及海潮的侵袭,使得生态环境十分脆弱。受人口不断增长、工农业迅猛发展和黄河断流等人为因素和自然因素的影响,黄河三角洲的生态环境有日益恶化的趋势,有的生态破坏甚至接近或超出了系统的忍耐域限,导致系统瓦解。

(5)工农业生产、油田开发建设与保护生态环境存在矛盾。黄河三角洲原为农业区,但近年来工业发展、城市建设突飞猛进、中小城镇规模不断扩大。工业化和城市化发展是三角洲社会经济发展的必然趋势,但其负面影响之一就是生态环境系统和生物多样性受到破坏。大片的林木、草地、池塘等被工厂、企业、城镇、油田代替,不但在利用面积上把天然植被全部破坏,而且使周围相当大面积范围内的天然植被和动物资源也受到严重威胁,湿地和生物多样性保护与经济开发存在矛盾。

4 三角洲地区生态环境保护的建议与措施

(1)加大河口尾闾的治理力度,使入海流路尽量保持长期稳定,以求原自然生态环境系统保持相对稳定。

(2)强化水资源统一调度,缩小水资源供需矛盾。要解决黄河断流问题,首先要统筹规划、统一调度和强化水资源管理。水资源是流动的多功能、多用途的实体资源,一条河流不可分割开发、治理,也不可单目标开发、治理。开发利用黄河水资源不能只图一时一地的经济利益,而应该从全流域乃至全国的社会经济持续发展总体规划出发,统筹考虑各行各业、城镇生活、生态环境和景观旅游等对水资源、水环境的需要,力争使有限的水资源在上、中、下游都发挥作用。为此,统筹规划和统一调度水资源,在黄河流域具有特殊的重要意义和显著的社会经济和生态环境效益。其次要结合南水北调工程,实现水资源的优化配置与调度,南水北调到黄河后,通过河道可以将清洁的水资源直接送到河口地区,通过现有的引黄渠道可以把调来的水量配置到广大的黄河三角洲平原,这样做不仅可大大减少调水、配水工程投资,节省工程占地,同时也可改善三角洲地区的生态环境。

(3)提高防潮大堤的防潮标准和高度。为了降低风暴潮造成的经济损失,应提高风暴潮的防御标准,并考虑风暴潮对黄河口的影响及如何逐步形成包括保护三角洲生态环境系统在内的完整的风暴潮防护体系,还可考虑防潮大堤和沿海公路相结合,以少占土地、节省投资,同时提高防潮大堤的防护抗灾强度。

(4)加大三角洲地区生态环境的保护力度,切实加强现有自然保护区建设。对于三角洲地区的生态环境保护,要从科学有效的管理入手,提高管理人员和科技人员的素质,同时积极开展科技合作,在保护的前提下,合理开发利用资源,开展种植业、养殖业、旅游业、加工业等多种经营,使现有的黄河三角洲国家自然保护区早日实现经济上自给自养。同时,还要加大土壤盐碱化的改良力度。

黄河三角洲的开发已列入国家和山东省跨世纪工程,开发利用黄河三角洲各种资源时,一定要纳入到整体规划中去,在保护好生态环境的前提下,走可持续发展之路。

科学合理调度黄河水资源 发挥东平湖最大综合效益

刘以泉

（黄河水利委员会山东水文水资源局）

东平湖水库是黄河下游运用机遇最大的分滞洪区,也是黄河下游最大的支流——大汶河的汇入地,同时又是南水北调东线过黄河的调蓄水库和山东省西水东调工程的水源地,东平湖是黄河下游和水资源利用的一个战略工程。因此,如何最大限度地发挥东平湖水库综合效益,既有利于黄河"堤防不决口、河道不断流、水质不超标、河床不抬高",又是缓解山东省与华北地区用水紧张的一项重要举措,同时可加大湖区水产养殖、生态环境建设、旅游开发,使湖区人民群众生活水平产生根本性好转。

1 东平湖水库库容

东平湖水库总面积 627 km^2,其中新湖区 418 km^2,老湖区 209 km^2,设计蓄水位46.0 m,相应库容 40 亿 m^3。东平湖水库的主要作用是削减黄河洪峰,调蓄黄河、大汶河洪水,控制黄河艾山站下泄流量不超过 10 000 m^3/s。东平湖水库采用二级运用原则,新湖是农业生产基地,一般情况尽量充分发挥老湖对黄河、汶河洪水的调蓄作用,尽可能少用或不用新湖,减少新湖淹没损失。东平湖老湖经过近几年的加高、加固整修,工程措施的不断完善,设计蓄水水位为46.0 m,运用库容可达 12 亿 m^3。水库总设计泄水能力 3 600 m^3/s,排灌能力 343 m^3/s。如果老湖水库敞开泄水,放空库容需 3~5 天。

2 黄河来水情况

黄河孙口站 1951~2002 年 52 年间发生大于 10 000 m^3/s 流量仅有 3 年,大于 3 000 m^3/s小于 10 000 m^3/s 流量有 44 年。孙口站多年平均水量为 296 亿 m^3。汛期 7、8、9、10 四个月平均水量为 179 亿 m^3。1991~2002 年 12 年平均来水量为 177 亿 m^3,比多年平均偏少 40%。汛期 7、8、9、10 四个月平均水量为 105 亿 m^3,汛期 4 月占全年水量约 60%。

3 汶河来水情况

汶河是山东黄河最大的支流,是东平湖的自然水资源汇入地,据统计,1951~2002 年的 52年间戴村坝站的多年平均入库水量约 8.2 亿 m^3,年内水量分配极不均匀。汛期(7~9月份)径流比较集中,平均占总径流量的 79.2%,10 月至来年 6 月份 9 个月,平均来水量不足 1.5 亿m^3;52 年中,来水量不足 1 亿 m^3 的有 12 年。1991~2002 年平均来水量为 4.8 亿 m^3,比多年平均偏少 44%,汛期 7、8、9 三个月平均水量仅为 3.8 亿 m^3。

本文原载于《山东水利学会优秀论文汇编》,2003 年。

4 南水北调水量

根据《南水北调东线第一期可行性研究修订报告》,第一期工程过黄河规划规模为 200 m^3/s,31.1 亿 m^3/a;2020 年水平黄河规划规模为 400 m^3/s,80.1 亿 m^3/a;过黄河最终规划规模为 700 m^3/s,130 亿 m^3/a。根据调整后的《南水北调东线一期工程山东供水区规划报告》,2010 年山东需调引江水 30 亿 m^3,通过东平湖调节由西水东调工程向胶东送水 10 亿~20 亿 m^3。

5 科学调度黄河水(洪水)资源、充分利用东平湖水库的可行性与必要性

5.1 可行性

(1)东平湖水库的主要作用是削减黄河洪峰,调蓄黄河、大汶河洪水,控制黄河艾山站下泄流量不超过 10 000 m^3/s。当黄河孙口站流量不超过 10 000 m^3/s 又不与大汶河洪水相遇时,东平湖水库采用二级运用原则,一般情况尽量充分发挥老湖对黄河、汶河洪水的调蓄作用,尽可能少用或不用新湖,减少新湖淹没损失。譬如,新中国成立 50 多年以来,孙口站发生大于 10 000 m^3/s 流量仅有 3 年,1982 年 8 月,黄河花园口站出现了 15 300 m^3/s 的洪水,是 1958 年以来的最大洪水,到达孙口站的相应流量为 10 100 m^3/s,经东平湖老湖运用分洪,最大分洪流量为 2 400 m^3/s,到艾山站仅有 7 430 m^3/s。分洪结束后老湖区稳定水位为 42.11 m,净蓄水量 4 亿 m^3。自汶河有水文实测资料以来,黄、汶洪水相遇严重的情况发生过 2 次,年不足 1 亿 m^3 水量达 12 年。1991~2002 年平均来水量为 4.8 亿 m^3,汛期 7、8、9 三个月平均水量仅为 3.8 亿 m^3。东平湖老湖经过近几年的加高、加固整修,工程措施与管理的不断完善,老湖运用库容可达 12 亿 m^3。因此东平湖老湖可以调蓄水量 4 亿~8 亿 m^3。水库总设计泄水能力 3 600 m^3/s,排灌能力 343 m^3/s。如果水库敞开泄水,放空库容只需 3~5 天。黄河三花区间洪水到达孙口站的预见期为 4~6 天。因此,在黄河洪水、大汶河洪水来临前(或在汛前有计划地运用东平湖清水,形成人造洪峰以利于冲刷黄河艾山以下河道),完全可以把库容腾空。

(2)黄河上游防洪工程体系水库拦蓄及小浪底水库的联合运用,下游的防洪标准将提高到千年一遇,会使下游出现大洪水的可能性减小,中常洪水的发生几率将有所增加。从黄河孙口站多年来水量分析可知,孙口站多年平均水量为 296 亿 m^3。1991~2002 年 12 年平均来水量为 177 亿 m^3,汛期 7、8、9、10 四个月平均水量为 105 亿 m^3。非汛期水量小、持续时间长、沿黄用水量高,严重影响了黄河下游沿黄地区的工农业生产、石油开发和城乡人民生活,制约了经济发展。中常洪水出现的几率较高(自新中国成立以来,黄河孙口站 1951~2002 年 52 间发生大于 3 000 m^3/s 小于 10 000 m^3/s 流量有 46 年)。在汛期又是下游沿黄引水量较少时期,因此在汛(洪水)期,科学调度孙口站大于 3 000 m^3/s 以上的流量(孙口站流量大于 3 000 m^3/s 时,有利于下游河道冲刷),调蓄水量在 4 亿~8 亿 m^3 是科学、合理、可行的。

(3)引黄水调节东平湖老湖水量,必然带黄河泥沙入湖,按多年平均引黄河水量 8 亿 m^3 计算,根据多年黄河孙口站来沙情况计算,每年进入库区泥沙约 0.022 亿 m^3(随着黄河上游防洪工程体系水库拦蓄、小浪底水库的联合调蓄运用、上游生态环境的改善和水土流失的综合治理,进入黄河下游的来沙量将会减小)。如果东平湖引用黄河水按 30 年计算,全部淤积在老湖为 0.66 亿 m^3,只占东平湖防洪总库容的 1.7%,占老湖库容约 5.6%,所以对东平湖的影响不太大。

5.2 必要性

东平湖水库是黄河下游运用机遇最大的分滞洪区,也是黄河下游最大的支流——大汶河的汇入地,同时又是南水北调东线过黄河的调蓄水库和山东省西水东调工程的水源地,东平湖是黄河下游和水资源利用的一个战略工程。黄河是下游沿黄地区的主要客水资源,但是由于非汛期黄河可调剂水量较小,水资源供需矛盾日益突出,制约了下游沿黄地区的经济发展,给人民生活带来严重影响。而汛期洪水资源丰富,可调剂水量大,但由于种种条件的制约,丰富的洪水资源还没有得到有效的运用。东平湖老湖有一定的调蓄能力,且常年有水,然而由于储水量较小,既不能满足当地水产养殖,又难以进行农业生产,东平湖水库没有得到很好使用,造成了资源闲置,不利于防汛工作的管理与运用。因此,科学合理调度富余黄河洪水(洪水)资源,不仅可以缓解黄河下游长期供水紧张,确保黄河下游不断流,减少中常洪水对黄河下游带来防洪紧张被动局面,而且可以相机运用东平湖水库清水,形成人造洪峰冲刷黄河艾山以下河道,逐步达到降低"二级悬河"使河床不抬高之目的。故引黄水、江水势在必行,把黄水、汶水、江水统一储存调度运用,东平湖具有"襟三江而带五湖,控汶、运而引江、河的优越地理位置,不仅能改变当前单纯防洪运用的面貌,使其发挥最大限度的综合效益,并将大大促进本地区自然资源的开发和社会经济的高速发展。

6　结语

(1)据气象专家分析预测,未来10年有南旱北涝的趋势,使本来相对紧张的长江水将会变的可供水量更加不足。如能充分利用好黄河洪水(洪水)资源,且黄河、水质较好,不仅可以有效缓解长江水源供水紧张局面,同时避免了沿途的各类污染,减少了治污与工程管理难度和费用,减少了中间环节,经济效益将是显著的。

(2)科学运用黄河洪水资源,不仅可以缓解黄河下游长期供水紧张局面,确保黄河下游不断流,减少中常洪水对黄河下游带来的防洪紧张被动局面,而且还可以相机运用东平湖水库清水,形成人造洪峰冲刷黄河艾山以下河道,逐步达到降低"二级悬河"使河床不抬高之目的。

(3)黄河是山东省主要客水资源,对山东省,特别是对山东沿黄地区工农业生产、石油开发和城乡人民生活占有举足轻重的地位,它不仅给山东省带来重大的社会及环境效益,而且将要带来巨大的经济效益。随着黄河下游沿黄地区工农业生产的快速发展,需用黄河水量愈来愈大,加之黄河流域近年来持续干旱,来水量减少,断流现象加剧,水资源供需矛盾日益突出,制约了经济发展,给人民生活带来严重影响。因此,如何最大限度地发挥东平湖水库综合效益,充分利用好黄河、大汶河水资源,既有利于黄河"堤防不决口、河道不断流、水质不超标、河床不抬高",又是缓解山东省与华北地区用水紧张的一项重要举措,同时加大湖区水产养殖、旅游事业发展等,进一步不断提高湖区人民群众生活与文化水平。

(4)加强湖区的综合治理力度,加强生态环境建设,减少控制湖水污染源。妥善安置老湖区内群众的生产生活,使湖区人民群众生活水平从根本性上得到好转。彻底加固整修老湖堤坝、涵闸及防汛工程等配套工程建设,使其保证达到防洪设计标准;彻底废除湖区生产堤,退田还湖,扩大老湖的调蓄能力。

(5)为更好地发挥东平湖老湖水库的防洪、抗旱、防黄河下游断流、南水北调运用、水资源开发兴利、水产基地规模开发等综合作用。建议在老湖南自刘口闸经李官屯、王府集至司垓闸修建一湖堤,堤防长约18 km,工程标准与二级湖堤同,与新湖东堤构成一较大水库,可扩大老湖库容到 20 亿 ~ 25 亿 m³。可大大减小新湖运用几率,使黄河、大汶河洪水资源得到更加高效的运用,达到变害为利之目的。使其最大限度发挥综合效能,将大大促进本地区自然资源的开发和社会经济的高速可持续发展。

黄河上游径流泥沙特性及变化趋势分析

张世军　俞卫平　张红平

(水利部黄河水利委员会上游水文水资源局)

1 概况

黄河上游来水来沙地区分布不均匀,水沙异源。黄河上游水量主要来自唐乃亥以上,天然年径流量 181.3 亿 m³,占黄河上游的 56.9%,其次为循化—兰州区间,天然年径流量 107.9 亿 m³,占黄河上游的 33.8%,该区间主要支流洮河、大夏河、湟水、大通河来水较多;黄河上游的水量几乎全部来自兰州以上,兰州天然径流量占上游的 99%。

泥沙主要来自兰州—青铜峡区间,该区间年输沙量为 1.53 亿 t,占青铜峡输沙量的 53%;其中支流祖厉河、清水河来沙量较多;其次为循化—兰州区间,年来沙量 0.94 亿 t,占青铜峡沙量的 32.4%,支流洮河、湟水的来沙量大。

刘家峡水库为不完全年调节水库,调节库容 42.0 亿 m³,水库控制了黄河上游 1/3 左右的来沙量,库容大,水库年均淤积为 0.547 亿 t,有较强的拦沙作用。

龙羊峡水库是多年调节水库,调节库容 193.6 亿 m³,水库库容大,调节能力强,汛期蓄水消峰比为 40% ~ 70%,洪水基本被控制,出库流量过程较为均匀,中小水流量历时加长,流量大于 1 500 m³/s(贵德站)的机会减少。水库上游为清水来源区,入库沙量少,水库年均淤积为 0.220 亿 t,拦沙作用较小。

龙羊峡、刘家峡两库联合运用后,将大量的汛期水量调节至非汛期,对黄河上游干流水沙年内分配产生了重要的影响,具体表现为年均实测水沙量大量减少,相应水沙量占全年比例明显降低;汛期水沙量减幅远大于非汛期,造成年内水量分配发生根本性改变,同时年际水沙量变幅减小,使进入黄河下游的汛期水量大大减少;枯水流量历时大大增加,中大流量历时缩短,水流输沙能力降低,河道淤积严重,排洪能力降低。

刘家峡水库运用前(统计时段 1952 年 1 月 ~ 1968 年 12 月)人类活动的影响相对较小,水沙特征可作为天然状况;龙羊峡、刘家峡两库联合运用后(统计时段 1978 年 1 月 ~ 2002 年 12 月),对黄河上游来水来沙进行年内和年际调节,黄河上游水沙条件发生了很大变化,以下从防洪、水量调度和水资源利用的角度对黄河上游水量沙量分别加以阐述,为进一步高效利用水资源提供科学依据。

2 汛期水流特性变化

龙羊峡水库是一个多年调节的大型水库,1986 年 10 月投入运用,和刘家峡水库一起,将

本文原载于《水资源与水工程学报》2005 年第 3 期。

大量的汛期水量调节至非汛期,使黄河上游的径流量年内分配发生了变化,造成了黄河上游汛期水沙量大量减少,汛期实测水沙量占全年比例降低。以下从防洪、水库调度的角度分别阐述伏汛期、秋汛期。

2.1 伏汛期(7、8 月)水沙特性

黄河上游大洪水主要发生在这一时期,全年泥沙集中在洪水期输送,20 世纪 70 年代以来,黄河上游实测水沙量总趋势是减少的,特别是在龙羊峡、刘家峡两库联合运用下减少更多(见表 1)。

表 1 不同时期伏汛期实测水沙量

项目	月份	兰州站		石嘴山站		头道拐站	
		1952~1968	1987~2002	1952~1968	1987~2002	1952~1968	1987~2002
水量 (亿 m³)	7	56.58	28.93	49.02	21.25	34.85	10.60
	8	52.18	29.78	51.29	26.18	42.57	21.75
沙量 (亿 t)	7	0.348	0.135	0.371	0.142	0.293	0.044
	8	0.450	0.154	0.553	0.208	0.415	0.114

由表 1 可知,兰州、石嘴山、头道拐三站 7 月份实测水量多年平均 1987 年后比 1968 年分别减少 48.8%、56.7%、69.6%,沙量分别减小 61.2%、61.7%、85.0%,同时年际间水沙量变幅也减小,三个站 1968 年前水量极差为 54.37 亿~55.73 亿 m³,1987 年后仅有 17.39 亿~21.70 亿 m³。头道拐站 1987 年后 7 月份多年平均水量基本维持在 10.60 亿 m³,日均流量仅为 396 m³/s;1968 年前大水年出现有一定的周期性,6~7 年就有一次,而 1987 年后几乎未出现过。来沙的主要控制站石嘴山 1968 年前 7、8 两月沙量的极值差分别为 0.736 亿 t 和 1.72 亿 t,1987 年后仅为 0.423 亿 t 和 0.372 亿 t。

7、8 两月水沙量占全年的比例变化不大,其中实测水量占全年的比例由 1968 年前的 22.7%~31.8%;减少为 1987 年后的 20.7%~22.4%;沙量占全年比例略有减小,1968 年前兰州、石嘴山、头道拐站沙量占全年比例分别为 66.0%、50.8%、38.7%,1987 年后分别为 64.1%、40.8%、38.6%,沙量仍主要集中在 7、8 两月。

统计表明,7、8 两月各级流量的历时变化明显,水沙过程发生了很大的变化。1987 年后 1 000~1 500 m³/s 以下小流量历时大大增加,兰州、石嘴山、头道拐三站较 1968 年增加了 1~2 倍,而 1 500~3 000 m³/s 以上的中大流量历时大大减少,3 000 m³/s 以上高效输沙流量减小更多,1987 年后兰州—头道拐站没有出现,说明大流量出现几率减小,枯水流量出现几率增大。

流量过程大多时间是枯水流量,河道高效输沙流量大大减少,河道淤积严重,长时间的枯水造成河道萎缩,排洪输沙能力降低,形成"小流量、高水位、大漫滩"不可逆转的局面,致使防洪形势更趋恶化,黄河下游发生更多的灾害是难以避免的。

2.2 秋汛期(9、10 月)水沙特性

黄河上游秋汛期来水主要由兰州以上的暴雨和长历时连阴雨形成,也是防洪的重要时期。进入 20 世纪 90 年代,龙羊峡水库上游降水量偏枯,径流量明显减少,不仅使龙羊峡水库不能蓄水,而且也使黄河上游水量显著减少。

由表 2 可知,1987 年后 9、10 月兰州、石嘴山、头道拐三站实测水量大量减少,9 月份比 1968 年前减少一半多,同时年际间水量变幅减小,三站水量极值差由 84.70 亿 ~ 91.78 亿 m³,分别减少到 46.31 亿 ~ 57.08 亿 m³,实测水量变的更加均匀;三个站的最大水量都发生在 1989 年 9 月份,此时龙羊峡水库因特殊运用而没有大量蓄水,否则水量可能更小。实测水量减小,引起沙量相应变化,1987 年后 9 月份月均沙量分别较 1968 年前减少 74.8%、65.8%、82.1%;同样沙量变幅也在减小;兰州、石嘴山、头道拐的沙量极值差由 0.545 亿、0.710 亿、0.698 亿 t 分别减少到 0.347 亿、0.333 亿、0.412 亿 t。

表 2　不同时期秋汛期实测水沙量

项目	月份	兰州站		石嘴山站		头道拐站	
		1952 ~ 1968	1987 ~ 2002	1952 ~ 1968	1987 ~ 2002	1952 ~ 1968	1987 ~ 2002
水量 (亿 m³)	9	55.96	25.26	55.06	25.54	47.34	18.75
	10	44.02	24.39	45.14	23.10	37.94	8.498
沙量 (亿 t)	9	0.202	0.051	0.380	0.130	0.413	0.074
	10	0.047	0.011	0.243	0.083	0.300	0.013

统计表明,9 月份兰州、石嘴山、头道拐水量占全年的比例由 1968 年前的 16.4% ~ 18.1% 减少到 1987 年后的 9.6% ~ 12.0%,10 月份三站水量占全年比例由 12.9% ~ 14.5% 减少到 5.4% ~ 10.4%,9 月下旬水量减少幅度很大。水量与 1968 年前比,兰州、石嘴山、头道拐三站 1987 年后水量减幅约 56%,除 1989 年外,三站水量分别在 29.29 亿、29.81 亿、23.61 亿 m³ 以下。

10 月份水量减少更加明显,水量基本接近非汛期(见表 2);1987 年后与 1968 年前相比,兰州、石嘴山、头道拐三站水量极值差由 44.06 亿、50.41 亿、46.71 亿 m³ 分别减少为 18.59 亿、20.25 亿、19.14 亿 m³;兰州、石嘴山、头道拐三站 1987 年后月均实测水量比 1968 年前减少 44.6% ~ 77.6%,10 月份水量除 1989 年外,各年 10 月份水量都小于或接近非汛期平均值,9 月下旬和 10 月份已具有明显的非汛期特征。由于水量减小,造成沙量减幅很大,兰州、石嘴山、头道拐三站 1987 年后 9 月份沙量与 1968 年前 9 月份相比,沙量减小达 65.8% ~ 82.1%,10 月份沙量分别比 1968 年前减少为 76.6%、65.8% 和 95.7%。9、10 月份水沙量大量减少的同时,水流过程也发生了很大变化,主要表现在中、大流量的急剧减少和小流量的增多。在 1 000 m³/s 以下小流量历时水沙量的增多和 1 500 ~ 3 000 m³/s 以内大流量历时,水沙量的减少,尤其大于 3 000 m³/s 的流量,兰州至头道拐只出现一次,且都发生在 1989 年,1989 年黄河上游来水较丰,同时受龙羊峡水库施工的影响,该库没有大量蓄水,若水库正常运用则大流量历时更短,日均流量都将在 3 000 m³/s 以下。

黄河上游秋汛洪水主要来自于兰州以上,而 1987 年后,由于龙羊峡、刘家峡水库联合蓄水运用,下泄水流均匀,9、10 月份发生洪水的几率大大降低,基本没有洪峰,因此秋汛的洪峰流量将大大降低,甚至不会形成秋汛威胁。

3　凌汛期(11 月至翌年 3 月)水沙特性

凌汛期 1987 年后天然水量比 1968 年前天然水量偏枯,而实测水沙量增加。由表 3 可知,除11月份接近天然水量外,其余各月水量增幅达17.0%~74.6%,其中头道拐水量增幅最大;在天然来水的基础上所增加的日均流量为200~310 m³/s,石嘴山为100~230 m³/s,加重了宁蒙河道的防凌负担,形成槽蓄水量大,开河水位高的特殊情况。

表3 不同时期凌汛期实测各月水沙量

项目	月份	兰州站		石嘴山站		头道拐站	
		1952~1968	1987~2002	1952~1968	1987~2002	1952~1968	1987~2002
水量 (亿 m³)	11	21.66	21.29	20.75	15.60	19.55	11.44
	12	12.02	16.22	12.12	17.49	8.680	11.21
	1	9.253	14.01	8.207	14.33	7.934	11.35
	2	7.788	11.93	8.029	13.67	7.572	12.33
	3	10.36	13.12	11.83	13.84	13.74	22.05
沙量 (亿 t)	11	0.010	0.005	0.079	0.037	0.081	0.018
	12	0.003	0.001	0.023	0.038	0.008	0.008
	1	0.002	0.001	0.004	0.019	0.002	0.004
	2	0.003	0.001	0.003	0.022	0.002	0.004
	3	0.006	0.001	0.030	0.033	0.036	0.068

关于沙量变化的情况,由表3可知,兰州站的实测沙量减幅较大,1987年后与1968年前相比,沙量减幅达65.2%,石嘴山站接近天然沙量,头道拐站沙量增幅为21.5%。黄河上游除汛期发生洪水外,3月份由于宁蒙河段头道拐站以上冰凌解冻,形成桃汛洪水,头道拐洪峰流量一般在1 700~3 400 m³/s,1968年以前桃汛洪峰大都小于汛期洪峰,1987年后汛期洪峰流量大大降低,桃汛洪水洪峰流量反而超过汛期洪水,成为全年最大流量。

4 春灌期(4~6月)水沙特性

4~6月份虽然龙羊峡、刘家峡水库联合运用大量泄水,但宁蒙河段沿程引水造成水量剧减,由表4可知,5月份石嘴山、头道拐站1987年后比1968年前减幅分别达到6.2%、61.9%,6月份减幅为21.7%~44.5%。

由于水库调节作用将长期存在,虽然水土保持的减水作用逐年增加,但是工农业和城镇生活用水也将随国民经济发展的需要而增长,即使降水条件有所改善,黄河上游来水量还必然会逐年减少,因此一方面要开源,更重要的是节流,同时要做好水资源的合理调配,使有限的水资源发挥更大的作用。

5 径流特性和输沙特性

径流呈减少趋势,年际变幅减小,年内分配变化不大。1968年以前径流量较大,兰州、石嘴山、头道拐站,最大年径流量分别为518.0亿、500.7亿、437.2亿 m³,最小年径流量分别为

230.9 亿、211.3 亿、166.4 亿 m³,相差 270.8 亿~289.4 亿 m³,1987 年后最大和最小年径流量分别为 385.0 亿、357.3 亿、289.6 亿 m³ 和 203.9 亿、162.9 亿、101.8 亿 m³,相差 181.1 亿~194.4 亿 m³,可见径流量极值变幅都在减小,仍可出现峰值(见图 1)。

表 4 不同时期春灌期实测水沙量

项目	月份	兰州站		石嘴山站		头道拐站	
		1952~1968	1987~2002	1952~1968	1987~2002	1952~1968	1987~2002
水量 (亿 m³)	4	14.75	19.38	13.43	15.27	13.20	15.21
	5	26.28	30.17	19.39	18.15	14.08	5.365
	6	31.22	27.79	23.04	18.04	13.30	7.379
沙量 (亿 t)	4	0.015	0.006	0.047	0.038	0.039	0.037
	5	0.069	0.030	0.086	0.048	0.068	0.008
	6	0.072	0.056	0.100	0.058	0.063	0.016

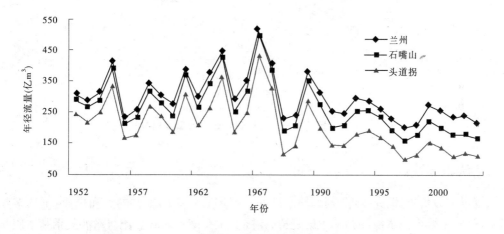

图 1 黄河上游年径流量变化过程

输沙量也呈减少趋势,年际变幅减小。1968 年前输沙量大的年份较多,兰州、石嘴山、头道拐站最大和最小年输沙量分别达 2.67 亿、3.82 亿、3.16 亿 t 和 0.222 亿、0.965 亿、0.783 亿 t,相差 2.38 亿~2.86 亿 t;1978 年后最大和最小年输沙量分别为 0.756 亿、1.56 亿、1.19 亿 t 和 0.152 亿、0.337 亿、0.168 亿 t,相差 0.604 亿~1.22 亿 t。输沙量随径流量而变化,径流量减少的同时,输沙量也在减少,变幅也减少(见图 2)。

龙、刘两库联合运用后使沙量年内分配也发生了变化,汛期沙量占全年比例减小,由 82.9% 降至 67.8%,非汛期比例增加,由 17.2% 增加至 32.3%;在相同径流条件下,输沙量变幅不大,输沙量大小随着径流量大小而变化,点据均分布在关系线两侧(见图 3)。

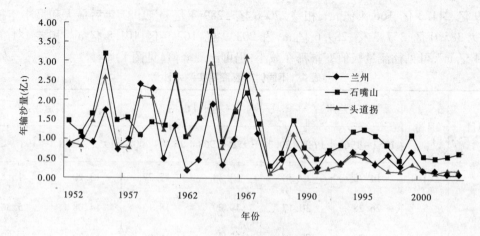

图2 黄河上游年输沙量变化过程

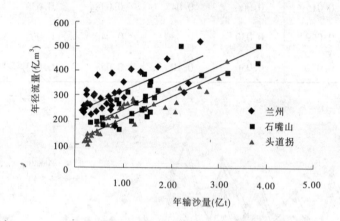

图3 黄河上游年径流量~年输沙量关系

6 几点认识和建议

通过以上分析可知,龙羊峡、刘家峡水库联合运用后具有以下共同点和规律:①从多年平均值看,黄河上游干流水沙均为减少的趋势,年际变化在减小。②径流与输沙关系基本服从同一规律,各时期的点据分布在关系线的两侧,输沙量的大小随着径流大小而变化。③水流过程变化,枯水流量历时大大增加,中大流量历时缩短,水流输沙能力降低。④9月下旬和10月份已具非汛期特征。

龙羊峡、刘家峡水库联合运用,削减了洪峰流量,中小水历时加长,主槽淤积增多,平槽流量减小,排洪能力降低。鉴于以上分析,建议:

(1) 应加强黄河上游宁蒙河道的淤积观测,加速多沙支流祖厉河、清水河的治理。

(2) 防汛应该注重设防"小流量、高水位"的大洪水。

(3) 加强黄河上游的水土流失治理,提高水土保持的科技含量。

(4) 在水资源分配上,应减少枯水年的用水量,使黄河上游的水资源效益得到充分的发挥。

三门峡水库不同运用条件下的冲淤分布特点及对潼关高程的影响

鲁孝轩　付卫山　马花能　孙绵惠

（黄河水利委员会三门峡库区水文水资源局）

1　各级运用水位的淤积分布特点

1.1　非汛期

1974 年以来,三门峡水库实行蓄清排浑控制运用,对泥沙进行年调节。非汛期防凌、发电、灌溉、供水等,汛期洪水期降低水位泄洪排沙,平水期控制水位发电。非汛期各个运用阶段的回水情况及其相应时段的水沙变化,是决定库区淤积分布的主要因素。多年来的资料分析表明,运用水位 310 m 时,回水末端变动在黄淤 26 断面附近(图 1),壅水淤积物从回水末端至坝前沿程增加,纵剖面呈锥体分布。库水位升至 315 m 时,回水末端上提至大禹渡附近,入库泥沙的大部分堆积在北村以下。一般年份非汛期 80 ~ 110 天库水位低于 315 m,在此期间的入库沙量是北村以下库段淤积泥沙的主要来源。库水位上升到 320 m 时,回水延伸到坫埝附近,坫埝—大禹渡段产生少量淤积,大量泥沙堆积在大禹渡—北村之间。当库水位升至 320 ~ 324 m 时,回水变动在坫埝—潼关之间,淤积物主要分布在大禹渡上下库段,三角洲顶点位于大禹渡附近。非汛期回水影响潼关—坫埝河段的时间短,一般年份 60 ~ 110 天,少数年份 20 ~ 40 天或大于 120 天。河床淤积物主要来源于库水位大于 322 m 期间的入库沙量,尤其大于 324 m 水位期间的入库泥沙,且绝大部分沉积在潼关—坫埝段。1977 年非汛期 41 天库水位介于 320 ~ 324 m 之间,77 天库水位大于 324 m,最高库水位达 325.99 m。该年是控制运用以来潼关河段非汛期淤积数量最多的一年,淤积三角洲顶点位于坫埝附近。

1.2　汛期

在没有泥沙淤积的河流上,坝前水位与河床的平交点即为该级水位的回水末端。多沙河流上修建的水库,受回水和淤积的相互作用,在回水末端附近泥沙淤积向上游和下游两个方向发展,所以,相同库水位的回水末端和淤积末端均随着库区淤积的发展而不断变化。每年汛初,因库区大量堆积非汛期淤积物,各级水位的回水末端距坝较近。305 m 水位的回水末端位于黄淤 8 ~ 12 断面间,距坝 10 ~ 15 km,相应高程的库容为 0.1 亿 ~ 0.2 亿 m³,此时出库沙量虽因回水以上河段冲刷而大于入库沙量,但坝前壅水段冲淤变化较小。库水位 310 m 时,与最近几年淤积三角洲顶点高程大致持平,回水常变动在北村附近,库容增至 0.6 亿 ~ 0.9 亿 m³。流量小于 500 m³/s 时水库基本不排沙,入库泥沙及回水以上河道冲刷下排的泥沙在壅水段形成新的淤积。当洪水入库后,水库降低水位泄洪排沙,起源于三角洲顶点和自坝前向上发展的溯源冲刷持续发展。

经过泄洪排沙运用,非汛期淤积物冲刷下排,库区冲淤基本平衡,河床高程得以恢复,各级

本文原载于《人民黄河》2001 年第 11 期,为"九五"国家重点科技攻关项目(98 – 928 – 02 – 01 – 05)。

库水位的回水范围逐渐向上延伸。近几年汛末305 m水位回水影响北村以上,长达40余km;310 m水位回水影响灵宝老城附近,调沙库容分别增至0.5亿、1.4亿 m³左右。控制305 m水位运用后,回水末端以上河道冲刷继续发展;回水区对入库泥沙有一定的调节作用。但大部分泥沙通过壅水段排出库外,淤积物堆积厚度沿程增大,淤积末端在北村附近,纵剖面呈锥体分布。

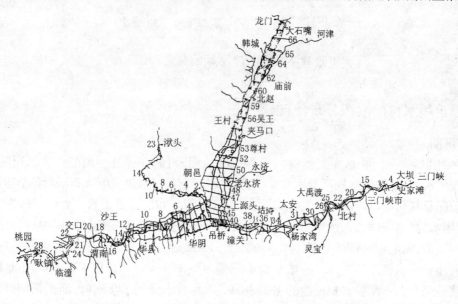

图1　三门峡库区断面分布

2　不同运用条件下淤积量典型分布

1974年和1977年非汛期,库水位低于320 m期间的持续天数及堆积在潼关—三门峡段的淤积总量大致相等。在此情况下,分布在黄淤22断面以下库段的淤积量,以及占总淤积量的百分数基本相等(见表1)。但是,这两年非汛期大于320 m水位期间的运用情况差别较大。1977年非汛期库水位320～322 m和322～324 m持续时间比1974年同期分别减少34天和32天,而大于324 m天数相应增加63天。由此引起1977年非汛期平均运用水位上升为318.32 m,比1974年同期升高4.04 m。水库运用方式的这一变化,导致库区淤积重心从坫垮—北村段向上迁移至潼关—大禹渡段。

1993年是三门峡水库控制运用以来非汛期运用水位最低的一年。最高库水位321.61 m,有110天库水位低于315 m,98天库水位变动在315～320 m之间,仅有34天库水位大于320 m。淤积三角洲顶点位于北村附近,淤积量的80%左右分布在大禹渡—会兴库段。

1998年非汛期水库运用和淤积分布状况是较为特殊的一年。防凌和春灌蓄水阶段与1993年以来的运用情况基本相同,但在5月底向下游河道供水期间,为了配合黄河利津以下河段挖沙疏浚工程安全施工,三门峡水库控制下泄流量,致使库水位由缓慢下降转为上升。当5月22日至6月3日渭河高含沙量洪水入库后,库水位急剧升高,最高达323.80 m,比1997年同期偏高10 m左右。洪水期间入库泥沙0.805亿t,除少量泥沙通过异重流排出库之外,其余全部淤在库内。这部分淤积物主要分布在坫垮—北村间。从当年非汛期运用水位的平均水平及各级水位天数看,仍属于运用水位低、高水位持续时间短的年份。但在库水位322~324 m期间大量泥沙入库,导致黄淤36~22断面间泥沙淤积大量增加,非汛期淤积量多达1.49亿 m^3,比一般年份增加近1倍,成为该库段非汛期淤积最多的一年。这是水库正常运用条件应该避免出现的情况。

表1　典型运用年非汛期各级水位持续时间与冲淤量

| 时段 | 项目 | 库区冲淤量(亿 m^3) | | | | | 各级水位持续时间(天) | | | | 平均运用水位(m) |
		黄淤12以下	黄淤12~22	黄淤22~31	黄淤31~36	黄淤36~41	>320 m	320~322 m	322~324 m	>324 m	
1974-09-26~1974-06-24	冲淤量	0.090	0.106	0.398	0.492	0.150	121	44	63	14	314.28
	占全段(%)	7.3	8.6	32.2	39.8	12.1					
1976-10-05~1977-05-18	冲淤量	0.100	0.147	0.160	0.345	0.389	118	10	31	77	318.32
	占全段(%)	8.8	12.9	14.0	30.2	34.1					
1992-09-14~1977-05-18	冲淤量	0.262	0.742	0.824	0.202	0.015	34	34	0	0	314.47
	占全段(%)	12.8	36.3	40.3	9.9	0.7					
1997-10-08~1998-06-28	冲淤量	0.050	0.240	1.050	0.440	0.050	71	54	17	0	316.70
	占全段(%)	2.7	13.1	57.4	24.0	2.7					

3　淤积末端上延对潼关河床冲淤的影响

水库蓄水运用阶段,受回水和淤积的相互作用,回水末端随着三角洲顶点的前移和洲面的抬升逐渐向上游发展,从而促使泥沙淤积也向上游延伸。如此长期持续下去,淤积上延有可能发展到很远的地方。在库水位降落之后,壅水淤积物逐渐冲刷下排。上段河道受水沙条件的制约,往往在比降调整的过程中河床淤积继续发展。这是三门峡水库每年春灌蓄水水位降至320 m以后,坩坭以上河段虽然不再受回水影响,但河床仍在淤积抬高的主要原因之一。汛期水沙条件有利年份,非汛期淤积物能够及时得到清理,产生淤积上延的历时短、范围小,对潼关河床冲淤的影响小。少数年份汛期洪峰少、流量小,在下段河床冲刷的同时,淤积末端继续上延,直至影响潼关高程。如1995年非汛期潼关至三门峡水库坝前共淤积1.76亿 m^3,淤积末端在坩坭附近,大量淤积物分布在大禹渡以下库段,共计1.60亿 m^3,占总淤积量的90.7%;虽然非汛期淤积部位偏下,但受来水来沙的影响,洪水冲刷末端仅发生在坩坭附近,潼关—坩坭河段汛期不但没有产生冲刷,反而增加淤积0.10亿 m^3,河床普遍淤积升高0.05~0.15 m。淤积较多的黄淤37、38断面河床平均淤高0.44、0.25 m。汛末潼关高程上升到328.35 m,比汛初同流量水位升高0.23 m。

自三门峡水库控制运用以来,大多数年份非汛期淤积物能在入汛后及时得到冲刷清理,淤积上延得以抑制。也有少数年份汛期水量小,洪水水沙组合不利,淤积上延引起潼关高程抬升。如1986年汛期水量134亿 m^3,冲刷仅发生在黄淤37断面以下,上段河床淤积,潼关高程由327.08 m抬升到327.18 m。

4　库区淤积分布对潼关高程的影响

据潼关以下各库段淤积量与潼关高程之间的关系分析,大禹渡以下库段处在汛期洪水溯源冲刷所及范围之内,具有"非汛期多淤,汛期多冲"的特点,其冲淤变化主要与来水来沙条件和水库运用方式有关。非汛期淤积物能在汛期洪水入库后及时冲刷清理,短期内潼关高程变化与该段河道冲淤没有直接的对应关系。大禹渡至潼关河段淤积量的增减与潼关高程升降同步变化。尤其潼关—坫埼河段为运用水位 320~324 m 变动回水区,潼关高程的升降与该段河槽冲淤量的增减同步变化。一般年份非汛期潼关—坫埼河段淤积 0.01 亿~0.15 亿 m^3,潼关高程上升 0.1~0.7 m。1977 年非汛期运用水位高,高水位持续时间长,淤积量多达 0.39 亿 m^3,潼关高程上升 1.25 m;汛期影响潼关向程变化的因素多,升降幅度大。多数年份汛期潼关—坫埼河槽冲刷量小于 0.15 亿 m^3,潼关高程下降值小于 0.50 m。少数年份汛期潼关—坫埼段冲刷量大于 0.20 亿 m^3,潼关高程下降 1.0 m 以上。丰水平沙的 1975 年,汛期潼关—坫埼段河床冲刷 0.32 亿 m^3,潼关高程下降 1.19 m。但在非汛期淤积较多,分布部位偏上,加之汛期来水来沙不利年份,又可能出现以下反常情况。如 1986 年和 1995 年汛期,洪水不但未能将潼关—坫埼段非汛期淤积物冲刷清理,反而使淤积末端上延,两年汛期分别增加淤积 0.07 亿 m^3、0.10 亿 m^3,潼关高程上升 0.10 m、0.23 m。个别年份也会出现汛期潼关—坫埼段淤积量减少,而潼关高程上升的反常现象。这是由于黄淤 38~39 断面间宽浅河道前期淤积较多,形成阻碍行洪的浅滩段所致。虽然浅滩段及其以下河道产生冲刷,使潼关—坫埼段总的淤积量减少了,但在比降调整过程中,浅滩以上河段淤积增多,潼关高程上升。1993 年汛期就是在潼关—坫埼段河床冲刷 0.07 亿 m^3 的情况下,因浅滩段泥沙淤积上延而导致潼关高程略有升高的。上述关系表明了汛期和非汛期潼关高程的升降值与潼关—坫埼段河槽冲淤量之间的关系。年际之间,潼关高程与潼关—坫埼段河槽累计冲淤量之间(自 1973 年 9 月底起算的冲淤量)呈线性变化(见图 2),即潼关—坫埼段河槽淤积量增减 0.023 亿 m^3,潼关高程随之升降 0.10 m 左右。

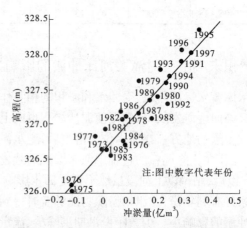

图 2　潼关高程与潼关—坫埼段冲淤量关系

5　结语

(1)潼关—坫埼段非汛期淤积量主要来源于库水位大于 324 m 期间的入库泥沙,尤其大于 322 m 水位期间的入库泥沙,绝大部分沉积在潼关—坫埼段。

(2)水库蓄水运用阶段,受回水和淤积的相互作用,泥沙淤积从回水末端向上游和下游两个方向发展。在库水位降落之后,壅水淤积物逐渐冲刷下排。上段河道受河床自动冲淤调整作用的影响,在比降调整过程中淤积继续发展。平水平沙年份,淤积上延的范围小、时间短,对潼关河床冲淤的影响小。汛期水沙条件不利年份,在下段河床淤积物冲刷下排的同时,淤积末端继续上延,直至影响潼关高程。

(3)库区淤积分布对潼关河床冲淤产生影响。大禹渡以下库段冲淤,短期内与潼关高程变化没有直接的对应关系,大禹渡—潼关河段淤积量的增减对潼关高程变化直接产生影响。尤其潼关—坫埼段河槽冲淤量的增减与潼关高程升降同步变化,密切相关。即潼关—坫埼段河槽淤积量增减 0.023 亿 m^3,潼关高程随之升降 0.10 m 左右。

非汛期潼关河床淤积升高的成因分析

鲁孝轩　高德松　孙绵惠　牛长喜　杨世理

（黄河水利委员会三门峡库区水文水资源局）

　　非汛期淤积上升、汛期冲刷下降是潼关河床冲淤变化的基本特性。三门峡水库蓄清排浑运用以来，由于非汛期的蓄水运用，这种冲淤变化特性更为明显。非汛期潼关河床淤积上升是来水来沙、河床边界条件以及水库运用等多种影响因素综合作用的结果。对这些因素进行分析，有助于采取措施减轻非汛期潼关河床的淤积。

1　流量小、泥沙粗是造成非汛期河床淤积的主要原因

　　潼关河床经汛期各级流量洪水冲刷，河床泥沙组成逐渐粗化。7、8 月份河床质平均中值粒径为 0.08 ~ 0.13 mm，汛末增至 0.12 ~ 0.16 mm。进入非汛期后，随着河床淤积，床沙组成又逐渐变细。非汛期来水来沙相对稳定，含沙量降至 10 kg/m³ 左右，5、6 月份枯水期降至 5 kg/m³ 以下。但在悬移质泥沙组成中，粒径小于 0.025 mm 的细沙大量减少，而粒径为 0.025 ~ 0.05 mm 和粒径大于 0.05 mm 的中粗颗粒泥沙相对增多。每年 11 月至翌年 4 月是全年悬移质泥沙组成最粗的月份。在此期间，粒径小于 0.025 mm 的沙重百分数仅占 20% 左右，汛期则高达 40% ~ 70%，二者相差 1 ~ 2 倍。非汛期来水流量减小，悬移质泥沙级配变粗，以及河床泥沙颗粒组成粗化，是导致潼关河床非汛期发生淤积的主要原因。

2　凌汛冰情变化对潼关河床冲淤的影响

　　潼关初冰日期出现在 11 月底至 12 月初，于次年 2 月底或 3 月初终冰，历时 50 ~ 100 天。主要冰情有流冰、岸冰和流冰花等，仅在少数年份封冻。但因冰情变化，潼关以下河道积冰阻水或形成插冰封冻，壅水上延直接影响潼关断面，在少数年份冰期时有发生。

　　目前，潼关—大禹渡河段主流游荡，宽浅与窄深河道相间分布。大禹渡以下河槽窄深，河湾发育，弯道曲率半径变小，容易卡冰封冻，形成冰塞，壅高水位。河道形态的不利变化，加之水库壅水的影响，回水末端附近水流滞缓，流冰密集，插冰封冻，壅水上延现象时有发生。1977 年凌汛，坫垍—大禹渡河段发生冰塞，壅水上延。坫垍站水位壅高 1.5 m，相应引起潼关断面流速减小，水位壅高，这是门峡水库控制运用以来的第一次。1993 年 1 月中旬，库水位低于 310 m，因寒流侵袭，回水区积冰增多，北村河段插冰封冻，壅水上延。自 1 月 16 日起，大禹渡、礼教、坫垍和古贤河段相继封冻。受其影响，潼关（六）断面同流量水位比壅水前升高约 1.5 m，解冻开河后，潼关高程由 327.65 m 上升到 327.99 m，升高 0.34 m。

　　1996 年 1 月 8 日三门峡地区气温骤降，大禹渡以下连续弯道正处在回水末端附近，积冰较多，形成插冰封冻，节节上延。1 月 18 日起，壅水影响潼关，并于 20 日 1 时许，河面全部封

本文原载于《人民黄河》2001 年第 11 期，为"九五"国家重点科技攻关项目(98 - 928 - 02 - 01 - 05)。

冻。潼关(六)断面最高水位329.92 m,比封冻前壅高1.49 m,是三门峡水库控制运用以来非汛期最高水位。以上3年凌汛因潼关以下河道发生冰塞,壅水上延,并导致潼关河段水位壅高,加重了河床淤积。由此引起潼关高程上升0.30 m左右,并呈淤积发展趋势,对保持潼关高程相对稳定产生不利影响。

凌汛期潼关河床受三门峡水库防凌蓄水运用、积冰阻水和水沙变化的影响,长期处于淤积状态,是非汛期河床淤积最多的运用时段。防凌最高运用水位低于322 m年份,凌汛期潼关高程上升0.2~0.3 m,个别年份凌汛期升高0.4 m以上或小于0.1 m;防凌水位升至322~324 m年份,回水影响潼关—黄淤38断面间宽浅河段,部分流冰搁浅堆积,水位壅高,河床淤积增多,潼关高程上升值增至0.4~0.6 m;库水位大于324 m时,潼关河床直接产生壅水淤积,凌汛期潼关高程上升值增至0.6 m以上。1977年防凌最高运用水位325.99 m,有31天库水位大于324 m,37天库水位介于322~324 m之间,潼关高程上升1.05 m,是历年凌汛期间潼关高程上升的最大值。

3 桃汛对潼关河床的冲刷作用

潼关桃汛发生在3月中旬至4月初,一般历时6~13天,三门峡水库不同运用条件下的冲淤分布特点及对潼关高程的影响水量9亿~13亿 m³;一般年份最大流量3 000 m³/s左右,少数年份小于2 000 m³/s;最大含沙量30 kg/m。左右。桃汛实测最大流量3 880 m³/s(1968年4月3日),最小流量1 260 m³/s(1958年3月31日)。1993年桃峰历时长达13天,水量20.9亿 m³,沙量0.424亿t,是三门峡建库以来水量和沙量最大的一次桃峰。桃峰最小的1987年,历时只有7天,水量6.58亿 m³,沙量仅0.07亿t。

潼关河床在防凌蓄水期间已经产生大量淤积。桃汛洪水不但对潼关河床具有明显的冲刷作用,而且能使潼关以下河道在防凌蓄水阶段的淤积物向下游河段冲刷搬移,改善泥沙淤积分布部位,减少潼关河段淤积。据1970~1999年潼关实测资料分析,在桃峰上涨过程中,断面面积冲刷增大200~450 m²,少数年份大于500 m²或小于100 m²,经落峰过程回淤之后,同水位下的断面面积仍较洪水前增大100 m²左右。

1970年以来的水库运用及潼关高程变化情况表明,桃汛期间回水影响潼关的年份较少,潼关高程下降。但在洪水后期运用水位超过323 m时,水库壅水对断面水流产生一定影响,潼关高程与桃汛前后大致持平或略有升降,其变幅小于0.1 m。运用水位较高的1973年和1977年,桃汛期间潼关断面面积虽然分别冲刷增大94、74 m²,但在洪峰后期坝前水位分别上升为325.69、325.26 m,此时潼关高程不再因河床冲刷而下降,而是受水库壅水的影响而分别升高0.09、0.17 m。多数年份桃汛运用水位低于323 m,潼关断面不受水库壅水影响,桃汛前后潼关高程下降0.1~0.3 m。1996年凌汛运用水位低,但冰塞壅水之后,河床淤积增多。因而洪水期冲刷幅度较大,潼关高程下降0.47 m,是三门峡建库以来桃汛期潼关高程下降幅度最大的一年。

实测资料分析表明,桃汛洪峰流量和洪水前后的库水位变化是决定潼关高程升降的主要因素。即在水库起调水位控制在一定范围的情况下(水库起调水位低于315 m,对潼关河床冲淤影响甚微),潼关高程的下降值与桃汛最大流量及洪水前潼关高程与水库起调水位之差的乘积成正比(图1)。在各年桃汛前潼关高程相差不大的情况下,洪峰流量越大,水库的起调水位越低,洪水对潼关河床的冲刷作用越大。当桃汛后期库水位升至324 m以上时,潼关断面受壅水影响,不但同流量水位不再下降,反而有所升高。在这种情况下,不论洪水期潼关河床冲刷情况如何,桃峰前后潼关高程都是持平或略有升高(0.1~0.2 m)。

4 非汛期高位蓄水使潼关河床淤积加重

三门峡水库蓄清排浑运用以来,非汛期影响潼关河床冲淤变化的因素,除来水来沙和河床边界条件之外,还有水库壅水和淤积上延等。潼关高程变化与潼关—坩垴河段冲淤有密切的关系。实测资料分析表明:回水影响坩垴站的库水位为 320~321 m,因此库水位大于 320 m 期间的入库沙量 $\overline{W_s}$ 是潼关—坩垴河段产生淤积的主要泥沙来源,并对潼关河床冲淤产生影响。在入库水沙条件和运用水位大致相同的条件下,前期潼关河床的相对高度 ΔZ($H_{潼}$,325 m),在一定意义上反映了各级运用水位壅水对断面水流的影响程度;另外,每年非汛期的水量($W_{非}$)和潼关—坩垴段的河道比降 J 是影响水流挟沙力的决定性因素,对改善泥沙淤积分布状况、制约潼关高程上升具有重要意义。基于以上各种因素对非汛期潼关河床冲淤变化的影响,建立组合关系式 $K = \dfrac{W_s}{\Delta Z W_{非} J^{\frac{1}{2}}}$ 与非汛期潼关高程上升值之间的关系如图 2 所示。从图 2 中可以看出,自控制运用以来,非汛期潼关河床均是淤积升高的。多数年份非汛期 K 值介于 6~11 之间,潼关高程上升幅度小于 0.70 m。1977 年非汛期 K 值达 16 以上,潼关高程上升 1.25 m,是建库以来非汛期潼关高程上升值最大的一年。

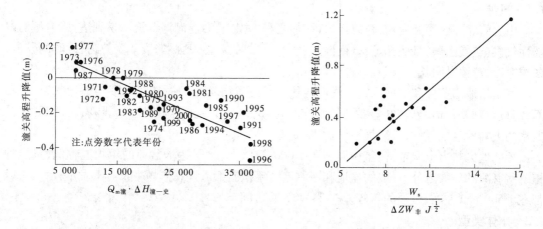

图 1 桃汛期潼关高程升降值与 $Q_{m潼} \cdot \Delta H_{潼-史}$ 关系   图 2 非汛期潼关高程升降值与组合因素关系

5 结语

非汛期淤积上升、汛期冲刷下降是潼关河床冲淤变化的基本特性。三门峡水库蓄清排浑运用以来,这种冲淤变化特性更为明显。流量小、悬移质及河床泥沙颗粒组成变粗是非汛期河床淤积的主要原因;凌汛期水库壅水影响潼关的年份少,但冰情加重,流冰搁浅堆积及冰塞壅水上延导致潼关河床淤积增多,是非汛期潼关河床淤积最多的运用时期;桃汛对潼关河床有明显的冲刷作用,适当降低水库起调水位能改善库区淤积分布状况,增大洪水冲刷效果,降低潼关高程;非汛期水库高位蓄水加重了河床淤积。

西北地区水资源特点分析

董雪娜[1] 李世明[1] 张培德[1] 金双彦[1] 曹秋芬[2]

(1.黄河水利委员会水文局;2.黄河水利委员会信息中心)

1 区域概况

西北地区西起新疆帕米尔高原国境线,东至陕西省与山西省交界的黄河,北到中国与蒙古国国境线,南至长江与黄河的分水岭。土地总面积约 310 万 km²,占全国总面积的 32.5%,其中黄河流域为 57 万 km²,内陆河地区为 253 万 km²。1997 年总人口为 7 638 万人,占全国总人口的 6.18%。

西北地区地形可分为山地、高原、盆地、走廊。其特点是山峰高、盆地大,高差悬殊,沙漠、绿洲相间分布,绿洲与水源共存,垂直分布与水平分布明显,并以盆地为中心呈环带分布。

1.1 气候

由于西北地区深处内陆,距海洋遥远,加之高山阻挡,海洋潮湿气流不易到达,属典型的内陆性气候:空气干燥,日照充足;昼夜温差较大;雨雪稀少,蒸发强烈;夏季炎热,持续时间较短;冬季寒冷,持续时间长。

气温随地形条件和地理位置不同而变化。青海省格尔木的托托河站多年平均气温 -4.2 ℃,海拔 4 533.1 m。新疆吐鲁番的年平均气温 13.9 ℃,吐鲁番盆地处四周环山的低凹处,是典型的大陆性盆地气候,最高气温可达 47.6 ℃。

西北地区热力资源丰富,年积温多在 2 000 ℃以上,除柴达木盆地的年积温较低,只能种植一些喜凉的作物之外,一般的盆地和平原地区年积温都适宜农作物生长。蒸发量较大,一般都在 1 500 mm 左右,气温的年较差在 24 ~ 32 ℃之间。

1.2 水体类型

西北地区的水体有河流、冰川、湖泊和沼泽。

河流:按照河流的源头和最终归宿,可将河流分为四类,即流出国境的内陆河,流出国境的外流河,不出国境的西北内陆河和源头在国外、尾闾在国内的内陆河。第一类主要分布在新疆的伊犁、塔城、喀什三地区,如伊犁河、额敏河等。第二类外流河共两条,一条是位于新疆北部阿勒泰地区的额尔齐斯河,属北冰洋水系;第二条是新疆南部和田地区的齐普恰普河,属印度洋水系。第三类河流分布在新疆的北部和西部,例如阿勒泰地区的乌伦古河、喀什地区的克孜勒苏河等,其源头分别在蒙古国、吉尔吉斯斯坦。第四类河流广布在西北各省的高山与盆地之间,产流面积集中在山区。

本文原载于《人民黄河》2002 年第 6 期,为国家重点基础研究发展规划"973"项目(G1999043608)。

西北内陆河都有一个共同特点,即以河流出山口为界,分成两个区域,在出山口以上是径流形成区,径流沿程自上而下递增。河流出山口以后,流入湖泊或盆地低处,径流沿途渗漏、蒸发或用于引水灌溉,最后消失在荒漠、湖泊或灌区中。

冰川:冰川的分布广与补给量大是西部河流水资源的一大特点,对于干旱的西北地区特别重要。西部山区冰川融水补给比重的分布趋势是由高原外围向高原内部递增。内陆河水系冰川融水补给比重一般比外流河流大。据西部山区有水文站的河流统计,冰川融水比重在25%以上的河流有30条。

湖泊:西北地区湖泊众多,主要分布在新疆和青海省。据统计,新疆有湖泊共计139个,总面积5 505 km²,几乎全部在内陆河区。其中面积大于100 km²的湖泊有11个,面积达4 814 km²,占湖泊总面积的87%。青海省湖泊面积大于1 km²的共有266个,总面积12 610 km²,湖泊蓄水总量2 200多亿m³,但淡水蓄水只有350多亿m³。

2 区域降水与蒸发

2.1 降水

整个西北地区多年平均降水量213.3 mm,黄河流域多年平均降水量423 mm,西北内陆河流域多年平均降水量166 mm。西北地区除高山及北疆西部的伊犁、塔城以及黄河源区南部等地区外,其余大部分地区的降水量不足250 mm。

黄河流域降水:黄河流域降水量的地区分布很不均匀,主要表现为:东南多,西北少,山区降水多于平原,总体趋势是自东南向西北递减,而且有3个明显地带。黄河流域年降水量的60%~80%集中在6~9月份,多年平均连续最大4个月降水量占年总量的69.8%。由于降水的集中,因此流域内常出现暴雨洪水和春旱。

对整个内陆河区来讲,受北冰洋和大西洋气候的影响,北疆盆地年降水量100~200 mm,南疆普遍不足80 mm,河西走廊西部不足50 mm。阿拉善地区东部在100 mm左右,若羌一带约20 mm,哈密北部淖毛湖戈壁的年降水量不足15 mm,吐鲁番盆地的托克逊雨量站多年平均降水量为6.3 mm,最少的一年仅为0.5 mm,其南部的却勒塔格,甚至终年难见滴雨,是全国降水量最稀少的地方。

西北内陆河降雨受地形及地理位置的影响,山地降水多于平原,盆地周边降水多于盆地腹心、迎风坡降水多于背风坡。多年平均降水量大于300 mm的地带都是高山,而平原、盆地的降水多在150 mm以下。西北地区降雨由于地形影响较大,形成了多个闭合圈。而降水的高值区基本上都是非农业的高山区,农业区的降水量多在150 mm以下。因此,西北地区很少有旱作农业。

2.2 蒸发

黄河流域水面蒸发地区分布大致是,青海高原和流域内石山林区,平均年水面蒸发量为800 mm;兰州至河口镇间为1 470 mm;河口镇至龙门区间,在1 000~1 400 mm之间;龙门至三门峡区间,在900~1 200 mm之间。

西北内陆河区的水面蒸发量受地形和纬度影响十分显著,其在空间分布与降水量分布恰好相反,高山小于平地,盆地周边小于盆地腹心;凡是环状闭合型的水面蒸发量等值线,低值区必是高山,高值必为湖盆;水面蒸发量随地面抬升而衰减。同等地面高程上的水面蒸发量是南部大于北部。

3 区域水资源

3.1 地表水资源

黄河流域地表水资源量 469.8 亿 m³,其中龙羊峡以上为 166.4 亿 m³,龙羊峡至兰州区间 136.8 亿 m³,兰州至河口镇区间的宁夏和内蒙古黄河南岸为 10.9 亿 m³,河口镇至龙门的西岸为 40.5 亿 m³,泾、洛、渭河 81.5 亿 m³,鄂尔多斯内流区 3.1 亿 m³。西北内陆河地区地表水资源量 958.4 亿 m³,其中入境水量 88.1 亿 m³,出境水量 239.6 亿 m³。伊犁河年径流量 159.8 亿 m³,其中出境量 129.1 亿 m³。额敏河年径流量 23.6 亿 m³,其中出境径流 3.2 亿 m³,帕米尔高原阿克苏河径流量 9.3 亿 m³ 全部为出境水量。中亚西亚内陆区 192.7 亿 m³,准噶尔内陆区 126.0 亿 m³,塔里木内陆区地表水 347.8 亿 m³,羌塘高原内陆区 46.2 亿 m³,柴达木内陆区 48.1 亿 m³,青海湖内陆区 21.9 亿 m³,河西内陆河区 72.7 亿 m³,额齐斯河外流区 100 亿 m³,其中出境量 89.6 亿 m³,奇普恰普河外流区 2.93 亿 m³,其中出境径流 2.85 亿 m³。

3.2 浅层地下水资源

黄河流域地下水资源量为 292.7 亿 m³,其中一般山丘区、黄土丘陵沟壑区地下水资源量为 186.9 亿 m³;山间盆地、山间河谷平原、黄土台塬阶地区地下水资源量 126.9 亿 m³。地下水之间资源量的重复计算量为 21.06 亿 m³。

内陆河流域地下水资源量为 694.6 亿 m³,其中山丘区地下水资源量 415.6 亿 m³;山间盆地、平原地区地下水资源量 461.3 亿 m³。地下水之间资源量的重复计算量为 182.4 亿 m³。

西北地区地下水资源量为 987.3 亿 m³。其中新疆 541.2 亿 m³,青海省 176.1 亿 m³,甘肃省 117.3 亿 m³,宁夏 30.2 亿 m³,内蒙古 42.3 亿 m³,陕西省 80.24 亿 m³。西北地区地下水资源中山丘区地下水为 602.5 亿 m³;平原区地下水为 588.3 亿 m³。地下水之间资源量重复计算量为 203.4 亿 m³。

3.3 水资源总量

西北地区计算水资源总量为 1 563.1 亿 m³,其中黄河流域计算水资源总量 511.9 亿 m³,内陆河水资源总量为 1 051.2 亿 m³;地表水资源量 1 428.2 亿 m³,其中黄河流域为 469.8 亿 m³,内陆河(国产水)为 958.4 亿 m³;地下水资源量 987.3 亿 m³,其中黄河流域为 292.7 亿 m³,内陆河为 694.6 亿 m³。地表水与地下水之间不重复量 134.9 亿 m³,其中黄河流域为 42.1 亿 m³,内陆河为 92.8 亿 m³。各区的水资源量见表 1。

3.4 水资源的特征

河川径流量的年内分配和年际变化是反映当地水资源开发利用难易程度的主要指标。内陆河西部地区的河流主要依靠高山冰川和积雪补给,汛期来得较早。

西部以冰川积雪补给为主的河流,径流的年际变化均较小,高山地区更小。天山、祁连山、昆仑山西段以及阿尔泰山高山区径流年变差系数 Cv 均小于 0.2,中低浅山区为 0.20~0.45,河西区祁连山东段一般为 0.3~0.7。总之为高山小,浅山大;冰雪补给的河流小,降雨补给的河流大;集水面积大的河流小,小河的变化大;西部变差系数小,东部变差系数大。

表1　西北水资源规划黄河片总水资源量　　　　（单位:亿 m^3）

分区	面积(km²)	地表水	地下水	地表与地下水重复量	总资源总量
龙羊峡以上	115 221	166.36	73.60	73.22	166.74
龙羊峡—河口镇	197 464	147.74	105.15	93.20	159.69
河口镇—龙门	72 759	40.46	30.00	17.42	53.04
龙门以下	186 664	115.24	83.97	66.76	132.45
黄河流域合计	572 108	469.82	292.72	250.60	511.92
准噶尔盆地	407 528	318.70	210.91	182.78	346.83
塔里木盆地	1 064 474	347.81	281.44	246.79	382.46
羌塘高原内陆区	132 172	46.20	9.57	9.57	46.20
柴达木盆地	320 593	70.07	61.24	51.15	80.16
河西内陆河区	548 443	72.66	82.61	64.69	90.58
外流河	59 485	102.93	48.82	46.82	104.93
内陆河合计	2 532 695	958.37/88.1	694.59	601.80	1 051.16
西北地区	3 104 803	1 428.17/88.1	987.33	852.42	1 563.08

　　西北内陆河流域河川径流与地下水的转化关系:西北地区的内陆河水系,由于地质构造、自然条件垂直分带规律,由源头到尾闾一般要流经两个性质完全不同的径流区,即径流形成区和径流散失区;要流经山丘区、山前洪积—冲积倾斜平原、冲积或冲积湖积平原和沙漠等地貌单元;从而使地下水的埋深分布具有自山前向盆地中心逐渐由深变浅的规律。山丘区河流多数是山区基岩裂隙水的排泄通道,地下水在河流出山之前几乎全部转化为地表水,经河道流出山外;河流进到山前平原后,地表水大量渗漏转而补给地下水,然后地下水又在适当条件下以泉水形式溢出地面,变为地表水,成为平原河流的主要补给来源。这种河水—地下水—河水的转化过程,是干旱区内陆河流域自上而下水循环运动的基本方式。

　　西北地区黄河流域三水转化的关系,是水资源总量中由降水入渗补给的地下水资源量,其中有85%以上转化为河川基流量。黄河流域多年平均降水总量其中有18%左右形成河川径流,有82%消耗于地表水体、植被和土壤的散发以及潜水蒸发。河川径流量有35%左右,由地下水所补给。

西北诸河区各水资源分区地下水资源量及其分布特征

蒋秀华 孙海洋 刘 东 刘合永

(黄河水利委员会水文局)

1 前言

西北诸河区是指我国西北地区内陆诸河,包括新疆的额尔齐斯河等国际河流的中国境内部分。其土地辽阔,但处于干旱缺水地区,水土资源不匹配。尤其近 20 年来,日益增长的用水需求与地表水资源紧缺的矛盾,阻碍了其国民经济的进一步发展。然而,在西北诸河区约 1 300 亿 m^3 的水资源量中,地下水资源量占 60% 以上,因此了解和弄清西北诸河区地下水资源量及其分布特征,对合理开发利用其水资源具有极其重要的意义。近期,由于气候条件的变化、人类活动的影响和下垫面条件的变化,西北诸河区水资源及其开发利用情况也发生了较大变化,因此再次对西北诸河区水资源进行调查评价是新形势下国民经济进一步发展的需要。本文主要是根据西北诸河区地下水资源量调查评价结果,分析、计算了各水资源二级区地下水资源量,并全面阐述了其分布特征。

地下水资源调查评价的对象是与大气降水和地表水体有直接水力联系的潜水和弱承压水(矿化度 $M \leqslant 2$ g/L)。考虑到近期人类活动影响和下垫面条件的变化,本文以 1980 ~ 2000 年资料为基础,按照全国统一的技术细则要求,用水均衡法(即认为多年平均情况下,地下水总补给量等于总排泄量)进行计算,其中很多基础数据是由各省(区)提供的。

根据全国统一编制的水资源分区,西北诸河区分成内蒙古内陆河、河西内陆河、青海湖水系、柴达木盆地、吐哈盆地小河、阿尔泰山南麓诸河、中亚西亚内陆河区、古尔班通古特荒漠区、天山北麓诸河、塔里木河源、昆仑山北麓小河、塔里木河干流、塔里木盆地荒漠区、羌塘高原内陆区 14 个水资源二级区。总面积为 336. 23 万 km^2。

2 平原区地下水资源量

2.1 计算方法

平原区地下水资源量用补给量来计算,用排泄量来校验其精度。其补给量包括降水入渗补给量、地表水体补给量(包括河道渗漏补给量、库塘渗漏补给量、渠系渗漏补给量、渠灌田间入渗补给量和以地表水为回灌水源的人工回灌补给量)、山前侧向补给量和井灌回归补给量。多年平均各项补给量之和为多年平均地下水总补给量。多年平均地下水总补给量减去多年平均井灌回归补给量为多年平均地下水资源量。

2.2 计算成果

西北诸河区平原区多年平均各项补给量计算成果见表1。

本文原载于《地下水》2005 年第 6 期。

表 1 西北诸河区平原区多年平均各项补给量计算成果

（单位:面积,万 km^2;水量,亿 m^3;模数,万 $m^3/(km^2 \cdot a)$）

水资源二级区名称	计算面积	降水入渗补给量	降水入渗补给量模数	地表水体补给量			
				跨一级分区引水	本水资源一级区引水形成的		合计
					补给量	其中河川基流量形成的	
内蒙古内陆河	14.17	27.14	1.9	0	1.36	1.22	1.36
河西内陆河	8.66	3.54	0.4	0.49	38.67	18.11	39.17
青海湖水系	0.97	2.01	2.1	0	4.76	2.62	4.76
柴达木盆地	3.76	1.20	0.3	0	21.68	14.61	21.68
吐哈盆地小河	7.83	0.46	0.1	0	9.01	3.53	9.01
阿尔泰山南麓诸河	3.41	2.87	0.8	0	14.68	3.57	14.68
中亚西亚内陆河区	2.21	3.58	1.6	0	31.96	14.96	31.96
天山北麓诸河	7.16	2.47	0.3	0	32.04	10.95	32.04
塔里木河源	10.81	2.79	0.3	0	136.26	60.24	136.26
昆仑山北麓小河	8.23	0.97	0.2	0	17.97	5.46	17.97
塔里木河干流	1.88	0.42	0.2	0	18.28	0.00	18.28
合计	69.09	47.46	0.7	0.49	326.66	135.27	327.15

水资源二级区名称	山前侧向补给量	井灌回归补给量	总补绘量	总补绘量模数	资源量	资源模数
内蒙古内陆河	5.88	0.25	34.63	2.4	34.38	2.4
河西内陆河	3.53	3.46	49.70	5.7	46.23	5.3
青海湖水系	5.68	0	12.44	12.9	12.44	12.9
柴达木盆地	7.18	0.01	30.07	8.0	30.06	8.0
吐哈盆地小河	3.70	1.51	14.69	1.9	13.17	1.7
阿尔泰山南麓诸河	1.81	0.07	19.42	5.7	19.36	5.7
中亚西亚内陆河区	2.16	0.50	38.20	17.3	37.70	17.0
天山北麓诸河	7.31	2.06	43.87	6.1	41.81	5.8
塔里木河源	13.25	1.10	153.40	14.2	152.30	14.1
昆仑山北麓小河	2.49	0.02	21.45	2.6	21.43	2.6
塔里木河干流	0.20	0.02	18.93	10.1	18.91	10.0
合计	53.19	8.99	436.80	6.3	427.81	6.2

注:古尔班通古特荒漠区、塔里木盆地荒漠区不计算资源量;羌塘高原内陆区没有平原区。

经计算,平原区多年平均地下水总补给量为 436.80 亿 m³,总排泄量为 438.92 亿 m³,两者绝对均衡差为 2.12 亿 m³,相对均衡差为 0.5%,计算结果满足补排平衡的精度要求。

由表 1 可见,平原区多年平均地下水资源量为 427.81 亿 m³,其中降水入渗补给量占 11.1%,山前侧向补给量占 12.4%,地表水体补给量占 76.5%。地下水资源量模数为 6.2 万 m³/(km²·a),最高的中亚西亚内陆河区为 17.0 万 m³/(km²·a);最低是吐哈盆地小河,仅为 1.7 m³/(km²·a)。

2.3 成果分析

经计算,平原区各水资源二级区各项补给量占西北诸河区的比例如表 2 所示。

表 2 各水资源二级区平原区各项补给量占西北诸河区的比例 （%）

水资源二级区名称	降水入渗补给量	山前侧向补给量	地表水体补给量	井灌回归补给量	总补给量	地下水资源量
内蒙古内陆河	57.2	11.1	0.4	2.8	7.9	8.0
河西内陆河	7.5	6.6	12.0	38.5	11.4	10.8
青海湖水系	4.2	10.7	1.5	0.0	2.8	2.9
柴达木盆地	2.5	13.5	6.6	0.1	6.9	7.0
吐哈盆地小河	1.0	7.0	2.8	16.8	3.4	3.1
阿尔泰山南麓诸河	6.1	3.4	4.5	0.7	4.4	4.5
中亚西亚内陆河区	7.6	4.1	9.8	5.5	8.7	8.8
天山北麓诸河	5.2	13.7	9.8	22.9	10.0	9.8
塔里木河源	5.9	24.9	41.7	12.2	35.1	35.6
昆仑山北麓小河	2.0	4.7	5.5	0.3	4.9	5.0
塔里木河干流	0.9	0.4	5.6	0.2	4.3	4.4
西北诸河区	100.0	100.0	100.0	100.0	100.0	100.0

由表 2 可见,在降水入渗补给量中,内蒙古内陆河占比例最大,为 57.2%,河西内陆河和中亚西亚内陆河区次之,塔里木河干流最小;而在山前侧向补给量和地表水体补给量中,塔里木河源所占的比例最大,分别为 24.9% 和 41.7%,所占比例最小的分别为塔里木河干流和内蒙古内陆河,均为 0.4%。在地下水资源量中,塔里木河源占比例最大,为 35.6%,其次为河西内陆河,为 10.8%,最少的为吐哈盆地小河,为 3.1%。由于不同的地理位置、气候条件、开发利用地表水和水文地质条件等因素影响,使各水资源二级区地下水资源量中各项补给量的比例有较大的不同(见表 3)。

由表 3 可知,内蒙古内陆河降水入渗补给量最大,达 78.9%,山前侧向补给量次之,地表水体补给量最小,仅为 3.9%。这是因为该区在西北诸河区中最靠近东部,相对降水较多,加之高平原地区人类活动又较少,从而形成降水入渗补给量大、地表水体补给量少的形势;青海湖水系地处盆地,故其山前侧向补给量占比例最大,为 45.6%,其次为地表水体补给量,占比例最小的为降水入渗补给量;而河西内陆河、柴达木盆地、吐哈盆地小河、阿尔泰山南麓诸河、中亚西亚内陆河区、天山北麓诸河、塔里木河源、昆仑山北麓小河、塔里木河干流都是地处地表水极其溃乏、地下水开发利用程度较高的地区。人类活动的影响使其地表水体补给量占比例最大,在60%以上,尤其是塔里木河干流高达96.9%。

表3 各水资源二级区各项补给量占地下水资源量的比例 （%）

水资源二级区名称	降水入渗补给量	山前侧向补给量	地表水体补给量	地下水资源量
内蒙古内陆河	78.9	17.1	3.9	100.0
河西内陆河	7.7	7.6	84.7	100.0
青海湖水系	16.1	45.6	38.2	100.0
柴达木盆地	4.0	23.9	72.1	100.0
吐哈盆地小河	3.5	28.1	68.4	100.0
阿尔泰山南麓诸河	14.8	9.3	75.8	100.0
中亚西亚内陆河区	9.5	5.7	84.8	100.0
天山北麓诸河	5.9	17.5	76.6	100.0
塔里木河源	1.8	8.7	89.5	100.0
昆仑山北麓小河	4.5	11.6	83.9	100.0
塔里木河干流	2.2	1.1	96.7	100.0
西北诸河区	11.1	12.4	76.5	100.0

3 山丘区地下水资源量

3.1 计算方法

由于山丘区自然条件决定其补给量难于计算,故山丘区地下水资源量的计算采用排泄量法。排泄量包括河川基流量、山前泉水溢出量、山前侧向流出量、浅层地下水实际开采量和潜水蒸发量。各排泄量之和为总排泄量,从总排泄量中扣除回归补给地下水部分为浅层地下水资源量。西北诸河区只有一般山丘区,其矿化度均按 $M \leqslant 1$ g/L 计算。

3.2 计算成果

西北诸河区山丘区各项排泄量、总排泄量和地下水资源量成果见表4。

河川基流量是指河川径流量中由地下水渗透补给河水的部分。经计算,山丘区河川基流量为473.20亿 m^3。

山前泉水溢出量是指出露于山丘区与平原区交界线附近且未计入河川径流量的诸泉水量之和。经调查统计,西北诸河区没有此量。

山前侧向流出量是指山丘区地下水以地下潜流形式向平原区排泄的水量。该量即为平原区的山前侧向补给量。经计算,山丘区山前侧向流出量为55.67亿 m^3,而平原区($M \leqslant 2$ g/L)山前侧向补给量为53.19亿 m^3。这是因为山前侧向流出量中有一部分补给了 $M > 2$ g/L 的计算分区的缘故。

表4 西北诸河区山丘区各项排泄量、总排泄量和地下水资源量成果

（单位：面积，万 km^2；水量，亿 m^3；模数，万 $m^3/(km^2 \cdot a)$）

水资源二级区名称	计算面积	河川基流量	山前侧向流出量	山前泉水溢出量	实际开采量
内蒙古内陆河	14.51	4.29	5.88	0	1.30
河西内陆河	17.79	28.80	3.92	0	0
青海湖水系	3.27	5.72	5.68	0	0
柴达木盆地	13.88	22.21	7.91	0	0
吐哈盆地小河	5.37	7.76	3.75	0	0
阿尔泰山南麓诸河	4.67	26.82	1.86	0	0
中亚西亚内陆河区	5.55	77.83	2.18	0	0
天山北麓诸河	7.61	33.90	7.36	0	0
塔里木河源	25.73	127.04	14.21	0	0
昆仑山北麓小河	9.73	13.22	2.52	0	0
羌塘高原内陆区	72.53	125.59	0.40	0	0
合计	180.65	473.20	55.67	0	1.30

水资源二级区名称	开采净消耗量	潜水蒸发量	总排泄量	地下水资源量	地下水资源量模数
内蒙古内陆河	1.10	0.23	11.70	11.51	0.8
河西内陆河	0	0	32.72	32.72	1.8
青海湖水系	0	0	11.40	11.40	3.5
柴达木盆地	0	0	30.12	30.12	2.2
吐哈盆地小河	0	0	11.51	11.51	2.1
阿尔泰山南麓诸河	0	0	28.68	28.68	6.1
中亚西亚内陆河区	0	0	80.01	80.01	14.4
天山北麓诸河	0	0	41.27	41.27	5.4
塔里木河源	0	0	141.25	141.25	5.5
昆仑山北麓小河	0	0	15.74	15.74	1.6
羌塘高原内陆区	0	0	125.99	125.99	1.7
合计	1.10	0.23	530.40	530.21	2.9

浅层地下水实际开采量是指发生在山丘区(包括未单独划分为山间平原区的小型山间河谷平原)的浅层地下水实际开采量(含矿坑排水量)。经调查,只有内蒙古内陆河有其值,为1.30亿m³。

潜水蒸发量是指发生在未单独划分为山间平原区的小型山间河谷平原区。经计算,只有内蒙古内陆河有此量,为0.23亿m³。

由表4可见,山丘区多年平均年总排泄量为530.40亿m³,多年平均年地下水资源量为530.21亿m³。地下水资源量模数为2.9万m³/(km²·a),其中模数最大为中亚西亚内陆河区的14.4万m³/(km²·a);最小的为内蒙古内陆河的0.8万m³/(km²·a)。

3.3 成果分析

在山丘区530.40亿m³地下水资源量中,河川基流量占的比例最大,为89.2%;其次为山前侧向流出量,占10.5%;浅层地下水实际开采净消耗量占0.2%,而潜水蒸发量仅占0.04%。由此可见,河川基流量是山丘区地下水资源量的主要组成部分。各水资源二级区河川基流量和地下水资源量占西北诸河区的比例见图1。

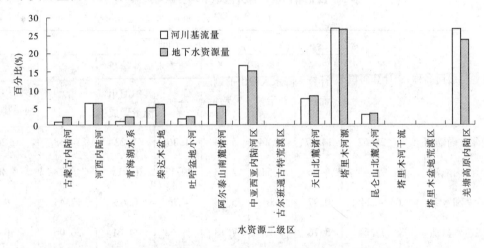

图1 各水资源二级区山丘区河川基流量和地下水资源量占西北诸河区的比例

由图1可见,河川基流量主要集中在塔里木河源和羌塘高原内陆区,分别占26.8%和26.5%;最小的为内蒙古内陆河,约占0.9%。

地下水资源量主要集中在塔里木河源,占26.6%;其次为羌塘高原内陆区,占23.8%;比例最小的为内蒙古内陆河\青海湖水系和吐哈盆地小河,均占2.2%。

这是因为羌塘高原内陆区地处高原,人类活动极少,融雪很多,加之72.53万km²的面积较大,故其河川基流最大,地下水资源量也较大;塔里木河源是由于人类活动影响较大,灌溉水较多,故其河川基流也较大,山前侧向流出量加入,使其地下水资源量最大;而内蒙古内陆河地处高平原地区,人类活动较少、山丘区面积较小,再者暴雨也较少,故其河川基流量和地下水资源量都较小。

4 计算分区地下水资源量

4.1 计算方法

(1)计算分区可能由单一的平原区或单一的山丘区构成,也可能由平原区和山丘区共同

构成。各计算分区多年平均地下水资源量计算公式为:

$$Q_资 = Q_{山资} + Q_{平资} - Q_{侧补} - Q_{基补}$$

式中:$Q_资$为计算分区多年平均地下水资源量;$Q_{山资}$为山丘区多年平均地下水资源量;$Q_{平资}$为平原区多年平均地下水资源量;$Q_{侧补}$为平原区多年平均山前侧向补给量;$Q_{基补}$为平原区河川基流量形成的地表水体补给量。

（2）地下水资源量与地表水资源量间的重复计算量（$Q_重$）

$$Q_重 = R_g + Q_{地表补} - Q_{p,河排} - Q_{基补}$$

式中:R_g为山丘区河川基流量;$Q_{地表补}$为平原区地表水体补给量;$Q_{p,河排}$为平原区降水入渗补给量形成的河道排泄量。

4.2 计算成果

西北诸河区多年平均$Q_{山资}$、$Q_{平资}$、$Q_{侧补}$、$Q_{基补}$、$Q_资$及$Q_重$见表5。

表5 西北诸河区计算分区地下水资源量成果

（单位:面积,万 km²;水量,亿 m³;模数,万 m³/(km²·a)）

水资源二级区名称	计算面积	平原区					地下水资源量	降水入渗补给量形成的河道排泄量
		计算面积	降水入渗补给量	山前侧向补给量	地表水体补给量			
					合计	其中河川基流量形成的		
内蒙古内陆河	28.67	14.17	27.14	5.88	1.36	1.22	34.38	0.20
河西内陆河	26.45	8.66	3.54	3.53	39.17	18.11	46.23	0.40
青海湖水系	4.24	0.97	2.01	5.68	4.76	2.62	12.44	0
柴达木盆地	17.64	3.76	1.20	7.18	21.68	14.61	30.06	0
吐哈盆地小河	13.21	7.83	0.46	3.70	9.01	3.53	13.17	0
阿尔泰山南麓诸河	8.07	3.41	2.87	1.81	14.68	3.57	19.36	0.75
中亚西亚内陆河区	7.77	2.21	3.58	2.16	31.96	14.96	37.70	1.62
天山北麓诸河	14.77	7.16	2.47	7.31	32.04	10.95	41.81	0
塔里木河源	36.54	10.81	2.79	13.25	136.26	60.24	152.30	0.04
昆仑山北麓小河	17.97	8.23	0.97	2.49	17.97	5.46	21.43	0
塔里木河干流	1.88	1.88	0.42	0.20	18.28	0	18.91	0.02
羌塘高原内陆区	72.53	0	0	0	0	0	0	0
合计	249.74	69.09	47.46	53.19	327.15	135.27	427.81	3.03

水资源二级区名称	山丘区			计算分区	
	计算面积	地下水资源量	河川基流量	地下水资源量	地下水与地表水间重复计算量
内蒙古内陆河	14.51	11.51	4.29	38.78	4.62
河西内陆河	17.79	32.72	28.80	57.32	50.26
青海湖水系	3.27	11.40	5.72	15.55	7.86
柴达木盆地	13.88	30.12	22.21	38.40	29.28
吐哈盆地小河	5.37	11.51	7.76	17.45	13.24
阿尔泰山南麓诸河	4.67	28.68	26.82	42.66	38.67
中亚西亚内陆河区	5.55	80.01	77.83	100.59	96.45
天山北麓诸河	7.61	41.27	33.90	64.83	54.99
塔里木河源	25.73	141.25	127.04	220.07	203.10
昆仑山北麓小河	9.73	15.74	13.22	29.22	25.73
塔里木河干流				18.71	18.31
羌塘高原内陆区	72.53	125.99	125.59	125.99	125.59
合计	180.65	530.21	473.20	769.56	668.12

注:塔里木河干流没有山丘区。

由表5可以看出,计算分区多年平均平原区地下水资源量为427.81亿 m³,山丘区地下水资源量为530.21亿 m³,扣除地下水之间重复计算量188.46亿 m³,地下水资源量为769.56亿 m³。再扣除计算分区地下水与地表水资源量间重复计算量668.12亿 m³后,则不重复地下水资源量为101.44亿 m³(即平原区与山丘区降水入渗补给量之和扣除降水入渗补给量形成的河道排泄量)。

4.3 成果分析

各水资源二级区地下水与地表水资源量间不重复计算量见表6。各水资源二级区地下水资源量和地下水与地表水资源量不重复计算量各占西北诸河区的百分比示意图见图2。

由表6和图2可见,在各水资源二级区中,计算分区地下水资源量与地表水资源量间不重复计算量塔里木河源区占的比例最大,为31.4%(42.87亿 m³);其次内蒙古内陆河区为34.16亿 m³,占25.0%;除沙漠区未评价外,最小的塔里木河干流为0.42亿 m³,仅占0.3%;羌塘高原内陆区也较小,仅占0.6%,为0.80亿 m³。其余水资源二级区占的比例基本都在2.5% ~ 9.2%之间。可见,在考虑地下水超采问题的前提下,对塔里木河源区和内蒙古内陆河区进行合理地下水开发利用将对该地区的社会经济发展具有极其重要的意义。

表6　西北诸河区地下水资源量与地表水资源量不重复计算量统计

水资源二级区名称	地下水资源量		地下水与地表水资源量间重复计算量	地下水与地表水间不重复计算量	
	资源量	占西北诸河(%)		资源量	占西北诸河(%)
内蒙古内陆河	38.78	4.9	4.62	34.16	25.0
河西内陆河	57.32	7.3	50.26	7.07	5.2
青海湖水系	15.55	2.0	7.86	7.69	5.6
柴达木盆地	38.39	4.9	29.28	9.11	6.7
吐哈盆地小河	18.18	2.3	13.34	4.84	3.5
阿尔泰山南麓诸河	44.00	5.6	39.85	4.15	3.0
中亚西亚内陆河区	105.20	13.3	95.67	9.53	7.0
天山北麓诸河	64.27	8.1	51.77	12.51	9.2
塔里木河源	240.55	30.4	197.68	42.87	31.4
昆仑山北麓小河	26.08	3.3	22.61	3.47	2.5
塔里木河干流	15.28	1.9	14.86	0.42	0.3
羌塘高原内陆区	126.50	16.0	125.70	0.80	0.6
西北诸河区	790.11	100.0	653.50	136.61	100.0

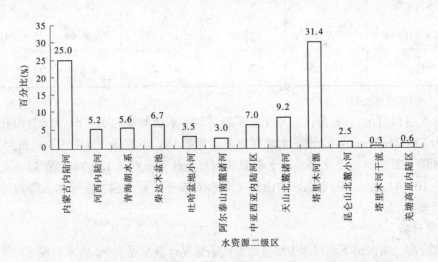

图2　各水资源二级区不重复地下水资源量占西北诸河区百分比示意图

5　地下水资源量的地区分布特征

浅层地下水的形成、赋存和分布规律受地质、地貌、地形、植被、气象、水文、水利工程及灌溉方式等因素的综合影响。

平原区地下水资源量补给来源主要为地表水体补给量,在427.81亿 m³ 地下水资源量中,地表水体补给量占76.5%,山前侧向补给量占12.4%,降水入渗补给量占11.1%。由此可见,平原区地下水资源分布特征主要受各地的水利工程、灌溉方式、开发利用程度、水文地质条件的制约。总的来说,平原区地下水资源模数在地区分布上不平衡。内蒙古内陆河平原区地下水资源模数大部分小于 5 万 $m^3/(km^2 \cdot a)$,只有靠东部一带在 5 万 ~ 10 万 $m^3/(km^2 \cdot a)$ 之间;河西内陆河的石羊河模数大部分小于 5 万 $m^3/(km^2 \cdot a)$,大东河、大西河附近为 5 万 ~ 10 万 $m^3/(km^2 \cdot a)$,武威市周边为 10 万 ~ 20 万 $m^3/(km^2 \cdot a)$,最高可达 30 万 $m^3/(km^2 \cdot a)$ 左右。黑河大部分小于 5 万 $m^3/(km^2 \cdot a)$,其中干流地下水资源模数相对较大,尤其上、中游,基本都在 5 万 ~ 20 万 $m^3/(km^2 \cdot a)$ 之间,嘉峪关市周边地下水资源模数在 5 万 ~ 20 万 $m^3/(km^2 \cdot a)$ 之间。疏勒河河西走廊除敦煌等城市附近在 10 万 ~ 20 万 $m^3/(km^2 \cdot a)$ 之间,偶有 5 万 ~ 10 万 $m^3/(km^2 \cdot a)$ 分布外,其余都小于 5 万 $m^3/(km^2 \cdot a)$。青海湖水系环湖地下水资源模数较高,东北部在 20 万 ~ 30 万 $m^3/(km^2 \cdot a)$ 之间,西南部在 10 万 ~ 20 万 $m^3/(km^2 \cdot a)$ 之间,另外茶卡盐湖中心为 5 万 ~ 10 万 $m^3/(km^2 \cdot a)$,周围均小于 5 万 $m^3/(km^2 \cdot a)$;柴达木盆地中心由西向东逐渐增大,由小于 5 万 $m^3/(km^2 \cdot a)$ 增大到近 20 万 $m^3/(km^2 \cdot a)$;吐哈盆地小河绝大部分都小于 5 万 $m^3/(km^2 \cdot a)$,只有吐鲁番市、哈密市附近在 30 万 $m^3/(km^2 \cdot a)$ 左右,最高可达 50 万 $m^3/(km^2 \cdot a)$ 以上;阿尔泰山南麓诸河大部分小于 5 万 $m^3/(km^2 \cdot a)$,在城市和河流集中的地区较高,在 40 万 $m^3/(km^2 \cdot a)$ 左右,甚至达到 50 万 $m^3/(km^2 \cdot a)$ 以上;中亚西亚内陆河区大部分在 20 万 $m^3/(km^2 \cdot a)$ 以上,有的地方甚至在 50 万 $m^3/(km^2 \cdot a)$ 以上;天山北麓诸河东南部大于西北部,小于 5 万 $m^3/(km^2 \cdot a)$ 和大于 5 万 $m^3/(km^2 \cdot a)$ 的地区约各占一半,大于 5 万 $m^3/(km^2 \cdot a)$ 的在 5 万 ~ 10 万 $m^3/(km^2 \cdot a)$ 之间较多,有的甚至可达 40 万 $m^3/(km^2 \cdot a)$ 左右;塔里木河源大部分小于 5 万 $m^3/(km^2 \cdot a)$,但城市和河流附近的高值区大部分都大于 50 万 $m^3/(km^2 \cdot a)$;昆仑山北麓小河基本都小于 5 万 $m^3/(km^2 \cdot a)$;塔里木河干流由东南向西由小于 5 万 $m^3/(km^2 \cdot a)$、5 万 ~ 10 万 $m^3/(km^2 \cdot a)$、渐变为 10 万 ~ 20 万 $m^3/(km^2 \cdot a)$,偶有大于 50 万 $m^3/(km^2 \cdot a)$ 分布。

由此可见,平原区地下水资源模数较大的地区主要集中在城市、河流周围和山前平原区。城市、河流周围主要分布着灌区,河道渗漏补给量、渠系渗漏补给量和渠灌田间入渗补给量较大,使该地区地下水资源较丰富;山前平原区主要是降水入渗补给量、山前侧向补给量和河道渗漏补给量较大,使其地下水资源模数亦较大。

山丘区地下水资源的补给来源比较单一,主要接受降水的垂向补给。西北诸河区山丘区地下水资源量模数高值区主要分布在新疆、甘肃,其他地区均小于 5 万 $m^3/(km^2 \cdot a)$。河西走廊的祁连山北麓地下水资源量模数在 10 万 $m^3/(km^2 \cdot a)$ 左右,新疆的叶尔羌河山丘区、阿克苏河西部山丘区、渭干河山丘区、天山北麓诸河的东段山丘区、额敏河山丘区、吐鲁番盆地山丘区、额尔齐斯河山丘区均在 5 万 ~ 10 万 $m^3/(km^2 \cdot a)$ 之间,阿克苏河西部部分山丘区、伊犁河山丘区、艾比湖水系西部山丘区地下水资源量模数在 10 万 ~ 20 万 $m^3/(km^2 \cdot a)$ 之间。

6 结语

本文采用 1980 ~ 2000 年的资料,利用不同方法分别计算了西北诸河区各水资源二级区平原区和山丘区地下水资源量,并结合地质、地貌、地形、植被、气象、水文、水利工程及灌溉方式等因素阐述了其地下水资源量的地区分布特征。以期为今后西北诸河区地下水合理开发利用与保护规则提供基础数据和技术支撑。

三门峡站天然年径流量周期性分析

金双彦[1,2]　贾新平[3]　蒋昕晖[2]

(1. 河海大学水资源环境学院;2. 黄河水利委员会水文局 3. 黄河水利委员会规划与计划局)

　　黄河是中国第二大河,黄河流域现代水文观测始于 1919 年。王国安教授利用清代的黄河报汛资料和《中国近五百年旱涝分布图集》等有关资料,推求出了三门峡断面 1470 ~ 1918 年 449 年径流系列的资料。笔者采用自相关及方差谱密度方法,分析了黄河三门峡站天然年径流序列的周期性,得出了该站天然年径流量系列的随机模型,为水资源长期预测提供了基础数据。

1　自相关分析原理及方法

　　自相关分析是研究水文序列内部线性相关性质的统计技术,常用自相关系数和自相关图来研究这种性质。自相关系数是时间的函数,因此自相关分析是在时间域上分析水文序列内部结构。自相关系数的公式为

$$R_k = \frac{\sum\limits_{t=1}^{n-k} x_t x_{t+k} - \frac{1}{n-k} \left(\sum\limits_{t=1}^{n-k} x_t \right) \left(\sum\limits_{t=1}^{n-k} x_{t+k} \right)}{\left[\sum\limits_{t=1}^{n-k} x_t^2 - \frac{1}{n-k} \left(\sum\limits_{t=1}^{n-k} x_t \right)^2 \right]^{\frac{1}{2}} \left[\sum\limits_{t=1}^{n-k} x_{t+k}^2 - \frac{1}{n-k} \left(\sum\limits_{t=1}^{n-k} x_{t+k} \right)^2 \right]^{\frac{1}{2}}} \tag{1}$$

式中:x_t、x_{t+k} 分别为系列 n 中第 t、$t+k$ 个样本;推移步长 $k = 0,1,2,\cdots,m,m < n$。

　　下文中,系列 1470 ~ 2002 年的 $n = 533$,取 $m = 54$;系列 1919 ~ 2002 年的 $n = 84$,取 $m = 42$;系列 1949 ~ 2002 年的 $n = 54$,取 $m = 27$。

2　方差谱密度原理及方法

　　把水文序列视为一种有一定规律的振动现象,认为它是由一组包括不同频率的正弦波组成的谐波叠加而成的,并用傅立叶级数表示,由此可以得到序列的方差谱密度。方差谱密度是在频率域上分析水文序列内部结构。经平滑处理后的方差谱密度公式为

$$\hat{S}_{\omega_j} = \frac{2}{\pi} \left(1 + \sum_{k=1}^{m} D_k R_k \cos \omega_j k \right) \tag{2}$$

式中:D_k 为海明权重因子,$D_k = 0.54 + 0.46\cos(\pi k/m)$;$\omega_j = 2\pi f_j = \pi j/m$;$j = 0,1,2,\cdots,m$;$R_k$ 为自相关系数。

3　周期性分析计算结果

　　1919 年,顺直水利委员会在陕县设立了水文站,开始观测水位、流量和含沙量。新中国成

本文原载于《人民黄河》2005 年第 12 期。

立后,黄河水文测验更符合现代规范,精度进一步提高。笔者对三门峡站 1470～2002 年、1919～2002 年和 1949～2002 年 3 个系列天然年径流量的近似周期成分作了分析。1470～2002 年天然年径流量系列自相关和方差谱密度图分别见图 1 和图 2,1919～2002 年系列分别见图 3 和图 4,1949～2002 年系列分别见图 5 和图 6。

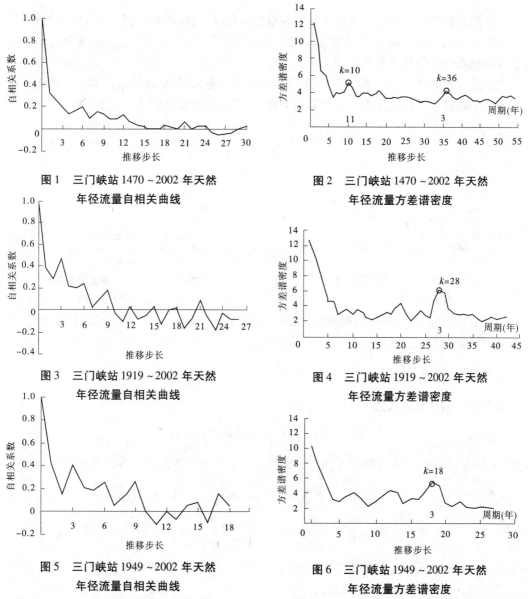

图 1　三门峡站 1470～2002 年天然
年径流量自相关曲线

图 2　三门峡站 1470～2002 年天然
年径流量方差谱密度

图 3　三门峡站 1919～2002 年天然
年径流量自相关曲线

图 4　三门峡站 1919～2002 年天然
年径流量方差谱密度

图 5　三门峡站 1949～2002 年天然
年径流量自相关曲线

图 6　三门峡站 1949～2002 年天然
年径流量方差谱密度

从图 1 可以看出,推移步长为 3 的整数倍的方差谱密度大多大于相邻点的值,所以其隐约具有 3 年的周期波动。由图 2 可以看出,推移 10 步和 36 步的纵坐标在系列里分别排第一、第二,因此其首先具有 11 年的周期波动,其次才是 3 年的周期波动。这些说明,由于是长系列(共有 533 年资料),因此天然年径流量周期首先与太阳黑子数活动周期相一致。另外,由于 1470～1918 年天然年径流量推求方法主要是青铜峡与三门峡相关法(A)、青铜峡与三门峡相关法(B)、合轴相关法、径流丰枯等级法、旱涝分布图法和历史文献分析法等 6 种方法,这些方法更多地照顾大平均、大趋势,故3年的周期波动不明显。

由图3、图5可以明显看出天然年径流量系列3年左右的周期波动,从图4、图6也能看出周期为84/28 = 3、54/18 = 3处分别出现峰值,这意味着序列中准3年周期最为明显。

4 太阳黑子数周期分析

年径流量的多年变化主要决定于气候因素的变化,而气候因素决定于大气环流的特点,大气环流的变化受太阳活动制约,太阳活动常以太阳黑子数表示,因此年径流的变化与太阳黑子数之间存在着一定的相应关系。

为了进一步证实1470~2002年长系列天然年径流存在11年周期,对1756~2000年系列的太阳黑子数进行了周期分析。系列自相关曲线、方差谱密度分别见图7、图8。

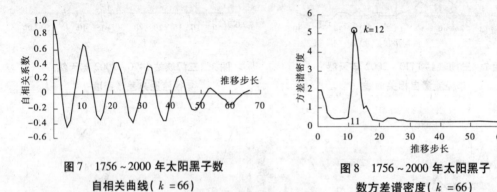

图7 1756~2000年太阳黑子数
自相关曲线($k = 66$)

图8 1756~2000年太阳黑子
数方差谱密度($k = 66$)

由图7可以看出11年的周期波动,由图8也能看出周期为132/12 = 11处出现峰值,这意味着太阳黑子数具有明显的以11年为周期的波动。

5 周期成分的表示

周期成分的计算公式为

$$P_t = \bar{x} + a\cos\frac{2\pi}{T}t + b\sin\frac{2\pi}{T}t + \eta_t \tag{3}$$

式中: $\bar{x}$ 为系列均值; T 为周期长度; η_t 为剩余序列。系数 a 和 b 的计算方法为

$$\left.\begin{array}{l} a = \dfrac{2}{\pi}\displaystyle\sum_{t=1}^{n}(x_t - x)\cos\dfrac{2\pi}{T}t \\[3mm] b = \dfrac{2}{\pi}\displaystyle\sum_{t=1}^{n}(x_t - x)\sin\dfrac{2\pi}{T}t \end{array}\right\} \tag{4}$$

利用式(3)、式(4)可以计算出1470~2002年、1919~2002年和1949~2002年3个系列周期成分的模型,分别见式(5)、式(6)和式(7)。

$$P_t = 508.8 + 1.25\cos(2\pi t/11) - 10.4\sin(2\pi t/11) +$$
$$4.82\cos(2\pi t/3) + 11.2\sin(2\pi t/3) \tag{5}$$
$$P_t = 490.5 - 15.6\cos(2\pi t/3) + 30.7\sin(2\pi t/3) \tag{6}$$
$$P_t = 505.7 - 15.5\cos(2\pi t/3) + 34.0\sin(2\pi t/3) \tag{7}$$

6 剩余序列

选择 1919～2002 年系列为上述 3 个系列的代表,来分析提取周期成分后剩余序列的特点。图 9 是 1919～2002 年系列提取近似周期后的剩余序列过程。图 10 和图 11 分别表示黄河三门峡站天然年径流量系列提取近似周期成分后,剩余序列自相关曲线和方差谱密度的变化情况。

可以看出,自相关图中原有的 3 年周期振动已基本不存在,方差谱密度图中高陡的峰值也基本消失,说明剩余序列已基本上不存在周期成分。

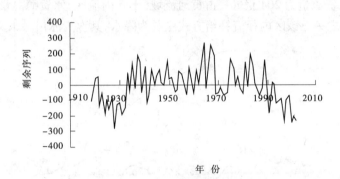

图 9　三门峡站 1919～2002 年年径流量提取周期项后的剩余序列

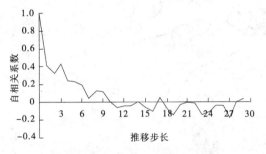

图 10　三门峡 1919～2002 年年径流量
提取 3 年周期后的自相关曲线

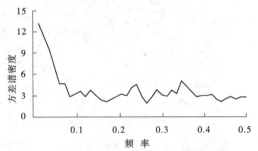

图 11　三门峡站 1919～2002 年年径流量系列
提取 3 年周期后的方差谱密度

黄河源区断流成因及其对策初探

可素娟　王　玲　杨汉颖

(黄河水文水资源科学研究所)

随着流域环境的变异、气候转暖及国民经济的发展,黄河下游出现了连年断流现象。在下游断流情况加剧的同时,源区也出现了断流现象。自 1999 年对黄河干流实行水量统一调度以来,黄河下游的断流现象已经缓解,而源区断流形势却逐渐加剧,并连续出现跨年度断流。黄河源区是黄河主要产流区之一,源区断流一方面加速了生态环境恶化,给当地造成了较大的经济损失;另一方面,直接引起黄河水资源量减少,加剧黄河流域水资源的供需矛盾,对黄河下游河道也引发一系列不良的效果。

1 黄河源区概况

黄河源区一般指河源至唐乃亥区间,可分为三段,即黄河源头区、黄河沿至玛曲区间和玛曲至唐乃亥区间,见图1。黄河源区内降水量分布自东南向西北递减,由东南部黑河、白河流域的700 mm以上逐步递减至扎陵湖与鄂陵湖一带的300 mm以下。唐乃亥水文站多年平均(1956~2000年)水资源量为204亿 m³,占黄河流域(不含内流区)水资源总量的28%,为黄河流域的主要产流区之一。该区内径流补给方式主要为降水,其次为冰川融水又地下水。

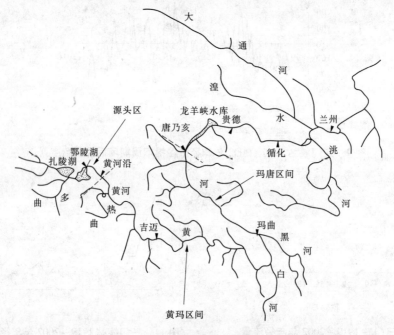

图1　黄河源区示意图

黄河源头区,西有雅拉达泽山,东有阿尼玛卿山,北邻柴达木盆地,南以巴颜喀拉山为界,流域面积为20 930 km²。干流长300余km,河道比降为0.12%。该区属于高寒气候,地形相对低洼,排泄不畅,形成了大片的湖泊沼泽湿地,在夕阳照耀下犹如繁星闪烁,故有"星宿海"之称。位于区内的扎陵湖和鄂陵湖面积达1 136.8 km²,扎陵湖平均水深9 m,鄂陵湖平均水深17.6 m,两湖水面海拔4 200 m,为我国海拔最高的淡水外泄湖。区内较大支流主要有:扎陵湖以上右岸有阿棚鄂里曲(河长51 km,流域面积960 km²)、扎曲(河长72 km,流域面积882 km²)和玛卡日埃(河长56 km,流域面积515 km²),左岸有卡日曲(河长145 km,流域面积3 157 km²);扎陵湖三鄂陵湖之间有从右岸汇入的多曲(为黄河源头区的最大支流,河长160 km,流域面积6 085 km²)和勒那曲(河长95 km,流域面积1 678 km²);鄂陵湖至黄河沿水文

本文原载于《水利水电科技进展》2003 年第 4 期。

站河道长 65 km,之间没有大的支流汇入,左岸有依娘曲等 4 条季节性河流汇入,右岸与星星海相连,对黄河径流有调节作用。

由于断流主要发生在黄河源头区,所以本文以分析黄河源头区(即河源至黄河沿区间)为主。

黄河源头区的气候条件和下垫面条件等因素决定了该区的生态环境比较脆弱,植被分布以大面积高寒草原、高寒草甸草原及沼泽类草原为主。牧草地占土地面积 80% 以上。

20 世纪 80 年代以后,黄河源头区受人类活动影响加剧,使本已十分脆弱的生态环境遭到破坏,遇较大降水时,大量泥沙涌入黄河,加重了沙化现象。黄河沿水文站上游开工修建的玛多水电站,也彻底改变了黄河沿水文站的水沙特性,对河源区的水文情势及生态环境将产生一系列前所未有的影响。

2 黄河源头区断流概况

据黄河沿水文站观测记录及参考相关资料可知,自 1960 年以来,黄河源头区发生断流的时间有:1961 年 1 月、2 月,1980 年 1 月、2 月,1996 年 2 月 2 日至 29 日,1998 年 1 月、2 月,1998 年 10 月 20 日至 1999 年 6 月 3 日,1999 年 12 月至 2000 年 3 月,2000 年 12 月至 2001 年 3 月。其中除了 1998 年 10 月 20 日至 1999 年 6 月 3 日断流发生在扎陵湖与鄂陵湖之间河段外,其他几次断流均发生在黄河沿河段。从上述断流情况看,自 1998 年以来,已连续 3 年出现跨年度断流。

2.1 源头区径流锐减

2001 年 10 月,《新闻晨报》记者在黄河源头区扎陵湖出口至鄂陵湖入口的河段看到,整个河段不是连底冻,就是没有水流,河段几乎完全是裸露的河床。

经统计,黄河源头区黄河沿水文站的多年平均(1955 ~ 1998 年)径流量为 7.53 亿 m^3,20 世纪 90 年代的平均径流量为 5.25 亿 m^3(由于玛多水电站于 1999 年开始蓄水,所以径流资料统计到 1998 年),比多年平均值减少了 30% 以上。而 1995 年以来减少更多,各年情况见表 1。

表 1 近几年黄河沿径流量变化分析

年 份	径流量(亿 m^3)	距平(%)
1995	2.288	−69
1996	1.916	−74
1997	2.449	−67
1998	3.522	−53
多年平均	7.53	

从表 1 可知,1995 ~ 1998 年,黄河沿年径流量比多年平均值减少均在 50% 以上。径流量大幅减少引起几乎每年的 1 月和 2 月份都断流。

统计黄河沿站历年径流量及降水量资料,绘出其过程线如图 2 所示。从图中看出,黄河沿站降水量与径流量对应关系较好;自 1995 年以来,黄河沿年径流几乎都在 3.5 亿 m^3 以下,属于连续枯水期,但是这个时段的降水量并没有明显偏小;黄河沿的降水量年际变化幅度相对较小,变差系数为 0.21,而径流量年际变化很大,大的可达 27 亿 m^3,小的仅有几千万立方米,变差系数达 0.84。

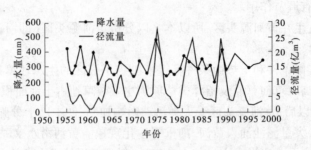

图2 黄河沿站历年径流、降水量过程线

2.2 "千湖"萎缩已过半

玛多县位于黄河源头,黄河自西向东横贯全县,在该县境长约 350 km。据资料显示,素有"千湖之县"美称的玛多县曾有 20.4 万 hm² 水域,占全县面积 7.38%;20 世纪 90 年代初全县有大小湖泊 4 077 个,但是目前已不到 2 000 个,萎缩过半。

2.3 鼠害加剧草场退化

水资源紧缺造成草场加速退化,在退化的草场上,老鼠大量繁殖,鼠害又进一步加剧了草场的退化,使原本绿油油的牧场变成了"黑土滩"。据统计,至 2001 年黄河源头区"黑土滩"型草场退化面积已达 200 万 hm²,部分草原已失去放牧价值,青海省每年被鼠类啃噬的鲜草达 44 亿 kg,相当于 480 万头牲畜的食草量,经济损失 5 亿多元。

3 黄河源区断流成因初析

黄河源区断流自 20 世纪 60 年代以来即有发生,说明有其自然原因。但是,自 20 世纪 90 年代以来断流现象愈演愈烈,表明出现了新问题。前面已用数据说明,近几年黄河沿年径流量比多年均值减少 50% 以上。下面从自然因素作用和人类活动影响两方面分析造成源头区径流量大幅减小的原因。

3.1 自然因素影响

自然因素主要指降水、气候等因素。

3.1.1 降水量的变异

a.降水量连续偏少。黄河源区径流量主要由降水补给,降水量的大小对是否断流产生直接影响。玛多雨量站多年平均(1955 ~ 1999 年,下同)降水量为 313.5 mm。分析 1961 年和 1980 年两次断流,都发生在连续枯水年份之后的冬春季。例如 1961 年断流,其前两年的降水量分别为 247.8 mm 和 292.0 mm,分别较常年偏少 21% 和 7%;黄河沿径流量分别为 0.7 亿 m³ 和 3.096 亿 m³,分别比常年偏少 91% 和 59%。1980 年断流,其前两年的降水量分别为 247.9 mm 和 262.9 mm,较常年偏少 21% 和 16%;径流量分别为 1.89 亿 m³ 和 5.04 亿 m³,较常年偏少 75% 和 33%。可见连续枯水年是导致断流的一个主要原因。

b.降水量年内分配变异。与 1961 年和 1980 年两次断流情况有所不同,20 世纪 90 年代以来的连续断流不是由于降水量偏小,而是由于降水量年内分配发生变异。玛多雨量站多年平均汛期降水量占年降水量的 74.8%,非汛期降水量占年降水量的 25.2%,而 1996 ~ 1998 年发生较大变异,详见表 2。

表2 玛多雨量站 1996～1998 年降水特性分析

年 份	年降水		汛期降水			非汛期降水		
	降水量 (mm)	距平 (%)	降水量 (mm)	距平 (%)	占年降水量比例(%)	降水量 (mm)	距平 (%)	占年降水量比例 (%)
1996	310.3	-1.02	172.9	-26.3	55.7	137.4	74.00	44.3
1997	314.0	0.16	182.9	-22.1	58.2	131.1	66.35	41.8
1998	340.3	8.55	228.5	-2.6	67.1	111.8	41.86	32.9
多年平均	313.5		234.7		74.8	78.8		25.2

从表 2 看出,1996 年汛期降水量占年降水量的 55.7%,非汛期降水量占年降水量的 44.3%,1997 年分别占 58.2% 和 41.8%,1998 年分别占 67.1% 和 32.9%。尽管 3 年的降水量与多年均值差不多,但是汛期降水量减少幅度很大,非汛期降水量大幅度增加。

源头区属于高寒区,以玛多气象站为例,该区除 5～9 月在 0 ℃ 以上外,其余月份均在 -3 ℃ 以下,所以源头区非汛期降水以固态降水为主。1996～1998 年非汛期降水量增加,显然是固态降水增加,而固态降水通常要到翌年的 5 月份以后融化才能产生径流,并且产流形式以壤中流为主。降水量年内分配的这种变异可产生三个后果:一是使洪水过程平缓化,二是由于固态降水产流时间滞后造成的蒸发损失远大于汛期降水即时产流的蒸发损失,三是大大增加了下渗量。由于这三个后果造成黄河沿水文站 1996～1998 年间尽管降水量接近多年平均值,而年径流量却锐减:1996 年径流量为 1.916 亿 m³,比多年平均值减少 74.5%;1997 年为 2.449 亿 m³,比多年平均值减少 67.5%;1998 年为 3.522 亿 m³,比多年平均值减少 53.2%。径流量的锐减,造成了 3 年几乎连年断流。

3.1.2 气候偏暖,蒸发损失水量增大

初步分析源头区内气象站及蒸发站的资料,20 世纪 90 年代与 60～70 年代相比,平均气温升高 0.5 ℃,蒸发量也有所增大,玛多气象站气温及蒸发量(φ20 蒸发皿)变化情况见表 3。从表 3 中看出,源头区 20 世纪 90 年代的气温最高,比多年平均值高 0.3 ℃。其蒸发量除比 50 年代小以外,比其他 3 个年代都大,特别是比 80 年代增大 45.4 mm。但是,从表 3 中也可以看出,80 年代气温较六七十年代高,但是蒸发量却小于六七十年代,所以气温只是影响蒸发量的因素之一。

表3 黄河源头区气温及蒸发量统计

时 间	气温		年蒸发	
	平均(℃)	距平(%)	蒸发量(mm)	距平(%)
1955～1960	-4.0	0	1 466.6	9.2
1961～1970	-4.2	-5	1 334.9	-0.6
1971～1980	-4.2	-5	1 327.9	-1.1
1981～1990	-3.9	2	1 294.8	-3.5
1991～1999	-3.7	8	1 340.2	-2.1
1955～1999	-4.0		1 343.1	

气温升高造成蒸发损失水量增大,加重了有限水资源的短缺程度,也是造成源区断流的原因之一。

另外,发生的几次断流几乎均在冬春季节,是因为土壤随着秋冬气温下降而逐步冻结,河道径流和进湖水量随之减少,特别是气温最低的 1 月和 2 月份,土壤冻结最深,河道冰盖最厚,有时形成连底冻,进湖水量最少,径流减少最多,最容易在此时期断流。

3.2 人类活动影响

人类活动的影响主要表现在超载放牧、鼠害泛滥、非法采金及挖草种粮等造成沼泽湿地湖泊萎缩、草场退化和沙漠化加剧等生态环境的恶化;另一方面表现为修建水利工程,改变了自然条件下的水文情态。生态环境恶化既是造成河流断流的间接原因,也是断流引起的后果,二者互为因果,形成了恶性循环。

3.2.1 生态环境恶化

a. 超载放牧。以前黄河源区人烟稀少,生态环境受人类活动影响很小,主要受自然因素影响。随着经济的发展和人口的增多,源头区受人类活动影响逐渐加重。统计源头区玛多县人口和牲畜存栏数可知,黄河源头区人口快速增长,目前牧民人数是 20 世纪 60 年代的 2 倍以上;70 年代后期和 80 年代初期的牲畜增加到 50 多万头,是 60 年代的近 3 倍。人口和牲畜的快速扩张。必然导致超载放牧、毁草种粮、生态环境恶化等后果。这种情况尽管可能从 80 年代或者更早就有,但是其造成的后果往往要滞后一些时间。现在黄河源头区环境恶化已引起广泛的关注,此即为人类活动长期影响产生的后果。

b. 鼠害泛滥。黄河源区草场上老鼠成群,鼠洞遍地,老鼠夏天吃草、冬天吃草根,使原本葱绿的牧场变成了"黑土滩"。鼠害泛滥成为草场退化的主要原因之一。

经初步分析,鼠害泛滥的原因主要是:一方面,20 世纪 80 年代采用化学药剂灭鼠,使其天敌——鹰类大量减少;另一方面,人类的滥捕滥杀使老鹰、沙狐等数量大大减少,导致鼠类迅速繁殖。

c. 非法采金。黄河源头区本来人烟稀少,人类动影响小,但是 20 世纪 80 年代以来受经济利益驱使,大批的非法采金者大量开采沙金。这一行为一方面破坏了微地貌,改变了地表径流路径,严重破坏了地表植被,增加了岩石的裸露程度,在地表径流和风力作用下,水土流失强度明显增加;另一方面,在采掘挖金的过程中,人为的不间断地用强度远远大于降水强度的高压水流冲洗砂砾地面,直接增加了河流中的泥沙。两者共同作用导致源头区产生大量含沙量很大的地表水进入河流和湖泊,淤积后形成三角洲,湖中水量减小,河床升高,加速了河流湖泊的消亡。

d. 生态环境恶化对断流的影响。由于人类对自然环境的破坏和水资源紧缺,导致黄河源头区沼泽湿地及湖泊面积减小。草场退化、下垫面荒漠化加剧。据统计,2000 年源头区沼泽湿地及湖泊面积比 1976 年减少了 2 748.53 km^2,由此导致对地表水补给功能的降低甚至丧失,水土流失加重,水源涵养能力降低,容易造成黄河源区在枯水期断流;同时,源区含水层厚度变薄、下垫面裸露增大了蒸发和下渗水量,使原来的水循环模式发生改变,加剧了水资源的紧缺状况。

根据黄河沿水文站 1996～1998 年径流量年内分配的资料统计,并与 20 世纪 60 年代的情况相比发现:1996～1998 年,最大 5 个月(6～10 月)的径流量占年径流量的 73.4%,枯水期 7 个月(1～5 月、11～12 月)的径流量占年径流量的 26.6%;而 20 世纪 60 年代,最大 5 个月

(6~10月)的径流量占年径流量的61.7%,枯水期7个月(1~5月、11~12月)的径流量占年径流量的38.3%,近几年汛期径流量占年径流量比例比20世纪60年代增大了12%以上。说明近几年由于草场退化、沙漠化面积增大等下垫面条件变化,蓄水能力降低,改变了以前的降雨径流关系。径流主要在汛期产生,非汛期径流减少。这也是近几年连续在枯水期形成断流的主要原因之一。

3.2.2 水利工程的影响

近年来黄河源区修建为拦水坝、小水电工程不断增加,玛多、夏村水电站等多个工程正在施工,使该区有限的水资源进一步减少。以玛多水电站为例,该水电站于1998年4月动工,1999年9月开始蓄水,黄河沿站的流量由1999年8月28日截流前的25.0 m^3/s,骤减到截流后9月5日的3.4 m^3/s;由于水电站蓄水,黄河沿站2000年的年径流量不足0.2亿 m^3,2001年仅有0.275亿 m^3,由此造成源头区在1999~2000年和2000~2001年两次跨年度断流。大坝截流后,鄂陵湖出口断面处河湖已经连成一体,水域增大,也使蒸发量增大,加剧了源头区生态环境的恶化,并造成由河源地区进入其下游的水资源量减少,使黄河进入中下游地区的水量相应减少,进一步加剧了中下游地区水资源紧张的局面。

4 黄河源区新流的对策及建议

黄河源区断流促使该区的生态环境恶化,而生态环境恶化导致草场退化、下垫面沙漠比。水土流失加剧,河流湖泊淤积,从而又加重河道断流,形成恶性循环。黄河源区的生态环境具有脆弱性、易损性、难复性。现在,黄河源区草场正在退化,湖泊、湿地正在沙漠化,老鼠正在肆虐地践踏脆弱的绿地……如此下去,河源终有一天会变成新的沙漠带。而在它一旦成为事实之后再去进行恢复,就非常困难了。因此,加强河源区治理,防治河源区断流已刻不容缓。

a.加强黄河源区水文、气象及生态环境监测和科学实验研究。目前,由于源区水文、气象站网严重偏稀,很难掌握这一地区的水文气象变化规律,而水生态环境监测更是空白。因此,增加水文气象站网,尽快开展水生态环境监测已十分必要。同时,关于黄河源区水文及生态环境方面的科学实验研究几乎也是一项空白。所以,在进一步深入进行黄河源区断流成因及其对策研究的同时,还必须加强黄河源区水文规律及生态环境演变规律研究,从而为防治源区断流提供科学依据。

b.加强黄河源区水利工程的统一规划管理和水量统一调度管理。优化调节玛多水电站的蓄泄水量,兼顾生态环境保护、发电及灌溉等各项功能。

c.制定、完善各种法律法规,坚决制止非法采金和挖草药行为,取缔非法金矿;控制超载放牧,研究源区草场养牧的承载能力,实行科学放牧;下大力气消灭鼠害。

黄河粗沙输沙量沿程变化分析

李红良　王玉明　蒋秀华　赵元春

（黄河水利委员会水文局）

黄河是举世闻名的多沙河流,水少沙多,河道冲淤善变。入黄泥沙中值粒径大于 0.05 mm 的粗颗粒泥沙(以下简称粗泥沙)对下游河道淤积影响最大。因此,研究黄河粗沙输沙量的沿程变化,对治黄关系重大。

黄河流域泥沙颗粒级配分析方法各个时期不一致,为了使资料系统化,便于研究,将 1960～1979 年采用粒径计法分析的颗分历史资料进行了改正。在此基础上计算全河干支流 28 个主要水文站的悬移质泥沙(以下简称悬沙)中粗泥沙的输沙量(以下简称粗沙量)。

1　上游宁蒙河段粗沙量变化特性

黄河干流主要站各年代粗沙量计算成果见表1。

由表1数据可知,兰州站 1960～1998 年年均悬移质输沙量中粗沙量占 17.7%;从 4 个年代值看,年均悬移质输沙量依次递减,其中粗沙所占百分数则是 20 世纪 70 年代最小、90 年代最大。同期,头道拐站悬移质输沙量中粗沙量占 18.7% ,4 个年代的年均悬移质输沙量依次递减,而粗沙量所占百分数分别为 15.0%、15.8%、21.6%、20.4%,说明悬移质输沙量中粗泥沙量的过程变化与悬沙总量的趋势不同。图1是头道拐站历年悬移质输沙量及历年粗沙量变化过程线。

表1　黄河干流主要站各年代粗沙量计算成果

站　名	粗沙量占悬沙总量百分比(%)				
	1960～1969	1970～1979	1980～1989	1990～1998	1960～1998
兰　州	16.5	13.5	18.8	18.9	17.7
头道拐	15.0	15.8	21.6	20.4	18.7
吴　堡	31.0	31.4	31.6	23.1	30.3
龙　门	28.3	27.7	25.8	27.1	27.7
四　站	22.4	22.5	20.2	22.2	22.1
潼　关	19.4	21.2	17.9	20.8	20.0
三门峡	18.5	21.5	21.7	22.5	21.0
花园口	16.5	17.8	17.8	23.1	18.3
高　村	14.5	14.1	17.1	18.6	15.4
艾　山	15.3	18.2	17.9	17.0	16.9
利　津	13.8	13.3	19.5	17.6	15.3

注:50 年代颗分资料系列较短,未统计;四站指龙门、华县、河津、洑头 4 个站。

本文原载于《人民黄河》2002 年第 3 期。

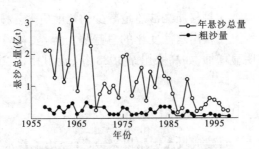

图1 黄河头道拐站历年悬移质输沙量及粗沙量变化过程线

由图1可以看出,自1967年开始,随着上游青铜峡、刘家峡、龙羊峡等水库的相继投入运用,头道拐站的悬移质输沙量明显减少,而粗沙量变化不大。说明宁蒙河段上游的来水来沙经自动调整后,其粗沙量保持相对稳定。在这种情况下,河道容易发生淤积,对防洪、防凌十分不利。

2 头道拐—龙门区间粗沙变化特点

中游头道拐—龙门区间是黄河泥沙的主要来源区,粗、细泥沙来源具有明显的分带性,粗泥沙主要来自头道拐—吴堡区间右岸的多泥沙支流,如:黄甫川黄甫站粗沙量占50.6%,窟野河温家川站粗泥沙量占50.9%,秃尾河高家川站粗泥沙量占55.6%。表明多沙、粗沙支流的来沙量中,有一半以上为粗泥沙。根据表1数据分析,干流吴堡、龙门两站悬移质输沙量自70年代以来明显减少,80、90年代减少得更多。粗泥沙也相应减少,而龙门站粗泥沙减少的幅度比吴堡站大。为了反映该区间历年悬移质输沙量变化情况和趋势,绘制了各站水、沙(包括悬沙和粗沙)双累积关系图进行分析,现以龙门站1957～1998年资料为例进行说明,见图2、图3。

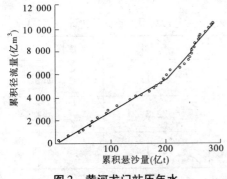

图2 黄河龙门站历年水、沙(悬沙)量双累积关系

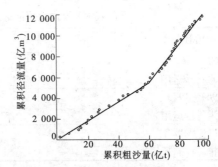

图3 黄河龙门站历年水、沙(粗沙)量双累积关系

由图2、图3可知,龙门站水、沙量双累积关系变化趋势非常明显,图中在1974年有一转折点。自1974年以后,河道平均含沙量(即双累积关系曲线横坐标与纵坐标的比值)明显减小。其时段平均含沙量由1974年以前的36.7 kg/m³减少至1974年以后的21.0 kg/m³;粗泥沙含沙量由11.0 kg/m³减少至5.3 kg/m³,粗泥沙减少的趋势更为明显。

为了分析沙量减少的时空分布,统计头道拐—龙门区间干支流主要站各时段平均含沙量(包括粗泥沙含沙量),由统计结果分析可知,头道拐—龙门区间各支流自70年代中、后期开始,来沙量都有不同程度的减少,而且粗泥沙减少的幅度更大。但是窟野河温家川站的粗泥沙量却明显增加,增加幅度为9.3%。吴堡—龙门区间各支流沙量减少的幅度比较大,均在25%

以上,其中粗泥沙减少的幅度比悬移质泥沙总量减少的幅度更大。按水、沙量双累积关系曲线上划分的时段平均含沙量,可反映出水沙变化的总趋势。但是,若遇较大暴雨洪水时,泥沙不但不会减少,反而还会有明显增加,如高家川站1988年、延川和甘谷驿站1987年的暴雨洪水就是这种情况。

3 三门峡水库不同运用期排沙效果分析

三门峡水库自1960年9月建成投入运用以来,水库经历了蓄水拦沙运用、滞洪排沙运用(含枢纽工程改建期)和蓄清排浑控制运用三种不同的运用方式。由于各个时期运用方式不同,库区及下游河道粗、细泥沙量变化也不同,现将不同运用期三门峡库区及下游干流主要站各时段沙量变化情况列入表2,进出库站粗细泥沙量占悬沙总量的百分数计算结果列入表3。

表2 三门峡库区及下游干流主要站不同时期输沙量统计 (单位:亿t)

站名	1960～1963年 (蓄水拦沙运用)			1964～1973年 (滞洪排沙运用)			1974～1998年 (蓄清排浑控制运用)		
	总沙量	细沙量	粗沙量	总沙量	细沙量	粗沙量	总沙量	细沙量	粗沙量
四 站	46.85	37.75	9.10	183.3	139.0	44.28	236.9	187.2	49.7
潼 关	43.53	34.50	9.03	153.9	123.1	30.86	228.8	183.3	45.5
三门峡	18.90	17.37	1.53	157.1	122.1	35.03	236.2	186.4	49.8
花园口	23.21	20.00	3.21	140.7	116.9	23.81	212.0	170.5	41.5
高 村	27.35	23.13	4.22	127.4	108.8	18.63	180.3	152.3	28.0
艾 山	27.23	24.22	3.01	124.0	103.6	20.37	174.7	143.7	31.0
利 津	28.74	25.06	3.68	116.3	101.0	15.33	154.5	128.7	25.8

表3 三门峡水库不同运用期进出库站粗泥沙量占悬沙总量的百分数统计

运用时期	四站	潼关	三门峡	库区冲淤情况
1960～1963年 (蓄水拦沙运用)	19.4	20.7	8.0	淤积
1964～1973 (滞洪排沙运用)	24.2	20.1	22.3	冲刷
1974～1998年 (蓄清排浑控制运用)	21.0	19.9	21.1	平衡

3.1 蓄水拦沙运用期

水库蓄水拦沙运用期间,库水位较高,泄流规模小,上游来沙基本淤积在库内,除洪水期以异重流形式排出少量细颗粒泥沙外,其他时间均下泄清水。从表2可以看出,按进出库站悬移质输沙量统计计算,全库区淤积泥沙27.95亿t,年均淤积6.99亿t,其中粗泥沙淤积7.57亿t,年均淤积1.89亿t,淤积主要发生在潼关以下库区。由表3可知,该期间潼关站粗沙量占悬沙总量的20.7%,三门峡站占8.0%,主要是"拦粗排细"。

3.2 滞洪排沙运用期

水库滞洪排沙运用期,出库沙量受水库泄洪能力和来水来沙条件的影响,如在一定的来水来沙条件下,如果水库的泄洪能力大,则出库的沙量就大。从表3可以看出,滞洪排沙运用期,潼关以上淤积,潼关以下冲刷。全库区共淤积26.2亿t,潼关以上淤积29.4亿t,其中粗泥沙淤积13.4亿t,年均1.34亿t;潼关以下库区共冲刷3.18亿t,其中细沙淤积0.99亿t,粗泥沙冲刷4.17亿t。由表4可知,潼关站粗沙量占悬沙总量的20.3%,三门峡站占22.3%,已呈现出"拦细排粗"的排沙特性。

3.3 蓄清排浑控制运用期

1974年水库改为蓄清排浑控制运用方式,即非汛期蓄水,进行综合利用,进入汛期降低水位泄洪排沙。水库控制运用后,进、出库的水沙过程发生了变化。

3.3.1 排沙特性分析

1973年,三门峡水库潼关以下库区已形成"高滩深槽"的断面形态。自1974年改为蓄清排浑控制运用后,利用洪水富余的输沙能力,不仅将洪水自身挟带的泥沙全部排出库外,而且还可以把非汛期淤积在库区的泥沙冲出水库,使运用年内潼关以下库区冲淤基本保持平衡。从表2可以看出,1974~1998年蓄清排浑控制运用期间,四站入库悬沙总量为236.9亿t,潼关站为228.8亿t,三门峡站为236.2亿t;潼关以上库区淤积8.10亿t,其中粗泥沙为4.20亿t,占淤积量的51.9%;潼关以下库区冲刷7.40亿t,其中粗泥沙为4.30亿t。由表3可知,同期潼关站粗沙量占悬沙总量的19.9%,三门峡站为21.1%,排沙特性为"拦细排粗"。

3.3.2 "拦细排粗"合理性分析

一般水库冲淤变化的特点是:淤积一大片,冲刷一条线。1973年底以前,潼关以下库区已形成"高滩深槽"的断面形态,采用蓄清排浑控制运用方式以后,进入汛期,坝前水位降低,近坝段发生溯源冲刷,远离坝区段则发生沿程冲刷,两种冲刷形式都在槽内进行;洪水进库后,又加剧了上述两种冲刷强度,使前期淤积物冲出库外,达到运用年内冲淤基本平衡。当遇到大洪水或"蓄清"运用时,潼关以下部分滩地上水,漫滩水流的流速较小,所挟带的细颗粒泥沙中有一部分落淤在滩地上,形成槽滩皆淤;而"排浑"运用时,冲刷则仅限于槽内。如此循环往复,河槽内淤积的粗沙全部被冲走,滩地淤积的细沙则停滞不动;若来水量较大,河槽的冲刷量大于滩地的淤积量时,即出现"死滩活槽"的演变模式,产生"拦细排粗"的排沙效果。

4 下游河道沙量沿程变化

下游河道悬沙多年平均中值粒径三门峡站为0.021 mm,花园口站为0.019 mm,高村站为0.018 mm,艾山站为0.018 mm,利津站为0.017 mm,沿程变化不大。

受三门峡水库运用方式的影响,下游河道悬移质输沙量的沿程变化见表3。由表3可以看出,蓄水拦沙运用期间,下游河道发生沿程冲刷,悬移质输沙量沿程增加,细沙的变化趋势与悬沙总量基本一致,而高村以上河段粗泥沙的变化幅度比其以下河段大一些。

滞洪排沙运用期间,下游河道沿程淤积,全下游河段淤积总量为40.8亿t,其中粗泥沙淤积19.7亿t。高村以上河段悬沙淤积量为29.7亿t,其中粗泥沙淤积16.4亿t,占55.2%;高村以下河段淤积量为11.1亿t,其中粗泥沙淤积量为3.3亿t,占29.8%。高村以上河段淤积量占整个下游河段总淤积量的72.8%,粗泥沙淤积量占全下游粗泥沙淤积量的83.2%。由此可见,淤积主要发生在高村以上河段。由于下游河道发生沿程淤积,悬移质输沙量沿程减少,因此高村以上河段粗泥沙变化比高村以下河段大。

蓄清排浑控制运用期间,全下游河道总淤积量为81.7亿t,其中粗泥沙淤积24.0亿t。高村以上河段淤积量为55.9亿t,其中粗泥沙淤积21.8亿t,占39.0%;高村以下河段淤积量为

25.8亿t,其中粗泥沙淤积2.20亿t,占8.5%。高村以上河段的淤积量占全下游河段淤积总量的68.4%,粗泥沙淤积量占全下游河段粗沙总淤积量的90.8%;粗泥沙主要淤积在高村以上河段,高村以下河段的淤积以细沙为主。这也是近20年来高村以上河道发生严重淤积的基本原因之一。

5 结语

(1)自1967年以来,随着上游青铜峡、刘家峡、龙羊峡等水库的相继建成并投入运用,头道拐站的悬移质输沙量明显减少,但悬沙中粗沙量变化不大。

(2)头道拐—龙门区间,自70年代中后期至今,悬移质输沙量明显减少,其中粗沙减少的幅度更大。但有些支流遇较大的暴雨洪水,泥沙特别是粗泥沙会有所增加。

(3)三门峡水库出库粗、细沙量随着水库运用方式的不同而变化,从时段累计结果看,蓄清排浑控制运用期间,潼关以下库区在运用年内虽然达到了冲淤平衡,但是呈现出"拦细排粗"的特性。

(4)下游河道沙量的沿程变化主要受三门峡水库运用方式的影响。蓄水拦沙运用期间,下游河道普遍冲刷,高村以上粗泥沙变化幅度比高村以下大;滞洪排沙运用期间,下游河道普遍淤积,高村以上河段的淤积量占整个下游河道淤积量的72.8%;蓄清排浑控制运用期间,高村以上河段粗泥沙淤积量占整个下游河道粗泥沙淤积量的90.8%,粗泥沙的变化主要发生在高村以上河段,高村以下相对稳定。

石羊河流域水资源开发对水循环模式的改变

钱云平 高亚军 蒋秀华 王志勇 宋瑞鹏

(黄河水利委员会水文局)

1 流域概况

石羊河流域是祁连山进入河西走廊的三大内陆水系之一,南依祁连山,北至走廊北山,西接黑河流域,东与广阔的腾格里沙漠接壤,流域总面积40 687 km²。

山区是流域水资源的主要形成区,中下游盆地降水量小、蒸发量大,是重要的农业灌区,是流域水资源的利用和消耗区。由于中游灌溉用水量过大,进入下游盆地水量持续锐减,致使下游盆地绿洲萎缩、植被退化和土地沙化,产生了严重的生态环境问题。

目前的石羊河流域是河西内陆河流域人口最多、水资源开发利用程度最高、用水矛盾最突出、生态环境最严重的地区,也是水资源对经济发展制约最大的地区。

2 水文地质条件

流域南部为祁连山,中部为武威盆地,北部为民勤盆地。祁连山区主要为变质岩系,普遍

本文原载于《第二届黄河国际论坛论文集》,黄河水利出版社,2005年。

赋存水质良好的裂隙水。武威盆地、民勤盆地广泛分布巨厚第四纪松散沉积物,其孔隙含水层为地下水的赋存和运移提供了巨大的空间。

武威盆地南部冲洪积带为单一结构潜水含水层,北部细土平原地区则分布双层或多层潜水—承压含水层。含水层厚度南部冲洪积扇中上部为 100~200 m,含水层主要为砂砾卵石及砂砾石;北部细土平原区一般为 100~150 m,含水层主要为砂砾石。

民勤盆地含水层厚度一般为 60~100 m,含水层自南向北由无压的潜水过渡为多层潜水—承压水系统,南部含水层岩性主要以砂砾石、砂为主,北部含水层主要为砾砂、砂、粉砂等。

在承压水区,隔水层主要为黏性土,没有稳定的区域性隔水层,各含水层之间存在一定的水力联系。

3 水资源特性

3.1 降水

石羊河流域的水资源主要来源于祁连山区的降水,祁连山区的年平均降水量一般为 300~600 mm,处于流域中部武威盆地年平均降水量为 150~300 mm,而民勤盆地年平均降水量不足 150 mm。石羊河流域降水主要集中于汛期 6~9 月份,一般占年降水量的 65%~70%。

3.2 出山口径流

流域水系均发源于祁连山,自东向西由彼此不相联系的大靖河、古浪河、黄羊河、杂木河、金塔河、西营河、东大河、西大河等 8 条河流组成。西大河、东大河、古浪河及大靖河由于水量较小或者是水库修建调蓄的影响,地表水已不能直接汇入石羊河干流河道。出山口 8 大支流多年(1956~2000 年)平均天然径流量为 14.55 亿 m³,径流量主要集中于汛期 6~9 月,来水量占年来水量的 65% 左右。

3.3 水资源开发利用现状

50 年来,石羊河流域水利工程建设有较大发展,形成了上游山区水库调蓄、中游平原渠道输水、下游机井渠灌溉的水资源开发利用布局。

2000 年,流域实际用水量 28.4 亿 m³,农业灌溉用水占流域总用水量的 90%。其中武威盆地 13.35 亿 m³,民勤盆地 7.82 亿 m³;流域地下水利用量所占比重较大,占总用水量的 56%,地下水严重超采,特别是民勤盆地,近年来由于地表来水较少,流域大量超采地下水,地下水开采量占用水总量的 90%。

4 地表水与地下水转化关系分析

4.1 上游山区

石羊河流域南部祁连山降水和冰川资源丰富,是流域水资源的形成区。

南部的祁连山地,地下水接受降水和冰川消融水的渗入补给,在出山口,由于山前阻水构造,地下水以泉的形式泄入沟谷河床形成出山河流,直接以潜流式流入盆地的水量是很少的。

对于山区地下水转化为河水的量,可以将河水基流量作为地下水转化的河水量,根据出山口河流水文站日流量资料,采用日流量过程基流切割法分割基流量,1957~2004 年,山区地下水多年平均转化为河水的量占河川径流量的 20%~30%。

4.2 中游武威盆地

山区河流出山后进入武威盆地,在盆地南部山前洪积扇带,分布大厚度的第四纪松散沉积物,含水层岩性主要为砂砾卵石及砂砾石,透水性极强,河道和农田灌溉渠系大量渗漏入渗补给地下水,山前洪积扇带地表水的入渗补给,是武威盆地地下水的主要补给来源。

在洪积扇扇缘带,是山前倾斜平原与细土平原的交会过渡带,由于地势变缓,含水层岩性变细,透水性由强变弱,地下水流因受阻而导致水位升高。该区域是地下水溢出带,大量地下水在地形低洼的地方形成溢出泉。扇缘带以下河段,也是地下水的排泄处,在盆地北端基岩出露,构成盆地阻水边界,地下水无法直接进入下游盆地,而是随基底抬升而上升溢出,转化为地表水进入下游盆地。

但目前这种转换模式已发生根本性的变化。20世纪50年代到90年代中后期,盆地灌渠实行高标准的衬砌,引起地表水下渗补给量大幅度减少,同时盆地由于长期超采地下水用于灌溉,补给量的减少和过度开采地下水引发地下水位大幅度下降,泉水溢出带泉水经历了由大到小并逐渐消失的动态变化过程,目前中游原泉水溢出带泉水已基本枯竭;扇缘带以下河段地下水排泄量大幅衰减,仅剩红水河补给石羊河干流,其他基本没有地下水排泄补给河道。

中游泉水的变化可通过对石羊河干流站莱旗水文站的来水过程进行分析,水文站基流代表泉水溢出对地表水的补给。采用基流切割方法,割除调水和泄洪过程后就可得到整个盆地泉水流量,分割结果见图1。从图1中可以看出,泉水流量随年际基本呈单调衰减趋势,20世纪80年代初泉水流量大于2亿 m³,到2002年仅0.6亿 m³。

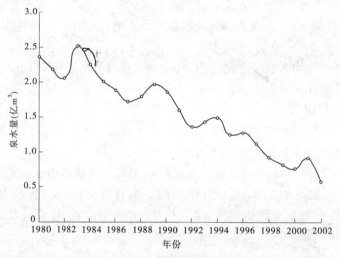

图1　莱旗站泉水径流量年际变化

中游盆地地表水—地下水—地表水的复杂转换模式逐渐向地表水—补给地下水的单一模式转变。

4.3　下游民勤盆地

石羊河经红崖山水库进入下游民勤盆地,首先通过渠系被引入灌区灌溉,灌溉水入渗补给地下水。

民勤盆地地表水与地下水转换关系随流域水资源开发利用程度的提高而发生了改变。早期,因上游引用水量少,下游水量补给充分,地下水位高。在盆地南部地表水入渗转化为地下水,在盆地北部洼地大量出露形成尾闾湖,地下水由南向北汇集中经历了地表水—地下水—地表水的循环转换过程。

自 1969 年以后由于上游灌区生产发展较快,用水水平大幅度提高,致使进入民勤盆地的径流锐减。石羊河进入民勤盆地年径流在 20 世纪 50 年代为 5.42 亿 m^3,60 年代后期为 4.55 亿 m^3,到 80 年代为 2.07 亿 m^3,90 年代入境径流为 1.23 亿 m^3,2000 ~ 2003 年年均仅 0.99 亿 m^3。由于上游来水持续减少,盆地不得不大量开采地下水,目前盆地地下水开采量达 7 亿 m^3,远大于来水量,造成盆地地下水位大幅度下降,到 80 年代境内天然湖、塘全部干涸消失,除人工对地下水的开采外地下水自由溢出水面的情况早已不存在。

下游盆地地表水与地下水之间的转换关系已变为地表水下渗补给地下水单一模式。

5 结论和建议

流域水资源的过度开发,改变了流域天然水循环规律。水资源循环模式变化,也改变了流域水资源的空间分布,致使盆地泉水枯竭,进入民勤盆地的水量逐年减少,下游天然绿洲萎缩,土地沙漠化、荒漠化、盐渍化程度和范围日益扩大,对流域生态环境造成了极大的破坏,引起整个流域生态环境平衡失调和水资源危机,严重影响流域经济和社会的可持续发展。

因此,应尽快对石羊河进行综合治理,对流域水资源进行合理配置,调整产业结构,强化节水措施,提高水资源利用效率,加强地表水、地下水统一管理,限制地下水开采,建立权威、高效的流域管理体制,制定适宜经济可持续发展和缓解流域生态环境的上下游分水方案,保护和改善下游生态环境,维持石羊河健康生命。

应用 ^{222}Rn 研究黑河流域地表水与地下水转换关系

钱云平[1,3]   Andrew L H[2]   张春岚[3]   王　玲[3]

(1. 北京师范大学水科学研究院;2. CSIRO Land and Water, Adelaide Australia;
3. 黄河水利委员会水文局)

^{222}Rn 是放射性同位素 ^{238}U、^{226}Ra 的衰变产物,它是一种无色、无味的放射性惰性气体,广泛存在于空气、水和岩石、土壤中,其半衰期为 3.8 d。由于 ^{222}Rn 在岩石、土壤和水中的迁移主要依赖于物理特性而不是化学过程,因此在地下水中溶解的 ^{222}Rn 浓度不受地下水化学组成控制,而是受岩石中 ^{238}U、^{226}Ra 含量和含水层物理性质控制。

在地下水研究中,^{222}Rn 作为环境示踪剂可以确定较短时间尺度内地下水的年龄,估算地表水入渗率,推断裂隙岩含水层水流速率以及地表水与地下水的转换关系等,其中利用 ^{222}Rn 作为环境示踪剂研究地下水对河流的补给非常有效,具有其他环境示踪剂不可比拟的优势。这是由于地下水中 ^{222}Rn 的浓度远大于地表水 ^{222}Rn 的浓度,含有高浓度 ^{222}Rn 的地下水进入地表水将使排泄处地表水的 ^{222}Rn 浓度增加,同时其具有非常短的半衰期。也就是说,地下水离开含水层,^{222}Rn 将服从放射性衰变规律迅速衰减而具有弱继承性,因此通过分析沿河地表水 ^{222}Rn 浓度的变化,可确定地下水排泄的位置和补给率。

黑河流域位于西北干旱区,受地质构造条件和自然地理环境制约,黑河流域水资源地表水

本文原载于《人民黄河》2005 年第 12 期,为国际原子能机构(IAEA)2003 ~ 2004 年技术援助项目。

与地下水转换频繁,同时由于人类活动的影响,使得这种转换关系变得更为复杂。了解流域地表水与地下水转换关系是进行流域水资源评价和水利规划的依据与基础,本研究拟采用^{222}Rn作为环境示踪剂来研究黑河中游地表水与地下水的转换关系。

1 黑河中游概况

1.1 自然地理环境

黑河流域地处河西走廊和祁连山中段,流域面积为 14.29 万 km^2。干流发源于祁连山北麓,出山口莺落峡以上为上游,山区多年平均年降水量在 400 ~ 700 mm 之间,是黑河流域的主要产流区,出山口控制水文站莺落峡站多年平均径流量为 15.8 亿 m^3。莺落峡至正义峡区间为中游,位于河西走廊中段,河道长 185 km,两岸地势较为平坦开阔,南高北低,土壤肥沃,海拔在 1 000 ~ 2 000 m,区内降水稀少,多年平均降水量仅有 140 mm,年蒸发量高达 1 400 mm。地表水是区内灌溉的主要水资源。区内渠系纵横,人工绿洲面积较大,是黑河流域的主要耗水区。

1.2 水文地质条件

中游为夹于南北山地间的断陷盆地,包括张掖盆地和酒泉东盆地。盆地内分布有巨厚(数百米至千余米)的第四纪松散沉积物,内有丰富的孔隙水。祁连山山缘至冲洪积扇扇缘,主要为单层结构的潜水系统;冲洪积扇群带的地下水,受构造、地貌的控制,水位埋深变化剧烈。总的趋势,自山前至盆地内部,地下水埋藏深度逐渐变浅,于北部泉水出露。山前洪积扇顶部地带,地下水埋深大于 200 m,最大达 500 m,含水层岩性主要为粗颗粒的砂砾卵石;扇中地带,地下水埋深一般为 50 ~ 100 m,含水层岩性主要为砂砾石和中粗砂;扇缘地带,含水层颗粒逐渐变细,地下水埋深仅 10 ~ 20 m,在张掖—临泽一带,地下水以泉水形式溢出。在溢出带以下的细土平原地带,含水层系统上部为潜水、下部为承压水;多层结构系统,各含水层之间没有稳定的隔水岩层,存在一定的水力联系。含水层以亚砂土、亚黏土和砂砾石互层为主,含水层单层厚度 20 ~ 30 m。

2 野外取样和分析

^{222}Rn 野外取样较其他环境同位素取样要复杂些,同时由于地表水、地下水中的^{222}Rn 浓度差异较大,因此两者的取样方法存在较大差异。地下水^{222}Rn 浓度大,需用水量小,可直接取大约 14 mL 地下水加入到含有 7 mL 油状液体闪烁液(liquid scintillation)的 22 mL PTFE(聚四氟乙烯)小瓶中。而地表水^{222}Rn 浓度低,野外取样需水量较大(一般为 1 ~ 2 L),需用液体闪烁液将地表水中的^{222}Rn 萃取出来。

笔者于 2002 年 6 月(前期降水量小,河流基本处于基流状态)在黑河中游莺落峡至正义峡区间进行了^{222}Rn 取样,其中沿河取了 5 个地表水样,并在河流附近取了 13 个地下水样。在野外取样中,还现场测定了水样的电导率 E_c 和水温 T。

所取^{222}Rn 样品在澳大利亚(CSIRO Land and Water)阿德莱德实验室采用商用液闪仪(liquid scintillation counter)进行了放射性强度测量,^{222}Rn 浓度单位为 Bq/L(贝可/升),采样结果见表1。

表 1 ^{222}Rn 采样点统计

采样号	取样位置	水样类型	E_c (μs/cm)	T (℃)	^{222}Rn (Bq/L)
1	莺落峡	地表水	337	11.3	0.010 7
2	张掖黑河大桥	地表水	348	11.3	0.007 3
3	高崖	地表水	382	18	0.216 9
4	高台	地表水	513	18.5	0.299
5	正义峡	地表水	2 130	20.5	0.379
6	大满镇水电处院内	地下水	892	15.9	11.65
7	碱滩镇新沟道班	地下水	683	12	10.87
8	碱滩镇 227 线 20 km 处	地下水	389	12.7	11.34
9	乌江镇谢家湾村	地下水	1 110	12.3	18.42
10	明永乡下崖子村	地下水	415	12.9	16.62
11	沙井子镇面粉厂	地下水	1 597	12.2	4.69
12	小河乡政府院内	地下水	1 215	11.8	9.02
13	新墩镇流泉村	地下水	650	15	5.12
14	三闸镇山丹桥	地下水	1 130	9	10.09
15	三闸镇杨家寨村	地下水	2 690	13.2	9.74
16	临泽以东 10 km	地下水	977	13.3	8.66
17	临泽黑河大桥以西 10 km	地下水	797	23.5	9.07
18	侯家庄	地下水	3 070	12.3	4.32

3 结果分析

从表 1 可以看出,地下水 ^{222}Rn 的浓度远大于地表水 ^{222}Rn 的浓度。在张掖及东部主要井灌区的 ^{222}Rn 浓度较大,一般在 10 Bq/L 以上,其中张掖附近 9、10 号两个水样 ^{222}Rn 的浓度分别为 18.42 Bq/L 和 16.62 Bq/L。高崖以下靠近河流细土平原灌区,由于受地表水灌溉影响,^{222}Rn 浓度相对较小,在 4～5 Bq/L 之间。

图 1 显示出中游 ^{222}Rn 浓度沿河的变化过程。可以看出,莺落峡至张掖黑河大桥,^{222}Rn 浓度有所降低,反映此河段没有地下水补给地表水,地表水中 ^{222}Rn 由于衰变作用而使 ^{222}Rn 浓度降低。水文地质条件分析表明,该区间含水层岩性主要为粗颗粒的砂砾卵石,透水性极强,地表水大量入渗补给地下水。张掖黑河大桥至高崖河段,^{222}Rn 浓度迅速增加;高崖至正义峡河段 ^{222}Rn 浓度平稳增长,表明张掖黑河大桥以下河段,地下水排泄补给河水,其中以张掖黑河大桥至高崖排泄量最大。

为了验证这个结果,于 2002 年 12 月非灌溉期进行了一次沿河测流,在中游莺落峡至正义峡设置了 14 个测流断面,测定了河流的流量,结果见图 2。

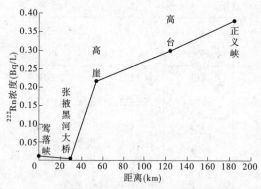 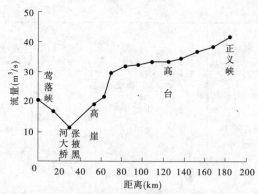

图1 黑河中游沿河地表水^{222}Rn浓度变化　　　图2 黑河中游沿河流量变化(2002年12月)

从图2可以看出,沿河流量变化反映的地下水与地表水关系与沿河^{222}Rn浓度变化非常吻合。张掖黑河大桥是中游地表水与地下水转换关系的一个转折点:莺落峡至张掖黑河大桥,流量减少,地表水入渗补给地下水;张掖黑河大桥以下河段,流量明显增加,地下水排泄补给河水。

4 结语

从以上研究分析可得出以下结论:

(1)黑河中游地下水^{222}Rn浓度远比地表水^{222}Rn浓度大,可把^{222}Rn作为同位素示踪剂研究地表水与地下水的转换关系。

(2)根据中游^{222}Rn沿河变化分析,张掖黑河大桥为中游地表水与地下水转换关系的一个转折点:莺落峡至张掖黑河大桥,地表水入渗补给地下水;张掖黑河大桥至正义峡区间,河道沿河接受地下水补给。

(3)测流结果与沿河^{222}Rn的浓度变化反映的结果完全一致,说明用^{222}Rn作为同位素示踪剂研究地表水与地下水所得出的结论是可靠的。

(4)^{222}Rn同位素示踪剂较准确地指示了地下水的排泄位置,证明^{222}Rn是研究地表水与地下水转换关系非常理想的示踪剂,在地下水研究中具有广泛的应用前景。

黄河流域20世纪90年代天然径流量变化分析

王玉明[1]　张学成[1]　王 玲[1]　周海波[2]

(1. 黄河水利委员会水文局;2. 黄河水利委员会黄河水量调度管理局)

1 降水量年代变化

黄河流域地处我国腹地,属大陆性气候,干旱少雨是其最显著的气候特点。

本文原载于《人民黄河》2000年第3期。

表1给出了黄河流域8个区段各年代降水量变化。从表1可以看出,黄河流域花园口以上多年(1950~1999年)平均降水量为449.0 mm。其中,汛期(6~9月)为313.3 mm,占年降水量的69.8%。而1990~1999年降水量较多年平均偏少7.7%,其中汛期偏少8.6%。年降水量减少最显著的是龙门—三门峡和三门峡—花园口两区间,1990~1999年降水量较多年平均偏少13.5%和10.1%,其中,汛期偏少14.5%和12.6%。

黄河流域多年平均降水量为455.5 mm。20世纪50年代和60年代降水较多年平均分别偏多3.6%和5.3%,70年代与多年平均基本持平,80年代较多年平均偏少1.4%,90年代较多年平均偏少7.7%。黄河流域汛期多年平均降水量为318.8 mm,50年代、60年代和70年代汛期平均分别较多年平均偏多4.5%、2.9%和1.8%,80年代较多年平均偏少0.6%,90年代偏少8.7%。

1.1 1997年降水量情况

1997年,黄河流域降水量与多年平均情况相比,普遍偏少。其中,兰州以上仅偏少2.1%,而三门峡—花园口区间偏少达44.7%。兰州—花园口以上偏少的幅度在25.5%~44.7%。详见表2。

表1　黄河流域各分区不同年代降水量统计　　　　　　　　　　　　　　(单位:mm)

区 段	时 段	1950~1959	1960~1969	1970~1979	1980~1989	1990~1999	1950~1999
唐乃亥以上	非汛期	174.4	202.7	174.8	183.9	165.0	178.3
	汛 期	459.3	423.3	460.8	415.4	433.4	438.5
	全 年	633.7	626.0	635.6	599.3	598.4	616.8
兰州以上	非汛期	108.3	124.9	118.2	119.9	117.4	117.7
	汛 期	318.4	312.6	314.3	308.2	304.3	311.6
	全 年	426.7	437.5	432.5	428.2	421.7	429.3
兰州—头道拐	非汛期	69.4	89.3	76.5	76.5	71.0	77.0
	汛 期	211.2	217.3	224.6	197.8	203.7	210.9
	全 年	280.6	306.6	301.1	274.3	274.7	287.5
头道拐—龙门	非汛期	126.8	128.3	101.7	106.5	118.0	116.2
	汛 期	343.2	336.1	331.6	305.6	283.8	320.1
	全 年	470.0	464.4	433.3	412.1	401.8	436.3
龙门—三门峡	非汛期	207.1	217.5	183.8	178.9	169.5	191.4
	汛 期	390.4	378.3	363.7	377.2	311.3	364.2
	全 年	597.5	595.8	547.5	556.1	480.8	555.6
三门峡—花园口	非汛期	241.5	263.8	236.9	246.6	229.8	243.7
	汛 期	450.8	430.9	413.6	457.2	371.2	424.8
	全 年	692.3	694.7	650.5	703.8	601.0	668.5
花园口以上	非汛期	137.3	150.6	130.9	131.5	123.9	135.7
	汛 期	327.8	321.7	318.1	312.3	286.3	313.3
	全 年	465.1	472.3	449.0	443.8	414.6	449.0
黄河流域	非汛期	138.6	151.6	131.7	132.3	129.3	136.7
	汛 期	333.3	328.2	324.5	316.8	291.2	318.8
	全 年	471.9	479.8	456.2	449.1	420.5	455.5

表 2 1997 年降水量分布与变化

区　段	年降水量(mm)	多年均值(mm)	偏比较(%)
兰州以上	417.3	429.3	2.8
兰州—头道拐	206.3	287.5	28.2
头道拐—龙门	322.5	436.3	26.1
龙门—三门峡	335.8	555.6	39.6
三门峡—花园口	369.9	668.5	44.7
花园口以上	334.5	449.0	25.5

1.2　降水量年内分配情况

表 3 给出了黄河流域各区段不同年代降水量年内分配的变化情况。从表 3 中可以看出，黄河流域降水量年内分配没有发生大的变化。从多年平均情况来看，从上游至下游，8 个区段 5 个年代汛期降水量占年降水量的比例分别为 67.6% ~73.5%、72.0% ~74.6%、70.9% ~75.3%、70.6% ~76.5%、63.5 ~66.4%、61.8% ~65.1%、68.1% ~70.8%、68.4% ~71.1%。

表 3　黄河流域各区段不同年代降水量年内分配统计

区　段	1950~1959		1960~1969		1970~1979		1980~1989		1990~1999	
	汛期	非汛期	汛期	非汛期	汛期	非汛期	汛期	非汛期	汛期	非汛期
唐乃亥以上	72.5	27.5	67.6	32.4	72.5	27.5	69.3	30.7	73.5	26.5
兰州以上	74.6	25.4	71.5	28.5	72.7	27.3	72.0	28.0	72.2	27.8
兰州—头道拐	75.3	24.7	70.9	29.1	74.6	25.4	72.1	27.9	74.1	25.9
头道拐—龙门	73.0	27.0	72.4	27.6	76.5	23.5	74.2	25.8	70.6	29.4
龙门—三门峡	65.3	34.7	63.5	36.5	66.4	33.6	67.8	32.2	64.7	35.3
三门峡—花园口	65.1	34.9	62.0	38.0	63.6	36.4	65.0	35.0	61.8	38.2
花园口以上	70.5	29.5	68.1	31.9	70.8	29.2	70.4	29.6	69.1	30.9
黄河流域	70.6	29.4	68.4	31.6	71.1	28.9	70.5	29.5	69.3	30.7

综上所述，黄河流域降水量从 50 年代至 90 年代普遍偏小。年降水量减少最显著的是龙门—三门峡区间和三门峡—花园口区间，1990~1999 年降水量较多年平均偏少 13.5% 和 10.1%，其中，汛期偏少 14.5% 和 12.6%。1997 年是旱情最重的一年，其他年份，各区段各年代降水量的变化，均属于正常性随机波动。

2　河川还原水量年代变化

黄河流域河川还原水量包括农业灌溉还原水量、城市生活与工业还原水量、干流主要水库蓄水变量。黄河流域分为上、中、下游三部分，其中以头道拐、花园口断面为分界点，头道拐以上为上游地区，头道拐—花园口为中游地区，花园口—利津为下游地区，利津以下为河口地区。河源—头道拐河段较长，这个河段主要有宁蒙灌区，中游地区有泾洛渭汾伊洛沁平原盆地灌区,花园口以下主要是外流域引水。表4给出了黄河流域各区段不同年代还原水量统计结果。

表4　黄河干支流主要区段不同年代还原水量统计　（单位:亿 m³）

区　段	1950~1959	1960~1969	1970~1979	1980~1989	1990~1999	1950~1999
兰州以上	8.7	14.9	17.1	32.6	24.3	19.5
兰州—头道拐	67.1	85.4	87.1	100.5	103.2	88.7
头道拐—龙门	1.8	3.2	5.7	6.9	7.0	4.9
龙门—三门峡	14.6	24.8	39.7	36.3	35.1	30.1
三门峡—花园口	15.6	21.7	18.7	18.9	20.7	19.1
花园口—利津	24.9	34.3	83.8	119.4	116.0	75.7
华县以上	5.5	10.7	21.7	21.1	20.5	15.9
河津以上	6.2	10.2	12.4	9.5	7.7	9.2
洑头以上	0.9	1.2	2.1	2.2	3.0	1.9
黑石关以上	1.2	2.2	3.2	3.0	4.6	2.9
武陟以上	2.3	3.3	3.1	2.5	2.0	2.6

从表4可以看出,黄河流域还原水量较大的河段主要是兰州—头道拐、花园口—利津河段。从20世纪80年代开始,该两个河段年平均还原水量均超过100亿 m³。90年代兰州—头道拐、花园口—利津河段年平均还原水量分别为103.2亿、116.0亿 m³。

现将黄河主要控制河段90年代还原水量计算成果与多年平均还原水量比较结果列入表5。

表5　1990~1999年黄河河川还原水量(年均值)比较

区　段	还原水量(亿 m³)		
	多年平均	1990~1999年平均	比多年平均增加(%)
兰州以上	19.5	24.3	23.3
兰州—头道拐	88.7	103.2	16.3
头道拐—龙门	4.9	7.0	42.9
龙门—三门峡	30.1	35.1	16.6
三门峡—花园口	19.1	20.7	8.4
花园口—利津	75.7	116.0	53.2

从表5中可以看出,90年代以来黄河流域各河段还原水量均有不同程度的增加,特别是兰州以上和头道拐—龙门、花园口—利津河段的还原水量较多年平均值增加较多。其中兰州以上、兰州—头道拐和花园口—利津河段90年代平均还原水量分别比多年平均增加23.3%、16.3%和53.2%。

3　径流量年代变化

黄河流域大部分地区处于干旱、半干旱地区。河川径流量是黄河流域水资源的主要部分。20世纪70年代以来,黄河水资源开发利用发展迅速,供需矛盾日益突出,黄河水已成为沿黄地区社会、经济发展的主要制约因素。人类活动的影响,实测水文基本资料已不能反映流域面上的水文特征;特别是进入90年代以来,黄河来水量偏枯,下游断流频繁发生,出现了一些新的特点,引起各方面的极大关注。黄河流域花园口站多年平均天然径流量和实测径流量分别为571.5亿 m³ 和409.2亿 m³。现将1950~1999年不同年代黄河干支流主要控制站实测径流量和天然径流量(年均值)统计结果列入表6。

表6　黄河干支流部分站不同年代径流量统计　　　　　　　　　　(单位:亿 m³)

站　名	项　目	1950~1959	1960~1969	1970~1979	1980~1989	1990~1999	1950~1999
唐乃亥	实测	188.1	216.5	203.9	241.1	176.0	256.4
	天然	188.1	216.5	203.9	241.1	176.0	256.4
兰　州	实测	315.1	355.0	317.8	335.5	259.7	316.6
	天然	323.8	369.9	334.9	368.1	284.0	336.1
头道拐	实测	247.8	272.6	233.0	238.0	160.2	230.3
	天然	323.6	372.9	337.2	371.1	287.7	338.5
龙　门	实测	317.4	337.0	283.7	275.9	196.4	282.1
	天然	395.0	440.5	393.6	415.9	330.9	395.0
三门峡	实测	433.1	455.9	359.4	371.3	243.8	372.7
	天然	525.3	584.2	509.0	547.6	413.4	515.9
花园口	实测	489.0	507.1	384.7	406.9	258.2	409.2
	天然	596.8	657.1	553.0	602.1	448.5	571.5
利　津	实测	479.5	490.2	311.9	292.9	143.4	343.6
	天然	612.2	674.5	564.0	607.5	449.7	581.6
华　县	实测	85.5	96.2	59.4	79.2	43.7	72.8
	天然	91.1	106.9	81.1	100.2	64.2	88.7
河　津	实测	17.6	17.9	10.4	6.6	5.1	11.5
	天然	23.8	28.1	22.7	16.2	12.8	20.7
洑　头	实测	6.7	8.8	5.9	7.0	7.0	7.1
	天然	7.6	10.0	8.0	9.2	10.0	9.0
黑石关	实测	41.7	35.5	20.5	30.2	14.6	28.2
	天然	42.9	37.7	23.6	33.1	19.3	31.1
武　陟	实测	16.2	14.0	6.2	5.5	3.7	9.0
	天然	18.5	17.3	9.2	8.0	5.7	11.6

　　黄河唐乃亥以上河段地处青藏高原东部,海拔高,人类活动少。该河段的黄河沿、吉迈、玛曲、唐乃亥等站径流变化目前仍处在天然状态。黄河径流主要来自兰州以上,兰州径流的64.4%又来自唐乃亥以上。自1990年以来,黄河上游进入枯水期,连续10年黄河唐乃亥以上

天然河段来水偏枯。从 1990～1999 年资料统计,除 1993 年唐乃亥以上各站属丰水或平水偏丰外,其他年份均为枯水或特枯年份。受上游来水少影响,水库欠蓄严重。龙羊峡水库蓄水最多的是 1993 年 11 月 9 日,水位达 2 577.59 m,相应库容为 168.4 亿 m³,但比正常水位下设计库容 247 亿 m³,还欠蓄 78.6 亿 m³,由于连年放水,到 1997 年底水库蓄水仅剩 76.84 亿 m³。李家峡和大峡水库相继投入运用后,贵德—青铜峡区间各站平均径流仍较历年偏少 20% 左右。由于青铜峡—头道拐河段引用水增加,石嘴山—头道拐各站平均径流较历年偏少 30%～40%。1977 年黄河大部分水文测站均创有实测资料以来的最枯记录。支流除北洛河洑头站外,渭河华县、汾河河津、伊洛河黑石关、沁河武陟等站 90 年代实测径流量也比多年平均实测径流量减少较多,减少的范围在 39.9%～58.4% 之间。

现将 1990～1999 年黄河干流主要控制站实测径流量和天然径流量(年均值)比较结果列入表 7。

表 7　1990～1999 年黄河实测径流量和天然径流量(年均值)与多年均值比较

(单位:亿 m³)

站　名	实测径流量			天然径流量		
	多年平均	1990～1999 年平均	比多年平均偏小(%)	多年平均	1990～1999 年平均	比多年平均偏小(%)
唐乃亥	256.4	176.0	31.6	256.4	176.0	31.6
兰　州	316.6	259.7	18.0	336.1	284.0	15.5
头道拐	230.3	160.2	30.4	338.5	287.7	15.0
龙　门	282.1	196.4	30.4	395.2	330.9	16.3
三门峡	372.7	243.8	34.6	515.9	413.4	19.9
花园口	409.2	258.2	36.9	571.5	448.5	21.5
利　津	343.6	143.4	58.2	581.6	449.7	22.7

从表 7 中数据可以看出,90 年代以来黄河流域来水量有减少趋势。1990～1999 年黄河干流唐乃亥站实测平均径流量比多年平均径流量偏小 31.6%,其中 1996 年实测径流量为 140.0 亿 m³,较多年平均偏小 45.4%。兰州、头道拐、龙门、三门峡、花园口、利津等站 1990～1999 年实测平均径流量比多年平均径流量分别偏小 18.0%、30.4%、30.4%、34.6%、36.9%、58.2%。而 1990～1999 年平均天然径流量较多年平均天然径流量偏小的幅度没有实测径流量大。以花园口站和利津站为例,1990～1999 年平均天然径流量较多年平均天然径流量偏小的幅度为 21.5% 和 22.7%。

现将黄河干流唐乃亥、兰州站历年天然径流量变化过程绘制于图 1。从图 1 可以看出,90 年代以来,唐乃亥、兰州站天然径流量多数年份都小于多年平均值,其中以 1997 年为历年最小值,天然径流量仅为 236.3 亿 m³,比多年平均值偏小 29.7%。而花园口站 1990 年以后天然径流量均小于多年平均值。

4　结语

黄河流域降水量自 20 世纪 90 年代以来普遍偏少。年降水量减少最显著的是龙门—三门峡区间和三门峡—花园口区间,1990～1999 年降水量较多年平均偏小 13.5% 和 10.1%,其中,

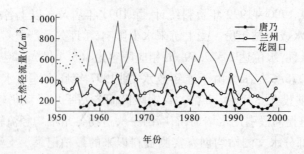

图1　黄河干流唐乃亥、兰州、花园口站历年天然径流量变化过程

汛期偏少 14.5% 和 12.6%。

90 年代以来黄河流域各河段还原水量均有不同程度的增加,特别是兰州以上和头道拐—龙门、花园口—利津河段的还原水量较多年平均值增加较多。其中兰州以上、兰州—头道拐和花园口—利津河段 90 年代平均还原水量分别比多年平均还原水量增加 23.3%、16.3% 和 53.2%。

90 年代以来黄河流域来水量有减少趋势。黄河干流唐乃亥、兰州、头道拐、龙门、三门峡、花园口、利津等站 90 年代实测平均径流量比多年平均径流量分别偏小 31.6%、18.0%、30.4%、30.4%、34.6%、36.9%、58.2%。而 90 年代平均天然径流量较多年平均天然径流量偏小的幅度没有实测径流量大。

20 世纪 90 年代渭河入黄水量锐减成因初步分析

张学成[1]　匡　健[2]　井　涌[3]

(1. 黄河水利委员会水文局;2. 水利部水文局;3. 陕西省水文水资源勘测局)

1　前言

渭河是黄河流域第一大支流,流域面积 134 766 km²,占黄河流域面积的 18%。对应于黄河流域多年平均河川径流量 580 亿 m³,渭河流域多年平均河川天然径流量为 95.0 亿 m³(其中华县 87.4 亿 m³,湫头 7.6 亿 m³)。据"九五"国家重点科技攻关项目"西北地区水资源合理开发利用与生态环境变化研究"成果,渭河流域多年平均地下水资源量为 69.88 亿 m³,其中地表水与地下水资源量之间的重复计算量为 59.72 亿 m³,不重复计算量为 10.16 亿 m³,可开采量为 35.71 亿 m³。

进入 20 世纪 90 年代以来,渭河入黄水量(以华县 + 湫头计)平均为 49.37 亿 m³,与 1950 ~ 1999 年均值 79.59 亿 m³ 相比,减少了 30.22 亿 m³(38%)。表 1 给出了渭河流域主要控制站不同时段实测年径流量对比情况。

本文原载于《水文》2003 年第 3 期,为国家自然科学基金重点项目(50239050),专项项目(50249074)及黄委会"十五"重大项目(2002Z01)共同资助。

表 1　渭河流域主要控制站不同时段实测年径流量对比　　　　　　　　　（单位:亿 m³）

站别	项目	1950~1999年	50年代	60年代	70年代	80年代	90年代	90年代比多年均值减少(%)
张家山	平均	14.19	14.98	17.96	12.49	13.29	12.39	13
	占华县站(%)	19.5	17.5	18.7	21.0	16.8	28.3	
	最大	38.82	21.95	38.82	20.87	19.80	18.38	
	最小	3.22	9.12	7.56	3.22	5.98	9.63	
洑头	平均	6.79	6.70	8.76	5.91	6.98	5.58	18
	最大	19.17	11.20	19.17	10.41	11.20	10.29	
	最小	3.09	3.31	3.77	3.09	3.29	3.50	
华县	平均	72.80	85.50	96.19	59.41	79.13	43.79	40
	最大	187.6	115.0	187.6	109.6	131.5	78.35	
	最小	16.83	57.21	52.88	30.99	39.72	16.83	
华县+洑头	平均	79.59	92.20	104.9	65.32	86.11	49.37	38
	最大	206.8	125.0	206.8	120.0	142.6	83.01	
	最小	20.13	64.23	56.65	34.38	43.89	20.13	

　　渭河流域入黄水量不断减少的原因是多方面的。本文从降水量变化、人类活动（水资源开发利用、生态环境建设）和蒸散发损失量等方面进行了初步探讨。

2　降水量变化

　　选取 232 个雨量站分区计算面平均降水量（其中华县选用 204 个,洑头以上选用 28 个）。计算结果表明,渭河流域 1950~1999 年多年平均年降水量 560.9mm,合计 755 亿 m³,径流系数 0.126。90 年代与多年均值相比,偏少了 8.7%（其中华县以上偏少 8.0%,洑头以上偏少 11.8%）。表 2 给出了渭河流域降水量不同年代的对比结果。

表 2　渭河流域降水量不同年代变化统计

区间	项　目	50年代	60年代	70年代	80年代	90年代	1950-1969年	1970-1999年	1950-1999年
张家山以上	平均(mm)	534.4	557.7	512.8	511.8	487.7	551.1	504.1	519.1
	距平(%)	2.95	7.44	-1.21	-1.41	-6.05	6.16	-2.89	
洑头以上	平均(mm)	558.7	565.1	492.9	505.6	448.3	563.3	482.3	508.0
	距平(%)	9.98	11.24	-2.97	-0.47	-11.75	10.89	-5.06	
华县以上	平均(mm)	602.7	602.8	566.5	585.3	527.4	602.8	559.7	573.4
	距平(%)	5.11	5.13	-1.20	2.08	-8.02	5.13	-2.39	
渭河流域	平均(mm)	594.3	595.6	552.4	570.1	512.3	595.2	544.9	560.9
	距平(%)	5.95	6.19	-1.52	1.64	-8.66	6.12	-2.85	

以多年平均情况为基准年,采用径流系数法,90 年代降水量产生的基准年天然径流量等于87.0 亿 m^3,与多年平均天然径流量相比减少了8.0 亿 m^3。这意味着降水量的变化导致渭河入黄水量减少 8.0 亿 m^3,占 90 年代入黄水量减少量(30.22 亿 m^3)的 26%。

3 人类活动影响

人类活动的影响主要指水资源开发利用、生态环境建设等方面。

3.1 水资源开发利用影响

3.1.1 河川径流耗水量的影响

以多年平均天然径流量与实测径流量之差作为渭河流域多年平均河川耗水量,即 15.41 亿 m^3。进入 90 年代以来,渭河流域平均耗水量达到了 22.90 亿 m^3(华县以上 21.38 亿 m^3,湫头以上 1.52 亿 m^3),其中农业用水占 72%,工业用水占 18%,城镇生活用水占 5%,农村生活用水占 5%。这意味着河川径流量耗水量的变化导致渭河入黄水量减少了 7.49 亿 m^3,占 90 年代入黄水量减少量(30.22 亿 m^3)的 25%。

3.1.2 地下水开采对河川径流的影响

90 年代以前,渭河流域地下水开采量很小。进入 90 年代以后,渭河流域地下水开采迅速增加,平均达到了 30.93 亿 m^3,其中华县以上为 28.45 亿 m^3,湫头以上为 2.46 亿 m^3。按 75% 计算地下水耗水量,渭河流域 90 年代地下水耗水量每年大致为 23.20 亿 m^3。实际上,渭河流域多年平均净可开采量(即地表水与地下水之间不重复量)只有 10.12 亿 m^3,这说明有 13.08 亿 m^3 是夺取了河川径流量。假设渭河流域多年平均地下水开采夺取河川径流量按 90 年代水平的 1/5 计,地下水开采夺取河川径流量导致渭河入黄水量减少 10.46 亿 m^3,占入黄水量减少量 30.22 亿 m^3 的 35%。

3.2 生态环境建设影响

渭河流域水土流失面积 10.67 万 km^2(其中泾河 3.997 万 km^2,北洛河 2.154 万 km^2),占渭河流域面积 79%。经过 50 年的治理,至 2000 年底,累计修建梯田 163.7 万 hm^2,造林 131.2 万 hm^2,种草 33.95 万 hm^2,坝地 2.90 万 hm^2,合计 331.75 万 hm^2,水土流失面积治理程度达到了 31%。根据"水利部第二期黄河水沙变化研究基金"项目有关研究成果,采用水保法,渭河流域水土保持减少水量多年平均 1.87 亿 m^3,其中 90 年代年平均 3.00 亿 m^3。这意味着生态环境建设导致渭河入黄水量减少 1.13 亿 m^3,占入黄水量减少量(30.22 亿 m^3)的 4%。

4 蒸散发损失增加量

利用水量平衡式 $P = R + E$ 计算(P 为降雨量,R 为径流深,E 为蒸散发量)。90 年代渭河流域平均降水量 512.3 mm,采用多年平均径流系数得到基准年径流深为 64.55 mm,则基准年平均蒸散发量为 447.75 mm,占降水量的 87.40%。以 90 年代实测径流量 + 河川径流耗水量 + 地下水开采影响河川径流量作为 90 年代天然径流量即 85.35 亿 m^3,折合径流深为 63.33 mm,则可计算得到 90 年代蒸散发量为 448.97 mm,占 90 年代降水量 87.64%,与基准年相比提高了 0.24%。这说明 90 年代的干旱时期导致单位降水量增加了 0.24% 的陆地蒸散发,也就是单位降雨量减少 0.24% 的径流量即 1.66 亿 m^3(512.3 mm × 0.24% × 134 766 km^2)。这意味着蒸散发损失增加量导致渭河入黄水量减少 1.66 亿 m^3,占入黄水量减少量(30.22 亿 m^3)的 5%。

此外,还有水利工程蓄变量、水面蒸发增加量等因素的影响。

5 结语

90 年代渭河入黄水量与多年均值相比减少 30.22 亿 m³。其中,降水量变化影响 8.0 亿 m³(占 26%),河川径流耗水量变化影响 7.49 亿 m³(占 25%),地下水开采变化对河川径流量影响 10.46 亿 m³(占 35%),生态环境建设变化影响 1.13 亿 m³(占 4%),蒸散发损失增加影响 1.66 亿 m³(占 5%),此外,还有 1.48 亿 m³ 影响量(5%),是由水利工程蓄变量、水面蒸发增加量等因素引起的。

黄河流域天然径流量趋势性成分检验分析

张学成　田水利　韩　捷　赵安林

(黄河水利委员会水文局)

1　1919～1997 年长系列分析

水文序列的趋势性成分检验方法主要有 Kendall 秩次相关检验法、Spearman 秩次相关检验法、线性趋势的回归检验法、滑动平均检验法等。其中,Kendall 秩次相关检验法、Spearman 秩次相关检验法常应用于长系列分析;线性趋势的回归检验法、滑动平均检验法常应用于短系列分析。这里采用 Kendall 秩次相关检验方法。此检验的统计量

$$U = \tau / [\mathrm{Var}(\tau)]^{1/2} \tag{1}$$

其中

$$\tau = 4Q/[n(n-1)] - 1$$
$$\mathrm{Var}(\tau) = 2(2n+5)/[9n(n-1)]$$

式中:Q 为 $x_1, x_2, \cdots, x_n$ 系列中对偶值$(x_i, x_j, j > i)$的 $x_i < x_j$ 出现的个数;n 为样本容量。

该方法的基本原理是:原假设为无趋势,给定显著水平 α 后,当$|U| < U_{\alpha/2}$时,接受原假设,即趋势不显著,否则趋势显著。

统计黄河流域唐乃亥、兰州、头道拐、龙门、三门峡和花园口 6 站 1919～1997 年逐年天然径流量系列,得出 Q 分别为 1 728、1 728、1 712、1 711、1 734 和 1 710,这样得到 U 分别为 1.95、1.95、1.82、1.81、2.01 和 1.80。给定显著水平 α(一般为 0.05～0.01),查表得到 $U_{0.05/2} = 1.96$,$U_{0.01/2} = 2.33$。根据得到的计算值 U,可以看出黄河干流 6 站的趋势成分绝大多数不显著。

2　1950～1997 年短系列分析

对于短系列,一般采用线性趋势的回归检验法和滑动平均检验法。这里都采用线性趋势的回归检验方法。

本文原载于《人民黄河》2001 年增刊。

假定水文序列 x_t 存在趋势性成分,则有最简单的形式:

$$x_t = T_t + \eta_t = a + bt + \eta_t \tag{2}$$

式中:T_t 为趋势性成分;η_t 为其余成分;a 和 b 分别为趋势性成分中线性方程参数;t 为时间。

$$T = b/s_b \tag{3}$$

其中

$$s_b = \sum_{t=1}^{n} (x_t - X)^2 - b^2 \sum_{t=1}^{n} (t - t')^2$$

式中:T 为统计量;X 和 t' 分别为 x_t 和 t 的均值;n 为样本容量。

假设统计量 T 服从自由度为 $(n-2)$ 的 t 分布,给定 α,可查出 $t_{\alpha/2}$。如果有 $|T| > t_{\alpha/2}$,则拒绝原假设,认为回归效果是显著的,即线性趋势显著;否则,线性趋势不显著。

2.1 降水量

这里分唐乃亥以上、兰州以上、兰州至头道拐、头道拐至龙门、龙门至三门峡、三门峡至花园口和花园口以上 7 个区段系列进行分析。

假定 7 个区段存在线性趋势成分,则得到线性回归方程分别为

$$P = -0.402\,4t + 438.26$$
$$P = -0.533\,1t + 440.12$$
$$P = 0.028\,7t + 290.74$$
$$P = -1.268\,4t + 471.32$$
$$P = -2.127\,1t + 615.77$$
$$P = -1.108\,4t + 705.06$$
$$P = -0.885\,1t + 473.28$$

这里,P 表示某年降水量,t 表示年份。运用线性趋势回归检验方法,得到 7 个区段的 T 绝对值分别为 1.131、1.704、0.076、2.194、2.549、0.710 和 2.569。

给定显著水平 α(取为 0.05~0.01),查表得到 $T_{0.05/2} = 2.01$,$T_{0.01/2} = 2.68$。根据得到的 T 计算值,说明黄河流域降水量仅头道拐至龙门区间、龙门至三门峡区间和花园口以上 3 个区段能通过 $\alpha = 0.05$ 水平检验,但都不能通过 $\alpha = 0.01$ 水平检验。这说明黄河流域降水量趋势变化成分基本上都不显著。

2.2 天然径流量

这里分唐乃亥以上、兰州以上、头道拐至龙门、龙门至三门峡、三门峡至花园口和花园口以上 6 个区段系列进行分析。

假定 6 个区段存在线性趋势成分,则得到线性回归方程分别为

$$W = 0.183\,4t + 201.45$$
$$W = -0.372\,5t + 348.8$$
$$W = -0.563\,4t + 71.72$$
$$W = -0.810t + 143.56$$
$$W = -0.866\,7t + 77.857$$
$$W = -2.395\,5t + 640.2$$

这里,W 表示某年天然径流量,t 表示年份。根据线性趋势回归检验方法,得到 6 个区段的 T 绝对值分别为 0.564、0.597、15.82、4.286、7.801 和 1.247。

给定显著水平 α(取为 0.05~0.01),按照"若 $|T| > T_{\alpha/2}$,则拒绝原假设,认为回归效果是显著的,即线性趋势显著;否则,线性趋势不显著"的原则,查表得到 $T_{0.05/2} = 2.01$,$T_{0.01/2} = 2$.

68。根据得到的 T 的计算值,说明黄河流域唐乃亥以上、兰州以上和花园口以上 3 个区段都不能通过 $\alpha = 0.05$ 和 $\alpha = 0.01$ 水平检验,说明这 3 个区段不存在明显的趋势性成分。而头道拐至龙门、龙门至三门峡和三门峡至花园口 3 个区段都能通过 $\alpha = 0.05$ 和 $\alpha = 0.01$ 水平检验,说明这 3 个区段天然径流量都存在明显的趋势变化成分,不过主要原因可能是人类活动,如水土保持工程开展及支流工农业用水增大造成的结果。

2.3 天然径流系数

这里分唐乃亥以上、兰州以上、头道拐至龙门、龙门至三门峡、三门峡至花园口和花园口以上 6 个区段系列进行分析。分析各区段降雨径流关系,发现 1970 年以前降雨径流关系对应较好,1970 年以后由于人类活动影响,导致降雨径流关系较差,普遍表现在同样降雨下径流深偏小。不过,唐乃亥以上变化不很显著。图 1 给出了唐乃亥以上和花园口以上 1950 ~ 1997 年降水径流关系的比较。

假定 6 个区段存在线性趋势成分,则得到线性回归方程分别为

$$C = 0.000\ 5\ t + 0.381\ 6$$
$$C = 0.000\ 02\ t + 0.355\ 5$$
$$C = -0.000\ 7\ t + 0.116\ 7$$
$$C = -0.000\ 4\ t + 0.122\ 3$$
$$C = -0.003\ 2t + 0.269\ 5$$
$$C = -0.000\ 4t + 0.185$$

这里,C 表示某年天然径流系数,t 表示年份。根据线性趋势回归检验方法,得到 6 个区段的 T 绝对值分别为 695、61.22、14 186、5 202、325 和 5 574。

给定显著水平 α(取为 0.05 ~ 0.01),按照相同原则,查表得到 $T_{0.05/2} = 2.01$,$T_{0.01/2} = 2.68$。根据得到的 T 计算值,说明黄河流域天然径流系数存在明显的线性趋势变化成分。图 2 给出了唐亥以上和花园口以上两个区段天然径流系数逐年变化过程。可以看出,两个区段呈现不同的变化趋势,表现在唐乃亥以上呈逐年递增趋势,花园口以上呈逐年递减趋势。

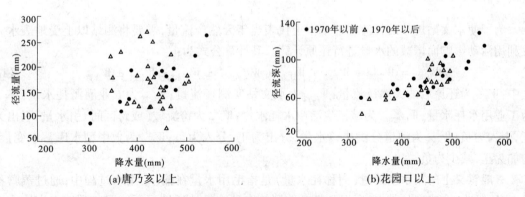

(a)唐乃亥以上　　　　　　　　　　　　(b)花园口以上

图 1　降雨径流关系比较

3　结语

根据前面的分析,可以得到如下几个基本结论:

(1)黄河流域各区段降水量基本上不存在趋势性变化成分。

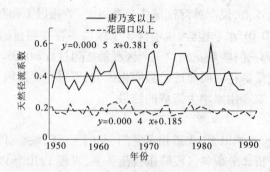

图2 黄河唐乃亥以上和花园口以上天然径流系数变化的比较

（2）黄河流域天然径流量,长系列基本上不存在趋势性变化成分;短系列中,头道拐至龙门、龙门至三门峡和三门峡至花园口3个区段都存在明显的趋势变化成分。

（3）1970年以后黄河流域降雨径流关系发生了较大变化,普遍表现在同样降雨条件下天然径流量偏少。各区段天然径流系数都存在趋势性变化成分,不过变化趋势各异,例如唐乃亥以上和花园口以上两个区段呈现不同变化趋势。

（4）导致降雨径流关系发生变化的因素复杂,有待进一步研究。

黄河流域地表水耗损分析

张学成[1]　刘昌明[2]　李丹颖[3]

（1.黄河水利员会水文局;2.中国科学院地理科学与资源研究所;
3.武汉大学水资源与水电工程科学国家重点实验室）

1 引言

为了使水文站历年的径流量能基本上代表当年天然产流量,需要将测站以上受地表水开发利用活动影响而增减的水量进行还原计算。其计算公式为:

$$W_{天然} = W_{实测} + W_{农灌} + W_{工业} + W_{城镇生活} \pm W_{引水} \pm W_{分洪} \pm W_{库蓄} \tag{1}$$

式中:$W_{天然}$为还原后的天然径流量;$W_{实测}$为水文站实测径流量;$W_{农灌}$为农业灌溉耗水量;$W_{工业}$为工业用水耗水量;$W_{城镇生活}$为城镇生活用水耗水量;$W_{引水}$为跨流域(或跨区间)引水量,引出为正,引入为负;$W_{分洪}$为河道分洪决口水量,分出为正,分入为负;$W_{库蓄}$为大中型水库蓄水变量,增加为正,减少为负。

一般意义上的用水消耗量(简称耗水量)是指毛用水量在输水、用水过程中,通过蒸腾蒸发、土壤吸收、合成产品带走、居民和牲畜饮用等多种途径消耗掉而不能回归到地表水体或地下含水层的水量。其中,农田灌溉耗水量是指包括作物蒸腾、棵间蒸散发、渠系水面蒸发和浸润损失等水量,工业耗水量是指包括输水损失和生产过程中的蒸发损失量、合成产品带走的水

本文原载于《地理学报》2005年第1期,为国家重点基础研究发展规划项目(G19990436);国家自然科学基金重点项目(50239050)。

量、厂区生活耗水量等,生活耗水量是指包括输水损失以及居民家庭和公共用水消耗的水量。城镇生活耗水量的计算方法与工业基本相同,即由用水量减去污水排放量求得(农村住宅一般没有给排水设施,用水定额低,耗水率较高,可近似认为农村生活用水量基本是耗水量),其他用户耗水量包括果树、苗圃、草场等方面的耗水量(主要是它们的蒸散量)。

针对黄河的特点,耗水量有其特殊的定义。为区别于一般意义上耗水量,这里采用了耗损量概念应用于黄河,主要区别在于农业和工业生活用水消耗量等方面。农业灌溉耗损量是指农田、林果、草场引水灌溉过程中,因蒸发消耗和渗漏损失掉而不能回归到河流的水量;工业用水和城镇生活用水的耗损量包括用户消耗水量和输排水损失量,为取水量与入河废污水量之差。

本文以黄河流域水资源调查评价成果提供的基本资料为基础,在总结黄河流域地表水耗损量变化特点、分析其现状结构的基础上,说明了黄河流域地表水用水量结构调整的思路并论证了其实施可行性。文中黄河流域地表水耗损量分析所采用的资料与全国水资源综合规划的黄河流域水资源评价成果(1956~2000年系列)采用的资料一致。

2 黄河流域地表水耗损量计算方法

农业灌溉耗损量计算,主要采用引退水差方法,无退水资料地区则用回归水系数方法。其中引、取水量是指从黄河干支流中引、取水量,退(排)水量是指从黄河干支流中引、取水量中又回归黄河干支流的水量。回归水系数的取值主要根据水文地质参数及一些实验成果确定,一般可取 0.05~0.20。对于没有引退水资料地区,一般采用综合灌溉定额方法计算,其取值根据区域有效降水、农作物结构、灌溉制度、复种指数等因素确定,例如,水稻一般取值 6 717~14 925 m^3/hm^2,小麦一般取值 2 985~5 970 m^3/hm^2。

工业、城镇生活及农村人畜耗损量计算,采用了耗水率方法。耗水率取值根据各地区、各行业情况不同而有差异,例如,火电工业一般取 7%~10%,一般工业取值 40%~60%,城镇生活一般取值 40%~60%。已如前述的原因,农村人畜一般取值 100%。

3 黄河流域地表水耗损量历年变化分析

黄河流域的水资源利用在历史上主要是兴办灌溉事业和漕运,且起源很早。在刀耕火种的原始社会,相传人们就经常"负水浇稼"以保证农作物生长。相传大禹治水时期,就曾"尽力乎沟洫",发展水利。战国初期,黄河流域开始出现大型水利工程。秦以后,黄河流域的水利事业有了进一步发展。在漫长的封建社会里,随着各朝代的更替和重视程度不同,水利事业时有兴废,但总的形势是向前发展的。到 1949 年黄河流域利用河川径流实灌面积为 65.2 亿 hm^2,年耗水 74 亿 m^3。另有纯井灌面积 14.9 亿 hm^2。

1949 年以来特别是 70 年代以来,沿黄地区对黄河水资源进行了大规模的开发利用。截至 2000 年,全流域已建成大、中、小型水库及塘堰坝等蓄水工程约 10 100 座,总库容约 720 亿 m^3,其中大型水库 22 座,总库容 617 亿 m^3;引水工程约 9 860 处,提水工程约 23 600 处,机电井工程约 38 万眼;在黄河下游,还兴建了向两岸海河、淮河平原地区供水的引黄涵闸 90 座,提水站 31 座,为开发利用水资源提供了重要的基础设施。黄河流域及下游引黄地区灌溉面积由1950 年的 80.0 亿 hm^2 发展到目前的 734 亿 hm^2(其中流域外引水灌溉的面积 247 亿 hm^2)。流域内引黄灌区主要分布在上游的宁蒙平原、中游的汾渭盆地和下游,其灌溉面积约占总灌溉面积的 64%。其余灌溉面积较为集中的地区还有青海湟水地区、甘肃沿黄台地和河南伊洛河、沁河地区。在约占耕地面积 36% 的灌溉面积上生产了 70% 的粮食和大部分经济作物。黄河还为两岸 50 多座大中城市、420 个县(旗)城镇、晋陕宁蒙地区能源基地、中原和胜利油田提供了水源保障,引黄济青为青岛市的经济发展创造了条件,引黄济津缓解了天津市缺水的燃眉之急。黄河水资源的综合开发利用,改善了部分地区的生态环境,解决了农村近 3 000 万人的饮水困难。黄河干流已建、在建的 15 座水利枢纽和水电站,发电总装机容量 1 113 万 kW,年平均发电量 401 亿 kWh。黄河水资源的开发利用有力地推动了沿黄省(区)的经济发展,取得了显著的效益。

根据 1956~2000 年黄河流域逐年耗损量系列分析,全流域多年平均耗损量 249.0 亿 m³(其中流域外调水 79.09 亿 m³,占流域总量 31.8%),1980~2000 年年平均耗水量达到 296.6 亿 m³(其中流域外调水 108.3 亿 m³,占流域总量 36.5%)。黄河流域的用水量的结构是,农业灌溉占 91%,工业及城镇生活占 7%,农村人畜用水占 1%。耗水量的年代变化的总体情况是:50、60 年代用水水平相当,相对较低,70 年代稳步上升,80 年代达到顶峰,之后 90 年代由于来水量的限制而趋于稳定。

从黄河流域二级区和各省区地表水耗损量年代变化来看,基本上都呈稳步上升趋势(见表 1、表 2、图 1)。例如,兰州—河口镇区间,50、60 年代引黄水量大致在 80 亿 m³,90 年代上升到了 106 亿 m³,增长了近 27%。山东省,50、60 年代引黄水量大致在 25 亿 m³,90 年代上升到了 88 亿 m³,上升了近 1.5 倍。

表 1   不同年代黄河流域地表水耗损量水资源二级区变化对比   (单位:亿 m³)

时段	龙羊峡以上	龙羊峡—兰州	兰州—河口镇	河口镇—龙门	龙门—三门峡	三门峡—花园口	花园口以下	黄河流域	其中流域外调水
1956~1959	1.22	8.99	75.97	1.13	16.27	38.80	38.13	180.5	52.29
1960~1969	1.23	8.15	86.28	1.49	20.29	25.10	33.77	176.3	35.44
1970~1979	1.24	14.49	87.47	2.57	33.85	25.18	84.44	249.2	72.07
1980~1989	1.23	17.47	101.50	3.24	32.92	25.91	116.9	299.2	114.50
1990~2000	1.32	20.57	105.60	3.87	35.4	24.05	103.30	294.2	102.70
1956~2000	1.25	14.74	93.75	2.67	29.45	26.26	80.90	249.0	79.09
1956~1979	1.23	10.93	85.06	1.88	25.27	27.42	55.61	207.4	53.51
1980~2000	1.28	19.09	103.70	3.57	34.22	24.93	109.80	296.6	108.30

表 2   黄河流域地表水耗损量不同省区不同年代变化对比   (单位:亿 m³)

时段	青海	四川	甘肃	宁夏	内蒙古	山西	陕西	河南	山东	河北天津	黄河流域
1956~1959	5.59	0.15	7.89	24.18	50.16	8.42	6.54	51.89	25.64	0.00	180.5
1960~1969	5.98	0.15	8.25	29.37	54.22	10.86	8.48	32.40	26.57	0.00	176.3
1970~1979	7.30	0.15	16.34	29.51	53.97	14.75	19.15	38.45	69.51	0.00	249.2
1980~1989	8.81	0.15	20.25	30.79	64.73	14.83	18.80	40.58	100.20	0.00	299.2
1990~2000	10.34	0.15	21.70	34.48	65.43	12.68	23.29	36.30	88.24	1.44	294.2
1956~2000	7.93	0.15	15.97	30.50	58.88	12.83	16.59	38.25	67.46	0.35	249.0
1956~1979	6.46	0.15	11.56	28.56	53.44	12.07	12.60	38.17	44.31	0.00	207.4
1980~2000	9.61	0.15	21.01	32.73	65.09	13.71	21.15	38.34	93.92	0.76	296.6

图1　黄河流域水资源二级区分布

　　从黄河流域上中下游地表水耗损量1956年以来逐年变化特点可以看出(见图2),黄河上游地表水耗损量一般占全黄河45%左右(主要是宁蒙引黄灌区用水),并且1956年以来基本呈稳步上升态势。中下游地区,1958~1960年,因大跃进生产,地表水耗损量(主要是河南省和山东省)急剧加大,之后60年代初因雨涝、土地盐碱化而降至最低;60年代中期至80年代初,中游地表水耗损量逐年增加迅速,一直延续到80年代末;90年代因来水量减少的限制,中下游的地表水耗损量有所下降,稍降到166.6亿 m³。全流域,90年代平均294.2亿 m³。

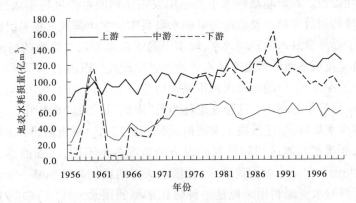

图2　黄河流域地表水耗损量不同河段逐年对比情况

4　黄河流域地表水耗损量的现状结构与问题

4.1　20世纪90年代地表水耗损量状况

　　根据1990~2000年黄河流域耗损量分析,各河段、各省区比例不尽相同。宁夏、内蒙古、山东等地区农业灌溉耗损量占总耗损量比例达到了94%以上。整个黄河流域,农业灌溉、工业与生活、农村工业、农村人畜等方面耗损量占总耗损量比例,现状条件下分别为90.8%、7.5%、0.4%、1.3%。黄河流域各省(区)耗损量分项比例现状见表3。

表3　黄河流域90年代各省区地表水耗损量结构比例　　　　　　　　　　（%）

省（区）	合计	农业灌溉	工业与生活	农村工业	人畜饮水
青海	100	89.1	5.0	1.0	4.9
四川	100	40.7	10.7	0.0	48.6
甘肃	100	71.9	20.6	1.5	6.0
宁夏	100	98.4	1.5	0.0	0.1
内蒙古	100	97.6	2.0	0.0	0.4
山西	100	86.7	8.0	1.1	4.2
陕西	100	85.1	12.0	0.5	2.4
河南	100	86.3	12.1	1.1	0.5
山东	100	94.2	5.7	0.0	0.1
河北天津	100	0.0	100	0.0	0.0
全黄河	100	90.8	7.5	0.4	1.3

4.2　地表水耗损问题的若干分析

按前述的地表水水量还原公式（1），可以得知水文站天然径流与实测径流量之差可以近似地视为毛耗损量，即还原水量，并可用下式表示：

$$W_毛 = W_{天然} - W_{实测} = W_{农灌} + W_{工业} + W_{城镇生活} \pm W_{引水} \pm W_{分洪} \pm W_{库蓄}$$

式中：各项参数定义同公式（1）。

下面分析净耗损量。农业灌溉耗水主要是由农田作物的生产过程中水分作物蒸散（腾）量与作物棵间土壤的蒸散发量以及地面灌溉输水渠系中的水面蒸散发量等组成。这几部分水的数量很大。为了提高灌溉水的利用效率，输水中的下渗量要通过渠系的衬砌来减少。按现状的灌溉水平，黄河流域地面灌溉渠系输水的效率还比较低。以山东、陕西和宁夏分别代表黄河下游、中游与上游灌区，它们的灌溉水利用系数均在0.5以下，即0.49、0.38、0.38，说明一半以上的灌溉水量未能被作物利用。这种现象称为是"灌地"而不是"灌作物"。但是，从水量消耗来看，到底有多少水量耗损，还取决于未被消耗掉的回归水。灌溉后，回归水退回河道的水量可以直接测定，而渗蓄与灌区田间计划层以下的情况各地不同，已如前述，大概为0.05～0.20之间。显然与退回河道水的引黄灌区，耗损水所占的比例高达80%～95%。因此，笔者曾经指出，农业灌溉对水资源利用来说是一种强耗水型的用水。式（2）中的 $W_{工业}$、$W_{城镇生活}$ 与 $W_{农灌}$ 不同，它们大部分的用过的水量并不耗损，如工业冷却水与生活中的洗涤水经过使用后，大部分水量仍能保持，只是用后的水质发生变化（污染）。据统计，2002年黄河流域工业与生活废污水的排放量为41.35亿 m^3，而2002年地表水的用（取）水量为43.15亿 m^3。尽管数字统计不完全，但是却已说明工业与城镇生活用水的耗损量远比农业灌溉用水少得多，属于弱耗水型用水。工业与生活用水后的大量废污水经过处理是可以大量回收再利用的。全国工业废污水回收复用率最高的地区1998年已达到90%。至于式（2）中的最后三项，目前黄河流域尚无引入的水量，只有引出的水量，$W_{引水}$ 是负值，从黄河流域引出的水量包括天津、青岛与豫鲁两省灌区，其水量的耗损并非黄河流域内本身的耗水；下游的分滞洪区多年来也未启用，$W_{分洪}=0$；$W_{库蓄}$ 随来水量的变化，90年代以来基本上是负值，其耗水量主要是库水面的蒸发量。

流域地表蒸发（蒸散或腾发）是地表水分总耗损，其定量计算有许多方法。考虑本文分析方法的一致性，笔者采用水量平衡计算。根据水量平衡的原理，我们可以得到以下的蒸散量

(ET) 计算方程:

$$ET = W\left(1 - \frac{R_g}{W}\right) \tag{3}$$

式中:W 为土壤层总的渗蓄水量,流域用含水系统条件下,$W = P - R_s$,P 为降水加灌水量,R_s 为地表径流。当通过土壤层中的 W 过剩时产生深向渗漏或产生回归水,在闭合流域的水循环中转化为潜流补给河流,同理可以得到 R_g 的计算:

$$R_g = W\left(1 - \frac{ET}{W}\right) \tag{4}$$

显然,$\frac{ET}{W} + \frac{R_g}{W} = 1$,并可按式(3)绘制 $ET \sim W$ 图(图3)或 $R_g \sim W$ 图。

处于干旱、半干旱的黄河灌区,由降水而来的 W 不能满足农作物的需要(见图3),必须通过大量灌溉增加 W 的数量,满足农作物耗水量(ET),ET 随 W 的增加呈线性增长。当采用有效灌溉的条件下,$R_g \rightarrow 0$,则灌水量均为农田与作物所消耗。因此,我们可以用式(3)与式(4)说明农业灌溉的强耗水性的水量平衡原理。

综上所述,式(2)的毛耗水量在减去农灌回归水和工业、城镇生活的排水量与库蓄以后方可计算出净耗水量。净耗水量是一个流域真实的耗水量。这部分水量都与人类用水的规模与方式(包括科技水平)有密切关系。因此,水资源的耗损量应当是可以调控的。

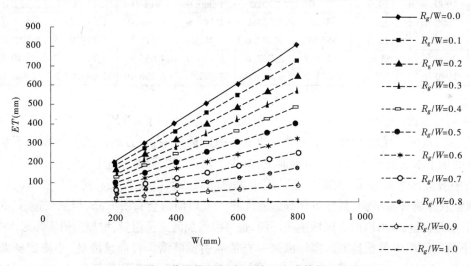

图3 蒸散量(ET)与土壤层水渗蓄量(W)关系

5 减少黄河地表水耗损量与用水结构调整

已如前述,黄河流域农业灌溉用水占流域总用水量的 91% 以上,而农业灌溉是强耗水性的。因此,针对黄河流域耗损量结构现状,要通过节水措施实施、提高用水效率、农作物种植结构调整、降低耗水率、地下水合理开采等途径来控制耗水。如果能够把耗损量大的农业灌溉耗损量潜水蒸发量减少,将会降低总耗损量,从而缓解黄河流域水资源短缺、用水紧张的局面,为维持黄河健康生命提供支撑。

黄河上游宁夏银川引黄灌区多年平均地下水资源量 24.31 亿 m³,其中引黄灌溉补给量(主要是渠系和田间渗漏补给)23.20 亿 m³,但由于沿袭历史的大引大排黄河水习惯,加上地下水开采成本高,现状年开采量仅 3.22 亿 m³,(已扣除当地降雨入渗补给量),利用率太低,大量的潜水消耗于无效蒸发。虽然不能算成可利用资源量,但从开发利用角度讲,开采地下水、降低地下水位、减少潜水蒸发、夺取无效蒸发量予以利用,无疑是一种减少地表耗损水的有效途径。在降低地下水位的同时,还可改良盐碱耕地及荒地,达到改造中低产田和提高灌溉质量的目的。

黄河中游关中灌区由于地表水不足而超采地下水,导致地下水水位持续下降,形成地下水降落漏斗。例如,西安市地下水埋深小于 2 m 的面积,1990 年为 605 km²,至 2000 年缩小为 60 km²,减少了近 90%;地下水埋深大于 8 m 的面积,1990 年为 2 131 km²,至 2000 年扩大为 3 174 km²,增加近 50%。关中地区部分地市 2000 年与 1990 年不同地下水埋深面积的变化情况见表 4。

表 4 关中地区部分地市地下水埋深面积 2000 年与 1990 年对比情况

地市	年份	不同埋深(m)地下水面积(km²)						
		<2	2~4	4~8	8~20	20~40	>40	合计
西安	2000 年	60.0	366.0	1 249.6	2 304.0	604.0	266.4	4 850.0
	1990 年	605.0	1 093.0	1 021.0	1 225.0	541.0	365.0	4 850.0
宝鸡	2000 年	0.0	376.4	214.8	546.8	946.8	825.2	2 910.0
	1990 年	155.0	107.0	261.0	801.0	925.0	661.0	2 910.0
咸阳	2000 年	0.0	40.0	129.2	1 435.6	971.6	796.6	3 373.0
	1990 年	139.0	227.0	535.0	1 086.0	815.0	571.0	3 373.0
渭南	2000 年	3.2	646.8	1 354.0	1 117.6	1 532.0	1 853.4	6 507.0
	1990 年	526.0	886.0	1 342.0	840.0	1 515.0	1 398.0	6 507.0
合计	2000 年	63.2	1 429.2	2 947.6	5 404.0	4 054.4	3 741.6	17 640.0
	1990 年	1 425.0	2 313.0	3 159.0	3 592.0	3 796.0	2 995.0	17 640.0

从表 4 可以看出,整个关中灌区 90 年代地下水用水量达到了 27.57 亿~34.24 亿 m³,平均 30.92 亿 m³,接近流域地下水可开采量。地下水的过量开采,一方面造成大面积地下水漏斗,另一方面地下水过量超采影响河道排泄量,减少了河道内实际来水量(大约在 12 亿 m³)。实际上,关中灌区地下水开采,大部分还是用于农业灌溉。如果在节水工程充分实施的前提下,适当调整农作物种植结构,虽然可能导致农作物产量短期内会有所下降,但从长远看,必将会减少地下水开采量,既可以改善区域生态环境,也可以增加河道排泄量,增加河道实际来水量。

黄河下游的河南省封丘县灌区多年以来一直依靠引黄灌溉。目前该灌区,小麦定额灌溉达到了 7 164 m³/hm²,水稻 24 328 m³/hm²。水作区与旱作区种植面积比例为 36∶64。通过充分节水论证,取 75% 保证率条件下,小麦灌溉定额可降至 2 090 m³/hm²,玉米灌溉定额 522 m³/hm²,棉花灌溉定额 896 m³/hm²,油菜灌溉定额 896 m³/hm²,花生灌溉定额 522 m³/hm²,水稻灌溉定额 7 463 m³/hm²。如果按现状种植面积比例,水作区复种指数 1.70(小麦∶早稻∶晚稻∶其他 = 0.70∶0.30∶0.50∶0.20),旱作区复种指数 1.70(小麦∶棉花∶玉米 = 0.70∶0.30∶0.70),再考虑灌区规模,其用水量核定为 3 530 万 m³。根据封丘灌区实际情况,灌区有一部分水作区(约 0.16 万 hm²)因为距水源远,长时间用不上水,如果改成旱作区,整个封丘灌区,水作区与旱作区种植面积比例可变为 18∶82,灌区核定总用水量可降至 2 684 万 m³,较农作物调整前减少用水量 24%。

目前黄河下游引黄灌区引黄灌溉综合定额 4 478 m³/hm²。而引水灌溉的实际水量耗损主要是由于引水渠系(干、支、斗、农、毛)的水量蒸发损失和水到田间的作物蒸腾与蒸发(腾发)。从渠系与经过渠系返回河道的尾水以及由渠系到田间渗透到地下水的部分,如前所述通称为回归水。值得指出的是,田间作物的耗水量又可分为作物蒸腾与作物株间土(水)面的蒸发。统称为作物农田耗水量。前者可视为形成产量的生产性耗水,后可视为形成产量的非生产性耗水。作者通过大田蒸渗仪的实际观测曾发现小麦全生长期的非生产性蒸发可占其总耗水量的30%左右。因此实际参加作物光合作用的生产性蒸腾只有70%。实测小麦生长期株间土面蒸发耗水占总蒸散量的29.7%,玉米占30.3%。这些非生产性的水量耗损比例不仅因生育期叶面积指数(LAI)而变化,而且还随来水量(降水量与灌溉量)的增大而增加。为了减少非生产性的耗水可以采用农艺节水措施(棵间覆盖)进行控制。同样,如果适当调整黄河下游引黄灌区农作物种植结构,如水作改旱作(如10%水作面积改成旱作),黄河下游引黄水量将由目前的年均84亿 m³ 降低10%~20%。这将减少农业灌溉耗水,同时对改善黄河下游河道生态用水、维持黄河健康生命提供有力支撑。

6 结语

(1)根据1956~2000年黄河流域地表水耗损量逐年系列分析,全流域多年平均地表水耗损量249.0亿 m³(其中流域外调水79.09亿 m³,占流域总量的31.8%),1980~2000年平均296.6亿 m³(其中流域外调水108.3亿 m³,占流域总量的36.5%。用水结构上,农业灌溉占91%,工业及城镇生活占7%,农村人畜用水占1%)。

(2)黄河流域地表水耗损量,年际变化的总体情况是:50、60年代用水水平相当,相对较低,70年代稳步上升,80年代达到顶峰,之后90年代趋于稳定。

(3)整个黄河流域,农业灌溉、工业与生活、农村工业、农村人畜等方面耗损量占总耗损量比例,现状条件下分别为90.8%、7.5%、0.4%、1.3%。从耗水的比例和耗水的性质来看,减少黄河地表水的损耗的关键和有效途径,必须是控制农业耗水、发展节水农业、调整产业结构等。

(4)根据各大型灌区如上游宁夏引黄灌区、中游关中灌区、下游引黄灌区地表水耗损量结构现状实际情况分析,实施节水措施、提高用水效率、调整农作物种植结构、进行棵间覆盖、降低耗水率、控制潜水蒸发,可以降低黄河流域地表水农业灌溉的巨大耗损量,从而缓解黄河流域水资源短缺、用水紧张的局面,维持黄河健康生命。

黄河水资源量及其系列一致性处理

张学成 王 玲 张 诚 龙 虎

(黄河水利委员会水文局)

1 黄河流域水资源特点

以1956~2000年系列为基础,黄河流域水资源调查评价工作组历时两年,提出了黄河流

本文原载于《第二届黄河国际论坛论文集》,黄河水利出版社,2005年。

域水资源调查评价成果。这里简要介绍黄河水资源量的特点。

1.1 基本特征

以 1956～2000 年系列为基础,表1给出了黄河干支流主要断面水资源量情况。黄河利津断面以上,多年平均降水量 456.9 mm,河川天然径流量 568.6 亿 m³,地下水资源量(指矿化度 <2 g/L,1980～2000 年平均值,下同)369.1 亿 m³,扣除河川天然径流量与地下水之间重复量 265.6 亿 m³,水资源总量 672.1 亿 m³,产水年模数 8.94 万 m³/km²。

从表1还可以看出,黄河河源区(唐乃亥断面以上)多年平均来水量 205.2 亿 m³,约占黄河天然径流量的 36%。

1.2 年际变化特征

1.2.1 统计特征

统计结果表明,天然径流量,黄河干流最大最小比值一般介于 2.3～2.8,支流最大最小比值则一般在 3.0 以上,个别甚至可以达到 6.6。C_v 值,黄河干流较支流小,这说明黄河支流与黄河干流相比,年际间变化要大一些。

1.2.2 丰、平、枯变化

黄河水资源,1956～1968 年,处于连续平偏丰水时段;1969～1974 年,处于连续偏枯水时段;1975～1990 年,处于连续平偏丰水时段;1991～2000 年,处于连续偏枯水时段。图1和图2分别给出了唐乃亥和花园口断面 1956 年以来降水量和天然径流量逐年变化过程。

表1 黄河干支流主要断面水资源量统计结果

水文站	集水面积(万 km²)	降水量(mm)	河川径流量(亿 m³)		地下水资源量(亿 m³)	水资源总量(亿 m³)	产水模数(万 m³/km²)
			实测	天然*			
黄河唐刻	12.20	485.9	203.9	205.2	82.79	205.6	16.85
黄河兰州	22.26	483.0	313.1	333.0	138.0	335.0	15.05
黄河三门峡	68.84	438.4	357.9	503.9	309.6	583.9	8.48
黄河花园口	73.00	450.9	390.6	563.9	345.0	651.9	8.93
黄河利津	75.19	456.9	315.3	568.6	369.1	672.1	8.94
渭河华县	10.65	545.9	70.53	85.21	35.05	99.64	9.36
汾河河津	3.87	501.0	10.67	22.11	23.99	34.92	9.02
伊洛河黑石关	1.86	705.8	26.72	31.45	18.73	34.29	18.44
沁河武陟	1.29	605.9	8.19	14.50	10.41	17.75	13.76
大汶河代村坝	0.83	711.1	10.33	15.29	13.86	22.26	26.82

* $W_{天然} = W_{实测} + W_{农灌} + W_{工业} + W_{城镇生活} \pm W_{引水} \pm W_{分洪} \pm W_{库蓄}$。其中,$W_{天然}$ 为还原后的天然径流量;$W_{实测}$ 为水文站实测径流量;$W_{农灌}$ 为农业灌溉耗水量;$W_{工业}$ 为工业用水耗水量;$W_{城镇生活}$ 为城镇生活用水耗水量;$W_{引水}$ 为跨流域(或跨区间)引水量,引出为正,引入为负;$W_{分洪}$ 为河道分洪决口水量,分出为正,分入为负;$W_{库蓄}$ 为大中型水库蓄水变量。

1.2.3 水资源情势

表2给出了黄河干流主要断面不同时段水资源量的对比情况。由表2可以看出,1969～1974 年黄河虽然处于连续偏枯阶段,但降水偏少幅度与天然径流量和水资源总量偏少幅度的比例基本处于 1:2.5 以下。1991 年以来,黄河水资源状况呈现了降水量偏少不大,天然径流量和水资源总量大幅度偏少的现象,偏少幅度比例达到了 1:3 以上。

例如,黄河源区,1991～2000 年平均年降水量仅较多年均值偏少 1.8%,天然径流量和水

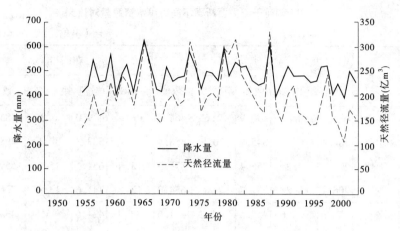

图1 唐断面以上1956年以来降水量和天然径流量逐年对比情况

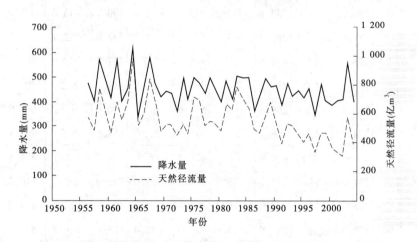

图2 花园口断面以上1956年以来降水量和天然径流量逐年对比情况

资源总量却较其多年均值都偏少了14.3%;整个黄河,1991～2000年平均年降水量仅较多年均值偏少6.7%,天然径流量和水资源总量却较其多年均值分别偏少了22.8%和19.0%。

　　河道实际来水量,1991年以来呈现大幅度减少的现象。黄河源区,1991～2000年平均174.6亿 m³,较多年均值减少了近14%;黄河入海水量,1991～2000年平均119.2亿 m³,较多年均值减少了62%以上。

1.3　近5年平均情况

　　从表2可以看出,将系列延长至2004年,黄河2000～2004年平均降水量437.1 mm,天然径流量376.5亿 m³,水资源总量481.4亿 m³。与多年均值相比,降水量仅偏少4.3%,实测径流量、天然径流量和水资源总量偏少幅度分别达到了67%、34%和28%。降水量与天然径流量偏少幅度比例达到了1:8。

2　黄河水资源情势变化原因初步分析

2.1　实际来水量

　　笔者经过对降水量变化、人类活动,如国民经济用水、水土流失治理等主要因素的分解,得

表2　黄河干流主要断面不同时段水资源量对比

（单位:降水,mm;水量,亿 m³）

时段 （年）	项目	唐亥		兰州		三门峡		花园口		利津	
		数值	距平(%)	数值	距平(%)	数值	距平(%)	数值	距平(%)	数值	距平(%)
1956~1968	降水	489.9	0.8	490.9	1.6	464.8	6.0	479.0	6.2	485.1	6.2
	实测	204.4	0.2	345.9	10.5	458.4	28.1	508.3	30.1	498.1	58.0
	天然	205.6	0.2	356.4	7.0	571.3	13.4	651.1	15.5	659.8	16.0
	总量	206.1	0.2	357.7	6.8	654.8	12.1	741.6	13.8	766.1	14.0
1969~1974	降水	458.8	-5.6	458.5	-5.1	411.6	-6.1	424.6	-5.8	433.1	-5.2
	实测	175.3	-14.0	270.2	-13.7	302.2	-15.6	327.6	-16.1	282.5	-10.4
	天然	176.6	-13.9	289.1	-13.2	443.3	-12.0	490.7	-13.0	497.6	-12.5
	总量	177.0	-13.9	290.4	-13.3	518.1	-11.3	573.0	-12.1	598.3	-11.0
1975~1990	降水	498.2	2.5	494.1	2.3	445.7	1.7	457.7	1.5	462.0	1.1
	实测	232.5	14.0	339.2	8.3	379.9	6.1	414.8	6.2	301.6	-4.3
	天然	233.8	13.9	364.4	9.4	539.6	7.1	600.6	6.5	601.9	5.9
	总量	234.2	13.9	366.7	9.5	618.3	5.9	687.6	5.5	703.1	4.6
1991~2000	降水	477.1	-1.8	469.9	-2.7	408.3	-6.9	419.5	-7.0	426.1	-6.7
	实测	174.6	-14.4	254.2	-18.8	225.5	-37.0	236.9	-39.3	119.2	-62.2
	天然	175.9	-14.3	279.0	-16.2	395.4	-21.5	435.9	-22.7	439.2	-22.8
	总量	176.3	-14.3	281.9	-15.9	476.2	-18.4	526.0	-19.3	544.1	-19.0
2000~2004	降水	437.6	-9.9	428.6	-11.3	413.7	-5.6	429.0	-4.9	437.1	-4.3
	实测	144.2	-29.3	244.3	-22.0	171.2	-52.2	207.9	-46.8	105.7	-66.5
	天然	145.7	-29.0	258.9	-22.3	332.1	-34.1	390.2	-30.8	376.5	-33.8
	总量	147.3	-28.4	261.8	-21.9	412.9	-29.3	480.3	-26.3	481.4	-28.4

出初步的看法是:黄河上游实际来水量不断减少,主要是气候变化的影响(包括降水偏少和气温升高等),其比重约占75%,人类活动影响作用仅占25%。在人类活动影响中,国民经济耗水量不断增加影响作用占16%,其他如水利工程建设,包括水库拦蓄以及其他小型和微型水利工程等因素的影响,其比重约9%(包括统计计算的误差在内)。

至于黄河中游,过去50年来的实际来水量不断减少,气候因素影响作用约占来水量减少的43%;人类活动影响作用约占来水量减少的57%,与黄河上游的情况相反,人类活动的影响明显加大,已大于气候因素的影响,但粗略地说,气候变化的影响仍可占一半。在人类活动影响中,国民经济耗水量不断增加的影响大致占18%,生态环境建设导致下垫面条件发生变化的影响约占24%,水利工程建设与其他水保工程等因素的影响约占15%。

2.2 天然径流量

2.2.1 气候变化影响

近5年来,黄河源区平均降水量437.6 mm,河川天然径流量145.7亿 m^3。与多年均值相比,近5年降水量偏少了9.9%,河川天然径流量偏少了29.0%。牛玉国等认为,黄河源区水资源变化的主要原因是气候变化如降水量偏少、气候变暖引起蒸发能力上升等。其中气温的作用,笔者利用热量平衡原理,用高桥浩一郎公式对黄河上游进行统计计算,大致可以认为,气温升高1℃,蒸散发能力将提高5%~10%。

统计分析降水量变化,呈现汛期(6~9月)降雨量偏少幅度大于年降水量偏少幅度的特点。例如,与多年均值相比,黄河1991~2000年平均年降水量较多年均值偏少了6.7%,但汛期降雨量偏少幅度达到了10%。

汛期降雨量的偏少主要反映在汛期不同量级雨量降水日数的减少。例如,黄河中游河口镇至龙门区间,80年代以来与50、60年代相比,小雨、中雨、大雨降水日数分别减少了20%、21%和26%,特别是暴雨历时由0.82 d减少到0.38 d,减少幅度达54%。

2.2.2 人类活动影响

从天然径流量计算公式来看,可以发现,其没有考虑水土保持用水量、区域地下水开采对地表径流影响、大型水利工程建设引起的水面蒸发附加损失量增加等对近期黄河天然径流量影响越来越明显的因素。参考黄河中游水土保持减水量(10亿 m^3)、地下水与地表水之间不重复计算较以往增加量(32亿 m^3)等有关研究成果,初步估算,这部分水量合计在50亿~60亿 m^3。

水土保持工程建设,改变了区域下垫面条件,也就改变了区域水循环路径。具体表现在同样降雨条件下产生的地表径流量有所减少。图3给出了黄河中游年降水径流关系不同时段的对比。

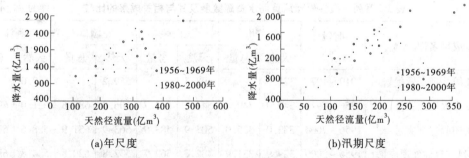

(a)年尺度　　　　　　　　　　　　(b)汛期尺度

图3　黄河中游降水径流关系1956~1969年与1980~2000年时段对比

地下水过量开采,减少了河道基流量。图4给出了黄河干流花园口水文站1956年以来最小月径流量逐年对比,可以看出,90年代以来下降趋势十分明显。50、60年代,花园口水文站平均最小月径流量8.7亿 m^3,90年代以来平均只有6.5亿 m^3,较50、60年代减少了25%以上。

如果还原水量增加50亿~60亿 m^3,天然径流量偏少幅度与降水量偏少幅度的比值将接近90年代以前的数值。

当然,用水量统计误差等因素,造成河段水量不平衡现象,也是天然径流量减少的原因之一。

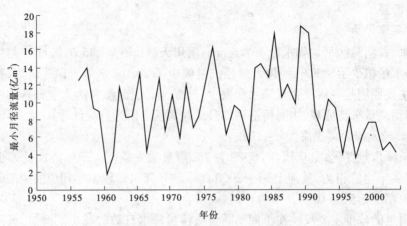

图4　花园口水文站1956年以来最小月径流量逐年对比过程

3　系列一致性处理

　　水资源调查评价成果是水资源优化配置的重要基础和依据。水资源数量评价是否符合实际,直接影响着水资源规划、水量调度等方面的可靠性。既然目前水土保持用水量、区域地下水开采对地表径流影响、大型水利工程建设引起的水面蒸发附加损失量等因素对黄河水资源产生了一定的影响,通过系列一致性处理将长系列天然径流量修正至现状下垫面条件下,评价的黄河水资源数量才能更加符合目前黄河实际情况,才能更好地为今后黄河水资源规划、水量调度等方面服务。

　　针对黄河实际情况,水土保持影响量主要修正1956～1969年时段,地下水开采影响量修正1956～1989年时段,水利工程影响量修正水利工程投入运用以前时段。表3给出了系列一致性处理后的黄河水资源数量,并与其他相关成果进行了比较。

表3　系列一致性处理后黄河水资源数量及其与相关成果的比较　　　（单位:亿 m³）

成果名称	时段（年）	兰州		三门峡		花园口		利津	
		天然	总量	天然	总量	天然	总量	天然	总量
黄河流域治理开发规划	1919～1975	322.6		498.4		559.2		580.0	
第一次水资源评价	1956～1979	340.0	340.0	544.0	612.7	606.0	680.6	621.0	697.0
本次还原计算成果	1956～2000	333.0	335.0	503.9	583.9	563.9	651.9	568.6	672.1
本次系列一致性处理成果	1956～2000	329.9	331.9	482.7	562.7	532.8	620.8	534.8	638.3

　　黄河流域治理开发规划成果,在治理黄河50多年来发挥了十分重要的作用。它是黄河综合治理规划、水资源开发利用、大型水利工程论证设计等方面的重要依据。1987年国务院批准的《黄河可供水量分配方案》(在南水北调生效前),重要依据的黄河水资源数量就是黄河流域治理开发规划成果。

　　考虑到1956～2000年系列成果全部采用实测资料,并经过了历年审查,同时该系列包含了丰、平、枯时段,其天然径流量系列均值和 C_v 值接近长系列数值,经过系列一致性处理后,更加符合黄河目前实际水资源情况。因此,这里提出的系列一致性处理后的黄河水资源数量

（利津断面，多年平均天然径流量 534.8 亿 m^3，水资源总量 638.3 亿 m^3），必将在今后一段时期内指导黄河水资源规划、水量调度乃至维持黄河健康生命等方面。

当然，本文中的系列一致性处理也存在一定的问题。正如史辅成（2005）指出，黄河源区和一些重要支流，仅从年降水径流关系不同时段对比，没有发生大的变化。但这并不意味着就不用进行系列一致性处理。还原计算项目中，没有考虑的因素影响，必然影响水资源量估算的准确性。进行系列一致性处理，可以消除这些因素的影响。

4 主要认识

（1）1956 年以来，黄河水资源经历了 2 个连续平偏丰水时段和 2 个连续偏枯水时段。

（2）1990 年以来，黄河水资源不断减少，一方面是由于气候变化的影响，一方面是人类活动的影响。其中人类活动影响中，水土保持用水量、区域地下水开采对地表径流影响、大型水利工程建设引起的水面蒸发附加损失量增加合计在 50 亿 ~60 亿 m^3。用水量统计误差也有一定的作用。

（3）近几年来，黄河水资源呈现较 90 年代偏少幅度更大的现象。例如，利津断面，与多年均值相比，近几年降水量偏少幅度仅 4.3%，而河川天然径流量和水资源总量偏少幅度分别达到了 34% 和 28%。今后，虽然由于气候波动，可能会出现类似于 2003 年的偏丰年份，但由于受人类活动的影响，黄河实际来水量将继续呈现减少趋势。

（4）经过系列一致性处理，黄河多年平均天然径流量 534.8 亿 m^3，水资源总量 638.3 亿 m^3。它将在今后一段时期内指导黄河水资源规划、水量调度乃至维持黄河健康生命等方面。

坡面措施蓄水拦沙指标神经网络模型研究

周鸿文[1] 金双彦[1,2] 高亚军[1] 宋瑞鹏[1]

（1. 黄河水利委员会水文局;2. 河海大学）

以往研究和计算水土保持坡面措施减少侵蚀模数（ΔM_f）和减少径流模数（ΔM_s），主要采用物理模型法、因子分组分析法和经验半经验公式法等。这些方法都存在有不足之处:物理模型虽可靠性高，但结构复杂，即使通过理论推导建立了数学表达式，一些参数也往往还要靠试验方法来确定;因子分组分析法可以不建立模型方程，但只能求得相似准数;经验及半经验公式法利用试验及监测数据建立对象模型结构，再通过输入输出数据确定模型参数，在使用时受到试验数据准确性和尺度转换问题的制约，在适用范围上有所限制。因此，建立具有通用性和实效性的坡面措施蓄水拦沙指标计算模型，是准确评价水土保持蓄水拦沙效益的前提和基础。为此，我们开展了基于神经网络的水土保持坡面措施蓄水拦沙指标模型研究。

本文原载于《人民黄河》2005 年第 5 期，为黄河上中游管理局"黄土高原水土保持世界银行贷款项目水土保持措施蓄水保土效益评价"项目。

1 水土保持措施蓄水拦沙指标研究综述

与 ΔM_f、ΔM_s 两参数相关的因子有措施质量 Q、降雨 P 和地区差别 A 等。很多研究表明，Q、P、A 三个因子并非独立，在大范围和长时期显示出很强的关联关系：植被盖度从不同区域及年际年内变化来看，受植物物候期、降水丰枯及气候等的影响；降水产流产沙受措施质量的影响，并显示出区域性差异；而不同地区降水径流与植被地带性分布的规律更为显著。这三个因子以某种复杂的函数关系对指标 ΔM_f、ΔM_s 产生影响，以这三个因子为自变量建立统计回归模型时，会存在多重共线型问题。在某些研究中，通过对措施质量和降雨进行分组，依据监测资料率定出单项措施蓄水拦沙绝对量指标。这种方法虽然对因变量的置信区间和预测区间不产生影响，但无法对处于各组上下边界上的指标值做出合理的解释和检验。笔者发现，在不同研究中，至少有 6 种不同的措施质量分级标准，甚至同一项研究的不同阶段采用了 3 种不同的分级标准，各种拆分对处于各组边界上的变量将产生较大的影响，因此消除这种影响能够极大地提高水土保持效益计算的精度。

冉大川、柳林旺、赵力毅等应用数理统计、相关回归等方法，通过对小区监测资料及相关区域降雨、径流观测资料的综合分析，以流域产洪产沙量和措施减洪减沙量为相关因素，以措施质量分级指标为参变量，建立了减洪减沙指标曲线。根据分析思路的不同，采用频率分析法和相关分析法 2 种方法，分别建立了 2 套动态指标。频率分析法是以统计量的频率分析为基础的分析方法，它以统计模型为主，以小区洪水径流量、降雨量为统计量，建立代表小区坡面措施减洪频率曲线，综合分析小区与流域降水、自然地理、水土流失类型等因素，消除时段、点面、地区差异等，以降雨量为纽带把应用范围扩大到流域。在小区范围内不考虑具体减沙指标，减沙量用减洪量来推算。相关分析法是通过对小区资料的地区综合，以流域产洪（沙）量和措施减洪（沙）量为相关因素，以措施质量分级指标为参变量，绘制减洪减沙指标曲线，通过修正应用范围扩大到流域。相关分析法有两项假设：一是在气候因素一定的前提下，地形因子对减洪指标的影响较小，可忽略不计；二是坡面径流不下沟所减少的产沙模数为流域输沙模数与坡面产沙模数的差值。以上成果为本次研究提供了重要的资料和依据。

2 神经网络模型的建立

作为一个广义函数逼近器，神经网络在建模方面体现出很强的优越性：高度的非线性动态处理能力，很强的自适应能力，通过不断学习适应外部环境变化，适应在复杂的系统中提取特征、获取知识，并根据获得的知识不断地进行学习。BP 模型是其中应用最为广泛的一种，在大坝边坡稳定分析等方面得到了应用。本次研究首次将神经网络应用到水土保持坡面措施蓄水拦沙指标的分析中。下面以林地拦沙指标模型为例介绍建模方法和步骤。

（1）模型变量的选择。根据对水土保持坡面措施蓄水拦沙指标计算方法的分析，选择一组有效的变量作为模型输入层：衍生变量包括治理前产洪模数 M_{fs}、治理前产沙模数 M_{ff}，转换变量包括单项措施蓄水率 α_i、单项措施拦沙率 β_i。

（2）模型建立。林地拦沙量主要取决于措施质量和产洪产沙模数。为确定林地拦沙量与影响因子间的定量关系，设计相应的神经网络结构：1 个输入层、2 个隐含层、1 个输出层，输入层有 2 个节点，第 1 个隐含层有 4 个节点，第 2 个隐含层有 2 个节点，输出层有 1 个节点。

网络参数包括输入层到隐含层、隐含层到输出层的权重和隐含层的激活阈值及输出层的激活阈值。模型计算步骤如下:数据预处理,网络初始化,计算各层输入与输出,计算各层信号误差,修改各层的权值,修改各层偏置值,输入下一样本继续学习,误差达到要求精度时学习结束。激活函数 $f(u)$ 采用 Sigmoidial 转换函数。

(3)数据预处理。造成小区试验数据缺失的原因有空值、不存在、未采集等。模型建立时容易与已有观测数据严格匹配,有偏的训练集会对模型产生不利影响。为此,对边界条件作以下三方面合理判断并提取重要信息:第一,当盖度为零时,产沙模数取值高低对措施拦沙模数不产生影响,即此状态下拦沙模数取值为零;第二,当产沙模数为零时,盖度取值高低对拦沙模数不产生影响,即此状态下拦沙模数取值亦为零;第三,某一盖度的措施在产沙模数取某一值时拦沙率达 100%,则认为此盖度下小于此产沙模数的拦沙率均为 100%。

为消除量纲影响,对原始数据作归一化处理。设影响因子值为 $X_{ij}(i=1,2;j=1,2,\cdots,n)$,则归一化过程为:

$$X_{ij} = \frac{X_{ij} - X_{i\min}}{X_{i\max} - X_{i\min}}$$

式中: i、j 分别为影响因子数及样本数。

(4)模型训练、测试和评价。分别用林地拦沙模数与对应的 2 个影响因子值作为训练样本的期望输出和样本输入,来训练模型和测试模型。在训练集中 BP 神经网络算法会找到数据中包含的预测模式。测试集对模型的修正是为了防止模型对训练集的模式记忆太深,以使模型更具有一般性,并且能够很好地适应未知数据。

先用 54 个样本来训练模型,然后将处理好的另外 480 个样本输入模型进行测试,最后将剩余的 10 个样本输入模型进行评价。经过 50 000 次学习,网络误差 E 接近 0.002,已达到很高的精度。用评价集来估计模型预期准确度,结果见表 1。

表 1　评价集计算结果

(单位:万 t/km²)

序号	盖度 (%)	产沙 模数	实测拦沙 模数	拦沙模数 拟合值	绝对 误差	相对误差 (%)
1	30	1.11	0.36	0.34	0.01	4.17
2	30	1.89	0.47	0.47	0	-0.01
3	40	0.43	0.35	0.32	0.03	8.00
4	40	0.83	0.53	0.51	0.01	2.56
5	45	0.82	0.67	0.65	0.02	3.70
6	45	1.46	0.99	0.99	0.01	0.61
7	50	0.86	0.81	0.84	-0.03	-4.05
8	50	1.69	1.35	1.37	-0.02	-1.47
9	70	2.15	1.94	1.92	0.03	1.34
10	70	2.88	2.43	2.46	-0.04	-1.50

从表1看出,10个评价样本的模拟输出与期望输出的相对误差,除3号样本外,均在±5%的范围内,模型的收敛效果很好。

用测试集对模型进行充分的训练后,网络中各影响因子的权重不再有显著变化,误差也不再减小。经过上述训练所得到的权重体系及阈值所确定的网络模型就是所要建立的林地拦沙量人工神经网络模型。建模时,为防止局部最优解的干扰,通过调整相关参数来找全局最优解。

3 模型应用实例

黄土高原水土保持世界银行贷款项目在实施过程中,制定了完善、严格的水土保持监测评价体系和标准,并对项目实施进度与质量、措施效益等进行了全面持续的监测。利用建立的蓄水拦沙指标神经网络模型,对该项目第一、二期工程各类坡面措施的蓄水拦沙指标及蓄水拦沙量进行了计算。下面仅介绍延河流域项目区乔木林拦沙指标计算结果。

先用乔木林盖度子模型计算 1994 ～ 1996 年栽植的乔木林在 1998 ～ 2001 年的盖度,再用建立的延河降雨 – 径流 – 泥沙子模型计算产沙模数,建立一组得分集,见表2;最后用神经网络模型预测 1994 ～ 1996 年栽植的乔木林的拦沙指标,结果见表3。

表 2 乔木林拦沙指标神经网络模型得分集

预测年份	年降水（mm）	产沙模数（万 t/km²）	栽植年份及预测期盖度（%）		
			1994 年	1995 年	1996 年
1998 年	508.3	1.06	41.8	35.8	30.6
1999 年	275.2	0.36	49.2	44.3	40.2
2000 年	379.2	0.47	57.6	48.6	43.2
2001 年	544.5	0.96	68.2	59.3	50.5

表 3 乔木林拦沙模数计算结果 　　　　　（单位:万 t/km²）

栽植年份	拦沙模数			
	1998 年	1999 年	2000 年	2001 年
1994 年	0.75	0.35	0.47	0.90
1995 年	0.59	0.32	0.45	0.86
1996 年	0.35	0.26	0.40	0.80

4 结语

(1)从建立的神经网络模型对黄土高原水土保持世界银行贷款项目延安项目区监测资料的测试结果看,用神经网络模型进行蓄水拦沙指标分析是可行的,且方法简单、预测精度高。

(2)由于暴雨状态下水土保持措施蓄水拦沙效益监测数据的缺失,使模型无法进行有效的拟合和预测。因此,在水土保持单项措施蓄水拦沙指标研究方面,今后应加强对暴雨条件下各项措施蓄水拦沙效益的监测。

（3）本研究已建神经网络模型在新的小区监测资料的不断学习中，将进一步得到泛化。

（4）水土保持措施蓄水拦沙指标神经网络模型研究采取的是循序渐进的方法，在水土保持生态环境监测系统有效运行并取得海量监测数据后，可以建立包括全部措施类型和质量状态、不同措施配合、不同空间尺度、不同降雨条件下的蓄水拦沙效益计算和预测模型。这也是神经网络这一数据挖掘技术在水土保持效益评价中的研究方向之一。

近40年来黄河中游悬移质泥沙粒径变化分析

周鸿文　林银平　王玉明　王志勇

（黄河水利委员会水文局）

黄河中游地区严重的水土流失，是导致该地区生态环境恶化的重要因素，也是造成黄河下游河道淤积及洪水危害的根本原因。新中国成立以来，该区开展了大规模的水土保持工作，随着水土流失治理进度的不断加快，区域产流产沙规律发生了新的变化，对入黄泥沙颗粒级配产生了重要影响。而黄河下游河道具有粗泥沙排沙能力小，细泥沙排沙能力大的输沙特点，河道泥沙输移特征，不仅与河道断面形态、流量、含沙量及其年内分配密切相关，而且受来沙颗粒组成的重大影响。因此，开展黄河中游来沙粒径级配变化趋势及规律的研究，对针对性地开展黄河中游地区水土流失治理、评估水土保持措施对减轻河道、水库淤积的作用，以及实施下游减淤措施具有重要意义。

本文将对黄河中游干支流水沙变化特征，黄河中游干支流悬移质泥沙粒径变化趋势，以及悬移质泥沙粒径分布对来水来沙条件、泥沙来源和人类活动的响应等方面进行较为系统的探讨。

1　黄河中游干支流水沙变化特征

1.1　干流水沙基本变化特征

黄河具有水少沙多，含沙量高；水沙异源，分布不均以及水沙年际变化大，年内分配不均等特点。20世纪90年代以来，由于自然及人类活动影响，黄河水沙关系出现了新的变化，其主要特点为：黄河年径流量大幅减少，来自上游的径流所占比重有所上升，龙门至潼关区间径流所占比重有所下降；由于龙羊峡和刘家峡水库联合调节运用，导致上游来水汛期比例大幅下降，中游河口镇至潼关区间汛期来水比例变化不大。同时入黄泥沙亦大幅减少，汛期来沙占全年来沙的比例有所下降；龙门以上来沙占入黄泥沙的比例减少较多，而渭河来沙所占比例大幅上升，导致龙门至潼关区间在输沙量减小的情况下，含沙量增大。含沙量与流量的变化，致使1997~2004年，河龙区间来沙系数平均达0.921 kg·s /m^6，龙潼区间亦达到0.789 kg·s /m^6，不断增大的来沙系数是黄河下游泥沙淤积比增加的因素之一。

黄河中游干流控制站不同时期实测水沙量变化情况见表1。

本文原载于《第六届全国泥沙基本理论研究学术讨论会论文集》，黄河水利出版社，2005年。

表 1　黄河中游干流控制站实测水沙量统计

站名	项目	时期	时段			
			建站~1976年	1977~1986年	1987~1996年	1997~2004年
头道拐	实测水量 (亿 m³)	汛期	124.68	117.34	69.70	39.57
		非汛期	124.06	135.29	104.39	84.86
		全年	248.74	252.62	174.09	124.44
	实测沙量 (亿 t)	汛期	1.00	0.75	0.32	0.13
		非汛期	0.53	0.40	0.17	0.14
		全年	1.53	1.14	0.49	0.27
龙门	实测水量 (亿 m³)	汛期	156.89	134.48	92.68	54.63
		非汛期	159.40	161.35	125.79	101.55
		全年	316.28	295.82	218.47	156.18
	实测沙量 (亿 t)	汛期	9.27	5.18	5.10	2.19
		非汛期	1.34	0.97	0.82	0.56
		全年	10.61	6.15	5.92	2.75
潼关	实测水量 (亿 m³)	汛期	191.13	184.76	127.96	70.51
		非汛期	218.26	197.19	154.71	122.88
		全年	409.40	381.95	282.67	193.39
	实测沙量 (亿 t)	汛期	10.24	7.95	6.92	3.29
		非汛期	3.10	1.94	1.85	1.48
		全年	13.35	9.89	8.77	4.77

1.2　主要支流来沙及变化特征

黄河泥沙主要来源于河口镇至潼关区间的支流,各支流来沙差别很大,以 20 世纪 60~70 年代实测资料分析,年来沙量在 1 亿 t 以上的支流有 4 条,即泾河、无定河、渭河咸阳以上和窟野河,这 4 条支流来沙量合计 7.47 亿 t,占同期全河总沙量的 56%。到 20 世纪 90 年代以后,年来沙量在 1 亿 t 以上的支流仅为泾河 1 条。

20 世纪 90 年代以来,输沙量减少比例较大的支流有皇甫川、孤山川、窟野河、秃尾河、无定河、延河、北洛河、汾河及渭河咸阳以上,而佳芦河、清涧河和泾河减沙比例较小,且该三条支流含沙量有增大趋势。黄河中游主要支流控制站实测沙量变化情况见表 2。

表 2　黄河中游主要支流控制站实测沙量统计

河名	站名	时段			
		建站~1976 年	1977~1986 年	1987~1996 年	1997~2004 年
皇甫川	皇甫	0.582	0.495	0.404	0.142
孤山川	高石崖	0.255	0.202	0.161	0.039
窟野河	温家川	1.276	0.876	0.834	0.136
秃尾河	高家川	0.293	0.082	0.163	0.047
佳芦河	申家湾	0.269	0.048	0.073	0.168
无定河	白家川	1.745	0.857	0.873	0.506
清涧河	延川	0.440	0.269	0.382	0.287
延河甘	谷驿	0.544	0.366	0.549	0.232
北洛河	洑头	0.924	0.651	0.500	0.293
汾河	河津	0.368	0.108	0.047	0.003
泾河	张家山	2.657	2.056	1.397	1.038
泾河	庆阳	0.855	0.736	1.090	0.713
渭河	咸阳	1.794	1.067	0.592	0.303
渭河	华县	4.379	3.119	3.043	1.881

2　黄河中游干支流悬移质泥沙粒径变化特征

2.1　干流及主要支流代表站悬移质泥沙粒径的时间变化

黄河水文测站的泥沙颗粒分析工作始于 20 世纪 50 年代,1960 年引进粒径计法,1980 年后改为光电法。经对比实验和长系列统计发现粒径计法分析成果系统偏粗,黄委水文局在总结经验的基础上,进行了全样级配的对比试验及不同沙重影响的研究,并对 1980 年前颗粒级配进行了改正,本文使用的数据均为改正后的成果。图 1 为点绘的黄河中游干支流头道拐、龙门、潼关、华县、河津和洑头等 6 个代表站悬移质泥沙平均粒径随时间的变化。由于未收集到状头站 1990 年后悬沙颗分资料,故采用 1990 年前资料系列进行分析,其他干支流各站泥沙颗分资料系列均到 2003 年。

从图1中可以看出,干流头道拐站悬沙平均粒径表现出随时间变细的明显趋势;干流龙门,潼关以及支流华县、河津和洑头5站悬沙平均粒径具有相似的变化趋势,即20世纪80年代以来悬沙粒径呈细化趋势,而进入90年代以后,出现明显的粗化现象。

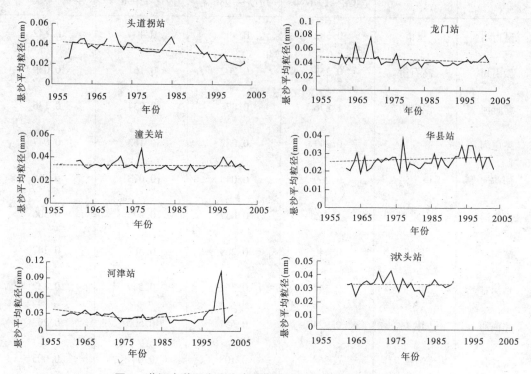

图1   黄河中游干支流代表站悬移质泥沙粒径随时间的变化

2.2   干支流主要控制站泥沙粒径组成及变化特点

2.2.1   干支流主要控制站泥沙粒径组成

表3为黄河中游头道拐、龙门、潼关和华县4站不同时期各组分沙量多年平均值及占全沙的百分比。从表3中可以看出,各站来沙大幅减少,头道拐、龙门、潼关和华县四站1997～2003年年均沙量仅占1976年前的17.6%、27.4%、36.4%和47.1%。各站分组泥沙的增减幅度不一致,1997年后,头道拐站细泥沙($d < 0.025$ mm)和粗泥沙($d \geqslant 0.05$ mm)比例上升,而中泥沙(0.025 mm$\leqslant d < 0.05$ mm)比例下降;龙门站细泥沙比例增加,粗泥沙比例减小,中泥沙变化不大;潼关站中、细泥沙比例减小,粗泥沙比例增大;华县站与潼关站呈相同变化趋势。

图2为各站悬移质粗颗粒泥沙随时间的变化情况,可以看出,1997年后,头道拐、潼关和华县3站粗颗粒泥沙含量明显增大,而龙门站粗泥颗泥沙含量呈减小趋势。

2.2.2   干支流主要控制站泥沙粒径变化分析

为具体分析黄河中游干支流不同时段自然和人为因素对悬沙级配的影响程度及各时段之间的差异,采用方差分析方法来判断其影响是否显著。将各站资料系列划分为建站～1976年、1977～1986年、1987～1996年和1997～2003年4个时段作为自变量,悬沙平均粒径和粗泥沙百分比作为因变量,显著性水平$\alpha = 0.05$,方差分析结果见表4。

表3 黄河中游干支流主要控制站不同时期各组分沙量多年平均值

站名	时期(年)	沙量(亿t)				占全沙比例(%)		
		全沙	细泥沙	中泥沙	粗泥沙	细泥沙	中泥沙	粗泥沙
头道拐	1958～1976	1.586	0.731	0.376	0.479	46	24	30
	1977～1986	1.143	0.616	0.265	0.262	54	23	23
	1987～1996	0.490	0.305	0.083	0.490	62	17	21
	1997～2003	0.279	0.158	0.041	0.080	57	15	29
龙门	1957～1976	10.227	4.458	2.786	2.982	44	27	29
	1977～1986	6.152	2.988	1.626	1.538	49	26	25
	1987～1996	5.916	2.777	1.637	1.501	47	28	25
	1997～2003	2.803	1.344	0.818	0.640	48	29	23
潼关	1961～1976	13.589	7.112	3.732	2.745	52	27	20
	1977～1986	9.884	5.339	2.577	1.968	54	26	20
	1987～1996	8.762	4.744	2.366	1.653	54	27	19
	1997～2003	4.948	2.015	1.132	1.801	41	23	36
华县	1957～1976	4.232	2.713	1.050	0.470	64	25	11
	1977～1986	3.119	1.990	0.800	0.329	64	26	11
	1987～1996	3.043	1.828	0.770	0.444	60	25	15
	1997～2003	1.994	0.958	0.450	0.586	48	23	29

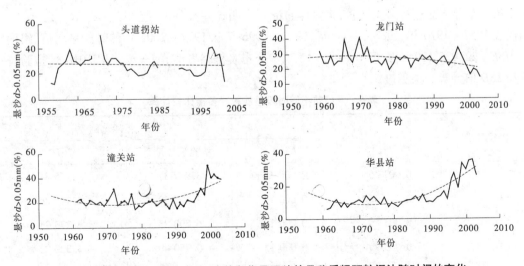

图2 黄河中游头道拐、龙门、潼关和华县四站的悬移质粗颗粒泥沙随时间的变化

表4 黄河中游主要支流控制站泥沙粒径方差分析

河流	水文站	平均粒径 F	相关系数 R_1	粗沙比例 F	相关系数 R_2	临界 F	地貌类型
皇甫川	皇甫	3.23	0.48	2.26	0.42	2.90	沙砾丘陵
孤山川	高石崖	7.63	0.65	6.33	0.62	2.91	沙砾丘陵
窟野河	温家川	2.09	0.38	2.31	0.39	2.85	沙砾丘陵
秃尾河	高家川	1.54	0.36	1.29	0.33	2.90	沙砾丘陵
佳芦河	申家湾	4.80	0.57	6.58	0.57	2.92	黄土丘陵
无定河	白家川	6.32	0.59	4.05	0.50	2.87	黄土丘陵
清涧河	延川	7.10	0.63	8.93	0.67	2.89	黄土丘陵
延河	甘谷驿	6.68	0.60	4.38	0.52	2.87	黄土丘陵
北洛河	洑头	1.22	0.30	0.46	0.19	3.39	黄土丘陵
汾河	河津	5.70	0.54	11.06	0.66	2.83	冲积平原
泾河	张家山	—		3.81	0.53	3.49	黄土高塬
泾河	庆阳	0.31	0.15	2.31	0.38	2.84	黄土高塬

可以看出,悬沙平均粒径有显著变化的支流为皇甫川、孤山川、无定河、清涧河、延河和汾河,无显著变化的支流为窟野河、秃尾河、北洛河和泾河支流马莲河;粗沙百分比有显著变化的支流为孤山川、佳芦河、无定河、清涧河、延河、汾河和泾河,无显著变化的支流为皇甫川、窟野河、秃尾河和北洛河。说明位于沙砾丘陵沟壑区的支流粗泥沙比例无显著的变化,而位于黄土区的支流粗泥沙比例明显变小。

在对黄河干流龙门站进行方差分析后,发现悬沙平均粒径和粗沙百分比具有显著变化,下面用最小差异方法进行多重比较,来具体体验证具有明显差异的时段。其中 X_1、X_2、X_3 和 X_4 分别代表 1957～1976 年、1977～1986 年、1987～1996 年和 1997～2003 年的时段平均值,组内均方 $MSE = 22.935\ 179$,自由度 $= n - k = 42$,查 t 分布表得临界值 $t_{\alpha/2} = t_{0.025} = 2.018\ 1$,检验统计量和 LSD 值计算结果见表5。

表5 龙门站不同时段悬沙粒径多重比较计算

比较时段	平均粒径		粗沙比例	
	检验统计量1	$LSD1$	检验统计量2	$LSD2$
$X_1 - X_2$	0.007 35	0.000 13	3.287 37	3.775 86
$X_1 - X_3$	0.008 25	0.000 13	2.537 37	3.775 86
$X_1 - X_4$	0.003 50	0.000 14	6.390 23	4.273 21
$X_2 - X_3$	0.000 90	0.000 15	0.750 00	4.322 24
$X_2 - X_4$	0.003 86	0.000 16	3.102 86	4.762 88
$X_3 - X_4$	0.004 76	0.000 16	3.852 86	4.762 88

从表5可以看出,龙门站各时段之间悬沙平均粒径检验统计量均大于最小显著差异值,因此认为各时段之间悬沙平均粒径均有显著差异;而从粗泥沙比例来看,仅有第一时段和第四时段之间存在显著差异,即1997～2003年粗泥沙的时段平均值明显小于1957～1976年的时段平均值,其它时段之间粗泥沙比例无明显差异。

3 悬移质泥沙粒径分布对其影响因素的响应

黄河中游干流龙门站和潼关站悬移质泥沙粒径分布主要受水文泥沙条件、逐级汇流汇沙时异源泥沙的掺混、地貌形态的影响及人类活动的干扰,下面分别从水沙条件、泥沙来源和人类活动三方面探讨各因素对悬移质泥沙粒径分布的影响。

3.1 悬移质泥沙粒径分布对水沙条件的响应

3.1.1 悬移质泥沙粒径与输沙量的关系

图3为点绘的龙门、潼关和华县三站分组沙量与全沙量的关系。从图中可以看出,各组沙量与全沙沙量都呈正相关关系;细泥沙、中泥沙与全沙关系很好,粗泥沙变幅较大;随着沙量增大,细泥沙增幅变小,粗泥沙增幅变大;相同来沙条件下,龙门站泥沙组成未发生明显的趋势性变化,潼关站和华县站在1997～2003年细沙沙量有所减少,而粗沙沙量显著增加。有关分析表明,输沙量减少除受水利水保工程建设影响外,还与近期高强度、大面积暴雨减少有直接关系。

3.1.2 悬移质泥沙粒径与含沙量的关系

黄河干支流资料表明,泥沙中值粒径随着含沙量的变化有减有增,而且当含沙量达到某一临界值时中值粒径会取得最小值。

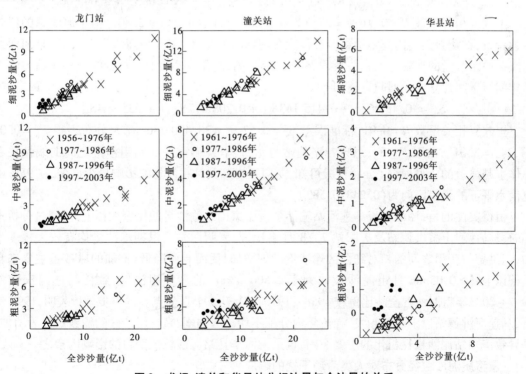

图3 龙门、潼关和华县站分组沙量与全沙量的关系

图4 为黄河中游高石崖、皇甫、白家川和温家川四站中值粒径与含沙量的关系。可以看出,当含沙量低于某一临界值时,两者呈反比关系,而超过这一临界值时,呈正相关关系。黄河中游河龙区间主要支流控制站含沙量均呈减小趋势,与方差分析中粒径细化的规律相符。

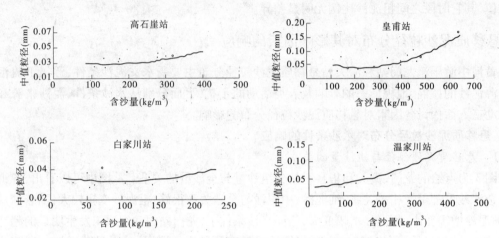

图4 高石崖、皇甫、白家川和温家川4站中值粒径与含沙量的关系

3.2 悬移质泥沙粒径分布对泥沙来源的响应

为定量评价龙门、华县、河津和洑头4站粗沙量变化对潼关粗沙量的影响,以1957~2003年间历年的数据建立了多元回归方程,收集到的上述5站具有完整悬移质泥沙颗分资料的年份有28年。得到潼关粗沙量与4站粗沙量多元线性回归方程为:

$$S_{tg} = 0.455\,390 + 0.442\,877S_{lm} + 0.215\,463S_{hx} - 1.996\,708S_{hj} + 5.045\,062S_{zt}$$

上式复相关系数$R = 0.91, F = 27.883\,378, F_{\alpha} = 0.05(4,23) = 2.80$。由于河津站的回归系数为负,在资料系列内其年均粗沙量仅为龙门站的1.02%,单年最高值为3.76%,且河津站与潼关站粗沙量的乘幂关系相关系数$R = 0.745$。为此,下面以龙门、华县和洑头3站与潼关站年粗沙量间建立多元回归方程如下:

$$S_{tg} = 0.481\,675 + 0.415\,143S_{lm} + 0.208\,077S_{hx} + 4.935\,964S_{zt}$$

上式复相关系数$R = 0.91$,标准误差$S_y = 0.57, F = 38.490\,236$,查$F$分布表得$F_{\alpha} = 0.05$ $(3,24) = 3.01$。由于$F > F_{\alpha}$,意味着潼关站与龙门、华县和洑头3站粗沙量之间的线性关系总体上是显著的。另根据t分布检验可知,龙门站对潼关站粗沙量的影响最为显著,在95%的置信水平下的置信区间为$(0.248, 0.583)$。

值得关注的是,泾河支流马莲河站输沙量占张家山站输沙量的比例大幅上升,通过分析不同时段马莲河上游洪德站及庆阳站7~8月输沙量,表明两站主汛期输沙量均有较大幅度增加,但洪德与庆阳之间的相对细沙区输沙量没有增加,反而有所降低,增加的输沙量主要来自洪德以上$d \geq 0.05$mm且粗泥沙模数大于2 500 t/km²的多沙粗沙区,致使马莲河庆阳站1997~2003年粗泥沙占全沙比例较1958~1976年上升5个百分点。进一步分析表明,1990年后,马莲河洪德站以上暴雨频发,径流年内分配不均趋势加剧,来自粗沙区的输沙量显著增加,是导致庆阳站泥沙粒径粗化的主要原因,也是渭河华县站泥沙粒径变粗的影响因素之一。

3.3 悬移质泥沙粒径分布对人类活动干扰的响应

为减少黄河中游地区水土流失及下游河道泥沙淤积,自20世纪70年代开始,在黄河中游

地区开展了大规模的水土保持工作,包括淤地坝、梯田及林草措施建设,对减少入黄泥沙发挥了积极作用。在各项水保措施中,坡面措施主要通过改变微地貌来减少面蚀,其减少的多为细泥沙;淤地坝等沟道工程拦蓄来自坝控区域内面蚀、重力侵蚀和沟道冲刷等产生的泥沙,同时有放水设施的水库、骨干坝等沟道工程在边拦边排过程中,还排出部分细泥沙,有一定的"拦粗排细"作用。因此,其拦蓄的泥沙相对较粗。

图5为佳芦河流域上、中、下游三座淤地坝淤积物颗分成果,可以看出,不同粒径级泥沙在坝内不同部位的沉积比例有较大差异,$d \geqslant 0.05$mm的粗颗粒泥沙含量,坝后较坝前明显增多,反映了坝内水流条件改变,对进入坝区的泥沙有分选作用。图6为延河流域3座淤地坝淤积物与甘谷驿水文站悬移质泥沙级配对比分析。坝地淤积物反映了坝控区域内不同部位产沙汇集的综合结果,可以看出,坝地淤积物比水文站实测悬移质粒径粗。应该看到,水利水保工程作为流域内复杂的产沙系统的重要影响因素,其时空分布、措施配置和治理程度对流域重点产沙区域的分布和泥沙粒径产生了影响,但只有当沟道工程拦沙量占流域产沙量的比例较高且具有持续的拦沙效益时,才会对泥沙级配产生显著而长期的影响。

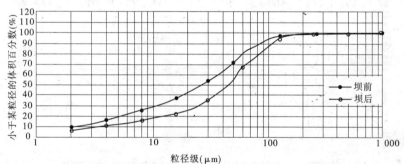

图5 佳芦河流域淤地坝不同部位淤积物颗粒级配分析

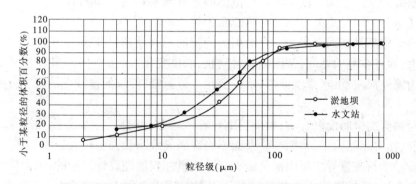

图6 延河流域坝地淤积物与水文站悬移质泥沙颗粒级配对比

同时,很多研究表明,采矿、修路等开发建设项目产生的弃土弃渣,大量进入河流沟道,对河流泥沙粒径产生了很大影响,主要表现为使入黄泥沙粒径变粗,不同规模、性质的开发建设项目对流域来沙特性的影响是不同的。窟野河流域(王道恒塔站、神木站)受神府煤田影响,无定河流域(赵石窑站、绥德站)内亦有大量的煤矿影响。

4 结语

(1)黄河中游年径流量和输沙量均大幅减少,而来沙系数增大;干支流主要水文站径流量、输沙量和含沙量变化不同步。

（2）20 世纪 80 年代以来，黄河中游干支流主要水文站悬沙粒径明显细化，进入 90 年代以后，呈粗化趋势；各站分组沙量变化趋势不同，1997 年后，头道拐、潼关和华县 3 站粗颗粒泥沙含量显著增大，而龙门站呈减小趋势；位于砾质丘陵区的支流粗泥沙比例无显著变化，而位于黄土区的支流粗泥沙比例明显变小；龙门站 1997～2003 年粗泥沙时段均值明显小于 1957～1976 年均值，其他时段无明显差异。

（3）相同来沙条件下，龙门站各时段泥沙组成未发生明显的趋势性变化，潼关和华县站在 1997～2003 年细沙沙量有所减少，粗沙沙量显著增加；潼关站与龙门、华县和洑头 3 站粗沙量之间的线性关系总体上较为显著；沟道工程具有明显的"拦粗排细"作用，但水利水保工程只有在拦沙量占流域产沙量的比例较高且具有持续的拦沙效益时，才会对泥沙级配产生显著而长期的影响。

黄河中游测区输沙率与流量异步施测法分析

齐　斌　马文进　任小凤

（黄委会中游水文水资源局）

1　问题的提出

多沙河流悬移质输沙率测验的主要目的是为了比较精确地确定断面平均含沙量，以满足在河流测验断面处测定不同时段不同粒径范围的悬移质输沙量及其特征值。目前，悬移质输沙率测验方式可分为同时测流与不同时测流两大类。

与流量同时施测是我国多年来一直沿用的传统的悬移质输沙率测验方式，这种测验方法不仅工作量大，而且在测验期间，常因测验时间长、水位变化大而影响单次测验成果的代表性。特别是对于山溪性河流，洪水暴涨暴落，水位变化十分急剧，传统的输沙率测验十分困难，甚至是不可能的。

不需同时测流的全断面混合法，虽然可缩短输沙率测验时间、减小测验工作量，但受其适用条件的限制，在实际测验中，常因测验断面不稳定而导致测验误差较大。

悬移质输沙率与流量异步施测法是依据部分流量加权原理设计出来的，不需同时测流，而直接通过测点含沙量，借用测点位置流速权重系数及部分流量权重系数，计算断面平均含沙量。该方法不仅可大幅度地缩短测验时间、减小测验工作量、提高单次测验成果的代表性，而且能保证一定的测验精度，满足生产需求，从而为适应水文体制改革、开展泥沙巡测工作打下坚实的基础。

2　输沙率与流量异步施测法原理分析

根据悬移质输沙率测验目的及《河流悬移质泥沙测验规范》（以下简称《规范》）要求，悬

本文原载于《水文》2002 年第 2 期。

移质输沙率测验,必须符合部分流量加权原理,即:

$$\overline{C}_S = \frac{\int_0^B \int_0^h C_S v \mathrm{d}h \mathrm{d}B}{\int_0^B \int_0^h v \mathrm{d}h \mathrm{d}B} \tag{1}$$

表示成有限差分析式:

$$\overline{C}_S = \frac{\sum_{i=0}^n C_{Smi} \cdot q_i}{\sum_{i=0}^n q_i} = \frac{C_{Sm0} \cdot q_0 + C_{Sm1} \cdot q_1 + \cdots + C_{Smn} \cdot q_n}{Q}$$

$$= \frac{q_0}{Q} C_{Sm0} + \frac{q_1}{Q} C_{Sm1} + \cdots + \frac{q_n}{Q} C_{Smn}$$

$$K_0 \cdot C_{Sm0} + K_1 \cdot C_{Sm1} + \cdots + K_n \cdot C_{Smn} \tag{2}$$

其中

$$C_{Smi} = \frac{\overline{C}_{Smi} + \overline{C}_{Sm(i+1)}}{2} \tag{3}$$

$$(\text{令 } \overline{C}_{Sm0} = \overline{C}_{Sm1} ; \overline{C}_{Sm(n+1)} = \overline{C}_{Smn})$$

而

$$\overline{C}_{Smi} = \frac{\sum_{j=1}^m k_j v_j \cdot C_{Sj}}{\sum_{j=1}^m k_j v_j} = \frac{k_1 v_1 \cdot C_{S1} + k_2 v_2 \cdot C_{S2} + \cdots + k_m v_m \cdot C_{Sm}}{\sum_{j=1}^m k_j v_j}$$

$$= \frac{k_1 v_1}{\sum_{j=1}^m k_j v_j} \cdot C_{S1} + \frac{k_2 v_2}{\sum_{j=1}^m k_j v_j} \cdot C_{S2} + \cdots + \frac{k_m v_m}{\sum_{j=1}^m k_j v_j} \cdot C_{Sm}$$

$$= \eta_1 \cdot C_{S1} + \eta_2 \cdot C_{S2} + \cdots + \eta_{n3} \cdot C_{Sm} \tag{4}$$

式中:$\overline{C}_S$ 为断面平均含沙量;C_{Sj} 为垂线上第 j 测点含沙量;C_{Smi} 为第 i 部分平均含沙量;$\overline{C}_{Smi}$ 为第 i 条测沙垂线平均含沙量;B 为水面宽;h 为水深;n,m 分别为取样垂线数及垂线测点数;v 为测点流速;q_i 第 i 部分流量;Q 为断面流量;K_i 为第 i 部分流量权重系数;k_j 为测点位置权重系数(一、二、三点法:k_j 均取 1;五点法:k_j 分别取 $1,3,3,2,1$);η_j 为测点位置流速权重系数。

综上分析,悬移质断面平均含沙量($\overline{C}_S$)是部分流量权重系数(K_i)、测点位置流速权重系数(η_j)及测点含沙量(C_{Sj})的函数。即:

$$\overline{C}_S = f(K_i, \eta_j, C_{Sj}) \tag{5}$$

3 测点位置流速权重系数的计算

测点位置流速权重系数决定于水文测站垂线流速分布规律,是计算垂线平均含沙量的基础,其计算精度直接决定垂线平均含沙量的计算精度,从而影响断面平均含沙量计算精度。其计算公式为:

$$\eta_j = \frac{k_j v_j}{\sum_{j=1}^m k_j v_j} \tag{6}$$

下面通过理论公式法及经验相关法,对测点位置流速权重系数进行分析计算。

3.1 理论公式法

分析水文测站垂线流速分布规律,选择与其相近的经验、半经验垂线流速分布公式,经理论推导,计算测站测点位置流速权重系数。

经实测资料分析,黄河中游测区水文站垂线流速分布规律与卡拉乌舍夫流速公式、巴森流速公式分布规律基本吻合,故本文选择这两个公式,计算测点位置流速权重系数。

3.1.1 卡拉乌舍夫流速公式法

假定垂线流速分布符合卡拉乌舍夫流速公式:

$$v = v_0 \sqrt{1 - P \cdot y^2} \tag{7}$$

式中:v 为测点流速;v_0 为水面流速($y = 0$);P 为流速分布参数,一般取 0.6,相当于谢才系数 $C = 40 \sim 60$;y 为由水面向下算起的相对水深。

由式(7)按积分法计算垂线平均流速 v_m 为:

$$v_m = \int_0^1 v \, dy = \int_0^1 v_0 \sqrt{1 - P \cdot y^2} \, dy = \int_0^1 \sqrt{P} v_0 \sqrt{\frac{1}{P} - y^2} \, dy$$

$$= \sqrt{0.6} v_0 \cdot \frac{1}{2} \left[y \sqrt{\frac{1}{0.6} - y^2} + \frac{1}{0.6} \arcsin \sqrt{0.6} y \right]_0^1$$

$$= 0.897 v_0 \tag{8}$$

则有:

$$v = 1.114 \, 8 \sqrt{1 - P \cdot y^2} \cdot v_m \tag{9}$$

经计算,在相对水深分别为 0、0.2、0.6、0.8 及 1.0 处,点流速可分别表示为 $1.115v_m$、$1.101v_m$、$0.987v_m$、$0.875v_m$ 及 $0.705v_m$。根据测点位置流速权重系数计算公式,计算测点位置流速权重系数分别为:二点法 0.557、0.443;三点法 0.372、0.333、0.295;五点法 0.113、0.336、0.301、0.178、0.072(按规范,一点法测点位置流速权重系数一般取 1.0)。

3.1.2 巴森流速公式法

假定垂线流速分布符合巴森流速公式:

$$\frac{v}{v_m} = 1 + \frac{A}{3C} - \frac{A}{C} \cdot y^2 \tag{10}$$

式中:C 为谢才系数;A 为与谢才系数有关的系数,当 $10 \leqslant C \leqslant 60$ 时,$A = \frac{0.7C + 6}{2}$;当 $60 \leqslant C \leqslant 90$ 时,$A = 24$。

取 $C = 50$,则 $A = \frac{0.7 \times 50 + 6}{2} = 20.5$,经计算,在相对水深分别为 0.0、0.2、0.6、0.8 及 1.0 处,点流速可分别表示为 $1.137v_m$、$1.120v_m$、$0.989v_m$、$0.874v_m$ 及 $0.727v_m$,测点位置流速权重系数分别为:二点法 0.562、0.438;三点法 0.375、0.332、0.293;五点法 0.114、0.338、0.299、0.176、0.073。

3.2 经验相关法

选择水文测站五点法测速垂线资料,分析垂线流速分布规律,点绘 $y \sim v_j/v_m$ 相关图,根据综合关系线,计算测点位置流速权重系数。

3.2.1 黄河吴堡站测点位置流速权重系数计算

选取吴堡站 1990 ~ 1999 年间的 40 条五点法测速垂线,统计分析垂线流速分布规律,点绘

$y \sim v_j/v_m$。多年综合关系图,从图可知,该站在相对水深分别为 0.0、0.2、0.6、0.8 及 1.0 处,点流速可分别表示为 $1.160v_m$、$1.117v_m$、$0.981v_m$、$0.876v_m$ 及 $0.721v_m$。经计算,该站测点位置流速权重系数分别为:二点法 0.560、0.440;三点法 0.376、0.330、0.295;五点法 0.117、0.338、0.296、0.176、0.073。

3.2.2 延水河甘谷驿站测点位置流速权重系数计算

选取甘谷驿站近 10 年所有五点法测速垂线资料,点绘 $y \sim v_j/v_m$ 多年综合相关图,从图可知,该站在相对水深分别为 0.0、0.2、0.6、0.8 及 1.0 处,点流速可分别表示为 $1.161v_m$、$1.116v_m$、$0.991v_m$、$0.863v_m$ 及 $0.689v_m$。经计算,该站测点位置流速权重系数分别为二点法为 0.564、0.436;三点法 0.376、0.334、0.291;五点法 0.117、0.338、0.301、0.174、0.070。

3.3 两种方法的比较

3.3.1 垂线流速分布比较

垂线流速分布规律是选择计算测点位置流速权重系数方法的主要依据,在水文实测资料允许的条件下,首先应进行垂线流速分布规律的分析研究。本文对黄河吴堡站、延水河甘谷驿站多年综合垂线流速分布与卡拉乌舍夫流速公式、巴森流速公式垂线流速分布进行比较(见图 1),并对其偏差进行分析计算(见表 1)。

表 1　流速垂线分布对比分析计算

相对水深	v_j/v_m				吴堡站偏差		甘谷驿站偏差	
	卡拉乌舍夫公式(Ⅰ)	巴森公式(Ⅱ)	吴堡站实测(Ⅲ)	甘谷驿站实测(Ⅳ)	$\dfrac{Ⅲ-Ⅰ}{Ⅰ}$ (%)	$\dfrac{Ⅲ-Ⅱ}{Ⅱ}$ (%)	$\dfrac{Ⅳ-Ⅰ}{Ⅰ}$ (%)	$\dfrac{Ⅳ-Ⅱ}{Ⅱ}$ (%)
0.0	1.115	1.137	1.160	1.161	4.0	2.0	4.1	2.1
0.2	1.101	1.120	1.117	1.116	1.5	-0.3	1.4	-0.4
0.6	0.987	0.989	0.981	0.991	-0.6	-0.8	0.4	0.2
0.8	0.875	0.874	0.876	0.863	0.1	0.2	-1.4	-1.3
1.0	0.705	0.727	0.721	0.689	2.3	-0.8	-2.3	-5.2

从图表中可以看出:吴堡、甘谷驿两站多年综合实测垂线流速分布十分接近,均基本上与卡拉乌舍夫流速公式及巴森流速公式垂线流速分布相吻合。测站实测垂线流速分布与卡拉乌舍夫流速公式及巴森流速公式垂线流速分布的最大偏差绝对值仅为 5.2%,平均偏差仅为 0.3%,其中在相对水深 0.2、0.6 及 0.8 处,其最大偏差绝对值仅为 1.5%,平均偏差仅为 0.1%。

3.3.2 测点位置流速权重系数比较

黄河吴堡站经验相关法计算测点位置流速权重系数分别与卡拉乌舍夫流速公式法及巴森流速公式法计算测点位置流速权重系数进行比较,二点法、三点法及五点法平均偏差分别为 -0.07% 和 0.03%、-0.05% 和 0.02% 及 0.50% 和 0.20%;延水河甘谷驿站经验相关法计算测点位置流速权重系数分别与卡拉乌舍夫流速公式法及巴森流速公式法计算测点位置流速权重系数进行比较,二点法、三点法及五点法平均偏差分别为 -0.15% 和 -0.06%、-0.10% 和 -0.04% 及 -1.01% 和 -1.29%。

3.4 误差分析

采用卡拉乌舍夫公式法计算的测点位置流速权重系数,对黄河吴堡站 1990～1999 年 10 年间所有 413 条多点法测沙垂线的垂线平均含沙量,进行重新计算,以原实测值为近似真值,进行误差分析,其最大绝对误差为 4.40 kg/m³,最大相对误差为 8.18%,系统误差为 0.13%,相对标准差为 0.96%,不确定度为 1.92%。

4 部分流量权重系数借用方案的建立与检验

部分流量权重系数主要决定于水文测站测验断面形状及水流流态,是计算断面平均含沙量的基础,其借用精度直接决定断面平均含沙量的计算精度。其计算公式为:

$$K_i = \frac{q_i}{Q} \tag{11}$$

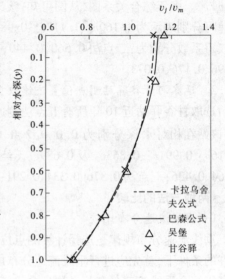

图 1 垂线流速分布对比

测验断面的稳定性是影响部分流量权重系数借用方案建立及其精度的主要因素。本文根据多沙河流断面冲淤特性,针对不同水文测站,建立不同的部分流量权重系数借用方案,并对所建方案进行检验。

4.1 多年综合 $\sum A_i/A \sim \sum q_i/Q$ 相关曲线法

该方法主要适用于测验断面冲淤变化较小且累积面积百分数与累积流量百分数相关关系比较稳定的测站。以黄河吴堡站为例。

4.1.1 方案的建立

本次分析所用资料系列为吴堡站 1990～1999 年实测流量资料。首先,在每一年实测流量资料中,选取分布于各级流量的 10 次实测流量资料,计算累积面积百分数及累积流量百分数,点绘相关关系图,确定当年综合相关线;其次,将各年综合 $\sum A_i A \sim \sum q_i/Q$ 相关线由点绘于同一张图中,通过点群中心,确定多年综合 $\sum A_i/A \sim \sum q_i/Q$ 相关线(见图 2)。

因为:

$$\frac{\sum q_i}{Q} = \frac{\sum q_i - 1}{Q} + \frac{q_i}{Q} \tag{12}$$

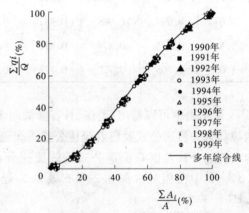

图 2 吴堡站多年综合 $\sum A_i/A \sim \sum q_i/Q$ 相关图

可得出:

$$K_i = \frac{q_i}{Q} = \frac{\sum q_i}{Q} - \frac{\sum q_{i-1}}{Q} \tag{13}$$

实际测验中,水深和起点距容易测得,因而各 A_i 及 $\sum A_i/A$ 可计算出来,然后通过 $\sum A_i/A \sim \sum q_i/Q$ 相关图,由测算的 $\sum A_i/A$ 推出 $\sim \sum q_i/Q$,并由公式(13)逐次解算出 q_i/Q 作为

部分流量权重系数。

4.1.2 方案的检验

采用卡拉乌舍夫流速公式计算的测点位置流速权重系数及上述部分流量权重系数借用方案,对吴堡站 1990~1999 年所有 97 次实测输沙率资料进行重新计算。以对应原实测断面平均含沙量为近似真值,对重新计算的断面平均含沙量进行误差分析,经统计,系统误差为 -0.78%,相对标准差为 1.68%,不确定度为 3.37%,其系统误差及相对标准差均符合《规范》对一类站的精度要求(《规范》中精度要求为:一至三类站,垂线取样方法及布置的系统误差分别为 $\pm1.0\%$、$\pm1.5\%$ 及 $\pm3.0\%$;垂线取样方法的相对标准差分别为 6.0%、8.0% 及 10.0%;垂线布置的相对标准差分别为 2.0%、3.0% 及 5.0%)。

4.2 相邻流量测次 $\sum A_i/A \sim \sum q_i/Q$ 相关曲线法

由于受断面冲淤变化的影响,测验断面冲淤变化较大的测站,累积面积百分数与累积流量百分数相关关系一般不太稳定,故对于测验断面冲淤变化较大的测站,应采用相邻流量测次的 $\sum A_i/A \sim \sum q_i/Q$ 相关曲线法,建立部分流量权重系数借用方案。以延水河甘谷驿站为例。

4.2.1 方案的建立

选择与输沙率测验相邻近的 1~2 次具有实测断面资料的流量测次,计算累积面积百分数及累积流量百分数,并点绘相关关系图,通过点群中心,确定相关曲线,即可作为该次输沙率测验的部分流量权重系数借用方案。

本次分析所用资料系列为甘谷驿站 1990~1999 年实测资料,对 10 年间所有 100 次实测输沙资料,采用相邻流量测次 $\sum A_i/A \sim \sum q_i/Q$ 相关曲线法,建立了部分流量权重系数借用方案。经分析,绝大多数相邻流量测次 $\sum A_i/A \sim \sum q_i/Q$ 相关图,相关关系点十分集中,说明在测验断面冲淤变化较大的多沙河流上,采用相邻流量测次 $\sum A_i/A \sim \sum q_i/Q$ 相关曲线法,建立部分流量权重系数借用方案是可行的。

4.2.2 方案的检验

以原实测断面平均含沙量为近似真值,对计算断面平均含沙量进行误差分析,其最大绝对误差为 5.0 kg/m^3,最大相对误差为 5.13%,系统误差为 0.00,相对标准差为 0.65%,不确定度为 1.30%,其系统误差及相对标准差均符合《规范》中的精度要求。

5 结语

悬移质输沙率与流量异步施测法是一种不需同步测流,而直接通过测点含沙量,计算断面平均含沙量的悬移质输沙率测验方法。它改变了传统输沙率测验时文必须同步施测流量的方式,为悬移质断沙测验提供了新的实施方式。通过分析,其计算原理及测验精度均满足《规范》之要求,在多沙河流可以投入实际生产使用。

悬移质输沙率与流量异步施测法可以较多地增加悬移质断沙测次,为采用断沙过程线法进行泥沙资料整编提供了条件,也为泥沙巡测工作的进一步开展创造了新的方式方法。今后,我们应在加强泥沙测验仪器开发研制和应用的基础上,进一步加强泥沙测验技术的研究,更多地开展悬移质输沙率与流量异步施测的应用,以适应水文体制不断改革的需要。

黄河万家寨水库库区冲淤变化分析

齐　斌[1]　熊运阜[2]

(1.黄委会中游水文水资源局;2.黄河万家寨水利枢纽有限公司)

1　基本概况

1.1　水库基本情况简介

黄河万家寨水利枢纽工程是国家"八五"重点水利水电工程项目。位于黄河北干流托克托至龙门峡谷河段,是黄河中游规划开发梯级的第一级,左岸隶属山西省偏关县,右岸隶属内蒙古自治区准格尔旗。主要任务是供水结合发电调峰,同时兼有防洪、防凌作用。

枢纽坝顶高程982 m,坝长436 m,最大坝高90 m,水库总库容约9亿 m^3,调节库容4.45亿 m^3。电站装机6台,总装机容量108万 kW,年发电量27.5亿 kWh。枢纽于1998年10月1日下闸蓄水,同年12月28日第一台机组并网发电,正式投入运行。

1.2　淤积测验情况简介

为了满足库区水文泥沙动态监测的需要,黄河万家寨水库库区内,共设立永久性淤积测验断面89个,其中从坝前到大坝上游106.154 km范围的黄河干流上73个(WD01～WD72及大沟口断面);杨家川、黑岱沟、龙王沟及浑河等4条支流上共计16个。图1为万家寨水库库区测验断面位置示意图。

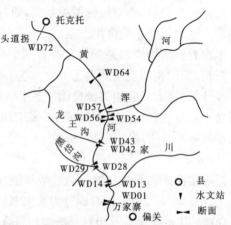

图1　万家寨水库库区测验断面位置示意图

水库运行前,于1997年7月进行了上述89个断面的原始库容测验;水库正式投入运行后,于1999年10月又对其中精简的59个断面,进行了水库运行一年多以来的首次库容淤积测验。

2　库容淤积分析

黄河是举世闻名的多沙河流,其挟沙水流进入库区后,随着过水断面面积逐渐扩大,速度和挟沙能力沿程递减,泥沙势必会逐渐沉积于库底,使水库容积减少,从而直接影响到水库的使用寿命。

以水位为纵坐标,库容为横坐标,点绘水库1997年7月及1999年10月水位库容曲线(见

本文原载于《水文》2001年第3期。

图2),从图中可以直观地看出:1999 年 10 月水位库容曲线较 1997 年 7 月明显左移,说明水库蓄水运行后,同水位库容明显减小,库区淤积较严重。

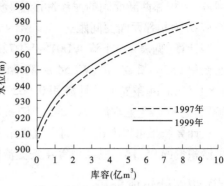

经统计,万家寨水库 980 m 高程以下库容(静态库容):1997 年 7 月为 9.136 亿 m³(由断面法推求);1999 年 10 月为 8.437 亿 m³;可见,水库经一年多的运行,其库容损失量为 0.699 亿 m³,占原库容的 7.7%。

3 淤积分布分析

3.1 断面冲淤变化分析

采用上述两次库区淤积测验成果,计算干流精简后 43 个断面的冲淤面积,并点绘其沿程分布柱状图(见图3)。从图中可直观地看出:

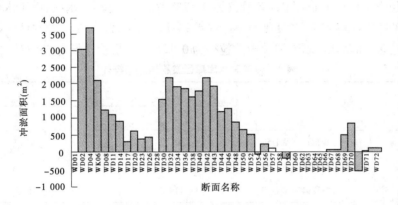

图3 万家寨水库库区测验断面冲淤变化分布图

(1)库区淤积主要集中于坝前 50 多公里的河段内(WD01 ~ WD54 断面),并向上游呈逐渐递减趋势。

(2)在库区变动回水区(WD54 ~ WD64 断面),断面冲多淤少,河道总体呈冲刷状态。

(3)在库区变动回水区以上(WD64 ~ WD72 断面),由于库区回水顶托影响,断面淤多冲少,河道总体呈淤积状态。

3.2 淤积量分布分析

泥沙淤积分布计算的基本步骤是:首先将干、支流分割;其次,进一步再将干流划分为 WD01 ~ WD54 断面(坝前 55.158 km)、WD54 ~ WD64 断面(距坝里程 55.158 ~ 69.854 km)及 WD64 ~ WD72 断面(距坝里程 69.854 ~ 106.154 km)等三段;然后,分别计算干流各段及各支流泥沙淤积量。

泥沙冲淤量计算公式为:

$$V_i = \begin{cases} \dfrac{L}{2}(A_i + A_{i+1}) & \left| \dfrac{A_i - A_{i+1}}{A_i} \right| < 40\% \\ \dfrac{L}{3}(A_i + A_{i+1} + \sqrt{A_i \cdot A_{i+1}}) & \left| \dfrac{A_i - A_{i+1}}{A_i} \right| \geqslant 40\% \end{cases} \quad (2)$$

式中：V_i 为相邻两断面间的泥沙冲淤量（淤积取正，冲刷取负）；A_i、A_{i+1} 分别为相邻两断面的冲淤面积；L 为相邻两断面间距。

经计算（见表 1）：干流 WD01～WD72 断面总淤积量为 0.742 8 亿 m³，其中 WD01～WD54 断面淤积 0.709 2 亿 m³、WD54～WD64 断面冲刷 0.015 2 亿 m³、WD64～WD72 断面淤积 0.048 8 亿 m³；4 条支流共计淤积 0.002 7 亿 m³，其中杨家川冲刷 0.002 9 亿 m³、黑岱沟淤积 0.000 5 亿 m³、龙王沟淤积 0.005 2 亿 m³、浑河冲刷 0.000 1 亿 m³。

从计算结果可以看出：黄河干流集中了淤积量的 99.6%，其中坝前 WD01～WD54 断面集中了淤积量的 95.1%；杨家川等 4 条支流仅占淤积量的 0.4%。

4 淤积泥沙组成分析

通过对库区 15 个断面的采样分析，河床质泥沙组成情况是：由于挟沙水流入库后与水库清水相遇，浑水潜入清水下层，形成浑水异重流。浑水异重流在向坝前流动过程中，粗沙逐渐沉积，从而使到达坝前的泥沙，粒径较细，粗沙含量较少（粗沙 $d \geqslant 0.062$ mm），如 WD01 断面泥沙中数粒径小于 0.004 mm，粗沙含量仅为 0.57%；在库区变动回水区，由于水位不断涨落，会引起泥沙的再次冲刷和输移，使细沙不断向前移动。所以，库区变动回水区泥沙粒径较粗，粗沙含量也较多，如 WD56 断面泥沙中数粒径为 0.121 mm，粗沙含量为 96.27%。

表 1　万家寨水库库区淤积量分布统计

区段		淤积量	
		亿 m³	%
干流	WD01～WD54	0.709 2	95.1
	WD54～WD64	−0.015 2	−2.0
	WD64～WD72	0.048 8	6.5
	小　计	0.742 8	99.6
支流	杨家川	−0.002 9	−0.4
	黑岱沟	0.000 5	0.1
	龙王沟	0.005 2	0.7
	浑　河	−0.000 1	0.0
	小　计	0.002 7	0.4
总　　计		0.745 5	100.0

5 水库淤积形态分析

水库淤积形态反映了水库淤积分布，而且又影响以后的水流和泥沙运动及再淤积。它是研究水库淤积规律、预测淤积发展以及水库管理运行的基础。

5.1 纵向淤积形态

水库纵向淤积形态，是指水库淤积纵剖面的形态。其主要决定于上游来水来沙特性、水库雍水程度、坝前水位变幅及水库地形等。据 1997 年 7 月及 1999 年 10 月两次淤积断面测验成果,计算各断面平均河底高程,并点绘其过程线图(见图4)。

断面平均河底高程计算公式为

$$\bar{H} = G - \frac{A}{B} \qquad (3)$$

式中:$\bar{H}$ 为断面平均河底高程;G 为计算断面面积时,统一取定的水位(根据实际情况,WD01~WD57 断面取 $G = 980.00$ m,WD58 断面以上取 $G = 990.00$ m);A 为水位 G 对应断面面积;B 为水位 G 对应断面的水面宽。

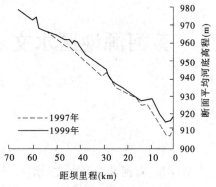

图4 万家寨水库平均河底高程

从图4中可以看出,库区上中部泥沙淤积体纵向剖面基本上呈三角形形状,故可初步判定水库纵向淤积属三角洲淤积形态。进一步采用原黄委会水科所水库纵向淤积三角洲淤积形态经验判别公式,进行判别,也可得出相同结论。

其经验判别公式为:

$$\frac{V}{W_s} > 2.0 \qquad (4)$$

$$\frac{h}{H} < 0.15 \qquad (5)$$

式中:V 为库容,m^3;W_s 为年来沙量,t;h 为坝前水位变幅,m;H 为坝前平均水深 m。

将万家寨水库实际参数代入式(4)、式(5),其 $\frac{V}{W_s}$ 及 $\frac{h}{H}$ 分别为 6~7 及 0.14。

三角洲水库淤积体,自泥沙淤积末段到坝前依次可划分为尾部段、顶坡段(洲面段)、前坡段及细沙淤积段。经统计,万家寨水库上述各段平均淤积厚度分别为 0.5、4.2、3.9、4.3 m,其淤积体积分别为 0.006 亿、0.117 亿、0.240 亿~0.348 亿 m^3。可见,细沙淤积段淤积量较大,说明浑水通过顶坡段,在前坡段能形成浑水异重流,并可将细颗粒泥沙一直带到坝前淤积。水库调度时,若能根据浑水异重流的运动情况及时打开泄流底孔泄流,则可将浑水泄向下游,从而减轻水库泥沙淤积;否则,浑水异重流将汇集在坝前形成浑水水库,随后泥沙将缓慢地沉落库底,造成水库淤积。

5.2 横向淤积形态

水库横向淤积形态,是指水库横剖面淤积形态。其影响因素主要有断面来水来沙条件、断面附近水库地形、河势、位于水库的部位、水库纵剖面形态及水库调度方式等。经对各淤积断面的套绘分析,横向淤积可分为淤积面平行抬高及沿湿周等厚淤积等两种形态。其中,坝前断面淤积形态基本上属前者,库区中上段属后者。

6 结语

黄河中游含沙量较大,直接影响着水库的调度运行方式,通过库区冲淤变化规律的分析研究,可指导水库调度运行方案的制定和完善。万家寨水库正式投入运行仅一年多,库区冲淤变化的分析尚属首次,但分析结果是现实和客观的。建议今后在加强库区水文泥沙及水环境动态监测的同时,进一步加强水库泥沙淤积规律的研究,分析淤积发展趋势,以寻求防淤减淤措施,延缓库区淤积速度,制定水库最优运行方案。

黄河源地区水文水资源及生态环境变化研究

谷源泽　李庆金　杨风栋　王　静

（黄委会山东水文水资源局）

近年来,黄河源头区水文、水资源情势及生态环境状况发生了较大变化;干流出现长时段断流,湖泊水位下降,湖面萎缩,部分沼泽、湿地干枯,风沙增多,降雨减少,自然生态环境呈现退化趋势。

1　自然地理概况

唐乃亥以上的黄河河源地区可分为三段,即黄河源头区、黄河沿至玛曲区间和玛曲至唐乃亥区间(见图1),分述如下。

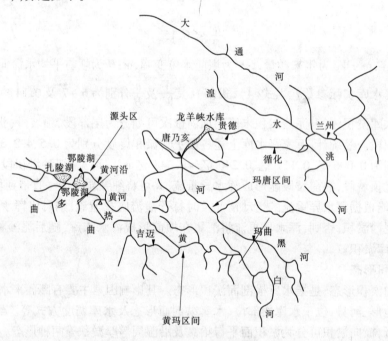

图1　黄河上游区示意图

1.1　黄河源头区

人们习惯称黄河沿水文站(玛多)以上为黄河源头区。该区流域面积 20 930 km²,地形为丘陵和盆地,植被为低草牧区;区域内湖泊、沼泽众多,其中有扎陵湖、鄂陵湖两湖及星星海四姐妹湖为中心的湖群;拥有广大的水域和强烈的蒸发,成为当地水汽的重要来源,其对内陆循环和当地气候产生较大的影响。

本文原载于《海洋湖沼通报》2002 年第 1 期。

扎陵、鄂陵两湖是黄河源头区两个最大的高原淡水湖泊,上游为扎陵湖,下游为鄂陵湖,黄河横贯两湖。扎陵湖面积 526.1 km²,湖面平均水位 4 293.2 m。鄂陵湖面积 610.7 km²,湖面平均水位 4 268.7 m。两湖水位落差 24.5 m,河道长约 28 km,其间有多曲和勒那曲两大支流汇入。鄂陵湖至黄河沿河道长约 65 km,左岸有依娘曲等 4 条季节性河流汇入,右岸有星星海与黄河的进出水道相连,对黄河径流有调节作用。

20 世纪 80 年代后,源头区受人类活动影响加剧。位于黄河沿上游约 64 km 的左岸红金台金矿,因连年采金,使本已十分脆弱的生态环境遭到破坏,遇较大降水时,大量泥沙涌入黄河,加重了沙化现象。1998 年 4 月在黄河沿上游约 40 km 处开工修建的黄河源水电站,彻底改变了黄河沿水文站的水沙特性;对河源区的水文情势及环境生态将产生一系列前所未有的影响。

1.2　黄河沿至玛曲区间

黄河沿至玛曲区间位于积石山南侧和东侧,区间面积 41 029 km²,海拔在 3 400 m 以上,为黄河源地区的主要产流区。其中,黄河沿至吉迈区间有尕拉拉措为中心和以岗纳格马措为中心的两个湖群。岗纳格马措湖群周围草原退化、沙漠化程度严重。吉迈至门堂河段多高山峡谷。门堂至玛曲河段水面较宽,大水时水流漫过弯道,常有截弯取直现象发生,水系发育程度较高,河网密度约达 3 km/km²;右岸有白河、黑河两大支流加入。黄河沿至玛曲植被由上而下变为高密植物,间有成片的扁麻、红柳等低矮灌木丛。大部分地区是宽广平坦的草滩,多沼泽,牧草生长好,坡面蓄水能力大,更因中下游河段极为弯曲,汇流慢,洪峰过程涨落平缓。

1.3　玛曲至唐乃亥区间

该区位于积石山的北侧,区间面积 35 924 km²,海拔在 2 700 m 以上,左岸分水岭多在 5 000 m 以上,迫使水汽上升,降水增多。分布在左岸的切木曲、曲什安、大河坝等一级支流在该区间加入的雨洪较多,且汇流迅速;右岸的分水岭高度相对较低,支流泽曲上游多沼泽草地,坡面较缓,河流较长,水势变化平缓;军功站以下多峡谷,河道切割深,落差大,水流急,水能蕴藏量大。

2　气候和水文特性

河源地区属高原高寒气候,一年之内,无四季之分,长冬无夏,春秋相连;年平均气温 -4 ℃,每年仅 5~9 月份日均气温在 0 ℃ 以上,日内气温均较差为 16.6 ℃。历年平均降水量为 307.5 mm,草原湿润系数为 0.47~0.87。历年平均蒸发量为 1 264 mm,年内月蒸发量以 5~8 月份最大。区域内每年 12 月至次年 3 月盛行偏西风,干旱多风是河源区气候的特征之一。河源区的主要气候特征是干旱、少雨、高寒、缺氧、风灾、雪灾、沙化并存。

河源地区湖泊众多,对黄河干流径流调蓄作用大。黄河沿水文站畅流期径流过程为单一峰型;5 月开始上涨,9 月下旬至 10 月上旬达峰顶,而后下落。多年平均径流量为 7.4 亿 m³,7~10 月径流量占年均径流的 56.8%;多年平均输沙量为 8.38 万 t,其中 7~10 月输沙量占年输沙量的 70.2%。因该区地处高原,冰期较长,一般是"立冬结冰,端午开河",多年平均封冻天数达 157 天,最大冰厚达 1.43 m。河源地区水文特征是水位变化平缓,径流量、输沙量主要集中于汛期,径流量年际变化小,输沙量年际变化大。

3　近年来河源地区水文水资源情况的变化及其影响

近年来,河源地区天气气候发生了较大变化,该区出现了连续多年的干旱少雨天气,由此引发了河源地区水文水资源的变化。

3.1 降水特征的变化

根据 1953～1997 年唐乃亥站以上的历年降水资料统计,该区多年平均降水量为 427 mm (见表 1)。而 1990～1997 年的年均降水量仅有 398 mm,较多年平均值偏小 29 mm;较 1953～1989 年时段年均减少了 34 mm,占 1953～1989 年时段年均降雨量的 8%。图 2 也显示 20 世纪 90 年代以来河源地区的年降水过程进入了枯雨系列。可见,年降水量的减少是造成水资源量绝对量的下降的原因之一。

表 1　黄河唐乃亥以上降水量统计

(单位:mm)

年代	汛期降水量		非汛期降水量	全年降水量	最大	最小
	降水量	占全年(%)				
1953～1959	313	77	94	407		
1960～1969	331	75	112	443		
1970～1979	319	74	113	433	569.2 (1967)	297.6 (1956)
1980～1989	328	74	113	441		
1990～1997	288	72	110	398		
1953～1989	324	75	109	432		
1950～1997	317	74	109	427		

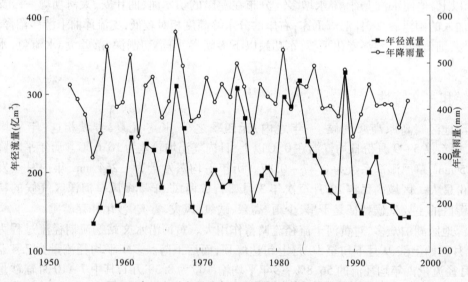

图 2　唐乃亥以上平均年降雨量与该站年径流量对照

近年来河源地区降水的年内分配也发生了较大变化。由表 2 可知,20 世纪 50～90 年代汛期降水量占年降水量的百分比呈减小趋势,百分比由 50 年代的 77% 减小为 90 年代的 72%。进入 90 年代以后这种变化更加明显,1990～1997 年的年平均汛期降水量较 1953～1989 年时段年均减小了 11%;而 1990～1997 年的年均非汛期降水量较 1953～1989 年时段年均相差无几。我们知道河源地区非汛期多系固态降水,而固态降水要等春暖花开气温上升时冰雪融化才能产生径流。上述降水量年内分配这种变化的结果一是使降雨的产流时间滞后，如图2所示，90年代以后，1990年的年降雨量是一个峰谷，对应的年径流量的峰谷滞后出现在1991年，1992年的年降雨量是一个峰顶，对应的年径流量的峰顶滞后出现在1993年。二是由于产流时间滞后的蒸发损失远大于汛期降雨即时产流的蒸发损失，减小了降水的产流率。

3.2 径流特征的变化

根据历年实测径流资料统计，河源地区唐乃亥以上各站90年代以来的年均径流量均小于多年平均值。90年代该唐乃亥站(见表2)的年均径流量较50～80年代时段年均减少了47亿 m^3，占50～80年代时段年均径流量的22%。吉迈站年均径流量由50～80年代的年均42.58亿 m^3 减小到90年代的32.24亿 m^3，年均减小了24%；黄河沿站年均径流量由50～80年代的年均7.97亿 m^3 减小到90年代的5.47亿 m^3，年均减小2.5亿 m^3，占50～80年代时段年均径流量的31.4%。显然90年代以来年均水资源的减少量占50～80年代水资源量的百分比自唐乃亥向上呈递增趋势变化；说明源头区的水资源减少的速率快于其下游。由表3统计的源头区三站近年径流特征变化可知源头区地表水资源大幅度减少的情况始于1995年。由于水资源的减少，近年源头区黄河沿及两湖出水口均曾出现过断流现象。其中黄河沿站1996年2月2～29日及1998年1、2两个月均为断流；1998年1至4月鄂陵湖出水口出现断流，相应水位4 267.94m，较1987年设站观测以来的最高湖水位4 269.16m降低了1.22 m。据查勘调查1998年10月20～次年6月2日扎陵湖与鄂陵湖之间出现河道干枯、河床裸露现象，时间长达7个多月。

表2 唐乃亥站不同年代年均水量汛期水量统计

年　代	年水量(亿 m^3)	汛期水量(亿 m^3)	汛期占全年(%)
1956～1959	161.60	92.54	57.3
1960～1969	218.41	135.97	62.3
1970～1979	203.92	121.87	59.8
1980～1989	241.27	148.49	61.5
1990～1997	166.88	91.33	54.7
1956～1989	213.6	130.4	61.0
1956～1997	204.7	123.0	60.1

表3 黄河源头区三站年径流量统计

水文站	1991	1992	1993	1994	1995	1996	1997
鄂陵湖		4.35	10.67	6.46	2.06	2.00	2.47
黄河沿	3.88	4.34	11.03	6.37	2.29	1.92	2.45
热曲黄河	3.45	3.91	10.31	4.33	2.15	3.16	2.48

唐乃亥至贵德站之间由于修建了龙羊峡水库，改变了该区间的水道面积和河道特征，由此诱发了局部气候特征的变化，使该区间建库后的水资源的变化特征不同于唐乃亥以上同期的变化特征。根据贵德站的实测资料统计，该站年均径流量由50～80年代的年均217亿 m^3 减

小到 90 年代的 186 亿 m³,年均减小 31 亿 m³,考虑到同期唐乃亥站年均减少的 47 亿 m³,唐乃亥至贵德区间的区间入流量不但没有减少,反而增加了 16 亿 m³。如果以龙羊峡水库下闸蓄水为分界点,1987~1997 年的年均径流量较 1954~1986 年的年均径流量也仅减少了 34 亿 m³。

近年来河源地区径流量的年内分配也发生了较大变化。由表 3 可知,唐乃亥站 90 年代汛期径流量占年径流量的 54.7%,系各年代最小,较 1956~1989 年的 61.0% 减少了 6 个百分点。唐乃亥至贵德区间由于龙羊峡水库的发电调蓄作用,使贵德站径流的年内分配发生了根本性的变化。汛期径流量占年径流的百分比由 1986 年下闸蓄水前的年均 61.2% 减少到 1987 年下闸蓄水后的年均 38.2%。

3.3 输沙特征的变化

泥沙要靠水来带,近年来上述河源地区的径流变化特征必然影响到该区的输沙特征。仍以唐乃亥站为例:90 年代该站的年均输沙量为 958 万 t,较多年平均输沙量年均减少了 335 万 t,而较 50~80 年代时段年均输沙量的 1 372 万 t,年均减少了 414 万 t,占 50~80 年代时段年均输沙量的 30%。输沙量减小的幅度大于径流量减小的幅度,即 22% 的径流量固住了 30% 的泥沙。由于流域面上泥沙的侵蚀主要靠汛期雨水冲泄,而河源地区径流量年内分配的改变,使汛期降雨径流占年径流的比重减少,非汛期融雪径流所占比重增加,从而相对减少了流域面上泥沙的侵蚀量。

由表 4 可知,在河源地区黄河沿至吉迈区间的植被情况最差,该区间泥沙侵蚀受径流变化的影响也最大,输沙模数 90 年代较 50~80 年代年均减少了 24.7 t/km²,占 50~80 年代输沙模数的 57.3%。吉迈至唐乃亥区间下垫面植被情况好于黄河沿至吉迈区间,则吉唐区间输沙模数的变化受径流变化的影响要小于黄吉区间。扣除黄河沿至吉迈区间下垫面因素的影响,由表 4 可以看出自唐乃亥向上 90 年代以来输沙模数的减少量占 50~80 年代输沙模数的百分数呈渐趋增加趋势,再次证明了源头区水资源的减小速率大于其下游。

表 4　唐乃亥站以上各区间输沙模数变化

序号	项　　目	河源—黄河沿	黄河沿—吉迈	吉迈—玛曲	玛曲—唐乃亥
1	区间面积(km²)	20 930	24 089	41 029	35 924
2	50~80 年代(t/(km²·a))	4.4	43.1	96.8	240
3	90 年代(t/(km²·a))	2.7	18.4	64.1	179
4	2 与 3 的差(t/(km²·a))	1.7	24.7	32.7	61.0
5	4/2(%)	38.6	57.3	33.8	25.4

唐乃亥至贵德区间由于修建了龙羊峡枢纽工程,使该区近年的输沙变化不同于其他区间。其表现:一是龙羊峡水库拦沙使输往其下游的泥沙大为减少。贵德站的输沙量由 1986 年下闸蓄水前的年均 2 544 万 t,骤减至 1987 年至 1997 年的年均 341 万 t。二是龙羊峡汛期蓄水发电及非汛期泄水发电的运用方式,非汛期下泄的水量基本为清水,使贵德站输沙的年内分配更为集中;贵德站汛期输沙量占年输沙量的百分比由 1986 年以前的年均 74.8% 增加到 1987 年以后的年均 85.6%。

3.4 水文水资源特征变化所产生的影响

河源地区出现连续多年的干旱少雨,其结果一是引发局部天气多变,加速草场的退化、植被覆盖率的降低。根据玛多县 1999 年的调查统计,近年全县草场退化面积达 2 414 万亩,占全县天然草场面积的70%。目前全县平均植被覆盖度只有40%~60%。草场退化水土流失使牧区的产草量急剧下降。二是导致湖泊和沼泽地萎缩,部分河流干枯,河源的高原湖泊与沼泽湿地等重要水源涵养功能降低。鄂陵湖自1987年有资料观测记载以来湖面水位已降低了1.2 m,玛多县第三大湖托索湖水位也已降低了2~3 m;全县约有2 000个湖泊已干枯,部分外流湖变成了闭流湖。中小湖泊的消失造成地下水位下降,水源枯竭。草场的严重退化沙化、生态环境的恶化,已严重威胁着牧民的生存。1998年冬至1999年春全县有38%的牧户因草场缺草缺水而举家迁移。目前玛多县的清水乡、花石峡乡、黑海乡有597户2 980人及118 935头(只)牲畜断绝了饮水源;使玛多县由20世纪70年代的富裕县下降为现今的贫困县。干旱少雨、风雪雹灾、草场退化、水土流失,各种灾害频繁的恶性循环,突出表现了河源地区生态环境的脆弱性、易损性和难复性。

人类活动的影响使生态环境加速恶化,近年来河源区修建的拦水坝、小水电工程不断增加,玛多、夏村水电站等多个工程正在施工,使该区有限的水资源进一步减少。以玛多水电站为例,坝址位于黄河沿站上游51 km处,设计库容24亿 m³,其远大于黄河沿站多年平均7.4亿 m³的径流量;该工程实际上是一个跨年度供水供电工程;大坝截流后,鄂陵湖出口断面处河湖已经连成一体;黄河沿站的流量,由1999年8月28日截流前的25.0 m³/s,骤减到截流后9月5日的3.4 m³/s。河源地区进入其下游的水资源量的减少,势必造成黄河上游可用水资源总量的减少,使黄河进入中下游地区的水量相应减少,进一步加剧中下游地区水资源紧张的局面。

4 结论与建议

(1)近年来河源地区各站年径流量、年输沙量均有大幅减少。造成这种变化的根本原因一是全球气候变暖,河源地区出现了连续多年的干旱少雨时段,使近年的年均降水量大幅减少。二是由于降水的年内分配发生了较大变化,汛期降水减少较大,非汛期降水增减变化不大;降水年内分配的这种变化,增加了单位降水的蒸发损失,减少了单位降水的产流量和产沙量,并使产流时间滞后。

(2)地表水资源大幅减少的时间始于1995年。1995年后源头区出现断流的次数增多、断流的范围扩大、断流的时段加长。

(3)下垫面植被好的吉迈至唐乃亥区间泥沙侵蚀变化受大气降水变化的影响要小于植被差的黄河沿至吉迈区间。

(4)龙羊峡水库的运用,使唐乃亥至贵德区间的水源得到涵养,局部生态得以改善,使该区间近年的区间入流量不但没有减少而且有所增加。龙羊峡水库的发电、调洪、拦沙及生态环境改善作用明显。

(5)河源地区连续多年干旱少雨、径流减少的结果使草场退化,植被覆盖率降低,牧区产草率急剧减少;湖泊沼泽地萎缩,河流干枯,高原湖泊水源涵养功能降低,地下水位下降,水源枯竭;人畜缺草缺水,生存环境受到严重威胁。

(6)黄河的水资源问题是全河性的,为保持黄河"活水来",我们建议:一是在河源地区有计划地封山育林植草,涵养水源,防止水土流失。二是兰州站水量约2/3来自唐乃亥以上的河源地区,其在全河水量中占有举足轻重的位置,因此河源地区的水资源开发利用应纳入全河统一的水资源调度、开发、利用规划。三是进一步加强河源地区的生态环境调查研究,以期找出对付生态恶化的根本对策。

四、水文仪器设备与新技术应用

大跨度水文缆道磨损问题研究

王惠民　罗思武　刘建军

（黄河水利委员会水文局吴堡水文站）

吴堡水文站位于黄河中游晋陕峡谷,是黄河干流十大重点报汛站之一。水文缆道是该站主要的基本测验设施,其跨度为 620~670 m。在该站上、中断面间架设有 3 部吊箱缆道和一部重铅鱼缆道,加上其他辅助过河缆索,总计 20 余根钢丝绳,使用滑轮 40 余只。因磨损严重而导致滑轮解体,轴承破坏,行车滑轮卡死,绳索断丝、断股、断索(循环索)的事故频繁发生,给测验人员的人身安全带来很大的危险,致使人人都害怕上吊箱。外业工作难分派、领导作难的局面一直难以扭转,因而解决吴堡站缆道磨损问题迫在眉睫。在多方面的努力下,1986 年正式开始研究改进的试验工作。

1 吴堡水文站缆道改造前的运磨情况

1.1 缆索

吴堡水文站缆道设施是利用两岸山体间的岩石以地锚固定架设。吊箱缆道为闭口式无平衡结构(见图 1),铅鱼缆道为开口式无平衡结构(见图 2)。该站缆道设施中所有的主、副缆道及循环索等均是采用普通 6×19+1 型钢丝绳,使用绳径 φ3.2~32 mm。其中主索有 φ24、28、32 mm 三种规格。铅鱼循环索采用 φ7.7、9.5 mm,因重铅鱼由 1 000 kg 减小到 750 kg,循环索相应增为目前应用的 φ8.8 mm;吊箱循环索因磨损问题严重,直径由 φ4.8、5.1 mm 增为 φ6.2mm。吊箱年运行 350~600 次,使用寿命为 12~16 个月,3 部吊箱每年均需要更换 2 000 m 的循环索 2 条。φ7.7~9.5 mm 重铅鱼循环索仅运行 50 次左右就会发生不同程度的损坏。

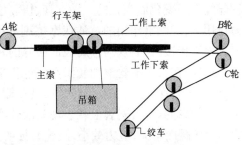

图 1　吴堡站改造后的吊箱布设

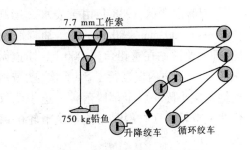

图 2　吴堡站改造后的重铅鱼缆道

1.2 滑轮

为延长钢丝绳索的使用寿命,行车、导向、牵引等滑轮均采用低硬度 40 号灰口铸铁加工制造,硬度为 140~190 hb,轮径为 φ160~200 mm。最初,轴承是采用单列向心球轻窄系列 6205,因磨损问题,后来于 1977 年改为中窄系列 6305 轴承。运行速度 15~60 m/min,轮速 34~186 r/min,而

本文原载于《人民黄河》2001 年第 1 期。

吊箱行车滑轮使用寿命为 10~12 个月,导向滑轮为 6~10 个月。重铅鱼行车、导向滑轮仅能维持 1~2 个月。吊箱自重(包括行车架)210 kg,设计荷载 300 kg。铅鱼自重 1 000(750)kg,行车架约 200 kg,总荷载约 1 200(950)kg。

1.3 润滑

该站按照《水文设施规范》要求每年用黄油(3 号钙基脂)进行一次养护,全部由人工高空手工作业,危险性大,劳动强度高。保养一次耗费黄油 200 余 kg,仅此一项就需要支付人民币 0.12 万元。而大部分油脂经摩擦和风吹、日晒、雨淋后会自然脱落,缆索与滑轮仍然处于干磨状态,油脂的润滑减磨作用不能够充分发挥。虽然上级领导多次提出"缆索上油"的研究改进工作,但因种种原因,至今未能实现。

2 磨损问题分析

2.1 主索与行车滑轮磨损

普通 6×19+1 型钢丝绳属国标(GB1102—74)系列,由丝股绕制成型,其表面凹凸不平,呈螺旋曲线式。钢丝绳直径越大,节距也越大,其表面的凹凸状也越明显,故光滑程度也就越差。ϕ200 mm×40 mm 行车滑轮在 ϕ32 mm 的钢丝绳缆道上运行时(见图3),呈点接触滚动摩擦状态。轮与索的名义接触面很小,真实接触面积就更小,在运行荷载的作用下,摩擦副表面产生很大的应力,以至于发生弹塑性变形;而绳索表面固有的螺旋曲线式结构又造成了光滑程度极差的运磨环境。由于形成摩擦副两种界面物质的弹性强度不同,在接触面接触瞬间产生微小的相对位移;钢丝绳的螺旋结构形式使滑轮在运行过程中界面受力不是均匀的,而是随着钢丝绳节距变化而变化的一种交变过程,增大了瞬时位移,产生滑动摩擦。同时,在强大的应力作用下,起润滑作用的黄油在摩擦副界面形成的边界膜(吸附膜)被破坏,致使摩擦副的金属表面直接接触,表现为金属表面凸峰的相互压入与凸峰、凹峰的相互啮合,形成黏接。

这样,在行车滑轮滚动和滑动的过程中,摩擦副产生黏滑现象(又称爬行),造成磨损。因此,行车滑轮在缆道上的运行过程,就是摩擦副表面黏—滑的交替过程。钢丝绳缆道的硬度大于铸铁滑轮的硬度,宏观上就表现为滑轮的磨损。当滑轮磨损到一定程度后,钢丝绳与滑轮的 U 形槽接触面增大,应力减小,滑轮磨损明显降低。但是,此时滑轮的有效磨损半径基本上消耗殆尽,必须更换,否则会发生滑轮解体、卡死等事故,并可能引起其他部件的损坏。

因磨损严重,1988 年由黄委水文局制作了一批 200 mm×80 mm 的耐油橡胶滑轮,配发给该站在重铅鱼(1 000 kg)缆道做试验,1 个月之内仅运行了 5~6 次,就被钢丝绳割成小碎块后全部脱落掉。这说明仅仅改变滑轮表面材料是不能解决滑轮的磨损问题的。

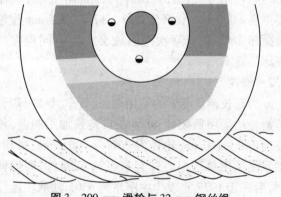

图 3　200 mm 滑轮与 32 mm 钢丝绳

2.2 循环索与导向滑轮磨损

循环索与导向滑轮之间的磨损为扰带性的摩擦磨损,ϕ4.8~9.5 mm 循环索用 ϕ200 mm×40 mm 滑轮作导向,1 600 余 m 绳索的自重张力、风力和运行中自旋等复杂荷载分别作用在各个导向滑轮和绞车卷筒上。右

岸的导向 B 滑轮承受较大的扰带性压力,使循环索在导向 B 滑轮处的受力作用下发生严重变形。1986 年 4 月 7 日现场测得该站一号吊箱导向 B 滑轮处 $\phi6.2$ mm 钢丝绳变形量为:压扁宽度 8.9 mm、厚度 4.1 mm、椭圆形的长轴 80～130 mm。当循环索被绞车动力拖动运转时,变形部位随循环索紧边旋出后恢复原状,而随松边旋进的循环索又连续变形,这种接连不断的变形—复原导致钢丝绳的丝与丝、股与股之间摩擦增加,循环索与滑轮之间发生严重的黏—滑现象,同时增加了循环索的疲劳损坏,因此循环索与导向滑轮的损坏非常快。1986 年前,由于磨损原因未查清,而采取将循环索的直径由 $\phi4.8$、5.1 mm 增加至 $\phi6.2$ mm,轮径由 $\phi160$、180 mm 增加到 $\phi200$ mm;轴承由单列向心球轻窄系列 6205 轴承改为中窄系列 6305 轴承等措施,希望减少磨损破坏,但事与愿违,这些措施都未能解决轮索的磨损破坏与轴承破损等事故的频繁发生。

2.3 副缆与牵引滑轮的磨损

副缆及牵引索的作用是抵抗铅鱼或吊箱等施测仪器入水后所受的水流冲击力。当铅鱼或吊箱水平运行时牵引滑轮受力不大,因铅鱼或吊箱流速仪悬杆入水后处于停止状态,所以磨损甚小。

2.4 偏磨

循环索导向滑轮均采用固定安装,无法调整偏差角度,故循环索运动时,由于绳弯曲运行时滑轮受力方向不均匀,使循环索沿滑轮周边在固定位置上"磨啃",造成偏磨。

3 调研分析

为解决水文缆道的磨损问题,笔者自费走访了水电十一局故县工地、太原铁路机务段电气工程处、铜川矿务局设备处、三门峡水利枢纽管理局总工办等单位,并通过其他渠道了解了部分大型工程缆机、矿井提升机械和空中游览索道等资料,同时查阅了大量相关资料后,与吴堡站的水文缆道作比较,发现水文缆道的设计有以下不足。

3.1 钢丝绳

以前我们对钢丝绳的规格分类及其用途了解不够全面,50 年代初,水文缆道借用的是前苏联模式,到 70 年代后期也没有明确规定,因此一种规格的钢丝绳缆索一直沿用至今。根据国家有关钢丝绳的种类特点及使用场合的规定,我们所采用的普通 $6\times19+1$ 型钢丝绳的特点是:股内钢丝直径相等,各层之间钢丝与钢丝相互交叉,呈点状接触,丝间接触应力很高,使用寿命较低,只用在一般场合中。而作为缆道中的承载索,根据《机械设计手册》中规定,需采用面接触式的密封钢丝绳或多层股(不旋转)钢丝绳。其优点为:股内钢丝形状特殊,呈面状接触,密封式面接触钢丝绳表面光滑,抗蚀性和耐磨性好,横向承载能力大。

3.2 轮径

在调研过程中,我们发现如下事实:1990 年山东引进日本技术,在泰山架设了旅游空中索道,规定主索轮径为绳索直径的 100 倍,导向轮径为循环索直径的 80 倍以上,但一般实际应用中导向轮径为循环索直径的 120～150 倍;我国大型矿井所用滑轮轮径是钢丝绳索直径的 150 倍以上;起重吊装行业中规定的 $6\times19+1$ 型钢丝绳,滑轮取径时比例为 30～45 倍;水文缆道原规定轮径为绳索直径的 15～30 倍,《水文缆道设施(85)规范》中又更改导向滑轮轮径为绳索直径的 20～40 倍,行车滑轮为绳索直径的 10～20 倍。

考虑以上企事业单位缆索滑轮取径的事实,结合前面的磨损观测分析,不难看出水文缆道设施中滑轮的合理取径是减少磨损破坏的有效途径。

相关技术资料表明:钢丝绳在实际工作中受力因素是很复杂的,运行中的轮索磨损严重,与钢丝绳弯曲受力时所采用的滑轮(绞车卷筒)直径有关。因为滑轮的直径小,钢丝绳弯曲程度就大,所以产生弯曲的应力相应也就较大。

3.3 润滑

润滑是降低摩擦系数、减少磨损的重要措施。在适当条件下,摩擦副表面可由具有一定厚度的一层黏性流体完全分开,由流体的压力来平衡外荷载。流体中的分子大部分不受金属表面离子电力场作用而可以自由移动,从而使摩擦副表面不直接接触,当两表面相互摩擦时,只在流体分子间发生摩擦,因此流体润滑的摩擦性质完全取决于流体的黏性,而与两个摩擦表面的材料无关。

根据上述原理,润滑剂的选用是否恰当,也会直接影响缆道设施的使用寿命。对润滑油的使用,有关文献中规定:低速、高负荷钢丝绳采用 38 号汽缸油;卷扬机等高速起重用钢丝绳采用 50 ~ 70 号机械油,这类油品具有不打滑性质,并且能很好地浸透到钢丝绳内部的储油芯中,具有排出湿气的能力,阻止内外腐蚀。钢丝绳的封存采用钢丝绳表面脂。

然而实际上我们却一律采用的是 3 号钙基脂(黄油)来养护缆道设施。3 号钙基脂是一种固体润滑油,高空人工涂抹,仅能暂时黏附在该缆索的表面,不能被张紧状态缆索中的储油芯吸收,故经一定时间的摩擦和风吹、日晒、雨淋、挥发等自然损失,这些润滑油脂会很快地损耗掉,使缆索与滑轮处于干磨状态。如吴堡水文站 1956 年架设的浮标投放索,采用 ϕ4.2(7 × 1.4)mm 镀锌钢绞线,运行至 1969 年,由于吊箱缆索在该站的正式投入运行而停止使用,1993 年 6 月拆除时,仅钢丝表面生锈,无任何断股损坏现象。吴堡黄河大桥的修建造成该站 70 年代一段时期出现了测验断面频繁变迁现象。为搞好测报工作,该站在上断面浮标吊箱上游 50 m 处架设了一条 6 × 19 + 1ϕ12.5 mm 钢丝绳做第二测验断面,但一直没有使用,也没有采取任何养护措施,到 1993 年 6 月拆除时,因生锈而多处出现断丝,靠近绳索中间储油芯的周围与绳索表面锈蚀破坏程度基本相同,说明该索的自储油脂耗尽,无法自身润滑保护,被雨水浸入而导致破坏。

普通钢丝绳当丝股绕制成型后,在出厂时还要经润滑液的浸泡处理,使钢丝绳中的纤维和麻芯中吸收一定数量的润滑油液,形成了钢丝绳本身的自储油、润滑与防锈功能。因此,应该根据普通钢丝绳的制造原理和润滑防锈条件,水文缆道设施的主索、循环索和滑轮的运磨规律,来选择适当的润滑油脂,而钢丝绳表面脂可以用于主索两端不摩擦的部位。

4 试验改进措施与效果

根据以上观测、分析、调研,结合吴堡水文站缆道的实际情况,我们进行了一些试验工作:

(1)加工了 5 套 ϕ300 mm 导向滑轮,如图 4 所示。所采用的灰口铸铁轮体原材料未变,轴承继续沿用中窄系列 6305,分别安装在该站 1 ~ 2 号吊箱缆索的导向 B 点作试验。

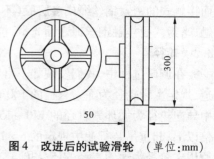

图 4　改进后的试验滑轮　(单位:mm)

(2)原固定式导向滑轮(见图 5)更改为可上下、左右自动调节角度的旋转挂钩式结构,来改善滑轮在运动过程中的受力条件(见图 6)。

(3)导向滑轮轮径采用循环索绳径的 45 倍,大于《水文缆道设施(85)规范》中的取径数值。

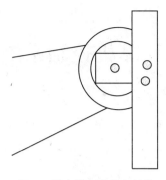
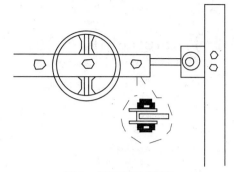

图5　原来的固定导向结构　　　　　　　图6　旋转挂钩式结构

（4）循环索材料绳径、吊箱荷载及张力等均维持原状，润滑方式与以前相同。

通过对缆道设施进行改造，磨损问题得到了明显的改善，至1999年底，已安全运行14年，期间正常磨损很小，滑轮轮槽仅有2 mm深的磨痕，因其他原因仅更换过两只滑轮，效果较好。按每部吊箱年均约一根工作索计，每年共节约工作索84 000 m，价值14.8万元；年均节约滑轮40只，价值11.2万元；节约劳力2 100工日。该项目若进行推广应用，其经济效益会更可观。

5　结论

经过多年来对吴堡站水文缆道设施的研究和实践，参照其他行业的缆道应用情况，《水文缆道设施（85）规范》中对主索轮径的采用比较合理；而对于循环索轮径的采用不太合理。断面跨度在400 m以下，应采用ϕ300 mm导向滑轮；跨度在500 m以上，应采用ϕ400 mm导向滑轮。这样工作索使用寿命在没有其他因素影响的情况下，可提高到15年以上，滑轮使用寿命会更长。再加上合理的润滑措施和可自动调整角度的减震机构，其效果会更好。

6　建议

（1）在今后的设施改造过程中，主缆采用面接触式钢丝绳，以增加承载接触面、减小主索与行车滑轮的磨损。

（2）利用行车架固有的动力源，按机械规律和钢丝绳润滑规范，加装喷润或旋转刷润的专门机构，运行中执行自润滑，以改善主索干磨润滑不足状况和减轻人工上油的劳动强度及提高安全性。

（3）滑轮直径的增加可以减少磨损，但是随着轮径的增加，滑轮体积、重量和惯性也随之加大，给运行和维护带来不便。故建议在保证滑轮机械强度的条件下，轮体采用钢板冲压工艺法焊接成型或采用铝合金轮体加装耐磨防护层以减轻轮体的自重。

（4）轮体轴承润滑油人工加注改为轮体外压力油枪加注，避免滑轮解体加注时可能导致人为损坏滑轮零部件，简化维护保养程序，提高安全性。

（5）卷扬机卷筒直径增大，卷筒宽度减小，以便于在绞车卷筒下和工作索最远端的导向滑轮下安装半浸湿旋转方式、润滑工作索，解决人工上油的危险性与不足。

（6）滑轮的设计制造应定型化、系列化，定点生产，以降低制造费用，并为全河不同跨度的水文缆道提供可靠货源。

（7）修正有关水文缆道设施规范，使之能更好地适应水文设施的需要。

基于 Internet 的水文测验远程计算机控制系统

1　概述

Internet 是目前世界上拥有最多用户的网络,也是相当理想的交互式网络。随着计算机技术、Internet 网络技术的飞速发展及普及,信息化的发展也正在改变着企事业传统的运作方式。越来越多的企事业都在逐步依靠计算机网络开展工作和拓展业务,同时利用 Internet 开展更多的信息交流及商务活动。尽管 Internet 的设计初衷并非是传送实时图像,但随着科技的发展,人们越来越多地对 Internet 提出实时视频数据传送要求(如电视会议、远程医疗及教育、视频点播、高清晰电视等)。由于受传输速率的限制,目前在互联网上 Web 站点的主页提供的视频、音频片段大都是非实时的。随着音频、视频压缩技术的发展和在互联网上传送实时业务的一些新技术、新协议的出现,将使基于 Internet 的实时视频传输成为可能。

由于我们水文工作的特殊性,水文测验不可能只固定在一个测验地点,机构管理的隶属关系是"省、流域级水文局—地、县级水资源局—基层勘测局—水文站",而水文站又有干流站、支流站,大河站、小河站,重要站、一般站等。随着科技的发展及测站建设的投入,越来越多的水文站都应用了计算机和各类软件系统进行水文测验、设备控制及测站的管理工作,如何将位于不同水文站点的适时水情信息互联互通,做到上级领导及时掌握下级的水情信息、测验设备运行状况,利用信息技术提高上级领导的管理水平和工作效率,是时代发展的需要,也就成了现代化的企事业单位所需解决的问题。

但由于我们水文测站的分散性,利用常规设备将各个测站的信息在同一局域网内共享,因距离上的差距无法实现。针对这种情况,目前已有的解决方案是通过在总部与各分支机构之间,架构 DDN、帧中继专线或采用硬件 VPN(Virtual Private Network 即虚拟个人网络)技术等方式来实现应用系统的远程互联,这不失为一种好的方法。但是专线和硬件 VPN 都存在成本太高的问题,动辄十几万甚至几十万、上百万的造价,对于任何一个企事业单位来说都不是个小数目,而且这些方式都无法对移动用户提供良好的支持。目前各种宽带上网方式(如 ADSL、局域网等)都在迅速发展,带宽和通信质量已经不再是瓶颈,资费也大大降低,完全能够高效率、低成本地解决企事业单位网络的互联互通。我们通过调研、网上查询,研究出利用现有水文测站的电话线路、采用成本较低(几千元)的硬件产品 Internet 服务器、万元左右的软件 VPN,在测站用 ADSL 宽带上网,上级机关利用现有的办公自动化局域网,将测站和上级机关连通,实现通过 Internet 网络将水文站现场的实时视频图像及测量数据信息传输到异地上级领导机关或防汛会商中心,上级领导和技术人员可随时监视水文站的实时水情,并实现在异地

本文原载于《水文》2005 年第 5 期。

远程控制测量操作等过程。

2 工作原理

由于水文测站大都远离城市,接入 Internet 都在逐步由拨号过渡到 ADSL 等宽带方式,资费也在逐渐下降。我们按照先进性、实用性、可靠性设计原则,以尽可能地增加时效性,提高测验技术,并较大地提高水文现代化水平为目标,将水文测站与上级机关通过Internet国际互联网络技术连通起来,就如在同一局域网内,使上级不但可实时看到水文测站的现场视频图像、现场水情,而且技术人员可遥控现场摄像机动作,根据当时水情布设测深、测速垂线、垂线测速点位置、流速仪测量参数等,实现在异地远程遥控铅鱼运行及测量等。按照实际测控工作的需要,所设计的水文测验远程计算机控制系统原理框图如图 1 所示。

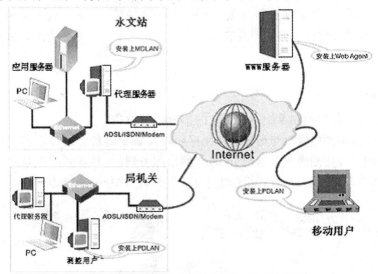

图 1　水文测验远程计算机控制系统原理框图

2.1 远程测控原理

远程测控技术是在应用最新的 VPN 技术及我们已投入应用的水文测控软件的基础上开发而成的。基于 Internet 网络技术实现了远程遥控操作和对现场铅鱼运行的测量控制及流量记载计算、数据处理存储、现场视频监控等功能,系统整体工作流程的示意图如图 2 所示。

2.2 远程测控功能实现

针对水文测量控制台,采用无间断的信息通信,用于远程控制显示需要实现的现场信息,远程端的控制是基于实时的现场信息数据。在异地上级机关、数据请求由水文测控软件(远程版)的数据实时监控进程发出后,数据经网络传输至水文站的水文测量控制台;控制台对数据进行校验,校验无误后,控制台开始执行数据请求。控制台执行后,将执行结果的数据发出;数据结果经由网络再传输到异地上级机关的水文测控软件(远程版),然后软件对数据结果进行校验,校验无误后,将数据信息处理、更新并通过用户界面显示。监控软件根据实时进程再次发出数据请求,一直循环传输、更新下去即实现了远程测控的功能。

远程监控数据的网络传输,是基于最新的 VPN 技术对数据进行处理的,从而实现基于 Internet 的内部网的点对点通信。在实际的专有网络传输中,比如银行、政府机构、大型企业等,是通过租用专有的线路进行互联,而 VPN 是通过公共互联网传播私有数据的一种技术。该技术是在 IP 数据包的外面再加上一个 IP 头,通俗地说,就是把私有数据进行一下伪装,加上一个"外套",传送到其他地方。因为在企事业单位内私有网络的 IP 地址通常是自己规划的,无法和外部互联网进行正确的路由,但在企事业单位网络的出口,通常会有一个互联网唯一的 IP 地址,这个地址可以在互联网中唯一识别出来,就是把目的 IP 地址和源地址为企事业单位内部地址的数据报文进行封装,加上一个目的地址为远端机构互联网出口的 IP 地址,源地址为本地互联网出口的 IP 地址的 IP 头,从而通过互联网进行正确的传输。

水文测验远程计算机控制系统,其网络传送方式就是采用这种方便的 VPN 技术对数据进行封装,经 Internet 网络传输,再由 VPN 对其进行数据分离并转发的。

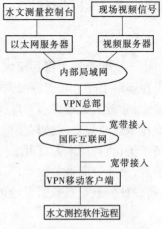

图2 远程控制流程示意图

3 硬件设计

3.1 测站设备配置

水文测验远程计算机控制系统中水文站的部分测控设备组成如图 3 所示,图中的摄像机与高亮度防汛探照灯安装于云台上同步转动并固定于操作室房顶之上,配置网络视频图像服务器及 Internet 网络服务器后,其视频图像及测量控制信息通过各自的服务器连至集线器、主计算机(相当内部服务器)、ADSL,再连接到 Internet 网络上。

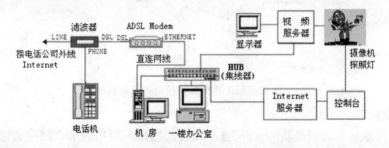

图3 测站监视监控部分组成图

视频图像服务器为完全脱离 PC 的平台,建立在嵌入式处理器和嵌入式多任务操作系统上,具有视频信号和音频信号的实时 MPEG – 4 全硬件同步压缩、多通道实时网络传输,支持流协议(RTP/RTCP、RTSP)、双向语音对讲、用户权限管理、内置看门狗、兼容 10 M/100 Mbps 的以太网端口等基本功能。

Internet 服务器是一款工业级串行服务设备,具有多个 RS – 232/422/485 设备接口,可连接如计算机、PLC、扫描仪等设备,并可直接连到 TCP/IP(因特网和 Internet)上。它具有较低的成本、较好的性能和较多的功能,同时支持 10 M/100 Mbps 因特网连接,能够提供高的带宽,低的流量冲突,使用灵活。

3.2 局机关设备配置

我们分别在黄委水文局、河南水文水资源局机关作为测站的远程测量监视监控地点,只需要有能连上 Internet 互联网的计算机(局域网、ADSL 都可以),在其上安装相关软件后即可实现异地远程的测量控制、图像监视监控、两地的实时语音通信等操作。

4 软件设计

水文测验的远程计算机控制系统软件设计,采用模块化结构,使其具有先进性、实用性、可靠性和可扩充性。软件设计主要由两大部分组成:第一部分为测站软件设计;第二部分为远程(异地上级机关)计算机测量控制软件设计。

4.1 测站软件设计

测站软件设计又由两部分组成:第一部分为计算机控制软件的设计,可充分利用 Windows 友好直观的操作界面及动态效果、方便灵活的操作方法,编程的语言选用 C++实现,主要工作是完成各种控制信号、命令、本地数据的处理,各种测验方法、控制项目、参数设置等均以菜单形式提供以便自由选择,软件具有纠错、应急等功能。第二部分软件为水文测量控制台软件设计,主要功能是完成各种输入信号的接收,对铅鱼运行的控制,对摄像机云台运行的控制,各种测量数据的处理、计算、触摸屏显示、存储、数据传送等,编程的语言用汇编语言实现。编程软件的内容包括数据通信、参数设置、运行控制、处理、数据保存、打印输出等模块。

4.2 远程计算机测控软件设计

远程计算机测控软件编程的语言也用 C++实现,主要完成与测站的通信联络,各种测量信息、控制命令、数据、图像、语音的传输,测站视频图像信息显示,测站测验数据显示,测量断面图、流速分布图显示等。

5 系统运行情况

水文测验远程计算机控制系统于 2004 年 4 月底建成后,到现在运行正常,我们在河南局机关测量控制、监视图像的画面如图 4～图 6 所示。实现的功能有:①测站现场视频图像远传至异地显示;②异地能够对测站现场的视频图像进行调整控制;③异地能够对测站铅鱼的测验运行进行控制;④测站铅鱼运行位置、测量结果的数据实时传输至异地显示;⑤两地具有实时通话功能;⑥铅鱼测量结束两地都能自动生成流量记载计算表等。

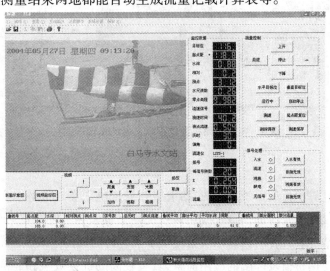

图 4 在河南局机关控制铅鱼测验画面

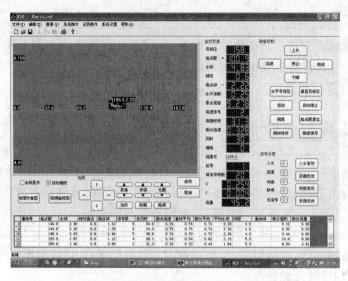

图 5　在河南局机关控制铅鱼测验结束显示画面

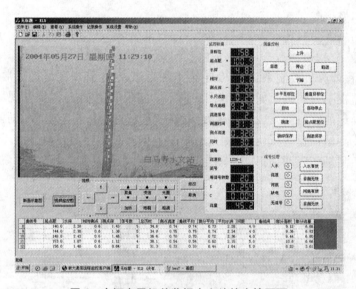

图 6　在河南局机关监视水文站的水情画面

6　结语

水文测验远程计算机控制系统的建成,给上级领导提供了实时了解水文测站水情最直接的途径,提供了最可靠、最及时的信息。应用该系统使上级领导不管身在何地,都可随时看到和掌握水文站的水情、测验情况,给防汛决策提供了强有力的保证。该项技术对水文测验设备的控制具有普遍的使用价值及广阔的应用前景,具有较高的社会效益和经济效益。对提高水文测报水平、推进水文现代化建设具有较大的作用。

工业触摸屏在水文测验控制中的应用

李德贵　张法中

（黄河水利委员会河南水文水资源局）

1　概述

触摸屏作为一种新型的人机界面,显示直观,操作简单,可靠性高,不但在工业控制中得到广泛应用,而且在日常生活中的很多领域也得以应用。

触摸屏应用于水文测验控制中,在测验人员和控制设备之间架起了双向沟通的桥梁,通过在触摸屏内设置按钮、指示灯、对话框,组合文字、图表、测量数据等,来监控测量设备的运行状态。改变了过去测验人员根据控制设备面板上的一些信号指示灯和数字显示屏上所显示的字母数字,操作按钮来控制设备运行的做法,不但显示直观,故障率低,而且可大大提高工作效率,避免误操作。设计时让屏幕能明确指示并告知测验人员机器设备目前的运行状况,即使是新手也可以根据屏幕显示及提示很轻松地操作整个测量控制设备。使用触摸屏,还可以使整个机器设备的配线标准化、简单化,减少了与之相连的可编程控制器等设备的 I/O 接口数量,不但降低了生产成本,更主要的是可大大减少故障率,同时,由于整个设备控制面板的小型化及高性能,也相对提高了整套设备的附加价值。

2　工业触摸屏的性能指标

触摸屏种类和型号较多,不同厂商都有不同的规格及型号,我们所选用的工业触摸屏主要性能指标如下:

(1)处理器:32 bit RISC CPU 133 MHz。

(2)LCD:256 色、640×480 分辨率、CCFL×2 背光灯。

(3)触控面板:8 线电阻式、2mm 触控精度,4H 的表面触控硬度。

(4)存储器:4 MB DRAM、4MB Flash ROM。

(5)通讯口:RS-232 串口 2 个,标准并口 1 个。

(6)电源:21-30VDC,功耗 440 mA(24VDC)。

(7)尺寸:外型 315 mm×238 mm×60 mm;显示区:302 mm×225 mm。

3　技术原理

我们在触摸屏内设计了常用的电气控制按钮开关、指示灯、图形、指示仪表、数据表格等,由此来代替过去在控制台上布设的按钮、指示灯、仪表等,应用时直接用手指触摸屏内的按钮开关,来实现对测验设备的控制及测量结果的数据显示。触摸屏与其他测验和控制设备的连

本文原载于《水文》2005 年第 2 期。

接如图 1 所示。

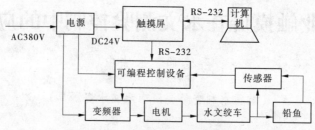

图 1　触摸屏与其他设备的连接框图

当触摸屏与可编程控制器、变频调速器等设备相连后,经过在触摸屏与可编程控制器内设置的程序,测验人员只需轻触屏幕即可实现对水文测验设备的控制,如吊箱的水平运行,铅鱼的垂直、水平运行等。吊箱或铅鱼运行的路线及测验方式,可通过屏幕上的参数设置项预先设置好。测验的过程、吊箱或铅鱼运行的路线、测验的结果,可通过屏幕上的图形、曲线直观地显示出来,较为重要的信息还可通过声、图给以提示、警示,测量的数据既可保存在触摸屏内部的掉电非易失数据存储器上,又可通过 RS - 232C 标准接口上传到后台计算机内。我们应用工业触摸屏所设计的主要功能如下:

(1)可以同时开启 6 个弹出窗口;

(2)可以拥有与 Windows 操作系统一样的任务栏和快选窗口——工作按钮;

(3)利用工作按钮可呼叫快选窗口,可在快选窗口放置经常显示的元件或直接切换窗口的开关,也可定义其地窗口为快选窗口,然后利用功能键来切换快选窗口;

(4)可在弹出窗口中放置窗口控制功能键,使弹出窗口可最小化及任意移动;

(5)具有留言板功能,以便测控人员交接班时联络,笔的粗细和颜色可更改,有橡皮擦功能等;

(6)可设计多台触摸屏主从互连,方便快捷,简单易行,稳定可靠。

4　应用情况

(1)2002 年 4 月,在黄河支流龙门镇水文站的吊箱测验控制设施改造中,我们首次将工业触摸屏应用于测量控制中,操作控制过程中的测量结果界面如图 2 所示。

2002 年 7 月,应用触摸屏控制吊箱运行并与人工实测起点距进行了 80 次对比观测,比测点分布在不同起点距位置。比测结果表明:绝对误差均小于 1 m,94% 的测量结果小于 1%。从 2002 年所比测的流量中选出不同量级的 30 次进行对比(见表 1),96.7% 的测量结果相对误差都不大于 5%,满足水文测验规范的要求。从龙门镇水文站设备安装调试完成投入运行 2 年来的情况看,和以前的按钮操作设备相比,用触摸屏直观方便,操作简单,性能稳定可靠。主要优点如下:①能用图形实时显示吊箱在测量断面上的起点距相对位置;②实时显示测量结果的河道断面图形;③自动测计流速仪信号数、测速时间并按公式计算测点流速;④自动保存测量记录;⑤吊箱水平运行可设置成自动或手动状态。

(2)2002 年 10 月,在黄河支流白马寺水文站的铅鱼测验控制设施改造中,再次将工业触摸屏应用于铅鱼测验设备的测量控制中,并在 2003 年的汛期与人工吊箱进行了比测,比测的误差检验分析见表2;从表2可以看出,所比测的起点距、水深、流速、流量项目,其符号检验、

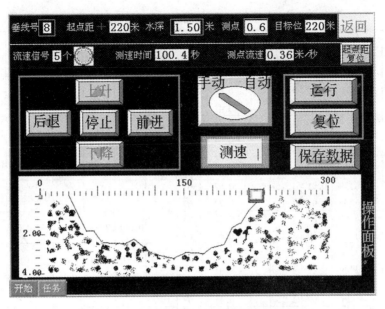

图2 龙门镇水文站应用触摸屏测量结果界面图

表1 龙门镇水文站流量比测误差计算

序号	测得流量（m³/s）	查得流量（m³/s）	绝对误差（m³/s）	相对误差（%）	序号	测得流量（m³/s）	查得流量（m³/s）	绝对误差（m³/s）	相对误差（%）
1	13.1	13.0	0.1	0.1	16	38.2	38.4	-0.2	-0.5
2	17.7	18.0	-0.3	-1.7	17	42.6	42.0	0.6	1.4
3	18.7	18.2	0.5	2.7	18	45.7	46.8	-1.1	-2.4
4	17.6	18.2	-0.6	-3.3	19	49.9	51.0	-1.1	-2.2
5	25.7	23.8	1.9	8.0	20	64.2	67.0	-2.8	-4.2
6	23.5	23.8	-0.3	-1.3	21	74.9	74.8	0.1	0.1
7	27.3	26.0	1.3	5.0	22	81.5	80.0	1.5	1.9
8	25.9	26.0	-0.1	-0.4	23	106	106	0	0
9	25.5	26.6	-1.1	-4.1	24	106	106	0	0
10	27.9	28.2	-0.3	-1.1	25	114	114	0	0
11	31.4	31.0	0.4	1.3	26	114	115	-1	-0.9
12	33.4	34.0	-0.6	-1.8	27	117	116	1	0.9
13	34.1	34.4	-0.3	-0.9	28	152	151	1	0.7
14	37.7	36.0	1.7	4.7	29	170	172	-2	-1.2
15	38.1	38.0	0.1	0.3	30	188	187	1	0.5

注:96.7%的测点与关系线性相对误差小于5%。

表2 白马寺水文站流量比测误差检验分析表

项目	比测数目 n	正负号个数 k	符号检验			适线检验			偏离数值检验			绝对误差均值	相对误差均值	标准差
			计算值(η)	查表值(η)	通过检验(×,√)	计算值(η)	查表值(η)	通过检验(×,√)	计算值(η)	查表值(η)	通过检验(×,√)			
起点距	88	(+)44	0.50	1.15	√	0.40	1.67	√	0.001	1.64	√	(-)0.02	(-)0.08	0.28
		(-)44	0.50	1.15	√	0.42	1.67	√						
流量	50	(+)28	0.80	1.15	√	0.71	1.67	√	0.08	1.64	√	(+)0.37	(+)0.51	1.81
		(-)22	0.80	1.15	√	0.61	1.67	√						
断面平均流速	50	(+)26	0.60	1.15	√	0.41	1.67	√	0.001	1.64	√	(-)0.04	(-)2.08	0.04
		(-)24	0.60	1.15	√	0.40	1.67	√						
垂线平均流速	379	(+)179	0.91	1.15	√	0.62	1.67	√	0.001	1.64	√	(+)0.02	(+)0.74	8.26
		(-)200	0.91	1.15	√	0.72	1.67	√						
垂线0.2测点流速	261	(+)126	0.50	1.15	√	0.43	1.67	√	0.001	2.64	√	(+)0.003	(-)0.27	8.98
		(-)135	0.50	1.15	√	0.68	1.67	√						
垂线0.8测点流速	261	(+)125	0.72	1.15	√	0.42	1.67	√	0.001	3.64	√	(+)0.02	(+)1.57	8.90
		(-)136	0.72	1.15	√	0.67	1.67	√						
断面平均水深	50	(+)24	0.60	1.15	√	0.40	1.67	√	0.001	1.64	√	(+)0.02	(-)1.19	1.94
		(-)26	0.60	1.15	√	0.41	1.67	√						
垂线平均水深	379	(+)198	0.89	1.15	√	0.70	1.67	√	0.001	1.64	√	(-)0.05	(-)1.39	6.01
		(-)181	0.89	1.15	√	0.61	1.67	√						

适线检验、偏离数值检验等都通过,满足水文测验规范要求。其测量过程中两个主要操作界面如图3、图4所示。

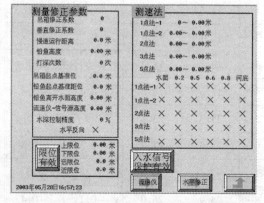

图3 白马寺水文站触摸屏应用主菜单界面图   图4 白马寺水文站触摸屏应用参数设置界面图

触摸屏在白马寺水文站经过一年多的应用,与过去用按钮操作控制铅鱼运行的设备相比,主要优点如下:

(1)通过触摸屏可设置自动、半自动、手动、洪水测量等几种测验工作方式;

(2)在自动、半自动测验工作方式下,可通过触摸屏设置铅鱼测深、测速垂线的不同起点距位置;

(3)可设置铅鱼测量的一些重要参数、必须的系数、常数等;

(4)可实时显示所测河道的断面图形并显示铅鱼在断面和水中的相对位置;

(5)在自动测验工作方式下,系统可按照事先设置的铅鱼运行、测验方法,由触摸屏内CPU控制,自动进行起点距、水深、流速的测量并保存;

(6)测量结果可设置成实时或整个测量结束后传输至后台计算机处理;

(7)在触摸屏上实时对图像监视系统进行调整和控制。

5 结语

从龙门镇和白马寺 2 个水文站的应用情况看,工业触摸屏友好的人机界面,灵活、直观的图形显示、性能稳定的触控屏幕,可靠的设备连接方式,深受水文站测验人员的好评,对水文测验设备的控制具有普遍的使用价值,具有广阔的应用前景。尤其是对目前还不具备配备计算机的支流小河站特别实用。在经过完善、设计方案优化后,工业触摸屏对水文测验控制设备的建设、更新、改造,对提高水文测报水平具有较高的价值,值得推广应用。

小浪底水文站遥测型 ADCP 流量比测成果分析

王丁坤[1] 席占平[2] 吕社庆[1]

(1. 河南水文水资源局; 2. 三门峡库区水文水资源局)

声学多普勒流速剖面仪(Acoustic Doppler Current Profiler,简称 ADCP)是美国 RDI 公司利用声学多普勒原理生产的专门用于河流流量测验的一种新型仪器,配置无线传输设备后即为遥测型 ADCP。它是自 20 世纪 80 年代初开始发展和应用的流量测验新仪器,是河流流量测验现代化的标志和开端。黄河小浪底水文站于 2004 年 5 月配备骏马系列瑞江牌零盲区 AD-CP(WHRZ1200 – 1 型,工作频率 1.2 MHz),5 月 16 日开始试行运用,7 月初开始与传统的流速仪测验方法进行流量对比测验,拉开了在黄河干流首批使用该新仪器进行流量测验的序幕。

1 测验断面和水流特点

小浪底水文站是位于小浪底水库下游的出库控制站,测验断面为复式断面,河宽 788 m,主河槽宽 320 m 左右,卵石河床,正常水流状态下河床冲淤变化较小。受水库运用的影响,水位变化频繁,流量大小变化不均,往往造成流量测次控制困难。除水库排沙情况外,小浪底站断面全年几乎约有 90% 的时间是含沙量较小和清澈透底的清水河流。

2 遥测型 ADCP 测验方法和测验参数设定

ADCP 流量测验是利用声学多普勒原理(发射声波和接收回波信号)进行流量测验的,从理论上讲,与传统流速仪法相同,都是将测流断面分成若个子断面,在每个子断面内测验垂线上一点或多点流速和施测水深,从而得到子断面内的平均流速和流量,再将各个子断面的流量叠加得到整个断面的流量,并且测验也完全可利用船、桥、缆道设施等进行测验。两者测验的不同点为:①ADCP 测验是在运动过程中进行的,流速仪测验是静态固定点测验;②ADCP 比流速仪测验的子断面(微断面)划分得细,垂线流速测验点(测验单元)也很多;③ADCP 测验断

本文原载于《人民黄河》2005 年第 10 期。

面不一定垂直于河岸;④ADCP 测验流量由 1 个实测区和 4 个非实测区流量组成,而流速仪测验流量则由 1 个实测区和 2 个非实测区流量组成;⑤ADCP 可以在同一时间里测验距其一定范围内许多点的流速。因此,当装备有遥测型 ADCP 的测船从测流断面一侧航行至断面的另一侧时,即可施测出河流流量。对比测验时,ADCP 参数设定见表 1。

3 对比测验情况

小浪底站 ADCP 共进行对比测验 63 次,其中与流速仪(水工 25 – 3 型)法对比测验 33 次。整个对比测验分 2 个阶段。

表 1 ADCP 测验参数设定

参数	设定情况	参数	设定情况
模式 WM	1	仪器入水深度(cm)	8
盲区 WF(cm)	5	底跟踪呼个数 BP	4
深度单元尺寸(cm)	16	水跟踪呼个数 BP	4
深度单元数目	90	盐度 ES(修正声速)	0

注:"呼"指 ADCP 一次采样过程,包括准备、脉冲发射、回波接收、信号处理等。

(1)试运用阶段。2004 年 5 月初配备 ADCP 时,正值黄河水量调度测验进行的关键时期,ADCP 测验的流量经和当时的水位流量关系线比较,误差均在 ±5% 以内,且完全满足流量测验的精度要求。经有关技术部门同意,从 5 月 16 日起用 ADCP 试行流量测验,直到 6 月 18 日黄河第三次调水调沙试验开始,由于河流含沙量大而停止使用。期间共实测流量 30 次。

(2)与流速仪法对比测验阶段。此阶段从 7 月初开始,也就是伴随着黄河第三次调水调沙试验的第二阶段开始,在水流含沙量较小的情况下开始对比测验,此阶段可分为 3 个不同的时段:第一时段是从 7 月初到 7 月 17 日黄河第三次调水调沙试验的测验阶段,由于在黄河调水调沙试验第二阶段含沙量逐步加大,ADCP 与流速仪对比施测两次被迫停止使用,此时段比测流量均在 2 000 m³/s 以上;第二时段为黄河第三次调水调沙实验结束后,到 8 月 21 日黄河调水调沙生产运行开始,此间流量在 150 ~ 700 m³/s 之间,共进行对比测验 9 次,其中有 4 次是在含沙量较小的情况下进行的;第三时段是在黄河调水调沙生产运行以后(生产运行期间,由于河水含沙量大,因此 ADCP 无法使用),至 12 月底,对比测验共进行了 22 次,在此期间,流量多在 200 m³/s 左右。

流速仪和 ADCP 的对比测验基本是在同步正常情况下进行的。流速仪法测验采用铅鱼过河的常测法,历时 100 s;ADCP 是在流速仪所施测的同步时段内施测 4 次流量,且各次间相对差值以不超过 ±5% 为有效,取其平均值作为 ADCP 同步所施测的流量,施测位置一般设在流量测验断面下游 10 ~ 60 m 范围内。

4 对比计算和分析

4.1 ADCP 与水位流量关系线的对比分析

2004 年 6 月 18 日开始黄河第三次调水调沙试验,由于水位高、流量大、含沙量小以及水流具有流速大、挟沙能力强、冲刷力大的特点,因此河床在此期间受到了不同程度的冲刷,从而造成水位流量关系略有变化。据此,在 ADCP 与水位流量关系进行对比分析时,水位流量关系曲线采用两个时段的关系曲线,即 6 月 14 日(ADCP 测次编号 26)以前采用水工 25 – 3 型流速仪实测的水位流量点据所定的关系曲线(①号线);其后采用水工 25 - 3 型流速仪实测的水位流量资料所修订的关系曲线(②号线),见图 1。图中纵坐标是以实测流量的相应水位减去常数"132"所得数为坐标,与实测流量建立关系曲线。因此,在 ADCP 与水位流量关系进行对比时,在 26 测次(即 6 月 14 日)以前用 ADCP 实测流量的相应水位,可在图 1 中①号线上查得对应流量;26 测次以后用图 1 中的②号线来查得对应流量。其查得的对应流量及对比计算见表 2。

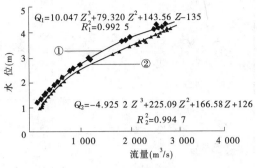

$Q_1 = 10.047 Z^3 + 79.320 Z^2 + 143.56 Z - 135$
$R_1^2 = 0.992\ 5$

$Q_2 = -4.925\ 2\ Z^3 + 225.09\ Z^2 + 166.58\ Z + 126$
$R_2^2 = 0.994\ 7$

图 1　水位流量关系

表 2 中 ADCP 所测的流量用 Q_a 表示,在关系线上查得的差值用 $(Q_a - Q_d)/Q_d$ 的百分数表示。经计算可以看出:①ADCP 实测的流量系统偏大,在 63 次中占到了 40 次(表 2 中正值),达 63.5%,而比水位流量关系线查得值小的有 20 次(表 2 中负值),占整个实测流量测次数的 31.7%;②在流量对比的 63 个测次中,有 50 个测次相对差值不超过 ±5%,占整个测次的 79.4%,其中有 3 次相对差值为 0,有 13 次相对差值在 ±1.0% 以内。

4.2　ADCP 与流速仪法实测流量对比分析

ADCP 与流速仪的流量对比测验,是流速仪在常规测验情况下进行的。对比测验从 7 月初开始,12 月底结束。此间,由于水流在多个时段具有较大含沙量,使得比测仅进行了 33 次。其对比计算见表 3。表 3 中 ADCP 实测流量用 Q_a 表示,水工 25 - 3 型流速仪实测流量用 Q_1 表示,两者绝对差值用 $(Q_a - Q_1)$ 表示,相对差值用 $(Q_a - Q_1)/Q_1$ 的百分比表示。计算表明:

(1)ADCP 实测的流量稍有偏大,在 33 个测次中偏大的有 23 次(表 3 中正值),占 69.6%;偏小只有 9 次(表 3 中负值),占 27.3%。其中偏大超过 10% 的有 1 次,而偏小的最小值为 - 8.2%。

(2)ADCP 与流速仪实测流量对比,相对差值超过 ±5% 的测次有 6 次,占对比总测次的 18.2%;有 27 次相对差值不超过 ±5%,占比测总数的 81.8%。

4.3　相对误差计算

(1)与关系线查得流量比较。若以关系线查得流量为真值时,由表 2 可以看出,63 次中有 40 次相对误差大于 0,有 20 次小于 0,其中相对误差大于 5% 的有 10 次,大于 8% 的有 5 次;相对误差小于 -5% 的有 3 次,小于 -8% 的有 1 次;而比测相对误差平均值仅为 1.22%。

(2)与流速仪实测流量比较。若以流速仪所施测流量为真值时,由表 3 可以看出,33 次的样本容量中有 23 次相对误差大于 0,有 9 次小于 0,其中相对误差不小于 8% 的有 2 次,不大于 -8% 的有 1 次;则比测相对误差平均值只有 1.69%。

以上计算说明,ADCP 实测值有系统偏大现象,其偏大的平均值仅为 1.22% 和 1.69%。

4.4　随机不确定度(X_Q)的计算

计算随机不确定度的公式为

$$X_Q = 2\sqrt{\left\{\sum\left[(Q_i - Q_{ci})/Q_{ci}\right]^2\right\}/(n-2)} \tag{1}$$

式中:Q_i 表示 ADCP 第 i 次实测流量,m^3/s;Q_{ci} 表示在关系线上与第 i 次流量 Q_i 相对应的流量,或是 Q_i 相应流速仪实测的流量,m^3/s;n 表示对比测点数,即与关系线对比时 $n = 63$,与流速仪对比时 $n = 33$。结合表 2 和表 3,经计算可知:与关系线对比时,置信水平为 95% 的随机不确定度

表 2　ADCP 与水位流量关系对应流量计算

测次	ADCP 水位(m)	流量 Q_a (m³/s)	对应流量 Q_d (m³/s)	$Q_a - Q_d$ (m³/s)	$(Q_a - Q_d)/Q_d$ (%)
1	134.61	967	959	8	0.83
2	134.18	661	659	2	0.30
3	134.39	817	798	19	2.38
4	134.27	706	717	-11	-1.53
5	134.52	898	891	7	0.79
6	134.55	869	914	-45	-4.93
7	134.13	640	628	12	1.91
8	134.52	900	891	9	1.01
9	134.40	823	812	11	1.35
10	134.48	865	862	3	0.35
11	134.90	1 213	1 194	19	1.59
12	134.00	536	556	-20	-3.60
13	134.43	826	826	0	0
14	133.78	417	429	-12	-2.80
15	134.70	1 038	1 029	9	0.87
16	134.93	1 226	1 237	-11	-0.89
17	134.96	1 343	1 246	97	7.79
18	134.62	988	966	22	2.28

测次	ADCP 水位(m)	流量 Q_a (m³/s)	对应流量 Q_d (m³/s)	$Q_a - Q_d$ (m³/s)	$(Q_a - Q_d)/Q_d$ (%)
33	133.65	433	442	-9	-2.04
34	133.11	197	212	-15	-7.09
35	132.99	163	177	-14	-7.91
36	133.55	383	390	-7	-1.79
37	134.05	694	695	-1	-0.14
38	133.53	380	380	0	0
39	133.04	189	191	-2	-1.05
40	133.18	234	235	-1	-0.63
41	133.58	411	400	11	2.75
42	133.06	211	196	15	7.63
43	132.97	166	172	-6	-3.49
44	133.08	218	202	16	7.90
45	133.08	203	202	1	0.49
46	133.09	207	205	2	0.97
47	133.08	200	202	-2	-0.99
48	133.05	194	194	0	0
49	133.10	217	209	8	3.84
50	133.04	183	191	-8	-4.2

续表 2

测次	ADCP 水位 (m)	ADCP 流量 Q_a (m³/s)	对应流量 Q_d (m³/s)	$Q_a - Q_d$ (m³/s)	$(Q_a - Q_d)/Q_d$ (%)	测次	ADCP 水位 (m)	ADCP 流量 Q_a (m³/s)	对应流量 Q_d (m³/s)	$Q_a - Q_d$ (m³/s)	$(Q_a - Q_d)/Q_d$ (%)
19	134.70	1 075	1 029	46	4.47	51	133.04	194	191	3	1.57
20	134.25	721	704	17	2.41	52	133.14	218	221	-3	-1.36
21	134.63	1 064	974	90	9.24	53	133.12	234	215	19	8.84
22	134.38	877	791	86	10.87	54	133.07	204	199	5	2.51
23	134.42	824	819	5	0.61	55	133.04	198	191	7	3.67
24	134.95	1 283	1 237	46	3.72	56	133.15	239	225	14	6.23
25	135.42	1 832	1 686	146	8.66	57	133.19	242	238	4	1.68
26	135.05	1 424	1 326	98	7.39	58	133.15	232	225	7	3.12
27	135.75	2 303	2 407	-104	-4.32	59	133.11	229	212	17	8.07
28	134.05	660	688	-28	-4.07	60	133.10	212	209	3	1.44
29	136.12	2 770	2 746	24	0.87	61	133.62	433	426	7	1.64
30	133.32	259	278	-28	-9.76	62	133.11	217	212	5	2.36
31	136.02	2 827	2 774	53	1.91	63	133.16	237	228	9	3.95
32	136.05	2 790	2 816	-26	-0.92						

表3 ADCP与流速仪法实测流量对比分析计算

日期	测次	ADCP			流速仪法			$Q_a - Q_1$ (m³/s)	$(Q_a - Q_1)/Q_1$ (%)
		时间	水位 (m)	流量 Q_a (m³/s)	时间	水位 (m)	流量 Q_1 (m³/s)		
07-04	31	09:57~11:25	136.02	2827	09:48~11:42	136.05	2 750	77	2.8
07-05	32	09:45~11:07	136.05	2790	09:30~11:30	136.07	2 780	10	0.4
07-18	33	15:18~16:11	133.65	433	15:00~15:54	133.65	448	-15	-3.3
07-23	34	06:11~06:48	133.11	197	05:48~06:42	133.10	204	-7	-3.4
07-27	35	06:27~07:06	132.99	163	06:00~06:48	133.00	174	-11	-6.3
07-31	36	09:21~10:15	133.55	383	09:06~09:56	133.54	397	-14	-3.5
08-04	37	10:01~10:21	134.06	694	09:34~10:12	134.00	641	53	8.3
08-08	38	06:57~07:36	133.53	380	07:00~07:54	133.50	369	11	3.0
08-10	39	06:22~07:09	133.04	189	06:12~07:06	133.04	194	-5	-2.6
08-14	40	05:53~06:37	133.18	234	05:36~06:30	133.16	255	-21	-8.2
08-19	41	06:31~06:59	133.57	411	06:12~06:54	133.56	394	17	4.3
09-11	42	08:39~09:15	133.06	211	08:48~09:48	133.07	202	9	4.5
09-15	43	08:55~09:25	132.07	166	08:42~09:42	132.97	162	4	2.5
09-20	44	08:35~09:24	133.08	218	08:12~09:12	133.05	196	22	11.2
09-24	45	15:38~16:09	133.08	203	15:30~16:42	133.09	194	9	4.6
09-29	46	08:23~08:57	133.09	207	08:12~09:12	133.07	194	13	6.7
10-02	47	17:19~17:40	133.08	200	17:00~18:12	133.09	194	6	3.1
10-06	48	15:06~15:42	133.05	194	14:48~15:48	133.07	191	3	1.6

续表3

日期	测次	ADCP			流速仪法			$Q_a - Q_l$ (m³/s)	$(Q_a - Q_l)/Q_l$ (%)
		时间	水位 (m)	流量 Q_a (m³/s)	时间	水位 (m)	流量 Q_l (m³/s)		
10-10	49	08:32~08:58	133.10	217	08:18~19:18	133.09	208	9	4.3
10-17	50	08:32~09:26	133.04	183	08:18~09:18	133.03	187	-4	-2.1
10-22	51	08:36~08:59	133.04	194	08:30~09:30	133.05	194	0	0.0
10-27	52	16:11~16:40	133.04	218	15:54~17:00	133.17	220	-2	-0.9
11-01	53	09:09~09:27	133.12	234	08:42~09:30	133.14	221	1.3	5.9
12-13	54	14:59~15:32	133.07	204	14:48~15:48	133.07	203	1	0.5
12-13	55	15:48~16:32	133.04	198	15:54~16:30	133.05	197	1	0.5
12-14	56	10:37~11:02	133.15	239	10:24~11:06	133.14	231	8	3.5
12-14	57	11:09~11:44	133.19	242	11:06~11:42	133.19	233	9	3.9
12-14	58	16:12~16:37	133.15	232	15:54~16:36	133.13	226	6	2.7
12-15	59	10:08~10:45	133.11	229	10:06~10:48	133.11	222	7	3.2
12-17	60	14:55~15:25	133.10	212	14:42~15:03	133.10	203	9	4.4
12-24	61	10:42~10:59	133.62	433	10:24~11:24	133.62	438	-5	-1.1
12-26	62	10:04~10:32	133.11	217	09:48~10:36	133.11	207	10	4.8
12-26	63	10:32~11:02	133.16	237	10:36~11:12	133.17	235	2	0.9

X_Q 为 7.6;与流速仪对比时,置信水平为 95% 的随机不确定度 X_Q 将近 8.0。

4.5 原因分析

经过上面对比计算分析和随机不确定度计算说明,流速仪实测流量偏小,ADCP 稍有偏大,致使置信水平为 95% 的随机不确定度接近极限 8.0。其原因主要有以下 3 点。

(1)黄河小浪底站测验河段为卵石河床,特别是主河槽底卵石较大。用铅鱼加流速仪施测流量,根本无法实测到卵石间的过隙流量,但是对 ADCP 来说,则完全可以施测出这样的过隙流量,由此而使流速仪实测值偏小,ADCP 施测值稍有偏大,这主要是由于测验方法和客观因素所造成的。

(2)由于小浪底站断面受小浪底水库发电的影响,因此水位变化频繁,流量忽大忽小。流速仪施测一次流量需要 60 多分钟,ADCP 施测一次流量仅需要 20 分钟左右。在与流速仪等历时对比测验中,ADCP 可施测 4 次,且要求最大与最小之间差值不大于 ±5%。在平均计算时,特别是流速仪在主流施测即将结束的涨水或落水情况下,更容易把 ADCP 在主流所施测到的流量删去。因此,在流量对比测验中,出现流速仪施测值偏小或偏大以及 ADCP 偏大或偏小这种现象都是正常的。尤其是在流量变化大时,两者更容易出现有较大的差值,造成随机不确定度接近极限的状况。

(3)2004 年 3 ~ 6 月份河段内河底滋生水草较多(虽近些年份也有,但较轻,影响不大),随着气温升高和水流增大,水草随水流漂浮,虽然对于 ADCP 施测流量影响较小或没有影响。但对流速仪施测则有较大影响,从而也可造成随机不确定度趋近极限的状况。

5 建议

ADCP 与流速仪的对比计算和分析,从其样本容量(不小于 30 个测次)和比测相对差值(±5%)的测点数(不小于总数的 75%)均满足规范要求。从与 ADCP 比测的实际结果和 ADCP 的本身性能以及本着高效、实用的原则,在小浪底站常年有 90% 的时间为含沙量较小和清水的水流状况下,ADCP 完全可以代替传统的流速仪,而且测验质量和测验精度也完全能够满足规范要求。因此,建议将配置的遥测型 ADCP 与流速仪配合使用,在河水中含沙量较大时,使用流速仪测验,既可测流量又可测输沙率;在清水或含沙量较小时使用遥测型 ADCP 施测。在用 ADCP 施测时要和用流速仪一样,正确把握和选择测流时机,做好测次控制,尽量选择在水位变化平缓或相对稳定的时段布设流量测次,以保证测次有效性和成功率,同时要做好船速的控制以及仪器的检测,从根本上保证测验质量及其准确性。

四仓遥控悬移质采样器的研制

王庆中　王秀清　王　兵　靳正立　刘同春

(河南水文水资源局)

目前黄河上传统的泥沙采样方法主要以手持悬杆式采样器为主,这种采样器在大水采样

本文原载于《人民黄河》2005 年第 12 期,为黄河水利委员会 2002 年黄河防汛科技项目(2002E05)。

时操作困难、危险、效率低;锤击式采样器劳动强度大、效率低,与水库测验不相适应,采用极少;手拉式双仓采样器在小浪底水库异重流测验中提高了工作效率,但手拉开关可靠性不高。"四仓遥控悬移质采样器"项目的开发,是为了解决水文测验工作中的泥沙采样问题,尤其是为了解决小浪底水库异重流测验和泥沙因子站的水沙测验问题。四仓遥控悬移质采样器经过2003、2004 年两个汛期在小浪底水库异重流测验中试用,各项技术指标均能满足设计要求,已于 2004 年 8 月 30 日顺利通过验收。该项目的研制成功,填补了我国深水高含沙水流条件下的多仓无线遥控悬移质有效泥沙采样工具的空白。该仪器不仅适用于大江、大河、水库等大量泥沙取样工作,在黄河各支流站水文缆道取沙和其他相关工作中也可使用。现将该仪器的设计思路和运用方法介绍如下,供在水文测验设施设备改造时借鉴。

1 机械设计

1.1　100 kg 铅鱼造型设计

铅鱼是水文测验工作中用于携带各种测验仪器的专用设备,根据 2001、2002 年实测水库异重流的经验,若铅鱼的重量偏小,就会引起悬索偏角过大,无法满足测深、测速及取沙的基本要求。铅鱼的造型对测深精度也有显著影响,若采用瘦长型铅鱼在河底部分伸入的就多,水深偏大;若采用肥胖型铅鱼时,在河底部分伸入的就少,所测水深偏小。因此,我们选用统一重量(100 kg)、统一造型的铅鱼,以解决铅鱼感应河底信号的一致性问题。为了满足实际生产的需要,在设计时主要采取了如下技术措施:①铅鱼的体型为子弹头式,且粗短,质量相对集中,这样转动惯量相对减小,可解决其在静水中的自转问题;②铅鱼立翼较大,还用 4 mm 厚胶木板制成附加立翼,这样增大了立翼面积,却不增加立翼重量,可对铅鱼的自转产生较大的阻尼力矩,限制铅鱼自旋转,保证测速、采样的可靠性;③铅鱼中心为直径 45 mm 的钢管,一方面是铅鱼自身荷载的需要,另一方面用于盛装水下电源密封仓;④铅鱼采用单点悬吊,悬吊板尺寸一致,能通用互换,它的作用是上与吊索连接,中间悬挂采样器,下端与铅鱼连接,还可调整铅鱼的平衡度;⑤铅鱼前端设有安装流速仪的立管,按照标准化、通用化设计要求,立管上可方便地安装不同结构型式的流速仪;⑥铅鱼横翼比常用铅鱼偏窄,目的是减少铅鱼到达河底时的泥沙托浮力,同时还用于固定遥控接收机密封仓和流速信号发射器。

1.2　水下密封仓设计

水下电源密封仓选用总长 665 mm 不锈钢管材焊制而成,内部装有 10 节 7 Ah 镍氢可充电池,组成 12 V 直流水下总电源。在设计制造时有三个关键环节:①焊缝的耐压必须达到 1.5 MPa;②接线端子采用螺纹与密封胶两种方式,实现绝对密封;③为了方便维修采用法兰连接,其密封采用圆形橡胶圈挤压与端面加密封胶的两层密封方法。经过近四年的现场实用,密封仓的防水可靠度达 100%。

遥控接收机密封仓总长 350 mm,采用直径 42 mm 不锈钢管焊制而成,内装遥控接收电路,其工作电源为 12 V,采样器水下电磁铁的电源也是 12 V,因此遥控接收机是连接遥控器、电源与电磁铁的控制开关。其接线端子为七芯,全密封方式,整体耐压为 1.5 MPa,密封措施与电源密封仓相同。

水下电源开关用绝缘胶木内置水银开关,密封胶全封闭方式,制成上下翻动式电源总开关。当开关翻上时,看到胶木上刻有"开"字,水银开关触点接通,将电路接通电源;当开关翻下时,水银开关触点断开,总电源被切断。该装置防水性能好,操作方便。

1.3 横式采样器设计

横式采样器在黄河水文工作中已经应用几十年,是一种常规采沙工具,具有结构简单,操作方便、重量轻等优点,尤其是当采样任务较大时,平口式采样器更显得轻便灵活,因此在小浪底水库异重流测验中,主要采用容积为 1 000 mL 的平口式横式采样器。

设计中需要解决的关键问题是将采样器与水下电磁铁进行连接,用电磁铁的拉力使采样器关闭,这就要求采样器导杆的拉力、行程与电磁铁的拉力、行程一致。在机械设计中还要充分考虑到采样器是工作在高含沙水流中,各个机构、环节均不能因泥沙的存在而影响正常工作。设计如下:

(1)采样仓选用无缝钢管车制而成。其内径 81 mm,长 195 mm,设计容积为 1 004 mL。

(2)为了减轻采样器的重量,端盖选用铝材制成,并在端盖内面镶嵌有橡胶密封圈,以保证端盖关闭后不漏水。

(3)导杆是通过弹簧的拉力而使端盖关闭的一个机构,打开仓盖时,需要用双手将两端同时打开,在采样器盖处于打开状态时,导杆的头部刚好压在电磁铁的操纵丁字铁上,一方面打开了仓盖,另一方面为电磁铁的拉动做好了准备,该过程是连续、自动的。

(4)采样器与电磁铁的连接采用两种形式进行了设计并试验,均取得良好效果。①电磁铁与采样器是分体的,电磁铁固定在铅鱼吊板上,使用时仅采样器进行装卸。其优点是采样器重量轻,缺点是电磁铁在不采样时也在铅鱼上。②电磁铁与采样器一体化。其优点是当不采样时,电磁铁与采样器可一同从铅鱼上取下来,铅鱼上的负荷减少,同时也有利于电磁铁保养。目前这两种连接方法都有样机,在实际使用中也各有其自身的特点。

1.4 快速装卸机构设计

泥沙采样的作业平台是船只,又是水上作业,其环境条件比较恶劣,各机构的设计必须充分考虑野外环境条件,最大可能地使其操作方便。基本要求是:采样器的装卸要简便、快捷,不能使用专用工具,安装后要牢固不能脱离,需卸下时要方便取下,并能够互换。根据实际需要,在进行该项设计时曾先后设计了三套方案:①用定位销和防脱离螺栓固定方式。优点是用螺栓紧固后比较安全;缺点是安装采样器时,需对准销钉,用手拧紧固定螺栓。②雁尾槽轨道固定方式。采样器上固定梯形块,铅鱼吊板上固定雁尾槽,安装采样器时,把梯形块推进雁尾槽后,采样器自动悬挂定位。为了电源可靠接通,另设有顶丝,旋紧顶丝后,采样器也更牢固。这种结构的优点是安装牢固,操作方便;缺点是机械加工工艺要求较高,成本较高。③与枪栓相似的悬挂机构。优点是机械加工难度有所降低,强度也较好。

以上 3 种方案进行试用后,均取得了很好的效果。可根据不同应用条件及使用者的不同习惯,选用其中一种方式。在今后的应用中,通过技术创新还可能设计出更新、更简化的方案。

2 机电液组件

2.1 水下电磁铁基本参数

经过试验证明,拉力 70 N、有效行程 10 mm 的条件如果能够达到,该电磁铁就可以直接控制平口式或斜口式采样器关闭。水下电源若采用 24 V,拉力指标容易实现,但从实用角度考虑,24 V 电源体积大,会增加铅鱼负荷,水下密封也不方便。因此,选用 12 V 由 10 节 1.2 V 镍氢可充电池串联组成的电池组,容量为 7 Ah,封装在水下电源密封仓中,用来直接驱动水下电磁铁动作。电磁铁必须保证在 2 MPa 水压力条件下正常工作,具有很强的耐压、防水、防沙性能。

2.2 设计水下电磁铁所采取的几项技术措施

采用柱塞式电磁阀结构可达到体积小、水密封好、电磁铁效率高的要求。根据采样器关闭时的拉力特性,要求电磁铁拉力在 10 mm 行程中恒定,保证采样器可靠关闭。为了实现电磁恒力,在磁路内腔的磁隙采用导角后用铜焊补齐,车制成一体化圆形封闭内腔。

电磁铁线圈采用 12 V 直流电压,内阻为 3.5 Ω,驱动电流 3.4 A,这样才能实现用可充电池组供电。采用 12 V、7 Ah 可充电池组供电,经试验可以关闭采样器 500 多次,能够满足实际生产需要。

水密封措施如下:电磁铁内腔、外壳及端盖构成了磁回路,内腔与外壳间为线包,装配时用树脂胶直接封装。腔内有阀体,有 10 mm 行程,不能采用绝对密封,采用圆形圈密封。为了解决向腔内进水问题,装配时在腔内先装满液压油,用以平衡外界水压力。由于腔内注满了液压油,在柱塞运动时会产生阻尼,因此在柱塞上平行于轴线钻一个直径 4 mm 的通孔,使上下的油液连通,始终处于等压状态,不会产生阻尼。这项措施有效地解决了耐水压 2 MPa 的问题,是该项目研制成功的关键措施。经过小浪底水库 3 年现场试用,电磁铁未发生过任何故障,说明该方案具有很高的可靠性。

接线端子的水密封措施:线包在电磁铁内是用树脂胶和机械挤压工艺一次封死的,而引出线要与遥控电路连接,为此专门设计了接线端子,保证了电源接通的可靠性及线包密封性。

采用冗余技术优化设计:①采样器与电磁铁的连接方式不同,为了简化电磁铁,取消了接线端子,将引出线从上端盖引出,并用胶密封,这样简化后加工方便,电磁铁重量减小,进水环节也减少了。②电磁铁的轴头改进为直径 5 mm,端部制成 M5 螺纹,用于和其他部件连接。在整个电磁铁中,上端盖为绝对密封,仅有直径 5 mm 轴头的圆形圈处可能进水。同时考虑直径 5 mm 轴头在 100 m 水深条件下,由于外部静水压作用,使轴头向腔内压入,可能发生误动作,因此按水深 100 m 进行校核计算。经计算及现场试验,不会产生误动作,并且这项措施借用外部静水压力,提高了电磁铁的性能。③电磁铁的固定通过其上部端盖上的 6 个 M6 螺孔方便地实现与其他连接板的连接。与采样器的连接是通过下端盖侧向对称的两个螺孔来实现的。④轴头拉力传递部件采用"丁"字铁,实现对横式采样器的驱动,结构简单,并具有打开采样器盖时,"丁"字铁自动复位、不怕泥沙、防止挂草等优点。

3 四路无线电遥控开关电路

四路无线电遥控开关电路采用单路无线交流信号通道,通过载波、编码解码技术实现多路控制,该电路的控制范围在竖直方向可遥控 150 m 水深处,水平方向可实现在 600 m 跨度水文缆道上的有效控制。目前,天津、深圳虽有厂家生产遥控电路,但还不能对水下电气设备进行遥控,仍需合作研制水下遥控电路。

3.1 组成与特点

四仓遥控采样器全套装置由遥控发射器、遥控接收器、水下电池及采样水仓 4 部分组成。可用于水库或水文缆道的含沙量采样。通过操作 4 个按钮分别遥控水下 4 个电磁铁拉动相应的采样器仓门的关闭,实现多个(1~4 个)不同水深的采样。该装置与以往的绳拉式采样器相比,具有操作简便、无线遥控、一次可采多个水样、快速高效等特点。

3.2 电路工作原理

系统电路逻辑结构以 89C2051 单片微型计算机为核心构成控制电路,分为遥控发射器、水下遥控接收器两部分。在遥控发射器部分,通过1号单片机CPU将4个按钮的状态进行编码,并转换为一定频率的数字信号,通过发射电路发射到水下遥控接收器。水下遥控接收器安装在水下一个密封腔内,接收线获得的信号经接收电路放大检波后送2号单片机CPU解码,然后控制4个水下电磁铁动作,并将动作结果以编码的形式发回水上遥控器,使状态指示灯点亮。

3.3 主要技术指标

遥控仓数为4个,采样仓容积1 000 mL,适用水深100 m。发射器用12 V、2.3 Ah蓄电池,空载电流≤100 mA;接收器用12 V、7.0 Ah蓄电池,空载电流≤20 mA。

3.4 整体安装结构

遥控发射器安放在水文测量船上,遥控接收器和水下电池固定在水下的铅鱼上,水下极板经过绝缘子悬挂在钢丝悬索的下端,铅鱼吊挂在水下极板下方,采样器挂于水下极板的支架上。

4 结语

该项目攻克了两个难题:耐水压2 MPa的水下"机电液组件"和"水下四路遥控开关"电路,为今后解决测深、测速、测流向等问题提供了有效的技术途径和科研成果。

超声技术测量黄河含沙量研究

杜　军　张石娃　刘东旭

(黄河水利委员会水文局)

黄河下游平均含沙量为35 kg/m^3。黄河含沙量有下列3个特点:①细泥沙含量多,$d<0.01$ mm的泥沙一般大于等于30%,$d<0.025$ mm则占50%稍强;②中、粗泥沙含量接近,$d=0.025\sim0.05$ mm和$d=0.05\sim0.1$ mm的泥沙各占20%~25%;③含沙量越高,泥沙越粗,泥沙中径与含沙量呈线性关系。黄河干流悬移质泥沙,河龙区间干流多年平均中数粒径在0.024~0.028 mm之间,干流其他河段泥沙多年平均中数粒径在0.017~0.022 mm之间。

1 超声波在黄河中的传播特性

黄河水中含有大量泥沙是泥沙固体颗粒分散在液体中形成的混合物,称悬浮液。悬浮液是由液体连续相和固体分散相组成的两相混合物,声波在悬浮液的声速和声衰减系数不但取决于组成各相自身的性质和含量,而且受到液体－固体界面黏滞摩擦、粒子散射等相间相互作用的影响,而这些相互作用对液体黏度、界面活性、颗粒大小与形状和声波频率密切相关。在低浓度时,相互作用仅限于固液两相之间;而对于高浓度悬浮液,由于液相被显著增稠和颗粒相距过近,相互作用将明显复杂化。

1.1 悬浮液的声速

在其浓度尚未达到颗粒接触和不考虑散射作用的情况下,悬浮液声速c与有关因素的关

本文原载于《第二届黄河国际论坛论文集》,黄河水利出版社,2005年。

系为：

$$c = (k/\rho)^{1/2} \left\{ \frac{2(\theta^2 + Q^2)}{\theta^2 + PQ + [(\theta^2 + P^2)(\theta^2 + Q^2)]^{1/2}} \right\}^{1/2} \tag{1}$$

其中：$k = (v_1/k_1 + v_2/k_2)^{-1}$。$k_1$ 和 k_2 分别是液体相和固体相的体积模量。故声速随频率升高、粒径增大和黏度降低而单调升高。

1.2 悬浮液的声衰减

声衰减分为吸收衰减、散射衰减和扩散衰减三种主要类型。前两类衰减取决于媒质的特性(严格说来,悬浮液的衰减系数中包括了各个成分的贡献和相互间作用的贡献,后者也称为逾量衰减。在由水和无机非金属微粒组成的悬浮液中,后者远大于前者),而后一类衰减则是由声源特性引起的。

吸收衰减和散射衰减都遵从指数衰减规律。对于沿 x 方向传播的平面波而言,由于不需要升及扩散衰减,则声压随传播距离 x 的变化,由下式表示：

$$p = p_0 e^{-ax} \tag{2}$$

式中：a 为衰减系数;x 为传播距离。

总的衰减系数 a 等于吸收衰减系数 a_v 和散射衰减系数 a_s 之和。

$$a = a_v + a_s \tag{3}$$

1.2.1 吸收衰减

超声波在媒质中传播时,如果一部分声能不可逆转地转换成媒质的其他形式的能量,对超声波来说就是有一部分能量被吸收了。声吸收的机制是比较复杂的,它涉及媒质的黏滞性、热传导及各种弛豫过程。根据现有研究结果,声吸收系数较为普遍的表达式为：

$$a_a = \frac{\omega^2}{2P_0 C^3} \left[\frac{4}{3}\eta' + k_c \left(\frac{1}{\omega} - \frac{1}{C_p} \right) + \sum_{i=1}^{n} \frac{\eta''_i}{1 + \omega^2 \tau_i^2} \right] \tag{4}$$

式中：η' 为媒质的切变黏滞系数;k_c 为导热系数;ω 为定容比热;C_p 为定压比热;η_i 为第 i 种弛豫过程所引起的低频容变黏滞系数;τ_i 为第 i 种弛豫过程的弛豫时间。

1.2.2 散射衰减

声波在一种媒质中传播时,因碰到由另外一种媒质组成的障碍物而向不同方向产生散射,从而导致声波减弱的现象,统称为散射衰减。散射衰减问题很复杂,它既与媒质的性质、状况有关,又与障碍物的性质、形状、尺寸及数目有关。当这些微小散射体的尺寸远小于声波波长时,我们可近似地把它们当做半径为 a 的小球,其声强的散射系数为：

$$a_s = \frac{25}{36} k^4 a^6 n_0 \tag{5}$$

式中：n_0 为单位体积的媒质中含有小球的个数;$k = \frac{2\pi}{\lambda}$ 为角波数。

1.2.3 扩散衰减

这类衰减主要考虑声波传播中因波陈面的面积扩大导致的声强减弱。显然,这仅仅取决于声源辐射的波型及声束状况,而与媒质的性质无关。且在这一过程中,总的声能并未变化。

1.3 衰减与频率关系实验

实验原理采用脉冲法测声传播衰减。声波在无限空间中的传播衰减规律可表示为：

$$p = p_0 e^{-ax} \tag{6}$$

式中:p 为 x 处的声压值;p_0 为发射换能器处的声压值;x 为空间某点距发射换能器的距离;a 为声波的衰减系数。

经推导得

$$a = -8.68 \times \frac{I_n\left(\dfrac{V_1}{V}\right)}{\Delta x} \tag{7}$$

式中:V_1、V 为实测电压幅值。

将试验数据按频率分布(见图1),由图1看出,衰减系数与频率成直线关系。

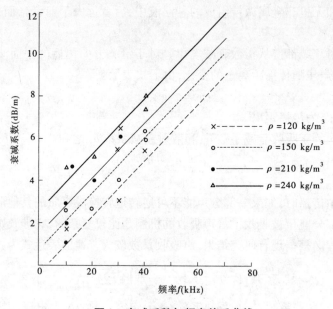

图1　衰减系数与频率关系曲线

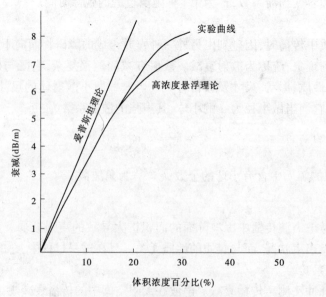

图2　泥沙悬浮液衰减与浓度关系

由图 1 可以看出,随着含沙量的逐渐增大,直线上移,衰减系数加大,同一含沙量,频率不同,衰减也不同。随着频率加大,衰减系数也越来越大。

1.4 衰减与浓度关系实验

前人所做实验,实验频率 $213k_c$,平均半径 $a = 5.2$,实验浓度范围为 $0 \sim 40\%$,结果如图 2 所示。

在实验的浓度范围内衰减随浓度单调增加。低浓度时衰减和浓度之间接近于线性关系,高浓度公式计算值略高于实验值;高浓度时实验衰减曲线的斜率逐渐变小,这时实验值高于高浓度公式计算值。

1.5 衰减与粒度关系

随粒度增大,声衰减值先逐渐下降,在 $k_a = 0.2$ 时出现极小值,此后随粒度继续增大,衰减值迅速增加。在 $\beta a > 1$ 内,随粒度增大黏滞衰减单调下降而散射衰减却单调上升。当 $k_a < 0.1$ 时黏滞衰减起决定作用,所以随粒度增大总衰减值下降。在 $k_a > 0.4$ 时,散射衰减起决定作用,所以总衰减值随粒度增大而增大。当 k_a 值在 $0.2 \sim 0.3$ 时,两种衰减因素比较接近,处于过渡阶段,所以出现极小值。

2 影响测量准确度的主要因素分析

2.1 浑水浓度和粒径组成

这包括两方面的意思,其一是浓度或含沙量均匀,其二泥沙颗粒的级配均匀,两者的联系表现在后者常常影响前者。均匀的浑水不致产生质量集度偏离而带来测量误差。一般来说,细颗粒泥沙在高紊动条件下容易形成均匀浑水,有利于泥沙测量。

泥沙颗粒尺度与超声波波长或频率的对比关系不同,其衰减规律也不同。综合来看,浑水对声波的吸收至少与含沙量、粒径和超声波频率(或波长)有关,而不是含沙量的单一函数。

为了实现超声测沙,总是在选定频率,并且认为泥沙颗粒半径相等的基础上,简化复杂的关系。显然这和实际浑水含沙颗粒组成的复杂性之间有差别。有人提出双频或多频测量泥沙平均粒径来修正含沙量测量结果的思路以提高测量精度。

2.2 浑水中杂质干扰测沙的精度和稳定性

水流掺气和气泡体积随紊动强弱而变化,气泡对超声波传播衰减的影响很大,严重时甚至会使测量失败。其他非泥沙的杂质,或因质量不同或因构成不同也会影响测沙的稳定性。这都相当于浑水体的自然噪声,当噪声具有一定规律时可按产生规律考虑剔除,也可经率定实验予以克服。

2.3 温度变化对测量成果有影响

温度变化对测量成果的影响存在于三个方面,其一,温度变化后影响了超声波衰减的规律等;其二是测量传感器的参数或特性变化;其三,是仪表的元器件及电路参数变化。温度对测沙成果的影响是很复杂的,各环节常绞链在一起,分析处理相当困难。

2.4 测量时间和流速的影响

虽然任何测量都与一段时间相关,多在秒级以下,和常规取样比较,均属于“瞬时”测量。流速的变化,特别是紊流变化对测量成果有一定的影响。

3 超声衰减法测量含沙量仪器

在声速、衰减和声阻抗率这三种技术途径中,应按什么准则来选取呢? 第一,看要测的非声量究竟与哪一个声学量的关系比较明显。第二,应该考虑到声速、衰减和声阻抗率都是随很多因素变化的,选用某种声学量的途径时,应注意干扰影响要尽可能小,或可采用切实可行的补偿措施来避免这些干扰。第三,挑选技术途径时必须注意满足现场的使用、安装和维护等条件并应达到要求的精度。衰减与含沙量的关系较密切,选用测衰减来测量含沙量。

3.1 超声衰减法测量含沙量仪器的原理

根据声学原理,起始声强为 J_0 的声波经过媒介持行程 x 后的声强 J_x 表达为:

$$J_x = J_0 e^{-ax} \tag{8}$$

式中:a 为衰减系数,NP/cm;x 为发射与接收元件间的距离。

对于浑水媒介质,引起超声波衰减的主要因素可分为两部分:

$$a = a_v + a_s \tag{9}$$

式中:a_v 为液体的吸收衰减系数;a_s 为悬浮粒子的散射衰减系数。

3.2 测沙仪的指标选取

3.2.1 含沙量

黄河中下游多年平均含沙量为 35 kg/m³,百分之九十几以上的测次,含沙量小于 100 kg/m³。含沙量与衰减的关系在体积浓度小于 25% 时关系为线性。故超声波测沙仪设计适用含沙量小于 100 kg/m³。

3.2.2 泥沙粒径

黄河中下游泥沙粒径,各站根据泥沙来源和含量各不相同,也不是单一粒径泥沙。中游泥沙中数粒径在 0.012 ~ 0.03 mm 之间。故超声波测沙仪设计适用泥沙中数粒径为 0.012 ~ 0.03 mm(粒径对超声波频率选择有影响)。

超声波测沙仪的测量精度满足水文观测技术规范。

3.3 超声波测沙仪总体结构

(1)整机硬件原理框图见图 3。

(2)仪器软件(概念级)流程框图见图 4。

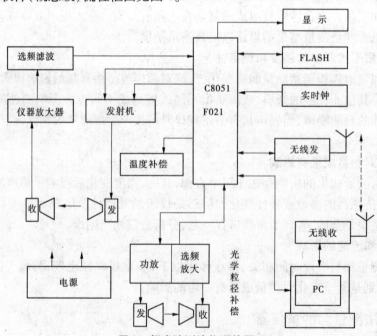

图 3 超声波测沙仪硬件原理

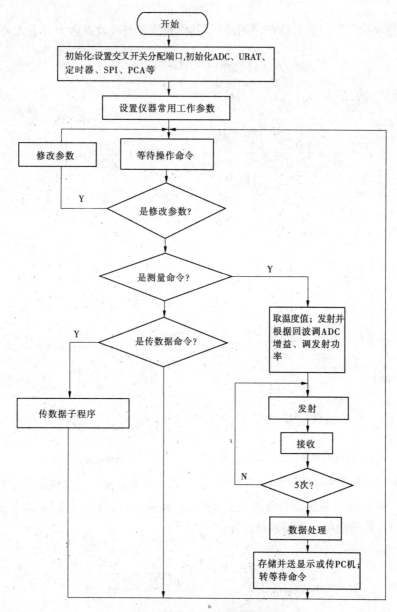

图4 软件(概念级)流程框图

3.4 含沙粒径校准

黄河水中含沙粒径是非单一的,但绝大部分含沙粒径在中数粒径的一定范围内。水中含沙粒径对超声波传播衰减有影响。采用超声波双频可以粗量级测量含沙平均粒径。用实测含沙平均粒径值,实时修正超声波传播衰减可以消除或削减粒径对超声波传播衰减。

3.5 超声波回波面积比值算法

如图5所示,当发射的声脉冲透过浑水介质后,尚有部分声能被反射板反射至声源,产生第二次反射,如此往复反射,则接收机便收到如图6所示的回波脉冲序列。

则第 i 个声压幅值可表示为:

$$V_{pi} = V_{p0}\exp(-2iL) \tag{10}$$

吸收系数 a 决定回波脉冲所包络的面积,其面积值 A 与吸收系数 a 有下式关系。

$$A = \int_0^\infty V_{pi}\exp(-2L\alpha)\,\mathrm{d}x = \frac{V_{pl}}{\alpha} \tag{11}$$

"面积比值"法,即

$$\frac{A_1}{A_2} = \frac{ABC}{DEC} = \frac{\displaystyle\int_0^\infty V_{pi}\cdot\mathrm{d}x}{\displaystyle\int_{2L}^\infty V_{pi}\mathrm{d}x} = \exp(-2La) = \frac{1}{2L}\ln\left(\frac{A_1}{A_2}\right) \tag{12}$$

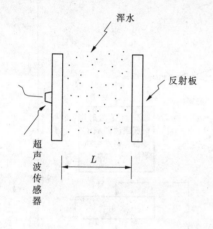

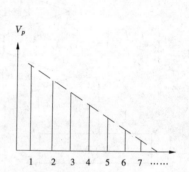

图5　发射的声脉冲透过浑水介质　　　　图6　回波脉冲序列

式中:A_1 为第一回波脉冲以后所包络的面积;A_2 为第二回波脉冲以后所包络的面积。

当发射声强 V_{pi} 及接收机总增益发生变化时,A_1 和 A_2 的比值是不变的,即衰减系数不变。对包络面积的计算是采用一阶逼近进行计算

$$\frac{A_1}{A_2} = \frac{1}{2L}\ln\left(\frac{\displaystyle\sum_{i=1}^\infty V_{pi}}{\displaystyle\sum_{i=2}^\infty V_{pi}}\right) = \frac{1}{2L}\ln\left(\sum_{i=1}^n V_{pi}\Big/\sum_{i=2}^n V_{pi}\right) \tag{13}$$

这种方法一是消除了仪器多次发射超声波时能量不一致带来的误差;二是相当于放大了回波信号,减小了测量和计算带来的误差。

3.6　提高测量精度的其他措施

3.6.1　数字滤波消除干扰

所谓数字滤波,就是通过一定的计算程序减少在有用信号中干扰的比重,其实质是一种程序滤波。

(1)防脉冲干扰的算术平均值滤波。这种方法是先用中位值滤波原理滤除由于脉冲性干扰引起误差的采样值,然后把剩下的采样值进行算术平均。例如在 N 个采样中去掉一个最大值和一个最小值,然后将中间的 $N-2$ 个采样进行算术平均。若 N 个采样有 $X_1 \leq X_2 \leq \cdots \leq X_n$

则 $y = (X_2 + X_3 + \cdots + X_{N-1})/(N-2)$。

(2)滑动平均值滤波。该方法采用队列作为测量数据存储器,队列的长度固定为 N,当进行一次新的测量,把测量结果放于队尾,而扔掉原来队首的一个数据,这样在队列中始终有 N 个数据。计算平均值时,只要把队列中的 N 个数据进行算术平均,就可以了。

3.6.2 硬件抗干扰技术

干扰信号主要通过三个途径进入仪表内部,即电磁感应、传输通道和电源线。对于电磁感应干扰,可以采用良好的"屏蔽"和正确的"接地"加以解决。所以,抗干扰措施主要是尽量切断来自传输通道和电源线的干扰,包括常态干扰的抑制、共态干扰的抑制、输入输出通道干扰的抑制、电源干扰的抑制。

3.6.3 软件抗干扰措施

(1)数字量输入输出中的软件抗干扰。数字量输入过程中的干扰,其作用时间较短,故在采集数字信号时,可多次重复采集,直到若干次采样结果一致时才认为其有效。对于数字量输出软件抗干扰最有效的方法是重复输出同一个数据,重复周期应尽量短。

(2)程序执行过程中的软件抗干扰。采用软件"看门狗"是有效的软件抗干扰措施。软件"看门狗"实质上是一个软件定时器,它定时去复位单片机系统。这个定时器的定时时间常数大于程序正常执行的周期,而程序开始都要重置"看门狗"定时器。

3.6.4 窗口检测技术

超声波在水中的传播速度是一定的,若已知发射换能器距接收换能器的距离,则超声波的传播时间可以计算得到。仪器接收机部分只在超声波到达前后的一定范围内接收回波,即窗口检测,这种方法可以有效地提高仪器的抗干扰性能。

3.6.5 温度校准

温度对超声波的传播速度、声能衰减等有影响,实时采集介质温度,并根据实验结果进行修正,可以消除由温度引起的系统误差。

水文缆道自动化测控系统研制

袁东良[1] 李德贵[2] 张留柱[1] 田中岳[1] 张法中[2]

(1. 黄河水利委员会水文局;2. 河南水文水资源局)

1 系统组成及功能

1.1 系统组成

水文缆道由承载、驱动控制、信号传输处理三大系统组成。承载部分包括承载索、支架、运载行车及悬吊铅鱼,见图 1;驱动控制包括水文测量控制台、驱动电机、变频调速装置及水文绞车;信号传输处理包括信号线路和仪表装置以及起点距、水深、流速、水面、河底等信号的采集

本文原载于《人民黄河》2004 年第 9 期,为黄河防汛科技项目(2002E104)。

及处理等。

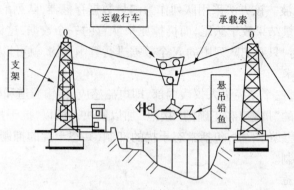

图1　承载部分的结构

1.2　系统功能

水文缆道自动化测控系统的研制以提高测洪能力、缩短测验历时、提高测验精度为目标。通过采用先进的仪器、设备和技术,最大限度地提高了流量测验的自动化水平。本系统建成后具备如下功能。

(1)全自动测量。按照预设计程序设置输入参数后自动完成断面流量的测量过程。如根据水面宽度设置测深、测速垂线,按照所测水深自动判定测速方法,选定流速仪参数等。当启动自动运行模式后,铅鱼将自动完成测深、测速垂线布设,自动采集水深、流速信号,并将其无线传输到水文测量控制台内,水文测量控制台自动对所收集的信号进行处理或发送到后台计算机。

(2)半自动测量。在利用铅鱼测量水文要素时,根据水面宽度人工控制铅鱼运行,人工布设测深、测速垂线,水深、测点流速、垂线流速则为自动测算。铅鱼运行过程中所测得的起点距、水深、流速信号无线传输到控制台内,控制台对这些信号自动进行处理、计算或发送到后台计算机。

(3)人工测量。在应用铅鱼进行水文要素的测量时,根据水面宽度人工控制铅鱼运行,人工布设测深、测速垂线等。铅鱼运行过程中所测得的起点距、水深等信息自动传输到控制台内并保存,测点流速经人工确认后传输到控制台内保存,控制台对这些信号进行自动处理或发送到后台计算机。

(4)洪水测量。洪水期间可根据抢测洪水的要求,人工控制铅鱼运行,人工布设测深、测速垂线,水深自动测量。测点流速位置、测验历时人工布设,垂线流速系数可随时调整。控制台对测量结果自动处理、计算或保存、发送到后台计算机。

(5)本地计算机控制。在对铅鱼进行运行控制的过程中,各种测量方式既可在测量控制台上设置完成并保存于测量控制台内,也可将测量控制台与计算机通过 RS - 232 接口连接,在计算机上实现测量。测量结果将以标准的流量记载计算表格式输出,所有测量数据、计算结果将以 Access 数据库格式保存于计算机内,以便于水文资料的整编。

(6)异地远程监视监测控制。通过 Internet 将测站现场的实时视频图像传输到异地的上级领导机关或防汛会商中心,异地操作人员可控制现场摄像机的动作,并根据当时的水情布设测深、测速垂线及垂线测速点位置,确定流速仪测量参数等,实现在异地远程控制铅鱼运行及测量的目的,在测量过程中两地具备实时通话功能。测量结束后,其测量数据在两地都可进行保存并打印成标准的流量记载计算成果表。

2 系统设计

2.1 系统原理

水文测量控制台以工业级的彩色显示触摸屏和可编程控制器为核心,驱动交流电机带动水文绞车、测流铅鱼运行。在铅鱼上安装水面、河底信号源,流速仪及水下无线信号发射器,测验时自动采集水面、河底及流速信号并通过水下无线信号发射器发出,岸上无线信号接收器收到信号经解码放大后传至水文测量控制台,控制台根据传输信号及起点距、水深传感器的信号自动运行。水文测量控制台触摸屏与计算机通过 RS-232 通信接口连接,在计算机上也可实现对铅鱼的测量进行控制,测量结果在触摸屏和计算机内同时保存。设计中通过 Internet 适配器和视频图像适配器将控制台和视频图像信息连至 Internet 上,实现了异地对铅鱼的远程测量控制,见图2。

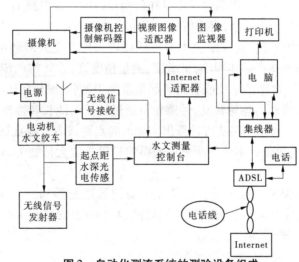

图 2　自动化测流系统的测验设备组成

2.2 硬件设计

水文缆道自动化测流系统的硬件部分主要包括缆索支架、驱动控制、信号测量处理、监视监控等。

(1)缆索支架设备。缆索支架部分包括钢支架、承载索(主索)、牵引索(循环索、起重索)、支架、基础、锚碇、运载行车及悬吊铅鱼等。其中支架设计采用自立式角钢架;承载索采用工业用起重钢丝绳;基础、锚碇采用钢筋混凝土结构;牵引索、铅鱼悬吊索采用开口式缆道布设形式。

(2)水文绞车设备。水文绞车是控制水文缆道悬吊铅鱼水平运行、垂直升降进行水文测验的主要室内机械设备,设计用2台水文绞车来驱动安装有流速仪的铅鱼进行水平循环和垂直升降运行。

(3)电动机功率选择。实践中一般选用三相四线制交流异步 YEJ 系列电动机。电动机功率的计算公式为

$$P = Fv/102\eta$$

式中：P 为电动机功率；F 为起重索设计拉力或循环索设计拉力；v 为起重索最大运行速度或循环索最大运行速度；η 为机械效率。

（4）变频调速器选择。在选择变频调速器时，选定的变频调速器功率应当与电动机功率相匹配，并应不小于电动机的功率。

（5）减速机选定。减速机是一种封闭在箱体内的传动装置，它由齿轮、涡轮和涡杆等组成，主要用来改变两轴之间的转速和转矩。选用设备时需要考虑传动比、扭矩等因素。本系统设计为涡轮涡杆型减速机。

（6）重铅鱼设计。重铅鱼是水文缆道测流时必须选用的承载设备，主要由铅鱼主体、尾翼、吊架、河底托盘等组成。要求其形状尽量接近流线型，表面光滑，尾翼大小适宜。

（7）水下信号无线收发器。本系统所采用的水面、河底及流速信号的传感方式为数字编码无线收发方式，收发装置由信号发射器和信号接收器组成：信号发射器安装在铅鱼尾翼上，与流速仪安装同高度，铅鱼悬吊索作为信号发射天线；信号接收器安装于室内的水文测量控制台内部，其输出的水面、河底及流速等信号连接在控制台内的控制电路上，其中水面、河底及缺电 3 个信号都属于继电器开关信号，流速信号为光电开关输出信号。

（8）起点距及水深传感器。起点距及水深传感器均采用光电式旋转编码器，编码器型号选用日本"欧姆龙"产品。此产品体积小，灵敏度、测量精度高，设计将此传感器与测量传感器轮做成通用光电传感器。在循环系统或者铅鱼起重系统中，钢丝绳切向压在传感轮上，压力约为 50 N。钢丝绳运行时带动传感轮转动，传感轮将通过轮槽的绳长转换成电脉冲信号。经过水文测量控制台内的电子测计电路就可计算出实际的起点距或者水深数据。

（9）图像监视及照明设备。本系统所采用的摄像机镜头放大倍数为 30 倍，图像接收采用高分辨率显示器。

（10）计算机远程测控及图像监控。在测站配备图像适配器和 Internet 服务器、集线器、ADSL 设备等，在异地连接 Internet 的计算机（局域网、ADSL）上安装相关软件即可实现异地远程测量控制、图像监视等操作。

2.3 软件设计

（1）软件功能。水文缆道自动化测控系统软件是一套集硬件控制、数据接收与处理为一体的应用软件。它采用模块化结构，具有先进性、实用性、可靠性和可扩充性。软件设计包括两部分：第一部分为 PC 机软件设计，编程的语言选用 VC 和 DELPHI，测验项目以菜单形式提供，以便自由选择，并具有纠错、应急等功能；第二部分为水文测量控制台控制软件设计，主要是完成各种输入信号的接收，对铅鱼和摄像机云台运行的控制，各种测量数据的处理、计算、显示、存储、传送等，编程的语言用汇编语言实现。软件的内容包括数据通信，运行控制，数据处理、保存、打印输出等。根据水文测验工作需要，按照设计目标要求，整个测控系统软件具备自动测量、人工测量、半自动测量、自检测试、数据保护（纠错）、抗干扰等功能。

（2）软件设计要求。在测控系统软件设计时，要求：①系统应能自动接收起点距光电编码传感器的输入信号，并将输入信号处理、换算为起点距数据，同时具备对主索垂度分段修正的功能；②在铅鱼测深过程中，系统应能自动接收水深光电编码传感器的输入信号及铅鱼上的信号，并将这些信号进行处理、换算为水深数据，具备对铅鱼高度进行修正的功能，还应能根据测站的实测大断面图，采用借用水深进行流量实测；③取得了垂线水深值后，系统应能根据预先设定的自动、半自动或人工测量方式升降铅鱼并测量流速;④水文测量控制台应能根据不同的流速仪公式,按照事先预设的测流历时进行计时、计数、计算流速并保存,对于垂线上多点流速的测量,当测完后应能自动计算垂线平均流速;⑤系统应能根据河道水面宽度及所选测验方式的不同,自动进行不同的工作;⑥软件的设计应具备实时接收含沙量数据或由人工输入含沙量数据的功能,并能计算断面平均含沙量及输沙率。

3　比测实验

2002 年及 2003 年汛期,分别在黑石关、白马寺两水文站进行了水文缆道自动化测控系统和人工吊箱流速仪测量的比测试验。从比测结果看:黑石关水文站流量单次测验的合格率为 92.9% ,白马寺水文站流量单次测验的合格率为 98.0% ,系统误差小于 1% ;水深比测累计频率 82% 的误差小于 3% ,累计频率 96% 的误差小于 5% ;流速比测平均误差为 0.023 8 m/s ,累计频率 82% 的误差小于 5% ,均满足《水文缆道测验规范》和《河道流量测验规范》的要求。

4　结语

从测站水文缆道自动化测控系统的应用情况看,该系统实现了设计的目标。测流系统在增强测洪能力、缩短测验历时、提高测验精度、实现外业水文测量的自动化及测量结果整理的规范化等方面都有较大的提高。尤其是触摸屏应用于水文缆道控制、采用数字编码无线传输水下信号、采用特殊的计算机数据处理技术及应用 Internet 网络的远程监控技术等均达到了国际先进水平。该系统具有较高的社会效益和经济效益,对水文测验设备的控制具有普遍的使用价值,应用前景十分广阔。

水文站防雷问题初探

杜　军　　何志江　　王平娃

（黄河水利委员会水文局）

1　引言

水文站大多数分布在河流流经的偏远山区、空旷地带,雷电暴雨发生之际,正是水文测报繁忙之时。水文测验的跨河缆道、独立铁塔、通信天线等都是自然的雷电接闪器,电源线、通信线路和其他进出建筑物的金属导体都是雷电波的侵入通路。早一些时期建成的水文测报设施大多数没有严格配套的防雷设施,致使雷击事故时有发生。近年来,随着社会经济的发展,水文现代化有了长足进展,一些水文站有计算机局域网、卫星通信设备、微波或超短波通信设备、PSTN 有线通信设备、自动化测验设备等,大大提高了水文测报精度、缩短了测验历时,然而,这些设备十分脆弱,工作电压低,耐雷水平低,遭雷击的概率大,而设备又十分昂贵,雷击的经济

本文原载于《气象水文海洋仪器》2002 年第 2 期。

损失巨大,因此水文设施的防雷保护,已成为重要而紧迫的课题。

2 雷电的产生及雷击的危害

当积雨云高度较低,密度较大,云内对流旺盛时,由于水滴的对流、碰撞产生大量电荷,正负电荷在云内不同部位聚集,形成极高场强的电场。云与云之间,云与大地之间,强电场在大气中放电便产生雷电。

2.1 直击雷的危害

雷云直接通过建筑物、树木、人体、机电设备等被保护物对地放电,就称被保护物被直击雷击中。直击雷的危害主要在于高电流、热效应、机械力的破坏作用,雷电直接击中水文站建筑物、通信设备、通信电缆和操作人员,可能会造成建筑损毁,设备损坏、电气短路引起火灾和人员伤亡等严重后果,因此直击雷发生的概率虽然很小,但其危害十分大,不能掉以轻心。

2.2 感应雷的危害

这种危害是指在雷云活动过程中,在雷电危害区域内通过静电感应、电磁感应途径,对电气设备和人员产生的危害。危害特点是其具有很高的危险过电压。

2.3 电磁脉冲辐射的危害

在雷云放电过程中,雷电危害区域内出现的雷电电磁脉冲辐射,会对敏感电子设备,尤其是通讯设备产生电磁干扰危害。危害特点是电磁脉冲感应。电磁脉冲辐射也是一种感应雷。

2.4 反击

当雷电闪击到接闪装置上时,由于雷电放电电流幅值大、上升快,会使接地线和接地装置的电位骤升到 100 kV,造成防雷接地引下线或接地电极与其他建筑物接地线、管道、设备地线间放电,产生反击电流,造成其他设备与人身危害。危害特点是反击电压、电流。

研究表明,直击雷可在其周围 1 000 m 范围的半导体上感应起危险电压,因此遭遇感应雷的概率远大于直击雷的概率,可以这样说防雷主要是防感应雷。

3 防雷的基本方法

3.1 接闪

接闪就是让在一定范围内出现的闪电能量按照人们设计的通道泄放到大地中去。防雷安全在很大程度上取决于能不能利用有效的接闪装置,把一定保护范围内的闪电放电捕获到,纳入预先设计的对地泄放的合理途径之中。采用避雷针就是最首要、最基本的行之有效的接闪措施。

3.2 均压连接

接闪装置在捕获雷电时,引下线立即升至很高电位,会对防雷系统周围的尚处于地电位的导体产生旁侧闪络,并使其电位升高,进而对人员和设备构成危害。为了减少这种闪络危险,最简单的办法是采用均压环,将处于地电位的导体等电位连接起来,一直到接地装置。这样在闪电电流通过时,建筑物内的所有设施立即形成一个"等电位岛",保证导电部件之间不产生有害的电位差,不发生旁侧闪络放电。完善的等电位连接还可以防止闪电电流入地造成的地电位升高所产生的反击。

3.3 接地

接地就是让已经纳入防雷系统的闪电能量泄放引入大地,良好的接地才能有效地降低引下线上的电压,避免发生反击。接地是防雷系统中最基础的环节。接地不好,所有防雷措施的防雷效果都不能发挥出来。

3.4 分流

分流就是在一切从室外来的导线(包括电力电源线、电话线、信号线、天线的馈线等)与接地线之间并联一种适当的避雷器。当直接雷或感应雷在线路上产生的过电压波沿着这些导线进入室内或设备时,避雷器的电阻突然降到低值,近于短路状态,将闪电电流分流入地。对于不耐高压的微电子设备来说应进行多级分流。

3.5 屏蔽

屏蔽就是用金属网、箔、壳、管等导体把需要保护的对象包围起来,阻隔闪电的脉冲电磁场从空间入侵的通道。屏蔽是防止雷电电磁脉冲辐射对电子设备影响的最有效方法。法拉第笼在水情自动测报系统遥测端站有较好的应用。

3.6 躲避

躲避是防雷措施中最经济有效的方法。譬如:在雷雨来临之前关机、断电、拔电缆头等做法,这种简单易行的防雷手段在任何时候都是有效的;另外,在新建站选址时,应尽可能地避开多雷区或易落雷区,以减少日后在防雷方面的压力。

4 水文站防雷措施和要求

水文站防雷的目的就是将诸如水位铁塔、独立支架等铁塔,跨河测流缆索,电源系统,通信设备天馈线系统以及站内建筑物等水文测报设施保护起来。水文站防雷包括防直击雷和防感应雷。直击雷的防护主要是靠避雷针、避雷线、避雷带等接闪器把雷电引泄入地来保护建筑物和设备的;感应雷的防护主要是通过屏蔽、等电位连接、分流泄放等技术保护仪器、设备不因过压、过流和电磁脉冲而导致损坏。

水文站防雷设计没有专门的设计规范,《建筑物防雷设计规范》是所有建筑物防雷设计共同遵守的依据,水文站也不例外。根据设备的相似程度和使用功能,建议水文站设施防雷设计参考下列标准:

(1)《建筑物防雷设计规范》(GB50057—94);

(2)《电子计算机房设计规范》(GB50174—93);

(3)《通信局(站)雷电过电压保护工程设计规范》(YD/T5098—2001);

(4)《电子设备雷击导则》(GB7450—87);

(5)《雷电电磁脉冲的防护》(IEC1312—1,2,3)。

4.1 独立支承铁塔的防雷与接地

水文测区独立的水位塔、通信天线支架等均应在其顶部设立防直击雷避雷针及防二次感应雷的装置,避雷针高度按滚球法计算。接闪器应设置专用雷电流引下线并与防雷地网可靠相连,铁塔本身与防雷地网应有两点以上焊接连通,以确保多点泄放雷电流。地网接地电阻应不大于 10 Ω。

4.2 架空缆索的防雷与接地

除用于传输信号的缆索、低压直流输电线、两端绝缘的副缆外,水文测站的测流缆索、取沙缆索、浮标投掷器等,均可视为避雷线,无需单独架设避雷线保护。对于两端绝缘的副缆、传输信号的缆索、低压直流输电线等必须架设专用避雷线,避雷线应设置专用雷电流引下线并与防雷地网可靠相连,地网接地电阻应不大于 10 Ω。对于空间位置较近的多条架空缆索,应进行等电位连接。

4.3 天馈线系统的防雷与接地

通信设备天馈线应在接闪器的保护范围内,天线的同轴电缆宜从铁塔中心引下,这样可以减少由于避雷针接闪后的雷电流沿铁塔泄放时对同轴电缆的感应电流,也可采用金属外护层上、中、下部接在铁塔上的方案。若天线塔高度超过 30 m,天馈线电缆在塔的下部电缆外护层可接地一次(可直接接铁塔或直接接地皆可)。

同轴电缆馈线进入机房后与通信设备连接处应安装天馈避雷器,天馈避雷器的接地端子应采用截面积大于 25 mm² 的多股铜线接在机房内的汇流排上或引接到室外馈线入口处接地线上。

4.4 电源系统防雷与接地

水文站外供电源可能是架空线进入,也可能是穿金属管埋地进入基站。无论是什么情况,都应在出入水文站的电源线出口处加装大通流量的电源避雷器。因为电源线架线长,走线也较复杂,易感应较强的雷电流。在水文站的变压器低压输出端安装电源避雷器作为一级保护;在进入机房、主控制室的二级配电输入端安装串联电源避雷器作为二级保护;在各设备端加装避雷器作为设备的三级保护。水文站三相电源供电应采用三相五线制。外线进入水文站的第一级电源避雷器接地线可以就近接电源保护地(PE);第二级电源避雷器接地可接供电设备的保护地;第三级电源避雷器接机房汇流排。

4.5 信号线路的防雷与接地

由站外进出的信号线都应穿金属管埋地,避免感应过大的雷电流。信号线的进站处都应加相应接口和相应信号电平的信号避雷器,避雷器和电缆内的空线对均应作保护接地。信号线超过 5m 长度的,在其线两端设备的端口,加装相应的信号避雷器。

4.6 接地系统

防雷工程设计中无论是防直击雷还是感应雷,接地系统都是最重要的部分。

4.6.1 对接地电阻的要求

从理论上讲,接地电阻愈小愈好,但从经济合理性考虑,水文站机房的接地系统接地电阻不能大于 4 Ω,铁塔等独立避雷系统接地电阻不能大于 10 Ω。现代防雷技术观点认为,各设备进行等电位连接形成"等电位孤岛",可以大大降低对接地电阻的要求。

4.6.2 联合接地

近年来,联合接地的观点日益成为主流。因为,现代化的城市不可能以足够的距做几个地网来满足使用要求。采用联合接地时只要保证各种接地做到共地网而不共线,机房设备做到用汇流排或均压环实现设备的等电位连接即可。

4.7 综合防雷与接地措施

4.7.1 等电位连接

在较大的水文站或水情自动测报系统的中心站、区域分中心站宜采取综合防雷措施。所有铠装电缆和穿铁管的电缆的电缆金属外壳和铁管的两端要就近接地;超出 30 m 长的铠装电缆,每隔 15 m 重复接地一次。所有计算机房、通信设备室、控制等在有静电地板的下方增设均压等电位网格;所有楼层的金属吊顶要作等电位接地处理。

4.7.2 屏蔽与综合布线

所有布线避免靠近外壳,否则,应距外墙 1.5 m 以上;所有信号线路、电话线及电力线路最好置于铁槽或铁管内,铁槽或铁管需两端就近良好接地;超出 30 m 则每隔 15 m 重复接地;所有天线馈线应穿管屏蔽 15 m 以上两端就近可靠接地;在所有装设稳压器的前端另装 SPD 浪涌保护器。

吴堡水文站防雷方案设计

杜 军 何志江 王平娃

(黄河水利委员会水文局)

1 引言

吴堡水文站是黄河中游北干流上最重要的水文控制站,也是国家级水文站。吴堡水文站有跨河测流缆道、跨河低压直流输电缆索、独立铁塔式自记水位计、卫星通信设备、超短波通信设备、PSTN 有线数据传输设备、计算机局域网、半自动化的吊箱和铅鱼式测验控制设备等。雷电暴雨发生之时,正是水文测报繁忙之时。由于吴堡水文站水文测验设施种类多,设施分散,接引雷电和感应二次雷的概率高,防雷工程难度较大,因此它的防雷必须作为一项系统工程来考虑,包括三方面的内容:防直击雷、防感应雷、接地系统。

2 雷电的产生及特性

当积雨云高度较低、密度较大、云内对流旺盛时,由于水滴的对流、碰撞产生大量电荷,正负电荷在云内不同部位聚集,形成极高场强的电场。云与云之间,云与大地之间,强电场在大气中放电便产生雷电。典型的雷击持续时间几十到几百微秒,一般雷电流几十千安,个别到几百千安。

带电云层与云层之间或云层与大地上某尖端之间发生的迅猛放电现象,称为直击雷。直击雷的危害主要在于高电流、热效应和机械力的破坏作用。雷电直接击中建筑物、通信设备、通信电缆和操作人员,可能会造成建筑损毁、设备损坏、人身伤亡以及电气短路引起的火灾等严重后果。

在雷云形成和放电过程中通过静电感应、电磁感应等途径,在雷电危害区域内,对电气设备和人身产生的危害,尤其是对通信设备产生的电磁干扰危害称为感应雷。其危害特点是会产生很高的危险过电压。有研究表明,直击雷可在其周围超过 1 000 m 范围的半导体上感应出危险电压,因此遭受感应雷的概率远大于直击雷的概率。

直击雷的防护主要是靠避雷针、避雷线、避雷带等接闪器把雷电引泄入地来保护建筑物和设备的。感应雷的防护主要是通过屏蔽、等电位连接等技术保护仪器、设备,使之不因遭受过

本文原载于《电工技术杂志》2004 年第 2 期。

压、过流和电磁脉冲损坏。

3 吴堡水文站防雷设计

吴堡水文站需要防雷的设施有铁塔式水位计、电源系统、跨河低压直流输电缆索、跨河测流缆索、通信设备天馈线系统以及站内的电子设备等,包括防直击雷和防感应雷。

3.1 水文站防雷设计参考依据

(1)《建筑物防雷设计规范》(GB50057—94)。

(2)《电子计算机房设计规范》(GB50174—93)。

(3)《通信局(站)雷电过电压保护工程设计规范》(YD/T5098—2001)。

(4)《电子设备雷击导则》(GB7450—87)。

(5)《雷电电磁脉冲的防护》(IEC1312—1~3)。

3.2 铁塔式自记水位计的防雷与接地设计

铁塔式自记水位计建在空旷的河流边沿,可以看成独立支撑的铁塔,其防雷方案是:在塔顶部安装防直击雷避雷针,避雷针高度按滚球法计算,要使自记水位计的探头、天线、前端机和太阳能电池板在其有效的保护范围以内。采用塔基灌注桩内的钢筋笼作接地电极,接地电阻应不大于 10 Ω。铁塔本身与防雷地网应两点以上焊接连通,以确保多点泄放雷电流。自记水位计的探头、天线、前端机和太阳能电池板安装相应的避雷器。铁塔式自记水位计防雷保护如图 1 所示。

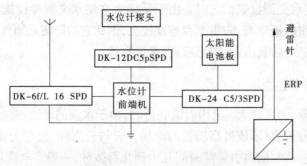

图 1 铁塔式自记水位计防雷保护原理图

3.3 架空缆索的防雷与接地设计

吴堡水文站有测流缆索、测流副缆(兼作信号传输缆索)、取沙缆索、浮标投掷器缆索、低压直流输电线等。对于测流缆索、取沙缆索、浮标投掷器缆索等,缆索两端及独立支撑铁塔通过缆索端头锚碇、塔基钢筋笼与大地连通,缆索可视为避雷线,只要锚碇、塔基钢筋笼的接地电阻不大于 10 Ω,无需单独架设避雷线保护。对于两端绝缘的传输信号的缆索、低压直流输电线等必须架设专用避雷装置。避雷线架设在被保护的缆索上方 3 m,用直径 12 mm 的裸铝绞线或镀锌钢缆制成。避雷线应设置专用雷电流引下线与防雷地网可靠相连,引下线用直径 12 mm 的裸铝绞线或镀锌钢缆制成。地网接地电阻应不大于 10 Ω。为保证在吊箱上测验人员的安全,吊箱有一 12 mm 的裸铝绞线与水体导通。两端绝缘的传输信号的缆索、低压直流输电线的防雷原理图如图 2 所示。

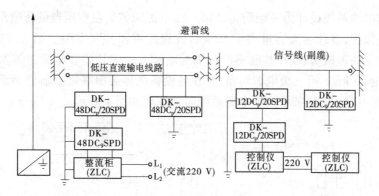

图2 传输信号的缆索、低压直流输电线的防雷原理图

4 通信与数据处理机房的防雷设计

吴堡水文站通信电台、计算机局域网、PSTN 有线数据远传设备等都设置在通信与数据处理机房,通信设备的天线安装在楼顶。楼顶安装独立避雷针,通信设备天馈线应在接闪器的保护范围内。天线的同轴电缆宜穿金属套管进入机房,金属套管两端接地。同轴电缆馈线进入机房后与通信设备连接处安装天馈避雷器,天馈避雷器的接地端子采用截面积 25 mm² 的多股铜线接在机房内的汇流排上。

由通信与数据处理机房外进入的信号线都穿金属管埋地,避免感应过大的雷电流。在信号线进机房处都应加装相应型号的信号避雷器,避雷器和电缆内的空线对均作保护接地。信号线超过 5 m 长度的,在其线两端设备的端口,加装相应的信号避雷器。PSTN 有线数据远传设备、超声波水位计、雨量计、电话等和监控中心机房的计算机局域网络系统之间加装相应的信号避雷器。通信与数据处理机房的防雷保护如图3 所示。

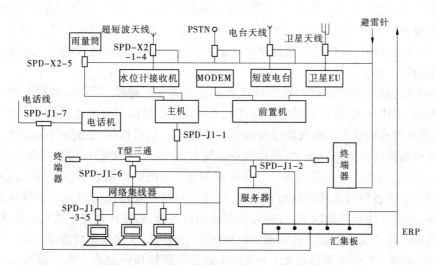

图3 通信与数据处理机房防雷示意图

5 电源系统防雷设计

吴堡水文站的动力电源是架空线进入站院的。因为电源线架线长,易感应较强的雷电流,

所以吴堡水文站电源系统设计为三级防雷。第一级电源防雷是在变压器低压输出端安装电源避雷器作为一级保护,设计通流容量大于 50 kA,此级防雷器并联安装。第二级电源防雷,是在进入通信与数据处理机房、操作控制室的二级配电输入端安装并联电源避雷器作为二级保护,设计通流容量 20 kA。第三级电源防雷,是在各设备端加装串联避雷器作为设备的三级保护,设计通流容量 10 kA。吴堡水文站电源系统防雷原理如图 4 所示。

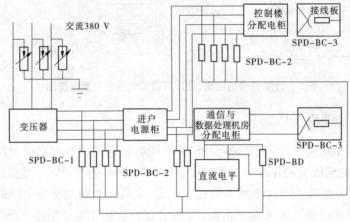

图 4　电源系统防雷原理图

6　接地系统设计

在防雷工程设计中无论是防直击雷还是防感应雷,接地系统都是最重要的部分。吴堡水文站的防雷接地系统由站内和测验河段两个子系统组成。站内地网用 9 根 2.5 m 长的 50 号角钢埋设成"米"字形。站外测验河段的地网用 6 根 2.5 m 长的 50 号角钢埋设成"一"字形。

(1)对接地电阻的要求。从理论上讲接地电阻愈小愈好。当然,现代防雷技术观点认为,各设备进行等电位连接形成"等电位孤岛",可以大大降低对接地电阻的要求。但综合多方面因素考虑,水文站站内的接地系统接地电阻不能大于 4 Ω,站外测验河段的接地系统接地电阻不能大于 10 Ω。

(2)等电位连接。站内通信与数据处理机房设有均压汇流排,通信与数据处理机房内所有设备的外壳、工作接地、防雷接地等连接在汇流排上。在机房防静电地板的下方增设均压等电位网格,凿开机房墙柱内钢筋与均压等电位网格相连。所有楼层的金属吊顶要作等电位接地处理。站外测验河段的测流缆索、浮标投掷器缆索、水位计铁塔等,应进行等电位连接。

(3)采用联合接地。共同接地系统是将所有与地有关的引线就近汇接于同一地网。采用联合接地时要保证各种接地共地网而不共线,将通信与数据处理机房设备用汇流排或均压环等电位连接,用引下线接到地网上;将操作控制楼的设备地、防雷接地等汇接到汇流排上,再用引下线接地网。将建筑物基础内的钢筋和机房防静电地网以及接地电极连接起来。

(4)垂直接地。其电极采用长 2.5 m 的 50 号等边镀锌角钢制成。水平接地电极和引下线采用 40 mm×4 mm 的镀锌扁钢或直径 12 mm 的镀锌圆钢制成。垂直接地电极埋深为电极顶端距地面 0.7 m。

黄河三小间水情自动测报系统遥测站
供电系统设计计算

杜　军　赵安林　刘志宏

（黄河水利委员会水文局）

1　概述

黄河三门峡至小浪底区间水情自动测报系统采用超短波和卫星通信混合组网形式。系统有外业站43处，其中雨量站29处，水位站4处，水文站7处，中继站3处。三小间水情自动测报系统自1998年建成运用至今，系统运行良好。

2　系统介绍

2.1　系统总体结构

三小间水情自动测报系统设计为水文局和小浪底建管局两个中心站，3个混合中继站和40个遥测站。超短波遥测站通过超短波信道将数据传到混合中继站，混合中继站经卫星信道将数据传至中心站。卫星遥测站直接通过卫星信道将数据传至中心站。水文局中心站根据接收到的实时水文数据，结合气象情报资料，由计算机进行数据处理并做出预报。系统总体结构见图1。

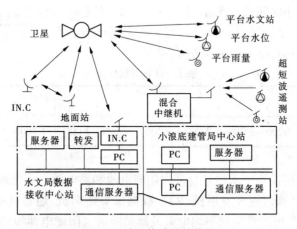

图1　系统总体功能结构图

2.2　系统工作体制

三小间水情自动测报系统设计为自报式和查询—应答混合式的工作体制。

自报功能：所有遥测站都具有自报功能，它是定时自报和增量加报相结合的自报方式。

本文原载于《电工技术杂志》2003年第8期。

查询—应答功能:水文站具有查询—应答功能,中心站向水文站发出群呼命令,水文站接到命令后进行译码识别,确认是呼叫自己的命令后将数据发送给中心站。

2.3 遥测站的工作方式

遥测站采用间断工作体制,设备收、发通信时上电工作,平时值守。用蓄电池供电、太阳能电池板补充电能的供电方式。

(1)遥测站(雨量站、水位站、水文站)。水位计定时自动采集水位数据,水位每涨、落变化量达 10 cm 或定时时间到传至 RTU;降雨过程中,每降雨 0.5 mm 雨量计翻斗翻转一次并输出一个电信号至 RTU。RTU 根据水位、雨量数据变化量和定时时间设置决定是否启动通信终端机进行通信。超短波遥测站通过超短波信道将数据传到混合中继站。卫星遥测站直接通过卫星信道将数据传至中心站。

(2)混合中继站。混合中继站超短波接收机实时接收所属遥测站的数据并传至 RTU 数据采集终端,RTU 根据水位、雨量数据变化量和定时时间决定是否启动通信终端机进行通信。混合中继站通过卫星信道将数据传至中心站。

3 遥测站供电系统设计

3.1 供电方式选择

遥测站使用太阳能电池板浮充、蓄电池组供电的电源系统,如图 2 所示。在日照期太阳能电池给蓄电池充电,在夜间或阴雨天使用蓄电池所存储的电能对设备供电。为保证连续数天无日照设备能正常工作,必须选择足够容量蓄电池和足够功率的太阳能电池,在三小间设计连续无日照天数为 10 d。

3.2 太阳能电池板和蓄电池的容量计算

在一个地区太阳照射时间为一定值,可根据气象部门历年的统计结果分类。三小区间位于东经 111°26′~112°24′之间,处于北方日照及空气透明度较好的地方,有利于太阳能电池工作,平均日照数在 2 600 h/a,处于第 3 等级区,见表 1。

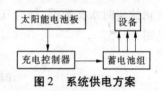

图 2 系统供电方案

表 1 日照等级分类

等级	1	2	3	4	5
日照数(h/a)	3 200~3 300	3 000~3 200	2 200~3 000	1 400~2 200	1 000~1 400

本系统遥测站所用设备中水位计自带太阳能电池和蓄电池。系统遥测站太阳能电池和蓄电池的容量计算,只计算超短波发射机、RTU 数据采集终端机、超短波接受机、卫星平台。设备工作电压均为 12 V,可以求负载平均电流及测站所需太阳能电池板功率。外业测站用电情况及用电时间,见表 2。

(1)日耗电量和平均电流计算。

日耗电量:Q = 发送电流 × 日发时间 + 值守电流 × 接收值守时间 + 值班电流 × 24 h

卫星平台站日耗电量:

$$Q_{LW} = 6.8 \times 0.133 + 1.25 \times 3.5 + 0.000\ 2 \times 24 = 5.2\ A \cdot h$$

超短波遥测站日耗电量:

表2　遥测站用电情况及用电时间(汛期)

测站类别	值守电流(mA)	接收工作(守候)			发射			备注
		电流(A)	时间		电流(A)	时间		
			m/次	h/d		s/次	m/d	
卫星遥测站	0.2	1.25	1	3.5	6.8	2	7	每日发射210次
超短波	0.1	—	—	—	1.7	1	5	20 W电台,每日发射300次
混合中继站	100	1.25	1	5.0	6.8	2	10	每日收、发300次

$$Q_{LG} = 1.7 \times 0.066 + 0.001 \times 24 = 0.121\ 4\ A \cdot h$$

混合中继站日耗电量:

$$Q_{LZ} = 6.8 \times 0.166 + 1.25 \times 5 + 0.1 \times 24 = 9.785\ A \cdot h$$

日平均电流:I = 日耗电量/24

卫星平台站日平均电流:

$$I_{LW} = 5.2/24 = 0.217\ A$$

超短波遥测站日平均电流:

$$I_{LC} = 0.121\ 4/24 = 0.005\ 1\ A$$

混合中继站日平均电流:

$$I_{LZ} = 9.785/24 = 0.41\ A$$

(2)计算太阳能电池输出功率P_S。

由平均负载电流I_L(A)和遥测设备的电源电压E_L(直流12 V),可以求出遥测设备的平均负载功耗P_L

$$P_L = I_L \times E_L$$

卫星遥测站:$P_{LW} = 0.217 \times 12 = 2.604\ W$

超短波遥测站:$P_{LC} = 0.005\ 1 \times 12 = 0.061\ W$

混合中继站:$P_{LZ} = 0.41 \times 12 = 4.92\ W$

由平均负载功耗P_L可求得所选太阳能电池的最小功率数(据平均日照数在2 600 h/a,查图3曲线可得S值为10.3)。

太阳能电池的最小功率数:

$$P_S = P_L \times S$$

卫星小站:

$$P_{SW} = P_{LW} \times S = 2.607 \times 10.3 = 26.8\ W$$

超短波站:

$$P_{SC} = P_{LC} \times S = 0.061 \times 10.3 = 0.61\ W$$

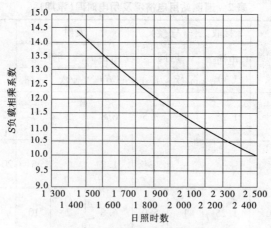

图3 年日照时数与增加负载关系图

混合中继站：

$$P_{SZ} = P_{LZ} \times S = 4.92 \times 10.3 = 50.67 \text{ W}$$

（3）蓄电池容量计算。

$$C = \text{平均负载电流} \times \text{最大连续无日照时间} / \text{容量修正系数}(A \cdot h)$$

卫星站：
$$C_W = 0.217 \times 24 \times 10 \text{ d}/0.7 = 74 \text{ A} \cdot \text{h}$$

超短波站：

$$C_C = 0.005\ 1 \times 24 \times 10 \text{ d}/0.7 = 1.75 \text{ A} \cdot \text{h}$$

混合中继站：

$$C_Z = 0.41 \times 24 \times 10 \text{ d}/0.7 = 140 \text{ A} \cdot \text{h}$$

注：C 为蓄电池 5 h 额定容量。

最大连续无日照时间：最大连续无日照时间为 10 d。

容量修正系数：容量修正系数通常选为 0.7。

因此系统中蓄电池容量为：卫星遥测站应大于 74 A·h，超短波遥测站应大于 5 A·h，混合中继站应大于 140 A·h。

（4）本系统太阳能电池及蓄电池容量的选取。

根据以上计算，对各种遥测站所配太阳能电池及蓄电池选择见表3。

表3　系统太阳能电池及蓄电池容量选取

站类	太阳能电池容量 C(W)		蓄电池容量(A·H)	
	设计值	实际值	设计值	实际值
卫星站	26	30	74	100
超短波站	0.6	5	1.7	5
混合中继站	50	60	140	200

4　结论

黄河三小间水情自动测报系统遥测站供电系统经过几年的使用，除一站雷击损坏、二站人为盗割破坏外，其余各站状况良好，证明遥测站供电系统方案选择正确、太阳能电池和蓄电池容量设计合理。

遥测水位数据处理软件设计与实现

王丙轩[1]　田水利[1]　庞　慧[1]　赵书华[2]　尚　军[1]

(1.黄河水利委员会水文局;2.河南黄河水文水资源局)

1　原理和方案设计

1.1　数据接收

数据接收由计算机和水位计前置机通过串口通讯的方式进行,数据流程如图1所示。

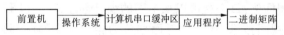

图1　数据接收流程

前置机发送数据到达计算机串行端口以后,被迅速转移到串口缓冲区;应用程序读取缓冲区的数据,并在一个二进制动态串变量中保存下来,读取的这部分数据从串口缓冲区自动清除。由于数据传输是实时进行的,这就要求将传输到计算机通讯端口区的数据及时保存下来,以供处理之用。

1.2　解码和数据保存

前置机向计算机传输的是经过压缩的特定格式的二进制数据,需要将其进行分解、还原和计算,生成可以识别的数据记录,然后写入数据库。数据处理流程如图2所示。

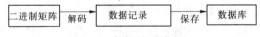

图2　数据处理流程

前置机向计算机的传输方式有批量传输和实时传输两种。批量传输时,前置机将其存储器中的数据一次性地全部传向计算机(多条历史数据记录)。实时传输时,前置机传向计算机的是最新监测的实时数据。这两种方式的数据编码方法不同,对应的解码方法也有很大差异。

(1)多线程处理。数据接收是不间断进行的,而且传输速度非常快,为了防止因为数据处理延时过长而造成数据丢失,需要发挥 Windows 系统多任务、多线程的特点,利用多线程编程技术,实现数据接收和处理"并列"进行。

具体的实现方法是:根据分节符将二进制串分段,为每段数据启动一个独立的线程,在子线程中进行计算处理和保存。

(2)数据库的选取和结构设计。为了便于数据管理,实现快速检索,采用数据库方式保存处理后生成的数据记录。

从数据库的易用性、可靠性、普及程度等综合因素考虑,选择了 Microsoft Access 数据库格式保存数据记录。Access 支持 SQL 语言实现快速查询,支持事务处理实现大批量数据添加、

本文原载于《人民黄河》2001 年增刊。

删除等操作。

1.3 数据显示

软件采用两种方式显示监测到的数据:①以表格方式显示最新的数据记录;②以图形方式绘制动态的实时水位过程线。

2 软件的实现

2.1 界面设计

Windows 程序一般分为以下几种风格:对话框风格(如计算器)、多文档风格(如 Microsoft Word)和单文档风格(如画图)。单文档又分为单视和多视。一般情况下,单文档仅需要单视就够了。但也有一些情况下,单文档需要多视支持,比如同时观察文档的不同部分,以不同的形式显示文档的内容等。

单文档界面实现多视图显示的方法很多,这里采用了拆分窗口的方法,这种方法的优点是:多视共享同一个文档框架,每个视可以从不同的视类创建,从而以不同的方式显示文档。

采用拆分窗口和多视图技术,将软件界面划分为相对独立的两部分:控制窗口和监视窗口。通过控制窗口可以设置/修改仪器参数,控制仪器和测验进程;监视窗口用来跟踪接收的水位数据,绘制动态水位 – 时间过程线。

2.2 类的设计

类是面向对象技术的一个重要概念,是数据和与数据相关的操作的封装,是面向对象编程的基本组织单元。下面简要介绍程序中几个重要的类:

(1)CRcvView 类。视图类,显示应用程序的数据,响应外部事件,主要实现以下功能:①显示/设置预先设定的系统参数;②利用串口通讯控件 MsComm,实现数据接收;③创建和管理多线程,实现数据处理和保存;④控制(开始/停止)数据接收进程;⑤利用表格控件 DataGrid,以表格方式滚动显示数据记录;⑥通过表格界面修改数据库中记录。

(2)CRightView 类。视图类,利用图表控件 MsChart,绘制动态水位 – 时间过程线,过程线以两种方式绘制。①套绘方式:在一个过程线图上,显示若干个水位计的监测结果;②分割方式:在显示区同时显示 1 ~ 4 个过程线图,每个图形对应一台仪器,用户可以双击任一图形使其独占整个显示区。

(3)CRcvDoc 类。文档类,存放应用程序的数据(程序参数和监测数据),实现磁盘 I/O,并把这些数据提供给应用程序的其余部分。

VisualC + + 的 View/Documen 结构代表了一种新的程序设计方式,其核心是实现了文档与视的分离,即数据存放与显示(操作)的分离。在本程序中,CRcvView 实现参数显示,修改及数据接收,在 CRcvDoc 对象中保存下来,并通过 CRcvDoc 通知 CRightView;CRightView 通过调用 CRcvDoc 进行相应的更新。

(4)CRcvApp 类。应用程序类,充当全部应用程序的容器,沿消息映射网络分配消息给它的所有子程序。

(5)CMainFrame 类。窗口框架类,构造应用程序的外观,管理菜单、工具条、状态条及视窗对象等。

2.3 技术实现

(1)串口通讯。在计算机外设中,RS232 串口因为其结构简单,编程控制方便而成为最为应用广泛的 I/O 通道之一。软件采用微软开发的 MSComm 控件实现前置机和计算机的串口通讯。

MSComm 控制提供了两种处理通信的方法:查询方式和事件驱动方式。这里采用了后一种方式,其实现机制是:每当串口缓冲区有字符到达或发生了改变,就触动控件的 ON – COMM 事件,在 OnComm( )函数中捕获通信事件并进行处理。

(2)数据库连接和操作。利用 ADO Data 控件实现数据库连接。ADOData 是微软开发的一个基于 OLEDB 的数据库控件,可以使用 Microsoft ActiveX Data Objects(ADO)快速创建一个到数据库的连接,从而实现数据记录的添加、删除、修改等操作,以及利用 SQL 语言实现记录检索。

利用 DataGrid 控件以表格方式显示数据库记录。DataGrid 是微软开发的一个基于 OLEDB 的表格控件,可以显示并允许对 Recordset 对象中代表记录和字段的一系列行和列进行数据操纵。

将 ADO Data 控制和 Data Grid 控件捆绑,就可以用表格方式动态反映数据库中数据记录的变化,同时提供了一个接口,用户可以通过表格界面对数据记录进行修改,及时改正测验中可能出现的错误。

(3)过程线绘制。利用 MSChart 控制实现过程线绘制。微软的 MSChart 图表控件基于 OLEDB,控件与一个数据网格(Data Grid 对象)关联,向网格中插入数据系列,控件自动绘制水位过程线。程序中实现动态过程线绘制的流程如下:①数据解码和保存完成后,通知主线程该工作完成(数据解码和保存由子线程完成,主线程通过 Data 控件刷新记录集,同时 Grid 控件的内容相应更新;②统计 Data 控件的记录集中最高、最低水位;③设置 Chart 控件 y 轴坐标的最大、最小值(因为只显示当日水位过程,x 轴固定为 0 ~ 24 小时);④设置 Chart 控件中 Data-Grid 对象的数据系列(时间数据需要转化为相对当日 00:00 的小时数);⑤刷新 Chart 控件。

(4)多线程。Windows 是一个优先多任务操作系统,其重要特征之一是引入了多进程和多线程机制。每个进程都有私有的虚拟地址空间,可以创建多个线程,每个线程被分配一个时间片,每个线程在其时间片耗尽时挂起,让其他线程运行。由于各时间片很小,所以这时看起来就像是多个线程在同时工作。①线程管理。利用一个链表变量对所有辅线程进行管理:线程创建后将指向该线程的指针加入链表;线程结束后,从链表中删除该指针变量,从而达到销毁该线程的目的。②创建和启动线程。调用 AfxBeginThread( )函数创建一个线程,将该线程指针加入链表中。该函数还可以设置线程的初始优先级和运行状态,如果线程处于"挂起(hang up)"状态,可以调用 ResumeThread( )函数恢复线程运行。线程启动后就和其他线程(包括主线程)一起独立运行,Windows 系统自动根据优先级高低进行时间片分配。③线程结束和销毁。线程的任务完成后就自动结束,不再占有 CPU 时间。从链表中删除线程指针可以彻底销毁该线程。④线程与进程间通讯。每个线程的任务完成后,需要通知主线程,将处理后的数据记录在屏幕上显示出来,并从链表中删除该线程。在软件开发中,这种通讯能通过消息传递的方式实现:子线程调用 PostMessage( )函数向主线程发送 THREAD _ END 消息,主线程捕获该消息并进行处理。

3　结语

在 Windows 操作系统下,用 Visual C + +语言实现了用微机接收和处理遥测水位计数据。

由于有效地采用了多线程等编程技术,数据接收的稳定性大大提高,软件界面也相当友好,基本达到了易学、易用的标准。同时文中介绍的设计方法、编程思想和原则为用户开发其他的自动化监测软件提供了一个参考。

本文得到牛占、赵为民两位教授级高工和张成高级工程师的指导,在此特表感谢。

黄河水利委员会信息化建设中的关键技术

王 龙[1] 张振洲[2] 于海泓[2]

(1. 黄河水利委员会水文局;2. 黄河水利委员会办公室)

黄委信息化建设的目的在于整合、开发、利用黄河的信息资源,加强信息基础设施的建设,根据需求分析建设涵盖主要业务的应用系统,重点是架构黄河信息化整体框架,即利用“数字地球”的理论和方法,建设满足现代治黄需要的大型信息系统。它包含以下几个方面:采用先进的技术,建立和完善各类信息的采集,形成有效的资料收集渠道;利用数据库技术建立完善的信息处理和信息存储体系;利用数据仓库、数据挖掘技术建立信息提取和分析体系;利用公网、防汛专网建成覆盖黄河各级防汛部门、信息采集中心的宽带多媒体信息网络,为信息传输、信息服务提供网络平台;依托网络、地理信息系统和数据库等技术,建立为防汛决策、专业应用、电子政务等系统提供决策支持的信息应用与服务体系。

黄河的信息化建设涉及水文、气象、水资源、勘测设计、地质、地理、计算机、通信、管理、经济、环境等多学科、多专业的知识和技术。与信息的获取、信息处理和信息应用等方面的科学技术密切相关,需要地球科学技术、空间科学技术和信息科学技术与水利技术的结合,实现黄河信息资源的共享。具体说来,黄河信息化建设涉及的关键技术如下。

1 传感器技术

传感器技术是水利信息自动化采集的基础,通过在信息采集点(如水文站)配置传感设备和计算机,雨情、水情、水质、水量调度等信息由自动采集设备(如超声波非接触自记水位计)获取监控信息,再通过传感器转化为电子信号传送到信息采集中心,实现远程自动化遥测和遥控。传感器技术应用到水文站可实现水雨情信息的自动采集,通过微波、短波、数(汉)传技术传输到水文集合转发站,再通过网络传输到水情分中心。长期以来,黄河水文测验基本上实行常驻测站的测验方式。随着传感技术以及固态存储雨量计等先进数据采集设备的使用,黄河的大部分水文测站将实现雨量、水位数据的自动观测,如果自动流量测验设备有比较大的发展,水文站将改变现有的工作方式,实行无人值守,以巡测方式为主。传感器技术的发展及在水利行业的应用将为实现信息采集自动化提供技术保障。

2 3S 技术

3S 技术是遥感(RS)、地理信息系统(GIS)、全球定位系统(GPS)的统称,是以处理地球表

本文原载于《人民黄河》2002 年第 5 期。

面信息为主要特征的空间信息技术。人类信息资源80%与空间位置有关,水利信息更是大多数与空间位置紧密联系,这就决定了3S技术在水利行业有广泛的应用。遥感(RS)是采用卫星、雷达、飞机等航天观测技术对地球表面进行连续观测并经过一系列分析处理获得地表特征信息的一种新技术;地理信息系统(GIS)通过计算机技术,对各种与地理位置有关的信息进行采集、存储、检索、显示和分析,建立空间数据库,并通过数据库管理输入属性数据,将水利专业属性数据与空间位置直观地联系起来,为水利信息可视化表达提供了强有力的技术手段;全球定位系统(GPS)可以对地表空间任一位置准确定位,在水文测验、水下地形测量、防汛抢险、水库库容计算、河道淤积断面测验等方面有广泛的应用。3S技术是实现数字黄河的核心技术。

3 通信网络技术

计算机通信网络技术为信息的传输、专业应用系统和信息服务体系提供了基础平台。目前,互联网技术飞速发展,互联网已发展成为全球的信息网络,未来几年内将在统一的IP交换基础设施上融合现在的固定通信网PSTN、移动通信网、有线电视网和互联网,构筑统一的IP宽带网络是大势所趋。在统一的网络支撑下,各种数据、语音、视频均在统一的IP宽带网络上传输。2001年宽带网络建设已经在全国地市以上城市全面展开,面对数倍甚至数十倍系统容量增加的需求,传输容量比单波长传输增加几倍至上百倍的密集波分复用(DWDM)技术应运而生了。它可以充分利用光纤的巨大带宽资源,解决光缆线路短缺的"瓶颈"问题,成为现代电信网发展的新热点。IP over WDM 和 IP over SDH 将成为大型IP高速骨干网的主要技术。从发展来看,IP over WDM 无疑代表着网络发展的方向,它将"光网络"的发展和IP相结合,可以充分利用"光网络"的"透明传输"优越性和光纤的巨大带宽。

目前,黄委已采用光纤环网技术实现了驻郑单位的局域网络的连接,构成了黄委的骨干计算机网络,骨干网络带宽为1 000MB,随着用户和业务量的增加,千兆带宽可能不足,WDM(波分复用)技术的应用和迅猛发展,为黄委计算机网络的建设提供了良好的发展空间。黄委的骨干计算机网络可以采用DWDM技术,利用现有的光纤通道对骨干网络进行升级改造,可以方便地扩展至GB带宽级。县局以上单位的广域连接信道,可以租用公用光纤信道,构成黄委的虚拟专网(VPN);县局以下单位可以通过无线接入方式组网,带宽为2MB以上,可以满足动态图像传输的需求。

黄委宽带计算机网络的建设,使得异地会商、实时动态图像传输即将成为现实,从而为水利信息的可视化提供技术支持。

4 数据库技术

数据库为各类水利信息的存储和快速检索提供了技术手段。雨情、水情、工情、灾情各种实时数据、预报数据,水质水资源信息,黄河空间地理数据,水文测站基本资料数据库,水利工程基础数据库等,都需要以字段编码的形式按一定的表结构有效地组织起来形成支撑"数字黄河"的数据库。

网络数据库是数据库技术发展的一个方向。XMI 作为一种可扩展性标记语言,其自描述性使其非常适用于不同应用间的数据交换,而且这种交换不是以预先规定一组数据结构定义为前提,因此具备很强的开放性,具有广阔的应用前景。为了使基于XML的业务数据交换成为可能,就必须实现数据库的 XML 数据存取,并且将 XML 数据同应用程序集成,进而使之同现有的业务规则相结合。而开发基于 XML 的动态应用,前提是必须有支持 XML 的数据库支持。

数据库仓库和数据挖掘技术是数据库发展的另一个方向。随着各类数据库存储信息量和人们对信息需求的增大,传统的操作型数据库越来越不能满足实际需要,数据库仓库和数据挖掘技术为决策人员提供了一个对众多信息进行快速分析的技术手段,它可以帮助决策支持人员从浩瀚的信息中获取有用的决策支持信息。

通信、网络和数据库技术构成了"数字黄河"的基础。

5 软件系统的组件开发技术

组件开发技术是软件开发技术的发展方向。组件开发技术和软件系统集成技术是软件系统的两个方面,标准化的组件是系统集成的基础。软件组件的集成好坏直接与系统集成水平的高低相关。受计算机软件技术和开发人员水平的限制,目前,黄委的应用系统大多为专用系统,系统的开发仅为特定的业务服务,系统模块通用性差,集成困难。因此,软件组件的开发在黄河信息系统建设方面显得尤其重要,开发出各类高水平的业务专业软件组件是软件开发人员的努力方向。

6 采用开放平台、动态互操作等最先进的技术

"数字黄河"首先是"数字水利"的重要组成部分,延伸到更广的应用范围,"数字黄河"也是"数字地球"的组成部分。因此,为实现黄河信息资源的共享,"数字黄河"必须建立在开放平台的基础上。同时,"数字黄河"作为"数字水利"乃至"数字地球"的组成部分,必然存在空间数据的集成和交换,而这些信息的交换要求在开放平台的基础上实现信息的动态交换。开放平台、动态互操作等技术的应用是"数字黄河"运行的保障。

利用分布式服务器阵列体系结构构建黄河防汛信息服务系统

王 龙 任 齐 张 勇 牛大庆

(黄河防洪减灾系统建设管理办公室)

1 两级应用软件体系结构

传统的二级结构应用(也叫客户机/服务器)体系中,应用程序被分成了数据和显示两部分,这两部分在考虑通过其上的逻辑组件时难以区别。数据组件 RDBMS 以缺省、规则、触发器和存储过程的形式包含了商务逻辑的部分内容;显示组件以函数和事件,以及窗口和其他可视对象的附加显示逻辑形式,也包含了商务逻辑。其基本体系结构见图 1。

本文原载于《人民黄河》2001 年第 7 期。

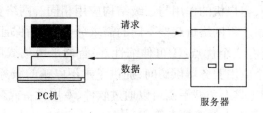

图1 二级应用软件体系结构

PC 机运行特定的应用程序及相应的数据库连接程序,服务器方一般是某种数据库系统。软件部分的主要功能是处理与用户的交互,按照某种应用逻辑进行处理和数据库系统进行交换。服务器方软件的主要功能是数据库管理,根据客户方的请求进行数据库查询,然后将结果返回到客户机。两层结构应用软件的开发主要集中在客户方,客户方软件不但要完成用户交换和数据显示的工作,而且还要完成对应用于逻辑的处理工作,即用户界面与应用逻辑位于同一个平台上,这样带来的问题是软件可伸缩性差和安装维护困难。

同时,由于一台 PC 机上不可能单独运行同一种特定的软件,一旦业务需求较多,需要安装数种特定软件。在每一台客户机上不仅要安装应用程序,还必须安装数据库连接程序及有关动态连接库。整个软件的安装较为复杂,在用户数据较多或在广域网络环境下,系统的安装及维护将非常困难。

2 分布式阵列体系结构

为了解决二层结构应用软件中存在的问题,近年来又提出了三层结构应用软件体系结构。在三层结构应用中,整个系统由三个部分组成:客户机、应用服务器和数据库服务器。客户机上只需要安装统一浏览器软件,它负责处理与应用服务器的交互。三层结构应用软件的特点是:用户界面与应用逻辑位于不同的平台上,并且应用逻辑被所有用户共享。由于用户界面与应用逻辑位于不同的平台上,所以系统必须提供用户界面与应用逻辑之间的连接。

使用三层结构的优点是明显的,主要表现在:①逻辑分界清晰。②系统安装维护简单易行,用户端只需浏览器软件。由于主要程序集中在应用程序服务器上,因此只需要更改服务端软件即可。③异种数据源。通过应用服务器上配置多种数据源,即可实现对不同的数据库进行访问,这些访问对用户没有什么影响。

服务器阵列体系结构是建立在三级体系结构之上的服务端体系结构的扩展,这一体系结构为建立最高性能、最可靠的企业级应用提供了完整的解决方案。服务器阵列体系结构见图2。

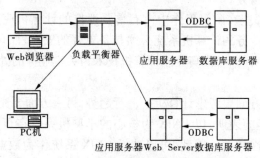

图2 分布式服务器阵列体系结构

在服务器阵列结构中,客户机的作用与三级结构应用相同。网络负载平衡器连接多个应用服务器,它根据客户的请求将网络负载按不同的需求分流,从而保证了网络运行的高效率。智能化的负载平衡技术具有三个优点:①可伸缩性好:智能平衡负载可访问不同的应用服务器。②可靠性强:具有多个应用服务器供访问,提供了永不停顿的服务。③可管理性强:提供了特有网络性能监视管理工具。负载平衡可以通过软件、专用设备或交换机实现,其原理主要基于虚拟 IP 技术、交换以及中央派遣技术等。

应用服务器由若干 Web Server 组成,可以是 IIS + ASP、Tru64UNIX + Netscape 或其他组合。在这里,应用服务器可以再划分成二级—N 级结构,具有高可靠性和高可伸缩性。

数据库服务器存储和管理重要数据,同样服务器也可由若干台服务器组成。数据不仅仅指数据库管理系统,基于文件形式的数据资源也可以存储在高可靠性的中央服务器中,而不是存储在文件服务器中。总之,服务器阵列体系结构(DISA)为企业级 Internet/Intranet 提供了高可用性、高伸缩性、可管理性应用框架,它具有以下优点:①是建立高可靠和可伸缩性的 Internet/Intranet 应用平台;②提供了永不间断的电子商务服务;③可以充分发挥系统集群技术;④借助智能化的网络负载平衡器,可极大地提高网络效率。

3 建立黄河信息服务系统

黄委从 80 年代中期开始建立黄河防汛信息网,防汛信息服务模式是同计算机技术的发展紧密联系在一起的。从 80 年代中期的中小型计算机的集中模式,发展到 90 年代初期网络的文件服务模式。90 年代中期随着客户机/服务器体系结构的建立,信息服务逐步转移到以数据库为核心的 C/S 应用环境,这种模式使得信息服务由局域网扩展到广域网环境。信息服务方式发生了很大变化,使得具有网络通信条件的部门可以实时获取有关信息。

1995 年,随着中芬合作项目的实施,黄委基本建成了覆盖主要防汛部门的自上而下的计算机广域网络系统,但目前的信息服务系统(C/S)尚不能充分利用现有的网络资源,新一代信息服务体系还有待建立。

黄河防汛信息系统在防汛工作中占有重要地位,因此所建立的系统必须具备高可靠性和高可用性,前文所述 Internet/Intranet 分布式服务器阵列体系结构是建立高可用性系统的关键。

3.1 关键业务服务平台

在分布式服务器阵列体系结构中,其核心是应用服务器和数据库服务器。用户对信息的需求集中表现在对关键业务信息查询处理的可靠性、高性能和可伸缩性的需求上,尤其在汛期需要提供 24 小时的不间断服务。

所谓"关键业务"是指那些在防汛工作中占有重要地位的计算机应用领域,如实时水、雨情等,这就决定了支持关键业务的计算机系统必须具备更好的安全性、可用性、可靠性和可扩展性。近年来,迅速发展起来的 64 位高性能计算机技术为关键业务的处理提供了良好的服务平台。

服务器平台的选择,一方面要考虑计算机的流行趋势,另一方面要充分考虑系统的可靠性和稳定性。多年来的运行经验表明,以 UNIX 为核心的小型机系统在可靠性和处理速度等方面具有明显优势,但可管理性较差。因此,可以选择 UNIX 系统作为数据库存储管理中心,而以 Windows NT 为核心的微机服务器系统具有良好的管理工具和众多的开发工具,但系统稳定性稍差,可选择多台 NT 构成 Web 应用服务器阵列,这样可以弥补系统稳定性方面的不足。

3.2 信息服务模式

黄河防洪减灾计算机网络系统的建成,已经为我们提供了一个网络化的应用平台。但是,目前的信息服务系统多是 C/S 体系结构下的产物,其弱点是软件安装维护困难,难以在广域网络环境下使用。

迅速发展的网络技术已渗透到社会的方方面面,强有力地推动着数字化经济的发展,当前越来越多的企业依赖 Internet 技术建立了企业的信息网站,为企业的发展注入了新的活力。Internet 技术为用户提供了统一的标准、统一的用户浏览界面(浏览器)、更加灵活简便的操作,从而推动了信息化的发展进程。因此,利用 Internet/Intranet 技术构件信息服务是当今信息化发展的必然趋势。

黄委下一步的信息服务系统建设应充分应用 Internet 技术,根据不同的网络形式采取不同的信息服务模式。首先,建立黄委的信息服务网站,该网站以综合信息为主,全面反映黄河的治理、开发、方针政策以及所属单位共享信息、专业网站链接等。其次,驻郑各大局(院)可以利用建成的高速骨干网,充分发挥各单位的专业优势,根据"统一标准,各自建设"的原则,建成"相对独立,相互链接"的专业信息服务网站。各局(院)的专业信息服务是黄委信息服务网站的组成部分。另外,郑州地区以外的单位,也应积极建立本单位独立的信息服务网站供内部使用,但其重要的共享信息可通过网络上传至黄委信息服务网站。

可以预料,利用先进的服务器阵列体系结构等网络技术构建的信息服务系统,由于使用了客户端统一的用户界面,故可大大提高人们利用浏览器访问 Web 站点后台数据的应用效果,从而使黄河防汛信息系统在治黄工作中发挥更大作用。

振动式悬移质测沙仪的原理与应用

王智进　宋海松　刘　文

(黄河水利委员会水文局)

泥沙测验是黄河水文测验工作的一个重要组成部分,泥沙资料是水利工程设计、防洪减灾和水资源保护的重要依据。

从 20 世纪 50 年代起,水文工作者就与国内有关科研单位合作研制过许多泥沙测验仪器。改革开放后,也试图从国外引进一些泥沙测验仪器。但是针对黄河的泥沙测验仪器一直没有得到很好的解决。目前,黄河水文系统绝大部分的泥沙测验仍在使用瞬时式采样器取样,经置换、烘干称重等方法处理水样来计算含沙量。这种方法不仅劳动强度大,测量误差大,数据处理比较麻烦,周期长,而且不能连续监测天然河道中含沙量的变化过程。

总结过去引进、应用、研制各种测沙仪的经验,通过调研和方案论证,依据合适的物理测沙原理,黄委水文局决定立项研制振动式悬移质测沙仪。该仪器是一种在线式泥沙测验仪器,它可以迅速可靠地监测和连续采集天然河道中的含沙量数据,并将实测到的含沙量数据传输到

本文原载于《人民黄河》2004 年第 4 期,为黄河防汛科技项目(2001E03)。

黄河防汛指挥中心,它将有效地解决黄河上大部分水文站的泥沙测验问题。

1 振动式悬移质测沙仪的工作原理

在振动管的材料、壁厚、直径、长度及两端固紧方式均已确定的情况下,描述液体流经振动管时振动频率的振动方程为:

$$f = \frac{\alpha_n}{2\pi} \cdot \sqrt{\frac{EI}{\mu_0 L^4}} = \frac{\alpha_n}{2\pi} \cdot \sqrt{\frac{EI}{(A_s\rho_s + A\rho)L^4}} \tag{1}$$

式中:f 为振动管充满被测液体时的振动频率;μ_0 为单位长度的质量;L 为振动管的有效长度;E 为振动管材料的弹性模量;I 为振动管惯性矩;α_n 为两端紧固梁的固有频率系数;A_s 为振动管材截面积;ρ_s 为振动管材密度;A 为被测液体的截面积;ρ 为被测液体的密度。振动式传感器结构见图1。

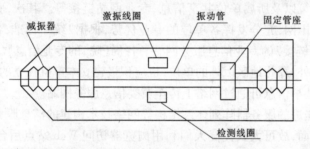

图1 振动式传感器结构

由图1可以看到,在振动管两侧安装有激振线圈和检测线圈。传感器的电路放大器输入端接检测线圈,输出端接激振线圈。检测线圈紧固于振动管一侧,它的主要作用是将振动管的微小振动转变为电信号送到放大器进行放大;激振线圈紧固于振动管的另一侧,它的主要作用则是将放大后的电信号转变为机械能作用于振动管上,以补充振动能量来维持振动管的振动。它是一个机电一体的闭环振动系统。

把式(1)进行整理可得:

$$\rho = \frac{EI}{\left(\frac{2\pi}{\alpha_n}\right)^2 AL^4} \cdot \frac{1}{f^2} - \frac{A_s\rho_s}{A} = K_2 \cdot \frac{1}{f^2} - K_0$$

可见,在一定条件下,密度 ρ 与振动频率 f 呈单值函数关系。通常情况下,振动频率 f 均不超过 1 500 Hz,这时测量其周期 T 比测量频率 f 更为方便和准确,因此式(1)变为:

$$\rho = K_0 T^2 - K_0$$

上式为一次项系数 K_1 为零时的二次曲线方程。考虑到更为普遍的情况,将其补上一次项,则得出标准的二次曲线方程式:

$$\rho = K_0 + K_1 T + K_2 T^2$$

式中:T 为振动管的振动周期;K_0 为常数项系数;K_1 为一次项系数;K_2 为二次项系数。K_0、K_1、K_2 均带有自己的符号,可正亦可为负。因为周期 T 将随液体密度的变化而变化,所以加入下标 x 来表示其为自变量,则

$$\rho = K_0 + K_1 T_x + K_2 T_x^2 \tag{2}$$

对于高精度的传感器而言,要保证其振动周期稳定、可靠,温度影响是关键。振动式传感

器的振动管材料为恒弹性钢 3J58 材料,虽然该材料经过复杂的热处理工艺后,其温度系数很小,但是温度的变化对水沙密度和传感器电路元器件都有较大影响。因此,在计算公式中加入温度修正,体现为温度修正值 K_t。则二次方程的完全表示法为:

$$\rho = K_0 + K_1 T_x + K_2 T_x^2 + K_t \qquad (3)$$

式中: T_x 为振动周期; K_0、K_1 和 K_2 为 3 个标定系数; K_t 为温度标定修正值。

振动式液体密度传感器在测量河道中的含沙量时,振动管的振动周期只与被测混合液的密度有关,而密度与含沙量之间存在着定量关系。因此,传感器内振动管的不同振动周期代表着被测水体的不同含沙量。

因为流过振动管的混合液重量 $G_混 = G_沙 + G_水$,而 $G = V\rho$,所以

$$V_混 \rho_混 = V_沙 \rho_沙 + (V_混 - V_沙)\rho_水$$

推理得含沙量 C_s 为

$$C_s = \frac{G_沙}{V_混} = \frac{\rho_混 - \rho_水}{\rho_沙 - \rho_水}\rho_沙$$

上式也可以变成水文系统常用的形式

$$C_s = (\rho_混 - \rho_水)\frac{\rho_沙}{\rho_沙 - \rho_水} = K(\rho_混 - \rho_水) \qquad (4)$$

式中: K 为置换系数, $K = \rho_沙/(\rho_沙 - \rho_水)$。在一定的温度条件下,$\rho_水$ 和 $\rho_沙$ 为已知常数,所以只要测得混合液密度 $\rho_混$,即可算得含沙量 C_s。

公式(3)是测量振动管流过混合液时使用的密度公式,公式(4)是已知混合液密度后计算含沙量的公式,利用标样标定,将计算出的各项参数和温度修正值代入下面公式,再用振动式密度传感器所测的周期和水温加以计算,就可精确计算出含沙量。

$$\rho_混 = K_0 + K_1 T_x + K_2 T_x^2 + K_t$$
$$C_s = K(\rho_混 - \rho_水) \times 1000$$

值得一提的是,人们经过严格的理论推导和实践证明,不用含沙量来标定仪器的工作曲线,利用上面的公式就可以直接计算出含沙量,这样将给今后的推广应用带来很大方便。设备的主要技术指标如下:测沙范围为 0 ~ 800 kg/m³;当含沙量为 0 ~ 35 kg/m³ 时测量相对误差不超过 ±10%,35 ~ 800 kg/m³ 时相对误差不超过 ±5%;使用时环境温度为 -10 ~ 45 ℃;水流条件为水深 0.3 ~ 5.0 m,流速 0.5 ~ 8.0 m/s;测量历时可任意设置。

2 比测与应用情况

2.1 小流速条件下的比测

由于振动式悬移质测沙仪采用的振动管有效长度为 200 mm,管径 13.5 mm,因此人们十分关心在低流速时是否会产生沉沙现象。为此,专门做了相关试验。试验结果表明:振动式悬移质测沙仪应用在流速 0.47 m/s 以上的测量中时,结果不超过所定测量误差(使用条件定为 0.50 m/s 以上),这说明低流速时不会产生沉沙现象,完全满足天然河道中测量含沙量的应用要求。

2.2 潼关水文站含沙量精度比测

从 2003 年 6 月开始,振动式悬移质测沙仪在黄委潼关水文站全面开展了野外比测试验工作。根据《河流悬移质泥沙测验规范》(GB50159—92)的要求,在线式振动式悬移质测沙仪一定要以积时式采样器作为参证仪器来进行比测试验,因此选择了黄委水文局研制的皮囊式采

样器作为参证仪器。在 6 月 23 日至 9 月 4 日期间,渭河和黄河北干流共发生了 4 次洪峰。利用潼关水文站抢测洪峰的间隙和测验设施设备空闲的时间,根据洪峰的水沙涨落情况组织安排了比测试验。

对比测资料的统计分析结果表明:振动式悬移质测沙仪的二倍相对标准差为 9.04%,系统误差为 0.90%,含沙量在 35 kg/m³ 以下时相对误差不超过 ±10.0%,含沙量在 35 kg/m³ 以上时相对误差不超过 ±5.0%。按照《河流悬移质泥沙测验规范》(GB50159—92)的要求,完全可以满足一类站使用要求,二、三类站使用更不成问题。

2.3 "调水调沙"试验中在花园口水文站的应用

2003 年 9 月 6 日,黄河小浪底水库进行防洪预泄。为了实时掌握花园口水文站的含沙量变化情况,黄河防汛指挥部门提出对花园口水文站含沙量实行 12 段制观测,要求做到随测随报,并监测沙峰变化过程。

振动式悬移质测沙仪安装在邙山号水文测量船上,停靠在 112 号坝头外侧。此处位于测验断面上游 1 km 处,水流摆动频繁,漩涡多,最大水深 8 m,涨水时还有很多水草。船上测流铅鱼重 200 kg,铅鱼悬吊位置距岸边约 7 m。

自 9 月 7 日对振动式悬移质测沙仪完成安装下水后,经过 274 个小时的连续工作,至 9 月 19 日 18 时,共测得数据 13.7 万组。其中实测最大含沙量 105.33 kg/m³,最小含沙量 3.63 kg/m³。通过 12 天的初试应用,该仪器实现了对含沙量的快速测量,并且实时监测了含沙量的变化过程,为黄河防汛决策指挥部门及时开启排沙闸门起到了关键作用。仪器放入水中连续工作这么长的时间,没有出现任何故障,这是其他测沙仪无法比拟的,这进一步说明该仪器工作稳定、可靠,值得信赖。

3 结论

2004 年 3 月 20 日,水利部国际合作与科技司在郑州主持召开了"振动式悬移质测沙仪研制"成果鉴定会。由中国工程院院士韩其为等专家组成的鉴定委员会成员在听取了项目组汇报、审阅成果资料和质疑答辩后,认为该成果总体上达到了国际先进水平。成果具有以下 4 点创新:①研制的小型振动管核心部件突破了以往工程应用上的起振范围,保证了测量的精度;②传感器内部增加了水温测量及处理功能,解决了因水温变化引起的测量偏差;③以软件实现了含沙量实时处理,且软件操作界面友好;④采用中间标样(水和糖配制而成)简化了仪器标定工作。另外,测沙仪还具备对含沙量快速、准确、实时的在线监测和记录功能,且测量含沙量范围大,受泥沙粒径变化的影响小,长期稳定性好;能够随测随报,极大地提高了作业效率;操作简便,减轻了工作人员的劳动强度,提高了安全性;提供了数据采集与传输的智能接口,便于远程传输数据,为实现水文测量数字化打下了基础。

基于 FY-2C 卫星数据的
黄河流域有效降雨量监测

Jasper Ampt[1]   Andries Rosema[1]   赵卫民[2]   王春青[2]

(1. EARS(环境分析和遥感应用公司);2. 黄河水利委员会水文局)

1 简介

中国—荷兰"黄河流域水监测和河流预报系统卫星建设"合作项目,是利用能量与水平衡监测系统(EWBMS)来获取整个黄河流域有效降雨的最新实时数据,这些有效降雨数据将被输入水文模型(Maskey,2005)来评估黄河的流量。这一项目的最初着眼点是黄河的上游,这一地区位于青海高原,那里空气稀薄,平均海拔将近 4 000m,年平均气温 0 ℃,一年中大部分时间气温在 0 ℃以下,就有效降雨监测而言,冬季地表水的储存成为一个关键问题,老版本的 EWBMS 系统运用的固定前提条件是不出现冰冻状态的地区,因此为了精确地监测有效降雨,EWBMS 系统需要改进。

2 能量与水平衡监测系统

图 1 是用一个数据流程链表示的流程图,产生结果的流程始于 FY-2C 号地球同步卫星每小时接收的数据、降雨点数据等,通过世界气象组织的全球电传通信系统(WMO-GTS)网络也可获取最近实时数据。有两条基本的过程线:①降雨过程线,用来生成降雨图;②能量平衡过程线,用来生成温度、辐射、显热通量和蒸散量图。这些基本的输出成果又被用来推求某些二级过程线,如干旱、荒漠化产品和作物产量预测等。用来生成河流径流的三级过程线将在当前的项目中开发。

2.1 表面温度和反照率

EWBMS 系统主要以表面反照率和温度为基础来计算表面能量平衡的组成,表面温度和反照率的处理以每小时可见的最近红外线卫星图像为基础,经过校准后,这些数字化数据将被按照透过大气的观察及测量转换成行星的反照率和行星的温度等。随后,这些通过大气改正程序的方法转换为表面温度和表面反照率,大气改正是第一位的,并以图像范围内参考数据为基础。为了频道的可视化,我们采用了 Kondratyev 于 1969 年发明的总辐射传输模型的改进版本,区别在于我们的版本还包括通过大气吸收辐射。对热红外线,我们以最高的行星温度为参照,由此,假定蒸散量值为零,我们可得出大气改正系数,大气改正程序不需要大气成分的信息,但要利用图像对照。图像对照会随着大气浑浊度的增加而减少,以可见波段的最黑像素作为参照,这个模型可使我们计算出大气的光学厚度值。这些像素代表最小的表面反照率,一般为7%。利用最小的表面反照率和最小的行星反照率,可计算出光学厚度和大气透射率。关

本文原载于《第二届黄河国际论坛论文集》,黄河水利出版社,2005。

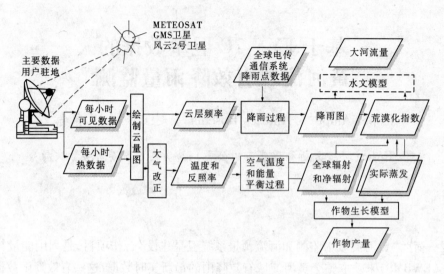

图1 能量与水平衡监测系统(EWBMS)简图

于热红外线波段可利用以下关系式:

$$(T_0 - T_a) = \frac{K}{\cos(i_m)} \cdot (T'_0 - T_a) \tag{1}$$

式中:K 为大气改正系数;i_m 为卫星天顶角;T_a 为边界层顶部的空气温度;T_0 为表面温度;T'_0 为行星温度(Rosema 等,2004)。

2.2 空气温度

得到了正午和午夜的表面温度后,空气温度可以通过利用电声额定系统开发的新程序得出,回归方程 $T_{0'n} = a \cdot T_{0'm}$ 决定了正午行星温度($T_{0'n}$)~午夜温度($T_{0'm}$)图呈线形关系,当与大气充分进行热量交换时,表面和大气没有温差,因此 $T_{0'n} = T_{0'm} = T_a$。结合这两个关系式,空气温度可由回归常数 $T_a = b/(1-a)$ 得出,这个温度被认为是大气表层顶部的温度。这一程序被应用到一个子窗口且空气温度被赋予中间像素值。随后,窗口转换到"图像"项,并对每一个像素重复执行程序,通过这种方法便可得到一张完整的空气温度图。

2.3 云探测

一种能够区分晴天和多云像素的算法被用于云探测,一张最小反照率图(A_{min})是从一组10 天序列的正午可见图像中提取出来的,一张最高正午表面温度图(T_{max})是通过在一个 200 ×200 像素的切换窗口内搜索最高温度而获得的。两者都被认为代表晴朗无云状态,随后进行一系列实验来确定某一像素是否表示多云,最重要的一组判别公式如下:

$$A' \geqslant A_{min} + \Delta A \tag{2}$$

$$T'_0 \leqslant T_{max} - \Delta T \tag{3}$$

式中:ΔA 和 ΔT 是临界值,已通过经验确定。

2.4 辐射计算

对晴朗无云像素,正午总辐射(I_{gn})可由下式得出:

$$I_{gn} = S \cdot t \cdot \cos i_s \tag{4}$$

式中:S 为太阳常数(1 355 W/m²);t 为传输系数;i_s 为太阳天顶角,由一个与经度、纬度、每天时间和每年天数相关的函数确定。日均总辐射 I_g 通过对函数 $\cos i_s$ 从日出到日落进行积分得出,当某一像素被标记为多云时,根据云的反照率来估算穿过云的辐射传输,并随后被转而使用。

接下来,用下式计算净辐射:

$$I_n = (1 - A)I_g + L_n \tag{5}$$

式中:A 为表面反照率;L_n 为净热(长波)辐射通量。

L_n 由一个来自表层的向上放射和一个来自大气的向下放射两部分组成,净结果由下式得出:

$$L_n = 4\varepsilon_0\varepsilon_a\sigma T_a - 4\varepsilon_0\sigma T_0 \tag{6}$$

式中:ε_0 为表面发射率,假定值为 0.9;ε_a 为大气发射率,根据以空气湿度的气候评价为基础得出的冲击方程来估算。

底层云的向上向下通量可以忽略($L_n \approx 0$)。长波的辐射通量可简化表示为:

$$L_n \approx 4\varepsilon_0(1 - \varepsilon_a)\sigma T_a + 4\varepsilon\sigma T_3(T_0 - T_a) = L_{nc} + H_r$$

等式(7)右边的第一部分是气候净长波辐射(L_{nc}),第二部分是辐射热通量(H_r)。我们的净辐射产物是气候净辐射,H_r 被视做显热通量的一部分。

2.5 显热通量

正午的显热通量由下式计算:

$$H = H_c + H_r = Cv_a(T_0 - T_a) + 4\varepsilon\sigma T_3(T_0 - T_a) \tag{8}$$

式中:H_c 为对流显热通量;$T_0 - T_a$ 为表层空气温度差,由卫星在正午时测出;C 为热对流交换系数,取决于地球表面的糙率,对裸露地($LE = 0$)而言,C 值采用 1,对有植被的地表($LE \neq 0$)而言,C 值可随着植被的开发呈线形缓慢增长,直至最大值 2.4;v_a 为平均风速。

日均显热通量在假定能量分配不变(不变的鲍文比)的前提下得出。系统的默认输出为日对流显热通量 H_c,这一结果适于和基于涡度相关法或闪烁计量法的对流通量测量法相比较。

2.6 降雨图绘制

降雨量的估计方法以来自气象站的降雨测量法(WMO - GTS)和从风云 2 号 C 卫星数据得出的多云频率数据为基础,两种数据来源 24 h 内有效。在分析图像柱状图的基础上,区分出四种云层。一个第五参数是超温度下限(TTE),是指超过最低临界温度的数值的个数。对每一小时、每一像素,我们确定一片云是否存在和属于哪一种云层,这些资料天天更新。

表 1 为云层的定义及相应的温度和高度。

表 1　云层的定义及相应的温度和高度

云层	温度范围(K)	高度范围(km)
寒冷	< 226	> 10.8
高	226 ~ 240	8.5 ~ 10.8
中高	240 ~ 260	5.2 ~ 8.5
中低	260 ~ 279	2.2 ~ 5.2

在云持续时间和每一个雨量站的 GTS 雨量数据之间做一个多元回归可推导出以下方程:

$$R_{j,ext} = \sum a_{j,n} \cdot CD_n + b_j \cdot TTE \tag{9}$$

式中:CD_n 为云在 n 云层的持续时间。

每一个雨量站(*j*)都建立这样的回归方程,然后用下式确定估计和观测降雨量之间的残余 D_j:

$$D_j = R_{j,obs} - R_{j,est} \tag{10}$$

随后,回归系数 $a_{j,n}$、b_j 和残余 D_j 在所有的雨量站两两之间被内插,基于降雨图用反距离加权插值法得到像素 R_i(如下式):

$$R_i = \sum a_{i,n} \cdot CD_n + b_i \cdot TTE + D_i \tag{11}$$

用这种方法,站点的估计降雨总是和报告的降雨相等,正如用制动跳动方法进行质量控制的手段一样(Rosema 等,2004)。

2.7 蒸散量图绘制

能量与水平衡监测系统(EWBMS)计算多云和晴朗无云状态下的表面能量通量,其能量方程为:

$$LE = I_n - H - E - G \tag{12}$$

式中:*LE* 为潜热通量;I_n 为净辐射;*H* 为显热通量;*E* 为光合电子传输;*G* 为土壤热通量(全部,W/m^2),在日均条件下,*G* 可视做0。

一个小的修正用到了这一能量平衡上,即考虑到有植被的地表上的光合能量利用量约为吸收的总辐射的5%。当有云时,显热通量不能被直接确定,但如上所述,有云时的净辐射能被估计出来。用能量分配以及多云天气的鲍文比以前的晴朗天气一致这样的假定,实际的蒸散量便可被估算出来。我们认为地上没有雪时,潜热通量完全用于蒸发;但当有积雪时,需用到将在3.2节讲述的另外一种方法。

3 对能量与水平衡监测系统(EWBMS)的改进

3.1 温度确认与修正

为了区别冰冻与非冰冻状态,我们需要能量与水平衡监测系统(EWBMS)精确地估算温度。为了确定冰是否融化,我们需要尽可能准确地记录下 0 ℃点。一种 EWBMS 系统的确认来自1.5m 温度(T_a),而世界气象组织的全球电传通信系统(WMO–GTS)报告的 T_a 是为青海高原周围地区内的站点所做的,两种数据都是 24 小时平均数据。相比之下表面温度会更精确,因为它们与卫星记录的红外线数值直接相关,然而在全球电传通信系统网络上表面温度是不被有规律地报告的。图 2 所示的是一个实例的确认曲线图,通过此确认,我们得出的结论是两种来源的 T_a 的全部走向匹配良好,EWBMS 系统呈现出稍被高估,特别是当温度超过 0℃时,这种高估随着站点所处海拔的升高而增大。EWBMS 系统内 T_a 值的较大变化可解释为多云所致,有云的时候,T_a 必须用以前某天的参数来估计,这些数值会因此不太精确而可能出现两天间差别较大的情况。

注意:这是一个地区平均值和点数据的比较,可以预料这些数值是不同的,特别是在山区。两组数据不同的另一个根源在于 EWBMS 系统应用了大气和温度修正。我们的理论是:在高海拔处空气稀薄,因此较少需要修正。在青海高原,EWBMS 系统 1.5 m 温度和 WMO–GTS 系统 1.5 m 温度的修正产生了一个接近 0 的 r^2 值,一个以海拔作为第二参数的多元回归将 r^2 由接近 0 增加到约 0.6,由此我们推断海拔是一个起重要影响的因素。为了改进这一问题,在海拔和从以下标准关系式得出的其与大气密度关系的基础上,引进一个额外的修正系

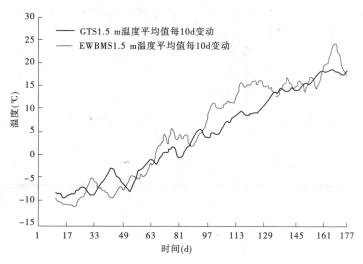

图2　黄河河源地区 GTS 站点的 WMO – GTS 系统与 EWBMS 系统
1.5 m 温度平均值每 10 d 变动比较

数：

$$\rho_z = \rho_h \cdot \mathrm{EXP}^{-(h-z/H)} \tag{13}$$

式中：ρ_z 为高度 z 处的大气密度；ρ_h 为参照高度 h 处的大气密度；H 为压力标度高度。

对高度 z 积分并取相对值 $h = 1\,000$ m，$H = 7\,400$ m（因国际标准大气），由此得出：

$$\rho_z = \mathrm{EXP}^{-(1\,000-z/7\,400)} \tag{14}$$

基于从美国地质勘探局的 1 km 数字式海拔模型得到的平均像素正面图，式（14）可用来改正大气和温度两者的修正系数，这一大气密度修正系数对 EWBMS 系统 1.5 m 温度的效果如图 3 所示。

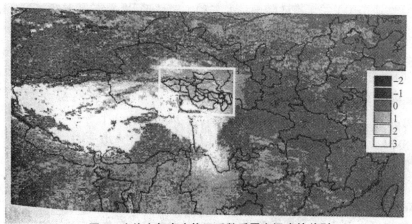

图3　实施大气密度修正系数后零上温度的差别
（白框内为黄河上游地区）

从图 3 我们可以看出，在黄河上游，高海拔地区的 EWBMS 系统 1.5 m 温度估算值被减少了多达 3 ℃，这种减少弥补了误差的一个重要部分。

3.2　结冰/融化模块

结冰/融化（F/T）模块将被加到 EWBMS 系统中来处理黄河上游的结冰和融化状况，在

$EWBMS$ 系统获取表面反照率、表面温度和年内蒸发热量支出(LE)值的基础上,F/T 模块被设计用来追踪降雪与融雪。F/T 模块方案如图 4 所示。

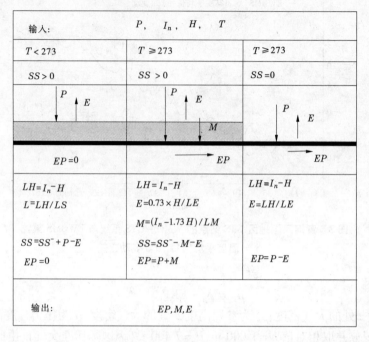

图 4 中:P 为降雨量;I_n 为净辐射;H 为显热通量;T 为表面温度;SS 为积雪量;SS^- 为以前天的积雪量;E 为蒸发量/升华量;M 为融化量;EP 为有效降雨量;LH 为潜热通量;LS 为升华热;LE 为蒸发热;LM 为熔化热。

图 4 示意性地描述了关于有效降雨量的三种主要情形:当表面温度低于 273 K 并出现积雪时,所有可利用潜热将被用于升华;当表面温度达到或高于 273 K 并出现积雪时,可利用潜热将被分别用于蒸发/升华和融化;当无积雪出现时,所有可利用潜热将被用于蒸发。

用来确定融化所需的可利用能量数量的值用以下方法得出,首先,我们用如下方法将潜在蒸散量与显热通量相关起来:

$$LE_p = \rho L(s_a - s_0)/r_a \approx \rho L(s_a - s_0)/r_a$$
$$\approx (L/c)(\partial s/\partial T)\rho c(T_a - T_0) = 0.73H \, (\text{at} 273\text{K}) \tag{15}$$

然后,我们用能量平衡来计算用于融化的热量:

$$LM = I_n - H - LE_p = I_n - 1.73H \tag{16}$$

式中:LE_p 为潜在蒸散量;ρ 为空气密度;s_a 为特定空气湿度;s_0 为饱和特定湿度;r_a 为空气动力阻力;c 为空气容积热容量;L 为蒸发热;T_a 为边界层温度;T_0 为表面温度;LM 为融化潜热。

3.3 积雪量图绘制

积雪量(SS)可定义为水在地表的固相储存量,可在 EWBMS 系统生成的降雨图和温度图的基础上绘制出来,如果在表面温度低于 0 ℃ 期间有任何降水,我们都可认为这种降水是雪并将其增加到积雪量中。在温度低于 0 ℃ 期间,雪会因升华而有所损失;当 EWBMS 系统测到表面温度达到或略高于 0 ℃ 时,积雪量将会因融化和蒸发而被耗尽。

3.4 积雪图绘制

在冬季,雪会覆盖黄河上游的部分地区,积雪的位置和范围将从降雨图和温度图得出,我们将利用表面反照率值作为积雪的第二指标,当表面反照率值高于0.45时,我们便可认为地表有积雪。一个主要的问题是要将积雪与云量区分开,为了做到这一点,我们会用到高反照率的持续时间,如果某一像素显示一个日表面反照率值高于临界水平,那么它将会被监测,如果那个像素的表面反照率在好多天内持续高于临界值,那么这个像素代表的地表有积雪便变得更加肯定。我们还在化雪期间跟踪表面反照率以核对当积雪量耗尽时表面反照率是否会下降。

用我们的方法产生的一个问题是相对于约5 km×5 km的像素分辨率,积雪子像素不会出现,我们可通过全过程跟踪像素表面反照率的变化来解决这一问题。在化雪期间,像素表面反照率值会降低;同时,因为不完全积雪,像素表面反照率是一个混合值,当所有雪都化尽时,表面反照率值会在植物开始生长时再次升高,表面反照率最低的点很可能就是所有雪都化尽的点。数据评价和确认有望使我们认识到这种现象的意义。

3.5 结冰/融化算法模拟

结冰/融化算法的思想是用一个电子数据表来模拟的,这种模拟基于一个随机发生器来获取整个模拟过程中的随机降雨数值,一组模拟的结果如图5(a)、图5(b)所示。通过这种模拟,我们可得出的结论是当温度低于0 ℃的时候,有效降雨量也为0,那个期间的所有降雨以雪或冰的形态储存在地表;当温度达到或高于0 ℃时,储存的雪或冰会融化,导致累计有效降雨量急剧增加,所以融雪的时期会引起江河流量大大增加;另一项发现是累计有效降雨量在某一时期减少,这是因为蒸散发仍然存在,即便在无降雨时蒸散发也会存在,这会导致可用水的净损失。

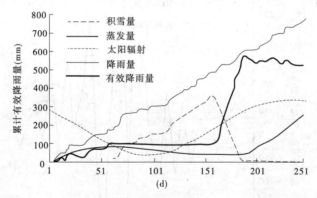

图5(a)　近一年期间累计降雨量、积雪量、蒸发量和有效降雨量(输入到水文系统内的水)的模拟,以第260天为起点(太阳辐射显示出太阳活动周期和这一年的时间,雪包融化约需30 d,主要是在3月,位置是北纬40°)

4 有效降雨量与流量过程线的比较

为了研究EWBMS系统生成的有效降雨值和现场数据之间的关系,我们针对黄河上游一

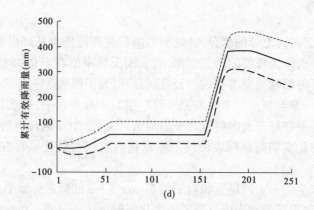

图 5(b)　累计有效降雨量(实线表示 100 次随机降雨输入平均值，
点线、虚线表示标准偏移)

片单独的流域来分析有效降雨量与流量过程线之间的关系,这片流域的出口处有一座水文站。假定除了蒸散发外无其他水量损失,每年的有效降雨量应多于或至少等于流量。图 6 所示为在该片流域上汇集的有效降雨量与唐乃亥水文站测到的流量过程线的比较(资料来源于黄委会)。

从图 6 我们可以推断出在该片流域上汇集后,流量和有效降雨量具有相同的数量,两个参数之间有一个明确的关系,降雨事件与流量之间可以预见的时间延迟也能从图上看出来。有效降雨呈现出大的变化和负值,负值是由于无降雨时蒸散发仍然存在的缘故,然而过大的负值使我们想到在无降雨期间蒸散量可能被高估,因此需要做一些修正。汇总的数值在表 2 列出。

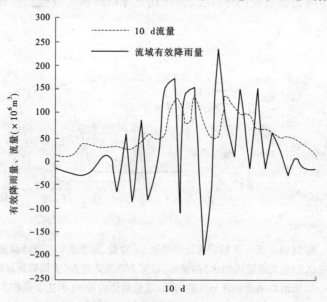

图 6　2000 年唐乃亥水文站测量的每 10 d 流量
过程线与流域汇集有效降雨量的比较

表2 唐乃亥水文站年流域流量与流域汇集有效降雨量的比较
（列出了包含及排除负的有效降雨值两种情况）

项目	流量 Q（亿 m³）	有效降雨量 P_e（亿 m³）	$Q - P_e$（亿 m³）
包含降雨量负值	19.30	6.01	13.28
排除降雨量负值	19.30	15	4.20

从表2我们可以看出，排除负的有效降雨值的确对流量—有效降雨关系有重要影响，实际上负的有效降雨值的确会出现且完全排除它们是不合理的，从表2可明显看出蒸散发对有效降雨的影响。

实时联机洪水预报系统在黄河天桥水电站的应用

刘晓伟　任　伟　邬虹霞　张家军

（黄河水利委员会水文局）

1　概述

天桥水电站位于黄河中游河口镇—龙门区间的上段，坝址距河口镇199 km，控制流域面积达40.39万 km²，河道长3 471 km。该电站设计装机容量12.8万 kW，年发电量6.07亿 kWh，可供晋西北和陕北高地农田灌溉及地方工业用电，现已并入华北电网。电站为河床式径流电站，设计库容仅0.66亿 m³，基本无调节能力。

该电站洪水主要有两个来源区——兰州以上和河口镇至坝址区间。前者对水库影响不大；后者面积虽不大，但属暴雨区，流域坡度大，产流条件好，汛期暴雨即产生历时短、峰量大、含沙高的尖瘦洪水，对电站的防洪安全构成很大威胁。

20世纪80年代中后期，在河曲—坝址区间建立了雨量遥测系统，1988年汛期投入运行，在历年电站安全度汛中发挥了重要作用，同时积累了近10年的遥测雨量资料，为研制该区洪水预报模型奠定了基础。基于遥测雨量和常规观测资料，我们研制了本区洪水预报模型，并利用计算机和网络技术，开发了具有图形用户界面的实时联机洪水预报应用软件系统。

2　流域概况

河曲至天桥坝址区间面积6 271 km²，位于北纬39°~40°、东经110°~112°。内有皇甫川、清水川、县川河3条较大的支流，均在天桥水库回水末端汇入黄河。本区为黄土丘陵沟壑区，植被稀少，黄土厚度由西北的数米增至东南的数十米，土壤结构疏松，极易风化，遇水迅速崩解，遇高强度暴雨极易产生高含沙量水流。

本区地处大陆性季风气候带，多年平均降水400 mm左右，汛期（6~9月份）面平均雨量

本文原载于《黄河水利职业技术学院学报》2002年第2期。

约占全年总雨量的 75%,属干旱、半干旱地区。暴雨季节性强,80% 以上发生于 7、8 月份,其突出特征是强度大、历时短、笼罩面积小、时空分布极不均匀。

该区常常发生突发性高含沙暴雨洪水,尤其是皇甫川极易发生大洪水,次洪径流系数一般为 0.2~0.3,洪水特征为来势凶猛、陡涨陡落、峰形尖瘦且多为单峰、含沙量高。

3 站网布设

该区现有雨量遥测站 25 个,其中皇甫川 15 个、清水川 3 个、县川河 4 个、库周区 3 个,站网平均密度为 250 km²/站,基本符合 WMO 向发展中国家推荐的亚干旱地区最低站网标准。

在皇甫川设有沙圪堵、皇甫两个水文站,控制面积分别为 1 351、3 175 km²,分别占该流域面积的 42.6% 和 99.2%。县川河、清水川分别设旧县、清水水文站,控制面积分别为 1 562、735 km²。另外,在本区黄河干流的上首,有河曲水文站,作为本区上首入流控制站。

4 预报模型建立

根据上述流域自然地理和产汇流特性可知,该区为典型的超渗产流区。因此,皇甫川、清水川、县川河流域选用坦克模型及库周区用陕北模型作为产流模型,坡面汇流选用纳希单位线,河道汇流采用马斯京根分段连续演算。

4.1 单元划分

为了考虑流域下垫面因素和暴雨时空分布的不均匀性,该区建立的是综合分散性模型,即将全区分为 4 个子流域,每个子流域又划分为若干单元分别建立模型进行产汇流计算。

采用泰森多边形划分单元,共分为 23 个单元,其中皇甫川 12 个、清水川 3 个、县川河 5 个、库周区 3 个。

4.2 模型结构

4.2.1 坦克模型

坦克模型又称 TANK 模型,是融产汇流为一体的流域概念性模型。模型的基本原理是假定水箱蓄水量与出流、下渗的关系为线性的,即所有蓄泄关系都用线性水库来模拟。各水箱可有一个以上的出流孔,相当于有几个不同库容的线性水库,其和是非线性关系,可用以模拟出流的非线性蓄泄关系。

该模型由一列串联水箱模拟各个土层的产流,上箱为地面径流,其次为壤中流,再下为地下径流。水箱数目不定,可以根据流域特性调试而定。水箱侧面有一个或几个出流孔模拟出流;水箱底部有一个下渗孔模拟下渗。由于该区为半干旱地区,地下径流所占比例很小,可忽略不计,故这里选用的是二级水箱串联型。水箱模型假定蓄量与出流和下渗的关系是线性的,据此在各种蓄量下的出流可计算如下:

$$\left.\begin{array}{l} Q = 0,当 H \leqslant Z 时 \\ Q = (H - Z)A,当 H > Z 时 \end{array}\right\} \tag{1}$$

式中:H 为蓄水深;Z 为侧孔高度;A 为侧孔出流系数;Q 为侧孔出流量。将该时段所有水箱的各个侧孔出流量累加即为该时段的总出流量。

下渗量可用如下公式计算:

$$F_1 = B_1 H_1 (1 - H_3/S_3) \tag{2}$$

$$F_2 = B_2 H_3 \tag{3}$$

式中：F_1 为一箱自由水向二箱下渗量；F_2 为二箱自由水向深层下渗量；B_1 为一箱自由水向二箱下渗系数；B_2 为二箱自由水向深层下渗系数；H_1 为一箱上层蓄水深；H_3 为二箱自由水蓄水深；S_3 为二箱自由水最大蓄量。

土壤水对产流的影响是很大的，因此在一箱中设置土壤水结构。水箱中的水分自由水和持蓄水两类。持蓄水又分为上层土壤水和下层土壤水，水分的运行原则是：有降雨时，雨水先供给上层，同时逐步供给下层，当第一层达到饱和容量时，剩余水量就是一箱的自由水。一部分下渗到二箱，一部分作为地表径流流出。此外，当上层土壤水不饱和时，二箱中的自由水将以毛管水形式为它补充。因此，这里有两种水分输送关系，上层土壤水向下层土壤水的输送 F_A 和二箱向一箱的上层土壤水的毛管输送 F_B。其计算分别介绍如下：

$$\left.\begin{array}{l} F_A = (H_1/S_1 - H_2/S_2)K_1，\text{当} H_1 \leqslant S_1 \text{时} \\ F_A = (1 - H_2/S_2)K_1，\text{当} H_1 > S_1 \text{时} \end{array}\right\} \tag{4}$$

$$\left.\begin{array}{l} F_B = 0，\qquad\qquad \text{当} H_3 \leqslant Z_5 \text{时} \\ F_B = (1 - H_2/S_2)K_2，\qquad \text{当} H_3 > Z_5 \text{时} \end{array}\right\} \tag{5}$$

式中：H_1 为一箱上层蓄水深；H_2 为一箱下层蓄水深；H_3 为二箱自由水蓄水深；S_1 为一箱上层土壤水最大持蓄量；S_2 为一箱下层土壤水最大持蓄量；K_1 为土壤水上下交换量最大值；K_2 为二箱自由水向一箱输送量最大值；Z_5 为二箱二孔门槛高。

4.2.2　陕北模型

陕北模型的基本原理是先考虑点的下渗能力，再用下渗分布曲线分配到面上。下渗的计算直接采用代数型下渗方程，这里采用的是霍顿公式。下渗曲线及下渗能力分布曲线的公式如下。

（1）霍顿下渗曲线。

$$f = f_c + (f_0 - f_c)\mathrm{e}^{-kt} \tag{6}$$

将 $f \sim t$ 转换为 $W \sim t$ 的形式为

$$W = f_c t + \frac{1}{k}(f_0 - f_c)(1 - \mathrm{e}^{-kt})$$

联解上两式，消去 t，得到 $W \sim f$ 的关系为：

$$f = f_c + (f_0 - f_c)\mathrm{e}^{(f_0 - kw - f)/f_c} \tag{7}$$

式中：f_0、f_c 分别为土壤最干和最湿时的地表下渗能力；k 为衰减系数；W 为土壤含水量。

（2）下渗能力分布曲线。

由于降雨和下垫面在流域上分布的不均匀性，在任何时刻，各点的下渗能力在流域上的分布为抛物线，其公式为：

$$\frac{F_A}{F} = 1 - \left(1 - \frac{f'_m}{f_{mm}}\right)^{BX} \tag{8}$$

流域平均下渗能力 f_t 为：

$$f_t = \frac{f_{mm}}{1 + BX} \tag{9}$$

式中：f'_m 指流域平均下渗能力为 f_t 时的某一点的下渗能力；f_{mm} 表示流域平均下渗能力为 f_t 时流域内最大的点下渗能力；F_A 为下渗能力 $\leqslant f'_m$ 的流域面积；F 为流域面积；BX 为抛物线指数。

只有在下渗能力小于降雨强度（PE）的地区才产流，用 R 表示流域产流量，计算公式如下：

当 $PE \leqslant 0$ 时,不产流,即

$$R = 0 \atop W_{t+1} = W_t + PE \Big\}$$ 　　(10)

当 $PE > 0$ 时,若 $PE < f_{mm}$,局部产流:

$$R = PE - f_t + f_t \Big(1 - \frac{PE}{f_{mm}} \Big)^{BX+1} \atop W_{t+1} = W_t + PE - R$$ 　　(11)

若 $PE \geqslant f_{mm}$,全流域产流:

$$R = PE - f_t \atop W_{t+1} = W_t + f_t \Big\}$$ 　　(12)

4.2.3 汇流模型

单元汇流模型采用纳希瞬时单位线,河道汇流均采用马斯京根多河段连续流量演算模型,其计算式略。

4.3 模型参数率定

模型参数率定取用了 1989~1996 年的降雨和洪水资料,时段长为 15 min。

由于该地区无蒸发资料,经分析附近蒸发站的历年资料,汛期日最小蒸发量在 2 mm 左右,故本模型把次洪过程的蒸发强度取为 0.02 mm/时段。而前期影响雨量的计算采用下式:

$$P_a(t) = KP_a(t-1) + P(t)$$

式中:K 取 0.85,计算时段 t 取 15 d;如果 $P_a(t) > M$,则 $P_a(t) = M$,M 为土壤最大持蓄水量。

坦克模型的参数采用试错法来确定,即对区间的出流过程进行模拟,以计算值与实测值误差最小为目标函数进行参数优选。这里采用了峰现时间、洪峰流量和确定性系数作为目标函数。陕北模型的参数是根据经验来确定的。

4.4 计算成果

模型计算中,选用了 1989 年以来皇甫川流域的 7 场洪水,清水川流域的 5 场洪水,县川河流域的 1 场洪水,其模拟计算结果见表 1。

由表 1 可以看出,皇甫、清水站洪峰流量合格率分别为 100%、80%,峰现时间全部合格,平均确定性系数分别为 0.63、0.67,符合水利部颁发的《水文情报预报规范》的要求,可用于作业预报。县川河只有 1 场洪水,其结果也不足以评定;由于库周区没有水文站控制,无法评定。

4.5 实时校正

为了提高洪水预报精度,本系统采用了实时校正技术,这里选用的是水文上常用的反馈模拟实时校正方法,即根据预见期内已获得的实测流量,计算前期的预报误差,对后期预报值进行校正。

5 系统设计

5.1 系统结构

该系统由数据处理、前期影响雨量计算、模型计算和结果输出功能模块组成,各功能模块相对独立,在数据库和数据文件支持下运行。其数据流程见图 1。

表1 坦克模型模拟计算成果

河名	站名	洪号	计算 Q_m (m^3/s)	实测 Q_m (m^3/s)	洪峰相对误差 (%)	峰现时间误差 Δt	确定性系数 d_y
皇甫川	皇甫	890721	11 294	11 600	−2.6	0	0.633
		890721	1 808	1 890	−4.3	3	0.676
		890722	3 840	3 520	9.1	−2	0.695
		910610	1 139	1 420	−19.8	−3	0.575
		940803	1 136	1 320	−13.9	−1	0.287
		960712	1 424	1 370	4	0	0.808
		960809	4 106	5 110	−19.6	2	0.763
清水川	清水	890721	2 563	2 610	−1.8	2	0.758
		910610	486	482	0.9	2	0.686
		910721	779	740	5.3	0	0.765
		940707	882	773	14.1	−2	0.569
		950728	259	333	−22.2	2	0.608
县川河	旧县	950728	2 001	1 890	5.9	7	0.800

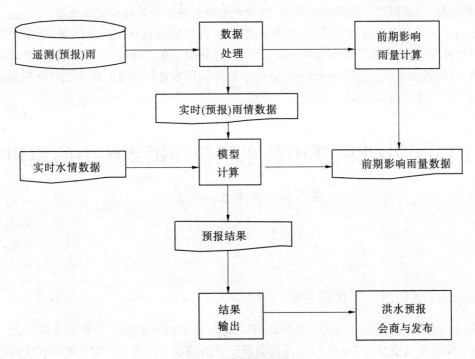

图1 系统数据流程图

数据处理主要用于雨量和流量资料的插补与延长,供模型计算使用。该区雨量是每15分钟报汛一次,因此不必考虑降雨资料内插,但有的站可能出现故障,这就需要对缺测站进行综合分析及空间插补。流量资料处理主要是对河曲站过程内插。前期影响雨量计算用于初始土壤含水量计算,以确定流域初始土湿状态。模型计算是系统的核心,主要是根据实时雨、水情或利用短期降雨预报进行洪水预报。

系统运行采用自动滚动和人机交互两种方式。

5.2 数据管理

本系统所使用的实时数据和历史洪水数据均采用 SQL Sever 数据库管理系统。实时数据库是遥测雨量及河道水情信息经计算机接收处理后自动存储形成的,一般只存储当年数据,供实时洪水预报使用。历史洪水数据库是由实时库数据经整编后转存的,主要用于模型参数率定。数据库安装在网络服务器上,本系统利用 VB 提供的远程数据对象来建立与实时水情或历史洪水数据库之间的连接,即利用嵌套 SQL(结构化查询语言)完成数据提取任务。

模型参数、计算成果以数据文件形式存放。短期降雨预报资料是由内蒙古气象局测雨雷达传入的回波云图推算的结果,目前暂采用数据文件形式。

5.3 开发及运行环境

该系统采用客户机/服务器体系结构,其开发和运行是在网络环境下进行的。硬件配置:586 微机,内存 16MB;软件配置:Windows 95 操作系统、TCP/IP 网络协议、VB 5.0 语言设计工具、SQL 数据库管理软件。

6 结语

本系统作为非工程防洪措施,可为天桥电站的决策者提供快速、准确并具有一定预见期的雨、水情信息,以确保电站汛期安全运用,将会产生显著的社会效益和经济效益。

由于该区属半干旱地区,产汇流规律非常复杂,模型研制远比湿润地区难,还因优选模型参数的资料少,所确定的模型参数有一定的局限,预报模型在实际应用中会出现一些难以预料的问题,只能通过实际作业预报来检验,并随着资料的积累进行改进。所开发的预报系统可能会有不尽如人意的地方,也需不断改进与完善。

RTU 在小花间暴雨洪水预警预报系统中的应用

张 诚 赵新生 张敦银

(黄河水利委员会水文局)

1 小花间水情信息采集传输系统简介

黄河小浪底—花园口区间流域面积 35 883 km²,是黄河下游洪水的重要来源区之一。该区间洪水预见期目前只有 8~10 h,这使得黄河下游的防洪十分被动。为了增加该区间洪水预报的有效预见期,充分发挥非工程措施的防洪效益,建设黄河小花间暴雨洪水预警预报系统显得十分必要和迫切。

1.1 系统的组成

水文自动测报系统属于应用遥测、通信、计算机技术,完成江河流域降水量、水位、流量、闸

本文原载于《人民黄河》2004 年第 2 期,为"黄河小花间暴雨洪水预警预报系统"建设项目。

门开度等数据的实时采集、报送和处理的信息系统。水文自动测报系统一般包括系统中心站、通信网络、中继站和各种水情遥测站(雨量站、水位站等)。

1.1.1　水情遥测站

水情自动测报系统的遥测站一般安装在野外,用来自动监测当地的雨量、水位、流量、墒情、闸位等水文参数。它一般由遥测终端机(RTU)、水文传感器(雨量传感器、水位计等)、天线、馈线、避雷器、现场人工置数装置以及太阳能蓄电池装置等组成。遥测站通常采用定时和增量自报方式向中心站发送数据。

1.1.2　中继站

水情自动测报系统的中继站一般安装在野外,提供对偏远测站或复杂地域情况下测站数据传输中的存储转发,即接收偏远遥测站的相关无线数据并进行存储转发到中心站。中继站一般由遥测终端机、天线、馈线、避雷器以及太阳能蓄电池装置等组成。中继站接收和发送频率可采用同频或异频。

1.1.3　系统通信网络

系统通信网络包括有线通信网(光纤、专用或公共电话网)、无线通信网(超短波、微波、GSM、卫星等)、电力载波或者是不同通信介质的组合。

1.1.4　中心站

水情自动测报系统的中心站一般设在防汛调度中心,用来接收各水文遥测站(中继站)发送来的数据并进行解调、存储和处理。

水情信息传输系统是水文自动测报系统中的重要组成部分,它的成败关系到能否及时将水情数据传送到水情预报中心供防洪决策应用,也是水文自动测报系统能否达到建设目标的关键。

1.2　系统的建设目标、结构及技术指标

(1)建设目标。实现水位、雨量自动采集;通过人工置入的方法将流量、含沙量置入 RTU 数据采集终端;数据传输采用 GSM 短信和北斗卫星通信两种方式,两种通信方式互为备份,在 GSM 网络没有覆盖的测站采用 PSTN 有线通信方式作为备用方式;3 ~ 5 min 内收齐 95% 以上测站数据,10 min 内收齐全部遥测数据;系统建成以后,雨量、水位自动测量取代现行人工观测。

(2)总体结构。遥测站采集数据后,在 GSM 和北斗卫星两种通信通道中选择一种将数据传输到郑州数据接收中心站,中心站对数据进行分析处理、转储到本地和水情信息中心数据库服务器,供预报和用户查询使用。同时,按照区域监控站和相关水文站对实时数据的需求,将相应测站的数据打包分发到区域监控站和相关水文站,中心站下传数据可以走地面网络,也可以走 GSM 或北斗卫星通道。

(3)技术指标。根据《水文自动测报系统规范》和《小花间暴雨洪水预警预报系统总体设计》,小花间水情信息采集传输系统数据畅通率不小于99%;数据错误率不大于1%;系统 MT-BF 不小于 3 年;主体设备 MTBF 不小于 10 年。

2　RTU 的含义

RTU(Remote Terminal Unit)是一种远端测控单元装置,是安装在野外的电子设备,用来监视和测量安装在远程现场的传感器和设备,将测得的状态或信号转换成可在通信媒体上发送

的数据格式;并且将中央计算机发送来的数据转换成命令,从而实现对设备的功能控制。

在水情测报系统中,数据采集终端 RTU 是数据采集与通信传输之间连接的关键设备,RTU 的稳定性和可维护性对系统综合性能指标起决定性的作用。

根据小花间数据采集传输系统的设计要求,为了适应水位、雨量自动采集,人工数据录入,GSM 和卫星通信特别是水文测站对上站的信息需求,黄委水文局同郑州市音达新技术研究开发中心联合,研制开发了水文测报专用的 RTU——YSCADA-1 数据采集终端。该设备采用美国 Zworld 公司集成的通用 RTU 控制板 LP3500,辅以外围接口电路和通信设备电源控制电路,利用 Zworld 公司提供的专业 DynamicC 语言开发程序。

2.1 YSCADA-1 功能结构

YSCADA-1 功能结构见图1。

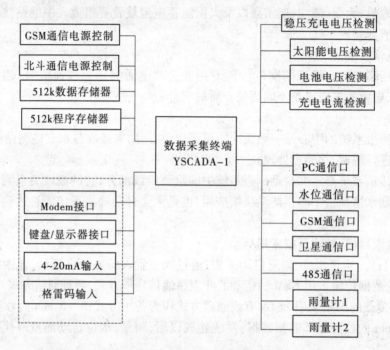

图1 YSCADA-1 功能结构

2.2 YSCADA-1 的技术指标

YSCADA-1 是能够适用于各种遥测遥控应用的通用型产品,可根据测控应用需求进行配置,从而构成符合各行业需求的各种遥测遥控站。

2.2.1 接口

YSCADA-1 提供各种 I/O 接口,如数字量输入(DI)和输出(DO),模拟量输入(AI)和模拟量输出(无滤波 PWM);可外接键盘/LCD 显示、串行 Flash 和其他外设;宽电压范围,可工作于 9~30 V;串行通道(RS-485,RS-232)接口以及各种传感器或控制设备。

2.2.2 YSCADA-1 主处理模块技术指标

YSCADA-1 主处理模块技术指标为:

(1)微处理器:Zworld 公司 EMI Rabbit 3000(运行在 7.4 MHz);

(2)固态存储器:512 k,flash(2×256 k);

（3）闪速存储器:512 k,SRAM;

（4）后备电池:带座 3 V 锂电池,265 mA·h,为 RTC 和 SRAM 供电;

（5）键盘/显示:带 7 键、122×32 图形 LCD 接口,有丰富软件库函数支持(可选件);

（6）数字量输入:16 路带 ±36 VDC 保护;

（7）数字量输出:共 10 个(8 个无源和 2 个有源)200 mA,最高 36 VDC;

（8）串行口:1 RS－485,RS－232;

（9）串口速率:最大异步波特率 CLK/8。

3 RTU 的应用

3.1 YSCADA－1 的功能

（1）自动采集降雨量。该 RTU 设计了两个雨量计接口,可以挂接不同分辨率的两种雨量计。考虑人工倒水试验等非自然降雨数据发生的情况,设置了软件开关和硬件开关来标明非自然降雨和自然降雨,以保证数据质量。

（2）人工数据录入。可以通过计算机与 RTU 的接口,运行计算机上的数据录入界面,向 RTU 置入人工观测数据。

（3）历史数据存储。该 RTU 提供 512 k 的 SRAM,可存储不少于 500 k 历史数据。可以读取存储器中的数据,作为整编备用数据。

（4）原始数据存储。在 SRAM 中分配一段存储器存储两次通信传输之间的传感器采样数据。

（5）当前数据存储。存储当前最新雨量、水位数据。

（6）电源状态数据采集。每次定时发送数据时采集并向中心站报告电池电压、太阳能充电电压、交流稳压充电电压、充电电流共 4 项电源系统参数。

（7）通信控制。根据定时发报时间间隔,决定启动通信设备,向中心站报汛。两次定时自报时段中的水位变化和雨量变化,根据增量报汛原则,RTU 决定是否报汛。

（8）自动校时。每日 8 时,RTU 向北斗终端申请时间,全系统遥测站和中心站统一采用北斗时间。

（9）实现 GSM 与北斗卫星两个通道的自动切换,优选 GSM 通信信道。

根据水文站对上站和相关雨量站的信息需求,水文站的 RTU 一直与 PC 机连接,一旦 RTU 接收到中心站下传的相关测站实时数据,就立即传送到计算机,提供给测站测验人员使用。

3.2 YSCADA－1 在水情信息采集传输系统中的应用

根据小花间暴雨洪水预警预报系统总体设计要求,水情信息采集传输采用卫星和 GSM 短信息两种通信方式,互为备用。在初步设计阶段,对即将建设的遥测站的通信信道进行了电测。测试结果表明:卫星通信信道质量很好,每个测站的 4 个通信波束都能通信。北斗卫星是我国自主产权的定位导航通信卫星,到 2003 年 5 月 26 日,已有 3 颗北斗卫星在运转。

限于篇幅,本文仅就通过卫星信道进行传输信息中 RTU 的应用作介绍。北斗传输数据的流程如下:RTU→北斗通信机→卫星转发器→地面网管中心(北京卫星地面总站)→北斗通信机→卫星转发器→郑州中心站北斗通信接收机→计算机(见图 2)。

北京地面网管中心广播信息收到确认信息后发信,测站收到网管中心的确认信息,即认为成功传送。

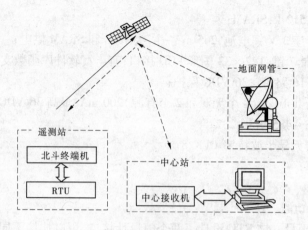

图2　北斗卫星信息传输过程

4　结语

　　水情信息是防汛管理的依据,必须以实时性、准确性和可靠性为基础。水文自动测报系统的建立,大大提高了信息的实时性和可靠性,并使所得到测区的水情、工情、旱情、气象和综合信息的管理更加科学化,是实现国家水利建设工作管理与决策自动化、信息化、科学化和智能化的可靠保障。在水情测报系统中,RTU 是数据采集与通信传输之间连接的关键设备,RTU的稳定性和可维护性对系统综合性能指标起决定性的作用。在水情自动测报系统的设计和建设中,应该很好地了解它、应用它。

水文自动测报系统防雷接地及降阻措施

樊东方　赵新生　马卫东　耿胜安　闫胜利

(黄河水利委员会水文局)

　　雷电防护一直是水情遥测系统的一个薄弱环节,以小花区间(小浪底—花园口区间)为例:2001 年 7 月 9 日,黄河花园口地区出现雷雨天气,花园口水文站办公楼遭受雷击,中心机房遥测水位数据接收端、水情接收网络设备以及与黄委水文局联网通信设备被击毁,花园口水文测报信息网络传输系统陷于瘫痪,直接经济损失 10 多万元;2004 年 7 月 24 日,伊河出现雷雨天气,造成陆浑水文站变压器、发电机等供电设备以及空调、电视机被雷电击毁。另外,黑石关、卢氏、新安、武陟等水文站在 1999、2001、2002 年曾发生过雷电事故,遥测水位计、电器、电话等设备被击毁多台,而且还发生了雷击伤人事件。

　　随着黄河水文现代化工作的进展,大量的自动化设备被应用。不容忽视的是,在水文测报生产中,雷电防护是一个薄弱的环节,在水文测报自动化系统建设中应引起足够的重视。接地装置是接地系统中的重要组成部分,直接影响到接地的效果——系统设备的安全。笔者以

本文原载于《人民黄河》2005 年增刊。

"小花间水情信息采集传输系统"建设为例,结合水文测报生产中暴露出的雷电安全问题,探讨了测报系统遥测站防雷地网接地电阻偏高的问题,提出了降低接地电阻的措施。

1 水情测报系统的组成

水文自动测报系统属于应用遥测、通信、计算机技术,完成江河流域降水量、水位、流量、闸门开度等数据的实时采集、报送和处理的信息系统。水文自动测报系统一般包括系统中心站、通信网络、中继站和各种水文遥测站(雨量站、水位站等)。

水情自动测报系统的遥测站一般由遥测终端机 RTU、水文传感器(雨量传感器、水位计等)、天线、馈线、避雷器、现场人工置数装置及太阳能/蓄电池装置等组成。安装在野外现场,用来自动监测当地的雨量、水位、流量、墒情、闸位等水文参数。

中继站一般由遥测终端机 RTU、天线、馈线、避雷器及太阳能/蓄电池装置等组成。安装在野外和高山上,提供对偏远测站或复杂地域情况下测站数据传输中的存储转发,即接收相关偏远遥测站的无线数据并进行存储转发,将数据转发到中心站。

系统通信网络分为有线通信网(光纤、专用或公共电话网)、无线通信网(超短波、微波、GSM、卫星等)、电力载波及不同通信介质的组合等。

中心站一般设在防汛调度中心,用来接收各水文遥测站(中继站)发送来的数据并进行解调、存储和处理。

黄河小花间流域面积为 35 883 km^2,伊、洛、沁 3 大支流呈树枝状集中汇入黄河,是黄河下游洪水的重要来源之一。为了增大该区间洪水预报的有效预见期,充分发挥非工程措施的防洪效益,建设黄河小花间暴雨洪水预警预报系统具有很高的经济价值和深远的社会价值。

该区间站网设计中遥测站点 175 处,其中雨量站 127 处,水文站 39 处(含水库站),水位站 9 处。系统通信采用卫星、GSM 两种通信方式。对于国家报汛站采用卫星和 GSM 两种通信方式,互为备用,在公用移动通信可覆盖的地区,优先考虑 GSM 短信通信方式。

2 雷电防护和接地工程

所谓雷电防护就是通过合理、有效的手段将雷电能量尽可能地引入大地,防止其进入被保护的电子设备。雷电入侵水情遥测系统的途径有:由电网电源供电线路入侵;由计算机通信线路入侵;地电位反击电压通过接地体入侵。

雷电防护的原则是:①将绝大部分雷电直接引入地下泄散(外部保护);②阻塞沿电源线或数据、信号线引入的过电压波(内部保护及过电压保护);③限制被保护设备上浪涌过压幅值(过电压保护)。也就是说,在水文测报现代化建设中,随着计算机、卫星通信设备的大规模使用,防雷从单纯一维防护转为三维防护,包括防直击雷、防感应雷电波浸入、防雷电电磁感应、防地电位反击以及操作瞬间过电压影响等多方面进行系统综合考虑。

防雷工程的一个重要方面是接地以及引下线路的布线工程,整个工程的防雷效果甚至防雷器件是不是起作用都取决于此。

接地是避雷技术最重要的环节,不管是直击雷、感应雷或其他形式的雷,都将通过接地装置导入大地。因此,没有合理而良好的接地装置,就不能有效地防雷。从避雷的角度讲,把接闪器与大地做良好的电气连接的装置称为接地装置。接地装置的作用是把雷云对接闪器闪击的电荷尽快地泄放到大地,使其与大地的异种电荷中和。

地网的效果取决于地网与大地之间的电阻。土壤含水量增加时,电阻率下降。当土壤含水量增加到 20% ~25% 时,土壤电阻率将保持稳定。土壤电阻率与土壤的结构(如黑土、黏土和沙土等)、土质的紧密度、湿度、温度等以及土壤中含有的可溶性电解质有关。

埋设接地体的地点应选择在潮湿、土壤电阻率较低的地方,这样比较容易满足接地电阻要求。同时还应注意使接地体与金属物或电缆之间保持一定距离,以免发生击穿事故。施工时还应注意下面几个问题:①必须保证结构的可靠性,结构的所有连接部分必须用电焊或气焊连接,不得用锡焊;②如果埋设点土壤电阻率太高时,应换上电阻率较低的土壤,也可采用长效降阻剂,以降低土壤的电阻率;③接地体适用的材料通常是镀锌扁铁、镀锌圆钢和角钢、钢管等。人工接地体的尺寸不小于下列数值:圆钢,直径 8 mm;扁钢,截面为 100 mm²,厚度为 4 mm;角钢,厚度为 4 mm;钢管,壁厚为 3.5 mm。

3 地网电阻偏高的原因及降阻措施

3.1 接地电阻偏高的原因

在客观条件方面,主要有以下 2 点:①土壤电阻率偏高,特别是山区,由于土壤电阻率偏高,对系统接地电阻影响较大;②土壤干燥,干旱地区、砂卵石土层等相当干燥,而大地导电基本是靠离子导电,干燥的土壤电阻率偏高。

在勘探设计方面,对于地处山区的水文站,如潭头、石门峪、润城等水文站,由于土壤不均匀,因此土壤电阻率变化较大,这就需要对每处地网进行认真的勘探、测量。根据地形、地势、地质情况,设计出切合实际的接地装置。若不根据每处地网的地形、地势情况合理设计接地装置并计算其接地电阻,而是套用一些现成的图纸或典型设计,这样从设计上就留下了先天不足,造成地网接地电阻偏高。

在施工方面,对于不同水文站或雨量站的接地来说,精心设计很重要,但严格施工更重要。因为对于地形复杂,特别是位于山岩区的测站,接地地网水平接地沟槽的开挖和垂直接地极的打入都十分困难,而接地工程又属于隐蔽工程,如果施工过程中不实行全过程的技术监督和必要的监理,就可能出现如下一些问题:①不按图施工,尤其是在施工困难的山区,屡有发生水平接地体敷设长度不够、少打垂直接地极等;②接地体埋深不够,由于山区、岩石地区开挖困难,使得接地体的埋深往往不够,埋深不够会直接影响接地电阻值;③回填土的问题,有关规范要求用细土回填并分层夯实,在实际施工时往往很难做到;④采用木炭或食盐降阻,这是最普遍的做法,采用木炭或食盐降阻,会在短期内收到降阻效果,但这是不稳定的,因为这些降阻剂会随雨水而流失,并加速接地体的腐蚀,缩短接地装置的使用寿命。

在运行方面,有些地网的接地装置在建成初期是合格的,但经一定的运行周期后,接地电阻就会变大,除了前面介绍的由于施工时留下的隐患外,以下一些问题值得注意:①由于接地体的腐蚀,使得接地体与周围土壤的接触电阻变大,特别是在山区酸性土壤中,接地体的腐蚀速度相当快,会造成一部分接地体脱离接地装置;②在山坡地带,因水土流失而使一些接地体离开土壤外露;③接地引下线与接地装置的连接螺丝因锈蚀而使回路电阻变大或形成电气上的开路;④接地引下线接地极受外力破坏,如武陟水文站接地装置的连接线在清运垃圾时被误损坏。

3.2 降低接地电阻的措施

要解决接地电阻偏高的问题,首先要对其原因进行认真的分析,到现场进行认真的勘探,依据相关技术规范,制定出切合实际的降阻措施。

在初期的规划与设计方面,必须注意以下几点:①要对每处遥测点地网所在位置的地形、地势、地质情况进行准确勘探,测量接地体埋设点周围的土壤电阻率及其分布情况,找出可以利用的地质结构;②调查所在地的雷电活动情况和规律,决定所采取的防雷措施及其对接地电阻的要求;③调查所处地段土壤对钢接地体的年腐蚀率和土壤的酸碱度;④根据以上几项内容进行计算和设计,制定出切合实际的降阻措施和施工方案。

施工工艺以及后期的运行管护应该遵守如下几点:第一,水平外延接地,因为水平放设不但降低施工费用,而且可以降低工频接地电阻和冲击接地电阻;第二,深埋式接地极,如地下较深处的土壤电阻率较低,则可用竖井式或深埋式接地极;第三,精心施工,设计图纸和施工方案制定出后,就要到现场精心组织施工,对水平接地体、垂直接地体严格按设计要求布置,对各焊接接头质量、降阻剂的使用、回填土等环节严格把关;第四,加强运行维护,要针对地网工程接地装置运行中容易发生的问题,加强运行维护和巡视检查,及时进行缺陷处理,定期进行接地电阻和回路电阻测量,以保证接地一直处于良好的状态。

4　结语

“黄河小花间暴雨洪水预警预报系统”作为“数字黄河”的首项工程,是黄河水文由传统水文迈向现代水文的标志性项目,它是体现着现代化、体现着当前最高科技水平,使黄河水文测报和信息服务发生革命性变化的一个系统工程。在该项建设工程中应用了大量的自动化设备,要保证设备运行安全,必须搞好自动化测报系统的防雷接地工程。

接地工程本身的特点就决定了周围环境对工程效果具有决定性的影响,脱离了工程所在地的具体情况来设计接地工程是不可行的。设计的优劣取决于对当地土壤环境的诸多因素的综合考虑。土壤电阻率、土层结构、含水情况、季节因素、气候以及可施工面积等因素,决定了接地网形状、大小、工艺材料的选择。

遥测系统防雷接地工程是一个系统工程。要从勘探设计入手,对施工过程进行严格把关,还要落实到运行维护上。

遥测系统雨量观测误差分析与仪器选型设计

赵新生　孙发亮　李建成　卜全喜

（黄河水利委员会水文局）

目前,接入遥测系统的雨量计绝大部分采用了20世纪80年代研制成功的翻斗式雨量计。雨量传感器的灵敏度(分辨率)和测量精度是翻斗式雨量计固有的矛盾,这就要求设计遥测系统时应根据不同的需求状况,合理选择雨量传感器类型,以保证测量精度,提高测报系统的整体效益。

本文原载于《人民黄河》2005 年第 5 期。

1 翻斗雨量计的性能指标及雨量观测误差分析

1.1 翻斗雨量计的性能指标

翻斗式雨量传感器包括筒身、翻斗、底座等几个主要部件。双翻斗雨量传感器的结构与单翻斗雨量传感器类似,只是多了一层翻斗。翻斗式雨量计 3 个重要的性能指标分别是分辨率、测量精度和最大可测雨强。分辨率指最小可测量单位,有 0.1、0.2、0.5、1.0 mm 等几种;测量精度指可保证的测量误差范围,该性能指标不仅与雨量计的分辨率和结构有关,而且与测量的条件(雨强)有关。测量精度是在选型时必须慎重考虑的重要指标。

除了 0.1 mm 高分辨率的雨量筒外,之所以出现其他多种较低灵敏度的雨量筒,是由于高灵敏度雨量筒引起大量低测量精度结果引起的。雨量计采集器为半径 100 mm 的圆形接雨口,0.1 mm 雨量的质量为 3.14 g。翻斗动作就是依靠这 3.14 g 的雨量所产生的重力在转臂上产生的力矩来完成的。排除接雨口的安装问题,误差首先来自两个斗的一致性和转轴与转轴间摩擦系数的不稳定性,两者都属于制造工艺问题,因此有些厂家采用红宝石轴承来减小摩擦系数,提高摩擦系数的稳定性。但当雨强较大时,误差主要来自以下几点:①雨滴的动量,当雨势较大时,雨滴以柱形注入翻斗,这时动量值较大,雨量的增加又较快,在快要达到 3.14 g 时,动量也产生了作用,使翻斗提前动作,从而导致总计数明显增加,测量精度降低;②由于水具有一定的表面张力,因此翻斗在泼水时,不可能把水全部泼干净,当雨强较小时,翻斗倾斜时间长,滴水时间长,水甚至已经自然蒸发,当雨强较大时,部分由于表面张力而浸润在翻斗表面上的水又被下一计量步骤作为初值而累计,使测量值明显大于实际值。

雨强较大时自动雨量计测值偏大的问题是 0.1 mm 灵敏度翻斗测量雨量系统固有的问题,由此派生出了各种不同灵敏度的翻斗雨量计。

1.2 雨量观测误差分析

1.2.1 翻斗式雨量计计量误差

翻斗式雨量计计量误差有翻斗误差、风力误差、溅水误差、蒸发误差、沾水误差、仪器误差等,误差的主要来源是翻斗误差、风力误差。

(1)翻斗误差。当翻斗内盛积的水量达到起动值 W_1 时,翻斗就要翻转,倾倒积水。每翻转一次倾倒出的水量 θ 为:

$$\theta = W_1 - q + \Delta W$$

式中:q 为倒水后在斗内残存的水量;ΔW 为翻斗从开始翻转到中间隔板越过中心线这段时间继续进入斗内的水量。

翻斗在翻转过程中的进水量受自然降水强度 h 的影响,即

$$\Delta W = h \cdot \Delta t$$

式中:Δt 是翻斗从起动到中间隔板越过中心线的时间,是由翻斗材料、翻斗质量等制约的仪器常数。

采用轻质木料或较薄的斗壁,可使翻斗的转动惯量减小,从而可缩短 Δt,减小误差。据实验,Δt 在 0.22 ~ 0.24 s 之间。由于自然降水强度 h 是随机变量,因此 ΔW 也时大时小,从而影响了每斗倾倒的水量 θ,由此可带来较大的测量误差。

(2)风力误差(又称空气动力损失)。在观测场环境合乎降水量观测要求的条件下,高出地面安装的雨量器(计)在有风时阻碍了空气流动,引起风场变形,在承雨器口形成涡流和上

升气流,使降水迹线偏离,导致仪器承接的降水量系统偏小。另外,降雨时如果有大风存在,将会使承雨器口的有效面积减小,从而使收集到的降水及测得的降水量减小。所以,应在雨量器的周围安置适当的防风罩,以提高测量准确度。风力误差是降水量观测系统误差的主要来源,一般可使年降水量偏小 2% ~ 10% 。

1.2.2　雨日观测误差

测量降雨量不仅需要知道某一时段的降雨总量,还应该知道降雨随时间变化的全部过程,从而推求降雨强度,或记录雨日资料。

翻斗式雨量计记录的降水过程,就其本质上说是呈间歇性的,这是由仪器工作原理所决定的。当降水很小时,仪器记录的降雨起始时间往往推迟,而降雨结束时间往往提前。若降雨量达不到使计量翻斗翻转一次所需要的水量,翻斗雨量计的输出就为零,即存在阈值误差。

这一局限性也是一切以脉冲信号传输方式为基础的雨量计共有的,是很难克服的。对于需要控制雨日地区分布变化的基本雨量站,尤其应该注意采取一定的措施解决这一问题。

1.2.3　其他误差

水文自动测报系统雨量的遥测,除有上述系统性误差和一般性随机观测误差外,还有以下几个方面的误差:①通信传输设备(发射或接收装置)时钟不准导致的记录时间误差;②信号接收误差,这类误差通常由信号接收引起,如通信传输过程中收到误码导致的降雨观测误差,这常使降雨量出现异常不合理。

2　遥测系统雨量器选型

在水文自动测报系统设计时,大都沿袭该地域已有的自记型雨量计的分辨率,而忽略了规范要求和实际需求。这样做的优势是便于统一管理与维修,但同时也带来了观测资料的精度问题。

2.1　技术规范要求

《水文自动测报系统技术规范》(SL61—2003)对雨量传感器的分辨率要求"当测站为基本雨量站时,应按降水量观测规范(SL21—90)的规定选用设备;对于非基本雨量站,可选用0.5、1.0 mm两种规格";准确度则按降雨强度在 0.01 ~ 4 mm/min 范围变化而分为三级,对应的测量允许误差分别为 ±2% 、±3% 和 ±4% 。

降水量观测规范规定,需要控制雨日地区分布变化的基本雨量站和蒸发站必须记至0.1 mm;不需要雨日资料的雨量站可记至 0.2 mm;多年平均降水量大于 800 mm 的地区可记至 0.5 mm。

2.2　选型原则

雨量采集仪器选型时应该严格遵照有关技术规范要求。对于非新增布设的雨量站,可视原有雨量器安装情况确定,以保持历年降水观测高度的一致性和降水记录的可比性。

新增设站点应根据其用途及所处地域降雨特征而定,主要服务于防汛抗旱或为水库而建设的雨量站应尽量采用 0.5 mm 的翻斗,以提高测量精度。

增大翻斗就可以相应提高测量精度,同时也相应提高了最大可测雨强,但其缺陷是在最小分辨率下测不到实时细分值。这也是仪器选型设计时应当考虑的一个方面。

2.3　新产品应用

水文自动测报系统的建设和发展,应结合生产实际,积极引进和推广新技术、新产品,如光电感应式电子雨量雪量计。

WTRSG-1型光电感应式电子雨量雪量计是一项应用先进的微电子技术,集光、机、电于一体的高科技产品,从根本上改变了目前使用的翻斗式雨量计测量不准、误差大、不能测量固态降水、不能实时自动计测的弊端和落后状况。该产品于2004年5月通过了国家专业检测机构的鉴定。

这种新型的雨量雪量计作为一种测量设备,运用微电子和计算机技术以及配套使用的机电装置,实现了从数据实时采集、记录存储和传输发送全过程的自动化。具有实时数据显示、历史资料查询、数据处理、水平风速订正、工作状态指示以及故障应急处置等功能。

值得一提的是,仪器上安装有用于测量微量降水的光电水位传感器,只要有一滴雨水即可感应,显示终端就显示出有降水现象发生。该功能特别适用于雨日观测。

3 结语

设计水文自动测报系统降水采集仪器时,首先应对组网的功能进行分析,即根据系统建设目标和查勘资料综合考虑,进行选型论证。要注意观测环境条件的连续性和降水记录的可比性。水文自动测报系统的建设和发展要紧密结合生产,根据实际需求进行仪器设备的选型。国家重点报汛站和由于特殊需要而设立的实验观测站,应积极选择如电子雨量雪量计等新产品。

浅论数据挖掘与水文现代化

赵新生　赵　杰　吉俊峰

(黄河水利委员会水文局)

1 数据挖掘

1.1 数据挖掘技术的产生

随着数据库技术的迅速发展以及数据库管理系统的广泛应用,人们积累的数据越来越多。激增的数据背后隐藏着许多重要的信息,人们希望能够对其进行更高层次的分析,以便更好地利用这些数据。目前的数据库系统可以高效地实现数据的录入、查询、统计等功能,但无法发现数据中存在的关系和规则,无法根据现有的数据预测未来的发展趋势。

用数据库来存储数据,用机器学习的方法来分析数据,挖掘大量数据背后的知识,这两者的结合促成了数据挖掘的产生。数据挖掘是一门交叉性学科,涉及人工智能、机器学习、数理统计、神经网络、数据库、模式识别、粗糙集、模糊数学等多个领域。数据挖掘技术包括算法和技术、数据、建模能力3个主要部分。

1.2 数据挖掘的演进过程

数据挖掘其实是一个逐渐演变的过程。电子数据处理的初期,人们就试图通过某些方法来实现自动决策支持,当时机器学习成为人们关心的焦点。尔后,随着神经网络技术的形成和

本文原载于《人民黄河》2005年第9期。

发展,人们的注意力转向知识工程,专家系统就是这种方法所得到的成果。

20世纪80年代,人们在新的神经网络理论的指导下,重新回到机器学习的方法上,并将其成果应用于处理大型商业数据库,而且出现了一个新的术语——KDD(Knowledge Discovery in Database,泛指从源数据中发掘模式或联系的方法)。人们用KDD来描述整个数据发掘的过程,包括最初的制定业务目标到最终的结果分析,而用数据挖掘(Data Mining,简称DM)来描述使用挖掘算法进行数据挖掘的子过程。DM侧重数据库角度,KDD侧重人工智能角度。

数据挖掘的核心模块技术历经了数十年的发展,其中包括数理统计、人工智能、机器学习。数据挖掘技术在当前的数据仓库环境中进入了实用阶段。

1.3 数据挖掘的定义

数据挖掘的定义为"从数据库中发现隐含的、先前不知道的、潜在有用的信息",是在数据库技术、机器学习、人工智能、统计分析、模糊逻辑、人工神经网络和专家系统的基础上发展起来的新概念和新技术,是指从大量的、不完全的、有噪声的、模糊的、随机的实际应用数据中提取隐含的、未知的、潜在的、有用的信息和知识的过程。更广义的说法是:数据挖掘意味着在一些事实或观察数据的集合中寻找模式的决策支持过程。

数据挖掘与传统分析(如查询、报表、联机应用分析)的本质区别是,数据挖掘是在没有明确假设的前提下去挖掘信息、发现知识。数据挖掘所得到的信息应具有先前未知、有效和实用3个特征。先前未知的信息是指该信息是预先未曾预料到的,即数据挖掘是要发现那些不能靠直觉发现的信息或知识,甚至是违背直觉的信息或知识,挖掘出的信息越是出乎意料,就可能越有价值。

2 马克威分析系统简介

马克威分析系统是中国第一套完全自主知识产权,集统计分析、数据挖掘和网络挖掘于一体的数据分析系统。它可以与现有的信息管理系统(MIS)进行集成,在保护现有设备的情况下,节约数据挖掘项目的开支。该系统由数据输入、数据处理、统计分析、数据挖掘、统计制图和电子报表等6大功能模块组成,各模块特点为:

(1)灵活多变的数据输入方式。输入方式包括从界面直接输入、直接打开数据文件、使用数据向导将数据库中的数据导入到分析平台上等,并且与所有主流数据库实现了无缝连接,例如Oracle、DB2、Sybase、SQLServer、Mysql、Informix、Access等。

(2)丰富的数据处理功能。包括数据合并、数据拆分、插入或删除记录、记录处理、权重设置、多维查询、分类汇总、数据抽样、变量计算、缺失值填充、异常值删除、记录排序、变量类型转换、行列转换、随机数生成等。

(3)统计分析是该系统的核心模块之一,有基础统计和高级统计可选。基础统计包括均值分析、交叉表、频率分析、描述分析、一元方差分析、参数T检验、单样本T检验、独立样本T检验、配对样本T检验、相关分析、非参数检验等;高级统计包括回归分析、聚类分析、判别分析、因子分析、时间序列分析、多因素方差分析等。

(4)数据挖掘模块提供了目前市场上较为完备的挖掘方法。包括神经网络、决策树、关联规则、模糊聚类、粗糙集、支持向量机、孤立点分析等。

(5)数据信息的可视化是信息应用的发展趋势。统计制图模块包括直线图、条状图、柱状图、圆饼图、面积图、排列图、误差图、序列图、散点图、自相关图、互相关图、控制图等。

（6）统计报表模块主要针对中国用户。它将主要和常用的报表按照国家统计局的常规模式设定成格式，为用户自动生成表格，包含内设的系统模块以及用户自设的用户模块两类。

3 水文现代化与数据挖掘

针对我国存在的洪涝灾害、水资源短缺、水环境恶化、水土流失等有关水的问题，水利部提出了从传统水利向现代水利、可持续发展水利转变，以水资源的可持续利用支撑经济社会可持续发展的治水新思路，并对水利现代化提出了基本要求。

3.1 水文现代化

水文现代化是水利信息化的基础。数字水文系统就是利用数据库技术建立完善的信息处理和存储体系；利用海量数据库和数据挖掘技术建立信息提取与分析体系；利用地理信息系统等工具建立气象、水文、地形地貌、植被、土壤水分、人类活动影响措施等信息的空间分布数字体系；利用中尺度数值预报模式及分布式水文模型建立数字化的空间和时间分布预报体系；依托网络、地理信息系统和数据库等技术，建立为防汛决策、专业应用、电子政务等提供决策支持的信息应用与服务体系。其核心在于如何形成数字化的、覆盖整个指定地域空间的、多重时空尺度的、多种要素的、对水文分析有用的数据产品。

对于水文现代化而言，要形成与水利信息化相适应的信息服务能力，必须大力建设水文信息数据库，使之成为水利信息资源的重要组成部分，包括两层含义：一是要丰富数据库的内容；二是要对水文部门内部的各类信息资源进行集成，形成有一定聚合度和服务目标的水文信息资源。分散在一个个单独部门的水文数据很难形成可以被开发利用的资源。

3.2 实施数据挖掘

实施数据挖掘一般的步骤是：提出和理解问题→数据准备→数据整理→建立模型→评价和解释。

实施数据挖掘应从以下3个方面加以考虑：一是用数据挖掘解决什么样的行业问题；二是为进行数据挖掘所做的数据准备；三是数据挖掘的各种分析算法。

数据挖掘的分析算法主要来自于统计分析和人工智能（机器学习、模式识别等）两个方面。数据挖掘研究人员和数据挖掘软件供应商在这一方面所做的主要工作是优化现有的一些算法，以适应大数据量的要求。

数据挖掘最后是否成功，是否有经济效益，数据准备至关重要。数据准备主要包含两个方面：一方面是从多种数据源去综合数据挖掘所需要的数据，保证数据的综合性、易用性、数据的质量和数据的时效性，这有可能要用到数据仓库的思想和技术；另一方面就是如何从现有数据中衍生出所需要的指标，这主要取决于数据挖掘者的分析经验和工具的方便性。

3.3 数据挖掘中存在的问题

（1）数据挖掘的基本问题在于数据的数量及维数，数据结构也因此显得非常复杂，如何选择分析变量，是首先要解决的问题。

（2）面对积累起来的大量数据，现有的统计方法等都遇到了问题，人们直接的想法就是对数据进行抽样。怎么抽样，抽取多大的样本，又怎样评价抽样的效果，都是需要研究的问题。

（3）既然数据是海量的，那么数据中就会隐含一定的变化趋势，在数据挖掘中也要对这个趋势作出应有的考虑和评价。

（4）各种不同的模型如何应用，其效果如何评价。不同的人对同样的数据进行挖掘，可能产生差异很大的结果,这就存在可靠性的问题。

（5）数据挖掘涉及到数据,也就涉及了数据的安全性问题。

（6）数据挖掘的结果是不确定的,要和专业知识相结合才能对其做出判断。

3.4 水文数据挖掘

水文综合数据库系统与服务平台(水文数据中心)是以现代技术手段向用户提供优质、高效水文信息共享服务的基本保障。信息获取与分析技术的快速发展,特别是遥测、遥感、网络、数据库等技术的应用,有力地促进了水文数据的采集和处理技术的发展,使之在时间和空间的尺度及要素类型上有了不同程度的扩展。由于水在人类生存发展中的特殊作用,因此应用各种新技术获取水文数据,挖掘蕴藏于水文数据中的知识,已成为水文科学发展的新热点。

水文数据挖掘可以应用决策树、神经网络、覆盖正例排斥反例、概念树、遗传算法、公式发现、统计分析、模糊论等理论与技术,并在可视化技术的支持下,构造满足不同目的的水文数据挖掘应用系统。

据统计,我国水文整编资料数据累计量已超过 7 GB,加上进行水文预报所需的天气、地理等数据,进行水文分析所需要处理的数据量很大。沿用传统的技术工具和方法,从这些数量巨大、类型复杂的数据中及时准确地挖掘出所需要的知识,必然会因为计算能力、存储能力、算法的不足而无能为力,因此需要高效的水文数据挖掘技术。

4 结语

数据仓库能把整个部门的数据,无论其地理位置、格式和通信要求,都统统集成在一起,便于最终用户访问并能从历史的角度进行分析,最后做出战略决策。数据挖掘技术可从大量数据中发现潜在的、有价值的及未知的关系、模式和趋势,并以易被理解的方式表示出来。

需要强调的是,要想真正做好数据挖掘,数据挖掘工具只是其中的一个方面,数据挖掘的成功要求对期望解决问题的领域(如水文领域)有深刻的了解,理解该领域要素数据的属性,了解其采集的过程,同时还需要对该领域的业务有足够的数据分析经验。

水文现代化建设的主要任务体现在建设较高标准的水文水资源信息管理系统上,包括水文气象信息采集、预报及监测系统、信息传输系统、信息处理系统、决策支持系统等。目前水文工作中诸如泥沙预报等方面基本处于空白状态。水文数据挖掘是精确水文预报和水文数据分析的重要基础,应当足够重视,并积极开展工作。

致谢:本文承蒙黄委水文局寇怀忠博士后指导,在此谨致谢意。

重要实时水情短信息发布查询系统设计

张敦银　刘志宏　赵新生　赵　猛

（黄河水利委员会水文局）

目前,黄河水情信息的获取,是通过黄河水文网、黄河网、电话询问等渠道,有一定的局限

本文原载于《东北水利水电》2004 年第 2 期。

性。一是网上发布的信息只有每日 8 时的水情,信息量少,对移动中的大多数用户来说,上网是不方便的;二是电话询问更受制于线路条数,多用户不能同时查询。本文介绍利用现代移动通信、数据库和计算机网络技术手段建立的重要实时水情短信息的查询系统。

1 系统简介

1.1 技术原理

随着通信技术的发展,特别是 GSM 通信技术的发展,为应用公共通信信道进行短数据传输提供了简捷快速的技术手段,由此为满足短数据传输的建设周期大大缩短,与此同时通信终端设备的体积和成本大大下降,已经成为水文信息传输专用通信网的替代方式。

(1)GSM 通信与 GSM 短消息业务。GSM 系统是目前基于时分多址技术的移动通信体制中最成熟、最完善、应用最广的一种系统。我国目前已经建成覆盖全国的 GSM 数字蜂窝移动通信网,提供多种业务,主要包括:语音业务、短信业务、数据业务。比较这 3 种业务可知,短消息业务(SMS)更适合于水情数据的传输。虽然短消息业务一次最多只能传输 140 个字符信息,但用于水情数据的传递已经完全可以满足要求。

GSM 短消息业务分为 2 种:点对点短消息和短消息小区广播业务。目前短消息小区广播业务还没有完全开放。点对点短消息业务使 GSM 网络的用户可以接收或发送有限长度(140 个字节)的数字或文字信息,短消息的收发不影响通话。

GSM 的短消息业务利用信令信道传输,是 GSM 通信网络特有的,它不用拨号建立连接,直接把要发的信息加上目的地址发送到短消息服务中心,由短消息服务中心再发送给最终的信宿。并且,如果传送失败,被叫方没有回答确切消息,网络会保留所传消息,当发现被叫方能被叫通时消息能被重发,以确保被叫方准确接收。

(2)系统组成和设备配置。系统设计是从黄委水文局水文水资源预报情报中心已建的实时水情数据库中,按用户需求提取信息,利用 GSM 短信息方式,建设利用 GSM 短信息技术发布查询黄河实时水情系统。

重要实时水情短信息发布查询系统由硬件和软件两部分组成。GSM 短信收发设备和连接此设备的 PC 机构成了系统的硬件,短信息收发管理系统构成了系统的软件支持环境。中心软件提供连接水情数据的接口,将水情数据库中最新水情数据查询出来,通过收发设备将数据发送出去。数据查询是本系统的特点之一,可利用手机查询水情数据库的最新水情数据,用户可以随时用手机按测站编号、测站名称或测站名称拼音首字母查询需要了解的水情。

1.2 结构设计

(1)信息流程。黄河重要实时水情短信息发布查询系统的信息流程:实时水情数据库⟷收发计算机⟷GS MART 短信接收机⟷GSM 网络⟷用户手机。其中实时水情数据库可以利用现有的实时水情数据库;收发计算机是一台性能良好、可以 24 h 连续可靠运行的计算机;GSMART 短信接收机负责通过 GSM 网络和移动公司短信中心的短信服务器联网;移动公司的短信服务器通过 GSM 网络和用户的手机相连。

系统广播发送实时水情短信时,收发计算机从实时水情数据库中取出测站的实时水情数据,加上用户的手机号码,编成手机短信的格式,发给 GSMART,由 GSMART 通过 GSM 网络传给移动公司的短信服务器,再由移动公司短信服务器上的发送程序,根据 GSM 和用户手机的网络状况尽快地发送到用户的手机上。

手机用户查询实时水情信息时,发送一条查询短信,短信内容包括查询命令代码、测站名称,短信接收号码为 GS MART 的 SIM 卡号。处理计算机通过 GSMART 收到用户的查询命令后,根据测站名称从实时水情数据库中检索出相应测站的水情数据,加上查询用户的手机号码,编成手机短信的格式,经由 GSMART 和移动公司的短信服务器发送到用户的手机上。

(2)系统结构。重要实时水情短信息发布查询系统,由 GSMART 短信接发机、多用户串口卡、处理计算机和数据库服务器组成。GSMART 短信接发机通过 GSM 网络和移动公司的短信服务器相连,通过移动公司的短信服务器把水情信息传到用户的手机上。

2 系统功能

根据系统应用需求,系统功能包括:定时向系统用户发布黄河重要测站 8 时水情;定时发布水库水情;随时向系统用户发布洪峰流量;随时向用户发布暴雨信息;响应系统用户查询数据请求;响应系统移动管理员用户向系统用户的广播请求等功能。

由于业务范围不同,关心或使用水情数据的区域不同,各种用户对数据库的访问权限不同。本系统采用对用户的多级分权、群组策略的管理机制,实现安全、灵活的管理方法。按照部门、级别、性质对所有部门或个人进行分类,按照数据的需求对所有部门或个人组合成群组,实现水情信息对特定群组映射关系。这样既保证了水情信息的准确性,又能实现水情信息的安全性。

2.1 发布策略

系统按照用户的不同组合划分出不同的用户群组,按照不同的信息组合划分出不同的信息群组,而每一个用户群组都对应着一个整点信息发送群组、加报信息群组、广播信息群组。这样就实现了群组内用户的相同信息需求及群组外用户的不同需求。根据不同的发布策略,把不同的水情信息发布到不同的用户群组。

(1)数据发送:系统数据发送分为整点数据发送和加报数据发送。根据系统设定的广播时间表,系统把每日整点的数据发送到相应的用户群组。如果有加报数据,系统及时地把加报数据发送到相应的用户群组。

(2)自动分包:基于节约通信费用的考虑,系统将多个测站或者多日的水情数据整合成一条数据信息,而由于短信长度的限制(140 个字符),这就需要对整条数据信息进行分割。系统在完成不同的水情信息发送情况下,自动把大数据量的信息分解成不同的包数发送出去。

(3)记录日志:系统对每天发送、接收到的信息都保存到系统日志,供分析、统计和系统维护参考应用。

2.2 数据查询

数据查询是本系统的特点之一,可以利用手机查询水情数据库的最新水情数据。系统在接收到查询要求时,首先检查用户的合法性和权限,在授权范围内,用户手机可以查询水情信息。查询要求的输入方式有 3 种:输测站名称查询水情;输测站名称拼音首字母查询水情;查询所有测站水情。

3 结语

本系统是利用国际上最新的 SMS 短信息服务、数据库和现代计算机网络技术。此项新技术模式,可以应用于任何需要进行实时收发各类信息的用户。

利用 GSM 通信系统的短消息建设重要实时水情短信息发布查询系统,无论在系统的稳定性、灵活性、可靠性,还是在网络运行成本上都要比现有的测报系统的通信系统具有更大的优势,因而具有很广泛的应用和推广价值。随着移动通信技术的迅速发展和移动通信网络质量的不断提高,GSM 短信息技术在水文测报工作中的应用前景将更加广阔,利用好这一技术来服务水文测报,适应"数字水文",势必有益于推动黄河水文现代化建设进程,应该引起足够的重视。

电波流速仪系数分析试验研究

齐 斌 高贵成 郭成山 赵 梅 赵慧芳

(黄河水利委员会中游水文水资源局)

1 问题的提出

电波流速仪是南京船舶雷达研究所及南京水利水文自动化研究所共同研制的远距离、无接触式水面流速仪。由于其在测量过程中,不受水情、含沙量、杂草及水面漂浮物等影响,故特别适用于水情复杂、水流湍急、含沙量较大、水面漂浮物较多以及普通转子式流速仪无法入水等特殊水情下的水面流速测量。

1993 年以来,黄委会中游水文水资源局先后引进了 4 台电波流速仪,并于 1993 ~ 1994 年汛期,分别在黄河干流吴堡水文站,支流延安、甘谷驿、大村、白家川等水文站与 LS25 - 1 型旋桨式流速仪进行了水面流速比测试验。经比测,其性能稳定性及测速准确性均基本能满足生产需求,现已在吴堡、温家川等水文站投入实际生产使用。但在使用过程中,我们发现:借用浮标系数作为电波流速仪系数,对电波流速仪流量测验精度有较大影响。为了使电波流速仪更好地应用于实际工作中,并保证一定的测验精度,本文将通过比测试验及理论分析,对吴堡水文站电波流速仪系数进行分析计算。

2 电波流速仪结构、原理及其应用

2.1 电波流速仪结构、原理

电波流速仪主要由探测器、数据处理器和电源三大部分组成,其结构框图见图 1。电波流速仪的基本原理是根据雷达多普勒效应,利用连续波雷达来实现回波的相位信息,即利用发射信号的水面回波与基准信号的多普勒频率差来提取流速信息。

当雷达照射水面并发射电磁波时,必然会有一部分电磁波能量经水面反射回来构成回波,由于水体的流动,接收到的信号频率相对于发射频率会有一定的偏移,根据其偏移量及多普勒频率方程,即可计算出测点水面流速。

$$f_d = | f_1 - f_0 | \tag{1}$$

本文原载于《水文》2004 年第 1 期。

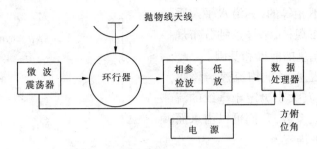

图1　电波流速仪结构框图

$$\nu_{0.0} = \frac{1}{2f_0\cos\theta} \cdot c \cdot f_d \tag{2}$$

式中:f_d 为多普勒频率;f_0 为发射频率;f_1 为接收到的回波频率;$\nu_{0.0}$ 为水面流速;c 为电波在空气中的传播速度(3×10^8 m/s);θ 为发射波和水流方向的夹角。

由此可见,电波流速仪是一种水面流速仪,其施测到的流速仅为水面流速,而要将其用于流量测验,还必须确定其水面流速系数,通过该系数方可将实测到的水面流速转换为垂线平均流速,来计算断面流量,或者确定其电波流速仪系数,方可将电波流速仪所测虚流量,转换为断面实际流量。

2.2　电波流速仪的应用

1993～1994 年汛期,黄委会中游水文水资源局组织力量分别在吴堡、延安、甘谷驿、大村、白家川等水文站,进行了电波流速仪性能稳定性及其测速准确性的比测试验,其结果见表1及图2。

表1　电波流速仪比测试验误差分析统计成果

电波流速仪测速历时（s）	点流速误差范围（%）	累计频率为75%的相对误差	累计频率为95%的相对误差	误差≤±6%的保证率	系统误差（%）
20	0～29.9	7.1	17.6	71.7	+0.3
50	0～26.2	7.0	21.5	73.4	+0.9
100	0～22.1	5.5	14.3	76.8	+0.2

注:以 LS25－1 型旋桨式流速仪施测水面点流速(测速历时 100 s)为近似真值。

从表1和图2可以看出:电波流速仪在仪器性能稳定性及其测速准确性方面,基本能满足实际生产需求。黄委会中游水文水资源局现已将电波流速仪投入吴堡、温家川等水文站实际生产使用中,用于水情复杂、水流湍急、含沙量较大、水面漂浮物较多以及普通转子式流速仪无法入水等特殊水情下的流量测验。但由于没有进行前期电波流速仪系数的比测试验(即电波流速仪与 LS25－1 型旋桨式流速仪测流的比测试验),故在电波流速仪的使用中,各站均借用浮标系数作为电波流速仪系数,这势必影响到电波流速仪的测流精度。

3　水面流速系数与浮标系数的比较

3.1　水面流速系数

不论采取何种方法测定断面流量,要保证一定的测验精度,必须首先掌握断面的流速分布规律。由于受到断面形状、糙率、冰冻、水草、河流弯曲形势、水深及风速等因素的影响,断面上各点的流速一般是不相等的,其沿水平及垂直方向有一定的分布规律,掌握这种分布规律是准确测定断面流量的前提和基础。

水面流速系数是垂线平均流速与该垂线水面流速之比值,其大小决定于垂线的流速分布规律。通过该系数,我们可以由水面流速来确定垂线的平均流速。

水面流速系数计算公式为:

$$K_1 = \frac{\int_0^1 \nu(y)\,\mathrm{d}y}{\nu_{0.0}} = \frac{\nu_m}{\nu_{0.0}} \qquad (3)$$

式中:K_1 为水面流速系数;$\nu(y)$ 为相对水深 y 处的点流速;y 为相对水深;ν_m 为垂线平均流速。

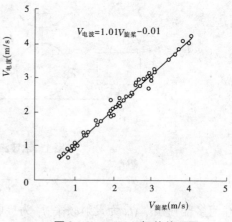

$V_{电波} = 1.01 V_{旋桨} - 0.01$

图2　$V_{电波}$—$V_{旋桨}$ 相关关系图

3.2　浮标系数

浮标系数是采用浮标法测流的基础数据和前提条件,其值等于断面实际流量与浮标虚流量之比。在浮标法测流中,采用浮标系数的大小直接决定其测流成果的精度。

浮标系数是一个受多因素影响的综合系数,其大小主要受风向、风力、浮标的型式和材料、浮标入水深度、水流情况、河流断面形状以及河床糙率等因素影响。其半理论半经验公式为:

$$K_f = \bar{K}_1 \cdot (1 + A \cdot \bar{K}_\nu) \qquad (4)$$

式中:K_f 为断面浮标系数;$\bar{K}_1$ 为断面平均水面流速系数;A 为浮标阻力分布系数;$\bar{K}_\nu$ 为断面平均空气阻力系数。

综上分析可见:水面流速系数与浮标系数虽然有一定的内在联系,但却是两个完全不同概念、不同量值的物理量,如果将浮标系数借用于水面流速仪,来计算断面流量,势必影响流量的测验精度。

4　水面流速系数分析

4.1　经验相关法

选择吴堡水文站1990年以来的精测法流量资料,摘录其中五点法测速垂线,计算各测点流速与垂线平均流速之比值,点绘相对水深与测点流速与垂线平均流速之比值的关系图(见图3),统计分析该站垂线流速分布规律。

从图3中可以看出:该站在相对水深分别为0.0、0.2、0.6、0.8及1.0处,测点流速与垂线平均流速之比值分别为1.160、1.117、0.981、0.876及0.721。采用公式(3),经计算,吴堡水文站水面流速系数为:

$$K_1 = \frac{\nu_m}{\nu_{0.0}} = \frac{1}{1.160} \approx 0.862$$

4.2　经验公式法

经分析,吴堡水文站垂线流速分布规律与卡拉乌舍夫流速分布基本相近(见图3),故可假设吴堡水文站垂线流速分布符合卡拉乌舍夫流速公式:

$$\nu = \nu_{0.0} \cdot \sqrt{1 - P \cdot y^2} \qquad (5)$$

式中:v 为点流速;P 为流速分布参数,一般取 0.6,相当于谢才系数 $C = 40 \sim 60$。

由式(5)按积分法计算垂线平均流速为:

$$v_m = \int_0^1 v(y)\,\mathrm{d}y = \int_0^1 v_{0.0} \cdot \sqrt{1 - P \cdot y^2} \cdot \mathrm{d}y = \int_0^1 \sqrt{P} \cdot v_{0.0} \sqrt{\frac{1}{P} - y^2}\,\mathrm{d}y$$

$$= \sqrt{0.6} \cdot v_{0.0} \cdot \frac{1}{2} \left[y\sqrt{\frac{1}{0.6} - y^2} + \frac{1}{0.6}\arcsin\sqrt{0.6}\,y \right]_0^1 = 0.897 v_{0.0}$$

其水面流速系数为:

$$K_1 = \frac{v_m}{v_{0.0}} = 0.897$$

5 电波流速仪系数分析

5.1 电波流速仪系数试验

吴堡水文站电波流速仪系数试验始于 1997 年,6 年间共进行流量比测试验 16 次,其水位变幅范围为 637.89 ~ 638.81 m,流量变化范围为 351 ~ 1 920 m³/s。

电波流速仪系数试验的具体方法是:①在用 LS25 - 1 型旋桨式流速仪施测流量的同时,将电波流速仪安装在 1#或 2#吊箱上,采用固定水平角(0°)及固定俯角(30°),与 LS25 - 1 型旋桨式流速仪同步施测流量;②分别用 LS25 - 1 型旋桨式流速仪及电波流速仪测量成果,计算断面流量及电波流速仪虚流量;③由 LS25 - 1 型旋桨式流速仪所测断面流量及电波流速仪所测虚流量,计算该次比测试验的电波流速仪系数。

在电波流速仪系数试验中,为了使试验的电波流速仪系数具有较好的代表性,我们在不同天气及不同水情条件下,进行了 LS25 - 1 型旋桨式流速仪不同测法(五点法、三点法、二点法及一点法)与电波流速仪不同测速历时的组合比测试验。其全部比测成果见表 2。

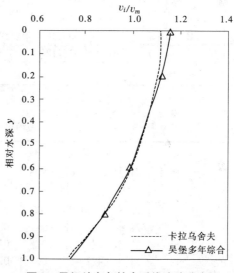

图 3 吴堡站多年综合垂线流速分布图

5.2 电波流速仪系数分析

从电波流速仪系数试验成果可以看出:在 16 次比测试验成果中,最大电波流速仪系数为 0.92,最小电波流速仪系数为 0.78,多次平均的电波流速仪系数为 0.84。

采用计算的平均电波流速仪系数,由电波流速仪施测虚流量,计算断面流量。以 LS25 - 1 型旋桨式流速仪施测的断面流量为真值,计算电波流速仪施测流量的绝对误差、相对误差、系统误差、相对标准差及相对不确定度,并进行误差分析(见表 3 及图 4)。

从表 3 中可以看出:电波流速仪测流最大误差为 8.40%,系统误差为 - 0.07%,相对标准差为 5.17%,相对不确定度为 10.33%。

表 2 电波流速仪系数试验成果

序号	年	月	日	相应水位 （m）	断面流量 （m³/s）	断面面积 （m²）	电波仪 虚流量 （m³/s）	电波仪 系数
1	1997	8	26	638.42	1 190	509	1 300	0.92
2			28	638.20	704	404	906	0.78
3			29	638.15	684	385	791	0.86
4			31	637.89	422	288	489	0.86
5		9	3	638.07	509	310	564	0.90
6			5	637.96	411	286	456	0.90
7	1999	3	6	638.81	1 920	693	2 300	0.83
8		7	12	637.94	644	327	821	0.78
9		8	19	638.48	1 070	496	1 300	0.82
10			20	638.44	1 070	471	1 250	0.86
11			28	638.38	932	460	1 110	0.84
12		9	20	638.46	1 070	470	1 330	0.80
13			22	638.58	1 140	497	1 430	0.80
14	2000	3	20	638.78	1 850	706	2 240	0.83
15	2002	7	4	638.46	997	471	1 240	0.80
16		7	30	638.12	351	320	397	0.88
平均值								0.84

表 3 电波流速仪测流误差计算统计

序号	年	月	日	实测 断面流量 （m³/s）	电波仪 虚流量 （m³/s）	电波仪 系 数	计算 断面流量 （m³/s）	绝对误差 （m³/s）	相对误差 （%）	相 对 标准差 （%）	不确 定度
1	1997	8	26	1 190	1 300	0.84	1 090	-100	-8.40		
2			28	704	906	0.84	761	57.0	8.10		
3			29	684	791	0.84	664	-20.0	-2.92		
4			31	422	489	0.84	411	-11.0	-2.61		
5		9	3	509	564	0.84	474	-35.0	-6.88		
6			5	411	456	0.84	383	-28.0	-6.81		
7	1999	3	6	1 920	2 300	0.84	1 930	10.0	0.52		
8		7	12	644	821	0.84	690	46.0	7.14		
9		8	19	1 070	1 300	0.84	1 090	20.0	1.87	5.17	10.33
10			20	1 070	1 250	0.81	1 050	-20.0	-1.87		
11			28	932	1 110	0.84	932	0	0.00		
12		9	20	1 070	1 330	0.84	1 120	50.0	4.67		
13			22	1 140	1 430	0.84	1 200	60.0	5.26		
14	2000	3	20	1 850	2 240	0.84	1 880	30.0	1.62		
15	2002	7	4	997	1 240	0.84	1 040	43.0	4.31		
16		7	30	351	397	0.84	333	-18.0	-5.13		
系统误差									-0.07		

6 水面流速系数、电波流速仪系数及浮标系数对比分析

表4为吴堡站水面流速系数、电波流速仪系数及浮标系数对比分析表,从表中可以看出:

表4 吴堡站水面流速系数、电波流速仪系数及浮标系数对比分析

水面流速系数		电波流速仪系数			现用浮标系数
经验相关	经验公式	最大值	最小值	平均值	
0.86	0.90	0.92	0.78	0.84	0.82

(1)电波流速仪系数与水面流速系数并不相等,经分析,其主要原因有:①电波流速仪在吊箱上施测流量时,采用的是固定俯角(30°),而由于吊箱主缆是有一定垂度的,故同次测流的电波流速仪水面测点,严格地说是在一个抛物线上,而并非在一个固定的断面线上。②在各次电波流速仪测流时,由于水位及吊箱的高度一般是不同的,故不同测次的电波流速仪测流断面一般是不一致的。③由于各次电波流速仪测流断面不一致,事实上其断面是无法实测的,计算其虚流量时,均需借用旋桨式流速仪的实测断面。④电波流速仪测量的是水面波浪的运

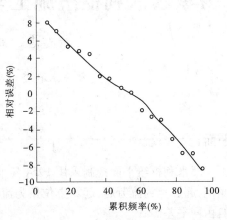

图4 吴堡站电波流速仪测流误差累积频率曲线

动速度,而LS25－1型旋桨式流速仪测量的水面流速,实际上是水下一定深度处(测速时要保证桨叶不露出水面)的点流速,二者并非完全一致。而且,由于受风的影响,这是一个不确定的影响因素。

综上分析可见,电波流速仪系数是一个电波流速仪测流断面和旋桨式流速仪测流断面的综合水面流速系数,而并非一个固定断面的水面流速系数。

(2)电波流速仪系数与浮标系数也不相等。从结果来看,如借用浮标系数作为电波流速仪系数,势必会导致电波流速仪测流成果系统偏小,从而影响电波流速仪的测流精度。

(3)从理论上讲,测站浮标系数应大于其水面流速系数,但分析结果却出现了相反的情况:吴堡站使用浮标系数为0.82(建站初期由比测试验而得),经验相关法分析的水面流速系数为0.86,经验公式法分析的水面流速系数为0.90,其原因有待进一步分析论证。

7 结论与建议

经电波流速仪系数的比测试验,吴堡水文站电波流速仪系数为0.84,该系数可用于吴堡水文站今后的电波流速仪测验之中,也可供其他使用电波流速仪的水文测站参考。

我们在电波流速仪使用及其系数的比测试验中,有如下体会:

(1)电波流速仪工作环境温度范围为0~45℃,冰期测验时,应避免在气温低于0℃时使用。

(2)当电波流速仪采用某一俯角测流时,有时会出现测速不稳定等异常情况,此时,可适

当调整电波流速仪的测速俯角,再继续进行测量。

(3)平水期,当水流流速较小或含沙量很大、水面较平稳时,电波流速仪所测流速往往偏小,故在此种情况下,应尽量避免使用电波流速仪。

(4)洪水期,水流流速及水面波浪较大时,有时会出现同点多次测量结果相差较大的情况,此时应在同点进行多次测速,并去除异常数据后,取其平均值作为该点流速。

(5)在雨天使用电波流速仪时,应对仪器采用保护措施,以避免雨水溅落到仪器测速探头上,影响测速的准确性。

(6)在大风天使用电波流速仪时,还应考虑风的影响。

万家寨水利枢纽施工坐标系的建立及放样方法

杨建忠　高巨伟　杨德应

(黄河水利委员会中游水文水资源局)

1 平面控制系统

万家寨水利枢纽平面控制采用 1954 年北京坐标系,在三等三角网的基础上,建立独立二等边角网,起算点为流芳庙,起算方位角为流芳庙—牛鼻子山,平面控制网在 915 m 高程面上进行自由网平差。

2 坝主轴线的测定及其精度

大坝轴线是大坝主体工程施工的准线,一旦确定之后,在施工过程中是不能改动的(坝轴线的端点坐标及位置见表 1)。由于设计提供的坝轴线 D 点处在左岸缆机值班室附近,故 D 点向右移 3.509 m 为 $D-1$。坝轴线 C、$D-1$ 两端点施测,利用 TC1800 全站仪,采用极坐标法放样,然后和施工控制网联测,边长投影在 915 m 高程面上,进行平差计算。实测与设计坐标不符值见表 2。

表 1　设计坐标值

点号	x	y	位置
C	4382888.000	37536505.000	右岸
D	4382925.000	37537036.000	左岸

实测坐标值与计算端点坐标值之差符合规范要求。

3 施工坐标系的建立

为了施工、放样测量的方便,规定以左岸坝轴线端点 D 点为施工坐标系的原点,从 $D \rightarrow C$ 为施工坐标系的坝轴线。坝轴线以下的点位为坝下桩号,用"BX"表示,坝轴线以上的点位为坝上桩号,用"BS"表示。而且规定坝轴线向下游方向为坝下正号增加方向,坝轴线向上游方向为坝上负号增加方向。从原点 D 点向右为坝桩号增加方向,用"BB"表示。向左为坝桩号负增加方向(详见图1)。在施工区内任一给定平面坐标$(x、y)$,就有对应的施工坐标$(BX、BB)$,原点 D 的施工坐标 $BX = 0 + 000$、$BB = 0 + 000$。

表2　设计实测坐标对比值

点号		设计坐标		实测坐标	不符值(mm)
C	X	4382888.000	X	4382888.0012	+1.2
	Y	37536505.000	Y	37536505.0008	+0.8
D－1	X	4382924.758	X	4382924.7583	+0.3
	Y	37537032.499	Y	37537032.4988	－0.2

这样就把大坝、引黄取水口、护坦、尾水及厂房机组等施工部分控制在施工方格网内,也便于测量人员在家里制定测量技术方案及施工组织计划,立镜人员到达现场后,根据施工方格网图迅速到位。

(1)施工坐标系的建立(见图2)。

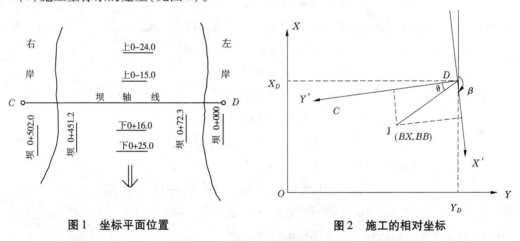

图1　坐标平面位置　　　　　　　　图2　施工的相对坐标

XOY 为平面控制坐标系,D 点为施工坐标系的原点,D 点在平面坐标系下的坐标为 $D(X_D,Y_D)$。DC 方向为 Y' 轴,过 D 点并垂直于坝轴线 DC 的直线为 X' 轴,β 为施工坐标系 X' 轴在平面坐标系下的方位角,$\beta = \alpha_{DC} - 90°$,坝轴线的起点 $D(X_D,Y_D)$ 与终点 $C(X_C,Y_C)$ 为已知,坝轴线的方位角可反算求得:

$$\alpha_{DC} = \arctan \frac{\Delta Y_{DC}}{\Delta X_{DC}} = \arctan \frac{Y_C - Y_D}{X_C - X_D} = 266°00'50.7''$$

则 $\beta = 176°00'50.7''$

(2)施工坐标系 $X'DY'$ 下点的坐标转换为平面坐标系 XOY 下的坐标转换公式:

$$\left. \begin{array}{l} X = X_D + BX\cos\beta - BB\sin\beta \\ Y = Y_D + BX\sin\beta + BB\cos\beta \end{array} \right\} \qquad (1)$$

因 $\beta = 176°00'50.7''$ 为第 II 象限角、$\beta = 180° - 3°59'9.3''$

令 $\beta' = 3°59'9.3''$，则 $\cos\beta = -\cos\beta'$，$\sin\beta = \sin\beta'$

故式(1)变为:

$$\left.\begin{array}{l} X = X_D + BX\cos\beta' - BB\sin\beta' \\ Y = Y_D + BX\sin\beta' + BB\cos\beta' \end{array}\right\} \tag{2}$$

式中:参数 X_D、Y_D、β' 为已知,只要给出施工区内任一点的施工坐标 (BX, BB),就能按(2)式计算出对应的平面坐标 (X, Y)。

(3)平面坐标系 XOY 下点的坐标转换为施工坐标系 $X'DY'$ 下的坐标转换公式:

$$\left.\begin{array}{l} BX = BX_0 + X\cos\alpha - Y\sin\alpha \\ BB = BB_0 + X\sin\alpha + Y\cos\alpha \end{array}\right\} \tag{3}$$

式中:BX_0、BB_0 为平面坐标系原点 O 在施工坐标系下的坐标,X、Y 为待测的施工区内任一点的平面坐标,α 为平面坐标系的 X 轴在施工坐标系下的方位角,由图 2 可知:$\alpha = 360° - \beta = 360° - 176°00'50.7'' = 183°59'9.3'' = 180° + 3°59'9.3''$

令 $\alpha' = 3°59'9.3''$

则 $\alpha = 180° + \alpha'$,代入式(3)得:

$$\left.\begin{array}{l} BX = BX_0 - X\cos\alpha' + Y\sin\alpha' \\ BB = BB_0 - X\sin\alpha' - Y\cos\alpha' \end{array}\right\} \tag{4}$$

由式(2)知:当令 $BX = 0$、$BB = 0$ 时,$X = X_0$、$Y = Y_D$ 代入式(4)得

$$\left.\begin{array}{l} BX_0 = X_D - X\cos\alpha' + Y\sin\alpha' \\ BB_0 = X_D\sin\alpha' + Y\cos\alpha' \end{array}\right\} \tag{5}$$

由前面可知:$X_D = 82925.000$,$Y_D = 37036.000$,$\alpha' = 3°59'9.3''$,代入式(5)得:

$$BX_0 = 80149.9988$$

$$BB_0 = 42710.6381$$

将 BX_0、BB_0 代入式(4)得:

$$\left.\begin{array}{l} BX = 80149.9988 - X\cos\alpha' + Y\sin\alpha' \\ BB = 42710.6381 - X\sin\alpha' - Y\cos\alpha' \end{array}\right\} \tag{6}$$

式(6)即为平面坐标转换为施工坐标的转换公式。

4 施工细部点的放样测量

4.1 在国家坐标系下的放样测量方法

在任一通视良好的控制网点上架设仪器,进行测站设置,输入本站的平面坐标 X_0、Y_0,仪器高 I、测站高程 H、目标高 L,经测站检核后,开始进行细部点放样(详见图 2),待测出细部点 J 点的平面坐标 (X_J, Y_J) 后,输入到编好程序的计算机(PC1500、PCE500)里进行判断。

$$S = \sqrt{(X_D - X_J)^2 + (Y_D - Y_J)^2}$$

$$A = \arctan\frac{\Delta Y_J}{\Delta X_J} = \arctan\frac{Y_J - Y_D}{X_J - X_D}$$

S 为原点 D 至细部点 J 的反算水平距离,A 为 $D \rightarrow J$ 边长的反算方位角。

（1）当 $A < \alpha_{DC}$ 时（α_{DC} 为坝轴线 $D \rightarrow C$ 的方位角），说明细部点在坝轴线的下游，则 $\theta = \alpha_{DC} - A$，θ 为 D 点至放样点 J 的边长与坝轴线的最小夹角，J 点的施工坐标为：

$$BB = S \times \cos\theta$$
$$BX = S \times \sin\theta$$

（2）当 $A \geqslant \alpha_{DC}$ 时，说明细部点在坝轴线的上游，则 $\theta = A - \alpha_{DC}$，J 点的施工坐标为：

$$BB = S \times \cos\theta$$
$$BS = S \times \sin\theta$$

4.2 在施工坐标系下的放样测量方法

在任一通视良好的控制网点上架设全站仪（提前把该站的国家坐标利用公式（6）转换为施工坐标），在测站输入信息时，应输入本站的施工坐标 BX、BB，测站高程 H、仪器高 I、目标高 L，后视方向也应输入相对的施工方位角，检查方位角也应在施工坐标系下。这样测出的细部点坐标就是施工坐标，两个坐标系统的高程是一致的。

5 几点建议

（1）利用极坐标换算程序，当输入国家坐标，计算出的方位角就是真正的坐标方位角，当输入施工坐标，计算出的方位角就是局部施工坐标方位角。

（2）建议把大坝施工区的所有控制网点的平面坐标都转换为施工坐标，并与平面坐标统一编制成表，互相对照参考。这样在进行施工放样测量时也方便。

（3）施工坐标清晰地反映出枢纽位置分布情况，立镜人员根据设计图纸很容易到位，在仪器操作人员指挥下，进行上下左右移动，很快就能完成细部点的放样，起到事半功倍的效果。

（4）每个枢纽工程都有各自的高程基准面，不应忽视施工区的投影高程基准面，一般黄河宽度从 500 m 至几千米不等，按投影边长的改正，最小也有几毫米，改正数随着边长的增大而递增。万家寨水利枢纽施工控制网边长投影基准面为 915 m 高程面。为了使枢纽的整体施工精度相统一，放样测量任一施工细部点时，都应进行投影边长的改正，可在计算机上完成编程，再完成修改。

基于 SMS 的水情信息传输系统的开发应用

赵晋华 杨 涛 王秀兰 杨佚文

（黄河水利委员会中游水文水资源局）

黄河中游水文测区多年来由于处在经济落后地区，当地电信部门通讯发展滞后，所属各报汛水文站通讯一直局限于通过无线短波电台报汛。近几年，随着我国水利行业的发展，水文事业投资力度的加大，以及当地电信业务的飞速发展，我们扩展了部分卫星、电话、短波数传、

X.25、手机等报汛手段,在使用中发现电信网络的可靠性、稳定性、可维护性等方面明显优于内部短波及其他系统。而电信网络中 GSM 的可靠性及稳定性,又优于其他通讯手段。表 1 为的几种典型通讯手段的分析比较。

表 1 不同通讯方式比较

项目	GSM 短信	电话	X.25
发送速度	2~4 s/条	慢	慢
及时性	很快	快	快
容量	70 个汉字	不限	不限
群发	有	无	有
自动回复	有	投资高	编程实现
移动功能	有	固定	固定
没有开机	开机可收	丢失	丢失
价格	0.1 元/条	长话	专线价高

从表 1 可见,GSM 短信无论无论从使用方便程度,还是从通讯费用、发送速度等方面都有一定优势。另外,随着电信部门移动通讯网络覆盖范围的扩大,已经基本覆盖了黄河中游水文测区的各报汛水文站点。通过手机短信传输技术收发水情短信,将极大地提高我们目前水情传递的时效性和可靠性。

1 系统设计原则

SMS 是英文"Short Messaging Service"(短消息服务)的缩写,此标准于 20 世纪 80 年代提出,其主要技术原理是通过一个专门的额外信道来传送包含有文本以及二元非文本的短小讯息,从而实现交换简单信息的目的。现在使用最频繁、普及率最高的就是这种手机上最早提供的短信息业务。由于这种短信息服务实现方式简单,而且费用低廉,所以得到了市场上所有手机的支持,不同型号的手机都可以基于这种标准接收和发送文本信息。

手机 SMS 收发系统是一个计算机与通信相结合的应用项目,在设计中既充分考虑到了手机 SMS 发送的业务特点、管理模式,又考虑了该系统的安全性、可靠性、可操作性和可维护性,同时又根据我局水情传递及办公应用情况,系统设计需满足以下四个基本特性:安全可靠性、实用性、可扩展性及先进性。

1.1 安全可靠性

由于手机 SMS 发送系统是否安全可靠直接影响到我局水情传递工作。因此,保证系统的安全性应放在首位,安全可靠性包括以下内容:

(1)数据准确性。系统中对于水情报文的接收、分检,以及报文转换、入库处理及各项工作,必须做到绝对准确。

(2)数据安全性。系统的数据具备完整的备份功能,以保证数据不会丢失和可以对数据进行复查。

（3）系统稳定性。选择性能稳定、技术成熟、平均无故障时间长的 SMS MODEM 及较高档的计算机系统。

1.2 可扩展性

考虑到今后系统扩充、移植等因素，系统的可开放性是至关重要的。

系统开放性包括：

（1）标准性。①软件设计采用标准化接口，模块化设计；②数据库系统采用 ACCESS 及 SYBASE 系统；③PC 平台采用 WINDOWS 98 以上操作系统。

（2）先进性。系统的设计具有超前意识，充分考虑其先进性。①系统采用 C/S 和 B/S 相结合的计算模式；②采用流行数据库 SYBASE 等数据库平台。

（3）可移植性。本软件版本可灵活快速地平滑移植到不同平台上。

2 系统基本模块

系统由多个基本模块构成，其组成为：水情自动收发应答模块、短消息单发及群发模块、收发信息库查询模块、手机簿管理模块、水情转发处理模块、系统配置模块等。

水情自动收发应答模块实现水情电报的接收、入库及自动回复等功能，同时也兼顾办公通知等其他短信的接收和应答。

短消息单发及群发模块具有发送各类短消息的功能，单发和群发分别将消息发送给单台或多台手机。两种发送方式均支持大信息量的发送，程序通过和用户的交互功能将大信息分为多条短消息发送。

收发信息库查询模块为用户提供实时的短信收发登记、入库及查询、监视功能。

手机簿管理模块将手机号码以分组的形式存储入库，并具有添加、删除、更新等数据管理基本功能。

水情转发处理模块将接收到的水情短消息统一处理后，成批转到 X.25 水情广域网转发系统或再次通过 SMS 转发到接收方。

系统配置模块完成 SMS 接口、短信中心号码、系统注册码、水情标志码、水情转发水情号码等项目的设置功能。

3 系统组成及信息流程

黄委中游测区手机短信水情传输平台硬件系统主要有五套 GSM Modem（分别安装在黄委中游水文水资源局及局属各水情中转台），34 台 Nokia 手机（分别配发给各水情中转台所属报汛水文站）。软件系统包括 GSM Modem 水情短信传输软件（自主开发）及 Nokia 手机短信收发软件（通用软件）。

短信基本流程为：中转台通过接收各水文站手机水情短信收集水情电报原文。中转台收到水情短信后，通过短信传输程序自动处理将电报原文返回发方，以供校核。而且水情短信传输系统与原有的部水文局 X.25 广域网水情传输系统完全兼容。中转台收集到水情报文后，可以通过 X.25 水情广域网系统或手机短信水情传输平台两条通道向上级传输水情。中游局水情中心将水情短信归类、译电处理后，同时向各级领导发送中游测区最新水情，为领导防汛决策提供第一手资料（流程如图 1 所示）。

4 网络拓扑结构

4.1 测站短消息系统

测站通过手机直接编发短消息,或通过手机数据线连接计算机后,利用通用计算机手机短消息收发软件来处理各类短消息(见图2)。

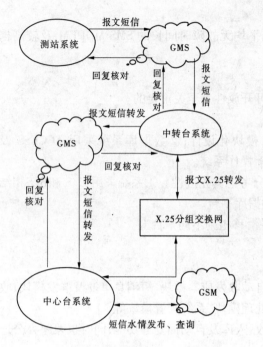

图1 信息基本流程

图2 水文报汛站信息流程

4.2 中转台短消息水情传输系统

各中转台配置 GSM Modem 直接与计算机相连,通过二次开发的短信收发软件,将接收的水情信息分检后,汇入实时水情广域网系统。或通过短信系统发送水情到中游局短信系统(见图3)。

4.3 中心台短信系统

图4为中心台传输短信网络。

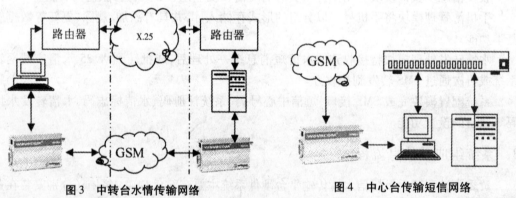

图3 中转台水情传输网络   图4 中心台传输短信网络

黄委中游水文水资源局短信平台同样配置 GSM Modem,通过二次开发的短信收发软件,将接收的水情信息分检后,转入水情译电网络系统数据库。根据水情发布标准自动、快捷地向各级领导发送水情短信,同时还提供实时水情的短消息查询功能。无论你身在何地都能及时了解到中游水文测区的水情信息。

5 结论

基于 SMS 的水情信息传输系统的开发应用,具有水情信息自动收发应答、水情转发、短信发布、短信查询、入库 WEB 查询、收发登记、监视,以及其他行政短信息单发、群发、大信息量短信自动分批发送等功能。系统比较其他系统具有以下优势：

(1)时效性。水情信息自动收发应答单次时间为 6 ~ 8 s。

(2)可靠性。水情信息收到自动回复核对。依托移动通讯运营商系统的可靠性、稳定性得以保障。

(3)经济性。系统建设及运行费用低廉，水情信息单次发送及回复费用为 0.2 元。

(4)适用性。目前 GSM 网络已经覆盖了绝大部分水文站点，本系统具有广泛的适用性。

本系统在水文报汛、预报等领域可扩展性极强、意义深远。无论在系统的稳定性、灵活性、可靠性，还是在网络运行成本上都比现有的水情通信系统具有很大的优势，因而具有很广泛的应用价值。

除此以外，水情中心还可以以手机短信形式向行政首长发布重要水情与重大天气形势信息，为有关各级防汛决策和指导抗洪抢险提供可靠的依据。

任何领域的网络通信中，采用简洁、高效、合理的通信方式一直是追逐的焦点。而利用现有的已建成的公共通信网络来快速、可靠地组建各种网络应用也是各个领域通信方式发展的方向，对于水情自动测报系统来说，基于 GSM 的 SMS 系统通信是最值得利用的。

DLY – 95A 型光电颗粒分析仪推广应用可行性分析

赵文凤　郭成修　齐　斌　郑树明

（黄河水利委员会中游水文水资源局）

1　DLY – 95A 型光电颗粒分析仪简介

1.1　仪器功能

DLY – 95A 型光电颗粒分析仪由西安工业学院研制，它采用混匀沉降消光原理来测定颗粒群粒径分布，主要用于泥沙颗粒分析，对一切具有重力沉降规律及稳定消光特性的颗粒均可分析。该仪器由计算机全自动控制，实现了泥沙颗粒分析自动化，是目前国内最先进的颗粒分析仪之一。2000 年 6 ~ 12 月，我们对引进的两台仪器进行了比测试验。本文就其推广应用的可行性进行分析。

1.2　工作原理

本仪器进行粒度分析，基于颗粒在完全静止的分散介质中因重力作用而自由下沉，光透过粒子群时，由于粒子对光的吸收、散射作用使光强发生变化，通过光电转换，将光强的变化转化为电信号的变化，再用数学方法将其处理成所需的分析结果。其主要理论依据为 stokes 公式及 Beer 定律。即

stokes 公式

本文原载于《水文》2002 年第 1 期。

$$\omega = \frac{g}{1\,800}\left(\frac{\rho_S - \rho_W}{\rho_W}\right)\frac{D^2}{\nu} \tag{1}$$

Beer 定律

$$I = I_0 e^{-kCL/D} \tag{2}$$

式中：ω 为颗粒沉速；ρ_S 为颗粒密度；ρ_W 为分散介质密度；g 为重力加速度；ν 为分散介质的运动黏滞系数；I_0 为光透过纯分散介质的光强；I 为光透过均匀样品的光强；C 为液体浓度；L 为光透射层厚度；k 为消光系数。

1.3 主要技术参数

1.3.1 测量粒径范围

分析粒径范围与颗粒密度、分散介质有关。密度为 $2.6 \sim 2.70$ g/cm³ 的泥沙，用蒸馏水作分散介质时，可测范围为 $2 \sim 100$ μm，若用蔗糖液作分散介质时，分析上限可达 300 μm。

1.3.2 仪器线形范围

仪器线形范围对应光强值在 $50 \sim 600$ 之间。显示值为 $100 \sim 400$ 时，对应含沙量为 $3.0 \sim 2.0$ kg/m³。

1.3.3 仪器精度

分析河流泥沙，比测结果以吸管法为准，小于某粒径级沙重百分数相差不大于4，系统偏差不大于2。

2 比测试验沙源与相关参数

2.1 沙样来源及制备

比测试验所用沙样均采用黄河中游河曲以下龙门以上干支流水文站的悬移质水样。其中，粗沙主要采用无定河的白家川站、丁家沟站，黄河的吴堡站等；中沙主要采用黄河的河曲站、府谷站，皇甫川的皇甫站，窟野河的温家川站等；细沙主要采用三川河的后大成站、昕水河的大宁站等。

根据比测试验分析需要，共制备了 21 个沙样。为了使沙样更具代表性，又在粗、中、细沙中下限相近级配差异较大的样品中选取 7 个左右的试样。由于 2000 年黄河中游测区洪水偏少、偏小，各站含沙量一般较小，所送沙样沙重一般偏小。因此，试验沙样制备采取了单站多次或多站混合的方法，以满足比测试验分析对沙重的要求。将所选 21 个水样用蒸馏水过 0.063 mm 水筛，筛下部分分为 4 份，每份沙重约为 10 g，装入 1 000 mL 量筒内，加入 10 mL 六偏磷酸钠。每个试样的其中 3 份用吸管法平行做 3 次，均值作为标准级配；另一份用消光法平行测试 20 次。

2.2 比测试验标准及相关参数

依据《河流泥沙颗粒分析规程》、《水文测验规范补充规定》要求，"采用新方法或改变主要技术要求后，小于某粒径沙重百分数的系统偏差的绝对值在级配的 90% 以上部分应小于1，在 90% 以下部分，用重力沉降分析法时应小于2，小于某粒径沙重百分数的不确定度应7"；消光法比测分析，"比测结果以吸管法为准，小于某粒径沙重百分数相差不应大于4"。

试验分析采用泥沙密度值均为 2.73 g/cm³，系中游测区分析试验值。

吸管法比测试验分析温度范围在 $17 \sim 25$ ℃之间；消光法试验分析温度在 $15 \sim 25$ ℃之间。

3 比测试验分析

3.1 吸管法试验分析

吸管法是试验分析的标准方法,成果用于采用新的颗粒分析方法或改变主要技术要求时分析成果的检验。比测试验分析21个沙样,按要求每个沙样用吸管法平行分析测试3次,其均值作为分析沙样颗粒级配之真值。经3次平行分析测试结果相互比较,小于某粒径沙重百分数的最大偏差为3.7,满足规范要求。在21个沙样中,按沙样粒径粗细分别选取10#、19#、23#、28#、32#等5个沙样为代表沙样,其分析成果见表1。

表1 吸管法分析成果

沙样号	分析号	小于某粒径(mm)沙重百分数(%)			
		0.004	0.008	0.016	0.031
10#	1	14	20	29.3	55.7
	2	14.7	20.2	30.1	58.6
	3	12.8	18.4	28.7	57.6
19#	1	29.5	43.5	58.9	81.2
	2	29.7	40.1	60.8	82.5
	3	31.4	43.8	59.5	82.4
23#	1	47.2	64.2	80.6	91.7
	2	46.7	64.7	79.9	92.6
	3	46.8	64.5	80.2	92.2
28#	1	79.7	92.4	94.5	96.9
	2	79.3	93.3	95.9	99.6
	3	78.9	92.5	96.6	97.3
32#	1	87.3	93.6	97.1	98.8
	2	86.2	94.8	97.1	98.9
	3	87.1	94.4	97.3	98.8

3.2 消光法试验分析

3.2.1 消光系数率定

消光系数的率定对于 DLY – 95A 型系列仪器是必不可少的,率定时选样的代表性如何,直接关系到仪器投入生产后的适用范围,也关系到用该仪器分析级配成果的精度。所以,率定消光系数的代表性及准确性是影响颗粒级配成果精度的关键。

本次在率定 DLY – 95A 型光电颗粒分析仪的消光系数时,为了保证其消光系数的正确性,在选样时充分考虑了中游测区不同河流的泥沙组成情况,同一河流又考虑了不同来水、来沙情况,对相近下限级配差异较大的沙样也进行了考虑。鉴于对 DLY – 95 型光电颗粒分析仪的使用经验,在对 DLY – 95A 型光电颗粒分析仪率定消光系数时,选取了粗、中、细不同级配的沙样共21个,每个沙样分析20次。通过对不同沙型测试的未经消光系数修正的级配与对应的吸管法标准级配的反复分析、计算、验证,最后确定了该仪器的消光系数及使用范围,共率定了5组消光系数,即 XBD.1、XBD.2、XBD.3、XBD.4、XBD.5(见表2),率定的消光系数能满足黄河中游测区颗粒分析的需要。

表2　DLY－95A 型消光仪消光系数

粒径级（mm）		0.004	0.008	0.016	0.031	0.062	下限粒径 百分数 （%）
消光系数	XBD.0	1	1	1	1	1	10 以下
	XBD.1	1.011	1.019	1.373	0.947	0.756	10～25
	XBD.2	1.122	0.993	1.332	0.867	0.841	25～32
	XBD.3	1.772	1.214	1.464	0.88	0.729	32～42
	XBD.4	4.19	1.168	1.645	0.897	0.715	42～55
	XBD.5	10.55	3.666	1.482	0.543	0.815	55 以上

3.2.2　消光法试验分析

对所选 2 1 个沙样,每个沙样平行分析测试 20 次,测试成果经消光系数修正后,作为 DLY－95A型光电颗粒分析仪测定的沙样颗粒级配。

4　仪器性能分析

4.1　准确性分析

以吸管法测定的沙样颗粒级配为真值,对 DLY－95A 型光电颗粒分析仪(消光法) 的测定结果进行误差分析,5 个代表沙样的分析成果见表3。

表3　DLY－95A 型消光仪试验系统误差统计

沙样号	分析方法	小于某粒径级沙重百分数（%）			
		粒径级（mm）			
		0.004	0.008	0.016	0.031
10#	吸管法	13.8	19.5	29.4	56.1
	消光法	15.4	21.5	31.2	57.6
	系统误差（%）	1.6	2	1.8	1.5
	不确定度（%）	1.5	2.1	2.6	2.7
19#	吸管法	30.2	42.3	59.7	82
	消光法	31.3	43.3	59.7	83
	系统误差（%）	1.1	0.9	-0.6	1
	不确定度（%）	1.6	3.5	3.8	5.3
23#	吸管法	46.9	64.4	80.2	92.1
	消光法	48.8	65.7	80.9	92.9
	系统误差（%）	1.9	1.3	0.7	0.8
	不确定度（%）	2.7	4.2	4	3.7
28#	吸管法	79.3	92.7	95.7	97.9
	消光法	78.3	92.7	96.5	98.4
	系统误差（%）	-1	0	0.8	0.5
	不确定度（%）	5.1	2.1	1.3	0.7
32#	吸管法	86.9	94.3	97.2	98.8
	消光法	87.7	93.9	96.4	98.5
	系统误差（%）	0.8	-0.4	-0.8	-0.3
	不确定度（%）	3.6	1.9	1	0.6

从表中可以看出,在级配的90%以上部分,小于某粒径沙重百分数的最大系统偏差的绝对值为0.8;在90%以下部分,小于某粒径沙重百分数的最大系统偏差的绝对值为1.9,小于某粒径沙重百分数的最大随机不确定度为5.3,均满足规范误差要求。说明该仪器准确性能良好。

4.2 稳定性分析

以每个沙样20次平行分析测试结果之平均颗粒级配为真值,对20次单次分析测试结果进行误差分析。经统计,5个代表沙样对应不同粒径级0.004、0.008、0.016、0.031mm,小于其粒径的沙重百分数的标准差分别为1.51、2.06、2.15及2.68;随机不确定度分别为3.01、4.12、4.31及5.36,总体标准差及随机不确定度分别为2.13及4.26。其频率分布见图1。

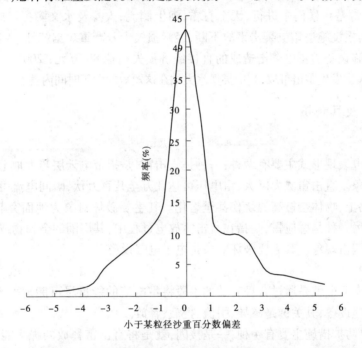

图1 小于某粒径沙重百分数偏差的频率分布

5 结论与建议

通过对DLY-95A型光电颗粒分析仪的比测分析,其准确性符合泥沙颗粒分析有关规范的要求,稳定性能满足泥沙颗粒分析生产的需要,该光电颗粒分析仪可以在泥沙颗粒分析中推广应用。

消光系数的率定对于DLY-95A型系列仪器是必不可少的,其消光系数的代表性及准确性是影响颗粒级配成果精度及适用范围的关键。因此,在仪器使用前消光系数的率定分析时,一定要注意沙样的来源及其代表性。

目前DLY-95A型光电颗粒分析仪的分析成果,尚不能直接用于水文资料的电算整编,建议研制单位在软件应用方面进一步完善,使其生成成果格式与全国水文资料电算整编程序的要求相吻合,以便该仪器在生产实践中得到进一步的推广应用。

吴堡水文站设施屡遭雷击原因分析

郭成山　何志江　齐　斌

（黄河水利委员会中游水文水资源局）

黄河中游水文测区地处我国黄土高原地区,受地理位置、地形及气象条件影响,致洪暴雨多由局部强对流天气形成,具有雷电多、强度大、历时短等北方暴雨的典型特征。因此,该测区的水文测报常常是在暴雨中进行,天上打雷,河上测流,人身及水文测报设施设备极不安全。多年来,水文测报设施遭雷电袭击事故不断,经济损失十分严重。据统计,在近 5 年中,中游测区水文测报设施设备遭雷电袭击造成的直接经济损失高达 80 万元;2002～2003 年就有十多个水文站先后多次发生雷击事故,其中吴堡水文站在这短短的两年时间内就发生雷击事故 5 次。

1　雷电特性及其防护

1.1　雷电特性

常见的雷电表现形式主要有两种:一种是直击雷,是指带电云层与大地上某一点之间发生迅猛的放电现象。直击雷威力巨大,雷电压可达几万至几百万伏,瞬间电流可达几十到几百千安,在雷电通路上,物体会被高温烧伤甚至熔化。其主要破坏对象为地面突起物、野外架空线路和人畜等。另一种是感应雷,是指在直击雷放电过程中,其周围的金属物或导体因电磁感应所产生的变电闪击现象。其主要破坏对象是电子电气设备。

1.2　雷电防护

雷电防护实质上就是通过合理有效的手段将雷电流的能量尽可能地引入大地,防止其进入被保护的设施设备,其关键是疏导、引流、拦截、释放。

目前,雷电防护措施主要有 4 种:一是接闪,就是将直击雷释放的强大能量,由避雷针、避雷网或避雷带接收,并通过引下线直接释放进入大地。二是均压,是将所有防雷设施设备的安全保护、防雷保护及电源保护等接地,实现等电位连接,防止遭受雷击时电位差形成过电流而损坏电气设备。三是拦截,是在被保护的设备前端并联一级或多级参数匹配的防雷器,使雷电流在到达设备之前,通过防雷器和地网泄入大地。当雷电流脉冲泄放完成后,防雷器自动恢复为正常高阻状态,使被保护设备继续工作。四是接地,接地的目的是泄流,所有接闪、均压、拦截的雷电流,都要通过接地装置,将其能量释放入大地,故接地条件的好坏直接关系到防雷效果。

2　水文设施设备及防雷工程建设现状

2.1　水文设施设备

吴堡水文站于 20 世纪 50 年代初迁移至现测验断面,水文测报设施设备历经 50 多年的不断改造完善,已由原来单一的 1 套水文测验过河设备(水文吊船),发展形成目前具有各级洪

本文原载于《人民黄河》2004 年增刊。

水测验能力、配套齐全的 4 套水文测验过河设备:1 套低水自动化测流遥测平台缆道系统,包括主缆 1 条、220 V 直流输电缆 2 条和副缆、循环索、拉偏索、避雷索各 1 条;1 套电动吊箱测流缆道系统,包括主缆 1 条、50 V 低压直流输电缆 2 条和副缆、循环索、拉偏索、避雷索各 1 条;1 套重铅鱼测流缆道系统,包括主缆 2 条和副缆、循环索、拉偏索各 1 条;1 套浮标投掷吊箱缆道系统,包括主缆及循环索各 1 条。各缆索均采用两岸直接山锚,混凝土浇筑于山体岩石之中,除直流输电缆及副缆(信号线)与大地绝缘外,其他各缆索均通过山锚与大地相连。20 多条不同直径(6.3 ~ 32 mm)、不同材质(钢缆绳、钢绞线、铝绞线等)的缆索分布于长 150 m、跨度 650 m 的黄河上空,特别是在中断面上下 10 m 左右的范围内,集中了其中 13 条缆索,形成了一道 10 m × 10 m × 650 m 的空间金属网带。

2.2 局部防雷工程设施

近年来,黄委中游水文水资源局针对黄河中游测区雷击事故,结合国家防汛指挥系统榆次示范区的建设,开展了水文测报设施设备防雷技术研究工作,并完成了水文测报设施设备示范区防雷工程技术设计。2002 年汛前,针对直击雷防护,在吴堡水文站进行了试验性局部防雷设施建设,完成黄河右岸各缆索锚桩、导向支架、避雷线等的等电位连接,并通过引下线建立公用接地体。2003 年汛前又在中断面上空原有 1 条避雷索的基础上,增架避雷索 1 条。

3 雷击事故原因分析

3.1 历次雷击事故

(1)2002 年 8 月 12 日 12 时 30 分,雷电击中重铅鱼缆道,在其循环索(悬索)内产生强大的雷电浪涌电流,因当时铅鱼落在地面,自然形成了一条雷电释放路径,故雷电浪涌电流沿循环索自上而下传播,在铅鱼与地面接触空间放电,引起爆炸。所幸该站所有设备关机,损失较小。

(2)2003 年 5 月 11 日下午出现雷雨天气,炸雷持续了近 1 h。18 时左右,一球形雷飘移触接电动吊箱测流缆道系统循环索,起火爆炸,导致循环索一股烧断,另两股出现多处熔点断丝。同时,在其输电缆内出现强大的感应电流,因输电缆两端绝缘,其强大的感应电流无法释放进入大地,一路流入操作机房,烧毁吊箱操作系统电压表 2 块,另一路流入水文遥测平台,烧毁平台控制线圈 1 个。

(3)2003 年 6 月 1 日 7 时 40 分左右,该站再次遭直击雷袭击,导致低水自动化测流遥测平台缆道系统输电线,在右岸支架前 1.60 m 处出现 5 cm 长黑色雷电烧痕状。这是典型的电位反击击穿空气放电,产生电弧光,致使铝线烧焦变色现象。

(4)2003 年 6 月 19 日 17 时左右,直击雷击中低水自动化测流遥测平台缆道系统主缆,在主缆与行车架间产生耀眼火花,同时引发周围缆索产生强大的感应雷电流,造成大面积雷电灾害。导致铅鱼缆道循环绞车变频调速器、升降电机整流桥、交流接触器线圈、控制变压器线圈及 2 块电压表烧坏,吊箱循环索多处烧焦变色。

(5)2003 年 7 月 21 日 20 时 30 分,低水自动化测流遥测平台缆道系统再次遭雷电袭击,感应电流烧毁系统内整流桥及 3 个仪表头。

3.2 原因分析

3.2.1 雷击事故发生的环境因素

吴堡水文站地处黄土高原晋、陕峡谷之中,河道呈东西向,两岸山体高达百米,间距在 650 m 以上。在海拔 650 ~ 690 m,从上断面至中断面的 150 m 范围内,横跨两岸架设有 20 多条金属缆索。尤其是中断面及机电操作办公楼上空,在水平距离不到 10 m、高度不到 10 m 的范围内,架设有 13 条金属缆索,其密集的空间金属网带,形成一道天然的雷电接闪释放通道。加之下部为大面积水体,因水面蒸发空气湿度很大。这种地形地理环境与设施布局,成为空中雷云释放能量的最佳场所。据统计:1974~2002 年近 30 年内,该地年平均雷暴发生天数为 28 天,其中 1991 年高达 43 天,2002 年出现 42 天,属多雷区发生地。

3.2.2 现有防雷工程设施的局限性

架设于河道上空的水文过河测验设施形成一道天然的雷电接闪装置和释放通道,要保证不发生雷击灾害事故,确保缆索安全,就必须建立良好的雷电释放通道,使缆索接地电阻不超过设施防雷标准的规定值。2002 年该站完成基本断面和副缆断面所有右岸缆索锚桩、支撑导向支架的防雷接地工程。通过等电位连接后,由共用引下线分别接入两处公用接地体,由原来依靠锚桩基础直接接地电阻值超过 10 Ω 降低到 2.0~2.5 Ω,大大降低了缆索接地电阻,形成了一个良好的局部雷电释放通道。但由于其中尚有 4 条低压输电线和 3 条副缆索两端均绝缘,未安装避雷器接地,因此就给造成雷击事故留下极大隐患。当两端绝缘缆索遭受直击雷(或感应雷)袭击时,雷电流不能直接入地释放,只可能有两条释放通道:一是通过输电线回流至室内,烧毁整流、配电及其他电器设备;二是由于中断面架空缆索密集,相互间距较小(最近处不到 1 m),很容易出现高电位反击,击穿空气与邻近缆索产生电弧或打火爆炸释放,造成缆索烧焦变色,甚至出现熔化金属结点。

直击雷在放电过程中不仅会因其巨大能量导致高温而形成危害,而且会在架空线上产生高达 400 kV 的感应电压,对接地不良的金属设施和近距离架空缆索产生较大的破坏作用。由于闪电有极大的峰值和陡度,因而它还会对周围的空间产生强大的变化磁场,使处在其中(半径可达 1.5 km)的电子设备感应出很高的电动势而危害电子设备。而在吴堡水文站试验性局部防雷设施建设中,受投资经费限制,仅采取了对直击雷的防护措施,而对感应雷的防护未能采取相应的系统防护措施(设置避雷器、进行等电位连接、保护接地)。其结果是防雷设施在防护直击雷的同时,又成为引发雷电感应的导火索,使得该站在出现强大的直击雷同时,感应雷屡次损坏仪器设备和操作系统。

特别是随着水文信息采集传输自动化程度不断提高,现代电子仪器设备在水文测报工作中得到了大量引进和推广应用,大大增加了由感应雷造成损害事故的几率及经济损失。可见,对这部分电子产品和低压设备保护已迫在眉睫,传统意义上单纯针对直击雷的防护措施已不能满足现阶段水文站,特别是数字化水文站对雷电防护的要求。

4 防雷工程实施建议

理论及实践经验都告诉我们,只有多种避雷措施合理配置、有机结合才能形成完整有效的雷电防护体系。同时,还必须以相关的规范为标准,从而保障防雷设计的严密性和合理性,确保防雷工程的科学性和有效性。现就水文测报设施设备防雷工程的设计及实施,提出以下几点建议:

(1)所有水文过河架空缆索、避雷索等必须进行等电位连接,并建立接地引雷释放通道。

(2)对于两端绝缘的输电索、信号索等,必须在其绝缘端安装参数匹配的接地避雷器。

(3)在输电索、信号索之间及与其他过河架空缆索之间,必须安装等电位连接器,以消除缆索之间近距离相互发生电位反击,出现打火放电现象。

（4）要建立所有输电、通讯、信号线路,配电、机电设备,操作控制,数据采集、处理、传输仪器设备,交直流用电保护、安全保护、防雷保护等电位连接接地,并按规定安装参数匹配的一级或多级避雷器,以防感应雷袭击。

（5）在水文过河架空缆索左、右岸,要建立相同标准的防雷设施设备,以减轻一岸泄流的压力,达到两岸分流之目的。

五、综合类及其他

黄河流域委属水文站网管理模式的探讨

王德芳[1] 刘淑俐[2] 呼怀方[1] 柴平山[1] 张芳珠[1]

(1.黄河水利委员会水文局;2.黄河水利委员会规划计划局)

1 委属水文站网现状与存在的主要问题

1.1 委属水文站网现状

1.1.1 测站分类及站数

水文测站按设站目的和作用可分为基本站、实验站、专用站和辅助站;根据控制面积大小及作用又可分为大河控制站、区域代表站和小河站。雨量站按设站目的和功能可分为面雨量站和配套雨量站。

黄委现有水文站133处,其中基本站台116水处、辅助站17处。基本水文站中大河控制站61处、区域代表站42处、小河站13处,分布在黄河干流33处、支流83处。现在雨量站756处,其中面雨量站671处(包括兼配套雨量站230处),配套雨量站85处,现有自记站511处,占全部雨量站的67.1%;全年观测站665处,汛期观测站91处。现有水位站36处,多为专用站性质,其中库区水位站主要用于汛期洪水预报和了解淤积状况,河道水位站多分布于下游河段,是为防汛专用目的而设置。

1.2 水文站网密度

根据1995年底统计,黄河流域水文站网平均密度为 2 337 km²/站,黄委辖区密度为 2 579 km²/站(其中:河源区最稀,为 9 727 km²/站;河口镇—龙门区间 2 630 km²/站;泾河 2 310 km²/站;伊洛河 1 326 km²/站)。黄委辖区水文站网密度低于我国中东部省区,也未达到 WMO 推荐的最稀站网密度,与美国 570 km²/站、英国 187 km²/站、日本 185 km²/站的密度相比差距更大。从长期看,黄委水文站网建设仍处在增站阶段。

1.1.3 雨量站网密度

根据1995年站网资料统计,黄河流域雨量站网密度为 326 km²/站,黄委辖区平均密度396 km²/站,在国内处于中等水平,黄河上游段密度最小,为 8 231 km²/站;中游河口镇—龙门和渭河偏稀,密度分别为 310 km²/站和 320 km²/站;泾河为 230 km²/站;三花区间最密,为 140 km²/站。

1.2 委属站网存在的主要问题

1.2.1 站网布局方面的问题

目前,委属站网布局方面还存在以下几方面问题:①受人类活动影响大,不能满足水资源计算、分配和管理的需要。经调查,委属 55 处区域代表站和小河站中,控制面积大于 15% 的有 19 站,占 34.5% 。这些站又缺乏必要的辅助观测和水文调查,很难准确估算人类活动对水

本文原载于《人民黄河》2001 年增刊。

沙量的影响程度。因此,目前水文站的定位观测资料只能反映来水来沙实况,不能反映流域内天然产水产沙情况,不能满足水资源量的计算、分配和调度的需要。②部分区域代表站和小河站的配套雨量站不足,影响雨洪分析。③中小河站偏稀,有些地区存在区域代表站跨区和"空白区"的现象。④委属水文站网总体偏稀,但在局部河段尚有过密的现象。⑤缺乏实验研究站点。

1.2.2 站网管理方面的问题

委属站网管理方面存在的问题主要有:①水文站未完全按不同任务和要求实行分类管理。②黄委和沿黄省区站网管理范围划分已不适应当前形势。目前黄委和沿黄省区各自对水文资料的需求发生了变化,而现行管理范围基本上还是按 20 世纪 50 年代分工执行,已不适应当前形势。③引黄涵闸、渠道监测缺乏统一管理。目前黄河干流引水量的监测管理工作薄弱,某些河段上下游水量不平衡,与流域正在开展的水资源预报、调度需求不相适应。

2 水文站网管理原则

水文站网的管理应遵循:"整体布局、合理分类、分清主次、区别对待、量力而行、稳步发展、适时调整、逐步完善"的指导思想,即以最小的代价建成一个布局合理、密度适当、配套齐全的水文站网,能控制黄河及其主要支流的水文特性,驻测、巡测、委托观测、水文调查相结合,基本站与专用站有机结合,既要满足 21 世纪治黄三大任务和西部大开发的需要,又要布局科学合理,整体功能最优。按照轻重缓急,统一规划,分步实施。

2.1 站网分类与管理

科学的分类是将测站按其设站目的、作用和重要程度,合理划分等级和类别,在测验部署、精度要求上分清主次、区别对待,有利于保证重点,兼顾一般,使有限的水文投入分配使用更加合理,提高水文站网的社会效益和经济效益。同时对专用站的管理应由使用资料部门支付部分建设和运转费用,改变过去统一由国家出资设站的局面,有利于多渠道办水文。

2.2 管理职能调整

流域水文机构管理的职能应是对黄河干流站、重要支流把口站和水文情报、水资源评价等特殊需要的水文站的控制,而一些三级支流小站与地方经济建设密切相关,应逐步移交有关省(区),流域机构不再管辖。

2.3 加强水资源监测、监督

依托干流和重要支流把口水文站基本资料作为监测预报的基础,加强测报精度,增加测次和报汛段次,特别是位于省际间的重要水资源控制站,要配备完善的设施设备和充实测报人员。建立引退水水资源测站网,对引退水口进行有效的监测和监督管理。

2.4 因地制宜地采取不同测验方式

对于具有重要防汛任务的站和水位、流量关系复杂不具备巡测条件的站,仍实行驻测方式;对于通过资料分析、采取一定技术手段后符合巡测、间测或校测条件的站,分别采取巡测、间测或校测方式;对于一些测验任务较小的中小河站采用委托观测的办法,可采用合同形式从当地择优录用观测人员,经过短期培训,合格后上岗,保持相对稳定。

3 实施意见

3.1 驻守站建设

重要水文站采取驻守测验方式,对现有测报设施进行更新改造。干流大站逐步引进测流微机处理系统,加速水位、雨量固存、遥测、自记化,使黄河水文测站测报手段逐步达到国内先进水平。在规定的测洪标准内保证测得到、报得出、精度高、时效快,对超标洪水有应急措施,同时要保证满足黄河水资源监测监督和预报调度及开发治理的各项要求。

3.2 水文巡测试点

水文巡测是水文测验方式的重大变革,是水文工作的发展方向,是促进水文体制改革的重要环节。然而鉴于黄河水文测验的特殊性和复杂性,虽自 20 世纪 80 年代末期实行水文站队结合以来,通过流量测验优化分析,已有 59 站在非汛期采用定期测流方式,为非汛期开展巡测创造了条件,但由于受测验设备、交通工具、经费、技术条件等方面的制约,水文站队结合进展缓慢,力度不够,还没有真正实行巡测,目前尚缺乏水文巡测的经验。为了积极、稳妥地开展水文巡测工作,宜"统筹规划,分步实施,先行试点"。

从近几年的流量测验简化分析结果看,目前无定河流域和黄河唐乃亥以上河源区技术条件相对成熟,本着"成熟一个、发展一个"的原则,宜在以上两区开展巡测工作,拟先在黄河上游唐乃亥以上流域开展巡测试点,作为洪水涨落较缓地区和高寒、生活条件异常艰苦地区的试点,逐步积累经验,为以后全面推行水文巡测探索一条行之有效的途径。

3.3 干流引黄涵闸、渠道等引退水实施有效监测、监督

对上游各省区用水监测、监督管理采取驻测、巡测、调查相结合的方式。对于年引水能力在 10 亿 m^3 或省际交叉河段的监测站实行驻测;年引水能力在 1 亿 ~ 10 亿 m^3 的监测站点,由有关单位负责进行巡测监督;年引水能力在 1 亿 m^3 以下的监测站点实行抽样调查方式。对于实行驻测方式的监测站点应建设固定测验设施,配备相应的测验仪器、通讯工具等;巡测站和调查点,配备自记水位遥测设备,及时率定水位流量关系,使水量控制精度达到巡测标准。各种方式均严格按照部颁测验规范进行水文观测和资料整编。

黄河下游设计引水能力达到 10 m^3/s 以上的引黄涵闸,应统一安装自记遥测水位计,保证各引水口渠首水位及时准确采集;组织专门的巡测机构,配备必要的巡测设施设备,对各级水位下的水位流量关系进行率定;对引黄涵闸监测人员进行业务技术培训,执行水文测验、资料整编等部颁规范和有关行业技术标准;建立引黄涵闸水文信息传输系统。

3.4 水文站点调整

根据分析,大河控制站有 9 处需要调整,其中撤销 2 处、迁移断面 2 处、改专用站 4 处、增设站 1 处;区域代表站和小河站调整 5 处,其中撤销站 1 处、迁移断面站 4 处,另拟新建站 31 处,增设水量调查点 19 处;雨量站增加 210 处,调整后总数为 966 处,其中单纯面雨量站功能 439 处,单纯配套雨量站功能 300 处,兼有面雨量、配套雨量站功能 227 处。

水文站的调整待报部审批后实施。

3.5 黄河水文站网管理范围的调整

黄委作为流域派出机构,根据其所担负黄河干流规划、全河水资源调度管理、防洪防凌的职责,应负责与其职能密切相关的黄河干流和主要支流控制站,而大多数支流站与省区经济建设更为密切,应由省区负责管理,这样管用结合,更有利于水文站网建设。

建议黄委负责管理以下范围：

(1) 黄河干流；

(2) 黄河巴沟入黄口以上各支流；

(3) 湟水、大通河把口站；

(4) 河龙区间黄甫以下晋陕直接入黄支流把口站，其中无定河负责丁家沟以下干流；

(5) 汾河把口站；

(6) 渭河咸阳、泾河张家山、北洛河 㳇头 3 站及以下干流；

(7) 潼关至花园口区间小支流；

(8) 伊洛河的伊河干支流、洛河卢氏以下干支流；

(9) 沁河润城、山路平以下干支流。

除上述范围以外的站均由有关省区负责管理。

此方案如可行，黄委可呈请水利部与有关省区协商，重新划分流域站网管理范围。

黄河流域重要支流防洪治理"十五"规划意见

魏广修[1]　胡建华[2]　刘生云[2]　张继勇[2]

(1. 黄河水利委员会规划计划局；2. 黄河水利委员会勘测规划设计研究院)

黄河流域防洪规划提出 2001～2020 年对流域内的 35 条河流进行治理，"十五"规划重点安排防洪任务重、灾害影响大的渭洛河下游、汾河、渭河中游、大汶河、无定河、湟水、天然文岩渠、延河、泾河、苦水河、洮河等 11 条河流（段）的治理工作。

1　规划原则

(1) 贯彻"全面规划、统筹兼顾、标本兼治、综合治理"的原则，根据各河段的特点，研究治理措施，完善防洪工程体系，突出防洪体系的整体作用。

(2) 工程措施与非工程措施相结合，保证重点，充分考虑国民经济发展对防洪的要求。

(3) 近期建设项目与远期建设项目相结合，合理安排。

2　防洪工程规划

2.1　渭、洛河下游

三门峡水库建成并投入运用后，库区淤积严重，渭、洛河下游变成了相对地上"悬河"，河道泄流不畅，洪水灾害频繁发生。存在的主要问题是：堤防高度不足，堤身断面小、质量差；河道整治工程数量少、长度短，不能满足控制河势的需要；老工程标准低，损坏严重，带病运行；另外，渭河 335 m 高程以下移民迁居区的防洪设施很不完善，缺少必要的避水设施及防汛撤退道路。

本文原载于《人民黄河》2001 年第 8 期。

根据渭、洛河下游防洪工程建设存在的主要问题,"十五"规划重点作了以下安排:①新建沋河(渭南市区)堤防,加高渭河干流和南山支流堤防高度有较大不足的堤段。对渭河干流临背悬差大和堤身质量差的堤防进行淤背、砌石护坡和灌浆加固。渭河 335 m 以上南山支流堤防进行砌石护坡和灌浆加固;335 m 高程以下采取淤背、砌石护坡、土工膜防渗、灌浆等措施进行加固,对南山支流老公路以南河段弯道和洛河沿堤防及村镇受水流顶冲塌岸严重段进行浆砌石护坡,以提高支流堤防的抗冲和防渗能力。②加强堤防附属工程建设。③对具备整治条件、符合规划治导线整治目的的河湾新建河道整治工程,并根据河势变化安排上延下续工程,逐步调整和控制河势。④结合渭河下游的实际情况,对沿河 5 处低洼地带进行引洪放淤,加快防洪非工程措施建设,完善防洪工程体系。使渭河 335 m 高程以上堤防的设防标准达到 50 ~ 100 年一遇,335 m 高程以下渭河围堤按原设防标准进行整修加固。南山支流 335 m 高程以上堤防设防标准达到本河 20 年一遇,335 m 高程以下支流堤防达到本河 10 年一遇。洛河堤防和朝邑围堤达到 10 ~ 20 年一遇。

2.2 汾河

汾河干流堤防总长 624.4 km,除临汾地区的 234 km 堤防基本上达到 20 年一遇防洪标准外,其余大部分堤防老化失修,破损严重。河道淤积严重,河床抬高,河槽萎缩,行洪能力降低。受河势摆动的影响,河岸冲刷坍塌严重。

根据不同河段的特点和存在的主要问题,"十五"规划重点安排对原有堤防进行加固,并新建部分堤防。对河道水流流速较大的河段,采用抗冲护坡维护。对河势变化频繁的局部河段,修建以丁坝为主要结构的控导工程,以达到稳定河势、保护堤防的目的。汾河干流的防洪标准因保护对象不同而不同,通过整治使中游太原市城防段设防标准达到 100 年一遇,下游市(县)城区段达到 50 年一遇,其他农村地区防段达到 10 ~ 20 年一遇。

2.3 其他河流(段)

(1)渭河中游。防洪河段自宝鸡林家村至咸阳市陇海铁路桥,长约 171 km。截至 1997 年底,渭河中游共建成可利用的堤防长 270.19 km,修建护岸坝垛 2 895 座,营造防护林 200 km,引洪淤滩 3 267 hm²。但堤防工程仅靠沿岸群众集资投劳兴建,堤防标准低、质量差,农防段防洪标准普遍为 10 ~ 15 年一遇,另外尚有约 72.7 km 河段无堤防,险工隐患突出。防汛抢险道路少、标准低,防洪形势严峻。"十五"规划的重点是对现有堤防工程进行加固和改建,并新修部分堤防,使河段农防标准达到 20 年一遇,宝鸡、咸阳两市区渭河的防洪标准达到 100 年一遇,杨凌示范区达到 50 年一遇。同时加强工程管理建设,使渭河中游防洪重点河段的洪水威胁基本消除。

(2)大汶河。规划治理范围自葫芦山溢洪道出口至大汶河入东平湖口,河道全长 178.7 km。目前,干流河槽淤积严重,过水能力小;堤防防洪标准低,险工险段多;建筑物老化、退化严重,且数量不足;工程管理水平落后。"十五"规划以干流治理为重点,以加强堤防建设为核心,同时实施与干流行洪相配套的骨干支流、控制性建筑物及南排工程建设,并相应完善稻屯洼调蓄滞洪工程,使干流河段防洪标准达到 20 年一遇(不包括城市防洪河段),保证重点河段的防洪安全。

(3)无定河。无定河流域是黄河暴雨、洪水多发区之一，洪水灾害主要发生在响水上下游的宽河段和中游的米脂、绥德河段。目前 153.42 km 治理河段中只有堤防 25.9 km，远不能满足防洪减灾的需要。"十五"规划重点安排米脂、绥德城防段的堤防加固，同时新建部分堤防，使米脂、绥德县城防段防洪标准达到 30 年一遇，农防段防洪标准达到 10 年一遇，并加强防洪非工程措施建设。

(4)湟水。湟水流域是青海省经济相对发达的地区。流域南北两山支沟发育，地形切割破碎。自上而下有海晏、湟源、西宁、平安、乐都、民和六大盆地。洪水灾害主要是冲毁房屋、水利和交通设施，淹没农田和厂矿。现状湟水干流及其主要支流防洪工程很少，只在沿干流部分县城附近建设了长度不足 30 km 的防洪护岸工程，且工程防洪标准低、质量差。"十五"规划重点对湟源、平安、乐都、民和县城附近湟水干流进行治理，使其防洪标准提高到 20 年一遇，大通县北川河防洪标准提高到 50 年一遇。工程形式以防冲护岸为主。

(5)天然文岩渠。分南北两支，南支为天然渠，北支为文岩渠，在长垣县大车集汇合为天然文岩渠，至濮阳县三合村汇入黄河。天然文岩渠流域属黄河冲积平原，河源至河口地面高差 27 m，地面平均比降 1/6 000。历史上受黄河迁徙泛滥影响，流域内故道、串沟、坡洼、沙丘较多，起伏较大，部分地区积水难排，加之后来发展引黄灌溉，回水退入河道，造成河床淤积。同时，由于黄河主河道河床逐年淤积抬高，致使河道泄水能力逐年下降。规划河道治理长度 208 km，"十五"期间重点对天然文岩渠的右堤进行加高，防御黄河干流 10 000 m³/s 流量洪水漫滩。对天然渠、文岩渠堤防进行加固，使防洪标准达到 10 年一遇。同时疏浚河道，改建加固涵闸、提灌站等，使干流河道除涝标准达到 3 年一遇，同时加强工程管理建设。

(6)延河。防洪河段主要在中游安塞县龙安村—延长县，长约 134 km。"十五"规划主要安排宝塔区、安塞、延长县城区河段堤防建设，使防洪标准达到 30 年一遇，农防段达到 10～20 年一遇。解决延河干流中下游重点河段的防洪问题。

(7)泾河干流。主要在陕西长武县汤渠村—彬县泾河大桥和泾惠渠渠首—入渭口河段，河道长约 145.50 km。"十五"规划主要安排在彬县段，入渭口河段加固、新建堤防和护岸工程，并加强工程管理建设。

(8)洮河。受洪水威胁的河段是中下游的卓尼、岷县、临洮、广河、东乡等县的河谷滩地。现有堤防多为群众自发修建，堤身不够坚固，基础埋深不够。"十五"规划重点对现有堤防进行加高加固，并新建部分堤防，局部险段修建护岸工程。通过以上措施使县城段设防标准达到 20 年一遇，农防段达到 10 年一遇。

(9)苦水河。苦水河下游横贯青铜峡灌区，是防洪的重点河段。现状防洪工程多是临时抢险修筑而成，无统一规划，工程标准普遍较低，大部分工程洪水过后便荡然无存。"十五"规划重点是强化河道边界条件，控制河道摆动，防止河岸坍塌，保证沿河灌区的正常生产和各类跨河设施的安全运行。工程措施以护岸为主。

甘肃省退耕还林还草规划及张掖地区
开展退耕的综合分析

杨向辉　王　玲　韩　捷

（黄河水利委员会水文局）

1　甘肃省农村经济概况

甘肃省 1998 年底人口 2 519 万人,其中乡镇人口 2 048 万人,农村劳动力 905 万人,农民人均纯收入 1 393 元。全省耕地面积为 348.9 万 hm^2,全年粮食播种面积 288.8 万 hm^2,粮食总产量 872 万 t,创历史最高水平,平均单产 3 015 kg/ hm^2,人均粮食产量 346.1 kg。河西内陆河流域包括河西走廊酒泉、嘉峪关、张掖、金昌、武威 5 地区,总人口 439.2 万人,其中农业人口 305 万人。河西地区 1998 年粮食总产量达到 26.5 亿 kg,年提供商品粮 10 亿 kg 以上,是甘肃省农业发展的龙头。位于河西内陆河流域黑河中游的张掖地区,是以汉族为主的灌溉绿洲农业经济区,提供的粮食占甘肃省商品粮总数的 35% 左右,是甘肃省粮食、油料、肉类、蔬菜的集中产地,享有"金张掖"之美誉。1998 年张掖地区总人口 122.6 万人,耕地面积为 18.8 万 hm^2,粮食总产量 100.9 万 t,平均单产达 7 635 kg/ hm^2,人均粮食产量 823 kg,农民人均纯收入 2 747 元。

2　甘肃省退耕还林还草规划

2.1　2000～2010 年退耕还林还草规划

甘肃全省在 2000～2010 年 11 年期间安排退耕还林(草)任务 200 万 hm^2,全部分布在甘肃省的长江上游、黄河上中游林草建设工程范围,其中一期(2000～2005 年)160 万 hm^2,二期(2006～2010 年)40 万 hm^2。具体分布见表 1。

表 1　甘肃省各年度各地区退耕还林(草)任务汇总　　　　　（单位:万 hm^2）

地 区	2000～2005 年							2006～2010 年					
	合计	2000	2001	2002	2003	2004	2005	合计	2006	2007	2008	2009	2010
兰 州	6.1	0.7	0.7	1.5	1.5	1.0	0.7	1.5	0.5	0.5	0.2	0.4	0
白 银	11.1	1.3	1.3	2.7	2.7	1.8	1.3	2.7	0.9	0.9	0.4	0.5	0
天 水	25.3	2.0	3.2	6.3	6.3	4.2	3.2	6.4	2.1	2.1	1.1	1.1	0
武 威	2.2	0.5	0.3	0.5	0.5	0.3	0.3	0.6	0.2	0.2	0.1	0.1	0
定 西	32.3	1.5	4.2	8.4	8.4	5.6	4.2	1.8		2.8	1.4	1.4	0
陇 南	26.2	2.0	3.3	6.6	6.6	4.4	3.3	6.7	2.2	2.2	1.1	1.1	0

本文原载于《水土保持研究》2002 年第 5 期。

地区	2000~2005 年							2006~2010 年					
	合计	2000	2001	2002	2003	2004	2005	合计	2006	2007	2008	2009	2010
平 凉	17.8	1.7	2.2	4.4	4.4	2.9	2.2	4.2	1.4	1.4	0.7	0.7	0
庆 阳	24.6	1.7	3.1	6.3	6.3	4.2	3.1	6.3	2.1	2.1	1.0	1.0	0
临 夏	8.5	1.0	1.0	2.1	2.1	1.4	1.0	2.1	0.7	0.7	0.3	0.3	0
甘 南	6.1	1.0	0.7	1.4	1.4	0.9	0.7	1.2	0.4	0.4	0.2	0.2	0
合计	160	13.3	20	40	40	26.7	20	40	13.3	13.3	6.7	6.7	0

2.2 退耕还林还草补助标准

退耕还林还草国家每年每 1 hm² 补助粮食 1 500 kg(80% 为小麦、20% 为玉米,国家先兑现 60%,验收合格后补齐剩余 40%),连续补助 7 年;每 1 hm² 补助教育医疗费 300 元;还林每 1 hm² 苗木补助费 1 500 元。

由于国家实行补助措施,农民参与退耕还林(草)的积极性很高。从已经实施退耕还林还草情况来看,安排退耕还林还草任务的地区大都完成了阶段任务,造林种草平均成活率达到 71.2%。

3 甘肃省退耕还林(草)"以粮代赈"所需粮食数量及粮源情况

3.1 甘肃省粮食综合情况

甘肃省在 1995 年以前实行粮食统购统销政策,每年都需要从河西往河东调拨粮食。1995 年以后粮食市场放开,粮食价格主要由市场供求决定。粮食部门的粮食收购采取合同定购制度、顺价销售、实行按保护价敞开收购农民余粮的政策。农村粮食收购主要由国有粮食企业承担,并负责粮食的定购价格。当市场粮价高于保护价时,定购价参照市场粮价确定;当市场粮价低于保护价时,定购价按不低于保护价的原则确定。实行定购价格的粮食品种为小麦和玉米。销售价格以不低于粮食成本价为原则,小麦和玉米的原粮和特一粉实行限价销售。

由于甘肃省周边河南、陕西等粮食大省市场粮价较低,而且把河西粮食调拨到河东使得粮食价格成本增加 0.20~0.30 元/kg,到甘南更是达到 0.40 元/kg,因而在销售价格上不占优势,从河西调拨粮食数量逐年减少,致使粮食库存逐年增加。1995 年以后全省每年购销节余 5 亿 kg 左右,1996 年粮食库存 15 亿 kg 左右,1999 年底达到 40.5 亿 kg。政府粮食部门从河西定购的粮食定额也逐年减少,河西粮食库存积压严重。1997 年前每年从河西定购粮食 7.5 亿 kg,1998 年减为 7 亿 kg,1999 年为 6 亿 kg,2000 年只有 4.5 亿 kg。2000 年河西商品粮库存达 21 亿 kg,其中 60% 为露天存放,粮食超库率达 160%。粮食收购价格则呈下降趋势,1999 年中东部小麦收购价为 1.26 元/kg,玉米 0.86 元/kg,河西小麦 1.22 元/kg,玉米 0.86 元/kg;2000 年中东部小麦收购价为 1.10 元/kg,河西为 1.04 元/kg,玉米退出定购。目前河西地区小麦市场价为 1.00 元/kg 左右,玉米市场价仅为 0.80 元/kg 左右。

以上情况表明,甘肃省粮源充足,库存积压严重,收购价格不断降低,农民种粮收益减少,卖粮难问题日益突出。

3.2 2000～2005年甘肃省粮食需求总量预测及省内粮源情况

2000～2005年全省计划退耕还林(草)面积为160万hm^2,分年度计划为2000年13.3万hm^2、2001年20万hm^2、2002年40万hm^2、2003年40万hm^2、2004年26.7万hm^2、2005年20万hm^2;粮食供应标准按22 250 kg/hm^2计算,这5年粮食需求总量为120亿kg,分年度供应粮食数量为2000年3亿kg、2001年7.5亿kg、2002年16.5亿kg、2003年25.5亿kg、2004年31.5亿kg、2005年36亿kg,见表2。

表2　甘肃省2000～2004年退耕还林(草)及供粮计划和省内粮源情况预计

年份	退耕还林(草)及供粮计划				省内粮源情况预计				期末库存 (亿kg)
	退耕面积 (万hm^2)	供粮面积 (万hm^2)	供粮数量 (亿kg)	收购 (亿kg)	销售(亿kg)				
					正常销售	以粮代赈	合计		
1999									81.05
2000	13.3	13.3	3.0	17.5	7.5	3.0	10.5		47.53
2001	20.0	33.3	7.5	17.5	7.5	7.5	15.0		50.03
2002	40.0	73.3	16.5	20.0	7.5	16.5	24.0		46.03
2003	40.0	113.3	25.5	20.0	7.5	25.5	33.0		33.03
2004	26.7	140.0	31.5	20.0	7.5	31.5	39.0		14.03
2005	20.0	160.0	36	20.0	7.5	36	43.5		-9.5
合计	160.0	533.3	120	115	45	160	165		

省内粮源情况:1999年末周转粮食库存40.5亿kg,预计2000～2005年分别收购粮食17.5亿、17.5亿、20亿、20亿、20亿、20亿kg,销售10.5亿、15亿、24亿、33亿、39亿、43.5亿kg(均含退耕还林"以粮代赈"粮数)。从表2可以看出,省内粮源在正常购销情况下,在2005年以前能够保证满足全省退耕还林(草)粮食供应,2005年以后全省粮食将出现不压库现象,因而,在2005年以后的第二个退耕还林(草)期间,省内粮食部门才有可能进一步大量收购粮食。

4 张掖地区退耕还林(草)综合分析

在《黑河水资源问题及其对策》的近期实施意见中,提出要充分考虑水资源条件,积极稳妥地进行农、林、牧、结构调整,准备近期压缩黑河中游干流地区及鼎新灌区农田灌溉面积2.1万hm^2,全部用于生态植被建设。考虑到张掖地区目前是甘肃省的商品粮基地,实施这一退耕还林还草措施后,会不会对甘肃省粮食问题及农民收入造成一定负面影响呢?以下是张掖地区退耕2.1万hm^2的综合分析。

4.1 退耕对张掖地区粮食储备及农民收成的影响

以甘肃省粮食丰收年份1998年统计数据为分析依据。1998年张掖地区粮食产量100.9万t,粮食商品率54.3%,商品粮数量为54.8万t,农民手中尚存余粮46.1万t。张掖地区若退耕 2.1 万 hm² ,按平均 7 635 kg/hm² 计算,每年将减少粮食产量 16.3 万 t,占张掖地区粮食产量的 16.1% ,人均减产 133 kg,粮食产量将减为 84.6 万 t。在保障正常粮食储备和交易的 54.8 万 t 商品粮之后,农民手中余粮将由 46.1 万 t 减少到 29.8 万 t,粮食商品率就将提高到 64.8% 。也就是说,退耕 2.1 万 hm² 所减产粮食,仅仅减少了农民的余粮,不会对张掖地区乃至甘肃省粮食储备及交易产生任何影响,而农民余粮的减少,将有助于减轻农民余粮积压,缓和农民卖粮难的状况,提高粮食商品率。

4.2 退耕对农民经济收入的影响

退耕 2.1 万 hm² 所减产 16.3 万 t 粮食,按 54.3% 的粮食商品率计,将有 8.85 万 t 粮食成为商品粮而转化为经济效益,剩下的 7.45 万 t 粮食成为积压余粮。假定所产粮食均为小麦,按目前河西小麦市场价 1.00 元/kg 计,8.85 万 t 的商品粮经济损失为 8 850 万元。据调查,每 1 hm² 小麦需投入种子 300 kg,约合 37.5 元;地膜约 600 元;化肥 250 元。其他劳力、蓄水等投入暂且不计,每 1 hm² 地共需直接投入 1 725 元,2.1 万 hm² 地共需直接投入 3 680 万元。扣除投入后,农民因减产造成的经济损失为 5 170 万元。按照国家的退耕还林补助标准,每 1 hm² 退耕还林地将补助粮食 1 500 kg,教育医疗费 300 元,苗木补助费 1 500 元。2.1 万 hm² 退耕还林地每年补助粮款折合人民币共计 7 040 万元,高于减产造成的经济损失。也就是说,农民并不会因退耕还林的实施而造成经济损失。农民因退耕 2.1 万 hm² 造成的粮食减产所带来的经济损失,可以在接受国家政策补助后得到弥补。

退耕还林的实施还可以改变原来较为单一的种植结构,扩大林业种植面积,促进生态林、经济林的建设,并促进林业经营向多样化、产业化发展,从而开拓多种致富门路,增加农民收入。

4.3 退耕对灌溉用水的影响

退耕还林后,灌水定额减少 30% ~ 40% ,考虑需耗水量的减小及输水过程无效损失量的减小,规划的退耕还林还草规模将节水 6 400 万 m³ 左右,其中黑河中游干流地区节水将增加正义峡下泄量 6 000 万 m³ ,有利于黑河下游区生态环境的改善。

5 结语

甘肃省 2000 ~ 2010 年退耕还林还草实施规划是根据江泽民总书记关于西部"再造秀美山川"指示精神而采取的重要措施之一,是甘肃省林草生态建设的重要组成部分。在省内粮源正常购销情况下,2005 年以前省内粮食库存能够确保退耕还林(草)第一阶段"以粮代赈"的粮食供应,在退耕还林(草)第二个阶段,粮食部门才有可能从省内外大量收购粮食。作为甘肃省商品粮基地,张掖地区压缩黑河中游干流及鼎新灌区农田灌溉面积 2.1 万 hm² 用于生态植被建设是完全可行的,不仅不会对该地区乃至全省粮食储备造成任何影响,也不会给农民造成经济损失,而且有利于生态环境的改善,有利于种植结构及用水结构的调整、促进林业产业化、增加黑河下泄水量、解放农村劳动力、开拓多种致富门路、提高粮食商品率、减轻农民卖粮负担。因而,在张掖地区开展退耕还林还草,不仅可行,而且意义重大。

黄河的"先天不足"及其"后天失调"

陈先德

(黄河水利委员会)

1 黄河存在的问题

黄河的治理开发,成绩斐然,举世瞩目。进入 21 世纪,当我们综观大河上下,黄河"害"在下游"病"在中游的矛盾,依然故我,日趋沉疴。旧病未除,又添新"愁"。进行冷静、认真、客观的反思,发人深省。

(1)1999 年秋,我曾组织黄河源考察,仅有的资料反映年降水量减少 10% 左右,农牧业、生活用水很少,然而 2 000 个左右的湖泊、湿地干枯。1996 年 2 月玛多河段断流,历时 28 天;1998 年 1 月至 4 月,鄂陵湖出口断流,历时 100 多天,湖水位比 1997 年下降 1. 22 m;1998 年 10 月 20 日至 1999 年 6 月 2 日,扎陵湖和鄂陵湖之间河道干枯,历时长达 200 余天。水源丰沛的玛多县仅 13 000 余人,不少地区发生水荒,全县 70% 的草场退化,鼠灾猖獗。而且,鄂陵湖口已修坝建电站,调节后的影响不可而知。黄河水资源问题是全河性的。

(2)龙羊峡至托克托河段,从三盛公枢纽,清水河、祖厉河等一系列支流的治理开发,龙、刘水库的修建,特别是先建龙羊峡多年调节水库,开发次序的颠倒,至今大柳树和小观音枢纽兴建的争论还未定案,宁夏河道摆动不定,宁蒙河段防洪、防凌矛盾日益尖锐。黄河为害,已经使"唯富一套"的塞外江南,不堪重负。

(3)托克托汛期流量多年均值 2 000 m³/s 左右,1986 年后,由于龙、刘水库的调节作用,以及大量用水,已降至 500 m³/s 以下。大量洪水基流锐减,以致托龙间加入的尖瘦洪水,坦化严重。

(4)托龙间是黄河泥沙主要来源区,据 1950 ~ 1999 年系列,多年平均水量约 60 亿 m³,沙量 7. 2 亿 t。进入 20 世纪 90 年代,水量减少 1/4,沙量减少 35%,水沙变化不同步。该地区水土保持的减水减沙作用,如何从地区平衡,至全河的水沙关系协调,不是一个孤立的关系。

(5)三门峡改建后的运用,从总体上看,还是有明显效果的。由于水沙条件的变化,反映在潼关高程问题上(实际上是 CS36 ~ CS41 断面的淤积问题),运用方式又有完善的必要。我认为,汛期水位可适当抬高,非汛期水位宜适当下调,以回水不超过 CS36 断面为控制,非汛期泥沙淤积在 CS36 断面以下,有利于汛期排出及潼关高程的降低。

(6)小浪底枢纽的防洪运用,设计中分析,普通洪水得到有效控制,百年一遇洪水不用东平湖,千年一遇洪水不用北金堤,特大洪水减轻损失。调水调沙方式,调水以避免下泄 1 000 ~ 2 000 m³/s,以利改善艾山以下河道的淤积;调沙方式为 $Q_{下泄} \leqslant Q_{平滩}$(当时分析 $Q_{平滩}$ 采用 6 000 m³/s),$\rho < (100 \sim 150) \mathrm{kg/m^3}$,下游河道不致发生严重淤积。通过水库调节,使出库含沙量控制在 50 ~ 150 kg/m³。

本文原载于《黄河下游治理方略专家论坛》,黄河水利出版社,2004 年。

设计条件水沙系列与实际来水来沙有很大出入,黄河下游平滩流量现状仅有 2 000 ~ 3 000m³/s,为了充分发挥小浪底枢纽的效益,小浪底运用方式的研究将是一个长期的认识过程。近年运用,使大量泥沙淤在八里胡同以上,占用有效库容,后果严重,不可掉以轻心。

(7)黄河下游治理,随着龙羊峡水库投入运用,以及沿河大量用水,原汛期与非汛期来水分配已由6:4变为4:6,实际上全年水量分配均匀化,原塑造河床的流量不复存在,以致下游平滩流量由6 000 ~ 8 000 m³/s,下降为2 000 ~ 3 000 m³/s。全年来水的均匀化,造成全河性的河道萎缩,流域内产汇流、洪水演进变化以及危害可概括为:出流慢,演进慢,小流量,高水位,洪水历时长,大漫滩,大损失,防洪形势更加险恶。"96·8"洪水,原阳高滩到灌漫水,一片汪洋,下游滩区问题暴露无遗。滩区,既是大洪水的通道,又是181万人赖以生存的空间,不能只强调破生产堤。2003年兰考滩区生产堤决口、堵复,有很多方面值得总结,但是任何一个好的方案,缺少地方政府的理解和支持,很难变为有效的行动。滩区治理,既不可忽视黄河下游保安全,又不可忽视作为弱势群体——广大农民群众的生命安全。

建议:① 滩区宜建村台,然后在村台上建钢筋混凝土柱子结构的二层小楼,四周土坯墙,一遇大水,墙倒屋不塌,人可上楼避险,生命财产有保障。②结合控导工程进行二级治理,中小洪水有控制,大洪水有出路。

至于东平湖、北金堤、南北展以及河口等,这里就不再阐述了。

黄河水少沙多,水沙异源,水沙关系不适应的天然属性,决定了任何一项重大的治黄措施,都会"牵一发而动全身"。以上的想法,决不是苛求过去,而是希望现在会有新的举措。

2 分析探讨

近20年,为了探索黄河的变化规律,进行了大量的基础工作,但是认识问题会有多次的反复,不会停留在一个层面上。一些矛盾是深层次的,用传统的方法分析,难免有一定的局限性,在以往广泛研究的基础上,需要抓住一些环节做深入探讨。

(1)流域内有27%的面积无测站控制,这些地区产流、汇流过程,以及在黄河水资源中的作用,从20世纪80年代提出后,至今没有做工作。

(2)流域内中西部地区涌现出的众多的集雨工程,按非充分灌溉理论,年平均每公顷用水量300 ~ 450 m³,初步摆脱雨养农业靠天吃饭的被动局面,同时人畜用水条件也得到改善。据陕西省的分析,全省可利用雨水资源量为11.6亿 m³,分别占雨水资源量的1%、径流量的3%。全流域集雨工程所利用的水资源,由少聚多,增加迅速,对黄河水资源有什么影响。

(3)流域内3 500余座水库,以及河道、滩地和众多旅游区水面等,处于蒸发能力1 000 ~ 3 000 mm/a的强烈蒸发区,蒸发损失对水资源的影响如何考虑。

最近有关黑河的一篇报道中,涉及地下水和蒸发问题:"根据统计资料,1990 ~ 2000 年黑河下游入境水的平均年补给量为1.93亿 m³(此数据可能有误),而年蒸发蒸腾量为6.51亿 m³,二者的差是每年4.58亿 m³,由于下游的降雨对地下水的补给贡献很小,蒸发的水量基本上都是来自于地下水,也就是说承压地下水补给黑河下游的量为4.58亿 m³,如果考虑到古日乃草原和巴丹吉林沙漠中的泉、湖泊(海子)、盐河、湿地等也是来自同一个补给源,则承压水的补给量将达到6亿 m³,地下水受到蒸发后又返回大气层。通过蒸发蒸腾量估算出地下水的补给量约为19 m³/s,实际上是一条地下暗河。"

上述报道是不是正确,可进一步论证。由于黄河流域大部分地区处于干旱、半干旱地区,在水循环中,蒸发和地下水的研究始终是一个薄弱环节。

(4)设计洪水估算,规范中有十分明确的规定,约定俗成。实践中深感各种估算方法都有不尽合理之处,如有"中国特色"的设计洪水过程线拟定,采用典型洪水同倍比、同频率放大,与产汇流的分析有出入。主要表现在:① 雨强加大时,增加产流净雨,并出现提前产流;②初损不同时,也要增加产流净雨,也会提前产流;③雨强加大时,增加净雨历时,加大产流后损失。

设计与典型相比,相同雨型要提前产流,地表径流加大,峰高、峰型变胖。

现行使用的各种方法,通过理论分析,以及实践的积累,一定能够得到不断完善。

(5)历史洪水,以沁河1482年(明成化十八年)洪水为例,在20世纪70年代做沁河河口村水库设计时,发现九女台洪痕千真万确,估算洪峰20 000 m³/s。但是查找文献,以及现场调查,下游找不到这场洪水的反映。当时从山区弯曲性河流水力要素考虑,参照长江三峡模型资料和汉江上游资料进行了修正,估算洪峰为10 000 ~ 14 000 m³/s,采用14 000 m³/s,重现期500 年一遇。最近进行古洪水分析,认为洪峰14 000 m³/s不合理,以堆积体古树分析,重现期2 500 年一遇,洪峰以堰塞湖溃决推得,约10 000 m³/s。

又以1843 年洪水为例,20 世纪70 年代做三门峡以上可能最大洪水估算时,1843 年洪水来源,从文献和调查分析,在龙门以上只能定性为道光年间,渭河咸阳、华县,泾河张家山无记载;1933 年洪水,有水文记录和不完整降水资料,以及众多调查洪水等,是近期十分宝贵的大洪水资料。通过多种途径分析,粗略地绘制了1933 年雨量等值线图,认识到三门峡峰高量大的洪水必然是龙门、华县较大洪水的组合,也加深了1843 年洪水来源的认识。

一些基础性工作和关键要素研究上的突破,有助于加深对黄河演变规律的认识,如20 世纪60 年代,提出黄河中游多沙粗沙区问题;70 年代黄河中游可能最大降水、可能最大洪水的分析估算,对黄河的规划治理产生了巨大的推动作用,就是佐证。"长期以来,人类对江河的尊重最少,干预最大,索取最多,已经极大地改变了江河的原生风貌和自然流动的循环规律,洪涝、干旱和缺水的形势日益严峻。"黄河的"先天不足",是历史遗留下的;黄河的"后天失调",是人为的。

以上是对一些问题粗浅的看法,只想以一孔之见,抛砖引玉,使黄河的治理与开发更多地体现人与自然的和谐相处。

黄河河源区水文水资源测报体系建设项目概况

谷源泽

(黄河水利委员会水文局)

1 河源区概况

黄河河源区指黄河干流唐乃亥水文站(即黄河干流龙羊峡水库)以上黄河干、支流区域,横跨青海、四川、甘肃三省。面积12.2 ×10⁴km²,占黄河流域面积的16.2%。河源区海拔在

本文原载于《黄河源区径流及生态变化研讨会专家论坛》。

3 000 m 以上,空气稀薄,星海众多,水系比较发达;含氧量为海平面的 60%,大于 1 000 km² 的支流有 23 条,多年平均径流量 205 亿 m³,占黄河年径流量的 35.3%,是黄河的天然水池;年平均气温在 0 ℃ 以下,年内温差较大,极端最大温差高达 75℃ 左右。河源区多年平均降水量 450 mm,5~10 月降水量占年降水量的 91%。

2 河源区水文测报现状

河源区的水文站网,几十年来积累了丰富的水文资料,为黄河的治理开发和国民经济的发展做出了巨大的贡献。河源区现有黄委所属水文站 10 处,委托雨量站 5 处,水质监测断面 1 处。水文站观测项目主要包括水位、流量、含沙量、输沙率、降水、蒸发、气温等。其中降水、蒸发、水温、气温观测以人工观测为主,资料的数据整理为人工作业;主要水位观测设施为直立式水尺,人工观测,人工方式进行水位数据计算和整理;流量测验的主要方式是驻测,测验设施主要有测船、流速仪半自动缆道、浮标投掷器等。由于河源区自然条件恶劣,是黄河流域水文测验条件最困难的地区,基础设施建设滞后,长期以来经费投入不足,大部分测验设施建成于 20 世纪六七十年代,超期服役现象严重,水文水资源测报存在许多问题。

3 项目建设背景

近年来,河源区降水量减少,径流量偏枯,导致湖泊、沼泽、湿地面积减少;草场退化、沙漠化日趋严重;水土流失严重,水源涵养能力降低;再加之河源区过载放牧、资源性掠夺等因素影响,风灾、旱灾、鼠害等自然灾害频繁出现,水环境、生态环境日益恶化;源头河段断流次数增多,断流时间延长,河源地区已逐渐成为社会各界关注的热点。

河源区水文、水资源、水环境监测手段落后,监测能力薄弱,满足不了掌握黄河河源区水资源量及其时空分布和变化趋势的需要;河源区高寒缺氧、日照强烈,社会经济文化、交通通讯落后,水文站点布设受到限制,站网较稀,水文站测验设施简陋、标准低,测验仪器设备陈旧,测报手段落后,技术水平低,职工劳动强度大,安全保障程度低,站房破旧,工作、生活条件异常恶劣,水文水资源监测已远远满足不了黄河治理开发与管理和西部大开发的需要。

2001 年 10 月 1 日,温家宝同志对青海省江河治理与保护工作做了重要批示;12 月 3 日,水利部要求部水文局、黄委、长江委,加强青海省三江源与青海湖水资源监测,抓紧基础性工作,为江河源区生态治理与保护规划做好准备。

2001 年 11 月 6 日,黄委召开主任专题办公会议,研究提高河源区水文水资源监测水平和改善黄河河源区水文职工生活、工作条件问题,明确要求:"要依靠科技进步,要在巡测、遥测上下功夫,突出研究遥测,研究如何把利用当代先进科学技术与当地经济社会环境有机结合起来,把河源地区作为实现黄河水文升级换代达标的突破口。"

从 2001 年底开始,结合水文测报升级工作,我局先后组织有关人员对黄河河源区水文水资源测报体系建设项目进行多次实地查勘、调研、论证。目前河源区水文水资源测报体系建设项目建议书已经通过水利部水规总院的等待批复,同时 2003 年下达计划部分正在实施。

4 项目建设目标

河源区水文水资源测报体系建设的远期目标:利用现代科技成果,以自动测报和巡测技术为基础,以空间数据采集技术为方向,实时、准确地掌握黄河河源区水资源和水环境动态,分析、预测水资源和水环境变化趋势,实现河源区水文工作现代化,为黄河的治理开发和西部大开发提供基础资料。黄河河源区测报体系建成后,将大幅度提高河源区水文测报工作的科技含量,改善河源区水文职工工作、生活条件,实现以下具体目标:巩固、优化现有站网,适量增设水文站点;实现水位、降水、蒸发等要素的自动采集、传输、处理;提高流量测验的自动化水平;加强水质监测,开展水资源和水环境的遥感监测,基本掌握黄河河源区水资源和水环境动态,开展河源区水资源变化趋势分析研究;改革水文测报工作模式,扩大水文巡测范围,减少测站驻测人员,减轻河源区水文职工劳动强度,提高工作效率。

5　系统构成

黄河河源区水文水资源测报体系建设项目分为信息采集系统、信息传输系统、信息监控接收处理系统、基于卫星遥感的水资源监测系统等四部分,构成黄河河源区的水文水资源信息采集、传输、处理、存储、服务、预测分析、会商服务的信息系统。计算机网络及数据库为信息系统的基础支撑。

黄河河源区水文水资源测报体系各组成部分之间既相对独立又互相联系,信息采集系统负责采集各类水文水资源信息;信息传输系统将采集到的各类信息快速、准确地传输到监控中心和水文水资源信息中心;监控中心和信息中心负责信息的提取、处理、转发、维护,建立计算机网络和数据库系统,进行水文水资源分析;利用卫星遥感等空间信息采集技术对河源区水文水资源进行连续监测,分析、预测水资源及水环境变化趋势。

6　信息采集系统

信息采集系统与设施设备建设以水文测站为基本单元,根据河源区各测站自然地理条件、河流水文特性和测站特性,引进先进的采集设备仪器,实现水位、降水、蒸发、气温和水质信息采集数字化和自动化;对测流缆道控制、信号传输、信息处理等技术的改造建设,实现流量测验自动化或半自动化;进行测站基础设施建设,改善生产、生活条件。

信息采集系统的建设任务包括河源区水文站网的扩充,改变水文测验工作模式,建立巡测队伍,确定巡测站点和实施方案;完善巡测和驻测水文站的基本设施,配备测验设施设备,改善生产、生活条件。建设的对象包括黄河河源区委属水文(水位)站、雨量站水质监测断面的水位、流量、泥沙、降水、蒸发、水温、气温、水质等信息采集的数字化和自动化,提高流量、含沙量测验的自动化水平。

6.1　水文水资源站网布局

黄河河源区水文水资源站网,遵循优化现有站网的原则,适量增设站点,并充分利用空间数据采集技术等现代化高科技手段,扩大资料收集范围。

在雨量监测方面:为增加雨量资料的收集范围,考虑到雨量站网密度、站点分布、生活交通条件等因素,在红原、若尔盖、玛沁、泽库、甘德、河南等县城新增设 6 个雨量站,使河源区雨量站网密度增加到 5 544 km^2/站。与原有 5 个委属委托雨量站一起,11 个雨量站全部实现降雨数据的自动测报。因按常规手段增设站点受到河源区气候和自然条件的制约,本项目另外建有基于卫星遥感的降水监测系统,这样一个地面站网数量对订正遥感监测数据、保证遥感采集降雨数据的精度来源,已可满足要求。

在水文水位站网布局方面:为掌握扎陵湖、鄂陵湖两湖水位和水量的变化情况,恢复扎陵湖水位站、鄂陵湖水位站,并实现两湖水位信息的自动采集、传输;在两湖之间增设措尔尕寨巡测调查断面(以下简称巡调断面),调查该干流河道的径流情况,同时在支流贾曲设 1 个巡调断面,为规划中的西线南水北调斜(尔尕)—贾(曲)线收集资料,工程建成后,又可通过该站掌握其水量变化情况。

在水质监测方面:为全面掌握和瞬时监测黄河河源地区的水质状况,拟将玛曲水质本底值(河源区背景)站建成全自动水质监测站。

扩建后的黄河河源区委属水文站、雨量站详见表1。

表 1　扩建后的黄河河源区委属水文站、雨量站一览表

序号	河名	站名	站别	设站日期	测验方式	地理坐标		集水面积 (km²)	海拔 (cm)	主要观测项目
						东经	北纬			
1	扎陵湖	扎陵湖	水位	拟建	巡测	97°30′	34°51′			水位
2	鄂陵湖	鄂陵湖	水位	拟建	巡测	97°45′	35°05′			水位
3	黄河	黄河沿	水文	1955.6	巡测	98°10′	34°53′	20 930	4 215	水位、流量、泥沙、降水、蒸发
4	黄河	吉迈	水文	1958.6	巡测	99°39′	33°46′	45 019	3 948	水位、流量、泥沙、降水、蒸发
5	黄河	门堂	水文	1987.8	巡测	101°03′	33°46′	59 655	3 636	水位、流量、降水
6	黄河	玛曲	水文	1959.1	驻测	102°05′	33°58′	86 048	3 400	水位、流量、泥沙、降水、蒸发
7	黄河	军功	水文	1979.8	巡测	100°39′	34°42′	98 414	3 079	水位、流量、泥沙、降水、蒸发
8	黄河	唐乃亥	水文	1955.8	驻测	100°39′	35°30′	121 972	2 665	水位、流量、泥沙、降水
9	热曲	黄河	水文	1978.8	巡测	98°16′	34°36′	6 446	4 200	水位、流量、降水
10	沙柯曲	久治	水文	1978.9	巡测	101°30′	33°26′	1 248	3 560	水位、流量、降水
11	白河	唐克	水文	1978.9	巡测	102°28′	33°25′	5 374	3 410	水位、流量、泥沙、降水、蒸发
12	黑河	大水	水文	1984.6	巡测	102°16′	33°59′	7 421	3 400	水位、流量、降水
13	塞尔曲	阿万仓	雨量	1977	巡测	101°42′	33°47′			降水
14	白河	龙日坝	雨量	1976	巡测	102°22′	32°27′			降水
15	白河	瓦切	雨量	1976	巡测	102°37′	33°08′			降水

序号	河名	站名	站别	设站日期	测验方式	地理坐标		集水面积（km²）	海拔（cm）	主要观测项目
						东经	北纬			
16	黑河	麦洼	雨量	1977	巡测	102°54′	32°03′			降水
17	切木曲	东倾沟	雨量	1977	巡测	99°58′	34°32′			降水
18	格曲	玛沁	雨量	拟建	巡测	100°15′	34°29′			降水
19	白河	红原	雨量	拟建	巡测	102°34′	32°48′			降水
20	黑河	若尔盖	雨量	拟建	巡测	102°58′	33°35′			降水
21	泽曲	泽库	雨量	拟建	巡测	101°28′	35°02′			降水
22	西科曲	甘德	雨量	拟建	巡测	99°54′	33°58′			降水
23	泽曲	河南	雨量	拟建	巡测	101°35′	34°45′			降水

注:增设黄河干流措尔尕寨、支流贾曲2个巡调断面,玛曲是水质监测断面。

6.2 测验方式及仪器选用

依据《水文巡测规范》和有关技术规定,拟定玛曲、唐乃亥2个水文站保持驻测方式,对经过分析符合巡测条件的干支流8个水文站的流量和含沙量实行巡测或间测的新工作模式。各主要观测项目的测验方式如下。

水位全部实行遥测。水位观测设备主要采用气泡式水位计和浮子式水位计。

流量测验实行驻测、巡测与间测相结合的方式。玛曲、唐乃亥2个驻测站实现全自动流速仪缆道测流;9个巡测站和巡调断面,依托断面附近的桥梁或舟船,利用ADCP或其他流量巡测设备测流;间测站军功,用测船测验。

含沙量、输沙率测验实行驻测、巡测与间测相结合。

降水量观测选用加热式雨雪量计、称重式雨雪量计、光学雨量计,并全部实行自动遥测。

蒸发量观测采用人工观测与遥测相结合,驻测站玛曲非结冰期实行遥测,结冰期则用人工观测;巡测站黄河沿、吉迈、军功、唐克站非结冰期实行遥测。

水温实行遥测或巡测;玛曲断面水质实行水质自动监测。

6.3 水文巡测方案

在符合条件的测站开展水文巡测,实行驻测、巡测和间测相结合的水文测报工作新模式;减少测站驻守人员,改善水文职工的工作环境,减轻工作强度,提高工作效率。

河源区的巡测工作拟以西宁为基地;组建玛曲、玛多两个巡测队。玛曲巡测队负责对大水、唐克、久治、门堂4个水文站的流量巡测及支流贾曲巡调断面的调查。玛多巡测队负责对黄河沿、黄河、吉迈、军功水文站的流量巡测,对扎陵湖、鄂陵湖水位站及两湖之间的黄河进行巡测与调查。巡测队的技术装备应满足当地特殊情况的需要。主要配备:交通工具、通讯工具、流量测验和泥沙处理仪器设备、定位和测量仪器设备、计算工具、生活设施设备。

7 信息传输系统

信息传输系统是将黄河河源区所有水文站点采集到的水文水资源数据,在30分钟左右的时间内准确传输到西宁监控中心和兰州水文水资源信息中心。应用现代通信技术,建设西宁监控中心单星形、兰州水文水资源信息中心双星形数据传输网。信息传输系统建设任务包括适合黄河河源区报汛通信的信道,采集点到测站、测站与监控中心和信息中心传输以及监控中心与信息中心之间的信息互传。

7.1 传输信道

目前,可供黄河河源区选择使用的传输信道主要有有线信道、短波信道、超短波信道、GSM和卫星信道、GPRS(通用分组无线业务)、DDN(数字数据网)。根据黄河河源区特定的自然地理环境和水文水资源数据需常年实时传输的要求,必须选用能长时间、连续、可靠、稳定工作的通信信道。因此,确定雨量站、水位站和水文站选用卫星作为主信道,在已经开通有线信道的8个测站,利用程控电话网作为备用信道,利用 GPRS 作为巡检的有力补充。在卫星通道尚未接通的情况下,利用 DDN 作为兰州和西宁、黄委水文局之间的主干道连接。

7.2 系统的传输功能

7.2.1 信息采集站的数据传输

雨量站、水位站自动采集的降水量、水位数据,通过测站数据采集终端(RTU),主要以自动、定时发送方式向中心传输;同时,具备响应中心呼叫指令、接受召测数据的功能。通讯方式见图1。

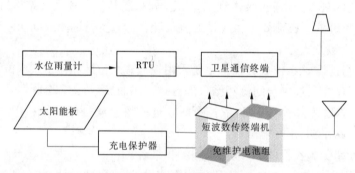

图1 水位、雨量站通讯示意

水文站的雨量、水位数据的传输功能与雨量站、水位站相同;所采集的流量、含沙量等数据,采用人工置数方式输入到 RTU.同样以自动定时发送为主、接受中心召测为辅的两种方式向分中心传输。通讯方式见图2、图3。驻测水文站的信息传输,设置了全线通卫星和 PSTN两种信道。测站在发送数据时,还具有 2 种信道可自动切换、互为备份的功能。

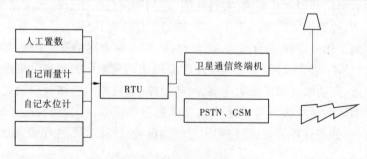

图2 巡测站通讯示意

玛曲自动水质站水质信息自动采集系统所采集的水质数据,与降水量、水位数据一样,通

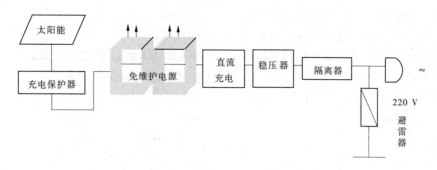

图 3 驻测站通讯示意

过 RTU 及通信设备自动发送至中心。

7.2.2 中心站的数据接收

西宁监控中心和兰州水文水资源信息中心,均具备以下主要功能:

(1)全天候实时接收测站主动发送的数据;

(2)向测站发送指令,主动查询、召测测站数据;

(3)对接收的信息进行解码、合理性检查、纠错,按不同的信息类型分别进入内存保存;

(4)可实现远程编程、修改测站工作参数,按要求确定测站发送数据的时间(频次),向测站发送授时指令,统一测站时钟;

(5)监视、控制测站通信终端机等设备的工作状态,还可实现远端故障诊断,接收方式见图 4。

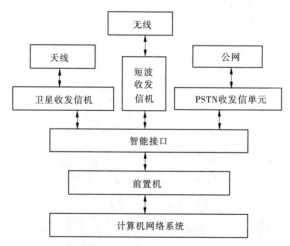

图 4 中心站信息传输系统示意图

8 信息监控接收处理系统

信息监控接收处理网络系统分为西宁监控中心、兰州信息中心。

西宁监控中心在黄河防汛指挥系统工程中,被确定为水情信息分中心。其功能除了属于信息传输系统必须具备的接收各测站所发送的水文水资源信息,并进行检查、纠错和处理、存储,以及向所在地区防汛指挥机构分发等之外,还应具备:

（1）向兰州信息中心实时传送河源区各类水文水资源信息；

（2）了解、掌握2个巡测队动态，负责巡测计划的实施；

（3）建立河源区实时水文水资源数据库，对河源区测报体系进行监控、管理；

（4）依托信息服务系统，提供实时水文水资源信息的查询、输出等服务。

西宁监控中心网络拓扑见图5。

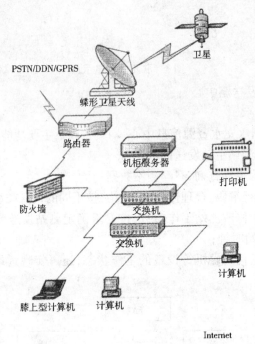

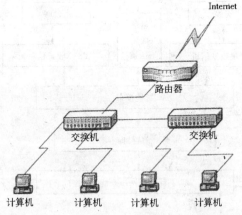

图5　西宁监控中心拓扑图

　　兰州水文水资源信息中心除了与西宁监控中心一样作为星形数据网的中心，具备接收整个上游测区的水文水资源信息等传输系统的功能外，还有以下功能：

（1）建立黄河上游水情、水质等实时数据库和历史水文数据库。

（2）建设黄河上游水文水资源信息服务系统，提供信息查询、输出等服务。

（3）建立黄河上游洪水、水资源预报系统，制作、发布上游有关控制断面的洪水预报和长、中、短期水资源量的预测预报;为实现和黄委水文局、西宁监控中心网络的广域互联,配置高性能多协议、多端口路由器1台,同时还要满足视频、语音、数据等综合信息传输的要求。兰州信息中心管理网络拓扑见图6。

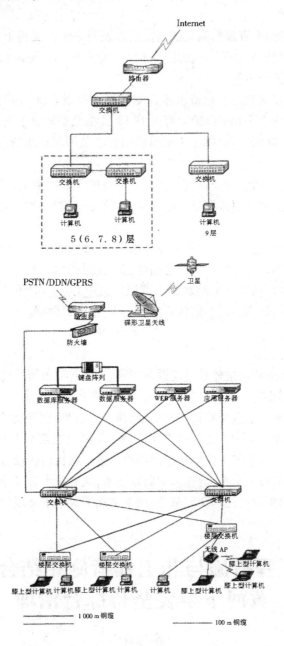

图6　兰州信息中心管理网络拓扑

9　基于卫星遥感的水资源监测系统

黄河河源区在黄河水资源调度管理、环境和生态系统恢复及建设方面极为重要。该地区为典型的高寒缺氧地区,其恶劣的气候、地理条件决定了不宜按常规手段靠大规模增设站网、增加水文人员来解决站点稀少、信息不足的问题;依靠高科技手段,采用空间数据采集技术,充分利用卫星遥感等信息实现流域面上的大尺度监测是黄河河源区水文水资源和水环境监测的必然选择。

基于卫星遥感技术的水资源监测系统是在地面观测系统的支持下,实现降雨、蒸发、水体等要素的时间、空间连续遥感监测,并在此基础上,建立相应的水资源(地表径流)预测预报系统,以弥补地面观测体系的不足。

中荷合作"基于卫星遥感的黄河流域水监测和河流预报系统"建设项目已经黄河水利委员会与荷兰荷丰公司(中介公司)于 2000 年 8 月 18 日在北京签署了备忘录,由荷方和中方合作利用荷兰政府赠贷款共同建立"基于卫星遥感信息的黄河流域水资源环境实时监测和管理系统"。

基于卫星的水监测和河流预报系统包括气象卫星接收处理系统(兰州)、大口径闪烁仪观测数据接收处理系统、流域降雨蒸发旱情监测系统、流域融雪径流观测系统、河源区水资源预测预报系统和产品发布系统。

系统的基本原理为能量平衡与水量平衡原理,根据接收的卫星探测资料和地面观测资料,以日为单位进行降雨、辐射、蒸散发计算,进而进行径流过程(以日为单位)预报。信息监控接收处理系统的建设任务包括建立上游水文水资源信息中心(兰州)和西宁监控中心的计算机软、硬件系统,实时接收、处理、监控,信息服务和洪水、水资源预报。

10　结语

黄河河源区水文水资源测报体系的建设和完善,是新时期黄河治理、开发与管理工作的需要,该体系建成运行后,将有效扩大河源区水文水资源资料收集的范围,增加信息量;水文站测报技术水平得到提高;水文信息处理快速高效、传输及时准确,河源区水文水资源测报整体水平得到提高,能及时为黄河上游水资源调查评价、水环境保护、西部大开发及时提供可靠的水文水资源信息;河源区水文职工工作生活条件得以改善。项目的建设,是要对河源区水文职工进行技术培训,提高队伍技术水平,掌握水文高新技术,从事技术含量较高的工作,将为实现黄河河源区水文水资源测报方式根本性变革,进而为实现河源区水文现代化发挥重要作用。

工程措施与非工程措施相结合,黄河下游要坚持综合治理

谷源泽

(黄河水利委员会水文局)

以上听了各位专家的意见,我深受启发。

本文原载于《黄河下游治理方略专家论坛》,黄河水利出版社,2004 年。

黄河下游的治理方略，从各位专家谈的观点看，有很多治理措施。下游不易治理问题的根本症结不完全在下游，中游和河口的影响是主要原因。中游的问题是什么呢？中游的问题就是泥沙问题，黄河流经中游加入了大量泥沙，水流加沙以后体现在水少沙多。河口的侵蚀基面的升高和降低，引发了黄河下游河道的溯源冲刷和溯源淤积，造成了黄河下游河道输沙的不平衡。综合起来，就是水少沙多，水沙不平衡，这是黄河下游不易治理的根本所在。因此，黄河的治理，不能头疼医头，脚疼医脚；黄河下游的治理不能简单地考虑黄河下游，要从全流域着手进行综合治理。现在黄河中游在水土保持方面做了大量卓有成效的工作，这很好。现就黄河河口及下游的治理问题谈谈个人的粗浅认识。

黄河河口对下游的影响，主要体现在对下游河道的溯源冲刷和溯源淤积。河口的治理，一方面怎么想办法不使河口的侵蚀基面抬升得太快；另一方面，怎么能够有效地、尽可能地保持河口流路的相对稳定。这是一对矛盾，怎么解决这个问题？从长远看，分析历史上黄河河口的淤积延伸规律，应该从过去黄河河口的单循环演变观念，逐步向复循环流路演变观念转变。总结历史，黄河河口尾闾变迁基本遵循着淤积、延伸、分汊、改道的自然条件下单循环演变规律。黄河河口发展到今天，已经不是自然条件下的河口，而是人工干预下的河口，这种情况已经不是简单的单循环流路，应该用复循环流路的观点来重新认识河口。通过审视河口的演变过程发现，单循环规律四个环节中只有第二个顺直（延伸）阶段最有利于行河，并影响流路寿命的长短；分汊标志着一条流路已到末期。一条流路每当在末期分汊时节，安排几个最有利于行河的顺直阶段，在其他环节进行有力的人工干预措施，缩减不利于行河的环节时程，就可以延长一条流路的行水年限。其方法是，根据水沙过程、河口形势、海洋动力条件以及黄河三角洲生产力布局情况，首先在某一大流路第一个出汊节点处实施人工干预措施，保持原来的河势，突出塑造主干河道；主干塑造完成后，使出汊顶点沿主干河道下移到某一位置进行第一个人工出汊流路；在第一个出汊流路完成行水年限后，再在此出汊顶点附近（可以在主干河道，也可以在出汊河道）进行第二次出汊行河，这样主干河道与4~5次出汊行河河道，在起到了5~6倍延长原流路自然特性中，是最有利于行河的延伸（归一）阶段。由于刚完成行河的三角洲，数个河口之间没有衔接，海岸不平顺，存在数个小湾，仍有一定的容沙能力，只要不危及防洪，河水可以在一定范围内和原始地貌状态一样恣肆行河摆动，进行末期的填湾；最后，海岸容沙能力基本用完后，再人工干预向上进行另一条顶点的新改道，使延伸环节为复循环，数倍地延长了流路行水年限。

按照复循环演变规律，从1976年西河口改道开始的清水沟流路三角洲大行河四个环节组成为：第一个环节——淤积散流时期（1976~1980年）；第二个环节——延伸归一时期（1980~1988年）；第三个环节——复循环环节：初期强伸主干时期（1988~1996年）、中期科学安排数次人工出汊时期（1996~？年）、末期填湾漫流摆动；第四个环节为实施另一条复循环流路重新选择主顶点、行河海域进行改道。这也是任一条复循环流路的四个复循环环节的基本组成部分。

复循环流路是在黄河尾闾演变自然行河特性及内在规律的各个环节上，加以人工干预措施；复循环出汊，并不违背河道的自然行河特性，具有易实施性和可规划性。复循环流路是符合自然规律的反映，它的行河对流路规划、河口防洪、流路相对长期稳定、黄河下游治理、三角洲可持续发展、淤滩采油、保护港口等都具有重要的作用,是黄河多年来河口演变理论的重大认识。

人工干预措施对河口演变机制的改变,有着巨大的影响和作用;实施强有力的人工干预措施,已成为黄河河口新的治理特点。由复循环流路三角洲大行河过程组成的流路安排,对整个三角洲的流路规划有着重大实际作用。主改道顶点的位置与行河流路需要经过严密设计,然后经具体工程实施,这样规划出了清晰的行河路线。主改道顶点与小顶点群之间的主干河道长期稳定,为黄河三角洲创造了稳定的可持续发展环境。

从复循环流路的观点讲,目前的 1976 年清水沟流路,已经行河 28 年;在历史上,任何一条流路保持如此长的相对行河稳定时间是不可能的。其原因有二,第一,黄河中游的治理和经济社会的发展使河口地区的来水来沙条件发生了很大的变化;第二,采取了必要的人工干预措施,现在的清水沟流路并非自然条件下的,而是人工干预下的清水沟流路,包括修筑导流堤、挖河固堤等措施,更包括 1996 年的清 8 出汊。清 8 出汊就是复循环流路的试验点。该工程的实施不仅是为成本较低的陆上石油开采而进行的利用黄河泥沙淤滩造陆工程,而且是黄河口治理新思路的有益探索。

清 8 出汊可以看做是清水沟流路的子流路,也就是大循环中的小循环。在以清 8 为顶点的小扇面横扫以后,出汊顶点可以再上移到渔洼附近,这就是复循环的理念。这样做的好处是有效地推迟河口侵蚀基面的抬高速率,也就推迟了黄河下游淤积的速度,并且有效地保持了清水沟流路较长时间的稳定,使清水沟流路的行河时间成倍增长。河口流路稳定了,就为河口地区的经济发展、油田的开发建设争取更多的时间,其社会效益和经济效益是不可估量的,对黄河下游治理的贡献也是不可估量的。

从长远观点,黄河下游的治理离不开河口的治理。从近期看,我非常赞同上午王曰中教授讲到的应尽快批复有关河口治理的规划,以尽快实施。其次,近期还应该对规划流路做一些前期工作,这些前期工作离不开非工程措施手段的实施。包括河口近海区的冲淤演变的观测研究,以往已行河流路口门的海岸线的蚀退观测研究。目前,黄河下游调水调沙已经实施了两年,应加强黄河河口拦门沙的观测研究。这两年我都曾到黄河口门查勘过,2003 年调水调沙时期,我们到黄河口门查勘的时候,发现黄河口门目前已经不是单一河槽,不是一股主流,明显是两大主流入海。加强拦门沙的观测,采取非工程措施,取得资料进行分析研究,做前期的措施安排是非常必要的。

对黄河下游治理的工程措施,第一,宽河固堤与有计划的淤滩刷槽相结合;第二,应长期坚持调水调沙,逐步加大造床流量。宽河固堤,在大洪水时可以保证下游堤防安全;有计划地淤滩刷槽,在中水时,可以改善"二级悬河"的状态,是黄河下游治理的有效途径之一。

总之,黄河下游的治理离不开流域的综合治理,工程措施和非工程措施并举,以达到黄河的长治久安。

论黄河下游河道的治理方略

马秀峰

（黄河水利委员会水文局）

最近,治黄专家们在总结人民治黄经验的基础上,提出以"三条黄河"为技术手段,按照"堤防不决口,河道不断流,污染不超标,河床不抬高"的四项主要标志,采取九条治理途径,实现"维持黄河健康生命"的终极目标。这一治黄新理念的提出,标志着一代人对黄河治理的认识,取得了一次重要的突破。古人说过一句醒世的名言:觉今是而昨非,知来者之可追。让我们群策群力,为实践这一新的治黄理念,献计献策。

何谓不健康的黄河? 就有利于营造人类的生存环境而言,历史上三年两决口、百年一改道的黄河,不能算作健康的黄河;洪荒时代的黄河,迫使人们择高埠而避之,也不能算作健康的黄河。由此推论,"堤防决口,河道断流,污染超标,河床抬高"以及由此而引发的一系列灾变问题的黄河,就是不健康的黄河。因此"维持黄河健康生命"的终极目标和四项主要标志,其内涵是一致的。

在四项主要标志中,应该把"河道不断流"理解为"黄河水资源的开发利用不要超过一定的限度";把"河床不抬高"理解为黄河的主河槽不抬高。于是"维持黄河健康生命"的核心命题,就是"河道不断流,河床不抬高"。

下面,围绕"河床不抬高"的核心命题,谈一些看法,供参考。

1 平原盆地多沙河流与支流的演化法则

在以往的许多研究成果中,很少提到或关注到平原盆地多沙河流与支流之间的演化规律问题。最近我参与了对渭河的考察,看到了渭河因自身河道淤积而引起支流河口的淤积和洪水泛滥问题,使我意识到平原盆地多沙河流与支流之间,存在着非同寻常的演化法则。认识这种演化法则,对多沙河流的治理具有重要的作用。

我们不妨举一反三地追问几个问题:

这种现象是不是平原盆地多沙河流与支流之间因泥沙淤积而演化的必然结果?

大汶河因黄河的淤积而演化出"大汶河—东平湖—黄河"的衔接模式,是不是平原地区多沙河流与支流之间因泥沙淤积而演化的必然模式?

有人提出"淤筑相对地下河"的对策,即在黄河两岸现有大堤的基础上,淤筑起两道又高又厚的人工岗岭,让黄河即使在河床淤积抬高的情况下,相对于两道又高又厚的人工岗岭,仍然表现出相对的地下河的特征,从而使黄河永不泛滥成灾。这一治河对策的要害是"相对"二字,因为既然强调相对于人工岗岭是不淤积抬高的地下河,就意味着允许黄河相对于某一固定的海平面是淤积抬高的地上河,否则"相对"二字就失去了意义。按照这样的治理途径,虽然

本文原载于《黄河下游治理方略专家论坛》,黄河水利出版社,2004 年。

在一定时期内黄河自身有可能不再泛滥成灾,但黄河的河床相对于海平面还在淤积抬高,当黄河的河床淤积抬高到某一临界值后,大汶河的水进不了黄河怎么办? 让大汶河演化成内陆河? 沁河、伊洛河的水进不了黄河怎么办? 当然也可以仿效黄河两岸,在支流上也修筑起两道又高又厚的人工岗岭,避免因黄河水向这些支流倒灌而引起洪水泛滥;但支流来的洪水向何处去? 是否也形成类似的"东平湖",来蓄积支流的洪水? 或者让沁河像子牙河那样,在现行黄河的北侧,背离黄河而自行入海? 事实上,如果沁河尾闾段不受堤防的约束,早已背离黄河而自行改道入海了。伊洛河因排水不畅而泛滥洛阳,是有许多史料可考的,将来在伊洛河上也修筑起两道又高又厚的人工岗岭,避免黄河水向伊洛河倒灌引起洪水泛滥,但伊洛河的洪水进不了黄河怎么办? 伊洛河不具备子牙河自行入海的地形条件,是否让伊洛河也演变成内陆河,伊洛河夹滩也形成类似的"东平湖",让洛阳人在低于湖水面的环境内安居乐业?

最后的问题是:按照"淤筑相对地下河"的对策,治理黄河下游,能否"维持黄河的健康生命"?

笔者认为,因干流泥沙淤积而引起支流河口的溯源淤积,进而引起支流的洪水泛滥,在干支流交汇处形成湖泊、沼泽,是平原地区多沙河流与支流之间相互演化的普遍模式。如果我们审视一下黄、淮、海大平原上的水系走向,就会发现,位于当代黄河以北的河流,无一例外地都背离黄河向东北方向流去;位于当代黄河以南的河流,也都背离黄河向东南方向流去;"江河之大,不择细流"的法则,不适用于平原地区多沙河流与支流之间的演化关系。当然泰山的阻挡有一定作用,但更主要是黄河淤积形成的"龟背地形"所致。黄河的摆动和淤积,迫使其他支流远离自己而"自谋归宿"。再看三门峡库区渭河、北洛河与汾河的洪水,其尾闾河段都存在着因为黄河干流的淤积而就地泛滥成灾的问题。因此,在人类文明已经高度发展的今天,从维护人类的生存环境着眼,如何避免因干流泥沙淤积而引起支流河口的溯源淤积,进而引起支流的洪水泛滥,引起支流背离黄河而自行改道入湖、入海,是维护平原、盆地多沙河流与支流之间健康生命的重要内容。"淤筑相对地下河"的对策,有悖于实现"维持黄河健康生命"的终极目标,因此是不可取的。

2 调水调沙在实现治黄终极目标中的地位和作用

我认为"调水调沙"是在实现治黄终极目标过程中必不可少的极其重要的措施。但是在调水调沙、塑造黄河槽床的同时,还必须采取减少回淤和巩固造床效果的有效措施,才能收到调水调沙的预期效果。

众所周知,在漫长的历史岁月里,在黄河三年两决口、百年一改道,来水、来沙接近天然状态,每次决口都有大量泥沙冲出河道之外的条件下,黄河尚且形成高出两侧地面的悬河;很难设想,在黄河水资源平均利用率已经超过 53.5%,枯水年份可高达 90% ,可供调水调沙的水量已经严重不足的今天,单靠调水调沙,能够有效地解决黄河下游河道的淤积问题。

1964 年是个来水量相当丰富的年份,黄河下游河道曾经发生过普遍而显著的冲刷,平滩流量达到 10 000 m³/s 以上。然而十分可惜的是没有赖以巩固冲刷效果,避免平、枯水输沙引起回淤的有效措施,从而在以后的岁月里,特别是在黄河水被大量开发利用以后,主河槽淤积更加严重,平滩流量下降到近期的 2 000 m³/s 左右。

由此看来,要解决黄河下游河道淤积,调水调沙的措施固然是必不可少的,但还必须创造出赖以巩固冲刷效果,避免平、枯水输沙引起回淤的配合措施。否则调水调沙的措施将很难奏效。

3 对某些开发措施的反思

有些在不同时期形成的开发措施,具有良好的初衷,但是这些措施组合在一起,一同对黄河施加影响,就引发出一连串的灾变问题。归纳起来主要是:

(1)龙羊峡、刘家峡等大型骨干水利枢纽,面上众多的大、中、小型水库群及灌溉引水等工程措施,拦减了径流,调平了黄河的来水过程,黄河兰州汛期(7~10月)来水量与非汛期(11月~翌年6月)来水量之比,从已往的6∶4,改变为4∶6;花园口实测流量小于2 000 m³/s的天数已占全年总天数的95.2%,长历时,平、枯水输沙已成为黄河下游的主要特征。

(2)在龙羊峡、刘家峡等大型骨干水利枢纽调平了上游汛期来水的情况下,三门峡水库汛期集中排沙,小水常带大沙,平均每年有95%的输沙量集中在汛期排入下游河道。黄河下游河床淤积的泥沙有90%集中在汛期,主槽淤积占全断面淤积总量的比例,由20世纪50年代的23%增加至90年代的86%~97%。河南段首当其冲,不堪重负,对防汛极为不利。

(3)黄河下游沿黄灌区,为避开非汛期断流缺水,不约而同地加大汛期引水力度,削减了水流的挟沙能力,削减了对河床的冲刷作用,小流量、高含沙、高水位机遇增多,加重黄河下游河床的淤积,下游河道日趋萎缩;平滩流量逐年减小;"二级悬河"形势严峻;畸形弯道显著增多;排洪能力渐趋衰减;横河、斜河与中常洪水出险的机遇明显加大;黄河下游滩区180多万世居人口,每遇中常洪水,即需逃洪避灾。种种迹象表明,黄河下游堤防溃决与冲决的风险,正在孕育着一个从量变到质变、从渐变到突变的过程。此外,黄河水稀释污水的能力,也因长期枯水而大幅下降,黄河干流有83%的河段为Ⅳ级或劣于Ⅳ级的不可用于生活的劣质水。

上述三个方面的干预作用,从各自局部的需求看,都有其合理的一面,但组合在一起,则形成了最不利的水沙条件,引发出一系列有碍于"维持黄河的健康生命"的灾变问题。

4 对某些治河措施的反思

"宽河固堤"作为一种治河措施,已有很久的历史,是长期以来沿黄人民与黄河反复抗争的产物。在中华人民共和国成立以前,早已客观地存在着。王化云首先用"宽河固堤"这一概念,表述这一治河措施,又联系当代黄河的实际,论证了这一治河措施的必要性、现实性与可行性,并作为重要的治河方略,指导黄河下游堤防工程的建设,取得了前无古人的重大成就,是他对治黄事业的重大贡献。

王化云作为原治黄工作的主要决策者,曾经详细地考证过"宽河固堤"与"束水攻沙"这两种治河方略的成功经验与失败的教训。特别是他亲身经历了1958年抗洪斗争的胜利,尝到了"宽河固堤"的甜头,指出:宽河道遇上大洪水,可以削减洪峰,有淤滩刷槽的作用。从而把"宽河固堤"作为重要的治河方略,指导治河工作。他对"束水攻沙"的治河方略,虽然也肯定其合理的一面,但在实践上却持保留态度。他在肯定"束水攻沙"的合理性时指出:"他(指潘季驯)从单纯用缕堤束水,创造性地发展到用遥堤、缕堤、格堤、月堤四种堤防,因地制宜,周密布置,配合运用的新阶段……最后把黄河两岸大堤全部连接起来,使河道基本稳定,河患显著减轻"。王化云结合自己对黄河的观察,又指出这一治河方略的致命弱点:"黄河水沙丰枯十分悬殊,即使束窄了中水河槽,在出现小水大沙的情况下,河槽仍要严重淤积。"又指出:"黄河滩区一般都是沙性土,用这种土筑成的土堤抗冲性能很差,名为'筑堤束水',实际上达不到'束水'的目的,土堤就可能溃决。"他经过正反两个方面的对比分析之后,以防御大洪水,有利于排洪、排沙为目标,在"宽河固堤"的基础上,只在两岸大堤之间修筑一系列控导工程,而未采用"筑堤束水,以水攻沙"的治河方略。

50 多年的实践证明,"宽河固堤"的治河方略对付大洪水是成功的。今天,黄河下游发生较大洪水的可能性,依然存在,对大洪水仍须有足够的思想准备。但是也必须看到,"宽河固堤"的治河方略,其主攻目标是大洪水,而不是泥沙。实施这一治河方略,在大洪水时可以取得淤滩刷槽效果;但对付平、枯水输沙的灾变问题,却无能为力。换言之,"宽河固堤"的治河措施,无法避免平、枯水输沙的回淤问题,无法巩固大洪水时取得的淤滩刷槽效果。

"筑堤束水,以水攻沙"的治河方略,其主要作用是减淤。但用于束水的堤防一旦建成,则两个堤防间的过水断面宽度就固定了下来。当流量小于某一临界值时,也不再有"束水攻沙"的作用。所以,"筑堤束水,以水攻沙"的治河方略,同样无法避免平、枯水输沙的回淤问题,无法巩固大洪水时取得的冲刷效果。

"上拦下排,两岸分滞"的治河方略,同"宽河固堤"的治河方略一样,都是对付大洪水的有效措施,但同样无法避免平、枯水输沙的回淤问题,无法巩固大洪水时取得的冲刷效果。

5 评"一了百了论"

有专家提出:黄河的症结是水少,一旦调来了长江水,所有问题就一了百了。我们不妨从经济角度算一笔粗账,评价这一对策的可行性。计划到 2030 年开始,每年调 150 亿 m^3 长江水入黄河,冲刷泥沙。届时按每立方米水 2.5 元的单价,每年需要一个小浪底水库的建库投资。这个投资金额,远高于黄河流域灌溉农业用水所创造的增产效益,如此沉重的经济投入,能将所有问题"一了百了"吗?

6 建议的治河方略

我建议治河方略的核心思想是:在现有治河工程的基础上,寻求配合措施,巩固大洪水或调水调沙取得的冲刷效果,避免平、枯水输沙引起主河槽的回淤。

按照这个理念全面审视一下曾经有过的"拦、排、调、放、挖"以及"宽河固堤、输水攻沙"等各种治河措施,虽然可以在局部河段或在短暂的时段内发挥一定的冲刷或减淤作用,但没有任何一个措施具有"巩固冲刷效果,避免主槽回淤"的功能。

基于上述分析,我建议的治河方略是:河渠结合,清浑分流,浑水入渠,清水、洪水行河。利用洪水或相机调水调沙,冲刷主河道;利用总干渠在平、枯水时期,输送高含沙水流入农田,农业灌溉用水和黄河输沙用水紧密结合;避免平、枯水输沙引起主河槽的回淤,巩固大洪水或调水调沙取得的冲刷效果。

具体说,就是把现行黄河下游南北大堤之间的河道,划分为四部分,居中的一股是黄河的主河槽,主河槽的两侧是控导工程,控导工程之外是南北两条总干渠,总干渠与黄河大堤之间是民居和农耕的滩区。

主河槽的功能有三:一是宣泄大洪水,二是宣泄伊、洛、沁河来水,三是输送小含沙的生态用水。

南、北两条引黄总干渠有 7 个方面的作用:

(1)用来输送小浪底水库排沙洞排出的浑水,避免黄河下游河道平、枯水输沙引起主河槽的回淤，巩固大洪水或调水调沙或人工疏浚取得的冲刷效果。

（2）供水，以后一切生产、生活用水，都从这两条总干渠中获取。

（3）两条总干渠一旦因淤积抬高形成了高出地面的"悬渠"，就等于增加了两道防洪的屏障，中常洪水发挥生产堤的作用，保护滩区民居和农田不受洪水侵害。

（4）在总干渠沿途选择有利于分洪淤滩的地点，在总干渠的底部修建从黄河主河槽横穿渠道向滩区分流的闸门，在黄河主河槽发生高含沙的大或较大漫滩洪水时，有计划地打开闸门，向滩区分流排洪淤灌，现有"宽河固堤"的工程措施，仍可继续发挥排洪作用，并可逐步改变"二级悬河"的不利形势，淤灌后的清水又可通过下游的同类闸门排入黄河主槽，恢复与增强主河槽水流的挟沙能力，改变常遇洪水迫使滩区居民受淹的被动局面，将以往不利于实现淤滩刷槽作用的生产堤，改变为有利于生产、有利于安全、深受农民欢迎的淤灌渠道。

（5）利用小浪底水库泄流设备与花园口断面之间的落差，直接从小浪底水库集中引出浑水，取代黄河下游沿途全部外引涵闸，便于引黄水量的控制与集中管理，避免无序竞争用水。

（6）因地制宜，因势利导，将黄河下游引黄灌区的现有渠网，与南北两条总干渠连接起来，按照"洪水、清水、生态水入黄，平、枯水期浑水入渠，全河节约用水，黄河不断流"的基本原则，水库、黄河、渠道联合运用，将计划中的输沙入海水量，用于农田灌溉，黄河下游水资源紧缺的矛盾可以缓解；把最难处理的泥沙问题，化解、分散到农民大众的农事活动之中，用黄、淮、海大平原的广阔空间，容纳黄河中游源源不断的来沙。

（7）真正使黄河及其支流"长治久安"。经过一个时期的运用以后，总干渠及其领属的渠网，将淤成高出地面的悬渠网络。小浪底水库泄流设备与花园口断面之间的落差，足可形成5‰～6‰的纵坡降，可为总干渠输水、输沙，提供足够的势能；两条总干渠断面尺寸与设计过水能力，以满足黄河下游工农业合理用水为原则进行确定。总干渠及其领属的渠网，在输水输沙、分水分沙的运用过程中，将通过冲淤变化，自动调整，形成彼此协调、相互适应的渠床与坡降。总干渠的输水、输沙，支、斗、农渠的分水、分沙，将在统一的监控与管理之下，按最佳状态运行。黄河河道中用于"束水攻沙"的主河槽，在洪水时，可冲刷河槽，排洪、输沙入海；也可相机调水调沙，塑造窄深河槽；在平枯水且含沙量很小时期，可作为环境用水，通过主河槽排输入海；当预测小浪底水库有含沙量较大的泄水时，则利用两条总干渠输水、输沙淤灌，避免冲刷后的主河槽回淤，巩固主河槽冲刷效果。黄河的主河槽将不再淤积、不再断流而变成窄深稳定的河槽。黄河下游完全可以不改道，而且能真正做到"河床不抬高"；避免大汶河和伊、洛、沁河背离黄河自谋归宿的灾难发生，彻底改变黄河善淤、善决、善徙的特性，真正使黄河及其支流"长治久安"。

在渠道与黄河大堤之间的滩地，是农民居住和耕作的场所，当总干渠淤积成高出地面的悬渠以后，可发挥生产堤保护农民庄园的作用，这样布局，可以避免大规模居民远途搬迁，减少实施难度。笔者把这种治河方略简称为"清浑分流"之策。

上述治河方略，属于配合性措施，立足于巩固大洪水或调水调沙取得的冲刷效果，避免平、枯水输沙引起主河槽的回淤。立足于对现有黄河下游河道的永久利用。是对现行治河方略的重要补充；与上、中游的水土保持，水资源的开发利用，推行节水措施，以及南水北调等重大治黄措施全面兼容。

上述治河方略，仅仅是在现有治河工程的基础上，在下游滩区增修南北两条总干渠，并可以避免大规模居民远途搬迁，投资小，无风险，易实施，见效快。

方略中的主要难点是如何实现"清浑分流"。最简单的办法是:将伊洛河、沁河的来水作为清水,通过黄河的主河槽宣泄入海;将小浪底水库排沙洞的排水作为浑水,通过渠道向受水区供水。如果希望提高清浑分流的效率,则需要对小浪底水库进行改建。

为求稳妥,第一步可将上述方略先在河南境内的宽河段进行试验。待取得一定经验以后,再在黄河下游全线推行。

至于许许多多具体的技术问题,例如主河槽和两条总干渠确切的设计过水能力,具体线路,与现有控导工程的配置关系、工程的规模与投资,以及对生态环境的影响评价等,不是个人行为可以胜任,需要发动更多的专家,有组织、有计划地开展研究。

论现行水文频率计算的局限性和游程分析的实践意义

马秀峰

(黄河水利委员会水文局)

我国水文频率计算工作,经历了半个多世纪的实践,积累了丰富的经验,也发现了某些深层问题。笔者认为,现行水文频率计算工作不但面临人类活动的响,使资料系列丧失代表性的严峻挑战,而且也暴露了现行水文频率计算的局限性。本文主要讨论现行水文频率计算的局限性问题。

1 随机时序系列的双重属性

众所周知,一个容量为 n,均值、方差、偏态系数分别为 $\overline{X}$、D、C_s 的随机时序系列样本(也称为一个现实),例如年径流时间序列样本,对于某一指定的概率分布线型,将唯一地决定了一个相应的概率分布。如果维持样本容量及其中的每一个元素的数值不变,仅任意改变样本元素的时序位置,又可以得到 $n!$ 个排序不同的样本,按照现行方法作频率计算,它们将仍然服从完全相同的概率分布;仍然给出完全相同的概率预测。

可见,现行水文频率计算,是仅从频域一个侧面描述随机时间序列的方法,这种方法无法辨知容量、均值、方差、偏态系数完全相同但元素排序不同的样本之间的任何差别。

然而从人类社会实践和生态环境对河川径流的密切依存关系看,容量、均值、方差、偏态系数完全相同但元素排序不同的样本,将有不同的社会生态效果,在有些极端情况下(例如持续递增或持续递减的时间序列),可能对应着灾难性的社会与生态后果。大量的实践经验证明,随机时间序列在时域上和频域上都具有丰富的统计属性。因此,仅从频域一个侧面描述随机时间序列是不够的。

实践上,水文工作者常用选典型年或典型洪水过程线的办法,弥补水文频率计算的局限性。然而,这种选典型的方法不但具有很大的任意性,而且很难体现随机时间序列在时域上丰富的统计特性。

本文原载于《水与社会经济发展的相互影响及作用》,中国水利水电出版社,2005年。

2 描述随机时间序列时域特性的技术途径

从已有的大量研究成果看,在时域上,人们常用周期分析技术,描述随机序列变化特性,对含有确切周期变化的时间序列,可以获得成功。但对无明显周期变化的时间序列,例如以年为时间单位的水文气象因子的时间序列构成的样本,可以用多种自回归模型,或者用傅立叶级数对样本以内的时间过程,作出具有较高精度的模拟;但十分遗憾的是:当时间域超过样本的范围以后,模拟精度就显著下降,因此著名随机水文学家 V. 叶非耶维奇对这种预测模型持否定态度。此外周期分析用于无确切周期变化的时间序列,还往往容易给人以虚幻的周期错觉。

笔者认为,游程分析技术正好用来描述似周期而又非周期的随机时间序列。

"游程"一词来源于研究布朗微粒运动的文献,科学家们发现液体中粒子连续向左或连续向右运动的次数,表现出似周期而非周期的时间过程,从而选择了一个非常贴切的术语,称做"游程"。事实上,从简单的伯努利重复性试验到以年为时间单位的实测水文气象因子样本,都包含着类似的时间变化特性。因此,用"游程"来描述这种似周期而非周期的时间序列在时域上的统计特性最为贴切。

3 样本独立性检验

游程理论是从时域上描述似周期而非周期随机时间序列统计特性的数学方法。其在水文计算中的应用,可大致归类为两个方面:一是根据游程长度的概率分布理论,估计持续枯水或持续丰水段的机遇或重现期;二是根据游程个数的概率分布理论,检验样本元素的独立性。笔者在《随机序列轮长与轮次的统计规律》《随机序列的持续性与黄河流域持续干旱初探》两篇文章中已经给出了根据游程长度的概率分布理论,估计持续枯水或持续丰水段的机遇或重现期的实例。本文将针对第二类问题,给出算例。

3.1 独立样本游程个数的概率分布与数字特征

笔者经用"二分随机模型"和"赌盘模型"进行检验,对一切相互独立的随机事件,不论其原来服从何种概率分布,假定每次实验,该事件发生概率为 p,则在 n 次试验中,各种游程的总个数 x 的概率密度函数为:

若 $x = 0$ 时

$$f(x, n, p) = (1 - p)^n \tag{1}$$

若 $x > 0$ 时

$$f(x, n, p) = \frac{1}{\Gamma(x) \cdot \Gamma(x + 1)} \sum_{j=x-1}^{n-x} \frac{p^{n-j}(1-p)^j}{n-j} \prod_{s=0}^{x-1} (j - s + 1)(n - j - s) \tag{2}$$

n 次试验中,各种游程的总个数 x 的概率分布函数为:

$$F(t, n, p) = \sum_{x=0}^{t} f(x, n, p) \tag{3}$$

游程个数的期望 $E(x)$ 与方差 $D(x)$ 分别为:

$$E(x) = p[n - p(n - 1)] \tag{4}$$

$$D(x) = p(1 - p)[3p - 5p^2 + 5p^2 + n(1 - 3p + 3p^2)] \tag{5}$$

在实际应用中,根据数量有限的样本资料,很难求出样本中游程个数的期望与方差。这里列出理论上推出的计算公式,有助于显示样本非独立性对游程个数的统计特性的影响。

3.2 相依性对游程概率特性的影响

为了鉴别相邻随机事件的相依性对游程数统计特性的影响,笔者分别用偏态系数为 2 的伽玛分布和耿倍尔分布,根据指定的分界概率 P_0 计算出一个服从伽玛分布或耿倍尔分布的分界指标 y_0:

$$y_0 = 1 - C_v - C_v \ln(1 - P_0) \tag{6}$$

或

$$y_0 = 1 - \frac{C_v \sqrt{6}}{\pi} \{0.577\ 22 + \ln[-\ln(1 - P_0)]\} \tag{7}$$

然后再构造下面的一阶线性自回归时序系列模型:

$$y(j) = 1 - C_v - C_v \ln[1 - p(j)] + ky(j-1) \tag{8}$$

$$y(j) = 1 - \frac{C_v \sqrt{6}}{\pi} \{0.577\ 22 + \ln[-\ln(1 - p(j))]\} + ky(j-1) \tag{9}$$

式中:$j = 1, 2, \cdots, n$ 代表随机生成的顺序号;n 代表随机生成样本元素的个数;k 代表序列的一阶自回归系数;$y(j)$ 和 $y(j-1)$ 分别代表本次试验和相邻的前次试验生成的随机变量;$p(j) =$ Rnd 代表第 j 次生成的随机概率。如取 $k = 0$,则模型退化为独立重复试验。

试验步骤是:选定一个概率分布,并指定一个分界概率 p_0,计算一个分界指标 y_0;用式 (8)或式(9)生成容量为 n 的一个样本,将样本中的每个元素与分界指标 y_0 作比较:若 $y(j) \leqslant y_0$ 则改写为 1,否则改写为 0,形成容量为 n 并由 0 或 1 为元素组成相应的新样本,按判断游程的规则统计游程的个数;重复以上步骤,生成 m 个样本,统计 m 个样本空间中的每个样本的游程总个数,计算游程个数的期望与方差。改变分界概率,重复以上步骤,最后绘制游程个数期望值和方差与分界概率之间的关系图形(简称期望方差分布图,下同)。试验证明不论是 P3模型(8)和耿倍尔模型(9),都给出相同的期望方差分布图。

计算中,选用的一阶自回归系数 $k = 0.25$(接近兰州站天然年径流系列的一阶自回归系数为 0.255);相应于每个指定的分界概率,共生成容量 $n = 100$ 的 1 000 个样本,用 1 000 个样本游程个数的平均值,作为样本游程个数的期望值,图 1 显示了样本中相邻元素相依与独立条件下游程数期望值分布图的偏离情况。

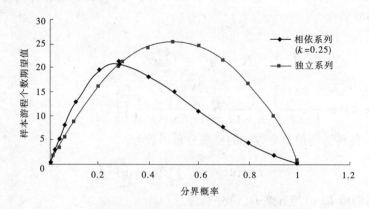

图 1   游程个数期望值分布($n = 100$)

图中纵坐标系用公式(4)计算的独立样本游程个数的期望值,可以看出相当微弱的自相关作用,即可引起样本游程个数期望值分布曲线的显著变化。因此,游程数目的这个敏感的统计特性,正好用来对样本的独立性进行检验。

3.3 非独立性检验的思路和举例

检验的基本思路是:设已知样本容量为 n 的某一河川年径流系列,首先计算出样本的中值;然后用该样本的中值作为裁取水平,规定凡大于裁断水平的年径流,组成正游程,样本中含有正游程的个数用 C_+ 表示;凡小于或等于裁断水平的年径流组成负游程,样本中含有负游程的个数用 C_- 表示。如果该河川的径流,在年际之间的变化是相互独立的,则年径流样本中的正游程总个数或负游程总个数,就应该超过具有指定置信水平 α 的临界游程个数 R_c,即当有不等式 $R \geq R_c$ 成立时,接受该河川的径流,在年际之间的变化是相互独立的假设,否则拒绝该假设。

表 1 是黄河兰州站 1919~1997 年的天然年径流系列,79 个样本元素的中值为 314 亿 m^3。经计算黄河兰州站天然年径流系列的相邻年份之间,具有较微弱的自相关关系,一阶自相关系数为 0.255,图 2 显示了兰州站当年和次年径流量的关系。

表 1　黄河兰州天然年径流系列　　　　　　　　　　　　　（单位:亿 m^3）

年份	年径流	年份	年径流	年份	年径流
1919	287.1	1945	371.8	1971	302.1
1920	350.2	1946	446.2	1972	309.2
1921	347.6	1947	342.8	1973	298.3
1922	270	1948	317.8	1974	294.2
1923	289.3	1949	402.4	1975	442.5
1924	212.4	1950	326	1976	441.9
1925	302.5	1951	386.6	1977	285.6
1926	228.8	1952	314	1978	346.5
1927	282.4	1953	290.8	1979	350
1928	162.9	1954	318.4	1980	283.5
1929	239.8	1955	424.5	1981	436.5
1930	252	1956	240.4	1982	377.9
1931	231.7	1957	267.7	1983	446.3
1932	221.1	1958	355.9	1984	380.6
1933	339.9	1959	313.5	1985	371
1934	303.2	1960	286.7	1986	327.1
1935	412.8	1961	402.4	1987	286.2

续表1

年份	年径流	年份	年径流	年份	年径流
1936	349.7	1962	307	1988	286.7
1937	365.8	1963	378.8	1989	485.1
1938	403.1	1964	455.9	1990	298.6
1939	315.6	1965	295.7	1991	239.9
1940	418.2	1966	355.6	1992	333
1941	250.7	1967	529.7	1993	343.3
1942	250.3	1968	433.5	1994	272.5
1943	398.3	1969	254.1	1995	269.7
1944	303.8	1970	278.3	1996	249.5
				1997	239.8
				样本中值	314

独立性检验如下：

根据表1统计，年径流小于中值的游程个数为16，大于中值的游程个数为15；取 $n = 79$ 和 $p = 1/2$ 代入游程个数概率分布式(3)，算得分布函数值如表2所示。

表2 $n(n = 79)$ 次独立试验游程个数 x 的概率分布函数值

x	10	11	12	13	14	15	16	17
$F(79, x)$	0.000 007	0.000 051	0.000 32	0.001 592	0.006 406	0.021 083	0.057 33	0.130 213

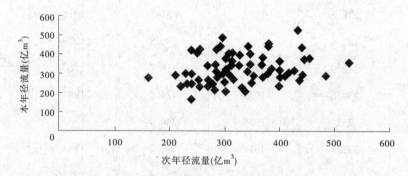

图2   兰州站天然年径流自相关关系

如取置信水平 $\alpha = 0.025$，则容量为79的独立样本的临界游程个数为：$15 \leqslant R_c \leqslant 16$；兰州站天然年径流小于中值的游程个数为16，大于中值的游程个数为15；与同等独立样本相应于指定置信水平的临界游程个数相等，因此勉强可以接受 1919~1997 年兰州站天然年径流是独立样本的假设。有兴趣的读者，可以参考 N. T. kttegoda(英)《随机水资源技术》中有关算例和方法，对本文的算例进行检验，将得到与本文相同的结论。

4　结语

现行水文频率计算,是仅从频域一个侧面描述随机时间序列的方法,这种方法无法辨知容量、均值、方差、偏态系数完全相同但元素排序不同的样本之间的任何差别。但容量、均值、方差、偏态系数完全相同而元素排序不同的样本,将有不同的社会生态效果。因此,仅从频域一个侧面描述随机时间序列是不够的。

游程理论是从时域上描述似周期而非周期随机时间序列统计特性的数学方法。其在水文计算中的应用,可大致归类为两个方面:第一是根据游程长度的概率分布理论,估计持续枯水或持续丰水段的机遇或重现期;第二是根据游程个数的概率分布理论,检验样本元素的独立性。

对黄河水文发展新思路的研究

1　历史回顾:从零星定性到系统定量

黄河水文的历史可上溯到公元前 21 世纪以前,传说大禹治水时就以树木标志洪水痕迹,战国时期曾用浮标对黄河龙门段水流湍急程度进行了观测。秦代已建立了报雨制度。隋朝开始设立"水则",定量观测水位。明万历元年开展了"塘马报汛"。到了清朝自兰州以下多处设立水志桩,以测报水情,并在济南泺口观测过含沙量。近代黄河水文起始于民国时期。1912年山东泰安设立雨量站,1915 年在大汶河南城子设立水文站,1919 年在干流陕县设立水文站。随着西方科学的传入,开始用电报、电话传递水情。截至 1949 年中华人民共和国成立前夕,黄河流域实有雨量站 45 处、水文站 44 处、水位站 48 处。

现代黄河水位观测经历了以水尺观测为主的第一阶段、以浮子测井自记水位计为主的第二阶段和以非接触式超声波水位计为标志的第三阶段。流量测验最初采用较为原始的人力测验方法,大水浮标,小水涉水,中等洪水主要采用木质测船,人力拉纤;其后进入机电设备推广应用时期,黄河干流及较大支流建成了大跨度、高支架、深基桩的悬吊机船、铅鱼、缆车缆道,测船为钢质并配备机械动力设备。当前,流量测验步入了自动化、半自动化时期,水文绞车、浮标投放器及缆车动力采用变频调速控制技术,建成了由计算机控制的自动测流缆道,在一些低含沙河段尝试利用 ADCP 在线测流。在暴涨暴落河段使用电波流速仪、雷达枪测速,利用电子计算机计算实测流量。初期的泥沙测验用瓶子、器皿取样,用公分秤称重,后来采用横式采样器、皮囊式采样器为主取样,目前振动式测沙仪等实时在线测量仪器正在推广。泥沙颗粒分析也经历了用比重计法、底漏管法、用粒径计法分析、用光电(激光)颗分仪分析等不同时期。

新中国成立后,黄河流域水情站网由初期的 11 处增加到目前的 500 多处,报汛手段由单

本文原载于《水文》2006 年第 3 期。

纯的电报、电话发展到系统内专线、无线数汉传系统、移动通信、计算机网络、卫星等多种方式相结合的报汛通信体系,实现了水情信息接收、处理自动化,建立了相对完善的实时查询、服务系统。黄河水文预报起步于20世纪50年代初的短期洪水预报,到50年代末,洪、枯、冰、长、中、短期预报全面展开。伏秋汛降水和凌汛期气温预报起始于70年代。80年代以来黄河水文情报预报快速发展,水文信息收集和传递的现代化已投入生产,三门峡至小浪底区间等水情自动测报系统已建成,小浪底至花园口区间暴雨洪水预警预报系统在建设之中。卫星云图、雷达测雨、分布式水文模型、数值降水预报等技术得到应用。

2 "十五"期间:与时俱进,快速发展

"十五"期间,是黄河水文与时俱进、快速发展的重要时期。围绕水利部治水新思路和黄委治河新理念,黄河水文开拓创新,积极探索,确立了"4431"发展新思路,水文现代化建设上了一个新台阶。

2.1 确立"4431"黄河水文发展新思路

围绕中央水利方针和治水新思路,针对黄河存在的洪水威胁、水资源危机、水土流失等重大问题,以科学发展观为指导,提出并确立了立足"四个依托"、构建"四大体系"、强化"三个服务"、实现"一个目标"的"4431"战略构想和奋斗目标。其内涵是黄河水文要在未来一段时间内,依托黄河小花间暴雨洪水预警预报系统和国家防汛指挥系统等项目,全面提高黄河水文防汛测报能力;依托黄河河源区水文水资源测报体系和黄河水量调度系统建设等项目,全面提高黄河水文水资源监测预报能力;依托中央直属水文基础设施建设等项目,全面提高黄河上中游地区水文测报能力;依托黄河水文测报水平升级活动和黄河水沙信息服务系统项目建设,全面提高黄河水文服务能力和服务水平。其标志是建成先进完善的黄河"水文水资源监测体系、水文信息传输体系、水文预测预报和分析评价体系、水文信息服务体系"等"四大体系",进一步强化为黄河防汛服务,为黄河水资源统一管理和保护服务,为流域生态环境建设服务,最终目标是"为维持黄河健康生命、流域水资源可持续利用和经济社会可持续发展提供可靠支撑"。

2.2 现代化建设成效显著

"十五"期间,启动和完成了多个项目,黄河水文现代化建设取得明显成效。

(1)"小花间"项目是"数字黄河"建设的首项工程,由"水文测验设施设备建设"、"水情信息采集传输"、"气象水文预报"、"预警预报中心"等部分组成。现已建成预警预报中心及会商系统、黄河雨情气象信息应用系统、热带气旋查询系统、黄河中下游洪水预报系统、花园口数字化水文站等,水情信息采集传输系统第一期31个站点已建设完成,第二期71个站点正在建设中,郑州中心站已建设完成,分布式水文预报模型预报系统正在开发中。

(2)"河源区"项目是黄河水文现代化建设的一项标志性工程,完成了玛多巡测基地和扎陵湖、鄂陵湖2个水位站、11个雨量站建设;中荷合作"建立基于卫星的黄河流域水监测与河流预报系统"硬件建设已基本完成,4个LAS站及自动气象站,兰州、郑州两套风云二号卫星资料接收处理系统及调试版软件系统投入试运行;"948"项目"自动化水文测站关键技术"已完成主要设备配置并开展了部分试验工作。

(3)国家防汛抗旱指挥系统项目是构建黄河水文信息采集传输体系的重要依托项目之一。完成了黄河流域水情分中心建设的立项工作和12个水情分中心的初步设计,建成了榆次水情分中心,启动了榆林、延安、西峰等5个水情分中心的建设。

（4）水文测报水平升级是黄委党组极为关注的一项重要工作，针对黄河水沙特性，通过自主研发和联合攻关等方式，取得科研、革新和技术引进成果近300项，有191项成果获水文局技术革新"浪花奖"。激光粒度仪在全局范围内得到推广应用；振动式测沙仪在潼关等站实施样机比测试验的同时，在花园口、河堤等站投入生产试应用；水文自动缆道测流系统在白马寺、黑石关、兰州、三门峡、龙门、循化等站相继投入应用；水沙界面探测仪、浑水测深仪、多仓采样器等仪器设备在异重流测验中广泛使用。

2.3 水文科研硕果累累

"十五"期间，黄河水文深化科研体制改革，建立"开放、流动、竞争、协作"的科研机制，加大了国内外水文科技交流与合作力度。在广大科研工作者的不懈努力下，先后完成了"黄河流域水资源调查评价"、"黄河中游多沙粗沙区区域界定及产沙输沙规律研究"、"黄河中游粗泥沙集中来源区界定"、"黑河流域地表水与地下水转换关系研究"等一大批与治黄生产实践紧密结合，在国内外同行业颇具影响的重大成果。共有289项科研成果获厅局级以上科技奖励，其中，5项获省部级科技进步奖，10项获黄委科技进步奖。目前尚有2项国际合作项目、1项国家自然基金项目、2项国家"948"项目、1项国家重大技术装备研制项目等一大批重大科研项目正在开展中。同时黄河水文与世界上10多个国家和地区的国际组织、流域管理机构和科研单位以及国内众多高校、科研单位建立了合作关系，对外合作渠道不断拓宽，"开放的黄河水文"格局正在形成并取得了良好效果。

2.4 "三个服务"水平大幅提升

经过长期建设及"十五"期间的努力，全河已形成比较完整的站网体系，水文测验、水文情报预报及水文分析研究的措施、手段日趋完善，职工素质大大提高，"三个服务"的水平大幅提升。

截至"十五"末，全流域共有451处水文站，62处水位站，2357处雨量站，300余处水质监测断面，其中黄委所属有133处水文站，36处水位站，763处水库、河道、滨海测量断面，774处雨量站，1处大型蒸发实验站。黄河水文现有在职职工2180人，其中专业技术人员1022人，下辖上游、宁蒙、中游、三门峡库区、河南、山东等6个水文水资源局及黄河水文水资源科学研究院、黄河水文水资源信息中心、黄河水文勘测设计院等7个生产科研单位。

为全面提高"三个服务"的水平和质量，黄河水文强化应急机制，提高工作主动性和预见性。针对断流和水污染突发事件，进一步完善了水量调度应急管理制度，针对防汛抢险需要提高了机动测验能力，针对台风对黄河洪水的影响建立了防台风预警预报应急机制；针对宁蒙河段严峻的凌汛形势，建立了凌情巡测机制。

随着水平的提升，黄河水文在"三个服务"实践中取得了较大的成就，连续4年获黄委目标考核一等奖，并多次获上级的表彰奖励，主要表现在以下几个方面：

（1）为黄河防汛做出突出贡献。过去的5年，虽未发生流域性大洪水，但局部暴雨洪水较多，黄河水文以防汛测报为第一要务，战胜了2002年中游清涧河"7·4"特大洪水、2003年黄河秋汛、2004年高含沙洪水和2005年渭河、伊洛河秋汛，为确保黄河岁岁安澜和人民生命财产安全做出了巨大贡献。

（2）为黄河水资源统一调度管理和保护提供了坚强支撑。

"十五"期间，黄河水文圆满完成了下游低水测验设施改造、下游河道测验体系建设、枯水调度模型研究、水量调度测报、"引黄济津"、"引黄济青"水量水质测报及黑河水量水质监测等工作。在20多站次发生断流危机时，启动突发事件应急机制，加密测报，为科学调度提供了依据,确保危机及时化解。

(3)为黄委重大决策实施提供了可靠依据。黄河4次调水调沙,3亿多吨泥沙被送入大海,下游河道主河槽得到全面冲刷,槽底高程平均下降1 m,过流能力大幅提高。在历次调水调沙过程中,水文职工全过程跟踪监测,采集了海量的科学数据,并开展洪水滚动预报、中长期径流滚动预报。完成了小浪底水库9次大规模的异重流监测和分析,收集了宝贵的异重流资料,为实施水库科学调度、人工塑造异重流和利用异重流排沙提供了科学依据。在黄河小北干流(龙门至潼关河段)放淤试验中,圆满完成了断面布设、现场监测、泥沙颗分、成果分析等任务,为实现"淤粗排细"目标做了大量基础工作。

(4)为水土保持及生态环境建设服务取得新进展。圆满完成了"黄河中游粗泥沙集中来源区界定"治黄重大项目的研究,在"7.86万 km^2 多沙粗沙区"基础上,科学界定出1.88万 km^2 粗泥沙集中来源区,开展中游多沙粗沙区的动态监测,为加快对黄河中游粗泥沙区治理、构筑控制拦减黄河泥沙"三道防线"奠定了科学基础。为切实担负起河源区水文水资源情势代言人之责,在兰州成立了黄河河源区水文水资源水生态研究所,围绕黄河源区水资源要素的变化,开展科研项目和科学的预测预报。

(5)积极拓展业务,服务社会经济发展。"十五"期间,黄河水文勘测设计院、黄河水文科技有限公司、黄河水文监理公司先后成立,黄河水文勘测总队收归水文系统,黄河水文拓展业务、服务社会经济发展的能力大大提高,在水文水资源工程规划设计、防洪评价、建设项目水资源论证、水文水资源调查评价、计算机软件开发、水文年鉴排版、颗粒检测、测绘、水文仪器研发等方面全面开展工作,取得了良好的服务效果和社会信誉。

3 "十一五":黄河水文基本实现现代化

3.1 面临的形势、机遇和发展空间

水文是构建和谐社会不可缺少的基础工作之一。实现人与自然的和谐相处要求水文在防洪体系建设、水资源优化配置、生态与环境保护、饮水安全保障等方面提供更为准确、超前、优质的技术支撑。因此,水文工作在"十一五"时期乃至今后将会进一步受到国家重视和社会关注,黄河水文也将面临大好机遇,为解决当前工作中存在的"不适应"提供了进一步发展的空间。

(1)水文工作的发展速度与流域经济社会和治黄工作的发展需求不相适应。主要表现在主要洪水来源区尚未建立起有效的暴雨洪水预警预报体系,地下水监测基本处于空白,水质监测站点偏少,泥沙监测和预报工作薄弱,不能完全满足流域防汛减灾、水资源保护、流域水资源调查评价及构建黄河水沙调控体系的需要。

(2)水文工作的服务能力与现代化的要求不相适应。主要表现在水文水资源实时在线监测能力不足,现代化水平不高,机动应急能力不强;现代化的水文信息管理与服务系统尚未建立,无法满足用户对水文信息查询和信息服务的需要。

(3)水文基础研究与治黄重大战略的要求不相适应。尚需进一步加大对水文测验方法、技术标准、水量水质相结合的分析评价体系、水文中长期预报、泥沙和冰凌预报、流域及区域的水文规律以及社会关注的热点问题等方面的基础研究,以不断满足治水新思路和治河新理念的需求。

(4)水文保障体系与水文工作的基础性地位不相适应。水文行业管理职能还没有得到充

分发挥,行业保护缺少法律保障。水文投资渠道不通畅、投入不足、运行维护费短缺等制约了黄河水文事业的快速发展。

3.2 发展目标

"十一五"黄河水文发展总体目标是初步建成先进完善的黄河水文水资源监测体系、水文信息传输体系、水文预测预报和分析评价体系、水文信息管理与服务体系,基本实现黄河水文现代化。

(1)建设完善的水文水资源监测体系。完善的水文水资源监测体系包括以下 8 个方面:满足黄河治理开发和流域经济社会发展需要的基本水文站网体系;满足流域防汛减灾所需洪水和凌汛测验能力;满足流域水资源统一调度管理所需低水测验能力;满足流域水资源保护所需水质监测能力;满足流域及河口治理开发所需水库河道及滨海区测验体系和快速监测能力;满足黄河水沙调控体系构建、水土保持、生态系统恢复所需水沙监测能力;满足流域水资源调查评价所需大气水和地下水监测能力;满足应对流域突发水事件所需应急机动监测能力。

(2)建设通畅的水文信息传输体系。通过国家防汛抗旱指挥系统等项目建设,建成 12 处水情分中心,运用各种通信和网络技术建成信息传输体系、黄河水文计算机网络体系和覆盖全局的黄河水文电子政务系统,全流域基础水文信息在 30 min 内传到各级防汛抗旱、水量调度指挥部门,实现全局办公自动化。

(3)建设及时准确的水文预测预报和分析评价体系。黄河水文预报和分析评价体系包括以下 6 大系统,即进一步完善提高已有黄河气象、洪水、径流预报系统,开发并逐步建成黄河泥沙预报系统、冰凌预报系统、水量水质统一预报和评价系统。

(4)建设功能齐全的水文信息管理与服务体系。通过"黄河水文信息管理与服务系统"项目的建设,力争在"十一五"末开发建成先进、高效、实用的黄河水文信息管理与服务体系,为黄河水文和所有用户提供信息交换与服务的"高速公路",实现水文信息管理与服务的现代化。

3.3 措施与手段

全面完成小花间暴雨洪水预警预报系统项目、黄河河源区水文水资源测报体系项目、中央直属水文站基础设施建设项目、国家防汛抗旱指挥系统黄河水情分中心建设项目、黄河水文信息管理与服务系统项目等。启动实施黄河中游河龙区间和龙三区间暴雨洪水预警预报系统项目、宁蒙河段河道测验体系建设项目、黄河流域主要引水区间地下水监测体系建设项目以及黄河水文应急机动能力建设等重大项目。继续实施水文测报水平升级工作,进一步加强水文基础科研工作,加大新技术的开发和引进推广工作。不断创新并实践水文技术理念,逐步建成黄河流域基于水循环的水文水资源监测预报体系。

加强河流地表水的监测,大力推进 ADCP、GPS、振动测沙仪等先进仪器和技术的应用,加快自动测报技术建设步伐,实现水位(水深)、流量、泥沙、水质等水文要素实时在线自动遥测监测,实现水量水质的同步监测;积极推广、应用水文空间数据采集技术,实现基于气象卫星的时间、空间连续的降雨、实际蒸散发、干旱监测;实现对暴雨的雷达、卫星、地面站综合监测;开展地下水监测,利用同位素技术对地下水运动进行跟踪研究。

采用分布式模型、高分辨率中尺度数值预报模式及气象水文预报耦合技术等提高预报精度,增长预见期。积极开展科学实验研究,对暴雨、洪水、径流、泥沙、冰凌特性及人类活动对水沙变化过程的影响进行分析研究,摸清黄河流域水资源总量、承载能力、时空分布、变化规律与发展趋势及流域产沙输沙物理成因等流域水沙规律。

4 结语

回顾黄河水文的发展历程,展望黄河水文的发展前景,可以得到下述结论:

(1)坚持以科学发展观统领全局是推动黄河水文工作健康发展的可靠保证。"十五"期间,黄河水文制定了五年发展规划,确立了"4431"发展思路,提出了加快水文现代化建设的发展目标,落实了各项保障措施,从而保证了黄河水文在基础设施、测报技术、科学研究、队伍建设、经济发展等方面进入了一个全新的发展时期,取得了显著成效。

(2)落实以科技创新为核心的创新体系,为黄河水文工作实现哨兵向侦察兵的嬗变提供了快捷通道。近年来,大力倡导创新思维,构建创新体系,开展理念、技术、体制和思维创新。创新实践的不断深入和创新成果在生产中的广泛应用,极大地提升了水文的服务能力。

(3)树立"以人为本"的思想,实施"科技兴水文"战略,有效地改善了人才资源匮乏、科技力量不足的局面,解决了战略性重大问题,初步形成了"以事业造就人,用环境凝聚人,用机制激励人"的良好氛围,为水文事业的可持续发展提供了可靠的人才保障和智力支撑。

(4)紧紧盯住治黄实践的需求和变化,才有黄河水文的用武之地。近年,黄河水文以"有为才有位"为指导思想,抓住机遇,在"三条黄河"建设、调水调沙、放淤试验等重大治黄实践中充分发挥了作用。

(5)现代化建设是黄河水文发展的必由之路,加快现代化建设既是经济社会发展的客观要求,也是黄河水文自身发展的必然要求,加速水文现代化建设进程是摆在我们面前的一项光荣而艰巨的任务。

建立基于水循环的水资源监测系统

牛玉国[1,2]　张学成[2]

(1. 河海大学;2. 黄河水利委员会水文局)

1 问题的提出

水、土地、能源是人类社会生存和发展的三大战略性资源,而我国水资源问题则更加突出。据预测,到21世纪中叶,我国将进入缺水国家行列,洪涝灾害、干旱缺水、水污染和生态环境恶化已成为我国经济社会可持续发展的重要制约因素。为此,中国政府确立了新时期"全面规划、统筹兼顾、标本兼治、综合治理,实行除害兴利结合,开源节流并重,防洪抗旱并举,在加强防洪减灾的同时,把解决水资源不足和水污染问题放在更突出的位置"的水利工作总方针。根据这一方针,水利部提出了"从传统水利向现代水利、可持续发展水利转变,以水资源的可持续利用支持经济社会的可持续发展"的治水新思路,并明确了"坚持科学发展观,全面推进可持续发展水利"的指导思想。

本文原载于《水文》2005年第1期。

根据这一治水新思路和指导思想,黄河水利委员会提出了"维持黄河健康生命"的治河新理念,并将其作为黄河治理开发的终极目标,围绕这一目标,加快了黄河防洪工程和非工程体系建设,以确保堤防不决口和人民生命财产的安全,实施了流域水资源的统一调度和管理,确保黄河不断流,加强了流域水资源保护工作,遏制黄河水污染趋势,确保水质不超标,实施了黄河调水调沙,使不协调的水沙关系得以协调,促使下游河道减淤冲刷,确保下游河床不抬高。

　　然而,无论是实现"从传统水利向现代水利、可持续发展水利转变,以水资源的可持续利用支持经济社会的可持续发展"的治水新思路,还是实现"维持黄河健康生命"的治河新理念,其基本理论构建都离不开水循环系统,都要求必须全面、准确、快速地了解流域水资源状况,掌握其变化、发展趋势,都需要大量基于水循环的水资源监测数据的支撑。

　　要建立基于水循环的水资源监测系统,掌握流域水资源变化发展趋势,则必须了解流域水资源的生成及其供给系统(即流域水循环系统)。图1给出了流域水资源的生成及其供给系统。

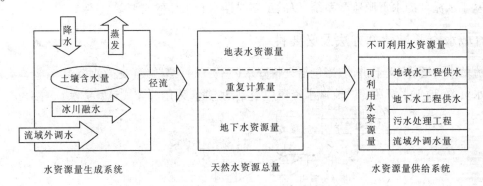

图1　流域水资源生成及其供给系统

　　事实上,由于河流受人类活动严重影响,下垫面变化剧烈,水资源分配层次多,三水转化关系复杂(见图2)。而传统的水文监测站网布设又是基于自然河流状态或人类活动影响轻微的状态,在站网布局上往往只重视河流地表水监测,而忽视了对大气水和地下水的监测(从另一个角度讲,是由于部门管理职能的划分,人为将水循环过程割裂,造成了水资源监测的不完整和不统一),且监测技术手段落后。因此,传统水文监测无论是从理念还是到站网布局、方法手段都难以真正满足流域水资源监测评价的需要。

　　从国际水文科学研究与进展而言,联合国教科文组织(UNESCO)、国际水文学协会(IAHS)和世界气象组织(WMO)等实施了一系列国际水科学计划,如国际水文十年(IHD)、国际水文计划(IHP)、世界气候研究计划(WCRP)、国际地圈生物圈计划(IGBP)。当今水文水资源科学发展的前沿问题突出反映在:自然变化和人类活动影响下的水文循环和水资源演变规律,水与土地利用/覆被变化等社会经济相互作用影响等。进入20世纪90年代末,变化环境(即全球变化与人类活动影响)下的水文循环研究成为热点。例如,仅1995年以来,国际水文学协会(IAHS)举办了多次变化环境下的水文循环及水资源专题学术讨论会,其中涉及水文循环机理实验研究,可持续水量水质管理的应用研究,洪水与干旱的成因研究与预测问题,水资源开发、利用和变化对环境的影响,水文—生态模拟等。因此,变化环境下的水文循环及水资源演化规律研究,是国际、国内水文水资源学科积极鼓励的创新研究课题和发展趋势。

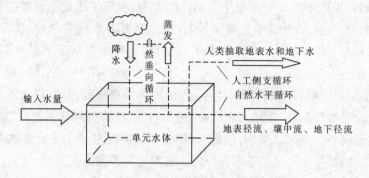

图2　单元水体水循环过程示意图

因此,水文工作必须紧跟时代发展的步伐,调整水文监测理念,改革现有水文监测体制,建立基于水循环的水资源监测系统,以满足新时期水利工作的需要。

2　流域水资源量计算方法及必要性

流域水资源,广义上讲,应当包括大气降水(总资源)、蒸散发(无效水资源)、地表水资源、土壤水资源、地下水资源等。流域水资源应当是动态的,采用分布式计算方法(见图3)。

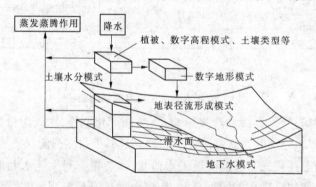

图3　流域水资源分布式计算模型

目前实际中的水资源计算、评价,其结果往往是狭义水资源、静态水资源。而且,计算周期长,时效性差,难以满足生产实际的要求。因此,必须通过水循环监测系统的建设,准确、快捷计算出流域水资源,及时把握水资源变化动态,满足各种生产实际的需求。

3　传统水文监测的局限性

传统水文监测理念是建立在传统水文学理论基础上的,其表现主要为:首先人为将水循环按行业部门分工割裂,将大气水、地表水、地下水分别由气象、水利、国土资源等部门分别监测和管理;其次,即使地表水的监测,无论是站网布局还是监测方法理念都是建立在水的自然属性而非资源属性基础之上,即认为自然界的水在天然状态下运行,不受或少受人类活动的影响,站网布局缺乏灵活性,方法简单,手段单一,技术落后。以黄河水文为例,目前存在的问题主要表现在以下几个方面：

（1）在防汛方面，黄河下游洪水威胁依然严峻，上中游及支流的防汛问题日益突出，但在这些地区水文站网密度不够，甚至还有未控区间，洪水监测和气象洪水预报等技术手段尚不能满足防汛减灾工作的需要。

（2）在水资源管理方面，由于人类活动的严重影响，使得流域水资源的分配和转换关系异常复杂，水资源分配层次多，流域降水和径流变化趋势不同步，中长期降雨径流预报和水资源趋势预测依然是世界级难题，满足不了流域水资源配置和调度管理的需要；而在监测方面，由于大气水监测手段落后，水资源监测站网密度严重不足，地下水监测工作非常薄弱，引退水监测体制不顺等，致使三水转化关系不清，主要用水河段水量不平衡，水账算不清，难以满足流域水资源评价、规划、管理、配置的需求。

（3）在水资源保护方面，由于黄河自身缺水，使得纳污能力低，突发性污染事件多，而目前水质监测能力相对薄弱，快速机动监测能力差，水质预测预报工作尚未开展，难以满足水资源保护的要求。

（4）在流域生态环境建设方面，对流域大规模的生态环境建设造成的减水减沙效应及对流域下垫面和降水径流关系的影响等尚未开展系统全面的监测研究，监测针对性不强，监测能力不足，研究工作也相对薄弱。

4　建立基于水循环的水资源监测系统的可行性及方法

现代水文监测或者叫做水文水资源监测，则应建立在现代水文学理论基础之上，而现代水文学的定义就是运用现代新技术大量获取地球上水体（水资源）的时空分布和运动变化信息，并应用现代新理论、新方法来研究地球上水体的起源、存在、分布、循环、运动、转化及质和量的变化规律，以及地球上水圈同大气圈、岩石圈和生物圈等地球自然圈层的相互关系，并应用这些规律为人类适应、利用、改造和保护环境，实现人与自然和谐相处和人类社会的可持续发展提供服务的知识体系。从定义看出，现代水文学或现代水文监测应具有以下三个特点：第一是强调研究和监测水体循环的统一性和整体性；第二是强调水的资源属性，即强调研究水与人类的相互影响与和谐；第三是强调充分运（应）用现代新理论、新技术、新方法。

有了现代水文学理论作为基础和以"3S"技术、雷达监测技术、核物理技术、现代通信技术和计算机网络技术等一大批现代科学技术为依托，使得建立基于水循环的水资源监测系统既是必要的又是可行的，其基本理念和方法是：运用卫星遥感和雷达等空间数据采集技术，实现对云团、降水、蒸发等大气水的实时在线监测；根据流域水资源管理、配置的需求，调整充实地表水资源监测站网，并充分运用 GPS、ADCP、振动式测沙仪、自记水位记、雨量计等在线监测技术和巡测技术，加强地表水资源的监测，实现地表水资源的多层面连续在线监测；应用同位素示踪技术和超声波技术等现代测试技术，实现对地下水（包括壤中流和地下径流）的连续在线监测。我们可以将其概括为：充分运用卫星遥感、雷达等水文空间数据采集技术，GPS、ADCP、振动式测沙仪等水文在线监测技术和同位素、超声波地下水监测技术，结合常规水文监测技术方法，实现对大气水的时间、空间连续监测，河流地表水的连续监测和地下水的同步监测，形成点—线—面—空间相结合，大气水、地表水、地下水相协调的流域水文水资源监测预报体系。

黄河河源地区天然径流流量占到全流域天然径流量的一半以上,是黄河水资源的重要来源区,号称黄河"水塔"。但由于该区环境恶劣、条件差,传统站网密度严重不足,地表水文站网只有 9 727km²/站。大气水和地下水监测则基本上为空白,根据满足不了掌握该区水资源变化规律和演变趋势的要求。为此,我们根据"建立基于水循环的水资源监测系统"这一理念,研究立项并开始实施了"黄河河源区水文水资源测报体系建设"项目。其建设目标是充分利用现代科学技术,以自动测报技术(通过"948"项目引进)和巡测技术为基础,以空间数据采集技术为方向(通过中芬合作项目,引进卫星遥感监测降水、蒸发、干旱、温度、水体、植被等技术和预报技术),实时、准确、全面地掌握河源地区水资源和水环境动态,分析预报水资源和水环境变化趋势。其目标是以河源区为突破口,首先在该区建立起基于水循环的水文水资源监测预报体系,进而在全流域推广开展,最终建成科学完善的、基于水循环的黄河流域水文水资源监测预报体系,实现对流域水资源的全面实时监测和科学准确评价。

5 结论

水文是一切水利工作的基础,必须超前发展。而传统水文无论是从理念到方法都难以满足现代水利的需要,更满足不了以水资源可持续利用支持经济社会可持续发展的需要。因此必须转变观念、调整思路、创新理念,建立基于水循环的水资源监测预报系统,进而实现全面、准确、快速地了解流域水资源状况,掌握其变化、发展趋势的目标,以满足现代水利的需要,这既是必要的,也是可行的。

现代水文与空间数据采集技术

牛玉国[1,2]

(1. 河海大学;2. 黄河水利委员会水文局)

1 前言

进入 21 世纪,水利部党组根据经济社会发展的要求,提出了新的治水思路,即从传统水利向现代水利、可持续发展水利转变,以水资源的可持续利用保障经济社会的可持续发展。水文是水利的基础,因此必须首先实现从传统水文向现代水文的转变,否则水文工作将难以满足和适应现代水利的要求。要实现这一战略性的转变,必须搞清楚什么是传统水文、什么是现代水文、二者有什么特点和区别,并且要研究和探索怎样实现这一转变。笔者结合近几年黄河水文工作的实践和探索,谈几点不成熟的认识,供同行指正。

本文原载于《水文》2003 年第 5 期。

2　现代水文与传统水文的区别

水文学是地球科学的一个重要分支,是关于地球上水的起源、存在、分布、循环、运动等变化规律和运用这些规律为人类服务的知识体系。水文学涉及的内容十分广泛,包括许多基础科学问题,具有自然属性,是地球科学的组成部分。另一方面,由于水文学在形成与发展过程中直接为人类服务,并受人类活动影响,具有社会属性,又属于应用科学的范畴。即水文学具有自然科学和应用科学的双重属性。

传统水文学侧重于对自然界水文循环水量方面的研究,多应用水文现象原形观测、实验等手段,运用传统的数学、物理、统计等方法来研究,其应用范围多限于洪水预报、水文水利计算等工程技术问题,即侧重于工程水文领域。

但是,随着经济社会的发展,人类对水的要求不断增加,对生活环境质量的要求也愈来愈高,使水的自然属性更多地转变为资源属性。同时,自然界发生的洪水和干旱等灾害以及人类经济活动造成的水污染和生态系统破坏,对社会经济发展和人民生命财产造成的损失与付出的代价也愈来愈大。如何解决实际问题中出现的与水有关的各种矛盾? 这就对传统水文学的发展提出了挑战。于是,就促使了现代水文学的产生和发展。

所谓现代水文学,就是运用现代新技术大量获取地球上水体的时空分布和运动变化的信息,并应用现代新理论、新方法来研究地球上水体的起源、存在、分布、循环、运动、转化及质和量的变化规律以及地球上水圈同大气圈、岩石圈和生物圈等地球自然层圈的相互关系,并应用这些规律为人类适应、利用、改造和保护环境,实现人与自然和谐相处和人类社会的可持续发展提供服务的知识体系。现代水文学是在传统水文学的基础上随着社会的发展(新问题和新要求的不断出现)和科学技术的进步而发展起来的,它理应包括传统水文学中所有被实践证明至今仍然是正确的东西。除此之外,它还具有如下特性:

(1)在研究对象上:除了研究水的自然属性外,更加注重水的资源属性以及人类活动的水文效应和这种效应的环境意义,揭示人类活动影响下水文规律的变化,为适应人类与水环境的和谐关系服务。

(2)在研究领域上:更加注重对水资源的客观评价、合理开发、可持续利用和有效保护;在注重水资源量的同时,更加注重水资源质的问题;在注重地表水资源的同时,更加注重空中水资源和地下水资源以及三者间的相互转化关系;在注重为工程建设提供设计数据(工程水文)的同时,更加注重为水资源评价、开发、利用和保护提供科学依据(资源水文或环境水文);水文科学与其他科学之间的相互渗透加强。

(3)在研究手段上:大量采用和依托现代科学技术,如"3S"技术、现代通信技术、计算机网络技术、核技术、雷达技术等;水文信息的采集、传输、处理、查询服务的速度大大加快,水文信息量巨增;水文站网正在突破传统概念,走向点、线、面、空间相结合(空间数据采集技术)。

(4)在研究方法上:新的理论和方法如灰色系统理论、人工神经网络、分形几何、水文模拟、随机分析、系统分析等不断引进和成功应用;由于国际互联网和信息高速公路的应用,使得水文信息共享、水文研究的区域和全球合作成为可能。

(5)在研究目的上:超前服务与实时服务功能兼备。水文观测不仅要为研究自然水体的运动变化规律积累资料,而且还要随时为国民经济建设和社会发展(防汛减灾、水资源管理与保护、生态环境建设等)提供实时服务。

下面,作者试图以列表的方式从更多的层面对比分析传统水文与现代水文的特点与区别,见表1。

表1 传统水文与现代水文比较分析

对比层面	传统水文	现代水文
关注重点	侧重于天然状态下的水文过程(即水的自然属性)	侧重于人类活动影响下的水文过程(即水的资源属性)
研究对象	侧重于研究自然界水文循环的水量方面	水量、水质、水生态系统研究并重(重点开展水资源及人类活动水文效应的研究)
研究手段、方法	采用水文现象观测、实验等手段,应用传统数学、物理等方法	在传统手段、方法基础上,扩展为充分利用空间数据采集技术、数学模型、数值模拟等现代新技术和灰色系统、人工神经网络等新理论、新方法
应用重点及服务面	多限于洪水预报、水文水利计算等工程技术问题。主要服务于防汛、规划、工程管理等	既注重于洪水预报、水文水利计算等工程技术问题,更注重于干旱(气象)预报、径流预报、水质预报等资源环境问题,服务于防汛减灾、水资源管理、生态环境、规划、工程管理等
资料采集手段、方式及特征	依靠传统手段,通过在平面上设立若干个站点(断面)所形成的一定密度的站网来进行不连续的资料采集	在传统站网的基础上,充分利用"3S"技术、雷达技术、卫星通信及网络技术等现代技术手段,进行空间数据采集,以取得连续的、系统的水循环资料
信息量	小	大
获得信息的速度(时间)	慢(长)	快(短)
资料(信息)服务方式	纸介质	纸介质、磁介质、网络
资料(信息)服务面	窄	宽
对周边环境的应变能力	差	强
对新技术、新知识及其他学科的依赖性	低	高
社会开放性	封闭	开放
社会认知程度	低	高
任务来源	单一(上级)	多方面(上级、社会、市场)
水文效益	社会效益	社会效益、经济效益、生态环境效益

3 现代水利对现代水文工作的要求

所谓现代水利,就是用可持续发展的观点来解决当今社会所面临的洪涝灾害、水资源短缺、水环境污染等主要水问题,以水资源的可持续利用保障经济社会的可持续发展。现代水利的最大特点是注重水的资源属性,将传统水利认为的水是一种"取之不尽、用之不竭"的自然属性物转变为水是一种宝贵的、有限的、短缺的资源,并从可持续发展的观点来强调并实现对水资源的开发、利用、配置、节约、保护。要实现这一目标,就必须建立在对流域现状水资源的科学、客观评价和对未来水资源的发展趋势的演变预测预报基础上。既要搞清当前流域水资源总量,包括分布、组成、转化规律,又要搞清现状水资源质量;既要搞清现状水资源量和质的情况,又要搞清其未来的发展趋势。即强调流域整体性,重视未来趋势性。这就对传统水文工作提出了严峻的挑战。首先,传统水文在理论上是建立在水的自然属性基础上的,即水的循环运动不受或少受人类活动的干扰影响,而是按照自然规律,即降水、产流、汇流、下渗、蒸发……在循环运动,传统水文的站网布设原则就是在这样的指导思想下,按照一定科学规则在流域面上布设若干个站点,对流域内水的循环运动进行监测,对过去不受或少受人类活动影响的流域来说,这种手段方法是合理的,基本上能够满足控制流域水的总量、分布及循环运动规律的要求。但随着经济社会的快速发展,人类活动的影响加重,水也渐渐失去其自然属性,而更多地表现出其资源属性:人们无节制地利用水,又无节制地侵害(污染)水。于是,自然河流就变成了"人工渠道",原来供水行进的河道变成了人们排污的场所,因而也就有了天然径流量和实测径流量的概念,也就有了水资源质量的概念。实际情况是,实测径流量占天然径流量的比重越来越小,水的质量越来越差。天然径流量不是通过实测得到的,而是依据实测径流量进行还原计算出来的,即用占比例越来越小的局部来推算整体,这就难免会使人们对整体的可信度产生疑问。其次,随着经济社会的发展,人们对水的利用范围已不再仅限于河道(干支流),而是快速向流域坡面延伸,使得流域下垫面发生剧烈变化,改变了水的原有循环运行规律和流域降水、天然径流关系(即降水径流关系),使得天然径流量的计算更加困难。现代水利要求对流域水资源进行全流域统一配置、调度,这就必须首先搞清流域水资源承载能力即流域天然径流总量以及未来的发展变化趋势。而传统水文的监测方法手段根本不可能对流域面上甚至空间的水循环运动分布进行跟踪监测。这就要求水文工作必须突破传统,充分利用现代科学技术理论,特别是利用空间数据采集技术,对流域水的循环、运动、分布及质量变化进行科学、实时的跟踪监测,研究掌握其变化规律,并对其发展变化趋势进行预测预报。这就是现代水利或者说是现代社会经济发展对水文工作提出的必然要求。

4 利用空间数据采集技术是现代水文的必然要求

所谓空间数据采集技术,就是充分利用现代科学技术手段,开发基于卫星遥感和雷达等技术的气象水文水资源监测系统,在地面观测系统的支持下,实现降水、蒸发、植被、水体等要素的时间、空间连续遥感监测,并在此基础上建立相应的水文水资源预测预报系统,以弥补地面观测体系的不足。空间数据采集技术有两个特征:一是所采集的对象即数据或信息具有空间分布的特征;二是所采取的手段必然是空间采集技术,可以实现连续的、立体的、全方位的对采集对象进行跟踪或在线式采集(监视),而不是间断的、单点的或平面的采集。

比如,黄委水文局正在建设的"小花间暴雨洪水预警预报系统",其中一个很重要的或者说最主要的目标,就是系统建成后实现花园口水文站洪水的警报预见期达到30个小时,这一目标是根据黄河下游防洪调度的需要提出来的。而现实情况是该区间紧邻花园口,是黄河的主要暴雨洪水来源区(又称下大洪水来源区),产流快、汇流时间短,如果按常规的数据采集

（监视）手段，等雨降到地面后，根据单点（雨量站）观测到的降雨实况进行降雨径流预报，其最大预见期也只有 16~18 个小时，根本不可能达到 30 个小时。只有充分利用雷达测雨这一空间数据采集技术，并利用现代化的卫星通信手段，将雨还在空中的时候，就对其实施快速连续的超前监测采集，并将数据快速传回预报中心，根据这一信息开展降雨径流预报，才能争取到宝贵的时间，实现 30 小时的预见期。

又如，黄委水文局正在立项建设的"黄河河源区水文水资源测报体系建设"项目，其建设目标是充分利用现代科技手段，以自动测报和巡测技术为基础，以空间数据采集技术为方向，实时、准确、全面地掌握黄河河源地区水资源和水环境动态，分析预报水资源和水环境变化趋势，实现河源地区水文测报现代化，为黄河的水资源开发管理提供全面服务。其中项目的技术难点和突破点就是基于卫星遥感的水资源监测系统（即空间数据采集系统）。因为黄河源头是黄河水资源的主要来源区，其多年平均径流量占全流域的 56%，俗称黄河流域的"水塔"，其在黄河水资源开发、调度、管理，环境和生态系统恢复及建设方面占有极为重要的地位。但该地区为典型的高寒缺氧区，其恶劣的气候、地理条件，决定了不可能按常规手段靠大规模地设立常规水文站网、增加水文人员来监测和控制该地区的水资源时空变化动态。目前，该地区的水文站网密度仅为 9 727 km^2/站，雨量站网密度也仅为 8 231 km^2/站，不仅大大低于黄河流域的平均水平，而且远远低于《水文站网规划技术导则》（SL34—92）的下限。因此，只有依靠高科技手段，采用空间数据采集技术，充分利用卫星遥感等信息进行流域面上大尺度的连续监测，才是黄河源区水文水资源和水环境监测的必然选择，才能实现项目建设的目标。

总之，就黄河流域来说，利用空间数据采集技术既是现代化水文的发展趋势，也是新时期黄河治理开发的必然要求。随着现代科学技术的快速发展，这一技术不但是可行的，而且很快将在黄河上变为现实，发挥其巨大的无可替代的效益。

适应于水文体制改革的泥沙测验技术研究

牛　占　赖世熹

（黄河水利委员会水文局）

近年来，我国的水文测验体制发生了一些变化，各地根据具体条件建立了勘测基地，一部分测站的水位与流量测验由常年驻站施测改为勘测队巡测、汛期驻测、非汛期委托或留守简测，安设监测仪器委托看管等方式。这对于稳定职工队伍，加强学习，提高业务水平，改善生活条件都产生了明显的效果。但是，由于泥沙在断面出现情况复杂，影响因素多且易变，简化测验相当困难，各河流各区段的自然环境和河流泥沙过程差别也很大，泥沙巡测简测的基础非常薄弱。必须对泥沙测验方法进行研究，以适应变化了的水文测验体制。为此，我们从两个方面安排研究方向，一是深入分析河流水沙关系和测沙方式，期望以少量的泥沙测次从水沙关系上

本文原载于《水文》2000 年第 1 期，为水利部科技司 1991 年水利科技开发基金资助项目。

推出沙量过程或时段总量;二是寻求改变测沙途径,改取样测沙为现场直读测沙,甚或自动连续地监测泥沙过程。在研究的部署上,选择了以长委和四川省为代表的南方河流区,以黄委和辽宁省为代表的北方河流区,分别结合自己的特点开展工作。

1 水沙关系的研究

河流泥沙被水流挟带,泥沙的含量和输移能力受水流条件的制约,这是研究水沙关系的基础。但是水沙关系相当复杂,表现方式也不同,推算泥沙过程和直接推算时段总量的要求也有差别,难以理论概括和逻辑推导,因此研究以资料分析的经验相关为基本方法。

1.1 流量输沙率关系的分析与应用

四川泥沙测验方法研究组,用岷江、嘉陵江流域 13 个输沙站 36 站年 116 场洪水 894 次实测资料分析了流量输沙率关系。在以流量为纵坐标、输沙率为横坐标的对数坐标系中,综合各场洪水关系曲线的形态,可划分为闭合绳套(单一线)型、交叉绳套型、开口型以及顺时针变化型等四种类型。各型曲线输沙率对流量均呈正倚变关系,97% 以上(前三种类型)的洪水场次时序上为逆时针变化,涨水坡与落水坡分为两支,可近似地拟合为直线。两支线间的过渡常在水、沙峰顶附近。

分析认为,闭合绳套的形成,主要受洪水附加比降在涨、落坡由正变负,导致同流量挟沙能力由大变小的影响,呈两支平行直线。而在洪峰附近,附加比降近于零,流量变化不大但挟沙能力骤减,造成反时针旋转的相依关系,以曲线将两支直线连接起来。涨、落坡两支直线斜率甚为接近,以平均斜率定线,也能与实测点据分布有较好的符合。当附加比降影响较小,或其影响被测验误差所掩盖时,闭合绳套涨、落坡两支直线接近或重合而变成单一线;交叉绳套的涨坡与落坡两支直线具有不同的斜率,在洪峰附近也由过渡曲线连接。它是泥沙补给显著增加时的流量输沙率关系;在洪峰附近,流量变化不大而输沙率大幅度减小时,可形成开口型的流量输沙率关系,涨、落坡两线近于平行,间距稍大。虽输沙率发生间断跃变,但仍符合逆时针转化规律;顺时针变化类型较少,仅就分析的三例而言,都具有流量变幅不大而输沙率变幅很大的特点。其主要受两河交汇后洪水遭遇及泥沙变化之影响。通过分型研究。求出了不同种类不同场次洪水流量输沙率相应倚变的规律及主要影响因素,从而有助于关系的合理确定。

所分析的测站,洪水涨落两坡可用流量输沙率对数的一次回归方程描述,拟合斜率在 1.50 ~ 2.86 之间。各站拟合关系的斜率年内均较稳定,某些站年际间也较稳定。拟合关系近于稳定的测站,在已知斜率时,涨坡及落坡的输沙率测验可减少到各测一次也能确定相应的关系,从而由流量推出输沙率过程,这对测次精简有特别重要的意义,即斜率的稳定性对测次不足时关系的确定是非常实用的。

流量输沙率关系的变化与流量过程变化有近似对应关系。据此特性,亦可确定过渡关系的起始点、终了点及特征点的位置,因此过渡段不施测,其流量输沙率关系也可大致界定,从而结合涨、落坡的规律可大致确定整场洪水的输沙过程。

黄河中游水文水资源局研究指出,同一洪峰涨水段或落水段流量输沙率双对数关系点群多集中为一条曲线,不同类型的洪峰则表现为一族平行曲线,变率比较稳定。应用时,由涨落水过程的水位推出流量,并经对应时间实测单样含沙量计算出相应输沙率,由两者确定相关坐标系中的一个位置,依变率稳定的规律参照邻线趋势绘制本次洪水的流量输沙率关系曲线(即平行内插),从而实现用较少的单沙测次推算洪水输沙过程的目标。

流量输沙率关系是一个最常用的方法,但具体来说也有不少问题。其一,基础颇有假相关之嫌,因为断面输沙率 Q_s、流量 Q、含沙量 C 有 $Q_s = QC$ 的关系,当取对数后变为 $\lg Q_s = \lg Q + \lg C$,在 C 与 Q 相比不是很大时,双对数坐标系中 Q_s 与 Q 的相关似为 Q 的自我相关。其二,以时期平均定出的相关线,不能详细表达水沙倚变的全过程,会导致关系线间应用的困难及应用方法的不统一。其三,关系线在坐标轴上常有截距,需要限定相关有效范围,实用上不易掌握。

1.2 相对含沙量法的研究

信息过程的调幅整形原理表明:一种复杂的、变幅宽、变化急剧的信息过程,可以调制组合为一种简单的、变幅窄、变化平缓的信息过程,据其可逆性后者亦可还原为前者。

我们知道,含沙量一般具有复杂多变的过程,直接监测这一过程,需要布设大量的控制点。但作为泥沙载体的流量是与其相关的过程,如果用流量过程调制含沙量过程,则有可能使含沙量过程变幅缩窄,总势平缓。这样,监测调制后的过程,其控制点会大大减少。反之得出了被调过程,解调逆变后即为原过程。调制后的主参数是含沙量和流量的某种数学组合,我们称之为相对含沙量。下面研究相对含沙量的一般数学描述。

断面输沙率 Q_s、流量 Q、含沙量 C_s 的联系,一般用如下一组公式表达:

$$Q_s = AQ^b \tag{1}$$

$$C_s = AQ^{b-1} \tag{2}$$

$$A = C_s / Q^{b-1} \tag{3}$$

其中 b 为流量的幂指数;A 为反映河流泥沙补给的综合变量,可称为补给参数。在式(3)中,当 b 一定时,A 将含沙量和流量密切地联系起来,反映了当时的水沙搭配关系,是流量幂函数对含沙量幅度调制的结果变量,即前述的相对含沙量。

很显然,在式(3)中 $b > 1$ 时,A 的相对幅度小于 C_s 的相对幅度。A、b 均确定时,由流量过程可逆变还原出含沙量过程。

实际应用时,据测站实测资料,按式(1)的流量输沙率关系适线,综合确定一个 b 值即可,此时相对含沙量的变幅一般大大小于含沙量过程的变幅。在此基础上,还可以进一步试算求得相对含沙量过程变幅最小时所对应的最佳 b 值。一般 $b = 2$ 即有好的效果,这时 A 的物理意义为单位流量之含沙量。

关于 A,它在双对数坐标系适线中为 Q_s 轴的截距。分析的关系线表明,在水沙急变的涨、落坡其近于定值且相对稳定,在水沙变化平缓时有渐变性。因此,对不同的精度要求,可用 A 的时间加权平均值作较长时期应用的参数,也可在 A 的变化过程中内插出特定时段的参数值。

在式(3)中,分别视 C_s 和 Q 为常值,对时间取一阶导数且令其为零,不难得到相对含沙量过程有意义的转折点分别为流量和含沙量过程的峰谷点。在这些点施测,则可达到对含沙量过程的控制,它比现行含沙量过程测验要求简单得多。若含沙量与流量同步时则更简单。实用上对转折点位置的选择,常借用水位过程的变化来掌握。

相对含沙量法曾在涪江、巴河几个站进行分析和验证,结果表明,相对含沙量 A 较实际含沙量 C_s 变幅大为缩小,在控制 A 的测次较控制 C_s 的测次少很多时,也不致造成较大误差。

1.3 水沙峰比例系数相关法的试验

大量的水沙过程表明,流量、含沙量涨、落基本对应,每次洪水过程中含沙量的增长率与相应流量增长率基本一致。因此可建立含沙量、流量增长比例系数相关关系,由较少的泥沙测次,经此相关推出含沙量过程。

水沙比例系数相关法的建立以洪峰为基础。设一次洪峰过程,流量的起涨值为 Q_{min},最大值为 Q_{max},相应的流量变幅为 $Q_m = Q_{max} - Q_{min}$。对任一瞬时流量 Q_i,其相应的增长量为 $\triangle Q = Q_i - Q_{min}$,则流量的比例系数定义为:

$$K_{qi} = \Delta Q / Q_m \tag{4}$$

若水、沙峰同步,河水前期为含沙量很小的清水,设与 Q_i 相应时刻的含沙量为 C_{si},最大含沙量为 C_{max},则定义含沙量的比例系数为:

$$K_{Csi} = C_{si} / C_{smax} \tag{5}$$

K_{qi}、K_{Csi} 随 Q_i、C_{si} 而变化,都是洪峰过程时间的函数。原则上一次洪峰可建立一条 $K_q \sim K_{Cs}$ 相关曲线。对特定的测站,有可能将多次洪峰综合为一条曲线,这是最理想的情况。但一般情况下,各站洪峰的涨坡和落坡常形成两组曲线族,族中各曲线代表了一种水沙过程的组合类型。

由历史资料分析建立 $K_q \sim K_{Cs}$ 相关后,在已知流量过程,并把握住洪峰类型所对应的曲线或按趋势内插出曲线时,即可推算 C_{si} 过程。方法是由某实测含沙量 C_{si} 的时刻,推得相应流量 Q_i,由式(4)计算出 K_{qi},经 $K_q \sim K_{Cs}$ 相关图可查得 K_{Csi},从而按式(5)由 C_{si}/K_{Csi} 推出 C_{smax}。嗣后,则可由 $K_{qi} \sim K_{Csi} \sim K_{Csi} C_{imax} = C_{si}$ 步骤推出 C_s 的过程,达到减少测次推出过程的目的。

若河水前期含沙量不可忽略,则含沙量的比例系数按建立流量比例系数的方法建立,推算泥沙过程的方法一样,但推算出的含沙量是相对于最小含沙量的增量。

若水、沙峰异步,则要建立泥沙过程与水位或流量过程等的关系,从而推算出相应的含沙量过程。

辽宁省水文水资源勘测局用 8 个区域代表站 97 次洪水 113 个峰次对本方法进行分析和验证,结果为单次洪水输沙总量累频 75% 的相对误差为 7%,月、年沙量累频 75% 的相对误差为 10%。黄委 3 个站试验的结果为历年较大洪水输沙量累频 75% 的相对误差未超过 16%。

黄河中游水文水资源局将流量含沙量比例系数相关法推广为流量输沙率比例系数相关法,在流域面积较大、下垫面因素较为复杂的测站应用,效果较好。

1.4 水沙量关系法

在只要求时段总沙量或洪水总沙量而不需掌握输沙过程的测站断面,或者过程关系不佳而总量关系尚好时,可直接建立时段沙量和水量的相关曲线。黄河中游试验的结果表明,水沙关系呈直线时,使用方便且精度较高。

我们看到,水沙关系的分析是以减少泥沙测次为基本目标的,通俗地说,"巡测巡测,一定要测,只能(少)简测,不能不测"。关于最少测次,以误差控制的分析方法作了一些探讨,一般来说,洪水时的泥沙测验在峰前、峰后都应有测次分布,对长时段水沙关系发生变化时也应安排测次。

河流断面的水沙关系与流域泥沙补给、河道水沙演变、水流挟沙饱和程度等都息息相关,也有明显的地带性,因此很难一般地评价最优方法。对方法适用性的选择原则是,在历史资料和试验数据分析验证方面,根据要求和可能,应保证一定的统计精度,限制相应的误差。

2 泥沙测验方式方法的研究

2.1 输沙率与流量异步施测法

长江中游局根据洞庭湖的实际情况,测输沙率时不一定测流量,可只测含沙量,而用部分平均法由垂线含沙量求出断面各部分的平均含沙量后,乘以邻近流量测次的对应流量权重,再累加出全断面的平均含沙量。这里流量权重即相应于各测沙垂线间的断面部分流量与全断面流量之比。断面平均含沙量与相应时间流量之积即为实测的输沙率。这种方法被称为输沙率与流量异步施测法。

采用异步施测法,改变了过去施测输沙率时必须同时施测流量的传统方法。只要单独测取几条垂线的含沙量,然后借用部分流量权重资料,经简单计算就可求出断沙。克服了输沙率测次和流量测次因标准不同而产生的安排不同步的矛盾。

我们知道,各测次断面流量的总权重为 1,虽然测沙时各部分断面的实际流量权重与借用邻次测流的对应流量权重不一定相等,但两次各权重在断面上有重新分配的互补性,这对于一般的断面含沙量分布不致造成很大误差。经大量资料计算分析,用本法求得的断面平均含沙量与相应实测断面平均含沙量比较,南咀等站最大系统误差未超过 -0.6%,最大标准差未超过 3.2%,最大偶然误差不超过 10%,精度符合有关要求。

2.2 邻站单沙相关法

邻站单沙相关法适用于同一河流的上下游站之间,其基本目标是在保证精度的前提下,减少测区内的一些测站的测沙任务,而由代表测站的实测单沙资料经建立的相关关系推算被精简站的相应值,属空间精简范畴。它的关键是选择合适的传播时间或其他参数,以求出邻站对应的含沙量,建立相关。在相关良好的条件下,选择测验最方便的测站作为代表站。长江中游局在洞庭湖选择安乡站作为观测代表站,分别和大湖口、自治局、官垸三站建立此种相关,经试验验证,在保持相当的精度下完全可以由安乡站的实测值推出这三站的相应单沙。

2.3 桥上测沙方法

辽宁省水文水资源勘测局研究了桥上测沙和邻近断面船测含沙量的关系,在许多地方两者有稳定的线性相关,相关程度较高,相对误差小于 ±10% 的累计频率达 75% 以上。认为在保证一定精度的前提下,利用桥上测沙而推求断面沙量是经济方便和实用的。同时指出,由于含沙量横向变化较大,桥上测沙的最少垂线数不宜小于 3~4 条,且应视河宽、孔数、孔距等合理分布。用全断面混合法测取断沙,臆在桥上侧且离开桥墩不小于 2 m 处。当大洪水期间桥上侧取沙按常测法有困难时,可在桥下侧水面取样,用面积历时加权法测算断面平均含沙量。

2.4 输沙率间测的分析研究

长江中游局洞庭湖大队还分析了二、三类泥沙站输沙率间测的精度,认为将间测一年延长至 3~5 年也是可以的。

总的看来,测沙方法必须因地制宜,开拓思路,将会有所作为。

3 物理测沙技术途径的探寻

利用含沙水流的一些物理效应建立含沙量与反应物理量的相关关系,从而由后者推算前者的方法可称为物理测沙法。它的基本要求是反应的物理量与含沙量关系密切并容易测量。这类方法和传统取样测沙比较起来,优势非常明显,有利于推进水文体制改革。

物理测沙应用的原理大致有:因泥沙加入使水流的密度发生变化的重力或压力效应;波粒在浑水体系内衰减效应;浑水流过振管引起频率发生变化的效应等。这些方面都有过研制实例,只是由于种种原因未能坚持下去推广开来,致使这类方法应用成功的实例很少。因此,初步的目标只能是对技术途径的探寻,其方式是收集以往的有关研究资料,尽可能用已有的设备、装置做些试验,为深入研究开发打下基础。

重力效应的经典应用是比重计(浮力),也有文献报道了垂体—电子秤或垂体—磁感应结构的测沙(浓度、重度)装置和仪器,它们用沉在浑水中垂体的浮力变化作为感测含沙量变化的探测器,用相联的电子秤或磁感应机构测出此种变化,来和含沙量建立关系。这种方法多适合实验室测沙,曾有将垂体作某种防波物理屏蔽和测算取均值消除波动影响处理后用于野外河流测沙的方案;沿水深方向定距配对布置压力传感器,由压差电信号反映含沙量的思路和方案多有人提出,黄委水文局从理论分析和室内实验两方面就此作了研究,结果表明,含沙量与信号读数的线性关系很好,具有开发应用的前景。同时指出,含沙量测量的分辨率与空间代表性是一对矛盾,即当两只传感器距离增大(减小)时,可提高(降低)含沙量的分辨率,但降低(提高)了空间代表性。实验含沙量范围从零达上千 kg/m^3。

波粒衰减法研究的主要代表有光波、超声波和放射性同位素粒子流,基本结构是发射源穿过浑水介质到达接收器,能量衰减与浓度(含沙量)呈指数关系。波粒衰减常受颗粒大小的影响,在理论和技术处理上比较麻烦。这方面的研究开展较多,从波源特性、结构型式到信号处理都积累了一定经验。黄委会的放射性同位素测沙仪曾在一些站使用数年之久。

振管测浓度在工业生产上早有应用,水利上用于管道分流测沙也获成功。云南省水文水资源局曾改制成适合河道测沙的型式作过试用,效果较好。浑水含沙量与振管周期是平方关系,但在一定的条件下可简化为线性和分段线性关系。

我们的工作,选择了室内振管型、压力传感器和超声波直射式测沙仪器或设备进行了试验,率定和验证了它们的相关关系,感到虽然离野外测沙的实际应用尚有距离,但只要坚持不懈地努力研究,前景应是很好的。

实施物理测沙,要将传感部件放入水流中,因此探头的结构是研制的基本问题之一,就目前各种传感器探头看,压力传感器体积最小,超声波换能器次之,振管和同位素探测器探头体积较大。从适应于巡测携带看,越轻便越好,但从在水流中的机械防震来说,应有相当重量,对定位监测还得考虑长期应用条件。另则应制成装载式的,以能方便地在铅鱼等垂沉导流体上装卸。

对物理测沙仪器,应制订一些指标,以作定量质量检验考核的依据,这是正常投产使用的基本前提和重要要求。据试验经验,稳定性、重复性是应用的根本保证条件,分辨率、灵敏度也是重要指标。最终以单项综合精度或综合试验精度作总的衡量。

适应于水文体制改革的泥沙测验,虽然已把寻求新的手段作为主要方向,但是这方面的整体研究相当薄弱,想法思路原理方案资料较多,室内试验也有一些,但在目前还没有一个测站应用此类仪器的成功事例。我们只能在这种条件下,尽可能借用已有的东西做一些试验验证。总的看,各种物理方法都有理论基础,技术上也积累了相当经验,目前电子技术的进展已能克服过去研制时的一些困难,因此均有成功的希望,需要的是必须加大投入,坚持不懈,持之以恒地进行研究。

4 结语

适应于水文体制改革的泥沙测验技术是一个内容非常丰富的综合大题目,目前的研究仅是一个良好的开端,成果是初步的,也是实用的,作为现阶段的探索性专题项目,已较好地完成了预定目标。还需要深入完善及推广应用已有的研究成果,并继续探索多种新技术应用于测沙的可行性。目前测沙的落后局面已影响了体制改革,唯有加紧这方面的研究,才能推动这项工作,发挥新体制应有的优势。

说明:本文由水利部水文司泥沙测验研究工作组主持的"开展几项测沙技术研究(水利部科技司 1991 年水利科技开发基金专项资助)"项目之一"适应于水文体制改革的泥沙测验技术研究"的综合报告改写而成。开展试验并为本报告提供资料的有:黄河水利委员会水文局熊贵枢、牛占、赖世襄、周延年、王英铎、席锡纯、李鹏、马文进、齐斌、王铁睿,长江水利委员会水文局邹家忠、周刚炎、施修端、段心义、李厚永、杨英初、胡述芹,四川省水文水资源局许盛国、陈俊峰、唐俐君、尹怀斌、范家惠、许平、宋清江,辽宁省水文水资源勘测局贾万忠、刘先锋、黄家声、罗秀娟、任学信、武立国、崔日山、朱德良、杨放、王心平等。

现代水事立法的发展趋势

任顺平　薛建民　高戊戌　刘中利

(黄河水利委员会水文局)

随着社会的发展和人类文明的进步,水资源在国民经济和社会生活中的地位越来越重要,尤其是自 20 世纪 60 年代以来,水资源供需矛盾从局部地区逐渐发展成为一个世界性的问题,传统的水法规范已经越来越不适应国民经济和社会发展的客观需要。世界上大多数国家、地区为了缓解水资源供需矛盾,及时对水资源开发、利用与保护中的一些规律性、指导性和前瞻性内容予以总结,充分运用法律、经济、政策等多种手段加强对水资源管理,取得了不少的成就与经验。在修订或制定《水法》(在世界上其他国家有的称为"水资源法"或类似名称)时加以充分体现和反映,以指导和促进水资源的管理。

1 重新认识水资源在国民经济和社会发展中的地位

水是人类和地球上其他生物所赖以生存的基本要素。随着社会经济的发展和人类文明的进步,各国都根据本国的具体国情重新定位水资源在本国国民经济和社会发展中的地位与作用。

但是无论怎样,首先要接受淡水资源不但有限而且严重短缺这样一个现实。据资料显示,地球上的理论水资源总量约为 13.86 亿 km³,而其中大部分是海水,淡水仅占 2.53%。淡水中包括了大面积的冰川、永冻冰盖及冻土底冰,以河川径流形态为特征的淡水量大多以洪水形式出现,不仅难以利用而且容易对人类造成灾害。据估计,地球上可以利用的比较稳定的淡水资源总量仅为 14 亿 m³,并不是"取之不尽,用之不竭"。近半个世纪以来,随着人口的增加、工农业的发展、城市化的加快,世界上每隔 30 年人均用水量就要翻番、人均拥有水资源量就要减半。自 20 世纪 70 年代联合国发出世界水情警报以来,世界上的缺水情况仍然在继续恶化:非

本文原载于《人民黄河》2001 年第 5 期。

洲一半以上地区长期干旱,亚洲、拉丁美洲大面积受到缺水的威胁。目前世界上有12亿人口缺乏安全的饮用水供应,14亿人口缺乏必要的卫生设备,每年大约有500万人因此而死亡。世界上城市和工农业集中地区的缺水问题已经成为一个世界性的普遍现象。

其次是全面认识水资源的作用。水资源的自然作用是滋润土地,使之成为人类和地球上其他生物生息繁衍的地方。在人类发展史上,江河流域通常是人类文明的发祥地,如黄河流域是中华民族的发祥地,尼罗河流域孕育了古代埃及文明,两河流域浇灌了美索不达米亚沃原;水流的运输功能促进了各地的物产交换,带来了经济的繁荣,江河、湖泊还能为人类提供水产品,此外还利用水力发电、灌溉等。随着现代社会的发展,人类扩大了水资源的用途,形成了从灌溉、航运、养殖、生活饮用到水能开发、水上康乐等自然功能和经济功能于一体,进入了多目标开发利用保护阶段。因此,世界上公认水资源在一个国家中的最重要地位与作用,纳入国家安全的一个重要组成内容:第一,水资源是一个国家综合国力的重要组成部分;第二,水资源的开发利用与保护水平标志着一个国家的社会经济发展总体水平;第三,对水资源的调蓄能力决定着一个国家的应变能力;第四,水资源的开发利用潜力,包括开源与节流是一个国家发展的后劲所在;第五,水资源的供需失去平衡,会导致一个国家的经济和社会的波动。

正因为如此,各国才高度重视水资源在国民经济和社会发展中的地位与作用。我国在1993年3月第七届全国人民代表大会第四次会议上审议通过的《国民经济和社会发展十年规划和第八个五年计划纲要》中明确指出:"要把水利作为国民经济的基础产业,放在重要战略地位"。在2001年3月第九届全国人民代表大会第四次会议上批准的《国民经济和社会发展第十个五年计划纲要》中再次强调了要"加强水利建设"、"重视水资源的可持续利用"。此外,在其他场合我国领导人也有类似的讲话和指示,这些都有助于全社会认识水利事业的基础地位与作用。世界上其他国家,无论是发达国家还是发展中国家也有类似的认识。

2 加强对水资源的权属管理

水资源的权属包含水资源的所有权及其派生权益两个方面的内容:一是对水资源所有权的管理,一是对水资源所有权派生权益的管理。

2.1 对水资源所有权的管理

如前所述,由于水资源在一个国家国民经济和社会生活中占有重要的地位,因此大多数国家扩大了水资源的公有色彩,强化政府对水资源的控制和管理,淡化水资源的民法色彩,强调水资源的公有属性。实际上,世界上大多数国家的水法都规定了水资源属于国家所有,如英国、法国先后在20世纪60年代通过水资源公有制的法律,澳大利亚、加拿大等国家也都明确水资源为国家所有,德国水法虽然没有规定水资源的所有权,但是明确了水资源管理服务于公共利益,我国在现行《水法》第三条也明确规定水资源属于国家所有。这些均表明,在水资源的所有权法律界定方面,世界上大多数国家的取向是一致的,即强调水资源的公有或共有属性,以维护社会的公共利益。

2.2 对水资源所有权派生权益的管理

在水资源所有权内容中,包括占有、使用、收益和处分四项权能,而且这四项权能与水资源所有权是可以分离的。在这四项管理内容中,最重要的一项是对水资源使用权的管理。

长期以来,受人类认识因素的影响,都是无偿取用水资源,这样不但造成水资源的大量浪费,而且使水资源的取用处于一种无序状态。随着水资源供需矛盾的日益加剧,将水资源的取用纳入管理势在必行,于是,取水许可或水资源使用权登记、管理等水资源使用权属管理就应运而生。目前,世界上许多国家都实行用(取)水许可制度。实行用(取)水许可证已经成为世界各国普遍采用的对水资源使用权管理的基本制度,除了法律专门规定可以不必经过许可用水的之外,用水者都必须根据用(取)水许可证书规定的方式和范围取水,同时用水者的用(取)水许可证书在法定条件下还可以加以限制和取消,如前苏联规定:在违反用水规则和水保护规则,或不按照原定目的利用水体的情况下,可以终止用水权。我国在 1993 年 8 月由国务院颁布了《取水许可制度实施办法》。

此外,在水资源用途安排上,各国都规定了生活用水优先的原则。

3 加强对水资源的统一管理

水资源是一个动态、循环的闭合系统,地表水、地下水和大气水彼此可以相互转化,某一种形式的水资源的变化可以影响其他形式的水资源,因此加强对水资源的管理主要指:一是对水资源存在形式即地表水、地下水和大气水进行统一管理;二是对水资源的量与质两方面的统一管理;三是对水资源的运行区域进行统一管理,即按照江河、湖泊流域进行统一管理。

3.1 对水资源存在形式即地表水、地下水和大气水进行统一管理

地表水是人类容易取用的水资源,但是地下水、大气水在某种条件下可以和地表水进行交换。因此,对水资源加强管理不仅仅是加强对地表水的管理,还包括地下水与大气水。澳大利亚很早就将地表水与地下水统一收归国有,美国在 20 世纪 80 年代就开始关注地下水的保护,为此制定了防止地下水污染的全国性水政策。目前由于技术水平的限制,人类对大气水的管理还处于探索阶段,但是也开始施加一定程度的影响,如人工降雨。我国对水资源的存在形式方面的管理目前是处于分割状态,尚未完全统一为由水行政主体统一管理。

3.2 对水资源量与质两方面的统一管理

据资料显示,全世界有近一半的废污水未经处理就排入水域,不但严重威胁人类的身体健康,而且给生态环境带来危害。水污染程度的加剧,促进水资源管理发展到水量与水质管理并重的阶段。在历史上,一些欧美国家先后都经历了"先污染,后治理"的阶段:美国于 1972 年就制定了联邦水污染法,提出目标是 1985 年实现"零排放",即禁止一切点源污染物排入水体;英国为了改变泰晤士河的污染状况,于 1974 年制定了各河段的水质目标和污染物排放标准。虽然我国也于 1984 年制定了《水污染防治法》,但是水污染主管部门却是环境保护管理部门,只在国家确定的重要江河、湖泊才有由国家水行政主管部门与环境保护行政主管部门共同设立的水资源保护和水污染监测机构,在全国范围尚未真正实现水量与水质的统一管理。

3.3 按照江河、湖泊流域对水资源进行统一管理

世界上按照江河、湖泊进行流域管理最成功的是美国田纳西河流域,其他国家也有流域管理的成功经验,我国的流域管理历史比较悠久,早在秦朝即有专司江河治理的中央派出机构或官员,在元明清时期则成立了专门的流域管理机构,到了近代,流域管理得到了进一步发展。今天,我国政府在国家重要的长江、黄河等七大江河、湖泊设立了流域管理机构,但是尚未实现真正的流域管理。

4 在水资源开发、利用与保护过程中引入市场经济规律,促进水利产业化发展

在水资源管理过程中,由于施加了人类的生产劳动,水资源不再是单纯的自然水资源,而是附加有劳动价值的商品水资源,因此水资源开发利用与保护过程中要引入市场经济规律,遵循价格与价值相一致的原则,调整水资源的使用价格,使其与水资源的价值相符合,尤其是对用于商业性营利为目的的水资源管理,如供水、水力发电、水上康乐等,应当根据市场经济原则大力调整其价格。只有这样,才能在水资源管理领域形成一个良性的循环发展机制,才能逐步促进水资源走上产业化发展进程。在这方面,我国《水利产业政策》及其实施细则提出了初步目标。

5 大力进行节水技术开发研究和推广利用

由于地球上淡水资源总量有限,一方面人类利用现有技术大力开发可利用水资源的潜力,即开源;另一方面则是侧重于节省现有水资源的使用量或提高水资源的重复使用频率,即节流。实际上,除了极少数国家的水资源总量富足外,大多数国家的水资源总量不足,水资源供需矛盾十分突出。为了缓解水资源的供需矛盾,大力进行节水技术的开发研究与推广使用是一条比较实际的路子。世界上许多国家的节水技术水平都很高,尤其是在缺水比较严重的以色列,有成功的一系列节水措施:①政府通过实行用水配额制,对公司企业和农户的用水量进行严格的控制,限制耗水量大的工业企业和农业的发展,从而强制工业企业和农业向节水型方向发展。②强调水资源的商品属性,无论是居民生活用水,还是工农业生产用水都是有偿使用的,即使是城市废水也是有偿使用的。另外还通过由国家制定适当的水费价格来引导用水户的用水取向。③政府利用经济杠杆来奖励节水用户,惩罚浪费者。政府除了在农业和居民生活用水方面规定基础价以外,还根据用户用水量的多少将水价划分为几个不同的档次,用水量越大,价格越高,用水量超过配额的将受到严厉的经济处罚。④政府对节水技术、设备的研究与推广给予了高度重视。目前在以色列,凡是与水有关的,无论是机械设备、各种管道阀门,还是家用电器等都是节水型的。⑤大力推广节水灌溉技术。以色列的节水农业是在20世纪60年代初期随着喷灌技术和设备的出现而开始发展的。节水灌溉技术从简单的喷灌逐步发展到现在全部用计算机控制的水肥一体的滴灌和微喷灌系统,既节省了人力,又可以使农田得到及时的管理,使农作物的产量和品质都有较大幅度的提高,经济效益明显;此外,以色列还加强对水资源保护的科学研究与技术开发,研制出具有世界一流水平的废水处理设备,其废水处理率已经达到80%。其他国家如美国、英国在节水技术研究与推广方面也取得不小的成绩。我国存在大面积的干旱、半干旱地区,即使在湿润地区,以色列的这些节水技术与政策对我国也具有很好的借鉴和指导作用。为此,《水利产业政策》及其实施细则特别强调了加强对节水技术的开发研究与推广应用。

6 正确处理水资源与土地资源、林业资源、草原资源等自然资源之间的关系

水资源不是独立的一种自然资源,总是与其他自然资源如土地、林业、草原等结合在一起,共同对人类的生产、生活活动产生影响和作用。因此,在水资源开发利用与保护过程中,要正确处理水资源与其他资源之间的关系,以达到对所有自然资源的合理、充分的利用。破坏性地

开发利用某一种自然资源可能对与其相关的资源造成严重的灾害,如 1998 年发生在长江、松花江与嫩江流域的流域性洪涝灾害,其中一个加剧因素就是这些江河的上游地区林木、草原等地面植被被过度采伐,使其覆盖率过于低下而造成的水土流失。

7 积极引导全社会共同参与水资源管理

水资源的合理利用与每个公民都是休戚相关的,尤其是 20 世纪 60 年代以来,世界上大多数国家日益强调水资源开发利用与保护的社会效益和环境效益,在水资源的许多行业管理领域都应当充分听取社会公众的意见。实际上,许多国家的水资源管理法律规范都强调了社会公众参与水资源管理的权利和义务。我国在所颁布的水事法律规范中,几乎都有关于公民参与的法律条文内容,但尚未细化,缺乏可操作性。

总而言之,通过对英国、法国、美国、以色列等国家水事立法中出现的新特点和发展趋势进行比较,必将有助于我国的《水法》修改和水政策的制定,促进我国水资源的有效管理。

黄河中游清涧河"2002·7"暴雨洪水的启示

张海敏　牛玉国

(黄河水利委员会水文局)

2002 年 7 月 4 日,以陕西省子长县城为中心的黄河中游支流清涧河的上游地区突降特大暴雨,子长水文站发生了建站以来的特大洪水,洪峰流量 4 670 m³/s,水位 11.47 m,超过设站以来实测的最大流量和最高水位,也超过了历史调查的最大洪水。这次暴雨洪水的特点是:暴雨中心降水总量大、雨强大、历时短;洪水峰高量小,暴涨暴落,洪水过程历时短,传播速度快,洪峰衰减小,对下游危害极大;暴雨区水土流失严重,洪水含沙量大,对黄河干流河道及水利工程淤积显著。"2002·7"暴雨洪水给当地人民群众的生命财产造成了很大损失,对当地的社会经济发展产生了较大的影响。黄河中游清涧河"2002·7"暴雨洪水中暴露出的许多问题值得我们认真思考:

(1)必须对中小流域的防洪工作给予足够重视。大江大河的防洪问题由于其影响范围大,涉及范围广,灾害后果严重,往往影响到国民经济建设和发展的全局,因此一直受到党和政府的高度关注,目前都建立了相对比较完善的防洪体系,防洪能力大大提高。而许多中小流域的防洪设施相对不完善,随着其中下游两岸城镇经济的发展和人口密度的增加,中小流域洪水所造成的损失将日益严重。因此,各流域机构、各级政府防汛指挥部门与水行政管理部门应对中小流域的防洪工作给予足够的重视,尽快建立一套完善有效的洪水防范机制,以确保人民群众的生命财产安全。

(2)必须进一步加强和改善黄河水文测报工作,满足黄河流域国民经济和社会可持续发

本文原载于《人民黄河》2003 年第 4 期。

展对黄河水文工作的要求。黄河中游黄土高原地区中小尺度暴雨洪水的突发性、随机性、无规律性、难以预测性、难以预防性是众所周知的。《防洪法》和修改后的《水法》在水资源管理与防洪方面对流域管理机构和地方各级人民政府赋予了更多更明确的职责,作为黄河流域水文业务工作的主管部门,如何贯彻落实《水法》,理顺各方面的管理关系,履行法律赋予的职责,在流域内不同行政管辖区域内的水文信息采集、传输、服务的战略布局与具体组织实施方面发挥组织协调、推动、督导作用,调动各方面的积极性,更好地为黄河流域社会经济发展服务是一个急需解决的问题。

(3)黄河基层水文工作人员的数量不足与技术培训问题应引起高度重视。水文行业是一个特殊的艰苦行业,工作环境大多偏僻、艰苦,工作危险性大。雷鸣电闪、风雨交加的时候,水文职工需要冲上去;巨浪翻滚、波涛汹涌的水面上,水文职工要进行通常严禁进行的高空、水上、夜间作业;数九寒冬,滴水成冰的严寒条件下,水文职工需要破冰测量;水文测验工作又是一项技术含量较高的专业技术性工作,经常需要进行一些分析研究工作,人员需要具备较好的专业基础知识并保持相对的稳定;黄河上一年有凌汛、桃汛、伏秋大汛三个汛期,加上黄河水资源统一管理调度对枯水期水文水资源监测工作的要求也愈来愈高,基层水文工作者经常需要不分昼夜地监测河道水流的变化情况。有不少水文站测验人员数量严重不足。目前,国家财力有限,短期内不可能对幅员辽阔、数目众多的水文站进行全面的技术更新改造,故传统的水文水资源监测手段、方法与工作模式不可能完全废弃,很有可能要在相当长的时期内继续存在。因此,在人员配置上必须综合考虑各种因素,实事求是地分析决策,应保证基层水文工作人员工资足额到位,以保证各项工作的正常开展,保护基层水文职工的正当权益。

(4)应保证水文经费的基本投入。长期以来,国家对水文行业的经费投入严重不足,历史欠账严重,近年来虽有所改善,但并未根本改观。黄河流域上中游特别是支流上还有不少的水文站测报设施陈旧落后,生活工作条件甚至不如周围居民,职工收入不稳定,部分工资需要靠创收解决。在这次洪水测报中作出突出贡献的子长、延川两个水文站条件就非常差。延川水文站职工连最基本的住宿条件都不具备;由于水文经费投入不足,像电波流速仪、电子测距仪、浮标法流量测算程序等很多可以提高洪水测报速度和精度,增加预见期和安全性的成熟的新技术、新设备不能得到推广应用;由于经费投入不足,这几年黄河水文系统的防汛物料大多采取集中储备,因而基层水文站的防汛物资储备严重不足。黄河水文系统面广线长,交通条件复杂,发生洪水后,交通条件往往严重恶化,发生水毁后难以及时恢复。这个问题在这次洪水中非常突出,若遇大面积暴雨洪水,势必造成捉襟见肘、应接不暇的局面,这些问题也应引起足够重视。

(5)应加强黄河测报技术(包括巡测技术方案)的研究,开发研制实用可靠的新仪器、新技术、新方法,将成熟适用的先进仪器、设备、技术与黄河水文传统有效的技术方法相结合,探索符合黄河流域实际情况、具有黄河特色的山区性河流水文测验自动化的新途径,为实现巡测打好坚实的技术基础。

(6)各级地方政府应在贯彻新《水法》的过程中,不断完善地方防汛信息采集与服务的机制和手段。延安地区领导对防汛工作非常重视,在防洪方面做了大量的工作:气象部门建立了雷达测雨及县市一级的信息应用系统;防汛指挥机构初步建立了雨水情自动测报系统,制定了发生各种级别洪水时重要区域的防汛撤离预案,有些县还在部分乡镇增设了雨量观测点,在重要河流和支流上设立了简易报汛站以弥补国家报汛站网密度的不足;在河流上下游行政隶属关系不同的县市之间建立了防汛信息联系机制,这些工作给做好防汛工作创造了较好的条件,也发挥了重要作用。这次洪水过程中,黄河水文部门及时准确的水情通报、上下游地方防汛部门间的信息交换,在榆林地区清涧县城人员的及时撤离中发挥了重要作用。清涧县城虽然遭受了较大的财产损失,但人员几无伤亡。不过,这次洪水过程中暴露出防汛指挥系统中还有不少薄弱环节。有许多乡镇的降雨、洪水报汛站点的通信手段无保证,很多信息没有及时上报,没有发挥应有作用,应改善加强。

(7)这次特大暴雨洪水灾害主要是突发性的自然灾害,有其不可避免的因素,但人为因素使灾害后果加重的情况也不可忽视。受地形限制,山区和丘陵沟壑区城镇的土地资源十分紧缺,发展建设城镇与保护河道常常发生矛盾。子长、清涧、延川三个县城都严重存在围占河道现象,致使同流量水位远远高于天然状况,这是各县城遭受严重洪灾的重要因素之一。子长、清涧县城受灾严重,其原因一是距暴雨中心近,洪水来势猛;二是其位于清涧河上中游,集水面积小,河流发育过程中形成的河道过水能力小;三是行洪河道被严重挤占,且围堤坚固,没有溃决,把水逼进了县城。位于下游的延川县城,在汛期到来之前,河道行洪断面被挤占去近2/3,多亏挤占河道的是一些松散的建筑废弃物,在此场洪水前先有几次中小洪水将河道断面先期冲刷,再加上这次洪水暴雨中心远在上游,否则此处洪峰水位可能更高,损失可能要更大。子长、清涧两县领导感叹其20年建设成果毁于一旦,其教训值得汲取。黄河流域干支流此类案例甚多,各级地方领导应尊重自然规律,虚心听取业务部门和专家的意见,严格按照水利法规、防洪法规办事,搞好城镇建设发展规划和防洪规划,尽量减少和避免损失,实现当地社会经济的可持续发展。

(8)洪水总量小、洪峰流量大、历时短、含沙量高是黄土高原丘陵沟壑区暴雨洪水的共有特点和规律,应根据这类洪水的特点采取有效的防范措施。从当地防汛以及整个黄河中下游防洪、生态建设与经济发展的角度考虑,在采取其他水土保持措施的同时,修建骨干拦水拦沙工程可能是最有效的、综合效益最好的防洪及水土保持措施。它可以有效地削减洪峰流量,减轻对当地经济发展的危害;可以拦蓄对当地经济发展和生态环境建设非常宝贵的水资源;可以减少进入黄河的泥沙总量,节省黄河干流用于输沙减淤的宝贵的水资源消耗量,满足社会经济发展的其他需求;可以减少当地水土流失,淤地造田,营造良好的农业生产环境;可以减少黄河干流水利工程的淤积,延长其使用寿命,提高工程效益。

(9)退耕还林还草是保持水土、改善当地生态环境长期的根本措施,但这项措施一是工程量巨大,短期内很难完成,效益不会很明显;二是黄土高原河流非常发育,很多河段河床已下切至基岩。流域地面坡度很大,且黄土土质疏松,草和树虽能增加径流形成的阻力,延长水体滞留和下渗时间,增加下渗量,减少产流量,对坡面侵蚀有一定的保护作用,但对这种高强度的暴雨洪水,还应同时采取水保工程措施,在黄土高原丘陵沟壑区各支流上规划修建骨干拦水拦沙工程。

(10)从根本上讲,人口数量的急剧增长,人均资源消耗水平的迅速提高,人类活动能力的提高,人类资源消耗总量和人类活动产物总量的急剧增加,以及对自然环境破坏活动的加剧等是生态环境恶化的最主要原因。应坚定不移地贯彻落实计划生育的基本国策,控制人口增长速度,合理控制人均资源消耗水平,防止人类对大自然超出其再生能力和承载能力的索取和恣意破坏,这将是保持黄河流域生态环境向良性循环方向发展、防止生态环境进一步恶化的根本的、长期的战略措施。

2001～2005 年黄河水文改革发展的思路和目标

张红月　王宝华　郭喜有

（黄河水利委员会水文局）

　　按照黄委统一部署,结合 21 世纪前期水文发展的总体目标,黄委水文局编写了《黄河水文改革发展五年计划》。目前,一方面国家对黄河流域治理开发的高度重视和正在进行的西部大开发给黄河水文工作提供了很好的发展机遇;另一方面,黄河流域日益严重的防洪、水资源和生态环境问题又给水文工作带来了新的挑战。可以说,还有大量的未知领域的工作需要我们去探讨、研究和开展,其中合理调整站网、提高洪水预见期、水量监测和水资源预报、水位预报和低水测验等方面仍然是我们今后业务工作的重点。

　　改革也是水文局当前的一项重要任务。五年计划在机构、体制、机制改革方面都提出了明确的发展思路和目标,制定了详细的工作计划,也在法规、政策、投入、管理、队伍等方面提出了有效保障措施。因此,五年计划的制定,对水文局今后一段时期的改革和发展工作具有重要的指导意义。

1　改革发展的目标

　　在改革发展五年计划中,确定了今后一段时期内黄河水文工作的指导思想,即以邓小平理论为指导,围绕新时期黄河治理开发三大问题,根据工程水利向资源水利转变的要求,做好黄河水文"三个服务",转变观念,理清思路,深化改革,真抓实干,开创黄河水文工作的新局面。经过坚持不懈的努力,实现"站网布局合理、测报设施精良、基础工作扎实、技术水平先进、管理科学规范、投资渠道稳定、队伍素质优良、职工生活富裕"的 21 世纪前期黄河水文发展总体目标。进一步明确新时期黄河水文"三个服务"的新思路和发展方向,即"为黄河防汛服务、为黄河水资源统一管理服务、为西部大开发和生态环境建设服务"。依照总体目标,结合"三个服务",水文局确定了今后发展的具体思路和目标。

1.1　机构人事制度改革

　　一是紧紧围绕水文"三个服务"要求,明确职能,合理调整机构,理顺工作关系,加强基层和基础工作,加强水文行业管理;二是逐步建立适合生产人员、管理人员、科技人员和工勤人员各自特点的用人制度和符合水文特点的岗位管理制度,变身份管理为岗位管理;三是推行以聘用制为核心的基本用人制度,实行双向选择,竞争上岗;四是搞活工资分配,逐步建立自主、灵活、重实绩、重贡献,向优秀人才、关键岗位和艰苦地区倾斜的分配激励机制。

　　明确水文行业职能,理顺管理体制,引入竞争机制,划清产、管、研、企职能,建立符合水文工作特点、运转协调、富有活力、科学规范的管理体制和运行机制。

1.2　水文站网规划

　　水文站网经调整后达到结构合理,整体功能提高,站数和布局能满足黄河防洪、治理开发、

本文原载于《人民黄河》2001 年第 6 期。

水资源统一管理和保护的要求。经过五年努力,调整充实、配套完善现有站网,加强实验站网,提高站网整体功能,中游各水文分区区域代表站和小河站数量达到《水文站网规划技术导则》要求的最稀密度;黄河防洪和治理开发及水资源统一管理需要站网得到补充;水库河道淤积断面适度加密,基本满足需要。

1.3 水文设施设备建设

加强水文测站测验设施建设,达到国家规定的测洪标准;充分利用现代科学技术发展的成果,改善测验手段,其科学性和实用性达到国内同期先进水平;改进测验方法,提供优质的水文资料,满足黄河治理开发、西部大开发以及国民经济建设各方面的需要;加强水文实验研究,开发、引进、研制新仪器和新设备,解决黄河水文测验的疑难问题。

1.4 气象、水文、水资源情报预报

随着科学技术的进步,依托水文、气象、计算机、通讯、卫星、雷达、遥感遥测等先进技术手段,逐步建成现代化的黄河气象、水文、水资源情报预报工作体系,以满足黄河治理开发、西部大开发以及社会进步等各方面的需要。

1.5 水文信息存储和网络服务

计划建成覆盖全流域的分布式的气象信息数据库、水文和水资源信息数据库、办公自动化信息数据库,依托计算机网络和数据库系统,开发基于客户机/服务器、浏览器/服务器技术和地理信息系统的信息服务体系,建设覆盖黄委水文局、基层水文水资源局、水情分中心、重要水文站的黄河水文计算机广域网,为信息传输、信息服务、办公自动化、异地会商等提供有效的网络环境为目标的黄河水文信息存储、服务及计算机网络系统的总体规划。

1.6 水文科研

结合黄河水文实际,围绕黄河三大问题,加强基本情况、基本资料、基本规律的研究,突出重点,强化高新技术的推广应用,为黄河水文发展提供有力的科技支撑。

重点研究的问题为水文水资源基本规律,水文观测技术体系,水文情报预报技术,河道、水库、水文泥沙运行演变规律,人类活动对水文过程的影响,水文分析与计算,水文经济效益,水资源监督管理体制,西北地区可持续发展战略与措施等。

开展水库、河道、河口滨海区、蒸发、测验方法、水资源、流域边界、水量平衡、高输沙模数等实验研究。

1.7 人才培养和国际合作

搞好整体性人力资源开发,加速培养造就各类人才,形成与国民经济、黄河治理开发和黄河水文事业发展目标相适应的人才队伍、人才布局和人才结构。

积极开展国际水文科技合作交流,引进适用的先进技术、仪器、设备,吸收消化国外先进技术,推动黄河水文科学技术水平的提高。

1.8 水文行业管理

根据水利部要求和黄河水文工作的实际,加强水文行业管理工作,逐步建立完善以《黄河水文管理办法》为核心,涉及水文站网建设管理、水文测报技术规范规程、水文资料使用及管理、水文测报设施管理与保护、水文测验断面保护区管理、水文水行政执法管理等内容的黄河水文行业管理法规体系。

2 几项重点工作

2.1 进一步加强水文行业管理

目前,黄河水文工作正处于思维模式、工作方式、管理体制和运行机制的重大变革时期,必须用法律或有关政策明确职责权限,理顺各方面关系,疏通经费渠道,加强水文资料的发布、使用、审查和管理,建立比较完善的黄河水文水行政执法体系。拟定《黄河水文管理办法》等制度办法,明确黄河水文工作的任务和职责范围,明确经费投入渠道和稳定的投入数额,明确黄河水文工作各项具体内容(站网规划及调整、水文水资源资料整汇编、水文分析计算、水资源评价、水文水资源情报预报、水文科研),明确黄河水文工作与省(区)水文工作的指导关系和黄河水文工作的行业管理任务,依法保护水文工作的合法权益。

2.2 充分重视水文在防汛、水资源调度管理中的作用,积极拓展水文业务

由于黄河流域自然环境的变化和人类活动的影响,近些年黄河的水沙特性变化较大,防洪、水资源和生态环境三大问题突出,特别是水资源和生态环境问题,导致了全流域的生态环境趋向恶化,影响和制约了社会经济的发展。

针对黄河出现的这些新问题,1999年以后,黄委加强了对水资源管理的力度,成立了水量调度管理单位,统筹全河水量,同时要求水文局开展水资源监测预报工作,加强低水和小流量测验,增加汛期和非汛期的水文测验频次。为配合黄河水资源统一调度工作,水文局调整工作部署,积极开展非汛期水资源测报工作,增加平水期测报频次,并积极探索小流量测验方法,提高测报精度。2000年在干流高村站以下共加测流量300多次,加报水情1 000多次。在2000年黄河流域大部分地区降雨偏少,花园口径流量比多年平均偏小54%的不利情况下,黄委依据水文局提供的准确、及时的测报数据和预测预报成果,经过精心调度,仍然确保了黄河全年不断流。

在未来5年,要进一步补充完善水资源监测站网,加强干流控制站的水资源监测,逐步理顺黄河干流水资源监测管理体系,对重点河段的引退水实施统一监测监督,建立水资源预测预报系统,为黄河水资源调度提供及时准确的依据。

2.3 发挥水文优势,服务西部开发

在我国开始向第三步战略目标迈进的时候,党中央提出了西部大开发的战略。在西部大开发中,水利基础设施建设、生态环境建设和保护等方面的工作占据重要地位。水利作为国民经济的基础行业,在此战略中担当开路先锋的角色,而水文作为水利行业的基础,其重要性不言而喻。水文部门如何在西部大开发中找准自己的位置,是我们应当思考的问题。

黄河水文在这方面已经开始尝试,并取得初步成功。2000年,水文局为做好"黑河水资源问题及对策"有关专题工作,成立了领导小组和工作组,赴现场查勘,收集资料,按时完成了黑河流域水资源初步评价及基本情况调查项目报告。同时,根据水利部和黄委的要求,水文局组建了黑河水资源监测监督小组,开始了黑河水量的监测工作。

西部大开发中,水土保持生态环境建设与保护工作的成效如何,还要依靠水文数据的变化来体现和反映,而这正是水文的优势所在。水文局正在以即将开展的"两川两河,十大孔兑"水土保持工程项目为契机,加大水文为水土保持生态环境建设服务的力度。

目前,黄河水文已经在信息、技术、人才、设备等方面形成了一定的优势,但要切实参与西部开发,必须加强流域机构与省区水利部门的行业联合,这样才能实现优势互补。通过合作实

现水文资料的共享,共同研究开发适合西部地区特点的测验仪器设备,共同研究制定适合西部地区水文特性的有关技术规范,建立经济联合体,共同参与地方建设等。通过合作,取长补短,发展自己,服务地方,使水文工作更好地为西部大开发服务。作为流域职能部门的黄河水文部门曾先后为龙羊峡、刘家峡、万家寨、小浪底等国家重点水利工程建设提供水文测验、测绘、水情自动测报和水文预报等方面的服务。今后,黄河水文要进一步拓宽服务领域,参与市场竞争,积极为西部大开发和地方经济建设服务。

以测报水平升级推进黄河水文科技进步

张红月　张留柱

（黄河水利委员会水文局）

水文工作是水利工作的基础,水文测报又是水文工作的基础。黄河水文测报在黄河治理开发和管理的事业中占有极其重要的地位。实践证明,要把黄河的问题处理好,把黄河的事情办好,必须有全面、系统、高质量的水文资料做支撑,要求建设先进、科学、完善的水文测报体系。

1　测报升级活动的背景

黄河水文观测历史悠久,可追溯到 4 000 年前。到 19 世纪初,黄河流域即开始了以近代水文科学技术为特征的水文观测。由于黄河流域的地貌、地形、地质、暴雨、产流、汇流、产沙、输沙及河道的冲淤变化有许多独特的地方,使黄河水文、泥沙测报有其特殊的复杂性和异常困难,其他江河上许多行之有效的测验方法、仪器设备在黄河上很难使用。

进入 21 世纪,黄河大部分测站测量仪器设备、测报技术水平等仍徘徊在 20 世纪50 ~ 60 年代的水平。水文测站基本上是人工操作,水位观测仍以直尺人工观测为主;测深主要是采用测深杆或目测绳标记;流量测验大多数测站仍使用秒表、电铃、流速仪测算流速,采用传统的人工记载、计算流量成果;起点距测量主要采用标志牌、六分仪;在悬移质泥沙测验方面,依然沿用横式采样器取样、天平称重的传统模式;渡河主要依靠涉水、测船或过河缆道,自动化程度低,人工作业劳动强度高、危险性大的局面仍未根本改变。大洪水时还不得不采用浮标测速,借用断面计算流量。这些传统的测验设备和方法存在着作业效率低、安全性差、误差大的缺陷。

要实现新时期黄河“堤防不决口、河床不抬高、河道不断流、水质不污染”的治理目标,要求黄河水文提供及时、准确、可靠、全面、翔实的基础数据信息,“三条黄河”的建设需要水文测报提高自动化、数字化的水平。黄河水资源实行统一管理以来,低水平的测验设施、水资源测报技术手段等与水资源统一管理的要求也不相适应。探索解决黄河泥沙问题的调水调沙试验对水文测报精度、时效也提出了更高的要求。显然,传统的水文测报方法和手段已经不能满足新时期黄河治理对水文的要求。

本文原载于《中国水利》2004 年第 17 期。

2001年,水利部主要领导同志在黄河水文局局检查指导工作中了解到黄河水文测报的状况后,明确指示黄河水文要改变落后面貌,缩短与发达地区的差距,提高测报水平,要加快由传统水文向现代水文转变的步伐。黄河水利委员会水文局党组在深入分析黄河水文测报现状和广泛了解国内外水文测报技术的基础上,决定在全河开展黄河水文测报水平升级活动。

2　水文测报水平升级活动开展情况

水文局党组按照新时期黄河治理开发的总体思路,围绕"三条黄河"建设的要求,以全面提高水文测报水平为目标,本着自主开发与技术引进相结合的原则,研究建立新型的测报系统,通过自动化建设和技术革新,降低测报工作的劳动强度,增加安全保障,提高水文测报工作的时效和质量,推动水文测报技术的发展,全面提升黄河水文测报科技水平,在2001年汛后拉开了黄河水文测报升级活动的序幕。

水文局党组对测报水平升级活动高度重视,多次召开会议进行动员并安排布置任务。局成立了测报升级领导工作小组,制定了有关组织管理办法;加强对活动的检查、指导,及时总结活动中的经验,研究解决活动中出现的问题;采取了激励措施,建立了有关的奖励机制,安排了测报水平升级研究开发的专项资金和奖励基金,设立了技术革新浪花奖;组织有关人员到国内外考察学习,聘请国内外专家讲学,作学术报告,进行传经送宝和共同开展研究。水文局将测报升级活动作为新时期的重要工作来抓,并在理论上进行探索,将其上升为黄河水文今后发展的重要依托。黄委党组也高度重视并给予了大力支持,国科局专门设立了水文测报水平升级专项资金。同时为了引进国际上先进的技术设备,还积极申请了"948"项目、水利部科技推广经费,申请到了"激光粒度分析仪引进"、"黄河流域自动化水文测站关键技术引进"等项目。上级的支持推动了这项活动的深入健康开展。

3　水文测报水平升级活动取得的主要成就

鼓励广大水文职工积极参与水文测报水平升级活动,把职工创造和革新的积极性充分调动起来,3年来,水文测报水平升级活动取得了明显的进展,有1 000余人(次)参加了该项活动,开展了科学研究、技术革新、技术引进、小改革小发明小创造等各种项目200余项,其中已有130余项获得了厅局级以上的奖励。多项成果通过了省部或黄委的鉴定或验收,其中,有4项成果达到了国际先进水平。

3.1　建成了我国第一个数字化水文站,初步实践了数字水文的新理念

花园口水文站作为国家级重要水文站,在治黄工作中有着不可替代的战略地位,该站也是世界上规模最大和测验难度最大的水文站,为此,水文局党组将花园口水文站现代化建设项目作为"数字黄河"的启动工程,大胆实践和创新,建立了第一个数字水文测站。花园口水文站现代化建设主要分为两个部分,即测验控制系统和网络与信息系统。整个系统构成了对测站的测验管理和防汛指挥的有力支持,在水文数据的采集、传输、处理方面实现了数字化、信息化,并已成为黄河防汛的一线指挥部。该站在黄河3次调水调沙和2003年秋汛测报等工作中发挥了重要作用。花园口水文站还以它独特和新颖的"数字化"内容吸引着国内外的水利专家和同行,参观者络绎不绝,先后接待了美国、日本、荷兰等国外来宾100多人次,接待国内水利行业的领导和专家8 000余人次。

3.2 振动式测沙仪研制获得重大进展

为解决黄河的泥沙测验落后问题,水文局与有关高校合作成功研制了振动式悬移质测沙仪,该仪器采用振动式传感技术,实现了河流含沙量的快速、准确、在线监测和记录。振动式悬移质测沙仪的研制成功,使河流悬移质泥沙测验技术发生了根本性变化,得到了专家们的高度评价,达到了国际先进水平。它的应用降低了职工外业工作危险性,减轻了劳动强度,缩短了测验时间,提高了测验精度;加快了水文现代化建设步伐。该仪器在黄河第三次调水调沙试验中发挥了重要作用。

3.3 激光粒度仪引进成功,极大地提高了工作效率

为提高泥沙颗粒分析的技术水平,经过广泛深入的调研,在水利部948项目办的支持下,从国外引进了激光粒度分析仪,并积极开展技术消化和比测试验分析工作,解决了泥沙颗粒分析时间长、测定粒径范围窄、特细颗粒精度较差等问题,首次提出了一套适合于测试黄河泥沙粒度分布的参数率定的程序、方法和基础参数。该技术在2002~2004年黄河调水调沙试验期间,快速分析了万余个沙样,原来分析一个沙样需要2~3种方法(仪器)、十几个人、1个小时左右才能完成,采用激光粒度仪后,分析一个沙样只需1~2人操作,几分钟就能完成,不但精度高,时效也成几十倍地提高。该项目成果技术已在全国推广应用。高效率、高自动化程度的激光粒度仪的成功引进,在泥沙颗分领域具有里程碑意义,预示着一个全新的泥沙颗分时代的来临。

3.4 远程遥控自动化水文缆道控制系统是水文测验技术的又一重大突破

该系统是在深入研究国内外自动化缆道测验控制原理基础上研制开发的适合黄河特点的自动化缆道测验控制系统。系统极大地提高了水文测验的自动化水平,缩短了测验历时,减轻了劳动强度,提高了工作的安全性。该项成果有多项创新,整体达到了国际先进水平。系统在多个测站的推广应用表明,它实现了自动、半自动、手动等多种作业方式,实现了远程遥控测验、远程控制和实时传输控制命令图像信号、水面信号、河底信号、流速信号、起点距等测验数据,测验不仅精度高,而且测验人员无须到现场,远在千里之外,一个操作命令即可完成整个流量测验全过程,并能及时监控、分析和处理测验过程中的异常问题,使流量测报技术实现了一次革命。

此外,引进的多普勒声学流速剖面仪(ADCP)实现了流量的快速测量;手机短信水情传输系统不仅实现了水情信息的实时可靠传输,而且降低了通信费用;水库清浑水界面探测器解决了水库异重流探测的困难;四仓遥控采样器解决了黄河水库取沙样困难的问题;自控式移动高压注油器解决了缆道高空上油问题。一大批实用性强,生产中能解决问题的科研项目、技术引进项目、技术革新项目的投入应用,有力地推动了水文现代化的建设,取得了良好的社会经济效益。特别是黄河水文在近几年的防汛、调水调沙试验、水资源调度等重大事件中承担起了重要角色,发挥了重要作用。这些开发项目的完成,为水文现代化奠定了基础,使黄河水文开始有条件研究采用数据采集平台为主要外业设备,使测站实现"有人看护、无人驻守",以自动化、数字化、可视化、遥测、远程监控,实现了各种水文要素自动采集、处理、传输、接收、分析,结合巡测完成全部外业水文测验的作业模式,并有条件初步研究和实践了数字水文测站,使黄河水文的现代化水平有了质的变化。

4 开展水文测报水平升级活动的经验与体会

4.1 高度重视水文现代化建设,因地制宜开展科研攻关

把测报水平升级作为水文现代化的必备条件和水文现代化的依托与支撑之一,并注意着

力解决黄河测报中自身独有的个性问题。因此,黄河水文测报升级紧紧围绕黄河实际,面向解决测报实际问题,实事求是地筛选攻关课题,因地制宜地开展研究,并将研究的成果及时应用到生产中去,使其变为巨大的现实生产力。

4.2 充分发动群众,调动广大职工积极性

一项活动的开展,群众基础是关键,广大职工中蕴藏着巨大的创造能力和无穷的智慧,特别是生产一线的职工,在长期的工作实践中积累了丰富的经验,他们最了解水文测报工作中存在的问题,把他们的积极性调动起来,把他们的聪明才智充分发挥出来,就会有巨大的创新能力和产生出大量的创新成果。

4.3 各级领导的高度重视是水文测报水平升级的动力

从部水文局领导到黄委领导一直都对黄委水文局水文测报水平升级工作很关注,多次检查指导,并提出要求与希望。上级部门和兄弟单位也对我们的水文测报水平升级工作给予了有力的支持,这些都是我们搞好水文测报水平升级的强大动力。

4.4 建立开放合作机制,协同攻关是提高成果水平的关键措施

测报升级活动之初,主要是基层局和测站人员进行技术革新、技术改革,是一场群众性的活动,随着测报升级活动向纵深方向的发展,我们认识到开展好这项活动必须有广大职工的积极参与,但仅仅依靠基层职工很难完成高水平系统性的研究项目,为此,我们由仅仅独立自主开发研究及时调整为与国内外有关研究机构和高等院校的合作开发研究,通过联合开发、协同攻关,产生了一大批具有国内领先水平的成果,实践证明这一措施取得了明显效果。

4.5 必须走引进与开发相结合的道路

在整个测报水平升级活动中,我们高度重视对国内外先进的成熟的新技术、新方法、新仪器、新设备的引进工作,避免重复和低水平研发。在引进的同时组织精干的技术力量,对引进的新技术、新设备进行再开发,以适应黄河水文测报的要求。

中美水文泥沙测验管理模式比较

张留柱[1,2] 刘建明[3] 张法中[2]

(1. 河海大学水文水资源及环境学院;2. 黄河水利委员会水文局;3. 黄河水利委员会)

1 水文管理机构

1.1 美国水文管理机构

美国的水文业务工作由地质调查局(USGS)负责。地质调查局隶属内务部,是内务部的一个局。美国地质调查局负责全国的地图测绘、地质调查、矿产土地勘察以及水资源的调查和评价,并提供相关的资料、成果和技术分析报告,为水资源、能源、矿物资源、土地资源的管理开发

本文原载于《人民黄河》2004 年第 2 期。

利用保护服务,为最大限度地减轻自然灾害、人类活动引起的环境恶化提供服务。地质调查局除行政办公室外,主要业务部门有生物处、地理处、地质处、水资源处等。

水资源处负责水资源监测、评估和信息发布等工作。地质调查局约有 1 万雇员,水资源处的基层人员就多达 2 000 余人。水资源处是一个很大的科学工程部门,下设 4 个办公室,分别是水质评价办公室、地下水办公室、水质办公室、地表水办公室。可见,美国地表水、地下水、水质(包括地表水质与地下水质)评价等水文工作全部由 USGS 的水资源处负责。

水资源处还负责全国的水文业务管理,除上述 4 个业务办公室外,还有部分行政管理人员和专题项目工作人员,但总的工作人员不足 100 人。水资源处总部设在佛吉尼亚州,和地质调查局同在一个办公大楼。USGS 在全国 50 个州分别设一个地区办公室(相当于我国的省级水文水资源勘测局),另在哥伦比亚特区、关岛、加勒比海等地也分别设有地区办公室,各项水文测验工作主要是由地区办公室及其下属的外业办公室完成。地区办公室除负责一些水文科学研究外,主要是负责水文测报工作。

地区办公室的工作人员数量差别也很大,如加州有 315 人(其中长期雇员 229 人,临时雇员 86 人),而密西西比州仅有 49 人。州地区办公室工作根据各州的情况又分为水文调查研究、水文监测分析、项目管理、计算机中心、水文数据中心等。

由于一个州的面积较大,大部分州仅靠一个地区办公室进行全州测报工作有一定的困难,因此各州根据面积、交通、水系情况又在地区办公室下设立了外业办公室。各州外业办公室的数量也不尽相同,如加州有 9 个,尤他州有 3 个,而密西西比州仅有 1 个。全国共有 250 个外业办公室,水文测站的运行管理、外业测验的全部工作由外业办公室直接负责(美国没有测站人员),外业办公室人数、测验方式因地区不同也有较大差别。USGS 从事水文水资源的工作人员有2 000 余人,从事外业水文测验和测站管理运行的有 700 余人。一般情况下每个外业办公室由 3~10 人组成,每个外业办公室负责管理的测站数为 30~100 个。也就是说,平均 1 名外业水文工作者约管理 10 个水文站。

1.2 中国水文管理机构

中国由水利部水文局负责全国站网的统一规划、测验规范的统一制定和颁布。长江、黄河等大江大河设立流域水文局,负责流域内干流和主要支流水文测站的管理运行。其他河流水文测站的管理运行归各省区负责,各省区设立水文局负责本省区的河流湖泊水文测站的管理运行。黄委水文局下设 6 个水文水资源局,水文水资源局又下设共计 13 个水文水资源勘测队,重要的测站由水文水资源局直接管理,其他测站由水文水资源勘测队负责管理运行。中国现有水文测站 3 657 处、水位站1 079 处、雨量站 13 853 处,工作人员约 2.5 万人。黄委直属水文测站 116 处,从事水文水资源工作的在职人员有 2 000 人。水文测站工作人员一般情况下中、小站每站 3~9 人,黄河干流中下游较大的测站每站有 10~20 人,最多的花园口站为 40人,全河平均每 10 人管理运行 1 个测站。

2 水文站网与观测内容

美国第一个水文测站设立于 1888 年,现有各类水文站约 10 240 处,河道水库湖泊水位站2 048处,地下水位站 32 031 处,水质监测站 9 954 处。水文站分为连续测验站(常年站)和部分流量记录的水文站(如汛期站、洪峰站等);常年进行流量测验的测站 1994 年为 7 400 处,之后有减少的趋势,2001 年实际观测运行水文站约为 7 200 处。

黄河水文观测历史悠久，历史上可以追溯到 4 000 年前，从传说中的大禹治水时起就有以树木标志进行水位观测的记录。早在战国时期(公元前 395 ~ 公元前 315 年)已用浮标法观测水流湍急的程度。秦代有了降雨观测，并建立了报雨制度，开始由地方向中央报雨情。西汉后期(公元前 77 ~ 公元 37 年)开始使用雨量筒定量观测降水。在西汉元始四年(公元 4 年)就有"河水重浊，号为一石水而六斗泥"的对黄河泥沙的记载和定量描述。此后，历朝历代都有许多对雨情、洪水、旱情、泥沙的观测、记载和叙述。水情观测逐渐由定性发展为定量，并建立了快马报汛制度。

黄河流域以近代水文科学技术进行水文观测始于 1912 年，其标志是在山东泰安设立了第一个雨量站。1915 年又在黄河支流大汶河设立第一个水文站，1919 年开始在黄河干流设立水文站。之后，水文站网发展迅速，到目前为止，全河已形成比较完整的站网体系。全流域现有水文站 451 个，水位站 62 处，雨量站 2 357 处。黄河流域自 1958 年开展以天然水为主的水化学成分测验，1972 年开始水质污染监测。目前全流域开展水质监测的断面已达 300 余个，属黄委直接监测的站点有 50 个。据现有站网资料统计，黄河全流域水文站网密度为 2 330 km^2/站，雨量站网密度为 326 km^2/站，尚未达到 WMO 推荐的最稀密度。

美国水文测验的基本内容包括水位、流量。有泥沙观测的测站 708 处，约占总测站的 10%，主要测验悬移质、推移质和泥沙颗粒级配。地表水水质测验的测站 2 200 处，约占总站数的 30%。USGS 无专门的雨量观测站，仅有 600 余处测站辅助观测雨量。美国天气局(NWS)管理的雨量观测站约有 50 000 处。为了更好地监测降雨和进一步准确测定面雨量，全国还设有 165 个多普勒雷达测雨站，能够实时有效地在全国范围内对降雨进行监测；雷达站由美国海洋与大气管理局负责。USGS 负责美国基本水文站网的布设，水文测站水文要素的采集，数据的传输分发、存储和管理运行。水文预报由美国天气局负责。天气局在全国设有 13 个河流预报中心，约 4 000 个预报站点，具体承担全国各地的水文预报业务。

黄河测站测验内容主要包括水位、流量。有 98% 的水文测站测量泥沙，99% 的水文站观测降水，有水质监测任务的水文站约占总测站的 24%，有 10% 的测站观测蒸发，部分测站观测气温、水温。有泥沙测验的测站测验悬移质，部分站测量泥沙颗粒级配。由于没有实用的仪器，因此一般不测量推移质。黄河流域的水文预警预报由水文部门负责。

3　水文测站的分类与管理

美国水文测站分为地表水观测站和地下水观测站。地表水观测站又分为连续测站和部分记录测站。USGS 运行的 10 240 个地表水流量观测站中，有 7 426 处为连续观测站(一般情况下，水文站是指这些可连续提供每日任何时刻流量的测站)，其余的 2 814 个测站为部分记录站。

黄河流域水文测站大都为连续观测。测站按其用途分为基本站和专用站。基本站的观测项目和方法大体相同，而专用站则是因需而设，专用站占总测站的 2% ~ 3%。测站按规模分为大河重要控制站、大河一般控制站、区域代表站和小河站。测站建设标准和仪器配置标准以其规模大小而定。

美国水文站的测验实行自动观测和巡测相结合的管理模式，测站一般没有固定驻守人员。水文站的概念与黄河不同，其"测站"用"测验断面"也许更准确，因此各种流量测验设备仪器不按测站配置。美国的测站很少有固定设施，大部分水文站只有一个数据采集平台(DCP 同水位观测)。流量测验一般利用桥梁,个别站有一条简易的过河缆道。测站有一组水准点,根本没有站房等基础设施,甚至连断面标志都没有。由于测站固定设施很少,水位、雨量又实现自记和遥测,测站无人值守,因此测站每年的运行管理费用也很低。

黄河流域内的水文测站95%为驻测,约有5%的水文测站、部分渠道站采用巡测。大部分雨量站、水位站采用委托观测。目前黄河流域尚无自动遥测水文站,只有部分雨量站实现了自动遥测(遥测雨量站约占总雨量站的5%)。

因黄河测站大部分采用驻测,故测站须建设有生活和工作需要的基础设施。测站的基础设施主要有测站各种用途的站房(如宿舍、办公室、食堂、活动室、会议室、配电室、餐厅、车库、仓库、观测房等),同时还有供电(通讯)线路和设备、观测场、供排水设施、断面设施、各种测验设施和观测道路等。主要的渡河设施有机动测船、吊船缆道、悬索缆道、吊箱缆道等。大量的测验设施设备增加了测站的管理人员数量和管理费用。

4 水文数据的传输与分发管理

4.1 实时水文数据的传输

USGS实时水文数据的传输手段主要有电话网、卫星、短波、超短波、计算机网络通信等形式,进行连续测验的测站数据可实时传输到USGS的水文数据库和数据使用单位。

美国早在20世纪80年代初期即开始采用卫星传输水文数据。卫星通信可靠性高、便于遥测,因此卫星通信测站的数量逐年增加。目前,美国实时水文数据传输已经做到以卫星传输方式为主(采用卫星传输的水文站已超过70%),其他方式为辅。测站利用各种采集仪器(如水位计、雨量计)测量记录的实时水文数据,首先自动传输给测站配置的数据收集平台(DCP),DCP将测站数据自动发送至位于太平洋或巴西上空属于国家海洋大气局的两颗地球同步环境卫星,该卫星将接收到的水文数据再传送给USGS,USGS经过初步分析计算处理和水位流量转换,再实时地发送给民用卫星,民用卫星再将水文数据同时传送到USGS的内部各用户和国内其他用户。水文站配备的自动采集和自动传输设备可连续采集和自动传输河流水位等水文要素的变化。这些自动仪器配有太阳能电池组和蓄电池组,即使遇有大洪水和暴雨天气,在正常的电话通信和动力供电设备遭到破坏的情况下,水文要素的采集和传输仍能正常进行。

黄河实时水文数据通过水文站的初步审查计算,有90%以上的测站能够及时地将水文信息传输给用户。目前黄河上传输水文数据的手段很多,有电台、有线电话、蜂窝电话、卫星、互联网、电报,但主要以短波电台和有线电话为主。利用短波电台传输存在信号质量差,易发生错误,遇有特殊天气会发生全测区通讯中断等问题;电话传输在大洪水强风暴时有时出现中断。这两种传输的方式保证率均不高,因此常常一个测站需要两种或两种以上方式传输水文数据。由于我国没有专用的接收数据和控制传输卫星,因此一般利用国外卫星传输。利用的卫星和设备不统一,一般是点对点专用,用户一般不能从卫星上下载到水文数据,水文部门接收到卫星数据还需要通过其他方式传输给用户,增加了传输的渠道、费用和传输时间,降低了传输的可靠性。另外,除卫星传输设备较昂贵外,还需要支付卫星传输费用,这也是影响卫星通讯普及的主要原因。

4.2 历史水文资料的管理与服务

美国的历史水文资料向全社会公开。自1995年起,USGS通过互联网实时向用户和公众发布水文数据。至 1998 年底,通过互联网提供实时水文资料的水文站已达 3 000 个。目前,90% 测站的水文历史数据可在 USGS 网站上查到。USGS 已将历史水文数据建立了数据库,这些数据也是开放的,需要水文资料的用户只要通过计算机网络访问 USGS 的网址,即可免费查询到所需要的各种水文数据和提取必要的水文信息。美国通过国家广域计算机网,已将全国水资源办公室的计算机联网,全国各地的水文数据、水文成果也可通过此网得到。USGS 有专门的水文数据网服务队伍,除负责水文数据的更新、添加、维护外,还通过电子邮件及时解答用户的各种问题。除网上发布外,同时还编辑成册予以刊印。通常情况下,各日的水位流量数据刊印在各州 USGS 出版的水文年鉴中。这种水文年鉴是一种系列水资源数据报告。水文年鉴按水文年刊印。每水文年 12 个月,从当年(日历年)的 10 月 1 日至次年的 9 月 30 日。水文年鉴一般在水文年结束后的半年左右出版。自 1990 年开始,水文数据在印刷出版的同时,还利用压缩光盘发行。这种光盘除分发给 USGS 合作伙伴的图书馆外,还在位于科罗拉多州丹佛市的 USGS 地球科学信息中心出售。

黄河水文资料的处理计算在翌年 1 月份进行,采用全国统一的程序计算,经过反复多次的计算、校核、审查、复核、汇编,最后将水文资料按流域编印成册。完成所有水文资料的整编计算工作需要 10 ~ 12 个月。整编后的水文资料按日历年进行刊印,同时存入历史水文数据库。黄河的部分历史水文数据也开始上网向公众全面公开。

5 水文测验经费

美国人认为水文资料的收集应是各级政府和经常使用资料部门的共同行为。由于水文资料监测采集的技术性和专业性强,因此大部分水文测站由 USGS 设立。水文经费来源除内务部拨款外,还有多达 800 个机构部门为地质调查局的水文站提供观测经费。一个水文站的运行经费通常是多渠道的。

美国水文测验以国家流量测验计划项目(The National Streamgaging Program,简称 NSP)为主,测站水文测验以与需要资料的合作伙伴共同出资,以 USGS 独家运行管理的方式管理全国的水文测站。为满足各方面的需要,测验的经费由近 800 个地方政府机构部门出资,经费统一由地质调查局使用。每年通过联邦政府拨给地质调查局的经费只能满足测站所需经费的 1/3 左右。只有近 10% 的测站是 USGS 独资运行,有 90% 的测站受惠于州、地方政府和其他机构部门提供的经费。

美国水文测验经费随国民经济的增长不断增加。2001 年全国用于水文测验(主要是水位、流量、泥沙)的经费约 1 亿美元,USGS 的直接出资占 30% ~ 40%,其他联邦机构部门出资约占 30%,州和地方机构出资约占 40%。

USGS 是政府的一个部门,其工作人员分为两类:一是长期雇用人员。这部分人员是政府的公务员,享受公务员待遇。另一类是根据临时任务(如专题项目或一些辅助岗位)雇用的临时人员,这些人非公务员。尽管 USGS 经费不完全由联邦政府支付,但公务员的各项待遇是有保证的。

中国水文测验经费的主要来源是国家财政和省财政拨款。黄河水文测验的经费只有国家财政拨款,正常的事业经费只能满足生产所需的 60% 左右,水文职工在完成水文测报业务工作的同时,还要进行其他经营活动以弥补事业经费的不足。水文资料的使用单位很多,但他们均不愿向水文提供资金资助,主要原因是国家没有相应的法规规定。水文测验经费的不足影响着水文事业的发展。

6 结语

美国的测站建设和管理经验有待我们深入研究学习。水文测验管理机构简单,人员精干,工作效率高,测验经费有保障,对黄河水文都有很好的借鉴作用。黄河水文应研究设置科学合理的机构设置和人员编制,完善各种测站建设和仪器配置标准。应通过立法确定水文的地位,明确水文经费的渠道和随着国民经济发展水文事业经费相应增长的标准。同时,水文部门应充分利用网络技术、信息技术、计算机技术等向社会提供更好的服务。

黄河水文工作者需要深入研究测站的管理运行模式,特别是在黄河上游地区完全有条件学习美国的经验,依美国的模式进行测站的建设和管理运行,建设全自动化的测站,以巡测为主开展水文测验。

中美水文泥沙测验技术比较

张留柱[1]　刘建明[2]　张法中[1]

(1. 黄河水利委员会水文局;2. 黄河水利委员会)

美国全国的水文站网布设、测站的管理运行由美国内务部地质调查局负责(U. S. Geological Survey,以下简称 USGS)。该局现有各类水文站约 10 240 处,河道、水库、湖泊水位站 2 048 处,地下水位站 32 031 处,水质监测站 9 954 处。水文测站测验的基本项目是水位、流量。有泥沙观测的测站约占总测站的 10%,有地表水水质测验的测站约占总测站的 30%。USGS 的测站中无专门的雨量观测站,仅有 600 余处站点同时观测雨量。中美两国水文测验的项目相似,但管理方式、测验方法和测验技术差异很大。本文以黄河为例,分析说明如下。

1 水位观测

1.1 美国水位观测

水文测站全部安装有自记水位计,水位观测由仪器完成,只是在校测水位计时才使用水尺。目前应用的仪器种类主要有气泡压力式、压电压力式、浮子式、雷达式等,应用最多的是浮子式和气泡压力式两种。自记水位仪器一般具有水位数据存储和满足实时水情信息自动传输要求的功能,有的还具备自动报警功能。

浮子式水位计需要设立静水井,井内安装浮子水位计,并设立一组直立水尺,以便校核仪器时观测水位。静水井一般建在河流的陡岸边或桥墩上,静水井的顶部设有一个不足 1 m² 的仪器室。目前笔记式和穿孔式的浮子水位计已很少使用,大多数浮子水位计采用数模转换器直接将机械模拟信号转换为数字信号,并利用电子技术存储记录数据,采用卫星通讯方式将观

本文原载于《人民黄河》2003 年第 2 期。

测数据实时传送到外业办公室。

在河岸较缓或断面上有滩地或水位变化大的河流不宜设立浮子式水位计时,通常安装气泡式水位计。气泡式水位计的仪器室和记录部分可以安装在离传感器数百米的地方。水位计仪器室是放置仪器的专用房屋,面积以满足能够存放仪器和工作人员能在其内检查仪器为要求,一般仅有 $1 \sim 3 \, m^2$。仪器室是水文站的重要标志之一。

水位计、仪器室、静水井、卫星数据传输设备、蓄电池组和太阳能电池组构成数据采集平台(Data Collection Platform,简称 DCP)。DCP 可实现现场水文数据的实时自动采集,并将水文数据自动发送至属于国家海洋大气局的两颗地球同步环境卫星,地球同步环境卫星将接收到的水文数据再传送给 USGS,经过分析处理,再实时地发送给民用通讯卫星,由该卫星将水文数据实时"广播"给 USGS 的各用户。不仅各用户可及时得到连续的水文监测信息,而且 USGS 的工作人员通过实时监测数据可以发现哪个测站的仪器出现了故障,哪些测站发生了洪水。这样,工作人员可以及时到现场开展工作。

1.2 黄河水位观测

黄河各测站均设有直立式水尺,目前已有 60% 左右的测站安装有自记水位计。自记水位计基本上是超声波水位计。这种仪器能够解决高含沙水流密度变化大和静水井淤积等问题,但仪器的精度不高,量程也受到限制。由于水位计的可靠性、稳定性不高,再加上水位变幅大、水流摆动剧烈等原因,目前黄河上的水位观测仍以人工观测为主,向用户提供水情主要通过电话、电台等手段。

2 流量测验

2.1 基本情况

流量测验是水文站最重要的测验内容,流量测验的方式决定着水文测站的规模和管理运行。美国水文测站中约有 6% 的测站采用缆道测验,30% 采用船测和涉水测验,60% 采用桥测,其他测验方式约占 4%。黄河驻测水文站常常一站有多种测验设施,以悬索缆道为主的占15%,以吊箱缆道为主的占 50%,以船测为主的占 15%,桥测为主的占 3%,仅采用浮标或涉水测验的占 17%。浮标测验作为一种辅助手段,超过 90% 的测站有浮标测验设施,以便大洪水时使用。

中美流量测验最常用的都是面积流速法。当垂线水深较小时采用 0.6 一点法测速;当垂线水深大于 0.76 m 时,USGS 采用 0.2、0.8 两点法测速,特殊情况下采用五点法测量流速,以求得垂线平均流速。通过宽度、水深和垂线平均流速计算流量,这与黄河基本相同。中美流速测量主要采用机械流速仪(USGS 部分测站已开始采用多普勒流速仪),不过美国多用旋杯流速仪,而黄河多用旋桨流速仪。

中美测速垂线布设方面有较大差别。USGS 将测流断面宽度分为 25 个部分,尽可能使每个宽度之间的部分流量大致相同。黄河测速垂线一般按水面宽布设,水面窄时少测、宽时多测。正常情况下水面宽在 $100 \sim 1\,000$ m 之间时,施测 $8 \sim 15$ 条线,水面宽小于 100 m 时测速垂线 $5 \sim 7$ 条,远远少于 USGS 的测速垂线。黄河控制两条测速垂线之间的部分流量不超过断面总流量的 20%,而美国为 4%,一般要求不超过 5%,可以看出 USGS 单次流量测验精度远高于黄河。USGS 流量计算采用其统一的标准程序,由计算机自动完成。测验目的是校测水位流量关系,实时报汛的流量数据通过水位流量关系获取。流量测验以巡测为主,平时定期巡回测验,当发生大洪水时,也适当增加流量测验次数。一般每站每年测验 8～12 次流量。

黄河水文测站实行驻测。测站每年流量测验一般为 70～150 次,干流部分测站高达 300 次以上。黄河单次的流量测验精度低于 USGS,但测次远远多于 USGS。特别是中下游地区河床冲淤变化剧烈,水位流量关系变化很大,这些测站必须实测较多的流量测次。但有的测站水位流量关系较稳定,也采用较多的测次,而不注意提高单次流量的测验精度,应研究改进。目前黄河流量计算仍以手工为主,流量计算有统一的方法,但无统一的计算程序。

2.2　涉水测验

当水深较浅时,USGS 采取涉水测验流量。同时采取用灵敏度高的特制小型流速仪测验,保证了低水的测验精度。水深较浅时,黄河也采用涉水测验,但一般仍用旋桨流速仪测量,只有个别站有时采用低速旋杯流速仪。当水深过浅、无法使用流速仪测流时,采用小浮标施测水面流速计算流量。最近 USGS 为涉水测验专门开发了一种新型手持涉水测量装置,它由专用测深杆、小型流速仪和数据采集记录存储器组成,外业的测深、测宽、测速数据直接记录在手持的数据采集器上,测验结束时仪器可自动计算出全断面流量。采用这种专用流量测量数据采集器,一人可以独立完成外业涉水流量测验的全过程。

2.3　桥上测验

美国流量测验以在桥梁上测验为主(简称桥测)。桥测设备有两种,一种是放置在桥上的小型专用起重机。这种起重机设计简单,实用可靠,电动驱动或采用人力驱动升降。它也是一种很好的巡测设备,一般不固定安置在测站上,而是由巡测车运至各站测验。另一种桥测设备是桥测车。这种桥测车设施先进,设计合理,使用方便,控制系统可靠,越野性能好。黄河桥测站较少,没有通用的桥测设备和桥测车。

2.4　缆道测验

因缆道测验需要固定设施设备较多,所以 USGS 很少用缆道测验。缆道一般设计简单,测验技术也不够先进,多采用人力驱动的水文缆车(相当于黄河的吊箱)。黄河水文缆道分为可载人的水文吊箱(缆车)缆道、悬吊铅鱼的流速仪缆道及吊船缆道。水文缆车缆道可前后、上下平稳变速运动。流速仪缆道悬吊的铅鱼最大可达到 1 000 kg。目前,黄河已开发了自动化缆道。这种缆道采用铅鱼携带流速仪测速,通过解决水面、河底信号的识别传输技术,在计算机控制下自动实现测深、测速、测距。这种缆道是目前世界上最为先进的流量测验缆道。

2.5　测船测验

测站附近没有桥梁的水文站,流量较大时多采用测船测验。由于美国水文站无人驻守,也无站房,因此利用测船测验的水文站是采用巡测船。巡测船可用汽车拖带到水文站附近的码头,下水后再开到水文站断面进行测验。巡测船一般不大,长 4～6 m,宽 1.5～2.5 m,材质为不锈钢、玻璃钢或橡胶等。大部分为通用的小型船只略加改造而成,也有专门设计制造的水文测船。船上装有发电机和水文绞车,以满足悬吊铅鱼和泥沙采样的需要。传统的船测也是采用流速面积法。近几年船测站正逐步采用声学多普勒流速剖面仪(Acoustic Doppler Current Profiler,简称 ADCP)取代传统的流速仪进行流量测量。ADCP 流量测量方法的发明被认为是河道流量测量领域的一次革命。安装有 ADCP 的测船在 GPS 的导航下从河流测验断面一侧航行至另一侧,在计算机控制下即可测算出全断面流量,整个流量测验过程一般只有几分钟。流量测量的同时可获得横断面面积数值及水深、流速、流向等水文要素的纵横向分布资料。ADCP 不仅测验快速、准确,且不干扰水体,不受航运的影响,比传统的河流流量测量方法提高效率几十倍,也标志着河道流量测量的现代化。

黄河上的测船采用传统的面积流速法,测验历时较长,一般在 2 小时以上,大洪水、凌汛流冰严重等时期,测验危险性很大,测验历时更长。测船的动力和船体较大,最长的可达 38 m。测船测验是所有测验方式中劳动强度最大、占用人员最多的一种测验方式,急需改进。

2.6 其他流量测验法

当洪水期间流速很大时,USGS 和黄河均采用实测水位、用水力学公式计算洪峰流量。当流速大或漂浮物很多无法实测水深时,USGS 利用光学流速仪测量水面流速,计算流量(天然河道水面系数采用 0.85);而黄河上采用的是浮标测量水面流速,根据浮标的材料、形状、当时的风速、风向选取流速改正系数,将浮标测得的水面流速改正为垂线平均流速,借用洪水前的实测断面计算流量。

另外,USGS 的部分测站采用固定安装的旁视或水平式 ADCP。这种 ADCP 能实时连续测量水位和流速的变化,采用指标法(INDEX)实时监测全断面流量的变化。黄河上目前尚无这种测验技术。USGS 已开始采用直升机在河流上测流量,飞机上安装 GPS 用于平面定位,采用雷达测量水流表面流速,经换算可得垂线平均流速并计算流量。

为改变现有河流测验常用方法(流速面积法)费用高、精度低、危险性大的状况,USGS 与有关大学研究机构正在合作研究科技含量更高、更先进的一种"非接触法"流量测验方法和仪器设备。该技术可实现岸上遥控测量水位、水深、流速、流向、断面和流量。

3 泥沙测验

美国大部分河流泥沙含量很小,仅有较少的水文测站测量泥沙。USGS 泥沙测验主要用直接采样的积时式采样器和物理仪器。物理仪器有通过测量水流密度获取悬沙浓度的振动式测沙仪器、超声波悬沙测量仪和新型的激光测沙仪。

超声波测沙仪关键部件是一个悬挂在塑料管内的水下传感器,它包括超声收发电路和不锈钢反射体。换能器发出的超声波信号在换能器与反射体之间的浑水中传播时,超声波受到泥沙的吸收和散射,返回的超声波信号产生了衰减,通过对接收信号的分析,并将接收到的超声波信号转换为电压值,仪器电压值随含沙量浓度而变化,从而测出河流的含沙量。激光测沙仪主要由探头、探头支架、控制电路、连接电缆、计算机以及应用软件等组成。水体中悬浮颗粒在经过探头时,照射在颗粒上的激光束将其大部分能量散射到特定的角度上。颗粒越小散射角度越大,而颗粒越大散射角度越小。在不同的角度上将散射的图像经光栅板筛选后投影到信号采集器上,信号采集器采集的信号经一系列转换后再由计算机进行处理,计算机通过不同的计算方法可得到水体中悬浮颗粒的浓度和平均粒径。利用水泵抽取河流的水流,通过管道中水流密度不同将引起震动测沙仪测量频率的变化,以测定河流的泥沙含量的变化。物理测沙仪能实现自动实时连续测取含沙量数据,但存在着一定的误差和不确定性,因此测量人员须每周到现场使用采样器进行人工取样一次,带回实验室分析处理后,将采样器测量的含沙量与自动仪器测量的数值建立关系,以消除仪器测量值的误差。

黄河因泥沙多而闻名,测站的泥沙测验任务也十分繁重。黄河泥沙含量高,且含沙量时空变化大,客观上增加了泥沙测验的难度。目前缺少可靠、方便、能够在线连续测验的泥沙测量仪器,仍以横式采样器选点法取样,置换法处理水样,然后计算含沙量。这种即时式采样器,只能采集瞬时的沙样,无法消除泥沙脉动的影响,影响泥沙测验精度的进一步提高。一般情况采用单位水样和断面含沙量建立关系,通过测量单位水样求得含沙量。大部分测站的单位水样含沙量与断面平均含沙量关系比较稳定,相关系数在0.9以上。

4 结语

美国水文测站无人驻守,实行自动测报和巡测相结合,设施简单,自动化程度高。黄河水文测报以人工为主,实行驻测,需要耗费大量的人力、财力。长期以来,我国水文测验的规范过多地注重水文站"点"的水文要素测验精度,许多水文站的流量测次在100次以上,而对于全流域("面")的水文要素监测显得不够。随着水资源调度不断深入,应当加强流域面上的监测。

需要加大水文测验技术研究,特别是泥沙自动监测技术,应下大力气组织跨学科跨部门的合作攻关,不断探索适合黄河特点的巡测技术。进一步优化站网,提高站网密度,从总体上提高水文水资源监测成果的质量,满足国民经济发展对水文信息的需要。

水文相关中的最小二乘回归问题探讨

张留柱[1,2]   崔广柏[1]   刘长建[3]

(1. 河海大学;2. 黄河水利委员会水文局;3. 解放军信息工程大学)

1 相关与回归问题

水文现象是一种非常复杂的自然现象,每一种水文变量都受到许多错综复杂因素的影响,处于同一个物理变化过程中的一些水文现象或变量之间往往是相互依赖、相互制约和相互联系的,它们之间的关系大多不能用严格的函数关系表示,只能认为水文变量之间存在着相关关系。具有相关关系的变量之间,根据变量之间变化的成因关系,可分为具有因果关系和非因果关系。存在因果关系的变量之间的变化既有相呼应的成分又有随机的成分,但从趋势上是有明显变化的对应关系。从变化的原因上分析,它们之间存在着一定的物理成因。而另一种情况是,变量之间具有的相关性可能是由于受到大致相同物理背景的一些因素支配和影响的结果,或是取自相同总体的样本,变化不一致的原因可能是由于取样误差(取样的代表性)或取样时各自的测量误差造成的。例如,河流同一断面含沙量的单沙和断沙关系;同一流域内相邻两点的雨量关系等。这种变量之间不存在明确的因果关系,但它们的共同特点是相关变量之间具有相同成因背景。

相关分析所研究的是两个或几个随机变量之间的关系,主要是变量间关系的密切程度,有时也要研究变量相依关系的形式以及预测等问题。确定相关关系之间的数学方法一般称之为回归分析。回归分析的主要任务是根据相关分析确定回归分析的模型,利用实测样本估计回

本文原载于《水文》2005年第4期。

归系数。因最小二乘法计算简单,所得成果也较为客观,已成为常用的参数估计方法。

2 传统水文回归模型中系数的最小二乘估计

回归分析中大多采用线性模型(对非线性关系首先进行线性化),为了估计模型参数——回归系数及方差,需要对因变量和自变量同时进行多次观测,若通过观测得到自变量和因变量的 n 组观测值,可列出如下方程:

$$y_i = b_0 + b_1 x_{i1} + b_2 x_{i2} + \cdots + b_m x_{im} + \varepsilon_i \tag{1}$$

式中:$x_{i1}, x_{i2}, \cdots, x_{im}, y_i (i = 1, 2 \cdots, n)$ 为一组观测值;$b_0, b_1, \cdots, b_m$ 为回归方程的回归系数;ε_i 为一组随机变量。若 ε_i 服从正态分布,则可用最小二乘法或极大似然法估计参数,若 ε_i 分布未知,则不能用极大似然法估计,只可用最小二乘法估计参数。当 ε_i 服从正态分布时,两种方法对参数的估计结果相同。式(1)写成矩阵形式为:

$$Y = BX + \varepsilon \tag{2}$$

式中:

$$\varepsilon = \begin{bmatrix} \varepsilon_1 \\ \varepsilon_2 \\ \vdots \\ \varepsilon_n \end{bmatrix} \quad Y = \begin{bmatrix} y_1 \\ y_2 \\ \vdots \\ y_n \end{bmatrix} \quad B = \begin{bmatrix} b_1 \\ b_2 \\ \vdots \\ b_n \end{bmatrix}$$

$$X = \begin{bmatrix} 1 & x_{11} & x_{12} & \cdots & x_{1m} \\ 1 & x_{21} & x_{22} & \cdots & x_{2m} \\ \vdots & \vdots & \vdots & & \vdots \\ 1 & x_{n1} & x_{n2} & \cdots & x_{nm} \end{bmatrix}$$

一般假设 $\varepsilon_1, \varepsilon_2, \cdots, \varepsilon_n$ 是独立取同分布的随机变量,并有 $E(\varepsilon_i) = 0, D(\varepsilon_i) = \sigma^2$,自变量 $x_{i1}, x_{i2}, \cdots, x_{im} (i = 1, 2, \cdots, n)$ 为非随机变量,其观测误差认为非常小,可忽略不计,或者将其观测误差记在 y_i 上,在求得回归参数后可利用回归参数对 y_i 进行估计(回归计算),估计值与观测值之差:

$$v_i = \hat{y}_i - y_i \tag{3}$$

为求得模型参数,对每一组观测值求其参差,并列出方程组:

$$\begin{aligned}
v_1 &= \hat{y}_1 - y_1 = \hat{b}_0 + \hat{b}_1 x_{11} + \hat{b}_2 x_{12} + \cdots + \hat{b}_m x_{1m} - y_1 \\
v_2 &= \hat{y}_2 - y_2 = \hat{b}_0 + \hat{b}_1 x_{21} + \hat{b}_2 x_{22} + \cdots + \hat{b}_m x_{2m} - y_2 \\
&\quad\quad\quad \cdots\cdots \\
v_i &= \hat{y}_i - y_i = \hat{b}_0 + \hat{b}_1 x_{i1} + \hat{b}_2 x_{i2} + \cdots + \hat{b}_m x_{im} - y_i \\
v_n &= \hat{y}_n - y_n = \hat{b}_0 + \hat{b}_1 x_{n1} + \hat{b}_2 x_{n2} + \cdots + \hat{b}_m x_{nm} - y_n
\end{aligned} \tag{4}$$

写成矩阵形式为:

$$V = BX + Y \tag{5}$$

式中:

$$V = \begin{bmatrix} v_1 \\ v_2 \\ \vdots \\ v_n \end{bmatrix} \quad B = \begin{bmatrix} \hat{b}_0 \\ \hat{b}_1 \\ \vdots \\ \hat{b}_m \end{bmatrix} \quad X = \begin{bmatrix} 1 & x_{11} & x_{12} & \cdots & x_{1m} \\ 1 & x_{21} & x_{22} & \cdots & x_{2m} \\ \vdots & \vdots & \vdots & & \vdots \\ 1 & x_{n1} & x_{n2} & \cdots & x_{nm} \end{bmatrix}$$

$$Y = \begin{bmatrix} -y_1 \\ -y_2 \\ \vdots \\ -y_n \end{bmatrix}$$

式中：$\hat{b}_i$ 为回归系数，是模型参数 b_i 的估计值；$\hat{y}_i$ 为因变量 y_i 的估计值；v_i 为因变量 y_i 的观测值与估计值 $\hat{y}_i$ 的偏差或称为残差。

根据最小二乘理论：

$$v^{\mathrm{T}}v = \sum (y_i - \hat{y}_i)^2 = \min \tag{6}$$

可推导出方程(5)的解为：

$$B = -(X^{\mathrm{T}}X)^{-1}X^{\mathrm{T}}Y \tag{7}$$

3 传统回归模型存在问题的分析

传统的回归分析方法在水文中已得到了广泛的应用,通过以上的推导过程可以看出,它实际上是假设测量获得的数据中,其一是因变量,其余的是自变量。且必须是因变量为随机变量,自变量为非随机变量,或者是完全忽视了自变量的误差或随机性。从误差理论的观点看,传统回归模型要求,只允许因变量有误差,自变量的观测值没有误差,或是将变量观测的误差全部算在因变量上,这样处理明显与实际情况有出入。实际水文变量之间并不完全如此,因为所有观测得到的数据中均有误差。可见传统回归模型是将变量的观测误差及变量之间的模糊关系产生的误差全部记在因变量上,这样处理存在有明显的缺陷。

另一种情况是有相关关系的变量之间存在着同等的地位,变量之间根本不存在因果关系,仅仅是普通的相关关系。但这时选取不同变量作为因变量,计算的结果则不同,这明显有悖于变量之间的物理关系,也影响回归分析的效果。如同属一个水文分区的两雨量站之间的降水量相关,回归时两个站中任意一个降雨量均可作为因变量,这样传统回归中对因变量和自变量的约定无法成立,甚至这种约定成为矛盾。对同一组数据由于因变量和自变量的选择不同,得到的两个回归方程是不同的,回归的直线也不重合,就存在同一组数据可求两个不同的回归方程,当进行插补时就得出不同的结果。特别是在两水文变量相关中,经常需要利用建立相关关系相互插补或预测时,当两个变量同时受到相同因素的控制而具有同步性时,很难分清哪个是自变量,哪个为因变量更好些;还会因坐标选取的不同而建立两个不能相互转换的方程,使插补或预测的结果不同,这是不合理的。

为进一步说明传统回归分析的局限性,选取黄河中游地区的吴堡和龙门水文站洪峰流量相关为实例进行研究,根据有关测量误差理论分析了流量测验的误差,计算的洪峰流量相关方程见图1,同一组数据因选取的变量相关关系不同得到两条不同的回归线。

4 水文回归模型的改进

4.1 采用距离回归模型

在实际问题中,各变量之间未必就存在因果关系,且受主客观因素的影响,它们的观测值往往都是近似的、有误差的、具有随机性的。大多数情况下研究的两个水文变量的观测值,都

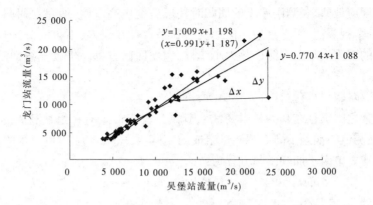

图1 黄河吴堡—龙门站洪峰流量相关图

具有随机误差。因此,从理论上讲,通过观测得到的相关变量都应该当成随机变量来处理,且大多情况下各变量在模型中的地位是对等的。在变量为同等地位的情况下,须解决同一组数据因选取的因变量不同,导致回归方程的差异。出现矛盾的原因在于传统最小二乘法的基本假定(变量相关必须有一个是因变量,其他为自变量,且自变量是非随机变量)和实际情况不完全符合。实际相关中水文变量两者可能由于观测或自然原因均有一定的随机性,因此建立回归方程不应对某一个变量给予过高置信度,不能将随机性引起的误差全部计算在因变量名下。参差平方和为最小是最小二乘法的核心,而式(6)的残差仅是函数(纵坐标)的"差",实际上函数和自变量都存在有"参差",在建立回归方程时,均应予以考虑。

为了使观测变量的信赖程度能一致,可利用距离平方和最小建立模型,采用最小二乘法求解参数。对 n 组观测数据,计算各观测点到回归直线的垂直距离,并取各观测点到回归直线的垂直距离为随机"参"差,以不偏不倚地考虑到两变量均存在误差或均有一定的随机性。回归系数的选择使得这个距离平方和达到最小。

设变量 x、y 之间的相关关系为直线关系,对于实测数据点 (x_i, y_i) 到直线的距离有:

$$d_i = \frac{|y_i - b_0 x_i - b_1|}{\sqrt{1 + b_0^2}} \tag{8}$$

所有点到直线的距离平方和为:

$$Q(b_0, b_1) = \sum d_i^2 = \sum \frac{(y_i - b_0 x_i - b_1)^2}{1 + b_0^2} \tag{9}$$

为了求得优化的回归方程,所求得的参数应具有使各点到直线的距离平方和最小,即

$$Q(b_0, b_1) = \min \tag{10}$$

通过对式(10)求偏导等一系列的解算,可求得回归系数。并称这种方法为距离回归法,该方法采用的模型称之为距离回归模型。

4.2 加权回归模型

4.2.1 加权回归的概念

距离回归中改变了对相关的观测变量的信赖程度,以不偏不倚地考虑到两变量均存在误差或均有一定的随机性。但实际中变量的随机性可能不同,变量观测误差的大小也可能不同,即使对同一个变量,由于观测条件的变化,进行多次观测引起观测误差的大小也可能不同。因此,在回归模型建立时应考虑每个变量的随机性,每个观测值的误差大小不同,观测误差大的

回归时其可信度应低些,观测误差小的回归时其可信度应高一些,即建立回归方程时,任何一个变量,任何一个观测值,不再是想当然地认为其是否存在误差,不再区分是自变量或是因变量。所有变量的观测值均以观测误差大小作权,建立回归方程。仍以直线回归为例研究推导如下。

4.2.2 单因子加权回归模型

设一组变量之间仍存在其一是因变量 y,其余是自变量 x,有一组观测值,自变量无观测误差,因变量各观测值的误差不同。观测量组成的矩阵为 X、Y,考虑到观测量的观测误差,利用最小二乘原理建立单因子加权回归方程为:

$$V_Y^T P_Y V_Y = \min \tag{11}$$

4.2.3 双因子加权回归模型

设有一组观测值均含误差,选其中一个观测量为 y,其余观测量为 x,观测量组成的矩阵为 X、Y,考虑到观测量的观测误差,利用最小二乘原理建立回归方程应为:

$$V_X^T P_X V_X + V_Y^T P_Y V_Y = \min \tag{12}$$

式中:P_X 为变量 X 组成的权阵;P_Y 为变量 Y 组成的权阵;当 X、Y 观测相互独立时,其权矩阵为对角线矩阵,其中,权阵 P_X 的对角线元素为 $p_{x_i} = \dfrac{\sigma_0^2}{\sigma_{x_i}^2}$,权阵 P_Y 的对角线元素为 $p_{y_i} = \dfrac{\sigma_0^2}{\sigma_{y_i}^2}$,$\sigma_0^2$ 为定权时任取的方差因子,$\sigma_{x_i}^2$ 为 x_i 的验前精度,$\sigma_{y_i}^2$ 为 y_i 的验前精度。

4.3 双因子加权模型解算公式的推导

为推导方便,以水文回归中最常用的直线方程为例进行研究,因直线方程中仅有两个变量,故可简称为双因子加权,设直线方程为:

$$y_i = b_0 x_i + b_1 \tag{13}$$

由于 x_i 含有误差,故式(13)实为非线性方程。为采用最小二乘法计算方便,首先进行线性化。根据微分关系有:

$$y_i + \Delta y_i = b_{00} x_i + b_{10} + x_i \delta b_0 + \delta b_1 + b_{00} \Delta x_i \quad i = 1, 2, \cdots, n \tag{14}$$

式中:Δx_i、Δy_i 分别为 x_i、y_i 的真误差;b_{00}、b_{10}、δb_0、δb_1 分别为 b_0、b_1 的近似值及其改正数。

以 v_{x_i}、v_{y_i} 代替 Δx_i、Δy_i 并将式(14)写为矩阵形式有:

$$Y + V_Y = D + A\delta\hat{\alpha} + BV_X \tag{15}$$

式中: $\quad Y = \begin{bmatrix} y_1 & y_2 & \cdots & y_n \end{bmatrix}^T \quad V_Y = \begin{bmatrix} v_{y1} & v_{y2} & \cdots & v_{yn} \end{bmatrix}^T \quad V_X = \begin{bmatrix} v_{x1} & v_{x2} & \cdots & v_{xn} \end{bmatrix}^T$

$$\delta\hat{\alpha} = \begin{bmatrix} \delta b_0 & \delta b_1 \end{bmatrix}^T \quad B = \begin{bmatrix} b_{00} & & & \\ & b_{00} & & \\ & & \cdots & \\ & & & b_{00} \end{bmatrix} \quad D = \begin{bmatrix} b_{00} x_1 + b_{10} \\ b_{00} x_2 + b_{10} \\ \vdots \\ b_{00} x_n + b_{10} \end{bmatrix} \quad A = \begin{bmatrix} x_1 & 1 \\ x_2 & 1 \\ \vdots & \vdots \\ x_n & 1 \end{bmatrix}$$

由式(12)、式(15)两式可组成极值函数为:

$$\varphi = V_X^T P_X V_X + V_Y^T P_Y V_Y - 2K^T (A\delta\hat{\alpha} + BV_X - V_Y + D - Y) \tag{16}$$

将上式分别对 V_X、V_Y、$\delta\hat{\alpha}$ 求导,并进一步推导得:

$$V_X = P_X^{-1} B^T K \tag{17}$$

$$V_Y = -P_Y^{-1} K \tag{18}$$

$$A^T K = 0 \tag{19}$$

将式(17)、式(18)两式代入式(19),并整理得:

$$K = C^{-1}(l - A\delta\hat{\alpha}) \tag{20}$$

式中:$C = P_Y^{-1} + BP_X^{-1}B^T$; $l = Y - D$。

再将式(20)、式(19)及式(17)联解得:

$$\delta\hat{\alpha} = (A^T C^{-1} A)^{-1} A^T C^{-1} l \tag{21}$$

上式即为所求参数近似值的改正向量。

求解可采用迭代形式,即将$\hat{\alpha}$的初始值取为传统方法所得之解,按式(21)求得第一次改正值后,再将新的$\hat{\alpha}$值作为近似值进行下次迭代,直至为:

$$|\delta\hat{\alpha}_j^{(i)}| < \varepsilon \tag{22}$$

式中:i为迭代次数;j为$\delta\hat{\alpha}$中任一元素;ε为选取的很小常数,视研究问题的精度要求而定,如$\varepsilon = 0.01$。

4.4 精度估计

为反映整体拟合的精度情况,可用验后单位权方差因子来衡量,通过较复杂的推导过程,验后单位权方差因子表示为:

$$\hat{\sigma}^2 = \frac{V_X^T P_X V_X + V_Y^T P_Y V_Y}{n - t} \tag{23}$$

式中:n为拟合点对数;t为拟合参数个数。

可见,若x_i无误差,即$V_X = 0$,式(23)即为传统方法中的验后单位权方差因子。对于拟合参数的精度经过推导得出:

$$m_{bi} = \hat{\sigma}^2 Q_i \tag{24}$$

式中:m_{bi}为参数b_i的方差;Q_i为权的逆矩阵。

4.5 计算结果与分析

对吴堡龙门站洪峰流量资料,分别采用传统回归、单因素的因变量加权回归和对两个变量均加权的双因素回归三种方案进行计算,计算结果见表1。

三种方案推求参数的中误差均可采用式(24)求得,但不同方案的权逆阵Q_i不同,根据以上推导,方案一中,$Q_i = [(A^T A)^{-1}]$;方案二中,$Q_i = [(A^T P_Y A)^{-1}]$;方案三中,$Q_i = [(A^T C^{-1} A)^{-1}]$。算例中,$i = 0, 1$;$n = 50$;$t = 2$。

表1 吴堡—龙门站洪峰相关对比

参数及其中误差	方案一	方案二	方案三
b_0	0.770 4	0.782 0	0.913 6
b_1	1 087.96	488.50	-139.45
m_{b0}	0.062	0.050	0.045
m_{b1}	655.629	307.603	263.974
m	1 940.8	2 001.9	354.8

注:方案一x、y均不加权;方案二x不加权、y加权;方案三x、y均加权。

表1中,方案三是采用本文提出的双因子加权模型计算的结果,即x、y均加权情况下,所得回归系数的中误差明显小于其他两个方案,反映回归方程的误差为354.8,仅为传统回归法误差的18.3%,充分说明了本文提出的经改进的回归模型具有的合理性和计算精度高的特点。

5 结语

相关关系是水文现象中普遍存在的一种非常重要的关系,人们已习惯于采用回归分析的方法处理各种水文相关问题,但传统回归分析中的基本假设常被忽略,对传统回归的使用条件、观测误差的影响、回归结果的误差等问题研究的较少。

通过实例计算表明,本文提出的改进回归模型,解决了自变量和因变量选取时假设引起的矛盾。线性回归中采用本文提出的双因子加权回归模型和方法,所得回归方程估计参数的误差明显小于传统回归方法,实例中回归方程的误差仅为传统回归法误差的18.3%,充分说明了本文提出的改进的回归模型的合理性和计算精度高的特点。适用于不同精度情况下的回归分析计算,是一个基于全面考虑了观测误差影响的新的回归分析方法。若采用不顾及自变量含有误差的传统回归分析法,所得结果可能会产生一定程度的歪曲,而顾及自变量含有误差的加权回归分析法,只要权比定得合理,所得结果将更为合理可靠。

黄河"数字水文"框架

赵卫民　王　龙　杨　健　谢　莉

(黄河水利委员会水文局)

水文是水利的基础,黄河水文工作是黄河防汛抗旱指挥决策的耳目和参谋,是流域水资源开发、利用、管理、保护以及水工程规划、设计、施工、运行、管理的依据,是流域经济和社会发展的重要基础工作。

目前,已形成了由133处水文站、36处水位站、774处雨量站、35处蒸发站和1处大型水面蒸发实验站组成的委属水文站网体系,获得了连续、完整的雨量、水位、流量、含沙量、蒸发量、水温、水质以及水库、河道、滨海区地形、潮流等观测资料系列。

水文信息是整个水利信息中数字化程度最高的信息。从基本信息的采集、整编到信息的加工及产品的制作、发布等均有坚实的数字化基础。当今信息技术飞速发展,对水文信息的采集、加工处理、信息服务的方式都将产生重要影响和变革。信息技术以及计算机、通信网络、微电子、计算机辅助设计、"3S"(遥感、地理信息系统、全球定位系统)等一系列高新技术加速向水利行业的渗透,为实现从传统水文向现代水文的转变提供了有效的途径。

1 黄河"数字水文"框架体系

"数字水文"由"数字地球"、"数字流域"等概念演化而来。数字地球的核心思想是用数字化手段处理地球问题,以最大限度地利用信息资源,其主要是由地理数据、文本数据、基于因特网的操作平台和应用模型组成。实际上,"数字地球"是解决信息共享的一种特殊信息系统,它从地学数据的组织、管理和位置查询等方面为地理信息的不同应用提供保证,并可满足

本文原载于《人民黄河》2002年第5期。

对信息的采集、转换、存储、检索、处理、分析、显示等一系列要求。

"数字水文"的深层次含义是指黄河水文的信息化和现代化,即在水文信息化、现代化的背景下,利用数字地球的理论和方法,建设满足现代治黄需要的大型信息系统。主要包含以下几个方面:采用先进的技术,建立和完善各类信息的采集,形成有效的资料收集渠道;利用数据库技术建立完善的信息处理和信息存储体系;利用数据仓库、数据挖掘技术建立信息提取和分析体系;利用 GIS 等工具建立气象、水文、地形地貌、植被、土壤水分、人类活动影响措施等信息的空间分布数字体系;利用中尺度数值预报模型和分布式水文模型建立数字化的空间和时间分布预报体系;利用公网、防汛专网建成覆盖黄河各级防汛部门、信息采集中心的宽带多媒体信息网络,为信息传输、信息服务提供网络平台;依托网络、地理信息系统和数据库等技术,建立为防汛决策、专业应用、电子政务等系统提供决策支持的信息应用与服务体系。

根据上述"数字水文"的基本定义及目前信息技术的发展趋势,黄河"数字水文"的基本框架由 6 大体系构成。

1.1 信息采集与传输体系

利用先进的信息采集、传输和处理手段,实现雨量、水位信息的采集、传输和处理的自动化,实现流量信息采集的数字化,即利用流量信息采集处理系统,实现测流过程自动或半自动控制,实现起点距自动测量、流速仪信号向流速的自动转换,条件成熟的测站实现流速仪过河流量测验的自动化,流量信息通过人工置数方法输入,自动传输;利用 GPS 定位导航系统、数字超声测深仪及水下测量数据处理管理系统实现水文地形的自动测绘。

除常规手段外,还要利用卫星、遥感、雷达等多种技术获取黄河流域客观上的水文、地理、气象和工程信息。为建立较为完善的信息采集与传输体系,除采用先进的数据采集技术外,还必须建立完善的组织体系。按信息的收集渠道在沿黄组建水情分中心,这些分中心的建立,将构成信息的收集中心。信息采集完成后,通过卫星、微波、短波等技术传输到各分中心,分中心再通过计算机网络平台将信息传输到数据中心。

1.2 网络平台

网络平台是实现"数字水文"的基础。"数字水文"的网络平台将采用公共通信网络与专用通信网络相结合的方式,构建覆盖黄河 12 个水情信息收集中心和重要水文站的计算机广域网络系统。根据国家的信息化发展战略,"十五"期间光传输网是建设发展的重点,微波和卫星作为传输补充、保护和应急手段,还将大力发展以 IP 技术为基础的宽带高速网。因此,黄河水文计算机网络系统的建设应充分考虑公网组网方案,利用公网的骨干网和所到达的接入网作为黄河水文计算机网络系统的通信信道,利用专网作为公网难以到达地区的接入网和整个系统的备用通信信道。

1.3 信息处理与存储体系

利用先进的计算机技术,建立完善的信息处理系统,完成各类信息的自动分类、自动入库;利用数据库技术和网络技术建立可靠的信息存储体系,信息存储体系包括网络存储设备和数据库群,数据库群由历史数据库、流域空间数据库和其他各类实时数据库组成。

物理存储方面,将主要采用基于光纤通道的网络存储技术(SAN),通过 SAN 和企业级数据库管理系统的有机结合,实现各类信息安全存储和备份管理。

1.4 信息挖掘与分析体系

信息挖掘与分析体系主要由专业应用软件和应用模型构成,利用数据仓库和数据挖掘技术,建立各类联机分析系统(专业应用系统),实现各种数据的在线分析处理,为黄河的综合治理与开发提供科学的决策依据。

1.5 暴雨洪水预报体系

建设暴雨预报系统,实现降水监测分析、天气形势分析、短期定量降水预报、临近降水预报以及较高精度的流域面平均雨量估算、流域短历时定量降水预报、致洪致灾暴雨警报等功能,实现预报成果的空间、时间分布输出。

建设集数据处理、模型参数率定、实时洪水预报、交互修正预报(会商)、方案建立等功能于一体的洪水预报系统。应用现代化技术,开发、改进和完善水文气象预报方法和模型,建成以 GIS 为平台、分布式水文模型和定量降水预报为核心的、气象—洪水—径流耦合的暴雨洪水预报系统。对可能出现的大洪水,从暴雨天气系统形成开始,实现跟踪、滚动预报,满足不同阶段防洪调度对预见期和预报精度的要求。利用数字水文平台,实现对天气、降雨、蒸发、径流、洪水等水文情报的综合分析,提供各类分析、预报成果。

1.6 信息服务与决策体系

在整个"数字水文"框架中,信息服务与决策是建设"数字水文"的根本所在,这样可保证最大限度地利用信息资源并使得信息资源的价值得到充分体现。信息服务与决策依靠信息服务系统具体实现。网络和数据库技术是信息服务的重要支撑平台,信息服务系统(网站)的建设要充分利用当前 Internet/ Intranet 的最新技术并融合 GIS 和数据库技术,实现以图形化为主的动态信息服务。

2 黄河"数字水文"架构

"数字水文"基本架构由上述 6 大体系构成,其架构策略是以应用需求为导向,通过重点项目的实施,分阶段逐步实现。今后 5 年以 12 个水情分中心的建设为重点,架构黄河"数字水文"的信息采集与传输体系;以小花间暴雨洪水预警预报系统的建设,架构黄河"数字水文"的处理存储体系、预报体系和服务与决策体系。

2.1 网络基础平台建设

充分利用黄委防汛通信网和中国电信公网通信信道,建设沿黄 12 个水情分中心的计算机网络系统,建成覆盖沿黄水文系统各基层局的高速广域计算机网络,提供水情、气象等信息的传输和查询服务。扩充信息种类,增加服务功能,实现各基层局计算机网络的信息共享,并为黄委防办、国家防办提供防汛信息服务;实现国家防汛指挥系统所要求的在 30 分钟内完成报汛站点的数据收集工作,保证这些数据在网上传输时间少于 10 分钟。

12 个水情分中心的网络包括了 5 个基层局网络和 7 个尚未建立网络的水情分中心。5 个基层局计算机网络建设主要是在原计算机网络系统基础上的完善和扩建,即主要是在中芬项目建设的防洪减灾网络系统基础上的完善和扩建,使其适应目前计算机网络发展的水平和水文业务发展的需要。建设任务主要包括:①建设水情分中心的计算机网络和其下属重要站点的计算机网络系统。②建立和完善水情分中心计算机局域网络以及重要水文站与水文局机关主干网络系统的广域连接信道。提高广域连接速率,并考虑各基层局计算机网络与其下属单位的广域连接接口。③建立分中心计算机网络的 Intranet 网络服务和网络管理体系。④在网络平台下,建立分布式实时水情数据库和历史水文数据库,实现实时水情和历史水文数据库的共享。

2.2 小花间暴雨洪水预警预报系统建设

小花间暴雨洪水预警预报系统的建设是黄委确定的数字黄河工程的第一个项目,由水情信息采集传输、测验设施建设、气象水文预报和预警预报中心 4 部分组成,构成了小花间暴雨洪水信息的监测采集、传输处理、存储检索、预测预报、会商服务的有机整体。小花间暴雨洪水预警预报系统各组成部分之间既相对独立又互相联系。水文测验设施建设承担水文站的基本建设及流量、含沙量、蒸发等测验项目的设施、设备、仪器建设任务。水情信息采集传输系统完成雨量、水位观测设施、设备、仪器建设及各类测站报汛通信任务,同时负责报汛信息的接收、入库。气象水文预报系统除承担预报任务外,还承担信息的提取、处理、转发及水情信息服务任务。预警预报中心承担计算机网络、数据库系统、数字流域(小花间)平台、会商支持环境、水文信息网络服务等任务。

小花间暴雨洪水预警预报系统的建设目标是:充分利用现代化科技成果,将系统建成以信息自动采集传输为基础、以数字流域(小花间)平台及现代化会商环境为支持、气象—洪水—径流预报耦合及预报—调度耦合为核心,具有国际先进水平的现代化暴雨洪水预警预报系统,基本实现小花间水文测报自动化,为黄河防洪提供服务。

对黄河下游治理方略的几点思考

庞家珍

(黄河水利委员会山东水文水资源局)

1 黄河泥沙的两重性

黄河之害,害在下游,病在中游,主要就是指泥沙问题。长久以来,黄河上中游 60 万 km² 的水土流失区,使西北地区生态环境恶化,还使黄河下游河床淤积抬高,形成淤积、决口、改道的恶性循环。新中国建立前,黄河三年两决口,六次大变迁,向北殃及天津,向南殃及江淮的历史为世人共知,成为"中国之忧患"。

另一方面,在黄河的淤积、决口、改道过程中,泥沙又将黄淮海大平原连成一片,对我国的国土面积的增加起到了积极作用。特别是改革开放以来,经济快速发展,黄淮海大平原已成为我国经济、文化的中心之一,这是黄河泥沙对人类的贡献。即使在清咸丰五年由徐淮故道改走山东利津以下入海的 150 年来,东营市的一部分国土也是由黄河泥沙淤积而成的;近几十年,如桩西油田、孤东油田等由黄河泥沙淤积形成陆地,变海上开采为陆上开采,大大节约了石油开采成本。

认识黄河泥沙的两重性,就是认识它既有对人类为害的一面,又有对人类有益的一面;特别是新中国成立后,其利比害大得多。20 世纪 50 年代的下游河道,滩区没有生产堤,东平湖也没有被围垦,连年洪峰多,洪量大;1958 年花园口 22 300 m³/s 洪峰也能全部从河道安全入

本文原载于《人民黄河》2005 年第 1 期。

海,主槽刷深,滩地淤高。但60年代以后,由于种种原因,使下游河道向坏的方向转化,特别是80~90年代,更形成了"小流量,高水位"的"二级悬河"局面。此局面的形成,笔者认为可能有以下几个因素:

(1)三门峡水库几经改建后,运用方式经历滞洪排沙、蓄清排浑等,使20世纪60年代末至70年代中期库区泥沙大量排出,下游发生严重的连续沿程淤积。

(2)下游滩区普遍修起了生产堤,洪水难以进入滩地,即使有时漫滩,也是局部的;东平湖老湖区面积为209 km²,围垦了54 km²,围垦区占库区面积约1/4,大大缩小了蓄洪能力。

(3)引黄涵闸大量建成并运用,三大灌区(宁蒙、河南、山东)过量引黄造成1972年后黄河多次断流,泥沙淤积在断流断面以上,将主槽淤成"浅碟",形成"小流量,高水位"的局面。

20世纪50年代下游平滩流量为6 000~8 000 m³/s,而2003年在2 500 m³/s流量情况下,兰考、东明大面积漫滩,造成滩区严重灾害,长此下去,再过20年黄河下游会怎么样?再过50年又会怎么样?笔者认为,"二级悬河"的形成与人类对黄河的过度索取有很大的关系,围垦滩区、围垦湖区、过量引黄都是重要原因。因而花园口—孙口的宽河道,要实行宽河、固堤、定槽、淤滩的治河思想,坚决地废除生产堤。对于滩区及湖内垦区190万人,要采取移民建镇,迁至背河;对实在不能迁出的部分村庄,高筑避水台,实行行洪补偿的政策。在实施过程中,要注重以人为本,安置好一个河段的群众,再废除一段生产堤。对陶城铺以下的窄河道,保留现行格局,固堤定槽,脱溜之处及时加修控导工程。同时,在全河上下游严格控制引黄水量,并减少引黄水量;加大投入,变粗放灌溉为科学的精细灌溉,以增加生态用水和冲沙用水。经过10~20年使下游河道由恶劣状况向良性方向转化。

2 关于断流和"二级悬河"的成因及对策

1972~1998年黄河出现断流的现象日益突出,表现为随时间的推移出现的频次增大,年内断流的时间增长,断流开始日期逐年提前,断流河段范围由河口向上延伸,最长的是1997年,达到704 km。由于连年断流,使得断流期间的泥沙都淤积在断流断面以上的主河槽内;而黄河下游主槽之过洪能力要占全断面过洪能力的70%~90%,多年来非汛期断流,主槽淤积严重,排洪通道几近丧失。由于断流,黄河沿岸排入黄河的污物得不到稀释和降解,生态环境受到破坏,滩区及黄河三角洲地区沙漠化趋重。由黄河淡水供应饵料之"百鱼之乡"的渤海和有"东方对虾故乡"之称的黄河口地区,一旦失去饵料来源,会极大影响生物的繁衍。断流还给东营市、滨州市工农业生产和胜利油田的生产造成很大损失。

众所周知,黄河流域本身水资源匮乏,花园口以上流域内多年平均径流深77.4 mm,只相当于全国平均径流深276 mm的28%,黄河流域人均占有河川径流量相当于全国人均占有量的30%。近20年来,黄河流域降水量偏少,年平均降水量较多年平均偏少5%~13%,而20世纪利津断面以上的灌溉耗水量迅速上升,50年代年平均为125亿m³、60年代为175亿m³、70年代为233亿m³、80年代为274亿m³、90年代不少于300亿m³,再加上工业及城市生活用水,水资源开发利用率大大超过黄河天然径流量580亿m³的50%,这在世界大江河中也罕见。应该承认,水资源的过度开发,超过了黄河水资源的承受能力,是引起断流的主要原因。

缓解黄河断流的对策,须节流与开源并举,从长远计,当以节流为主。尽管黄河水资源十分匮乏,但在水资源的开发利用上又存在严重的浪费现象,即水资源匮乏与水资源严重浪费并存。农业灌溉用水效率仅有30%~40%,工业用水二次回用率低。因而建议:

（1）统一调度与管理全河水资源，实行"量水而行，以供定需"的政策。

（2）制定《黄河法》，依法实施黄河水资源统一管理与调度。

（3）在黄河流域各省区倡导建立节水型社会。加强宣传教育，使节水意识深入人心，并用经济杠杆制定合理水价和水费政策。大力推广节水农业，逐步淘汰大水漫灌的粗放方式，积极推广渠道衬砌，管道灌溉，喷灌、滴灌、微灌等现代节水灌溉方式。建设节水型工业，提高工业用水的二次回用率，在城市建设污水净化处理系统。

黄河下游是世界上著名的"地上河"，近些年来，又出现了"二级悬河"。进入 21 世纪，下游河道平滩流量只有 3 000 ~ 4 000 m^3/s，夹河滩—孙口间有的河段平滩流量甚至只有 2 000 m^3/s。高村站 1958 年洪峰流量 17 900 m^3/s 的相应水位为62.96 m，而 1996 年洪峰流量 6 810 m^3/s 的相应水位竟高达 63.87 m。近 20 多年来，径流量急剧减少，洪峰次数减少，洪峰流量减小；有些年份，汛期无汛，泥沙连续淤积主槽，使得下游用于排洪的主槽几乎淤积怠尽；生产堤等阻水建筑物妨碍漫滩、淤滩，滩唇与大堤之间的滩地长期得不到淤高，滩槽高差锐减，一旦发生大洪水，极易在串沟和堤河处形成过流，造成河势大变，严重威胁大堤安全。

过量引黄使引黄总水量超过黄河的承受能力，生产与社会用水长期大量挤占冲沙用水，是"二级悬河"形成的主要原因。几十年来，引黄工程从无到有，从小到大，仅宁蒙、河南、山东三大灌区即已发展引黄灌溉面积 330 多万 hm^2，解决了几千万人的粮食问题，这是引黄灌溉成就的主流。与此同时，粗放的灌溉方式（如漫灌），存在巨大的水资源浪费。如果改粗放灌溉为科学灌溉（如管道灌溉、喷灌、滴灌、微灌），则灌溉利用系数可提高到 60% ~ 70%。经过长期努力，沿黄各省区的引黄灌溉实行以供定需，利津以上的引黄灌溉总水量可有望由现在的 300 亿 m^3 减少到 100 亿 m^3 左右。

3 关于黄河口的治理问题

淤积、延伸、摆动、改道是在一定水沙条件下黄河河口的演变规律。这里重要的是条件，即水少沙多，水沙不匹配。近 20 年来，虽然年平均来沙量减少了许多，但年平均水量减少更甚，主槽淤积反而加重。

河口变化对黄河下游产生相当大的影响，淤积延伸阶段，会产生溯源淤积；改道后，会产生溯源冲刷。新中国成立后的 3 次较大改道及 2 次小型的改汊均如此。下面着重对清水沟流路的演变过程进行分析，该过程可分为 5 个阶段：

（1）1976 年清水沟改道初期的 7 ~ 9 月曾发生溯源冲刷，在接近改道口的苇改闸站7 ~ 9 月水位降落大于 1 m，向上影响 177 km，至刘家园。

（2）随着河口迅速向前延伸，1976 年汛后至 1979 年表现为溯源淤积，其上界也在刘家园，西河口站3 000 m^3/s 流量的水位上升 0.73 m。

（3）1979 年，河口位置有较大变动，由清 4 摆向北偏西方向，流程缩短，因此 1979 ~ 1984 年发生溯源冲刷，西河口 3 000 m^3/s 的水位下降 1.24 m，向上影响至刘家园。

（4）1985 ~ 1995 年，人工控制使河口相对稳定，这一时期又以中枯水为主，长时期发生溯源淤积，西河口 3 000 m^3/s 水位上升 1.87 m，影响上界为刘家园，刘家园 3 000 m^3/s 水位上升超过 1.2 m，在 20 世纪 90 年代前 5 年出现"龙摆尾"现象。

（5）1996 年由胜利油田提议，经黄委批准，油田与黄河河务部门合作，进行了清 8 改汊工程，效果很好。1995 年与 1996 年 9 ~ 10 月相比发生溯源冲刷，3 000 m^3/s 水位西河口下降

0.47 m,一号坝下降 0.53 m,利津下降 0.32 m,麻湾下降 0.22 m,张肖堂下降 0.02 m,清河镇下降 0.06 m。丁字路口 1998 年 3 000 m³/s 水位比 1995 年下降 0.95 m。因此,1996 年清 8 改汊是一次一举两得的工程,既降低了河口水位,又为浅海油田淤成陆上油田创造了条件。

基于以上认识,河口的治理应在尽量延长清水沟流路使用年限的基础上,有计划地安排入海流路,应给流路安排留出一定空间。黄委 1988 年编制的黄河入海流路规划,是经国家计委正式批准的,仍要针对实际情况和时机陆续实施,其中主要指北汊 1、北汊 2 和钓口河流路。从 21 世纪长治久安考虑,建议将潜力很大的马新河流路作为新的研究课题。

4 进一步加强下游及河口的原型观测

近两年来黄河下游河道及水文观测有所加强,河道测验断面增加 1 倍多,流量输沙率测次成倍增加,对防洪和水资源调度起到重要作用。但还有薄弱环节,例如:河口滨海区潮汐、潮流、泥沙、盐度等的同步水文观测已有 20 年未开展,滨海区同步水文观测是建立物理模型和数学模型的基础,应引起重视。

黄河新情况与黄河水文发展的思考

时连全　王　华

（山东黄河水文水资源局）

半个多世纪以来,黄河治理开发取得了辉煌成就,积累了丰富经验,但是,目前黄河的自然条件已发生了很大变化。黄河防洪、水资源利用、生态环境等重大问题已成为新时期治黄工作的主要矛盾。黄河水文面临新的机遇和挑战,传统的水文模式和工作思路已不能满足黄河新情况的变化,须面向 21 世纪,重新思考定位。

1 黄河主要新情况

1.1 防汛形势更为严峻和复杂

从 70 年代以来,黄河下游频频出现断流,1972～1998 年的 27 年中,黄河最下游的利津水文站有 21 年发生断流。进入 90 年代断流情势更为严重,年年出现断流。黄河是一条举世闻名的多沙河流,多年年均挟沙量 16 亿 t,近年来沙量减少,每年约 12 亿 t。正常情况下,约有半数的泥沙冲入大海,可是在断流期情况就变了。例如 1997 年,最下游利津水文站断流 226 d,全年过流量 18.5 亿 m³,输沙量仅 0.115 亿 t,绝大部分泥沙淤在了河道里,而且泥沙的淤积也由滩地为主转向主河槽为主。据统计,黄河山东段近 10 年河道主槽平均每年淤积抬高 0.12～0.16 m,致使主河槽高于滩地,而滩地又高于堤外两测地面,使悬河、二级悬河形势日益加剧,河道平滩流量由 20 世纪 50、60 年代的 6 000 m³/s 左右减少为 2 000～3 000 m³/s。即使中常洪水也可能发生滚河、斜河或顺堤行洪,由此导致"小流量,高水位,险情多,灾害大"局面的出

本文原载于《内蒙古水利》2000 年第 3 期。

现。1996 年 8 月黄河河南段的花园口水文站仅 7 680 m^3/s 的中常洪水,就出现了比 1958 年 22 300 m^3/s 洪水水位还高 0.91 m 的历史最高纪录。黄河山东段 5 处水文站有 2 处超历史最高水位,3 处接近历史最高水位。1855 年铜瓦厢决口后形成的高滩也破天荒上了水,滩区淹没耕地 20 万 hm^2,直接经济损失 64.4 亿元人民币。堤防、河道工程出险 5 400 余次. 可见黄河下游防汛形势的严峻和复杂。河道工程、分滞洪工程及水文、通讯等非工程措施,均面临黄河防汛新情况的挑战。

1.2 水资源利用矛盾加剧

黄河流域大部分地区处于干旱地带,而且水资源日益贫乏。据统计,1997 年黄河流域天然来水量为 313.5 亿 m^3,仅为多年平均来水量的 54%,实际入海水量为 15.4 亿 m^3,黄河流域地表水利用率已高达 90.5%。当前,黄河下游已建有引黄涵闸 69 处,倒虹吸工程 29 处,扬水站 30 处,设计引水能力达 3 900 m^3/s。黄河多年平均天然水资源总量约为 580 亿 m^3,扣除输沙用水 200 亿 m^3,可供用于沿黄各省区的农业灌溉、工业生产和城市生活的水资源量约为 370 亿 m^3,但实际用水量已大大超过了 370 亿 m^3 的水平,冲刷河道的 200 亿 m^3 的水已无保证。长期的小水和时常的断流,加剧了水资源利用矛盾,给中下游的工农业生产及人民生活造成巨大损失。尤其是以黄河作为主要水源的胜利、中原油田和下游 10 多座大中城市、几百万群众首当其苦。

1.3 水体污染严重生态恶化

随着黄河流域经济的发展,工矿企业的增加,污废水排入黄河量也急剧增加,黄河水体严重污染。据统计,黄河流域每年向黄河排污量由 80 年代的 21.7 亿 m^3 增加到 1993 年的 41.7 亿 m^3。黄河山东段向黄河排污量由 80 年代的 2 200 万 m^3 增加到 90 年代的 5 500 万 m^3。据监测,进入 90 年代黄河山东段水体污染主要表现两个特点:一是有机物污染含量呈急剧上升趋势;二是超标水(超Ⅲ类水质标准)历时分布快速延长,1998 年有近 9 个月超标水。超标期黄河水质为地表Ⅳ~Ⅴ类或超Ⅴ类水。按照国家地面水的分类标准,超Ⅴ类水既不能饮用,也不能灌溉,已基本失去水体功能。

1999 年 1 月 26 日中央电视台报道了一个被黄河母亲哺育了数千年的中国人不愿相信的事实:黄河水遭到了有史以来最严重的污染。黄河山东段的高村水文站监测断面,超国家地表水环境Ⅲ类标准的指标达 4 项,泺口水文站监测断面有 3 项,其中代表有机污染综合指标之一的化学需氧量(COD)2 个监测断面均超过Ⅴ类水质标准 1 倍多。此次黄河污染使山东 628 km 河段全部受污,对下游特别是山东社会经济的持续发展产生严重的负面影响。

2 黄河水文发展的思考

水资源是人类生活环境和社会经济建设不可缺少的必要条件。而作为观测、收集、分析、研究水资源信息资料及动态变化规律的水文学科和行业,又是社会发展、现代化建设所必需的基础。据统计,1998 年全国水文抗洪减灾效益达 800 亿元人民币,是 1997 年国家对水文总投入的 100 多倍,虽然水文工作取得了一定发展和巨大成绩,但世界科技的发展和黄河新的情况,又不断向水文提出新的要求和课题,促使水文必须不断自我改革和发展,方能适应新时期黄河治理开发之需要。

2.1 立足服务,转变观念,适应新情况,开拓服务领域,扩大服务范围

水文不改革就不能发展,不发展就没有出路。水文要改革和发展,首先必须转变种种不适

应新情况的思想观念。一要从封闭半封闭状态转变为面向生产、面向社会、面向世界的开放型行业;二要从为水利工程和防汛服务为主,转变到全方位为水资源"量"和"质"的综合开发利用、管理、保护和为社会各部门、企事业单位用户的服务;三要从一家独办水文向多层次、多渠道办水文和综合性功能水文站网转变;四要从以手工操作为主向以全面应用计算机和各种微电子技术为基础的水文水资源信息测、预报系统转变;五要从单纯提供水文年鉴和原始观测、调查资料为主,向水文水资源信息资料的深入分析和加工,提供高价值完整科研成果的产品转变;六要从单纯公益性服务向为社会公益性服务与专业有偿咨询服务相结合转变。通过转变观念逐步开创黄河水文工作新模式。

2.2 改善测报手段,提高测报质量,及时提供各项水文水资源情报预报,为黄河防汛服务

黄河治理开发是一项长期艰巨的任务,而治理黄河首先是防洪,黄河洪水的威胁,依然是我们国家的心腹之患。保证防汛安全,是顺利进行现代化建设和改革的大事,水文行业责无旁贷,特别是黄河下游重要城市、工矿区、油田、铁路交通枢纽的防洪安全,需要水文及时准确地提供水文情报预报,使防汛指挥调度和领导决策有科学依据。

现在的黄河已不是原来定义上的黄河了,情况比以前更为复杂。过去人们通常认为,只有大流量才会出现高水位,现在情况不一样了,中小水量也会出现高水位及横河、斜河等,"96·8"洪水就是一个典型的例子。由于自然条件的变化和人类活动的影响,黄河固有的水沙变化规律正在逐渐改变,且变化无常,相应给水文测验和预报带来新的难度,如冲淤变化不定,传播时间难定,断流与洪水交替,水量年内和年际分配没明显规律等。黄河水文是治黄的前期性基础工作。过去的方法和做法适合于过去的情况,面对新的情况需要有一套与之相适应的新方法和新举措.首先要继续改善测报手段,提高测报质量。水文测报设施设备是做好水文测报的重要基础。近年来,国家安排专项投资解决水文基础设施不能适应防汛的问题并初见成效。但由于水文设施设备陈旧落后为长期积累所致,不可能一下子解决,需要继续不断投资,立足黄河实际,高起点、高质量地逐步更新改造水文设施设备,以满足黄河新情况对水文的要求。其次,要巩固、调整、充实、提高现有水文站网,改革测验方式,提高测报精度。水文站网首先还存在一个巩固、调整、充实、提高的问题。站网发展只能是有重点的发展,只有在搞好现在站网的基础上,根据需要适当发展,最终达到"站网优化、分级管理、站队结合、精兵高效、技术先进、优质服务"的目标。同时认真研究异常情况下水文测报方式方法,引进新技术,按照水文信息传递从基层局—黄委水文局—黄河防总、国家防总的时间不超过 30 min,花园口水文站洪峰流量警报预报不少于 30 h 的新要求,确保测得准、报得及时。

2.3 积极进行水资源全面有效监测、监督,为黄河水资源管理服务

黄河是一条水资源相当贫乏的河流,流域人均水资源量不及世界缺水指标警告线的1/2。同时水质污染日趋严重。因此,如何想尽一切办法把黄河水资源保护好、利用好,是发展黄河流域以及西北、下游两岸经济的关键环节。目前,黄河水资源一方面十分紧缺、时空分布不均;另一方面又存在着管理不到位和严重的浪费及水质下降问题,因此加强水资源保护管理迫在眉睫。

加强水资源保护和管理需要以水资源统一综合评价为基础,按科学方法和流域特点进行管理,水文部门在其中大有文章可做。例如,水资源管理,就要分区算水账,这个没有水文部门的积极工作是办不到的;贯彻国务院《水利工程水费核订、计收和管理办法》,各个灌区、各地工矿、城市引水要按方收费,节约用水、计划用水,这方面水文部门有许多工作可做;环境保护

水质方面,如何和环保部门加强合作,团结配合,理顺关系,发挥作用,水文部门也责无旁贷;水法执行和环保都要有水的"量"和"质"的数据,也需水文部门提供;另外,由于水资源的匮缺,妥善处理河流上下游、左右岸、地区间、部门间用水的矛盾,也是水资源管理中重要的工作,没有负有监测定量任务的水文部门也不行;水法规定:"开发利用水资源必须进行科学考察和调查评价"。这也是水文部门的重要职责。总之,随着国民经济的发展,需要通过水文在水资源管理方面的加强,逐步达到水资源开发、利用和保护的要求。

2.4 加强黄河基本情况、基本资料、基本规律的分析研究,为黄河流域的治理开发服务

黄河被誉为"中华民族的摇篮"、"华夏文明的发源地",同时史料记载,自先秦时期到民国年间的2 500多年中,黄河下游决口1 500余次,大的改道26次,平均"三年两决口,百年一改道",每一次大的决口和改道,都给中华民族造成了深重的灾难。人民治理黄河50多年来成效显著,以防洪、水电开发、水资源利用、水土保持为主体的治黄事业规模空前,在我国经济建设中发挥了重大作用,累计实现经济效益超过13 200亿元人民币。但是治理开发黄河是一项伟大的实践,要经过实践—认识—再实践—再认识的长期历史发展过程。水文在这反复实践过程中,上观天雨,下察流水,任重在先,年复一年,积累了大量的一手资料,黄河的治理开发及生态环境建设都离不开这些珍贵的数据。从目前来看,黄河干流工程开发、水土保持,下游的防洪等问题均需水文部门加强基础分析,研究新情况,发现新规律,为黄河治理开发打好前站。

"治水必先悉水之性",也就是说要掌握水流规律。水文正是探求黄河水沙变化规律的事业。黄河是世界上最难治理的一条河流,水土流失、泥沙输移堆积、洪水涨落无常、旱涝频繁、水资源不均、下游断流等一系列课题摆在黄河水文工作者面前。黄河水少沙多,水沙比例不协调是其主要特征,下游河道善淤、善决、善徙和小洪水高水位、大漫滩的现象,归根结底都反映在其基本情况、基本资料、基本规律上。治理开发黄河首先要从研究"三基本"入手,主要围绕黄河流域洪水干旱中的水文问题,黄河流域水资源开发中的水文问题,黄河流域环境不断变动中的水文问题去分析研究,从大量水文特征值数据中寻找河性变化规律,形成概念,服务治黄实践。黄河情况越是变化,作为治黄基础的水文任务越是繁重。因此,水文工作必须提高整体素质,强化责任制,必须不断改进资料收集和处理的工具与手段,逐步建立集测、报、研于一体的水文新机制,使水文工作快速向规范化、正规化、科学化迈进。为黄河的治理开发提供科学依据,当好尖兵参谋。提供优质服务依然是21世纪黄河水文工作继续面临的主题。

2002 年黄河调水调沙试验河口形态变化

张建华　徐丛亮　高国勇

(黄河口水文水资源勘测局)

调水调沙的重要目的是把上游来沙和黄河河道冲刷的泥沙输送入海,以达到河床不抬高的目标。河口入海泥沙的冲淤分布、淤积形态、输移方向标志着河口输沙入海能力的强弱。而

本文原载于《泥沙研究》2004年第5期。

河口是否通畅,能否及时把河道来沙输送入海对调水调沙成败至关重要。因此,河口拦门沙区监测可直观反映调水调沙对河口段河道冲淤变化的相互影响程度,是小浪底水库调水调沙试验监测体系的一项重要组成部分。2002年7月调水调沙试验后黄河河口沙嘴形态发生了重大变化,河口输沙入海能力也发生了变化。因此,及时分析变化后的河口形态特征,也是做好下一次调水调沙准备的一项重要基础技术工作。

1 2002年调水调沙试验河口流量过程与动力特点

2002年7月4日上午9时,小浪底水库开始按调水调沙方案泄流,7月15日9时小浪底出库流量恢复正常,历时共11天,平均下泄流量为2 740 m³/s,下泄总水量26.1亿m³,出库平均含沙量为12.2 kg/m³。利津站2 000 m³/s以上流量持续9.9天。7月21日,调水调沙试验流量过程全部入海。调水调沙试验期间,丁字路口水文站入海泥沙共计0.664亿t。

调水调沙调控流量指标是利用小浪底调水调沙库容调节水量,使出库流量两极分化,避免或减少出现800~2 600 m³/s的流量,由于2000年起小浪底水库进入了调水调沙运用,自此黄河下游来水过程由于小浪底水库的调控将与自然来水过程有根本的不同,小浪底水库大部分时间水量调度运用,一年中大部分时间黄河下游来水将为小于800 m³/s小水小沙过程,根据来水条件有可能因实施调水调沙而产生一次或数次大于2 600 m³/s的人造洪峰冲刷过程,使因调度运用滞留在水库中的细颗粒泥沙尽量一次性输移到河口入海。这样因小浪底水库调水调沙运用,河口水沙过程将更为集中,与以往汛期、非汛期特点将明显不同:一年中有11个多月的时间入海泥沙很少,因为径流作用对黄河口海域地形塑造的影响小,只在一两个月内径流作用力大于海相动力,短时间内完成入海泥沙的迅速堆积。

2 两次河口拦门沙区地形测验期间河口水文特征

自2001年6月进行的河口拦门沙区地形测验结束到本次调水调沙进行的河口拦门沙区地形测验结束时间间隔409天(2001年6月19日~2002年8月2日),期间利津水文站径流量53.6×10⁸m³,输沙量0.598×10⁸t;调水调沙期间(2002年7月7~21日)利津水文站径流量23.44×10⁸m³,输沙量0.503×10⁸t。调水调沙期间河口来水量占两次测验期间利津来水量的43.7%,而进入河口的沙量主要集中于调水调沙期间。在调水调沙之前的395天时间内河口地区基本维持很小的河口不断流流量,河口主要受潮流作用。

3 河口拦门沙区冲淤变化分析

3.1 河口拦门沙区图形变化

图1、图2为两次测量的河口拦门沙0~-17 m等深线水下地形图,东西向布设81条断面,断面间距250 m,南北宽20 km(高斯X坐标4180000~4200000),西测至海岸与孤东海堤,东至高斯Y坐标2071500;在1,11,…,81等11个断面进行海底质取样,最东侧为第一个取样点,取样间隔2.5 km,图2河道4~13数字为中泓线取样点,东西方向间隔2.5 km;图上标志了0,2,…,16 m等深线,图3为两次地形等深线套绘图。

2001年6月测验的地形图反映了河口主要受潮流长期作用达到的冲淤平衡状态,2002年7月测验的地形图反映了河口调水调沙短时间内快速堆积后的瞬时状态,这个不稳定的堆积状态以后主要受潮流作用下还要重新调整平衡。

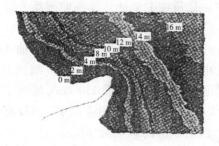 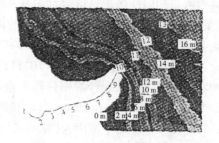

图1 2001年6月黄河河口拦门沙地形　　　图2 2002年7月黄河河口拦门沙地形

从图3可以直观看出两次河口以下变化特征:河口沙嘴区域总造陆面积8.56 km²,其中河口北嘴为1.83 km²,河口南嘴为6.73 km²,沿河长方向河口延伸2.5 km,沙嘴两侧海岸发生蚀退;由于河口门延伸,在图形上表现为0~-12 m各等深线弧度变大,造成拦门沙坎顶以外的前缘急坡区变陡,拦门沙坎顶外移,坡降变大;-13 m以深等深线都为平直线外延,侵蚀的泥沙向深水区均匀扩散,泥沙淤积均衡,说明此深水海域已不受径流直接影响,而主要受潮流输沙作用;因河口突出,两侧海岸越发远离径流沙源,蚀退严重。图4为45断面剖面比较图,图形从北向南为1~81断面,45断面从东西方向横跨河嘴,2002年比2001年有明显的拦门沙抬升与坎顶向海延伸,中间低洼与断面横跨河槽亦有关。

图2是一个因迅速堆积而形成的瞬时状态,在试验后的主要受潮流长期作用下,河口沙嘴必然蚀退,坡降要重新调整,达到2001年6月地形相同的比降才能基本平衡,这是图形上深水区等深线平直外移的根本原因。同时拦门沙地形左侧河嘴侵蚀,右侧河嘴发育,口门方向由45°调整为30°。调水调沙后黄河河口右侧河嘴发育的主要原因是由于右侧河岸窄、高程低,调水调沙期间基本漫流入海,导致河口右侧河嘴发育。

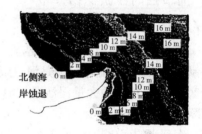

图3 2001年6月~2002年7月黄河河口拦门沙地形等深线套绘图

3.2 河口拦门沙区冲淤平衡计算

河口拦门沙及其以外的前缘急坡区,是黄河入海泥

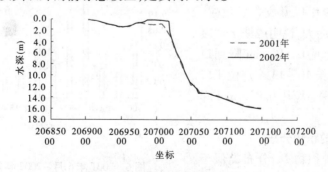

图4 河口附近45断面剖面比较图

沙的主要淤积区域,期间河口拦门沙区淤积量为0.328×10⁸m³,其中0~5 m等深线范围淤积0.193×10⁸ m³,占测验范围淤积量的59.1%,是主要淤积区域;5~10 m等深线范围淤积0.041×10⁸ m³,>10 m等深线范围淤积0.094×10⁸ m³。

计算的河口拦门沙区淤积量合计为 0.459×10^8 t(比重按 1.4 计),比期间同期入海沙量略小,主要因为两次测量时段内河口拦门沙区经历了一个 395 天长时间蚀退、调水调沙期间 14 天短时间快速堆积的过程。即调水调沙共 0.664×10^8 t 入海泥沙,是首先要补足前 395 天河口海岸蚀退的沙量(约小于 0.205×10^8 t),然后在补回到 2001 年 6 月 19 日海岸线状态后再计算的冲淤结果。另外从泥沙淤积分布上也可以看出本次拦门沙地形 450 km²,施测范围外缘淤积厚度基本在 $-0.25 \sim 0.25$ m 之间,说明仍有少量泥沙随潮流输送到外海,而没有纳入冲淤量计算。基于上述两个原因,计算的河口拦门沙区淤积量与调水调沙试验入海泥沙量是平衡的。

3.3 河口拦门沙区冲淤分布

河口拦门沙区的最主要淤积区域为河口外一定海域 $0 \sim -5$ m 等深线范围内,并且主要集中于河口两侧一定区域,经分析计算河口拦门沙区淤积厚度超过 0.5 m 的范围为 40 km²,其中淤积厚度超过 1 m 的为 11.1 km²,而淤积厚度超过 2 m 的仅为 2.1 km²,该部分虽然面积仅占主要淤积区面积(40 km²)的 5%,但淤积量可以占到主要淤积区淤积量的 14.3%。在河口以外有 4 个最大淤积厚度中心,中心淤积厚度超过 2.5 m,合计总面积 0.061 km²,这 4 个最大淤积厚度中心分别位于调水调沙期间及其以前河口两侧和调水调沙以后河口两侧。

4 河口拦门沙淤积物分布

4.1 河口中泓线淤积物分布

调水调沙结束后在从潮流界至 15 m 深水区的河口中泓线共取样 13 个,本区域是河口咸淡水交混的主要作用区域,径流挟带的大量泥沙遇到海水顶托并快速发生絮凝沉积,形成拦门沙。泥沙颗粒组成分布有两个明显的从大到小的变化趋势:前 3 个取样位置在 1996 年清 8 出汊截流后河势拐弯处,河道水深 $-4 \sim -6$ m,D_{50} 从 0.05 mm 降到 0.03 mm;第 $4 \sim 9$ 个取样点位于河口进入最后的 20 km 顺直口门入海段,水深 $0 \sim -2$ m,是口门拦门沙坎顶形成主要位置,D_{50} 在汊 2 处 $3 \sim 4$ 倍增大,说明咸淡水絮凝作用强烈,此河段 D_{50} 从 0.110 mm 降到口门位置的 0.046 mm;第 $10 \sim 13$ 个点位于口门外 $-9 \sim -15$ m 水深,D_{50} 从 0.039 mm 降到 0.011 mm。

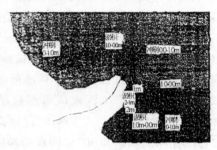

图 5 2001 年 6 月 ~ 2002 年 7 月黄河入海泥沙冲淤分布图

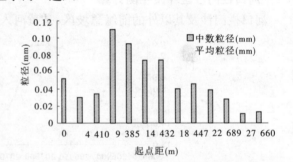

图 6 2001 年 6 月 ~ 2002 年 7 月丁字路口—口门河道淤积物分布图

4.2 河口拦门沙区淤积物分布

河口拦门沙区淤积物 D_{50} 分布类似于泥沙冲淤量分布特征,最大 D_{50} 位于河口门前方 $-5 \sim -8$ m 水深区,D_{50} 为 $0.50 \sim 0.60$ mm,然后以此为中心层层向河口两侧、外海递减,最外海 -15 m 水深外 D_{50} 减小至 $0.006 \sim 0.010$ mm,向河口两侧递减幅度小于垂直外海,每一级 D_{50} 分布范围约为垂向的 1.5 倍长度,说明泥沙主要向河口两侧运移。另外在河口北嘴西部甜水沟口门海域,D_{50} 值较大,中心区 $0.08 \sim 0.10$ mm,向外层递减至 $0.040 \sim 0.060$ mm,距离河口 5 km,然后的 0.02 ~ 0.03 mm D_{50} 等值线与河口拦门沙融合在一起,说明甜水沟口门海域泥沙来源为甜水沟,黄河入海泥沙已不能运移到该区域,这也是泥沙冲淤分布图上该区域冲刷的原因。

5 主要结论

(1)调水调沙试验丁字路口水文站入海 0.664×10^8 t 泥沙,测量时段(2001 年 6 月 19 日 ~ 2002 年 8 月 2 日)计算的河口拦门沙区淤积量合计为 0.459×10^8 t,由于两次测量时段内河口拦门沙区经历了一个长时间蚀退、调水调沙期间短时间快速堆积的过程,再加仍有少量泥沙随潮流输送到外海,而没有纳入冲淤量计算,因此计算的河口拦门沙区淤积量与调水调沙入海泥沙量是平衡的。

(2)黄河河口是黄河入海泥沙的主要出口,黄河首次调水调沙试验期间关闭了下游所有涵闸,集中水流下泄,虽然局部河段漫滩,仍然产生了良好的冲沙入海效果。下游河道主槽冲刷,泺口、利津、丁字路口三站输沙量分别为 0.440×10^8、0.500×10^8、0.531×10^8 t,邻站输沙量差为 0.060×10^8、0.030×10^8 t。14 天的 0.664 亿 t 泥沙入海,河口沙嘴区域总造陆面积 8.56 km^2,其中河口北嘴为 1.8 km^2,河口南嘴为 6.73 km^2,造陆系数 12.9 km^2/10^8 t,沿河长方向河口延伸 2.5 km。河口畅通,仍保持着良好的输沙入海能力。

(3)加强调水调沙期间河口水文监测对研究调水调沙形势下河口运移规律非常重要。准确计算调水调沙入海的沙账,及时跟踪河口演变形态,在河口形势不利于调水调沙输沙入海效果形势下可以提前开启运用按复循环出汊流路规律确定的下一条出汊流路,在河口畅通、输沙入海能力较强时实施调水调沙,使宝贵的调水调沙水资源发挥极限作用,而调水调沙结束后原入海流路可以回归或继续使用。

维持黄河生命低限流量研究

张学成[1]　贾新平[2]　畅俊杰[3]

(1. 黄河水文水资源科学研究所;2. 黄河水利委员会规划计划局;
3. 黄河河源区水文水资源生态研究所)

根据"维持黄河健康生命理论体系框架"的观点,河流生命存在的标志至少应体现在三方面:①容纳水流的河床,使地表径流能够在不改变水循环路径情况下,完成从溪流到支流、干流和大海的循环过程;②连续而适量的地表径流,使"海洋—大气—河川—海洋"之间的平面水循环和"降水—地表水—土壤水—地下水"之间的垂直水循环得以保持连续;③基本完整的河流水系,以维持主要支流与干流之间的水循环路径,并获得径流补给。连续的水循环是河流生命维持的关键,它使陆地上的水不断得以补充、水资源得以再生。正是有了水体在河川、大海和大气间的持续循环或流动,有了地表水、地下水、土壤水和降水之间的持续转换和密切联系,

本文原载于《人民黄河》2005 年第 10 期,为水利部科技创新项目(XDS2004-03)。

才有了河床和河流水系的产生,以及河流生态系统的发育和繁衍。

国内外大都从生态学、湿地保护等角度对河流生态需水量进行广泛的研究,提出了一系列计算方法。对于维持河流生命低限流量方面,尤其是黄河,涉及得不多。毋庸置疑,黄河健康是以黄河生命存在为前提,而连续的水循环和完整的水系是黄河生命维持的关键。为此,必须维持黄河从河源到大海一定量级的水流、维持重要支流一定量级的入黄水流、维持流域地下水水位在一定水平。如果黄河再也流不进大海,渭河、汾河、沁河和洮河等重要支流不再有水进入黄河,流域地下水与地表水也失去有机联系,必将意味着黄河流域的分割和黄河生命的终结。本文从水流连续的角度,探索研究的维持黄河生命低限流量,是"维持黄河健康生命理论体系框架"的重要指标之一。

1 研究思路

1.1 基本概念

河流生命低限流量,应该是指维持河床基本形态,保障河道输水能力,保持河道水流连续,防止河道功能性断流的最小流量,是维系河流的最基本环境功能不受破坏、必须在河道中常年流动着的最小水量阈值。对于黄河来讲,是指仅满足水流流动过程中的自然损耗、河流水系基本完整、河道内外保持水力联系的维持黄河河道水流基本连续所需要保障的黄河临界径流条件。从生产意义上讲,维持黄河生命低限流量,是黄河水量调度的警戒流量,是人类索取河流资源的"红线"。

1.2 研究方法

1.2.1 主要节点

首先确定黄河干流主要节点如利津、潼关、河口镇、唐乃亥等断面的低限流量数值。

通过比较分析,这里采用了美国的 Tennant 方法进行计算。该方法适用于无特定生态保护目标的河流,且较为直观,其特点是选取河流基本处于自然状况时段下的流量百分比计算。表1给出了推荐的河流生命流量标准。根据黄河实际情况,维持黄河生命低限流量取百分比数值 10% ~ 30%。

表1 Tennant 方法推荐的河流生命流量   (%)

时段	最佳范围	极好	非常好	好	中	差或较差	极差
10 ~ 3 月	60 ~ 100	40	30	20	10	10	0 ~ 10
4 ~ 9 月	60 ~ 100	60	50	40	30	10	0 ~ 10

1.2.2 其余节点

根据维持黄河生命低限流量的定义,以水流连续方程和动力方程为理论依据,以满足全河水流连续为边界条件,充分考虑水流演进中的自然蒸发损失、区间有一定数量水流加入和河道补排关系等因素,计算出维持黄河生命所必须确保的各河段在不同时段的最小流量及其年内分配。具体对于某一河段,即

$$W_{下} = W_{上} + W_{区入} - W_{蒸发} \pm W_{河道补排量} - W_{耗水} \pm W_{水库蓄变量} \tag{1}$$

式中:$W_{上}$ 为上断面流入水量;$W_{下}$ 为下断面流出水量;$W_{蒸发}$ 为该河段河道水面蒸发损失水量;$W_{区入}$ 为该河段区间实际加入水量;$W_{河道补排量}$ 为该河段河道(包括水库)渗漏(补给)水量,该水量是反映河道与河道外水流联系的重要指标,也是维持地表水与地下水之间联系的重要指标;

$W_{耗水}$为该河段工农业用水耗水量;$W_{水库蓄变量}$为水库蓄变量(其多年平均数值接近零)。

根据方程(1),对于没有水库节点的河段,维持水流连续和具有动力性,可以认为:

$$W_{上} \geq W_{下} - W_{区入} + W_{蒸发} \pm W_{河道补排量} \tag{2}$$

从不等式(2)可以看出,维持河道水流具有连续性和动力性,上断面低限数值应该为:

$$W_{上低限} \geq W_{下低限} - W_{区入低限} + W_{蒸发} \pm W_{河道补排量} \tag{3}$$

式中:$W_{上低限}$为上断面低限水量;$W_{下低限}$为下断面低限水量;$W_{区入低限}$为区间入黄低限水量。

若仅维持河道水流具有连续性,则应满足:

$$W_{上低限} = W_{下低限} - W_{区入低限} + W_{蒸发} \pm W_{河道补排量} \tag{4}$$

方程(4)即是连续计算维持黄河生命低限流量的重要基础依据。可以看出,求解该方程的$W_{上低限}$或$W_{下低限}$,需要知道$W_{区入低限}$、$W_{蒸发}$、$W_{河道补排量}$等未知项。

1.3 研究时段

由于这里采用计算黄河干流主要节点低限流量数值,需要选择研究时段以反映黄河基本处于自然状态。选取的原则是:①系列能够反映黄河水资源丰、平、枯交替的特点;②河流水体质量较好;③河道径流年内分配基本处于自然状态;④人类用耗水量比较少;⑤水文系列资料比较可靠。通过分析选取,这里选取了1956~1985年作为研究时段,原因在于:①该时段基本包括了丰、平、枯交替变化阶段;②该时期黄河水体质量较好;③龙羊峡等水库的投入运用大大改变了黄河河道径流的年内分配,尤其是1986年以来;④该时期人类用耗水量基本呈缓慢增长趋势;⑤该时段实测资料经过了历年审查,水文系列资料翔实、可靠。

2 $W_{蒸发}$、$W_{河道补排量}$的计算

河道自然损失量主要包括河道水面蒸发损失量、水库湖泊水面蒸发损失量、河道补排量等。根据黄河河道水面降水量、蒸发量、河道长度和相应河道断面宽度,可估算出该区间河道水面蒸发损失。河道水面宽度采取12个月中每月1日水面宽度的平均值计算;水库水面蒸发损失量,采用水面蒸发量与陆地蒸发量的差值乘以水库库面面积计算;湖泊水面蒸发损失量,根据湖泊平均水面蒸发量与降雨量的差值进行估算。河道补排量,这里只计算河道渗漏量,采用水量平衡结合达西公式计算。

通过兰州以上、兰州—下河沿、下河沿—石嘴山、石嘴山—河口镇、河口镇—龙门、龙门—潼关、潼关—三门峡、三门峡—小浪底、小浪底—花园口、花园口—高村、高村以下等逐河段计算,黄河干流自然损失量近60亿m^3(合187 m^3/s)。其中,河道水面蒸发损失量约占40%,湖泊水面蒸发损失量约占9%,水库蒸发渗漏损失量约占23%,河道渗漏损失量约占28%。

年内分配来看,汛期(7~10月)占27%,非汛期占73%。逐月对比来看,3~6月占比例较大(可占年总量的9%~14%),其余月份基本一样,占年总量的5%~8%。图1给出了黄河干流自然损失量年内分配。

通过与黄河干流水量调度、黄河水资源及其开发利用情况调查评价等相关成果比较证明,这里计算的黄河干流河道自然损失量还是比较符合黄河实际情况的。

3 $W_{区入低限}$的计算

黄河主要支流入黄低限流量采用Tennant法计算,并采用其他方法进行合理性分析。

(1)采用Tennant法:某月的低限流量=相应月的多年平均流量×10%。

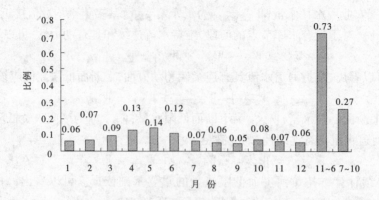

图1 黄河干流河道自然损失量年内分配情况

(2)当其把口站出现实测最小月平均流量大于某月的低限流量情况,取其实测最小月平均流量作为某月的入黄低限流量。

对龙羊峡以下51条集水面积在1 000 km² 以上的一级入黄支流进行计算,表2给出了黄河各河段区间支流入黄低限流量计算结果。

4 黄河生命低限流量的计算

4.1 主要节点低限流量计算

黄河干流主要节点包括唐乃亥、河口镇、潼关和利津,采用 Tennant 法计算。由于黄河源区生态环境条件脆弱,因此这里取多年平均流量的30%作为低限流量条件。河口镇、潼关和利津节点取多年平均流量的10%作为低限流量条件。

4.2 其余节点

采用方程(4),可以计算出其余节点的低限流量数值。表3给出了黄河干流主要节点低限流量的计算结果(计算结果经过了归整处理)。

表2 黄河各河段区间入黄低限流量计算结果 （单位:m³/s）

支 流	年平均	逐月平均低限流量												11~6	7~10
		1	2	3	4	5	6	7	8	9	10	11	12		
兰州以上	155.9	66.5	65.8	85.6	108.2	130.9	143.1	284.6	245.1	287.6	223.8	128.7	93.9	103.0	260.1
兰 河	5.5	3.2	3.9	6.6	5.9	4.3	3.0	6.9	10.5	7.6	6.0	4.3	3.9	4.4	7.7
河 龙	85.9	59.4	86.3	191.0	82.8	45.7	36.5	84.2	84.9	89.2	101.4	99.6	68.8	83.9	89.9
龙 三	45.8	28.5	30.3	18.6	24.8	36.2	25.1	64.8	61.6	113.8	69.1	56.5	19.5	29.9	77.0
三 花	24.1	21.5	23.9	14.3	14.6	10.1	8.8	35.6	32.2	50.6	29.3	30.8	17.7	17.6	36.8
花以下	4.9	1.1	0.9	0.5	0.7	0.6	1.9	20.9	15.5	9.5	2.9	2.0	1.5	1.2	12.2
合 计	322.1	180.2	211.1	316.6	237.0	227.8	218.4	497.0	449.8	558.3	432.5	321.9	205.3	240.0	483.7

5 现阶段黄河生命状况评价

以表3给出的标准,评价1986年黄河生命状况。表4给出了黄河干流主要节点低于低限生命流量天数的统计结果。总体看,黄河上游基本还满足维持生命的流量要求,中下游情况

表3 黄河干流主要节点低限流量计算结果

断 面	逐月低限流量(m³/s)												年水量 (亿 m³)
	1	2	3	4	5	6	7	8	9	10	11	12	
唐乃亥	50	50	70	110	180	260	410	340	410	320	150	70	63
小 川	50	60	90	130	130	130	170	170	200	160	80	50	37
兰 州	50	60	90	130	130	130	170	170	200	160	80	50	37
下河沿	50	60	90	110	110	110	150	170	190	160	80	50	35
石嘴山	50	60	80	100	90	90	140	160	180	150	80	50	33
河口镇	40	40	60	60	40	40	110	150	160	140	60	40	24
龙 门	50	60	100	100	80	70	140	200	170	170	90	60	34
潼 关	50	70	90	100	80	70	180	240	250	210	120	60	40
小浪底	75	75	120	130	130	120	150	240	240	270	160	110	48
花园口	90	90	130	140	140	140	180	270	290	290	190	120	54
入海口	50	50	70	70	70	60	170	260	260	240	140	70	40

表4 黄河干流现状低于低限生命流量天数统计结果　　　　　（单位:d）

时 段	唐乃亥	小川	兰州	下河沿	石嘴山	河口镇	龙门	潼关	小浪底	花园口	利津
1986～1989 年	0	0	0	0	0	13	5	0	0	0	87
1990～1999 年	0	0	0	0	0	13	7	8	14	20	139
2000～2004 年	11	0	0	0	0	25	19	19	24	13	214
1986～2004 年	3	0	0	0	0	16	9	9	13	14	144

不容乐观。例如,黄河中游潼关断面,20 世纪 80 年代后期基本没有出现低于低限流量的现象,90 年代以来出现了平均 8 d/a 低于生命低限流量的现象,近年来平均达到了 19 d/a。黄河下游利津断面,低于维持生命低限流量的天数更是逐年增多,尤其黄河干流水量统一调度以来,平均一年内有近 59% 的时间都处于低于生命危机状态。值得注意的是,黄河源区近 5 年来生命危机状态也出现了平均 11d/a。

6 基本结论

(1)黄河干流自然损失量近 60 亿 m³(合 187 m³/s)。其中,河道水面蒸发损失量约占 40%,湖泊水面蒸发损失量约占 9%,水库蒸发渗漏损失量约占 23%,河道渗漏损失量约占 28%。

(2)黄河各支流入黄低限流量多年平均 322 m³/s;其中汛期平均 484 m³/s,非汛期平均 240 m³/s。

(3)目前的状况,黄河上游基本还满足维持生命的流量要求,中下游情况不容乐观。

(4)本文研究没有涉及国民经济用水、输移泥沙需要水量等情况,尚有许多需要改进、深入研究之处。

黄河流域与长江流域生态
环境建设的差异和重点

张学成　王　玲　乔永杰

(黄河水利委员会水文局)

　　根据西部大开发以及国民经济和社会发展的客观要求,西部地区生态及环境建设的思路可以表述为:以保护和改善生态环境为中心,以治理水土流失为重点,以建设秀美山川为目标,突出预防保护,坚持以小流域为单元的综合治理,依靠科技,深化改革,不断创新治理机制,加快水土流失防治步伐,努力为西部大开发和全国社会经济的可持续发展创造良好的生态环境。

　　本文以黄河流域和长江流域为研究对象,总结了两流域生态环境建设的现状与成就,比较了两流域生态环境建设的途径,对今后两流域生态环境建设的重点提出了自己的一些看法。

1　黄河流域生态环境建设现状

1.1　生态环境建设成就

　　黄河是我国第二大河,全长 5 464 km,流域面积 79.4 万 km^2。其中水土流失面积 45.4 万 km^2。黄河流经黄土高原,由于该区土质疏松,地形破碎,沟壑纵横,植被稀少,而且暴雨集中,强度大,水土流失特别严重。大量的水土流失,不仅使当地生态环境恶化,而且淤塞河道,影响防洪。为了防止水土流失,自 20 世纪 50 年代,流域水土保持工作就已开始。50、60 年代积累了宝贵的生态环境建设经验,确立了梯田、林、草、淤地坝四大水土保持措施,以及集中连片生态环境建设的办法。70 年代在陕西、山西、内蒙古等地全面推广了水坠坝、机修梯田、飞播造林种草等新技术,生态环境建设加快。

　　80 年代以后,黄河流域的生态环境建设稳步发展,推广了"户包"生态环境建设经验,加强了小流域和重点支流的综合生态环境建设。经过几十年大规模的生态环境建设,黄河流域下垫面已有较大改观。截至 2000 年底,建成治沟骨干工程 1 200 多座,有效地拦蓄了泥沙,改善了生态、生产条件,解决了人畜饮水困难,增强了抗灾能力,促进了当地经济的发展。初步治理水土流失面积 18.45 万 km^2,占黄土高原总水土流失面积 43.4 万 km^2 的 43%,一些小流域的综合治理程度已达 70% 以上。

　　通过生态环境建设,有效地改变了一些地区的农业生产条件,每年增产粮食 40 多亿 kg,生产果品 150 亿 kg,综合经济效益达到了 2 000 亿元。

　　同时,改善了部分地区的生态环境。原来一些半流动半固定沙地,得到了固定和开发。一定程度上延缓了荒漠化的发展,为我国防治荒漠化作出了重要贡献。

　　而且,黄河流域 70 年代以来生态环境建设,平均每年减少入黄泥沙 3 亿 t 左右,减缓了黄

———————————
　　本文原载于《水土保持研究》2002 年第 4 期。

河下游河床淤积抬高速度,为黄河几十年安澜无恙作出了贡献。平均每年利用 8 亿 ~ 10 亿 m³ 径流量,相应减少了河道输沙用水,为黄河水资源开发利用提供了有利条件。实践证明,通过生态环境建设,黄土高原是可以治理的。

1.2 生态环境建设途径

1970 年以来,黄河流域黄土高原地区的人民群众在专家指导下,开展了多种形式的生态环境建设模式试验,取得了可喜的成绩。我国著名水土保持专家朱显谟院士曾在 70 年代提出了有名的整治黄土高原的"28 字方略",即"全部降水就地入渗拦蓄;米粮下川上塬,林果下沟上岔,草灌上坡下坬"。这一方略对后期的水土保持工作起到了重要的推动作用。

陕西省米脂县的榆林沟,流域面积 66 km²,从 50 年代中期开始,以建立多元小生态系统为目的,开展了以梯田、林草和坝系三大措施为内容的综合治理,目前治理程度已超过 50%。通过综合治理,不仅有效地改善了生态环境,促进了农、林、牧各业的发展,增加了群众收入,而且使洪水和泥沙的下泄量分别减少了 60% 和 74%。位于内蒙古准格尔旗的川掌沟小流域,流域面积 147 km²,从 60 年代初开始,大力修建谷坊、淤地坝和治沟骨干工程,经过 30 多年生态环境建设,目前治理程度已达 78%,在取得明显经济效益的同时,也取得了显著的拦沙效益(年拦沙量占流失量的 88%)。另据对黄土高原地区 27 条小流域的调查分析,水土流失治理程度平均达 54%,人均产粮 430 kg,林草覆盖率达到 35%,减少土壤冲刷 50%。

黄河泥沙的 80% 以上来自黄土高原的丘陵沟壑区和高塬沟壑区,尤其是来自黄土丘陵沟壑区,由于地形破碎,植被稀少,年土壤侵蚀模数高达 1 万 ~ 3 万 t/km²。沟壑侵蚀以沟头前进、沟底下切、沟岸扩张三种形式不断向长、宽、深三个方向发展,是水力侵蚀与重力侵蚀相结合的产物。实践证明,在这一地区修筑淤地坝,在坝区淤积逐渐增加和坝体逐渐加高过程中,抬高了沟道侵蚀基准面,使沟坡相对高度和坡度逐渐减小,当坝地面积与控制流域面积的比例足够大、沟坡相对高度和坡度达到某一值后,重力侵蚀和沟蚀量变得很小,一定频率的洪水及其挟带的泥沙平铺在坝地上,被坝地控制利用。因此,通过多年实践,抬高沟道侵蚀基准面是黄土高原治理的根本途径。

2 长江流域生态环境建设现状

2.1 生态环境建设成就

长江是我国第一大河,全长超过 6 300 km,流域面积 180 万 km²。其中水土流失面积 56.2 万 km²,年土壤侵蚀总量约 22.4 亿 t,水土流失面积和侵蚀总量均为全国七大江河之最。针对流域内水土流失严重的情况,我国从 1981 年启动治理工程,各个地方因地制宜,形成多目标、多功能、高效益的防护体系。目前已累计对工程的投入超过了 15 亿元,通过改造坡耕地、栽种水土保持林、经济林等科学方法,截至 2000 年底,已实施和正在实施的小流域达 2 000 余条,治理水土流失面积超过了 7 万 km²。此外,兴修了谷坊、拦沙坝、蓄水塘坝、蓄水池、水窖、排洪沟、引水渠等大批水利水保工程。

长江上游水土保持重点防治工程(简称"长治"工程)自 1989 年启动以来,10 年间共治理水土流失 5.8 万 km²,其中坡改梯 45.3 万 hm²,营造水土保持林 156.7 万 hm²,栽植经济林果 61.3 万 hm²,种草 26.6 万 hm²,实施封禁治理 166 万 hm²,推行保土耕作措施 121.2 万 hm²。治理区大于 25° 的陡坡耕地 80% 退耕还林还草,坡耕地减少 37%,林草覆盖率由治理前的 22.8% 上升到 41.1%,年均土壤侵蚀量减少 1.8 亿 t。每公顷土地产出增加约 900 元,每年累计增值 16 亿元。通过生态环境建设,有效地改变了一些地区的农业生产条件,每年增产粮食 60 多亿 kg。

2.2 生态环境建设途径

一是加大 25°以上陡坡耕地退耕还林还草的力度。"长治"工程坚持以改造坡耕地为突破口,通过"改一退一到二"的有效措施,大力营造水土保持林草、栽植经果林和采取封禁治理措施,使治理区的林草植被得到极大程度的恢复。治理区林草措施在水土流失综合防护体系中所占比重达到 70%以上。荒山荒坡面积减少 80%,林草覆盖率平均达到 55.8%,比治理前提高了 20%。治理区水土流失得到有效控制,生态环境开始步入良性循环的轨道。大多数治理区起到了示范作用,直观效果十分明显。

二是在实施高标准坡改梯的同时,配套布设蓄水池、沉沙凼、排洪沟等小型水利水保工程。"长治"工程,有效地改善了山区农业生产条件,提高了耕地的排洪抗旱能力。坡改梯后农地粮食单产平均增加 1 125 kg/hm² 左右,12 年来累计增产粮食 60 亿 kg。治理区基本实现人均 1 亩(667 m²)基本农田,人均产粮 400 kg 的治理目标,广大农民从根本上解决了温饱问题和人畜饮水问题,生活质量普遍提高,为区域经济可持续发展奠定了基础。

三是大力发展经济林果。通过开展此项措施,增加了农民收入,促进了农村经济发展。通过注重规模化发展、集约化经营、果园化管理,培育、发展和带动了一系列颇具规模、收效良好的水土保持经济林果品牌和一大批水土资源开发基地、大户、企业,涌现了一大批靠"长治"工程实现脱贫致富的典型户、村和县,增加了农民和集体收入,促进了治理区农村经济的发展和产业结构调整。

四是建设滑坡、泥石流等自然地质灾害预警系统。作为"长治"工程重要组成部分的长江上游滑坡、泥石流预警系统,监控流域 11.3 万 km²,保护着 30 多万人和 30 亿元的固定资产的安全。预警系统自组建以来,按照"政府负责,站点预警,群测群防,防灾减灾"的工作方针,加强站点建设,扩大群测群防试点,已成功预报甘肃舟曲南山滑坡等灾害 142 起,处理滑坡险情 43 处,安全转移群众 3.35 万人,避免直接经济损失近 2 亿元,成效十分显著。

3 黄河流域与长江流域生态环境建设的差异

黄河流域与长江流域生态环境建设都是立足于治理开发,发展流域中西部山丘区经济,建立上中游地区水土流失综合防治体系,合理调整土地利用结构,保护和开发水土资源,促进农业产业化,最终达到防治水土流失的目的。但是由于黄河流域与长江流域气候和下垫面条件有所不同,生态环境建设方面也有所差异。

首先,水土流失后果有所不同。长江流域水土流失不如黄河流域反映在干流上那么严重,每年的入海泥沙总量一般在 5 亿 t 左右,最高达到 6 亿 t,仅相当于黄河入海沙量 11 亿 t 的 45%,而且由于长江水量丰富,含沙量不足 1 kg/m³,不足黄河含沙量 37 kg/m³ 的 3%。

其次,水土流失区域气候、地质、植被、土壤等条件有所不同。长江水土流失区域主要集中在上游的金沙江、嘉陵江(两江的年平均输沙量约占宜昌多年平均输沙量 5.3 亿 t 的 47%和 31%)以及中游的洞庭湖水系和汉江。这些地带以变质岩、玄武岩、砂页岩为主,岩层破碎,风化强烈,地震频繁,时常发生崩塌滑坡。大部分地区降水充沛,气候温和,有利于植物的生长,一些丘陵地区多梯田和稻田,土质多呈红褐黏土,能流失表土层十分有限,水土流失没有黄河黄土高原严重。而且,长江水土流失机制不像黄河主要因为高强度暴雨引起,降雨强度影响不是很大。黄河水土流失区域主要集中在黄土高原,地貌呈塬、梁、峁、沟,干旱少雨,黄土深厚,地形破碎,生态脆弱,土质疏松,植被覆盖差。

再次,流失的泥沙颗粒有所不同。长江流失的泥沙颗粒大,输移比为1:3,只有1/3的细泥沙进入干流,2/3的粗砂、石砾淤积在水库、支流和中小河道,给中小河流防洪和水库灌溉、供水、发电带来很大危害。黄河流失的泥沙颗粒较小,输移比接近于1:1,几乎全部进入干流,加重了干流负担,一些河段严重淤积,影响了防洪。

最后,水土流失区域农业经济发展不尽相同。长江水土流失区域,农作物结构主要是水稻和瓜果。而黄土高原主要依靠小麦、马铃薯等旱作物,受气候因素影响,经济作物不能大范围推广。

以上差异表明,黄河流域与长江流域生态环境建设的重点是有所不同的。

4 黄河流域生态环境建设的重点

4.1 实现缓坡耕地和缓坡土地梯化

黄土高原地区现有的坡耕地面积中,扣除陡坡耕地后,约有0.9亿 hm^2 坡耕地,其中有许多可改为梯田。以坡耕地的梯田化和沟谷的坝地化为基础实现缓坡耕地和缓坡土地梯化,有利于流域综合生态环境建设。例如,把坡地改造水平沟、水平阶、水平台、鱼鳞坑、卧牛坑、果树大坪等。

4.2 建立农、林、牧、草、水综合体

对于难于实现缓坡耕地和缓坡土地梯化的那些陡坡耕地和陡坡地,可以根据土地资源的基本状况进一步安排好各种土地类型的农、林、牧、草生产结构。例如,陡坡耕地可以退耕还林还草,梯田、坝地、平川地、水浇地可以建成基本农田。

建立农、林、牧、草水综合体不但是解决当地干旱缺水和减少入黄泥沙的重要途径,更是流域综合生态环境建设以及改造环境和脱贫致富的战略举措。

4.3 注重新技术的应用

不同生态类型区大规模生态重建的目标与技术集成,应当注重以"3S"和计算机技术为重点的高新技术运用与推广,不断提高水土保持科技含量,依靠科技进步和技术创新,加快水土保持生态环境建设进程。

5 长江流域生态环境建设的重点

5.1 加强城市生态环境建设,建立多元化生态环境建设投入机制

继续加强开展以金沙江、嘉陵江、陇南陕南地区和三峡库区等四个治理区为重点的小流域生态环境建设。进一步加大投入,加强城市生态环境建设,建立政府推动和市场推动相结合的水土保持多元化投入机制,吸引社会资金投入水土保持生态建设,调动全社会参与治理水土流失的积极性,加快治理速度。使流域水土保持在速度、质量和效益等方面取得新的突破。

5.2 加大对泥石流、滑坡的监测、预报及治理

-分布在嘉陵江上游的西汉水和白龙江中下游、金沙江下游,地质构造复杂,降雨强度大,滑坡、泥石流灾害发生频率高。预防为主,防治结合,建立滑坡、泥石流灾害预警系统,并对一些危害严重且有显著治理效果的泥石流沟开展治理。预防滑坡、泥石流,保护群众生命财产安全。

5.3 面上林草植被建设

有步骤、有重点地封山植树、退耕还林,保水蓄水,固土固沙。要以封禁治理为主,同时要以小流域为单元大力改造坡耕地,加大陡坡退耕还林还草力度,兴建小、微型水利设施,建设坡面水系工程,加强经济林果种植,促进小流域经济发展。

测绘行业世标认证应注意的问题

高巨伟[1] 陈 鸿[1] 丁景峰[2] 杨建忠[1]

(1. 黄河水利委员会中游水文水资源局;2. 黄河万家寨水利枢纽有限公司)

在我国加入 WTO 进入国际贸易市场与市场竞争以后,测绘行业为适应新形势下市场竞争的需要,满足顾客对测绘产品质量日益增长的期望,需要进行 ISO9001 质量管理标准的认证工作,以推进企业经营管理水平向现代化企业方向发展,增强企业市场经济竞争能力,为了能使企业质量体系真正达到有效运行,顺利通过世标认证中心的监督审核工作,提出了在质量管理体系运行的关键过程应注意的问题。

1 制定质量方针和质量目标的原则

在质量管理体系三层次文件"质量手册、程序文件和作业指导书"是每个测绘行业体系运行之前的标准执行文件依据,而质量手册里必须制定质量方针和质量目标,每个测绘行业经营的业务和技术、设备力量不同,质量方针和质量目标也各不相同,要根据企业的自身特点来制定,但都要遵循"诚信、规范、高效"的企业运营理念,打造企业的服务品牌。应以科技为手段、以质量为根本、以市场为导向、以效益为标准,在计划经济向市场经济转变的过程中实施质量目标管理、以适应现代企业的管理要求,不断开拓市场,提高企业市场竞争力,以此来树立企业的形象,展示我们的风采。

2 合理删减标准条款

ISO9001: 2000 版标准中的第七章的一些要求,由于对一些测绘产品和组织不完全适用,所以该标准规定,组织可结合实际对不适用的条款考虑"删减"。但"删减"的前提条件是"不影响组织提供满足顾客和适用法律法规要求产品的能力或责任的要求"。笔者认为,判定一个质量管理体系"删减"的理由有以下几点:

(1)某条款不属于质量管理体系范围、认证/注册文件;

(2)"删减"该条款后,不会导致满足顾客要求和法律、法规责任的"落空";

(3)"删减"某条款后,保证质量管理体系能正常运行,满足顾客产品的要求,在第二方审核、内部审核、管理评审中没有不合格项产生;

本文原载于《三晋测绘》2004 年第 2 期。

（4）"删减"的条款必须在组织的质量手册内说明并给出合理的理由；

（5）"删减"不影响组织提供满足顾客和相应主管要求的产品的能力与责任。如7.3条设计和开发，对一般测绘单位而言，其设计、开发的责任可能并不由该组织承担，其设计过程是由业主委托具有资质的勘测设计院来承担，故"删减"7.3条是允许的。

3 测绘产品质量数据的分析方法

为了验证测绘产品是否满足规定的要求，质量管理体系的符合性及持续改进质量管理体系的有效性，使产品质量形成的全过程处于有效的控制状态，组织应按照 GB/T190012000 idt ISO9001：2000 标准要求，实施测绘过程监视和测量控制、制定并执行《作业过程监视和测量控制程序》。

质检部、外业勘测队、生产技术部在作业过程监视和测量控制、不合格品控制、纠正和预防措施控制时，都要填写过程监视记录、过程分析报告、内部质量检查记录、质量问题调查记录表、纠正和预防措施表等质量记录表格时，尽量少用文字叙述，多用数据统计分析来证明测绘成果的可靠性、改进测量方法效率及纠正复测的精度。统计观测数据的精度有以下几种情况。

3.1 因果图法

因果图是表示质量特性与原因关系的图。测绘产品质量在形成的过程中，一旦发现了问题就要进一步寻找原因，集思广益。再把分析的意见按其相互间的关系，用特定的形式反映在一张图上，就是因果图（鱼刺图）。图1是黄河万家寨水利枢纽地形数字化测量因果图。

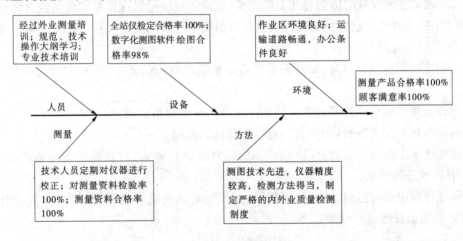

图1 测量因果图

3.2 直方图法

直方图是通过对数据的加工整理，从而分析和掌握质量数据的分布情况和统计不合格品率的一种方法。将全部数据分成若干组，以组距为底边，以该组距相应的频数为高，按比例而构成的若干矩形，即为直方图，其基本形式如图2所示。

3.3 散布图

散布图也叫相关图，它是表示两个变量之间变化关系的图。两个变量之间是否有互相联系、互相影响的关系；如果存在关系，那么这种关系是否有规律就用散布图来表示。散布图由一个纵坐标、一个横坐标、很多散布的点子组成。

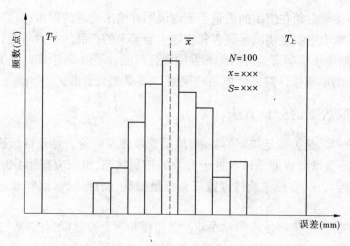

图2　直方图

4　内部审核、管理评审中应注意的事项

内部审核的目的是通过对质量管理体系文件和各项内部质量管理活动的审核,评价质量管理体系进行的符合性、有效性,对发现的问题及时采取纠正措施,进一步完善质量管理体系、提高质量管理水平。管理评审的目的是对质量管理体系的适宜性、有效性、适应性进行系统的评价,提出并确定各种改进的机会和变更的需要,进而保证质量管理体系实现质量方针和质量目标方面持续的适宜性、充分性和有效性,也是取得质量认证的关键过程。在内部审核和管理评审中应注意以下几点:

(1)在制定内部审核计划时,要对质量管理体系组织机构的各个部门(包括领导层)都要进行审核;

(2)审核组每个成员必须经过贯标培训并取得内审员资格证书;

(3)内部审核要交叉进行,内审员不能审核自己的部门;

(4)管理评审中要对质量方针、质量目标的适宜性进行评审,对质量管理体系的适宜性、充分性和有效性进行评审;

(5)管理评审中要对组织结构、职责权限、资源配备是否适宜进行评审;对质量手册及支持性文件是否需要修改进行评审。

5　审核的要点和技巧

(1)组织中有无对测绘产品实现过程制定策划(测量技术大纲);

(2)在项目测量前是否制定了内、外业质量检验管理办法;

(3)在外业测量过程中,监视、测量装置和仪器设备是否在检定有效期内,它决定着测绘产品是否有效;

(4)重点审核测绘产品测量过程的确定,质检部和外业勘测队在作业过程监视和测量、纠正和预防措施、勘测的关键过程、特殊过程及监测点等有无质量记录;

(5)质检部是否对测绘产品检验后通知放行,通过对所策划的测绘产品的质量、测量过程和顾客满意测量等结果的分析,综合检验产品实现的策划、实施及效果。

6　结语

　　质量管理体系组织的各个部门都要按照《文件控制程序》的规定严格执行,使质量体系达到有效运行,认真做好内部审核和管理评审工作,使世标认证中心外审人员在认证审查和每年监督审核时,不至于出现严重不合格和缺项的情况。但取得质量认证证书只是手段不是目的,目的是时时刻刻提高每个员工的质量意识和顾客满意率,提高测绘行业的自身效益。

万家寨水利枢纽机电安装监理测量

杨建忠　　杜秀川

(黄河水利委员会中游水文水资源局)

　　黄河万家寨水利枢纽位于东经111°、北纬39°,地处黄河北干流托克托至龙口河段峡谷内。枢纽为坝后式水电站,装设6台立轴混流式水轮发电机组,单机容量为180MW,总装机容量为1 080 MW,年发电量27.5亿kWh。1~4号水轮机型号为HLFN235-LJ-610,由天津阿尔斯通公司制造;5、6号水轮机型号为HL-LJ-577,由上海希科公司制造,1~6号发电机型号为SF180-60/12800,由哈尔滨电机有限责任公司制造,水电建设者通过9年的奋力拼搏,终于在1998年10月1日下闸蓄水,同年11月28日提前33天第一台机组发电,1999年2、3号机组也相继并网发电,2000年4、5、6号机按目标也全部投产发电。

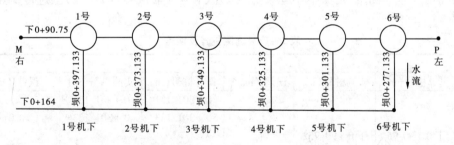

图1　1~6号机中心的设计桩号

1　1~6号机的平面和高程布置情况

　　1~6号机中心的设计桩号如图1所示,P、M两点是机组纵轴线的控制点,1~6号机下是机组横轴线的控制点,每一个机窝内都有2个以上的三等水准点,以控制机组安装的高程精度。

　　机组安装的单元工程较多,现把机组安装的几个重要环节基础面的设计高程和安装允许误差列于表1。

　　本文原载于《人民长江》2000年第11期。

表 1 机组安装允许误差

机号	座环高程（m）	允许误差（mm）	风闸基础高程（m）	允许误差（mm）	镜板高程（m）	允许误差（mm）	定子中心高程（m）	允许误差（mm）
1	895.534	±3	903.886	0 ~ -5	903.655	0.5	905.58	0 ~ +6
2	895.534	±3	903.886	0 ~ -5	903.655	0.5	905.58	0 ~ +6
3	895.534	±3	903.886	0 ~ -5	903.655	0.5	905.58	0 ~ +6
4	895.534	±3	903.886	0 ~ -5	903.655	0.5	905.58	0 ~ +6
5	896.818	±3	903.886	0 ~ -5	903.655	0.5	905.58	0 ~ +6
6	896.818	±3	903.886	0 ~ -5	903.655	0.5	905.58	0 ~ +6

2 机组安装测量的主要技术

2.1 5号水轮机座环中心位置及水平面水平度测量

机组安装的程序为：座环→蜗壳→机坑里衬→导水机构预装→顶盖→下机架→支撑块→弹簧油箱→推力瓦→托瓦→镜板→风闸→定子→转子→上机架。

由此可见，座环是机组安装的基础，而且座环是被混凝土浇筑固定死的，座环基础面的绝对高程和中心位置的精度将直接影响到其他各项机组设备能否达到设计值，所以座环的安装精度是至关重要的，其他各基础面的高程都以座环面高程为基准，通过鉴定过的钢带尺拉距往上传递高程。座环基础面绝对高程允许误差为±3 mm，中心位置允许误差为±4 mm，使用徕卡 TC1800 全站仪，在机组纵轴线控制点 M、P 上测量座环的中心点位，从各机窝高程控制点上使用精密水准仪配合铟钢瓦尺测量座环的绝对高程。

座环中心位置的测量，是在座环边缘上、下、左、右 4 个轴线点（打小孔）上进行，施测桩号见表2。

表 2 座环施测桩号及误差

点位	坝下			坝		
	设计桩号（m）	实测桩号（m）	误差（mm）	设计桩号（m）	实测桩号（m）	误差（mm）
上				0+301.131	0+301.131	-2
下				0+301.133	0+301.133	0
右	下 0+90.75	下 0+90.752	+2			
左	下 0+90.75	下 0+90.751	+1			

表中最大偏差 +2 mm，施工测量规范规定：水轮发电机转轮直径在 6 m < d < 8 m 之内，水轮机座环中心及方位允许偏差为 4 mm，施测精度远远满足规范要求，5 号机座环施测中心点位中误差为 ±1.5 mm。表中坝桩号误差正为偏右、负为偏左；坝下桩号误差正为偏下、负为偏上。

5 号机座环高程测量 16 个点，按顺时针等分排列，高程测量成果如表3所示。

表中实测高程与设计高程（896.181 m）最大相差 -2.2 mm，规范允许座环高程误差为 ±3 mm，高程测量满足要求，表中相对误差均以最低点 896.178 8 为对比，正为大于此点高程，负则反之。座环水平度相对中误差为 ±0.3 mm，满足施工测量规范要求。

表 3　座环高程测量成果

点号	实测高程（m）	相对误差（mm）	点号	实测高程（m）	相对误差（mm）	点号	实测高程（m）	相对误差（mm）	点号	实测高程（m）	相对误差（mm）
1	896.179 3	+0.5	5	896.178 8	0	9	896.179 0	+0.2	13	896.179 0	+0.2
2	896.179 2	+0.4	6	896.179 0	+0.2	10	896.179 0	+0.2	14	896.179 0	+0.2
3	896.179 0	+0.2	7	896.179 1	+0.3	11	896.179 0	+0.2	15	896.179 0	+0.2
4	896.179 0	+0.2	8	897.179 1	+0.3	12	896.179 0	+0.2	16	896.179 0	+0.2

2.2　1 号水轮机底环安装上法兰面水平度测量

1 号水轮机底环平面共测量 24 个点，从 X 轴正方向顺时针编号，使用精密水准仪测量，所有测量数值均为相对数据，数值大则实际低，反之则高。测量成果见表 4。

表 4　水轮机底环测量结果

点号	观测值（m）	相对偏差（mm）	点号	观测值（m）	相对偏差（mm）	点号	观测值（m）	相对偏差（mm）	点号	观测值（m）	相对偏差（mm）
1	1.415 92	+0.2	7	1.416 22	+0.5	13	1.416 10	+0.38	19	1.416 20	+0.48
2	1.415 72	0	8	1.416 10	+0.38	14	1.416 02	+0.30	20	1.416 08	+0.36
3	1.415 98	+0.26	9	1.416 08	+0.36	15	1.415 98	+0.26	21	1.416 17	+0.45
4	1.416 12	+0.4	10	1.416 04	+0.32	16	1.415 98	+0.26	22	1.416 05	+0.33
5	1.416 21	+0.49	11	1.416 20	+0.48	17	1.416 08	+0.36	23	1.415 92	+0.20
6	1.416 21	+0.49	12	1.416 15	+0.43	18	1.416 08	+0.36	24	1.416 06	+0.34

表中观测值均以最高点观测值 1.415 72 为对比，相对偏差最大为 0.49 mm，1 号水轮机底环上法兰面水平波浪度测量相对中误差为 ±0.37 mm，满足施工测量规范要求。

2.3　2 号发电机镜板法兰面水平度测量

镜板法兰面的平整度要求较高，因为镜板上要安装发电机推力头，上面安装定子，压着托瓦转动，镜面不平将磨损设备，造成重大损失，所以镜面的水平度是至关重要的。大轴轴顶法兰面（设计高程为 904.292 m）与镜板法兰面（设计高程 903.655 m）之间高差为 0.637 m，如图 2 所示，以大轴轴顶法兰面为基准，测量至镜板法兰面的间距。均匀测得 8 组数据，测量成果见表 5。

表 5　镜板法兰面测量成果

点号	设计间距（m）	观测间距（m）	误差（mm）	点号	设计间距（m）	观测间距（m）	误差（mm）
1	0.637	0.636 88	0.12	5	0.637	0.636 91	0.09
2	0.637	0.636 88	0.12	6	0.637	0.636 89	0.11
3	0.637	0.636 87	0.13	7	0.637	0.636 87	0.13
4	0.637	0.636 90	0.10	8	0.637	0.636 88	0.12

表中最大误差为 0.13 mm，施工测量规范允许误差为 0.5 mm，满足施工安装要求。发电

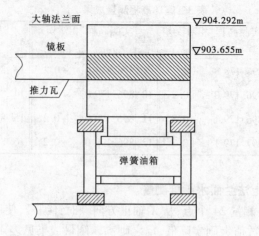

图2　发电机镜板法兰面

机推力瓦镜板水平度测量中误差为 ±0.12 mm。

2.4　1号机风闸基础高程测量

本电站6台机组均装设有电气制动装置,机组正常停机时采用机、电混合制动;事故停机时采用单纯机械制动。在停机后,当发电机转子转速慢下来时,推起风闸,摩擦发电机底环风闸板,使机组完全停下来,如果风闸基础面不平,将会使风闸磨损报废,所以风闸基础面水平度也很重要。风闸基础面设计高程为903.886 m,安装要求误差为0~-5 mm,风闸基础共有12块,第一块中心与横轴正方向成5°夹角,每2块风闸基础中心夹角为30°,每块测2个点,共测得12组数据,测量成果见表6。误差为负,实测高程低于设计高程,高程最大误差为-1.6 mm,满足安装允许误差0~-5 mm,1号机风闸基础高程测量中误差为 ±1.13 mm。

表6　风闸基础高程测量成果

点号	设计高程 (m)	实测高程 (m)	误差 (mm)	点号	设计高程 (m)	实测高程 (m)	误差 (mm)
1	903.886	903.885 0	-1.0	7	903.886	903.884 5	-1.5
	903.886	903.885 0	-1.0		903.886	903.884 7	-1.3
2	903.886	903.885 3	-0.7	8	903.886	903.884 7	-1.3
	903.886	903.885 5	-0.5		903.886	903.884 9	-1.1
3	903.886	903.884 8	-1.2	9	903.886	903.884 6	-1.4
	903.886	903.885 0	-1.0		903.886	903.884 7	-1.3
4	903.886	903.885	-1.0	10	903.886	903.884 7	-1.3
	903.886	903.885 0	-1.0		903.886	903.884 4	-1.6
5	903.886	903.885 0	-1.0	11	903.886	903.885 0	-1.0
	903.886	903.885 0	-1.0		903.886	903.885 3	-1.7
6	903.886	903.885 0	-1.0	12	903.886	903.884 9	-1.1
	903.886	903.885 0	-1.0		903.886	903.884 5	-1.5

2.5　1号机转子立筋挂钩水平度测量

转子力筋挂钩是转子磁极挂装的基础,立筋挂钩不平将导致转子偏心,由于转子中心体下法兰面是固定不动的,只要测定转子中心体下法兰面与挂钩平面之间的高差,也就等于测出了立筋挂钩的水平度。转子中心体下法兰面与立筋挂钩平面之间设计高差为0.239 m,因此实测数值大于0.239 m则挂钩高,小于0.239 m则挂钩低。把转子按圆周均匀分为16等份,每等份测一组数值,测量成果见表7。

表7 立筋挂钩水平度测量成果

点号	观测值 (m)	误差 (mm)	点号	观测值 (m)	误差 (mm)	点号	观测值 (m)	误差 mm	点号	观测值 (m)	误差 (mm)
1	0.239 0	0	5	0.240 0	+1.0	9	0.239 3	+0.3	13	0.239 3	+0.3
	0.239 1	+0.1		0.240 0	+1.0		0.239 2	+0.2		0.239 4	+0.4
2	0.239 3	+0.3	6	0.240 8	+1.8	10	0.241 0	+2.0	14	0.240 0	+1.0
	0.239 3	+0.3		0.240 8	+1.8		0.241 0	+2.0		0.240 0	+1.0
3	0.240 1	+1.1	7	0.239 0	0	11	0.240 0	+1.0	15	0.239 6	+0.6
	0.240 0	+1.0		0.239 0	0		0.240 0	+1.0		0.239 6	+0.6
4	0.239 7	+0.7	8	0.239 0	0	12	0.239 5	+0.5	16	0.239 3	+0.3
	0.239 6	+0.6		0.239 0	0		0.239 5	+0.5		0.239 2	+0.2

表中16组数值均以0.239 m为对比,误差为正,则挂钩高,测量挂钩水平度中误差为±0.89 mm,满足规范要求。

2.6 1号机定子圆度及中心高程测量

定子圆度测量是把定子按圆周均匀分为12等分点,用钢琴线吊垂球放入沉机油的桶内,以防摆动,利用求心器分别测量定子上、中、下3个点的相对半径,定子剖面图见图3。

定子中心高程测量是以水轮机座环面为基准,用经过检定的钢带尺加弹簧秤往上传递高程,因为座环是浇筑在混凝土里面,它与设计高程存在不符,或高或低,已成定局不可更改。所以定子的中心高程也不能按设计要求,它随着座环的实际高程上、下波动,但它与水轮机座环面之间的总高差10.046 m要绝对保证。为了便于校核,用钢带尺从座环面往上传递两个高程点,作为定子中心高程测量的基础基准点,然后用精密水准仪配合检定过的钢板尺测量出定子中心12个点的实际高程,定子圆度及中心高程测量成果见表8。

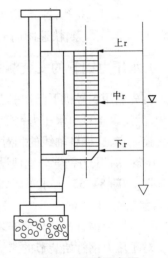

图3 机组定子剖面

表8 定子圆度及高程测量成果

测点	上	中	下	中心高程 (m)	测点	上	中	下	中心高程 (m)
1	14.77	15.11	14.88	905.583 0	8	14.58	15.11	14.28	905.584 5
2	14.50	15.20	14.97	905.583 2	9	14.60	15.24	15.37	905.585 0
3	14.53	15.16	14.95	905.584 0	10	15.00	15.41	15.10	905.583 6
4	15.36	15.56	15.26	905.583 2	11	15.09	15.46	14.93	905.583 8
5	15.44	15.60	15.21	905.584 4	12	15.47	15.44	14.96	905.583 0
6	15.20	15.44	14.74	905.583 8	平均半径*	14.92	15.31	15.03	
7	14.50	15.01	14.65	905.584 0	绝对半径**	6 065.08	6 065.48	6 065.19	

注:* 为允许中心偏差为空气间隙的±5%;** 为实测中心偏差为空气间隙的±4%。

定子中心高程允许误差为 0 ~ 6 mm,定子中心设计高程为 905.58 m,实测最大误差为 +5.0 mm,符合规范要求,定子中心实际高程以 905.5830 m 为准。

万家寨水利枢纽金属结构安装监理测量

杨建忠 高巨伟

(黄河水利委员会中游水文水资源局)

万家寨水利枢纽位于东经 111°、北纬 39°,地处黄河北干流托克托—龙门河段峡谷内。装设 6 台水轮发电机组,单机容量 18 万 kW,主要承担华北电网的调峰任务。金属结构设备主要分布在施工导流系统、泄水系统、电站引水系统、电站排沙系统、引黄取水口系统和坝内预埋管道系统。共有平板闸门 10 扇、快速闸门 6 扇、事故闸门 7 扇、事故检修闸门 12 扇、隔水闸门 2 扇,以及拦污栅 30 孔;各类闸门涉及的正、反轨道 888 条,闸门底槛 222 个;发电引水压力钢管 6 条,排沙钢管 5 条,快速闸门油压启闭机 6 台。金属结构总工程量为 8 366 t。

1 引水压力钢管的安装测量

首先利用 5 号机下已知引点,用徕卡 TC2002 全站仪直接测放出 4 号引水压力钢管的中心轴线,然后以 4 号引水压力钢管中心线控制点为基点,用全站仪直接放出其他各条压力钢管的轴线控制点,这样各轴线的相对位置和绝对位置都可保证。

6 条引水压力钢管分别埋设在 6 个坝段内,钢管直径为 7.5 m,每条钢管从坝下 0 + 20.10 m 到坝下 0 + 84.55 m,水平距离为 64.45 m,实际全长 82.451 m,高程从 935.613 m 到 894.50 m,高差为 41.113 m。

引水压力钢管都是分节安装,每安装一节钢管,都要提前测设分节安装轴线点和高程控制点。对于压力钢管始装节的测量平面和高程都控制在 ±5 mm 之内,对于其他管节的测量平面和高程都控制在 ±10 mm 之内。安装点的细部测量以轴线控制点为基点,首先用徕卡 TC2002 全站仪后视控制网上三角点,然后方位角转到压力钢管轴线上,分别测量钢管顶部中心和管底内壁中心。由于压力钢管高差变化较大,所以每安装一节钢管都要测一高程控制点。测量方法是:用精密水准仪,按二等观测要求,将已知高程从 II 等水准点上引测至压力钢管附近固定水准点,再用三角高程法引测至细部安装点上。根据《水利水电工程施工测量规范》规定,光电测距三角高程测量可以代替三等水准测量,用此方法引测高程,可满足安装规范要求。

2 排沙钢管测量

在电站 13、14、15、16、17 号坝段内埋设了 5 条排沙钢管,主要任务是用于定期排沙,以减少机组进沙量。排沙钢管进口高程为 918.35 m,出口高程为 890.78 m,钢管直径 2.7 m,每条钢管从坝下 0 + 10.55 m 到坝下 0 + 115.25 m,水平距离为 104.70 m,实际长度为 120.087 m,

---

本文原载于《人民黄河》2001 年第 2 期。

总高差为 27.57 m,排沙钢管的测设方法及精度要求同引水压力钢管。

3 闸门埋件安装测量

3.1 控制点测量

万家寨水利枢纽各类闸门底槛共 222 条,其中包括拦污栅和工业取水口。其测量方法为:在等级施工控制网上,用徕卡 TC2002 全站仪测设出闸门底槛的安装轴线控制点,并把高程点投放到底槛附近。利用底槛平面控制点,用全站仪、精密水准仪和检定过的钢带尺、钢板尺、棱镜等对闸门的轴线、安装点进行测设,使每个闸门组成一个相对严密的局部控制系统。安装点的误差相对于安装轴线和高程基点而言,平面控制精度为 ±2 mm,高程控制 ±1 mm,对角线偏差控制 ±2 mm。

3.2 闸门门槽底槛检测

以 5 号机尾水闸门底槛检测成果为例,见图 1。图中 A、B、C、D 为闸门底槛的安装轴线控制点,1 ~ 8 号点为闸门底槛高程检测点,两点间距为 1 m,根据施工规范要求,底槛长度方向不

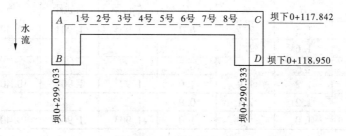

图 1　5 号机尾水闸门底槛检测　（单位:m）

平度不大于 2 mm/m,轴线安装控制点高程和桩号的检测误差均为 ±5 mm,5 号机尾水闸门底槛检测成果见表 1。

由表中的误差统计情况可以看出,闸门底槛安装轴线点的高程和桩号检测误差最大为 2 mm,满足规范要求,闸门底槛长度方向不平度也满足规范要求。

表 1　5 号机尾水闸门底槛检测成果　（单位:mm）

轴线点	高程检测				桩号检测			
	A	B	C	D	A	B	C	D
误差	-2	-2	-1	-2	左2上1	左2上1	右2下1	右1下1
底槛点	1 号	2 号	3 号	4 号	5 号	6 号	7 号	8 号
高程误差	-4.0	-3.5	-4.0	-4.0	-4.0	-4.5	-4.5	-3.5

注:表中"左2"为偏左 2 mm,"上1"为偏上 1 mm,以此类推。

4 各闸门的正、反轨测量

枢纽安装轨道共 888 条,测量检查以闸门底槛所放轨道安装控制点为基点,利用垂球投点法进行观测。每检查一个闸门的轨道,先用钢丝悬挂重锤(重锤置于盛机油的桶中)在距构件 10 ~ 20 cm 的范围内,根据要求在需要检查的位置上,用小钢板尺量取构件与垂线之间的距离。两轨道之间的距离测量,是用检定过的钢带尺分几处进行拉距。轨距误差控制在 ±3 mm

之内,轨道的铅垂度控制在 −1 ~ 3 mm 之内。

以大坝 8 号甲导流孔闸门门槽正、反轨道垂直度测量为例,图 2 为门槽正、反轨平面图。闸门底槛高程为 899.0 m,高度为 10 m,面向下游,B 为左主轨、D 为右主轨、A 为左反轨、C 为右反轨。正、反轨道垂直度及轨距测量见表 2。

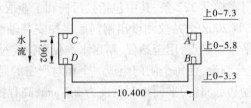

图 2　8 号甲导流孔闸门门槽正反轨道平面图　（单位:m）

表 2　正、反轨道垂直度及轨距测量

高程(m)	主轨(mm)		反轨(mm)		轨距(m)			
	D	B	A	C	左轨距	右轨距	主轨距	反轨距
909.0	2.0	1.5	2.1	0.7	1.904	1.904	10.402	10.402
907.0	1.9	1.6	2.1	0.8				
905.0	1.1	1.4	2.2	0.8				
903.0	1.2	1.2	1.9	1.0	1.904	1.904	10.402	10.402
901.0	1.6	1.2	1.1	0.9				
900.0	1.5	1.0	1.0	1.0	1.903	1.904	10.400	10.401

注:表中 D、B 栏内数字均表示偏下游值,A、C 栏内数字均表示偏上游值。

由表 2 知,轨道垂直度最大为 +2.2 mm,轨距误差最大为 2 mm,均满足规范要求。

5　正倒垂管及竖直预埋钢管中心桩号检测

万家寨水利枢纽混凝土大坝共分 22 个坝段,每坝段又分甲、乙、丙 3 个仓号,每块都是分若干层浇筑,竖直钢管也是分层预埋,在浇筑完每一层后,都要及时对钢管的中心位置进行检测,以防钢管的中心偏离设计桩号。钢管一般都要高出仓面 1 m 以上,竖直钢管中心位置的检测方法有两种,即桩号检测法和三角形内截圆检测法。

5.1　桩号检测法

管中心设计桩号如图 3 所示,检测 A 点时,司镜员指挥棱镜慢慢移动到钢管右侧、管中心坝下桩号的设计线上,测量出 A 点的坝下桩号为 0 + 21.5,坝桩号为 0 + 85.096 5。用检定过的小钢板尺量出 A 点到管外壁的距离为 82.5 mm,计算出管中心实际坝桩号为 0 + 84.504,由此可知管中心偏右 4 mm。按上述方法,司镜员将棱镜慢慢移动到钢管下游、管中心坝桩号的设计线上,测量出 B 点的坝桩号为 0 + 84.5,坝下为 0 + 22.075 5,用小钢板尺量出 B 点到管外壁的距离为 70.5 mm,计算出管中心实际坝下桩号为 0 + 21.495 m,由此可知管中心偏上 5 mm。经以上检测知,管中心桩号偏差均在规范允许范围内。

5.2　三角形内截圆检测法

6 台机组进水口快速闸门油压启闭机的安装就需要随时进行底座管中心位置的检测。现以 4 号机快速闸门油压启闭机管中心桩号检测为例。管中心设计桩号如图 4 所示。在圆管周围选择 A、B、C 三个点组成三角形(最好为等边三角形),每点离管壁距离为 1 cm(精确量出),

分别在 A、B、C 三点架棱镜,实测桩号如表 3 所示。

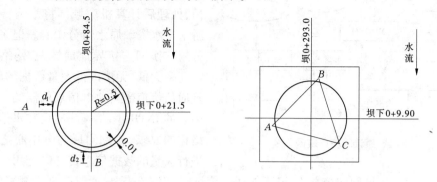

图 3　桩号检测法　（单位:m）　　　　图 4　三角形内截圆检测法　（单位:m）

表 3　桩号测量结果　　　　　　　　　　（单位:m）

点号	坝桩号	坝下桩号
A	0 + 293. 348	0 + 10. 184
B	0 + 292. 650	0 + 9. 597
C	0 + 292. 615	0 + 10. 150

利用已编制好的程序计算出三角形的中心桩号为:坝下 0 + 9.896、坝 0 + 292.994,而三角形的中心桩号就是三角形内截圆的圆心桩号。由此可知,管中心实际偏上 4 mm,偏左 6 mm。

利用现有设备　提高水文报汛质量

赵晋华　朱瑞华

（黄河水利委员会中游水文水资源局）

黄河中游测区绝大多数报汛站点都位于贫困山区,地方通信设施发展较为缓慢,国家在水文通信方面的投资也较少。多年来该测区结合山区通信的具体情况,一直将短波电台作为主要报汛手段,建立了测区内的短波数、汉传报汛网络,随后又在该测区所辖各勘测局通过地方电信的公用分组交换网建立了测区的通信网络(见图 1)。

1998 年以来,随着国家在水利方面投资力度的加大,水情通信方面的投资也大大增加。为了保障水情数据能够及时、准确地传输,在实际的操作过程中部分勘测局及其所辖水文站同时拥有了几套通信手段,如短波台、PSTN、水情专用电话、公用分组交换网、卫星小站等。虽然通信手段大大加强了,但如何充分利用现有设备来提高通信质量是一个值得研究的问题。

黄河中游水文水资源局水情通信网络包括水情分中心、集合转发点、报信站点 3 层结构。水情分中心和各集合转发点均建有计算机局域网,局域网之间通过公用分组交换网构成该局的计算机广域网,各勘测局所属水文、水位、雨量报信站点采用短波电台、程控电话;勘测局采

本文原载于《人民黄河》2001 年第 1 期。

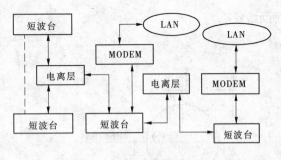

图1 原计算机广域网

用短波电台、程控电话人工或自动采集水情,处理后计算机广域网将水情传递到中游水文水资源局水情分中心。但采用公用分组交换网连接异地局域网,网络实际传输速率太低,无法进行大量数据的传递,而且通信信道受当地电信局的制约。随着分中心的 INTRANET 网络建设和水情信息网络化的要求,各勘测局与分中心之间需要进行大量的数据信息传递。公用分组交换网作为一种慢速的广域网连接方式,已不能适应信息网络化的需要,所以改良广域网信道,加快网络传输速率将是大势所趋。随着中游测区卫星小站的建立,使广域网信道的改造成为可能。

目前水文系统采用的卫星小站为以色列吉来特公司的 SSI－2 型小站,卫星通信网络系统为双向信道星型组网方式的数据通信网络,卫星信道稳定、传输效率高、通信不受站点之间距离影响,特别适合地面通信不发达的地区。小站使用亚洲2号卫星,水利部购买了亚洲2号卫星半个转发器 1996 年后 15 年的租用权,也就是说我们使用的卫星小站是免信道租用费的。根据中游测区的情况,利用现有的卫星小站、程控电话以及短波电台(作为备用手段)等通信手段,采用混合组网的方式,改造该测区现有的通信网络,能够达到降低通信费用,提高通信速率,增加水情传递可靠性的作用。

如图2所示,各水文报汛站点如有计算机系统,可连接有线 MODEM 通过 PSTN 程控电话网与其所属勘测局之间传递数据信息,没有计算机的站点通过水情专用电话直接将水情信息传递到其所属的勘测局;各勘测局将数据信息集合处理后通过卫星小站传送到中游水文水资源局水情分中心。这种利用卫星小站强大的网络通信功能,将卫星信道作为主要的通信信道代替公用分组交换网构造的计算机广域网,在网络传输速率、数据传输可靠性、经济效益等方面都明显优于原有的广域网。以下就卫星小站与公用分组交换这两种通信手段作相应的比较:

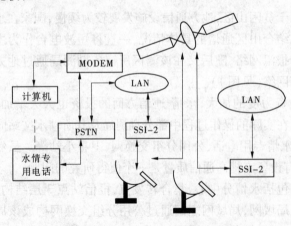

图2 改造后的计算机广域网

(1)通信协议比较:公用分组交换通过单一 X.25 协议进行网络连接,而卫星小站采用 X.25 和 TCP/IP 两种协议。

(2)速率比较:公用分组交换 X.25 传输速率为 1 kbps(实际传输速率);卫星小站 X.25 为 11.7 kbps(实际2跳速率);TCP/IP 为 15.2 kbps(实际2跳速率)。

(3)经济效益比较:用分组交换付给当地电信局的费用包括月租金、信道占用费、数据量费,水情传输年费用约为 5 000 元。由于今后 10 年内卫星小站无信道租用费用,因此不充分利用也是一种资源的浪费。

(4)可靠性比较:公用分组交换是地方电信的一种数据传送服务,黄河中游测区属于电信不发达地区,使用可靠性差,故障往往难以解决。卫星小站通过水利部网管中心连接,卫星通信本身故障率低,而且作为水利部的信息主流,技术力量强大,服务及时,事故责任比较明确。

(5)信息的实现:公用分组交换受速率的限制,仅能传输小的报文,大信息量的交换很难传输成功,由于分组交换速率低,几乎无法正常浏览远程网页。而卫星小站速率较高,保障了大信息量的畅通无阻,用于远程网页的浏览,速率比电话拨号上网还快。

综上所述,在基本不增加投资的情况下,利用原有的卫星小站构造的计算机广域网不仅能够提高通信速率、增加通信的可靠性,而且其经济效益也相当可观,同时也促进了水文测区数据网络化的发展。

黄委会水文局部分专著译著简介

(1980~2005 年)

黄河流域片水资源评价

黄河水利委员会水文局　1986 年 6 月　吴燮中　支俊峰　邱宝冲　等著

"水资源的综合评价和合理利用的研究"是 1979 年原国家农委和国家科委部署的国家重点科研项目"全国农业自然资源调查和农业区划研究"的组成部分，本书是该项研究的成果报告。

本报告包括地表水、地下水、泥沙、水质、水资源评价等项内容。调查评价工作过程中，分析应用了 292 个水文站、1 037 个雨量站、335 个水面蒸发站、264 个泥沙站共 4 万站年资料和大量的地下水动态观测资料，调查收集了工农业生产和生活用水、水文地质、

均衡试验和排灌试验等大量基础资料。针对工作需要还进行了补充性的普查勘测和专门观测试验研究，对大量数据和计算过程都进行了多种方法分析计算与审核。应用遥感技术结合实际观测的泥沙资料编绘的输沙模数图，提高了多沙河流输沙模数图的精度。最后对成果普遍进行了综合平衡分析。

作者简介：吴燮中，汉族，1928 年生，上海崇明人；高级工程师；1954 年毕业于华东水利学院水文专业。曾在黄河水利学校任教，曾任黄河水文水资源研究所水资源室主任，黄河水文局技术委员会委员。

干旱地区水文站网规划论文选集

弓庆胜　主编　　河南科学技术出版社　1988 年 3 月第 1 版

本《选集》系根据干旱地区中小河流布站原则协作组提供的研究成果，通过精选汇编而成，全集共 26 篇论文，主要内容包括水文站网布设原则，水文分区方法和资料移用技术，水文站观测年限，受水利工程影响的站网调整及河网单位线在站网规划中的应用等，方法比较新颖，并用定量计算代替了传统的定性描述。

本《选集》基本上反映了我国 20 世纪 80 年代干旱、半干旱地区水文站网研究的近期水平和发展动向，对水文工作者将起到较好的启发和借鉴作用，亦可作为农林、水利院校师生的参考读物。

黄河流域实用水文预报方案

黄河水利委员会水文局 1989 年 12 月　陈赞廷　李若宏　徐剑峰　等编制

为了提高黄河水文预报方案质量，完善预报系统，促进黄河流域水文预报的发展，在

水利电力部水文水利调度中心的指导下，由黄河水利委员会水文局牵头，沿黄河各水文、防洪、大型水库的施工管理等 18 个单位，111 名水情预报人员参加，对黄河流域 30 多年来的水文预报方案，分上、中、下游进行了系统的分析整理。对缺乏方案和原方案精度太差的地区又作了补充修订，总计纳入本汇编成果的方案共 168 个。其中洪水预报 110 个(包括洪峰流量相关 74 个，河道洪水演算 21 个，流域降雨径流相关 8 个，流域模型 7 个)，冰

情预报 58 个(包括水力、热力指标相关，上下游相关，热力、水力成因计算)。

这些预报方案虽然多数为常规方法，有些还是经验性方法，但根据评定结果和作业预报实践检验，大都具有良好的精度和较高的实用价值。

这次汇编已形成了一套比较完整的并且具有较高精度的、使用方便的黄河预报系统。在相当长的一段时间内，它在黄河流域的防洪、防凌和有关生产建设中发挥了重要的作用，至今还有重要的参考价值。

作者简介：陈赞廷，山东人，1924 年生；1948 年河南大学工学院水利系毕业，1957 年华东水利学院研究生毕业，教授级高工；曾任黄委会水文局副局长、总工；现为黄委会技术委员会顾问，水文局技术委员会委员。

河流悬移质泥沙测验规范（GB 5015—92）

主要起草人：赵伯良　李兆南　朱宗法　等　中国计划出版社　1992 年 10 月第 1 版

该规范是由黄河水利委员会水文局主编的中华人民共和国强制性国家标准。经中华人民共和国建设部 1992 年 8 月 10 日批准颁布，于 1992 年 12 月 1 日起施行。

作者简介：赵伯良，汉族，湖北武汉人，1930 年生；1953 年武汉大学水利学院水利工程专业毕业，教授级高工；曾任水文局测验处主任工程师；水文局技术委员会委员。

水文站网规划技术导则（SL34—92）

主要起草人：袁令勐　马秀峰　胡凤彬　等　中国计划出版社　1992 年 5 月第 1 版

该规程是由原水利部水文司主编的中华人民共和国水利行业标准。经中华人民共和国水利部批准颁布，于 1992 年 7 月 1 日起施行。黄河水利委员会水文局为第一参编单位。我局马秀峰同志为主要编写人之一。

作者简介：马秀峰，河南舞阳人，1935 年 11 月生；1962 年原华东水利学院水文系毕业；教授级高工。曾任黄委会水文局总工程师、黄委会技术委员会委员，全国水文专业委员会副秘书长和委员，武汉水利电力大学及成都科技大学兼职教授，水文局技术委员会委员。

黄河流域的侵蚀与径流泥沙变化

唐克丽　熊贵枢　梁季阳　著　中国科学技术出版社　1993年第1版

本书以黄河流域侵蚀产沙规律及水土保持减沙效益为中心，以黄河中游各支流为主要研究对象，论述了暴雨、径流、侵蚀三者的关系，粗沙来源及输移规律，人为破坏对入黄泥沙的影响，大型煤田开发对入黄泥沙的影响，水利水土保持措施现状，减沙效益趋势预估。在上述研究基础上，综合论述了流域治理的作用，分析讨论了土壤侵蚀的趋势和水土保持前景。本书科学性、实用性强，为有关业务决策部门提供了重要的科学依据。

本书可供从事水土保持、环境保护、农、林、牧、水利方面的工作人员及大专院校师生参考应用。我局熊贵枢同志为作者之一。

作者简介：熊贵枢，汉族，1933年生，重庆人；1954年毕业于四川大学。长期从事黄河泥沙与黄河水文测验研究工作。曾任黄河水资源保护研究所所长、黄委会副总工、黄委会水文局副局长；现任黄委会技术委员会委员，黄委会水文局技术委员会委员。

河流泥沙颗粒级配分析规程（SL-42—92）

主要起草人：赵伯良　汪福盛　英爱文　等　中国计划出版社　1993年10月第1版

该规程是由黄河水利委员会水文局主编的中华人民共和国水利行业标准。经中华人民共和国水利部批准颁布，于1994年1月1日起施行。

作者简介：赵伯良　略

水文勘测工

主编：马庆云　黄河水利出版社　1996年3月第1版

本书是依据劳动部、水利部联合颁发的《中华人民共和国工人技术等级标准(水利)》规定的32个行业工种的要求，由水利部组织编写的"水利行业工人考核培训教材"中的一本。该书突出了水利行业专业工种的特点，包括了本行业技术工人考核晋升技术等级时试题的范围和内容，是水利行业相应工种职业技能鉴定的必备教材。

本书的内容与技术考核规范和试题库相结合，并在每一章后设有思考题，能够满足水利行业技术工人考核前培训和职业技能鉴定学习的需要。本书编写时参照的技术规范或规定、标准等，以1995年7月底使用的为准，涉及的个别计量单位虽属非法定单位，但考虑到这些计量单位与有关规定、标准的一致性和实际使用的现状，编写时未予改动。

作者简介：马庆云，河南沈丘人，1941年生，高级工程师。曾任黄委会水文局测验处测验科副科长。

黄河流域水旱灾害

主编：马秀峰　吕光圻　支俊峰　等　黄河水利出版社　1996 年 4 月第 1 版

《黄河流域水旱灾害》是中国水旱灾害系列专著之一。本书统合古今黄河流域洪涝、干旱史料及最新研究成果，以总体特征和典型实例相结合的方式，分析了自然和社会经济的影响因素，论述了流域内水、旱灾害的类型、危害程度与演变规律，并联系实际，提出了对策。

全书共分四篇十五章。是一部资料性、系统性和实用性很强的科学专著，是国民经济有关部门领导，水利、防灾科技人员的必备参考书，也可供大专院校师生、国内外关心黄河的各界人士参考应用。

作者简介：马秀峰　略

黄河水文志

主编：陈赞廷　王克勤　邓忠孝　等　黄河水利出版社　1996 年 8 月第 1 版

《黄河水文志》是《黄河志》的第三卷，包括管理机构、水文站网、水文测验、水文实验研究、水文资料整编、水文气象情报预报、黄河水沙特性研究及水文分析计算共八篇。黄河水文的财务和人事则编入了《河政志》和《人文志》中。本志的各篇均包括了中华人民共和国建立前的历史情况和中华人民共和国建立后的工作。编写时遵循了详今略古的原则。由于资料不足，对省(区)的工作记述较简，对流域系统的工作记述较详。

作者简介：陈赞廷　略

黄河水文

陈先德　吴燮中　王国安　编著　黄河水利出版社　1996 年 10 月第 1 版

本书较全面、系统地介绍了近 50 年来黄河水文工作的基本特征与测验技术，以及研究与实践方面的主要经验和成果。内容包括黄河水文特征、水文测验与预报、水文实验研究及水文分析计算与调查等四部分，同时指出了黄河水文工作今后的任务与发展方向。

本书可供治黄科技人员、国内外关心及希望了解黄河的各界人士参考应用，也可供有关大专院校师生阅读。

作者简介：陈先德，汉族，1938 年生，上海人，教授级高级工程师；1963 年 7 月毕业于原华东水利学院陆地水文专业。曾任黄河水利委员会副主任，黄委会水文局局长；黄委会技术委员会委员，黄委会水文局技术委员会委员。

黄河水文科技成果与论文选集（一）（二）（三）

张民琪　吕光圻　李良年　编　黄河水利出版社　1996 年 10 月第 1 版

此三集中收录了水文局自 1980 年成立至 1995 年期间部分获奖科技成果简介和发表的部分论文共 218 篇。

山东黄河观测与研究论文集

山东水文水资源局　黄河河口海岸研究所　编　黄河水利出版社　1996 年 10 月第 1 版
　　该论文集是黄委会山东水文水资源局、黄河河口海岸研究所在人民治黄五十周年之际编辑的，书中共收录了 45 篇论文。

水文调查规范（SL-196—97）

主要起草人：赵海瑞　张佑民　牛占　等

中国水利水电出版社　1997 年 9 月第 1 版
　　该规范是中华人民共和国水利部批准颁布，于 1998 年起施行的水利行业标准。我局牛占同志为主要起草人之一。

　　作者简介：牛占，汉族，1951 年生，河南人；1975 年毕业于黄河水利学校水文专业，教授级高工。曾任水文局测验处主任工程师；现任黄委会水文局副总工、水文局技术委员会委员。

水文资料整编规范（SL-196—97）

主要起草人：韩福道　王秀中　张国泰　等

中国水利水电出版社　1997 年 9 月第 1 版
　　该规范是中华人民共和国水利部批准颁布，于 1998 年起施行的水利行业标准。我局张国泰同志为主要起草人之一。

　　作者简介：张国泰，汉族，1940 年生，江苏南京人；1963 年毕业于原华东水利学院陆地水文专业，教授级高工。曾任水文局副局长、水文局技术委员会主任；现任黄委会技术委员会委员，黄委会水文局技术委员会委员。

山东黄河水文特性综合分析

程进豪　谷源泽　李祖正　等编著

黄河水利出版社　1999 年 4 月第 1 版
　　本书依据新中国成立后 40 多年以来山东黄河水文实测资料、实验研究成果等，系统论述了山东黄河水文基本特性、基本规律。主要包括：水文测站与河段水沙特性及其运行规律，水文测站不同时期水位与流量关系、单沙与断沙关系的特点及其主要影响因素，河道、河口冲淤特性，黄河断流形成的原因、影响及对策，黄河凌汛及冰凌要素之间的关系等。本书内容翔实，实用性强，可供从事水利、农业、林业、牧业、渔业、地质等方面的工作人员、科研人员及大中专院校师生参考。

作者简介：程进豪，汉族，1939 年生，河南兰考人，教授级高级工程师； 1961 年 7 月毕业于黄河水利学院河川建筑专业。曾任黄委会山东水文水资源局副局长，黄委会山东水资源保护局局长。

中国水法学概论

任顺平　张松　薛建民　著　黄河水利出版社　1999 年 7 月第 1 版

该书全面系统地介绍了《水法》、《防洪法》、《河道管理条例》、《取水许可制度实施办法》等水事法律、法规的内容；对这些水事法规实施以来，我国各级水行政主体的执法实践进行了概括、总结；并对水行政主体的各种管理行为进行行政法上的归位；同时还对我国水资源的权属管理、水资源管理模式、水行政管理与执法和《水法》的发展趋势进行了探讨。

该书该还结合有关法律法规，阐述了水资源管理领域的行政复议、行政诉讼、行政赔偿等实践性内容。

该书运用法学研究方法来研究我国的水资源管理活动，是一本关于我国水资源管理理论与实务兼备的书，可作为广大水利工作者普法学习和向全社会宣传水利法律知识的参考资料。

作者简介：任顺平，汉族，重庆市人，1970 年 7 月生；1996 年 6 月毕业于兰州大学法律系，法学学士学位。律师，高级经济师；黄委会水文局科级水政监察员。

河西走廊可持续发展与水资源合理利用

李世明　吕光圻　李元红　等编著　中国环境科学出版社　1999 年 9 月第 1 版

本书从可持续发展的观点出发，利用 40 年资料系列，进行了河西地区的水资源及其开发利用评价；在现状环境评价的基础上，分析了河西地区社会经济发展与环境作用的历史过程、绿洲的形成和演变规律，采用了生态恢复和多目标层次分析法，定量计算了生态环境的需水量，提出了生态环境建设的对策和供需水平衡结果；根据三个流域水资源承载能力和优化配置的模型，给出了不同的优化结果，为河西地区的可持续发展，提供了科学的依据。

本书可供从事水资源、环境保护、经济发展规划研究以及国土、农业、矿产等资源规划部门的科技人员参考使用。

作者简介：李世明，汉族，1956 年生，河南郑州人，教授级高级工程师；1982 年 1 月毕业于原华东水利学院陆地水文专业，学士学位。历任黄河水文水资源研究所水资源室主任工程师、研究所副总工、水文局信息中心总工等职；河南省水利学会水文专业委员会委员，水文局技术委员会委员；现任水文局情报预报中心副主任。

三门峡库区水文泥沙实验研究

程龙渊　刘栓明　肖俊法　等著　黄河水利出版社　1999 年 9 月第 1 版

本书汇编了近 20 年来作者对三门峡水库一些专题的研究成果，主要内容有：①论证了断面法冲淤量和悬移质输沙量平衡法计算冲淤量精度；库区塌岸量、水库蓄水量、库调量计算与库区冲淤量关系分割处理；用实测水位面积关系反映洪水过程冲淤尺度标准；平均河底高程计算方法；黄、渭河高含沙水流揭河底冲刷尺度；潼关河道异重流形成条件；黄河大洪水对渭河、北洛河河口段淤积改道影响等问题。②分析了库区各主要水文站的测站特性，包括各站断面冲淤变化规律、流量及悬移质含沙量测验方法分析研究，历年大洪水水位流量关系等。③研究了库区淤积形态、淤积末端、溯源和沿程冲淤问题；建立了水库蓄清排浑运用以来以断面法冲淤量为基础的小北干流和潼关大坝段冲淤经验公式以及淤积物初期干容重经验公式；研究了刘家峡、龙羊峡水库运用对三门峡水库冲淤的影响。④进行了库区水、沙量平衡计算与分析。本书可供从事水文、泥沙研究的专业人员、治黄科技工作者及高等院校有关专业师生参考使用。

作者简介：程龙渊，汉族，1927 年生，河南新野人；高级工程师；1952 年毕业于黄河水利专科学校水文专修科。曾任黄委会三门峡水文水资源局总工程师，文局技术委员会委员。

水文系统：降雨径流模拟

赵卫民　戴东　王玲　等译　黄河水利出版社　1999 年 9 月第 1 版

本书作者 Vijay P. Singh 是美国路易斯安那州立大学土木工程系教授，在国际水文界有较高的知名度，先后编著了 28 本专著和教材。《水文系统：降雨径流模拟》是作者编写的水文系统理论系列著作中的一卷，英文原著由 Prentice Hall 于 1988 年出版。

该书详细介绍了水文系统的基本概念、思想、方法、模型等，对这些思想、方法、模型进行了理论分析和实例阐述，并指出了其优缺点及其应用范围。其中许多模型和方法在国内较少介绍。

本书既可作为系统水文的工具书、教科书，又可借此对系统水文的发展史、方法论等作更深入的研究。

作者简介：赵卫民，汉族，1963 年生，河南南阳人；教授级高工；1984 年毕业于原华东水利学院陆地水文专业，1989 年获河海大学水文水资源硕士学位。现任水文局总工程师，水文局技术委员会主任，黄委会技术委员会委员。

汉英水文水资源词汇

张海敏　朱晓原　李世明　等著　科学出版社　1999 年第 1 版

本书是国内第一本综合性的较为详尽的水文水资源专业的汉英词汇，共收录水文水资

源科学及相关学科的专业词汇 50 000 余条，内容涉及河流学、湖泊学、冰川学、冰雪学、海洋学、气象学、气候学、自然地理学、地质学、数学、物理学、化学、统计学、无线电电子学、水利工程、土木工程、航运、测量学、植物学、林学、农学、土壤学、计算科学、环境科学等学科。

本书可供水文水资源专业及相关学科的高等院校师生、工程技术人员，以及科学研究、情报编译工作人员使用。

作者简介：张海敏，河南郑州人，1956 年生；1982 年 1 月原华东水利学院水文系毕业，学士学位，教授级高级工程师。曾任河南水文水资源局副局长，河南省水利学会水文专业委员会委员；现任水文局技术委员会副秘书长。

西北内陆河区水旱灾害

马秀峰　吴燮中　陈敬智　等著　黄河水利出版社　1999 年 10 月第 1 版

本书是中国水旱灾害系列专著之一，它统合古今西北内陆河区洪涝、干旱史料及最新研究成果，以总体特征和典型实例相结合的方式，分析了自然和社会经济的影响因素，论述了区域内水旱灾害的类型、危害程度与演变规律，并联系实际，得出了可行对策。

本书共分七章。是一部资料性、系统性和实用性很强的科学专著。

作者简介：马秀峰　略

黄河水资源变化研究

朱晓原　张学成　著　黄河水利出版社　1999 年 11 月第 1 版

本书在总结、吸收前人研究成果的基础上，采用最新资料系列，通过大量的统计计算，较为详细地研究了 1950~1997 年间黄河水资源及其变化特征。全书由黄河流域基本概况、黄河流域降水及其变化特征、黄河流域河川径流量及其变化特征、黄河流域蒸发及其变化特征、黄河流域地下水资源量及其变化特征、黄河流域水资源总量及其变化特征、黄河流域泥沙变化特征等九部分组成。是一本全面分析黄河水资源 1950~1997 年间变化的文献，它对于深入了解黄河水资源、合理开发利用黄河水资源具有重要的参考价值。

作者简介：张学成，男，汉族，1965 年 10 月出生，河南温县人；教授级高级工程师。1985 年成都科技大学毕业，1988 年 6 月获理学硕士学位后参加工作；1994 年 12 月毕业于四川大学水文学及水资源利用专业，获工学博士学位。现任黄河水文水资源科学研究院总工。

大气中的风

张克家　吴富山　王庆斋　编著　气象出版社　1999 年 12 月第 1 版

气压场和风场的分析是气象业务中最基本的技术之一，掌握好气压场和风场的分析往

往是气象预报成败的关键。本书针对天气分析的实际，深入浅出地介绍了天气分析中常用的基本气压场型式和地转风、梯度风、偏差风及摩擦层中风的概念及其数学表达式。同时，附绘了大量的图表，详细地阐述了这些要领在天气图上的定性分析方法。本书可供气象专业的大中专学生和从事水文气象预报、教学、科研的人员以及气象爱好者参考。

作者简介：张克家，1942年生，河南周口人；1966年毕业于南京气象学院气象专业，教授级高工。

甘肃省水资源及其持续利用

李世明　董雪娜　张培德　等编著　中国环境科学出版社　1999年12月第1版

本书以水文循环的系统理论为指导，进行了水资源的分区；根据水文循环的过程以及区域"三水"的转化规律和趋势，提出了各个分区的地表水资源量、地下水资源量、水资源总量和可开采量；根据分区的社会发展趋势以及历年的用水情况，分析了未来主要社会经济指标和用水定额的变化，并进行了未来不同年份、不同用水频率条件下的供需分析。

本书以甘肃省水资源评价、水资源持续利用为主，同时兼顾生态环境的需要，在社会经济可持续发展的前提下，最大限度地开发利用水资源。本书科学性、实用性强，为甘肃省今后的水资源开发利用提供了决策依据。本书可供从事水利、水资源、水土保持、国土资源等方面研究的人员及专业人员参考。

作者简介：李世明　略

山东黄河水文生产定额分析与水资源利用效益

时连全　王华　著　黄河水利出版社　2000年6月第1版

本书较全面系统地分析了水文测报工作的特点，论述了编制水文生产定额的必要性，并以黄河山东段典型代表水文站为例，试编制了水文生产定额。作者在定额编制的编写方法、技术路线等方面进行了探索和尝试，对水文生产定额的构成和一些较难确定的困难作了界定。同时，还对山东黄河水资源利用效益进行了统计分析，有一定的创新性。

本书可供水文管理部门在编制水文生产定额和分析水资源利用效益时参考。

作者简介：时连全，1954年生，山东聊城人，高级政工师。任黄委会山东水文水资源局工会主席。

水利水保工程对黄河中游多沙粗沙区径流泥沙影响研究

徐建华　牛玉国　等编著　黄河水利出版社　2000年7月第1版

本书为作者对"九五"期间所完成的几项重要研究成果的汇总和提炼。主要论述了黄

河粗泥沙的界限与中游多沙粗沙区的区域界定，水利水保工程对黄河中游多沙粗沙区径流泥沙的影响及其机理，以及黄河中游河口镇至龙门区间水利水保工程对暴雨洪水的影响等。本书可供从事水利和水土保持科研、生产、管理工作的科技人员参阅，也可供相关专业大中专院校师生参考。

作者简介：徐建华，汉族，1959 年生，重庆人；1982 年毕业于成都科技大学水文专业，教授级高工。现任黄河水文水资源研究院副院长，水文局技术委员会委员。

黄河水文科技成果与论文选集（四）

张民琪　李良年　李竹金　等编　黄河水利出版社　2000 年 10 月第 1 版

此集中收录了水文局从 1996 年至 1999 年期间部分获奖科技成果简介和发表的部分论文共 165 篇。

黄河中游多沙粗沙区区域界定及产沙输沙规律研究

徐建华　吕光圻　张胜利　等编著　黄河水利出版社　2000 年 11 月第 1 版

黄河泥沙是黄河治理开发中最难解决的问题之一，正确地认识黄河泥沙问题是有效地治理开发黄河的基础。我国已故著名泥沙专家钱宁先生在 20 世纪六七十年代通过长期的调研分析，确定了黄河上的大部分泥沙，尤其是严重影响黄河下游河床淤积变迁的粗泥沙，主要来源于黄土高原上黄河中游窟野河、无定河、秃尾河、皇甫川、孤山川等几条重要支流。

为了进一步明确界定黄河中游多沙粗沙区和粗泥沙集中来源区的范围，为黄河多沙粗沙区开发治理提出依据，黄委会组织开展了黄河中游多沙粗沙区区域界定及产沙输沙规律研究项目。该项目主要成果为：黄河中游多沙粗沙区的面积为 7.86 万 km^2，占该河段面积的 22.8%；年均产沙 11.82 亿 t（1954~1969），占中游年均输沙量的 69.2%；其中粗泥沙（$d \geq 0.05mm$）达 3.19 亿 t，占中游粗泥沙总量的 77.2%。

本书是在上述研究成果基础上编写而成的。

作者简介：徐建华　略

水文系统：流域模拟

赵卫民　戴东　牛玉国　等译　黄河水利出版社　2000 年 12 月第 1 版

《水文系统：流域模拟》是美国学者 Vijay P. Singh 着重讨论控制理论和系统科学理论在流域水文模拟中应用的一部专著，侧重于产流产沙和基本水文概念，是世界范围内流域水文模拟研究成果、研究思想的综述性巨著。英文原著由 Prentice Hall 于 1988 年出版。

作者在本书中以博深的知识和高超的技法对水文研究的基本思想、基本方法和各有关模型的历史背景、理论基础、优势和不足等做了系统、详尽的介绍，同时也完美展示了水文学的科学性、系统性和完整性。

作者简介：赵卫民　略

水资源评价—国家能力评估手册

原著：世界气象组织　联合国教科文组织　李世明　张海敏　朱庆平　等译
黄河水利出版社　2001年6月第1版

　　本手册是世界气象组织联合国教科文组织为评估一个国家、一个地区或国家和地区的一部分的基本水资源评价水平提供指导而组织编写的。

　　本手册中所提出的方法是以联合国教科文组织和世界气象组织以前出版的《水资源评价活动——国家评估手册》中的内容为基础并进行了扩充。改进后的方法在评估一个国家承担基本水资源评价任务的能力时使用。

　　本手册对担负水利行业领导职务的高层次管理人员在水资源评价队伍和能力建设方面有重要的借鉴意义，对从事水资源评价的工作人员也有参考作用。

　　作者简介：李世明　略

FEFLOW 有限元地下水流系统

谷源泽　张胜红　郭书英　等译　中国矿业大学出版社　2001年8月第1版

　　从20世纪80年代开始，地表地下水流、污染物质和热过程的整体联合模拟是一个研究热点，也是环境问题中急需解决的问题，为此欧美许多国家的科学家做了大量的研究工作，随着计算机的飞速发展，数值计算使复杂的三维计算成为可能，从20世纪90年代后地理信息系统的出现和普及，为复杂的数据处理提供了强有力的工具。德国柏林水资源规划和系统研究所从80年代开始研究地表地下水流、污染物质和热过程的有限元模拟的交互式软件系统，该系统目前处于国际领先水平，在欧美国家得到广泛应用，在我国也开始得到应用。

　　有限元地下水流系统 FEFLOW 是德国研究所研制的一种模拟地下水流、污染物和热传输过程的交互式图形有限元模拟系统，是一个交互式的全图形软件包，用于分析地下水多维、自由表面、变饱和、瞬变和耦合水流、污染物和热的传输过程的综合模拟系统，可用于多种环境下的计算机和工作站。它的应用为解决地下水有关的各种错综复杂的问题提供了一种极为便利、前卫和有效的手段。可以使技术经验不多的用户能够很快地掌握实际地下水问题的模拟方法。

　　本书是该软件用户手册的中文译本。

　　作者简介：谷源泽，汉族，1960年生，山东威海人，教授级高级工程师；1982年7月毕业于原华东水利学院水文系。曾任黄委会山东水文水资源局局长，现任黄委会水文局副局长。

黑河流域水资源

潘启民　等著　黄河水利出版社　2001年12月第1版

　　该书包括黑河流域概况、降水与蒸发、地表水资源、地下水资源、水资源总量、现状

水质、水资源开发利用与供需分析、水资源开发利用存在的问题及对策等内容。

该书利用40年的资料系列，在大量统计、分析、论证的基础上，对黑河流域地表水、地下水、水资源总量、河流水质等进行了评价；结合现状条件下黑河流域水资源开发利用状况，进行了水资源供需平衡分析，指出了黑河流域水资源开发利用过程中存在的问题，并分析了相应的对策。

该书可供从事水资源研究、社会经济发展计划、国土规划、农业区划等科研、规划管理部门的技术人员参考使用。

作者简介：潘启民，汉族，1963年生，河南杞县人，高级工程师；1983年12月毕业于郑州地质学校；1988年毕业于河海大学陆地水文专业专科。现任黄河水文水资源研究院地下水研究所所长。

明渠水力学

可素娟　张学成　赵安林　等译　黄河水利出版社　2001年12月

本书原作者为 Hubert Chanson 博士，他是国际水利学研究协会会员和水力学结构专委会委员。书中详细阐述了明渠水力学的基本原理、明渠输沙的基本特性、明渠水流的水力模拟及水工建筑物的设计。本书按照难度递增的顺序共分四个部分：一、基本原理：基本流体力学原理在明渠中的应用；二、明渠水流中的泥沙输送；三、明渠水流物理模拟与数值模拟；四、蓄水和输水的水工结构设计，坝、堰及溢洪道的水力设计，跌水陡槽的设计，涵洞的水力设计等。

本书选材主要针对从事土木工程、环境工程和水力工程研究专业的在校大学学生，亦可供水力学工程设计、科研及教学的人员参考。

作者简介：可素娟，汉族，1966年生，河南滑县人，高级工程师；1988年7月毕业于河海大学水文水资源专业，2002年获合肥工业大学水资源专业硕士学位。曾任黄河水文水资源研究所水文计算室主任，现任黄委会水调局水调处副调研员。

水文水资源科技论文集

三门峡水文水资源局　李连祥　韦中兴　杨世理　等编
黄河水利出版社　2001年12月第1版

三门峡水库的修建是治理黄河的一次重大实践。43年来，三门峡库区水文水资源局在水文泥沙资料的收集、水文泥沙规律的研究、水资源调查评价、水质监测分析、河道清淤疏竣、水库调度运用方式的探索等方面开展了大量积极的工作，取得了丰硕的成果，为黄河防汛、三门峡水库的调度运用和黄河的治理开发作出了应有的贡献。

三门峡库区水文水资源局将多年来所取得的实验研究成果、论文数十篇汇编成册。该书所收论文多为长期直接从事三门峡库区水文泥沙实验研究者的科研成果，从水文测验、水情预报、水库冲淤、水质分析、河道演变、清淤实践、新仪器试验等不同侧面对库区水文泥沙形态和变化规律提出了认识，具有较高的参考价值。

河西走廊水资源合理利用与生态环境保护

李世明　程国栋　李元红　等编著　黄河水利出版社　2002 年 12 月第 1 版

河西走廊是我国西北具有重要区位优势和发展潜力的地区。然而，水资源的短缺以及由此而引起的生态环境问题，成为区域社会经济可持续发展的最大制约因素。本书从可持续发展的角度，对河西地区的水资源及其开发利用现状进行了新的评价；在基本弄清现状生态环境及存在问题的基础上，分析了河西走廊地区社会经济发展与环境作用的历史过程、绿洲的形成和演变规律，采用了生态恢复和多目标层次分析法，定量计算了生态环境的需水量和价值损失量；根据河西三个流域的不同特点，进行了水资源承载能力分析和优化配置研究，最后提出了河西走廊水资源合理利用和生态环境保护的对策与建议，其结果可以作为河西地区水资源合理利用和生态环境保护的重要依据。

本书内容丰富、实用性强，可供从事水利、水资源、环境保护、国土资源和经济发展规划等方面的研究人员及专业人员参考应用。

作者简介：李世明　略

黄河冰凌研究

可素娟　王敏　饶素秋　等编著　黄河水利出版社　2002 年 12 月第 1 版

黄河凌汛问题是黄河治理中的重大问题之一。本书是作者先后承担和参加"黄河下游实用冰情预报数学模型及优化水库防凌调度的研究"、"黄河上游实用冰情预报数学模型及优化水库防凌调度的研究"，"万家寨水库防凌调度运用方式研究"，"河冰、海冰的形成机理、危害及防护措施"等项目所取得成果的系统总结。本书包括以下内容：冰凌演变的几个阶段及冰塞和冰坝的成因分析；黄河干流上冰情比较严重河段的凌情和成因分析；黄河历史上及新中国成立后的典型灾害和目前主要的防凌措施概述；黄河上冰凌观测站网、观测项目、观测手段概述；黄河冰情预报方法的发展和冰情预报现状概述；封、开河预报模型研究；黄河流域典型年凌情特点分析等。

作者简介：可素娟　略

黄河三角洲与渤黄海陆海相相互作用研究

黄海军　李凡　庞家珍　等著　科学出版社　2005 年 3 月第 1 版

本书以陆海相互作用为中心，根据末次冰期以来黄河下游地区地质发育和河道变迁的历史，将黄河下游发育分为古黄河、老黄河和近代（包括现代）黄河三个阶段；上篇论述 1855 年以来近代黄河下游河道的变迁和黄河入海泥沙通量变化对于河口及其近海生态环境资源可持续性发展的影响，其中突出了大型水利工程等人类活动对近海环境（不包括污染）的重大影响，分析了黄河断流事件发生的内外因，提出了改善措施，预估了今后 20 年河口地貌、潮汐、潮流等环境因素的

变化趋势，建立了陆海相互作用对环境资源可持续利用影响的综合评价概念模式。下篇论述了老黄河、古黄河的发育过程及其对华北、苏北平原和渤、黄海陆架区地质环境演化的贡献。

本书可供海洋系统、水利系统科研、工程单位的有关人员，以及有关高等院校的师生参考。

作者简介：庞家珍，1934 年生，湖北武汉人，教授级高级工程师；1954 年毕业于天津大学水利系。曾任黄委会山东水文水资源局局长。

黄河中游水文（河口镇至龙门区间）

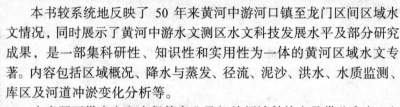

齐斌　马文进　薛耀文　等编著　黄河水利出版社　2005 年 10 月第 1 版

本书较系统地反映了 50 年来黄河中游河口镇至龙门区间区域水文情况，同时展示了黄河中游水文测区水文科技发展水平及部分研究成果，是一部集科研性、知识性和实用性为一体的黄河区域水文专著。内容包括区域概况、降水与蒸发、径流、泥沙、洪水、水质监测、库区及河道冲淤变化分析等。

本书既可供水文和水保等专业及相关领域科技人员借鉴参考，也可供相关专业大中专院校师生参阅。

作者简介：齐斌，1963 年 4 月生，山西省晋中市人，高级工程师；1989 年 6 月毕业于太原重型机械学院工业自动化专业。现任黄委会中游水文水资源局研究室主任。

Liberty BASIC V4.0 实用教程

张遂业　杜军　弓增喜　等译　黄河水利出版社　2005 年 11 月第 1 版

Liberty BASIC 是美国 Liberty BASIC 公司开发的一个简单、易学、功能强大的计算机软件开发工具。

本书较详细系统地介绍了 Liberty BASIC V4.0 的使用方法，其中包括 Liberty BASIC 的安装使用方法，Liberty BASIC 应用程序设计基础，Liberty BASIC 程序调试、编译、发布的方法，鼠标与键盘事件响应、图像和文本处理、基本控件的使用、动态链接库的应用等内容。另外本书还包括了 Liberty BASIC V4.0 全部命令使用方法的详细介绍。

本书内容全面、语言流畅、实例众多，是国内 Liberty BASIC 程序开发人员和编程爱好者学习使用 Liberty BASIC 的第一本教程。

作者简介：张遂业，汉族，1957 年生，河南省三门峡人；教授级高级工程师；1990 年毕业于河海大学水文水资源专业。曾任黄河水利学校办公室主任，黄委会上游水文水资源局局长，现任黄河水文设计院院长。

黄河水量调度决策支持系统的理论方法与实践

刘晓岩　魏加华　刘晓伟　等编著　中国水利水电出版社　2005 年 12 月第 1 版

本书介绍了黄河水量调度决策支持系统一期研究开发的成果。主要包括黄河水量调度

决策支持系统分析、调度决策支持系统总体框架、调度系统数据库建设、水量调度模型库研发、现行调度方案编制、自适应调度研发、适度优化调度研发、基于 GIS 的水量调度方案管理、基于 GIS 的三维仿真以及展望等。全书以解决水量调度实际问题为目的，探讨了全新的水库调度和河段配水相耦合的水量调度模型。

本书可供水利系统从事水资源管理和水量调度工作的各级领导、科学技术人员及管理人员参考。

作者简介：刘晓岩，汉族，1958 年生，山东人；1986年毕业于黄河水利学校大专班陆地水文专业，1997 年毕业于华北水利水电学院水利水电工程专业，2002 年获北京航空航天大学流体力学硕士学位，教授级高工。曾任黄委水调局副局长；现任水文局副总工程师，水文局技术委员会委员。

黄委会水文局获奖科技成果一览表（1980~2005 年）

获奖成果名称	主要完成单位	主要完成人	获奖年份	获奖情况
黄河泥沙来源和输移	黄委会水文局机关	熊贵枢、黄委裴时旸等	1980	河南省优秀科技成果三等奖
黄河中、下游 1761 年洪水分析考证	黄委会水文局机关	委设计院高秀山，水文局胡汝南等	1980	河南省优秀科技成果四等奖
黄河三小间产汇流电算成果分析及优选法在瞬时单位线中的应用	黄委会水文局机关	余文俊，水科所陈朝辉	1980	黄委会科技进步四等奖
多沙河流系数问题	黄委会水文局机关	赵伯良	1980	黄委会科技进步四等奖
光电法泥沙颗分试验及光电颗分仪的研究（GDY-1 型）	黄委会水文局机关	刘木林、龙毓骞、华东水利学院、西安工学院等 7 单位 11 人	1980	水电部优秀科技成果三等奖，河南省优秀科技成果三等奖
黄河下游变动河床洪水位预报方法的研究	黄委会水文局机关	胡汝南、张松礼、黄委水科所李世东等	1980	水利部优秀科技成果四等奖，1981 年黄委会科技进步三等奖
虹吸水位计的安装及改进	黄委会济南水文总站	王然等	1981	黄委会技术进步四等奖
GDY-1 型光电颗分仪的应用与改进	黄委会济南水文总站	洛口站巩美华	1981	黄委会技术进步四等奖
GDY-1 型光电颗分仪的应用与改进	黄委会济南水文总站	艾山站唐秀红	1981	黄委会技术进步五等奖
GDY-1 型光电颗分仪的应用与改进	黄委会济南水文总站	利津站宋兆桂	1981	黄委会技术进步五等奖
斜坡活动式自记水位设置及防冻	黄委会济南水文总站	济南水文总站姜西林	1981	黄委会技术进步三等奖
论计算梯形渠道临界水深近似公式	黄委会济南水文总站	项兆法	1981	黄委会技术进步四等奖
山东黄河高村—利津河道基本情况分析	黄委会济南水文总站	董占元等	1981	黄委会技术进步五等奖
半自动缆道推广及改进	黄委会兰州水文总站	兰州、吴堡水文总站	1981	黄委会技术进步四等奖
SWP-10-1 型测流控制仪	黄委会兰州水文总站	王彦洪等	1981	黄委会技术进步三等奖
同位素测沙仪推广与改进	黄委会三门峡水文总站	李自强等	1981	黄委会技术进步五等奖
翻斗雨量计的防制改进	黄委会三门峡水文总站	三门峡水文总站赵宝德	1981	黄委会技术进步五等奖
三门枢纽泄洪建筑物流公率率定	黄委会三门峡水文总站	罗荣华、王国士	1981	黄委会科技进步四等奖

注：1989 年前水文局直接优黄委会评科技进步三等奖以下奖项，水文局自己不设一、二等奖。

获奖成果名称	主要完成单位	主要完成人	获奖年份	获奖情况
同位素测沙仪推广与改进	黄委会水文局机关	周延年、济南水文总站	1981	黄委会技术进步四等奖
黄河水系种的一些环境地球化学问题	黄委会水文局机关	王志敏、北大地理系	1981	黄委会科技进步四等奖
泥沙颗粒级配资料的电算整编	黄委会水文局机关	张国泰等	1981	黄委会科技进步四等奖
水流连续方程与洪水演算	黄委会水文局机关	马秀峰	1981	黄委会科技进步五等奖
测流上、中、下端面通话器	黄委会吴堡水文总站	席锡纯、芮君和	1981	黄委会技术进步四等奖
同位素测沙仪推广与改进	黄委会吴堡水文总站	席锡纯、芮君和	1981	黄委会技术进步四等奖
GDY-1型光电颗分仪的应用与改进	黄委会吴堡水文总站	朱德丰等	1981	黄委会科技进步四等奖
水文站定位观测补充，水文调查方法	黄委会吴堡水文总站	李震等	1981	黄委会技术进步五等奖
自记水位计的安装与改进	黄委会吴堡水文总站	马瑞元、席锡纯	1981	黄委会技术进步五等奖
水文缆道测深设备的改进	黄委会郑州水文总站	李延平、刘瑞山、赵新同	1981	黄委会技术进步四等奖
注入消光法分析粗沙级配试验	黄委会郑州水文总站	刘振新等	1981	黄委会科技进步四等奖
两种同位素测沙仪的比测推广与改进	黄委会郑州水文总站	韩其华、李云峰等	1981	黄委会科技进步四等奖
GDY-1型光电颗分仪的应用与改进	黄委会郑州水文总站	陈爱珍	1981	黄委会技术进步五等奖
水位计浮筒式静水设备	黄委会郑州水文总站	杨凤楼	1981	黄委会技术进步五等奖
吊箱测流设备革新	黄委会郑州水文总站	陈金元等	1981	黄委会技术进步五等奖
黄河下游大跨度缆道设计施工应用	黄委会济南水文总站	游立潜、程进豪、张枫	1982	水文局科技进步四等奖
黄河河口演变	黄委会济南水文总站	庞家珍、司书亨	1982	水文局科技进步四等奖;1983 山东省自然科学优秀学术论文三等奖
溶解氧固定方法试验	黄委会济南水文总站	水质监测站	1982	水文局科技进步四等奖
ZLJ流速显示器	黄委会兰州水文总站	颜国际等	1982	水文局科技进步四等奖
缆车自动掩挂的研制与应用	黄委会兰州水文总站	吕世波	1982	水文局科技进步四等奖
旋转式容重采样器的研制与应用	黄委会兰州水文总站	巴家嘴实验站	1982	水文局科技进步四等奖
清洋水交界面取样——水式取样器的研制	黄委会兰州水文总站	巴家嘴站廖咸祖	1982	水文局科技进步五等奖
四十米钢塔平地起吊技术	黄委会兰州水文总站	鲁东传	1982	水文局科技进步五等奖
巴家嘴水库淤积物容重的观测分析	黄委会兰州水文总站	头道拐水文站	1982	水文局科技进步五等奖

获奖成果名称	主要完成单位	主要完成人	获奖年份	获奖情况
钠引夜发明浮标研制	黄委会兰州水文总站	秦安水文站马秀芳	1982	水文局科技进步五等奖
电控浮标投放器研制	黄委会兰州水文总站	秦安水文站王百贤	1982	水文局科技进步五等奖
数据纸带的一种储存方法	黄委会兰州水文总站	青铜峡黄伯鑫	1982	水文局科技进步五等奖
降水自记曲线坐标读图方法及程序框图	黄委会兰州水文总站	曹寿林	1982	水文局科技进步五等奖
油质取样器研制	黄委会兰州水文总站	水质监测站	1982	水文局科技进步五等奖
三门峡水库调沙及其冲淤的特点	黄委会三门峡水文总站	黄委水科所阿国桢、华正本、三门峡水文总站王国土	1982	黄委会科技进步四等奖
三门峡水库童关高程变化分析	黄委会三门峡水文总站	王国土	1982	黄委会科技进步四等奖
研制定时水位发送器及无线传输打印接口	黄委会三门峡水文总站	庞文瑞、张杜贤	1982	黄委会科技进步四等奖
JIX流速显示仪研制	黄委会三门峡水文总站	董继民、赵宝德	1982	水文局科技进步五等奖
沙质河床采样器的研制与试验	黄委会三门峡水文总站	陶祖湘、南文臣	1982	水文局科技进步五等奖
吸管法批量操作法	黄委会三门峡水文总站	王伟真	1982	水文局科技进步五等奖
咸阳站循环索托架	黄委会三门峡水文总站	咸阳水文站	1982	水文局科技进步五等奖
挥发酚零管变动问题的探讨	黄委会三门峡水文总站	兰艳华	1982	水文局科技进步五等奖
黄河中游粗泥沙来源区对黄河下游冲淤的影响	黄委会水文局机关	黄委水科所、水文局、清华大学水利系钱宁、水文局熊贵枢、马秀峰等	1982	国家自然科学优秀术论文二等奖
兰州段有机污染与自净能力研究	黄委会水文局机关	水源办李发成、北大徐云麟	1982	黄委会科技进步三等奖
粒径计资料改正方法试验	黄委会水文局机关	刘木林、刘明月	1982	水文局科技进步四等奖
黄河高含沙量分布特性及测验方法探讨	黄委会水文局机关	赵伯良、局研究所牛占	1982	水文局科技进步四等奖
黄河水系水质状况初步分析	黄委会水文局机关	王志敏	1982	水文局科技进步五等奖
泥沙吸附对自净作用分析	黄委会水文局机关	李发成	1982	水文局科技进步五等奖
对东工地地下管道施工方法的一项建议	黄委会水文局机关	曾本杜	1982	水文局科技进步五等奖
控制浮标计时器研制与应用	黄委会吴堡水文总站	张富涛、席锡纯	1982	水文局科技进步四等奖
多沙河流内外差试验	黄委会吴堡水文总站	席锡纯	1982	水文局科技进步四等奖
黄河水体耗氧量与泥沙关系探讨	黄委会吴堡水文总站	水质监测站	1982	水文局科技进步五等奖
山溪性河流洪水检测方法探讨	黄委会吴堡水文总站	高贵成	1982	水文局科技进步五等奖

获奖成果名称	主要完成单位	主要完成人	获奖年份	获奖情况
电瓶缆车研制与应用	黄委会郑州水文总站	陈金元、郑少锦、刘建国	1982	水文局科技进步四等奖
缆道自调拉编索的研制与应用	黄委会郑州水文总站	赵新同	1982	水文局科技进步四等奖
机船舵锥形密封套的研制	黄委会郑州水文总站	王正军	1982	水文局科技进步四等奖
双悬杆流速仪支架研制	黄委会郑州水文总站	田海臣	1982	水文局科技进步五等奖
简易水面流向仪	黄委会郑州水文总站	花园口水文站邓经农	1982	水文局科技进步五等奖
放射性同位素稀释测量江河流量	水文局研究所	黄委水科所刘雨人，局研究所赖世景、肖翔群	1982	河南省仪器仪表学会二等奖
逆变充电两用机的研制	水文局研究所	王安华	1982	黄委会科技进步二等奖
黄河下游泥沙测验精度分析	水文局研究所	熊贵枢等	1982	水文局科技进步四等奖
应用卫片编制黄河流域地理分区及分析河口三角洲演变	水文局研究所	牛占、济南水文总站赵树廷	1982	水文局科技进步二等奖
黄河流域冰期水面蒸发系数分析	水文局研究所	支俊峰	1982	水文局科技进步五等奖
黄河花园口泥沙对微量来吸附作用的初步探讨	水文局研究所	吴青、郑大化学系	1982	水文局科技进步五等奖
黄河口清水沟行水年限及近期流路安排	黄委会济南水文总站	庞家珍、余力民、司书亭	1983	黄委会科技成果五等奖；山东省第二届优秀学术成果二等奖
利用废井管安装自记潮位计	黄委会济南水文总站	陈樟榕、李荣华	1983	水文局科技进步五等奖
唐乃亥缆道测验技术改进	黄委会兰州水文总站	兰州水文总站	1983	水文局科技进步四等奖
头道拐汽油机吊船提升装置	黄委会兰州水文总站	苏水宾、徐淑英	1983	水文局科技进步五等奖
可控硅逆速船用直流电动水文绞车	黄委会三门峡水文总站	李文蔚、李群娃、孙绵惠	1983	水文局科技进步五等奖
砖塔标志	黄委会三门峡水文总站	库区测验队	1983	水文局科技进步五等奖
黄河三花间暴雨分类及其天气尺度条件的配置	黄委会水文局机关	李一环	1983	国家气象局科技成果二等奖
黄河三花间径流型暴雨初步分析研究	黄委会水文局机关	李一环、车振学	1983	国家气象局科技成果二等奖
黄河三花间台风暴雨基本特征的初步研究	黄委会水文局机关	李一环	1983	国家气象局科技成果二等奖
TQ-16电子计算机整编水位、流量、含沙量及峰间水量通用程序	黄委会水文局机关	张国泰、兰州水文总站曹寿林	1983	水电部优秀水利科技成果三等奖；河南科技成果三等奖；黄委会科技成果三等奖
黄河"82.8"暴雨洪水分析	黄委会水文局机关	吴学勤、李一襄、石海元	1983	水文局科技进步四等奖

获奖成果名称	主要完成单位	主要完成人	获奖年份	获奖情况
水文调查方法研究	黄委会水文局机关	马秀峰等	1983	水文局科技进步四等奖
对汞测定质量问题的分析	黄委会水文局机关	局水源处万蔚华	1983	水文局科技进步五等奖
黄土入渗参数研究	黄委会水文局机关	马秀峰等	1983	水文局科技进步五等奖
测流槽在山区中小河道的应用	黄委会吴堡水文总站	高贵成	1983	水文局科技进步五等奖
黄河"82·8"洪水调查	黄委会郑州水文总站	郑州水文总站	1983	水文局科技进步四等奖
自动定距移位刻线装置	黄委会郑州水文总站	高跃等	1983	水文局科技进步四等奖
水质监测采用清、率水测定问题商讨	水文局水质监测中心站	万涛	1983	水文局科技进步五等奖
黄河水系监测五日生化需氧量的探讨	水文局水质监测中心站	马仁成、周圣宽、高宏、齐杰	1983	水文局科技进步五等奖
黄河神测定的研究	水文局水质监测中心站	高传德	1983	水文局科技进步五等奖
黄河流域的风沙活动	水文局研究所	牛占	1983	黄委会科技进步五等奖
黄河流域片水资源调查和评价初步成果报告	水文局研究所	吴鑾中、邱宝冲、武伦偕、支俊峰、屠凤兰、任建华等	1983	水电部资源调查规划成果二等奖
伊洛河污染研究	水文局研究所	崔鸿强、史桂芬、暴维英、张炳臣、张曙光、李雅卿	1983	水文局科技进步四等奖
山东黄河流量测验精度实验分析报告	黄委会济南水文总站	程进豪、李祖正、苏治东、李存才等	1984	水文局科技进步四等奖
测流浮艇的研制和使用	黄委会济南水文总站	祝传德、陈樟楷、张广泉、王凤卫	1984	水文局科技进步四等奖
兰州SL84型升降缆车	黄委会兰州水文总站	苏永宾、徐叔华、李德华	1984	水文局科技进步四等奖
过河缆吊船加操舟机动力的革新	黄委会三门峡水文总站	兰荣潭	1984	水文局科技进步四等奖
水沙精度试验及分析报告	黄委会三门峡水文总站	李文蔚、孙绪惠、兰现卿、宋海松等	1984	水文局科技进步四等奖
黄河流域旱涝和汛期降水长期预报方法的研究	黄委会水文局机关	王云璋等	1984	河南省科技进步三等奖；黄委会科技进步五等奖
计算机在黄河三花间预报洪水的探索	黄委会水文局机关	吕光折、李良年、唐若璧	1984	水文局科技进步四等奖
黄河三花间暴雨研究综合成果	黄委会水文局机关	李一襄等	1984	水文局科技进步四等奖
黄河水中悬浮微粒对Cr^{6+}测定的影响	黄委会水文局机关	高传德、局水质监测站李祥初等	1984	水文局科技进步四等奖
电动机动（汽油机）手摇升降吊箱	黄委会水文局机关	怀新民、龙门镇水文站陈俊堂等	1984	水文局科技进步四等奖
1983年汛期黄河水情分析	黄委会水文局机关	吴学勤、李若宏等	1984	水文局科技进步五等奖
PC1500微型机在黄河下游洪水预报中的应用	黄委会水文局机关	李建平等	1984	水文局科技进步四等奖

获奖成果名称	主要完成单位	主要完成人	获奖年份	获奖情况
时序分析在长期径流预报中的应用及其 PC1500 程序	黄委会水文局机关	朱辰华	1984	水文局科技进步五等奖
1982 年汛期黄河流域长期预报总结	黄委会水文局机关	彭梅香	1984	水文局科技进步五等奖
黄河兰州以上"81·9"大洪水文气象初步分析	黄委会水文局机关	朱学良	1984	水文局科技进步五等奖
1983 年汛期总结	黄委会水文局机关	薛玉杰	1984	水文局科技进步五等奖
两要素点聚图的电算优选法总结	黄委会水文局机关	张红月、王云璋	1984	水文局科技进步五等奖
黄河中游三花间雨季划分及气候特征分析	黄委会水文局机关	王云璋	1984	水文局科技进步五等奖
PC1500J 机在颜分数据处理中的应用	黄委会水文局机关	王余立	1984	水文局科技进步中等奖
黄河流域各水文站洪峰流量频率分析成果	黄委会水文局机关	王家钰等	1984	水文局科技进步五等奖
电动手摇载人升降缆车	黄委会水文局机关	辛洪成、怀新民等	1984	水文局科技进步五等奖
缆道铅鱼造型悬吊方式、尾翼改进、信号器、行车架、传感轮研制	黄委会水文局机关	辛洪成、怀新民等	1984	水文局科技进步五等奖
日平均含沙量不同计算方法选用指标分析	黄委会水文局机关	方季生等	1984	水文局科技进步五等奖
断面流量计算程序	黄委会水文局机关	王进智	1984	水文局科技进步五等奖
用 PC1500 机建立河流水质多元线性相关水模型	黄委会水文局机关	崔树彬、李钰洪	1984	水文局科技进步五等奖
PC1500 机在黄河水系水环境质量评价中的应用	黄委会水文局机关	崔树彬、李钰洪	1984	水文局科技进步五等奖
水文资料质量统计评定办法	黄委会吴堡水文总站	高贵成、芮君利等	1984	水文局科技进步四等奖
吴堡站缆道测流的可行性试验	黄委会吴堡水文总站	何志江、张富寿、王慧民、高岩清等	1984	水文局科技进步四等奖
研究推广应用橡胶气囊使测验船上下水新工艺	黄委会郑州水文总站	船舶机电科	1984	水文局科技进步四等奖
黄河 84-1 型水文缆道信号传输系统的研究	黄委会郑州水文总站	李延平	1984	水文局科技进步五等奖
花园口泥沙对砷吸附值的试验	水文局水质监测中心站	田宗波、高宏、王金玲、腾云	1984	水文局科技进步五等奖
对六价铬测定的一些问题的研究	水文局水质监测中心站	王金玲、汪金成、伍丽萍	1984	水文局科技进步五等奖
关于水中细菌总数和大肠菌群检验的试验	水文局水质监测中心站	屠凤兰、袁丽华、马仁成、李凯祥	1984	水文局科技进步五等奖
水质资料整汇编研究	水文局水质监测中心站	张洁华、万蔚华、赵小燕	1984	水文局科技进步五等奖

获奖成果名称	主要完成单位	主要完成人	获奖年份	获奖情况
标准曲线拟合的统计分析	水文局水质监测中心站	万蔚华、万涛、李德贵	1984	水文局科技进步五等奖
黄河水体中可溶性汞、砷、铬存在形式及含沙量的探讨	水文局水质监测中心站	万涛	1984	水文局科技进步五等奖
伊洛河水质评价及管理规划研究	水文局研究所	赵沛伦、崔灣强、张曙光、北大地理系关伯仁、徐云麟，洛阳环保局监测站刘德绪	1984	河南省科技进步三等奖;水电部科技进步三等奖;国家环保局科技进步三等奖;黄委会科技进步三等奖;85
黄河干流水质污染对水生生物的毒性影响及生物学评价的研究	水文局研究所	赵沛伦、张曙光、长江水产所张端涛、翟良安	1984	水电部自然科学优秀学术论文二等奖;黄委会科技进步三等奖
FH-422同位素含沙量计改进	水文局研究所	周延年、张石建	1984	水文局科技进步四等奖
循环浑水实验筒的设计和试用	水文局研究所	白东义、赵志普等	1984	水文局科技进步四等奖
应用陆地卫星数字图像进行水文地理分类和提取水信息试验	水文局研究所	牛占	1984	水文局科技进步四等奖
巴家嘴水库高含沙量异重流的初步分析	黄委兰州水文总站	巴家嘴水文实验站廖威祖等	1985	黄委会科技进步四等奖
黄河龙门水文站洪水期浮标系数的试验分析	黄委三门峡水文总站	肖俊法	1985	水文局科技进步四等奖
颗分、地形测量电算程序汇编	黄委三门峡水文总站	三门峡水文总站杨丙戌等	1985	水文局科技进步四等奖
NSY-1型泥沙粒度分析仪系统	黄委水文局机关	华东水院卢永生、王锡第、王高元、黄委（水文局）刘月明、陈爱珍	1985	国家科技进步三等奖
AMT-1型流量表自动测定仪	黄委水文局机关	李书峰、兰州监测站、兰州石油学校赵旭东、杨楠	1985	黄委会科技进步三等奖（86水电部科技进步四等奖）
计算水文频率参数的权函数法	黄委水文局机关	马秀峰	1985	黄委会科技进步四等奖
黄河水中砷的来源及其与泥沙关系的分析	黄委水文局机关	高传德等	1985	水文局科技进步四等奖
流量测验中的系统误差	黄委水文局机关	李兆南	1985	水文局科技进步五等奖
积探法的测验精度	黄委水文局机关	赵伯良等	1985	水文局科技进步五等奖
黄河下游一次飑线过程的分析	黄委水文局机关	局水情处薛玉杰等	1985	水文局科技进步五等奖
黄河下游凌汛成因及封解冰预报	黄委水文局机关	局水情处王文才	1985	水文局科技进步五等奖
黄河流域防汛资料汇编	黄委水文局机关	黄委工务处罗庆华、岳岫峰、局水情处李若宏、设计院王甲等	1985	水文局科技进步五等奖

获奖成果名称	主要完成单位	主要完成人	获奖年份	获奖情况
批内标准差计算公式的简化	水文局水质监测中心站	田宗波	1985	水文局科技进步五等奖
进口日立180-80型偏振塞曼原子吸收光度计验收、调试、应用	水文局水质监测中心站	李祥龙等	1985	水文局科技进步五等奖
火焰原子吸收光谱分析地表水中的K、Na	水文局水质监测中心站	冯来同	1985	水文局科技进步五等奖
原子吸收光谱法在Pb、Cd质控中的应用	水文局水质监测中心站	李祥凯	1985	水文局科技进步五等奖
黄河流域片水资源评价	水文局研究所	吴燮中、邱宝冲、支俊峰、任建华、顾鹇生、潘启民、张嵩德、张波、司凤林、李先景及其他有关单位	1985	国家农委科技进步一等奖
HS-1型浮标水测深仪	水文局研究所	白东义、方新民、赵安林、齐相林	1985	黄委会科技进步一等奖（86河南省科技进步二等奖）
DSJ-4型翻斗式长期自记雨量计	黄委会水文局机关	王进智、赵宝德、天津市气象海洋仪器厂	1986	黄委会科技进步四等奖
黄河小浪底水利枢纽工程环境影响研究	水文局研究所	任小龙、崔鸿遂、黄委设计院、黄河医院	1986	黄委会科技进步三等奖；水电部科技进步三等奖；国家环保局科技进步三等奖
悬移质泥沙测验方法的试验研究	黄委会水文局机关	赵伯良、张海敏、王雄世	1987	水文局科技进步四等奖
黄委会水文局流速仪检定水槽	水文局研究所	任小龙、付谨偷等	1987	黄委会科技进步三等奖；88水利部科技进步四等奖
（公元）2000年中国江河（黄河水质）污染预测	水文局研究所	李清泽、连煜、戴申生、赵沛伦、徐志修	1987	黄委会科技进步四等奖；水电部科技进步四等奖
论水文变量的随机性	水文局研究所	戴申生等	1987	水文局科技进步四等奖
黄委会水文站网发展规划	水文局研究所	龚庆胜	1987	水文局科技进步四等奖
黄河三花间水文地理条件和系列图件编绘	水文局研究所	牛占	1987	水文局科技进步四等奖
花园口至利津历年水量平衡情况分析	黄委会济南水文总站	游立潜、程进豪	1988	水文局科技进步四等奖
山东黄河泥沙颗分测验误差实验分析	黄委会济南水文总站	程进豪、李祖正、杨凤翔	1988	水文局科技进步四等奖
西峰勘测队水文队结合实施方案	黄委会三门峡水文总站	王艾林、荣修、尹心敏	1988	水文局科技进步四等奖
盛夏西太平洋副高特征分析与高度场预报研究	黄委会水文局机关	彭梅香、王云章	1988	水文局科技进步四等奖
黄河流域气候	黄委会水文局机关		1988	水文局科技进步三等奖
黄河中下游流量测验总误差的实验研究	黄委会水文局机关	张海敏、李兆南、赵伯良	1988	水文局科技进步三等奖
垂线平均流速计算公式的误差及修正计算方法	黄委会水文局机关	张海敏、王玲	1988	水文局科技进步四等奖

获奖成果名称	主要完成单位	主要完成人	获奖年份	获奖情况
降水量资料整编通用程序	黄委会水文局机关	张国荣、彭子芳、张士秀	1988	水文局科技进步三等奖
水情联机程序	水文局研究所	董仲宝	1988	水文局科技进步四等奖
黄河水中汞测定方法的研究	水文局研究所	李鸿业、高宏、卿本虞	1988	水文局科技进步三等奖
BS-86 便携式测深仪	水文局研究所	方新民、贺焕林、赵志普	1988	水文局科技进步四等奖
水库水温结构及其泄水对下游河道水温的影响	水文局研究所	王保华、王连君、王玲	1988	水文局科技进步四等奖
黄河流域片地表水水质评价报告书	水文局研究所	齐杰、柴成果、卿本虞	1988	水文局科技进步四等奖
国外泥沙测验技术	水文局研究所	栾保珊、曹捍、陈希媛、崔巍	1988	水文局科技进步四等奖
火焰原子吸收光谱测定水中 K、Na	水文局研究所	冯荣周	1988	水文局科技进步四等奖
黄河柴家峡水电站工程环境影响报告书	黄委会兰州水文总站	巢孝松等 5 人	1989	水文局科技进步五等奖
黄河三花间实时洪水联机预报系统	黄委会水文局机关	吕光忻等 5 人	1989	水文局科技进步三等奖
黄河下游凌汛期中、长期气温预报方法的研究	黄委会水文局机关	朱学良等 5 人	1989	水文局科技进步三等奖
黄河下游洪水预报调度系统	黄委会水文局机关	赵卫民等 4 人	1989	水文局科技进步四等奖
黄河中游泥沙对重金属迁移转化影响的研究	水文局研究所	廖明等 5 人	1989	水文局科技进步三等奖
催化分光光度法测定痕量全钼	水文局研究所	李鸿业	1989	水文局科技进步四等奖
黄河流域水质监测站编码计算机服务系统	水文局研究所	王玲等 3 人	1989	水文局科技进步四等奖
国内外先进悬移质泥沙测验技术用于黄河泥沙测验的探讨	水文局研究所	曹捍等 2 人	1989	水文局科技进步四等奖
黄河流域主要污染物治理费用系数研究	水文局研究所	李清浮等 2 人	1989	水文局科技进步五等奖
黄河流域主要污染物产生系数研究	水文局研究所	李清浮等 2 人	1989	水文局科技进步五等奖
三门峡水库三十年实验资料综合分析报告	黄委会三门峡水文总站	李文蔚、张冠生、兰观卿	1990	水文局科技进步三等奖
三门峡水库（潼—三段）塌岸调查与分析	黄委会三门峡水文总站	吴茂森、孙绵惠、周如林、肖俊法	1990	水文局科技进步四等奖
三门峡水库汇流区蓄水削峰作用和改善渭河口段淤塞机运的方案探讨	黄委会三门峡水文总站	程龙渊	1990	水文局科技进步四等奖
浅谈水文水资源勘测队的管理	黄委会三门峡水文总站	蔺生睿	1990	水文局科技进步四等奖
开展泥沙巡测试验专题报告（试行）	黄委会三门峡水文总站	荣彦修	1990	水文局科技进步四等奖
黄河流域雨量等值线图绘制	黄委会水文局机关	王惠中、张红月、王曜瑾	1990	水文局科技进步三等奖

获奖成果名称	主要完成单位	主要完成人	获奖年份	获奖情况
黄河下游漫滩洪水预报方法	黄委会水文局机关	李若宏、赵卫民、刘晓伟	1990	水文局科技进步三等奖
黄河流域1986年与1987年盛夏及历史同期典型片水成因初探	黄委会水文局机关	朱岑良、田丽娜、刘泽	1990	水文局科技进步四等奖
三门峡水库不同运用期库局浸没盐碱化的分析	黄委会水文局机关	陈永奇、王国士、陈敬智、康维明	1990	水文局科技进步四等奖
三门峡水库不同运用期库岸坍塌的分析	黄委会水文局机关	尚志敏、王国士、康维明、陈敬智	1990	水文局科技进步四等奖
黄河水文数据库	黄委会水文局机关	张国泰、张士秀、马俊玲、彭子芳等	1990	水文局科技进步三等奖
利用鱼类微核技术评价黄河重金属污染物致突变性的研究	水文局研究所	张曙光、李雍卿、祁世莲、赵玉仙、赵沛伦	1990	水文局科技进步三等奖
黄河流域实用水沙基本资料数据库系统	水文局研究所	王玲、支峻峰、刘九玉、林根萍、顾渊生	1990	水文局科技进步四等奖
黄河孟花花段水质及污染控制研究	水文局研究所	胡国华、赵沛伦、司锡明、王任翔	1990	水文局科技进步四等奖
水烙发射法测定水中的砷和钠	水文局研究所	冯荣固	1990	水文局科技进步四等奖
黄河小浪底—花园口未控区间流域模型	水文局研究所	支峻峰、董雪娜	1990	水文局科技进步四等奖
关于质控考核数据的判断和评价问题	水文局研究所	田宗波	1990	水文局科技进步四等奖
黄河中游水土保持工程拦沙效益分析	水文局研究所	徐建华	1990	水文局科技进步四等奖
简易地下水位计	水文局研究所	方新民、李德贵、韩捷、贺焕林、吴建国	1990	水文局科技进步四等奖
黄河牌汽车充电机	水文局研究所	方新民、李德贵、韩捷、贺焕林、吴建国	1990	水文局科技进步四等奖
山东黄河水资源水质评价报告	黄委会济南水文总站	程进豪	1991	水文局科技进步四等奖
黄河兰州段悬浮物对油烟吸附的研究	黄委会兰州水文总站	关键、刘玉林、达玉英	1991	水文局科技进步四等奖
1974-1986年黄河中上游水沙变化的气象成因分析	黄委会水文局机关	王云璋、彭梅香、温丽叶	1991	水文局科技进步三等奖
黄河三花间变中小水库群影响的产汇流计算方法	黄委会水文局机关	唐君璧、冯相明、马骏	1991	水文局科技进步四等奖
黄河下游郑州、济南、北镇168小时逐日气温预报方法	黄委会水文局机关	王茂本	1991	水文局科技进步四等奖
黄河中游高含沙浑水流变特性初步分析	黄委会水文局机关	乔永杰	1991	水文局科技进步三等奖
孵河口污水灌溉对土壤地下水污染状况研究	水文局研究所	崔鸿强、史桂芬	1991	水文局科技进步二等奖

获奖成果名称	主要完成单位	主要完成人	获奖年份	获奖情况
黄河孟花段伊洛河多环芳烃污染现状分析	水文局研究所	李祥龙、渠康、刘中华、赵沛伦	1991	水文局科技进步二等奖
黄河水中硒测定方法的研究	水文局研究所	李鸿业、高宏、刘玉凤	1991	水文局科技进步二等奖
黄河包头段水质污染发展趋势及预测研究	水文局研究所	齐杰、柴成果	1991	水文局科技进步三等奖
黄河山东段水体中天然放射性水平调查研究	水文局研究所	冯佳水、杨敏栓、周圣宽	1991	水文局科技进步三等奖
非接触式超声波水位计	水文局研究所	杨丽霞、杜军、汪青	1991	水文局科技进步四等奖
黄河兰州段水质污染趋势分析	水文局研究所	王金玲、柴成果、卿本虞	1991	水文局科技进步四等奖
河流悬沙垂线积深采样试验研究	水文局研究所	牛占、赵伯良	1991	水文局科技进步四等奖
HI压力式自记水位计	水文局研究所	方新民、贺焕林、李德贵、韩进、吴建华	1991	水文局科技进步四等奖
引黄人淀工程引水对黄河水质影响报告	水文局研究所	李清泙、连煜、徐志修、吴青、胡国华	1991	水文局科技进步四等奖
再谈校准曲线	水文局研究所	田宇波	1991	水文局科技进步四等奖
三条河流域减沙效益分析报告	水文局研究所	徐建华	1991	水文局科技进步四等奖
黄河流域水沙变化规律及治理方略的讨论	水文局研究所	支俊峰	1991	水文局科技进步四等奖
HSW-1000型超声波测深仪	水文局研究所	赵安林、白东义、杜军、王玲、林敏	1991	水文局科技进步一等奖
降水量资料整编程序（IBM-PC机）	黄委会河南水文水资源局	顾云清、彭子芳	1992	水文局科技进步二等奖
黄河宁蒙段水情与上游水量调度关系的研究	黄委会上游水文水资源局	巢孝松、马金杰、孔祥均	1992	水文局科技进步四等奖
SJ型水面蒸发计	黄委会上游水文水资源局	李万义	1992	水文局科技进步三等奖
兰州雨量无人值守测站（卫星平台）	黄委会上游水文水资源局	杜兰州、牛占、颜国栋、陈萨拉、王洪彦	1992	水文局科技进步三等奖
龙羊峡水库人库长期径流预报方法研究	黄委会水文局机关	霍世青、温丽叶	1992	水文局科技进步四等奖
黄河桃汛洪水预报研究	黄委会水文局机关	王惠中、李振青、霍世青	1992	水文局科技进步四等奖
河流悬沙测验规范（国际）	黄委会水文局机关	赵伯良、李兆南、刘振游、王雄世、牛占等	1992	水文局科技进步一等奖
水质数据计算机管理系统	黄委会水文水资源局	张国泰、王玲、吕庆广、赵小燕等	1992	水文局科技进步一等奖
站队结合效益分析	黄委会中游水文水资源局	李鹏、齐斌、马文进、王轶睿	1992	水文局科技进步四等奖
洪水过程断面冲淤变化实验及断面借用方法分析研究	黄委会中游水文水资源局	王轶睿、马文进、齐斌、李鹏	1992	水文局科技进步四等奖
原子吸收分光光度计微机控制系统及自动进样研究	水文局研究所	鲍耀亭、赵继征、娄崇喜、李祥龙	1992	水文局科技进步二等奖

获奖成果名称	主要完成单位	主要完成人	获奖年份	获奖情况
基本水文站等级划分的研究	水文局研究所	任春香、杨汉颖	1992	水文局科技进步三等奖
科技效益分析及科技管理数据库	水文局研究所	王秋先、黄新民、邱宝冲等	1992	水文局科技进步三等奖
水文站网经济效益分析	水文局研究所	任春香、刘九玉	1992	水文局科技进步三等奖
兰州—河口镇末计算区及内蒙古十大孔兑区水沙变化	水文局研究所	支俊峰、刘九玉、顾云清	1992	水文局科技进步四等奖
"89·7·21"十大孔兑区洪水泥沙淤堵黄河分析	水文局研究所	支俊峰、顾卿生等	1992	水文局科技进步四等奖
流向测量的现状与展望	水文局研究所	陈希嫒	1992	水文局科技进步四等奖
黄河历次洪水下游河道冲淤资料的统计分析	水文局研究所	王玲、董雪娜、顾卿生、熊贵板	1992	水文局科技进步四等奖
刘、龙水库运用对三门峡水库冲淤影响的初探	黄委会三门峡水文水资源局	程龙渊、席占平、张留柱	1993	水文局科技进步四等奖
三门峡水库淤积测量方法初步分析	黄委会三门峡水文水资源局	程龙渊、席占平、高德松、赵奚生、牛长喜	1993	水文局科技进步四等奖
三门峡水库淤积物初期干容重观测与实用的探讨	黄委会三门峡水文水资源局	程龙渊、席占平、刘彦娥	1993	水文局科技进步三等奖
山东黄河宽滩断面漫滩洪水测报问题的探讨	黄委会山东水文水资源局	程进豪、赵树武	1993	水文局科技进步三等奖
黄河流域实用水文预报方案	黄委会水文局机关	陈赞廷、李若宏、唐君璧等	1993	水文局科技进步二等奖
黄河流域水情手册	黄委会水文局机关	吕光圻、王怀柏、王雅蓬、龙虎、姚旭	1993	水文局科技进步二等奖
黄河中下游洪水实时联机预报系统	黄委会水文局机关	吕光圻、冯相明、马骏、赵卫民、朱辰华	1993	水文局科技进步二等奖
黄河三花间暴雨短期预报专家系统	黄委会水文局机关	李一篥、任齐、张兆家、王茂本、王庆斋	1993	水文局科技进步二等奖
黄河山陕区间干旱半干旱地区产汇流计算方法研究	黄委会水文局机关	李若宏、唐君璧、朱辰华、冯相明	1993	水文局科技进步四等奖
气象预报中的物理量计算	黄委会水文局机关	任齐、金丽娜、陈晓东	1993	水文局科技进步四等奖
中国江河冰情	黄委会水文局机关	陈赞廷、王文才等	1993	水文局科技进步一等奖
蜂河水污染综合整治规划	黄委会水文局机关	李征洪、洪国冶、尚院成等	1993	水文局科技进步三等奖
水情无线数（汉）传输及其应用	黄委会中游水文水资源局	李学春、赵晋华	1993	水文局科技进步三等奖
黄河阴离子洗涤剂污染与监测技术研究	水文局研究所	高宏、简桂云、王金玲、廖明	1993	水文局科技进步三等奖
科技情报资料图书计算机检索系统	水文局研究所	陈希嫒、张沛、李锂、代萍	1993	水文局科技进步三等奖
黄河水中有机物致突变性研究	水文局研究所	高玉珍、赵沛伦、刘秋华、杨周敏、高宏	1993	水文局科技进步三等奖

获奖成果名称	主要完成单位	主要完成人	获奖年份	获奖情况
四种参数据设检验方法的应用与评价	黄委会河南水文资源局	张法中、王庆年、杨利中	1994	水文局科技进步四等奖
龙羊峡水库运用对三门峡水库的冲淤影响分析	黄委会三门峡水文水资源局	程龙渊、席占平、高德松、赵襄生、张留柱	1994	水文局科技进步三等奖
锥式分沙器	黄委会三门峡水文水资源局	牛长喜	1994	水文局科技进步三等奖
黄河宁蒙河段水情预报方案的研究	黄委会水文局机关	李振晋、陶新	1994	水文局科技进步四等奖
黄河小浪底水利枢纽工程闸门淤砂摩阻力试验	黄委会水文局机关	牛占、白东义、杜军、王正军、金树训	1994	水文局科技进步三等奖
神府东胜矿区开发对乌兰木伦河水沙及河道变化的影响分析	黄委会中游水文水资源局	齐斌、李鹏	1994	水文局科技进步三等奖
黄河（干流）中下游水质特性、水样保存技术与前处理方法研究	水文局研究所	冯荣周、李鸿业、万蔚华、袁丽华、尚岚、王碧英、刁立劳、屠凤兰、高宏	1994	水文局科技进步二等奖
重金属形态与其生物有效性的相关性研究	水文局研究所	李雅卿、张曙光、祁世连、赵玉仙	1994	水文局科技进步二等奖
黄河流域（片）生活与工业用水研究	水文局研究所	支俊峰、潘启民、李东、张培德、时明立	1994	水文局科技进步二等奖
流速仪在非水平位置时测量误差的研究	水文局研究所	连运生、曾水、刘文、刘志宏	1994	水文局科技进步三等奖
黄河防洪中的水文服务价值	水文局研究所	任春香、刘九玉	1994	水文局科技进步三等奖
铁（III）还原为铁（II）过程中光化学作用的研究	水文局研究所	李跃奇、冯荣周	1994	水文局科技进步三等奖
黄河水体中铁测定前处理方法的研究	水文局研究所	李鸿业等	1994	水文局科技进步三等奖
自动采样技术及试验	水文局研究所	陈希暖、曹捍	1994	水文局科技进步四等奖
黄河无人测站可行性研究	水文局研究所	曹捍、鲁智、董雪娜、徐建华	1994	水文局科技进步四等奖
潼关河床冲淤分析	黄委会三门峡水文水资源局	孙绵惠、付卫山、张留柱、张镇宇	1995	水文局科技进步三等奖
近年来黄河河口演变规律及今后十年演变预测（1950-1990）	黄委会山东水文水资源局	高文水、张广泉、姜明星、韩富	1995	水文局科技进步二等奖
黄河下游河道冲淤演变（1950-1990）	黄委会山东水文水资源局	庞家珍、张广泉、霍端敬、韩富	1995	水文局科技进步二等奖
黄河山东段水环境污染动态分析	黄委会山东水文水资源局	程进豪、王宁、李景芝、刘存功、王维美	1995	水文局科技进步三等奖
黄河下游假潮一般规律及对水沙量平衡影响的分析	黄委会山东水文水资源局	赵树廷、阎永基	1995	水文局科技进步三等奖
黄河山东段水文站单站洪水预报分析	黄委会山东水文水资源局	程进豪、谷源泽、李祖正、李庆金	1995	水文局科技进步四等奖
烟台黄海热电工程扩发场施工图设计水文勘测报告	黄委会山东水文水资源局	高文水、霍端敬	1995	水文局科技进步四等奖

获奖成果名称	主要完成单位	主要完成人	获奖年份	获奖情况
黄河下游实用水情预报模型及应用研究	黄委会水文局机关	陈赞庭、司素娟	1995	水文局科技进步二等奖
黄委会水文局科技管理办法研究	黄委会水文局机关	赵元春、李竹金	1995	水文局科技进步三等奖
黄河下游河道微波定位及水深测绘系统建设与推广	黄委会水文局机关	张海敏、张民琪、陈敬智、熊敏	1995	水文局科技进步二等奖
悬沙测验不确定度研究	黄委会水文局机关	牛占、王雄世、赵伯良	1995	水文局科技进步二等奖
时段输沙率计算研究	黄委会水文局机关	牛占、马庆云	1995	水文局科技进步四等奖
1992 年高含沙洪水对三门峡库区及下游河道的冲淤影响	黄委会水文局机关	赵学民、王德芳、李晓、胡耀斌	1995	水文局科技进步四等奖
雨量固态存储器专用充电器	黄委会水文局机关	赵宝德	1995	水文局科技进步四等奖
电波流速仪比测试验	黄委会中游水文水资源局	马文进、李鹏	1995	水文局科技进步四等奖
泥沙巡测试验	黄委会中游水文水资源局	马文进、齐斌、王铁普	1995	水文局科技进步四等奖
HW-1000 型非接触超声波水位计	水文局研究所	赵安林、吴建华、李德儆、杜军、董仲宝	1995	水文局科技进步一等奖
山东黄河水资源利用效益分析与展望	黄委会山东水文水资源局	程进豪、李祖正、王学金	1996	水文局科技进步二等奖
黄河河口演变及其冶理原则	黄委会山东水文水资源局	庞家珍、杨凤栋、姜明星、王勇	1996	水文局科技进步三等奖
黄河山东河段河床糙率分析	黄委会山东水文水资源局	程进豪、安连华、王华、王维美	1996	水文局科技进步四等奖
黄河口拦门沙水沙运动特征	黄委会山东水文水资源局	司书亭、张广泉、高文永	1996	水文局科技进步四等奖
黄河下游测报水位方法研究	黄委会水文局机关	吕光圻、冯相明、赵卫民、翟世青、许阿艳等	1996	水文局科技进步二等奖
中华人民共和国行业标准《河流泥沙颗粒分析规程》	黄委会水文局机关	赵伯良、汪福盛、英爱文、刘木林、刘振新等	1996	水文局科技进步一等奖
黄河小浪底库年区水文泥沙测验设计报告及补充设计报告	黄委会水文局机关	罗荣华、弓增喜、张国泰、陈敬智	1996	水文局科技进步二等奖
河流泥沙密度变化规律的研究	黄委会水文局机关	和瑞莉、刘振新、李静	1996	水文局科技进步三等奖
物理测沙技术的适用性研究	黄委会水文局机关	牛占、赖世晷、周延年、王玲	1996	水文局科技进步三等奖
伊洛河滩地区决溢洪水的模拟方法	黄委会水文局机关	冯相明	1996	水文局科技进步三等奖
黄河花园口年最大洪峰流量长期预报方法研究	黄委会水文局机关	翟世青、饶素秋	1996	水文局科技进步一等奖
岔巴沟流域水沙变化原因分析	黄委会中游水文水资源局	齐斌、李鹏、马文进	1996	水文局科技进步四等奖

获奖成果名称	主要完成单位	主要完成人	获奖年份	获奖情况
小浪底水电站水轮机过机流量（高含沙）监测装置的研制	水文局研究所	赵安林、杜军、吴建华、林敏、王玲	1996	水文局科技进步二等奖
水电站拦污栅压差及闸门平压差在线监测设备	水文局研究所	赵安林、李德贵、吴建华、杜军、董仲宝等	1996	水文局科技进步三等奖
黄河花园口水文站公路桥吊船测速技术设计书	黄委会河南水文水资源局	游立蕾、袁东良、马永来、秦月	1997	水文局科技进步一等奖
三门峡水库人库水沙冲淤变化分析和调洪演算预报	黄委会三门峡水文水资源局	李杨俊、刘福勤	1997	水文局科技进步三等奖
华县站漫滩洪水特性及高水预报方案	黄委会三门峡水文水资源局	王西超、李杨俊、高德松、许苏秦	1997	水文局科技进步三等奖
三门峡水库谷淤积量计算方法与精度分析	黄委会三门峡水文水资源局	孙绵惠、刘汉忠、李春光	1997	水文局科技进步四等奖
山东黄河泥沙特性及沙峰运移规律	黄委会山东水文水资源局	程进豪、李祖正、王华、王维美	1997	水文局科技进步四等奖
黄河山东段洪水段特性分析	黄委会山东水文水资源局	程进豪、谷源泽、李祖正、李庆我	1997	水文局科技进步四等奖
《黄河水文志》	黄委会水文局机关	陈赞庭、邓忠孝、胡汝南、罗荣华等	1997	水文局科技进步一等奖
河床严重塌缩后典型洪水的演变过程	黄委会水文局机关	牛占、乔永杰、王德芳、刘炜、牛玉国等	1997	水文局科技进步二等奖
河床断面坐标法测量与淤积量计算法基础研究	黄委会水文局机关	牛占、田水利、王丙轩、彭子芳	1997	水文局科技进步三等奖
水利行业工人技术考核培训教材《水文勘测工》	黄委会水文局机关	马庆云	1997	水文局科技进步三等奖
粒径计法颗分历史资料改正方法实验研究	黄委会水文局机关	赵伯良、王雄世、刘明月、刘木林	1997	水文局科技进步一等奖
黄河下游凌汛期10天中期气温预报方法研究	黄委会水文局机关	彭梅香、刘洋、温丽叶、杨特群、薛玉杰	1997	水文局科技进步三等奖
《黄河流域水旱灾害》	黄委会水文局机关	马秀峰、吕光圻、吴爱中、黎琳等	1997	水文局科技进步一等奖
神木—温家川同输沙数模分析探讨	黄委会中游水文水资源局	薛耀文、林来照、李鹏	1997	水文局科技进步四等奖
西北地区蒸发规律研究及数据库管理系统	水文局研究所	王玲、朱晓原、钱云平、李万义、林银准等	1997	水文局科技进步二等奖
黄河小北干流河道冲淤特性及其对渭河清河的影响	黄委会三门峡水文水资源局	孙绵惠、肖俊法、李连祥、席占平、孙占丽	1998	水文局科技进步三等奖
1996年桃汛洪水对潼关至老宝灵河段冲淤影响分析	黄委会三门峡水文水资源局	刘红宾、肖俊法、李枚、吴茂森、李杨俊	1998	水文局科技进步三等奖
山东黄河水环境监测采样代表性综合分析	黄委会山东水文水资源局	程进豪、李景芝、王维美、李祖正、马吉让	1998	水文局科技进步三等奖
黄河三角洲滨海区水下地形演变分析	黄委会山东水文水资源局	姜明星、高文水	1998	水文局科技进步三等奖

获奖成果名称	主要完成单位	主要完成人	获奖年份	获奖情况
黄河上游大中型水利工程对生态与环境影响的研究	黄委会上游水文水资源局	李玉梅、白玲绪、金德美、王武功、安国林等	1998	水文局科技进步二等奖
黄河下游断流及对策研究	黄委会水文局机关	邓盛明、吕光圻、王玲、王建中、霍家端等	1998	水文局科技进步一等奖
复式螺旋流直通式除污器应用	黄委会水文局机关	王集礼、乔永杰、胡殿军、白东义	1998	水文局科技进步三等奖
小河站洪水特征值统计方法研究及软件开发	黄委会水文局机关	王丙轩、田水利、彭子芳、拓自亮	1998	水文局科技进步三等奖
支流站洪水、枯季站水、枯季流量测验和整编方法研究	黄委会水文局机关	马庆云、彭子芳、孙郑琴	1998	水文局科技进步三等奖
1950-1990年黄河水文基本资料审查评价及天然径流量计算	黄委会水文局机关	王国士、方李生、王玲、张民琪、周世雄、李红良等	1998	水文局科技进步一等奖
黄河流域长期天气预报自动化系统及其使用	黄委会水文局机关	彭梅香、薛玉杰、王春青、周康军	1998	水文局科技进步三等奖
黄河中游致洪暴雨中期预报方法研究	黄委会水文局机关	彭梅香、温丽叶、刘萍、金丽娜、赵蕾	1998	水文局科技进步三等奖
黄河三花间致洪暴雨期水汽输送研究	黄委会水文局机关	饶素秋、杨特群、霍世青、李振喜	1998	水文局科技进步三等奖
同态存储雨量计推广应用	黄委会中游水文水资源局	白作洁、李鹏、朱燕琴	1998	水文局科技进步三等奖
花园口水文站信息自动传输系统	黄委会河南水文水资源局	张海敏、赵新生、王龙、冯相明、牛玉国等	1999	水文局科技进步二等奖
水文生产定额分析	黄委会山东水文水资源局	时连全、安连华、程晓明	1999	水文局科技进步三等奖
小水小沙与黄河下游河道冲淤的关系	黄委会山东水文水资源局	霍瑞敬、杨凤栋、韩慧卿、李庆银、王静	1999	水文局科技进步四等奖
节电实施措施与可行性研究	黄委会水文局机关	李天喜、乔永杰、姜天钓、鄂志纯	1999	水文局科技进步四等奖
小浪底水利枢纽模型截流期水文要素观测研究	黄委会水文局机关	刘拴明、张留柱、王德芳、牛占、谷源泽等	1999	水文局科技进步二等奖
1996年清8出汉工程对河口、河床演变的作用	黄委会水文局机关	谷源泽、姜明星、徐丛亮、陈俊卿、霍家喜	1999	水文局科技进步二等奖
黄河汛期水情时间过程实时查询系统	黄委会水文局机关	王德芳、刘炜	1999	水文局科技进步三等奖
FORTRAN托架文件格式分析及转换	黄委会水文局机关	王丙轩、牛占、田水利、庞惠	1999	水文局科技进步四等奖
黄河三花间中尺度天气数值模式应用研究	黄委会水文局机关	张兑家、宁如聪、王庆斋、王春青、周康军等	1999	水文局科技进步四等奖
黄河实用水雨情信息查询系统	黄委会水文局机关	王龙、张勇、李根峰、谢莉、赵莹莉	1999	水文局科技进步一等奖
灰色系统模型在黄河径流量分析预测中的应用研究	黄委会中游水文水资源局	饶素秋、杨特群、霍世青、薛建国	1999	水文局科技进步二等奖
黄河中游府谷—吴堡—龙门区间水沙量分析	黄委会中游水文水资源局	齐斌、李鹏、马又进、任小风	1999	水文局科技进步三等奖

获奖成果名称	主要完成单位	主要完成人	获奖年份	获奖情况
水文及水利工程测量实用程序设计汇编	黄委会中游水文水资源局	董福新、刘建军、杨锡鑫、邢小丽	1999	水文局科技进步三等奖
黄河中游地区90年代突发性暴雨成因分析	水文局研究所	刘九玉、龚庆胜、赵元春	1999	水文局科技进步四等奖
河西走廊可持续发展与水资源综合利用研究	水文局研究所	李世明、吕光昕、李元红、龚家栋、董雪娜等	1999	水文局科技进步一等奖
黄河上游实用冰情预报数学模型及优化水库防凌调度研究	水文局研究所	可素娟、陈赞庭、吕光圻、饶素秋、杨向辉等	1999	水文局科技进步一等奖
GSSY型船用测深测速仪	黄委会山东水文水资源局	张广海、郭立新、时连全、闫永新、安连华	2000	水文局科技进步三等奖
河道数据库管理系统	黄委会山东水文水资源局	田中岳、王华、霍瑞敏、霍家喜、杨凤栋	2000	水文局科技进步三等奖
高村、孙口站漫滩洪水高水延长方法的研究	黄委会山东水文水资源局	苏启东、闫永新、崔传杰	2000	水文局科技进步三等奖
山东黄河洪水及其高水测报方案	黄委会山东水文水资源局	闫永新、张广海、王华、苏启东、李庆金	2000	水文局科技进步三等奖
黄河宁蒙河段封河冰条件分析	黄委会上游水文水资源局	顾明林、任立新、苏军希、魏巧连、李改香	2000	水文局科技进步三等奖
黄河上游干流水文站网合理化分析	黄委会上游水文水资源局	蔺生军、许叶新、王秀峰	2000	水文局科技进步三等奖
采暖锅炉水膜除尘循环管道的耐酸试制与应用	黄委会水文局机关	乔永杰、胡殿军、司凤林	2000	水文局科技进步三等奖
固定资产管理账表软件	黄委会水文局机关	兰华英、王集礼	2000	水文局科技进步三等奖
GPS测量高程应用研究	黄委会水文局机关	张留柱、宋海松、张丽娜、测绘学李保利、陈金平等	2000	水文局科技进步一等奖
黄河下游河床演变趋势研究	黄委会水文局机关	牛占、田水利、王丙轩、拓自亮、庞慧、彭子芳、孙郑琴、王淑莹等	2000	水文局科技进步三等奖
基层水文水资源局及黄河下游重要水文站计算机网络建设	黄委会水文局机关	朱庆平、王怀柏、李振春、卜全喜、张勇、赵莹莉、李根峰、谢莉、王龙、崔传杰、和晓应	2000	水文局科技进步二等奖
黄河中游大洪水历史现变演律分析及长期预报方法研究	黄委会水文局机关	霍世德、饶素秋、温丽叶、彭梅香、王怀柏、张美丽、刘萍、李振春等	2000	水文局科技进步二等奖
黄河流域兰州站以上月径流量分析及长期预报模型	黄委会水文局机关	陈先德、朱庆平、曹朝霞、霍世青、曹丽青、林镜输、葛朝霞、熊学农、李杰友等	2000	水文局科技进步二等奖
吴堡水文站测验成果计算及预报程序	黄委会中游水文水资源局	刘建军、荆小丽、董福新、杨涛	2000	水文局科技进步三等奖
1999年黄河万家寨水库水文泥沙观测及断面破坏桩点查补	黄委会中游水文水资源局	齐斌、常浩宏、陈三俊、李白	2000	水文局科技进步三等奖
黄河中游府谷—吴堡区间水文特性分析	黄委会中游水文水资源局	马文进、李鹏、齐斌、陈志洁	2000	水文局科技进步三等奖

获奖成果名称	主要完成单位	主要完成人	获奖年份	获奖情况
黄河中游测区水文数据库服务系统	黄委会中游水文水资源局	陈志洁、齐斌、马文进、李鹏	2000	水文局科技进步三等奖
不同降雨条件下河龙区间水利水保工程减水减沙作用分析	水文局研究所、黄科院	徐建华、李雪梅、王国庆、陈发中、田水利等	2000	水文局科技进步三等奖
龙门、潼关、华县站洪水预报方案的研制	黄委会三门峡水文水资源局	李连祥、李杨俊、段勋年、刘福勤、刘彦娥等	2001	水文局科技进步二等奖
1999年黄河潼关关河段清淤效果分析	黄委会三门峡水文水资源局	高德松、鲁孝轩、段新奇、牛长喜、李连祥	2001	水文局科技进步二等奖
潼关河床冲淤规律研究	黄委会三门峡水文水资源局	孙绵惠、刘孝杰、段勋年、付卫山、鲁孝轩	2001	水文局科技进步二等奖
龙门站浮标测流系数和方法的分析研究	黄委会三门峡水文水资源局	李杨俊、郭相泰、鲁承阳、刘补强	2001	水文局科技进步三等奖
人工干预措施对黄河河口演变的影响	黄委会山东水文水资源局	谷源泽、徐丛亮、刘浩泰、马永来等	2001	水文局科技进步二等奖
孙口水文站小水期大量偏分析研究	黄委会山东水文水资源局	刘以泉、崔传杰、周建伟、阎永新、李庆金	2001	水文局科技进步二等奖
弯曲河段河道断面代表性分析	黄委会山东水文水资源局	高文水、姜明星、霍瑞敬、张广泉、王华	2001	水文局科技进步二等奖
黄河下流干流沿站水量偏小问题的分析研究	黄委会上游水文水资源局	蔺生春、马全杰	2001	水文局科技进步三等奖
黄河水文站网合理布局研究	黄委会水文局机关	张凤琪、陈敬智、袁东胜、龚庆胜、王德芳、刘九玉、杨汉颖、王淑雯、王国亮、赵元春、刘炜、张成、吴鸿、鹏振洋	2001	水文局科技进步一等奖
黄河万家寨水利枢组工程水库泥沙观测测原始库谷(断面测量)	黄委会中游水文水资源局	高雨甫、高巨伟、赵希林、杨德应	2001	水文局科技进步三等奖
利用腰坝改善水位流量关系分析	黄委会中游水文水资源局	马文进、齐斌、高雨甫、白作洁、曹蟾娥	2001	水文局科技进步四等奖
黄河万家寨水利枢组工程监理测量	黄委会中游水文水资源局	杨建忠、高贵成、钞增平、高巨伟、陈鸿	2001	水文局科技进步三等奖
黄河中游多沙粗沙区区域产沙及产沙输沙规律研究	水文局研究所	徐建华、吕光圻、张胜利、甘枝茂、秦鸿儒等	2001	水文局科技进步一等奖
小浪底水利枢组水情自动测报系统	水文局研究所	张丽泰、赵安林、王玲、朱庆平、朴军、张诚、陶鑫、杨达连、张勇、王龙、王庆高、张松、赵新生、向炜、刘合水	2001	水文局科技进步一等奖
小浪底水库2001年旱重流测验	黄委会河南水文水资源局	任志远、郑法中、张德芳、吕社庆平	2002	水文局科技进步二等奖
花园口站流量简测方案——主流平均流速法的应用价值评价	黄委会河南水文水资源局	吉俊峰、张玉民、杨晋芳、孙发亮、张家军	2002	水文局科技进步三等奖

获奖成果名称	主要完成单位	主要完成人	获奖年份	获奖情况
黄河三花间致洪暴雨雨预报系统	黄委会水文局机关	赵卫民、王庆斋、宁如聪、葛文忠、戚建国等	2002	水文局科技进步一等奖
黄河上中游径流中长期预报系统	黄委会水文局机关	王怀柏、朱庆平、霍世青、彭梅香、饶素秋等	2002	水文局科技进步一等奖
黄河中游主要水文站水位流量关系变动成因分析	黄委会中游水文水资源局	翟春雷、高润甫、李学春、孟光来、韦淑莉等	2002	水文局科技进步三等奖
黄河中游测区输沙率与流量异步施测法分析	黄委会中游水文水资源局	齐斌、马文进、赵义风、郭成山、任小风等	2002	水文局科技进步三等奖
《黄河泥沙公报（2000）》	水文局研究所	牛占、王玲、田水利、潘启民、王丙轩等	2002	水文局科技进步二等奖
河龙区间水利水保工程对暴雨洪水影响的研究	水文局研究所	徐建华、李雪梅、王健、高黄成、魏军等	2002	水文局科技进步二等奖
《黄河水资源公报（1998）》	水文局研究所	孙寿松、王玲、乔西现、牛占、吴青等	2002	水文局科技进步二等奖
"引黄济津"位山引黄闸间流量系数分析及泄流曲线率定	黄委会山东水文水资源局	闫水利、李庆金、崔传杰、张广海、万鹏、李存才等	2003	水文局科技进步三等奖
黄河口复循环流路沙嘴延伸机制与行水年限分析	黄委会山东水文水资源局	谷源泽、徐丛亮、王静、李金萍	2003	水文局科技进步三等奖
河道测验及普通水准测量数据处理软件	黄委会山东水文水资源局	田中岳、杨凤栋、霍瑞敬、王学金、刘凤学	2003	水文局科技进步三等奖
东平湖及周围环境评价与分析	黄委会山东水文水资源局	高文水、姜东生、马吉让、刘桂珍、李景芝	2003	水文局科技进步三等奖
黄河口滨海区信息管理系统	黄委会山东水文水资源局	徐丛亮、付作民、岳成魁、高闻勇、郝喜旺	2003	水文局科技进步三等奖
山东黄河中常洪水水位特高对防洪的影响与对策研究	黄委会山东水文水资源局	程进豪、王华、王学金、吕曼、崔传杰	2003	水文局科技进步三等奖
黄河源头断流因素分析	黄委会上游水文水资源局	许叶新、王生雄、马建华、冀孝松	2003	水文局科技进步三等奖
石嘴山站20世纪90年代流量测验精度评价及测验方法研究	黄委会上游水文水资源局	孙洪恩、蔺生睿、梁贤生、王秀峰	2003	水文局科技进步二等奖
激光粒度分析仪引进及应用研究	黄委会水文局机关	和瑞莉、李静、牛占、袁东良、牛玉国、李良年、张成、马水来、张建中、尚军、李新、王爱霞、吕曼、范文华、荆振河	2003	水文局科技进步一等奖；黄委会科技进步二等奖；水文局重大创新奖（2004年）；黄委创新一等奖（2004年）
黄河首次调水调沙试验后评估	黄委会水文局机关	张红星、牛占、张留柱、李世明、袁东良、刘晓伟、徐丛亮、许河艳、胡跃斌、弓增喜	2003	水文局科技进步二等奖

获奖成果名称	主要完成单位	主要完成人	获奖年份	获奖情况
黄河下游游荡性河道造床流量、河相关系、排洪能力分析	黄委会水文局机关	李世明、刘龙庆、王怀柏、刘志勇、田捷、付延红、许阿艳、刘晓伟、李振章、戴东	2003	水文局科技进步二等奖
黄河流域长期天气预报微机业务系统研究	黄委会水文局机关	彭梅香、许阿艳、谢莉、周康军、薛建国、王春青、邬虹霞、王玉华、刘泽、杨特群	2003	水文局科技进步二等奖
颗粒分析数据自动处理系统	黄委会中游水文水资源局	董福新、杨涛、赵文凤、齐斌、赵梅、罗虹、陈志洁	2003	水文局科技进步二等奖
黄河1919~1949年与1991~1997年水文基本资料审查评价及天然径流量计算	水文局研究所	王玉明、李东、李红良、蒋秀杰、王玲、张学成、方季生、王闯士、张民琪、王西昭	2003	水文局科技进步二等奖
21世纪初黄河水资源变化趋势初步分析	水文局研究所	张学成、潘启民、张培德、王云璋、李雪梅、张红月、王玲、符标斌、刘九玉、王玉明	2003	水文局科技进步二等奖
黑河流域水资源评价	水文局研究所	董雪娜、张培德、王玲、李雪梅、金双彦、陈志凌、冯冯、范文华、李银平、马永来	2003	水文局科技进步二等奖
黄河内蒙古段水期流量测验方法研究	黄委会宁蒙水文水资源局	谢学东、李万义、马全杰、李学春、赵慧聪、路秉慧、易其海、王文海、曹大成、李玉崤	2004	水文局科技进步二等奖
水库测量GPS、全站仪数据采集及内业资料整编系统	黄委会三门峡水文水资源局	张松林、赵赛生、郭相森、刘彦娥、郑艳芬、马新明	2004	水文局科技进步二等奖
提高潼关站枯水（冰）期流量测验精度方法研究	黄委会三门峡水文水资源局	李杨俊、薛晟、孙文娟、韩峰、辛红侠、刘福军	2004	水文局科技进步二等奖
2003年三门峡水库运用及库区冲淤特点	黄委会三门峡水文水资源局	段新奇、高得松、付卫山、牛长喜、陈双印、孙品丽、赵瑛	2004	水文局科技进步二等奖
水情电报编校程序	黄委会三门峡水文水资源局	郭相森、刘彦娥、郑艳芬、张志征、刘红霞、刘福荣、曹华东	2004	水文局科技进步二等奖
测站管理信息系统	黄委会山东水文水资源局	谷顺泽、田中岳、刘庆金、张广海、李庆银、王累礼、万鹏、李作安、张建萍	2004	水文局科技进步二等奖
GPS、全站仪河道测量操作规程研究外业对比观测试验技术分析报告	黄委会山东水文水资源局	高文水、霍瑞敬、姜明星、杨风栋、王华、宋中华、王静	2004	水文局科技进步二等奖
东平湖水库分洪运用中河道水文变化规律研究与艾山下泄流量控制方法探讨	黄委会山东水文水资源局	程进豪、王学金、吕曼、崔传杰、刘小红、王宁、王静	2004	水文局科技进步二等奖
八盘峡水库汛期抗污调度研究	黄委会上游水文水资源局	畅俊杰、赵昌端、朱云通、顾明林、孙洪保、高学军、李改香、俞卫平、刘根生、冯玲	2004	水文局科技进步二等奖

获奖成果名称	主要完成单位	主要完成人	获奖年份	获奖情况
自动化水文缆道测验控制系统研究	黄委会水文局机关	袁东良、张沄中、李德贵、张留柱、王怀柏、田中岳、王德芳、李珠、张曦明、戴建国、陶金荣、杨红民、李登巍、赵宏欣、曲耀宗	2004	水文局科技进步一等奖黄委会科技进步二等奖；水文局重大创新奖；黄委创新二等奖
振动式悬移测质沙仪研制	黄委会水文局机关	王智进、王连第、宋海松、胡年忠、刘戈、王丙轩、王立新	2004	水文局科技进步一等奖；黄委会科技进步二等奖；水文局重大创新奖；黄委创新重大奖；水利部大禹奖二等奖(2005年)
黄河下游河段枯水期水流传播时间及水量损失分析研究报告	黄委会水文局机关	蒋昕晖、刘晓伟、许河艳、林来照、霍世青、袁东良、张家军、邹红霞、罗玉霞、刘龙庆、吉俊峰、孙文娟、王丙轩、陈静、赵淑饶	2004	水文局科技进步一等奖
水情预报站网研究、方案改善	黄委会中游水文水资源局	薛耀文、董福新、王秀兰、杨德应、陶海鸿、赵梅、罗虹	2004	水文局科技进步二等奖
黄河万家寨水利枢纽工程金属结构与机电安装测量技术报告书	黄委会中游水文水资源局	杨建忠、高国甫、李巨伟、陈鸿、陈国华、郭利伟	2004	水文局科技进步二等奖
水质监测信息自动化建设	黄委会中游水文水资源局	韩淑媛、张小明、车忠华、李文平、杨青惠、车俊明、甄晓俊	2004	水文局科技进步三等奖
平河期流量测验方法分析研究	黄委会中游水文水资源局	马文进、齐诚、高国甫、刘建军、姜胜利、王秀兰	2004	水文局科技进步三等奖
渭河流域水资源评价	水文局研究所	张学成、杨汉颖、潘启民、郭胜利、李左良、王健、王玉明、杨向辉、可素娟	2004	水文局科技进步二等奖
超声波测速测沙仪关键技术研究	水文局研究所	杜军、赵安林、张留柱、司风林、王正牢、杨达连、刘合永、张红娃、刘志宏	2004	水文局科技进步二等奖
四仓遥控悬移质采样器研制	黄委会河南水文水资源局	王庆中、王怀柏、陈富安、朱素会、王秀清、靳正立、王兵、刘同春	2005	水文局科技进步一等奖
潼关高程分析研究	黄委会三门峡水文水资源局	李连祥、张成、利晓莉、王玉明、牛长喜、陈志凌、段新青、付卫山、刘彦娥	2005	水文局科技进步二等奖
三门峡水库自动调洪演算预报系统开发	黄委会三门峡水文水资源局	李杨俊、许苏素、孙文娟、宁爱季、薛晟、李启高、董玉龙、卢华军	2005	水文局科技进步三等奖
龙门站低水测验误差分析与控制	黄委会三门峡水文水资源局	赵赛生、王西超、朱英明、段勋年、李建文、许苏素	2005	水文局科技进步三等奖
自控式移动高压注油器研制	黄委会山东水文水资源局	张永平、张广海、蔡锦勇、李金泽、吕曼、范文华、谷顺泽、刘谦、尚俊生	2005	水文局科技进步二等奖

获奖成果名称	主要完成单位	主要完成人	获奖年份	获奖情况
水文测船测流量测验系统研究	黄委会山东水文水资源局	谷源泽、张广海、高文水、周建伟、孙世雷、李庆金、崔华杰、王宁、阎永新、王静	2005	水文局科技进步二等奖
下游河道数据管理平台	黄委会山东水文水资源局	谷源泽、田中岳、霍瑞敬、杨凤栋、蒋昕晖、王学金、王静、王景礼、刘凤学	2005	水文局科技进步二等奖
利用GPS、全站仪进行河道测验的试验研究	黄委会山东水文水资源局	霍瑞敬、杨凤栋、姜明星、王华、陈纪涛、王静	2005	水文局科技进步二等奖
中低水流量不确定度试验分析研究	黄委会上游水文水资源局	霍小虎、孙洪保、任殿州、张娟、孔祥广、刘根生	2005	水文局科技进步三等奖
龙羊峡以上地区水资源规律分析	黄委会上游水文水资源局	卢寿德、范世雄、刘贵春、田存梅、孙贵山、李彤云	2005	水文局科技进步三等奖
河道水库断面法测量容积及冲淤量的计算	黄委会水文局机关	牛占、庞慧、胡跃斌、刘炜、王雄世、弓增喜、林来照、牛海静、张松林、霍瑞敬	2005	水文局科技进步二等奖
黄河干流入河污染物调查	黄委会水文局机关	柴成果、李跃奇、罗君、张亚彤、陈静、王伟、姬志宏、霍庭秀、张兆明	2005	水文局科技进步二等奖
水文吊箱测流缆道流量测验系统研制	黄委会中游水文水资源局	高贵成、高同甫、张富涛、褚兆辉、齐斌、马文进	2005	水文局科技进步二等奖
吴堡站中低水流量测验误差分析试验研究	黄委会中游水文水资源局	郭城山、齐斌、崔殿河、马文进、黎明清、赵慧芳、张克	2005	水文局科技进步二等奖
水温气温自动采集系统	水文局研究所	吴建华、张石娃、王正军、刘合水、乔永杰、司凤林、李红良、王丁坤、张修威	2005	水文局科技进步二等奖
内蒙古朱家坪电厂一期工程（2×600 MW）及青春塔煤矿水资源论证	水文局研究所	杨向辉、杜军、李雪梅、李明、李东、李红良、张春岚、王玉明	2005	水文局科技进步三等奖
2004年度山间引水能力初步分析	水文局研究所	张学成、金双彦、杨汉颖、刘东、薛建国、可素娟	2005	水文局科技进步三等奖
黄河中游典型支流水保措施对地下径流补给系数的影响研究	水文局研究所	徐建华、金双彦、蒋昕晖、贾新平、郭成修	2005	水文局科技进步三等奖
洛阳孟津电厂6×600 MW工程水资源论证	水文勘测设计院	张遂业、冯相明、孙发亮、郑宝旺、于咏梅、赵乙奇、李金晶	2005	水文局科技进步三等奖
商丘民权电厂2×600 MW工程水资源论证	水文勘测设计院	冯相明、孙发亮、郑宝旺、李金晶、于咏梅、李永鑫、赵年章	2005	水文局科技进步三等奖
黄河游荡性河段二级悬河研究	水文勘测总队	郭党武、史新庄、娄洪富、姜天富、李红艳、邓红军、宋中杰、朱昌彦、杨春杰	2005	水文局科技进步二等奖

黄委会水文局获奖重要科技成果简介

(2000~2005 年)

黄河中游多沙粗沙区区域界定及产沙输沙规律研究

一、项目主要内容简介

1．研究内容

(1)黄河"粗泥沙"定界论证；

(2)黄河中游多沙粗沙区区域界定；

(3)黄河中游多沙粗沙区产沙输沙规律研究；

(4)黄河中游多沙粗沙区亚区划分及治理开发方略。

2．技术路线及研究方法

本课题采取的技术路线是，首先对水文资料进行统计分析，在收集总结前人研究成果的基础上，提出本课题界定粗泥沙、多沙区、粗沙区和多沙粗沙区的指标，进行黄河中游多沙粗沙区区域界定；同时广泛征询意见，确定亚区划分原则和指标体系，然后广泛收集研究区有关自然、社会经济、土壤侵蚀与水土保持、径流泥沙等资料，并进行实地考察、观测、采样；在上述基础上进行分析研究，最后确定多沙粗沙区的具体界线；研究黄土、基岩、风沙各自产粗泥沙数量及产沙输沙规律，具体划分出亚区并提出治理方略。

3．主要取得的成果

(1)黄河粗泥沙定界论证

通过研究，考证了黄河"粗泥沙"界限的形成及演变过程，用系统论的方法和主槽淤积物中占多数的观点，确定了黄河"粗泥沙"的涵义及界限。

黄河"粗泥沙"的涵义是：黄河上中游水土流失的泥沙，经过河道输移到下游，其中一部分淤积在河道(含三门峡水库)里，在淤积物中(主要指主槽中)占多数的那级粒径的泥沙，我们就称这部分泥沙为黄河的"粗泥沙"。按照"粗泥沙"的涵义，经综合分析认为，黄河"粗泥沙"界限以 0.05 mm 比较适宜。

(2)黄河中游多沙粗沙区区域界定

①在收集分析各家研究成果的基础上，研究确定界定黄河中游多沙粗沙区区域的原则、方法及指标。

区域界定的原则是二重性原则，采用满足既是多沙区又是粗沙区的地区，即为多沙粗沙区；提出区域界定的方法是输沙模数指标法。经分析，多沙区取全沙模数 $M_{全} \geqslant 5\,000$ t/(km²·a) 的地区；粗沙区取粗泥沙模数 $M_{粗} \geqslant 1\,300$ t/(km²·a)的地区；多沙粗沙区取 $M_{全} \geqslant 5\,000$ t/(km²·a) 并且 $M_{粗} \geqslant 1\,300$ t/(km²·a)的重叠地区。

②经过内业分析、外业查勘和卫星地貌图片等综合分析修正，确定了黄河中游的多沙区、粗沙区和多沙粗沙区的分布与面积。

最后确定的黄河中游多沙区面积为 11.92 万 km²，粗沙区面积为 7.86 万 km²，多沙粗沙区面积为 7.86 万 km²。

(3)黄河中游多沙粗沙区产沙输沙规律研究

①在分析多沙粗沙区侵蚀产沙环境系统和形成背景的基础上，对多沙粗沙区侵蚀产沙环境的过渡性特征、时空分异性特征、人类活动侵蚀环境特征进行了重点分析。

②经分析论证，该区黄土产沙占 60%~70%，其次是基岩，一般为 10%~15%，风沙产沙不大，风沙产沙较多的窟野河也不超过 10%。

(4)黄河中游多沙粗沙区亚区划分及治理开发方略

根据多沙粗沙区地面物质组成和侵蚀方式的差异进行了一级亚区划分，划分为以易侵蚀岩为主的侵蚀亚区(Ⅰ)、沙盖黄土侵蚀亚区(Ⅱ)、黄土侵蚀亚区(Ⅲ)三个一级亚区。根据各亚区内侵蚀强度的差异，并照顾到行政区域和流域的完整性，又进行了二级亚区划分，共划分出 14 个小区。

二、项目获奖情况

获黄委水文局 2001 年度科技进步一等奖；获黄委 2001 年度科技进步一等奖；获水利部 2003 年度大禹水利科学技术二等奖。

三、项目主要完成人

徐建华、吕光圻、张胜利、甘枝茂、秦鸿儒、李雪梅、张培德、林银平、吴成基、景可、刘立斌、朱智宏、孙虎、杨汉颖、惠振德

小浪底水利枢纽水情自动测报系统

一、系统总体结构

小浪底水利枢纽水情自动测报系统设计为由超短波遥测站采集水文数据，一路通过超短波信道将数据传到混合中继站，再由混合中继站经卫星信道传送至中心站，另一路卫星遥测站直接通过卫星信道传送至中心站；郑州中心站根据接收到的实时水文数据，结合气象情报资料，由计算机进行数据处理并做出预报。预报结果送小浪底建管局。

二、系统设计规模

小浪底水利枢纽水情自动测报系统设有中心站 4 处，分别为：郑州数据接收中心站、郑州预报中心站、小浪底建管局中心站和郑州备用数据接收中心站；外业遥测站点 43 处，其中有：纯雨量站 29 处，水位站 4 处，水文兼雨量站 7 处，中继站 3 处。外业遥测站点按通信方式分为：卫星平台雨量站 19 处，卫星平台水位站 1 处，卫星平台水文(兼雨量)站 7 处；超短波雨量站 10 处，超短波水位站 3 处，超短波和卫星平台中继站 3 处。

三、系统总体功能

系统总体功能是改善水文数据采集、传输和处理手段，缩短水文数据的汇集和预报调度作业所需要时间，增强数据采集、传输和处理的可靠性，其总体功能满足以下要求：

(1)能实时、定时完成三小区间的水文数据收集和处理；

(2)数据接收中心可通过计算机屏幕显示各遥测站的数据、工作状态及仪器安全状况；

(3)遥测站工作制式为自报式，遥测站无人值守，有人看管；

(4)各中心站之间通过专线联网，提取和处理数据方便快捷。

四、系统工作体制

小浪底水利枢纽水情自动测报系统设计为自报式和查询—应答混合式的工作体制。

自报功能：遥测站设计为定时自报和增量加报相结合的自报方式，所有遥测站都具有自报功能。当定时时间到或者水文要素变化量达到设定的增减量值时，遥测端机自动开机向混合中继站或中心站报送数据。

查询—应答功能：混合中继站和水文站具有查询—应答功能。中心站向中继站和水文站发出群呼命令，中继站和水文站接到命令后进行译码识别，确认是呼叫自己的命令后将数据发送给中心站。

中心站可通过卫星平台远地编程设定卫星遥测站和混合中继的工作参数，合理安排遥测站测量时段和增量值，自动监视全系统工作情况。

五、系统通信组网方案

该系统采用超短波通信和卫星通信混合组网形式。对于通视条件好的平原地区，采用一级中继，利用混合中继站一点辐射多个遥测站，超短波遥测站通过超短波信道将数据传到混合中继，再由混合中继站经卫星信道将数据传至中心站。对于通视条件不好的重山区，设计成卫星通信遥测站，遥测站采集的数据直接通过卫星传到中心站。

六、近几年的运行情况

小浪底水库水情自动测报系统 1998 年建成投入运用至今，系统运行良好。系统通信畅通率、数据通信错码率、平均无故障工作时间、一次数据采集设备的可靠性均达到水文自动测报系统规范要求。系统的运用为黄河防汛和小浪底水利枢纽的运行调度发挥了较大作用。

七、获奖情况

获黄委水文局 2001 年度科技进步一等奖。

八、主要完成人

张国泰、赵安林、王玲、朱庆平、杜军、张诚、陶新、杨达莲、张勇、王龙、王庆斋、张松、赵新生、何炜、刘合永

黄河水文站网合理布局研究

一、主要内容

"黄河水文站网合理布局研究"审查了现有水文站网数量和布局的合理性，是对站网进行分类、分组管理，实现观测技术先进、观测方式灵活、投入较省的站网管理实施方案，它提出了委属站网的调整意见，以满足当前和今后一个时期黄河防汛、治理开发、水资源的调度和管理等方面的要求。

(一)研究范围

黄委会所属区域的基本水文站、黄河干流引退水监测站、实验站、雨量站和水位站。主要内容包括大河控制站站网的分析与调整，区域代表站、小河站站网的分析与调整，水位站网的分析与调整，雨量站网的分析与调整，水文站设站年限的确定，水文站网的管理原则和实施方案等。

(二)研究内容

1. 理清站网现状

(1)了解委属站网辖区内水利工程建设规模、位置及其国土开发的现状和近、远期规划；

(2)调查、分析受水利水保工程的影响程度，对受水利工程影响已达到中等程度以上测站，查明原因；

(3)查清测验河段有无重大变化，对于种种原因使测验河段发生重大变化的测站，列出清单，并逐个查清对水沙测验精度的影响，为决定测站的撤留或调整位置提供依据；

(4)查清测站性质的变化情况，对已失去基本站作用、仅为工程服务的站，以及设站年

限已满《导则》的要求，而工程管理部门仍需要的站，可列为专用站；

(5)查清 1985 年以来基本站搬迁情况。

2．审查测站实有功能，可按以下 11 个方面，逐站甄别其实有功能：

①水文形势；②区域水文；③水资源管理、评价；④水文情报、预报(分列)；⑤规划设计；⑥工程管理；⑦泥沙观测；⑧冰凌观测；⑨水质监测；⑩实验研究；⑪法律仲裁。

3．审查站点密度

(1)大河控制站，按《导则》规定，审查站点数目和位置是否满足要求；在防汛任务重大的河段，按相当于防洪标准的洪峰流量沿程递变率及允许误差来衡量布站数量。

(2)区域代表站

①进行水文分区；②根据黄河流域情况，分析能否控制径流特征值等值线的空间分布，分析现有站网资料内插精度和调整后的站网内插精度是否达到《导则》规定的指标；③对测站进行分级、分类，确定功能；④审查设站年限，确定长期站和短期站；⑤提出撤、留、迁、增设站(包括辅助站)的清单。

(3)小河站

①在审查分区、分类、分级布站数目是否满足《导则》要求的基础上；②为特殊需要是否需要增设站，增设小河站时，按《导则》4.4.7 条选择站址。

(4)雨量站网

①按《导则》第五章要求审查；②确定情报预报必须增设的测站数量及位置；③确定各雨量站的功能和观测时段。

(5)蒸发站

按《导则》要求原则审查。

(6)泥沙站(含颗分站)

经过分析研究确定是否仍需保留或增设，对需保留和增设的，进行分类，提出了观测要求。

(三)简化测验方法，改革测验方式的分析论证

在满足测验精度和保持站网整体功能的前提下，简化测验方法，改革测验方式，减少投入。根据设站目的、测站任务和测验条件可采取多种技术途径，简化流量、输沙率的测验方法和方式，以最少的投入取得符合要求的水文资料。在以往站队结合大量分析工作的基础上，进一步深化，经分析论证提出简化测验的方案。

(四)编写水文站网管理原则和实施方案

1．基本水文站网分类

对水文站按重要程度划分，分为国家重要水文站和一般水文站。流量、泥沙站，根据观测精度分为一、二、三类。列出黄河防洪重要的站。

2．根据测站任务、功能，确定观测时限(长期站、短期站，全年观测站、汛期观测站)。

3．根据观测任务和具体条件，确定测站的测验方式(驻测，巡测，汛期驻测非汛期巡测，委托观测)，适合巡测的站，以勘测队为基础，适当组合，编制巡测方案。

4．按测站性质把测站分为基本站(辅助站)、专用站、实验站，根据"谁受益、谁投入"的原则，提出观测运行管理的实施方案。

二、成果应用情况

"黄河水文站网合理布局研究"在生产中得到应用，指导黄河水文生产，并且《黄河

水文行业发展规划》(2001~2030年)中采用。

三、获奖情况

获黄委水文局2001年度科技进步一等奖

四、主要完成人

张民琪、陈敬智、袁东良、龚庆胜、王德芳、刘九玉、杨汉颖、王家钰、王淑雯、拓自亮、赵元春、刘炜、张成、吴鸿、阚振洋

黄河上中游径流中长期预报系统

一、主要内容

本项目的目标是建立黄河上中游径流中长期预报系统。黄河上中游中长期径流预报系统(第一期)项目,分析了黄河上中游地区降雨、径流特点及其主要影响因素,对黄河上中游地区中长期降雨、径流预报方法进行了多方法、多方位的研究,并建立了相应的预报模型,在此基础上开发了由黄河上中游非汛期径流预报、黄河兰州以上汛期月径流预报、黄河中游长期降水预报和黄河中游中期降水预报等多个子系统组成的黄河上中游中长期降雨、径流预报系统。主要研究内容如下:

(1)非汛期径流预报。根据目前生产要求,研制非汛期黄河上中游唐乃亥、红旗、折桥、民和、享堂、龙门、华县、河津、洑头、潼关、黑石关、武陟等站径流总量和旬、月径流预报模型。

(2)汛期径流预报。研究汛期径流预报方法,研制汛期黄河上游唐乃亥、民和、享堂、红旗、折桥五站月平均流量长期预报模型。

(3)非汛期中、长期降水预报。本项目选择降雨量对径流预报影响较大的黄河中游泾渭洛河和三花区间开展非汛期月、旬降雨量预报方法研究,为逐月、旬径流预报提供依据。

(4)建立黄河上中游径流中长期预报系统。通过上述分析研究,建立具有黄河中游主要区(泾洛渭、三花区间)旬、月降水预报和上中游主要站旬、月径流预报功能的黄河上中游径流中长期预报系统。

采用的技术:

黄河流域中长期降雨、径流预报系统采用目前较为先进的可视化图形分析处理系统和语言编程,可实现快速的信息检索、预报制作和分析预报成果的图表输出,为水文、气象预报人员提供了可视化的人机交互作业平台。

主要成果:

(1)非汛期径流预报模型。研制非汛期黄河上中游唐乃亥、红旗、折桥、民和、享堂、龙门、华县、河津、洑头、潼关、黑石关、武陟等站径流总量和旬、月径流预报模型。

(2)选择降水量对径流预报影响较大的黄河中游泾渭洛河和三花区间开展非汛期月、旬降水量预报方法研究,研制了非汛期中、长期降水预报模型。

(3)黄河非汛期降雨、径流预报系统。建立具有黄河中游主要区间(泾洛渭、三花区间)旬、月降水量预报和上中游主要站(唐乃亥、民和、享堂、红旗、折桥、龙门、华县、河津、洑头、潼关、黑石关、武陟等站)旬、月径流预报功能的黄河非汛期降雨、径流预报系统。

(4)建立了黄河上游兰州以上地区的汛期月径流预报系统。

二、应用情况

从1999年系统开始建设以来,采取边研究边应用的方式,系统成果已连续8年成功应

用于黄河水量调度的实践中。1999~2006 的 8 个调度年中，每年 10 月中旬发布的花园口站年度天然径流总量预报平均误差为 3.1%，最小预报误差为 0.6%，预报误差最大的 2002~2003 年度其预报值较有资料记录以来的历史最小值 340 亿 m^3 还小，实际上已经预报出了历史极值，因此预报应用效果非常好。

三、获奖情况

获黄委水文局 2002 年度科技进步一等奖；获黄委 2002 年度科技进步一等奖。

五、主要完成人

王怀柏、朱庆平、霍世青、彭梅香、饶素秋、温丽叶、周康军、刘萍、薛建国、张建中、李振喜、刘龙庆、赵莹莉、邬红霞、楚永伟

黄河三花间致洪暴雨预报系统

一、项目研究内容

三花间致洪暴雨预报系统的建设目的，一是用客观、定量的降水预报方法逐步代替主观、定性的降水预报方法；二是实现短期、短时降雨预报的相互配套、逐步求真；三是建立三花间致洪暴雨预报系统，使暴雨预报成果可直接服务于洪水预报系统，保障花园口大洪水警报预报的预见期在 30 小时以上，洪峰流量量级准确。

三花间致洪暴雨预报系统的研究内容包括黄河中游地区中尺度数值降水预报模式研究、黄河中游地区卫星云图面平均雨量估算研究、黄河三花间部分地区雷达观测面雨量估算及短时暴雨预报研究、三花间暴雨预报专家系统研究、气象信息综合服务系统等。

三花间致洪暴雨预报系统下设 6 个专题，各专题的研究内容分述如下：

(1) "黄河中游地区中尺度数值降水预报模式研究"，主要研究内容包括：通过对黄河中游暴雨过程进行中尺度机理研究和分析，认识黄河中游暴雨的中尺度特征，选取中科院大气科学和地球流体力学数值模拟国家重点实验室开发的 η 模式和美国天气局开发的 MM5 模式，针对黄河流域实际情况，在资料处理、地形处理、预报计算、预报结果处理、预报结果评估、提高模式的水平和垂直分辨率等方面进行改进完善，并选取历史暴雨实例，对模式进行敏感性测试，确定黄河中游中尺度数值降水预报模式。

(2) "黄河中游地区卫星云图面平均雨量估算研究"，主要研究内容包括：首先对各种卫星云图降水估算的方法进行评估，最终确定将改进的一维云模式法作为基本模型，进行黄河流域卫星云图降水估算模式的开发。然后，研制了模型的软件系统，并集成入"天眼2000 卫星云图接收处理分析应用系统"，系统每小时在卫星云图接收处理完毕后自动运行。

(3) "黄河三花间部分地区雷达观测面雨量估算及短时暴雨预报研究"，主要研究内容包括：一是对目前国内外天气雷达降水估算的主要方法进行评估；二是对黄河流域定量测量降水软件系统进行规划；三是进行定量测量降水算法设计，确定采用的算法主要有窗概率配对法、改进的窗概率配对法、变分校正法、卡尔曼滤波算法、平均校正法和卡尔曼－变分联合校正法；四是短时暴雨预报方法研究；五是软件系统模块设计；六是软件系统开发。

(4) "三花间暴雨预报专家系统业务化研究"，主要研究内容包括：首先整理、分析新中国成立后三花间 79 例暴雨天气过程的天气系统、卫星云图和降水资料，然后对 1993 年研制完成的黄河三花间暴雨预报专家系统进行评估，在客观分析其优缺点的基础上，取消预报分型，将影响三花间降雨的各种有利及不利因子归纳为三类，即天气系统、温湿能量(含平流)和动力因子，然后从经验认识出发，据其对降雨贡献大小，将各种预报因子初步量化，

并与分级雨强进行拟合，在多次拟合基础上对预报因子的指数进行修正，筛选和补充新的因子，直到各级降雨的拟合率均达90%以上，得出最佳拟合率的预报指数。

(5)"综合分析技术"，主要研究内容包括：选择一套黄河流域图(比例尺：1：1 000 000)，在Mapinfo4.0环境下，将此标量图录入作为基图，制作黄河流域信息矢量图，然后制作各专题图层，构筑黄河流域初步的地理信息系统。第三是开发相应的应用软件，建立与常规气象资料数据文件、实时水情数据库的联结，实时处理气象站和雨量站的雨量信息，显示黄河流域、黄河流域分区不同时段(6、12、24 小时)的雨量信息和等雨量线图，并转储雨量图为BMP或GIF图形文件，存放于TCP/IP网络服务器，供气象信息查询系统调用。

(6)"系统设计及网络综合服务"，主要研究内容：一是系统总体设计，包括明确系统需求、完成对系统的功能规定和性能规定、确定开发原则、完成系统的逻辑结构划分和输入输出设计、设计系统结构和运行环境、分析系统涉及的关键技术和处理方法等。二是对各类气象情报预报信息进行分类，开发了基于黄委水文局 Intranet，采用浏览器/服务器模式的气象信息综合服务系统。

二、项目研究成果

黄河三花间致洪暴雨预报系统取得了丰硕的成果，主要有以下几个方面：

(1)构建了由中尺度数值预报模式、雷达短时预报、云图暴雨组成的黄河三花间致洪暴雨定量预报体系及由地面系统、雷达、卫星组成的黄河三花间暴雨监测和雨量场分析体系，提出了多源降雨信息质量评估技术。

(2)以上述监测和预报体系为核心，建成了黄河三花间致洪暴雨预报系统。黄河三花间致洪暴雨预报系统，是集信息检索、预报计算、综合分析、成果显示输出等为一体的计算机应用软件系统。系统与数据接收处理系统联机运行，实现了资料接收处理、暴雨预报、成果输出等一体化，输出成果能够与洪水预报系统连接。

(3)黄河三花间致洪暴雨预报系统制作的预报产品，可直接作为洪水预报系统的输入，其精度基本满足制作花园口洪水警报的要求。

(4)项目研究成果在生产中投入试运行，大部分成果已成为生产运行系统的重要组成部分。项目研究成果表明，利用常规信息、中尺度模式、雷达、卫星等综合进行黄河中游地区致洪暴雨客观、定量预报及暴雨监测的途径富有成效，在此基础上实现洪水预报与暴雨预报结合、提高洪水预报的预见期也是切实可行的。

三、获奖情况

获黄委水文局 2002 年度科技进步一等奖；获黄委 2002 年度科技进步一等奖。

四、主要完成人

赵卫民、王庆斋、宇如聪、葛文忠、戚建国、张克家、王春青、徐幼平、党人庆、杨特群、车振学、张勇、周康军、戴东、金丽娜

激光粒度分析仪引进及应用研究

一、技术原理

激光粒度分析仪是根据米氏理论和弗朗霍夫理论设计的。其原理是让一束平行单色光照射到样品池中的颗粒，使其产生光的衍射、散射。大颗粒衍射角小，小颗粒衍射角大，衍射、散射后产生的光投向布置在不同方向的光接收器(检测器)，再经光电转换器将衍射、

散射转换的信息经过计算机处理，转化成粒子的分布信息。若被测试样品为泥沙，则测试结果即泥沙粒径级配情况。

二、研究内容

搜集了黄河流域上、中、下游不同来沙区，汛期和非汛期，悬移质、床沙质和淤积物中，粗、中、细沙及不同颗粒级配(沙型)的泥沙样品，进行了大量的基础试验和应用试验。首次提出了一套适合于测试黄河泥沙粒度分布的参数率定方法、程序和基础参数；并对大量的对比试验数据进行计算、分析，探索了激光法和传统法两者之间全沙样品和分粗、中、细沙型的回归转化关系，初步解决了新旧级配资料的衔接；编写了"MS2000HYDRO2000G激光粒度分析仪操作规程(草案)"，实现了仪器操作的程序化、规范化。

三、创新点

(1)首次将激光粒度仪引进、应用于河流泥沙粒度分析，填补了激光粒度仪在中国乃至世界水利行业使用的空白。

(2)通过大量的试验研究，首次提出了一套适合测试黄河泥沙粒度分布的参数率定方法、程序和基本参数，研究开发了软件的应用技术。

(3)传统的光电法是以吸管法为标准，而激光法是以标准粒子为标准，两种分析方法的标准不一致，形成两种资料系列，首次探索了激光粒度分析和传统粒度分析成果之间的转换关系，解决新旧级配资料的衔接。

(4) 针对中国水利行业河流泥沙的特点，编写的《激光粒度分析仪操作规程》实用、可行，实现了仪器操作的规范化。

四、应用情况

激光粒度分析仪于 2005 年 1 月 1 日在黄河流域正式投入生产应用，并在黄河调水调沙、小浪底水库异重流测验、黄河小北干流放淤试验、"模型黄河"研究中得到成功应用。

五、获奖情况

获黄委水文局 2003 年度科技进步一等奖；获黄委 2003 年度科技进步二等奖。

六、主要完成人

和瑞莉、李静、牛占、袁东良、牛玉国、李良年、张成、马永来、张建中、尚军、李新、王爱霞、吕曼、范文华、荆振河

自动化水文缆道测验控制系统研究

一、原理及内容

全自动化水文测量控制台主要以彩色显示触摸屏和可编程控制器为核心，配置交流变频调速器、交流接触器、水下无线信号发射器、监视照明、远程控制等设备，实现在触摸屏上操作控制铅鱼运行测量；还通过触摸屏的 RS-232 通信接口与计算机相连接，在计算机上操作实现对铅鱼的测量运行控制；也可通过 Internet 适配器和视频图像适配器将控制台和视频图像信息连至 Internet 互联网上，实现了异地对铅鱼的远程测量控制。信号测量处理系统中，包括：铅鱼运行的无级变速控制和位置测量、显示(铅鱼运行起点距位置测量、显示)；水面、河底、流速信号的采集传输和处理、计算、显示；流速的自动测量、显示。为保证整个系统工作的可靠性，硬件上设置有人工应急操作系统；在软件上设置有铅鱼运行的远、近、上、下限位。水文缆道整个自动化测流控制系统的组成如图 1 所示。

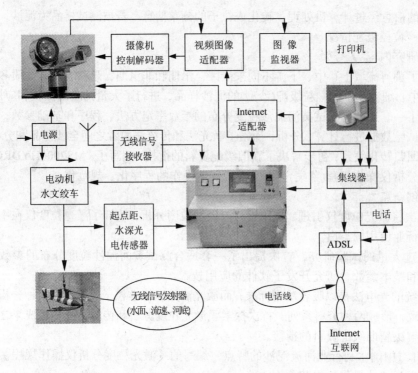

图 1　全自动水文缆道测流控制系统组成原理

二、关键技术

(1)触摸屏(GeneralTouch)控制技术；

(2)采用双音频编码调制水下信号无线传输技术；

(3)数字编码光电传感计数技术；

(4)变频调速(VVVF)控制技术；

(5)计算机控制技术；

(6)基于 VPN 网络传输的远程测控技术。

三、应用情况

目前，该项成果已经推广应用到黄河干流三门峡、花园口，支流咸阳、宜阳、白马寺、黑石关水文站，以及河北省小觉水文站。

四、获奖情况

获黄委水文局 2004 年度科技进步一等奖；获黄委 2004 年度科技进步二等奖。

五、主要完成人

袁东良、张法中、李德贵、张留柱、王怀柏、田中岳、王德芳、李珠、张曦明、戴建国、陶金荣、杨红民、李登斌、赵宏欣、曲耀宗

振动式悬移质测沙仪研制项目

一、仪器原理与组成

由振动力学可知，当振动管的材料、壁厚、直径、长度及两端固紧方式均已确定的情况下，液体流经振动管时振动频率可由振动方程描述：

$$f = \frac{a_n}{2\pi} \cdot \sqrt{\frac{EI}{\mu_0 L^4}} = \frac{a_n}{2\pi} \cdot \sqrt{\frac{EI}{(A_s \rho_s + A\rho)L^4}}$$

其中：f 为振动管充满被测液体时的振动频率；μ_0 为单位长度的质量；L 为振动管的有效长度；E 为振动管材料的弹性模量；I 为振动管惯性矩；a_n 为两端紧固梁的固有频率系数；A_s 为振动管材截面积；ρ_s 为振动管材密度；A 为被测液体的截面积；ρ 为被测液体的密度。可见振动频率与流经振动管的浑水密度是单值函数。

仪器工作原理是基于物体的固有振荡频率和它的密度有关。当一定密度的液体流经振动管时，振动管具有固定的振动频率，若液体密度发生变化，振动管的振动频率也相应变化，检测含沙水流流经振动管时的频率变化量；将采集的频率信号送到计算机；利用计算机软件处理，得到液体含沙量。

振动式悬移质测沙仪由传感器和计算机及相应的处理软件组成。

二、创新点

设计制作了小型的传感器，使振动式传感器由总长 120 cm，缩小到 29 cm，不仅突破了理论上起振极限，而且确保了测量精度。按振动传感器设计原理要求，振动管长度与直径之比在 25～30，最低要求应在 15 以上。本项目研制的振动管有效长度为 200 mm，管径 13.5 mm，其长度与直径之比不到 15。

振动式传感器测量的对象是流经振动管内水沙的混液密度，所以水温和传感器温振动管的温度是影响测量精度的重要因素。本传感器增加电子测温装置，克服了因温度变化引起的测量误差。

三、实验情况

2002 年 10 月至 2003 年 6 月完成了实验室实验。2003 年 6 月至 9 月，在黄河潼关水文站做了野外比测实验。统计分析结果为：总点数 123 组，含沙量在 0～35 kg/m³ 以下相对误差不超过 ±10%，含沙量在 35 kg/m³ 以上相对误差不超过 ±5%；相对标准差为 4.52%，2 倍的相对标准差为 9.04%(随机不确定度)，系统误差为 u_c=0.90%，满足《河流悬移质泥沙测验规范》(GB50159—92)的要求。

四、应用情况

在调水调沙、小北干流放淤等工程的水文泥沙观测中投入了应用。

五、获奖情况

获黄委水文局 2004 年度科技进步一等奖；获黄委 2004 年度科技进步一等奖；获水利部 2005 年度大禹水利科学技术奖二等奖。

六、主要完成人

王智进、王连第、宋海松、胡年忠、刘文、王丙轩、王立新

黄河下游河段枯水期水流传播时间及水量损失分析研究

2002 年黄河流域气候异常，黄河下游沿黄地区发生了百年不遇的夏秋连旱。为做好全流域水量统一调度工作，确保黄河不断流，2002 年 11 月 25 日黄委及时启动了"黄河下游河段冬季枯水调度模型研究"项目。

该项目中黄委水文局承担了水文原型观测和黄河下游枯季水流传播时间和水量损失研究工作。其主要研究内容是：①黄河下游枯水期原型资料观测；②黄河下游枯水期分河段分流量级水流传播时间研究；③黄河下游枯水期分河段分流量级河道水量损失研究。

一、项目的技术原理

黄河下游河段枯水期水流演进规律研究是通过原型试验，利用多种方法，分析研究黄河下游枯水期水流传播时间和河道水量损失。

(1)为满足研究需要，原型试验中增加临时断面，加密测次；

(2)通过原型试验及历史资料的分析，利用水文学中的经验相关和水量平衡原理，研究枯水流量各河段传播时间和水量损失，确定枯水调度模型中相关演进参数，研究小浪底以下各河段枯水流量演进规律；

(3)边研究枯水期水流演进规律，边应用于实际水量调度，在运用中逐步优化完善。

二、关键技术及创新点

(1)该研究成果以原型观测数据为基础，紧密结合生产实际，通过原型试验及历史资料的分析，利用水文学中的经验相关和水量平衡原理，对黄河下游枯水水流随各种因素影响下的演进规律进行研究，确定枯水调度模型中相关演进参数。

(2)该研究针对不同时期、不同季节黄河下游河道水量损失特点，分别对春、夏、秋、冬四个时期枯水季节下游河道水量损失和水流传播时间进行了系统研究，提出了各时期黄河下游枯水流量在各河段的传播时间和水量损失等相关演进参数，用于指导各时期黄委水量实时调度。

(3)该项目分析研究复杂河道枯水期小流量短历时的演进规律在国内外尚无此类成果。

(4)本项目紧密结合生产实际，采用边研究枯水期水流演进规律，边应用于实际水量调度，及时将研究成果转化为生产运用，并在运用中逐步优化完善。

三、研究成果

根据小浪底—利津河段冬、春、夏、秋四季的原型试验及历史资料分析，各河段不同季节各流量级的传播时间和河段损失流量成果如下：

(1)小浪底—利津河段枯水期不同流量级水流传播时间与流量呈反比关系，即传播时间随流量级增大而递减，且流量愈小，相邻流量级对应的水流传播时间相差愈大；反之，水流传播时间相差愈小。据实测资料分析，200 m^3/s 时小浪底—利津水流传播时间为 16~17 天，800 m^3/s 的传播时间为 8 天左右。不同季节同流量级水流传播时间略有差异，其原因主要是断面形态变化或测验断面不同所致。

(2)采用逐河段上、下站不同量级时段总水量平衡计算，小浪底—利津河段日均损失流量分别为：200~300 m^3/s 流量级，冬、秋季 50~80 m^3/s；400 m^3/s 流量级，春季 140 m^3/s 左右；500~600 m^3/s 流量级，春、夏、秋季 150~180 m^3/s。

四、应用情况

该项研究成果在黄委实时调度中应用，发挥了重要作用，取得了良好效果。

五、获奖情况

获黄委水文局 2004 年度科技进步一等奖。

六、主要完成人

蒋昕晖、刘晓伟、许珂艳、林来照、霍世青、袁东良、张家军、邬红霞、罗思武、刘龙庆、吉俊峰、陈静、赵淑铙、孙文娟、王丙轩

四仓遥控悬移质采样器

一、采样器的原理与组成

四仓遥控悬移质采样器有水上遥控器和水下电动采样器两大部分，主要包括遥控发射

器、遥控接收器、水下电源和采样仓 4 个部分。水上遥控器采用单片机编码和交流信号载波技术制成多路遥控开关，安放在水文测量船上。水下电动采样器由对称安装在铅鱼吊板两侧的 4 个悬仓、固定在铅鱼上的遥控接收器和水下电源等组成。利用水文绞车的驱动实现铅鱼的升降运动。

二、主要创新成果

(1)研制成功了耐水压力相当于 100 m 水深的"机、电、液一体化组件"，深水电磁铁。

(2)研制成功了以悬索和水体为载体的交流无线信号传输器。

(3)运用单片机编码技术，研制成功四路编码遥控器。

(4)研制成功了适用于水文测验外业环境的采样器快速装卸机构。

三、应用情况

在 2004 年 7 月小浪底水库两次异重流测验中进行了生产试运用,测得最大水深为 84.0 m;最大流速 1.34 m/s;采样最大含沙量 877 kg/m³。2005 年 6 月至今在小浪底水库出现的异重流测验期间已正式投入运用。2005 年在长江口水文水资源局长江口测验中应用。

四、获奖情况

获黄委水文局 2005 年度科技进步一等奖。

五、主要完成人

王庆中、王德芳、王怀柏、陈富安、朱素会、靳正立、王秀清、王兵、刘同春

黄河中游粗泥沙集中来源区界定研究

一、原理

本项目以多沙粗沙区为研究区域，根据三门峡库区和下游河道淤积物粒径组成特性,以粒径大于等于 0.1 mm 为粗泥沙界限，进一步寻找对下游河床淤积危害最大的粗泥沙集中来源区。在淤积物粒径组成的分析上采用淤积物钻探取样法和输沙率平衡法;在中游粗泥沙集中来源区的界定上采用粗泥沙输沙模数指标逐步搜寻法和"边际"分析法;在重点支流的遴选上既要考虑侵蚀土壤粒径的大小，又要考虑粗泥沙输沙模数的大小;为了反映侵蚀土壤粒径的大小，还需要布置大量的钻孔点取样分析;同时利用暴雨、洪水、泥沙、地质、地貌、地面物质组成、侵蚀方式以及沟壑密度分布等自然要素对粗泥沙集中来源区的位置进行宏观分析;利用输沙模数指标法对粗泥沙集中来源区进行具体界定。

二、研究内容

(1)三门峡库区淤积物粒径分析

该专题一是利用钻探资料和历年河床质资料分析三门峡库区淤积物中各粒径级泥沙百分含量，二是利用输沙率资料分析淤积物中各粒径级泥沙百分含量以及各粒径级泥沙的淤积比和排沙比。

(2)黄河下游河道淤积物粒径分析

该专题一是利用 1998 年以来的下游河道淤积物钻孔取样资料分析淤积物中各粒径级泥沙百分含量，重点分析 1960 年前无三门峡水库影响的"自然"水沙情况下下游河道主槽淤积物粒径组成;二是利用输沙率资料分析各粒径级泥沙淤积百分含量以及各粒径级泥沙的淤积比和排沙比。

(3)基于自然地理背景的粗泥沙集中来源区宏观判析

查明区内地质、地貌、气象、水文、植被背景，并重点分析与侵蚀产沙的关系及区域

差异，宏观判定粗泥沙集中来源区的大致区域。

(4)黄河中游严重水土流失区侵蚀土壤粒径分布研究

以 0.05 mm 的粗泥沙输沙模数大于 2 500 t/(km²·a)为指标圈定的区域为重点，按照每 0.4°的经纬网交叉点和 0.05mm 的粗泥沙模数大于 5 000 t/(km²·a)范围内适当加密的原则，布设了 56 个取样点，分析侵蚀物粒径分布规律，为宏观判定粗泥沙集中来源区的可能位置，为重点支流的遴选和深化研究服务。

(5)粗泥沙集中来源区界定研究

利用粗泥沙输沙模数指标，分别研究粗泥沙界限为 0.05 mm 和 0.1 mm 的粗泥沙分布区域。根据产沙量与面积关系的深入分析(二阶导数)，确定粗泥沙集中来源区。

(6)粗泥沙集中来源区中重点支流特性深化研究

在粗泥沙集中来源区，利用遥感和 GIS 技术，以来沙粒径的差异、粗泥沙输沙模数的大小和粗泥沙集中来源区所在支流面积比等要素，确定重点治理支流，并对重点支流的地形、地貌、土壤、植被、土地利用、水土流失和治理现状等特性进行深入研究。分析各重点支流上、中、下游及左右岸的差异，为水土保持规划和治理提供依据。

三、研究结论和取得的成果

(1)根据 1960 年前黄河下游主槽淤积物中 0.1 mm 以上泥沙所占比重大(50.7%)，是 1960 年后(20.4%)的 2.5 倍；粗泥沙集中来源区洪水中 0.1 mm 以上泥沙含量沿程降低特别多和小浪底水库运用以来下游主槽淤积物中 0.1 mm 以上泥沙含量逐渐向 50%靠近，表明 0.1 mm 以上的泥沙也难以冲刷的事实，确定在黄河中游粗泥沙集中来源区界定研究中，应当把 0.1 mm 作为关键指标。

(2)在地质构造、岩性、地貌、侵蚀物钻探取样粒径分布等宏观判析的基础上，分析了黄河中游 0.10 mm 和 0.05 mm 粒径级的粗泥沙在不同输沙模数下的粗泥沙集中产沙区面积和相应的产沙量；根据面积相对比较小，产粗泥沙量相对比较多的"边际分析"方法，确定粗泥沙粒径大于 0.1 mm 的粗泥沙输沙模数为 1 400 t/(km²·a)以上的区域为粗泥沙集中来源区，面积为 1.88 万 km²。

(3)粗泥沙集中来源区面积为 1.88 万 km²，占多沙粗沙区面积的 23.9%(约 1/4)，产生的全沙、大于 0.05 mm 和 0.1 mm 的粗泥沙分别为 4.08 亿 t、1.52 亿 t 和 0.61 亿 t，分别占多沙粗沙区中相应输沙量(11.82 亿 t、3.19 亿 t 和 0.89 亿 t)的 34.5%(约 1/3)、47.6%(约 1/2)和 68.5%(约 2/3)。

四、应用情况

该成果已作为治黄基础数据得到广泛应用。

五、获奖情况

获黄委水文局 2006 年度科技进步一等奖；获黄委 2006 年度科技进步一等奖。

六、完成单位及完成人员

本项目由黄委会水土保持局主管，参加完成单位有水利部黄河水利委员会水文局、黄河水利委员会黄河水利科学研究院、黄河水利委员会黄河上中游管理局和陕西师范大学等。

七、主要完成人

徐建华、林银平、吴成基、喻权刚、左仲国、朱小勇、孙广平、任松长、高亚军、金双彦、王志勇、和晓应、李雪梅、周鸿文、赵帮元

黄河三角洲胜利滩海油区海岸蚀退与防护研究

一、技术原理

黄河三角洲及油田滩海油田海岸防护研究的技术原理为，以蚀退影响因子对蚀退作用的贡献及措施研究为主线，应用大量原型观测资料进行分析研究，揭示海岸侵蚀的机理，提出海岸防护的有效措施，得出蚀退结论与海岸防护措施。

二、研究的主要内容

本项目将多年积累的丰富实测水文资料与理论成果进行系统的总结，对三角洲海岸动力泥沙过程与岸滩物质相互作用下海岸剖面的塑造等科学问题开展研究，分析海岸蚀退成因和蚀退机理，在此基础上，提出了海岸防护重点与防护方案。主要研究内容包括：近代黄河三角洲河口尾闾变迁与河口演变基本规律、黄河河口河势演变、黄河河口沙嘴演进与拦门沙运动规律、黄河河口变迁对海岸侵蚀的影响、黄河入海泥沙淤积造陆和沙淤积分布等黄河三角洲海岸演变的特征参数及其规律；运用滨海区固定断面测量 30 年的剖面图资料，研究各时期固定剖面的侵蚀淤进的剖面形态及动态平衡；应用 1968、1972、1976、1980、1992、2000 年 6 次水下地形测量资料绘制水下地形图，绘制海区水下地形等深线套绘图、冲淤分布图，计算了各海区侵蚀面积，给出各年度各海域侵蚀情势；分析胜利滩海油区近年来海堤修建情况与海堤水深情势，以及丁坝、顺坝等护滩工程修建情况与作用等。

三、主要结论

(1)描述与分析了黄河三角洲海岸侵蚀因子；

(2)全面分析了黄河三角洲海岸演变特征参数，提出了黄河河口复循环演变理论；

(3)分析了三角洲滨海区固定剖面侵蚀与平衡机理；

(4)运用历史上黄河三角洲 6 次水深地形图分析了各历史时期冲淤变化；

(5)提出了黄河三角洲胜利滩海油区海岸防护措施，形成了防护工程工艺研究成果。

四、获奖情况

获黄委水文局 2006 年度科技进步一等奖；获黄委 2006 年度科技进步二等奖。

五、主要研制人员

谷源泽、李中树、燕峒胜、蒲高军、张建华、徐丛亮、姜明星、李建军、耿忠亭、牟本成、杨建民、高文永、陈俊卿、高国勇、付作民、岳成鲲

YC-2002 型水文缆道电动/手动升降吊箱

一、主要内容

为减轻工作人员测验的劳动强度，提高测验效率，并结合本区域河流的这些特点，我们于 2002 年研制成功了 YC‐2002 型水文缆道电动/手动升降吊箱，并先后在吴堡、府谷、河曲、甘谷驿、延川、温家川、王道恒塔等站推广应用。该吊箱具有安全高效、使用灵活、定位准确、使用方便等诸多优点，能满足正常洪水的测验要求，投产以来在水文渡河人工测验方面效果明显。

1. YC-2002 型吊箱的特点

(1)吊箱采用不锈钢材料制作，整体美观，维护简便；

(2)采用直流调速电动机，并与电磁制动器一体化，使吊箱传动结构紧凑，操作轻便；

(3)有辅助液压制动器，增强了可靠性和安全性；

(4)悬杆升降和拉偏卷筒装有"安全手柄"装置,实现了卷筒自动逆止,增加了操作安全;

(5)安装测流照明和运行信号指示,保证夜间使用及安全。

2．技术参数

额定载重量：500 kg(含吊箱自重);

吊箱自重：263 kg(含流速仪悬杆);

升降速度：4～6 m/min(电动)、0.5 m/min(手动);

电机功率：1 000 W;

额定电压：36 V;

额定电流：43 A;

电磁制动器制动扭矩：0.77 kg·m(主制动,电动机轴尾端);

液压制动器额定制动力矩：≥630 N·m(备用制动,卷筒轴);

吊箱尺寸：1 600×11 000×1 000(框架尺寸)。

二、应用情况

YC-2002型电动/手动升降吊箱研制成功后,先期在河曲、府谷、吴堡三站投产应用。后经改进,现在温家川、王道恒塔、新庙、延川、延安、甘谷驿等站推广应用。

三、获奖情况

获黄委水文局2002年首届技术革新"浪花奖"一等奖。

四、主要完成人

张富涛、褚杰辉、高贵成、高国甫、杜军

基于 Web 技术的黄河水文网站设计与开发

一、主要内容

黄河水文网是在原黄河水文信息服务系统的基础上,基于 Web 技术开发的水文信息动态发布与查询系统。它实现了在 Web 环境下发布各种水文信息及新闻信息,黄委内部用户只要知道网站的地址就可打开并运行水文信息网页,根据水文信息网页中的水文信息组织结构任意调用所需的水文信息,并可下载重要的水文信息。

系统提供的水文信息包括实时水雨情信息、水情信息、气象信息、历史水文信息等。其中,实时水情信息系统包括重点站水情、最新水情、河道水情、闸坝水情、水库水情、雨情信息等;水情信息包括前期影响雨量、水情综述、水情报汛、水沙分析等;气象信息包括传真图、卫星云图、雷达回波、数值模式预报、长中短期预报等;历史水文信息可查询黄河历史水文数据库的信息。

系统开发应用了 ASP 和数据绑定技术,按照超文本标记语言制作水文信息发布页面,利用 ASP 技术与数据库相连,通过和数据库服务器的结合实现了信息的动态发布与查询。系统的应用改变了传统的水文信息服务模式,极大地提高了水文信息服务的时效性。

二、应用情况

2000年汛期该套系统先后在黄委会、水文局机关,上游、中游、三门峡、河南、山东水文水资源局及全河22个重要水文站投入应用,运行表明,该系统操作简便,运行稳定可靠,自2000年汛前投入运行至今,累计访问量已达7万余人次。

三、获奖情况

获黄委水文局2002年首届技术革新"浪花奖"一等奖。

四、主要完成人

张勇、龙虎、王春青、刘龙庆、任伟、薛建国

水位数据处理系统

一、主要内容

水位数据处理系统是利用计算机技术对自记水位计采集的数据进行分析处理、显示、检索查询，为防汛抗旱、水利工程建设及水资源调度运用提供规范的基本数据。其主要功能是：①水位过程实时显示、智能查询、超标报警；②根据《水位观测标准》和《水文资料整编规范》的要求对水位数据进行智能摘录；③编制《水位日报表》、《逐日水位表》、《逐时水位表》等水位报表；④编制《水流沙资料电算数据加工表(八)》；⑤水位数据维护功能。应用本系统处理的结果符合《水位观测标准》(GBJ 138–90)、《水文资料整编规范》(SL247–1999)和《水文年鉴编印规范》(SD 244–87)。本系统是 HW–1000 型非接触超声波水位计的配套数据处理软件，也可以用做其他水位观测仪器数据处理的工具软件。

二、关键技术

(1)采用多指标均衡控制法，使得水位数据摘录能够控制水位过程的转折变化，同时对于变幅不大而变化频繁的时段进行概化摘录，达到摘录合理、数据量小的目的；

(2)采用目前最流行的 ADO 数据访问技术，使得用户方便地进行数据维护；

(3)利用 Windows 注册表进行数据存储位置的注册，便于与其他软件进行数据交换和共享。

三、创新点

多指标控制，标准限差逼近，后视错水位摘录法。

四、应用情况

本软件于 2000 年 6 月在黄河龙门水文站投产；2002 年进行了整合，并在三门局 5 站推广应用；2006 年应用于上游局小川水文站，并由河南黄河水文科技公司推广应用于西藏、天津等区市的水位观测中；在黄河"调水调沙"试验中发挥了较大作用；在 2003、2005 年渭河大洪水测报中发挥了重要作用。

五、获奖情况

获黄委水文局 2002 年首届技术革新"浪花奖"一等奖。

六、主要完成人

郭相秦、鲁承阳、孙章顺、张松林、刘彦娥

ELD/S–260 电动手动两用吊箱

一、主要内容

1. 原理

采用不锈钢材料制作吊箱框架。研制 1.5 kW 吊箱专用电动升降绞车，配备优质免维护电瓶，绞车和电瓶都安装在吊箱内脚底板下。电瓶为绞车供电，绞车缠绕吊索，提升吊箱，实现吊箱的升降功能。绞车通过一级变速齿轮直接驱动绕索卷轴提升吊箱，机构简单、传动简捷。为使吊箱升降平稳，卷轴安装在吊箱的一端，导向轮安装在吊箱的另一端，尽可能地加大导向轮至卷轴的距离，这样做可以在不用排线装置的情况下，使吊索在绕索轴上平整地排列，实现了排缆平整、运行平稳。

2. 研究内容

(1)电瓶的选择。因电动吊箱一直沿用输电索为吊箱提供电能，没有使用电瓶为吊箱提供电能的先例，没有可借鉴的经验或数据。因此，应做电瓶性能测试、电瓶的放电试验，经过实验测试、实验数据，最后确定使用 9 块 12V18AH 的免维护电瓶作能源为绞车提供电能。

(2)一体化绞车设计制作。为了简化机械结构，提高吊箱的整体性能，研制了吊箱专用一体化绞车。绞车由直流电机、减速机、电磁制动器、驱动轮组成，其结构紧凑、体积小、重量轻、便于安装。

(3)吊箱框架的研制。为了减轻吊箱重量，便于日常维护，采用 1.2 mm 的不锈钢管作吊箱的框架(上部结构)，下部采用不锈钢角钢焊接，整个吊箱体均为不锈钢材料。

二、应用情况

ELD/S-260 电动手动两用吊箱分别在黑石关水文站、利津水文站、位山、陈山口水文站、位山引黄闸得到应用。

三、获奖情况

获黄委水文局 2002 年首届技术革新"浪花奖"一等奖。

四、主要完成人

张广海、谷源泽、闫永新、高文永、郭立新

手机短信息水情传输系统

一、系统原理与结构

该系统是利用 GSM 移动通讯网络的 SMS 短信信道构建水情信息传输平台，系统建立了测站、中转站、机关水情中心站三级短信平台系统。测站系统采用普通 GSM 手机，中转站和中心站系统采用 GSM MODEM。测站通过手机直接编发短消息，或连计算机，利用通用计算机手机短消息收发软件编发短消息；各勘测局及吴堡站为中转站，配备 Wavecom modem (郎讯短信宝)直接与计算机相连，将接收的水情信息分检后，汇入实时水情广域网系统，或通过短信系统发送水情到中游局机关中心站短信系统；中游局机关中心站配备郎讯短信宝，将接收的水情信息分检后，通过水情译电后存入数据库服务器，同时提供水情信息短消息查询功能。

二、系统组成

该系统主要组成包括：水情自动收发应答模块、短消息单发和群发模块、收发信息库查询模块、手机簿管理模块、水情转发处理模块、系统配置模块、定时水情信息发送功能模块、短信水雨情实时应答查询功能模块等。水情自动收发应答模块实现水情电报的接收、入库及自动回复等功能，同时也兼顾办公通知等其他消息的接收和应答。短消息单发和群发模块具有发送各类短消息的功能，单发和群发分别将消息发送给单台或多台手机。收发信息库查询模块为用户提供实时的短消息收发登记、入库及查询、监视功能。手机簿管理模块将手机号码以分组的形式存储入库，并具有添加、删除、更新等数据管理基本功能。水情转发处理模块将接收到的水情短消息统一处理后，批量转到 X.25 水情广域网转发系统或再次通过 SMS 转发到接收方。系统配置模块完成 SMS 接口、短信中心号码、系统注册码、水情标志码、水情转发号码等项目的设置以及程序系统数据源的连接功能。定时水情信息发送功能模块实现当日 8:00 水情短信自动发送功能。短信水雨情实时应答查询功能模块可以通过手机发送定制短信接收干流站实时最新水情。

三、系统应用情况

该系统 2003 年 6 月正式投入生产，已经成为水情通信的首选信道，一直在生产中应用。2006 年 5 月，新《水情信息编码标准》(SL 330–2005)在中游局正式实施后，该系统经过修改后完全适用于新编码标准。

四、获奖情况

获黄委水文局 2003 年度技术革新"浪花奖"一等奖。

五、主要完成人

赵晋华、杨涛、王勇、陶海鸿、赵梅、罗虹

水库清浑水界面探测器

一、仪器结构

"清浑水界面探测器"由水下探头和船上音频报警信号无线接收装置两部分组成。其中，水下探头(包括电池组、密封电源开关)由远红外光发射电路、远红外光接收电路、10秒定时电路、1.2 kHz 信号发射和功放输出电路组成。船上音频报警信号无线接收装置由音频接收功放、喇叭等构成。

二、主要研究内容

"水库清浑水界面探测器"是适用于黄河小浪底水库异重流测验而研制的仪器，主要研究内容包括：

(1)选用对射式红外线光电传感器作为水下光电探头的核心部件。该对射式光电传感器对含沙量的变化灵敏度最高，抗干扰性能也比较强。经过对光学系统的定位、水下密封处理，在模拟条件下可以有效地识别出清水和 1.0 kg/m^3 含沙量浑水的交界面，而且重复性、稳定性均好。

(2)信息传输方式选择。根据小浪底水库异重流测验外业工作环境，信息传输宜采用无线传输。如果采用电缆线传输信号，几十米电缆线的收放困难，易挂水草。经比较，采用以缆索和水体为载体的音频信道无线传输系统。

(3)水下发射电路设计。选用 NE555 和 DTA2003 为核心元件而组成的频率为 2 MHz 的发射电路。

(4)水下密封仓机械设计。将光电传感器、光学系统和交流信号发射电路封装在水下密封仓中，并通过密封接线端子将信号引出密封仓外进行发射。整个密封仓为圆管形，分为光学密封室和电路密封室以及电气连接导管。密封仓的耐水压指标为 1.5 MPa。

三、应用情况

在 2003 年 8、9 月份小浪底水库两次较大的异重流测验中进行了生产试运用，主要用于探测异重流前锋、测量浑水层厚度、探测清浑水界面指导泥沙采样等。2004 年 6 月至今，在小浪底水库出现的异重流测验期间正式投入使用。该仪器使用方便，减轻了劳动强度，提高了工作效率和测验精度，取得了很好的效果。

四、获奖情况

获黄委水文局 2003 年度技术革新"浪花奖"一等奖。

五、主要完成人

王德芳、王庆中、朱素会、靳正立、李登斌

黄河1：5万河道地形图的数字化成果(小浪底大坝至山东陶城铺段)

一、主要内容

本项目采用的基准图为黄委会设计院1995年第1版黄河下游1：5万河道地形图。本项目应用的数字化软件是MAPGIS 。

河道地形图作业准备(数字化流程如图1所示)：

(1)原图扫描；

(2)读图、分层，根据一定的目的和分类指标，对底图上的图形要素进行分类；

(3)制作1：5万黄河河道地形图符号，建立河道地形图的符号库(图例版)；

(4)利用 Photoshop 软件把扫描的地图摆正并转成位图格式；

(5)生成标准框；

(6)图像校正。

交互式黄河河道地形图矢量化作业。矢量化追踪的基本思想是沿着栅格数据线的中央跟踪，将其转化为矢量化数据线。当进入矢量化追踪状态后，移动光标选择需要跟踪矢量化的线，屏幕上即显示出追踪的踪迹。每跟踪一段遇到交叉地方会停下来，让你选择下一步跟踪的方向和路径。当一条线跟踪完毕后，按鼠标的右键选择终止此线，接下来可以开始下一条线的跟踪。

二、项目的应用情况

自2004年以来，1：5万数字化黄河河道地形图(小浪底—陶城铺段)，一直在黄河淤积断面测验中应用，不仅大大提高了内业的工作效率，而且为外业的信息化查询、资料的存储及备份提供了很大方便，同时也为我单位的地理信息化建设打下了良好的技术基础。

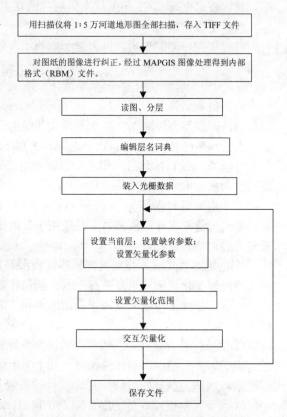

图1　河道地形图数字化流程图

三、项目获奖情况

获黄委水文局2004年度技术革新 "浪花奖" 一等奖。

四、主要完成人

苏锦程、姜天福、孟杰、娄洪富、高清平、刘灵枝

深水绳拉控制式双仓采样器

一、主要内容

2001 年汛期小浪底水库第一次发生异重流现象，当时的水深已大于 40 m，每条垂线需采样 5~8 个，泥沙采样任务很重。经过调研，国内尚没有适用于异重流泥沙采样的工具。

为了完成异重流测验任务，我们结合生产实际，研制出了适用于小浪底水库异重流测验的"深水绳拉控制式双仓采样器"。

"深水绳拉控制式双仓采样器"是在铅鱼吊板两侧对称安装两只横式采样器(1 000 mL)，用一根$\phi 2.0$ mm的钢丝绳作为拉绳，拉绳端部分别设有一根0.5 m和1.0 m长的绳鼻套环，并分别控制两个采样器。当"采样器组"到达第一个测点时，拉一下拉绳可关闭第一个采样器；"采样器组"继续下降到达第二个测点时，猛拉拉绳可关闭第二个采样器，并使绳鼻套环全部脱离铅鱼，快速转动绳轮把拉绳收起。

"深水绳拉控制式双仓采样器"采用的主要技术措施包括：①采用绳套编结技术制成"绳鼻套环"分别控制两个采样器，并实现两个采样器分时控制，使深水泥沙采样效率提高1倍。②采用自动脱环措施，当关闭第二个采样器后，绳鼻套环全部脱离铅鱼，拉绳可以快速收入卷轮，提高了灵活性，避免了悬吊索绞绳的问题。③采样器在铅鱼上的安装设计有快速装卸机构，安装简单方便，使用安全可靠，并能够保证采样仓轴线与流向保持一致。④在铅鱼尾巴上加装胶木导向板，增大立翼的面积，有效地抑制了铅鱼在水中的自转，解决了绞绳问题，提高了采样的可靠性。⑤试验发现用细钢丝绳传递手的拉力关闭采样器几乎不受水深和含沙量的影响，因此该方法可以应用于深水(100m)的条件下。

二、应用情况

自2001年汛期投入应用后，已经在异重流测验的6只测船上都装备了这种"深水绳拉控制式双仓采样器"，目前已成为小浪底水库异重流测验不可缺少的常用采样工具。

三、获奖情况

获黄委水文局2004年度技术革新"浪花奖"一等奖。

四、主要完成人

王庆中、王秀清、黄先玲、王兵、闫智云、张建国、郑建民

黄河实时洪水与历史洪水对比分析软件

黄河是一条洪水频繁发生、水资源短缺的河流，以其特殊的水沙关系闻名于世。每年，水文工作者都要进行大量的洪水分析。点绘水位、流量、含沙量过程线，计算洪水过程水沙量及洪水特征值，是分析洪水组成与演进、分析洪水特性与洪水过程形态、分析河道断面冲淤变化等洪水分析计算工作中最基础的工作。过去，这些工作都是由技术人员手工完成，工作耗时、效率低、劳动强度大，是一项烦琐的工作。

为此，2004年上半年，我们在充分讨论和技术论证的基础上，边试验边开发，边使用边完善，自主开发完成了"黄河实时洪水与历史洪水对比分析软件"，并投入使用。

一、本软件开发的技术路线

以黄河历史水文数据库为基础，建立历史洪水数据库，利用现有实时水情数据库，以我局现有的局域网络和计算机为平台，以Visual Foxpro 6.0为开发环境，采用面向对象软件开发技术(OOP)和Ms-Chart图形控件调用技术，开发客户机/服务器(C/S)体系结构下的黄河实时洪水与历史洪水对比分析软件，实现单站水文要素(水位、流量、含沙量)过程线绘制，多站流量、含沙量过程线绘制和单站水位—流量关系曲线绘制，实现网络用户对实时水情信息和历史洪水数据的资源共享。

二、软件的特点

一是实现了与历史洪水数据的实时调用，二是实现了历史洪水与实时洪水的实时在线

对比分析，弥补了"黄河水情信息查询及会商软件系统"无法应用历史洪水数据的不足。

三、软件主要功能

(1)绘制单站水位要素图。可以绘制任意站、任意时段的水位流量过程线、流量含沙量过程线、水位—流量关系曲线，计算时段径流量、输沙量、平均流量、平均含沙量，统计最高水位、最大流量、最大含沙量及其出现时间。

(2)绘制多站水文要素图。绘制任意站(每次可达 8 个站)任意时段的多站流量过程线、多站含沙量过程线、多站日平均流量柱状图，从中可以分析洪水来源组成、洪水演进和含沙量的沿程变化情况。

(3)绘制水位—流量关系对比图。绘制任意站多时段水位—流量关系曲线对比图。从中可以分析不同时期同流量水位变化及断面冲淤情况。

(4)洪水过程特征值计算。可以计算任意站任意时段洪水过程径流量、输沙量，最大几日(如 3 日、5 日等)洪量、输沙量，任意流量级以上洪量、输沙量，统计流量、含沙量、洪水历时等特征值，也可以对洪水过程进行等时段化处理、过程流量同倍比放大缩小等。

四、应用情况

该软件具有水文要素图形化程度高、分析计算功能齐全等特点，实现了历史洪水与实时洪水的在线分析。投入使用以来，特别是在 2004 年、2005 年汛前历史洪水分析、汛期黄河实时洪水预报、小浪底水库防洪预泄运用及调水调沙后评估、小北干流放淤试验及其他科研项目工作中发挥了重要作用，为洪水预报和洪水分析提供了一个较为实用、有效的工具。

五、获奖情况

获黄委水文局 2005 年度技术革新"浪花奖"一等奖。

六、主要完成人

刘龙庆、陈静、狄艳艳、颜亦琪、蒋昕晖、许珂艳、陶新、马骏、杜学胜、冯玲

LED 水文站水文信息显示屏

一、主要内容

该 LED 水文信息显示屏，可实时显示雨量、水位、流量、含沙量，以及时间、气温等数据。LED 水文信息显示屏，由 89C58 单片机控制，采用串行驱动电路 MAX7219 驱动 LED 数字数码管显示，具有 485、232、TTL 电平等多种数据通信接口，能够自动接收 HW-1000 型非接触超声波水位计和水气温自动采集系统采集的水温、气温数据，并进行实时水位、水温、气温显示；也可以通过计算机输入流量、含沙量、降雨量、蒸发量等水文数据；还可以通过人工键盘置数的方式输入以上数据进行自动显示；该显示屏还具有电子时钟万年历和显示数据保存功能，在停电复电后自动显示数据，无须重新输入。

该 LED 水文信息显示屏，具有亮度高、性能稳定可靠、功耗低、造价低廉、实时显示、免维护、能组网、安装调试方便等特点。它能实时接收自动测报设备及计算机传送的数据，使用方便，显示清晰；对于不能实时监测的数据，可以进行人工输入，操作简单，适合在普通水文站推广使用。

二、应用情况

自 LED 水文站水文信息显示屏 2004 年 6 月在黄河小浪底水文站安装使用以来，工作稳定可靠，从未出现过故障。给水文站的工作带来方便，受到测站工作人员的欢迎和好评。该显示屏样机的试用和在黄河水文测报水平升级仪器展览会上得到了好评和欢迎，测站希

望尽快配备该显示设备。由于该成果的特点和它的性能价格比,它不仅在水文站使用,也可以在其他单位及相关部门使用,因此它有着比较广的应用范围和前景。

三、获奖情况

获黄委水文局 2005 年度技术革新"浪花奖"一等奖。

四、主要完成人

张石娃、吴建华、王正军、司风林、王丁坤、郝步祥、刘英栋、刘子振

黄河宁蒙河段 2004~2005 年度凌情巡测项目

一、主要内容

为及时准确地掌握河道凌情演变情势,更好地为上级有关部门及地方防汛部门提供凌情信息,为防凌减灾及水量调度提供决策依据。根据委局要求,从 2001 年起在黄河宁蒙河段开展凌情巡测,并且从 2004~2005 年度开始,黄河宁蒙河段凌情动态情况"以巡测队获取的数据,同时用卫星遥感手段进行校正分析后的结果为准"(黄防总办电[2004]31 号)。

1. 凌情巡测的依据

《黄河宁蒙河段冰情巡测技术规定(试行)》、《黄河宁蒙河段冰情巡测任务书(试行)》。

2. 巡测方法及要点

(1)根据河段河道条件及现有的仪器设备和人员情况,巴彦高勒以下河段以巡测左岸为主,巴彦高勒至乌海段以巡测右岸为主,乌海至石嘴山段以巡测左岸为主,石嘴山以上河段以巡测右岸为主。

(2)巡测首封段。针对以往河段凌情特点,首封河段易发生在三湖河口—头道拐河段,根据区域气温、河道流凌密度变化及河道边界条件等,对易发生的首封地点实施重点巡测。

(3)追踪巡测封河上首。动态巡测封河发展趋势、封河上首发生的位置、时间、封冻河长、河面宽、冰塞、冰坝等冰情现象及灾害情况。

(4)冰量测定。冰量的测定是计算确定河槽蓄水量的基本依据之一。本年度按照任务书要求,沿黄河每隔 20~40 km 设一冰厚测量断面,每个断面布设 3 个点进行打冰孔测量冰厚,取其均值作为断面冰厚。断面间距是以防洪大堤桩号的公里数为依据进行计算。

(5)追踪巡测开河位置。由于目前巡测设施设备、巡测手段还不够完善,很难记录到每一段的开河过程。因此,我们巡测的重点只放在关键河段,跟踪开河情况。

(6)掌握冰凌灾害情况。黄河凌汛历年来灾害时有发生,掌握凌灾发生的时间、地点、灾情的大小、损失情况等,并及时拍摄收集基础数字和资料。

(7)计算槽蓄水量、冰量,随时编制上报凌情动态图。

3. 主要成果

该成果系统地记录分析了黄河宁蒙河段 2004~2005 年凌情演变过程、凌情特点及成因,简要介绍了凌情巡测方法、技术手段,收集到了本年度凌情过程的各种基础数据,摸索出了凌情观测的基本方法,提供了一套较为完整的凌情巡测成果,为防凌减灾、黄河水量调度提供了决策依据,为今后的工作打下坚实的基础。

二、获奖情况

获黄委水文局 2005 年度技术革新"浪花奖"一等奖。

三、主要完成人

李学春、谢学东、郭德成、杨德璠、杨桂珍、郭亮、张一兵、路秉慧、易其海、王瑞

君、王文海、陶海鸿、赵慧聪、曹大成、杨勇

黄河宁蒙测区低水流量测验方法研究

一、主要内容

进入 90 年代以来，黄河上游来水量明显减少，下河沿、头道拐站、石嘴山站时有小于预警流量的事件发生，给黄河水量调度工作带来极大的困难。为了准确掌握黄河水量的沿程变化，更好地合理调度好每一方水量，每年水量调度期间，宁蒙测区各省界监测断面及有关水文站要增加测流和水情报汛次数(至少每天一次)，提高水文测验精度。

本课题的研究目的，就是依据《河流流量测验规范》的技术规定，对宁蒙测区各站现行的低水流量测验精度进行评价。对测验过程中影响低水流量测验精度的各种因素，如测次布置、流速系数、垂线平均流速误差、定线推流、流速仪常规测流的低水误差等进行分析研究，并对下河沿、青铜峡站单位流速法测流的精度等进行分析，最后给出各站低水流量测验的方法和精度指标。

课题研究结果：

(1)各站现行低水流量测验精度评价结果；

(2)各站低水流量测次布置及定线推流的精度；

(3)头道拐站、石嘴山站低水水面流速系数、半深流速系数分析结果；

(4)头道拐站、石嘴山站低水一点法、两点法、三点法垂线平均流速误差；

(5)头道拐站、石嘴山站流速仪常规测流低水误差；

(6)下河沿站、青铜峡站单位流速法测流的精度；

(7)测区各站进一步提高低水流量测验的方法和精度指标。

二、应用情况

本项目首次对黄河宁蒙测区现行的低水流量测验方法进行了评价，通过分析给出提高测区低水流量测验精度的方法。该成果已在宁蒙测区各站的低水流量测验中得到应用，并取得了明显的效果。

三、获奖情况

获黄委水文局 2006 年度技术革新"浪花奖"一等奖。

四、主要完成人

钞增平、李万义、谢学东、李学春、赵慧聪、路秉慧、王文海、曹大成、杨桂珍、陶海鸿、郭德成、王平娃、刘寅顺、罗虹、王云梅

测验渡河及过泥滩设备研制

一、主要内容

目前，在河道断面测量中，由于没有合适的过泥滩设备，测量人员仍需要冒着危险以趟、爬、滚等原始方法通过泥滩，需要付出很大的体力来完成测量工作。断面测量历时长，危险性大，劳动强度大，测量精度难以提高。项目研发目标是开发一种适合在小流速水域航行和能在泥滩行走的测验运载设备，解决水文测验中经常遇到的渡河和过泥滩问题。

二、原理与结构

该测验渡河及过泥滩设备为一小型水陆两用船，既可在水中航行，又可在泥滩上行走。设备工作原理为浮力学原理及动力学原理。利用浮力设计保证渡河设备及测量人员、测量

仪器设备在作业区域不致沉陷于水与淤泥中;利用动力学设计计算保证渡河设备能在陆地、水上及淤泥上行走,将测量人员及仪器设备送达测量地点。该测验渡河及过泥滩设备结构包括船体、浮力轮、螺旋桨推进器、发动机,以及传动机构、操纵控制机构等部分。

三、主要技术指标

设备能满足 200 kg 的载重要求,可以保证 2 个测量人员及携带的正常测量仪器工具等载荷进行测量工作。

四、应用范围

该成果可以在黄河淤积测验、水文站洪水期的漫滩测验中使用。

五、获奖情况

获黄委水文局 2006 年度技术革新"浪花奖"一等奖。

六、主要完成人

高德松、卫华、陈双印、牛长喜、段新奇、张成